Juliana Raupp · Stefan Jarolimek · Friederike Schultz (Hrsg.)

Handbuch CSR

Juliana Raupp
Stefan Jarolimek
Friederike Schultz (Hrsg.)

Handbuch CSR

Kommunikationswissenschaftliche
Grundlagen, disziplinäre Zugänge
und methodische Herausforderungen
Mit Glossar

VS VERLAG

Bibliografische Information der Deutschen Nationalbibliothek
Die Deutsche Nationalbibliothek verzeichnet diese Publikation in der
Deutschen Nationalbibliografie; detaillierte bibliografische Daten sind im Internet über
<http://dnb.d-nb.de> abrufbar.

1. Auflage 2011

© VS Verlag für Sozialwissenschaften | Springer Fachmedien Wiesbaden GmbH 2011

Lektorat: Barbara Emig-Roller

VS Verlag für Sozialwissenschaften ist eine Marke von Springer Fachmedien.
Springer Fachmedien ist Teil der Fachverlagsgruppe Springer Science+Business Media.
www.vs-verlag.de

Umschlaggestaltung: KünkelLopka Medienentwicklung, Heidelberg
Druck und buchbinderische Verarbeitung: Ten Brink, Meppel
Gedruckt auf säurefreiem und chlorfrei gebleichtem Papier
Printed in the Netherlands

ISBN 978-3-531-17001-5

Inhalt

2. Disziplinäre Perspektiven und Gegenstandsbereiche

2.1. Wirtschaft

2.2. Politik und Gesellschaft

3. Methoden und empirische Befunde der CSR-Forschung

Anhang

Corporate Social Responsibility als Gegenstand der Kommunikationsforschung

Einleitende Anmerkungen, Definitionen und disziplinäre Perspektiven

Juliana Raupp, Stefan Jarolimek und Friederike Schultz

Vor mehr als einem halben Jahrhundert entwickelte Howard R. Bowen mit seinem Buch „Social Responsibilities of the Businessman" (1953) die begriffliche Grundlage für ein Konzept, das heute unter dem Terminus Corporate Social Responsibility, die gesellschaftliche Verantwortung von Unternehmen, subsumiert wird. Das Konzept der Corporate Social Responsibility, kurz: CSR, erlebte in den USA seit der Publikation Bowens zahlreiche Wendungen im Hinblick auf Normativität, ethische Grundlagen und analytische Bewertungskriterien (zusammenfassend Frederick 2006). Obwohl sich in der ex-post-Betrachtung in Deutschland ähnliche konzeptionelle Tendenzen beobachten lassen (Gemeinwohlorientierung, Sozialbilanzen), spielte CSR als Rahmenmodell und Managementkonzept beziehungsweise als Verantwortungskonzept, das unterschiedliche Verantwortungsebenen integriert, zunächst in liberaleren Wirtschaftsmärkten wie den USA eine größere Rolle. Erst durch eine zunehmende Globalisierung verbunden mit einer veränderten Ordnungspolitik der Deregulierung vor etwas mehr als zehn Jahren wird den Unternehmen in Deutschland, auch bedingt durch Richtlinien auf europäischer Ebene, mehr Verantwortung zugeschrieben und damit auch gesellschaftlich von ihnen erwartet.

Maßgebliche Bestandteile von CSR sind in der Unternehmenspraxis zum einen die einzelnen Maßnahmen, in denen die gesellschaftliche Verantwortung zum Ausdruck kommt, und zum anderen die Kommunikation dieser Bemühungen als CSR-Kommunikation. Obwohl vor allem multinationale Unternehmen in Europa CSR seit Längerem institutionalisiert haben und CSR sich hier auch als Forschungsthema in den Wirtschafts-, Politik- und Sozialwissenschaften etablierte, blieb eine kommunikationswissenschaftliche Beschäftigung mit CSR und deren Implikationen für organisationale Kommunikation abweichend zur Forschung der genannten Nachbardisziplinen lange Zeit weitgehend aus. Erst in den letzten Jahren erfolgte eine stärkere Auseinandersetzung mit und eine breitere Akzeptanz von CSR als Forschungsfeld (vgl. etwa Schmidt & Tropp 2009).

Wissenschaftliche Handbücher bieten in der Regel eine systematisch geordnete Zusammenstellung der Ergebnisse eines Forschungsfeldes, die zudem häufig als Nachschlagewerke verwendet wird. Trotz der relativ kurzen Beschäftigungsdauer der (deutschsprachigen) Kommunikationswissenschaft mit dem Thema ist durch dessen langjährige (maßgeblich wirtschaftswissenschaftliche) Forschungstradition in den USA, die interdisziplinäre Anlage des Gegenstandsbereichs sowie durch länderübergreifende Forschungsbemühungen eine in Fragestellungen und Konzeptionen vielschichtige und in den Ergebnissen kleinteilige Gemengelage an Erkenntnissen entstanden. Aufgrund dieses disparaten und interdisziplinären Forschungsstands scheint es nun lohnend, einen ordnenden Überblick in Form eines Handbuchs vorzulegen.

Diese Einleitung fungiert als konzeptionelle Klammer des Handbuchs: Sie stellt grundlegende konzeptionelle Ansätze und Abgrenzungsversuche vor, auf die die Mehrheit der Beiträge verweist, und erörtert die Relevanz von CSR für die Kommunikationswissenschaft. Zunächst werden kommunikationswissenschaftlich angelegte Perspektiven auf CSR vorgestellt, die CSR vor dem Hintergrund von Legitimation, Reputation und Glaubwürdigkeit verorten und damit verbundene Rhetoriken und Kampagnen diskutieren. Da es sich bei CSR um ein interdisziplinäres Forschungsfeld handelt, werden Erkenntnisse verschiedener fachspezifischer Perspektiven auf den Gegenstand dargelegt und die entsprechenden Beiträge eingeordnet. Die Erforschung von CSR stellt ein vergleichsweise neues und hinsichtlich der Nutzung verschiedener Medien in der Organisationskommunikation teilweise schwieriges Unterfangen dar. Deshalb sei abschließend noch auf jene Beiträge verwiesen, die sich CSR dezidiert aus der Perspektive der empirischen Kommunikationsforschung nähern.

1   CSR-Konzepte und CSR-Definitionen

Weites CSR-Verständnis
Wie bereits die jahrzehntelange CSR-Tradition in den USA vermuten lässt, besteht eine Vielzahl von CSR-Konzeptionen, für deren Entwicklung sich einzelne, qualitativ unterscheidbare Phasen nachzeichnen lassen (vgl. hierzu den Beitrag von Schultz im vorliegenden Band). Als basaler Anknüpfungspunkt hat sich die Verantwortungspyramide von Archie B. Carroll (1991) erwiesen, an dessen Darstellung sich auch die unterschiedlichen Abgrenzungen von CSR ableiten lassen. Carroll beschreibt vier Verantwortungsebenen, die aufeinander aufbauen (vgl. die Abbildung). Die Profitabilität eines Unternehmens und somit die ökonomische Verantwortung stellt dabei die Grundlage der weiteren Verantwortungsebenen dar. Als zweite Verantwortung nennt er die Einhaltung gültigen Rechts, und darauf folgend die ethische Verantwortung in Abhängigkeit von moralischen Vorstellungen. An die Spitze seiner Verantwortungspyramide setzt Carroll die philanthropische Verantwortung, die er in einem „guten Unternehmensbürger" (Corporate Citizen) erfüllt sieht. Diese letzte Ebene stellt einen engen, wenngleich nicht eindeutig geklärten Bezug zu Corporate Citizenship her. Gerade diese Ebene ist eng verwoben mit der US-amerikanischen Tradition, wonach ein Unternehmer Verantwortung für die „community" übernimmt.

Abbildung   Die Pyramide von Corporate Social Responsibility nach Archie B. Carroll (1991: 42)

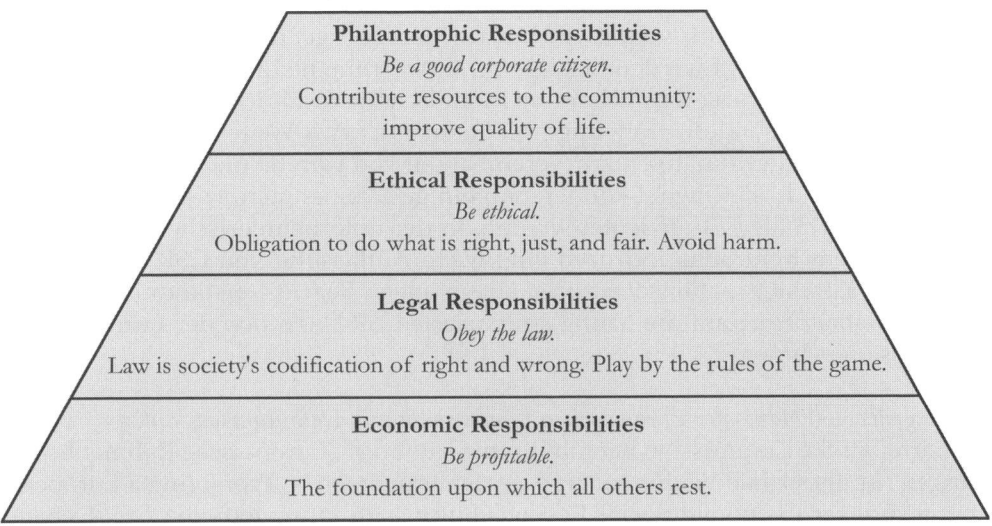

Aus der Carroll'schen Verantwortungspyramide lässt sich ein sehr weit gefasstes Verständnis von CSR ableiten, das es Unternehmen erlaubt, eine Vielzahl von Handlungen als CSR zu „labeln". Selbst die Gewinnmaximierung oder die Einhaltung gültigen Rechts („Compliance") können als gesellschaftliche Verantwortung dargestellt werden. Die von Carroll genannten Verantwortlichkeiten sind zwar enger im Sinne einer leichteren Erfüllbarkeit gefasst; sie lassen jedoch den Akteuren einen erheblichen Ermessensspielraum, weshalb hier von einem weiten CSR-Verständnis gesprochen werden soll.

Enges CSR-Verständnis
Von dieser weiten Begriffsabgrenzung zu unterscheiden ist eine enger angelegte CSR-Definition. Diese sieht die Übernahme gesellschaftlicher Verantwortung dann als erfüllt an, wenn die CSR-Maßnahme *erstens* mit dem Kerngeschäft des Unternehmens in Verbindung steht, *zweitens* auf freiwilliger Basis geschieht sowie *drittens* meist implizit auf die Nachhaltigkeit der Ressourcen abzielt. Auf den ersten Blick lässt sich diese engere Begriffsauslegung kaum mit der Carroll'schen Verantwortungspyramide vereinbaren. Dieses Verständnis liegt stattdessen eher „quer" zur Verantwortungspyramide und lässt sich auf allen Ebenen wiederfinden. Zur thematischen Unterteilung des CSR-Engagements wird meist die so genannte Triple-Bottom-Line (Elkington 1999) herangezogen, die die drei Säulen des CSR-Engagements verdeutlicht: ökonomische, ökologische und soziale Verantwortung. In diesem Sinne geht dieses enge Begriffsverständnis von CSR über die Darstellung von Carroll hinaus und setzt einen engeren analytischen Rahmen für die Bewertung, welche

Maßnahmen der Unternehmen unter der Prämisse dieses engen Begriffsverständnisses als CSR zu bezeichnen sind. Die ökonomische Verantwortung ist nämlich nicht bereits durch eine reine Gewinnerzielung erreicht, sondern erst dann, wenn die Gewinne ökonomisch verantwortlich für nachhaltige, d. h. zukunftssichernde Maßnahmen eingesetzt werden. Soziale Verantwortung bedingt dementsprechend nicht nur die Einhaltung rechtlicher und moralischer Grundsätze, etwa im Umgang mit Mitarbeitern, sondern freiwillige Maßnahmen, etwa Weiterbildungsangebote für Mitarbeiter oder Initiativen zur Vereinbarkeit von Familie und Beruf. Die Grenzen sind fließend. Gleichwohl können nun einige Maßnahmen, wie Cause-Related Marketing, nicht als CSR gedeutet werden. In der unternehmerischen Praxis überwiegt unserem Kenntnisstand nach eine weite Auffassung von CSR, wenngleich sich einige Kommunikationsagenturen einem engen Begriffsverständnis verschreiben und dabei Bezug auf die häufig strapazierte CSR-Definition der Europäischen Kommission nehmen.

Das Begriffsverständnis der Europäischen Kommission und Definitionsvarianten
Die Europäische Kommission hat mit ihrem Grünbuch „Europäische Rahmenbedingungen für die soziale Verantwortung der Unternehmen" („Promoting a European Framework for Corporate Social Responsibility") im Jahre 2001 die CSR-Debatte in Westeuropa entscheidend angestoßen und in weiteren Dokumenten (u. a. 2003) CSR-Engagement von Unternehmen eingefordert: Dabei definiert die Europäische Kommission (2001: 8) CSR (hier übersetzt als soziale Verantwortung von Unternehmen) als

> „ein Konzept, das den Unternehmen als Grundlage dient, auf freiwilliger Basis soziale Belange und Umweltbelange in ihre Unternehmenstätigkeit und in die Wechselbeziehungen mit den Stakeholdern zu integrieren. Sozial verantwortlich handeln heißt nicht nur, die gesetzlichen Bestimmungen einhalten, sondern über die bloße Gesetzeskonformität hinaus ‚mehr' investieren in Humankapital, in die Umwelt und in die Beziehungen zu anderen Stakeholdern."

Mit der Bezugnahme auf Freiwilligkeit und Unternehmenstätigkeit orientiert sich diese Definition an einem engen Verständnis von CSR. Die in der Triple-Bottom-Line verankerte ökonomische Verantwortung fehlt hier zunächst, findet sich im Grünpapier jedoch im dritten Kapitel zur „ganzheitlichen Sicht der sozialen Verantwortung der Unternehmen" wieder (Europäische Kommission 2001: 18 ff.). In einer der ersten Arbeiten zum Thema CSR aus einem kommunikationswissenschaftlichen Institut verbindet Christian Fieseler (2008: 38) die Ebenen der Carroll'schen Verantwortungspyramide mit Teilen der engeren Sichtweise, wenn er als Arbeitsdefinition festhält:

> „Unternehmerische gesellschaftliche Verantwortung bzw. Corporate Social Responsibility ist die Harmonisierung des Geschäftszwecks, der Unternehmenswerte und -strategie mit den ökonomischen, rechtlichen, ethischen und philanthropischen Bedürfnissen der

Anspruchsgruppen eines Unternehmens auf der Grundlage von sozial und ökologisch nachhaltigem Geschäftsgebaren."

Dies verdeutlicht nicht nur die Variationsmöglichkeiten der Begriffsbestimmung von CSR, sondern impliziert auch, dass auf der anderen Seite „soziales und ökologisches Engagement von Beginn an immer auch als ein Thema des Reputationsmanagements wahrgenommen wurde und wird" und dass dies „auf die sich stetig erweiternde Erwartungshaltung an die Rolle von Unternehmen innerhalb der Gesellschaft zurückzuführen" ist (Fieseler 2008: 39). Reputationsmanagement ist sicherlich nur ein Teilaspekt von CSR und CSR-Kommunikation. Über diesen „Ruf" des Unternehmens in der Gesellschaft, vor allem in der massenmedial hergestellten Öffentlichkeit, wird deutlich, dass CSR und vor allem CSR-Kommunikation in einem komplexen Kommunikationsgefüge von Selbst- und Fremddarstellung, unterschiedlichen Interessen und Verhaltenskonventionen (Moral) sowie Erwartungen und Erwartungserwartungen stattfindet. In diesem Geflecht stellt sich die Frage nach der Relevanz der CSR-Debatte für die Kommunikationswissenschaft und die Frage nach einer Bezugnahme auf vorliegende kommunikationswissenschaftliche Konzepte.

2   CSR als Forschungsfeld der Kommunikationswissenschaft

Gegenstände der Kommunikationswissenschaft sind die Rekonstruktion, Beschreibung und Analyse öffentlicher Kommunikationsprozesse. Die Rolle von Organisationen ist aus kommunikationswissenschaftlicher Sicht insofern relevant, da Organisationen als öffentliche Kommunikatoren fungieren, und dies in zweifacher Hinsicht: *Erstens*, indem sie unmittelbar mit Teilöffentlichkeiten (Stakeholdern) kommunizieren, und *zweitens*, indem sie Themen und Informationen bereitstellen, die von den Massenmedien aufgegriffen und weiter verbreitet werden. Organisationen wie beispielsweise Unternehmen stehen mit ihren Umwelten und den sie umgebenden Akteuren entsprechend in vielfältigen kommunikativen Interaktions- und Aushandlungsprozessen, die wiederum ihr Handeln bedingen. Durch die Übernahme freiwilliger gesellschaftlicher Verantwortung (CSR) versuchen sie unter anderem, Reputation und Legitimität aufzubauen, um so diese Handlungsspielräume zu sichern und zu erweitern.

Vor diesem Hintergrund beleuchtet das vorliegende Handbuch CSR-Maßnahmen und deren Kommunikation als Forschungsgegenstand von öffentlicher Kommunikation. Im Vordergrund stehen somit nicht Best-Practice-Modelle. Vielmehr wird über unterschiedliche disziplinäre Zugänge und mit Verweis auf verschiedene theoretische Annahmen und empirische Ergebnisse dargelegt, warum, wie und mit welchen Folgen das Konzept der Corporate Social Responsibility und damit verbundene CSR-Kommunikationen in der heutigen Gesellschaft verankert sind. Aus kommunikationswissenschaftlicher Sicht sind in Bezug auf CSR verschiedene Aspekte relevant, die sich hier zu Beginn thesenartig zusammenfassen lassen:

- *Die Institutionalisierung des CSR-Konzepts und die Kommunikation gesellschaftlicher Verantwortung in der Organisationspraxis sind vor allem über kommunikationsbezogene Voraussetzungen erklärbar*

  Wir gehen davon aus, dass das Handeln von Unternehmen von politischen, ökonomischen, sozialen, kulturellen, vor allem von kommunikativen und medialen Rahmenbedingungen abhängt, in denen Unternehmen agieren. Die Kommunikationswissenschaft fragt insbesondere nach dem Einfluss dieser interdependenten Rahmenbedingungen auf die Kommunikation von CSR und die Aushandlung der Bedeutung von CSR. Im Zentrum stehen Aspekte der Legitimation, der Glaubwürdigkeit, des Vertrauens, der Reputation und der Moral von CSR-Kommunikation.

- *Die Praxen der (strategischen) CSR-Kommunikation differieren entsprechend spezifischer Organisationsmerkmale*

  Zahlreiche erste, gleichwohl nur schwer zu vergleichende Studien konnten zeigen, dass Unternehmen sehr unterschiedliche Praktiken einsetzen, um ihre gesellschaftliche Verantwortung öffentlich zu kommunizieren. Bei diesem Aspekt geht es um Verfahren und Strategien der öffentlichen Kommunikation sozialer Verantwortung. Aus kommunikationswissenschaftlicher Sicht interessiert hierbei insbesondere zweierlei: Inwiefern geht die Kommunikation gesellschaftlicher Verantwortung auch mit verantwortungsvollen Kommunikationsmodi einher? Diese Frage zielt beispielsweise auf das Verhältnis von Nachhaltigkeitskommunikation und nachhaltiger Kommunikation ab. Inwiefern hängt die Kommunikation sozialer Verantwortung mit dem Typus der Organisation zusammen: Welche Rolle spielen Organisationsmerkmale wie Größe, Internationalisierung und Branche für die Kommunikation gesellschaftlicher Verantwortung?

- *Verschiedene Formen der CSR-Kommunikation von Organisationen haben unterschiedlichen Einfluss auf die öffentliche Wahrnehmung von Organisationen mit teils dysfunktionalen Effekten auf die beabsichtigte Reputation, Legitimität und Zustimmung*

  Dieser Punkt bezieht sich auf die Praxen und Folgen von CSR-Kommunikationen. Inwiefern beeinflussen beispielsweise veränderte Erwartungen an die Verantwortung von Unternehmen die öffentliche Diskussion über die Rolle von Unternehmen in der Gesellschaft? Welche Akteure bestimmen den gesellschaftlichen Diskurs über die Legitimität von Unternehmen? Inwieweit sind Unternehmen selbst dazu in der Lage, in der öffentlichen Diskussion zu definieren, worin ihre Legitimität besteht, und inwieweit wird dies von anderen Akteuren bestimmt? Unter welchen Bedingungen unterliegt die Kommunikation von CSR grundlegenden Paradoxien, die wiederum dysfunktionale Effekte zeitigen?

- *CSR ist weder PR noch Werbung*

  Dass die Maßnahmen gesellschaftlicher Verantwortungsübernahme den Stakeholdern durch traditionelle Kanäle der Unternehmenskommunikation mitgeteilt werden, dass CSR wie eingangs dargelegt oft auf die Steigerung der Reputation und Legitimität ausgerichtet ist und in der (deutschsprachigen)

Organisationskommunikations-, PR- und Marketingforschung als Themenfeld aufgegriffen wird, legt vielfach den verkürzten Schluss nahe, CSR sei PR oder Werbung. Für kommunikationswissenschaftliche Untersuchungen ergibt sich daher vor allem die Frage, worin Gemeinsamkeiten und Unterschiede zwischen CSR und PR bestehen und wie CSR aus organisationskommunikationstheoretischer Perspektive zu verstehen ist. Während sich auf der operativen Ebene der instrumentellen Umsetzung der Kommunikation beide Felder sehr ähnlich sind, stellt CSR in strategischer Hinsicht ein deutlich umfassenderes Konzept des Managements dar, das weniger mit Konzepten der PR als mit Managementkonzepten der Organisationskommunikation zu erfassen ist.

- *Das Forschungsfeld CSR erlebt eine „kommunikative Wende" und benötigt interdisziplinäre Vernetzung*
  CSR als Forschungsfeld befindet sich in einer Phase der schubweisen Entwicklung und ist daher nicht durch einen bestimmten theoretischen Ansatz gekennzeichnet (Locket, Moon & Visser 2006). Die Vielzahl an Arbeiten über und Definitionen zu CSR beruhen nicht einmal auf einem einheitlichen Verständnis des untersuchten Gegenstands (Crane & Matten 2007). Dies liegt vor allem darin begründet, dass die Auseinandersetzung mit CSR in verschiedenen Disziplinen stattfindet, unter anderem in der Wirtschaftswissenschaft, der Politikwissenschaft, der Soziologie, der Rechtswissenschaft und eben auch in der Kommunikationswissenschaft. Da CSR ursprünglich ein Thema der Managementforschung ist, sind die meisten Arbeiten zum Thema nach wie vor in der Wirtschaftswissenschaft und Wirtschaftsethik zu verorten. CSR wird darüber hinaus mittlerweile in verschiedenen disziplinären Zugängen je fachspezifisch unterschiedlich konzipiert und analysiert. Jedoch lässt sich in allen Disziplinen derzeit eine oftmals implizite Bezugnahme auf Aspekte der Kommunikation und des Medialen beobachten – eine Art „kommunikative Wende".

3   Kommunikationswissenschaftliche Grundlagen, disziplinäre Perspektiven und methodische Zugänge: Zum Aufbau des Handbuchs

Das Forschungsfeld CSR hat in Deutschland und Europa eine jüngere Tradition als beispielsweise in den USA. Dennoch besteht Grund zur Annahme, dass Grundideen und Praktiken von CSR und CSR-Kommunikation historische Vorläufer haben. Zugleich lassen sich vielfach begriffliche Wendungen und faktische Weiterentwicklungen des Forschungsfelds beobachten. Im Beitrag von *Friederike Schultz* geht es daher einleitend darum, aus einer kommunikationshistorischen Perspektive Vorläufer und die Entstehung von CSR sowie der CSR-Forschung über die Auseinandersetzung mit Formen moralisierender und moralischer Kommunikation und deren Implikationen nachzuzeichnen. Nach diesen grundsätzlichen Abgrenzungen gliedert sich das vorliegende Handbuch in vier Bereiche.

Der erste Teil widmet sich kommunikationswissenschaftlichen Zugängen. Zunächst werden dazu Adaptionen von Basiskonzepten der Kommunikationsforschung auf CSR-Kommunikation vorgestellt. *Günter Bentele* und *Howard Nothhaft* reflektieren CSR-Kommunikation in Bezug auf die Grundkonzepte Vertrauen und Glaubwürdigkeit und fragen in diesem Zusammenhang nach den Bedingungen erfolgreicher CSR-Kommunikation. Den Folgen von CSR-Kommunikation widmen sich auch *Mark Eisenegger* und *Mario Schranz,* und zwar aus der Perspektive der Reputationsforschung. Aus öffentlichkeitstheoretischer Sicht diskutiert *Juliana Raupp* die Zuschreibung von Legitimation von Unternehmen in öffentlichen Diskursen. *Christian Schicha* erörtert in einem systematischen Überblick die unternehmerische CSR-Kommunikation aus ethischer Perspektive. Weiter wirft *Peter Szyszka* einen zusammenfassenden Blick auf die CSR-Debatte. Er arbeitet vor dem Hintergrund des aktuellen Wertewandels die Bedeutung des CSR-Konzepts für die Kommunikationswissenschaft heraus. Eine rhetorische Perspektive, die den situativen Kontext von CSR-Kommunikation zwischen Rhetor und Publikum in den Mittelpunkt rückt, entfaltet abschließend *Øyvind Ihlen.*

Nachdem grundlegende Basiskonzepte der Kommunikationsforschung vorgestellt wurden, wird nach der Bedeutung von CSR in der und für die öffentliche Kommunikation gefragt. *Jana Schmitt* und *Ulrike Röttger* nehmen C(S)R-Kampagnen in den Blick und analysieren ihren Stellenwert im integrierten Kommunikationsmanagement. Wie diese Erwartungen der öffentlichen Kommunikation wiederum von diversen, kulturell verschiedenen Voraussetzungen abhängen, legt *Stefan Jarolimek* in seinem Beitrag zur interkulturellen Perspektive auf CSR dar. *Simone Huck-Sandhu* zeigt die engen Verflechtungen zwischen CSR und internationaler PR auf. *Olaf Hoffjann* diskutiert in seinem Beitrag zur PR-Beratung die Erwartungen und Erwartungserwartungen hinsichtlich der Übernahme gesellschaftlicher Verantwortung sowie die Bedeutung, welche die Beobachtungen von Dienstleistern auf die Entwicklung von CSR haben. Im Vordergrund des Beitrags von *Klaus-Dieter Altmeppen* stehen die Verantwortungskommunikation und Verantwortungsübernahme von Medienunternehmen. In Anknüpfung an medienethische Diskurse schreibt er letzteren eine doppelte Verantwortung zu, die sich auch auf die Verantwortung journalistischer Akteure bezieht.

Der zweite Teil des Buches beleuchtet die verschiedenen disziplinären Perspektiven und Gegenstandsbereiche, innerhalb derer CSR diskutiert wird. Maßgeblich ist CSR im Bereich der *Wirtschaft* zu verorten. Insbesondere Ansätze aus der wirtschaftswissenschaftlichen Perspektive verstehen CSR vor allem als strategisches Mittel und Erfolgsfaktor zur Erreichung von Wettbewerbsvorteilen. Es wird hier unter der Fragestellung behandelt, welche finanzielle Performance damit verbunden ist, wobei die Debatte über das Verhältnis von Corporate Social und Financial Performance bisher nicht zu eindeutigen Korrelations- und Kausalitätsbelegen führte. Eine allgemeine Beschreibung der wirtschaftswissenschaftlichen Perspektive leisten *Michael Etter* und *Christian Fieseler.* Dabei werden neben verschiedenen Feldern wirtschaftswissenschaftlicher CSR-Forschung auch Motivationen von Wirtschaftsakteuren vorgestellt. Dem stehen *(wirtschafts)ethische Perspektiven* auf CSR gegenüber: Diskutiert werden in diesem Kontext die Aufgaben und Voraussetzungen von Unternehmen, eine Gesellschaft aktiv und nachhaltig mitzugestalten und dabei die Belange vielfältiger Stakeholder in die Unternehmensaktivität zu integrieren. Im Handbuch stellen *Christian Lautermann* und *Reinhard Pfriem* einleitend unterschiedliche wirtschaftsethische Sichtweisen vor und fragen in diesem Zusammenhang nach den Möglichkeiten ethischen Unternehmenshandelns. Die Rolle von CSR für das strategische Management und Marketing beleuchtet *Franz Liebl*. Er weist vor allem auf Paradoxien der CSR hin. *Benjamin von Walter, Torsten Tomczak* und *Daniel Wentzel* analysieren CSR als Teil des Employer Branding und gehen hier vor allem auf ein CSR-orientiertes Employer Branding und dessen Potenziale für die Anwerbung von Mitarbeitern ein. Zwei kurze Fallstudien verdeutlichen anschließend exemplarisch die Bedeutung von CSR in spezifischen Anwendungsfeldern: *Dennis Schoeneborn, Christopher Wickert* und *Patrick Haack* richten den Blick auf die Bedeutung von CSR für multinationale Unternehmen (MNU). Sie untersuchen die Institutionalisierung und Auswirkungen von CSR-Standards am Beispiel des „Equator-Principles"-Standards der Finanzindustrie. Nils Bader diskutiert im Vergleich dazu die Spezifika, Probleme sowie Anwendungsfelder von CSR im Kontext kleiner und mittlerer Unternehmen (KMU), indem er Ergebnisse aus einer Befragung von KMU darstellt und die Befunde eines darauf aufbauenden Pilotprojekts „CSR für Berliner KMU" präsentiert. Abschließend entfalten *Friederike Schultz* und *Stefan Wehmeier* eine *organisationssoziologische und -theoretische* Perspektive. CSR wird hierin als soziales Konstrukt verstanden, und es wird mittels verschiedener theoretischer Zugänge (Neo-Institutionalismus, Interaktionismus, Narrativität, Organisationskultur) nach Prozessen der Institutionalisierung von CSR, aber auch nach dem organisationsinternen Umgang mit CSR gefragt.

Obwohl CSR in *wirtschaftlichen* Anwendungsfeldern zum Tragen kommt, ist es insbesondere im Kontext des Bereichs *Politik und Gesellschaft* anzusiedeln. In der *politikwissenschaftlichen Forschung* wird CSR vor allem vor dem Hintergrund bestehender Machtbeziehungen analysiert. Dabei werden insbesondere die Pflichten und Rechte von Unternehmen sowie auch deren Rolle in Räumen begrenzter Staatlichkeit diskutiert. Im Handbuch gibt *Lothar Rieth* zunächst einen Überblick zu CSR aus politologischer Sicht. Er stellt damit verbundene Forschungsfragen und -felder sowie bestehende Konzepte, Kodizes und Initiativen vor. In der *Rechtswissenschaft*, welche unter anderem das Verhältnis von Freiwilligkeit, gesetzlichen Vorschriften und Legalität näher analysiert, existieren derzeit nur wenige Auseinandersetzungen mit CSR. *Karsten Nowrot* fragt daher nach der Einordnung von CSR im juristischen Kontext und nach Konsequenzen eines solchen „soft-law". Auch das Konzept des Corporate Citizenship, welches eine Ethisierung des Kerngeschäfts des Unternehmens vorsieht und Unternehmen als politische und moralische Akteure versteht, wird im Handbuch intensiv diskutiert. *Holger Backhaus-Maul, Christiane Biedermann, Peter Friedrich, Stefan Nährlich* und *Judith Polterauer* geben mit ihrem Beitrag zu Corporate Citizenhsip einen fundierten theoretischen Einblick in die zivilgesellschaftliche Ausprägung des gesellschaftlichen Engagements von Unternehmen in Deutschland. *Felix Dreseweski* und *Stephan C. Koch* erweitern diese Perspektive mit einem systematisierenden, praxisorientierten Überblick über Formen der Kooperation von Unternehmen und zivilgesellschaftlichen Akteuren am Beispiel von Fallstudien.

Im dritten Teil des Handbuchs werden unterschiedliche methodische Zugänge zur Erforschung von CSR-Kommunikation diskutiert. *Matthias Karmasin* und *Franzisca Weder* widmen sich in ihrem wirtschaftsethisch fundierten Beitrag der Methode der Befragung und damit auch dem Problem, ob und wie man Ethik empirisch messen kann. *Diana Ingenhoff* und *Martina Kölling* arbeiten die Bedeutung der Online-Medien für die CSR-Kommunikation heraus und stellen auf der Grundlage eines Forschungsüberblicks methodische Zugänge zur empirischen Erhebung von CSR-Kommunikation im Bereich der Online-Medien vor. *Stefan Jarolimek* und *Juliana Raupp* schließlich richten ihr Augenmerk auf die Möglichkeiten der Inhaltsanalyse, vor allem im Hinblick auf CSR- oder Nachhaltigkeitsberichterstattung und die journalistische Medienberichterstattung. Am Ende des Handbuchs werden in einem *Glossar* zentrale Begriffe der CSR-Forschung komprimiert erläutert.

Allen hier aufgeführten Autoren[1] danken wir recht herzlich für ihre Mitwirkung und Unterstützung des Vorhabens. Besonderer Dank gebührt Christin Schink, die mit der umsichtigen Ausgestaltung des Manuskripts und ihrer engagierten Unterstützung des Herausgeberteams zum Entstehen des Handbuchs wesentlich beigetragen hat.

Literatur

Bowen, H. R. (1953). *Social Responsibilities of the Businessman*. New York: Harper & Brothers.

Carroll, A. B. (1991). The Pyramid of Corporate Social Responsibility: Toward the Moral Management of Organizational Stakeholders. *Business Horizons, 34,* 39–48.

Crane, A., & Matten, D. (2007). Editor's introduction. In dies. (Hrsg.), *Corporate Social Responsibility, Theories and Concepts of Corporate Social Responsibility* (Bd. 1) (S. xvii–xxx). London: Sage.

Elkington, J. (1999). *Cannibals with Forks: The Triple Bottom Line of 21st Century*. Business. Oxford: Capstone.

Europäische Kommission, Generaldirektion Beschäftigung und Soziales (Hrsg.) (2001). *Grünbuch. Europäische Rahmenbedingungen für die soziale Verantwortung der Wirtschaft*. Luxemburg.

European Commission, Directorate-General for Employment and Social Affairs (Hrsg.) (2003). *Mapping Instruments for Corporate Social Responsibility*. Luxembourg.

Fieseler, C. (2008). *Die Kommunikation von Nachhaltigkeit: Gesellschaftliche Verantwortung als Inhalt der Kapitalmarktkommunikation*. Wiesbaden: VS Verlag.

Frederick, W. C. (2006). *Corporation Be Good! The Story of Corporate Social Responsibility*. Indianapolis: Dog Ear Publishing.

Locket, A., Moon, J., & Visser, W. (2006). Corporate Social Responsibility in Management Research: Focus, Nature, Salience and Sources of Influence. *Journal of Management Studies, 43*(1), 115–36.

Schmidt, S. J., & Tropp, J. (Hrsg.) (2009). *Die Moral der Unternehmenskommunikation. Lohnt es sich, gut zu sein?* Köln: Halem.

---

1   Aus Gründen der besseren Lesbarkeit haben wir im Handbuch auf die Nennung der männlichen und weiblichen Form verzichtet. Es sind selbstverständlich immer beide Geschlechter gemeint.

Moralische und moralisierte Kommunikation im Wandel: Zur Entstehung von Corporate Social Responsibility

Friederike Schultz

Der Ruf nach Ethik ertönt nach Luhmann insbesondere „in Zeiten des Strukturwandels, der Krise und der Orientierungsunsicherheit" (Luhmann 1989: 443 f.; vgl. auch Luhmann 1991). Dieser Mutmaßung folgend lassen sich auch derzeitige Diskurse über die soziale Verantwortung der Wirtschaft auf gesellschaftliche Krisenwahrnehmungen zurückführen und als Ausdruck eines Wandels des Verhältnisses von Politik und Wirtschaft und somit der Gesellschaft an sich deuten. Dieser Wandel wird vor allem durch eine intensivere Kommunikation und eine Neuaushandlung von Werten begleitet und zugleich prozessiert, und zwar in Form von moralischer und moralisierter Kommunikation im Bereich der Medien- und Organisationskommunikation.

Die beobachtbare Konjunktur moralisierender Kommunikationen in der Gesellschaft und die damit verbundene Institutionalisierung von Corporate Social Responsibility (CSR) in den letzten Jahren legt vielfach den Schluss nahe, dabei handle es sich um ein neuartiges Phänomen, Konzept, Theorem oder gar Paradigma in der Wirtschaft und Gesellschaft. Als solches werden im Zusammenhang mit CSR oftmals Hoffnungen auf eine bessere Gesellschaft und Zukunft, auf eine Harmonisierung gesellschaftlicher und wirtschaftlicher Interessen sowie auf die Überwindung des bisher Antagonistischen artikuliert. Die notwendige Klärung, was an CSR neuartig ist und wie CSR sowie damit verbundene Formen der moralischen bzw. moralisierenden Kommunikation hinsichtlich ihrer Implikationen einzuordnen sind – der historischen Wurzeln von CSR und deren Folgen – steht im Vordergrund dieses Beitrags. Neben der Darlegung des aktuellen Forschungsstands wird darin der Vorschlag einer vergleichenden Perspektive entwickelt, welche unternehmerische Sozialpraktiken im Kontext *gesellschaftlicher Wandlungsprozesse, wissenschaftlicher Modellierungen* und damit verbundener *gesellschaftlicher Kommunikationen bzw. Diskurse* reflektiert.

1 Historische Verortung des CSR-Diskurses: Moralisierende Kommunikation als Ausgangspunkt

Die Suche nach wissenschaftlichen Auseinandersetzungen mit den historischen Wurzeln von CSR ist ernüchternd: In der historisch orientierten CSR-Forschung, die aufgrund der begrifflichen Herkunft des Konzeptes zumeist auf den US-amerikanischen Raum bezogen ist, finden sich eine Reihe anekdotischer Verweise auf frühe

Verantwortungsübernahmen einzelner Großkonzerne gegen Ende des 19. Jahrhunderts, auf historische Wurzeln im alten Ägypten, im antiken Griechenland, im Mittelalter oder auch im Merkantilismus. Jedoch existieren nur wenige ausgewiesene Artikel zum Thema. Der Ursprung des CSR-Konzeptes wird im Rahmen von Literaturübersichten wie jener Carrolls (1999) trotz des Verweises auf frühere Referenzen in den 1930er und 1940ern eher willkürlich in den 1950er Jahren verortet. Kanonisiertes Wissen ist seither, dass Howard R. Bowen der Ur-Ahne von CSR sei (vgl. u. a. die Systematisierungen von Lockett, Moon & Visser 2006; De Bakker, Groenenwegen & Den Hond 2005). Verweise auf Bowen beschränken sich dabei zumeist auf ein Zitat aus seinem ausgesprochen schwer zugänglichen Werk aus dem Jahr 1953, in dem dieser Social Responsibility definierte als „the obligations of businessmen to pursue those policies, to make those decisions, or to follow those lines of action which are desirable in terms of the objectives and values of our society" (Bowen 1953: 6). Eine Beschäftigung mit den Wurzeln von CSR findet teilweise zwar in der Forschung über Corporate Citizenship statt, welches hier als Teilbereich von CSR verstanden wird (u. a. Crane, Matten & Moon 2008; Backhaus-Maul 2008). Obwohl die Betrachtungen hierin bereits in der Zeit der Industrialisierung ansetzten und der gesellschaftliche Kontext stärker mitberücksichtigt wird, stehen hier jedoch vornehmlich die Unternehmenspraxen im Vordergrund.

Im vorliegenden Beitrag wird CSR aus konstruktivistischer Perspektive als soziales, aufgrund vielfältiger Treiber – ökonomische, legale, normative und kognitive (bspw. Moralisierung) – institutionalisiertes und kommunikativ zwischen politischen, wirtschaftlichen und medialen Akteuren ausgehandeltes Konstrukt verstanden (Schultz 2006; Schultz & Wehmeier 2010). Entsprechend könnte eine historische Auseinandersetzung mit CSR vor allem am Diskurs und den Kommunikationen über die soziale Verantwortung von Unternehmen ansetzen, wie sie sowohl in der Praxis als auch in der Wissenschaft geführt wurden. Vorgeschlagen wird daher eine umfassende kommunikationshistorische Perspektive (vgl. dazu Rollka 1987) auf das Zusammenspiel von Gesellschaft, wissenschaftlicher Theoriebildung und Unternehmenspraxis, die darüber hinaus die moralischen und moralisierenden Kommunikationen, kommunikativen Bedingungen, Organisationskommunikationen und verschiedenen Subsysteme der Kommunikation (Wirtschaft, Politik, etc.) einbezieht. Vor diesem Hintergrund lassen sich nicht nur die mit CSR verbundenen Funktionen und Intentionen, sondern auch die Implikationen und Konsequenzen des Konzeptes erfassen.

Dass eine solche kommunikationswissenschaftliche und -historische Analyse bisher noch nicht vorliegt erstaunt aus vielerlei Gründen: Nicht nur macht stutzig, dass sich wohlwollende Verweise auf die teils rechtliche Institutionalisierung sozialer Orientierungen von Gewerbetreibenden in der Antike, im Mittelalter und im Merkantilismus implizit auf vormoderne und vordemokratische Gesellschaftssysteme beziehen, ohne deren Rahmenbedingungen – eine teils massive Lenkung der Wirtschaft und Presse (Intelligenzblatt), intensive staatliche Öffentlichkeitsarbeit, Einbindung des Einzelnen in feste Normenkataloge sowie eine Ablehnung liberaler Gesellschaftsmechanismen – zu reflektieren. Auch fällt auf, dass auf eben diesen

Diskurs über das „Soziale" und das Verhältnis von Wirtschaft und Gesellschaft bzw. Politik bereits zu Beginn des 20. Jahrhunderts Soziologen und Ökonomen mit vielfältiger Kritik reagierten. Exemplarisch sei hier zum einen auf den grundlegenden Streit über die Aufgaben der (Sozial-)Wissenschaften in der modernen Gesellschaft verwiesen, wie er vor dem Hintergrund des Entstehens normativer Wirtschaftslehren und Ethiken entbrannte und unter anderem in das wegweisende Postulat Max Webers von der notwendigen Wertfreiheit der Wissenschaft mündete. Nach Weber kann es:

> „niemals Aufgabe einer Erfahrungswissenschaft sein [...], bindende Normen und Ideale zu ermitteln, um daraus für die Praxis Rezepte ableiten zu können. [...] Richtig ist, daß die persönlichen Weltanschauungen auf dem Gebiet unserer Wissenschaften unausgesetzt hineinzuspielen pflegen auch in die wissenschaftliche Argumentation [...] Aber von diesem Bekenntnis menschlicher Schwäche ist es ein weiter Weg bis zu dem Glauben an eine ‚ethische' Wissenschaft der Nationalökonomie, welche aus ihrem Stoff Ideale oder durch Anwendung allgemeiner ethischer Imperative auf ihren Stoff konkrete Normen zu produzieren hätte. [...] die Geltung solcher Werte zu beurteilen, ist Sache des Glaubens, [...] sicherlich aber nicht Gegenstand einer Erfahrungswissenschaft [...]." (Weber 1988[1922]: 149 ff.)

Noch vehementer, wenn auch anders gelagert, war die umfassende politische Kritik, die der liberale Ökonom Friedrich August von Hayek vor dem Hintergrund seiner Erfahrungen des Nationalsozialismus und Zweiten Weltkrieges an der rhetorischen Konjunktur des „Sozialen" und damit verbundenen Subordination der Menschen unter die Führung Einzelner äußerte. Von Hayek, der sich in „The Road to Serfdom" (1944) kritisch gegen die damalige Abwendung von liberalen Ideen, die Rede vom „Ende des Kapitalismus" und die Etablierung eines neuen, verbindlichen Moralkodes in der Gesellschaft wandte, sah darin vor allem die Gefahr einer Einschränkung der Freiheit, der Selbstverantwortlichkeit und des Respekts vor dem Individuum, die ihm an sich höchst unmoralisch erschien:

> „Echter Dienst am Sozialen ist nicht Herrschaft oder Führung, besteht nicht einmal im gemeinsamen Streben nach gleichen Zwecken [...]. In letzter Linie ist die Ablehnung des Ideals des ‚Sozialen' darum notwendig geworden, weil es das Ideal derer geworden ist, die im Grunde das Bestehen einer wirklichen Gesellschaft leugnen, deren Sehnsucht nach dem Konstruierten und von einem Verstand Dirigierten steht. In diesem Sinn scheint mir viel von dem, was sich heute als sozial gibt, in dem tiefern und echtern Sinne des Wortes ausgesprochen antisozial zu sein." (von Hayek 1957: 84)

Deutlich wird hierin, dass die Fragen, um die auch CSR kreist, den Kern sozial- und wirtschaftswissenschaftlicher Diskurse seit ihrer Entstehung betreffen. Ein genauerer Blick auf diese wissenschaftlichen Diskurse der damaligen Zeit stärkt die Vermutung auf gedankliche Parallelen noch mehr: Vor dem Hintergrund eines konstatierten gesellschaftlichen Werteverlustes und vielfältiger Krisenwahrnehmungen verbreite-

ten und radikalisierten sich insbesondere zu Beginn des 20. Jahrhunderts in Europa
und den USA normative Organisationskommunikations- bzw. Führungskonzepte,
wie exemplarisch die normative Betriebswirtschaftslehre (Nicklisch) und Ansätze
der Human Relations (Mayo), welche den Fokus stärker auf Aspekte der Moral, der
Ethik und des Gewissens von Mitarbeitern, Managern und Organisationen zu richteten versuchten (Schultz 2006). Auch frühe Praxen und Lehren der Public Relations
entwickelten sich parallel zu sozialen Unternehmenspraxen und betonten vor allem
deren gesellschaftliche statt nur organisationale Zielsetzungen (Bernays 1928). Dies
legt den Schluss nahe, dass der Diskurs über die soziale Verantwortung der Wirtschaft in einer längeren und möglicherweise expliziteren Tradition steht.

Der vorliegende Artikel leistet in mehrfacher Hinsicht einen Beitrag zur Überwindung des konstatierten Defizits im Bereich historisch orientierter CSR-Forschung.
Zum einen wird hier die Auffassung vertreten, dass die historische Betrachtung von
CSR aus dargelegten Gründen bei der Entstehung moderner, demokratischer Gesellschaften und somit in der Zeit der Industrialisierung ansetzen muss. Evaluiert
werden daher historische und qualitativ unterscheidbare Phasen der CSR-relevanten
Diskussion und deren spezifische CSR-Praxen, insbesondere in Bezug auf die USA
und Deutschland. Der Beitrag liefert erste Ergebnisse zu einer solchen Einordnung,
knüpft hierbei aber auch an vorliegende Beiträge zur Systematisierung der CSR-
Entwicklung an, wie sie sich vielfach an dem Begriff selbst und damit verbundenen
Modifikationen orientieren: Caroll beispielsweise stellt dem „Beginn einer modernen Ära der sozialen Verantwortung" (1950er–60er Jahre) eine Phase der „Verbreitung" (1970er Jahre) und „Spezifizierung" (1980er–90er Jahre) gegenüber. Qualitative
Unterschiede in der Entwicklung von CSR beobachten auch Gerde und Wokutch
(1998: 416, aufbauend auf Preston 1986) in ihrer Analyse von Managementpublika-
tionen: CSR entwickelte sich danach von der „Innovation" in den 1960er Jahren, über
die Phase der „Entwicklung und Expansion" (1972 bis 1979), über jene der „Institutionalisierung" (1980 bis 1987) bis hin zur „Reife" zwischen 1988 und 1996. Frederick
(1987) unterscheidet dagegen jene Strömungen der „Corporate Social Responsibility"
(CSR[1], 1950er–1960er Jahre), der „Corporate Social Responsiveness" (CSR[2], Beginn der
1970er Jahre) und der „Corporate Social Rectitude" (CSR[3] seit Mitte der 1970er Jahre).

Zweitens wird hier im Gegensatz zu einer disziplin- und begriffsgebundenen
oder eher praktikenbezogenen historischen Einordnung die Auffassung vertreten,
dass gerade die Analyse der kommunikativen Prozesse, der zugrunde liegenden
Form der *Kommunikation* und *Rhetoriken* sowie des jeweiligen *Diskurses* über die
soziale Verantwortung der Wirtschaft ein zentraler Ausgangspunkt historischer
CSR-Forschung sein kann, von dem aus sich wiederum definitorisch-begriffliche,
disziplinäre und praxeologische Entwicklungen sowie Prozesse gesellschaftlichen
Wandels reflektieren lassen. Eine bei der Kommunikation selbst ansetzende Perspektive erweist sich zugleich mit Vorstellungen kompatibel, auch die Wissenschaft
und somit den Ort, an dem über Konzepte wie CSR verhandelt wird, selbst als kommunikativen Diskurs zu betrachten: Wissenschaftliche Erkenntnisse und auch CSR-
Forschungen sind danach nicht Ergebnis einer Übertragung von Wissen, sondern
Resultat kommunikativer Zuschreibungen, Vorannahmen und Interessen sowie

auch Ergebnis der Karriereabsichten von Wissenschaftlern, ihrer Wissenschaftsverständnisse und auch politischen Werthaltungen (Kusch 2002; Weingart 2003), die wiederum ihre wissenschaftlichen Kommunikationen begründen.

Dies führt *drittens* zur Notwendigkeit, moralische und moralisierende Kommunikation als Ausgangspunkt der Betrachtung definitorisch zu fassen.[1] Moralische und moralisierende Kommunikation sind im Bereich der Medien- und Organisationskommunikation, wie eingangs dargelegt, Kennzeichen der gesellschaftlichen Wandlungsprozesse und zugleich grundlegend für diese. Sie dienen nicht nur der Neuaushandlung gesellschaftlicher Werte und weisen nicht nur auf deren Wandel hin, sondern vor allem auf die Unlösbarkeit bestehender Krisen, damit verbundene Unsicherheit und Orientierungslosigkeit. Aus kommunikationswissenschaftlicher Sicht (vgl. im folgenden Schultz 2006, 2009) lässt sich *Moral* selbst nicht als festes, auf den Menschen wirkendes Normengefüge, sondern als kommunikativ ausgehandeltes und diskursiv verändertes Konstrukt verstehen. *Moralische Kommunikation* ist dann eine Form der Kommunikation, die über den moralischen Code *gut/schlecht* Achtung oder Nicht-Achtung einzelner Akteure symbolisiert (vgl. Luhmann 1989: 17) und, indem sie sich auf den Akteur (Unternehmen) als „Ganzen", auf dessen wahrgenommene „Identität" bezieht, als *moralisierte Kommunikation* seine gesellschaftliche Zugehörigkeit symbolisch in Frage zu stellen versucht: Als moralisierende Kommunikationen lassen sich danach Formen der öffentlichen Anprangerung, der Empörungskommunikationen und Skandalisierungen bezeichnen, wie sie auch den medialen Verantwortungsdiskurs kennzeichnen. Sie dienen sowohl dazu, Gesellschaften durch übersituative Bezugnahmen und Reduktion von Komplexität in Alarmzustände zu versetzen und Themen durchzusetzen, zielen gleichzeitig jedoch auch auf eine Einschränkung des Prozesses der Aushandlung gesellschaftlicher Wirklichkeit ab: „Die Institutionalisierung des Themas wird" nach Luhmann darin „mit den moralischen Implikationen von Meinungen so verschmolzen, dass die Behauptung einer Moral mit Annahmezwang herauskommt" (1979: 36). Kommunikation wird so teilweise unbeantwortbar; Probleme werden weniger ausdiskutiert als vielmehr auf eine andere Ebene verlagert und partiell verschleiert. Damit stellt sich schließlich auch die Frage nach den Implikationen von CSR und der damit verbundenen Reaktualisierung normativer Menschen-, Unternehmens- und Gesellschaftsbilder, nach dem Verhältnis von Emanzipation und Konversion (von Hayek 1970[1944]; Pross 1971; vgl. dazu Schultz 2006).

Der folgenden *diskurstheoretischen* und *kommunikationshistorischen* Perspektive ist jedoch die selbstkritische Anmerkung voranzustellen, dass auch ein alternativer Versuch, Schneisen der Zeit und des Raumes in Wirklichkeitskonstruktionen und kommunikative Zusammenhänge einzuziehen insofern vorbelastet ist, als dass *jeder* Bruch im Raum-Zeit-Kontinuum perspektivisch gebunden bleibt und eine Reduktion von Komplexität darstellt, die oftmals auch der eigenen Selbstvergewisserung und Identitätsfindung dient. Aus diesen und epistemologischen Gründen wird hier

---

1   Zu Moralisierung vgl. auch Raupp und Szyszka in diesem Band.

daher die Vorstellung einer zufälligen oder gar teleologischen Höherentwicklung von Gesellschaften, Konzepten und damit auch historischen Phänomenen abgelehnt.

2   Unternehmensverantwortungsdiskurse im 19. und frühen 20. Jahrhundert: Religiöse Erweckung, Nationalisierung und Mobilisierung

Soziale Unternehmenspraxen ließen sich bereits weit vor dem Zweiten Weltkrieg beobachten und hingen eng mit der Entwicklung der modernen Wirtschaftsunternehmen durch die verschiedenen Jahrhunderte hinweg zusammen. Vor dem Hintergrund gesellschaftlicher und moralischer Krisenwahrnehmungen und Rationalisierungsprozesse in der Wirtschaft entwickelten sich vielfach gesellschaftspolitische Maßnahmen und Sozialreformen seitens der Politik und auch der Unternehmen (Heald 1999: 4 ff.). Sie zielten hier auf eine stärkere „Sozialisierung" von Unternehmen ab oder sind als vorauseilende Antwort auf die veränderten öffentlichen Erwartungen zu verstehen. Grundlegende Skepsis gegenüber den sozialen Auswirkungen der industriellen Produktionsweise mündete bereits in den zwanziger und dreißiger Jahren des 18. Jahrhunderts bei Autoren wie David Ricardo, den „utopischen Sozialisten" Henri de Saint-Simon, Charles Fourier und Robert Owen, sowie auch Karl Marx und Friedrich Engels in Bestrebungen, die in Betrieben tätigen Menschen stärker in den Mittelpunkt der Betrachtung zu rücken. Aus der tiefgreifenden Umgestaltung der wirtschaftlichen und sozialen Verhältnisse und Arbeitsbedingungen im Zuge der industriellen Revolution, der Technologisierung und den Produktivitätssteigerungen in Europa und den USA resultierte vor allem gegen Ende des 18. und zu Beginn des 19. Jahrhunderts eine Zuspitzung sozialer Missstände, die sich in Arbeiterunruhen und der zunehmenden Organisation von Arbeitern in politischen Vereinigungen (Arbeiterbewegung) und einer damit verbundenen Moralisierung öffentlicher Kommunikation niederschlug.

In den USA mündete der beachtliche soziale Wandel gegen Ende des 19. Jahrhunderts in die so genannte „Industrial Betterment"-Bewegung, die religiöse Visionen von Moralität mit der dem Protestantismus entlehnten Idee der Pflicht bzw. der Verantwortung verband und später Formen des „Social Engineering" vorsah, um den „sozialen Frieden" nicht nur in Unternehmen, sondern in der Gesellschaft als solcher zu sichern (Barley & Kunda 1992: 367). Journalisten, Schriftsteller, Akademiker und Vertreter der Wirtschaft, vor allem aber auch Politiker warben mit Regierungsberichten und Vereinigungen wie der *National Civic Federation* für die nationale Verbreitung der Bewegung. Unternehmen wie die U.S. Steel, Pullman und McCormick richteten Krankenkassen, Krankenanstalten, Kindergärten, Werksläden, Werkskantinen, Werkswohnhäuser, Bibliotheken, Schulen und Sportplätze für Mitarbeiter und Unternehmensprogramme wie „civic uplift" und „beautification" ein, um deren Verwaltung sich so genannte „Sozialsekretäre", „Wohlfahrtspfleger" oder auch „Sozialdirektoren" kümmerten (vgl. Heald 1999: 34).

Auch in Deutschland bildeten sich im Kaiserreich analog zu den Entwicklungen und Ursachen in den USA betriebliche Sozialpraxen und Fürsorge-Maßnahmen heraus. Große Unternehmen wie die heutige Bayer AG (vormals IG Farben) initiierten beispielsweise die Einrichtung von betrieblichen Pensionskassen, Unterstützungsfonds für Arbeiter, Konsumvereine und Wöchnerinnenheime im Unternehmen. Im Rahmen ihrer eher patriarchalischen Orientierung sahen Unternehmer wie Friedrich Carl Duisberg den Betrieb als Organisation an, die neben ökonomischen Zielen auch soziale und ethische Aufgaben zu erfüllen habe. Auch andere Unternehmer wie Krupp, Siemens, Bosch und Daimler begriffen sich damals als Reformer des Kapitalismus. Als eine der ersten Unternehmensverfassungen kann das im Jahr 1872 als Reaktion auf einen Generalstreik entstandene „Kruppsche Generalregulativ" der Krupp AG verstanden werden, welches für Sozialleistungen wie Krankenversicherung und Rente die Mitarbeiter zur Treue und moralischen Verpflichtung auf das Unternehmen verpflichtete (Ebert 2003). Vor allem intensivierten sich in dieser Zeit Maßnahmen der internen Kommunikation und soziale Rhetoriken, wie die umfassende Analyse Michels über Fabrikzeitschriften verdeutlicht (Michel 1997: 56 f.).

Als Hintergrund der Aktivitäten lassen sich dabei sowohl ökonomische Motive als auch ideelle (religiöse, nationalistisch-patriotische, antiliberale) Gründe ausmachen. Fürsorgemaßnahmen und sozio-moralische Führungskommunikationen sollten hier zum einen die Arbeitsleistung, das Pflichtbewusstsein und die Konformität („Versittlichung") der Mitarbeiter erhöhen (Heald 1999: 2 ff.), dem wachsenden Einfluss der Arbeitervereinigungen und „radikalen" Bewegungen entgegnen und darüber schließlich ökonomische Interessen zu wahren helfen (Barley & Kunda 1992: 367 f.). Als Gegenleistung dafür wurde von Arbeitern eine emotionale Bindung an das Unternehmen und die gehorsame Einhaltung moralischer, der bürgerlichen Tugendlehre entstammender Wert- und Verhaltensmuster wie Fleiß, Pflichttreue, Gewissenhaftigkeit, Sparsamkeit, Sauberkeit und Pünktlichkeit erwartet. Zugleich entwickelten Unternehmen diese Aktivitäten aus religiösen und philanthropischen, teils auch patriotisch-nationalistischen Motiven. Die Moralisierung gesellschaftlicher Wirklichkeiten und Kommunikationen lässt sich nicht nur an der rasanten Neugründung christlich-nationaler Vereine wie dem YMCA (Young Man's Christian Association) (1844) ablesen, sondern überhaupt bei Vertretern der neuen „Erweckungsbewegungen" beobachten, die in ihren Kommunikationen vor allem eine Rückbesinnung auf moralische und religiöse Werte (Heald 1999: 24; Heideking 1999: 244) predigten. Vergleichbar der nationalen Bezugnahme der Maßnahmen in den USA zielte auch im Kaiserreich – ganz im Gegensatz zu früheren und späteren Phasen liberaler Sozialpolitiken – der Einsatz der Konzepte zunehmend auf die pädagogische Erzeugung einer *Doppelloyalität* ab, die sich nach innen auf das Unternehmen, nach außen aber auf das monarchistische Regierungssystem und die Instanzen staatlicher Machtausübung bezogen (Michel 1997: 88, 399). Zur Sozialisation und „moralischen Besserung" der Mitarbeiter wurde hier bereits auf populäre mythische Leitbilder, nationale Geschichtsmythen und nationale Sinnstifter zurückgegriffen, die nun als vorbildlicher Hort sinnstiftender Moralität verklärt wurden.

2.1 Politisierung und Instrumentalisierung betrieblicher Sozialpraxen vor den Weltkriegen

Bis zum Vorabend des Ersten Weltkriegs lässt sich parallel zu verstärkten Regulierungsbestrebungen führender Politiker eine zunehmende Radikalisierung der unternehmerischen Sozialpraxen beobachten, in welcher nun Patriotismus neben religiösen und sozialen Handlungsorientierungen die Zusammenarbeit fördern und Konflikte beseitigen helfen sollte. Freiwilliges Engagement der Wirtschaft, das zunächst auf das lokale Umfeld beschränkt war und später in Zusammenarbeiten mit nationalen Wohlfahrtsorganisationen mündete, wurde nicht mehr nur als sozial erwünscht verstanden, sondern deren Unterlassung als bewusste Schädigung der Nation aufgefasst. Die bereits hier intensiv diskutierten Ideen vom Unternehmen als „quasi-öffentlichem" Akteur oder „semi-public servant" (Heald 1999) erwiesen sich in dieser Zeit als weitgehend praktikabel, um liberale Vorstellungen wie das Verfolgen privater Interessen zu unterminieren und Zustimmung für eine kriegsbedingte Mobilisierung auf gesellschaftlicher Ebene zu erzeugen.

Ähnliches lässt sich vor allem für die Zeit vor dem Zweiten Weltkrieg beobachten: Die Lösung jener, durch die Weltwirtschaftskrise noch verstärkten sozialen Probleme sah man auch hier in einer Kombination rationaler Elemente (Fließbandfertigung, Mechanisierung) und moralisierender Kommunikationen und Praxen (Psychotechnik, betriebliche Sozialpolitik). Ethisch begründete Kritik an der Wirtschaft mischte sich in dieser Zeit mit Klagen über fehlende „Arbeitsmoral", die nun über die Schaffung einer normativ integrierten Unternehmensgemeinschaft erzeugt werden sollte. Führungspersönlichkeiten mit „Tatwille", „Persönlichkeitsgefühl", „Verantwortungsfreudigkeit" und sozialethisch motiviertem Handeln wurden insbesondere vom deutschnationalen Lager als unentbehrlich für die soziomoralische „Gesundung" des Volkes und dessen ökonomischen Wiederaufstieg angesehen (Michel 1997: 208). Hintergrund des zunehmenden Verbindlichkeitscharakters sozialer Praktiken waren neue, im Zuge struktureller Wandlungsprozesse ausgearbeitete politische Agenden, die sich parallel zueinander in Europa und den USA entwickelten und teilweise Gemeinsamkeiten aufwiesen. Als deren Vertreter sind auch Referenzautoren des CSR-Diskurses wie Bowen (1953, 1949) auszumachen. Der protestantische Bowen beispielsweise war ein während des zweiten Weltkrieges am U.S. Department of Commerce sowie als Chefökonom des „U.S. House Ways and Means and Senate Finance Commitees" tätiger Wirtschaftstheoretiker. Ihm schwebte der institutionalistischen Wirtschaftsagenda des New Deal und der Roosevelt Administration entsprechend ein Mittelweg zwischen Kapitalismus und Sozialismus, eine Kombination aus Planung und Demokratie, vor (Acquier, Gond & Pasquero 2006). Wie Schivelbusch (2005: 28) plausibel darlegt, war der New Deal mit seiner Sozial- und Wirtschaftspolitik dabei ähnlich antiliberal wie politisch-institutionelle Ausrichtungen im Deutschland der damaligen Zeit. Obwohl in den USA die bürgerlichen Freiheiten des Einzelnen weitgehend erhalten blieben und auf dessen Unterordnung unter die Gemeinschaft verzichtet wurde, setzte auch er, wie die zeitgleichen Regime des Faschismus und Nationalsozialismus, zur Überwindung

der Wirtschaftskrise auf Regulierung, eine starke Rüstungskonjunktur und letztlich den Weltkrieg. Entsprechende Parallelen lassen sich in beiden Ländern auch im
verstärkten Interesse an wissenschaftlicher Planung und Lenkung gesellschaftlicher
Prozesse beobachten, was sich unter anderem in der Konjunktur der Propagandaforschung und der Massentheorie als deren Legitimationsbasis widerspiegelte:
Unter dem Druck von sozialen Wandlungsprozessen, vor allem aber der Ausweitung
der Massenmedien und der damit verbundenen Meinungsvielfalt entwickelten sich
vielfach kulturpessimistische Betrachtungen gesellschaftlicher Prozesse, in denen
die Ermächtigung und Individualisierung weiter Teile der Bevölkerung sowie die
damit verbundene Ausdifferenzierung der Gesellschaft negativ, als Zerfall der Gemeinschaft, Verfall der Kultur und insbesondere als Verlust der gesellschaftlichen
Moral gedeutet wurde, dem nun durch Erziehung und Sozialtechnologie entgegen-
gewirkt werden müsse. Inbegriff der Gewissens- und Verantwortungslosigkeit war,
insbesondere im Weltbild des zumeist akademisch geprägten Milieus, das „Mas-
senwesen", welches die Vorstellung einer von kulturellen und moralischen Eliten
geführten Gemeinschaft (Tönnies 1969) als positivem Gegenentwurf zugleich legiti-
mierte (Gamper 2007: 24; Rollka 2010; Schultz 2010).

2.2 Organisationsinterne Sozialpraxen und -externe Public Relations: Kommunikative Interdependenzen

Bereits zu Beginn des 20. Jahrhunderts entwickelten sich Vorstellungen von sozial
verantwortlicher und wertebasierter Wirtschaftsführung vor dem Hintergrund
einer allgemeinen Moralisierung gesellschaftlicher Wirklichkeiten und Kommunikationen, wie sie sich in großflächigen Konsumentenboykotten, öffentlichen Protesten an Unternehmenspraxen sowie auch in allgemeiner Kritik an den eingeführten
unternehmerischen Sozialpraktiken widerspiegelte. Insbesondere letzteren wurde
vielfach mit Misstrauen begegnet: Fürsorgemaßnahmen wurden, wo es anfänglich
zu einer Entkopplung von Diskurs und Praktiken kam, im Zuge delegitimierender
Enthüllungen über Unternehmensmachenschaften durch investigative Journalisten
(Muckrakers) sowie eines zunehmenden Patriotismus als symbolisch wahrgenommen. Auch die Fortsetzung von zum Teil gewaltsamen Streiks hatte ernsthafte Zweifel an der Wirksamkeit des Konzeptes geweckt. Soziale Unternehmenspraktiken
stärkten hier nicht das Vertrauen in die Wirtschaft, sondern förderten den Verlust
des Vertrauens, dem die Unternehmen wiederum durch weitere Maßnahmen zur
Verbesserung ihres öffentlichen Images entgegenwirken wollten: Public Relations.
Interne Kommunikationsmaßnahmen und -praxen und PR-Maßnahmen institutionalisierten sich somit vor allem parallel und interdependent zueinander. Als eines
der ersten Unternehmen stellte die „U.S. Steel" im Jahr 1903 ihren ersten Jahresbe-
richt vor und nutzte dafür die Dienste von Werbeagenturen und „Publicity Agents".
Prominentere Beispiele für solche PR-Aktivitäten lassen sich jedoch erst später verorten: John D. Rockefeller Jr. beispielsweise, dessen Familie Anteile an der „Colorado
Fuel" hatten, holte sich nach blutigen Streiks im Jahr 1913 Hilfe von dem PR-Experten

Ivy L. Lee, heuerte zeitgleich jedoch auch den streng religiösen und späteren kana-
dischen Staatsmann William Lyon MacKenzie King zur Entwicklung eines ausge-
klügelten Wohlfahrtsprogramms für das Unternehmen an (Heald 1999). Wie frühe
PR-Lehren zeigen (Hundhausen 1951), findet sich bereits in der damaligen Unternehmenskommunikation die Idee vom Unternehmen als sozial verantwortlichem „Corporate Citizen", und auch die Verfolgung gesellschaftlicher Interessen wird in der
sich damals herausbildenden PR-Lehre zum Ziel der Organisationskommunikation
erklärt. Autoren wie Edward L. Bernays (1928) schreiben PR, wie bereits einleitend
dargelegt, nicht nur die Aufgabe zu, Bekanntheit herzustellen und wirtschaftliche
Interessen zu verteidigen, sondern als eine Art Führungskommunikation der Harmonisierung wirtschaftlicher und gesellschaftlicher Interessen zu dienen.

2.3   Wissenschaftsdiskurs: Human Relations und normative Betriebswirtschafslehre

Nicht nur der Praxisdiskurs kreiste vielfach um die Idee der sozialen Verantwortung
von Unternehmen. Auch in der Wissenschaft wurden die beschriebenen Maßnahmen betrieblicher Sozialpolitiken, wenn auch unter anderen Namen, spätestens seit
der Jahrhundertwende intensiv diskutiert. Das Ideengebäude der sozialen Verantwortung ist vor allem unmittelbar mit der Geschichte der Wirtschaftsausbildung und
der Entwicklung der Business Schools in den USA zu Beginn des 20. Jahrhunderts
sowie auch der Entstehung der Betriebswirtschaftslehre in Deutschland verbunden.
Nicht nur verfassten eine Reihe von Autoren in dieser Zeit anwendungsorientierte
Schriften über „personnel management", welches auf die interne Betriebspolitik gerichtet war, und die auf gesellschaftliche Prozesse bezogenen „industrial relations".
Auch etablierten sich zeitgleich Lehren, welche den Menschen entgegen rationaler
Managementtechniken (Taylor) stärker in den Mittelpunkt rückten und Organisationen über Gewissen und Moral zu integrieren vorsahen. Bedeutungsvoll in diesem Zusammenhang waren vor allem die der Harvard Business School in den USA
zu Renommée verhelfende Human Relations-Lehre (u. a. Elton Mayo 1970[1933]),
welche Formen menschlicherer Kommunikation thematisierte. Auch Lehren der
frühen Betriebssoziologie, vor allem aber die normative Betriebswirtschaftslehre
Heinrich Nicklischs (u. a. 1934) sind hier zu verorten. Letztere entwickelte sich im
Kontext der Handelsschulenausbildung und stellte mit der Idee der „Betriebsge-
meinschaft" eine der nationalsozialistischen Ideologie verpflichtete Radikalisierung
einstiger sozialreformerischer Bestrebungen dar. Vor dem Hintergrund des Zweiten
Weltkrieges und der damit verbundenen Mobilisierungs- und Regulierungsbestrebungen erlebten beide parallel zu anderen Lehren, welche eine ideell und normativ
begründete Integration auf gesellschaftlicher bzw. öffentlicher Ebene vorsahen (Propaganda, Normative Publizistik), enorme Konjunktur.

Deutlich wird, dass Maßnahmen der betrieblichen Sozialpolitiken bereits seit
Ende des 18. Jahrhunderts gängige Praxen darstellten und auch der Diskurs über die
Wirtschaft vielfach um die Idee ihrer Verpflichtung für gesellschaftliche Ziele, um
„Corporate Citizen" und „ethische Unternehmensführer" kreiste. Neben rationalen

Erwägungen spielten hier religiöse, ethisch-moralische und nationalistische Motive eine maßgebliche Rolle. Angesichts gesellschaftlicher Krisenwahrnehmungen wie der damaligen Weltwirtschaftskrise und paralleler Rationalisierungsbestrebungen kommt es hier zu einer Verstärkung der Moralisierung von Wirklichkeitskonstruktionen und Instrumentalisierung vormals liberal ausgerichteter Maßnahmen, im Rahmen derer nun auch die Idee der sozialen Verantwortung zunehmend zu einem Führungsinstrument wird, welches der Erreichung übergeordneter, politischer Zielstellungen dienen soll.

3   Der Verantwortungsdiskurs der 1950er und 1960er Jahre: Begriffliche Neuorientierung und Entpolitisierung

Die Phase der 1950er bis 60er Jahre lässt sich, vor dem Hintergrund der Analyse im letzten Kapitel, weniger als Phase der Innovation, sondern vor allem als *liberalere Phase* eines *begrifflich und strategisch orientierten Neuanfangs* verstehen: Seit den 1950er Jahren lässt sich ein grundlegender Wandel der entstandenen Lehren und Diskurse beobachten, der in Deutschland aufgrund der Diskreditierung von Nicklischs nationalsozialistischer Lehre im Zuge der allgemeinen Katerstimmung mit einem begrifflichen Neuanfang verbunden ist. Im Vordergrund steht hier die liberalere Idee einer Erhaltung von Handlungsspielräumen durch zuvorkommende Verantwortungsübernahme: Soziale Verantwortung wird wieder stärker mit einer ökonomisch-strategischen Ausrichtung versehen und individualethische Verantwortungskonzeptionen werden ins Zentrum gerückt. Denen zufolge soll das Management freiwillig seinem betriebswirtschaftlichen Gewinnstreben ein „soziales Gewissen" entgegensetzen. Auch in den USA kommt es in dieser Zeit zu einer regelrechten „CSR-Bewegung" (Ulrich & Fluri 1995: 63), die maßgeblich von der Einsicht geleitet ist, dass eine Demonstration von sozialer Verantwortung die Einschränkung unternehmerischer Handlungsspielräume verhindert (Grunig & Hunt 1984: 52). In Deutschland setzt sich beispielsweise eine ähnliche Idee, die der „betrieblichen Partnerschaft" durch, im Rahmen derer Praxen der betrieblichen Mitbestimmung diskutiert und institutionalisiert werden.

In der Wissenschaft gibt es, insbesondere in den USA, in dieser Zeit sowie auch in den 1960er Jahren vielfältige Bemühungen um eine begriffliche Fassung der sozialen Verantwortung sowie Darlegungen des „Neuartigen" (Carroll 1999). Ausschlaggebend sind hier Arbeiten, die wie jene Bowens (1953) um eine retrospektive Analyse sozialer Strömungen in der Wirtschaft und damit verbundener Lehren sowie letztlich auch deren Hinüberrettung in eine neue Epoche bemüht waren. Soziale Verantwortung wird nun, anders als zu Beginn der Industrialisierung, in Bezug auf das Unternehmen als Ganzes diskutiert. Vor allem Davis (1960) trug maßgeblich zu einer Verortung von CSR im Managementkontext bei. Nicht nur stellte er positive Bezüge zu finanziellen Vorteilen heraus, welche den Diskurs der 1970er und 1980er Jahre stark dominieren werden. Auch richtete er in seinem „Iron Law of Responsibility" den Blick auf ökonomisch-dysfunktionale und delegitimierende Effekte sozial unverantwortlichen Unternehmenshandelns und trug mit seinen späteren Arbeiten zu einer Konkretisierung dessen bei, was bei Autoren wie William C. Frederick (1960) und Joseph W. McGuire (1963) zuvor noch recht vage blieb: Die über ökonomische und rechtliche Grundlagen hinausgehenden Verpflichtungen des Unternehmens sah er gerade darin, ethische Konsequenzen des eigenen Handelns für das soziale System einzubeziehen. „Social responsibility moves one large step further by emphasizing institutional actions and their effect on the whole social system." (Davis 1967: 46). Auch finden sich hier an die Arbeiten der Human Relations anknüpfende Studien, welche die Bedeutung des Menschen und sozialer Beziehungen in der Wirtschaft stärker thematisieren und Vorläufer der Organisationskulturdiskussion darstellen.

Die 1950er und 1960er Jahre stellen so gesehen vor allem eine Übergangsphase dar. Gerade die Zuspitzung des Diskurses und damit verbundener Lehren auf den Begriff der „sozialen Unternehmensverantwortung" in den 1950er und 1960ern ermöglichte eine Neuthematisierung und wissenschaftliche Spezifizierung bzw. Weiterentwicklung. Im Gegensatz zu den USA ließen sich in Deutschland vielfach Versuche einer strikten inhaltlichen Abgrenzung und Tabuisierung von normativen Konzepten und Führungslehren der vorherigen Epoche beobachten, die möglicherweise auch die spätere und weniger explizite Übernahme der US-amerikanischen Lehre von der sozialen Unternehmensverantwortung in den 1990er Jahren begründen.

4   Der CSR-Diskurs der 1970er bis 1990er Jahre: Polarisierung, Ökologisierung und Theoretisierung

In den 1970er und 1980er Jahren kommt es zu vor allem zu einer *Polarisierung* und weiteren *Institutionalisierung* der Idee der Unternehmensverantwortung (z. B. bei Johnson 1971). Auch diese ist wieder vor dem gesellschaftspolitischen Hintergrund vielfältiger Krisenwahrnehmungen (u. a. Ölkrise, Wirtschaftskrise, Kalter Krieg) und vor allem ökologischer und sozialer Bewegungen zu deuten. Insbesondere in Deutschland aktualisierten sich in dieser Zeit gesellschaftliche Narrative und moralisierende Kritiken an Unternehmen, welche partiell auch den aktuellen Diskurs über die soziale Verantwortung begleiten: Die Umweltbewegung (zu dieser Bewegung vgl. Roth & Rucht 2008) und die 1968er-Bewegung.[2] In beiden spiegelt sich die neuerliche Aushandlung konträrer Weltbilder wider (Liberalismus vs. Sozialismus), und beide weisen darin partielle Parallelen zu jenen sozialen Bewegungen zu Beginn des 20. Jahrhunderts, der ökologisch ausgerichteten Lebensreformbewegung sowie der faschistischen Bewegung (vgl. dazu u. a. Aly 2008) auf. Diese gesellschaftlichen Leitbilder wurden auch in den 1980er Jahren wieder intensiv verhandelt, vor dem Hintergrund einer Verschärfung des wirtschaftlichen Wettbewerbs, allgemeiner Rationalisierungsmaßnahmen, eines starken Rüstungswettlaufs sowie weiterer, teils unternehmensbedingter Umweltkrisen (u. a. Bophal 1984; Tschernobyl 1986; Exxon 1989).

---

2   Vgl. ausführlicher Szyszka in diesem Band.

4.1 Wissenschaftsdiskurs: Corporate Social Performance, Social Responsibility, Social Responsiveness

Vor diesem Hintergrund fanden auch in der Wissenschaft wieder intensive Auseinandersetzungen mit Ethik (u. a. Wirtschaftsethik) und auch *moralischer Kommunikation* (Habermas 1981) statt. Parallel zum wissenschaftlichen CSR-Diskurs entstanden sowohl in den USA als auch in Deutschland Ende der 1970er Jahre Konzepte der Wirtschaftskommunikation, welche vor dem Hintergrund zeitgleicher Rationalisierungsbestrebungen die Idee der Unternehmensgemeinschaft und Moralität von Unternehmen aktualisierten, wenn auch überwiegend auf rhetorischer Ebene. Sowohl die an die Lehren der 1920er und 1930er Jahre anknüpfende Unternehmenskulturdiskussion, welche sich bis in die 1980er Jahre hineinzieht, als auch die neuerliche Konjunktur der Wirtschaftsethik stellen einen zentralen Resonanzboden des CSR-Diskurses dar.

Im Rahmen dieser Diskurse um die Moral der Wirtschaft kommt es auch zu einer Weiterentwicklung von CSR. Neben vereinzelten Arbeiten, welche CSR im Rahmen einer Metaperspektive historisch einordnen (u. a. Heald 1999), tragen eine Reihe von Autoren zu einer Ausweitung und Spezifizierung des Konzeptes bei (u. a. Steiner 1971). CSR wird nun auf verschiedene Sphären bezogen und in Bezug auf die Umstände, unter denen es zum Tragen kommt, interpretiert. Die Diskussion über die Verantwortung von Unternehmen rief in dieser Zeit vielfach auch Kritiker auf den Plan, die wie der liberale Ökonom Milton Friedman darin eine starke Einschränkung unternehmerischer Freiheiten sahen. Mit seiner Auffassung, die Aufgabe der Wirtschaft sei die Erwirtschaftung von Gewinn (Friedman 1970), nimmt er eine bis heute vielzitierte Gegenpositionen ein, die paradigmatisch für sich entwickelnde und heute oftmals und fälschlicherweise als „neoliberal" diskreditierte Ansätze und Formen der „Corporate Governance" im Bereich des Managements stehen (Shareholder-Ansatz).

Nicht nur verbreitete sich in den 1970er Jahren der Begriff CSR zunehmend. Auch wurde CSR funktionalistisch ausgedeutet und unter dem Schlagwort „Corporate Social Performance" diskutiert: Während sich die „social responsibility" nach Sethi (1975) auf ein Verhalten bezog, welches mit sozialen Normen, Werten und Performance-Erwartungen kongruent ist, meint „social responsiveness" die antizipierende und präventive Adaption des Unternehmenshandelns an soziale Bedürfnisse. Für die wirtschaftswissenschaftliche Auseinandersetzung dieser Zeit, welche vor allem um die Frage kreiste, auf welche Bereiche sich diese Verantwortung von Unternehmen bezieht, lieferte insbesondere Carroll mit seiner vielzitierten Systematisierung verschiedener Verantwortungsebenen im Jahr 1979 einen entscheidenden Beitrag. Carroll unterschied zwischen ökonomischer, auf die Herstellung von Gütern bezogener, rechtlicher Verantwortung, ethischer Verantwortung und „discretionary", d. h. dem eigenen Ermessen obliegender und später (1991) als philanthropisch definierter Verantwortung. Insbesondere die ökonomische verstand er als zentrale Grundlage der anderen Verantwortungsebenen. Kritik wurde später vor allem an der Ungenauigkeit des Konzeptes, den Mechanismen seiner Umsetzung (Vercic &

Grunig 2000: 28 f.) sowie seines eher strategischen und asymmetrischen Charakters (Ulrich & Fluri 1995: 71) geäußert.

Die Zeit der 1980er und 1990er Jahre kennzeichnet vor allem eine weitere *Polarisierung* und *Theoretisierung* des CSR-Diskurses, in dem sich ökonomische und ethisch orientierte Positionen weiter ausdifferenzierten und vor dem Hintergrund weiterer, unternehmensbedingter Umweltschädigungen (u. a. Brent Spar 1995) vor allem Nachhaltigkeit als Verantwortungsdimension zunehmend institutionalisierte. Erstere bemühten sich vor allem um eine empirische Untermauerung. Auch lässt sich in dieser Zeit eine stärkere Tendenz zur Operationalisierung von CSR beobachten, innerhalb derer das Konzept hinsichtlich seiner Möglichkeiten, die gewünschte finanzielle Performance zu gewährleisten, durchdacht wurde. Im Rahmen des Corporate Social Responsiveness-Konzeptes (CSR²; Clarkson 1995) wurde nun nicht mehr diskutiert, wofür Unternehmen verantwortlich sein sollten, sondern wie sich diese Verantwortung strategisch und prozessual umsetzen ließe. Zugleich wurde CSR verstärkt zu alternativen Rahmenmodellen wie der entstandenen Wirtschaftsethik bzw. „Business Ethics", der aktualisierten Idee des „Corporate Citizenship" und der Stakeholder-Theorie in Beziehung gesetzt. Insbesondere letztere hatte wieder die Frage aufgeworfen, welchen Gruppen gegenüber Unternehmen in der Gesellschaft verantwortlich sein sollten (Freeman 1984; Donaldson & Preston 1995). Neben Maßnahmen der Umweltbeobachtung (Issues Management, Stakeholder Management, vgl. Wood 1991) wurden hier insbesondere ein stärker dialogorientierter Umgang mit den Stakeholdern anvisiert, und seitens der Wirtschaftsethik ein nicht-dialogischer, strategischer Einsatz von CSR kritisiert (Zajitschek 1997). Schließlich entstanden Konzepte, wie das der Corporate Social Rectitude (CSR³) oder auch das von Frederick als CSR⁴ bezeichnete Modell, welches um eine stärker moralische Orientierung von CSR bemüht war (vgl. den Überblick in Abbildung 1).

Insbesondere die Analyse von De Bakker, Groenewegen und Den Hond (2005) über veröffentlichte CSR-Beiträge in Fachzeitschriften im Zeitraum von 1970 bis 2002 verdeutlicht die Entwicklung des wissenschaftlichen CSR Diskurses ab den 1970er Jahren (siehe Abbildung 2) sowie die zunehmende Theoretisierung des Konzeptes.

4.2 *Sozialberichterstattung und normatives Paradigma der Public Relations in den 1970er bis 1990er Jahren*

CSR ist auch in den 1970er Jahren wieder stark mit dem Bereich der Public Relations und entsprechenden Praxis verbunden. Vor dem Hintergrund steigender Erwartungen an Unternehmen und eines zunehmenden Ökologiebewusstseins im Rahmen der Debatte über die Rolle des Unternehmens in der Gesellschaft führten Unternehmen vor allem Formen des unternehmerischen Sozialberichtswesens ein (Dubielzig 2009; Dierkes, Marz & Antal 2002), welche wiederum Vorläufer der heutigen CSR-Berichte darstellen. In Anlehnung an die Idee des ökonomischen Berichtwesens informierten Sozialbilanzen (auch „Social Reporting", „Sozialbilanzierung") regelmäßig und systematisch über die soziale Verantwortung, Leistungen und Aktivi-

Abbildung 1   Entwicklung CSR-verwandter Konzepte nach Mohan 2003 (zit. nach De Bakker, Groenewegen & Den Hond 2005)

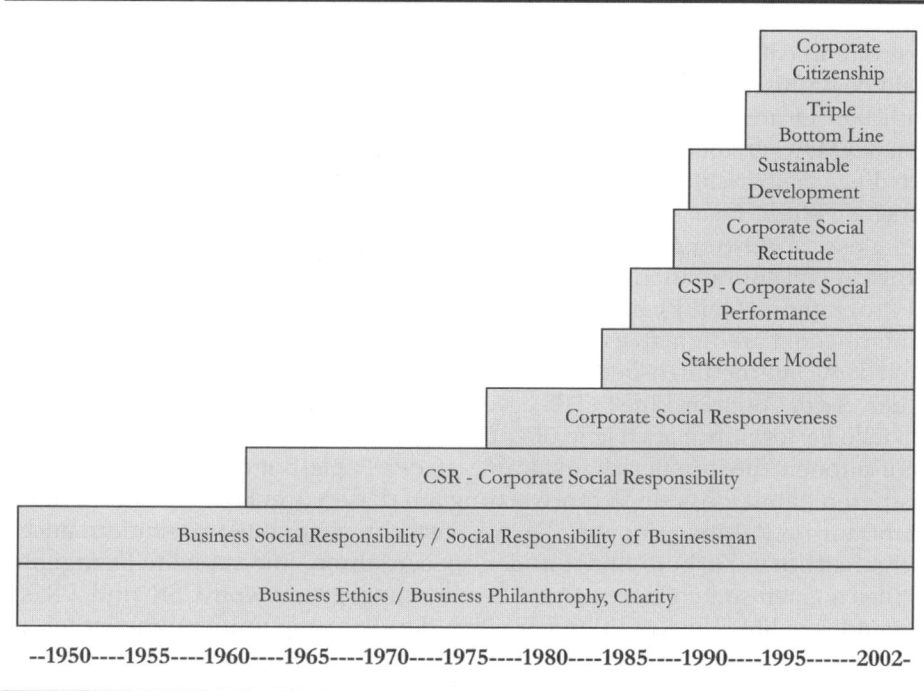

Abbildung 2   Entwicklung des CSR-Diskurses nach De Bakker, Groenwegen & Den Hond (2005: 293)

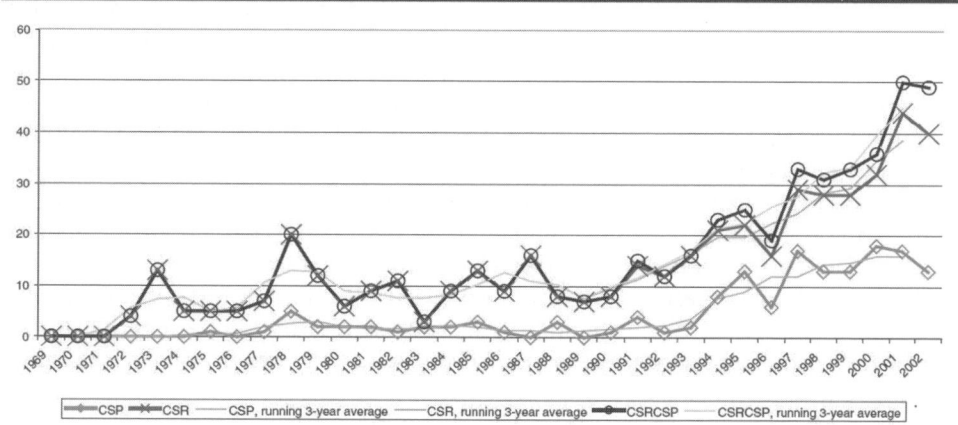

täten des Unternehmens. Die Einführung von Sozialbilanzen war mit Ausnahme einiger weniger Länder wie Frankreich dabei zumeist freiwillig und bezog sich, wie in Deutschland, insbesondere auf den Umgang des Unternehmens mit der Umwelt. Sozialbilanzen wurden hier vor allem von Vertretern der Chemie- und Ölindustrie veröffentlicht und darin dargelegt, wie die Organisation das gesamte soziale Umfeld beeinflusst. In dieser Zeit, im Klima der rechtlichen Freiwilligkeit und des öffentlichen Drucks, war die Berichterstattung zunächst zwar eher PR-orientiert (Owen & O'Dwyer 2008). Aufgrund von weiteren Umweltkatastrophen intensivierte sich die Sozialberichterstattung jedoch in den 1990er Jahren und in Bezug auf Umweltthemen stark. Hier kam es nach der anfänglichen Phase der eher freiwilligen „green glossies" (Owen & O'Dwyer 2008: 389) zunehmend zur Herausbildung von Richtlinien von supranationalen Organisationen wie dem United Nations Environment Programme (UNEP), nationalen Regierungen und Wirtschafts- und Industrievereinigungen. Paradigmatisch für das neue Sozialberichtswesen ist insbesondere die von dem Unternehmensberater John Elkington (1994; vgl. auch 2004) eingeführte Idee der „Triple Bottom Line" (TBL), welche neben der Berichterstattung über die finanzielle Performance auch jene über ökologische und soziale Aktivitäten vorsah. Organisationen, die ihre Berichterstattung an der Triple-Bottom-Line ausrichten, demonstrieren damit, dass sie Verantwortung auf diesen drei Ebenen wahrnehmen.

Nicht nur im Rahmen der jeweiligen Unternehmenspraktiken, sondern auch im wissenschaftlichen Diskurs findet in den 1980er Jahren eine explizite Bezugnahme auf einen gemeinsamen normativen Bestimmungsgrund von CSR und PR statt: Während PR in liberaler Tradition vor allem der Wahrung unternehmerischer Interessen dient, wird ihr im Rahmen des „normativen Paradigmas" (Marsh 2008) ähnlich wie CSR die Funktion zugeschrieben, einen Beitrag zur sozialen Verantwortung des Unternehmens zu leisten. PR soll danach, als eine Art *moralische Kommunikation* konzipiert, die teils mit Unternehmensinteressen konfligierenden Erwartungen der Öffentlichkeiten intern übersetzen, statt erstere gegenüber der Öffentlichkeit zu kommunizieren (Grunig & Hunt 1984). Teilweise wurden beide Konzepte – CSR und PR – auch synonym verwandt (Vercic & Grunig 2000), wie das Zitat von Grunig und Hunt – „Public relations is the practice of social responsibility" – programmatisch verdeutlicht (1984: 47). Vergleiche zwischen beiden Konzepten weisen auch sonst eine Reihe von Parallelen auf und verdeutlichen nicht nur gemeinsame Zielvorstellungen. Auch ähneln sie sich in ihren Vorstellungen über deren Management (Clark 2000: 371) und ihren Bezugnahmen auf Reputation (Fombrun & van Riel 2003).[3] Beide befinden sich an der Schnittstelle von Wirtschaft und Gesellschaft und bekommen vielfach eine Anpassungs- und Harmonisierungsfunktion zugeschrieben, wobei sich Vorstellungen von CSR und PR in beiden Fällen an der Frage scheiden, ob sie eher ein Mittel zur Sicherung ökonomischer Interessen sind (ökonomisch-funktionalistische Position) oder dem Gemeinwohl (ethisch-normative Positionen) dienen sollen.

Auch die neuerlichen Wendungen und Ausdifferenzierungen des CSR-Diskurses und -begriffes in den 1970er bis 1990er Jahren sind, wie das Kapitel verdeutlicht,

---

3   Vgl. auch den Beitrag von Eisenegger & Schranz in diesem Band.

nicht allein wissenschaftsimmanent, sondern vor allem Ausdruck gesellschaftlicher Wandlungsprozesse. Vor allem Krisenerscheinungen gegen Ende der 1970er Jahre führten zu einer stärkeren Rationalisierung in der Wirtschaft und parallelen, neuerlichen Moralisierung gesellschaftlicher Wirklichkeit, wie sie sich nicht nur in der Entwicklung der Wirtschaftsethik, sondern auch in vielfach als Antwort gedachten Unternehmenskulturkonzepten manifestierte.

5   Zum aktuellen Stand des CSR-Diskurses: Diversifizierung und partielle Politisierung

Seit einigen Jahren lässt sich insbesondere in Deutschland wieder eine Intensivierung und Diversifizierung der sozialen Praktiken von Unternehmen, der Kooperationen von Unternehmen und zivilgesellschaftlichen Akteuren beobachten. Deren Hintergrund stellt auch heute eine veränderte Wahrnehmung über die Rolle von Unternehmen sowie die Aufgabenverteilung zwischen Staat, Zivilgesellschaft und Wirtschaft (Crane, Matten & Moon 2008) dar, die wiederum mit veränderten Erwartungen an Unternehmen einhergeht. Gefördert durch die Herausbildung neuer Kommunikationstechnologien sehen sich vor allem Unternehmen verstärkt öffentlicher Beobachtung ausgesetzt. Die moralische Kritik an der Wirtschaft findet dabei nicht nur in einer Moralisierung des Konsums und einer entsprechenden „Moralisierung der Märkte" (Stehr 2007) ihren Niederschlag, sondern auch in einer Institutionalisierung von CSR und CSR-Kommunikation (Schultz & Wehmeier 2010).

In der Praxis erstrecken sich soziale Maßnahmen zunehmend auch auf andere als dem klassischen Sponsoring zuzurechnende Bereiche, wie beispielsweise Umweltschutz und Bildung. Auch intensivieren sich die mit CSR verbundene Kommunikation und deren wissenschaftliche Beobachtung. Deutlich hat sich beispielsweise das Berichtswesen professionalisiert und ausdifferenziert: Zwar liegen im Gegensatz zu Ländern wie Frankreich und Dänemark in Deutschland nach wie vor keine gesetzlichen Rahmenvorgaben für die Veröffentlichung von CSR-Berichten (Nachhaltigkeitsbericht, Sozialbilanz u. ä.) vor. Jedoch haben sich im Laufe der Zeit weitere länderübergreifende Leitlinien und Initiativen für das Berichtswesen entwickelt (bspw. AA1000, Global Reporting Initiative, Social Accountability International SA8000 Standard, ISO 14000, United Nations Global Compact etc.). Unternehmensberichte integrieren auch heute zunehmend Umwelt- und CSR-Themen oder lagern diese in eigenständige Sozial- oder CSR-Berichte aus.

Wie die Übersicht von De Bakker, Groenwegen und Den Hond (2005) verdeutlicht, ist der seit den 1990er Jahren stattfindende wissenschaftliche CSR-Diskurs vor allem durch theoretische Entwicklungen und Initiativen zur empirischen Untersuchung und Messung von CSR gekennzeichnet. Angesichts der Vielfalt der am CSR-Diskurs beteiligten Akteuren mit zum Teil konfligierenden Perspektiven und Interessen verwundert es wenig, dass auch heute zwischen ihnen nach wie vor kein Konsens über das Verständnis von CSR besteht (u. a. McWilliams, Siegel & Wright 2006; Crane & Matten 2007). Mit den Begriffen Corporate Citizenship und CSR sind nicht nur viel-

fältige Praktiken, sondern auch in der Wissenschaft um Deutungshoheit konkur-
rierende Deutungsmuster verbunden: Je nach disziplinärer Herkunft sehen einige
Autoren CSR als Managementmode oder Möglichkeit für Unternehmen an, sich in
soziale Belange einzubringen, oder aber als Rahmenmodell für eine sanfte Regulierung (Sahlin-Andersson 2006). In den resultierenden CSR-Verständnissen wird
CSR als Konzept, Konstrukt oder Theorie, oder auch als Forschungsfeld (Lockett,
Moon & Visser 2006) deklariert und aus einer Vielzahl von Perspektiven, Disziplinen und ideologischen Denkgebäuden betrachtet. Die vielfältigen Bemühungen,
CSR vor dem Hintergrund konfligierender, aber konsensual anerkannter Theoriegebäude zu verorten, deuten dabei jedoch nicht nur auf eine stärkere Theorieorien-
tierung hin, sondern auch auf einen gewissen Eklektizismus und eher implizitere
denn explizite Normativität in der Wissenschaft. Normativen, von einer politischen
Rolle von Unternehmen in der Gesellschaft ausgehenden Positionen, stehen hier
organisationszentrierte, auf den finanziellen Effekt allein ausgerichtete Sichtweisen
(Reputation, Gewinn, etc.) vielfach diametral gegenüber.

Auch im Kontext der Organisationskommunikations- und PR-Forschung ist die
Auseinandersetzung mit CSR nahezu sprunghaft angestiegen. Beobachten lässt sich
auch hier eine Intensivierung normativ orientierter Perspektiven, welche die Auf-
fassung einer gesellschaftlichen Verantwortung von Unternehmen teilend Fragen
der Kommunikationsethik oder moralischen Kommunikation unter verschiedenen Begriffen wie bspw. dem der Verantwortungskommunikation diskutieren.[4] In
Tradition des normativen Paradigmas der PR-Forschung, wie es sich in den 1980er
Jahren entwickelte, wird auch dem Dialogischen, Kohärenten, Authentischen oder
Integrativen vielfach eine höhere Bedeutung beigemessen (vgl. u. a. Morsing &
Schultz 2008). PR wird, wie bereits in den Mitte der 1990er Jahre entstandenen Konzeptionen zur integrierten Kommunikation die Funktion zugewiesen, Konsens
durch die Integration von Unternehmensverfassungen, Werten, Leitbildern und Organisationskulturen herzustellen. Parallel dazu entwickeln sich seit einigen Jahren
auch deskriptiver orientierte Arbeiten, die auf eine Beschreibung von CSR als kommunikatives Phänomen abzielen. Im Vordergrund stehen hier Erklärungen über
die Institutionalisierung und Effekte von CSR(-Kommunikation) beispielsweise in
Bezug auf die Reputation und Legitimation, oder allgemeiner nach der mit CSR verbundenen Form der Moralkommunikation bzw. moralisierenden Kommunikation.[5]

6   Schlussfolgerungen und Ausblick: CSR und Implikationen moralisierter Kommunikation

Abschließend werden nun im Folgenden als Ausblick Aussagen über Ziele und Wege
einer historisch orientierten Auseinandersetzung mit CSR getroffen. Der Beitrag ver-

---

4   Vgl. z. B. Schicha und Altmeppen in diesem Band.
5   Vgl. u. a. auch die Beiträge von Raupp, Eisenegger & Schranz; Szyszka; Bentele & Nothaft in
       diesem Handbuch.

deutlichte, dass solche Analysen vorwiegend im Bereich der Managementforschung vorliegen und fast scheuklappenartig auf den CSR-Begriff verengt sind. Die historischen Vorläufer von CSR werden, in Bezug auf philanthropische Unternehmensverantwortung, lediglich im Rahmen der Corporate Citizenship-Forschung analysiert, wobei die Analyse auch hier vielfach auf die Unternehmenspraxen reduziert bleibt. Eine am Diskurs und den Kommunikationen über die soziale Verantwortung von Unternehmen ansetzende historische Systematisierung erweist sich jedoch als aufschlussreich für die Analyse der mit CSR verbundenen Funktionen, Intentionen, Implikationen und Konsequenzen sowie zur Beseitigung dieses Defizits.

Erste Ergebnisse einer solchen Perspektive, wie sie der vorliegende Beitrag vorschlug, verdeutlichen, dass es sich bei der CSR zugrunde liegenden Idee, damit verbundenen Praxen und Kommunikationen keinesfalls um eine neue Erscheinung handelt. Hintergrund für die Entstehung von sozialen Unternehmenspraxen waren stets gesellschaftliche Krisenwahrnehmungen, strukturelle Veränderungen im Verhältnis von Politik und Wirtschaft sowie Rationalisierungsprozesse, die wiederum von moralischer und moralisierender Kommunikation begleitet wurden. Entsprechende Maßnahmen finden sich bereits in vormodernen und vordemokratischen Gesellschaftssystemen, entfalteten sich in der Zeit der Industrialisierung und in der Weimarer Republik, und erlebten insbesondere im Nationalsozialismus in Praxis und Wissenschaft eine starke Radikalisierung. Moralisierende Kritiken richteten sich auch damals gegen eine Liberalisierung und Individualisierung der Gesellschaft, die Verfolgung von als „unmoralisch" diskreditiertem Eigeninteresse. Sie förderten hier die Herausbildung normativer Führungskonzepte auf organisationaler *sowie* gesellschaftlicher Ebene, deren emanzipatorisch gedachter Ausgangspunkt im umfassenden Sinne in Konversion (Pross 1971) umschlug. Parallelen früherer Diskurse über die soziale Verantwortung der Wirtschaft zum heutigen CSR-Diskurs und Verantwortungsverständnis zeichnen sich ab.

Für die Entstehung von CSR ließen sich verschiedene Phasen ausmachen, wobei nicht von einer „Höherentwicklung", sondern lediglich von einer Ausdifferenzierung des Diskurses ausgegangen werden kann. Während die erste hier analysierte Phase der sozialen Unternehmensverantwortung deutlich unter dem Stern *religiöser Erweckung, Nationalisierung* und kriegsbedingter *Mobilisierung* zu subsumieren ist, lässt sich die Phase der 1950er und 1960er Jahre vor allem als Zeit einer begrifflichen *Neuorientierung* und *Entpolitisierung* verstehen, die sich insbesondere in Deutschland eher durch Orientierungslosigkeit und Irritation kennzeichnete. Die 1970er bis 1990er Jahre lassen sich vor dem Hintergrund neuer Krisenwahrnehmungen, Rationalisierungsbestrebungen und Moralisierungen gesellschaftlicher Wirklichkeiten als Zeit der zunehmenden *Polarisierung, Ökologisierung* und *Theoretisierung* verstehen. Der aktuelle CSR-Diskurs ist nach der anfänglichen Dominanz jener Versuche, einen Nachweis über die ökonomische Wirksamkeit von CSR zu erbringen, nun vor allem durch fachliche *Diversifizierung*, stärkere Normativität und einen höherem Grad an Funktionalismus sowie eine *Re-Politisierung* der Wirtschaft gekennzeichnet.

Deutlich wurde ebenso, dass die Kommunikation von und über Verantwortung in verschiedenen gesellschaftlichen Bereichen (Wirtschaft, Politik, Wissenschaft, Medien) von wissenschaftlichen Bezugnahmen auf Moral und moralischer Kommunikation begleitet wurde, sich selbst jedoch als eine Form moralisierter und politischer Kommunikation ausmachen lässt, welche aus dem strukturellen und normativen Wandel resultiert und ihn zugleich miterzeugt. Anzunehmen ist, dass moralisierende Kommunikation aufgrund der beschriebenen Bezugnahme auf die Organisation als „Ganzer", d. h. auf ihre Identität (Schultz 2009), aufgrund ihrer partiellen Unbeantwortbarkeit sowie vor dem Hintergrund konfligierender Handlungslogiken und komplexer Umwelten zu einer Entkopplung externer von internen Wirklichkeitskonstruktionen (Moralisierung/Amoralisierung), von Diskursen und Praxen führt, die wiederum nicht nur eine weitere Delegitimation von Unternehmen nach sich ziehen könnte, sondern auch eine weitere, Verbindlichkeitscharakter entfaltende Institutionalisierung von CSR (Schultz 2006, Schultz & Wehmeier 2010). Zu vermuten ist, dass sich auch der Blick damit zukünftig vor allem wieder auf das Innere der Organisation, auf Fragen der Organisationskultur als Ort der Verantwortungsübernahme sowie auch der Aushandlung und Kommunikation organisationaler Identität (Corporate Identity) als Antwort auf moralisierte Kommunikation richtet. CSR-Kommunikation ist somit unweigerlich mit Public Relations verbunden, vor allem aber mit der internen Organisationskommunikation, ihrer Artikulation von Identitätsleitbildern und der kommunikativen Durchsetzung organisationalen Wandels.

Zukünftige Auseinandersetzungen mit CSR und CSR-Kommunikationen könnten der hier entwickelten Perspektive zufolge vor allem vor 1950 ansetzen und die Institutionalisierung sozialer Praxen in Unternehmen seit der Industrialisierung in Betracht ziehen. Aufschlussreich können Arbeiten sein, welche die Parallelen in den kommunizierten Wirklichkeitsvorstellungen, Gesellschaftsbildern, Menschenbildern und Organisationsvorstellungen sowie gesellschaftlichen Rahmenbedingungen reflektieren, und dies auch in Bezug auf jene Hochphasen der Idee in den 1920er und 30er Jahren (Weimarer Republik und Nationalsozialismus; New Deal) sowie den 1970er und -80er Jahren. Erhellend dürfte in diesem Zusammenhang auch eine erkenntnisorientierte Verbindung von Management-, Führungs- und Organisationskommunikationsforschung sein, welche bislang unter normativen Abgrenzungsbestrebungen verdeckte Interdependenzen und zugleich den gesellschaftspolitischen Entstehungskontext von CSR stärker offen legt. Für eine solche Perspektive fehlt es bislang zudem an detaillierten Auseinandersetzungen mit frühen Konzepten und Theorien zur innerbetrieblichen Organisation, normativen Führung und Kommunikation mit und über Moral, wie sie vielfach in der normativen Betriebssoziologie, parallel zu den Human Relations aber auch in der normativen Betriebswirtschaftslehre (Nicklisch), der organischen Betriebslehre (Arnhold) und im Kontext der innerbetrieblichen Werbung (Hundhausen) entwickelt wurde. Auch mangelt es in der Kommunikationswissenschaft bislang an einer umfassenden Auseinandersetzung mit der CSR vielfach zugrunde liegenden Form der moralischen bzw. moralisierenden Kommunikation, welche die Implikationen und Konsequenzen des Konzeptes genauer erklären könnte. Auch könnte sie Aufschluss über die Dynamiken früherer Verantwortungskonzepte, der Delegitimation, partiellen Radikalisierung und Dissoziation gesellschaftlicher Wirklichkeiten sowie Antwort auf die Frage geben, in wie weit die Moralisierung von Wirklichkeitskonstruktionen, wie im Nationalsozialismus beobachtbar, zum Abbruch von Kommunikation und damit auch der Aushandlung von Wirklichkeit führten. Obwohl eine Moralisierung öffentlicher, medialer und organisationaler Kommunikation im Kontext der CSR-Forschung gegenwärtig thematisiert wird (u. a. Röttger 2005; Schultz 2006; Schranz 2007)[6], gibt es nur wenige Studien, die einen solchen Beitrag zur sozial- und kommunikationswissenschaftlichen Konzeptualisierung von moralischer bzw. moralisierender Kommunikation als Kommunikationsform leisten (Bergmann & Luckmann 1999; Schmidt 2003; Schultz 2009).

Schließlich stehen intersystemische, vergleichende Arbeiten aus, welche Konzepte der Wirtschaftskommunikation mit jenen der Medienkommunikation und, insofern CSR selbst eine Form der politischen Kommunikation darstellt, auch der politischen Kommunikation bzw. Propagandaforschung in Beziehung setzten. Die Hochphasen der Diskussionen über die soziale Verantwortung der Wirtschaft sind oftmals auch von Diskursen über die Verantwortung von Medien begleitet, wie exemplarisch die „social responsibility theory" der Medien von Siebert, Peterson und Schramm (1963[1956]) und aktuelle Arbeiten, jedoch auch frühe Vorstellungen von normativer Publizistik vermuten lassen.[7] Eine in diesem umfassenden Sinne historisch und kommunikationswissenschaftlich orientierte Auseinandersetzung mit CSR stellt so gesehen auch eine Art der Gesellschaftsanalyse dar, die aktuelle Wandlungsprozesse erklären und beobachten kann.

Literatur

Acquier, A., Gond, J.-P., & Pasquero, J. (2006). *The institutionalization of Social Responsibility: Understanding (and building on) Bowen`s Legacy.* Academy of Management: Atlanta.

Aly, G. (2008). *Unser Kampf. 1968 – ein irritierter Blick zurück.* Frankfurt: Fischer.

Backhaus-Maul, H. (2008). Traditionspfad mit Entwicklungspotenzial. *Aus Politik und Zeitgeschichte, 31,* 14–20.

Barley, S. R., & Kunda, G. (1992). Design and devotion: The ebb and flow of rational and normative ideologies of control in managerial discourse. *Administrative Science Quarterly, 37,* 1–30.

Bergmann, J., & Luckmann, T. (1999). Moral und Kommunikation. In J. Bergmann, & T. Luckmann (Hrsg.), *Kommunikative Konstruktion von Moral: Struktur und Dynamik der Formen moralischer Kommunikation,* Bd. 1 (S. 13–38). Wiesbaden: Opladen.

Bernays, E. L. (1928). *Propaganda.* New York: Ig Publishing.

Bowen, H. R (1949). *Toward Social Econonomy.* New York: Rinehart.

Bowen, H. R. (1953). *Social Responsibilities of the Businessman.* New York: Harper & Brothers.

Carroll, A. B. (1979). A three-dimensional conceptual model of corporate performance. *Academy of Management Review, 4*(4), 497–505.

Carroll, A. B. (1991). The Pyramid of Corporate Social Responsibility: Toward the Moral Management of Organizational Stakeholders. *Business Horizons, 34,* 39–48.

Carroll, A. B. (1999). Corporate Social Responsibility. Evolution of a definitional construct. *Business & Society, 38*(3), 268–295.

Clark, C. (2000). Differences between Public Relations and Corporate Social Responsibility: An Analysis. *Public Relations Review, 26*(3), 363–380.

6   In Bezug auf Medienkommunikation vgl. Raupp in diesem Band.
7   Vgl. Altmeppen in diesem Band.

Clarkson, M. B. (1995). A Stakeholder Framework for Analyzing and Evaluating Corporate Social perfor-
    mance. *Academy of Management Review, 20*(1), 92–117.
Crane, A., & Matten, D. (2007). Editor's introduction. In dies. (Hrsg.), *Corporate Social Responsibility, Theo-
    ries and Concepts of Corporate Social Responsibility,* Bd. 1 (S. xvii – xxx). London: Sage.
Crane, A., Matten, D., & Moon, J. (2008).: The emergence of corporate citizenship: historical development
    and alternative perspectives. In H. Backhaus-Maul, C. Biedermann, S. Nährlich, & J. Polterauer
    (Hrsg.), *Corporate Citizenship in Deutschland. Bilanz und Perspektiven* (S. 64–91). Wiesbaden: VS Verlag.
Davis, K. (1960) Can business afford to ignore social responsibilities? *California Management Re-
    view, 2*(Spring), 70–76.
Davis, K. (1967). Understanding the social responsibility puzzle: What does the businessman owe to
    society? *Business Horizons, 10*(Winter), 45–50.
De Bakker, F. G., Groenewegen, P., & Den Hond, F. (2005). A Bibliometric Analysis of 30 Years of Research
    and Theory on Corporate Social Responsibility and Corporate Social Performance. *Business & So-
    ciety, 44*(3), 283–317.
Dierkes, M., Marz, L., & Antal, A. B. (2002). *Sozialbilanzen. Konzeptioneller Kern und diskursive Karriere einer
    zivilgesellschaftlichen Innovation.* WZB: Berlin.
Donaldson, T., & Preston, L. E. (1995). The Stakeholder Theory of the Corporation: Concepts, Evidence,
    and Implications. *Academy of Management Review, 20*(1), 65–91.
Dubielzig, F. (2009). *Sozio-Controlling im Unternehmen. Das Management erfolgsrelevanter sozial-gesellschaftli-
    cher Themen in der Praxis.* Wiesbaden: Gabler.
Ebert, H. (2003). Das Kruppsche Generalregulativ aus dem Jahr 1872. Geist und Stil der ersten deutschen
    ,Unternehmensverfassung'. In G. Bentele, M. Piwinger, & G. Schönborn (Hrsg.), *Kommunikations-
    management. Strategien, Wissen, Lösungen* (2001 ff.). Loseblatts. Artikelnr. 6.06, München.
Elkington, J. (1994). Towards the sustainable corporation: Win-win-win business strategies for sustainab-
    le development. *California Management Review, 36*(2), 90–100.
Elkington, J. (2004). Enter the Triple Bottom Line. In A. A. Henriques, & J. J. Richardson (Hrsg.), *The Triple
    Bottom Line: does it all add up.* EarthScan: London UK.
Fombrun, C., & van Riel, C. B. M. (2003). *Fame and Fortune: How the World's Top Companies Develop Winning
    Reputations.* New York: Pearson Publishing, Financial Times.
Frederick, W. C. (1987). Theories of Corporate Social Performance. In S. P. Sethi, & C. M. Falbe (Hrsg.),
    Business and Society: Dimensions of Conflict and Cooperation (S. 142–161). Lexington, MA: Lexington
    Books.
Freeman, R. E. (1984). *Strategic management: a stakeholder approach.* Boston: Pitman.
Friedman, M. (1970, September 13). The Social Responsibility of Business is to Increase its Profits, *The New
    York Times Magazine,* 32–33.
Gamper, M. (2007). *Masse lesen, Masse schreiben. Eine Diskurs- und Imaginationsgeschichte der Menschenmen-
    ge 1765 – 1930.* München: Wilhelm Fink Verlag.
Gerde, V. W., & Wokutch, R. E. (1998). 25 years and going strong: A content analysis of the first 25 years of
    the Social Issues in Management Division Proceedings. *Business & Society, 37*(4), 414–446.
Grunig, J. E., & Hunt, T. T. (1984). *Managing Public Relations.* New York: Harcourt Brace Jovanovich Col-
    lege Publishers.
Habermas, J. (1981). *Theorie des kommunikativen Handelns: Handlungsrationalität und gesellschaftliche Ratio-
    nalisierung,* Bd. 1 (3. Aufl.). Frankfurt am Main: Suhrkamp.
Heald, M. (1999[1970]). *The Social Responsibilities of Business. Company and Community, 1900–1960.* London.
Heideking, J. (1999). *Geschichte der USA* (2. überar. u. erw. Aufl.). Tübingen & Basel: A. Francke Verlag.
Hundhausen, C. (1951). *Werbung um öffentliches Vertrauen. Public Relations* (Bd. 1). Essen: Verlag W. Girar-
    det.
Johnson, H. L. (1971). *Business in contemporary society: Framework and issues.* Belmont, CA: Wadsworth.
Kusch, M. (2002). *Knowledge by Agreement: The Programme of Communitarian Epistemology.* Oxford: Oxford
    University Press.
Locket, A., Moon, J., & Visser, W. (2006). Corporate Social Responsibility in Management Research: Focus,
    Nature, Salience and Sources of Influence. *Journal of Management Studies, 43*(1), 115–36.
Luhmann, N. (1979). Öffentliche Meinung. In W. R. Langebucher (Hrsg.), *Politik und Kommunikation. Über
    die öffentliche Meinungsbildung* (S. 29–61). München & Zürich: Piper.
Luhmann, N. (1989). *Gesellschaftsstruktur und Semantik.: Studien zur Wissenssoziologie der modernen Gesell-
    schaft,* Bd. 3. Frankfurt am Main: Suhrkamp.
Luhmann, N. (1991[1989]). *Paradigm lost: Über die ethische Reflexion der Moral. Rede anläßlich der Verleihung
    des Hegel-Preises 1989* (2. Aufl.). Frankfurt am Main: Suhrkamp.

Marsh, C. (2008). Postmodernism, symmetry, and cash value: An Isocratean model for practitioners. *Public Relations Review, 34,* 237–243.

Mayo, E. (1970 [1933]). *The Human Problems of an industrial Civilization* (Neuaufl. 1977) Arno Press Inc at New York times Company, New York: Macmillan Company.

McGuire, J. W. (1963). *Business and society.* New York: McGraw-Hill.

McWilliams, A., Siegel, D., & Wright, P. (2006). Corporate social responsibility: Strategic implications. *Journal of Management Studies, 43,* 1–18.

Michel, A. (1997). *Von der Fabrikzeitung zum Führungsmittel: Werkzeitschriften industrieller Großunternehmen von 1890 bis 1945.* Stuttgart: Franz Steiner Verlag.

Mohan, A. (2003). *Strategies for the management of complex practices in complex organizations: A study of the transnational management of corporate responsibility.* Unveröffentlichte Dissertation, University of Warwick.

Morsing, M., & Schultz, M. (2008). Corporate social responsibility communication: stakeholder information, response and involvement strategies. *Business Ethics: A European Review, 4,* 323–338.

Nicklisch, H. (1934). *Aufwärts! Volk, Wirtschaft, Erziehung.* Schriften der Handels-Hochschule Königsberg Preussen, Heft 1, Königsberg.

Owen, D., & O'Dwyer, B. (2008). Corporate Social Responsibility: The Reporting and Assurance Dimension, In A. Crane, A. McWilliams, D. Matten, J. Moon, & D. Siegel (Hrsg.), *The Oxford Handbook of Corporate Social Responsibility* (S. 384–409). Oxford: Oxford University Press.

Preston, L. E. (1986). *Social issues and public policy in business and management: Retrospect and prospect.* College Park: University of Maryland, Center for Business and Public Policy.

Pross, H. (1971). *Die meisten Nachrichten sind falsch. Für eine neue Kommunikationspolitik.* Stuttgart: Kohlhammer.

Rollka, B. (1987). Perspektiven einer vergleichenden historischen Kommunikationsforschung und ihre Lokalisierung im Rahmen der Publizistikwissenschaft. In E. Blühm, & H. Gebhardt (Hrsg.), *Presse und Geschichte II. Neue Beiträge zur historischen Kommunikationsforschung* (S. 413–425). München & London.

Rollka, B. (2010). Menschenbilder als Grundlage und Zielvorstellung gesellschaftlicher Kommunikation. In ders., & F. Schultz (Hrsg.), *Kommunikationsinstrument Menschenbild. Zur Verwendung von Menschenbildern in gesellschaftlichen Diskursen.* Wiesbaden: VS Verlag (im Erscheinen).

Roth, R., & Rucht, D. (Hrsg.) (2008). *Die Sozialen Bewegungen in Deutschland seit 1945 – Ein Handbuch.* Frankfurt am Main & New York: Campus.

Röttger, U. (2005). *PR-Kampagnen. Über die Inszenierung von Öffentlichkeit* (3. Aufl.). Wiesbaden: VS Verlag.

Sahlin-Andersson, K. (2006). Corporate social responsibility: a trend and a movement, but of what and for what? *Corporate Governance, 6*(5), 595–608.

Schivelbusch, W. (2005). *Entfernte Verwandtschaft. Faschismus, Nationalsozialismus, New Deal 1933–1939.* München: Carl Hanser Verlag.

Schmidt, S. J. (2003). *Geschichten & Diskurse. Abschied vom Konstruktivismus.* Hamburg: Rowohlt.

Schranz, M. (2007). *Wirtschaft zwischen Profit und Moral. Die gesellschaftliche Verantwortung von Unternehmen im Rahmen der öffentlichen Kommunikation.* Wiesbaden: VS Verlag.

Schultz, F. (2006). Corporate Social Responsibility als wirtschaftliches Evangelium. Kommunikationswissenschaftliche Betrachtung des normativen Konzeptes. In M. F. Ruckh, C. Noll, & M. Bornholdt (Hrsg.), *Sozialmarketing als Stakeholder-Management. Grundlagen und Perspektiven für ein beziehungsorientiertes Management von Nonprofit-Organisationen* (S. 173–185). Bern: Haupt.

Schultz, F. (2009). *Moral Communication and Organizational Communication: On the narrative construction of social responsibility.* International Communication Association (ICA), 21.–25.05.2009, Chicago, USA.

Schultz, F. (2010). Menschenbilder in der Organisationskommunikation. Funktionen, Legitimationen und Implikationen. In B. Rollka, & F. Schultz (Hrsg.), *Kommunikationsinstrument Menschenbild. Zur Verwendung von Menschenbildern in gesellschaftlichen Diskursen.* Wiesbaden: VS Verlag (im Erscheinen).

Schultz, F., & Wehmeier, S. (2010). Institutionalization of CSR within Corporate Communications. Combining institutional, sensemaking and communication perspectives. *Corporate Communications: An international Journal, 15*(1), 9–29.

Sethi, S. P. (1975). Dimensions of corporate social performance: An analytic framework. *California Management Review, 17,* 58–64.

Siebert, F. S., Peterson, T., & Schramm, W. (1963[1956]). *Four theories of the press: the authoritarian, libertarian, social responsibility and Soviet communist concepts of what the press should be and do.* Illinois: University of Illinois Press.

Stehr, N. (2007). *Die Moralisierung der Märkte. Eine Gesellschaftstheorie.* Frankfurt am Main: Suhrkamp.

Steiner, G. A. (1971). *Business and society*. New York: Random House.

Tönnies, F. (1969). *Gemeinschaft und Gesellschaft. Grundbegriffe der reinen Soziologie*. Darmstadt: Wissenschaftliche Buchgesellschaft.

Ulrich, P., & Fluri, E. (1995). *Management. Eine konzentrierte Einführung*. Bern & Stuttgart: Haupt.

Vercic, D., & Grunig, J. E. (2000). The origins of public relations theory in economics and strategic management. In D. Moss, D. Vercic, & G. Warnaby (Hrsg.), *Perspectives on Public Relations Research* (S. 7–58). London & New York: Routledge.

von Hayek, F. A. (1957). Was ist und was heisst „sozial"? In A. Hunold, & E. Rentsch (Hrsg.), *Masse und Demokratie* (S. 71 – 84), erschienen i. d. Reihe „Volkswirtschaftliche Studien für das Schweizerische Institut für Auslandsforschung". Zürich & Stuttgart.

von Hayek, F. A. (1970[1944]). *The Road to Serfdom*. Chicago: University of Chicago Press.

Weber, M. (1988[1922]). Die „Objektivität" sozialwissenschaftlicher und sozialpolitischer Erkenntnis. In J. Winckelmann (Hrsg.), *Gesammelte Aufsätze zur Wissenschaftslehre* (7., erneut durchges. Aufl.) (S. 146–214). Tübingen: J. C. B. Mohr (Paul Siebeck).

Weingart, P. (2003). *Wissenschaftssoziologie*. Bielefeld: Transcript.

Wood, D. J. (1991). Corporate Social Performance Revisited. *Academy of Management Review, 16*(4), 691–718.

Zajitschek, S. (1997). *Corporate Ethics Relations – Orientierungsmuster für die legitime Gestaltung unternehmensexterner Beziehungen*. Bern & Stuttgart: Haupt.

1. Kommunikationswissenschaftliche Zugänge

1.1 Basiskonzepte der CSR-Kommunikation

Vertrauen und Glaubwürdigkeit als Grundlage von Corporate Social Responsibility: Die (massen-)mediale Konstruktion von Verantwortung und Verantwortlichkeit

Günter Bentele und Howard Nothhaft

> *Corporation: An ingenious device for obtaining profit*
> *without individual responsibility.*
>
> Ambrose Bierce, US-amerikanischer Aphoristiker

1   Orientierung: Ein Märchen vom grünen Riesen?

Wie groß ist unser Vertrauen in die Umweltbemühungen eines Energiekonzerns *generell*? Und wie groß ist unser Vertrauen in die Umweltbemühungen *speziell* eines Energiekonzerns, der als einer der größten Emittenten Klima gefährdenden Kohlendioxids in Europa gilt? Wie glaubwürdig ist es, wenn sich ein „Energieriese" als Förderer und Treiber umweltfreundlicher Energietechnologie im Lande positioniert? Wie glaubwürdig ist eine Positionierung als „grüner" Riese, wenn man weiß, dass der Anteil regenerierbarer Energie im Produktionsportfolio des Konzerns weit unter dem Bundesdurchschnitt liegt? Der Strom- und Gaskonzern RWE sah sich brutal mit ebenjenen Fragen konfrontiert, als man 2009 entschied, eine Offensive in der Umweltkommunikation zu starten.[1] Der grüne Riese, der im Kinospot durch die Landschaft stapfte und liebevoll Wind- und Wasserräder pflanzte, transportierte eine Botschaft – die Umweltkennzahlen besagten etwas anderes. Lediglich zwei Prozent der Stromproduktion von RWE, so Greenpeace, stammten 2008 aus erneuerbaren Energien; der Bundesdurchschnitt lag bei 15 Prozent. RWE betreibt fünf Kernkraftwerke: im Spot sind diese Kraftwerke nicht zu sehen. 30 Prozent der RWE-Energie stammen aus Braunkohle, dem CO_2-intensivsten Energielieferant: aber rauchende Schlote fehlen im Spot. „Was RWE mit seinem Imagespot treibt, grenzt an Volksverdummung", hieß es auf der Greenpeace-Website (Thumann 2009: 1).

Der Widerhall in Online-Community und Medienberichterstattung war zunächst vernichtend: „Das Märchen vom grünen Riesen", titelten gleichlautend sowohl Süddeutsche Zeitung (Dorfer 2009) als auch Spiegel (Jackisch 2009). Die Medienberichterstattung fokussierte die *Diskrepanz* zwischen medialer Botschaft und Umweltkennzahlen. Im Internet tauchte der Videoclip vornehmlich als kommentierte

1   Wir danken Alexander Böhm, Master-Student im Studiengang Communication Management der Universität Leipzig, herzlich für die wertvolle Vorarbeit und die Recherchen für diesen Artikel.

Version auf: mit Untertiteln, die das Märchen entlarven. Greenpeace produzierte eine bitterböse Satire: während der RWE-Spot im Fernseher weiterdudelt, der grüne Riese durch blühende Landschaften schreitet, ist hinter dem Gerät zerstörte Umwelt inklusive geborstenem Atommeiler und rauchenden Schloten zu sehen (Greenpeace 2009). Abbildung 1, ein Screenshot des Videos von der Greenpeace-Seite, verdichtet wie kaum ein anderes Bild die kommunikationswissenschaftliche Facette des Phänomens Corporate Social Responsibility.

Abbildung 1   Abbildung 1: RWE, richtig wenig erneuerbare Energien – Screenshot des Greenpeace-Spots (Quelle: www.greenpeace.de/themen/energie)

Die Verantwortlichen bei RWE, auch das gehört dazu, demonstrierten Dickhäutigkeit, wie ihr Riese. Nach der Welle der Kritik im Sommer kehrte der Koloss im Dezember 2009 wohlgemut in die Kinos zurück. 2010 steht der Spot auf der Website von RWE als Stream zur Verfügung, lässt sich der Riese als Schlüsselanhänger und Plüschtier bestellen, lässt sich die Filmmelodie „I love the mountains" als Handyklingelton downloaden. Auf der Website heißt es (RWE 2009):

> Sie kennen den Energieriesen noch nicht? Er ist 111 Jahre alt – genau wie RWE. Er ist groß, stark, freundlich, gut 60 Meter hoch, wiegt knapp 300 Tonnen und heißt einfach nur „Der Energieriese". Mit dem bekannten, freundlichen Filmmonster Shrek aus dem Sumpf hat der Energieriese nur soviel gemeinsam, dass beiden zuerst nur negative Vorurteile entgegengebracht werden. Dem Energieriesen wird unterstellt, er sei nur ein Ungetüm,

das kleinere Unternehmen schlucke und nichts für die Umwelt tue. Dabei kann er aber gerade viel bewegen, weil er so groß ist. Ganz nach dem Motto: „Es kann so leicht sein, Großes zu bewegen, wenn man ein Riese ist." Damit steht er für Sympathie, Nähe und Tatkraft im XXL-Format und ist damit ein Sinnbild für gesundes Selbstbewusstsein, mit dem RWE auftritt.

2   Ein Verständnis von Corporate Social Responsibility (CSR)

Es liegt auf der Hand, dass die RWE-Umweltkommunikation – von der Werbeagentur Jung/von Matt, nicht etwa von einem PR-Dienstleister in Szene gesetzt – auf Viele *verstörend* wirkte. Angesichts der Reaktionen, der Häme in der Online-Community, der Bestürzung und Entrüstung in Klima-, Umwelt- und auch Kinderschutzkreisen, grenzt es an eine Binsenweisheit festzustellen, dass diese Kommunikation *nicht glaubwürdig* war, dass das Unternehmen nicht *Vertrauen* aufgebaut, sondern verloren hat, dass es sich nicht als „socially responsible" präsentiert hat.[2] Es gilt jedoch genauer hinzusehen und zu fragen, *was* nicht glaubwürdig war und *weshalb* nicht – vor allem aber, *welches* Vertrauen *in was* zerstört wurde, und *warum*. Ehe das geschieht, gilt es jedoch, ein Vor- und Grundverständnis von Corporate Social Responsibility zu skizzieren.

2.1   Verantwortungswahrnehmung und Wahrnehmung von Verantwortung

Das Bild des Spots, der eine schöne heile Welt vor dem Hintergrund einer hässlichen Realität zeigt, vergegenwärtigt, dass wir unter Corporate Social Responsibility ein Doppelphänomen verstehen. Wir argumentieren, dass es aus kommunikations- und medienwissenschaftlicher Perspektive bei CSR immer *gleichzeitig* geht

a)   um die gesellschaftliche Verantwortungswahrnehmung durch Unternehmen; und

b)   die Wahrnehmung unternehmerischer Verantwortung durch die Gesellschaft.

Mit einer ähnlichen Janusköpfigkeit, aber sehr viel verbindlicher, argumentieren Karmasin und Weder (2008: 27): Sie postulieren, dass Kommunikationsmanagement im Kern immer „Verantwortungsmanagement" sei, dass CSR sowohl *Verantwortungsmanagement durch Kommunikation* als auch *Kommunikation der Verantwortungswahrnehmung* umfasst. Unser kommunikationswissenschaftliches Verständnis bleibt demgegenüber auf der *Ebene der Perzeption* angesiedelt. Es schließt damit an

---

2   Einen großen Teil dieser Empörung, dieser Unglaubwürdigkeitsreaktionen hätte die RWE-Kommunikation vermutlich vermeiden können, wenn der „grüne Riese" nicht als Beschreibung des gegenwärtigen Zustands von RWE, sondern als Zukunftsvision, als Zielvorstellung, eingeführt worden wäre.

McWilliams und Siegel an, die CSR definieren als „actions that appear to further some social good, beyond the interests of the firm and that which is required by law" (2001: 117), wobei die Qualifizierung des „appear" von großer Bedeutung ist.

Auch der Begriff „Unternehmen" respektive „unternehmerisch", der das Element des „Corporate" widerspiegelt, ist von Bedeutung, und zwar aus zwei Gründen. Erstens ist er entscheidend, weil *Corporations*, wenn es sich zum Beispiel um Kapitalgesellschaften handelt, keine *natürlichen Personen* sind, und auch nicht von *einer* natürlichen Person, etwa einer großen Unternehmerpersönlichkeit, geführt werden.[3] Der Aphoristiker Ambrose Bierce (1842–1914) bringt dies im Eingangszitat auf den Punkt, wenn er feststellt, dass die Corporation eine ingeniöse Erfindung ist, die es gestattet, (individuelle) Profite ohne individuelle Verantwortung zu erzielen. Zweitens ist der Begriff „Unternehmen" entscheidend, weil soziale Verantwortung erst da zu einem kontroversen Konzept wird, wo es Hand in Hand mit der Qualifizierung „unternehmerisch" daherkommt. Wohl wissend, dass wir damit das alte Friedman'sche Argument (*the business of business is business*) hervorholen, einigen CSR-Theoretikern die Zornesröte ins Gesicht treiben, behaupten wir, dass die grundlegende CSR-Idee *in abstracto* formuliert einzig und allein die ist: eine große Errungenschaft der Moderne (Baecker 2003: 9–17; Nothhaft 2010: 59-61), die *betriebswirtschaftliche* Organisation, das Unternehmen, *doch* auf ein *betriebswirtschaftsfremdes* Handeln, nämlich *soziales* (einschließlich *people* und *planet*) zu verpflichten.

2.2 Die CSR-Theoriedebatte

Es ist keineswegs überraschend, dass die Idee CSR, die in aller Schärfe formuliert *paradox* ist, zu Spannungen führt. Es ist auch keineswegs überraschend, dass die Auflösung der Spannung – das vermeintliche Entlarven des Paradoxons als Pseudoparadox – elaborierte theoretische Argumentation, „Finessen" (Schranz 2007) erforderlich macht. Finesse ist erforderlich, um einen Zirkelschluss zu vermeiden, der in verschiedensten Formen und Gestalten auftritt, aber auf einen grundlegenden Widerspruch zurückzuführen ist: Wenn die Unternehmung nur *solange* sozial ist, wie es sich im betriebswirtschaftlichen Kalkül *lohnt*, sozial zu sein, dann ist sie nicht *wirklich* sozial.[4]

Es gilt jedoch zu sehen, dass die theoretische Spannung zuvorderst auf der abstrakten Ebene existiert. Blickt man einmal durch die „reine" Unternehmung, den Gegenstand der Betriebswirtschaftslehre in der Tradition Erich Gutenbergs *hindurch*, dann löst sich sehr viel davon auf. Blickt man auf die *empirische Unternehmung*, dann verschwimmt der Begründungszwang, der Wirtschaftsethiker wie CSR-Theoretiker dazu zwingt, Sozialität und Ökonomie *bis auf den Urgrund* versöhnen zu müssen. Jeder, der schon einmal in einem Konzern gearbeitet oder

---

3   Zur Frage, ob Unternehmen ein Gewissen haben, vgl. Goodpaster und Mathews (2003).
4   Ähnlich auch Hanlon (2008), der bestreitet, dass in irgendeiner Art und Weise ein neuer, sozialverantwortlicher Kapitalismus existiert, der die Kontradiktionen des alten überwinden würde.

sich mit moderner Organisationstheorie auseinandergesetzt hat, weiß: Die „reale" Unternehmung funktioniert nicht rein betriebswirtschaftlich, ihr Kalkül ist kein pures. Vorständen werden Steckenpferde zugestanden; das Unternehmen „leistet" sich eine Werksfußballmannschaft; liebgewonnene Traditionen werden fortgesetzt, ohne sie zu hinterfragen; menschlich-allzumenschliche Beziehungen bestimmen, ob ein karitatives Engagement fortgesetzt wird oder nicht. Wenn etwas entschieden ist, findet sich gewöhnlich eine Begründung dafür, dass es betriebswirtschaftlich sinnvoll ist, es findet sich eine *ex-post-Rationalisierung* (vgl. dazu Nothhaft & Wehmeier 2007: 160; Weick 1995).

Es ist vergleichsweise irrelevant, welchen Referenzrahmen man heranzieht. Entscheidend ist die Schlussfolgerung: Aus sozialwissenschaftlicher Perspektive ist gegenüber dem Diskurs in Publikationen wie *Harvard Business Review* (vgl. jüngst HBR 2003), ist gegenüber der Betriebswirtschaftslehre, aber auch gegenüber Teilen der PR-Lehre *heuristische Distanz* zu fordern. Ausnahmen bestätigen die Regel, aber die Debatte in der Management- und Betriebswirtschaftslehre ist naturgemäß dadurch vorgeprägt, dass man zwangsläufig zum (neoliberalen) Ergebnis gelangen will, dass der freie Markt die Lösung bietet, dass Unternehmen als Träger gesellschaftlicher Verantwortung den Weg vorwärts in eine bessere Welt ebnen. Für die Kommunikations- und Medienwissenschaft als genuine Sozialwissenschaft ist ebenjenes Postulat jedoch nicht theoretischer *Ausgangspunkt*, sondern empirischer *Untersuchungsgegenstand*.

CSR ≠ U-kom.

2.3 Eine sozial- und kommunikationswissenschaftliche Perspektive

Der theoretische Ausgangspunkt ist sehr viel grundlegender: Er liegt in der Erkenntnis, dass die Brille, durch welche die Gesellschaft Unternehmen heute wahrnimmt, über Jahre und Jahrzehnte diskursiv konstruiert und medial vermittelt ist, auch in der Populärkultur, genau wie das Bild des „ehrbaren Kaufmanns", des korrupten Politikers, der trägen Behörde. Anders ausgedrückt: die CSR-Theoriedebatte ist für Kommunikationswissenschaftler auch als „Argumentationssteinbruch" interessant, aus welchem manche Unternehmen sich die Bruchstücke klauben, um sich diskursiv zu legitimieren, um sich medial, vor dem Hintergrund eines bestimmten gesellschaftlichen Klimas, als Träger des Fortschritts zu inszenieren.

Wir setzen uns mit Corporate Social Responsibility auseinander, wo die gesellschaftliche Verantwortungswahrnehmung durch Unternehmen und die Wahrnehmung unternehmerischer Verantwortung durch die Gesellschaft als ein *erfahrbares*, „reales" Phänomen aufscheint: in der Populärkultur, in Massenmedien. Der *theoretische Diskurs*, welcher nachzuweisen versucht, weshalb Sozialreputation Kapital darstellt, wie CSR-Aktivitäten ökonomisch als Investitionen mit Return darstellbar sind (Martin 2003), weshalb *Corporate Philantrophy* (Porter & Kramer 2003) einen Wettbewerbsvorteil begründet, interessiert uns eher nur am Rande. Er interessiert uns in der langfristigen, die Gesellschaft umgestaltenden Wirkung, als Marker des Paradoxiepotenzials, als Indikator einer neoliberalen Agenda. Schranz (2007: 22) gelangt zu der Einschätzung, dass es nicht gewinnbringend ist, die „Finessen der einzelnen Definitionsversuche" aufzuzählen. Wir pflichten bei und machen geltend, dass sich unser Verständnis von CSR aus kommunikationswissenschaftlicher Sicht nur noch begrenzt dadurch erweitern lässt, dass man es wieder und wieder unternimmt, begrifflich zu bestimmen, was CSR „eigentlich", „wirklich", „bei genauerer Betrachtung" ist. Corporate Social Responsibility ist zunächst eine Managementvokabel, die seit einigen Jahren, aus bestimmten Gründen, einen Boom erfährt, „gehyped" wird.[5] Die generische Idee, die unserer Meinung nach dahintersteckt, ist nicht neu und in wenigen Worten zu erläutern:[6] Die Prozesse, die in der „realen" Implementation von Corporate Social Responsibility-Programmen ablaufen, sowohl organisationsintern als auch organisationsextern, sind demgegenüber sehr verwickelt; die öffentliche Wahrnehmung unternehmerischer Verantwortung noch komplexer. Unser Beitrag entfaltet sich daher aus einer einfachen Überlegung. Wir gehen davon aus, dass die kommunikations- und medienwissenschaftliche Forschung zum Thema Corporate Social Responsibility zügig zu den *kommunikativen Mechanismen* durchstoßen sollte, die dem Komplex zugrunde liegen. Als zentrale, wesentliche „Mechanismen" sehen wir *Vertrauen* und *Glaubwürdigkeit*.

3   Eine Theorie des Vertrauens und der Glaubwürdigkeit

3.1   *Vertrauen*

Grundsätzlich kann Vertrauen in Anlehnung an Luhmann (2000) als (sozialer) *Mechanismus zur Reduktion von Komplexität*, als *riskante Vorleistung* bestimmt werden. Über Luhmann hinaus ist zu betonen, dass Vertrauen ein *kommunikativer Mechanismus* ist. Vertrauen kommt ins Spiel, wenn Akteure *unter Unsicherheit*, in Abhängigkeit von anderen und in Abhängigkeit von zukünftigen Ereignissen, handeln. Chancen und Risiken bewerten sie dabei, in Ermangelung verlässlicherer Herangehensweisen, auf Grundlage ihrer Kenntnis *vergangener* oder *gegenwärtiger Ereignisse*. *Vertrauensfaktoren*, wie sie noch vorgestellt werden, sind vor diesem Hintergrund zu sehen. Merkmale wie gesellschaftlicher Status, Sachkompetenz, Unabhängigkeit von Partialinteressen führen eher zu Vertrauen, mangelnde Sachkompetenz, Parteilichkeit, etc. führen eher zu Misstrauen. Überlegungen im Einzelfall und Verallgemeinerungen überlagern sich. Wir vertrauen unserem Arzt, weil der Beruf des Arztes allgemein ein hohes Prestige genießt, weil er über Jahre und Jahrzehnte „gelernt" hat, was er tut; weil ihn die Struktur des Gesundheitssystems unabhängig von anderen Interessen auf das Wohl des Patienten verpflichtet, etc. Ein generalisiertes Vertrauen in Ärzte überlagert sich im Einzelfall mit konkreten Erfahrungen,

---

5   Schranz (2007) sieht die Gründe dafür in einer Legitimationskrise des neoliberalen Wirtschaftsmodells.

6   Eine radikalere Auffassung vertreten Van Oosterhout und Heugens (2008), die der scientific community nahe legen, das Konzept ganz und gar über Bord zu werfen.

dass unser Arzt uns schon manchmal mit richtigen Diagnosen und Therapien geholfen hat, dieser Arzt eine große, saubere Praxis führt; dass er sich auch angesichts seines Rufes nicht leisten kann, zu pfuschen; etc. Das Gegenteil von Vertrauen im Einzelfall ist *Misstrauen*: wenn mich mein Arzt falsch behandelt, beginne ich, ihm zu misstrauen. Neben Vertrauen gibt es auch Misstrauen in Organisationen und auch in Systeme (z. B. Gesundheitssystem, Bankensystem). Weil dieses Misstrauen aber häufig nicht mehr durch andere Systeme aufgefangen werden kann, führt Misstrauen im Generalisierungsfall vor allem auch zu *Angst*: Angst davor, krank zu werden, weil das Vertrauen in ärztliche Kunst und/oder das Krankenhauswesen auf Null gesunken ist.

Interpersonales und soziales Vertrauen
Was interpersonales und soziales Vertrauen auszeichnet, konkretisiert Deutsch (1958, 1973) in seinem *Erwartungs-Wert-Modell*. Die Entscheidung, Vertrauen zu vergeben, hängt zum einen von der Wahrscheinlichkeit ab, mit der eine positive Konsequenz auf diese Entscheidung erwartet wird, zum anderen von der beigemessenen Bedeutung der Konsequenz. Grundlage für eine solche Entscheidung sind wiederum Erfahrungen, die auf eigenen Erlebnissen oder Erfahrungen anderer beruhen. Positive Erfahrungen sind demnach entscheidend für die Ausprägung von Vertrauen. In dieser Hinsicht kann nach Rotter (1967, 1971, 1981) eine Vertrauenserwartung als Ergebnis eines Lernprozesses beschrieben werden. Rotter unterscheidet dabei, ebenso wie wir, zwischen *spezifischen Erwartungen* – die sich auf einzelne Situationen beziehen – und *generalisierten Erwartungen* im Sinne einer relativ stabilen Persönlichkeitseigenschaft. Die Untersuchung spezifischer und generalisierter Erwartungen ist messbar, zum Beispiel mit Hilfe von Rotters „Interpersonal Trust Scale".

Anthony Giddens (1990) entwickelt und begründet in seinem gesellschaftstheoretischen Ansatz die Notwendigkeit von Vertrauen. Vertrauen in *abstrakte Systeme*, insbesondere Expertensysteme (Recht, Wissenschaft, Politik, Wirtschaft) wird als zentraler Mechanismus moderner Gesellschaften gesehen. Dadurch, dass Geltung nicht mehr allein als eine Frage der Wahrheit, sondern auch als eine Frage der gesellschaftlichen Akzeptanz aufgefasst wird, gewinnt Vertrauen die Bedeutung eines *reflexiven Lenkungsmechanismus*. Die Moderne wird in diesem Konzept als *high trust*-Zeit aufgefasst, *Gewissheit* – kennzeichnend für traditionelle Gesellschaften – wird nach Giddens vom entsprechenden Begriff *Vertrauen* innerhalb moderner Gesellschaften abgelöst.

Ein psychologisch fundiertes Modell von Vertrauensprozessen legt James S. Coleman (1982, 1991) vor. Vertrauenssysteme werden bei Coleman durch zweckorientiert handelnde Personen begründet. Es wird unterstellt, dass jeder involvierte Akteur in Verfolgung seiner Interessen Entscheidungen treffen muss. In diesen Prozess sind mindestens zwei Parteien einbezogen: der Vertrauende („*trustor*") und die Vertrauensperson („*trustee*"). Diese stellen die beiden Grundelemente eines *Vertrauenssystems* dar. In vielen Vertrauensbeziehungen ist der Vertrauende nur deshalb bereit, einer Vertrauensperson zu vertrauen, weil ein *Vertrauens-Vermittler* auftritt. Dieser kennt die Vertrauensperson besser als der Vertrauende selbst, der seinerseits der

Urteilsfähigkeit des Vermittlers hinreichend traut. Coleman entwickelt aus solchen Mikrostrukturen auch Gemeinschaften gegenseitigen Vertrauens als *große Systeme mit Vertrauensbeziehungen* (Coleman 1991: 243 ff.).

Öffentliches Vertrauen
Interpersonales und soziales Vertrauen, basierend auf direkter, synchronischer Kommunikation *face-to-face*, ist als basales gesellschaftliches Phänomen, als basaler sozialer „Mechanismus" (Luhmann 2000) zu begreifen. Moderne Gesellschaftlichkeit, die Partizipation in der sozialen Sphäre, vollzieht sich jedoch nicht länger zuvorderst *face-to-face* und unter Gleichen, die ein- und dieselbe Lebenswelt teilen: Ökonomische, kulturelle und politische Globalisierung, gesellschaftlicher Strukturwandel mit Phänomenen wie *Individualisierung* der Bürgerinnen und Bürger und *Ökonomisierung* verschiedener gesellschaftlicher Teilbereiche, sind sowohl Ursache als auch Folge eines Bedeutungsverlustes der direkten Kommunikation. Demgegenüber steigt die Bedeutung *medienvermittelter* Kommunikation, wobei sowohl der Journalismus ein wichtiges Relais darstellt, welches dem Einzelnen die Gesellschaft „ins Haus" bringt, aber auch die Kommunikation von Organisationen, die dem Journalismus einen großen Teil der Themen liefert. Mehr noch: Strukturen per se eigengesetzlicher gesellschaftlicher „Systeme" wie Politik, Wirtschaft, Kultur, Sport, etc. passen sich an die Gesetzlichkeiten medialer Berichterstattung und medialer Unterhaltung an, adaptieren die Medienlogik. Diese globale, geradezu kulturunabhängige Entwicklung wird unter Begriffen wie *Mediatisierung* oder *Medialisierung* diskutiert (Krotz 2007; Donges 2008). Die gesellschaftlichen Veränderungsprozesse, und die damit einhergehende kontinuierlich steigende Bedeutung des Journalismus und der Massenmedien im 20. Jahrhundert (Schink 2004; Schenk 1993), veränderten auch die Art und Weise, wie Vertrauen in prominente Personen, Organisationen und Institutionen entsteht. Die *Glaubwürdigkeit* von Informationsquellen, die Glaubwürdigkeit von Massenmedien selbst, das Vertrauen in Journalismus, PR und private, quasi-journalistische Publizistik (vgl. Bentele 1988; Kohring 2004) rücken ins Blickfeld.

3.2   Theorie des öffentlichen Vertrauens

Es zeigt sich also die Notwendigkeit, *öffentliches Vertrauen* als spezifischen Typus sozialen Vertrauens zu fassen. Nachdem Bentele (1994) zum ersten Mal öffentliches Vertrauen in einem kommunikations- und PR-wissenschaftlichen Rahmen behandelt hatte, lautet die später etwas präzisierte Definition wie folgt:

> Öffentliches Vertrauen ist ein kommunikativer Mechanismus zur Reduktion von Komplexität, gleichzeitig Prozess und Ergebnis dieses Prozesses, in dem *öffentlich wahrnehmbaren* Personen, Organisationen/Institutionen und gesellschaftlichen Systemen mehr oder weniger *öffentlich hergestelltes* Vertrauen zugeschrieben wird. Personen, Organisationen, Systeme fungieren in der Rolle von „Vertrauensobjekten". Rezipienten, die „Vertrauenssubjekte", schreiben Vertrauensobjekten nach Maßgabe des Vorhandenseins bestimmter

> „Vertrauensfaktoren" Vertrauen in unterschiedlichem Maß zu. Im Prozess öffentlichen Vertrauens, der nur mit PR und Journalisten als Vertrauensvermittlern denkbar ist, haben die „Vertrauenssubjekte" zukunftsgerichtete Erwartungen, die gleichzeitig stark von vergangenen Erfahrungen geprägt sind.[7]

Prozesse von Vertrauensbildung und Vertrauensverlust hängen in mediatisierten Gesellschaften wesentlich von Informationen ab, die von etablierten Medien und professioneller Public Relations, in den letzten Jahren auch verstärkt von der privaten Publizistik (Blogs, Foren, etc.) vermittelt werden. Öffentliche Vertrauensprozesse sind also sozusagen gebrochen durch die Regeln organisierter Kommunikation, durch die Prozesse und Strukturen der öffentlichen Kommunikation insgesamt. Das systematisch zu beschreiben, zu analysieren und wo immer möglich, zu erklären, wäre und ist Aufgabe einer *Theorie des öffentlichen Vertrauens*.

Eine derartige Theorie wird in einigen Grundzügen von Bentele (1994; komprimiert Bentele & Seidenglanz 2008) skizziert. Die Theorie unterscheidet verschiedene *Elemente im öffentlichen Vertrauensprozess*, der als Teildimension eines Prozesses der öffentlichen Kommunikation aufgefasst wird:

- *Vertrauenssubjekte*, d. h. die Personen(-gruppen), die mehr oder weniger aktiv respektive bewusst vertrauen;
- *Vertrauensobjekte*, d. h. die (öffentlichen) Personen, Organisationen oder größere soziale (auch soziotechnische) Systeme, denen Vertrauen entgegengebracht wird;
- *Vertrauensvermittler* (Public Relations/Organisationskommunikation, Journalisten/Medien);
- *Sachverhalte* und *Ereignisse*;
- *Texte* bzw. *Botschaften*.

Insgesamt *vier Vertrauenstypen* ordnen Vertrauen von der Mikro- zur Makroebene ein:

- *Interpersonales Basisvertrauen* bildet sich im Verlauf der Sozialisation heraus, vor allem frühkindlich, und ist in jeweils unterschiedlicher Intensität auch in den anderen Vertrauenstypen als eine Art Grundschicht enthalten.
- *Öffentliches Personenvertrauen*: Auf der Ebene des kommunikativen Handelns existieren Verhaltenskorrelate, anhand derer Täuschungen von wahrhaftigem Verhalten unterschieden werden können (Köhnken 1990). Die massenmediale Darstellung von Personen (z. B. Kanzler, Minister, Bundespräsident, Vorstandsvorsitzende, Gewerkschaftsvorsitzende, Verbandspräsidenten, etc.) ähnelt stark alltäglichen zwischenmenschlichen Situationen, weshalb davon auszugehen ist, dass öffentliche Vertrauenszuschreibungen sich auf die Mechanismen der interpersonalen Vertrauensbildung stützen (Bentele 1994).

---

7   Vgl. zu der Definition auch Bentele (1994: 141) sowie Bentele und Seidenglanz (2008: 346).

- *Öffentliches Organisationsvertrauen*: Nicht nur öffentlich wahrnehmbaren *Perso-nen* wird mehr oder weniger Vertrauen entgegengebracht. Auch die *Organisa-tionen*, an deren Spitze jene stehen, sind Objekt von Vertrauen, so zum Beispiel Unternehmen, Regierungen, Ministerien, Verbände, Gerichte, NGOs etc.
- *Öffentliches Systemvertrauen* bezieht sich auf „größere" oder „kleinere" gesell-schaftliche Teilsysteme. Politik, Wirtschaft, Kultur, Recht zählen wir zu den größeren sozialen Teilsystemen, das Gesundheitssystem, das Rentensystem, das Bildungssystem gehören zu den „kleineren" Systemen, denen mehr oder weniger viel Vertrauen entgegengebracht wird. *Soziotechnische Systeme* (z. B. Stromversorgung über Kernkraft oder über erneuerbare Energien, Abfall-verwertung etc.) sind wegen der Risiken und der gravierenden, irreversiblen Folgen, die mit der technischen Komponente verbunden sind, besonders *ver-trauenssensibel.*

Es ist eine ganz entscheidende Annahme der Theorie des öffentlichen Vertrauens, dass Vertrauenszuschreibung oder -wahrnehmung *gesamthaft*, ebenenübergreifend, geschieht. Einem Richter des Bundesverfassungsgerichts bringt man als Person zunächst einmal höheres Grundvertrauen entgegen, *weil* er Richter des Bundesver-fassungsgerichtes ist, Angehöriger einer Institution, die in Deutschland nachgewie-senermaßen mit das höchste Vertrauen genießt. Erweist sich der Verfassungsrichter als unseriös, zum Beispiel als Mieter, dann kann dies auch das Vertrauen in die Organisation Bundesverfassungsgericht erschüttern, darüber hinaus können Zwei-fel am Rechtssystem auftreten. Wenn sich einzelne, führende und verantwortliche Politiker etwas zu Schulde kommen lassen, hat dies in der Regel auch negative Auswirkungen auf die Organisation, mit der dieser Politiker verbunden ist (z. B. Partei, Ministerium). Umgekehrt können sich in Schieflage geratene Organisatio-nen einen „Vertrauensvorschuss" dadurch erarbeiten, dass sie eine *Person*, die Per-son des neuen CEO, zum Beispiel als „Retter" inszenieren. Die Abhängigkeit der Ebenen darf allerdings nicht eindimensional und kausal missverstanden werden. Allgemein bekannt ist eine Art „Allianz-Effekt": Menschen gehen davon aus, dass Versicherungsvertreter *an sich* zwar Betrüger sind (öffentliches Personenvertrauen), dass *ihr* Allianz-Vertreter aber eine ehrliche Haut ist (interpersonales Basisvertrau-en in Kombination mit Organisationsvertrauen).

Vertrauensfaktoren
Die Theorie des öffentlichen Vertrauens postuliert die Existenz verschiedener *Ver-trauensfaktoren*, d. h. von Vertrauenssubjekten verschiedenen Vertrauensobjekten zu-geschriebene *Eigenschaften*, die für den Auf- oder Abbau von Vertrauen konstitutiv sind. Vertrauensfaktoren zeigen sich im kommunikativen oder außerkommunikati-ven Verhalten/Handeln von Personen und Organisationen oder in der Struktur, der Qualität, Angemessenheit oder dem Erfolg von technischen, sozialen oder soziotech-nischen Systemen. Sie werden in der direkten Kommunikation von den V-Subjekten bewusst oder unbewusst wahrgenommen, in der PR-Kommunikation und in der Medienberichterstattung explizit oder implizit (in Bezug auf V-Objekte) aufgegrif-

fen und/oder thematisiert. Werden *mehrere* dieser Faktoren in der Kommunikation von Organisationen wahrgenommen oder werden sie als *stark ausgeprägt* wahrgenommen, postuliert die Theorie dynamisch *Vertrauensaufbau* bzw. eine *statisch* hohe Wahrscheinlichkeit für hohe Vertrauenswerte. Eine nur geringe oder eine negative Ausprägung der Faktoren hingegen führt zu *Vertrauensabbau*, führt über kurz oder lang zu *Misstrauen*. Das Konstrukt der Vertrauensfaktoren ist dem der Nachrichtenfaktoren ähnlich: ähnlich wie in realen Ereignissen bestimmte Eigenschaften enthalten sein oder ihnen zugeschrieben werden müssen, um aus den realen Ereignissen „berichtete Ereignisse" zu machen, sind im Handeln von Personen oder Organisationen die unterschiedlichen Vertrauensfaktoren (in unterschiedlicher Ausprägung und Intensität) enthalten und können von denjenigen, die dieses Handeln beobachten, wahrgenommen werden. Dadurch baut sich Vertrauen bei den Vertrauenssubjekten auf oder ab, stabilisiert sich, geht verloren oder wird wiedergewonnen. Durch Umfragen können diese Vertrauenswerte bei Rezipienten, mittels Inhaltsanalysen können diese in der Medienberichterstattung gemessen werden, in der strategisch angelegten PR-Kommunikation werden die V-Faktoren mehr oder weniger berücksichtigt.

In einer Kooperation zwischen der Universität Leipzig und PMG läuft seit 2006 unter dem Namen „Corporate Trust Index (CTI)" ein Projekt, mit dem ein neues inhaltsanalytisches Messverfahren entwickelt worden ist. Hier werden monatlich ca. 3500, aber bis zu 5000 Zeitungsartikel der Berichterstattung über alle DAX30-Unternehmen aus den wichtigsten meinungsbildenden Printmedien Deutschlands (*Bild, Capital, Die Tageszeitung, Die Welt, Financial Times Deutschland, Frankfurt Allgemeine Zeitung, Frankfurter Rundschau, Focus, Handelsblatt, Manager-Magazin, Süddeutsche Zeitung, Der Spiegel und Wirtschaftswoche*) tagesaktuell codiert und von diesen Medien zugeschriebenes Vertrauen oder Misstrauen, darüber hinaus Themen, Bewertungen, etc. kontinuierlich gemessen.[8]

Gemäß der (etwas weiter entwickelten) Theorie des öffentlichen Vertrauens werden für die Vertrauensmessungen des CTI *sieben Vertrauensfaktoren* unterschieden, die in drei *Vertrauensdimensionen* zusammengefasst werden. Die erste Kategorie, die *fachspezifische Vertrauensdimension*, enthält die Vertrauensfaktoren *Fachkompetenz* und *Problemlösungskompetenz*. Sie bezieht sich auf die der jeweiligen Person oder Organisation inhärenten fachlichen Qualitäten und Kompetenzen bzw. entsprechende Qualitäts- und Kompetenz*erwartungen*. In der zweiten, der *gesellschaftlich-normativen Vertrauensdimension* sind die Vertrauensfaktoren *ethisches/normatives Verhalten* und *Verantwortungsbewusstsein* enthalten. Die dritte Kategorie umfasst *sozialpsychologische Vertrauensfaktoren* und enthält die Faktoren *Soziales Verhalten, Charakter* und *Kommunikationsverhalten*, also insgesamt soziale und kommunikative Kompetenzen

---

8   Vgl. zur Methode der CTI-Messungen: www.manager-magazin.de/it/artikel/0,2828,518979,00. html. Bei der Entwicklung der Methode sind auch Fallstudien wie die von Sommer (2005) berücksichtigt worden (vgl. auch Sommer & Bentele 2008). In unregelmäßigen Abständen werden Analystenartikel als Ergebnisse der CTI-Messungen im Manager Magazin-Online zu einzelnen Unternehmen oder Teilbranchen publiziert, vgl. zur Automobilbranche bzw. zu Volkswagen Schulz (2008) und Seiffert (2010), zur Bankenbranche Mende (2008), zur Deutschen Bank Seiffert (2009), zur Energiebranche und Eon Schulz (2009).

sowie Charaktereigenschaften, die der jeweiligen Person oder Organisation zuge-schrieben werden.

Diese Messung von Vertrauensfaktoren und -dimensionen vergegenwärtigt auch, wo sich Corporate Social Responsibility in die Theorie des öffentlichen Vertrauens einfügt: das gesellschaftlich *erwartete* Verantwortungsbewusstsein und das ge-sellschaftlich *erwartete* ethische Verhalten sind nicht nur derzeit, unter dem Etikett „CSR", en vogue: Sie stellen *seit jeher* Faktoren dar, die – je nach Ausprägung – zu stärker oder schwächer ausgeprägtem Vertrauen führen. Oder, etwas einfacher aus-gedrückt: Einem in der medialen Berichterstattung als verantwortungsbewusst und ethisch handelnd dargestellten personalen oder korporativen Akteur werden die Rezipienten mehr Vertrauen entgegenbringen.

3.3   Vertrauensgewinn und -verlust: die Diskrepanzthese

Vertrauen wird in zeitlich ausgedehnten Prozessen *erworben*, d. h. eher langsam, ste-tig, akkumulierend. Im Gegensatz dazu geht es unter bestimmten Bedingungen, zum Beispiel Krisen, tendenziell sehr schnell verloren: *Diskrepanzen*, wenn sie sich häufen, multiplizieren sich sozusagen miteinander. Die Alltagssprache deutet die unterschiedlichen Dynamiken an: Vertrauen „explodiert" nicht, „Vertrauenscoups" gibt es nicht in ähnlicher Art und Weise wie *Hypes* der Aufmerksamkeit; Vertrauen „wächst". Personen und Organisationen können sich auch einen Puffer für schlechte Zeiten, einen *Vertrauensvorschuss*, erarbeiten. Schwarz (2010) konnte belegen, dass Unternehmen sich einen solchen Vorschuss erarbeiten können, sodass Vertrauen weniger schnell verloren geht. Umgekehrt gibt es neben „schleichenden Vertrauens-verlusten" aber „Einbrüche", „starke Verluste" und „Vertrauenskrisen".

Bentele (1994) postuliert angesichts dieser Umstände die *Diskrepanzthese*, die per-zipierte Diskrepanzen als Hauptursache für Vertrauensverlust hervorhebt. Obwohl es auch andere, nicht-medial vermittelte Diskrepanzwahrnehmungen gibt, etwa in der tagtäglichen Arbeit, sind es in der medial vermittelten Wahrnehmung von Welt vor allem diese Diskrepanzen *mit* oder *in* der Medienberichterstattung, die zu realen Vertrauensverlusten führen.

Diskrepanzen sind vor dem Hintergrund der Komplexität moderner Gesellschaf-ten zu sehen, die dazu führt, dass es nicht nur ein Innen und Außen gibt, sondern dass der Einblick in das Innere dem Normalbürger nicht sehr viel „Durchblick" bringt. Medial dargestellte Diskrepanzen sind *wahrgenommene Widersprüche*, die Außenstehenden „verraten", dass die dargestellte Oberfläche oder Vorderbühne in grobem Widerspruch zu der verborgenen Tiefe oder Hinterbühne steht. Je mehr Diskrepanzen bestehen respektive wahrgenommen werden, desto wahrscheinli-cher wird einer Person oder Organisation Vertrauen entzogen. Bei Systemen ver-hält sich das, wie wir zeigen werden, etwas komplexer. Folgende Diskrepanzen (vgl. Bentele 1994) sind in der öffentlichen Kommunikation, und insbesondere in der Öf-fentlichkeitsarbeit, von Bedeutung:

- Diskrepanzen *zwischen Informationen und zugrunde liegenden Sachverhalten*. Beispiele: Unwahrheit, Lügen, beschönigende Informationen.
- Diskrepanzen *zwischen verbalen Aussagen einerseits und tatsächlichem Handeln andererseits*. Beispiele: Hinhaltetaktiken; Ablenkungsmanöver, bestimmte Formen symbolischer Politik.
- Diskrepanzen *zwischen Aussagen unterschiedlicher Akteure derselben oder vergleichbarer Organisationen*. Beispiele: diskrepante Äußerungen verschiedener führender Mitglieder einer Partei zu einem Problem, diskrepante Äußerungen von Vorstand und Belegschaft.
- Diskrepanzen *zwischen verschiedenen Aussagen derselben Akteure zu unterschiedlichen Zeitpunkten*. Beispiele: Aussagen von Politikern vor und nach Wahlen; generell: Diskrepanzen zwischen Versprechen und nachfolgendem Handeln.
- Diskrepanzen zwischen *verschiedenen Verhalten bzw. verschiedenen Handlungen derselben oder ähnlicher Institutionen*. Beispiele: widersprüchliches Verwaltungshandeln, widersprüchliche Gerichtsurteile, etc.
- Diskrepanzen *zwischen allgemein anerkannten rechtlichen und/oder moralischen Normen und tatsächlichem Verhalten/Handeln*. Beispiele: der an der Börse zockende Gewerkschaftsvorsitzende, der (gut verdienende) Ministerpräsident, der eine vergleichsweise niedrige Miete bezahlt, etc.

Alle diese Diskrepanztypen kommen nicht nur in der sozialen Wirklichkeit, sondern auch in der medialen Darstellung dieser Wirklichkeit vor, besonders in Krisen und der Krisenberichterstattung. Dabei ist zu berücksichtigen, dass Journalisten in ihrer Berichterstattung gemäß wichtiger Nachrichtenfaktoren wie *Konflikt, Kriminalität, Negativismus* sozusagen *Diskrepanzsucher* sind, wohingegen diejenigen, die (als Pressesprecher, PR-Manager) für die Kommunikation von Organisationen verantwortlich sind, in der Regel *Diskrepanzvermeider* sind, sie müssen auf eine möglichst widerspruchsfreie und konsistente Kommunikation achten. Diskrepanzvermeidung kann dazu führen, dass bestehende Diskrepanzen ausgeblendet, tabuisiert werden. Diskrepanzsuche kann bei Journalisten auch zur Verstärkung von moderaten in starke Diskrepanzen oder zur medialen Konstruktion von Diskrepanzen, die in der tatsächlichen, sozialen Welt gar nicht vorhanden sind, von niemandem wahrgenommen werden, führen.

3.4   Glaubwürdigkeit als Teilphänomen von Vertrauen

Glaubwürdigkeit ist als ein Teilphänomen von Vertrauen rekonstruierbar. Einer der größten Unterschiede zwischen Vertrauen und Glaubwürdigkeit ist, dass die *Extension* des Glaubwürdigkeitsbegriffes enger und begrenzter ist. Man vertraut nicht nur Personen oder Organisationen, sondern auch *technischen* oder *soziotechnischen* Systemen wie zum Beispiel dem eigenen Auto, Fahrrad oder der Deutschen Bahn. Die Attribution von Glaubwürdigkeit beschränkt sich hingegen auf Kommunikation, wobei im Generalisierungsfall die Kombination von Person und Text, im einzelnen Fall der Text die Referenz darstellt. Glaubwürdigkeit kann wie folgt definiert werden (vgl. auch Bentele 1988; Bentele & Seidenglanz 2005, Bentele 2008):

> Glaubwürdigkeit ist eine Eigenschaft, die Menschen, Institutionen oder deren kommunikativen Produkten (mündliche oder schriftliche Texte, audiovisuelle Darstellungen) von jemandem (Rezipienten) in Bezug auf etwas (Ereignisse, Sachverhalte, etc.) zugeschrieben wird (vgl. Bentele 1988: 408).

Glaubwürdigkeit ist damit keine inhärente Eigenschaft eines Objekts oder einer Person, sondern *relational*. Glaubwürdigkeit lässt sich erst verstehen, wenn man zumindest eine vierstellige Relation rekonstruiert: Jemand (1) hält jemand anderen oder etwas (2) in Bezug auf etwas anderes (3) für mehr oder weniger glaubwürdig (4) (vgl. Bentele 1988: 408). Wir werden auf die Konsequenzen der Relationalität noch an anderer Stelle eingehen.

4 Corporate Social Responsibility vor dem Hintergrund der Vertrauens- und Glaubwürdigkeitstheorie

Im Folgenden greifen wir *beispielhaft* auf den Casus grüner Riese zurück, um unsere Argumentation zu illustrieren. Hand in Hand geht damit natürlich die Forderung für die Kommunikationswissenschaft, die bereits bestehende, teilweise von einer ähnlichen Perspektive ausgehende Forschung weiter zu treiben (exemplarisch Fieseler 2008: Kap. 4, 5, 6; Karmasin & Weder 2008: Kap. 6; Schranz 2007: Kap. 7), dabei nicht nur *quantitativ*, sondern auch *qualitativ*, etwa diskursanalytisch, zu arbeiten.

4.1 Komplexität, Glaubwürdigkeit, Vertrauen

Wohl wissend, dass derartige Interpretationen bis zu einem Grad spekulativ sind, werden wir zunächst einige Antworten auf die eingangs gestellten Fragen anbieten: *Was* war im Casus RWE nicht glaubwürdig und *weshalb* nicht – vor allem aber, *welches* Vertrauen *in was* wurde zerstört, und *warum*. Dabei geht es vor allem darum, die zentralen Konzepte, Vertrauen, Glaubwürdigkeit, Komplexität, Diskrepanz etc., *am Fall* herauszuarbeiten.

Komplexität

Eine erste Frage stellt sich im Rahmen einer kommunikations- und medienwissenschaftlichen Perspektive zwar nur begrenzt, dezidierten PR-Forschern aber drängend. Es ist die Frage, weshalb RWE überhaupt den Versuch unternommen hat, sich sozusagen an der Realität vorbei als „grüner Riese" zu verkaufen. Was aus der Außenperspektive und retrospektiv nur schwer erklärlich scheint, mag verschiedene Ursachen haben. Vielleicht war die Verführungskraft der kreativen Köpfe zu groß; vielleicht glaubte man in der Führungsspitze von RWE, dass die eigenen Bemühungen, obgleich bescheiden, ehrenwert genug sind; vielleicht identifizierte man sich mit der Figur des hässlichen, aber gutmütigen Riesen, dem Archetypus des missverstandenen Monsters à la Shrek. Die *Bedingung der Ursache* ist jedoch in jedem Fall eine Interpretation der Situation, die davon ausgeht, dass die Menschen die Realitäten der Energieproduktion im 21. Jahrhundert nicht „durchsteigen", auch nicht allzu sehr interessiert sind, auch nicht allzu sehr beunruhigt werden wollen. Die *Undurchschaubarkeit* moderner Gesellschaften, davon scheint man bei RWE und Jung/von Matt überzeugt gewesen zu sein, ist derartig, dass auch der größte CO_2-Emittent Europas den Versuch unternehmen kann, sich als „grüner Riese" darzustellen.

Es gibt wohl im Deutschland des 21. Jahrhunderts einen Konsens darüber, dass angesichts eines globalen Klimakollapses „etwas getan" werden muss, und dass die großen Energiekonzerne aufgefordert sind, einen Beitrag zu leisten: eine *Erwartungshaltung*. Hinsichtlich der Frage, ob die Konzerne das wirklich und ernsthaft tun, besteht wohl kein Konsens. Aber es ist anzunehmen, dass ein großer Teil der Bevölkerung glaubt, dass die Energieriesen wie RWE, E.ON, EnBW oder Vattenfall *im Rahmen ihrer unternehmerischen Spielräume* daran arbeiten, die CO_2-Emissionen zu senken, die Abhängigkeit von fossilen Brennstoffen zu vermindern, die Kernenergie durch weniger risikobehaftete Technologie zu ersetzen. Den Umweltschützern geht das natürlich nicht schnell genug, sagt sich der Otto Normalverbraucher. Die Wahrheit, denkt man sich, um sich nicht allzu sehr beunruhigen zu müssen, wird irgendwo in der Mitte liegen. Die Bevölkerung *vertraut*.

Aus kommunikations- und medienwissenschaftlicher Perspektive ist es zunächst nicht so wichtig, wo die Wahrheit „wirklich" liegt. Ausschlaggebend ist die Tatsache, dass Energie- und Klimapolitik als Diskursarenen präsentiert werden, die *komplex* sind. Die Komplexität mag der Tatsache geschuldet sein, dass das soziotechnische System „Energieversorgung" tatsächlich *undurchschaubar* ist. Die Komplexität des Diskurses in der Öffentlichkeit ist aber *auch* Ergebnis der Kommunikation der prinzipiellen Akteure, die zum Teil daran interessiert sind, Undurchschaubarkeit aufrechtzuerhalten, Erwartungen diffus und vage zu halten: sei es, positiv interpretiert, um sich einfachen Antworten auf schwierige Fragen zu verweigern; sei es, negativ interpretiert, um den eigenen *Manövrierraum* – eine Zone, in der Bürger *vertrauen müssen*, weil sie nichts von der Sache verstehen – zu schützen. Ein Interview, das Spiegel Online mit RWE-Vorstandsvorsitz Jürgen Großmann führte, liefert ein Beispiel. Nach langer Vorrede über die vielen Bemühungen der Branche – die Investitionen in die Sicherheit von Kernenergie; die Schwierigkeiten, von der CO_2-intensiven Braunkohle wegzukommen; die Bereitschaft, Gewinne aus der längeren Laufzeit der Kernkraftwerke an die Regierung abzugeben, um erneuerbare Energie zu entwickeln – antwortet Großmann auf die berechtigte Frage, ob es denn nicht auch einfacher ginge (Großmann & Seith 2010: 2):

> *Spiegel Online:* Sie sind ja zu einigem bereit – warum stecken Sie das ganze Geld nicht einfach in erneuerbare Energien?
> *Großmann:* Weil es nicht zuletzt um Versorgungssicherheit geht. Nehmen Sie diesen Januar: Es ist richtig Winter, und die Leute verbrauchen Unmengen Strom. Von den in-

stallierten 25.000 Megawatt Wind Erzeugungskapazität waren an manchen Tagen nur 500 Megawatt am Netz. Es blies wenig Wind, es gab kaum Sonne. Stellen Sie sich vor, 80 Prozent unserer Stromerzeugung hingen von erneuerbaren Energien ab: Da würde in Zeiten wie diesen nicht nur das Licht ausgehen. Das zeigt, dass wir die Atomkraft als Brückentechnologie brauchen, um die richtigen Worte der Bundesregierung zu benutzen. Wobei man noch darüber sprechen muss, wie weit es bis zum anderen Ufer ist ...

Ohne in geringster Weise zu bewerten, ob Greenpeace naiv und weltfremd ist oder die Energiebranche lügt und mauert, ist die *Struktur* des Diskurses interessant. Der Frage danach, ob es nicht einfacher wäre, wird entgegenhalten, dass es *so* einfach nicht ist. Obwohl der RWE-Vorstandsvorsitzende als Mann der klaren Worte geschätzt wird, werden vage Formulierungen gebraucht wie, dass es „nicht zuletzt" um „Versorgungssicherheit" gehe, „in Zeiten wie diesen" werde „nicht nur" das Licht ausgehen. Anders als ein verärgerter RWE-Aktionär auf der Hauptversammlung, der Atom und Kohle als „Sackgassen-Technologie" brandmarkte (Brendel 2010: 1), spricht Großmann von der Nuklearenergie als einer „Brückentechnologie": Metaphorik, die einiges offen lässt, insbesondere, wenn man sich nicht darauf verständigt, „wie weit es bis zum anderen Ufer ist."

Es passt ins Bild, dass RWE mit der Mär vom grünen Riesen auf *Sentiment*, nicht *Argument* setzte, um das Bild des Dreck schleudernden Kohlegiganten zu korrigieren. RWE operiert nicht mit deutlichen Aussagen und bindenden Selbstverpflichtungen, sagt nicht klipp und klar, *im modus operandi* der Öffentlichkeitsarbeit, was man in der Vergangenheit getan hat, was man in der Zukunft tun werde. Der Spot *suggeriert* stattdessen, *im modus operandi* der Werbung, dass RWE „liebevoll" mit der Umwelt umgeht, dass RWE „grün" ist. Wohl wissend, dass Sentiment und Argument kognitionspsychologisch nicht hundertprozentig zu separieren sind, besteht in der öffentlichen Kommunikation, hinsichtlich des Komplexitätspotenzials, jedoch ein großer Unterschied. Es ist ein großer Unterschied, ob es Akteure in der öffentlichen Kommunikation *selbst* sind, die Komplexität *für* die Rezipienten auflösen – oder ob man die Komplexität bestehen lässt, sogar noch steigert, den Menschen aber einen Weg andeutet, die beunruhigende Situation *in ihren Köpfen* aufzulösen: *Vertraut doch, dass wir verantwortungsvoll handeln werden*, scheint das Angebot von RWE zu sein, *wider den Anschein: denn wir sind ein missverstandenes Monster.*

Glaubwürdigkeit
Die zweite Frage ist die nach der *Glaubwürdigkeit*. Und von Anfang an gilt es einer Ungenauigkeit entgegenzutreten: Der Versuch von RWE ist nicht deshalb gescheitert, weil der Werbespot *an sich* „durchschaut" wurde, per se unglaubwürdig war. Der Spot an sich ist psychologisch clever, wunderbar gemacht, wie man das von der Top-Agentur Jung/von Matt erwartet. Es ist davon auszugehen, dass die kindlichen Besucher der Harry Potter-Filme, für die der Spot maßgeschneidert worden war, die Mär vom grünen Riesen unkommentiert eins zu eins geglaubt hätten. Der Versuch ist gescheitert, weil die vielen Watchdogs, allen voran Greenpeace, das Märchen vom grünen Riesen mit „Realitäten" der Energieproduktion RWEs kontrastierten. Er ist

gescheitert, weil das Social Web, zuvorderst *youtube*, die Möglichkeit bot, den Spot vor der Online-Community regelrecht vorzuführen. Die Untertitelung des Originalspots mit den dahinterstehenden „Fakten" setzte den bösen Energieriesen RWE *in flagranti* in Szene, führte den Zynismus RWEs jedermann und jederfrau *live* vor Augen. Der Versuch muss nicht zuletzt deshalb als gescheitert betrachtet werden, weil die klassischen Massenmedien, wie eben der Spiegel oder die Süddeutsche Zeitung, das Thema aufgriffen.

Abbildung 2   Öffentlichkeit 2.0 (Quelle: Bentele & Nothhaft 2010: 112)

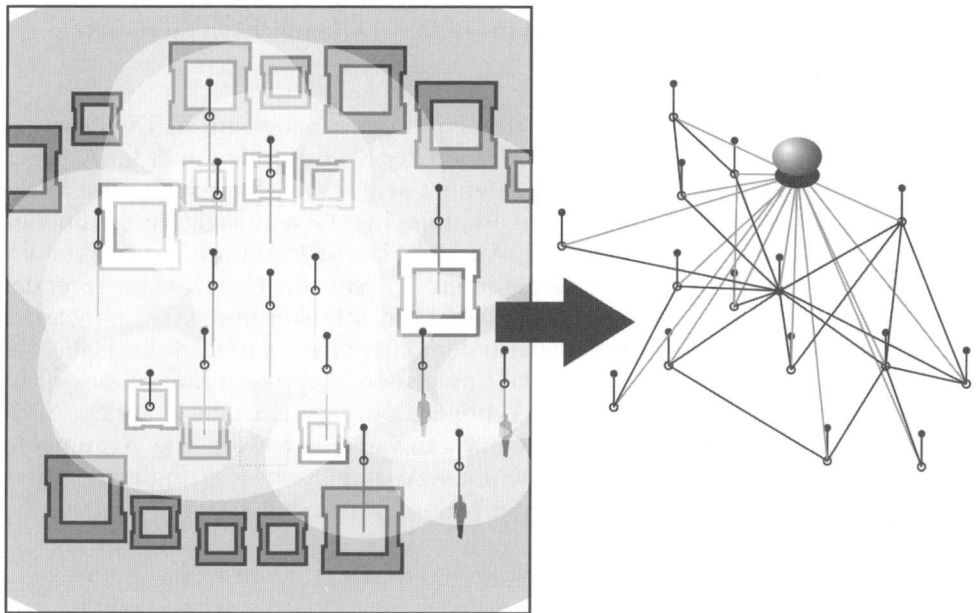

Die Autoren haben jüngst den Versuch unternommen, ebenjene Öffentlichkeit 2.0 theoretisch zu modellieren. Abbildung 2 zeigt, dass die schöne neue Kommunikationswelt des 21. Jahrhunderts sich durch *Verdichtung* von Kommunikation als eine flächige, machttopographiefreie Sphäre (rechts) *über* der machttopographisch durchaus von „Mauern", „Wänden" und „Häusern" geprägten Kommunikationssphäre konstituiert, die wir aus dem 20. Jahrhundert kennen (links). Die Verbindung der zwei Sphären besteht darin, dass sich Akteure, Individuen oder Organisationen qua „Antenne" in die topographiefreie Sphäre einschalten, damit Kommunikationsmauern und -wände überbrücken.

Die RWE-Umweltkommunikation war also nicht per se unglaubwürdig. Sie war unglaubwürdig, weil sie in ein Kommunikationssystem geriet (rechts), in der ihre Glaubwürdigkeit systematisch unterminiert wurde. In einer Potenzierung der unter 3.4 skizzierten, basal-vierstelligen Relation kommunizierten sehr viele Akteure *miteinander* (schwarze Linien) *über* ein Referenzobjekt (graue Linien), eben RWE bzw. den RWE-Spot (grauer Ball). Die Suggestionen des RWE-Spots (freundlicher, missverstandener Riese), die an sich keine *Faktizität* beanspruchten, deshalb weder wahr noch falsch sein konnten, wurden durch das Kommunikationssystem in einen Referenzrahmen gestellt, der RWE in ein nachgerade zynisches Licht tauchte. Ein großer Teil des *Inputs* in das Kommunikationssystem „RWE-Spot" stammte ohne Zweifel aus Antennen, die auf dem Dach des Greenpeace-Hauses stehen, eines Hauses, das natürlich eigene, handfeste Interessen in der „wirklichen" Welt verfolgt. Umgekehrt gilt es jedoch auch zu sehen, dass die Angelegenheit dadurch an Durchschlagskraft gewann, dass Medienhäuser das Thema qua Antenne absaugten und ihre zentrale Stellung nutzten, um die Angelegenheit ins Licht der Öffentlichkeit zu rücken.

Vertrauen
Drittens stellt sich die Frage, *welches* Vertrauen in *was* zerstört wurde. Die Antwort fällt vielschichtig aus. Zunächst: Das Vertrauen der RWE-Kunden und der Anleger scheint nicht zerstört, aber doch angegriffen zu sein. Trotz Wirtschaftskrise blickt der Konzern auf ein gutes Jahr 2009 zurück, mit einer Gewinnsteigerung von vier Prozent bei leicht gesunkenem Umsatz. Auf der Hauptversammlung in Essen am 20.04.2010 war der „Spagat des Energieriesen" gleichwohl Dauerthema (Brendel 2010: 1). Während vor der Gruga-Halle *sowohl* Klimaschützer und Kernkraftgegner *als auch* Azubis der RWE-Kraftwerksparte demonstrierten, geriet in der Halle die Unternehmensstrategie in die Kritik. Und unter den Skeptikern fanden sich nicht nur der Dachverband der kritischen Aktionäre oder vereinzelte Grantler. Auch Fondsgesellschaften gefällt der Energiemix ganz und gar nicht. Die Argumente in der Halle sind freilich andere als davor. Die Westdeutsche Zeitung etwa zitiert (Brendel 2010: 1) einen Repräsentanten der Union Investment:

> „75 Prozent des Nettoergebnisses steht mittelfristig unter Feuer", warnt der Fondsvertreter angesichts der „desolaten CO_2-Bilanz" des Energieriesen. Denn ab 2013 muss RWE für alle CO_2-Verschmutzungsrechte zahlen; heute ist ein Teil davon umsonst.

Welches Vertrauen in was, also? Um die Frage zu beantworten, ist es erforderlich, die in der Theorie des öffentlichen Vertrauens vorgenommene Ebenenunterscheidung ins Gedächtnis zurückzurufen. Es gilt, (1) *das System* zu rekonstruieren, in welchem RWE (2) *als Organisation* mit (3) *Personen an der Spitze* steht.

4.2   *Organisationsvertrauen, Personenvertrauen, Systemvertrauen*

Abbildung 3 zeigt die wesentlichen Bestandteile. Wir sehen erstens RWE als Organisation in toto dargestellt, das Objekt *öffentlichen Organisationsvertrauens*. Wir sehen zweitens in der Organisation RWE einen Führungskreis. Der Führungskreis ist hervorgehoben, weil er sich aus „Köpfen" konstituiert die in der Medienberichterstattung identifizierbar sind, als Vertrauensobjekte *öffentlichen Personenvertrauens* in Frage kommen. Wir sehen drittens die Energieversorgung als ein *soziotechnisches* System, abgegraut deshalb, weil es derart komplex ist, dass es sich der Durchdringung durch Laien verschließt: lediglich Watchdogs und andere Expertensysteme verstehen es teilweise, niemand versteht es vollumfänglich. Sieht man genauer hin, zeigt sich ferner, dass das soziotechnische System sich durch Verschränkung eines *technischen Systems*, Kraftwerke, Leitungsnetze etc., mit einem *ökonomischen System*, dem Energiemarkt (lesenswert Münch 1996: Kap. 5, 6), konstituiert. Im Verteidigungsfall würde die Bundesrepublik Deutschland das technische System Energieversorgung übernehmen, das ökonomische System Energiemarkt ausschalten: bei einem Krieg gegen Schweden könnte die Vattenfall-Spitze nicht entscheiden, Deutschland den Strom abzudrehen.

Abbildung 3   Energieversorgung als System rekonstruiert (Quelle: eigene Darstellung)

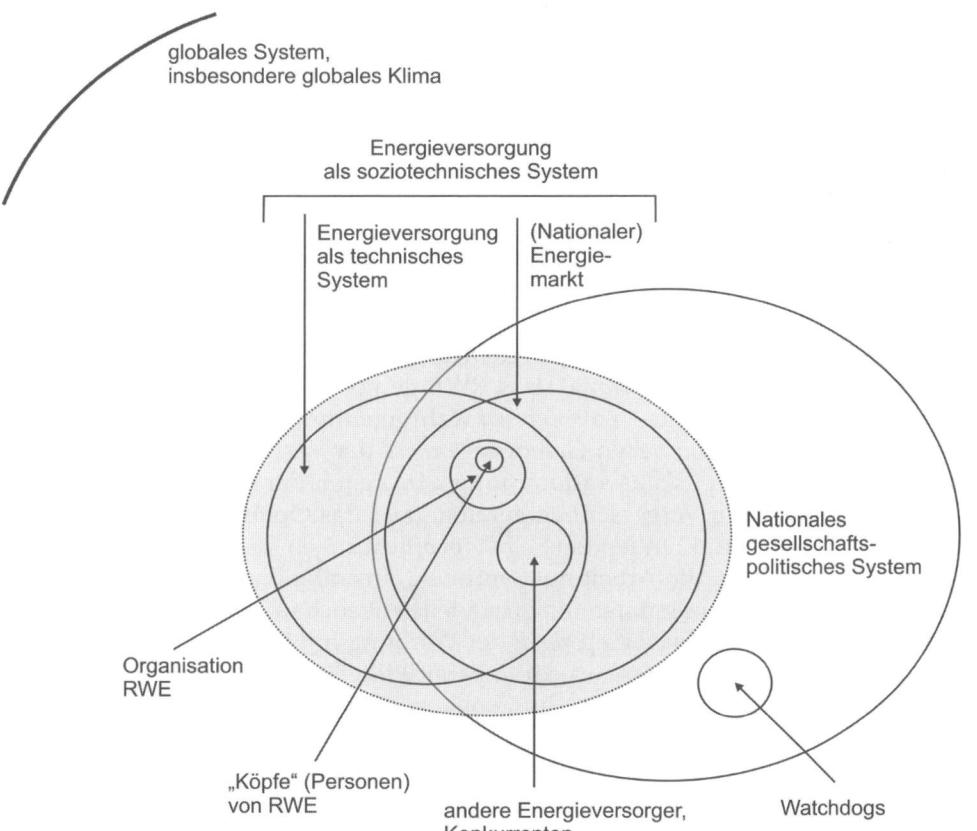

Das soziotechnische System Energieversorgung steht teilweise im gesellschaftspolitischen System der Bundesrepublik, teilweise außerhalb. RWE plante beispielsweise, trotz Atomausstiegs, sich am Bau eines Kernkraftwerks in einem Erdbebengebiet in Bulgarien zu beteiligen. Das führt einerseits die Begrenztheit des nationalen gesellschaftspolitischen Durchgriffs vor Augen (Münch 1996: Kap. 6). Dass es dagegen in Deutschland Proteste gab, erwuchs aber andererseits aus der Tatsache, dass ein Reaktorunfall in Bulgarien, über das globale System, Auswirkungen auch in Deutschland, europaweit, ja weltweit hätte.

Organisationsvertrauen
Auf Basis der skizzierten Analyse lässt sich jetzt etwas präziser beschreiben, welches Vertrauen wo ins Spiel kommt. Es liegt auf der Hand, dass der Sinn und Zweck des RWE-Spots darin bestand, das Vertrauen der Menschen allgemein, vielleicht der Kunden, vielleicht auch der Anleger, in RWE als Organisation zu stärken. Das missglückte wie dargestellt, weil die *Diskrepanzen* zwischen der Suggestion des Spots und der „Realität" von RWE herausgearbeitet wurden. Die *Komplexität* des Systems Energieversorgung wurde durch die Kontrastierung in der Greenpeace-Satire schlagartig „gelüftet", zumindest für diejenigen, die sich in der entsprechenden Community bewegen (vgl. Greenpeace 2009). Im Spot werden die positiven Aussagen zu RWE kontrastiert mit von Greenpeace hinzugefügten Aussagen, die *Diskrepanzen* zwischen Spotrealität und RWE-Realität deutlich werden lassen: „15 % des Stroms in Deutschland stammten 2008 aus Erneuerbaren Energien" und „Nur 2 % betrug der Anteil der erneuerbaren Energien bei der Stromproduktion von RWE".

Mit einem Mal, vor dem Hintergrund des „Durchblicks" durch das soziotechnische System Energieversorgung, führt der Spot nicht zur medialen Rekonstruktion von sozialpsychologischen, gesellschaftlich-normativen und fachspezifischen Vertrauensfaktoren. Er führte dazu, dass RWE gerade *nicht* als *verantwortungsvoll*, damit *vertrauenswürdig*, sondern als *zynisch* wahrgenommen wird. Dabei ist von einiger Bedeutung, dass von Seiten Greenpeace nicht der Vorwurf der Lüge erhoben wurde, sondern der der „Volksverdummung". In Zeiten der integrierten Kommunikation ist vielleicht in Vergessenheit geraten, dass das Operieren mit Argument, mit klaren Aussagen und bindenden Selbstverpflichtungen, der *modus operandi* der Öffentlichkeitsarbeit ist, die Arbeit mit Sentiment, Insinuation und Suggestion den *modus operandi* der Werbung darstellt. Es ist vielleicht auch in Vergessenheit geraten, dass die Gesellschaft den *modus operandi* der Werbung mit Blick auf Märkte belangloser und austauschbarer Güter gerne und bereitwillig akzeptiert, weil er unterhaltsam ist. Angesichts des drohenden Klimakollapses stellt Energieversorgung jedoch ein gesellschaftspolitisches Thema dar, in welchem die Mär vom grünen Riesen, das scheint jedenfalls der Konsens zu sein, nichts zu suchen hat.

Personenvertrauen
Obwohl Aktivitäten in einschlägigen Communities gelegentlich auch RWE-Vorstände aufs Korn nahmen, entsteht bei Sichtung nicht der Eindruck, dass *Personenvertrauen* eine große Rolle spielte. Zwar ätzte Greenpeace, nicht Shrek habe Pate gestanden für

den Energieriesen, sondern RWE-Vorstandsvorsitzender Jürgen Großmann höchst-
selbst. Der Versuch, Jürgen Großmann als scheinheiligen Patron zu entlarven, spielte
aber keine Rolle: Es wäre auch wohl vergebens, denn Großmann trat wieder und
wieder offen und unverhohlen pro Kernkraft auf – auch wenn er sich dadurch, wie
der Spiegel schreibt, „zum Buhmann der Nation" macht (Großmann & Seith 2010: 1).

Systemvertrauen
Die eigentlich interessante Untersuchungsebene im Fall RWE, und unverzichtbar
in der Durchdringung von Vertrauens-, Glaubwürdigkeits- und Verantwortungszuschreibungen, ist die *Systemebene* (vgl. auch Münch 1996: Kap. 1–5). Dazu ist es
erforderlich, wie in Abbildung 3, zunächst die Verschränkung komplexer technologischer Infrastruktur – *sunk costs* in Milliardenhöhe und oligopole Marktstruk-
tur im Energiemarkt – in Rechnung zu stellen. Das soziotechnische System ist aber
wiederum vor dem Hintergrund eines gesellschaftspolitischen Systems zu sehen,
welches die Energieversorgung größtenteils, aber nicht vollständig umschließt, respektive dieser *unterliegt*. Aus diesem gesellschaftspolitischen System heraus agieren auch die Watchdogs, die ja nichts anderes tun, als Diskrepanzen aufzuzeigen
zwischen dem Verhalten von Akteuren im System Energieversorgung einerseits,
gesellschaftspolitischen Erwartungen andererseits.

Oberflächlich sieht es aus, als müsse der Fall des grünen Riesen, die Greenpeace-
Satire, sich negativ auf das Systemvertrauen in das System Energieversorgung
niederschlagen. Es reicht jedoch nicht aus, Systemvertrauen wie einen Fall von Vertrauen in sehr große Organisationen zu behandeln. Der Unterschied besteht darin,
dass Systeme hinsichtlich ihrer Funktion *ohne Alternative* sind. In einem sich libera-
lisierenden Energiemarkt mag man sich *als Kunde* von RWE abkehren, *als Bürger* ist
die Abkehr von der Energieversorgung *insgesamt* unmöglich. Entsprechend kann
auf der Systemebene zwar Misstrauen entstehen, dies führt jedoch nicht zu Lösungen, sondern hat *Unsicherheit und Angst* zur Konsequenz. Angst versucht das Individuum jedoch zu vermeiden. Systemvertrauen lässt sich entsprechend als *multistabil*
begreifen, es konstituiert sich durch verschieden ausgeprägtes Vertrauen in die diversen „Komponenten" eines Systems. Bei einem Normalbürger, der nicht daran
interessiert ist, das eigene Grundvertrauen in die Tatsache zu erschüttern, dass unsere modernen Gesellschaften mit ihren modernen Technologien „im Großen und
Ganzen" auf dem Weg aus der Klimakrise sind, führt ein Vertrauensverlust in RWE
nicht zwangsläufig linear und kausal zu einem Verlust an Systemvertrauen. Vielmehr verändert sich die *Vertrauenskonstellation*: Wer vorher der Meinung war, die
großen Energieversorger zögen an einem Strang hinsichtlich erneuerbarer Energien,
sondert RWE jetzt als bad boy aus, der seine gerechte Strafe erhält. Wer an der Auf-
richtigkeit der großen Konzerne insgesamt zu zweifeln beginnt, tröstet sich damit,
dass die Episode wenigstens die Wachsamkeit der Watchdogs unter Beweis gestellt
hat: in Zukunft geht es so nicht weiter.

Kaum jemand – von Umwelt- und Klimaaktivisten abgesehen, die *deshalb* eben
Aktivisten sind – käme derzeit jedoch auf die Idee die Schlussfolgerung zu ziehen,
dass *Unternehmen* unter Bedingungen eines marktwirtschaftlichen Systems *struk-*

turell nicht in der Lage sind, sich aus eigener Kraft aus der Energiezwickmühle zu befreien. Kaum jemand glaubt, dass ein kleines, wenn auch wichtiges und einflussreiches Teilsystem „uns alle" sehenden Auges an den Abgrund führt. Die Erklärung dafür ist eine doppelte:

- Erstens das bereits erwähnte *widerstandsfähige*, da multistabile Vertrauen auf Systemebene. Das Postulat ist dabei nicht bloß ein theoretisches, sondern ein empirisches: Wenn das Systemvertrauen wirklich unter einer kritischen Grenze wäre, würde es angesichts der existenziellen Bedrohung durch die Klimakatastrophe wohl Proteste und Demonstrationen geben. Es handelt sich hier um ein Thema, das im Kern soziologischer und politikwissenschaftlicher Natur ist.
- Zweitens ein *medialer Diskurs*, der die Verantwortung von Unternehmen als ein neues Argument konstruiert, das, wie ein Joker im Kartenspiel, beinahe jede beliebige Lücke in der Vertrauenskonstellation auszufüllen in der Lage ist. Hier handelt es sich um ein Thema, welches genuin Objekt der Kommunikationswissenschaft ist.

4.3   Die Verantwortung von RWE

Vor der geschilderten Kulisse zeichnet sich eine sehr selbstverständlich gewordene Art und Weise der Kritik mit einem Mal als hochinteressant ab. Von Interesse ist dabei insbesondere, dass *sowohl* das Unternehmen RWE als „Player" *als auch* der Watchdog Greenpeace in der Debatte um den grünen Riesen einen Referenzrahmen konstruieren, der als Träger der Verantwortung wie selbstverständlich *Organisationen* ausmacht.

Obwohl Greenpeace auf der eigenen Website Papiere des Instituts für ökologische Wirtschaftsforschung (IWÖ) veröffentlicht, welche die vier Großen des bundesdeutschen Energieoligopols *gleichermaßen* anprangern, setzt der RWE-Satirespot auf die bewährte Masche, einen Bad Boy herauszugreifen. Der Satire-Spot war es, der viral die breite Masse ansprach – und der Satire-Spot kontrastiert RWE mit einer Branche, die zwar anonym bleibt, aber jedenfalls mehr für die Umwelt tut als der böse Bube. Die Berichterstattung in etablierten Medien wie Spiegel und Süddeutscher Zeitung hob sich davon nicht wesentlich ab. Es ist jedoch von einigem Interesse, dass auch RWE-Vorstandsvorsitzender Jürgen Großmann keineswegs versucht, RWE *als Organisation* aus der Verantwortung zu nehmen.

> *Spiegel Online:* Ihre Kritiker halten Ihnen vor, dass Sie sich nur deshalb so massiv für die Atomkraft einsetzen, weil Sie möglichst schnell und möglichst sicher Ihre hohen CO_2-Emissionen reduzieren wollen. In ganz Europa produziert kein Energieunternehmen so viel CO_2 wie Sie.
>
> *Großmann:* Stimmt: Wir wollen unsere CO_2-Werte senken, innerhalb von vier Jahren von rund 180 Millionen Tonnen auf unter 140 Millionen Tonnen im Jahr. Aber werfen Sie mir

doch nicht vor, mir ginge es nur eiskalt um den Profit. Wir müssen auch auf die Wettbewerbsfähigkeit unserer Kunden, sprich niedrige Strompreise, und eine möglichst hohe Ver-
sorgungssicherheit achten. Wenn wir weiter hohe CO_2-Reduktionen anstreben, werden wir
die Kernenergie noch lange brauchen. Das geht noch nicht mit Wind und Sonne alleine. Die
Kernenergie spart in Deutschland 100 Millionen Tonnen CO_2 pro Jahr. Kernenergie und
Kohle sind die Leistungsträger, die die Finanzierung der Erneuerbaren erst ermöglichen.
Das sollte man bei der Konstruktion des Erneuerbare-Energien-Gesetzes auch beachten.

Auch Großmann zeigt also nicht mit dem Finger auf die Politik, im Gegenteil. Der
RWE-Vorstandsvorsitzende hält „seiner" Verantwortung für die Umwelt wiederum
„seine" Verantwortung für RWE-Kunden, für niedrige Strompreise, für den Wohlstand des Landes entgegen. Das System „Energieversorgung" in seiner Dualität als
soziotechnische Struktur *und* als oligopoler Markt bleibt in der medialen Rekonstruktion außen vor. Auch wenn die Formulierung ambivalent bleibt, legt Großmann nahe, dass es die Energieriesen sind, die den Umbau der Energieversorgung
des Landes letzten Endes bezahlen. Durch das Interview zieht sich die Bereitschaft,
„vernünftig" mit der Politik zusammen zu arbeiten: wobei die Politik *en passant* als
Agent konstruiert wird, der mit bisweilen unrealistischen „Ideen" an die Energieversorger herantritt. Das Primat der Politik, welches der theoretischen Idee gemäß
aus demokratischer Legitimation heraus kollektiv bindende Entscheidung nicht
anträgt, sondern sie *durchsetzt*, findet nicht Anerkennung; Großmann gesteht groß-
mütig zu, dass man sich Gesprächen mit der Politik nicht verschließen werde: „Die
Bundesregierung hat im Koalitionsvertrag klargemacht, dass sie mit der Branche
das Thema Asse lösen will. Diesen Gesprächen werden wir uns nicht verschließen."
(Großmann & Seith 2010: 2).

5   Fazit: Von Whitewashing zu Greenwashing

Die Umwelt, wie im Fall RWE, ist lediglich ein Beispiel unter vielen. Soziale, ökologische und ethikbezogene Themen nehmen mehr und mehr Raum in der Wirtschaftsberichterstattung ein, die Rezipienten werden stärker sensibilisiert. Unternehmen
sehen ihre Chance, sich als nachhaltig, öko- und sozialbewusst zu positionieren –
oder das Risiko, in eine strategische Sackgasse zu geraten, so ihnen das nicht gelingt. Von Zeit zu Zeit entdecken Watchdogs vermeintlich dreiste Versuche von
Unternehmen, sich als „grüner" zu verkaufen, als sie wirklich sind: wie im Fall des
grünen Riesen. „Greenwashing" ist der *terminus technicus*. Seele (2007) datiert die
Entstehung des Begriffes auf das Jahr 1992, als Greenpeace das *Greenpeace Book on
Greenwash* publizierte. Zwar sind die wenigen Definitionsversuche noch uneinheit-
lich, wirkmächtig aber ist die Formel des *World Summit for Sustainable Development:*

> The phenomenon of socially and environmentally destructive corporations attempting to
> preserve and expand their markets by posing as friends of the environment and leaders
> in the struggle to eradicate poverty (Bruno & Karliner: 2002).

Greenwash leitet sich von *Whitewash* ab; einem Begriff, der schon in der Frühge-
schichte der modernen Public Relations das Schlagwort der Wahl war, um die Ver-
tuschung des skandalösen Verhaltens von Unternehmen durch skrupellose Public
Relations-Agenten zu beschreiben. Und es steht außer Zweifel, dass es damals Unternehmen gab und heute gibt, die einerseits verantwortungslos operieren, andererseits aber *Verantwortlichkeit* der Gesellschaft oder Umwelt gegenüber *kommunizieren*,
um ihre Operationen weiß oder eben grün zu waschen. Damit muss und sollte sich
die wissenschaftliche Durchdringung von Corporate Social Responsibility auseinandersetzen. Unser Beitrag plädiert jedoch dafür, auch die andere Seite ins Auge zu
fassen. Es geht darum, zu fragen,

- *welche* moralischen und ethischen *Verantwortlichkeiten* an Unternehmen *wie*
  medial herangetragen, *wie* diese durch Unternehmen angenommen und fort-
  geschrieben werden;
- welche *Erwartungshaltung* man in der Gesellschaft kreiert; wie Unternehmen
  zu versichern suchen, dass sie den Erwartungen gerecht werden;
- wie viel des Diskurses über Verantwortlichkeit und Erwartungen der Gesellschaft an Unternehmen weniger von „Realitäten", dafür mehr von der *Medienlogik* spätmoderner Gesellschaft geprägt ist;
- wie Unternehmen unter diesen Bedingungen um „Vertrauen werben" und
  Glaubwürdigkeit beanspruchen.

Sobald man das tut, muss auch die Frage gestattet sein, ob in Marktkonkurrenz
stehende, einerseits von Shareholdern, andererseits von vielen verschiedenen Stakeholdern getriebene Unternehmen mit der an sie herangetragenen Verantwortung,
„Freunde der Umwelt" und „Zugpferde im Kampf gegen weltweite Armut" zu sein,
nicht völlig überfordert sind.

Literatur

Baecker, D. (2003). *Organisation und Management*. Frankfurt am Main: Suhrkamp.
Bentele, G. (1988). Der Faktor Glaubwürdigkeit. Forschungsergebnisse und Fragen für die Sozialisations-
    perspektive. *Publizistik, 33*(2/3), 406–426.
Bentele, G. (1994). Öffentliches Vertrauen – normative und soziale Grundlage für Public Relations. In
    W. Armbrecht, & U. Zabel (Hrsg.), *Normative Aspekte der Public Relations. Grundlagen und Perspekti-
    ven. Eine Einführung* (S. 131–158). Opladen: Westdeutscher Verlag.
Bentele, G. (2008). Objektivität und Glaubwürdigkeit: Medienrealität rekonstruiert (hrsg. u. eingel. V. S.
    Wehmeier, H. Nothhaft, & R. Seidenglanz) Wiesbaden: VS Verlag.
Bentele, G., & Nothhaft, H. (2010). Strategic Communication and the Public Sphere from a European
    Perspective. In *International Journal of Strategic Communication, 4*(2), 93–116.
Bentele, G., & Seidenglanz, R. (2005). Glaubwürdigkeit. In S. Weischenberg, H. J. Kleinsteuber, & B. Pörk-
    sen (Hrsg.), *Handbuch Journalismus und Medien* (S. 86–91). Konstanz: UVK.
Bentele, G., & Seidenglanz, R. (2008). Vertrauen und Glaubwürdigkeit. In G. Bentele, R. Fröhlich, &
    P. Szyszka (Hrsg.), *Handbuch der Public Relations. Wissenschaftliche Grundlagen und Berufliches Han-
    deln. Mit Lexikon* (S. 346–361). Wiesbaden: VS Verlag.

Brendel, S. (2010). RWE-Hauptversammlung: Der Spagat des Energieriesen RWE. URL: http://www.der-westen.de/nachrichten/wirtschaft-und-finanzen/Der-Spagat-des-Energieriesen-RWE-id2890644. html. Zugriff am 30.04.2010.

Bruno, K., & Karliner, J. (2002). From Rio to Johannesburg: The Globalization Decade. URL: http://www. globalpolicy.org/component/content/article/225-general/32176-from-rio-to-johannesburg-the-glo-balization-decade.html. Zugriff am 22.12.2009.

Coleman, J. S. (1982). Systems of trust. A rough theoretical framework. *Angewandte Sozialforschung, 10*(3) 277–299.

Coleman, J. S. (1991). *Grundlagen der Sozialtheorie,* Bd. 1: Handlungen und Handlungssysteme. München: Oldenburg Wissenschaftsverlag.

Deutsch, M. (1958). Trust and suspicion. *Journal of Conflict Resolution, 2,* 265–279.

Deutsch, M. (1973). *The resolution of conflict: Constructive and destructive processes.* New Haven: Yale University Press.

Donges, P. (2008). *Medialisierung politischer Organisationen. Parteien in der Mediengesellschaft.* Wiesbaden: VS Verlag

Dorfer, T. (2009). RWE – Das Märchen vom grünen Riesen. URL: http://www.sueddeutsche.de/wirt-schaft/158/481627/text/. Zugriff am 20.12.2009.

Fieseler, C. (2008). *Die Kommunikation von Nachhaltigkeit. Gesellschaftliche Verantwortung als Inhalt der Kapitalmarktkommunikation.* Wiesbaden: VS Verlag.

Giddens, A. (1990). *The consequences of modernity.* Stanford, CA: Stanford University Press. Deutsche Ausgabe unter dem Titel Konsequenzen der Moderne (1996). Frankfurt am Main: Suhrkamp.

Goodpaster, K., & Mathews, J. B. (2003). Can a Corporation have a Conscience? In HBR (Hrsg.), *Harvard Business Review on Corporate Social Responsibility* (S. 131–155). Boston, MA: Harvard Business School Press.Greenpeace (2009). Der Energieriese von RWE. URL: http://www.youtube.com/ watch?v=xZFGYG7acz4. Zugriff am 20.12.2009.

Großmann, J., & Seith, A. (2010). Wir werden die Kernenergie noch lange brauchen. RWE-Chef im Spiegel-Gespräch. URL: http://www.spiegel.de/wirtschaft/unternehmen/0,1518,674350,00.html. Zugriff am 30.04.2010.

Hanlon, G. (2008). Rethinking Corporate Social Responsibility and the Role of the Firm – On the Denial of Politics. In A. Crane, A. McWilliams, D. Matten, J. Moon, & D. S. Siegel (Hrsg.), *The Oxford Handbook of Corporate Social Responsibility* (S. 156–172). Oxford: Oxford University Press.

HBR (Hrsg.) (2003). *Harvard Business Review on Corporate Social Responsibility.* Boston, MA: Harvard Business School Press.

Jackisch, S. (2009). Das Märchen vom grünen Riesen. URL: http://www.spiegel.de/wirtschaft/unterneh-men/0,1518,666984,00.html. Zugriff am 20.12.2009.

Karmasin, M., & Weder, F. (2008). *Organisationskommunikation und CSR. Neue Herausforderungen an Kommunikationsmanagement und PR.* Wien, Münster: LIT Verlag.

Köhnken, G. (1990). *Glaubwürdigkeit. Untersuchungen zu einem psychologischen Konstrukt.* München: Psychologie Verlags Union.

Kohring, M. (2004). *Vertrauen in Journalismus. Theorie und Empirie.* Konstanz: UVK.

Krotz, F. (2007). The meta-process of „mediatization" as a conceptual frame. *Global Media and Communication, 3,* 256–260.

Luhmann, N. (2000). *Vertrauen: Ein Mechanismus der Reduktion sozialer Komplexität.* Stuttgart: Lucius & Lucius.

Martin, R. L. (2003). The Virtue Matrix: Calculating the Return on Corporate Responsibility. In HBR (Hrsg.), *Harvard Business Review on Corporate Social Responsibility* (S. 83–103). Boston, MA: Harvard Business School Press.

McWilliams, A., & Siegel, D. S. (2001). Corporate Social Responsibility: A Theory of the Firm Perspective. *Academy of Management Review, 26*(1), 117–127.

Mende, L. (2008). Vertrauensranking. Von Beschwichtigern und Bankstern. Manager-Magazin-Online. URL: http://www.manager-magazin.de/unternehmen/artikel/0,2828,586772,00.html. Zugriff am: 29.10.2009.

Münch, R. (1996). *Risikopolitik.* Frankfurt am Main: Suhrkamp.

Nothhaft, H., & Wehmeier, S. (2007). Coping with Complexity. Sociocybernetics as a Framework for Communication Management. *International Journal of Strategic Communication, 1*(3), 151–168.

Nothhaft, H. (2010). *Kommunikationsmanagement als professionelle Organisationspraxis. Theoretische Annäherung auf Grundlage einer teilnehmenden Beobachtungsstudie.* Leipzig: Universität Leipzig. [unveröffentlichte Dissertation, erscheint 2011]

Porter, M. E., & Kramer, M. R. (2003). The Competitive Advantage of Corporate Philantrophy. In HBR (Hrsg.), *Harvard Business Review on Corporate Social Responsibility* (S. 27–64). Boston, MA: Harvard Business School Press.

Rotter, J. B. (1967). A new scale for the measurement of interpersonal trust. *Journal of Personality, 35,* 651–655.

Rotter, J. B. (1971). Generalized expectancies for interpersonal trust. *American Psychologist, 26,* 443–452.

Rotter, J. B. (1981). Interpersonal trust, trustworthiness and gullibility. *American Psychologist, 35,* 1–7.

RWE (2009). Der Energieriese ist zurück im Kino. URL: http://www.rwe.com/web/cms/extlink/de/250904/rwe/rwe-konzern/ueber-rwe/der-energieriese/hier-koennen-sie-die-zweiminuetige-langversion-sehen.html. Zugriff am 22.12.2009.

Schenk, M. (1993). Informationsgesellschaft: Entwicklung eines theoretischen Konzepts. In Wilke, J. (Hrsg.), *Fortschritte der Publizistikwissenschaft* (S. 173–188). Freiburg & München: Alber.

Schink, M. (2004). *Die Informationsgesellschaft. Charakterisierung eines neuen gesellschaftlichen Konzeptes anhand quantitativer Indikatoren und qualitativer Veränderungen.* Frankfurt am Main: Lang.

Schranz, M. (2007). *Wirtschaft zwischen Profit und Moral: Die gesellschaftliche Verantwortung von Unternehmen im Rahmen der öffentlichen Kommunikation.* Wiesbaden: GWV.

Schulz, S. (2008). Vertrauensranking. Warum Autobauer von der Krise profitieren. *Manager-Magazin-Online.* URL: *http://www.manager-magazin.de/unternehmen/artikel/0,2828,598117,00.html. Zugriff am 09.05.2010.*

Schulz, S. (2009). CTI-Ranking. Eon in der Vertrauensfalle. Manager Magazin-Online. URL: http://www.manager-magazin.de/unternehmen/artikel/0,2828,635321,00.html. Zugriff am 21.05.2010.

Schwarz, A. (2010). *Krisen-PR aus Sicht der Stakeholder. Der Einfluss von Ursachen- und Verantwortungszuschreibungen auf die Reputation von Organisationen.* Wiesbaden: VS Verlag.

Seele, P. (2007). Is Blue the new Green? Colors of the Earth in Corporate PR and Advertisement to communicate Ethical Commitment and responsibility. URL: http://www.responsibility-research.de/resources/CRR+WP+03+seele+blue+green.pdf. Zugriff am 22.12.2009

Seiffert, J. (2009). CTI-Ranking. Wie die Medien Josef Ackermann sehen. Manager-Magazin-Online. URL: http://www.manager-magazin.de/unternehmen/artikel/0,2828,645645,00.html: Zugriff am 31.04.2010.

Seiffert, J. (2010). Deutsche Autobauer. Bröckelndes Vertrauen. Manager-Magazin-Online. URL: http://www.manager-magazin.de/unternehmen/artikel/0,2828,687081,00.html. Zugriff am 07.05.2010.

Sommer, C. (2005). *Im Brennpunkt der Öffentlichkeit: Florian Gersters Vertrauensproblem. Eine Fallstudie zur Berateraffäre 2003/2004.* Leipzig: Universität Leipzig. Magisterarbeit

Sommer, C., & Bentele, G. (2008). Vertrauensverluste: Der Fall Gerster. Eine deutsche Fallstudie über Interdependenzen zwischen Prozessen öffentlicher Kommunikation und öffentlichen Vertrauens. In G. Bentele, M. Piwinger, & G. Schönborn (Hrsg.), *Kommunikationsmanagement* (S. 1–31). Köln: Wolters-Kluwer.

Thumann, V. (2009). Richtig Wenig Erneuerbare Energien. URL: http://www.greenpeace.de/themen/energie/nachrichten/artikel/rwe_emremichtig_emwemenig_emeemrneuerbare_energien/. Zugriff am 30.04.2010.

Van Oosterhout, J. H., & Heugens, P. (2008). Much Ado about Nothing. A Conceptual Critique of Corporate Social Responsibility. In A. Crane, A. McWilliams, D. Matten, J. Moon, & D. S. Siegel (Hrsg.), *The Oxford Handbook of Corporate Social Responsibility* (S. 197–226). Oxford: Oxford University Press.

Weick, K. (1995). *Der Prozess des Organisierens.* Frankfurt am Main: Suhrkamp.

Zerfaß, A., Mahnke, M., Rau, H., & Boltze, A. (2008). Bewegtbildkommunikation im Internet. Herausforderungen für Journalismus und PR. Ergebnisbericht der Bewegtbildstudie 2008. URL: http://bewegtbildstudie.de/Bewegtbildstudie2008-Ergebnisbericht-UniLeipzig.pdf. Zugriff am 22.12.2009.

CSR – Moralisierung des Reputationsmanagements

Mark Eisenegger und Mario Schranz

Seit den 1990er Jahren lässt sich eine Flut von praxisnahen und wissenschaftlichen Publikationen aus unterschiedlichen Disziplinen ausmachen, die sich mit der (neuen) gesellschaftlichen Verantwortung ökonomischer Organisationen auseinandersetzen und Reputationsmanagement als unverzichtbare Aufgabe der Unternehmen diskutieren. Es wird nicht mehr nur nach dem finanziellen Nutzen eines CSR-Engagements gefragt, sondern Aufbau und Pflege einer guten Reputation bzw. eines gutes Images haben für die Forschung zunehmend an eigenem Wert gewonnen (Bebbington, Larrinaga & Monveva 2008; Brammer & Pavelin 2004; Fombrun & Gardberg 2000; Hillenbrand & Money 2007). Unter den immateriellen Unternehmenswerten (non-monetary benefits) gehört die Corporate Reputation zu einem der meist erforschten Effekte, die durch Corporate Social Responsibility (CSR) mit bedingt werden. Zu dieser Entwicklung beigetragen hat insbesondere auch die Zunahme von Corporate Scandals (Shell, Enron, WorldCom, Madoff, AIG, Lehman Brothers etc.), die medial diffundiert weltweite Aufmerksamkeit erlangt und öffentliche Empörung ausgelöst haben (Aerts & Cormier 2009; Gjolberg 2009; Ihlen 2008; Wartick 1992). Diese Fälle haben für den Umstand sensibilisiert, dass die soziale Verantwortung von Unternehmen sehr viel häufiger dann zum Thema wird, wenn die „Corporate Social Irresponsibility" skandalisiert werden kann als im positiven Fall, und somit ein erhebliches Reputationsrisiko im Sinne einer Diskreditierung der sozialen Verantwortung darstellt (Freeman 2006; Yoon, Gürhan-Canli & Schwarz 2006). Die CSR scheint also in erster Linie ein Risiko und erst in zweiter Hinsicht eine Reputationschance zu sein. Nicht zuletzt als Folge der partiellen Einsicht in diese moralischen Skandalisierungsrisiken sind die CSR- und die Reputationsforschung enger zusammen gerückt (Lee & Min-Dong Paul 2008).

Ziel dieses Beitrags ist es, die Bedeutung der Corporate Social Responsibility und deren Kommunikation aus einer Reputationsperspektive zu beleuchten. Es interessiert insbesondere die Frage, ob dem CSR-Engagement eines Unternehmens in der Literatur mehrheitlich ein positiver Einfluss auf die Reputation zugeschrieben wird oder ob eher Reputationsrisiken damit verbunden werden. In diesem Kontext interessiert zudem spezifisch die Frage, welche Bedeutung der Kommunikation im Rahmen von CSR-Aktivitäten zukommt. Sollen die Unternehmen CSR-Aktivitäten offensiv in der Öffentlichkeit kommunizieren, oder lohnt sich für ein Unternehmen eher eine diesbezüglich zurückhaltende Handlungsstrategie und Kommunikationspolitik?

Vorliegender Beitrag fokussiert zunächst darauf, wie in der Forschung die beiden Begriffe CSR und Reputation theoretisch modelliert werden (1), um daran anschließend die Erkenntnisse der Reputationsforschung in Bezug auf das CSR-Engagement von Unternehmen zusammenzutragen und zu diskutieren (2). Die CSR ist ein wichtiger Bestandteil der noch relativ jungen Reputationsforschung. Bei der Reputationsforschung handelt es sich aber nicht um eine homogene und klar abgrenzbare Disziplin. Reputationseffekte im Zusammenhang mit CSR-Aktivitäten werden im Rahmen verschiedener Forschungstraditionen erörtert. Erstens hat die betriebswirtschaftlich geprägte und managementorientierte Forschung, welche Reputation als wichtiger werdenden Wertschöpfungsfaktor der Unternehmen betrachtet, den Einfluss von CSR-Aktivitäten analysiert (2.1). Zweitens hat sich die PR-Forschung respektive die Forschung zur Unternehmenskommunikation mit der Frage beschäftigt, ob und wie stark eine spezifische CSR-Kommunikation zum Reputationserfolg von Unternehmen beitragen kann (2.2). Und drittens werden Reputationseffekte im Zusammenhang mit der gesellschaftlichen Verantwortung von Unternehmen aktuell unter dem Stichwort der Medialisierung bzw. Mediatisierung insbesondere in der Medien- und Journalismusforschung debattiert. Von Interesse sind hier die Reputationseffekte die von einer Medienberichterstattung ausgehen, welche Unternehmen immer stärker im Zusammenhang mit sozialmoralischen Fragen exponiert (2.3). Abschließend werden die Befunde zusammen gefasst und die blinden Flecke in der Forschung bilanziert (3). Es wird dafür plädiert, dass die CSR-Reputationsforschung dem makrosozialen Umfeld von Unternehmen mehr Beachtung schenkt und dabei insbesondere die Rolle der Medienöffentlichkeit für die Reputationsbildung stärker berücksichtigt. Der Einfluss von CSR-Aktivitäten auf die Corporate Reputation wird zur Zeit zu einseitig aus dem Blickwinkel der Unternehmen erforscht, indem im Wesentlichen analysiert wird, wie das aktive Handeln bzw. die Kommunikation eines Unternehmens die Evaluation der einzelnen Stakeholder positiv beeinflussen kann. Als Folge davon werden die Chancen für Unternehmen, mittels eigener Kommunikation die Reputation zu steigern, in der Forschung bislang zu optimistisch dargestellt. Den Unternehmen wird in einer solchen Perspektive (zu) große Autonomie zugestanden. Es wird davon ausgegangen, dass sich mit einem gezielten Handeln positive Reputationseffekte steuern und kontrollieren lassen. Dieser optimistischen Chancenperspektive sollte aber unserer Meinung nach eine Risikoperspektive gegenüber gestellt werden, welche auf die nur bedingt steuerbaren Reputationsrisiken im Umfeld der Unternehmen hinweist. Unternehmen sind nur ein Akteur unter vielen im Kampf um gute Image- und Reputationswerte. Damit knüpft der Beitrag an kritische Stimmen in der PR- und Kommunikationsforschung an, welche die Rolle der Unternehmen für den Reputationsbildungsprozess relativieren und die Rolle insbesondere der Medien als eigenständige und definitionsmächtige Akteure im Reputationsbildungsprozess herausstreichen.

1   CSR und Reputation – Zum Zusammenhang zweier Begriffe

Als Folge der ab den 1990er Jahren gehäuft auftretenden Corporate Scandals sind die Begriffe CSR und Reputation auch im Fachdiskurs enger aufeinander bezogen worden (Lee & Min-Dong Paul 2008). Die Begriffsdebatte hat auf CSR- wie Reputations-Seite die Bedeutung von gesellschaftlichen Werten und Normen als Basis unternehmerischen Handelns herausgestrichen (Siltaoja 2006). Hillenbrand und Money (2007) sprechen deshalb in Bezug auf Reputation und CSR von den „two sides of the same coin". Dennoch besteht bislang wenig Einigkeit darüber, in welchem Zusammenhang die beiden Termini zueinander stehen, ob CSR als eine dem Reputationskonstrukt inhärente Reputationsdimension zu konzipieren ist oder als eine unabhängige, den Ruf beeinflussende Größe. Fombrun et al. definieren Reputation als „overall estimation of a firm by its stakeholders, which is expressed by the net affective reactions of customers, investors, employees, and the general public" (Fombrun 1996: 78–79). Das Reputationskonzept wird in sechs Dimensionen aufgeschlüsselt, nämlich 1. Products and Services; 2. Financial Performance; 3. Vision and Leadership; 4. Workplace Environment; 5. Social Responsibility; 6. Emotional Appeal (Fombrun & van Riel 2003: 243 f.). Es wird deutlich, dass CSR in dieser Denkschule als eine in das Reputationskonstrukt eingeschlossene Reputationsdimension konzipiert wird (vgl. auch Lindgreen & Swaen 2005; Schnietz & Epstein 2005; Tucker & Melewar 2005).

Andere Autoren konzipieren CSR demgegenüber als einen dem Reputationskonstrukt *vorgelagerten* Reputations*treiber* (Eberl & Schwaiger 2005; Schwaiger 2004). Bei Schwaiger beispielsweise wird Reputation als zweidimensionales Konstrukt beschrieben, das sich in eine kognitive (Kompetenz) und eine affektive (Sympathie) Reputationsdimension aufgliedert. Auf der unabhängigen Seite des Reputationskonstrukts werden verschiedene Treibervariablen unterschieden, welche die kognitive bzw. affektive Reputationsdimension beeinflussen. In diesem Reputationsansatz erscheint CSR als ein vor allem die affektive Reputationsdimension beeinflussender Treiber und zwar derart, dass sozial verantwortliches Handeln eine positive (Sympathie) und sozial *un*verantwortliches Handeln eine negative affektive Reputation (Antipathie) zur Folge hat (Schwaiger 2004: 63 ff.).

Eisenegger (2005) wiederum entwickelt seine Reputationstheorie auf der Basis des Drei-Welten-Konzepts von Habermas (Imhof 2006a: 185 ff.; Habermas 1984: 75 ff.). In Analogie zu Habermas' Konzept einer objektiven, einer sozialen und einer subjektiven Welt wird Reputation definiert als ein dreidimensionales Konstrukt, das sich aus einer *funktionalen*, einer *sozialen* und einer *expressiven* Dimension zusammensetzt (Eisenegger 2005; Eisenegger & Imhof 2008). Neben der kognitiven und der affektiven Dimension umfasst dieses Reputationskonzept somit auch eine normative Dimension. In der *kognitiven* Dimension gilt es erstens, die eigene Kompetenz und damit verbundene Erfolge unter Beweis zu stellen. Diese *funktionale Reputation* – festgemacht an den Leistungszielen der jeweiligen *Funktions*systeme (Politik, Wirtschaft etc.) – bemisst sich in der Wirtschaft daran, wie profitabel ein Unternehmen wirtschaftet. Diese Reputationsdimension folgt einer streng faktengestützten (kognitiven) Logik: Funktionaler Erfolg oder Misserfolg wird an Kennzahlen festgemacht, die einer objektiven Überprüfung zugänglich sind. In der *normativen* Dimension muss sich jeder Reputationsträger zweitens in einer sozialen Welt geltender Normen und Moralvorstellungen bewähren. Das ist das Feld der *sozialen Re-*

putation. Im Zentrum steht hier die Frage, inwieweit ein Akteur kodifizierte und nicht-kodifizierte Normen einhält, in seinem Erfolgsstreben also nicht einfach „über Leichen geht", sondern sich verantwortungsvoll an gesellschaftliche Normen und Werte hält. Erfolgreiche Pflege der sozialen Reputation bemisst sich am Grad der in der Öffentlichkeit zugestandenen *Legitimität*. Und drittens besitzt jeder Akteur auch eine *expressive Reputation*. Während in der funktionalen Reputationsdimension eine faktengestützte und in der sozialen Reputationsdimension eine moralisch-normative Bewertungsrationalität vorherrscht, dominieren in dieser dritten Dimension *emotionale* Geschmacksurteile. Akteure mit einer positiven expressiven Reputation erscheinen der Öffentlichkeit faszinierend, einzigartig und/oder sympathisch. Gesamthaft basiert erfolgreiches Reputations-Management im Lichte dieser Theorie darauf, erfolgreich den Leistungszielen des jeweiligen Funktionssystems (Wirtschaft, Politik, Wissenschaft etc.) zu dienen (funktionale Reputation), verantwortungsvoll zu handeln (soziale Reputation) und über ein Profil zu verfügen, das eine emotionale Differenz zu den Mitkonkurrenten markiert (expressive Reputation). Der Vorteil dieses Reputationsansatzes besteht darin, dass er auch auf nicht-ökonomische Organisationen angewandt werden kann, was beispielsweise beim Ansatz von Fombrun (1996) nur beschränkt möglich ist, weil die sechs Reputationsdimensionen klar auf ökonomische Organisationen referieren. CSR wird in Eiseneggers Ansatz analog zu Schwaigers Modell als ein dem Reputationskonstrukt vorgelagerter, unabhängiger Reputationstreiber konzipiert, welcher in erster Linie die *soziale* Reputation wahrgenommener Sozialverantwortlichkeit und Legitimität beeinflusst. Je stärker das CSR-Handeln eines Unternehmens auch als wesenseigener Kern seiner Identität (und nicht nur als Pflichthandeln) wahrgenommen wird, desto stärker alimentiert solches Handeln auch die emotionale Reputation des jeweiligen Unternehmens. In der Tat wird CSR-Handeln immer häufiger auch zum Bestandteil expressiver Reputationspflege, weil Unternehmen versuchen, sich über sozial verantwortliches Handeln ein identifikationsstiftendes Alleinstellungsmerkmal zu sichern.

2   Corporate Social Responsibility als Gegenstand der Reputationsforschung

Die CSR ist ein wichtiger Bestandteil der noch relativ jungen und weit verzweigten Reputationsforschung, bei der es sich allerdings nicht um eine homogene und klar abgrenzbare Disziplin handelt. Reputationseffekte im Zusammenhang mit CSR-Aktivitäten werden im Rahmen verschiedener Forschungstraditionen diskutiert. Erstens hat die *betriebswirtschaftlich geprägte und managementorientierte Forschung*, welche Reputation als wichtiger werdenden Wertschöpfungsfaktor eines Unternehmens betrachtet, den Einfluss von CSR-Aktivitäten analysiert (2.1). Zweitens hat sich spezifisch die *PR-Forschung und die Forschung zur Unternehmenskommunikation* mit der Frage beschäftigt, ob und wie stark eine spezifische CSR-Kommunikation zum Reputationserfolg von Unternehmen beitragen kann (2.2). Und drittens werden Reputationseffekte im Zusammenhang mit der gesellschaftlichen Verantwortung von Unternehmen aktuell insbesondere in der *Medien- und Journalismusforschung* diskutiert. Von Interesse sind hier die makrosozial bedingten Reputationseffekte, die von einer Medienberichterstattung ausgehen, welche Unternehmen immer stärker im Zusammenhang mit sozialmoralischen Fragen exponiert (2.3)

Erstens haben sich insbesondere betriebswirtschaftliche Fragestellungen und die Managementforschung mit dem Einfluss von CSR-Aktivitäten auf die Unternehmensreputation beschäftigt (Bhattacharyya 2010; Eberl & Schwaiger 2005; Fombrun & Shanley 2001; Peloza 2006). Im Mittelpunkt dieses Forschungsansatzes steht die Frage, ob sich ein CSR-Engagement von Unternehmen *betriebswirtschaftlich* lohnt oder nicht. Sollen Unternehmen CSR-Maßnahmen ergreifen oder sollen sie sich zentral um den Mehrwert der Stakeholder kümmern, wie das Milton Friedman als Skeptiker gegenüber CSR-Maßnahmen prominent gefordert hat? Neben der Erforschung von CSR-Effekten für die „tangible assets" von Unternehmen (Umsatz, Kundenwachstum, Aktienkursentwicklung) haben sich die Autoren dieses Ansatzes aber auch mit den Implikationen beschäftigt, welche CSR-Aktivitäten für die Reputation oder auch das Image von Unternehmen haben. Zentralen Einfluss auf dieses Forschungsfeld hat die Forschung des Reputation Institute von Charles Fombrun. Mit dem seit gut zehn Jahren existierenden Journal *Corporate Reputation Review* besteht hier ein etabliertes Publikationsorgan, welches sich mit den theoretischen, methodischen und auch empirischen Aspekten des Zusammenhangs von CSR und Reputation beschäftigt. Weitere zentrale Inputs stammen aus dem Feld der Managementforschung (Academy of Management Journal, European Management Journal, Journal of Management, Journal of Management Studies), welche sowohl die CSR wie auch den Begriff der Reputation als wichtiger werdende Bestandteile der heutigen Unternehmensführung betrachtet. In diesem Bereich wurde mit der Unternehmensethik zudem ein Forschungsschwerpunkt etabliert (Journal of Business Ethics, Business & Society, Society & Business Review), der sich gezielt mit der gesellschaftlichen Verantwortung von Unternehmen aus einer *normativen* Perspektive beschäftigt, entsprechende Soll-Sätze vorbildlicher Unternehmenspraxis ableitet und den Reputationsaspekt im Zusammenhang mit der Corporate Social Responsiblity somit nicht nur hinsichtlich der strategischen, sondern auch der ethischen Bedeutung diskutiert. Tendenziell betont diese Forschungsrichtung die Reputationschancen, die mit dem CSR-Engagement verbunden sind, und animiert die Unternehmen dazu, sich verstärkt diesem Bereich zuzuwenden.

Zweitens hat sich auch das Feld der *PR-Forschung und der Forschung zur Unternehmenskommunikation* für die Reputationseffekte von CSR-Aktivitäten interessiert. Besondere Bedeutung gewinnt in diesem Zusammenhang der Kommunikationsaspekt (Maud Tixier 2003; Morsing & Schultz 2006; Morsing, Schultz & Nielsen 2008; Nielsen & Thomsen 2007). Welche Bedeutung haben CSR-Inhalte für die Kommunikation von Unternehmen? Unter welchen Umständen kann eine gezielte CSR-Kommunikation die Reputation eines Unternehmens nachhaltig positiv beeinflussen? Wissenschaftliche Erkenntnisse produziert haben hier insbesondere die Marketing- und Werbeforschung (Bronn & Vrioni 2001; Chattananon, Lawley & Trimetsoontorn 2007; Vaaland, Heide & Gronhaug 2008), die Public Relations-Forschung sowie Analysen zur Unternehmensberichterstattung (Bebbington et al. 2008; Unerman 2008;

Golob & Bartlett 2007). Unter dem Etikett des „Cause-Related Marketing" oder auch des „Social- and Environmental-Marketing" fokussiert diese Forschungsrichtung auf die Auswirkungen, welche spezifische Marketing- und Werbemaßnahmen (Unternehmens- und Produktewerbung) auf die Stakeholder der Unternehmen zeitigen. Zu erwähnen sind hier insbesondere Beiträge im Journal of Marketing Communications, International Journal of Advertising, Journal of the Academy of Marketing Science sowie im European Journal of Marketing. Bei den meisten Artikeln steht dabei die Stakeholdergruppe der Konsumenten im Vordergrund (Vaaland et al. 2008). Dieses Forschungsfeld hat auch Spezialausgaben hervorgebracht, welche sich spezifisch mit der Kommunikation von CSR beschäftigen (Beispiel: Journal of Marketing Communications, April 2008, 14, 2: CSR-Communication). Es interessiert hier insbesondere die Frage, ob sich eine moralische Aufladung der Marketing- und Werbekommunikation für Unternehmen ökonomisch auszahlt oder nicht. Außerhalb der Marketing- und Werbeforschung beschäftigt sich insbesondere die Public Relations-Forschung mit dem Kommunikationsaspekt der CSR (Public Relations Review, Journal of Public Relations Research, Public Relations Quarterly, Corporate Communications). Im Zentrum dieser Forschung steht die Frage, wie CSR-Botschaften die Wahrnehmung des Unternehmens bei den einzelnen Stakeholdern beeinflussen können. Steht in der Marketing- und Werbeforschung der Konsument im Mittelpunkt, werden hier Reputationseffekte für ein umfassendes Feld verschiedenster Stakeholdergruppen analysiert. Dieser Forschungszweig hat aber im Gegensatz zur Marketing- und Werbeforschung weit weniger Untersuchungen produziert, die sowohl den Aspekt der CSR-Kommunikation als auch deren Reputationseffekte beleuchtet. Häufig beschränken sich die Forschungsbestrebungen hier darauf, wie CSR von den Unternehmen kommuniziert wird und welche Kommunikationskanäle sie dafür verwenden. Spezifische Bedeutung hat in diesem Zusammenhang die Bilanzierung von sozialen und ökologischen Leistungen in der Unternehmensberichterstattung erlangt. Die Forschung zeigt, dass insbesondere große und transnationale Unternehmen vermehrt Nachhaltigkeitsberichte veröffentlichen. Dieses Social Reporting oder auch Environmental Reporting, wie es in der Forschung genannt wird und welches neben der traditionellen Berichterstattung zu Umsatz- und Bilanzzahlen *nicht*-ökonomische Leistungen des Unternehmens bilanziert, wird teilweise als zentrales und wichtiger werdendes Public Relations-Instrument betrachtet, welches die Reputation und das Image bzw. das öffentliche Bild eines Unternehmens positiv beeinflussen kann (Bebbington et al. 2008; Hooghiemstra 2000; Hasseldine, Salama & Toms 2005). Diese spezifische Form der Unternehmensberichterstattung, CSR-Leistungen zu kommunizieren, wird somit als ein wesentlicher Bestandteil der Unternehmenskommunikation angesehen (Golob & Bartlett 2007). Im Gegensatz zur Betriebswirtschafts- und Managementlehre betonen die einzelnen Beiträge zur Erforschung der Unternehmenskommunikation stärker auch die Risiken, welche ein CSR-Engagement für die Unternehmensreputation nach sich ziehen kann. Zwar wird auch von positiven Effekten ausgegangen, aber nur wenn ein grundlegender Skeptizismus bei den Stakeholdern überwunden werden kann.

Drittens hat sich die *Medien- und Journalismusforschung* mit der Berichterstattung über Unternehmen im Zusammenhang mit der Thematisierung der gesellschaftlichen Verantwortung von Unternehmen den Reputationsfragen gewidmet. Während die Forschung zur Unternehmenskommunikation die Kommunikation von Unternehmen in den Mittelpunkt ihrer Betrachtungen stellt und nach den Effekten dieser Kommunikation bei den einzelnen Stakeholdern fragt, beleuchtet die Medien- und Journalismusforschung die CSR-Berichterstattung über Unternehmen aus einem makrosozialen Blickwinkel der massenmedial hergestellten Öffentlichkeit. Das Mediensystem, so die leitende Argumentation dieses Forschungsfelds, ist zu einem dominanten Teilsystem der Gesellschaft geworden, das die anderen Teilsysteme wie die Politik, die Wirtschaft oder auch die Wissenschaft zu einer Anpassung an die massenmediale Funktionslogik zwingt. In diesem Kontext hat sich insbesondere die vor allem im deutschsprachigen Raum bedeutungsvolle Medialisierungs- und Mediatisierungsforschung (Imhof 2006b; Schulz 2004; Krotz 2001; Lundby 2009; Kepplinger 2008; Raupp 2009) mit dem Aspekt der Unternehmensreputation beschäftigt. Medien sind für die Reputationskonstitution von Unternehmen generell wichtiger geworden, die mediale Exponierung hat zugenommen. Diese dritte Forschungsrichtung produziert am meisten Skepsis gegenüber Reputationschancen, die im Zusammenhang mit CSR-Aktivitäten postuliert werden. Vor dem Hintergrund der gehäuften Skandalisierungen von Unternehmen in den Medien betonen diese Forschungsansätze stärker die Reputationsrisiken, welche mit der Einbindung in sozialmoralische Narrative verbunden sind.

2.1 Erträge der Managementforschung und der Betriebswirtschaftslehre

Im Bereich der Managementforschung gibt es eine Vielzahl von Beiträgen, die einen (positiven) Einfluss von CSR-Aktivitäten auf die Reputation der Unternehmen theoretisch postulieren und diese Aktivitäten zu einem strategischen Aspekt des Unternehmens erklären (Porter & Kramer 2003; Fombrun & Shanley 2001). Nur zu einem geringen Anteil wird in dieser Forschungsrichtung der Zusammenhang zwischen der Corporate Reputation und der CSR im Rahmen eines zweiseitigen Untersuchungsdesigns aber auch empirisch erforscht. Empirische Studien zu CSR-Effekten für die Unternehmensreputation sind praktisch nur im Zusammenhang mit der (philanthropischen) Spendentätigkeit von Unternehmen erforscht worden (Brammer & Millington 2005; Brammer & Pavelin 2004; Brammer & Pavelin 2006; Williams & Barrett 2000).

Grundsätzlich gehen viele Autoren davon aus, dass die wichtiger werdende Bedeutung der Corporate Reputation in der heutigen Wirtschaftswelt ein zentraler Grund dafür ist, dass Unternehmen sich verstärkt der CSR-Thematik zuwenden. Der drohende Reputations- und Imageverlust wird als wesentlicher Faktor für das CSR-Engagement der Unternehmen angesehen (Castelo Branco & Lima Rodriguez 2006). Dabei sind es laut Yoon et. al (2006) insbesondere Unternehmen mit einer schlechten Reputation, welche diese mittels CSR-Aktivitäten zu korrigieren versuchen.

Gemäß diesen Befunden ist es für die Unternehmen also in erster Linie wichtig, schwerwiegende Verstöße gegen CSR-Standards zu vermeiden. Wer heute zentral gegen die Umwelt oder Menschenrechte verstößt, muss mit gravierenden Reputationseinbußen rechnen (Zyglidopoulos 2001). Ein in der Literatur oft zitiertes Beispiel ist das Unternehmen Shell (Fombrun & Rindova 2000; Schubert 2000; Vowe 2006; Zyglidopoulos 2002). Das Unternehmen hatte Mitte der 1990er Jahren wegen der geplanten Versenkung der Ölplattform Brent Spar im Meer bzw. ihrer offenen Bekämpfung von Greenpeace sowie wegen des Vorwurfs, in Nigeria Menschenrechtsverletzungen zu tolerieren, mit stark negativen Reputationseffekten zu kämpfen. Shell ist ein häufig zitiertes Beispiel für die postulierte Grundlogik, dass im Zusammenhang mit der Corporate Social Responsibility nicht die Reputationschancen, sondern -risiken dominieren. Während es also für ein Unternehmen in erster Linie bedeutsam ist, schwerwiegende Verstöße gegen CSR-Standards zu vermeiden, geht es erst sekundär um die Wahrnehmung positiver Reputationschancen.

Weiter belegen die Forschungsbefunde, dass das Risiko für große und multinational tätige Firmen aufgrund der verschiedenen legalen und ethischen Standards, mit denen sie sich an den einzelnen Standorten konfrontiert sehen, und der Skepsis, die mächtigen Großunternehmen stärker entgegen schlägt, ungleich größer ist (Sethi 2008) als für kleine und mittelgroße Unternehmen (SMEs), die aufgrund ihrer regionalen Ausrichtung über eine stärkere gesellschaftliche Verankerung und damit mehr Akzeptanz verfügen (Nielsen & Thomsen 2009). Es sind daher insbesondere multinationale Unternehmen, welche das CSR-Thema kommunikativ stärker bearbeiten und dazu auch neue Kommunikationskanäle wie Websites nutzen (Chapple 2005). Mit wachsender Größe der Unternehmen nehmen deshalb die mit CSR-Aktivitäten einhergehenden Begleitrisiken zu (Smith 2003: 60). Insgesamt verweist die Forschung an dieser Stelle auf einen wirkmächtigen David-gegen-Goliath-Effekt: Große Konzerne setzen deutlich stärker auf die Karte CSR, gleichzeitig ist dieses Unterfangen aber auch mit erheblich größeren Reputationsrisiken verbunden. Ursächlich dafür ist die öffentlich stärker ausgeprägte Skepsis gegenüber multinational tätigen Unternehmen mit marktbeherrschender Stellung. Diese Forschungsbefunde verweisen in eine Richtung, wonach mit steigender Marktmacht die mit einer aktiven CSR-Bewirtschaftung verbundenen Reputationsrisiken zunehmen.

Dennoch kann ethisches Verhalten auch Reputationschancen beinhalten, wie zahlreiche Autoren betonen. Das CSR-Engagement kann in Krisensituationen einen Schutz gegen Negativpublizität darstellen und wird deshalb verbreitet auch als zentrales Element des Risk Managements angesehen (Hermann 2008). Viele Autoren haben darauf hingewiesen, dass die aktive Bearbeitung der CSR als Instrument zur Stärkung des „Immunsystems" angesehen werden kann, das in Krisensituationen zum Tragen kommt. Unternehmen mit einem glaubwürdigen CSR-Profil scheinen im Kontext von Krisen geringeren Reputationsrisiken ausgesetzt als Unternehmen, welche kein solches Profil haben (Klein & Dawar 2004; Fombrun & Gardberg 2000; Vanhamme & Grobben 2009). CSR-Aktivitäten bieten also auch Chancen und können deshalb auch strategisch eingesetzt werden, um Wettbewerbs- und Reputationsvorteile zu erlangen (Bhattacharyya 2010; Porter & Kramer 2003).

Diese Chancen wurden insbesondere im Zusammenhang mit einem spezifischen Aspekt der CSR, der Spendentätigkeit von Unternehmen, empirisch untersucht. Dabei haben einzelne Autoren den positiven Zusammenhang zwischen der Spendentätigkeit eines Unternehmens (Corporate Giving) und der Corporate Reputation betont (Williams & Barrett 2000; Fombrun & Shanley 2001). Unternehmen, die mehr Spendengelder fließen lassen, haben gemäß diesen Forschungsbefunden eine bessere Reputation als andere Unternehmen (Brammer & Millington 2005).

Allerdings sind diese Befunde nicht unwidersprochen geblieben. Andere Autoren bezweifeln den Nutzen derartiger philantropischer Tätigkeiten und betonen, dass CSR-Aktivitäten nur dann einen positiven Effekt haben, wenn sie in direktem Zusammenhang mit der Unternehmenstätigkeit und den eigenen Produkten stehen (Werder 2008). Es wird davon ausgegangen, dass solches Wirken nur dann glaubwürdig erscheint und somit positiv auf die Unternehmensreputation einzahlt, wenn das Engagement mit den primären Unternehmenszielen und -aktivitäten in Einklang steht (Becker-Olsen, Cudmore & Hill 2006; Pracejus & Olsen 2004), d. h. wenn die Sache, für die geworben wird, auch in einen Zusammenhang mit dem generellen Image des Unternehmens gebracht werden kann. Positive Effekte sind also entscheidend davon abhängig, ob das Handeln eines Unternehmens als kohärent wahrgenommen wird. Auch die von Brammer und Millington (2005) postulierten Reputationsgewinne bei Unternehmen mit defizitärer Reputation werden von anderen Autoren in Frage gestellt (Palazzo & Richter 2005; Pfau et al. 2008; Yoon et al. 2006). Denn eine positive Reputation ist eine entscheidende Voraussetzung dafür, dass das CSR-Engagement positive Effekte entfalten kann. Der bereits bestehende Ruf eines Unternehmens entscheidet maßgeblich darüber, ob CSR-Maßnahmen die gewünschte Wirkung entfalten oder nicht (Yoon et al. 2006; Bae & Cameron 2006). Es sind insbesondere Unternehmen mit einer intakten Reputation, deren CSR-Aktivitäten die Reputation des Unternehmens weiter verbessern (Behrend, Baker & Thompson 2009; Pfau et al. 2008). Demzufolge führt die Spendentätigkeit von Unternehmen mit Reputationsdefiziten auch zu unerwünschten Effekten. Wenn Unternehmen unmittelbar nach einer selbst verschuldeten Krise mit sozialen und ökologischen Folgen, die bei der Bevölkerung noch im Bewusstsein präsent sind, spenden, dann tragen diese Spenden zu einer Verschlechterung der Unternehmensreputation bei. Denn die Glaubwürdigkeit des Unternehmens, sozial verantwortlich zu handeln, ist angeschlagen (Cho & Hong 2009; Bae & Cameron 2006). Solche Resultate führen vor Augen, dass ein sozialseitiger Image- und Reputationsgewinn nicht durch kurzfristiges Handeln erreicht werden kann, sondern das Resultat eines nachhaltigen Prozesses ist, bei dem soziales Engagement dauerhaft und glaubwürdig in die generelle Handlungstaktik einer Organisation eingepasst sein muss. Insbesondere Unternehmen, bei denen die CSR-Idee eine lange Tradition hat und bei denen CSR-Aktivitäten auf die eigene Wertschöpfungskette bezogen sind, können mit positiven Reputationseffekten rechnen (Vanhamme & Grobben 2009).

Die Fähigkeit durch CSR-Aktivitäten Reputationsgewinne zu verbuchen, scheint zudem stark von der Branchenzugehörigkeit eines Unternehmens abhängig zu sein. So kommen Palazzo und Richter (2005) zu dem Schluss, dass Branchen mit einer sehr negativen Reputation wie beispielsweise die Tabakindustrie CSR-Aktivitäten kaum zu einer positiven Reputationsbewirtschaftung nutzen können. Diese Brancheneffekte verweisen auf Spill-Over-Effekte im Reputationsbildungsprozess, von denen auch Unternehmen eines bestimmten Wirtschaftszweiges betroffen sind, die selbst nicht aktiv zum Reputationsdefizit der Branche beigetragen haben (Jonsson, Greve & Fujiwara-Greve 2009). In diesem Fall überformt die Branchen-Reputation die Reputation der einzelnen Unternehmen. Für den strategischen Einsatz von CSR-Aktivitäten bedeutet dies, dass eine Chancen-/Risiko-Abwägung nicht nur das eigene Unternehmen, sondern auch die direkten Konkurrenten bzw. die eigene Branche berücksichtigen muss.

2.2   Erkenntnisse der PR-Forschung und der Forschung zur Unternehmenskommunikation

Im Gegensatz zur Managementforschung und Betriebswirtschaftslehre betrachtet das Feld der PR-Forschung und der Forschung zur Unternehmenskommunikation den Zusammenhang zwischen der Corporate Social Responsibility und der Reputation eines Unternehmens im Hinblick auf die Kommunikationswirkung eines Unternehmens. Es wird danach gefragt, ob und auf welche Weise Unternehmen mittels CSR-Kommunikation die Reputationseffekte positiv beeinflussen können (Morsing et al. 2008; Nielsen & Thomsen 2007). Es geht also in diesem Zusammenhang darum zu sehen, welchen Beitrag die Kommunikation eines Unternehmens leisten kann, um mit ihren CSR-Aktivitäten möglichst positive Reputationseffekte bei den einzelnen Stakeholdern zu erzielen. Im Zentrum steht dabei die Frage, wie offensiv CSR-Engagements kommunikativ herausgestellt werden sollen, um die erwünschten Reputationseffekte zu erzielen. Hier oszilliert die Forschung in ihren Empfehlungen zwischen offensiven Praktiken („Tue Gutes und rede darüber") und Praktiken, welche die Vorteile defensiver Handlungsmuster herausstreichen („Halte dich bescheiden an die herrschenden Normen"). Zur Beantwortung dieser Frage wird insbesondere auf die zu kommunizierenden Inhalte, die Kommunikationsstrategien und die Kommunikationskanäle fokussiert.

Verschiedene Autoren verstehen CSR-Kommunikation als eine spezifische Form der Werbung bzw. des Marketings und schreiben diesem Engagement positive Reputationseffekte zu (Bronn & Vrioni 2001; Chattananon et al. 2007; Golob, Lah & Jancic 2008; Miles & Covin 2000; Pivato, Misani & Tencati 2008). Gemäss dieser Perspektive wird CSR als strategische Marketingvariante gesehen, um das Image und die Reputation (direkter Effekt) sowie die Absätze von Produkten (indirekter Effekt) zu fördern.

Die bisherigen Forschungsbestrebungen im Bereich der PR-Forschung und der Forschung zur Unternehmenskommunikation haben zwei grundlegende und breit diffundierte Mechanismen ans Licht gebracht, die positiven Reputationseffekten tendenziell im Wege stehen und die überwunden werden müssen, wenn Unternehmen von ihren CSR-Bestrebungen profitieren wollen. Erstens verdeutlichen die

Forschungsresultate die mangelnde Sichtbarkeit von CSR-Aktivitäten. Stakeholder, insbesondere die Konsumenten, haben wenige Kenntnisse über CSR-Kampagnen von Unternehmen (Mohr, Webb & Harris 2001; Sen, Bhattacharya & Korschun 2006; Pomering & Dolnicar 2009). Deren Wahrnehmung ist aber eine zwingende Voraussetzung für eine Evaluation dieser Aktivitäten bei den Stakeholdern. Die Wahrscheinlichkeit für positive Effekte steigt, je größer der Kenntnisstand der Stakeholder über die entsprechenden CSR-Bemühungen ist (Bortree 2009; Bronn & Vrioni 2001). Zweitens liefern viele Studien eine grundlegende Skepsis der Stakeholder gegenüber CSR-Engagements. Aus dieser Perspektive leidet insbesondere das CSR-Engagement der Großkonzerne unter einem Glaubwürdigkeitsmalus und wird verbreitet als „PR-Trick" oder als Form des „Greenwashing" wahrgenommen. Erheblich zu dieser Skepsis beigetragen haben einerseits unglaubwürdige CSR-Aktivitäten von Unternehmen aus Branchen, die suspekt erscheinen (Jahdi & Acikdilli 2009). Andererseits wird der Effekt dadurch gefördert, dass die aktiv von den Unternehmen ausgehende CSR-Kommunikation immer stärker Konkurrenz erfährt durch spezialisierte „moralische Unternehmer" (Medien, NGOs, Konsumentengruppen), welche die Glaubwürdigkeit solcher Aktivitäten in Frage stellen. Folgt man diesen Befunden, so ist die aktive CSR-Kommunikation der Unternehmen unter den Bedingungen gegenwärtiger Mediengesellschaften einem wachsenden *Kontrollverlust* ausgesetzt. Daraus resultiert ein grundlegendes Misstrauen (Corporate Hypocrisy) bei den Konsumenten (Wagner, Lutz & Weitz 2009). Morsing, Schulz und Nielsen (2008) haben in diesem Kontext die Kommunikation von und über CSR-Aktivitäten als *paradox* bezeichnet. Einerseits würden die Stakeholder von den Unternehmen mehr soziales und ökologisches Engagement verlangen, andererseits aber steige das Misstrauen der Stakeholder in dem Maße, in dem die Unternehmen ihre CSR-Kommunikation intensivierten. Dies führt zu dem Schluss, dass eine erfolgreiche CSR-Politik auf der Regel basiert, dass sich das Unternehmen verlässlich an gesellschaftliche Normen hält, ohne dieses Wirken jedoch allzu offensiv zu kommunizieren.

Organisationale, institutionelle und kulturelle Unterschiede
Verschiedene Studien haben diesen Befund des Skeptizismus hinsichtlich unterschiedlicher intervenierender Variablen zu differenzieren versucht. Untersucht wurden insbesondere die Einstellungen der Stakeholder (Maignan 2001; Wigley 2008) sowie die institutionellen und kulturellen Rahmenbedingungen eines Unternehmens (Tixier 2003; Moon 2004, 2005) hinsichtlich der Wirkung auf die skeptische Grundeinstellung der Stakeholder.

Erstens ist der Grad des Skeptizismus stark von den Einstellungen der Stakeholder gegenüber dem Unternehmen abhängig. Stakeholdergruppen, welche der Wirtschaft und den Unternehmen grundlegend kritischer begegnen, wie zum Beispiel NGOs, sind auch skeptischer, wenn es darum geht, CSR-Aktivitäten der Unternehmen zu beurteilen. Das Misstrauen den „good companies" gegenüber ist hier wesentlich größer als bei Stakeholdern, die der Wirtschaft gegenüber grundsätzlich positiver eingestellt sind. Bei Konsumenten, die per se dem Unternehmen gegenüber skeptischer eingestellt sind, wirkt CSR-Marketing weniger stark als bei

Konsumenten, die dem Unternehmen einen gewissen Goodwill entgegenbringen (Mohr et al. 2001). Darüber hinaus wird die CSR-Perzeption auch von situativen Faktoren beeinflusst. Neben der grundlegenden Einstellung ist es auch entscheidend, welche Motive die Stakeholder hinter den CSR-Aktivitäten eines Unternehmens vermuten (Scholder Ellen, Webb & Mohr 2006). Bedeutsam ist dabei, dass Unternehmen ihre Motive offen auf den Tisch legen. Die Tatsache, dass Unternehmen mit den Aktionen auch Eigeninteressen verfolgen, bewirkt keine negativen Reputationseffekte und wird von den Konsumenten als legitim betrachtet. Erst wenn versucht wird, diese Eigeninteressen zu kaschieren, wirkt sich dies negativ auf die Wahrnehmung des Unternehmen aus (Scholder Ellen et al. 2006; Forehand & Grier 2003). Es empfiehlt sich deshalb für Unternehmen, mit offenen Karten zu spielen.

Zudem betont die Forschung kulturelle und länderspezifische Eigenheiten der CSR-Kommunikation. Es wird davon ausgegangen, dass der globale Trend in Richtung mehr CSR durch die nach wie vor sehr stark wirkenden Eigenheiten der politischen Kultur und Struktur determiniert ist[1]. Generell wird darauf verwiesen, dass in Ländern mit einer stärkeren liberalen Tradition CSR-Kommunikation einen höheren Stellenwert einnimmt als in Ländern mit Sozialstaattradition (Kampf & Constance 2007). In letzteren ist der Druck für Unternehmen, sich mit CSR-Themen zu engagieren, kleiner, da viele Leistungen primär als Aufgabe des Staates und nicht so sehr der Unternehmen angesehen werden (Habisch 2005). In vielen europäischen Ländern, die in dieser Tradition stehen, gehört beispielsweise die Versorgung mit medizinischen Leistungen oder die soziale Absicherung im Alter zentral zu den Aufgaben des Wohlfahrtsstaates. Es wird also davon ausgegangen, dass Länder mit stark ausgebautem Wohlfahrtsstaat ein geringeres sozialmoralisches Anspruchsniveau an die Unternehmen aufweisen. Dementsprechend werden in liberal verfassten Staaten wie den USA soziale Leistungen sehr viel stärker als Grundleistung der Privatwirtschaft betrachtet. Die Forschung spricht in diesem Zusammenhang von einer *expliziten* CSR-Kultur in Ländern mit liberaler Tradition (Moon 2005). CSR ist hier ein viel beachtetes und breit akzeptiertes Phänomen mit langer Tradition. Es ist ein explizites, offen ausgesprochenes und aktiv bewirtschaftetes Thema des unternehmerischen Handelns. Im wohlfahrtsstaatlichen Kontext fallen dagegen viele soziale und sozialmoralische Issues in den Verantwortungsbereich des Wohlfahrtsstaates. In dieser *impliziten* CSR-Kultur kommt die gesellschaftliche Verantwortung von Unternehmen indirekt über staatliche Regulation zum Ausdruck und nicht so sehr als expliziter Ausdruck des freiwilligen und proaktiven Handelns der Unternehmen selbst. Empirische Befunde verweisen deshalb in eine Richtung, wonach der Skeptizismus, der „wohltätigen" Unternehmen entgegengebracht wird, in wohlfahrtsstaatlichen Staaten größer ist als in Ländern mit liberaler Tradition (Bronn 2006; Tixier 2003). Deshalb empfiehlt es sich für Unternehmen in Ländern mit stark wohlfahrtsstaatlicher Tradition, bei der Kommunikation von CSR-Aktivitäten größere Zurückhaltung zu üben, um nicht in die „Moralfalle" zu tappen (Morsing & Schultz 2006). Diese Erkenntnisse haben insbesondere eine wichtige Bedeutung für

---

1   Vgl. hierzu Jarolimek in diesem Band.

multinationale Unternehmen, die in unterschiedlichen Ländern tätig sind und die ihre Strategien deswegen auf verschiedene Kontexte ausrichten müssen. Aktivitäten, die in einem Land zu positiven Reputationseffekten führen, müssen in einem anderen Land nicht zwingend erfolgreich sein.

Kommunikationsstrategien gegen den CSR-Skeptizismus
Angesichts dieses verbreiteten Skeptizismus ist es deshalb von entscheidender Bedeutung, wie CSR-Aktivitäten von Managern und Kommunikationsverantwortlichen kommuniziert werden. Die Forschung hat vereinzelt erfolgreiche und weniger erfolgreiche Kommunikationsstrategien für Unternehmen analysiert, ohne aber eine umfassende und systematische Darstellungsweise vorzulegen, welche unterschiedliche CSR-Kommunikationsinhalte, differente Kommunikationsstrategien sowie unterschiedliche Kommunikationskanäle fokussieren würde (Bhattacharyya 2010).

Vor dem Hintergrund des grundlegenden Skeptizismus, der CSR entgegenschlägt, stellt sich als wichtiger Punkt der CSR-Kommunikation die Frage, ob und unter welchen Umständen die direkte Kommunikation von Unternehmen gewinnbringend sein kann. Die indirekte Kommunikation bzw. der Einbezug von Drittakteuren (Testimonials) für die Kommunikation von CSR-Aktivitäten gelten in der Forschung generell als erfolgsversprechender als die direkte Kommunikation durch die Unternehmen selbst (Morsing et al. 2008; Pomering & Johnson 2009). Dem Unternehmen als Quelle der Kommunikation von CSR-Aktivitäten wird tendenziell mehr misstraut als anderen Kommunikationsquellen. CSR-Aktivitäten scheinen somit insbesondere dann reputationsfördernd zu sein, wenn sie nicht durch das Unternehmen selbst kommuniziert werden, sondern aktiven Zuspruch durch Drittakteure erfahren (Active third-party endorsement) (Morsing & Schultz 2006). Die Glaubwürdigkeit der Kommunizierenden verstärkt so die Glaubwürdigkeit des Unternehmens. Insbesondere indirekte Kommunikation via Experten und Opinion Leaders scheint vielversprechender als direkte Kommunikation (Morsing et al. 2008). Das bedeutet für die Praxis, dass das CSR-Engagement generell eher via Drittakteure vermittelt werden sollte, wenn positive Reputationseffekte erzielt werden sollen. Konsumenten sind insbesondere dann weniger skeptisch gegenüber den CSR-Kampagnen, wenn diese im Verbund mit Non-Profit Organisationen kommuniziert werden können. Denn NGOs verleihen den Kampagnen mehr Glaubwürdigkeit (Bronn & Vrioni 2001; Mutch & Aitken 2009)

Die verstärkte Integration von Stakeholdern bei der CSR-Kommunikation verbessert generell die Reputationseffekte (Schnietz & Epstein 2005). Es genügt für Unternehmen nicht, ihre CSR-Aktivitäten zu kommunizieren oder auf Stakeholdererwartungen zu reagieren. Zu positiven Reputationseffekten kommt es insbesondere dann, wenn die relevanten Stakeholder in die Formulierung und Kommunikation von CSR-Aktivitäten involviert werden. Um Reputation zu sichern braucht es deshalb einen Wandel von einer *Stakeholder Information Strategy* zu einer *Stakeholder Involvement Strategy*. Dies gilt auch für die Einbindung der Mitarbeiter, deren Relevanz für die Wirksamkeit von CSR-Aktivitäten in diversen Studien herausgestrichen wird. CSR-Engagement, das zentral auch durch die eigenen Mitarbeiter kommuniziert wird, hat positivere Einwirkungen auf die Reputation von Unternehmen (Pomering & Dolnicar 2009). So kann der Reputationserfolg von CSR-Kommunikation durch die Mitarbeiterbeteiligung (Inside-Out Approach) gefördert werden (Morsing et al. 2008). Ohne diese droht die Gefahr, dass CSR-Kommunikation als „Managerrhetorik von oben" wahr genommen wird.

Zudem wirkt proaktive Kommunikation negativer als reaktive Kommunikation (Wagner et al. 2009), und zwar insbesondere aufgrund der drohenden Moralfalle, in die Unternehmen geraten, wenn Versprechen nicht eingelöst werden. Der Backlash-Effekt ist bei Nichteinhaltung moralischer Versprechen ungleich größer als bei Umsatz- und Wachstumsversprechen.

Einzelne Autoren haben zusätzlich das Framing und Priming von CSR-Botschaften in den Vordergrund gerückt (Wang 2007). Ein Framing ist erfolgreicher, je besser sich die Thematik an die Berichterstattung der Medien anschließen lässt (Darmon, Fitzpatrick & Bronstein 2008). Praktisch keine Beachtung in der Forschung findet dagegen in diesem Zusammenhang die strategische Wahl von Kommunikationskanälen. Es ist wenig darüber bekannt, ob sich CSR-Kommunikation über traditionelle Medien (Presse und Rundfunk) für die Reputation eines Unternehmens besser auszahlt als die Kommunikation via neue Medien (Websites, Blogs). Es wird lediglich darauf hingewiesen, dass der CSR-Kommunikation im Rahmen von „gekauften" Werbemaßnahmen tendenziell skeptischer begegnet wird (Morsing et al. 2008).

2.3   Reputationseffekt aus der Sicht der Medien- und Journalismusforschung

Ein erheblicher Teil der Literatur, welche sich mit den Reputationseffekten von CSR-Aktivitäten bzw. der Kommunikation darüber beschäftigt, hat das Unternehmen als zentralen kommunizierenden Akteur im Blickfeld. Es wird suggeriert, dass Unternehmen über unterschiedliche Kanäle wie Werbung, Mailings, Websites oder Zeitungen CSR-Botschaften aussenden und diese bei den Stakeholdern relativ ungefiltert ankommen. Nun hat aber gerade die gehäufte Skandalisierung von Unternehmen und Unternehmensführer in der Medienöffentlichkeit dafür sensibilisiert, dass diese Kommunikationsprozesse der Unternehmen meist nicht störungsfrei ablaufen, sondern von wesentlich mehr Aspekten abhängen als dem aktiven Kommunikationsakt der Unternehmen. So sehen sich Unternehmen in diesen Prozessen beispielsweise oftmals nicht in einer aktiven sondern in einer passiven Rolle. Anstatt proaktiv agieren zu können, müssen sie auf Skandalisierungsversuche von Medien und anderen Drittakteuren, welche in den Medien als Sprecher auftreten (z. B. NGOs, Aktionärsverbände, Gewerkschaften) reagieren und sich verteidigen. Zudem sehen sie PR-Botschaften, die sie kommunizieren, nicht selten einer den Interessen des Unternehmens entgegen gesetzten Re-Interpretation ausgesetzt.

Verschiedentlich wurde auf den blinden Fleck der Public Relations-Forschung hingewiesen, welche zu stark die Aktivkommunikation der Organisationen fokussiert und zudem insinuiert, organisationale Kommunikation sei als Kommunikationsmanagement komplett oder überwiegend steuer- und kontrollierbar. Es wird dementsprechend dafür plädiert, stärker das kommunikative Umfeld der Unternehmen, die öffentliche Kommunikation und die Medien in die Analyse mit einzubeziehen, um besser konzeptualisieren zu können, wie CSR dialektisch in Prozessen organisationaler Aktivkommunikation und nur bedingt steuerbarer makrosozialer Kommunikation konstruiert wird (Ihlen 2008). CSR-Kommunikation ist in dieser Perspektive nicht lediglich Angelegenheit der Unternehmen selbst, sondern das Resultat eines komplexen Kommunikationsprozesses, bei dem andere Akteure wie Experten, NGOs und die Medien selbst intervenieren (Siltaoja & Vehkaperä 2009; Schultz & Wehmeier 2010). In diesem Prozess nehmen die Medien eine Doppelfunktion ein. Durch die Selektion von Themen und Meinungen sind sie einerseits die Kommunikationsplattform für Drittakteure, die sich über die öffentliche Kommunikation an die Unternehmen wenden. Mittels eigener Kommentare und Wertungen sind sie andererseits selbst eigenständige Kommunikatoren und beeinflussen die Reputation eines Unternehmens entscheidend mit.

Dieser Bedeutungsgewinn von makrosozialer Kommunikation und Öffentlichkeit wurde in der Kommunikations- und Öffentlichkeitforschung in den letzten Jahren unter dem Paradigma der Mediengesellschaft diskutiert. Dieses vor allem in der deutschsprachigen europäischen Kommunikationsforschung stark an Bedeutung gewinnende Paradigma interpretiert den Bedeutungsaufschwung der CSR wesentlich als Folge der Etablierung einer Gesellschaft, die zunehmend Züge einer Kommunikations- respektive Mediengesellschaft trägt (Münch 1995; Imhof 2003; 2006b). Zentral ist hier der Begriff der *Medialisierung* respektive der *Mediatisierung* (Imhof 2006b; Krotz 2001; Kepplinger 2008; Livingstone 2009; Lundby 2009; Raupp 2009). Mit diesen Begriffen wird der zunehmende Stellenwert medienvermittelter Erfahrungen in allen Gesellschaftsbereichen, die verstärkte Orientierung sozialer Akteure an den Regeln des Mediensystems und die wachsende Durchdringung von medialer und sozialer Wirklichkeit ausgedrückt. Es wird davon ausgegangen, dass mit dem „zweiten" oder „neuen Strukturwandel der Öffentlichkeit" (Münch 1995; Imhof 2003), d. h. der Ausdifferenzierung eines kommerziellen Mediensystems, ein Wandel medialer Selektions- und Interpretationslogiken einhergeht. In diesem Prozess erhalten moralische Diskurse und Skandalisierungen als Mittel massenmedialer Aufmerksamkeitsmaximierung eine verstärkte Bedeutung (Baringhorst, Kneip & März 2007; Röttger 2009), während die ökonomischen Organisationen ihrerseits mit einem Ausbau ihrer Moralprogramme und ihrer moralischen Kommunikation reagieren (Schmidt & Tropp 2009; Schultz & Wehmeier 2010). Diese kommunikations- und öffentlichkeitssoziologische Perspektive modelliert die zunehmende Problematisierung der CSR demnach als einen sich selbst verstärkenden Prozess, bei dem die moralische Aufladung der öffentlichen, medienvermittelten Kommunikation zu einer verstärkten Orientierung der Unternehmen und auch der Konsumenten an moralischen Gesichtspunkten führt. Dabei hat die Forschung folgende zentrale Befunde zutage gefördert:

Angesichts der knappen Aufmerksamkeitsressourcen gewinnen Sozialkampagnen der Unternehmen, aber auch der Medien und anderer Drittakteure (NGOs, Konsumentenorganisationen, Hilfswerke), in der Medienöffentlichkeit zunehmend an Bedeutung, da Moral einen zentralen Nachrichtenwert der kommerzialisierten Mediensysteme darstellt (Röttger 2006; Baringhorst 2009). Unternehmen, welche CSR aktiv betreiben, setzen sich auf diese Weise in den Medien einer starken Dauerbeobachtung aus. Gleichzeitig ist jedoch diese intensivierte Pflege der sozialen Reputation einer erhöhten Skandalisierungsgefahr ausgesetzt, indem kleinste Verstöße gegen selbst auferlegte Moralprinzipien aufgedeckt und gebrandmarkt werden. Denn es zeigt sich, dass die Kritik an moralischem Fehlverhalten in den Medien mehr Schlagzeilen und Aufmerksamkeit produziert als die Würdigung sozialverantwortlichen Verhaltens (Eisenegger 2005; Schranz 2007). Auch im Lichte dieser Ansätze bestätigt sich der bereits oben skizzierte Befund, wonach offensiv zur Schau gestellte moralische Bekenntnisse die umgehende Skandalisierung selbst kleinster Verstöße gegen das sittliche Empfinden provozieren. Unternehmen, die sich in der Außenkommunikation allzu forsch mit einer weißen Weste präsentieren, laufen also Gefahr, in die Moralfalle zu tappen (vgl. Peloza 2006). Genau diesen Fehler hat beispielsweise das IT-Unternehmen Google begangen. Es versuchte sich mit dem Leitspruch „Don't be evil" zu profilieren, als publik wurde, dass das Unternehmen auf Druck des chinesischen Regimes Internetseiten zensiert. Google wurde beschuldigt, Wortbruch an seinen eigenen ethischen Prinzipien zu begehen. Dies ist nur eines von vielen Beispielen, das zeigt, dass ein Management der Werte und Normen, das sich in reiner Rhetorik erschöpft, äußerst gefährlich ist. Sozialmoralische Bekenntnisse besitzen einen ausgesprochen hohen Selbstverpflichtungscharakter und bergen die Gefahr sekundärer Skandalisierungen im Falle konstatierter Nichteinlösung.

3   Zusammenfassung und Ausblick

Der Beitrag versuchte zu klären, welche Bedeutung die CSR für die Reputationsforschung hat und welche Reputationseffekte durch CSR-Aktivitäten bzw. deren Kommunikation in der Forschungsliteratur postuliert werden. Diese Erträge sollen in diesem abschließenden Kapitel zusammengefasst und beurteilt werden. Dabei wird an den entsprechenden Stellen auf die Forschungslücken verwiesen. Die Forschung hat bislang sehr widersprüchliche Resultate zu den Reputationseffekten von CSR-Aktivitäten publiziert. Während die Betriebswirtschaft- und Managementforschung eher die Reputationschancen hervor streicht, ist es insbesondere die stärker makrotheoretisch orientierte Medienforschung, welche auf die Reputationsrisiken im Zusammenhang mit CSR-Themen hinweist. Der Beitrag plädiert deshalb am Schluss für eine stärkere Verschränkung von Meso- und Makroperspektive, welche die CSR-Kommunikation und die resultierenden Reputationseffekte nicht nur aus der Perspektive des Unternehmens analysiert, sondern das makrosoziale Umfeld des Unternehmens stärker in die Betrachtung mit einbezieht. Dies führt dann zu dem Schluss, dass der aktuelle „CSR-Boom" ohne den mediengesellschaftlichen Wandel nicht erklärt werden kann und das CSR-Engagement der Unternehmen einer nur sehr bedingt steuerbaren öffentlichen Umwelt ausgesetzt ist.

Grundlegende Erkenntnisse

Generell wird der CSR-Begriff in der Reputationsforschung in dreifacher Hinsicht diskutiert. *Erstens* als Bestandteil der Reputation selbst. Die Corporate Social Responsibility ist ein Aspekt unter mehreren, welche den Ruf eines Unternehmens konstituieren. Die CSR ist deshalb einer von mehreren Aspekten, welche die Stakeholder zur Evaluation eines Unternehmens heranziehen (Fombrun & van Riel 2003; Lindgreen & Swaen 2005; Schnietz & Epstein 2005; Tucker & Melewar 2005). Im Gegensatz zum ökonomischen Erfolg, der Qualität von Produkten oder Innovationsprozessen beispielsweise, beschreibt dieser Aspekt aber nicht die ökonomische Kompetenz eines Unternehmens sondern den Ruf, sozial und ökologisch verantwortungsvoll zu sein.

Zweitens wird CSR als zentraler Treiber der Reputation angesehen. Reputation bildet hier die abhängige Variable. Es wird davon ausgegangen, dass CSR-Aktivitäten von Unternehmen einen wesentlichen Einfluss auf die Reputation von Unternehmen haben. In der Literatur werden sowohl positive als auch negative Reputationseffekte diskutiert. Die Forschung gibt kein einheitliches Bild ab.

Drittens wird Reputation als intervenierende Variable angesehen, welche die Wirkung von CSR-Aktivitäten auf die Reputation von Unternehmen stark beeinflusst. Nicht wenige Autoren betonen den Aspekt, dass sich das CSR-Engagement insbesondere für jene Unternehmen auszahlt, welche bereits über eine positive Reputation verfügen.

Insgesamt weist die bisherige CSR-Reputationsforschung einen Mangel an komplexeren Untersuchungsdesigns auf. Umfassende und systematische Studiendesigns, welche auf der einen Seite sowohl die CSR-Inhalte und die Kommunikationsstrategien als auch auf der abhängigen Seite die Reputation von Unternehmen untersuchen, bilden die große Ausnahme. Es gibt eine Vielzahl von Studien, welche die CSR-Kommunikation von Unternehmen analysieren, ohne aber deren (Reputations-)Effekte zu messen. Pomering und Dolcinar (2009) haben zudem kritisch darauf verwiesen, dass es in der Werbeforschung eine große Zahl von Studien gibt, welche mittels Experimentaldesigns operieren, um die Effekte von Kommunikationsinhalten für einzelne Stakeholder prüfen zu können. Es mangelt der Forschung somit an Designs, welche die Reputationseffekte von „realen" Kommunikationsinputs von Unternehmen bei Bevölkerung und Konsumenten nachweisen. Das erklärt im Wesentlichen auch den Umstand, dass eine große Anzahl der CSR-Reputationsstudien aus dem Bereich der Marketing- und Werbeforschung stammt.

Ein großer Teil der Beiträge verbindet mit den CSR-Bemühungen der Unternehmen dann Reputationschancen, wenn der Skeptizismus auf Seiten der Konsumenten überwunden werden kann. Welchen Beitrag kann nun aber Kommunikation in diesem Zusammenhang leisten? Verbessert die kommunikative Begleitung von CSR-Aktivitäten die Reputationseffekte für Unternehmen oder verstärkt die aktive Kommunikation den Skeptizismus der Stakeholder? Wie stark soll ein Unternehmen in Kommunikation investieren wegen ihrer CSR? Mit welchen Inhalten soll sie das tun (Kommunikationsinhalte)? Auf welche Art und Weise und Weise muss kommuniziert werden, um möglichst positive Reputationseffekte zu generieren (Kommunikationsstrategien)? Und welche Medien sollen dazu genutzt werden (Kommunikationskanäle)? Der letzte Abschnitt soll diese Erkenntnisse nochmals zusammenfassen und auf bestehende Forschungslücken verweisen.

Kommunikationsstrategien

Am meisten Wissen hat die Forschung bislang zur Bedeutung von unterschiedlichen Kommunikationsstrategien für den Reputationserfolg hervorgebracht. Grundlegend sind diskrete Kommunikationsformen gegenüber aktiven Kommunikationsweisen zu präferieren. Mit anderen Worten: CSR soll mehr durch die Tat und weniger durch die Kommunikation überzeugen, da ein zu explizites Verweisen auf die gesellschaftliche Leistung von Unternehmen generelle Skepsis erzeugt. In der Forschung wird aber dieser Befund in Bezug auf die Zielgruppen der Kommunikation differenziert beurteilt. Wirtschafts- und unternehmenskritischere Akteure sind skeptischer als Personen mit einer positiven Einstellung gegenüber der Wirtschaft. Zudem sind kulturelle Differenzen und nationale Eigenheiten von entscheidender Bedeutung. So erzeugt eine offensivere CSR-Kommunikation in Ländern mit einer größeren CSR-Tradition, wie zum Beispiel in den USA, grundsätzlich positivere Effekte als in Ländern mit einer sozialstaatlichen Tradition. Das bedeutet insbesondere für multinationale Unternehmen, dass sie ihre Kommunikation dem Zielland anpassen müssen. Was kommunikativ in den USA zum Erfolg führt, muss in anderen Ländern nicht zwingend auch erfolgreich sein.

CSR-Aktivitäten sind insbesondere dann reputationsfördernd, wenn sie nicht durch das Unternehmen selbst kommuniziert werden, sondern aktiven Zuspruch durch Drittakteure erfahren (Morsing & Schultz 2006). Das bedeutet für die Praxis, dass generell CSR-Engagement vorzugsweise via „Testimonials" vermittelt werden sollte. In diesem Zusammenhang können insbesondere Partnerschaften mit NGOs von Vorteil sein, da das große Vertrauen, welche diese Akteure in der Öffentlichkeit genießen, den Skeptizismus gegenüber den Unternehmen brechen könnte. Zu positiven Reputationseffekten kommt es insbesondere auch dann, wenn die relevanten Stakeholder in die Formulierung und Kommunikation von CSR-Aktivitäten involviert werden können. Insbesondere der Einbindung von Mitarbeitern kommt dabei eine wichtige Rolle zu (Pomering & Dolnicar 2009; Morsing et al. 2008), wenn CSR-Kommunikation nicht ausschließlich als Managerrhetorik bzw. Kommunikation von Oben wahrgenommen werden soll.

Unterschiedlichen Strategien für eine erfolgreiche CSR-Kommunikation wurde also in der Forschung einige Bedeutung geschenkt, und es liegen empirisch gestützte Erkenntnisse vor, was eine erfolgreiche Kommunikationsarbeit kennzeichnet. Eine offene Frage bleibt aber grundsätzlich, ob sich die Kommunikation von CSR-Themen überhaupt auszahlt. Erzielen umfassend kommunizierende Unternehmen eine besser Reputation als Unternehmen, die ausschließlich die Taten sprechen lassen? Gerade die Befunde der Medien- und Journalismusforschung, welche den Negativismus der Medien und die Skandalisierungsrisiken im Zusammenhang mit der Berichterstattung über die gesellschaftliche Verantwortung von Unternehmen betont haben, verweisen auf ein größeres Reputationsrisiko der Unternehmen mit stärkerer Aktivkommunikation. Hier bleiben die Erkenntnisse der bisherigen Forschung widersprüchlich. $o_{l}oo$

Kommunikationsinhalte und Kommunikationskanäle

Im Gegensatz dazu wurde die Verwendung von unterschiedlichen Kommunikationsinhalten und Kommunikationskanälen viel seltener erforscht. Es ist einerseits nicht klar, welche spezifischen Inhalte zu Reputationserfolg führen, und anderseits, wie die Wahl des Kommunikationskanals diesen Erfolg beeinflussen kann. Die Inhalte der CSR-Kommunikation werden in der Forschung nur wenig differenziert behandelt. Ganz allgemein ist von CSR-Aktivitäten die Rede, ohne dass diese weiter spezifiziert werden (z. B. soziale oder ökologische Aspekte). Die unklare Vorstellung der CSR-Forschung davon, was unter CSR zu verstehen ist, korrespondiert also auffällig stark mit der wenig differenzierten Modellierung von CRS-Aktivitäten bzw. CSR-Programmen. Kommunikationsmanager haben demnach bislang kaum Erkenntnisse darüber, welche thematischen Aspekte der unternehmerischen Verantwortung kommuniziert werden sollen.

Ebenfalls nur wenige Erkenntnisse konnte die Forschung zur Wahl von Kommunikationskanälen für den Reputationserfolg zu Tage bringen. Vereinzelt wurde darauf hingewiesen, dass sich das Medium der Werbung für die CSR-Aktivitäten weniger eignet, da hier der Skeptizismus den Unternehmen gegenüber am stärksten zum Tragen kommt. Kommunikationskanäle wie Corporate Reporting oder Corporate Websites sind als erfolgversprechender anzusehen als Werbung, weil diese Form von Kommunikation weniger misstrauisch macht (Morsing 2008: 92). Es gibt aber keine Untersuchungen, die die Reputationseffekte für unterschiedliche Kommunikationskanäle verglichen haben. Somit ist wenig darüber bekannt, ob die CSR-Kommunikation via der klassischer Massenmedien wie Presse oder Rundfunk mehr Reputationserfolg verspricht als die Kommunikation über neue Medien wie Firmenwebsites oder Unternehmensblogs. Diese Erkenntnisarmut steht im Gegensatz zu einer boomenden Onlineforschung, welche den Stellenwert von CSR-Themen auf Firmenwebsites zu ergründen versucht. Das heißt, dass man zwar relativ viel über den Einsatz von Websites für die CSR-Kommunikation weiß, aber wenig darüber bekannt ist, welche Reputationseffekte diese Kommunikation bei den einzelnen Stakeholdern hervorruft.

Isolierter Unternehmensblick – Plädoyer für eine stärkere Makroperspektive

Tendenziell werden die Chancen für Unternehmen, mittels eigener Kommunikation die Reputation zu steigern, in der Forschung überwiegend positiv dargestellt. Es wird zwar darauf hingewiesen, dass die Unternehmen – um erfolgreich zu sein – einen grundlegenden Skeptizismus von einzelnen Stakeholdern überwinden müssen, dass sie aber mit der richtigen Strategie, den adäquaten Kommunikationsinhalten und über die Wahl der richtigen Kanäle dieses Ziel erreichen können. Der Kommunikation von Unternehmen wird in einer solchen Perspektive ein großer Gestaltungsspielraum zugestanden. Es wird davon ausgegangen, dass sich mittels einer gezielten Kommunikation von CSR-Aktivitäten positive Reputationseffekte erzielen lassen. Dieser starken Chancenperspektive muss unserer Meinung nach jedoch eine Risikoperspektive gegenüber gestellt werden, welche stärker auf die Reputationsrisiken im Umfeld der Unternehmen hinweist. Denn die vorherrschende positive Einschätzung korrespondiert mit wissenschaftlichen Grundannahmen, welche der einzelnen Organisation einen zu großen Einfluss im Kommunikationsprozess einräumen und ein zu einfaches Stimulus-Response Modell für die Unternehmenskommunikation postulieren. In diesem Denken wird dem Unternehmen ein großer Handlungsspielraum attestiert. Positive Reputationseffekte sind das Resultat einer „guten" oder „weniger guten" Kommunikationsarbeit. In unseren Augen ist der große Einfluss, der hier der Unternehmenskommunikation zugestanden wird, problematisch. Kommunikationssituationen sind weitaus komplexer als hier angenommen. Unternehmen sind einem zunehmend weniger kontrollier- und steuerbaren öffentlichen Umfeld ausgesetzt, bei dem die eigenen Deutungsperspektiven in Konkurrenz stehen zu jenen anderer Akteure (inklusive der Medien). Zwar kann ein Unternehmen mittels einer aktiven Kommunikation die eigene Reputation zu beeinflussen versuchen, aber das Unternehmen kann nicht sicher sein, ob und wie ungefiltert Kommunikationsleistungen schließlich bei den Stakeholdern ankommen. Damit knüpft der Beitrag an kritische Stimmen in der PR- und Kommunikationsforschung an, welche die Rolle der Unternehmen für den Reputationsbildungsprozess relativieren und die Rolle insbesondere der Massenmedien als eigenständige und definitionsmächtige Akteure im Reputationsbildungsprozess herausstreichen (Meijer & Kleinnijenhuis 2006; Carroll & McCombs 2003; Deephouse 2000; Wartick 1992; Einwiller, Carroll & Korn 2010).

Dieser Beitrag plädiert deshalb dafür, die dominante Mesoperspektive der CSR-Reputationsforschung um die Makro-Perspektive zu ergänzen. Während die Mesoperspektive insbesondere die Kommunikationsprozesse und die daraus resultierenden Reputationseffekte von Individuen und Unternehmen beschreibt und analysieren kann, vermag die Fokussierung der Makroebene und somit auf das öffentliche Umfeld der Unternehmen, zu erklären, weshalb Unternehmen überhaupt einem gesteigerten moralischen Druck ausgesetzt sind und mit welchen konkreten Ansprüchen sie als Folge eines sich öffentlich manifestierenden Wertewandels konfrontiert werden.

Nun haben insbesondere kommunikationstheoretisch inspirierte Ansätze der CSR- und Reputationsforschung (Buhr & Grafström 2006; Deephouse 2000; Eisenegger & Imhof 2008; Ihlen 2008; Kjær 2007; Siltaoja & Vehkaperä 2009; Wartick 1992) dafür sensibilisiert, dass sowohl hinter den CSR-Erwartungen als auch hinter den Reputationsvorstellungen der Stakeholder einflussreiche Kommunikationsprozesse stehen, die für ein grundlegendes Verständnis berücksichtigt werden müssen. Dabei wird die Bedeutung der massenmedialen Öffentlichkeit und des Mediensystems für den Prozess der gesellschaftlichen Verantwortung von Unternehmen und der Reputationskonstitution betont. Ihlen (2008) hat darauf hingewiesen, dass es sich bei den Medien um eine stark vernachlässigte Größe handelt, wenn Unternehmen umweltrelevante Erfolgsfaktoren bestimmen. Siltaoja & Vehkaperä (2009) haben die konfliktiven Auseinandersetzungen um Definitionsmacht betont, die hinter der kommunikativen Legitimierung und Delegitimierung von Unternehmen stehen, bei denen den Medien eine wichtige Rolle zukommt.[2].

Aufgrund dieser Erkenntnis ist es deshalb unserer Meinung nach zielführend, den Zusammenhang zwischen der CSR-Kommunikation und der Corporate Reputation stärker als Kreislaufprozess zu modellieren, wobei dem medienöffentlichen Umfeld eine Schlüsselrolle zukommt. Es wird erstens davon ausgegangen, dass CSR und Reputation keinesfalls vollständig durch die Unternehmen gesteuert und kontrolliert werden können. Und zweitens spricht sich der Beitrag für eine Stärkung der Makrosicht aus, die darauf beruht, dass die CSR- und Reputationsdynamik wesentlich im makrosozialen, das heißt öffentlich-medialen, Umfeld bestimmt wird. Denn die Veränderungen im gesellschaftlichen Umfeld der Unternehmen erklären, warum CSR als Mittel der Reputationspflege wichtiger geworden ist und welche konkreten CSR-Erwartungen an die Unternehmen adressiert werden. Entscheidend ist die Vorstellung, dass die in der öffentlichen und medialen Kommunikation aufkeimenden ethischen Diskurse erst einen Druck auf die Wirtschaft auslösen, gesellschaftliche Verantwortung zu übernehmen. Zudem sind es diese ethischen Diskurse im gesellschaftlich-öffentlichen Umfeld, welche die Unternehmen mit konkreten sozialen Ansprüchen konfrontieren und die Unternehmen dazu animieren, sich in Form entsprechender CSR-Aktivitäten an diesen Erwartungsdruck anzupassen. Erst in Form dieser periodisch auftretenden Ethik-Debatten über die Wirtschaft werden die gesellschaftlichen Erwartungen an die Unternehmen konkretisiert. Und in Form dieser Ethik-Diskurse wird ausgehandelt, welche konkreten CSR-Erwartungen Unternehmen zu erfüllen haben, wenn sie nicht in die Reputationsfalle tappen wollen.

Diese Überlegungen lassen uns abschließend folgendes CSR-Reputations-Kreislaufmodell festhalten, das den Zusammenhang zwischen dem makrosozialen Wandel, den Antworten der Unternehmen in Form von CSR-Aktivitäten darauf, und den dadurch ausgelösten Reputationseffekten erklärt (vgl. Abbildung): Im gesellschaftlich-öffentlichen Umfeld wird als Folge von moralischen Diskursen erstens ein spezifischer CSR-Erwartungsdruck aufgebaut. Die Unternehmen reagieren zweitens auf diesen Erwartungsdruck mit der Planung und Durchführung entsprechender CSR-Aktivitäten. Diese unternehmerischen Aktivitäten führen schließlich zu erwünschten bzw. nicht erwünschten Reputationseffekten. Im Einzelnen zeigt sich folgender Zusammenhang:

1. Die Motivation von Unternehmen, als gesellschaftlich verantwortungsvolle Organisationen wahrgenommen zu werden und der CSR Beachtung zu schenken, beruht auf der Erfüllung der Erwartungen ihrer Stakeholder. Diese Erwartungen werden maßgeblich durch ethische Debatten in der Medienöffentlichkeit über die Rolle der Unternehmen in der Gesellschaft herausgebildet. Das gesellschaftlich-öffentliche Umfeld der Unternehmen ist der entscheidende Trendsetter, der darüber entscheidet, wie sich die CSR-Erwartungen verändert, die an die Unternehmen adressiert werden.

---

2   Vgl. Raupp in diesem Band

2. Unternehmen reagieren bei drohendem Reputationsverlust auf die verän-
    derten Erwartungen ihrer Stakeholder mit CSR-Aktivitäten. Der aktuelle
    „CSR-Boom" ist also eine Folge des massiv vergrößerten moralischen Erwar-
    tungsdruckes im gesellschaftlich-öffentlichen Umfeld der Unternehmen.
3. Mit der Durchführung von CSR-Aktivitäten nehmen die Unternehmen Ein-
    fluss auf ihre eigene Reputationsentwicklung. Dabei zeigen sich erwünsch-
    te und nicht-erwünschte Reputationseffekte. Je mehr Unternehmen zudem
    gleichförmige CSR-Aktivitäten durchführen, desto mehr wird der soziale
    Wandel in eine bestimmte Richtung gelenkt.

Abbildung   CSR-Reputations-Kreislaufmodell

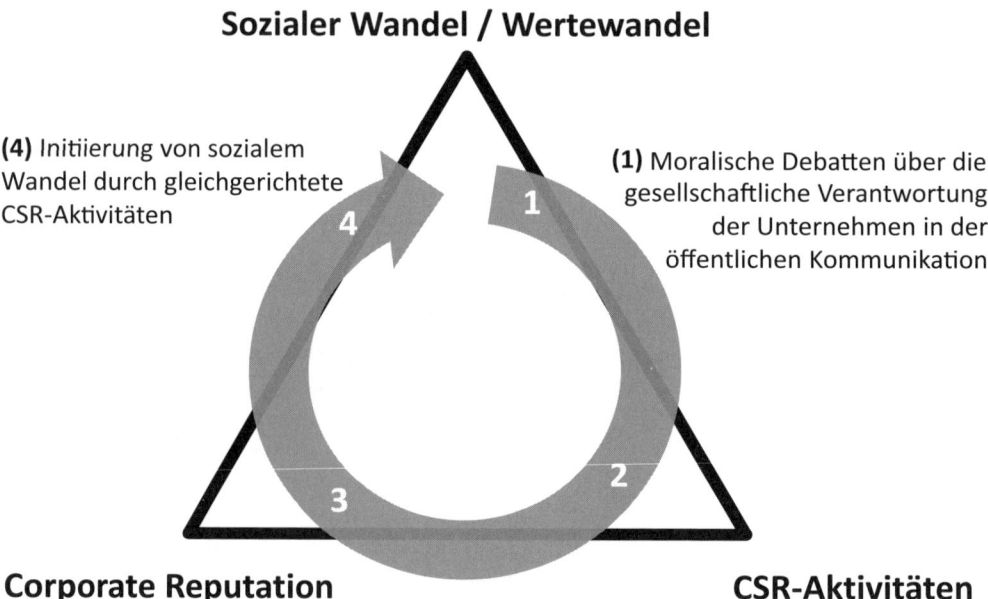

Sozialer Wandel / Wertewandel

(4) Initiierung von sozialem
Wandel durch gleichgerichtete
CSR-Aktivitäten

(1) Moralische Debatten über die
gesellschaftliche Verantwortung
der Unternehmen in der
öffentlichen Kommunikation

Corporate Reputation

CSR-Aktivitäten

(3) Positive und negative Reputationseffekte, welche durch die CSR-
Aktivitäten erzeugt werden

(2) Reaktionen der Unternehmen
auf diese Debatten und die Kritik
durch Stakeholder

Literatur

Aerts, W., & Cormier, D. (2009). Media legitimacy and corporate environmental communication. *Accounting, Organizations and Society, 34*(1), 1–27.

Bae, J., & Cameron, G. T. (2006). Conditioning effect of prior reputation on perception of corporate giving. *Public Relations Review, 32*(2), 144–150.

Baringhorst, S. (2009). Sweet Charity. In U. Röttger (Hrsg.), *PR-Kampagnen* (S. 47–263). Wiesbaden: VS Verlag.

Baringhorst, S., Kneip, V., & März, A. (Hrsg.) (2007). *Politik mit dem Einkaufswagen. Unternehmen und Konsumenten als Bürger in der globalen Mediengesellschaft.* Bielefeld: Transcript.

Bebbington, J., Larrinaga, Carlos, & Monveva, J. M. (2008). Corporate social reporting and reputation risk management. *Accounting, Auditing & Accountability Journal, 21*(3), 337–361.

Becker-Olsen, K. L., Cudmore, B. A., & Hill, R. P. (2006). The impact of perceived corporate social responsibility on consumer behavior. *Journal of Business Research, 59*(1), 46–53.

Behrend, T., Baker, B., & Thompson, L. (2009). Effects of Pro-Environmental Recruiting Messages: The Role of Organizational Reputation. *Journal of Business and Psychology, 24*(3), 341–350.

Bhattacharyya, S. S. (2010). Exploring the concept of strategic corporate social responsibility for an integrated perspective. *European Business Review, 22*(1), 82–101.

Bortree, D. S. (2009). The impact of green initiatives on environmental legitimacy and admiration of the organization. *Public Relations Review, 35*(2), 133–135.

Brammer, S., & Millington, A. (2005). Corporate Reputation and Philanthropy: An Empirical Analysis. *Journal of Business Ethics, 61,* 29–44.

Brammer, S., & Pavelin, S. (2004). Building a Good Reputation. *European Management Journal, 22*(6), 704–713.

Brammer, S. J., & Pavelin, S. (2006). Corporate Reputation and Social Performance: The Importance of Fit. *Journal of Management Studies, 43*(3), 435–455.

Bronn, P. S. (2006). Building Corporate Brands through Community Involvement: Is it Exportable? The Case of the Ronald McDonald House in Norway. *Journal of Marketing Communications, 12*(4), 309–320.

Bronn, P. S., & Vrioni, A. B. (2001). Corporate social responsibility and cause-related marketing: an overview. *International Journal of Advertising, 20*(2), 207–222.

Buhr, H., & Grafström, M. (2006). The making of meaning in the media: the case of corporate social responsibility in The Financial Times, 1988–2003. In F. in den Hond, F. G. A Bakker, & P. Neergaard (Hrsg.), *Managing Corporate Social Responsibility in Action: Talking, Doing and Measuring.* (S. 15–32) Ashgate: Aldershot.

Carroll, C. E., & McCombs, M. E. (2003). Agenda-setting Effects of Business News on the Public's Images and Opinions about Major Corporations. *Corporate Reputation Review, 6*(1), 36–46.

Castelo Branco, M., & Lima Rodriguez, L. (2006). Communication of corporate social responsibility by Portuguese banks: A legitimacy theory perspective. *Corporate Communications: An International Journal, 11*(3), 232–248.

Chapple, W. M. J. (2005). Corporate Social Responsibility (CSR) in Asia: A Seven-Country Study of CSR Web Site Reporting. *Business Society, 44,* 415–441.

Chattananon, A., Lawley, M., & Trimetsoontorn, J. (2007). Building corporate image through societal marketing programs. *Society and Business Review, 2*(3), 230–253.

Cho, S., & Hong, Y. (2009). Netizens' evaluations of corporate social responsibility: Content analysis of CSR news stories and online readers' comments. *Public Relations Review, 35*(2), 147–149.

Darmon, K., Fitzpatrick, K., & Bronstein, C. (2008). Krafting the obesity message: A case study in framing and issues management. *Public Relations Review, 34*(4), 373–379.

Deephouse, D. L. (2000). Media Reputation as a Strategic Resource: An Integration of Mass Communication and Resource-Based Theories. *Journal of Management, 26*(6), 1091–1112.

Eberl, M., & Schwaiger, M. (2005). Corporate reputation: disentangling the effects on financial performance. *European Journal of Marketing, 39*(7/8), 838–854.

Einwiller, S. A., Carroll, C. E., & Korn, K. (2010). Under What Conditions Do the News Media Influence Corporate Reputation? The Roles of Media Dependency and Need for Orientation. *Corporate Reputation Review, 12*(4), 299–315.

Eisenegger, M. (2005). *Reputation in der Mediengesellschaft - Konstitution, Issues Monitoring, Issues Management.* Wiesbaden: VS Verlag.

Eisenegger, M., & Imhof, K. (2008). The True, the Good and the Beautiful: Reputation Management in the Media Society. *Public Relations Research* (125–146).

Fombrun, C. J. (1996). *Reputation. Realizing Value from the Corporate Image.* Boston: Harvard Business School Press.

Fombrun, C. J., & Gardberg, N. A. (2000). Opportunity platforms and safety nets: Corporate citizenship and reputational risk. *Business & Society Review, 105*(1), 85.

Fombrun, C. J., & Shanley, M. (2001). What's in a Name? Reputation Building and Corporate Strategy. *Academy of Management Journal, 33*(2), 233–258.

Fombrun, C. J., & van Riel, C. (2003). *Fame & fortune. How successful companies build winning reputations.* New Jersey: Prentice Hall.

Fombrun, C. J., & Rindova, V. (2000). The road to transparency. Reputation Management at Shell. In M. Schultz, M. J. Hatch, & M. Holten Larsen (Hrsg.), *The expressive organization. Linking identity, reputation, and the corporate brand* (S. 77–91). Oxford: Oxford University Press.

Forehand, M. R., & Grier, S. (2003). When Is Honesty the Best Policy? The Effect of Stated Company Intent on Consumer Skepticism. *Journal of Consumer Psychology, 13*(3), 349–356.

Freeman, B. (2006). Substance Sells: Aligning Corporate Reputation and Corporate Responsibility. *Public Relations Quarterly, 51*(1, Spring2006), 12–19.

Gjolberg, M. (2009). The origin of corporate social responsibility: global forces or national legacies? *SOCIO-ECONOMIC REVIEW, 7*(4), 605–637.

Golob, U., & Bartlett, J. L. (2007). Communicating about corporate social responsibility: A comparative study of CSR reporting in Australia and Slovenia. *Public Relations Review, 33*(1), 1–9.

Golob, U., Lah, M., & Jancic, Z. (2008). Value orientations and consumer expectations of Corporate Social Responsibility. *Journal of Marketing Communications, 14*(2), 83–96.

Habermas, J. (1984). *Reason an the rationalization of society. The theory of communicative action: Vol. 1.* Boston: Beacon Press.

Habisch, A. (2005). *Corporate social responsibility across Europe.* Berlin: Springer.

Hasseldine, J., Salama, A. I., & Toms, J. S. (2005). Quantity versus quality: the impact of environmental disclosures on the reputations of UK Plcs. *The British Accounting Review, 37*(2), 231–248.

Hermann, S. P. (2008). Stakeholder Based Measuring and Management of CSR and Its Impact on Corporate Reputation. *From Customer Retention to a Holistic Stakeholder Management System,* 51–61.

Hillenbrand, C., & Money, K. (2007). Corporate Responsibility and Corporate Reputation: Two Separate Concepts or Two Sides of the Same Coin? *Corporate Reputation Review, 10,* 261–277.

Hooghiemstra, R. (2000). Corporate Communication and Impression Management – New Perspectives Why Companies Engage in Corporate Social Reporting. *Journal of Business Ethics, 27*(1), 55–68.

Ihlen, O. (2008). Mapping the environment for corporate social responsibility. *Corporate Communications: An International Journal, 13*(2), 135–146.

Imhof, K. (2003). Politik im »neuen« Strukturwandel der Öffentlichkeit. In A. Nassehi, & M. Schroer (Hrsg.), *Der Begriff des Politischen* (S. 401–418). Baden-Baden: Nomos.

Imhof, K. (2006a). *Die Diskontinuität der Moderne. Zur Theorie des sozialen Wandels.* Frankfurt am Main: Campus.

Imhof, K. (2006b). Mediengesellschaft und Medialisierung. *Medien & Kommunikationswissenschaft,* (2), 191–215.

Jahdi, K., & Acikdilli, G. (2009). Marketing Communications and Corporate Social Responsibility (CSR): Marriage of Convenience or Shotgun Wedding? *Journal of Business Ethics, 88*(1), 103–113.

Jonsson, S., Greve, H. R., & Fujiwara-Greve, T. (2009). Undeserved Loss: The Spread of Legitimacy Loss to Innocent Organizations in Response to Reported Corporate Deviance. *Administrative Science Quarterly, 54*(2), 195–228.

Kampf, C. (2007). Corporate social responsibility: WalMart, Maersk and the cultural bounds of representation in corporate web sites. *Corporate Communications: An International Journal, 12*(1), 41–57.

Kepplinger, H. M. (2008). Was unterscheidet die Mediatisierungsforschung von der Medienwirkungsforschung? *Publizistik, 53*(3), 326–339.

Kjær, P. (2007). Changing constructions of business and society in the news. In P. Kjær, & T. Slaatta (Hrsg.), *Mediating Business: The Expansion of Business Journalism* (S. 159–185). Copenhagen: Copenhagen Business School Press.

Klein, J., & Dawar, N. (2004). Corporate social responsibility and consumers' attributions and brand evaluations in a product-harm crisis. *International Journal of Research in Marketing, 21*(3), 203–217.

Krotz, F. (2001). *Die Mediatisierung des kommunikativen Handelns. Der Wandel von Alltag und sozialen Beziehungen, Kultur und Gesellschaft durch die Medien.* Opladen: Westdeutscher Verlag.

Lee, & Min-Dong Paul (2008). A Review of the Theories of Corporate Social Responsibility: Its Evolutionary Path and the Road Ahead. *International Journal of Management Reviews, 10*(1).

Lindgreen, A., & Swaen, V. (2005). Corporate Citizenship: Let Not Relationship Marketing Escape the Management Toolbox. *Corporate Reputation Review, 7*(4), 346–363.

Livingstone, S. (2009). On the Mediation of Everything: ICA Presidential Address 2008. *Journal of Communication, 59*(1), 1–18.

Lundby, K. (2009). *Mediatization.* New York: Peter Lang.

Maignan, I. (2001). Consumers' Perceptions of Corporate Social Responsibilities: A Cross-Cultural Comparison. *Journal of Business Ethics, 30*(1), 57–72.

Meijer, M., & Kleinnijenhuis, J. (2006). News and corporate reputation. Empirical findings from the Netherlands. *Public Relations Review, 32*(4), 341–348.

Miles, M. P., & Covin, J. G. (2000). Environmental Marketing: A Source of Reputational, Competitive, and Financial Advantage. *Journal of Business Ethics, 23*(3), 299–311.

Mohr, L. A., Webb, D. J., & Harris, K. E. (2001). Do Consumers Expect Companies to be Socially Responsible? The Impact of Corporate Social Responsibility on Buying Behavior. *Journal of Consumer Affairs, 35*(1), 45.

Moon, J. (2004). *Government as a Driver of Corporate Social Responsibility: Research Paper Series. International Centre for Corporate Social Responsibility ISSN 1479–5124.* Unpublished manuscript, Nottingham.

Moon, J. (2005). An Explicit Model of Business-Society Relations. In A. Habisch, & J. Jonker (Hrsg.), *Corporate Social Responsibility Across Europe* (S. 51–65). Berlin.

Morsing, M., & Schultz, M. (2006). Corporate social responsibility communication: stakeholder information, response and involvement strategies. *Business Ethics: A European Review, 15*(4), 323–338.

Morsing, M., Schultz, M., & Nielsen, K. U. (2008). The ‚Catch 22' of communicating CSR: Findings from a Danish study. *Journal of Marketing Communications, 14*(2), 97–111.

Münch, R. (1995). *Dynamik der Kommunikationsgesellschaft.* Frankfurt am Main: Suhrkamp.

Mutch, N., & Aitken, R. (2009). Being fair and being seen to be fair: Corporate reputation and CSR partnerships: Special Issue: Corporate Reputation as Anticipated Corporate Conduct. *Australasian Marketing Journal (AMJ), 17*(2), 92–98.

Nielsen, A. E., & Thomsen, C. (2007). Reporting CSR – what and how to say it? *Corporate Communications: An International Journal, 12*(1), 25–40.

Nielsen, A. E., & Thomsen, C. (2009). Investigating CSR communication in SMEs: a case study among Danish middle managers. *Business Ethics: A European Review, 18*(1), 83–93.

Palazzo, G., & Richter, U. (2005). CSR Business as Usual? The Case of the Tobacco Industry. *Journal of Business Ethics, 61*(4), 387–401.

Peloza, J. (2006). Using Corporate Social Responsibility As Insurance for Financial Performance. *California Management Review, 48*(2), 52–72.

Pivato, S., Misani, N., & Tencati, A. (2008). The impact of corporate social responsibility on consumer trust: the case of organic food. *Business Ethics: A European Review, 17*(1), 3–12.

Pfau, M., Haigh, M. M., Sims, J., & Wigley, S. (2008). The Influence of Corporate Social Responsibility Campaigns on Public Opinion. *Corporate Reputation Review, 11*(2), 145–154.

Pomering, A., & Dolnicar, S. (2009). Assessing the Prerequisite of Successful CSR Implementation: Are Consumers Aware of CSR Initiatives? *Journal of Business Ethics, 85,* 285–301.

Pomering, A., & Johnson, L. (2009). Advertising corporate social responsibility initiatives to communicate corporate image: Inhibiting scepticism to enhance persuasion. *Corporate Communications: An International Journal, 14*(4), 420–439.

Porter, M. E., & Kramer, M. R. (2003). Wohltätigkeit als Wettbewerbsvorteil. *Harvard Business Manager,* (3), 40–56.

Pracejus, J. W., & Olsen, G. D. (2004). The role of brand/cause fit in the effectiveness of cause-related marketing campaigns: Marketing Communications and Consumer Behavior. *Journal of Business Research, 57*(6), 635–640.

Raupp, J. (2009). Medialisierung als Parameter einer PR-Theorie. In U. Röttger (Hrsg.), *Theorien der Public Relations* (S. 265–284).

Röttger, U. (2006). Campaigns (f)or a better world? In U. Röttger (Hrsg.), *PR-Kampagnen* (S. 9–24).

Röttger, U. (Hrsg.) (2009). *PR-Kampagnen.* Wiesbaden: VS Verlag.

Schmidt, S. J., & Tropp, J. (Hrsg.) (2009). *Die Moral der Unternehmenskommunikation. Lohnt es sich, gut zu sein?* Köln: von Halem.

Schnietz, K. E., & Epstein, M. J. (2005). Exploring the Financial Value of a Reputation for Corporate Social Responsibility during a Crisis. *Corporate Reputation Review, 7,* 327–345.

Scholder Ellen, P., Webb, D. J., & Mohr, L. A. (2006). Building Corporate Associations: Consumer Attributions for Corporate Socially Responsible Programs. *Journal of the Academy of Marketing Science, 34*(2), 147–157.

Schubert, B. (2000). *Shell in der Krise: Zum Verhältnis von Journalismus und PR in Deutschland dargestellt am Beispiel der Brent Spar*, Münster, Hamburg: LIT Verlag.

Schultz, F., & Wehmeier, S. (2010). Institutionalization of corporate social responsibility within corporate communications: Combining institutional, sensemaking and communication perspectives. *Corporate Communications: An International Journal, 15*(1), 9–29.

Schulz, W. (2004). Reconstructing Mediatization as an Analytical Concept. *European Journal of Communication, 19*(1), 87–101.

Schwaiger, M. (2004). Components and parameters of corporate reputation – an empirical study. *Schmalenbach Business Review (SBR), 56*(1), 46–71.

Sen, S., Bhattacharya, C., & Korschun, D. (2006). The role of corporate social responsibility in strengthening multiple stakeholder relationships: A field experiment. *Journal of the Academy of Marketing Science, 34*(2), 158–166.

Sethi, S. P. (2008). Globalization and Corporate Reputation. *Corporate Reputation Review, 2*, 115–115.

Siltaoja, M. (2006). Value Priorities as Combining Core Factors Between CSR and Reputation – A Qualitative Study. *Journal of Business Ethics, 68*(1), 91–111.

Siltaoja, M., & Vehkaperä, M. (2009). Constructing Illegitimacy? Cartels and Cartel Agreements in Finnish Business Media from Critical Discursive Perspective. *Journal of Business Ethics, 92*(4), 493–511.

Smith, N. C. (2003). Corporate social responsibility: whether or how? *California Management Review, 45*(4), 52–77.

Tixier, M. (2003). Soft vs. hard approach in communicating on corporate social responsibility. *Thunderbird International Business Review, 45*(1), 71–91.

Tucker, L., & Melewar, T. C. (2005). Corporate Reputation and Crisis Management: The Threat and Manageability of Anti-corporatism. *Corporate Reputation Review, 7*(4), 377–387.

Unerman, J. (2008). Strategic reputation risk management and corporate social responsibility reporting. *Accounting, Auditing & Accountability Journal, 21*(3), 362–364.

Vaaland, T. I., Heide, M., & Gronhaug, K. (2008). Corporate social responsibility: investigating theory and research in the marketing context. *European Journal of Marketing, 42*(9/10), 927–953.

Vanhamme, J., & Grobben, B. (2009). Too Good to be True! The Effectiveness of CSR History in Countering Negative Publicity. *Journal of Business Ethics, 85*, 273–283.

Vowe, G. (2006). Feldzüge um die öffentliche Meinung. In U. Röttger (Hrsg.), *PR-Kampagnen. Über die Inszenierung von Öffentlichkeit* (3. Aufl.) (S. 75–94). Wiesbaden: VS Verlag.

Wagner, T., Lutz, R. J., & Weitz, B. A. (2009). Corporate Hypocrisy: Overcoming the Threat of Inconsistent Corporate Social Responsibility Perceptions. *Journal of Marketing, 73*(6), 77–91.

Wang, A. (2007). Priming, Framing, and Position on Corporate Social Responsibility. *Journal of Public Relations Research, 19*(2), 123–145.

Wartick, S. L. (1992). The relationship between intense media exposure and change in corporate reputation. *Business & Society, 31*(1), 33–49.

Werder, K. P. (2008). The Effect of Doing Good: An Experimental Analysis of the Influence of Corporate Social Responsibility Initiatives on Beliefs, Attitudes, and Behavioral Intention. *International Journal of Strategic Communication, 2*(2), 115–135.

Wigley, S. (2008). Gauging consumers' responses to CSR activities: Does increased awareness make cents? *Public Relations Review, 34*(3), 306–308.

Williams, R. J., & Barrett, J. D. (2000). Corporate Philanthropy, Criminal Activity, and Firm Reputation: Is There a Link? *Journal of Business Ethics, 26*(4), 341–350.

Yoon, Y., Gürhan-Canli, Z., & Schwarz, N. (2006). The Effect of Corporate Social Responsibility (CSR) Activities on Companies With Bad Reputations. *Journal of Consumer Psychology, 16*(4), 377–390.

Zyglidopoulos, S. C. (2001). The Impact of Accidents on Firms' Reputation for Social Performance. *Business & Society, 40*(4), 416–441.

Zyglidopoulos, S. C. (2002). The Social and Environmental Responsibilities of Multinationals: Evidence from the Brent Spar Case. *Journal of Business Ethics, 36*(1), 141–151.

Die Legitimation von Unternehmen in öffentlichen Diskursen

Juliana Raupp

Über viele Jahrzehnte hatte die staatliche Politik die Rahmenbedingungen für Unternehmen in westeuropäischen Wohlfahrtsstaaten gesetzt. Im Kontext der Globalisierung hat sich dies allmählich verändert: Regulierungsaufgaben wurden vermehrt auf nicht-staatliche Akteure verlagert, wodurch sich neue politische Ordnungen gebildet haben. Diese als (Global) Governance bezeichneten Formen politischer Steuerung zeichnen sich u. a. durch freiwillige Beteiligung und Selbstregulierung der Akteure aus. Vor allem transnational tätige Großunternehmen begannen damit, gesellschaftliche Verantwortung zu demonstrieren und „Moralprogramme" (Imhof 2006: 13) unter den Stichworten „Corporate Governance", „Good Citizen", „Nachhaltigkeit", „Sozialverträglichkeit" oder „Compliance" aufzulegen. Diese Aktivitäten werden im Weiteren unter dem Oberbegriff Corporate Social Responsibility (CSR) als Form der gesellschaftsorientierten, freiwilligen unternehmerischen Selbststeuerung subsumiert. Im Zuge der Verbreitung des CSR-Konzepts engagieren sich inzwischen auch mittelständische Unternehmen sowie nicht-gewinnorientierte Organisationen, beispielsweise Bildungseinrichtungen, im Bereich der CSR.

Von der Wissenschaft wurde das gesellschaftliche Engagement von Unternehmen aufmerksam registriert und teils kritisch begleitet, teils aktiv mit vorangetrieben. Die neue Rolle der Unternehmen wird mit „corporate citizen" überschrieben (u. a. Scherer 2003; Moon, Crane & Matten 2003; Scherer, Palazzo & Baumann 2006),[1] und es wird rege um die gesellschaftspolitisch-gestalterischen Aufgaben ökonomischer Akteure gestritten. Dabei lassen sich in der mittlerweile nahezu unübersehbaren Literatur zum Thema drei dominante Perspektiven ausmachen: eine anwendungsorientierte, eine ethisch-normative und eine theorieorientiert-analytische Sichtweise.

- Aus anwendungsorientierter Sicht lautet die zentrale Frage, wie „gutes" wirtschaftliches Handeln mit dem Postulat der ökonomischen Effizienz zu vereinbaren ist oder gar zu erhöhter Effizienz beitragen kann. Diese Sichtweise wird insbesondere in der wirtschaftswissenschaftlichen Literatur eingenommen.
- Die ethisch-normative Sichtweise vertritt die Wirtschaftsethik, die sich um normative Begründungen bemüht, weshalb unternehmerisches Handeln an den Kriterien der sozialen Verantwortung ausgerichtet sein sollte. In diese Debatte fließen auch unterschiedlichste politische Auffassungen mit ein, was

---

1   Vgl. den Beitrag von Backhaus-Maul i. d. B.

erklärt, weshalb CSR auch als „contested political terrain" (Levy & Kaplan 2008: 442), also als umstrittenes Gebiet, bezeichnet wird.

- Eine dritte Möglichkeit, sich dem Thema CSR zu nähern, besteht darin, nach den Ursachen und Bedingungen der Übernahme gesellschaftlicher Verantwortung durch Unternehmen zu fragen. Diese Sichtweise, die als theorieorientiert-analytisch bezeichnet werden kann, findet sich insbesondere in der soziologischen, aber auch in Teilen der kommunikationswissenschaftlichen Literatur. Eine Basis hierfür gibt u. a. der soziologische Neo-Institutionalismus ab: Unternehmen werden in ihrem sozialen und kulturellen Umfeld betrachtet und es wird danach gefragt, welche Regeln und Erwartungsstrukturen institutionelle Folgen für Unternehmen haben. Die Institutionalisierung von CSR erscheint aus dieser Perspektive als Anpassung an Erwartungen aus der Unternehmensumwelt, aus der Unternehmen Unterstützung und Legitimität beziehen (u. a. Hiß 2006; Campbell 2007).

Der folgende Beitrag nimmt diese Perspektive auf. Der Erkenntnisgewinn dieser Sichtweise wird darin gesehen, dass sie aufzeigen kann, warum Unternehmen gesellschaftliche Verantwortung übernehmen und wovon es abhängt, dass sich dies immer wieder ändert. Aus Sicht der Kommunikationswissenschaft rückt in diesem Zusammenhang die Frage nach der öffentlichen Kommunikation in den Blick: Inwiefern wird Legitimität nicht nur durch Verhalten hergestellt, sondern auch kommunikativ zugeschrieben? Die Arena, in der Reputation und Legitimität (zum Unterschied zwischen beiden vgl. Deephouse & Carter 2005) gesellschaftswirksam kommuniziert werden, ist die massenmedial vermittelte Öffentlichkeit. Die Kommunikation gesellschaftlicher Verantwortung muss also in den Kontext öffentlichkeitstheoretischer Überlegungen gestellt werden, wenn die Konstruktion (und Destruktion) von Legitimität durch Kommunikation untersucht werden soll.

Folgende These leitet die weiteren Überlegungen an: Neben politischen und ökonomischen Faktoren vermögen auch öffentliche, insbesondere massenmedial vermittelte Diskurse die Übernahme gesellschaftlicher Verantwortung von Unternehmen zu erklären. Gleichzeitig prägt das gesellschaftliche Engagement von Unternehmen den öffentlichen Diskurs über Unternehmen mit. Es wird aufgezeigt, dass der öffentliche Diskurs über Unternehmen von zwei Deutungsmustern bestimmt wird: Rationalisierung und Moralisierung. Zwischen diesen beiden Deutungsmustern bewegt sich die öffentliche Wahrnehmung von Unternehmen sowie deren Selbstdarstellung.

Um diese These auszuführen, wird ein diskurs- bzw. öffentlichkeitstheoretischer Zugang gewählt. Öffentlichkeit wird als Netzwerk von Diskursverläufen definiert. Auf dieser theoretischen Grundlage sollen folgende Fragen bearbeitet werden: Wer besitzt in der Öffentlichkeit Definitionshoheit darüber, was Unternehmensverantwortung ist, was als legitim und als moralisch gut bewertet wird? Wie wird in den Medien ökonomisches Handeln legitimiert? Welche Rolle spielen politische Akteure, zivilgesellschaftliche Akteure wie Nichtregierungsorganisationen und Journalisten bei der öffentlichen Zuschreibung von Unternehmensverantwortung? Im ersten

Teilkapitel wird Öffentlichkeit als Basiskonzept erörtert und ihre Bedeutung als institutioneller Umweltfaktor für Unternehmen aufgezeigt (1). Auf dieser Grundlage wird die Rolle von Legitimität von Unternehmen in öffentlichen Diskursen herausgearbeitet und dargestellt, wie Prozesse der öffentlichen, medienvermittelten Zuschreibung von Legitimität erfolgen (2). Abschließend wird diese Perspektive auf die öffentliche Auseinandersetzung mit der Rolle von Unternehmen in der Gesellschaft angewendet und Anknüpfungspunkte für weitere, auch empirische Forschung aufgezeigt (3).

1 Öffentlichkeit als Basiskonzept

Öffentlichkeit ist ein Schlüsselbegriff der Kommunikationswissenschaft. Entsprechend der Interdisziplinarität und der Theorieoffenheit des Fachs rezipiert die Kommunikationswissenschaft verschiedene, in anderen Disziplinen entwickelte Öffentlichkeitskonzeptionen und adaptiert diese unter einer fachspezifischen Perspektive. Im Folgenden wird zunächst dargelegt, wie Legitimität in verschiedenen Öffentlichkeitskonzeptionen definiert wird. In Abgrenzung zu diskurs- und systemtheoretischen Öffentlichkeitskonzeptionen und in Anlehnung an das Arenenmodell wird daraufhin ein diskurs- und netzwerktheoretischer Öffentlichkeitsbegriff entwickelt. Dieser gibt schließlich die Grundlage für die Analyse öffentlicher Legitimierungsprozesse ökonomischer Akteure ab.

1.1 Die Konzeption von Legitimität in verschiedenen Öffentlichkeitsmodellen

Der fachwissenschaftliche Diskurs über Öffentlichkeit wurde lange von der *historisch-normativen Öffentlichkeitstheorie* bestimmt, wie sie grundlegend von Habermas (1990, 1997) erarbeitet worden ist. Vor der Folie einer idealisierten Darstellung der literarischen Öffentlichkeit der Aufklärung entwarf Habermas ein Modell von Öffentlichkeit als Diskurs zur Rationalisierung von Herrschaft (und attestierte der bundesdeutschen Öffentlichkeit der 1950er und 60er Jahre, vermachtet zu sein). Eckpunkte dieses normativen Öffentlichkeitsverständnisses sind die deliberative Demokratie und der rationale Diskurs. Legitimation entsteht gemäß dieser Öffentlichkeitskonzeption durch eben diese Verfahren: Moralische Urteile gehen aus der Kommunikationsform des rationalen Diskurses hervor. Damit ist ein ethisches Ideal formuliert, das als normativer Prüfstein für empirisch beobachtbare öffentliche Kommunikationsformen gelten kann.

Konkurrierend zur normativen Öffentlichkeitstheorie stehen *systemtheoretische Konzeptionen von Öffentlichkeit*, wie sie unter anderem Luhmann (1983, 1990, 1992, 1996) formuliert hat. Er konzipiert Öffentlichkeit als Umwelt gegenüber den ausdifferenzierten gesellschaftlichen Funktionssystemen (wie etwa Wirtschaft, Politik, Wissenschaft). Diese gesellschaftlichen Funktionssysteme organisieren ihre Beobachtung zweiter Ordnung durch Öffentlichkeit, das Wirtschaftssystem etwa mithilfe des Marktes, das Wissenschaftssystem über Publikationen, und das politische System durch öffentliche Meinung, die als Spiegel fungiert (Luhmann 1992).[2] Der Erkenntnisgewinn dieser Öffentlichkeitskonzeption liegt in der Möglichkeit, gesellschaftliche Strukturen zu analysieren und dabei die Normativität diskurstheoretischer Ansätze zu überwinden. Wie Habermas hebt auch Luhmann auf einen prozeduralen Legitmitätsbegriff ab: Legitimation wird durch Verfahren hergestellt (Luhmann 1969). Allerdings geht es in der Luhmannschen Fassung nicht um die Frage, ob die in Entscheidungsfindungsverfahren getroffenen Entscheidungen falsch oder richtig, wahr oder unwahr sind. Vielmehr geht es um die Gültigkeit bzw. Anerkennung von Gültigkeit, die Legitimation begründet. Die Kontingenz moralischer Urteile tritt hier deutlich zutage. Allerdings geraten gleichzeitig Erscheinungen wie Macht, Einfluss und Beeinflussung aus dem Blick der Analyse öffentlicher Kommunikation. Zudem führt die systemtheoretische Öffentlichkeitskonzeption, insbesondere wenn sie sich auf die Vorstellung autopoietischer, d. h. selbstbezüglicher Systeme stützt und dabei jegliche Vorstellung von Öffentlichkeitsakteuren ausblendet, zu deren faktischer Un-Operationalisierbarkeit.

Einen Versuch, handlungs- und systemtheoretische Überlegungen zu integrieren, stellt das so genannte *Arenenmodell von Öffentlichkeit* dar. Es wurde in den späten 1980er Jahren am Arbeitsbereich „Öffentlichkeit und soziale Bewegungen" am Wissenschaftszentrum Berlin maßgeblich von Friedhelm Neidhardt und Jürgen Gerhards entwickelt (u. a. Gerhards & Neidhardt, 1991; Gerhards, 1994, 1997; Gerhards & Rucht 2000). Ausgehend von der Theorie der funktionalen Differenzierung setzen die Autoren beim politischen System an, dem sie eine doppelte Sonderstellung im Verhältnis zu anderen gesellschaftlichen Funktionssystemen zuweisen, nämlich als „Problemadressat" und „Problemlösungssystem" (Gerhards & Neidhardt 1991: 37). (Politische) Öffentlichkeit stellt sich so als ein intermediäres System dar, das zwischen Bürgern und politischem System vermittelt. Es ist ein „Kommunikationssystem, in dem eine bestimmte Art von Wissen stattfindet: es entstehen öffentliche Meinungen mit mehr oder weniger allgemeinen Einstellungen zu bestimmten Themen" (ebd.: 42). Gerhards und Neidhardt schlagen vor, nach Anzahl der Kommunikationsteilnehmer und dem Grad der strukturellen Verankerung drei verschiedene Öffentlichkeitsebenen zu unterscheiden. Neben der so genannten „Encounter-Öffentlichkeit" als elementarer Ebene und der „Präsenzöffentlichkeit" von Veranstaltungen als mittlerer Öffentlichkeitsebene weisen sie der „Medienöffentlichkeit" als dritter Öffentlichkeitsebene in modernen Gesellschaften die größte Bedeutung zu. Das Publikum ist hier zahlenmäßig am größten, seine Handlungsmöglichkeiten jedoch beschränkt. Die Bezeichnung Arenenmodell verdankt diese

---

2   In der kommunikationswissenschaftlichen Rezeption des systemtheoretischen Öffentlichkeitsentwurfs wurde Öffentlichkeit anders als bei Luhmann nicht als Umwelt gedeutet, sondern selbst als System neben oder über anderen Systemen wie Journalismus und Public Relations konzipiert; die Diskussion kreiste im Weiteren vor allem um die Frage, welcher Sinnzusammenhang als autonomes Funktionssystem mit einem operativen Code belegt werden kann und welcher nicht (vgl. u. a. Blöbaum 1994; Kohring 1997; Marcinkowski 1993; Scholl & Weischenberg 1998; Weber 2000; Pörksen 2006; zusammenfassend Görke 2008).

Öffentlichkeitskonzeption der Metapher der Arena, die die Autoren einführen, um verschiedene Kommunikationsrollen zu unterscheiden: die des Sprechers, des Vermittlers und des Publikums. Sprecher und Vermittler agieren in der Arena, wobei Sprecher Aussagen generieren, die sich unter bestimmten Bedingungen zu Themen der öffentlichen Kommunikation verdichten, und Vermittler diese Aussagen verbreiten und so dabei helfen, Themen herzustellen. Die Rollen der Sprecher und der Vermittler werden meist von korporativen Akteuren übernommen, also von Unternehmen, Parteien, Verwaltungen und Medien, die um die Aufmerksamkeit des Publikums konkurrieren. Das Publikum schließlich nimmt Platz in der Galerie und vollendet die Kommunikation durch Aufnahme und Interpretation der Mitteilungen (Neidhardt 1994.). Die Handlungsoptionen der Publikumsrolle erschöpfen sich darin, zu kommen oder zu gehen, hinzuhören oder abzuschalten, zu kaufen oder nicht zu kaufen (Gerhards & Neidhardt 1991: 65).

Mit der analytischen Unterscheidung verschiedener Kommunikationsrollen haben Gerhards und Neidhardt einen öffentlichkeitstheoretischen Bezugsrahmen bereitgestellt, der es ermöglicht, Strukturen und Prozesse insbesondere der massenmedial vermittelten Kommunikation theoretisch wie empirisch genauer zu untersuchen. In der deutschsprachigen Kommunikationsforschung wurde das Arenenmodell in den letzten Jahren verstärkt rezipiert (vgl. u. a. Bentele, Liebert & Seeling 1997; Donges & Jarren 1998; Pfetsch 1998; Weßler 1999; Raupp 1999, 2009; Eilders 2008). Auch wenn Legitimität und Moral im Arenenmodell nicht explizit thematisiert werden, bietet das Modell aufgrund seiner Prozess- und Akteursorientierung vielfältige Anknüpfungspunkte für einen Öffentlichkeitsbegriff, auf dessen Grundlage die öffentliche Zuschreibung von Legitimität diskutiert werden kann.

1.2 Öffentlichkeit als Netzwerk von Diskursen

Angesichts der normativen Aufladung des Begriffs Öffentlichkeit in Teilen der wissenschaftlichen Literatur und im alltagssprachlichen Verständnis ist zunächst darauf hinzuweisen, dass im Folgenden Öffentlichkeit als wissenschaftliche Kategorie, genauer: als operationales Konstrukt zur Beschreibung kommunikativer Bedingungen begriffen wird (vgl. hierzu auch Westerbarkey 1994: 40 und 60). Öffentlichkeit wird als *Netzwerk von Diskursverläufen* definiert. Auf dieser Grundlage lassen sich Prozesse der öffentlichen Legitimierung ökonomischer Akteure darstellen. Diskurs wird dabei nicht als Form einer verständigungsorientierten Kommunikation im Sinne Habermas verstanden, sondern als formale gesellschaftliche Auseinandersetzung über potentiell konflikthaltige Themen. Diskurse werden heute primär in und über Massenmedien vermittelt geführt. Insofern sind gesellschaftliche Diskurse durch die Strukturen und Prozesse der massenmedialen Kommunikation geprägt, die im Weiteren dargestellt werden.

1.2.1 Strukturen öffentlicher Diskurse

Strukturell sind öffentliche Diskurse durch die Rollen und damit zusammenhängenden Handlungslogiken der Öffentlichkeitsakteure charakterisiert. In Anlehnung an das Arenenmodell werden dabei verschiedene Kommunikationsrollen der Öffentlichkeitsakteure unterschieden. *Gesellschaftliche Akteure* (sowohl individuelle als auch kollektive Akteure) versuchen in der Rolle von Sprechern öffentliche Diskurse zu ihren Gunsten zu beeinflussen, indem sie sich selbst und ihre Positionen öffentlich und vor allem massenmedial sichtbar machen. Zu den etablierten Sprechern zählen politische Organisationen (Regierung, Parteien, Behörden) und politisches Führungspersonal. Diese haben zu diesem Zweck ihre Selbstdarstellungsleistungen professionalisiert und externalisiert, was wiederum zu einer Medialisierung der Politik beiträgt (Altheide & Snow 1988; Mazzoleni & Schulz 1999; Vowe 2006; Kepplinger 2008; Raupp 2009). Zu den etablierten Sprechern zählen darüber hinaus Unternehmen und Wirtschaftsverbände, die über routinisierte Zugänge zum Mediensystem verfügen. Ebenso wie politische Akteure unterliegen auch ökonomische Akteure zunehmend Medialisierungseffekten und agieren in der Arena der politischen Öffentlichkeit (vgl. unten). Im Unterschied zu den etablierten Sprechern können schwach etablierte soziale Bewegungen und Protestgruppen als Öffentlichkeitsakteure nur dann Aufmerksamkeit erlangen, wenn sie ihre Themen medienwirksam inszenieren und sich so in öffentliche Diskurse einbringen (vgl. zusammenfassend z. B. Kriesi 2001). Dabei gilt: Je konflikthaltiger die Themen sind, desto eher finden sie Eingang in die massenmediale Öffentlichkeit (Oliver & Myers 1999).

Journalisten nehmen eine privilegierte Position als Leistungserbringer ein. Sie beobachten und beschreiben Kommunikationsereignisse[3] und stellen die erzeugten Informationen und Deutungen der Gesellschaft zur Verfügung. Medienorganisationen agieren somit in der Rolle von intermediären Öffentlichkeitsakteuren, die die Selbstwahrnehmung und – aufgrund ihrer Bedeutung für das politische System – die Selbststeuerung von modernen Gesellschaften erst erlauben (Kamber & Ettinger 2008). Dabei bilden die in den Massenmedien verhandelten Kommunikationsereignisse die Wirklichkeit nicht ab, sondern sind das Resultat medienspezifischer Selektions- und Interpretationsregeln. Durch die Auswahl der Themen und der Sprecher, durch Framing und Priming werden Journalisten mitunter selbst zu interessengeleiteten politischen Akteuren (Page 1996; Patterson 1997). Im Zuge der Kommerzialisierung des Mediensystems wandelt sich jedoch die Selektions- und Bearbeitungslogik in Medienorganisationen: Die Orientierung erfolgt immer weniger am politischen System und verstärkt an der Aufmerksamkeitslogik des Werbemarkts (Jarren 1988). Angesichts dieser Veränderungen werden Medien nicht länger als eine intermediäre Organisationen neben anderen (beispielsweise Parteien oder

---

3   Kommunikationsereignissen können genuine, mediatisierte oder inszenierte Ereignisse zugrunde liegen (vgl. zur Unterscheidung der verschiedenen Ereignistypen Kepplinger 2001). Der Begriff Kommunikationsereignis verweist darauf, dass es sich um kommunikative Artefakte handelt, die Anschlusskommunikation hervorrufen. Kommunikationsereignisse werden im Zusammenhang wirkmächtiger Problemperspektiven selektioniert und hervorgehoben (Eisenegger 2003, 2008).

Verbänden) angesehen, sondern als Funktionssystem, dessen Bezugs- und Handlungsräume sich auf die gesamte Gesellschaft ausdehnen und dabei in ehedem öffentlichkeitsfreie Räume (beispielsweise der Ökonomie, des Privaten usw.) eindringen (Kamber 2004). Gleichzeitig rückt mit der Deutungsverschiebung von einer unselbstständigen Vermittlungsfunktion hin zu einer selbstständigen Vermittlungs- und Deutungsinstanz die Eigenlogik der Medien stärker in den Blickpunkt der wissenschaftlichen Betrachtung. In diesem Zusammenhang wurde der Begriff der „Medienlogik" geprägt. Kennzeichnend für die Medienlogik sind u. a. die Beschleunigung der öffentlichen Kommunikation, die Personalisierung der Medienberichterstattung, die Eventisierung und Entertainisierung (Saxer 2007) sowie deren Skandalisierung (Kepplinger, Ehmig & Hartung 2002). Öffentlichkeitsakteure geraten angesichts dieser Medienlogik in vier Dimensionen unter Druck: In der Sachdimension entsteht ein zunehmender *Inszenierungsdruck,* in der Akteursdimension baut sich ein steigender *Repräsentationsdruck* auf, in der Zeitdimension unterliegen Öffentlichkeitsakteure einem erhöhten *Reaktionsdruck* und in der Raumdimension entsteht ein *Konkurrenzdruck* von global bis lokal (Kamber & Ettinger 2008).

Das *Medienpublikum* schließlich stellt den „generalisierten Dritten" im Sinne Meads dar (Raupp 2009), auf den sich die Kommunikationen der Akteure in der Sprecher- und der Vermittlerrolle beziehen. Je nach unterstellten und situativ wechselnden Erwartungen wird das Medienpublikum in der Rolle als Bürger oder als Konsumenten adressiert. Durch die Bezugnahme auf das prinzipiell unabgeschlossene Publikum stellt Öffentlichkeit den Referenzrahmen bereit, in dem Themen und Probleme, die für die Gesellschaft als zentral erachtet werden, diskursiv verhandelt werden. Infolgedessen stellen öffentliche Diskurse einen Input für das politische System bereit: Werden gesellschaftliche Probleme im öffentlichen Diskurs hinreichend kontrovers diskutiert, gerät das politische System unter Druck, seine Prozessroutinen zu unterbrechen und sich dem problematisierten Zusammenhang zuzuwenden (Peters 1993). Die in öffentlichen Diskursen problematisierten Kommunikationsereignisse werden überdies in Bezug auf den Output des politischen Entscheidungssystems wirksam, wenn Entscheidungen legitimatorisch validiert werden.

1.2.2 Diskursverläufe als Prozess

Prozessual lässt sich Öffentlichkeit als Vernetzung von Diskursverläufen beschreiben. Diskursverläufe werden als Beitragsfolgen von Kommunikationsereignissen definiert, die mit Deutungen (Frames) versehen werden. Frames sind Gitlin (2003: 7) zufolge „persistent patterns of cognition, interpretation, and presentation, of selection, emphasis, and exclusion, by which symbol-handlers routinely organize discourse, whether verbal or visual". Sie strukturieren somit die Verläufe von öffentlichen Diskursen. Die in den gedruckten und elektronischen Leitmedien verhandelten Kommunikationsereignisse kanalisieren den öffentlichen Diskurs und führen zu Anschlusskommunikation in den Encounter- und Versammlungsöffentlichkeiten (die sich vermehrt auch in online-basierten sozialen Netzwerken konstituieren).

Betrachtet man Öffentlichkeit als Netzwerk von Diskursen, so können diese nach ihrer Zentralität unterschieden werden, d. h. danach, welche Themen, Deutungsrahmen und Öffentlichkeitsakteure eine zentrale Stellung einnehmen. Weiter können die Netzwerke nach ihrer Dichte unterschieden werden: Folgen zahlreiche Kommunikationsereignisse in kurzer Zeit aufeinander oder handelt es sich um lose aufeinander bezogene Kommunikationsereignisse über längere Zeiträume hinweg? Als dynamische Netzwerke sind die Diskurse darüberhinaus an den Verlauf gesellschaftlicher Entwicklungen gekoppelt. In Phasen langsamer und stetiger Entwicklung werden Konflikte in öffentlichen Diskursen verfahrensreguliert, erwartbar und auf Zeit gelöst. In Zeiten abrupten Wandels, in Krisen und Umbruchphasen dagegen verdichten sich öffentliche Diskurse, da der Wunsch nach Orientierung größer ist und die Auseinandersetzung um Deutungshoheit an Heftigkeit zunimmt. In solchen Phasen verfügen auch nicht-etablierte Öffentlichkeitsakteure über verstärkte Resonanz (vgl. hierzu auch Imhof 2008). Massenmedial vermittelte öffentliche Diskurse unterliegen zudem einer Dynamik der Reziprozität und der Selbstbezüglichkeit: Die journalistische Berichterstattung orientiert sich an den Themen und Deutungen, die individuelle Sprecher anbieten, und stellt gleichzeitig einen Bezugspunkt für die Deutungsangebote diese Akteure dar, die Kommunikationsereignisse in Antizipation der medialen Resonanz aufbereiten. Gleichzeitig sind die massenmedial vermittelten öffentlichen Diskurse ausgesprochen selbstreferentiell, d. h. sie beziehen sich auf ihre eigenen Diskurse (Reinemann & Huismann 2007).

Der hier entwickelte Diskurs- und Öffentlichkeitsbegriff verbindet struktur- und akteurstheoretische Elemente, was es nach Saxer (2007: 46) ermöglicht, Öffentlichkeit als „dynamische problemlösende und -schaffende gesellschaftliche Einrichtung" zu sehen. Öffentlichkeitsakteure unterliegen der Eigendynamik der Diskursverläufe, gestalten diese aber gleichzeitig mit. Richtet man den Blick auf Unternehmen als Öffentlichkeitsakteure, dann stellen öffentliche Diskurse für sie einen institutionellen Umweltfaktor dar. Dieser Gedanke wird im nächsten Schritt weiter ausgearbeitet und die Frage bearbeitet, wie Legitimität von Unternehmen in öffentlichen Diskursen zugeschrieben wird und welche Deutungsmuster sich dabei herausbilden.

2   Die Rolle von Unternehmen in öffentlichen Diskursen

Granovetter (1985) spricht von der „sozialen Einbettung" wirtschaftlichen Handelns, das nur innerhalb von sozialen Netzwerken denkbar ist. Somit ist es an soziale Werte und Normen gebunden. Kommunikations- und öffentlichkeitstheoretisch gewendet, lässt sich Granovetters Argument wie folgt fassen: Wirtschaftliches (aber auch politisches) Handeln ist in die Kommunikationsstrukturen der Öffentlichkeit eingebettet. Mit dieser Lesart ist eine institutionalistische Sichtweise auf Öffentlichkeit verbunden. Die hier vorgeschlagene Definition von Öffentlichkeit als Netzwerk von Diskursen ist anschlussfähig an eine Sichtweise auf Öffentlichkeit als

Institution.[4] Scott und Meyer (1994: 68) definieren Institutionen als „symbolic and behavioural systems containing representational, constitutive and normative rules together with regulatory mechanisms that define a common meaning system and give rise to distinctive actors and action routines". Dieser kulturell-gesellschaftliche Rahmen, in den Organisationen eingebettet sind, wirkt sich auf Organisationen aus und begründet organisationale Veränderungen (Scott 1995; DiMaggio & Powell 1991). Auch Öffentlichkeit schafft normative Erwartungen, beinhaltet Mechanismen für deren Durchsetzung und beeinflusst auf diese Weise Wahrnehmungen, Präferenzbildung und Strukturen der bestehenden Organisationen. Diskursnetzwerke sind somit institutionell verfasste Organisationsumwelten in Gestalt von Normen und Interpretationsmustern. Zu bedenken ist jedoch: Unternehmen werden nicht einseitig durch Organisationsumwelten determiniert. Als konstitutive Teile der Gesellschaft reproduzieren Organisationen diese Muster mit (Berger & Luckmann 1966) und können so Diskursverläufe auch verändern.

Ein Schlüsselbegriff institutionalistischer Ansätze und ein zentrales Thema in Bezug auf die gesellschaftliche Rolle von Unternehmen ist Legitimität. Die eingangs skizzierten Veränderungen im Verhältnis zwischen Politik und Wirtschaft führen dazu, dass sich für Unternehmen die Frage nach der Legitimität neu stellt. In dem Maße, in dem Staaten nicht mehr aktiv regulierend und durch rechtliche Vorgaben eine Legitimationsgrundlage für Unternehmen schaffen, sehen sich Unternehmen einer Vielzahl politischer und zivilgesellschaftlicher Akteure gegenüber, die Legitimität von Unternehmen auf der Basis unterschiedlichster Ansprüche einfordern.

2.1 Legitimität als Erklärung für CSR

Die Übernahme gesellschaftlicher Verantwortung wird in der neoinstitutionalistisch ausgerichteten Literatur zu CSR als Konzept für die Sicherung der Legitimität wirtschaftlicher Aktivität – der „license to operate" – diskutiert (u. a. Hiß 2006; Doh & Guay 2006; Campbell 2007; Wehmeier & Röttger 2010; Schultz & Wehmeier 2010). Eine zentrale Annahme lautet, dass sich Unternehmen umso stärker gesellschaftlich engagieren, je mehr andere Organisationen in ihrem Umfeld, etwa Nichtregierungsorganisationen, Investoren oder die Presse, das Unternehmen beobachten und gegebenenfalls Unterstützer mobilisieren, um das Unternehmen zu Veränderungen zu bewegen (Campbell 2007). Fasst man die Frage nach der Legitimität von Unternehmen kommunikationswissenschaftlich, dann rückt in den Blick, dass Legitimität nicht nur durch Verhalten hergestellt, sondern auch kommunikativ zugeschrieben wird. Dieser Einsicht tragen Autoren Rechnung, die sich mit den diskursiven Aspekten von Legitimität befassen (u. a. Suddaby & Greenwood 2005; Palazzo & Scherer 2006; van Leeuwen 2007; Vaara & Tienari 2008). In einer

---

4   Donges (2006), der Medien als Institutionen begreift, macht zu Recht darauf aufmerksam, dass die theoretische Entscheidung, ein soziales Phänomen als Institution zu bezeichnen, davon abhängt, in welchem analytischen Kontext sie getroffen wird.

managementorientierten Sichtweise rückt dabei die strategische Anpassung von Unternehmen an ihr kommunikatives Umfeld in den Fokus der Betrachtung. Mittels dialogischer Kommunikation mit relevanten Gruppen sollen sich Unternehmen darum bemühen, Legitimität herzustellen (u. a. Morsing & Schultz 2006; kritisch: Deetz 2007). In einen explizit kommunikationsbezogenen Kontext stellen auch Palazzo und Scherer (2006) ihren Vorschlag, öffentlichen Diskurs und unternehmerische Legitimation miteinander zu verbinden. Die Hauptquelle sozialer Akzeptanz von Unternehmen scheint ihnen moralische Legitimität zu sein. Unter Bezugnahme auf Habermas' Konzept der deliberativen Demokratie sehen sie rationalen Dialog und argumentative Überzeugung als Mittel, um moralische Legitimität herzustellen.

Nun haben die öffentlichkeitstheoretischen Überlegungen gezeigt, dass eine wichtige Arena, in der Legitimität gesellschaftswirksam kommuniziert wird, die massenmedial vermittelte Öffentlichkeit ist. Die Logik der Massenmedien bestimmt den Verlauf öffentlicher Diskurse maßgeblich mit. Eine auf Habermas fußende Vorstellung der Deliberation von Legitimation, wie sie u. a. Palazzo und Scherer (2006) entwickeln, ist mit dieser Logik jedoch nicht vereinbar. Deshalb soll im nächsten Schritt die Zuschreibung moralischer Legitimität von Unternehmen unter Berücksichtigung der Logik der Massenmedien betrachtet werden.

2.2 *Die Zuschreibung von Legitimität in der Arena der Massenmedien*

Im Neoinstitutionalismus bezeichnet Legitimität die Anerkennung und Vertrauenswürdigkeit einer Organisation, die ihr von anderen Akteuren zugeschrieben wird und von der Überleben und Erfolg der Organisation maßgeblich abhängt (Hellmann 2006). Legitimität ist somit keine Eigenschaft von Organisationen, sondern beruht auf den Wahrnehmungen und sozialen Konstruktionen Anderer. Folgende Definition von Suchman (1995: 574) bringt diesen Aspekt gut zum Ausdruck und wird den weiteren Ausführungen zugrundegelegt: „Legitimacy is a generalized perception or assumption that the actions of an entity are desirable, proper, or appropriate within some socially constructed system of norms, values, beliefs, and definitions." Suchman (1995: 578 ff.) unterscheidet drei Formen von Legitimität: eine pragmatische, eine moralische und eine kognitive Form von Legitimität. Die pragmatische Legitimität beruht nach seiner Auffassung auf Interaktionen zwischen der Organisation, der Legitimität zugeschrieben wird, und ihren Zielgruppen („audiences"). Diese gewähren der Organisation Unterstützung (und damit Legitimität) im Austausch gegen Vorteile, die sie durch die Organisation erhalten. Pragmatische Legitimität hängt also davon ab, inwieweit diejenigen, die Legitimität zuschreiben, von den Handlungen einer Organisation profitieren. Im Unterschied dazu stützt sich moralische Legitimität auf allgemeine Werturteile. Organisationen werden danach beurteilt, ob sie das Richtige tun, ob sie angemessene Verfahren anwenden und ob ihr Führungspersonal über Charisma verfügen. Kognitive Legitimität dagegen stützt sich darauf, inwieweit die Handlungen einer Organisation den offensichtlichen Erwartungen entsprechen. Werden vermeintliche Selbstverständlichkeiten enttäuscht, wird Organisationen diese Form der Legitimität abgesprochen. Je nachdem, ob eine stärker strukturelle-deterministische Sicht auf Organisationen oder eine stärker handlungsbezogene vorherrschend ist, kann Legitimität als Ergebnis von Institutionalisierung begriffen werden (z. B. Meyer & Rowan, 1977) oder als strategische Ressource, die durch Anpassungshandeln gesteuert werden kann. Gemeinsam ist beiden Sichtweisen die Auffassung, dass sich Organisationen an institutionellen Erwartungen ausrichten (müssen), um ihre Existenz zu sichern.

Anknüpfend an die Formen von Legitimität, wie sie Suchman (1995) unterschieden hat, wird im Weiteren herausgearbeitet, wie Legitimität von Unternehmen in öffentlichen Diskursen hergestellt (und angefochten) wird.

Pragmatische Legitimität wird Unternehmen dann zugeschrieben, wenn Stakeholder – beispielsweise Kunden, Investoren oder Mitarbeiter (vgl. zusammenfassend zum Stakeholderansatz u. a. Mitchell, Agle & Wood 1997; Kaler 2003; Freemann et al. 2010) – unmittelbare Vorteile aus dem unternehmerischen Handeln ziehen. Gewähren Unternehmen ihren Mitarbeitern beispielsweise Mitspracherechte oder führen sie Preisvorteile für Kunden ein, so begründen solche Handlungen pragmatische Legitimität. Diese Form der Legitimität ist wenig umstritten und wird selten in der breiten Öffentlichkeit verhandelt. Das verhält sich anders mit der kognitiven und der moralischen Form von Legitimität. Diese verweisen unmittelbar auf das Spannungsverhältnis, in dem die Übernahme gesellschaftlicher Verantwortung von Unternehmen steht. Deshalb wird im Folgenden auf diese beiden Formen von Legitimität ausführlicher eingegangen.

Die *kognitive Legitimität* von Unternehmen speist sich aus den selbstverständlichen Grundannahmen, die über Unternehmen in der Gesellschaft vorherrschen. Zu diesen Selbstverständlichkeiten zählen etwa folgende Aussagen: Unternehmer sind Kaufleute, die im wohlverstandenen Eigeninteresse handeln. Unternehmen sind dazu da, Produkte und Dienstleistungen zu entwickeln und damit Gewinne zu erzielen. Wirtschaftliches Wachstum bemisst sich an Umsätzen, Marktanteilen und Beschäftigtenzahlen. Damit sind Elemente des dominierenden Deutungsmusters für öffentliche Diskurse benannt, das die Legitimität von Unternehmen als *wirtschaftliche* Akteure begründet. Stehen Stakeholder in ökonomischen Transaktionsbeziehungen mit Unternehmen (beispielsweise als Mitarbeiter, als Investoren oder als Kunden), dann werden diese Deutungsmuster aktiviert, um Unternehmen Legitimität zuzuschreiben. In der massenmedialen Öffentlichkeit dominiert dieses Deutungsmuster die Finanz- und Börsenberichterstattung. Unternehmen als Öffentlichkeitsakteure knüpfen an diese Deutungsmuster an, indem sie Bilanzpressekonferenzen abhalten, Umsatzzahlen vermelden und Wachstumsstrategien ankündigen. Börsenexperten und Rating-Agenturen treten als weitere Öffentlichkeitsakteure in der Arena der Wirtschaftsberichterstattung auf und bewerten die von den Unternehmen inszenierten Kommunikationsereignisse. Wirtschaftsjournalisten informieren und kommentieren das ökonomische Handeln von Unternehmen unter Maßgabe dieser Form der kognitiven Legitimität. *Kognitive Legitimität bezieht sich somit auf Vorstellungen der Rationalität von Ökonomie* (unabhängig davon, ob es sich dabei um Mythen der Rationalität handelt oder nicht, vgl. Meyer & Rowan

1977). Deshalb kann die kognitiv hergestellte Legitimität von Unternehmen als Deutungsmuster der *Rationalisierung* bezeichnet werden.

Konkurrierend zur kognitiven Legitimität steht die *moralische Legitimität* von Unternehmen. Stehr (2007) spricht von einer Moralisierung der Märkte, die sich dadurch auszeichnet, dass sowohl auf Konsumenten- als auch auf Produzentenseite moralische Maxime mehr und mehr an Einfluss gewinnen. Nichtregierungsorganisationen, Bürgerbewegungen, Konsumentengruppen und mitunter auch Regierungsakteure können als Treiber der Moralisierung von Märkten betrachtet werden: Sie üben Druck auf ökonomische Akteure aus, moralisches Verhalten zu demonstrieren (Shamir 2008). In der Öffentlichkeit übernehmen solche Akteure die Rolle eines „moral entrepreneurs". Dieser von Becker (1973) geprägte Begriff bezieht sich auf Gruppen oder Individuen, die moralische Kreuzzüge unternehmen mit dem Ziel, andere von der moralischen Richtigkeit bestimmter Argumente und Positionen zu überzeugen. In der kommunikationswissenschaftlichen Literatur werden solche Gruppen auch als aktivistische Teilöffentlichkeiten bezeichnet. Sie nehmen ein gesellschaftliches Problem wahr, machen sich zu dessen Fürsprecher und organisieren sich, um gegen dieses Problem vorzugehen. Dabei stellen sie eine Beziehung zwischen einem oder mehreren Unternehmen und dem Problem her, indem sie das Unternehmen als Problemverursacher ausmachen (vgl. Grunig 1966, 1997; Grunig & Hunt 1984). Nicht-etablierte Öffentlichkeitsakteure gehen dabei Diskurskoalitionen (Hajer 1995) mit etablierten Sprechern beispielsweise aus der Politik, der Wissenschaft oder dem Journalismus ein, indem sie bestimmte Deutungsmuster in öffentlichen Diskursen aktualisieren. Diskurskoalitionen sind nicht mit koordinierten Strategien zu verwechseln, sondern sie entstehen, indem Akteure dieselbe narrative Idee verfolgen. *Moralische Legitimität bezieht sich somit auf Vorstellungen der gesellschaftlichen Verantwortung von Unternehmen.* Die Deutungsmuster, die auf die moralische Legitimation unternehmerischer Akteure rekurrieren, entsprechen in besonderem Maße der Medienlogik. Denn eine abgeklärte Berichterstattung über wirtschaftliches Handeln würde, wie Heinrich und Lobigs (2004: 219) feststellen, die moralischen Erwartungen des Publikums nicht bedienen. Vielmehr knüpft die Moralisierung des Diskurses an skandalisierbare Markthandlungen an, brandmarkt beispielsweise einzelne Manager als unmoralisch und stellt diese an den Pranger. Imhof (2006) sieht in dieser Form der Wirtschaftsberichterstattung eine Übertragung der Medienlogik, die vordem für politische Akteure gegolten hat, auf Wirtschaftsakteure. Kennzeichnend für diese Form der öffentlichen Auseinandersetzung mit Wirtschaftshandeln ist eine zyklisch anschwellende, in den Massenmedien artikulierte Empörung. Diese „Empörungskommunikation" als negative Form der Berichterstattung über die gesellschaftliche Verantwortungslosigkeit von Unternehmen und Managern dient dazu, sich bestimmter Normen und Werte hinsichtlich des wirtschaftlichen Handelns zu versichern oder diese neu zu bestimmen.

Zusammenfassend lässt sich die öffentliche, medienvermittelte Zuschreibung von Legitimität wirtschaftlicher Akteure wie folgt charakterisieren:

1. Die öffentliche Herstellung kognitiver und moralischer Legitimität in den Medien ist nicht das Ergebnis eines rationalen Diskurses über Wirtschaft, da die Medienöffentlichkeit kein herrschaftsfreier Raum ist. Vielmehr treffen in der Arena der Massenmedien politische Akteure, ökonomische Akteure sowie zivilgesellschaftliche Akteure, die als moral entrepreneurs agieren, aufeinander. Diese Akteure streben danach, als Sprecher Definitionshoheit über Kommunikationsereignisse zu gewinnen.

2. Im Rahmen der journalistischen Verarbeitung dieser Kommunikationsereignisse setzen sich bestimmte Deutungsmuster durch, die Maßstäbe für die gesellschaftliche Bewertung von Unternehmen abgeben.

3. Rationalität und Moralisierung sind zwei dominante Deutungsmuster in öffentlichen Diskursen über Unternehmen. Sie sind das Ergebnis diskursspezifischer Aushandlungsprozesse und somit kontextabhängig: Sie ändern sich im Verlauf öffentlicher, massenmedial vermittelter Diskurse und sie stehen in einem gewissen Widerspruch zueinander.

3 Moralisierung und Rationalisierung als Deutungsmuster in der öffentlichen Kommunikation

Was bedeuten diese Überlegungen nun im Hinblick auf die öffentliche Auseinandersetzung um das gesellschaftliche Engagement ökonomischer Akteure? Gezeigt wurde, dass die beiden dominanten Deutungsrahmen der Rationalisierung und der Moralisierung unabhängig voneinander und parallel zueinander existieren. Insofern werden in öffentlichen Diskursen unterschiedliche, einander widersprechende Erwartungen an Unternehmen artikuliert. Verschiedene Autoren gehen davon aus, dass Moralisierung als dominanter Deutungsrahmen für wirtschaftliches Handeln an Relevanz gewinnt (so etwa Imhof 2006; Stehr 2007). Palazzo und Scherer sehen die moralische Legimität von Unternehmen als Hauptquelle sozialer Akzeptanz an. Die damit verbundenen Implikationen sind jedoch in theoretischer wie praktischer Hinsicht problematisch. Denn zum einen ist Moral primär an Personen gebunden. Die Übertragung moralischer Maßstäbe auf einzelne Organisationen, Branchen oder das Wirtschaftssystem insgesamt ist somit nicht ohne weiteres möglich. Darüber hinaus ist Moral eine „prämoderne" Kategorie, wie Willke und Willke (2007: 30) in einer kritischen Auseinandersetzung mit Palazzo und Scherer einwenden. Die Autoren führen aus, dass erst die historische Überwindung von Moral als gesellschaftlicher Bewertungsmaßstab einen konstruktiven Umgang mit Konflikten ermöglicht hatte. Folgt man dieser Auffassung, dann würde eine (Re-) Moralisierung des öffentlichen Diskurses unweigerlich zu unlösbaren Konflikten führen. Diese Annahme wird hier nicht geteilt. Stattdessen wird die Moralisierung der öffentlichen Kommunikation als kontinuierlicher Prozess der Aushandlung kollektiv verbindlicher Werte betrachtet (Hier 2002). Die Moralisierung der öffentlichen Kommunikation bedeutet jedoch keineswegs, dass daraus zwangsläufig eine „höhere" gesellschaftliche Moral resultiert. Vielmehr wird Moralisierung als Ergebnis notwendiger Komplexitätsreduktion angesehen. Das Medium der Moral, und damit die Personalisierung von Problemen ist ein geeignetes Mittel, Gesellschaft in vereinfachter Form darzustellen. „In diesem Sinne taugt Moral gerade in der funktional differenzierten Gesellschaft dazu, Themen kommunikationsfähig zu machen. Sie taugt aber gerade nicht dazu, zu integrieren, zu binden, im Gegenteil: sie erzeugt Differenzen, sie polemisiert, sie protestiert." (Nassehi 2006: 374).

Die freiwillige Übernahme gesellschaftlicher Verantwortung von Unternehmen findet also statt im Kontext miteinander konfligierender öffentlicher Diskurse. Das erklärt die konfliktbeladene öffentliche Wahrnehmung von CSR. Einerseits werden moralisch aufgeladene Erwartungen an nachhaltiges und gesellschaftlich verantwortliches Wirtschaften gerichtet, andererseits werden Unternehmen nach wie vor anhand ihrer wirtschaftlichen Effektivität und Effizienz bewertet. CSR erscheint aus dieser Perspektive als ein Konstrukt, über das sich die Gesellschaft im Rahmen öffentlicher Diskurse immer wieder neu verständigt. Dabei folgen öffentliche Diskurse einer eigenen Logik, die maßgeblich von den Selektions- und Bearbeitungsroutinen der Massenmedien geprägt ist, an denen sich auch die Öffentlichkeitsakteure ausrichten. *Somit ist die kommunikativ-öffentliche Einbettung wirtschaftlichen Handelns ein kontingenter und prinzipiell prekärer Zustand*, der immer wieder von Neuem praktisch und politisch hergestellt und gesichert werden muss.

Aus der öffentlichkeits- und diskurstheoretischen Fundierung von CSR ergeben sich verschiedene Anknüpfungspunkte für die empirische Forschung. Richtet man den Blick auf einzelne Unternehmen oder Branchen, dann lassen sich die Entscheidungen ökonomischer Akteure für oder gegen bestimmte Formen gesellschaftlichen Engagements unter dem Aspekt ihrer Öffentlichkeitswirksamkeit untersuchen: Welche Rolle als Öffentlichkeitsakteure nehmen Unternehmen dabei ein; reagieren sie auf die moralischen Ansprüche nicht-etablierter Öffentlichkeitsakteure oder schlüpfen sie gar selbst in die Rolle von „moral entrepreneurs"? An welche Deutungsmuster schließen sie dabei an und inwiefern prägen sie diese mit?

Richtet man den Blick auf Diskursverläufe, so können diese unter dem Aspekt der Deutungsmacht von Öffentlichkeitsakteuren untersucht werden, ähnlich wie dies bereits für konflikthafte politische oder wissenschaftsbezogene Themen unternommen wurde (als beispielhafte Studien vgl. etwa Gerhards, Neidhardt & Rucht 1998; Gerhards & Schäfer 2006; Adam 2008). Anknüpfend an Studien zur medialen Legitimierung (z. B. Scheufele 2005; Pollock & Rindova 2003) können journalistische Deutungsmuster und Deutungsmuster der Wirtschaftsakteure im Hinblick auf ihre Wirksamkeit auf bestimmte der Öffentlichkeit untersucht werden. Schließlich können auch Themenkonjunkturen unter dem Aspekt ihres Moralisierungsgehalts im Ländervergleich analysiert werden, wie es beispielsweise Schranz (2007) in Ansätzen getan hat. In diesem Kontext stellt sich auch die weitergehende empirisch zu untersuchende Frage, inwieweit die Problematisierung des Verhältnisses von Wirtschaft und Gesellschaft an national und kulturell unterschiedliche öffentliche Deutungsmuster anschließt.

Literatur

Altheide, D. L., & Snow, R. P. (1988). Toward a theory of mediation. In J. Anderson (Hrsg.), *Communication Yearbook 11* (S. 194–223). Newbury Park: Sage.

Adam, S. (2008). Medieninhalte aus der Netzwerkperspektive. Neue Erkenntnisse durch die Kombination von Inhalts- und Netzwerkanalyse. *Publizistik, 53*(2), 180–199.

Becker, H. S. (1973). *Outsiders: Studies in the Sociology of Deviance.* New York: The Free Press.

Bentele, G., Liebert, T., & Seeling, S. (1997). Von der Determination zur Intereffikation. Ein integriertes Modell zum Verhältnis von Public Relations und Journalismus. In G. Bentele, & M. Haller (Hrsg.), *Aktuelle Entstehung von Öffentlichkeit. Akteure-Strukturen-Veränderungen* (S. 225–250). Konstanz: UVK.

Berger, P. L., & Luckmann, T. (1966). *The social construction of reality: a treatise in the sociology of knowledge.* Garden City, NY: Doubleday.

Blöbaum, B. (1994). *Journalismus als soziales System: Geschichte, Ausdifferenzierung und Verselbstständigung.* Opladen: Westdeutscher Verlag.

Campbell, J. L. (2007). Why would corporations behave in socially responsible ways? An institutional theory of corporate social responsibility. *Academy of Management Review, 32*(3), 946–967.

Deephouse, D. L., & Carter, S. M. (2005). An examination of differences between organizational legitimacy and organizational reputation. *Journal of Management Studies, 42*(2), 329–360.

Deetz, S. (2007). Corporate governance, corporate social responsibility, and communication. In S. May, G. Cheney, & J. Roper (Hrsg.), *The Debate over Corporate Social Responsibility* (S. 267–278). Oxford: Oxford University Press.

DiMaggio, P. J., & Powell, W. (1991). Introduction. In W. Powell, & P. J. DiMaggio (Hrsg.), *The New Institutionalism in Organizational Analysis* (S. 1–38). Chicago, IL: University of Chicago Press.

Doh, J. P., & Guay, T. R. (2006). Corporate Social Responsibility, Public Policy, and NGO Activism in Europe and the United States: An Institutional-Stakeholder Perspective. *Journal of Management Studies, 43*(1), 47–73.

Donges, P., & Jarren, O. (1998). Öffentlichkeit und öffentliche Meinung. In H. Bonfadelli, & W. Hättenschwiler (Hrsg.), *Einführung in die Publizistikwissenschaft* (S. 95–110). Zürich.

Donges, P. (2006). Medien als Institutionen und ihr Einfluss auf Organisationen. Perspektiven des soziologischen Neo-Institutionalistimus für die Kommunikationswissenschaft. *Medien & Kommunikationswissenschaft, 54*(4), 563–578.

Eilders, C. (2008). Massenmedien als Produzenten öffentlicher Meinungen. Pressekommentare als Manifestation der politischen Akteursrolle. In B. Pfetsch, & S. Adam (Hrsg.), *Massenmedien als politische Akteure. Konzepte und Analysen* (S. 27–51). Wiesbaden: VS Verlag.

Eisenegger, M. (2003). Kommunikationsereignisse oder Issues – die Elementarteilchen sozialwissenschaftlicher Öffentlichkeitsforschung. In M. L. Maier, F. Nullmeier, T. Pritzlaff, & A. Wiesner (Hrsg.), *Politik als Lernprozess. Wissenszentrierte Ansätze der Politikanalyse* (S. 167–196). Opladen: Leske + Budrich

Eisenegger, M. (2008). Zur Logik medialer Seismographie: Der Nachrichtenwertansatz auf dem Prüfstand. In H. Bonfadelli, K. Imhof, R. Blum, & O. Jarren (Hrsg.), *Seismographische Funktion von Öffentlichkeit im Wandel* (S. 146–169). Wiesbaden: VS Verlag.

Gerhards, J. (1994). Politische Öffentlichkeit. Ein system- und akteurstheoretischer Bestimmungsversuch. In F. Neidhardt (Hrsg.), *Öffentlichkeit, öffentliche Meinung und soziale Bewegungen* (S. 77–105). Opladen: Westdeutscher Verlag (=Kölner Zeitschrift für Soziologie und Sozialpsychologie, Sonderheft 34).

Gerhards, J. (1997). Diskursive versus liberale Öffentlichkeit. Eine empirische Auseinandersetzung mit Jürgen Habermas. *Kölner Zeitschrift für Soziologie und Sozialpsychologie, 49*(1), 1–35.

Gerhards, J., & Neidhardt, F. (1991). Strukturen und Funktionen moderner Öffentlichkeit: Fragestellungen und Ansätze. In S. Müller-Doohm, & K. Neumann-Braun (Hrsg.), *Öffentlichkeit, Kultur, Massenkommunikation. Beiträge zur Medien-und Kommunikationssoziologie* (S. 31–89). Oldenburg: bis.

Gerhards, J., Neidhardt, F., & Rucht, D. (1998). *Zwischen Palaver und Diskurs. Strukturen öffentlicher Meinungsbildung am Beispiel der deutschen Diskussion zur Abtreibung.* Opladen: Westdeutscher Verlag.

Gerhards, J., & Rucht, D. (2000). Öffentlichkeit, Akteure und Deutungsmuster: Die Debatte über Abtreibungen in Deutschland und den USA. In J. Gerhards (Hrsg.), *Die Vermessung kultureller Unterschiede. USA und Deutschland im Vergleich* (S. 165–185). Wiesbaden: Westdeutscher Verlag.

Gerhards, J., & Schäfer, M. (2006). *Die Herstellung einer öffentlichen Hegemonie. Humangenomforschung in der deutschen und der US-amerikanischen Presse.* Wiesbaden: VS Verlag.

Gitlin, T. (2003). *The whole world is watching: Mass media in the making & unmaking of the New Left*. Berkeley und Los Angeles, CA: University of California Press.

Görke, A. (2003). Das System der Massenmedien, öffentliche Meinung und Politik. In K. U. Hellmann, K. Fischer, & H. Bluhm (Hrsg.), *Das System der Politik. Niklas Luhmanns politische Theorie* (S. 121–135). Opladen: Westdeutscher Verlag.

Görke, A. (2008). Perspektiven einer Systemtheorie öffentlicher Kommunikation. In C. Winter, A. Hepp, & F. Krotz (Hrsg.), *Theorien der Kommunikations- und Medienwissenschaft. Grundlegende Diskussionen, Forschungsfelder und Theorieentwicklungen* (S. 173–191). Wiesbaden: VS Verlag.

Granovetter, M. (1985). Economic Action and Social Structure. The Problem of Embeddedness. *American Journal of Sociology, 91*, 481–510.

Grunig, J. E. (1966). The role of information in economic decision making. *Journalism Monographs, 3*, 1–51.

Grunig, J. E. (1997). A situational theory of publics. Conceptual history, recent challenges and new research. In D. Moss, T. MacManus, & D. Vercic (Hrsg.), *Public relations research: An international perspective* (S. 3–46). London: International Thompson Business Press.

Grunig, J. E., & Hunt, T. (1984). *Managing public relations*. New York: Holt, Rinehart and Winston.

Habermas, J. (1990). *Strukturwandel der Öffentlichkeit*. Frankfurt am Main: stw.

Habermas, J. (1997). *Faktizität und Geltung. Beiträge zur Diskurstheorie des Rechts und des demokratischen Rechtsstaats*. Frankfurt am Main: Suhrkamp.

Hajer, M. A. (1995). *The politics of environmental discourse: Ecological modernization and the policy process*. New York: Oxford University Press.

Heinrich, J., & Lobigs, F. (2004). Moralin fürs Volk. Gründe und Auswirkungen der Moralisierung in der Politik- und Wirtschaftsberichterstattung aus einer modernen ökonomischen Perspektive. In K. Imhof, R. Blum, H. Bonfadelli, & O. Jarren (Hrsg.), *Mediengesellschaft: Strukturen, Merkmale, Entwicklungsdynamiken* (S. 211–230). Wiesbaden: VS Verlag.

Hellmann, K-U. (2006). Organisationslegitimität im Neo-Institutionalismus. In K. Senge, & K.-U. Hellmann (Hrsg.), *Einführung in den Neo-Institutionalismus* (S. 75–88). Wiesbaden: VS Verlag.

Hier, S. P. (2002). Raves, risks and the ecstacy panic: A case study in the subversive nature of moral regulation. *The Canadian Journal of Sociology/Cahiers canadiens de sociologie, 27*(1), 33–57.

Hiß, S. (2006). *Warum übernehmen Unternehmen gesellschaftliche Verantwortung: Ein soziologischer Erklärungsversuch*. Frankfurt am Main: Campus Verlag.

Imhof, K. (2006). *Die Rache der Moral: die moralische Regulation löst die Deregulation ab*. Zürich: fög discussion paper OK-2006-0002. fög-Forschungsbereich Öffentlichkeit und Gesellschaft.

Imhof, K. (2008). Theorie der Öffentlichkeit als Theorie der Moderne. In C. Winter, A. Hepp, & F. Krotz (Hrsg.), *Theorien der Kommunikations- und Medienwissenschaft. Grundlegende Diskussionen, Forschungsfelder und Theorieentwicklungen* (S. 65–89). Wiesbaden: VS Verlag.

Jarren, O. (1988). Politik und Medien im Wandel. Autonomie, Interdependenz oder Symbiose? *Publizistik, 33*(4), 619–632.

Kaler, J. (2003). Differentiating stakeholder theories. *Journal of Business Ethics, 46*(1), 71–83.

Kamber, E. (2004). Mediengesellschaft – der Gesellschaftsbegriff im Spannungsfeld der Modernetheorie. In K. Imhof, R. Blum, H. Bonfadelli, & O. Jarren (Hrsg.), *Mediengesellschaft: Strukturen, Merkmale, Entwicklungsdynamiken* (S. 79–99). Wiesbaden: VS Verlag.

Kamber, E., & Ettinger, P. (2008). Strukturen und Wandel von Öffentlichkeit und ihre seismographische Funktion. In H. Bonfadelli, K. Imhof, R. Blum, & O. Jarren (Hrsg.), *Seismographische Funktion von Öffentlichkeit im Wandel* (S. 170–188). Wiesbaden: VS Verlag.

Kepplinger, H. M. (2001). Der Ereignisbegriff in der Publizistikwissenschaft. *Publizistik, 46*(2), 117–139.

Kepplinger, H. M. (2008). Was unterscheidet die Mediatisierungsforschung von der Medienwirkungsforschung? *Publizistik, 53*(3), 326–339.

Kepplinger, H. M., Ehmig, S. C., & Hartung, U. (2002). *Alltägliche Skandale. Eine repräsentative Analyse regionaler Fälle*. Konstanz: UVK.

Kriesi, H. (2001). *Die Rolle der Öffentlichkeit im politischen Entscheidungsprozess*. Bonn: Wissenschaftszentrum Berlin für Sozialforschung (= Discussion Paper P 01-701).

Kohring, M. (1997). *Die Funktion des Wissenschaftsjournalismus. Ein systemtheoretischer Entwurf*. Opladen: Westdeutscher Verlag.

Levy, D. L., & Kaplan, R. (2008). Corporate social responsibility and theories of global governance. Strategic contestation in global issues arenas. In A. Crane, A. McWilliams, D. Matten, J. Moon, & D. S. Siegel (Hrsg.), *The Oxford Handbook of Corporate Social Responsibility* (S. 432–451), Oxford: Oxford University Press.

Luhmann, N. (1969). *Legitimität durch Verfahren*. Neuwied: Luchterhand.

Luhmann, N. (1983). Öffentliche Meinung. In ders. (Hrsg.), *Politische Planung* (S. 9–33). Opladen: Westdeutscher Verlag.

Luhmann, N. (1990). Gesellschaftliche Komplexität und öffentliche Meinung. In ders. (Hrsg.), *Soziologische Aufklärung 5. Konstruktivistische Perspektiven* (S. 170–182). Opladen: Westdeutscher Verlag.

Luhmann, N. (1992). Zur Beobachtung der Beobachter im politischen System. Zur Theorie der öffentlichen Meinung. In J. Wilke (Hrsg.), *Öffentliche Meinung: Theorie, Methoden, Befunde. Beiträge zu Ehren von Elisabeth Noelle-Neumann* (S. 77–86). Freiburg, München: Alber.

Luhmann, N. (1996). *Die Realität der Massenmedien.* Opladen: Westdeutscher Verlag.

Marcinkowski, F. (1993). *Publizistik als autopoetisches System. Politik und Massenmedien: Eine systemtheoretische Analyse.* Opladen: Westdeutscher Verlag.

Moon, J., Crane, A., & Matten, D. (2003). *Can corporations be citizens? Corporate citizenship as a metaphor for business participation in society.* Nottingham: International Centre for Corporate Social Responsibility (= Research Paper Series No. 13–2003).

Mazzoleni, G., & Schulz, W. (1999). „Mediatization" of politics: A challenge for democracy? *Political Communication, 16*(3), 247–261.

Meyer, J., & Rowan, B. (1977). Institutionalized organisations: Formal structures as myth and ceremony. *American Journal of Sociology, 83,* 340–363.

Mitchell, R. K., Agle, B. R., & Wood, D. J. (1997). Toward a theory of stakeholder identification and salience: Defining the principle of who and what really counts. *Academy of Management Review, 22*(4), 853–886.

Morsing, M., & Schultz, M. (2006). Corporate social responsibility communication: stakeholder information, response and involvement strategies. *Business Ethics: A European Review, 15*(4), 323–338.

Nassehi, A. (2006). Die Praxis ethischen Entscheidens. Eine soziologische Forschungsperspektive. *Zeitschrift für medizinische Ethik, 52,* 367–377.

Neidhardt, F. (1994). Die Rolle des Publikums. Anmerkungen zur Soziologie politischer Öffentlichkeit. In: H.-U. Derlien (Hrsg.), *Systemrationalität und Partialinteresse. Festschrift für Renate Mayntz* (S. 315–328). Baden-Baden: Nomos.

Oliver, P. E., & Myers, D. J. (1999). How Events Enter the Public Sphere: Conflict, Location, and Sponsorship in Local Newspaper Coverage of Public Events. *American Journal of Sociology, 105*(1), 38–87.

Page, B. I. (1996). The Mass Media as Political Actors. *PS: Political Science and Politics, 29*(1), 20–24.

Palazzo, G., & Scherer, A. G. (2006). Corporate legitimacy as deliberation: A communicative framework. *Journal of Business Ethics, 66*(1), 71–88.

Patterson, T. (1997). The news media: An effective political actor? *Political Communication 14*(4), 445–456.

Peters, B. (1993). *Die Integration moderner Gesellschaften.* Frankfurt am Main: Suhrkamp.

Pfetsch, B. (1998). Regieren unter den Bedingungen medialer Allgegenwart. In U. Sarcinelli (Hrsg.), *Politikvermittlung und Demokratie in der Mediengesellschaft. Beiträge zur politischen Kommunikationskultur* (S. 233–252). Bonn: Bundeszentrale für politische Bildung.

Pörksen, B. (2006). *Die Beobachtung des Beobachters. Eine Erkenntnistheorie der Journalistik.* Konstanz: UVK.

Pollock, T. L., & Rindova, V. P. (2003). Media legitimation effects in the market for initial public offerings. *The Academy of Management Journal, 46*(5), 631–642.

Raupp, J. (1999). Zwischen Akteur und System. Akteure, Rollen und Strukturen von Öffentlichkeit. In P. Szyszka (Hrsg.), *Öffentlichkeit. Diskurs zu einem Schlüsselbegriff der Organisationskommunikation* (S. 113–130). Opladen: Westdeutscher Verlag.

Raupp, J. (2009). Medialisierung als Parameter einer PR-Theorie. In U. Röttger (Hrsg.), *Theorien der Public Relations. Grundlagen und Perspektiven der PR-Forschung* (S. 265–284). Wiesbaden: VS Verlag.

Reinemann, K., & Huismann, J. (2007). Beziehen sich Medien immer mehr auf Medien? *Publizistik, 52*(4), 465–484.

Saxer, U. (2007). *Politik als Unterhaltung. Zum Wandel politischer Öffentlichkeit in der Mediengesellschaft.* Konstanz: UVK.

Scherer, A. G. (2003). *Multinationale Unternehmen und Globalisierung.* Heidelberg: Physica.

Scherer, A. G., Palazzo, G., & Baumann, D. (2006). Global rules and private actors: Toward a new role of the transnational corporation in global governance. *Business Ethics Quarterly, 16*(4), 505–532.

Scheufele, B. (2005). Mediale Legitimierung von Kriegen durch Rollen-Zuschreibung. Eine explorative Studie zur Berichterstattung deutscher Nachrichtenmagazine über den Kosovo-Krieg. *Medien & Kommunikationswissenschaft, 53*(2), 352–368.

Schultz, F., & Wehmeier, S. (2010). Institutionalization of CSR within Corporate Communications. Combining institutional, sensemaking and communication perspectives. *Corporate Communications: An International Journal, 15*(1), 9–29.

Scholl, A., & Weischenberg, S. (1998). *Journalismus in der Gesellschaft. Theorie, Methodologie und Empirie.* Opladen & Wiesbaden: Westdeutscher Verlag.

Schranz, M. (2007). *Wirtschaft zwischen Profit und Moral. Die gesellschaftliche Verantwortung von Unternehmen im Rahmen der öffentlichen Kommunikation.* Wiesbaden: VS Verlag.

Shamir, R. (2008). The age of responsibilization: on market-embedded morality. *Economy and Society, 37*(1), 1–19.

Scott, W. R. (1995). *Institutions and Organizations.* Thousand Oaks, CA: Sage.

Scott, W. R., & Meyer, J. W. (1994). *Institutional environments and organizations: structural complexity and individualism.* Thousand Oaks, London, New Delhi: Sage.

Stehr, N. (2007). *Die Moralisierung der Märkte. Eine Gesellschaftstheorie.* Frankfurt am Main: Suhrkamp.

Suchman, M. C. (1995). Managing legitimacy: Strategic and institutional approaches. *The Adademy of Management Review, 20*(3), 571–610

Suddaby, R., & Greenwood, R. (2005). Rhetorical Strategies of Legitimacy. *Administrative Science Quarterly, 50*(1), 35–67.

Vaara, E., & Tienari, J. (2008). A discursive perspective on legitimation strategies in multinational corporations. *Academy of Management Review, 33*(4), 985–993.

Van Leeuwen, T. (2007). Legitimation in discourse and communication. *Discourse & Communication, 1,* 91–112.

Vowe, G. (2006). Mediatisierung der Politik? Ein theoretischer Ansatz auf dem Prüfstand. *Publizistik, 51*(4), 437–455.

Weber, S. (2000). *Was steuert Journalismus? Ein System zwischen Selbstreferenz und Fremdsteuerung.* Konstanz: UVK.

Wehmeier, S., & Röttger, U. (2010). Zur Institutionalisierung gesellschaftlicher Erwartungshaltungen am Beispiel von CSR. Eine kommunikationswissenschaftliche Skizze. In T. Quandt, & B. Scheufele (Hrsg.), *Der Mikro-Makro-Link in der Kommunikationswissenschaft.* Wiesbaden: VS Verlag.

Weßler, H. (1999). *Öffentlichkeit als Prozess. Deutungsstrukturen und Deutungswandel in der deutschen Drogenberichterstattung.* Opladen: Westdeutscher Verlag.

Westerbarkey, J. (1994). *Öffentlichkeit als Funktion und Vorstellung. Versuch, eine Alltagskategorie kommunikationstheoretisch zu rehabilitieren.* In W. Wunden (Hrsg.), *Öffentlichkeit und Kommunikationskultur.* Beiträge zur Medienethik. Bd. 2 (S. 53–64), Hamburg: Steinkopf Verlag.

Willke, H. & Willke, G. (2007). Corporate moral legitimacy and the legitimacy of morals: a critique of Palazzo/Scherer's communicative framework. *Journal of Business Ethics, 81,* 27–38.

Ethische Grundlagen der Verantwortungskommunikation

Christian Schicha

Die Forderung nach einer „Verantwortung für zukünftige Generationen" (Birn-bacher 1988) ist bis heute weit verbreitet. Dieses Postulat wird vor allem an die Politik und die Wirtschaft gerichtet. Seitdem bereits in den 1970er Jahren über die „Grenzen des Wachstums" (Donella et al. 1972) diskutiert wurde und die Grünen sich in den 1980er Jahren als ernstzunehmende politische Partei in der Bundesre-publik Deutschland etablieren konnten, werden die Themen Umweltschutz, Lang-zeitverantwortung und Nachhaltigkeit als Kategorien ökonomischen Handelns von allen politischen Parteien, Unternehmen und gesellschaftlich relevanten Gruppen als Zielmaxime definiert (Birnbacher & Schicha 2001; Fieseler 2008; Meyer 2008).

Hierzu finden sich aktuell u. a. folgende Beispiele: Die *Bundesregierung* fordert in ihrer Nachhaltigkeitsstrategie für Deutschland unter www.dialog-nachhaltigkeit. de dazu auf, Verantwortung für die Zukunft zu unternehmen und setzt dabei auf Energieeffizienz und eine nachhaltige Rohstoffwirtschaft. In einer Verlagsbeilage der Georg Gafron Media Service GmbH erklärt der *Automobilkonzern Daimler Benz* Nachhaltigkeit zur Chefsache und wirbt mit Nachhaltigkeitsrichtlinien für Liefe-ranten ebenso wie mit einem Dow Jones Sustainability Index für eine nachhaltige Unternehmensführung. Auch die *Telekom* macht „Nachhaltigkeit zur Chefsache". In Zeitungsanzeigen und auf ihrer Internetseite www.telekom.com/verantwortung kündigt das Unternehmen Energieeinsparungsmaßnahmen, Sozialstandards und eine transparente, kontinuierliche und ehrliche Kommunikation nach innen und außen an. Der Energiekonzern *RWE* hat in seinen „Leitlinien für eine nachhaltige Entwicklung" ein ethisch einwandfreies Verhalten als unverzichtbare Grundlage für den langfristigen Unternehmenserfolg vorgelegt. Hier wird die Verantwortung für Umwelt und Gesellschaft hervorgehoben wird. Neben Klimavorsorge und Ver-sorgungssicherheit stehen die gesellschaftliche Verantwortung ebenso im Zentrum wie die für die eigenen Mitarbeiter.[1] Die Februar-Ausgabe der Marketing-Fachzeit-schrift *Absatzwirtschaft* (2010) verweist auf die europaweite Studie „Sustainovation", in der 1200 börsennotierte Unternehmen in 14 westeuropäischen Ländern befragt worden sind. Dort heißt es: „Für die Mehrheit der Vorstände ist Nachhaltigkeit ein Treiber in Unternehmen. Sie begreifen Klimawandel, knappe Ressourcen oder Weltbevölkerungsexplosion als Motoren für neue Produkte und Geschäftsmodel-le." (o. V. 2010: 8) Das Forum *Nachhaltig Wirtschaften* widmet sich in seiner ersten

---

[1]   Unternehmensleitlinien von RWE unter www.rwe.com/web/cms/de/11214/rwe/verantwortung/ nachhaltige-unternehmensfuehrung/leitlinien)

Ausgabe 2010 u. a. den Perspektiven einer dezentralen Energieversorgung und dem nachhaltigen Bauen.

Die konkrete Umsetzung derartig idealtypischer Forderungen in der konkreten politischen und ökonomischen Praxis ist jedoch nicht so einfach wie die abstrakte Forderung, verantwortlich und damit nachhaltig gegenüber den jetzigen und nachfolgenden Generationen zu agieren. Unklar sind zudem die präzise Bestimmung des moralischen Verantwortungshorizontes und die daraus resultierenden Pflichten. Überdies ist zu klären, ob es nur primär darum gehen sollte, negative Folgen abzuwenden oder ob eine darüber hinausgehende Pflicht besteht, Gutes zu tun.

Der folgende Beitrag liefert zunächst einen Überblick über die Aufgaben und Funktionen der angewandten Ethik im Spannungsfeld zwischen Theorie und Praxis. Daran anknüpfend wird das normative Feld der Verantwortung skizziert. Hierbei richtet sich der Blick unter anderem auf das Verständnis, die Akteure, die Reichweite sowie die Bezugsebenen ethischer Verantwortung, bevor die Konzeption einer Verantwortungsethik in Anlehnung an Hans Jonas skizziert wird. Der Titel seines Buches „Das Prinzip Verantwortung" aus dem Jahr 1979 dient bis heute als Leitbild ökomischen Handelns. Auf dieser Grundlage widmet sich dieser Aufsatz schließlich den Aufgaben der Unternehmenskommunikation aus einer verantwortungsethischen Perspektive, bevor abschließende Vorschläge für die weitere Forschungstätigkeit im Hinblick auf Verantwortungskommunikation aufgezeigt werden.

1   Grundlagen der angewandten Ethik

Ethik gilt als der wissenschaftliche Terminus für das moralische und sittliche Handeln, wobei Ethik und Moralphilosophie synonym gebraucht werden. Das ethische Instrumentarium auf Basis philosophischer Theoriemodelle wird eingesetzt, wenn ein moralisches Dilemma auftritt und normative Fragen des richtigen Tuns oder Unterlassens zu entscheiden sind. Moralische Ansprüche können eine Einschränkung menschlicher Bedürfnisse zur Folge haben, da Respekt und Rücksicht gegenüber den Mitmenschen durchaus einen Verzicht bedeuten können, egoistische Motive auszuleben. Die Ethik reflektiert ihre Formen und Prinzipien ohne Berufung auf politische und religiöse Aussagen oder in Bezug auf althergebrachte Gewohnheiten. Moralische Aussagen sind grundsätzlich begründungsbedürftig. Dabei sollte die Bildung und Begründung eines Urteils in einem emotionslosen Zustand erfolgen. Das Urteil muss begrifflich klar formuliert werden und es sollte Kenntnis über alle relevanten Umstände für die Bildung des Urteils vorhanden sein. Grundsätzlich gilt für ethische Urteile das Prinzip der Allgemeingültigkeit und Unabhängigkeit. Sie sind kategorisch und bewerten Handlungen unabhängig davon, inwiefern diese den Zwecken oder Interessen der Akteure entsprechen (vgl. Schicha 2010). Insgesamt lassen sich Birnbacher (2003: 43) zufolge vier gesellschaftliche Funktionen der Moral voneinander unterscheiden:

a) Verhaltensorientierung und Erwartungssicherheit: Moralische „Selbstverständlichkeiten" sorgen dafür dass der einzelne sich im Alltag gewohnheitsmäßig an bestimmten Normen orientiert und andere dies in ihre Verhaltenserwartungen aufnehmen.

b) Soziales Vertrauen und Angstminderung: Moralische Normen setzen Übergriffen anderer Grenzen und mindern die Angst vor Aggressivität und Übervorteilung.

c) Ermöglichung gewaltloser Konfliktbewältigung: Moralische Normen erlauben es, Interessen und Normkonflikte nach Regeln statt nach dem „Gesetz des Stärkeren" zu lösen.

d) Schaffung von Kooperationen: Moralische Normen schaffen Vertrauen in die Verlässlichkeit von Versprechen und Verträgen und schaffen die Grundlage für längerfristige Kooperationen zum wechselseitigen Vorteil.

Um die Differenz zwischen hohen moralischen Ansprüchen und den menschlichen Unvollkommenheiten und Sachzwängen zu überbrücken, trifft Birnbacher (1988) die Unterscheidung zwischen idealen Normen und Praxisnormen. Praxisnormen verhalten sich zu idealen Normen wie einfache Gesetze zu Verfassungsnormen. Während die Fundierung von Idealnormen als Arbeitsaufgabe der Philosophie zugeschrieben wird, werden Praxisnormen primär der Ebene des Rechts, der Politik und der unternehmerischen Praxis zugeordnet. Die Aufgabe einer wirksamen angewandten Ethik für die Praxis besteht nunmehr darin, dass ideale Normen im Verständnis von „Durchführungsregeln" eine praktikable Angleichung an faktische Verhältnisse erfahren, um eine Vermittlungsfunktion zwischen der abstrakten idealen Ethik einerseits mit den anthropologischen und psychologischen Realitäten andererseits zu bewerkstelligen. Oft sind anspruchsvolle ethische Prinzipien zu rigoros, um eine Chance zur Durchsetzung in der Praxis zu haben. Darüber hinaus weichen sie oftmals zu gravierend von den gängigen Gegebenheiten und Konventionen der Lebenspraxis ab, um die Akteure zur Durchführung entsprechender Prinzipien zu motivieren. Insofern sind die Durchsetzungsbedingungen idealer Normen ein wesentlicher Maßstab für die Wirksamkeit entsprechender Leitlinien. Die zentrale Aufgabe einer tragfähigen angewandten Moralkonzeption liegt darin, einen Kompromiss zu finden zwischen der legitimen Anpassung an die faktischen Gegebenheiten, ohne sich jedoch zu stark an opportunistischen Gepflogenheiten in der Praxis zu orientieren. Die angewandte Ethik sollte dazu beitragen, dass ideale Normen eine praktikable Angleichung an die faktischen Verhältnisse erfahren, um Kompromisse zu finden, bei denen ideale Leitbilder zwar nicht aufgegeben werden, jedoch soweit operationalisierbar gestaltet werden können, dass sie als Handlungsoptionen in der Praxis Entscheidungshilfen bei der ethischen Urteilsbildung bieten können (Schicha 2006).

Nach diesen grundlegenden Anmerkungen zur Angewandten Ethik richtet sich der Blick nun auf Konzeptionen zur Verantwortungsethik. Hierbei wird zunächst auf den Entwurf einer Verantwortungsethik von Hans Jonas eingegangen, bevor konkrete Zuschreibungen sowie die Reichweiten und Grenzen der Verantwortung angesprochen werden. Abschließend werden bereits vorliegende Bezugsebenen der

Verantwortung aus der medienethischen Debatte skizziert, die Anknüpfungspunkte für die wirtschaftsethische Diskussion bilden können.

2 Systematisierung und Übersicht über den weitergehenden Forschungsstand zur Verantwortungsethik

> „Nötig ist also die Feststellung, wer denn Verantwortung zu übernehmen hat, wofür Verantwortung übernommen werden soll und inwiefern die dann tatsächlich übernommen wird." (Altmeppen & Arnold 2010: 342).

Verantwortung als Zurechnung von Folgen, die durch menschliches Handeln bewirkt sind gilt als „ein Schlüsselbegriff in der angewandten Ethik" (Fischer 2006: 101) und stellt auch „ein Schlüsselwort der Gegenwartsethik" (Karmasin 1993: 167) dar. Das Wort der Verantwortung wurde bereits ab dem 15. Jahrhundert im Kontext einer individuellen Verpflichtung gebraucht, sich vor einer gerichtlichen Instanz für eine Tat zu rechtfertigen. Die Zurechnungsfähigkeit in Bezug auf eine Übertretung von Gesetzen im Verständnis einer kausalen Urheberschaft einer Person spielt dabei eine zentrale Rolle. Ein Subjekt haftet für seine Handlungen. Dies ist deshalb relevant, da es über die Möglichkeit verfügt, autonom und eigenverantwortlich zu agieren und über entsprechende Handlungsalternativen zu verfügen (Funiok 2007).

2.1 Zur Konzeption der Verantwortungsethik nach Hans Jonas

Die Verantwortungsethik ist kein herkömmliches Moralprinzip wie die Maximenethik Kants (1986), der Utilitarismus von Mill (1976), die Gerechtigkeitsethik von Rawls (1979) oder die Diskursethik von Habermas (1991), deren Anwendung unabhängig von politischen oder technischen Entwicklungen gefordert wird. Sie ist aufgrund der Einsicht entstanden, dass die technischen und ökologischen Risiken erhebliche negative Konsequenzen für zukünftige Generationen haben können. Initiiert wurde der Terminus der „Verantwortungsethik" von Max Weber (2006), der sie von der „Gesinnungsethik" unterschied. Beim Gesinnungsethiker steht das Motiv seiner Handlungen und Unterlassungen im Zentrum der Überlegungen. Er unterwirft sich zum Beispiel dogmatisch dem Tötungsverbot, da das Recht auf Leben für ihn ein so starkes Motiv darstellt, dass er niemals gegen diese Regel verstoßen würde. Der Verantwortungsethiker hingegen würde in der konkreten Entscheidungssituation abwägen, ob eine Tötung aus Notwehr oder Nothilfe ggf. doch moralisch gerechtfertigt wäre. Die Position der „Verantwortungsethik" wurde maßgeblich von Jonas geprägt. Seine Schrift „Das Prinzip Verantwortung" erschien 1979 zu einem Zeitpunkt, zu dem sich ein Bewusstsein über die weltweit nachlassenden Ressourcenvorräte bemerkbar machte. Für Jonas steht nicht das für die Diskursethik ausschlaggebende Prinzip der Gegenseitigkeit im Vordergrund seiner Überlegungen, aus dem sich diskursethische Prinzipien ableiten lassen können. Sein Konzept, das eine langfristige Zukunftsverantwortung einschließt, begründet er aufgrund des Machtvorsprungs von Menschen vor anderen, wenn er auf die Verantwortung der Eltern gegenüber ihren Kindern verweist. Jonas geht davon aus, dass die traditionellen Morallehren Prämissen zugrundelegen, die nicht mehr zeitgemäß sind. In seiner bereits im Untertitel des Buches benannten „Ethik für die technologische Zivilisation" geht Jonas ausdrücklich auf die langfristigen ökologischen Auswirkungen menschlichen Handelns für zukünftige Generationen ein, die seines Erachtens bei den bisherigen Morallehren keine Berücksichtigung gefunden haben.

Die von Jonas entwickelten Pflichten einer Umweltethik setzen als Grundlage ein Bewusstsein über die langfristigen Auswirkungen menschlichen Handelns voraus. Die Sensibilität über das vom Menschen ausgehende Bedrohungspotential könne schließlich dazu führen, eine ökologisch ausgerichtete Handlungsorientierung beim Menschen hervorzurufen. Jonas verweist auf die weltweiten unerwünschten Nebenfolgen der „technologischen Zivilisation", die die Menschheit belasten und postuliert, dass die „Verantwortung" zu einem Grundprinzip erhoben wird. Die technische Entwicklung erfordert seiner Ansicht nach eine Beschränkung der Macht des Menschen über den ökologischen Lebensraum. Jonas fordert dazu auf, die Macht gegenüber der Natur zu zügeln, da sonst die Beherrschung der Natur durch den Menschen aufgrund der ökologischen Nebenwirkungen als ein „Unheil" über die Menschheit hereinbricht. Es kommt ihm darauf an, eine Ethik zu entwickeln, die der Erhaltung und Bewahrung der Natur dient und nicht den Fortschritt vorantreibt. Die Aufgaben einer Zukunftsethik umfassen das erforderliche Sachwissen und Wertwissen, wobei beide Aufgaben eine notwendige Voraussetzung einer menschlichen Zukunftsethik darstellen. Zudem soll das Gefühl der „Furcht" motivierend dazu beitragen, das gegenwärtige Handeln so zu bestimmen, dass dadurch die „Hoffnung" entsteht, die wiederum die Notwendigkeit des menschlichen Widerstands gegen die ökologische Bedrohung erzeugen kann. In der Konzeption von Jonas' Schrift wird der Versuch der Begründung einer „Ethik der Zukunftsverantwortung" (Jonas 1979: 175) unternommen. Es geht nicht nur um die „kausale Zurechnung vergangener Taten" (ebd.: 172), sondern um eine intentionale Verantwortung. Die Konzeption von Jonas entspricht auch deshalb einer Zukunftsethik, weil ihre erste Pflicht darin besteht, „die Beschaffung und Vorstellung von den Fernwirkungen" (ebd.: 64) zu analysieren. Die Verantwortung begründet sich für Jonas durch die menschliche Fähigkeit, überhaupt Verantwortung übernehmen zu können.

2.2 Verantwortungszuschreibungen

> „Verantwortung bedeutet, dass wir für etwas eintreten und die Folgen tragen, dass wir unser Handeln gegenüber anderen rechtfertigen müssen." (Hömberg & Klenk 2010: 41 f.)

Bei der Auseinandersetzung mit dem Phänomen der Verantwortung stellt sich zunächst die Frage, wem gegenüber die Verantwortung zu leisten ist. Neben „dem Adressanten, dem gegenüber man Rechenschaft ablegen muss" (Kaufmann 1992: 24) stellt sich zudem die Frage nach dem „wofür", also den Verantwortungsobjekten. Durch diese Forderung wird ein Anspruch an eine Person, eine Gruppe oder eine Institution herangetragen.

Beim Blick auf die Verantwortungszuschreibungen können zunächst die kausal zurechenbaren direkten Folgen und Effekte für die Betroffenen von Handlungen und Unterlassungen analysiert werden (Debatin 1997). Hierbei sind auch die der Verantwortung zugrundeliegenden Werte zu reflektieren. Schließlich ist auch die Instanz (u. a. Gewissen, Auftraggeber, Öffentlichkeit) relevant, gegenüber der die Verantwortung getroffen wird. So stellt sich zum Beispiel die Frage, ob verantwortliches Tun aus Angst vor Sanktionen ausgeübt wird oder ob der Verantwortungsakteur hierbei intrinsisch motiviert ist, etwas Positives zu tun. Die dahinterliegenden Normen und Werte hinsichtlich der Reichweite legen fest, ob es sich im konkreten Fall um eine Rollen- oder Universalverantwortung handelt.

Die Verantwortungszuschreibung hängt also auch von den individuellen Fähigkeiten, Aufgaben und Rollen ab. Ein Arzt besitzt eine höhere Verantwortung für Kranke als ein Nicht-Mediziner. Eltern sind in einem höheren Maße für ihre Kinder zuständig als andere Angehörigen. Bergsteiger haften für die Gruppe, mit denen sie unterwegs sind. Der Verantwortungshorizont ist also an die unmittelbare Zuständigkeit gekoppelt. Darüber hinaus gibt es eine situative Verantwortung. Wenn ein Akteur eine Person in Not sieht, ist er zur Hilfe verpflichtet. Dies gilt für qualifizierte Fachkräfte wie Rettungssanitäter jedoch in einem höheren Maße als für ungeübte Passanten. Gleichwohl sind diese aber dafür verantwortlich, Hilfe zu organisieren. Schwieriger wird die Verantwortungszuschreibung hingegen bei komplexeren unternehmerischen Zusammenhängen.

Neben der Verantwortungsinstanz stellt sich Debatin (1997) zufolge die Frage nach den kausal zurechenbaren direkten Folgen einer Handlung oder Unterlassung. Es geht also um die Effekte, die dadurch ausgelöst werden können. Zentral sind auch die Konsequenzen für die Betroffenen, wobei die heutigen unternehmerischen Entscheidungen durchaus Konsequenzen für zukünftige Generationen haben können. Exemplarisch sei an dieser Stelle nur die Frage nach der Lagerung radioaktiver Abfälle erwähnt. Wird Verantwortung intrinsisch aufgrund einer eigenen Einsicht für ihre Notwendigkeit übernommen oder ist aus einer extrinsischen Perspektive der öffentliche Druck so groß, dass sie deshalb vollzogen wird, um negative Konsequenzen – etwa in Form einer schlechten Presse – zu vermeiden? Schließlich ist zu klären, inwiefern eine Universalverantwortung vermieden werden kann, um eine Überforderung zu vermeiden, die letztlich kontraproduktiv wäre.

Aus diesem Grund widmet sich der folgende Abschnitt den Reichweiten und Grenzen der Verantwortung.

2.3   Reichweiten und Grenzen der Verantwortung

> „Ein Modell gestufter Verantwortung sieht vor, dass die Zurechnung der Verantwortung
> in einem sozialen System nicht so erfolgen kann, dass jeder prinzipiell für alles verant-
> wortlich ist oder dass bestimmte Gruppen oder Funktionsträger für bestimmte Vorgänge
> in der Gesellschaft allein verantwortlich gemacht werden können." (Karmasin 2010: 219).

Meyer-Abich (1986) hat ein Modell vorgelegt, das eine Abstufung von Verantwor-
tungshorizonten vornimmt. In einem ersten Schritt wird festgelegt, dass jeder nur
für sich selbst verantwortlich ist. Hier werden die Ansprüche anderer ausgeblendet.
Neben der eigenen Person tritt in einem weiteren Schritt das unmittelbare soziale
Umfeld in Form der eigenen Familie über das eigene Volk bis hin zu den heute le-
benden Menschen in den Blickpunkt. Die höchste Verantwortlichkeitsstufe besteht
letztlich darin, dass jeder für alles Lebendige und Zukünftige verantwortlich ist
und schließlich auf alles Rücksicht nimmt. Hierbei besteht jedoch die Problematik,
dass die Last einer derartigen Verantwortungsdimension kaum bewältigt werden
kann. Insofern ist es erforderlich, klare Zuschreibungen festzulegen, um Verantwortung angemessen verteilen zu können. Sie „können handlungs-, rollen- und
aufgabenbezogen, moralisch und rechtlich geregelt sein" (Lenk & Maring 1992: 153).
Birnbacher (2003: 205) entwickelt ein Schema potentieller Strategien, um moralische
Überforderung zu vermeiden:

1. Zuweisung einer besonderen Verantwortung an die Träger sozialer Rollen,
    Definition besonderer Zuständigkeiten.
2. Begrenzung der Reichweite der Verantwortung nach räumlicher, zeitlicher
    und sozialer Nähe und Ferne.
3. Begrenzung der Verantwortung für die Folgen von Unterlassungen.
4. Abstufung der Verantwortung nach der Leistungsfähigkeit, dem Grad der
    Freiheit in der Übernahme von Verpflichtungen und dem Ausmaß, in dem der
    Verpflichtete an der Verursachung eines zu bessernden Zustandes beteiligt ist.

Lenk (1997) hingegen differenziert bei der Handlungsverantwortung zwischen einer
positiven Kausalverantwortung für bestimmte Handlungen und einer negativen
Kausalverantwortung für Unterlassungen. Zudem unterscheidet er zwischen einer
generellen Verantwortung für langfristige Handlungsdispositionen und -folgen
sowie einer Verantwortung für institutionelles, kooperatives Handeln. Hinsichtlich
der Rollen und Aufgabenverantwortung werden die Verantwortung zur Rollener-
füllung, die berufsspezifische Aufgabenverantwortung, sowie die kooperative Verantwortung von Institutionen gegenüber ihren Mitgliedern und der Gesellschaft
voneinander abgegrenzt. Bei der universalmoralischen Verantwortung sind neben
der Selbstverantwortung, die direktsituationsaktivierte moralische Handlungsverantwortung für die von Handlungen unmittelbar Betroffenen (Partner, Personen,
Lebenswesen), die indirekte moralische Handlungsverantwortung für eventuel-
le nicht-intendierte Folgen von Handlungen und Unterlassungen sowie die höher

stufige Verantwortung zur Erfüllung vertraglicher oder formaler Pflichten und die moralische Verantwortung von Institutionen bzw. Kooperationen voneinander zu unterscheiden. Insofern kann von einer „gesplitteten sozialen Verantwortung" (Altmeppen & Arnold 2010: 341) ausgegangen werden, auf die nachfolgend noch genauer eingegangen wird.

2.4   Bezugsebenen ethischer Verantwortung aus einer medienethischen Perspektive

Bevor der Blick auf die Optionen einer ethisch motivierten Verantwortungskommunikation von Wirtschaftunternehmen gerichtet wird, bietet es sich an, den Fokus auf bereits erarbeitete Konzeptionen der Medienethik zu richten, die sich mit den Möglichkeiten und Grenzen von Verantwortungsdimensionen beschäftigt haben, um Anknüpfungspunkte für die Herausforderungen an die Unternehmenskommunikation zu bekommen.

Im Medienkontext verweisen Arnold und Altmeppen (2010) auf diverse Referenzobjekte (u. a. Journalisten, Redaktion, Verleger), die auf verschiedenen Ebenen und mit unterschiedlicher Reichweite eine soziale Verantwortung übernehmen. So stellt sich im Kontext medienethischer Debatten unter anderem die Frage, wer die Verantwortung für moralisch fragwürdige Ausprägungen der Berichterstattung besitzt. So wird differenziert zwischen der Verantwortung des einzelnen Journalisten für sein Produkt, der Verantwortung der Redaktion, der Institution, der Organisation. Schließlich stellt sich auch die Frage, inwieweit auch das Publikum bzw. die Rezipienten eine Verantwortung besitzen.

In der kommunikationswissenschaftlichen und philosophischen Debatte um die Medienethik sind zunächst zwei Ansätze und theoretische Zugangsweisen zu beobachten. Der individualethische Diskurs versucht, allgemeingültige Maßstäbe etwa der Wahrheit und der Freiheit am konkreten Handeln oder Unterlassen (Birnbacher 1985) festzumachen. Systemtheoretische Modellvorstellungen hingegen fokussieren den Blickwinkel nicht auf das Individuum, sondern geben ihre Ausgangsbasis bei den Medien als Teil der gesellschaftlichen Systematik an (Scholl 2010). Darüber hinaus wird weitergehend eine Standesethik der Profession ebenso diskutiert wie die Publikumsethik, die beim Empfänger und nicht beim Betreiber von Medienprogrammen ansetzt.

Insgesamt kann zwischen folgenden vier Ansätzen differenziert werden (vgl. auch Altmeppen & Arnold 2010):

- *Individualethische Maximen* sind als moralische Verhaltensregeln für den einzelnen Journalisten formuliert. Dort werden allgemeine moralische Gewissensnormen des Individuums vorausgesetzt, „die als motivationale Handlungsorientierung und interne Steuerung des Individuums fungieren" und „konkrete journalistische Praktiken und Verhaltensweisen" (Debatin 1997: 283) initiieren. Als Vertreter dieses normativ-ontologischen Ansatzes hebt Boventer (1988) in Anlehnung an die Konzeption von Jonas die Verantwortung jedes einzelnen Journalisten für seine Berichterstattung hervor. Journalisten und Journalistinnen besitzen schließlich eine umfassende Rollenverantwortung, die in ihrer Berichterstattung zum Ausdruck kommen muss (Altmeppen & Arnold 2010; Hömberg & Klenk 2010).

- *Professionsethische Maßstäbe* sollen dafür sorgen, dass das berufliche Verhalten im Kontext der Medienberichterstattung „berechenbar" ist. Es wird daher in „Standesethiken" von Seiten der Berufsverbände kodifiziert. Es geht insgesamt darum, berufliches Verhalten berechenbar zu machen und moralisch angemessen zu gestalten. Insgesamt können professionsethische Maßstäbe in Standesethiken (z. B. Deutscher Presserat) im Verständnis einer Selbstkontrolle kodifiziert werden.

- *Die System-/Institutionenethik* hebt die Verantwortung der Medienunternehmen hervor, um der journalistischen Tätigkeit angemessene Rahmenbedingungen einer sozialverantwortlichen Arbeit zu ermöglichen. Rühl und Saxer (1981) plädieren für eine makroperspektivische Sichtweise journalistischen Handelns unter Berücksichtigung der politischen, ökonomischen und juristischen Gegebenheiten. Bei diesem empirisch-analytischen Ansatz ruht die Verantwortung dann auch auf den Schultern der Gesetzgeber, Medieneigner und Medienmitarbeiter. Die Ethik kommt hierbei in sozialen Entscheidungsstrukturen zum Tragen, die in Personal- und Sozialsysteme eingebettet wird.

- Bei der *Publikumsethik* rückt die Verantwortung der Rezipienten in den Blickpunkt. Der mündige Zuschauer soll durch die Verweigerung der Rezeption moralisch fragwürdiger Programminhalte dazu beitragen, das Qualitätsniveau der Programminhalte auf dem Mediensektor anzuheben. Im Rahmen einer Publikumsethik soll eine Zurückweisung minderwertiger oder moralisch zweifelhafter Produkte, etwa durch Programmverzicht oder Boykottaufruf dazu beitragen, sich diesem Ziel anzunähern (Funiok 2007).

Derartige Abgrenzungen im Mediensektor lassen sich in Teilen auch auf ökonomische Zusammenhänge übertragen.

3 Anknüpfungen an eine verantwortungszentrierte Unternehmenskommunikation

Die Übernahme von Verantwortung stellt die Erfüllung von Ansprüchen dar, Versprechen für eine bestimmte Bezugsgruppe zu halten (Suchanek 2010). Da Wirtschaftsunternehmen über Macht und Einfluss verfügen, werden an sie als ethische Akteure und Kooperationen Forderungen herangetragen, Verantwortung wahrzunehmen (Galonska, Imbusch & Rucht 2007; Heidbrink 2008). Nicht nur der Staat (Legalität) und der Markt (Wettbewerb) sind für die Einhaltung von ethischen Regeln zuständig, sondern auch die Unternehmen selbst (Karmasin 2010). Hierbei lassen sich unterschiedliche Verantwortungsstufen voneinander trennen.

- Bei der Transformation der skizzierten Ansätze auf ökonomisches Handeln ist Lenk (1997) zufolge der einzelne Beschäftigte auf allen Ebenen im Unternehmen zunächst eigenständig verantwortlich für sein Handeln (individualethische Verantwortung).
- Auf einer weiteren Stufe können Unternehmen sich durch die normativen Vorgaben von Selbstkontrollinstanzen wie dem PR-Rat (Avenarius & Bentele 2009) oder dem Werberat (Schicha 2005) eigene Richtlinien geben, die ein verantwortliches kommunikatives Handeln des Unternehmens festschreiben (Gruppenverantwortung).
- Weiterhin existieren firmeninterne Unternehmenskodizes (z. B. Springer, IBM, Bertelsmann), die bereits in den Arbeitsverträgen ihrer Beschäftigten normative Leitlinien vorgeben (vertragliche Verantwortung).
- Schließlich gibt es eine Reihe von Verbraucherschutzorganisationen, die als Anwälte der Kunden klassifiziert werden. Dabei reicht das Spektrum von den Verbraucherzentralen über Greenpeace bis hin zu Food-Watch („Watchdog"-Verantwortung).

Diese Differenzierung ist von zentraler Bedeutung, um bei der Beschreibung von Konfliktfeldern in der konkreten Praxis Möglichkeiten der Adressierung von Verantwortungszuschreibungen und Handlungsorientierungen zu bieten und im Sinne einer Arbeitsteilung Interdependenzen und Gemeinsamkeiten zwischen den verschiedenen Ebenen aufzuzeigen, was für die Bewertung moralischer Verantwortungszuschreibungen unverzichtbar ist. In der Praxis kommt es schließlich nicht primär darauf an, ethische Werte zu setzen, sondern Entscheidungsprozesse bei konkreten Handlungsalternativen zu organisieren. Dabei ist zu differenzieren, ob Unternehmen Verantwortung nur dann signalisieren, wenn sie sich daraus einen Nutzen im Verständnis eines Tauschgeschäftes erhoffen oder ein grundlegendes proaktives gesellschaftliches Eintreten durchführen, das weit über die Befolgung von Gesetzen hinausgeht (Imbusch & Rucht 2007). So existiert in den USA beispielsweise eine aktive Unternehmenspolitik, die unter anderem darin besteht, gemeinnützige Projekte zu unterstützen (Janes & Stuchtey 2008). Dadurch wird dokumentiert, dass sich Unternehmen neben ihren wirtschaftlichen Aufgaben auch ihrer sozialen Verantwortung innerhalb der Gesellschaft stellen. Derartiges Agieren geschieht in der Regel nicht uneigennützig, sondern dient auch als strategisches PR-Instrument, um die Akzeptanz des Unternehmens nach innen und außen zu sichern.

4   Vorschläge für die weitere Forschungstätigkeit

Der vorliegende Beitrag hat den Versuch unternommen, notwendige Schritte zu benennen, die für eine weitere Ausdifferenzierung der Verantwortungskommunikation erforderlich sind. Dazu gehört zunächst die systematische Betrachtung der Funktionen, die Moral in Form von Verhaltensorientierung über soziales Vertrauen und der Ermöglichung gewaltloser Konfliktbewältigung bis hin zur Bildung von

Kooperationen auszeichnet. Konkret ist zusätzlich eine Transformation abstrakter Postulate erforderlich, um Moral anschlussfähig und praktikabel zu gestalten. Dies ist angesichts der erhobenen Nachhaltigkeitspostulate an die Politik und die Wirtschaft unverzichtbar. Insofern ist das Prinzip Verantwortung mit konkreten Handlungsschritten zu füllen, die transparent durchgeführt und kommuniziert werden sollten.

Verantwortungskommunikation beinhaltet eine Reihe normativer Bestandteile, denen jeder zustimmt, die aber zugleich schwer zu operationalisieren oder gar zu konkretisieren sind. Zentral ist zunächst eine klare Zuordnung, wer auf welcher Ebene für konkrete Aufgaben verantwortlich ist und wo die Grenzen verortet werden können. Hierbei ist zwischen Individuen, Professionen und Institutionen zu differenzieren, die in ihrem jeweiligen Bereich Verantwortung übernehmen. Die Reichweite des Verpflichtungsgrades der Verantwortung hängt von normativen Standards, individuellen und kollektiven Einstellungen, Bereitschaften und Fähigkeiten sowie den konkreten Rahmenbedingungen, Handlungskontexten und Gestaltungsspielräumen ab.

Im Rahmen weiterer Untersuchungen kann zunächst eine Reflexion von Verantwortungspostulaten auf der Idealebene erfolgen, die sich den faktischen Gegebenheiten und Sachzwängen der unternehmerischen Praxis stellen müssen, um praktikabel zu sein. Im Verständnis einer angemessenen Arbeitsteilung sind demzufolge Zuschreibungen und Begrenzungen des Verantwortungshorizontes erforderlich, um handlungsfähig zu bleiben.

Hierbei geht es auch um die Abgrenzung und Eingrenzung zentraler Verantwortungshorizonte, die im Kontext der Unternehmenskommunikation artikuliert und befolgt werden sollen (Lenk & Maring 1992; Schranz 2007).

Zudem ist der konkrete Bedeutungszusammenhang der Verantwortungskommunikation zu klären. Dabei stellen sich folgende Fragen:

- Handelt es sich um Kommunikation über Verantwortungskommunikation?
- Handelt es sich um Kommunikation über die Reichweite von Verantwortung?
- Handelt es sich um Kommunikation um die konkrete Ausgestaltung von Verantwortung?
- Oder handelt es sich um etwas anderes?

Weiterhin ist eine klare Abgrenzung und Eingrenzung der Bedeutung und Umsetzung von Maßnahmen zur Corporate Social Responsibility (Backhaus-Maul 2008) und Corporate Citizenship (Backhaus-Maul et al. 2008; Braun 2008; Nährlich 2008), der Corporate Goverance (Altmeppen & Arnold 2010) sowie der Sustainability (Fieseler 2008) notwendig, um konkrete Artikulations- und Umsetzungsmöglichkeiten von Verantwortung für die unternehmerische Praxis bewerkstelligen zu können. Hier liegen bereits entsprechende Ausdifferenzierungen vor. So differenziert Karmasin (2010) u. a. zwischen einer instrumentalistischen, einer karitativen und einer integrativen Corporate Social Responsibility. Zudem lässt sich eine ethisch fundierte Verantwortungskommunikation durch ethische Kodizes, die Berufung von Ombudspersonen und die Durchführung von Ethik-Trainings bewerkstelligen (Karmasin 2010).

Insgesamt könnte ein Kriterienkatalog entwickelt werden, der eine Zuordnung von individuellen, kooperativen und kollektiven Ausprägungen der Verantwortungskommunikation im Unternehmen aufstellt. Daran anknüpfend können grundlegend Verantwortungsdiskurse reflektiert und typologisiert werden. Dabei kann methodisch auch auf Fallstudien und Interviews zur individuellen und gesellschaftlichen Verantwortung zurückgegriffen werden, um eine praktikable Umsetzung von normativen Ansprüchen an eine nachhaltige Langzeitverantwortung innerhalb der konkreten unternehmerischen Praxis erreichen zu können (Imbusch & Rucht 2007; Braun 2008).

Bei der weiteren Systematisierung und Ausdifferenzierung der Verantwortungskommunikation ist ein fachübergreifendes Vorgehen erforderlich (Polterauer 2008). Neben kommunikations- und sozialwissenschaftlichen Ansätzen der PR-Forschung sind auch Bezüge zur Ökonomie und zur angewandten Ethik erforderlich, um der Komplexität des Untersuchungsgegenstandes gerecht zu werden.

Literatur

anon. (2010). Henkel, Procter und Miller als Vorbilder. *Absatzwirtschaft, 3*, 8.

Avenarius, H., & Bentele, G. (2009). *Selbstkontrolle im Berufsfeld Public Relations. Reflexionen und Dokumentation.* Wiesbaden: VS Verlag.

Altmeppen, K.-D., & Arnold, K. (2010). Ethik und Profit. In C. Schicha, & C. Brosda. (Hrsg.), *Handbuch Medienethik* (S. 331–347). Wiesbaden: VS Verlag.

Backhaus-Maul, H. (2008). Gesellschaftliches Engagement von Unternehmen in Deutschland. *Aus Politik und Zeitgeschichte, 31*, 14–20.

Backhaus-Maul, H., Biedermann, C., Nährlich, S., & Polterauer, J. (Hrsg.) (2008). *Corporate Citizenship in Deutschland. Bilanz und Perspektiven.* Wiesbaden: VS Verlag.

Birnbacher, D. (1985). *Tun und Unterlassen.* Stuttgart: Reclam.

Birnbacher, D. (1988). *Verantwortung für zukünftige Generation.* Stuttgart: Reclam

Birnbacher, D. (2003). *Analytische Einführung in die Ethik.* Berlin u. a.: de Gruyter.

Birnbacher, D., & Schicha, C. (2001). Vorsorge statt Nachhaltigkeit. Ethische Grundlagen der Zukunftsverantwortung. In D. Birnbacher, & G. Brudermüller (Hrsg.), *Zukunftsverantwortung und Generationensolidarität* (S. 17–35). Würzburg: Könighausen und Neumann.

Boventer, H. (Hrsg.) (1988). *Medien und Moral. Ungeschriebene Regeln des Journalismus.* Konstanz: UVK.

Braun, S. (2008). Gesellschaftliches Engagement von Unternehmen in Deutschland. *Aus Politik und Zeitgeschichte, 31*, 6–14.

Debatin, B. (1997). Medienethik als Steuerungsinstrument? Zum Verhältnis von individueller und kooperativer Verantwortung in der Massenkommunikation. In H. Weßler, C. Matzen, & O. Jarren (Hrsg.), *Perspektiven der Medienkritik. Die gesellschaftliche Auseinandersetzung mit der öffentlichen Kommunikation in der Mediengesellschaft* (S. 287–303). Opladen, & Wiesbaden: Westdeutscher Verlag.

Donella, H., Meadows, D. L., Randers, J., & Behrens, W. W. (1972). *Die Grenzen des Wachstums. Bericht des Club of Rome zur Lage der Menschheit.* Stuttgart: Deutsche Verlags-Anstalt.

Fieseler, C. (2008). *Die Kommunikation von Nachhaltigkeit. Gesellschaftliche Verantwortung als Inhalt der Kapitalkommunikation.* Wiesbaden: VS Verlag.

Fischer, P. (2006). *Politische Ethik.* München: Fink.

Funiok, R. (2007). *Medienethik. Verantwortung in der Mediengesellschaft.* Stuttgart: Kohlhammer.

Galonska, C., Imbusch, P., & Rucht, D. (2007). Die gesellschaftliche Verantwortung in der Wirtschaft. In P. Imbusch, & D. Rucht (Hrsg.), *Profit oder Gemeinwohl. Fallstudien zur gesellschaftlichen Verantwortung von Wirtschaftseliten* (S. 9–30). Wiesbaden: VS Verlag.

Habermas, J. (1991). *Moralbewusstsein und kommunikatives Handeln* (4. Aufl.). Frankfurt am Main: Suhrkamp.

Heidbrink, L. (2008). Wie moralisch sind Unternehmen. *Aus Politik und Zeitgeschichte, 31*, 3–6.

Hömberg, W., Klenk, C. (2010). Individualethische Ansätze. In C. Schicha, & C. Brosda (Hrsg.), *Handbuch Medienethik* (S. 41–52). Wiesbaden: VS Verlag.

Imbusch, P., & Rucht, D. (Hrsg.) (2007). *Profit oder Gemeinwohl? Fallstudien zur gesellschaftlichen Verantwortung von Wirtschaftseliten.* Wiesbaden: VS Verlag.

Janes, J., & Stuchtey, T. (2008). Making Money by Doing Good. *Aus Politik und Zeitgeschichte, 31*, 20–25.

Jonas, H. (1979). *Das Prinzip Verantwortung.* Frankfurt am Main: Insel.

Kant, I. (1986). *Kritik der praktischen Vernunft.* Stuttgart: Reclam.

Karmasin, M. (1993). *Das Oligopol der Wahrheit. Medienunternehmen zwischen Ökonomie und Ethik.* Wien u. a.: Böhlau.

Karmasin, M. (2010). Medienunternehmung. In C. Schicha, & C. Brosda (Hrsg.), *Handbuch Medienethik* (S. 217–231). Wiesbaden: VS Verlag.

Kaufmann, F.-X. (1992). *Der Ruf nach Verantwortung. Risiko und Ethik in einer unüberschaubaren Welt.* Freiburg im Breisgau: Herder.

Lenk, H. (1997). *Einführung in die angewandte Ethik. Verantwortlichkeit und Gewissen.* Stuttgart u. a.: Kohlhammer.

Lenk, H., & Maring, M. (1992). Verantwortung und Mitverantwortung bei kooperativem und kollektivem Handeln. In dies. (Hrsg.), *Wirtschaft und Ethik* (S. 153–164). Stuttgart: Reclam.

Meyer, B. (2008). *Wie muss die Wirtschaft umgebaut werden. Perspektiven einer nachhaltigen Entwicklung.* Bonn: Fischer.

Meyer-Abich, K.-M. (1986). *Wege zum Frieden mit der Natur.* München: Deutscher Taschenbuch-Verlag.

Mill, J. S. (1976). *Der Utilitarismus.* Stuttgart: Reclam.

Nährlich, S. (2008). Euphorie des Aufbruchs, Suche nach gesellschaftlicher Wirkung. *Aus Politik und Zeitgeschichte 31/2008*(28.7.2008), 26–31.

Polterauer J. (2008). Corporate-Citizenship-Forschung in Deutschland. *Aus Politik und Zeitgeschichte, 31*, 32–38.

Rawls, J. (1979). *Eine Theorie der Gerechtigkeit.* Frankfurt am Main: Suhrkamp.

Rühl, M., Saxer, U. (1981). 25 Jahre Deutscher Presserat. Ein Anlaß für Überlegungen zu einer kommunikationswissenschaftlich fundierten Ethik des Journalismus und der Massenkommunikation. *Publizistik, 26/1981*, 471–507.

Schicha, C. (2005). Wirtschaftswerbung zwischen Information, Provokation und Manipulation. Konsequenzen für die Selbstkontrolle des Werberates. In A. Baum, W. Langenbucher, H. Pöttker, & C. Schicha (Hrsg.), *Handbuch Medienselbstkontrolle.* Wiesbaden: VS Verlag.

Schicha, C. (2006). Medienethik im Spannungsfeld zwischen Idealnormen und Praxiszwängen. In C. Kaminsky, O., & Hallich (Hrsg.), *Verantwortung für die Zukunft. Zum 60. Geburtstag von Dieter Birnbacher* (S. 189–210). Berlin: LIT Verlag.

Schicha, C. (2010). Philosophische Ethik. In C. Schicha, & C. Brosda (Hrsg.), *Handbuch Medienethik* (S. 21–40). Wiesbaden: VS Verlag.

Scholl, A. (2010). Systemtheorie. In C. Schicha, & C. Brosda (Hrsg.), *Handbuch Medienethik* (S. 68–82). Wiesbaden: VS Verlag.

Schranz, M. (2007). *Wirtschaft zwischen Profit und Moral. Die gesellschaftliche Verantwortung von Unternehmen im Rahmen der öffentlichen Kommunikation.* Wiesbaden: VS Verlag.

Suchanek, A. (2010). Vertrauen und Verantwortung. *Wirtschaft und Wissenschaft, 1*, 40–43.

Weber, M. (2006). *Die protestantische Ethik und der Geist des Kapitalismus.* München: Beck.

Unternehmen und soziale Verantwortung – eine organisational-systemtheoretische Perspektive

Peter Szyszka

Der Umgang von Unternehmen mit sozialer Verantwortung ist ein zentrales gesellschafts- und wirtschaftspolitisches Thema der Gegenwart. In Europa kann das *Thema* spätestens seit Vorlage eines EU-Grünbuchs „Rahmenbedingungen für die soziale Verantwortung von Unternehmen" 2001 durch die Europäische Kommission als *gesetzt* gelten. EU-Grünbücher sind Diskussionspapiere, die weiterführende Diskussionen in Öffentlichkeit und Wissenschaft anregen wollen. Als politische Kompromisspapiere liefern sie Ansatzpunkte, zeichnen Lösungswege vor und stellen diese zur Diskussion. Das Grünbuch erklärt soziale Verantwortung von Unternehmen zu einer im Wesentlichen *freiwilligen (Selbst-)Verpflichtung*, die über den Einbezug sozialer und ökologischer Ziele in die grundsätzliche Ausrichtung einer ökonomisch geprägten *Unternehmensstrategie* erreicht werden sollte (Grünbuch 2001: 5). Folgt man der Gliederung des Grünbuchs, dann geht es dabei zuerst um den *Menschen* und dann um *Umwelt* als Lebensraum (ebd.: 8–17).

Aus kommunikationswissenschaftlicher Perspektive ist das Thema soziale Verantwortung in zweierlei Hinsicht evident. Zum einen lässt sich der Umgang mit sozialer Verantwortung (auch) als kommunikativer Umgang mit diesen Problemen (Analyse- und Darstellungsprobleme) verstehen; in diesem Fall liegt der Fokus auf Kommunikationsmanagement und damit auf Fragen der Public Relations-Forschung. Zum anderen und damit weiterreichend geht es um den Umgang von Unternehmen mit sozialer Verantwortung und damit um ein grundlegendes Problem der Organisationskommunikation, weil (Selbst-)Beobachtung und Steuerung von Unternehmen auf Kommunikation beruhen. Soziale Verantwortung ist implizit oder explizit Element der Kommunikation *in* Unternehmen; soziale Integration von Unternehmen in die Gesellschaft ist Thema gesellschaftlicher Auseinandersetzung *über* Unternehmen in öffentlicher Kommunikation; und sie kann schließlich auch Gegenstand strategisch ausgerichteter Beobachtungs- und Kommunikationsoperationen *von* Unternehmen sein. Im Kern geht es dabei immer um Werte und Bewertungen, konkreter: um den wechselseitigen Umgang mit Werten und Bewertungen.

An dieser Stelle setzt der nachfolgende Beitrag an. Zunächst wird gezeigt, dass der Stellenwert des Themas soziale Verantwortung von Unternehmen aus heutiger Perspektive als ein irreversibles Ergebnis von Wandlungsprozessen in Gesellschaft und öffentlicher Kommunikation zu betrachten ist. Von hier ausgehend wird geprüft, welche wesentlichen Ansatzpunkte der jüngere wissenschaftliche Diskurs für eine weiterführende kommunikationswissenschaftliche Auseinandersetzung liefert. Mit Hilfe organisational-systemtheoretischer Differenzierungen wird dann am Beispiel sozialer Verantwortung exemplarisch Rolle und Funktion von Werten für Unternehmen im Zusammenhang mit Organisationskommunikation und Public Relations untersucht, um abschließend kurz am Beispiel von Sponsoring einen Mehrwert derart theoretisch fundierter Aussagen zur Bewertung potentieller Funktionalität von Kommunikationsinstrumenten aufzuzeigen.

1   Historische Dimension: Wertewandel und Strukturwandel

Indirekt lässt sich das Thema gesellschaftliche und soziale Verantwortung weit in die Wirtschafts- und Kommunikationsgeschichte moderner Gesellschaften zurückverfolgen.[1] Als Indiz hierfür kann etwa die von zunehmend weiterreichenden Öffentlichkeitsforderungen bestimmte Entwicklung der amerikanischen PR-Geschichte angeführt werden (vgl. Grunig & Hunt 1984: 21 ff.). Auch Bernays' frühe PR-Funktionsbeschreibung von PR-Arbeit als „engineering of consent" scheint geeignet, die Hundhausen seinerzeit etwas unglücklich als „Herbeiführung von Übereinstimmungen" übersetzte (Bernays 1967: 14); Erarbeiten von *Zustimmung und Akzeptanz* scheint aus heutiger Perspektive treffender. Im Praxiskontext wurden diese Fragen schon in den frühen 1950er Jahren in den USA (Bowen 1953) wie in Deutschland (Hundhausen 1951) thematisiert. Bei Harlow (1976) etwa findet sich später im Zusammenhang mit seiner bekannten PR-Meta-Definition die Bemerkung, dass PR-Aktivitäten einem Unternehmen bei Formulierung und Erreichung sozial akzeptierter Ziele unterstützen und für einen Ausgleich von kommerziellen Zielen mit sozial verantwortlichem Handeln sorgen sollen (1976: 34).

Eine dezidierte Auseinandersetzung mit dem Thema als *gesellschaftskonforme Haltung* und *gesellschaftsorientiertes Verhalten* von Unternehmen findet sich dann erstmals Ende der 1970er Jahre (Carroll 1979) zu einem Zeitpunkt, als in westlichen Gesellschaften *gesellschaftlicher Wertewandel* und ein *„neuer" Strukturwandel der Öffentlichkeit* sichtbar wurden, die in diesem Jahrzehnt einsetzten. Der gesellschaftliche Wertewandel stellte zuvor selbstverständliche Werte wie Pflicht- und Akzeptanzwerte infrage (Klages 1984; Inglehardt 1989). Im „neuen" Strukturwandel der Öffentlichkeit entkoppelte sich das Mediensystem zunehmend vom politischen System, verkoppelte sich aber zeitgleich enger mit dem ökonomischen System (Imhof 2006: 199). Gemeinsam schufen beide Prozesse Raum für der Entstehung Sozialer Bewegungen einschließlich der Umweltbewegung, von Protestparteien, wo aus Umweltbewegung, Neuen Sozialen Bewegungen und Neuen Linken die GRÜNEN hervorgingen (1980), und resonanzorientierter NGOs, allen voran Greenpeace (1979/80). Ihnen boten die modifizierten Selektions- und Interpretationslogiken öffentlicher Kommunikation zunehmend Raum für die medienwirksame Inszenierung gesellschaftlicher Interessen, was auf Resonanz bei einem kritischer werdenden Publikum stieß. Der in den 1980er Jahren einsetzende „intermediale Aufmerksamkeitswettbewerb" ermöglichte die Entwicklung einer „Expertenkultur", die mit Konfliktinszenierung

---

1   Vgl. hierzu auch den Beitrag von Schultz in diesem Band.

und Skandalisierungskommunikation zunehmend Empörung bewirtschaftete (Imhof 2006: 201 f.; auch Imhof 2008, 2009). In moralischer Empörung spiegeln sich seither nicht zuletzt gesellschaftliche Akzeptanzprobleme von Wirtschaft und Unternehmen (vgl. auch Stehr 2007).

Auf Wirtschaftsseite setzte eine Veränderung 1967 mit der Erosion von *bundesdeutschem Wirtschaftswunder* und *sozialer Marktwirtschaft* parallel zur politischen Krise 1968 ein. Das Ende von Vollbeschäftigung und die Anfang der 1970er Jahre markant sichtbare Jugendarbeitslosigkeit thematisierten die *Frage sozialer Sicherheit*. Auf die Ölkrise 1973, die eigentlich eine Ölpreiskrise war, folgte ein wirtschaftlicher Abschwung (vgl. Hennig 1997: 243–267). Gleichzeitig sickerten nach und nach Themen wie *Umweltverantwortung* und später *Nachhaltigkeit* in den gesellschaftlichen Diskurs ein. Einer zunehmend kritischer hinterfragenden Öffentlichkeit begegneten Unternehmen mit dem Auf- und Ausbau von PR-Abteilungen (vgl. Szyszka 2008: 390). Die damit verbundene Änderung des Meinungsklimas, in dem sich Unternehmen und bald auch andere Organisationen bewegen mussten, bedeutete auch für die Entwicklung der PR-Arbeit eine Zäsur; die Entwicklung der modernen PR-Arbeit setzt nach heutigem Forschungsstand an dieser Stelle an.

Auch Zentralverbände der Wirtschaft reagierten auf diese Entwicklung; der Bundesverband der Deutschen Arbeitgeberverbände z. B. schon 1974 mit einer Empfehlung zur *gesellschaftsbezogenen Rechnungslegung*. Mitte bis Ende der 1970er Jahre operierten Großunternehmen mit *Sozialbilanzen*, die dann vielfach wieder verschwanden (vgl. Popp 1990: 58 ff.).[2] An ihrer Stelle traten in den 1980er Jahre *Umweltberichte*, für die Anfang der 1990er Jahre eigene Bewertungsverfahren entwickelt wurden, die dann Mitte des Jahrzehnts verstärkt *Eingang in Geschäftsberichte* fanden; seit Ende 1990er Jahre sind dann Geschäftsberichte zu beobachten, die ökologische und soziale Bilanzen gemeinsam mit der Bilanzierung ökonomischer Entwicklung abbilden (Herzog & Schaltegger 2005: 581 ff.); eine ähnliche, sich über einen etwas weiteren Zeitraum erstreckende Entwicklung ist auch für die USA ausgewiesen (Elkington 2004: 7 f.). Als Kommunikationsinstrumente dienten alle diese Medien gezielt der Bearbeitung von gesellschaftlichen oder sozialen Akzeptanzproblemen.

Akzeptanzprobleme begannen aufzutreten, als die Bewertung von Unternehmensverhalten in Folge gesellschaftlichen Wertewandels aus zunehmend unterschiedlichen Werthaltungen heraus und damit entlang unterschiedlicher Bewertungsmaßstäbe (ökonomische vs. soziale Bewertung) erfolgte. Als Folge der Veränderungsprozesse von gesellschaftlicher Werthaltung und Öffentlichkeit wurde die *Legitimität von Haltung und Verhalten* von Unternehmen bestritten. Substanziell bedeuteten Werte- und Öffentlichkeitswandel für Unternehmen, dass es öffentlich bestreit- und skandalisierbare Legitimitätsbewertungen immer weniger zuließen, *Umwelt als Ressource* zu verstehen. Die Einforderung sozialer Verantwortung war mit der Erwartung verbunden, dass sich Unternehmen als Teil von Gesellschaft zu einem *verantwortungsbewussten Umgang mit sozialer Umwelt* (Mitarbeiter, gesell-

---

2   In den Jahren 1976/77 war das Thema *Sozialbilanzen* Schwerpunktthema im PR-Magazin (Schwerpunkthefte 1/76, 6/76 und 2/77 sowie diverse Einzelbeiträge).

schaftliches Umfeld) *und „natürlicher" Umwelt* (Lebensraum. Natur) bekannten, sich unternehmenspolitisch an diesem Bekenntnis orientierten und entlang dieser Maßstäbe ihre gesellschaftliche Leistungsfähigkeit auszuweisen hatten.

Folgerichtig setzte Carrolls bekannter Beitrag, der als Ausgangspunkt des wirtschaftswissenschaftlichen Diskurses eingestuft wird (vgl. Leitz 2008: 13 ff.), mit seinem Titel *Corporate Performance* an genau dieser Stelle an. Carroll definierte: „The social responsibility of business encompasses the economic, legal, ethical, and discretional expectations, that society has of organizations at a given point in time" (1979: 500). Wenn er hier „economic, legal, ethical, and discretional expectations" anführte, lenkte er den Blick nicht nur auf eine breitere Ausdifferenzierung der Bewertungsmaßstäbe, sondern zeigte, dass sich eine Beurteilung sozialer Verantwortung nun an *Legalität* (Wirtschaftlichkeit und Recht) und *Legitimität* (Ethik und Freiwilligkeit) orientierte. Zwölf Jahre später überführte Carroll die vier Elemente in ein *Pyramidenmodell* mit ökonomischer Basis und freiwilligen Leistungen als abgeflacht dargestellte Spitze (Carroll 1991: 42). Damit zeigte er, dass die soziale Verantwortung eines Unternehmens auf ökonomischem Fundament ruht. Zeitlich passend erschien Mitte der 1990er Jahre die *Triple-Bottom-Line* (Elkington 1994) – sinnbildlich der dreifache Abschluss einer *Bilanz nach ökonomischen, ökologischen und sozialen Gesichtspunkten –*, die den Bedarf einer Mehrfach-Bilanzierung zum Ausdruck brachte. Da Sozialbilanzen, Umweltberichte und anderen Unternehmensbilanzierungen als kommunikationspolitische Selbstbeschreibungen problemlösungsorientiert angelegt gewesen sein müssten, damit also immer auch Fremdreferenz reflektieren sollten, könnten sie in diesem Zusammenhang Spiegelbilder gesellschaftlichen Wertewandels und des Öffentlichkeitswandels sein; mangels einschlägiger, diachron vergleichender Inhaltsanalysen fehlen allerdings derartige Befunde bislang.

2 Fachlicher Diskurs: Verhaltenserwartungen oder Strategie

Der Fundus kommunikationswissenschaftlicher Literatur, der Kommunikationsproblemen von Unternehmen im Umgang mit sozialer Verantwortung gewidmet ist, ist überschaubar. Sie knüpfen teilweise an den vorwiegend in der Managementliteratur geführten Diskurs um Corporate Social Responsibility (CSR)[3] an (z. B. Crane et al. 2008; Müller & Schaltegger 2007; Köppl & Neureiter 2004). Die folgende kurze Zusammenschau stützt sich im Wesentlichen auf zwei jüngere Quellen, eine Sammelpublikation zu *Moral in der Unternehmenskommunikation* (Schmidt & Tropp 2009) und eine Monographie, die *Organisationskommunikation als Verantwortungsmanagement* modelliert (Karmasin & Weder 2008). Im Überblick auffällig: Viele Beiträge operieren – wenn auch nicht immer durchgängig – mit dem Begriff *gesellschaftlicher* statt *sozialer Verantwortung* (Karmasin & Weder 2008: 78; Fieseler & Meckel 2008: 68; Röttger & Schmitt 2009: 39; Söllner & Mirrković 2009: 85; Hirsan & Siegert 2009: 140;

3　Der Begriff wird im Folgenden synonym und ohne weiteren Kommentar mit Corporate Responsibility (CR), Social Responsibility (SR) und analogen Begriffen verwandt.

Mast & Stehle 2009: 170). Dies könnte implizit von einem Denkmodell beeinflusst sein, das soziale und ökologische Anforderungen nicht als ergänzende oder abgeleitete Anforderungen versteht, wie dies Carrolls Pyramidenmodell (1991) nahe legt, sondern als gleichwertige Einflussgrößen mit durchaus wechselnder Dominanz.[4]

An diesem Problem setzt zum Beispiel die Kritik von Röttger und Schmitt an, dass sich unternehmensseitig die Übernahme einer über Gesetzesvorschriften hinausgehenden gesellschaftlichen Verantwortung mit „einer betriebswirtschaftlichen Logik und marktlichen Mechanismen alleine nicht zufrieden stellend erklären" lasse, weil „die Annahme einer primär moralisch motivierten Verantwortungsübernahme [...] für Unternehmen, die grundsätzlich auf wirtschaftlichen Erfolg ausgerichtet sind, nicht plausibel" sei. Langfristig betrachtet sei Studien zufolge ein gesellschaftliches Engagement vor allem der Reputation eines Unternehmens in Form eines Vertrauensvorschusses förderlich, weil es der Risikominimierung diene. Damit stelle sich nicht die Frage, ob, sondern wie CR-Maßnahmen glaubwürdig in die Unternehmensstrategie eingebunden und umgesetzt werden könnten: „Die Analyse CR-relevanter gesellschaftlicher Erwartungsstrukturen lenkt den Blick zudem auf öffentliche Kommunikationsprozesse als den Ort, an dem Präferenzen, Werthaltungen, Normen und Gewohnheiten als Grundlage der Institutionalisierung von CR und der Ausbildung von Erwartungsstrukturen öffentlich sichtbar werden, sich verbreiten und bezüglich ihrer Relevanz und ihres Bedeutungsgehaltes verhandelt werden" (Röttger & Schmitt 2009: 53 f.).

Damit erscheint der Begriff *Freiwilligkeit* in einem anderen Licht: Es geht nicht um ob, sondern um wie, also um Entscheidungen und Operationen, die zwar „nicht förmlich erzwingbar sind, die aber gleichwohl eigenständige und wirkungsvolle Anforderungen an das Unternehmenshandeln stellen" (Dyllick 1989: 95). Es geht also nicht um altruistische, sondern um paternalistische oder philanthropische Motive (vgl. Karmasin & Weder 2008: 72) als *strategisch ausgewählten Selbstverpflichtungen* im Sinne einer selbst bestimmten *Optionsauswahl*, mit der jeweils konkrete Nutzendispositionen verbunden werden. Söllner und Mirrković steuern hier aus wirtschaftswissenschaftlicher Perspektive die Unterscheidung in *CSR als Unternehmensstrategie* und *CSR als Teil der Rahmenordnung von Unternehmen* bei: CSR als Teil der Rahmenordnung wäre demnach ein von Medien, NGOs oder anderen Instanzen gesetztes *informelles Regelwerk*, das dann Einfluss auf das Verhalten von Unternehmen ausübe und die formelle Rahmenordnung ergänze, wenn über dessen Inhalte und damit Werte bei marktlichen wie nicht-marktlichen Stakeholdern ein breiter „gesellschaftlicher Konsens" bestehe (Söllner & Mirrković 2009: 96). Hierauf müsste sich CSR als Strategie im Einzelfall beziehen lassen.

---

4   Diese Unschärfe wird zum Beispiel bei Mast und Stehle deutlich, die CR als eine ganzheitliche „Managementstrategie" verstehen, „die soziale, ökologische und wirtschaftliche Kriterien *in der Ausgestaltung der Wertschöpfungskette gleichwertig* beachtet und das Ziel des langfristigen wirtschaftlichen Erfolgs *bei gleichzeitiger Wertschätzung* des jeweiligen Umfeldes verfolgt" und die „Verantwortung für die eigene Zukunftsfähigkeit [..] mit der Verantwortung für eine zukunftsfähige Gesellschaft verknüpft" (Mast & Stehle 2009: 173; Hervorh. PS).

Ein informelles Regelwerk verweist auf soziale Erwartungen in der Gesellschaft, die in *kulturellen Normen und Werten* zum Ausdruck kommen: Weil sich diese Werte und Normen verändert haben und als soziale Erwartungen in öffentlicher Kommunikation ein Themenkomplex mit Inszenierungs- und Skandalisierungspotential geworden sind, besitzt Reputation als öffentliche Zuschreibung den von Röttger und Schmitt dargestellten Wert. Die Unterscheidung von CSR in Unternehmensstrategie und Rahmenordnung lässt sich als *zwei Seiten einer Medaille* (der Entscheidung) verstehen: Wertewandel und Strukturwandel der Öffentlichkeit haben die gesellschaftlichen Koexistenzbedingungen von Unternehmen derart verändert, dass diese heute gezwungen sind, sich mit sozialer Verantwortung auseinanderzusetzen und ihre sozialen Investitionen dort zu tätigen, wo die andere Seite der Medaille ihnen dies nahe legt. *Freiwilligkeit und Moral* wird in diesem Sinne zu *strategischem Investment*; Fieseler und Meckel sprechen sogar von „ethischem Investment" (2008: 68). Für eine Bewertung von CSR-Investitionen kann dazu mit der einfachen Formel gearbeitet, dass Unternehmen nur dort investieren, wo sie Nutzen kalkulieren, und Nutzen primär in Zugewinn, sekundär aber auch in sachgerechtem Umgang mit Problemen zur Ermöglichung von Zugewinn besteht. Dies ist hier der Fall. Das schließt „die Haltung eines Gut-Seins um seiner selbst willen" (Tropp 2009: 256) nicht aus, macht sie aus dieser Perspektive aber – sofern nicht doch mit Kalkül verbundenen – zum Sonder- und nicht zum Regelfall.[5]

Schmidt und Tropp haben die Beiträge ihres Sammelbandes mit der Bemerkung zusammengefasst: „Markt und Moral gehören zusammen, aus ökonomischen wie aus moralischen Gründen" (2009: 19). Dieser Bemerkung kann insoweit zugestimmt werden, wie Moral wertneutral als *Orientierung an sozial anerkannten und erwarteten Normen, Regeln, Werten und Konventionen* einer Gesellschaft verstanden wird; in diesem Sinne ist vorstehend argumentiert worden. Daneben kann Moral aber auch als *Werturteil* verstanden werden, das Verhalten entlang der Unterscheidung als moralisch/unmoralisch (gut/schlecht) beurteilt. Im Kontext von PR-Arbeit ist dabei sofort an Maßnahmen und Operationen zu denken, die nicht um einer Sache, sondern um einer positiv bewertbaren Resonanz willen initiiert oder inszeniert werden; hier klingt das bekannte „Tu Gutes und rede darüber" durch. Wenn CSR nicht Haltung, sondern nur eine – schlechterdings öffentlich auch noch so bewertete – bloße Behauptung ist, wird CSR zur Fassadentechnik und damit problematisch (vgl. Tropp 2009). Die Glaubwürdigkeit von CSR-Kommunikation hängt von sozialem Verhalten und der diesem Verhalten zugeschriebenen Glaubwürdigkeit ab (vgl. Karmasin & Weder 2008: 242). Verantwortliches Handeln und die Kommunikation über verantwortliches Handeln bilden also ebenfalls zwei Seiten einer Medaille (des Verhaltens) (vgl. Mast & Stehle 2009: 176).

Während Tropp die Probleme von CSR-Kommunikation – auch bei Vorliegen eines adäquaten sozialen Verhaltens – in einer teilweise zu plakativen (Selbst-)Dar-

---

5   Wenn Hirsan und Siegert CSR als „Werttreiber und Maßstab für den Reputationserfolg von Unternehmen" bezeichnen, „an dem sich auch ihre Kommunikationseffizienz messen lässt" (2009: 152), dann ist dies der Verweis auf das Scharnier zur Diskussion um Wertschöpfung durch.

stellung im Kontext des Themas begründet (2009: 252 ff.), haben Fieseler und Meckel unter dem Titel „Tue Gutes aus den richtigen Gründen, und rede darüber" aufgezeigt, dass Kommunikation über unternehmenspolitisches Ausbalancieren von „öffentlichen Forderungen nach Verantwortung und Nachhaltigkeit" mit „primären renditefokussierten Forderungen des Kapitalmarktes" etwa in Ratingprozessen einen Stellenwert besitzen kann, also auch einer Selbstdarstellung bedarf (2008: 68 f.). Deutlich wird hieran einerseits die Abhängigkeit von sozialverantwortlichem Verhalten und der Kommunikation über sozialverantwortliches Verhalten und andererseits, dass selbstverständlich auch in diesen Prozessen kommunikationspolitische Spielregeln wie die einer zielgruppen- oder situationsspezifischen Auswahl taktischer Optionen gelten. In diese Richtung sind auch Ausführungen von Mast und Stehle zu bewerten, die von Verantwortungskommunikation als Teilbereich bzw. Handlungsfeld der Unternehmenskommunikation (Corporate Communication) sprechen (ebd.: 178 ff.); treffender wäre wohl von einem „Themenfeld" zu sprechen. Konsequenterweise skizzieren sie dann die Prozesse der Verantwortungskommunikation in identischer Weise zu denen eines allgemeinen Kommunikationsmanagements.

Für Karmasin und Weder schließlich muss Organisationsethik den „Kern der kommunikationswissenschaftlichen Auseinandersetzung" mit CSR bilden, da sie in Ethik ein strukturierendes und erhaltendes Element im Aufbau von Kommunikationsnetzwerken sehen, das ein Prozessprodukt von Organisationskommunikation sei (2008: 149). Organisationskommunikation ist bei ihnen soziales Handeln „als Kommunikation in, von und über Organisationen" (ebd.: 90 f.)[6], das dem „Umgang mit der durch die Organisation selbst erzeugten Öffentlichkeit" dient (ebd.: 126). Er wird auf kommunikatives Handeln und Kommunikationsmanagement bezogen, das „der Legitimation der Unternehmenshandlungen gegenüber der Öffentlichkeit bzw. relevanten Teilöffentlichkeiten und des Aufbaus von Reputation, das heißt Vertrauen in eine nachhaltige Wahrnehmung der Verantwortung" diene (ebd.: 88). Mit ihrer Untersuchung versuchen sie die These zu belegen, dass dieses von ihnen als Organisationskommunikation eingestufte Kommunikationsmanagement ein „Verantwortungsmanagement (Kommunikation von Verantwortungsmanagement *und zugleich* Verantwortungsmanagement über Kommunikation)" sei,[7] das „eine kollektive Selbststeuerung und damit eine nachhaltige Implementierung von Verantwortungsübernahme in einem organisationalen Feld erst möglich" mache (ebd.: 268;

---

6   In ihrem Denkmodell gehen sie davon aus, dass Kommunikation nach innen auf den Umgang mit „Basis-Verantwortung für eine effiziente Ausführung des ökonomischen Funktion, Produkte, Arbeitsplätze, Wachstum etc." ausgerichtet sei, Kommunikation nach außen „Verantwortung für eine Verknüpfung der ökonomischen Funktion eine mit einem Bewusstsein für veränderte Werte" trage und sich Kommunikation über Unternehmen auf eine „amorphe" Verantwortung für die aktive Gestaltung des gesellschaftlichen Umfelds, Bewusstsein über Öffentlichkeit/Teilöffentlichkeiten und Aufmerksamkeits- bzw. Reputationsmechanismen beziehe (Karmasin & Weder 2008: 273).

7   Gemeint sind im ersten Fall die Kommunikation über Verantwortungsbereitschaft, -übernahme und verantwortungsbewusstes/-volles Verhalten, im zweiten Fall die Übernahme von Verantwortung durch oder in Kommunikationsoperationen: „Ethik wird dadurch zum Prozessprodukt von Organisationskommunikation" (Karmasin & Weder 2008: 151).

Hervorh. im Orig.). Kommunikation wird damit in ihrem Verständnis zu einer Verantwortungsdimension. Entsprechend modifizierten sie die bekannte Triple-Bottom-Line zu einer *Quatriple-Bottom-Line der Verantwortung*, indem sie Ökonomie, Ökologie und Soziales um Kommunikation als vierte Verantwortungsdimension ergänzen und die Elemente wechselseitig aufeinander beziehen (Karmasin & Weder 2009: 269).

3   Kommunikationstheoretische Analyse: Beziehungsprobleme

Die nachfolgende kommunikationstheoretische Analyse setzt ebenfalls bei dem Gedanken an, das Problem der sozialen Verantwortung von Unternehmen mit Hilfe eines differenzierten Verständnisses von Organisationskommunikation zu untersuchen. Während Karmasin und Weder strukturationstheoretisch argumentieren und Organisationskommunikation als kommunikatives Handeln und Kommunikationsmanagement behandeln, wird hier mit *systemtheoretischer Differenzierung* gearbeitet. Diese erlaubt es, Funktionen und Probleme von *Organisationskommunikation* auf *drei verschiedene Ebenen organisationsbezogener Kommunikationsprozesse* zu beobachten (Szyszka 2005):

- *Kommunikation in Organisationen* (interne Kommunikationsprozesse) als Prozesse von Entscheidungsfindung und Entscheidung sowie formale und informale Kommunikationsprozesse im Zusammenhang mit organisationaler Leistungserstellung
- *Kommunikation über Organisationen* (öffentliche Kommunikation) als Beobachtungs-, Meinungsbildungs- und Meinungsäußerungsprozesse in der Organisationsumwelt als Öffentlichkeit (journalistische Medien, Social Media)[8] und als Stakeholder-Kommunikation
- *Kommunikation von Organisationen* (strategische Kommunikation) als Kommunikationsmanagement, das sich mit relationalen Organisation-Umwelt-Differenzen als Kommunikationsprobleme (Aufmerksamkeit, Sinn- oder Legitimationsdifferenzen) auseinandersetzt (Beobachtung, Analyse, Bearbeitung)

Soziale Verantwortung wird im Folgenden als eine bestimmte *Zuschreibung von Werten und deren Bewertung* verstanden, die sich an sozial anerkannten und damit kulturell in einer Gesellschaft oder dem Teil einer Gesellschaft verankerten Verhaltenserwartungen orientiert. Als Wertemuster kann soziale Verantwortung *exemplarisch* für andere, in gleicher Weise beobacht- und untersuchbarer Wertemuster (z. B. gesellschaftliches Engagement) stehen. Bewertungen sind hier Legitimitätszuschreibungen, die mit der Differenz „macht man (so)/macht man nicht (so)" operieren. Ihre

---

8   Unter „Social Media" wird hier eine nicht-journalistische Thematisierung im Internet (insb. Foren, Blogs, Networks) verstanden.

Wertemuster und Bewertungsmaßstäbe unterliegen als Verhaltenserwartungen im Zeitablauf der Dynamik gesellschaftlicher Veränderungen: Was man heute so gemacht hat, muss man morgen eventuell anders machen, um gleichgerichtete Legitimitätsbewertung zu erfahren. Die kommunikationstheoretische Analyse greift zur Untersuchung dieser Zusammenhänge auf Grundgedanken und Überlegungen des zuvor skizzierten kommunikationswissenschaftlichen Diskurses zurück.

3.1   Soziale Verantwortung als Differenz

Empörungskommunikation und Skandalisierung in öffentlicher Kommunikation sind nichts anderes als ein markanter Ausdruck offensichtlicher Differenzen, die bei der Bewertung eines Sachverhalts oder Themas zwischen zwei oder mehr Parteien in öffentlicher Kommunikation zum Ausdruck kommen. Thematisiert werden Haltung oder Verhalten. *Skandalisierung* als moralische Empörung im Sinne moralisierender Bewertung über die negative Abweichung von einer (Kontinuitäts-) Erwartung ist allerdings nur ein Operationsmodus; gleichermaßen sind *Heroisierung* als Bewertung positiver Abweichung von Erwartungen, *Problematisierung* als eine eher zurückgenommene Bewertungen von Erwartungsabweichungen und *Äquivalenz* als Bewertung des sinngemäß Eintretens von Erwartungen innerhalb bestimmter Erwartungsgrenzen als Operationsmodi einzubeziehen. In allen Fällen handelt es sich um *Kommunikation über ein Unternehmen*, die ein Unternehmen entlang Aufmerksamkeits- und Publizitätsregeln mit oder ohne dessen aktive Mitwirkung thematisieren kann.

Mit *Reputation* verbindet sich in diesem Kontext eine *Kontinuitätserwartung*. Reputation lässt sich mit Eisenegger als ein „aggregiertes und verdichtetes Bündel von Vorstellungen" definieren, das in öffentlicher Kommunikation verankert ist und einem Unternehmen oder einer Person als Sozialressource einen Platz in der sozialen Ordnung zuweist; soziale Ordnung wird damit etabliert und aufrechterhalten (Eisenegger 2005: 23). Von Reputation unterscheidet Eisenegger in Anlehnung an Bourdieu *Prestige* als die „Anerkennung regelgeleiteten Handelns im jeweiligen sozialen Feld" (ebd.: 20). Dies lässt eine Unterscheidung zu in Reputation als öffentliche, eher diffus ausgeprägte Kontinuitätserwartung und Prestige als eine bei Stakeholdern und anderen Interessengruppen[9] des sozialen Umfeldes eines Unternehmens auftretende, beziehungsbezogene und an bestimmte Referenzpunkte geknüpfte konkretere Kontinuitätserwartungen. *Reputation* und *Prestige* können in

---

9   *Stakeholder* werden hier als *Anspruchsgruppen* verstanden, zu denen ein Unternehmen eine im engeren Sinne ein- oder wechselseitig existenzielle Beziehung verbindet , und von *Interessengruppen* unterscheiden, zu denen Beziehungen und Einflüsse weniger Existenz bedingend ausgeprägt sind; gemeinsam lassen sich beide Typen unter dem Dachbegriff *Bezugsgruppe* oder *Teilöffentlichkeit* fassen. Der Stakeholder-Ansatz macht es möglich, hier nicht nur unterschiedliche Typen wie Eigentümer (Shareholder), Mitarbeiter, Kunden, Lieferanten, Kapitalmarkt, Politik, Nachbarschaft oder Öffentlichkeit – analog auch Interessengruppen – zu unterscheiden (vgl. Freeman & Even 1993: 255).

diesem Sinne von ihrer Funktion her als *symbolisch generalisierte Kommunikationsmedien* eingestuft werden, die lose gekoppelte Selektionen von Information, Mitteilung und Verstehensinhalten koordinieren und Wertschätzung mit dem Präferenzcode ja/nein und vergleichend mit höher/niedriger behandeln (vgl. Luhmann 1997: 320 ff.). Die in Reputation und Prestige zum Ausdruck kommende Wertschätzung basiert auf dem Erleben (Information) des Handelns eines Unternehmens (Mitteilung) seitens Bezugsgruppen, die beobachtete Komplexität auf bewertete und im Zeitverlauf zunehmend stabilere Sinn-Bilder reduzieren. Moral als „Annahme von kommunikativ zugemutetem Sinn" (ebd.: 249) liegt diesen zugewiesenen Sinn-Bildern dabei als ein (zentraler) Bewertungsparameter zugrunde. Erst derart koordinierte Sinn-Bilder machen ein Unternehmen in öffentlicher wie Stakeholder-Kommunikation verhandelbar, weil sie zugewiesene Sinn-Dispositionen fixieren. Mitteilungshandeln von Unternehmen orientiert sich folglich an den Differenzen, die zwischen Selbst- und Fremdzuschreibung bestehen und sich im Zeitverlauf verändern.

Reputation und Prestige korrespondieren mit *öffentlichem und sozialem Vertrauen* als zweiter Seite von Kontinuitätserwartung. Vertrauen kann – verkürzt – als eine auf Erfahrung basierende Kontinuitätserwartung zur Reduktion sozialer Komplexität definiert werden (Luhmann 1968: 20). Als soziales Vertrauen ist sie die Erwartung einer bestimmten Gruppe des sozialen Umfeldes eines Unternehmens in dessen Kontinuität von Haltungen, Entscheidungen und Verhalten in sachlicher, zeitlicher und sozialer Dimension (vgl. Szyszka 2008: 141). Vertrauen basiert auf doppelter Kontingenz, denn um Vertrauen aufrechtzuerhalten oder zu erwerben, kann sich ein Unternehmen nur innerhalb bestimmter Erwartungsgrenzen seiner Beobachter bewegen (vgl. Luhmann 1984: 179 f.). Bewertungen von Beobachtungen sind dabei Zurechnungen, die Beobachtetes innerhalb bestimmter Grenzen als erwartungsgemäß und außerhalb dieser Grenzen als nicht-erwartungsgemäß behandeln. Kontinuitätserfahrung, in der sich eine Belastbarkeit von Kontinuitätserwartungen erwiesen hat, wäre damit als Vertrauenswürdigkeit der Wert innerhalb der Werteschemata von Reputation bzw. Prestige, von dem die angesprochene Risikominimierung als eine gewisse Skandalisierungsresistenz ausginge.

Risiken gehen von immer neuen Ereignissen und sich damit auch kontinuierlich verändernden Rahmenbedingungen aus, in deren Kontext sich Vertrauen und Reputation/Prestige bewähren müssen. Da Kontinuitätserwartungen im Zeitverlauf im Wandel geformt wurden, bestehen sie auch unter künftigem Wandel als Verhaltenserwartung, nämlich in der Unterstellung einer kontinuitätsadäquaten Anpassungsfähigkeit des Unternehmens, fort. Kontinuitätserwartungen operieren damit einerseits mit der Unterstellung eines bestimmten „gelebten" Wertemusters eines Unternehmens, unterstellen andererseits aber auch, dass dieses durch kontingente Entscheidungen in Folge von Antizipation von oder Reaktion auf Veränderung unternehmensseitig verändert werden kann. Da es sich immer um mindestens zwei Seiten handelt, die einen Sachverhalt entlang ihrer Referenzpunkte beobachten und aus ihrer Perspektive bewerten, besteht immer eine mehr oder weniger ausgeprägte Differenz zwischen den Bewertungen der Beteiligten. Auf den Umgang mit dem Thema sozialer Verantwortung übertragen bedeutet dies, dass bei einer

Skandalisierung, Heroisierung oder *Problematisierung* des Themas – in öffentlicher wie in Stakeholder-Kommunikation – immer Differenzen zutage treten. Demgegenüber erwecken *Äquivalenzbewertungen* den Eindruck, als würde keine Differenz bestehen: Tatsächlich liegt aber auch hier eine Differenz vor, deren Bewertung sich im Prozess der Zurechnung aber auf Verhaltenserwartungen „zurückgerechnet" und deshalb als Konformitätsbewertung behandelt wurde.

Soziale Verantwortung wird als *Thema* in einer Organisation-Umwelt-Beziehung nur dort verhandelt, wo es ein- oder wechselseitig als relevant bewertet wird. Thematisierung in öffentlicher Kommunikation kann sich dabei mit dem *Umgang eines Unternehmens mit sozialer Verantwortung* alleingestellt befassen oder dieses Unternehmen im *Zusammenhang mit dem Thema* soziale Verantwortung und damit exemplarisch oder im Vergleich mit anderen Unternehmen thematisieren. Demgegenüber geht es in Stakeholder-Kommunikation immer um konkrete Erwartungen im Umgang mit einer Differenz, die ggf. auch in öffentlicher Kommunikation thematisierungsfähig ist. Merten (2008) und Szyszka (2009) haben aus systemtheoretischer Position heraus Public Relations-Management die Funktion eines *Differenzmanagement* zugeschrieben, das sich mit eben diesen relationalen Differenzen, die zwischen einer Organisation und einer Bezugsgruppe bestehen, auseinandersetzt; Szyszka hat dies dahingehen erweitert, dass es nicht nur um Differenzen, sondern auch um die Differenzen, die zwischen den Differenzen zu verschiedenen Bezugsgruppen bestehen (Diskrepanzen), ginge.

Abbildung 1   Differenz als Kommunikationssystem

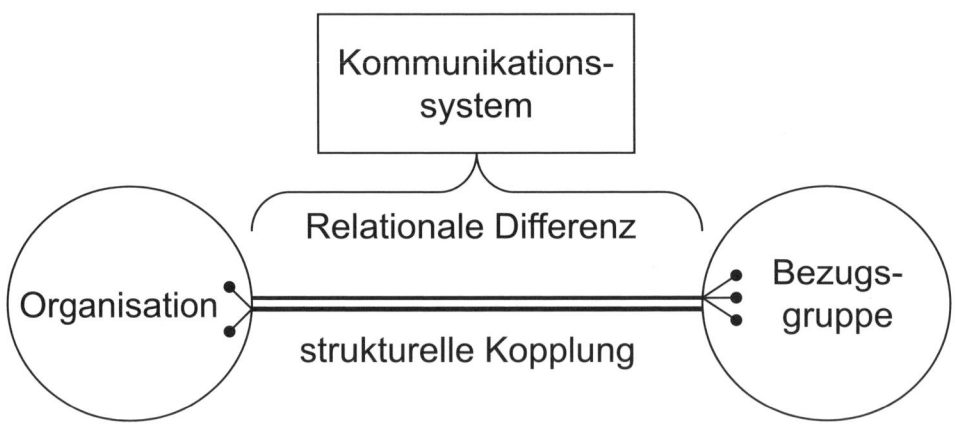

Wenn in systemtheoretischer Perspektive Unternehmen abstrakt sind (juristische Personen) und wie ihre Bezugsgruppen als geschlossene Systeme aufgefasst werden, deren Mitglieder Umwelt sind, stellt sich die Frage, warum und wie Werteschemata wie soziale Verantwortung verhandlungsfähig sind? Unterschieden werden soll daher zwischen dem auf *struktureller Kopplung* basierenden Beziehungszusammenhang oder -strang zwischen einem Unternehmen und einer Bezugsgruppe, der über nichts anderes als Möglichkeit und Wahrscheinlichkeit von Beobachtung Auskunft gibt, und der *relationalen Differenz zwischen Positionen, Werten und Bewertungen* innerhalb einer Beziehung. *Differenzen* können in diesem Sinne als *Kommunikationssysteme* der Artikulation und Verhandlung zwischen allen jeweils Beteiligten verstanden werden (vgl. Abbildung 1). Diese sind als Organisationen/Gruppen zunächst nichts anderes als soziale Adressen, die nur auf der Ebene von Mitgliedern als *Repräsentanten* operieren können, weil nur Repräsentanten als psychische Systeme Informationen sinnstiftend verarbeiten können. Repräsentanten sind als organisationale Adressen an diese gebunden entlang der in einer Unternehmens- oder Gruppenkultur verankerten Bewertungsmaßstäbe des/der von ihnen vertretenen Unternehmens oder Gruppe bewerten und entscheiden. Diese Bewertungsmaßstäbe können im Sinne Luhmanns als die Moral von Unternehmen oder Gruppen eingestuft werden, die „dafür sorgt, dass sich Konditionierungen entwickeln, die Anhaltpunkte dafür liefern, welche Kommunikationen anzunehmen und zu befolgen sind und welche nicht" (1997: 249); Schmidt würde hier von einem unverzichtbaren Bestandteil von Kulturprogrammen sprechen (2009: 68 ff.).

Abbildung 2 Soziale Verantwortung als Differenz-Thema

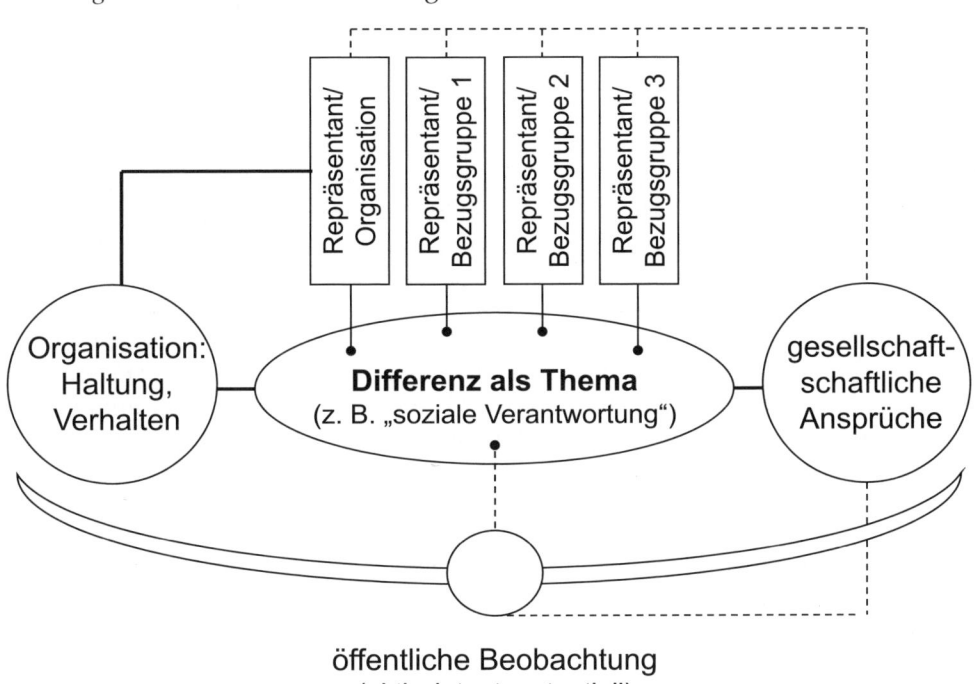

Kommunikation über die soziale Verantwortung eines Unternehmens ist in diesem Sinne ein Kommunikationssystem, das sich an der *Differenz zwischen Haltungen und Verhalten eines Unternehmens* auf der einen Seite und den in öffentlicher Kommunikation zum Ausdruck kommenden *gesellschaftlichen Erwartungen* auf der anderen Seite aufspannt (vgl. Abbildung 2). Es wird aktiviert, wenn das Unternehmen und/ oder eine oder verschiedene Anspruchsgruppen mittels über Repräsentanten ihre Sinndeutungen und -bewertungen des Umgangs dieses Unternehmens mit ökonomischen, sozialen und ökologischen Ansprüchen aus ihrer Position als Positiv-, Negativ- oder Äquivalenzbewertung einbringen und in öffentlicher oder (von Dritten beobachtbarer) Stakeholder-Kommunikation verhandelt. Differenzen markieren damit als eigenes System den Unterschied zwischen Positionen. Im Artikulations- und Verhandlungssystem operieren hier Repräsentanten mit Sinndeutungsvorschlägen als organisationalen Selbstbeschreibungen, die sich von ihrer Ausrichtung her abhängig von Situation, Interessen oder Machtposition zwischen Positionsvertretung und Verständigungsorientierung bewegen können. In jedem Fall sind sie für ein Unternehmen oder eine Gruppe rückbindend, d. h. Aussagen werden als verbindlich behandelt und dienen künftig als Maßstab bei der Zuweisung von (Kontinuitäts-)Bewertungen.

3.2   *Werthaltung und Entscheidung*

Damit stellt sich die Frage, was Beobachter beobachten (können) oder zu beobachten glauben, wenn sie im Kontext einer Differenz ein Unternehmen und dessen themenbezogene Disposition beobachten? Dazu muss der Blick auf die Binnendifferenzierung von Organisationen und die damit verbundene Kommunikation in Organisationen geworfen werden. Unternehmen können – wie jeder andere Organisationstyp auch – mit Schmidt als Prozesssysteme verstanden werden, die auf geordneten und aufeinander bezogenen Beobachtungs-, Kommunikations- und Entscheidungsprozessen basieren (vgl. 2009: 60). In der Binnendifferenzierung ihrer Funktionen und Strukturen lässt sich ein Verfassung gebendes *Entscheidungssystem*, in dem Grundsatzentscheidungen bearbeitet werden, von nachgeordnet *abhängigen Funktionssystemen* unterscheiden, in denen Grundsatzentscheidungen mittels abgeleiteter Anschlussentscheidungen weiterbearbeitet und letztlich in beobachtbares Unternehmensverhalten umgesetzt werden. Entscheidungen müssen immer in Kommunikation behandelt und mitgeteilt werden, weil sie ansonsten weder getroffen noch wirksam werden könnten. Nur durch *Entscheidungen, Entscheidungskommunikation, Anschlussentscheidungen und Kommunikation* ist es einem Unternehmen möglich, sich zu reproduzieren, und dies auch nur dann, wenn diese Entscheidungen dem Unternehmen auch zugerechnet werden (vgl. Luhmann 2000: 136). Daran wird bereits deutlich, dass Unternehmensidentität ebenfalls immer als eine Zurechnung zu verstehen ist, die auf die Zurechnung von Entscheidungen zu einem Unternehmen zurückgreift, diese interpretierend und wertend behandelt.

Dies wäre dann weiter unproblematisch, wenn sich Entscheidungen als Handlungen beobachten ließen. Bekanntermaßen sind Entscheidungen aber immer kontingent, d. h. neben der getroffenen wären auch andere Entscheidungsoptionen möglich gewesen, die im Prozess des Entscheidens zwar verworfen wurden, von einem Beobachter in seiner Interpretation aber trotzdem mitgedacht und mitbewertet werden können. Da schon die Entscheidung, was entschieden/was nicht entschieden wird, als Entscheidung behandelt werden kann, können Entscheidungen nicht nur im Kontext unterstellter Entscheidungsoptionen, sondern auch im Kontext von *Entscheidung/Nicht-Entscheidung* beobachtet, interpretiert und bewertet werden. Das führt zu einer „fundamentalen Paradoxie" (Luhmann 2000: 127), dass nämlich Entscheidung *Beobachtbares und Nicht-Beobachtbares* erzeugt und letzteres dennoch im Kontext des Beobachtbaren beobachtet werden kann. Auf das Beispiel sozialen Verhaltens übertragen bedeutet dies, dass soziales Verhalten von Beobachtern durch die Zuschreibung von Beobachtungen zu sozialem Verhalten beobachtet und gemeinsam mit Erwartungen bewertet werden kann und dies unabhängig davon, ob dieses zugewiesene soziale Verhalten unternehmensseitig durch bestimmte Entscheidungen hinterlegt oder nur aus einem Sachverhalte oder einer Erwartung abgeleitet wurde: Es muss nur möglich sein, das Thema soziales Verhalten im Kontext unterstellter sozialer Identität zu adressieren.

Soziale Identität als ein Verhaltens- und Erwartungsmuster kann zugewiesen werden, weil Entscheider als Repräsentanten nicht beliebig entscheiden, sondern Entscheidungen sich immer an frühere Entscheidungen anschließen, die in *Selbstbeschreibungen* überliefert oder dokumentiert sind (Luhmann 2000: 417 ff.); in gleicher Weise werden Anschlussentscheidungen in Unternehmensverhalten umgesetzt. Selbstbeschreibungen beziehen sich auf das, was Schmidt die fünf Problemdimensionen eines Unternehmens genannt hat (2009: 61 f.), die gleichermaßen aber auch als Profil bildende Elemente eines Unternehmens eingestuft werden: (1) die Originalität eines Unternehmens in Zweck, Zielen und Umsetzung, die es eindeutig von seiner Umwelt unterscheidet, (2) die Art und Weise des Zusammenwirkens der Unternehmensmitglieder einschließlich zugrunde liegender Regelungen, (3) die funktional herausgebildeten Unternehmensstrukturen, (4) der Umgang mit (sozio-)emotionalen Bedürfnissen der Mitglieder und (5) das Wertesystem, das allen Mitglieder unter allen Bedingungen eine verbindliche moralische Orientierung ermöglicht. Schmidt unterscheidet weiter das *Wirklichkeitsmodell eines Unternehmens*, das als verbindlicher Orientierungsrahmen aller Unternehmensmitglieder auf diesen fünf Punkten basiert, und das *Kulturprogramm* eines Unternehmens als in allen unternehmensrelevanten Prozessen verbindliches Problemlösungsprogramm (ebd.: 62 f.).

Unternehmenskultur bildet das formelle wie informelle Regelwerk der kulturellen Normen, Werte und Regeln eines Unternehmens, das sich in Gewohnheiten, Werthaltungen und Präferenzen als den sozialer Erwartungen niederschlägt, die ein Unternehmen an seine Mitglieder stellt. Die organisationale Individualität dieser Kulturprogramme findet ihre Grenzen in der notwendigen Rückbindung an den *kulturellen Rahmen einer Gesellschaft*: nur eine gemeinsame Rahmung macht es möglich, dass Differenzen über eine Bewertung von sozialer Verantwortung kommunikativ sinnstiftend bearbeitet werden können. Wie schwierig gesellschaftskulturübergreifende Bewertung und der Umgang mit diesen Bewertungen ist, könnten etwa exemplarisch der Vergleich und die dabei herauszuarbeitende Differenz zwischen grundlegenden Normen und Werten in westeuropäischen und asiatischen Kulturen zeigen.

Soziale Verantwortung als solche ist in den Normen, Werten und Regeln der Unternehmenskultur verankert, die *unternehmensintern* Einfluss auf den Umgang mit der Ressource Arbeitskraft, mit Wandlungsprozessen, Arbeitsschutz oder auf Sorgfalt und Umweltbewusstsein der Mitglieder im Umgang mit Ressourcen nehmen. Gleiches gilt *unternehmensextern* für die Integration eines Unternehmens in sein lokales und regionales Umfeld, den Umgang mit Stakeholdern und Interessengruppen, aber auch mit Menschenrechten und Umweltschutz in direkten oder indirekten geschäftlichen oder unternehmenspolitischen Beziehungen (vgl. Grünbuch 2001); für letztere lassen sich aktuell Beispiele wie Kinderarbeit oder Regenwald anführen. Als eine *bestimmte Werthaltung* ist soziale Verantwortung also grundsätzlich immer in einem Unternehmen verankert und damit in Entscheidung, Entscheidungskommunikation, Anschlussentscheidungen usw. sowie in Nicht-Entscheidung zu beobachten. Sie findet ihren Ausdruck in „gelebter" Unternehmenskultur und wird deshalb von Beobachtern in formelle Kommunikation von Unternehmensmitgliedern als Repräsentanten und mittels Interpretation von Verhalten beobachtet.

Informelle Kommunikationsprozesse in Unternehmen, die sich daneben natürlicherweise immer im Umfeld von Entscheidungen und formeller Entscheidungskommunikation beobachten lässt, ist demgegenüber *moralisierende Kommunikation*, die Werturteile über Beobachtetes fällt: in unserem Fall, wie beobachtete soziale Verantwortung bewertet wird – im Extremfall als „asoziale" Verhaltenszumutung. Da systemtheoretisch nicht nur Mitglieder die Umwelt von Unternehmen bilden, sondern auch nachgeordnet operierende Funktionssysteme Umwelt von Entscheidungssystemen sind, weil nicht unmittelbar an den Prozessen von Grundsatzentscheidung beteiligt, gelten hier die gleichen Bedingungen wie bei externer Umwelt: Moralisierende und in dieser Weise Werturteile fällende Kommunikation ist immer *Kommunikation über eine Organisation*, die Zuschreibungen über Unternehmensidentität als die für dieses Unternehmen typischen Verhaltensweisen nimmt und Differenzen sichtbar werden lässt.

Bei diesen Differenzen kann es sich um Entscheidungs- oder Kommunikationsprobleme handeln. Sie sind *Entscheidungsprobleme*, wenn zwischen unternehmensinternen und/oder externen Verhaltenserwartungen und dem vom Regelwerk der Unternehmenskultur geprägten und zu erwartendem sozialen Verhalten Differenzen bestehen, von denen zu erwarten ist, dass sie sich bei einer Fortsetzung des bisher gepflegten sozialen Verhalten künftig nachteilig auf die Existenzbedingungen dieses Unternehmens auswirken, weil sie negativen Einfluss auf Reputation/Prestige oder Vertrauenswürdigkeit nahmen. Sie legen damit einen Eingriff in das kulturelle Regelwerk des Unternehmens durch Entscheidung nahe, der als Selbst-Transformation des Unternehmens bezeichnet werden kann (vgl. Seidl 2005). Derartige Entscheidungen, die sich über Kommunikation und Anschlussentscheidung entfalten, zielen auf *Modifikation der Unternehmenskultur*, die über adäquates Anschlussverhalten Einfluss auf künftig „gelebte" und in dieser Weise beobachtbare Unternehmenskultur nehmen kann. Ob damit Differenzprobleme abgebaut werden, entscheiden allerdings wiederum Beobachter durch Zuschreibung, Interpretation und Bewertung.

Von einem *Kommunikationsproblem* wäre dagegen zu sprechen, wenn sich Verhaltenserwartungen und Verhalten in einem gemeinsamen Zielkorridor befinden, Beobachter aufgrund mangelnder Beobachtbarkeit von Referenzpunkten oder Referenzen zu anderen Interpretationen und Bewertungen gelangen. Erst an dieser Stelle setzen Kommunikationsprobleme an, die sich im engeren Sinne mit *Information, Mitteilung und Verstehen* auseinandersetzen und damit typische Probleme des Kommunikationsmanagements sind.

3.3   Entscheidungs- und Kommunikationsprobleme

Soziale Verantwortung als Werte- oder Bewertungsproblem kann eine Frage der *Lebensweise* oder der *Bewertung von Lebensweise* sein. Als Differenz und Thema wird soziale Verantwortung in formeller und informeller, in halböffentlicher, medien- oder netzöffentlicher Kommunikation behandelt (vgl. Abbildung 1). Aus dieser Perspektive ist soziale Verantwortung ein Analyse- und Bearbeitungsproblem des Kommunikationsmanagements;[10] Begriffe wie *Verantwortungsmanagement* (Karmasin & Weder 2008) oder *Verantwortungskommunikation* (Mast & Stehle 2009) variieren diesen Begriff, indem sie Kommunikationsmanagement eine ganz bestimmte Ausrichtung oder eine abgeleitete Subfunktion zuweisen wollen. Da Verantwortung eine Attribution ist, führt der Begriff wieder zu Werten, dem Umgang eines Unternehmens mit Werten, der Beobachtung und Bewertung von gelebten Werten und damit zu Bedeutungszuweisung und Legitimitätsbewertung zurück: Beobachtung und Analyse derartiger Differenzen und deren kommunikative Bearbeitung sind elementare Bestandteile von Kommunikationsmanagement, ohne das es hier einer besonderen begrifflichen Kennzeichnung bedürfte. Idealtypisch setzen Prozesse des Kommunikationsmanagements immer bei Beobachtung und Analyse an, um Differenzen und damit ggf. verbundenen Handlungsbedarf zu ermitteln. Methodisch kann hier exemplarisch auf die Verfahren des Issues Managements verwiesen werden. Wenn sich etwa Eisenegger in seiner Monographie mit dem Zusammenhang von Reputations- und Issues Management beschäftigt hat (2005), verweist dies einerseits auf einen hohen Stellenwert, den zugewiesene Reputation und Prestige für die Handlungs- und Entwicklungsspielräume eines Unternehmens besitzen, andererseits aber auch auf den Stellenwert von Beobachtung und Analyse.

---

10   Der Begriff Kommunikationsmanagement kann dabei auf funktionaler Ebene als Obergriff behandelt werden, der Typen von Kommunikationsmanagement, wie das im Kern auf den Umgang mit öffentlicher Kommunikation ausgerichtete Public Relations-Management, einschließt.

Als unternehmenspolitische Unterstützungsfunktion ist Kommunikationsmanagement ein fachlicher Beobachter, der im Gegensatz zu „naiven" Beobachtern im allgemeinen Management nicht nur das Vorliegen von Differenzen beobachten und attestieren, sondern auch beobachten und analysieren kann, wie diese (Selbst-) Beobachter Differenzen beobachten und bewerten. Kommunikationsmanagement untersucht dabei die *Wirklichkeitsmodelle* von Unternehmen und beteiligten Bezugsgruppen sowie die zugrunde liegenden *Kulturprogramme* als Differenz treibende Einflussfaktoren. Da Kommunikationsmanagement als fachlicher Beobachter funktional immer an die Beobachtungsposition eines Unternehmens gebunden ist und damit eine Differenz nur perspektivisch beobachten kann, können tiefer gehende Differenzprobleme den Einbezug von Kommunikationsberatern erforderlich machen, diese Differenz weitgehend ungebunden an diese Differenz beobachten und bewerten können (Szyszka 2009a: 67).

Wird einem Differenzproblem in Analyse und Bewertung Regelungsbedarf unterstellt und Bedeutung zugewiesen, kann es sich in der Folge um ein Entscheidungs- und/oder ein Kommunikationsproblem handeln:

- *Entscheidungsprobleme* liegen bei Wertedifferenzen vor. Eine ermittelte Differenz zwischen Kulturprogrammen macht unternehmenspolitisch deren Bearbeitung in Entscheidungsprozessen des Entscheidungssystems erforderlich; erst abhängig von dieser Entscheidung kann das Kommunikationsmanagement dann das Differenzproblem mittels abgeleiteter eigener Entscheidungen und Kommunikationsoperationen weiterbearbeiten, um durch Mitteilung über das Kulturprogramm des Unternehmens (Veränderung/Nicht-Veränderung) auf Differenz und Differenzbewertungen einzuwirken.
- *Kommunikationsprobleme* liegen vor, wenn Differenzen sich bei ähnlichen Wertemustern von Kulturprogrammen auf Bewertungen beziehen, denen Kommunikationsdefizite unterstellt werden können. Liegen Entscheidungen des Entscheidungssystem über die im Differenzzusammenhang zu vertretenden Positionen vor, kann Kommunikationsmanagement ohne Konsultation mit dem Entscheidungssystem das Differenzproblem mittels abgeleiteter eigener Entscheidungen und spezifischen Kommunikationsoperationen bearbeiten; anderenfalls sind Entscheidungen im Entscheidungssystem erforderlich, die sich dann aber nur auf den Umgang mit dem Kommunikationsproblem beziehen.

Diese Unterscheidung macht es möglich, die im kommunikationswissenschaftlichen Fachdiskurs behandelten CSR-Probleme zu ordnen. Die Fragen von Freiwilligkeit und Moral sind *Entscheidungsprobleme* an der Schnittstelle *Erwartungen/ Verhalten*. Mit der Art der ausdrücklichen Übernahme sozialer Verantwortung, der Breite oder Tiefe von gesellschaftlichem Engagements, Paternalismus, Philanthropie u. a. verbinden sich immer Investitionen, die sich in Reputation und Prestige und damit verbunden in öffentlichem oder sozialem Vertrauen niederschlagen und als soziale Ressourcen Einfluss auf die Existenz- und Entwicklungsbedingungen eines Unternehmens in seinem gesellschaftlichen Umfeld nehmen sollen. Eine *stra-*

tegische Bewertung von „freiwilligen Verpflichtungen" (Grünbuch), die ein Unternehmen eingeht, wenn es sich ausdrücklich zu bestimmten Werten bekennt oder sich in einer bestimmten Art und Weise gesellschaftlich engagiert, ist also evident, weil sich das Unternehmen an diese Selbstverpflichtung als Teil von Unternehmensidentität bindet, die nicht nur zugeschrieben, sondern in Beobachtungs- und Bewertungsprozessen seitens Öffentlichkeit und Stakeholdern auch bestätigt und goutiert werden soll, um Mehrwert erwirtschaften zu können.

Abbildung 3 CSR-Pyramide in der Unternehmenspraxis[11]

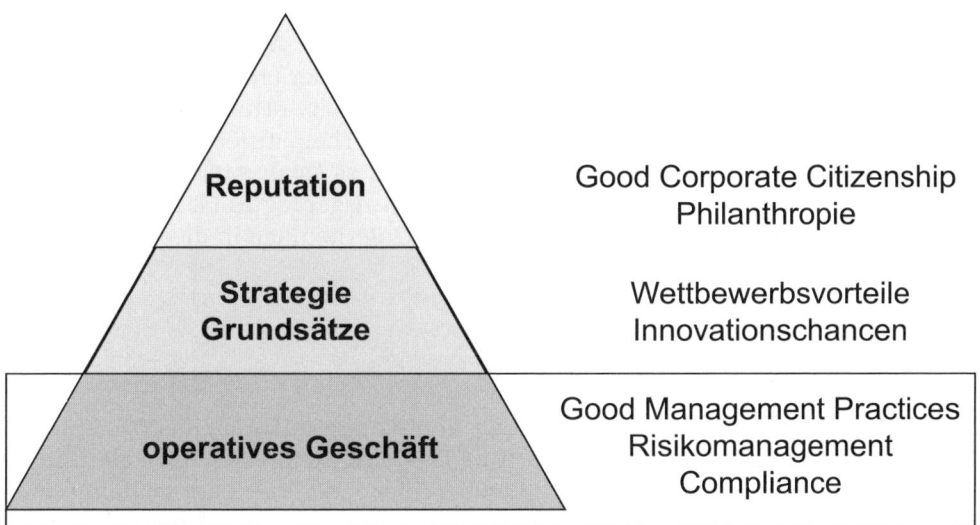

Der Begriff des *Mehrwertes* verweist dabei auf die ökonomische Grundausrichtung eines Unternehmens, auf der strategische Überlegungen über den Einsatz der immer nur begrenzt zur Verfügung stehenden Ressourcen als Entscheidungsproblem aufsatteln. Entsprechend nachvollziehbar gestalten sich deshalb CSR-Darstellungen aus der Unternehmenspraxis, die zwar das Modell der CSR-Pyramide übernehmen, die gleichzeitig aber einer Verklammerung von ökonomischer Basis (operatives Geschäft) und Reputation auf der Ebene von Unternehmensgrundsätzen und abgeleiteten Wettbewerbsstrategien vornehmen (vgl. Abbildung 3). Damit wird nochmals unterstrichen, dass Kommunikationsentscheidungen, die darauf abzielen, soziales, das heißt auf die Zustimmung und Akzeptanz von Stakeholder- oder Interessengruppen ausgerichtetes Verhalten mittels Kommunikation sichtbar zu machen, um Einfluss auf Reputations-/Prestigezuweisungen zu nehmen, immer

---

11 Entnommen einer Darstellung des Volkswagen-Konzerns unter „www.volkswagenag.com": CSR+Pyramide

Folge grundlegender Unternehmensentscheidungen sind, die sich von der Lebens-weise eines Unternehmens ableiten.

Mit Fragen des Einsatzes von CSR-Maßnahmen verbinden sich dann *Kom-munikationsprobleme* auf der Schnittstelle *Verhalten/Kommunikation*. Die Frage der Glaubwürdigkeit von CSR-Maßnahmen führt hier beispielsweise zu zwei Kom-munikationsproblemen: der *Kompatibilität/Inkompatibilität* von Maßnahmen mit bis dato bestehenden Zuschreibungen und Erwartungen und der *Demonstrativität* von Maßnahmen, was als Fassadentechnik oder Übertreibung zu negativer und damit kontraproduktiver Bewertung in Öffentlichkeit oder bei Stakeholdern führen kann. Berichterstattung, Audit-Verfahren oder Sozial- und Umwelt-Gütesiegel sind in die-sem Kontext Instrumente, um die nur in Unternehmenskultur verankerte, im Un-ternehmen gelebte, aber nur durch Zuschreibung fassbare Ausprägung der sozialen Verantwortung in einem Unternehmen durch Selbst- oder Fremdbeschreibung und -bewertung „sichtbar" werden zu lassen. Soziale Verantwortung ist allerdings nur *ein* potentielles Thema oder Themenfeld, das eine Thematisierung in öffentlicher oder Stakeholder-Kommunikation möglich macht; es *kann*, muss dabei aber kein zentrales Themenfeld sein. Der Bereich *kann* ein ausgeprägtes Handlungsfeld des Kommunikationsmanagements sein, wenn ein Unternehmen in diesem fortgesetzt ausgeprägte Aufmerksamkeit erfährt.

4   Symbolische Selbstergänzung

Ein kommunikationsstrategischer Einsatz von Kommunikationsinstrumenten im Kontext des Themas soziale Verantwortung lässt sich exemplarisch am als „illuster" einstufbaren Sponsoring aufzeigen. Literatur über *Sponsoring* liegt vielfältig, meist praxisorientiert vor; sie ist größtenteils deskriptiv und wenig analytisch, besonders wenn es um die Frage alleinstellender Merkmale von Sponsoring gegenüber an-deren Kommunikationsinstrumenten geht. Faulstich hat schon früh eine einfache Definition vorgeschlagen, wonach es sich bei Sponsoring um das *Prinzip des Tausches einer materiellen Leistung gegen eine immaterielle Gegenleistung* handelt (vgl. 1992: 134); für Bruhn geht es dabei im Kern um „die mit der Bereitstellung von Geld, Sachmit-teln, Dienstleistungen oder Know-how durch Unternehmen oder Institutionen zur *Förderung* von Personen und/oder Organisationen in den Bereichen Sport, Kultur, Soziales, Umwelt und/oder Medien unter vertraglicher Regelung der Leistung des Sponsors und Gegenleistung verbunden sind" und zu Zwecken von Marketing- und Unternehmenskommunikation eingesetzt werden können (2009: 108; Hervorh. PS).

Wird der Begriff der *Förderung im Sinne von Ermöglichung* in den Mittelpunkt ge-rückt, kann in einen weiteren und einen engeren Sponsoringbegriff unterschieden werden:

- Als *Sponsoring im engeren Sinne* können alle Aktivitäten vorrangig des *Umwelt-, Kultur- oder Sozio-Sponsorings* eingestuft werden, die ohne die materielle För-derung des Gesponsorten nicht so oder gar nicht möglich wären und mittels derer dem Sponsor Werte wie gesellschaftliche oder soziale Verantwortung von dritten Beobachtern zugeschrieben werden können, wofür ggf. durch Anschlusskommunikation zusätzliche Aufmerksamkeit geschaffen werden muss.

- Als *Sponsoring im weiteren Sinne* müssen dann *Programmsponsoring* als Sonderwerbeform und zentrale Teile des *Sportsponsorings* eingestuft werden, bei denen es um die *Präsenz* von Name, Logo oder Schriftzug eines Unternehmens oder seiner Produkte in ansonsten werbefreien Räumen in Programm (Werbebanden, Trikots in einer Sportsendung) oder Programmumfeld („Diese Sendung wird Ihnen präsentiert von ...") zur Erreichung von Publikumsaufmerksamkeit geht und weniger um Förderung des Gesponsorten.

Sponsoring im engeren Sinne ermöglicht dem Sponsor durch sein materielles Engagement den *Ausweis einer Übernahme von Verantwortung* und zusätzlich eine Partizipation an den Werten, die dieser Art von Sponsoring an sich und/oder dem Gesponsorten zugeschrieben werden. Ein strategischer Umgang mit derartigen Sponsoringaktivitäten kann sich bei der gezielten Auswahl von Sponsoringobjekten am Problem der weitgehenden „Unsichtbarkeit" der Werte eines Unternehmens orientieren, d. h. einzelne Sponsoring-Aktivitäten dahingehend auswählen, dass mit ihnen Werte verbunden werden, die auf Seiten des Unternehmens „unsichtbar" gelebt und auf diese Weise sichtbar herausgestellt werden können. Analog zum sozialpsychologischen Konzept der symbolischen Selbstergänzung (Wicklund & Gollwitzer 1982) werden auf diese Weise „unsichtbare" Werte „ersatzweise gelebt", damit sie von Beobachtern als Identitätsmerkmale des indirekt beobachteten Unternehmens attribuiert werden können.

Literatur

Bernays, E. L. (1967). *Biographie einer Idee. Die hohe Schule der PR*. Düsseldorf: Econ.

Bowen, H (1953). *Social Responsibility of the Businessman*. New York: Harper and Row.

Bruhn, M. (2009). Die Glaubwürdigkeit von Sozio- und Umweltsponsoring. In S. J. Schmidt, & J. Tropp (Hrsg.), *Die Moral der Unternehmenskommunikation* (S. 108–123). Köln: von Halem.

Carroll, A. B. (1979). A Three-Dimensional Conceptual Model of Corporate Performance. *Academy of Management Review, 4*, 497–505.

Carroll A. B. (1991). The Pyramid of Corporate Social Responsibility. *Business Horizons, July-August*, 39–48.

Crane, A., McWilliams, A., Matten, D., Moon, J., & Siegel, D. S. (Hrsg.) (2008). *The Oxford Handbook of Corporate Social Responsibility*. New York: Oxford University Press.

Dyllick, T. (1989). *Management der Umweltbeziehungen. Öffentliche Auseinandersetzung als Herausforderung*. Wiesbaden: Gabler.

Eisenegger, M. (2005). *Reputation in der Mediengesellschaft. Konstitution – Issues Monitoring – Issues Management*. Wiesbaden: VS Verlag.

Elkington, J. (1994). Towards the Sustainable Corporation. Win-win-win Business Strategies for Sustainable Development. *California Management Review, 36*(2), 90–100.

Elkington, J. (Hrsg.) (2004). Enter the Triple Bottom. In A. Henriques, & J. Richardson, *The Triple Bottom Line. Does is all add up? Assessing the Substainability of Business and CSR* (S. 1–16). London: Earthscan.

Faulstich, W. (1992). *Öffentlichkeitsarbeit. Grundwissen. Kritische Einführung in Problemfelder*. Bardowick: Wissenschaftler Verlag.

Fieseler, C., & Meckel, M. (2008). Tue Gutes aus den richtigen Gründen, und rede darüber. Wie soziale und ökologische Verantwortung Unternehmen in der Kapitalmarktkommunikation auszeichnet. *PR-Magazin, 39*(6), 67–72.

Freeman, E. R., & Even, W. M. (1993). A Stakeholder Theory of the modern Corporation. Kantian Capitalism. In G. D. Chryssides, & J. H. Kaler (Hrsg.), *An Introduction of Business Ethics* (S. 254–267). London u. a.: Thomas Learning.

Grünbuch (2001). *Europäische Rahmenbedingungen für die Soziale Verantwortung von Unternehmen.* Europäische Kommission.

Grunig, J. E., & Hunt T. (1984). *Managing Public Relations.* New York u. a.: Holt, Rinehart and Winston.

Harlow, R. (1976). Building a Public Relations Definition. *Public Relations Review, 2*(2), 34–42.

Hennig, F.-W. (1997). *Das industrialisierte Deutschland 1914 bis 1992* (9. Aufl.). Paderborn u. a.: Schöningh.

Herzog, C., & Schaltegger, S. (2005). Nachhaltigkeitsberichterstattung von Unternehmen. In Michelsen, G., & Godemann, J. (Hrsg.), *Handbuch Nachhaltigkeitskommunikation. Grundlagen und Praxis* (S. 579–593). München: Oekom.

Hirsan, D., & Siegert, G. (2009). Corporate Social Responsibility zwischen Reputation und Unternehmenskommunikation. In: Schmidt, S. J., & Tropp, J. (Hrsg.). *Die Moral der Unternehmenskommunikation* (S. 139–154). Köln: Halem.

Hundhausen, C. (1951). *Werbung um öffentliches Vertrauen. Public Relations.* Essen: Girardet.

Imhof, K. (2006). Mediengesellschaft und Medialisierung. *Medien und Kommunikation, 54*(2), 191–215.

Imhof, K. (2008). Vertrauen, Reputation und Skandal. Zeitschrift für Religion, Staat und Gesellschaft (RSG). *Themenheft: Soziale Normen und Skandalierung, 9*(2), 55–78.

Imhof, K. (2009). *Empörungskommunikation. Zum moralischen Diktat über Wirtschaft und Gesellschaft.* Osnabrück: Institut für Kommunikationsmanagement.

Inglehart, R. (1989). *Kultureller Umbruch. Wertewandel in der westlichen Welt.* Frankfurt am Main & New York: Campus.

Karmasin, M., & Weder, F. (2008). *Organisationskommunikation und CSR. Neue Herausforderungen an Kommunikationsmanagement und CSR.* Wien & Münster: LIT Verlag.

Klages, H. (1984). *Werteorientierung im Wandel. Rückblick, Gegenwartsanalyse, Prognosen.* Frankfurt am Main & New York: Campus.

Köppl, P., & Neureiter, M. (Hrsg.) (2004). *Corporate Social Responsibility.* Wien: Linde.

Leitz, C. (2008). *Corporate Social Reponsibility. Stand der Forschung und Entwicklungstrends.* München: Grin.

Luhmann, N. (1968). *Vertrauen. Ein Mechanismus zur Reduktion sozialer Komplexität.* Stuttgart: Lucius & Lucius.

Luhmann, N. (1984). *Soziale Systeme. Grundriss einer allgemeinen Theorie.* Frankfurt am Main: Suhrkamp.

Luhmann, N. (1997). *Die Gesellschaft der Gesellschaft.* Frankfurt am Main: Suhrkamp.

Luhmann, N. (2000). *Organisation und Entscheidung.* Wiesbaden: Westdeutscher Verlag.

Mast, C., & Stehle, H. (2009). Corporate Social Responsibility – Modeerscheinung oder mehr? In S. J. Schmidt, & J. Tropp (Hrsg.), *Die Moral der Unternehmenskommunikation* (S. 170–186). Köln: Halem.

Merten, K. (2008). Zur Definition von Public Relations. *Medien und Kommunikationswissenschaft, 56*(1), 42–59.

Müller, M., & Schaltegger, S. (Hrsg.) (2007). *Corporate Social Responsibility. Trend oder Modeerscheinung?* München: oekom.

Popp, C. (1990). *Sozialbilanzen. Gesellschaftsbezogene Verfahren der Public Relations.* Nürnberg: Kommunikationswissenschaftliche Forschungsvereinigung.

Röttger, U., & Schmitt, J. (2009). Bedingungen, Chancen und Risiken der Reputationskonstitution ökonomischer Organisationen durch Corporate Responsibility. In S. J. Schmidt, & J. Tropp (Hrsg.), *Die Moral der Unternehmenskommunikation* (S. 39–58). Köln: Halem.

Schmidt, S. J. (2009). Markt und Moral (?). In Schmidt, S. J., & Tropp, J. (Hrsg.), *Die Moral der Unternehmenskommunikation* (S. 59–70). Köln: Halem.

Schmidt, S. J., & Tropp, J. (Hrsg.) (2009). *Die Moral der Unternehmenskommunikation. Lohnt es sich, gut zu sein?* Köln: Halem.

Seidl, D. (2005). *Organizational Identity and Self-Transformation. An Autopoietic Perspective.* Gateshead: Ashgate.

Söllner, A., & Mirković, S. (2009). Die Tugendhaftigkeit von Unternehmen und die Gefahren falscher Versprechen. In S. J. Schmidt, & J. Tropp (Hrsg.), *Die Moral der Unternehmenskommunikation* (S. 85–100). Köln: Halem.

Stehr, N. (2007). *Die Moralisierung der Märkte. Eine Gesellschaftstheorie.* Frankfurt am Main: Suhrkamp.

Szyszka, P. (2005). Organisationskommunikation. In G. Bentele, R. Fröhlich, & P. Szyszka (Hrsg.), *Handbuch der Public Relations* (S. 597–598). Wiesbaden: VS Verlag.

Szyszka, P. (2008). Berufsgeschichte. Bundesrepublik Deutschland. In G. Bentele, R. Fröhlich, & P. Szyszka (Hrsg.), *Handbuch der Public Relations* (2. Aufl.) (S. 382–395). Wiesbaden: VS Verlag.

Szyszka, P. (2009). Organisation und Kommunikation. Integrativer Ansatz einer Theorie zu Public Relations und Kommunikationsmanagement. In U. Röttger (Hrsg.), *Theorien der Public Relations* (2. Aufl.) (S. 135–150). Wiesbaden: VS Verlag.

Szyszka, P. (2009a). Kommunikationsberatung als Beobachter dritter Ordnung. Versuch einer systemtheoretischen Vermessung. In U. Röttger, & S. Zielmann (Hrsg.), *PR-Beratung. Theoretische Konzepte und empirische Befunde* (S. 59–71). Wiesbaden: VS Verlag.

Tropp, J. (2009). License to Communicate Corporate Social Responsibility. In S. J. Schmidt, & J. Tropp (Hrsg.), *Die Moral der Unternehmenskommunikation* (S. 243–259). Köln: Halem.

Wicklund, R. A., & Gollwitzer, P. M. (1982). *Symbolic self-completion*. Hillsdale, N. J.: Lawrence Erlbaum.

Corporate Social Responsibility und die rhetorische Situation

Øyvind Ihlen

Wissenschaftler messen der Rolle, die Kommunikation im Zusammenhang mit Corporate Social Responsibility spielt, eine immer größere Bedeutung zu, wie auch dieser Band beweist. Das Ziel dieses Beitrags ist es, die Relevanz der Rhetorik in einem solchen Kontext zu diskutieren. Rhetorik ist eine alte Disziplin der Kommunikation, die sich damit befasst, wie Sprache und Zeichen benutzt werden, um ein Publikum zu überzeugen. Die Tradition der Rhetorik knüpft gleichermaßen an epistemologische und philosophische Ansätze an, denn wir Menschen „contend against others on matters which are open to dispute and seek light for ourselves on things which are unknown" (Isocrates, 1929, 15.255). Viele Rhetorikforscher vertreten die Ansicht, die Rhetorik diene dem Rhetor dazu, Zustimmung oder Ablehnung für eine Idee zu erreichen. Da alle Arten von Wissen auf der Aushandlung eines kommunikativen Konsenses beruhen, wird es immer einen Bedarf an rhetorischen Mitteln geben. Eine diesem Wissen zugrunde liegende Wahrheit kann durch Rhetorik damit freilich nicht gefunden werden (Farrell 1999; Scott 1999).

Der Forschungsstand zur CSR-Rhetorik ist bisher kaum entwickelt, doch einige wenige Studien liegen vor (siehe auch Ihlen im Druck). Darin wird beispielsweise argumentiert, dass der CSR-Diskurs aufgrund seines moralischen Fokus theologische Wurzeln hat (Llewellyn 1990), und CSR-Rhetorik wird als Versuch gesehen, den eigenen Ruf (oder das Image) zu verbessern, indem moralische Tugenden demonstriert werden (Bostdorff 1992). Andere Autoren haben auf die Strategien hingewiesen, die Unternehmen anwenden, um ihr Engagement für die Umwelt glaubwürdig erscheinen zu lassen (Ihlen 2009b). Der Frage, wie CSR-Rhetorik von kontextuellen Faktoren beeinflusst wird, wurde bisher jedoch nicht nachgegangen. Das heißt: Was können Unternehmen über ihr Verhältnis zur Gesellschaft und zur Umwelt sagen und was nicht? Wie können wir ein besseres Verständnis von CSR-Rhetorik erlangen, indem wir die Bedingungen betrachten, unter denen sie stattfindet? Zur Beantwortung dieser Fragen setzt sich dieses Kapitel mit dem Begriff der rhetorischen Situation auseinander, einem Konzept, das Rhetorikforscher seit seiner Einführung intensiv diskutierten (siehe auch: Jasinski 2001).

Der Begriff „rhetorische Situation" wurde von Bitzer (1968) eingeführt. Bitzer drückte seine Verwunderung darüber aus, dass keiner der führenden Rhetorikforscher sich je mit den Situationen oder den Kontexten auseinandersetzte, in denen Rhetorik produziert wird. Das von ihm entwickelte analytische Konzept der rhetorischen Situation konzentriert sich vor allem darauf, wie der Rhetor sich einem rhetorischen Problem nähert und wie der Kontext, in dem er agiert, das beeinflusst, was der Rhetor – derjenige, der kommuniziert – sagen oder nicht sagen kann. Alle Situationen unterliegen bestimmten Zwängen, derer sich der Rhetor bewusst sein muss, um erfolgreich zu sein. Zum Beispiel ist es mittlerweile üblich, dass Unternehmen erklären, sie trügen Verantwortung, die über ihr reines Profitinteresse hinaus geht. Gleichzeitig können diese Verantwortlichkeiten aber auch strategisch begründet werden, denn CSR ist ein ambivalenter Begriff. Mit Hilfe des Konzepts der rhetorischen Situation können wir analysieren, welchen Zwängen die rhetorischen Strategien eines Unternehmens in bestimmten Kontexten unterliegen, aber auch, welche Möglichkeiten sich dadurch ergeben. Diese Strategien werden auf der Grundlage einer theoretischen und empirischen Analyse der Rhetorik der 30 führenden Unternehmen der Global-Fortune-500-Liste diskutiert. Vielfach wurde darauf hingewiesen, dass es wichtig sei, die CSR-Rhetorik von Unternehmen zu verstehen, da sie Aufschluss darüber gibt, auf welche Art und Weise Unternehmen versuchen, als legitime Mitglieder der Gesellschaft zu erscheinen und wie sie auf gesellschaftlichen Druck reagieren. Unternehmen müssen fortwährend ihre Rolle in der Gesellschaft rechtfertigen und CSR soll als Reaktion eines Unternehmens auf die drängende Frage nach seiner Legitimation diskutiert werden. CSR beinhaltet das Dokumentieren und Bewerten der Forderungen seitens der Stakeholder und auch die Entwicklung und Umsetzung von Maßnahmen und Strategien, um diesen Forderungen nachzukommen (oder sie zu ignorieren). CSR drückt sich darin aus, wie Unternehmen mit Befindlichkeiten hinsichtlich wirtschaftlicher Fragen, sozialer Fragen und den Umweltschutz betreffender Fragen umgehen. CSR-Kommunikation ist demnach die Art und Weise, wie Unternehmen über diese Prozesse kommunizieren und dabei Symbole und sprachliche Mittel einsetzen.

Der Beitrag beginnt mit einer kurzen Einführung in die Rhetorik als Forschungszweig, um sich dann einer Betrachtung der Studien zur CSR-Rhetorik zu widmen. Diesem Teil folgt ein Abschnitt, in dem der Begriff der rhetorischen Situation näher betrachtet werden soll. Dann wendet sich der Beitrag der Situation des modernen Unternehmens zu und diskutiert diese basierend auf einer Analyse der Nachhaltigkeitsberichte der 30 weltweit führenden Unternehmen. Abschließend werden in der Auswertung die wichtigsten Punkte der Analyse diskutiert und weiterführende Forschungsansätze zu diesem Thema aufgezeigt.

1 Stand der Forschung

1.1 Die Tradition der Rhetorik

Die Beschäftigung mit Rhetorik hilft uns zu verstehen, wie Wissen generiert und im gesellschaftlichen Diskurs konstruiert wird. Aufgrund der zentralen Rolle, die dem Diskurs zugeschrieben wird, haben sich viele Wissenschaftszweige mit Rhetorik beschäftigt. Wissenschaftler aus verschiedensten Bereichen wie der PR-Forschung, der Forschung zur Organisationskommunikation, der Philosophie, der Managementforschung, der Wirtschafts-, Rechts- und Politikwissenschaften, der Sozialpsychologie, der Geschichtswissenschaft und der Literaturwissenschaft setzten sich mit Rhetorik auseinander (Lucaites, Condit & Caudill 1999b; Sillince & Suddaby 2008).

In der westlichen Tradition der Rhetorik sind vor allem die Werke von Aristoteles, Cicero und Quintilian maßgeblich (Aristotle, 1991; Cicero, 2001; Quintilian, 1996). Die bekannteste Definition von Rhetorik in dieser Tradition stammt von Aristoteles: „Let rhetoric be [defined as] an ability, in each [particular] case, to see the available means of persuasion" (Aristotle, 1991, 1.2.1). Das Zitat von Isokrates aus der Einführung zeigt jedoch, dass Rhetorik auch als ein nach innen gerichteter Prozess angesehen werden kann und verweist auf die epistemische Dimension von Rhetorik. Rhetorik konstruiert und modifiziert Realität, soziale Rahmenbedingungen und Beziehungen. Zeitgenössische Rhetorikforscher (z. B. Burke 1969; Perelman & Olbrechts-Tyteca 1971) haben den Begriff erweitert, um alle Formen des Gebrauchs von Symbolen mit einzuschließen und darauf verwiesen, dass moderne Rhetoren die Massenmedien nutzen und so eine größere und wesentlich vielfältigere Öffentlichkeit erreichen können. PR-Forscher haben ebenfalls einige Analysemodelle für die PR entwickelt, die auf den Schriften der Antike, wie etwa den Schriften von Aristoteles, Cicero und Quintilian (Heath 2009; Ihlen 2002; Porter 2010), Isokrates (Marsh 2003; Porter 2010), und neuerer Rhetoriker wie Toulmin (Skerlep 2001), Burke und Perelman (Heath 2009; Ihlen 2004; Mickey 1995) basieren. Forscher aus dem Bereich der Organisationskommunikation haben ebenfalls Rhetorik als Grundlage genutzt (siehe auch: Cheney et al. 2004). Sie haben sich in der Regel darauf konzentriert, wie Realität durch den Gebrauch von Rhetorik definiert und konstruiert wird, analog der bereits erwähnten epistemologischen Debatte. Und tatsächlich haben Organisationsforscher verschiedener Bereiche in letzter Zeit große Anstrengungen unternommen, um eine Brücke zwischen Management- und Organisationsrhetorik (u. a. Sillince & Suddaby 2008) zu schlagen. PR-Forscher sind ihnen gefolgt (Heath im Druck) und haben die Bedeutung einer nach außen gerichteten Rhetorik demonstriert.

1.2   Studien zu CSR und Rhetorik

Obwohl Unternehmen zu den wichtigsten modernen Institutionen unserer Tage zählen, waren Rhetorikforscher bisher nicht allzu sehr darauf erpicht, sich mit CSR von Unternehmen zu befassen. Die Literatur zu CSR-Rhetorik ist nicht sehr umfangreich, und in den einschlägigen Rhetorikpublikationen wie Quarterly Journal of Speech, Rhetoric Society Quarterly, Rhetorica, Rhetoric Review oder Rhetoric und Public Affairs existieren kaum Beiträge dazu. Vereinzelte Studien zu dem Thema finden sich jedoch an anderer Stelle.

Die erste umfangreichere wissenschaftliche Studie zu CSR und Rhetorik war vermutlich die Dissertation von John Llewellyn (1990). Basierend auf einer Analyse des Ball-Konzerns und des Pharmakonzerns Eli Lilly und Interpretationen ihrer CSR-Strategien argumentiert Llewellyn, dass CSR-Rhetorik als im Kern theologisch charakterisiert werden kann und zwei Ausprägungen kennt: den Sekten- und den

Kirchendiskurs. Der Sektendiskurs präsentiert die Unternehmen als „wahre Gläubige" und behandelt CSR-Themen in einem Schwarz-Weiß-Paradigma. Der Kirchendiskurs dagegen ist differenzierter. Das „Evangelium", das Unternehmen im Kirchendiskurs eint, besagt, dass sich CSR langfristig auszahlen wird.

Das Verfechten von Werten durch Organisationen wurde von Bostdorff und Vibbert (1994) untersucht, die aufgezeigt haben, wie Unternehmen versuchen, an allgemeine kulturelle Werte zu appellieren, um ihren Ruf zu verbessern, Kritik abzufangen und um Wertegrundsätze zu etablieren, die später in ihrer Rhetorik benutzt werden können. Weiter hat Bostdorff (1992) dargelegt wie Rhetorik dazu benutzt wird, moralische Tugenden zu demonstrieren und so die eigene Legitimation zu erhöhen. Organisationen müssen demonstrieren, dass ihre Absichten rein sind und sie eine hoch angesehene soziale Position innehaben.

McMillian (2007) hat in Frage gestellt, ob Unternehmen derzeit tatsächlich bereit sind, sich dieser Herausforderung zu stellen. Sie sieht das Problem eher in der Rationalität der Unternehmen und verweist darauf, dass CSR-Rhetorik oft mit Attributen wie „instrumentality, exclusivity, attribution, monologue and narcissism" (McMillian 2007: 22) belegt wird. Ihrer Meinung nach bräuchte es eine Bewegung hin zu Verbundenheit, Gegenseitigkeit und Vertrauen. Unternehmen sollten danach streben, „mutual dwelling place[s]" (McMillian 2007: 25) zu schaffen.

Die Schaffung dieser gemeinsamen Räume kann als essentiell für die Herausbildung eines Ethos und damit für die Stärkung der Glaubwürdigkeit angesehen werden (Ihlen 2009b; Wæraas & Ihlen 2009). Dieser Aspekt wird im Verlauf des Kapitels erneut aufgegriffen. Die beiden letztgenannten sowie weitere Studien behandeln die Unternehmensrhetorik im Bereich des Umweltschutzes. So hat zum Beispiel Paystrup (1995, 1996) untersucht, wie die Kunststoffindustrie in den USA Recycling eingeführt hat, um Beschränkungen ihrer Geschäftstätigkeit abzuwenden.

Ihlen (2009a) konnte zeigen, dass die Klimarhetorik der 30 weltweit größten Unternehmen von vier Themen dominiert wird: 1) die Umweltsituation wird als dramatisch charakterisiert; 2) das Unternehmen arbeitet im Einklang mit dem wissenschaftlichen Konsens und den internationalen Bestrebungen zur Verringerungen der CO_2-Belastung (Aussage); 3) es wird angegeben, dass das Unternehmen auch Maßnahmen einleiten muss, um seinen eigenen CO_2-Ausstoß zu verringern (Beziehung); und 4) Klimaschutz wird als Möglichkeit für unternehmerisches Handeln dargestellt (Umstände).

Auch Livesey (2002) hat sich mit dem Thema Klimaschutz beschäftigt und dokumentiert, wie ein einzelner Akteur – ExxonMobil – die Strategie des Terministic Screen (siehe auch Burke 1966) angewandt hat, um den Fokus einer Diskussion von den Folgen der globalen Erwärmung weg und hin zu Konsequenzen der Politik der Regierung zu verschieben. Dies wurde versucht, indem der Markt als gottgleich konnotiert, der Begriff der Sicherheitsvorkehrung durch den der Vorsicht ersetzt, die Regierung, die meisten Wissenschaftler und Umweltschützer zu Sündenböcken deklariert und das Unternehmen selbst zum Retter eines bestimmten Lebensstils erklärt wurden. Zudem hat Livesey herausgearbeitet, wie eine Anpassung des CSR-Diskurses und der Nachhaltigkeitsstrategien Shell bei seinen Reputationsproblemen geholfen und so beigetragen haben „to revising the progress myth that underpins modern corporations and a capitalist economy" (Livesey & Graham 2007: 346).

Zusammenfassend lässt sich festhalten, dass sich die Rhetorikforschung nicht besonders ausführlich mit dem Phänomen CSR befasst hat. Es wurde auf die theologischen Wurzeln des CSR-Diskurses hingewiesen, und CSR wird als Versuch gedeutet, den eigenen Ruf (oder das Image) durch die Demonstration moralischer Tugenden zu verbessern. Um das zu erreichen, wenden Unternehmen verschiedene Ethosstrategien an. Die rhetorische Situation von Unternehmen wurde in der Forschung bislang noch nicht betrachtet.

1.3   Die rhetorische Situation

In seinem Aufsatz von 1968 hat Lloyd F. Bitzer die Bedeutung des Kontextes unterstrichen und aufgezeigt, wie dieser Rhetorik beeinflussen und sogar entstehen lassen kann. Bitzer stellte fest, dass bis zu diesem Zeitpunkt keiner der führenden Wissenschaftler die rhetorische Situation als separaten Untersuchungsgegenstand behandelt hatte, trotz ihrer beherrschenden und grundlegenden Funktion. Der Begriff der rhetorischen Situation wurde seither in der Forschung diskutiert (siehe weiter unten) und etablierte sich als Bezugspunkt in der Rhetoriktheorie (Garret & Xiao 1993; Jasinski 2001; Lucaites, Condit & Caudill 1999a; Young 2001). Im Folgenden soll herausgestellt werden, weshalb sich dieses Konzept besonders gut eignet, um zu einem Verständnis darüber zu gelangen, wie und weshalb CSR-Rhetorik so aussieht wie sie aussieht.

Bitzer definiert die rhetorische Situation wie folgt:

> „Rhetorical situation may be defined as a complex of persons, events, objects, and relations presenting an actual or potential exigence which can be completely or partially removed if discourse, introduced into the situation, can so constrain human decision or action as to bring about the significant modification of the exigence." (Bitzer 1968: 6)

Nach Bitzer besteht die rhetorische Situation aus drei Komponenten: die erste ist ein drängendes Problem („exigence"), das eine rhetorische Erwiderung verlangt und das ganz oder teilweise mit Hilfe von Rhetorik behoben werden muss. Das Problem kann latent sein und es gibt keine Garantie, dass es gelöst werden kann. Trotzdem ist das drängende Problem das konstituierende Prinzip für eine rhetorische Situation und definiert das Publikum und die gewünschte Veränderung. Bitzer illustriert das am Beispiel der Luftverschmutzung als Umweltschutzproblem. Ein Rhetor kann hier strengere Gesetze und Vorschriften fordern und so helfen, das Problem zu entschärfen oder zu verringern. Das sich daraus ergebende drängende Problem für den Rhetor ist die Frage, wie der Gesetzgeber von der Notwendigkeit strengerer Gesetze überzeugt werden kann. In einem späteren Artikel hat Bitzer (1980) darauf hingewiesen, dass solche Probleme immer an Interessen gebunden sind. Die Tatsache, dass eine Fabrik Emissionen ausstößt, mag vielleicht unbestritten sein, aber ob das zwangsläufig als Problem angesehen werden muss oder nicht, ist eine andere Frage. So werden einige denken, ein wenig Verschmutzung könne toleriert werden, andere werden eine Steuer auf Umweltverschmutzung fordern und wieder andere würden Verschmutzung allgemein verbieten wollen.

Die zweite Komponente der rhetorischen Situation ist jene des Publikums, dessen Einstellungen, Entscheidungen oder Handlungen der Rhetor verändern muss. Bitzer (1968) wendet den Begriff der Rhetorik nur auf eine bestimmte Art von Diskurs an, bei dem das rhetorische Publikum beeinflussbar und in der Lage sein muss, eine Veränderung des Problems herbeizuführen, um das es dem Rhetor geht. Das Publikum müsse verstehen, dass es ein Problem gibt und dass bestimmte Mängel angegangen werden müssen. Zwar wären in dem oben genannten Bespiel Politiker das Publikum, aber auch die Bevölkerung könnte Druck auf die Politiker ausüben, damit diese die Umweltgesetzgebung anpassen. Darüber hinaus kann die Beziehung zwischen Rhetor und Öffentlichkeit durch eine gleiche oder eine abweichende Sichtweise auf „Fakten" und/oder Interessen gekennzeichnet sein.

Die dritte Komponente einer rhetorischen Situation sind deren Handlungsrestriktionen, die oft als Hindernisse beschrieben werden, die der Rhetor bei der Problemlösung überwinden muss. Diese Restriktionen können rhetorischer, aber auch physischer oder kultureller Natur sein. Ein Beispiel wäre, dass der Ruf eines Politikers oder einer Politikerin ihre oder seine Wiederwahl verhindern kann. Ein anderes Beispiel wäre eine Situation, in der die Uneinigkeit zwischen Wissenschaftlern zu einem Thema ein Hindernis für denjenigen darstellt, der sich der Wissenschaft für seine Zwecke bedienen will (Jasinski 2001). Die Zwänge einer rhetorischen Situation setzen dem Grenzen, was der Rhetor tun oder sagen kann.

Zusammen konstituieren diese Komponenten die rhetorische Situation. Bitzer argumentiert, dass es dementsprechend bestimmte Reaktionsmöglichkeiten gibt. Der Rhetor muss ein Problem definieren und es in Worte übersetzen. Dann muss er ein Publikum finden, das ihm helfen kann, das Problem zu lösen. Er muss außerdem die Zwänge der Situation verstehen und daraus ableiten, wie er seine Rhetorik gestalten muss. Zusammenfassend kann man sagen, dass Bitzer darauf aufmerksam macht, dass eine Situation Elemente enthält, die sich auf die rhetorische Erwiderung auswirken.

1.4   Die Debatte um die rhetorische Situation

Es wurde kritisiert, dass Bitzer nur solche Rhetorik anerkennt, die erfolgreich ist und ein definiertes Problem zu lösen vermag, was eine unnötige Beschränkung des Geltungsbereichs der Rhetorik darstellen würde (Larson 1970). Was jedoch die größten Debatten ausgelöst hat, war die epistemologische Basis der Theorie, der Ansatz eines drängenden Problems und das Argument, dass die rhetorische Situation die rhetorische Erwiderung bestimmt (Jasinski 2001; Lucaites, Condit & Caudill 1999; Young 2001). Vatz gehört zu den schärfsten Kritikern Bitzers und bemängelt, dessen Ansatz habe seine Wurzeln im Realismus und vertrete damit die Idee einer objektiven Realität. Vatz (1973) unterstrich, dass die rhetorische Erwiderung kein Ergebnis objektiver Ereignisse ist, sondern das Resultat daraus, wie der Rhetor und das Publikum eine Situation oder ein Problem interpretieren. Der Rhetor muss als aktiv und kreativ angesehen werden, was Bitzers Verteidiger als der Theorie inhärent ansehen (Young 2001). Der wichtigste Punkt ist jedoch, dass sich die Rhetorikforscher darüber einig zu sein scheinen, dass es keine Frage von entweder/oder ist, sondern dass Rhetorik sowohl eine Reaktion auf eine Situation ist, als auch etwas, dass Situationen herbeiführt und bedingt (Jasinski 2001).

Ein anderer Kritikpunkt an Bitzer ist, dass er nur unzureichend in Betracht zieht, dass auch der Rhetor Teil eines Publikums ist und sich dessen Diskurstradition anpassen muss. Diese Diskurstradition generiert Bedürfnisse, fördert Interessen, bedingt die Publikumserwartungen an das, was der Situation angemessen ist, und hat Einfluss auf die Wahrnehmung und Interpretation des Problems. Die Diskurstradition, in der sich der Rhetor bewegt, produziert Bedingungen für ihre Fortsetzung, Wiedereinführung und Reproduktion (Garret & Xiao 1993). Legt man größeres Augenmerk auf das Publikum, erübrigen sich einige Aspekte im Zusammenhang mit der Frage, ob ein drängendes Problem real ist oder nicht. Für den Rhetor ist die Frage relevant, was das Publikum als Problem ansieht. Biesecker (1999) entwickelt diesen Aspekt weiter und argumentiert, dass Rhetorik kein lineares Geschehen ist, sondern ein Prozess, bei dem Einzelpersonen und Kollektive ihre Identität zum Ausdruck bringen, und der den sich ändernden historischen Bedingungen unterliegt. Das ist zweifellos ein interessanter Aspekt, der aber die Bedeutung des Problems verstellt, dem sich der Rhetor gegenübersieht (Garret & Xiao 1993).

In Anlehnung an Smith und Lybarger (1996) wird dieses Kapitel Bitzers Theorie modifizieren und sie als Anknüpfungspunkt benutzen, um einige analytische Fragestellungen zu entwickeln. Das wichtigste dabei ist die Notwendigkeit, die deterministische Dimension des Modells aufzulösen, die sich darin trotz Bitzers Anpassungen, wie der Berücksichtigung von Interessen, findet (Bitzer 1980). Statt sich auf das Problem als definierende Bedingung zu konzentrieren, sollte eher die kausale Dimension problematisiert werden in Kombination mit dem Begriff des aktiven und kreativen Rhetors, der Möglichkeiten sieht, eine Situation herbeizuführen oder zu beeinflussen (Ihlen 2007).

2   Die rhetorische Situation eines international agierenden Unternehmens

Die nachfolgende Diskussion der rhetorischen Situation international agierender Unternehmen basiert auf der relevanten Literatur zum Thema CSR und den Daten einer empirischen Untersuchung der Rhetorik der führenden Unternehmen der Global-Fortune-500-Liste. Die Liste wurde im Juli 2007 ausgewertet, wobei die führenden 30 Unternehmen, die relevanten Texte auf deren Webseiten, ihre Geschäftsberichte und ihre CSR-Berichte (wo verfügbar) die Datengrundlage bildeten. CSR wurde dabei breit definiert und auch Nachhaltigkeitsberichte mit Titeln wie „Corporate Citizenship Report 2007" und „Sustainability Report 2007" für die Untersuchung herangezogen. Die Berichte wurden von den Webseiten der Unternehmen heruntergeladen.[1]

2.1   Die Notlage: Notwendigkeit einer Erwiderung

Unternehmen als Institution sind seit ihrer Entstehung Kritik ausgesetzt. Kritiker haben etwa auf die Konsequenzen der Macht von Monopolen, der ungebührlichen politischen Einflussnahme oder der Umweltzerstörung hingewiesen (Perrow 2002). Mittlerweile sind international operierende Unternehmen die wichtigsten Treiber einer neuen Weltwirtschaft. Unternehmen sind zur dominierenden Institution unserer Gesellschaft geworden (Bakan 2004; Jones 2005). Der Prozess der Globalisierung wird von sich intensivierenden Debatten zu Themen wie Deregulierung, Privatisierung, Outsourcing, Ausbeuterbetrieben, der Ausbeutung natürlicher Ressourcen, den Menschenrechten, Arbeitnehmerrechten und der Umweltzerstörung begleitet. Dabei wurde der Einfluss von Unternehmen auf das öffentliche Leben und die Demokratie kritisiert (Boggs 2000; Hertz 2003), ihre Geschäftspraktiken im allgemeinen (Bakan 2004; Klein 2000), das Sich-zu-eigen-Machen grüner Werte (Bruno & Karliner 2002; Welford 1997) und der Einfluss auf unser Leben am Arbeitsplatz (Deetz 1992). Unternehmen wurden außerdem für ihre begrenzte ökonomische Rationalität angegriffen: Da Gewinnmaximierung die alles bestimmende Motivation ist, seien Unternehmen geneigt, Kosten auszulagern, das heißt, sie anderen aufzubürden (Bakan 2004; Fisher & Lovell 2003).

Die genannten Themen und Debatten haben Einfluss auf Unternehmen, da diese eine Legitimation für ihre Handlungen brauchen, um langfristig überleben zu können. Der Grundgedanke dabei ist, dass die Gesellschaft entschieden hat, dass Wirtschaftsinstitutionen gebraucht werden und es deswegen auch Aufgabe der Gesellschaft ist zu entscheiden, ob diese aufhören sollen, zu existieren. Legitimation kann in diesem Sinne als ausreichender öffentlicher Rückhalt für eine dauerhafte Existenz definiert werden (z. B. Ashforth & Gibbs 1990; Elsbach 1994; Palazzo & Scherer 2006; Suddaby & Greenwood 2005; Willke & Willke 2008; Wæraas 2007). Eine Legitimationskluft tut sich dann auf, wenn die Leistung eines Unternehmens nicht mit den an sie gerichteten Erwartungen der Gesellschaft übereinstimmt (Sethi 1977). Unternehmen müssen sich immer innerhalb der von der Gesellschaft aufgestellten Grenzen und Normen bewegen, damit ihre Handlungen als legitimiert wahrgenommen werden. Wenn sich die Unternehmen nicht an diese Ordnung halten, schreitet die Regierung ein und führt neue Gesetze und

---

1   Die Top 30 Unternehmen der 2007er Ausgabe der Fortune 500 Global sind: 1) Wal-Mart, 2) Exxon Mobil, 3) Royal Dutch Shell, 4) BP, 5) General Motors, 6) Toyota Motor, 7) Chevron, 8) Daimler Chrysler, 9) ConocoPhillips, 10) Total, 11) General Electric, 12) Ford Motor, 13) ING Group, 14) Citigroup, 15) AXA, 16) Volkswagen, 17) Sinopec, 18) Credit Agricole, 19) Allianz, 20) Fortis, 21) Bank of American Corp., 22) HSBC Holdings, 23) American International Group, 24) China National Petroleum, 25) BNP Paribas, 26) ENI, 27) UBS, 28) Siemens, 29) State Grid und 30) Assicurazioni Generali.

Bestimmungen ein. Das wiederum kann zu einer Erhöhung der Ausgaben und zu einer Verringerung der Flexibilität der Unternehmen führen. Darüber hinaus können Konflikte rund um das Thema Umwelt sowohl zeitaufwändig als auch teuer werden (Davis 1973). Kontroversen über Unternehmen bedeuten, dass diese mit passenden Antworten aufwarten müssen, um Maßnahmen abzuwehren, die ihre Tätigkeit beeinträchtigen können. Diese Situation kann als rhetorisch bezeichnet werden, da eine diskursive Antwort erwartet wird (und wohl ebenso eine Veränderung der Geschäftspraktiken).

2.2   Das Publikum

Das Publikum kann einem Unternehmen Legitimation verleihen. Dabei wird oft das Stakeholder-Konzept herangezogen, um das Publikum zu definieren. Eine typische Definition des Begriffs Stakeholder sieht diese als „those people and groups that affect, or can be affected by, an organization's decisions, policies, and operations" (Post, Lawrence & Weber 2002: 8). Der größte Verdienst des Stakeholder-Konzepts ist, dass es auf die Beziehungen verweist, die Organisationen unterhalten; in diesem Sinne ist es ein nützliches heuristisches Prinzip. Der Grundgedanke dabei ist, dass der Erfolg einer Organisation davon abhängt, wie es die Beziehungen zu Schlüsselgruppen wie Kunden, Angestellten, Zulieferern, Gemeinden, Politikern, Besitzern und anderen gestaltet, die die Möglichkeiten der Organisation, ihre Ziele zu erreichen, beeinflussen können (Agle, Mitchell & Sonnenfeld 1999; Freeman 1984; Freeman & Philips 2002; Jones, Wicks & Freeman 2002; Mitchell, Agle & Wood 1997).

Es wird davon ausgegangen, dass ein Unternehmen zum einen primäre Stakeholder hat, d. h. Stakeholder, die von entscheidender Bedeutung für das Fortbestehen des Unternehmens sind. Zu dieser Gruppe zählen Kunden, Zulieferer, Angestellte und Investoren. Zum anderen hat ein Unternehmen sekundäre Stakeholder, die direkt oder indirekt von den Entscheidungen des Unternehmens betroffen sind. Diese Beziehungen entstehen als Resultat der Geschäftätigkeit und können zu Gemeinden vor Ort, zu Medien, zu Gruppen, die die Wirtschaft unterstützen, zu der Regierung eines Staates oder zu Landes- und Kommunalregierungen, zu Bürgerinitiativen usw. bestehen (Werther & Chandler 2006).

Das Publikum wird als rhetorisch angesehen, wenn es beeinflusst werden kann und seinerseits Einfluss auf die Veränderungen nehmen kann, die das Unternehmen anstrebt – eine wieder hergestellte Legitimation und ein „public standing" in der Öffentlichkeit. Unternehmen müssen auf Regierungen und Behörden achten, die ihre Geschäftstätigkeit unmittelbar durch ihre Politik und die Gesetzgebung beeinflussen können. Gleichermaßen haben aber auch andere Stakeholder, wie relevante NGOs, die Massenmedien, Bürgerinitiativen, Investoren usw. darauf Einfluss. Ein international operierendes Unternehmen agiert in einem sehr komplexen Kontext und trifft auf allen Ebenen – der lokalen, regionalen, nationalen und internationalen – auf Stakeholder. Dem Stakeholder-Ansatz zufolge ist es die Aufgabe eines Managers, „to keep the support of all of these groups, balancing their interests, while making the organization a place where stakeholder interests can be maximized over time" (Freeman & Philips 2002: 333).

Mitchell, Agle und Wood (1997) haben Stakeholder nach ihrer Relevanz im Hinblick auf Legitimation, Dringlichkeit und Macht identifiziert und eingeordnet. Legitimation stellt sich dadurch ein, dass Stakeholder die Handlungen eines Unternehmens als wünschenswert, richtig oder angemessen ansehen. Der Aspekt der Dringlichkeit bezieht sich darauf, ob die Ansprüche der Stakeholder sofort befriedigt werden müssen. Und die Macht eines Stakeholders kann sich aus seinen materiellen, finanziellen oder auch symbolischen Ressourcen speisen. Stakeholder, auf die alle drei Aspekte zutreffen, sind die maßgeblichen Stakeholder einer Organisation (Mitchell et al. 1997). Daraus folgt, dass man vor allem mit dieser Gruppe kommunizieren muss.

Morsing, Schultz und Nielsen (2008) schlussfolgerten, dass es sinnlos ist, CSR der breiten Öffentlichkeit zu kommunizieren, wenn der einzige Grund dafür eine Aufbesserung der Unternehmensreputation ist. Stattdessen muss man bei Experten-Stakeholdern (entscheidende Stakeholder, die Medien, Entscheidungsträger vor Ort) anfangen und diese mit faktenbasierten Informationen darüber versorgen, was das Unternehmen tut. Die Kommunikation sollte spezifisch sein in dem Sinne, dass Hintergrundwissen mitgeliefert werden muss. Und obwohl diese Art von Information auf den Webseiten des Unternehmens publiziert werden kann, richtet sie sich nicht an die breite Öffentlichkeit. Wenn diese das Ziel ist, sollte sich das Unternehmen Dritter bedienen und indirekt kommunizieren.

2.3   Handlungsrestriktionen

Handlungsrestriktionen setzen dem, was ein Rhetor sagen kann, Grenzen. Das können physische, theoretische oder emotionale Grenzen sein, die durch den Rhetor selbst, durch das Publikum oder die Umgebung gesetzt werden. Eine erste Restriktion, die sich in der rhetorischen Situation eines international agierenden Unternehmens offenbart, ist die Notwendigkeit zu erklären, dass man Verantwortung übernimmt. Verfechter eines freien Marktes vertreten die Auffassung, dass die Verantwortung eines Unternehmens darin liegt, Geld für seine Besitzer zu verdienen (Friedman 1970; Henderson 2001). Dennoch haben heute sogar diese Kritiker erkannt, dass „for most managers the only real question about CSR is how to do it" (The Economist 2008: 12). CSR wird von führenden Institutionen wie der Europäischen Union und der Weltbank (Commission of the European Communities 2001; World Bank 2006) praktiziert und die Marktforschung kommt immer wieder zu dem Ergebnis, dass Kunden von Unternehmen erwarten, verantwortlich zu handeln. So zeigte eine im Jahr 1999 durchgeführte Umfrage unter 25.000 Befragten aus 23 Ländern in sechs Kontinenten, dass zwei von drei „citizens want companies to go beyond their historical role of making a profit, paying taxes, employing people and obeying all laws; they want companies to contribute to broader societal goals as well" (Environics International Ltd. 2000: 2). Andererseits hat die Marktforschung ebenfalls gezeigt, dass dieser Einstellung nicht unbedingt Taten folgen (The Harris Poll 2007). Was jedoch bleibt ist die Notwendigkeit, dass international agierende Unternehmen zumindest erklären müssen, dass es ihnen um mehr geht als nur um den Gewinn. Würden sie öffentlich das Gegenteil behaupten, würde das eine Flut von Kritik nach sich ziehen und die Beziehung zu den wichtigsten Stakeholdern und den Märkten gefährden.

Die zweite Restriktion, der sich Unternehmen heutzutage ausgesetzt sehen, ist die Tatsache, dass die Öffentlichkeit oft skeptisch gegenüber Aussagen von Unternehmen ist (Edgecliffe-Johnson 2008). So behaupten Kritiker, dass CSR nur der Versuch sei, dem Kapitalismus ein menschliches Antlitz zu verleihen, um gleichzeitig mit schädlichen Praktiken fortfahren zu können. CSR wird dann als Form der Manipulation angesehen, die dazu da ist, die Öffentlichkeit hinters Licht zu führen (Christian Aid 2004; Cloud 2007; Woolfson & Beck 2005). Auch wurde, wie bereits erwähnt, die instrumentelle Herangehensweise von Unternehmen kritisiert: „corporations cannot fully act in socially responsible ways because they possess a perspective on nature that is extremely limited. [...] Corporations [are] unable to handle concepts of value beyond instrumentality" (Fisher & Lovell 2003: 281). Darüber hinaus wird, wie ebenfalls dargelegt, die wirtschaftliche Argumentation bezüglich CSR oft als aufgeklärtes Eigeninteresse bezeichnet. CSR hat eine instrumentelle und utilitaristische Grundlage, von der ausgehend die meisten Dinge unter einem finanziellen Blickwinkel betrachtet werden. Empirische Untersuchungen haben gezeigt, dass sich die Unternehmen in dieser Hinsicht stark ähneln (Snider, Hill & Martin 2003). L'Etang (2006) schreibt, dass aus dem Blickwinkel Kants „there is clearly something wrong about claiming moral capital while at the same time being driven largely by self-interest" (L'Etang 2006: 414). Wenn man sich der auf Pflichterfüllung basierenden Argumentation anschließt, dann sollten Unternehmen sich nicht primär als ethische Agenten darstellen (Crane & Matten 2004).

Eine dritte Restriktion betrifft die Komplexität der kulturellen Systeme, in denen sich international agierende Untenehmen bewegen. Spezifische kulturelle Werte stellen eine Beschränkung für den Rhetor eines Unternehmens dar. So kann es etwa in manchen asiatischen Kulturen angemessener sein, über CSR zu schweigen, und von Spendern wird vielleicht erwartet, dass sie anonym bleiben. In skandinavischen Ländern wird zu einem minimalistischen Ansatz geraten. So halten zwar 96 Prozent der Dänen CSR für sehr wichtig, sind aber trotzdem nicht der Meinung, dass Unternehmen zu „laut" ihre CSR-Aktivitäten kommunizieren sollten (Morsing et al. 2008).

2.4   Die Unternehmensrhetorik

Die rhetorische Erwiderung des Unternehmens muss der Situation angemessen sein. Das Unternehmen muss das drängende Problem definieren, das rhetorische Publikum identifizieren und die Zwänge der Situation in Betracht ziehen. Angesichts der schon durchgeführten Forschung in diesem Bereich war es nicht verwunderlich, dass sich auf den Webseiten fast aller untersuchten Unternehmen Veröffentlichungen zum Thema CSR fanden und 29 der 30 untersuchten Unternehmen Nachhaltigkeitsberichte publizierten. Diese Ergebnisse bestätigen, dass das Berichterstatten über CSR zur Norm geworden ist und nicht mehr die Ausnahme darstellt, und dass das Konzept CSR für Unternehmen eine hohe Priorität hat (Kolk 2008; KPMG 2008). CSR-Strategien und -Maßnahmen müssen als die hauptsächliche Erwiderungsmöglichkeit eines Unternehmens auf Kritik an seiner gesellschaftlichen Rolle angesehen werden, das heißt, als Hauptstrategie, um eine Legitimationskluft zu schließen (Sethi 1977).

Die in diesem Kapitel behandelte CSR-Rhetorik ist offen zugänglich und bezieht sich nicht auf den Expertendiskurs zu diesem Thema. Es ist schwierig, Zielgruppen ausschließlich auf der Grundlage einer Analyse veröffentlichter Selbstdarstellungen von Unternehmen zu identifizieren. Vielmehr könnte man sagen, Rhetorik ziele auf eine universelle Öffentlichkeit (Perelman & Olbrechts-Tyteca 1971) ab. Diese universelle Öffentlichkeit würde jeden „competent and reasonable" Erwachsenen mit einschließen. Nach Perelman und Olbrechts-Tyteca sollte der Rhetor versuchen, diese universelle Öffentlichkeit zu überzeugen und Argumente aufzubauen, die auch unabhängig vom lokalen und historischen Kontext gültig sind. Was als Tatsache, Wahrheit oder Wert angesehen wird, ist von Kultur zu Kultur verschieden, doch der Rhetor muss von der Existenz eines Arguments ausgehen, das eine übergeordnete Gültigkeit besitzt. In dieser Hinsicht richtet sich der Rhetor an eine universelle Öffentlichkeit (Gross & Dearin 2003).

Auf Unternehmensebene zeigte sich, dass die untersuchten Unternehmen alle eine recht ähnliche Herangehensweise an CSR verfolgen. Kein Unternehmen schweigt zum Thema CSR, aber weiterführende Forschung müsste herausfinden, ob aggressivere Kommunikationsmaßnahmen, wie zum Beispiel visuelle Werbung, den CSR-Berichten und Webseiten folgen. Auf Unternehmensebene scheint sich eine Diskurstradition um das CSR-Konzept entwickelt zu haben, die sich nur unwesentlich von Region zu Region unterscheidet. So sagt etwa der chinesische Ölkonzern Sinopec, er „will strive for harmony by contributing to the growth of the economy, whilst protecting the environment and fulfilling its social responsibilities" (Sinopec 2007: 7). Das Unterstreichen von „harmony" verweist auf die Konfuziuslehre aus der chinesischen Kultur (Liu 1998; Roper & Weymes 2007). Der Begriff Harmonie taucht tatsächlich in allen Berichten chinesischer Unternehmen in der Stichprobe auf und auch in dem Bericht von Toyota. Keines der westlichen Unternehmen hat diesen Begriff benutzt. State Grid verwendete Begriffe wie harmonisches Miteinander, Beziehung, Unternehmung und auch harmonische Elektrizität (!). Abgesehen von diesem Merkmal ähneln die Berichte asiatischer Firmen stark den westlichen Unternehmensdarstellungen.

Um Skepsis entgegenzuwirken, haben die Unternehmen die folgenden Strategien verfolgt:

- *Standards*: Jedes einzelne der 30 führenden Unternehmen bezog sich auf einen bestimmten CSR-Standard, nach dem es arbeitet, wie z. B. GRI, ILO oder Global Compact.

- *Mitgliedschaft*: 90 Prozent der Unternehmen gaben an, sie wären Mitglied einer Organisation wie beispielsweise Amnesty International oder Transparency International.
- *Partnerschaft*: 80 Prozent der Unternehmen führten an, sie würden eine Partnerschaft mit Organisationen wie der World Wildlife Foundation (WWF) unterhalten.
- *Zertifizierung*: 73 Prozent der Unternehmen nutzen irgendeine Art von Zertifizierung, wie beispielsweise ISO 14001, ISA 3000, oder Assurance Standards.
- *Billigung durch Dritte*: 53 Prozent bedienten sich der Zitate Dritter – Experten, Politiker, Mitarbeiter anderer Organisationen, die etwas über die CSR-Arbeit des Unternehmen sagen.

All diese Strategien zielen darauf ab, dem Unternehmen Glaubwürdigkeit durch eine außenstehende Organisation zu verleihen und damit sowohl Kritik an den eigentlichen CSR-Zielen als auch an deren Motivation abzuwenden. Diese und andere „Ethosstrategien" (Überzeugung des Rhetors durch Glaubwürdigkeit und moralisches Handeln) wurden auch in anderen Studien dokumentiert (Ihlen 2009b). Dennoch ist es schwierig für ein Unternehmen, auf die Kritik zu reagieren, die besagt, CSR sei rein instrumenteller Natur (Fisher & Lovell 2003; L'Etang 2006). Betrachtet man die Rhetorik der 30 untersuchten Unternehmen, so verzichtet die Hälfte von ihnen darauf, die Motive hinter ihren CSR-Strategien offenzulegen. Zwei Unternehmen gaben an, sie hätten eine Pflicht, CSR-Maßnahmen durchzuführen, während der Rest (43 Prozent) auf aufgeklärtes Eigeninteresse verwies und/oder auf den Ruf als Motivation. Diese Ergebnisse stehen im Einklang mit vorangegangener Forschung, die feststellte, dass das Image beziehungsweise der Ruf die wichtigste Motivation für soziales Engagement von Wirtschaftakteuren ist (Vidaver-Cohen & Brønn 2008). So lange jedoch das hauptsächliche Ziel von CSR-Maßnahmen die Verbesserung des Rufes eines Unternehmens ist, muss man sich nicht wundern, wenn CSR von der Öffentlichkeit eher kühl oder gar negativ aufgenommen wird. Wenn das Ziel, seinen Ruf zu verbessern, zu stark publik gemacht wird, gerät das Unternehmen damit in einen Teufelskreis. Das Dilemma besteht darin, dass die Gesellschaft vom Unternehmen erwartet, dass es sich sozial engagiert, dass aber gleichzeitig CSR nur dann möglich ist, wenn das Unternehmen damit seinen Gewinn maximiert. Mit anderen Worten: Es ist unmöglich, die Perspektive des Eigeninteresses aufzugeben, da Unternehmen immer auch den Gewinn im Blick haben (Munshi & Kurian 2005).

Während das eben Diskutierte die Handlungsrestriktionen aufgezeigt hat, denen der Rhetor eines Unternehmens unterliegt, eröffnen sich andererseits in der rhetorischen Situation auch Chancen für Unternehmen. Zunächst sind der Druck und die Anzweiflung ihrer Legitimation, denen sich Unternehmen ausgesetzt sehen, unterschiedlich stark. Ein kohleverarbeitendes Unternehmen belastet zum Beispiel die Umwelt stärker als ein Versicherungsunternehmen. Das führt zu dem, was als das Paradox des Eigenwerbers bezeichnet wird: „The more problematic the legitimacy of a company is, the more skeptical are constituents of legitimation attempts" (Ashforth & Gibbs 1990: 191). Zusätzlich kann der Eindruck aufkommen, dass der begrenzte Platz, den Medien für die Berichterstattung haben, dazu führt, dass manch großes Unternehmen unter dem Radar fliegt und nicht regelmäßig in den Medien vorkommt (Capriotti 2009; Ihlen & Capriotti 2007).

Zweitens wurde argumentiert, dass sich Unternehmen nicht notwendigerweise über Gebühr anstrengen müssen, wenn es um ihr Engagement geht. Die Aussage, dass sich CSR auszahlt, scheint lediglich für einige Unternehmen in bestimmten Situationen zu einem bestimmten Zeitpunkt zu gelten (Vogel 2005). Wie bereits aufgezeigt, honorieren die Kunden CSR-Bestrebungen nicht immer. Einige der profitabelsten Unternehmen der Welt (ExxonMobil) liegen entweder mit den Umweltschützern im Clinch oder arbeiten in einem Sektor, der von vornherein als moralisch zweifelhaft angesehen wird (Tabak, Waffen, Pornografie etc.). Zudem könnte man darüber spekulieren, ob sich tatsächlich jeder CSR-Skandal, der dem Ruf eines Unternehmens kurzzeitig einen Dämpfer verpasst, zu einer existentiellen Krise entwickeln muss, die den Fortbestand des Unternehmens bedroht. Für kleine und unbekannte Unternehmen kann die Situation wiederum völlig anders sein. Die Stakeholder eines multinationalen Konzerns sind weit gestreut und haben sehr unterschiedliche Legitimationen, Möglichkeiten, Macht auszuüben, Interessen und Werte (Mitchell et al. 1997). Wenn es nicht gerade eine nennenswete Anzahl von Kritikern und eine organisierte Kampagne gegen ein Unternehmen (siehe Shell und Nike) gibt, so scheint es, dass die meisten Unternehmen durch CSR-Skandale nur kleinere Rückschläge erleiden.

Drittens sind viele Unternehmen so sehr mit der Gesellschaft verwoben, dass ihnen Fehltritte einfach „verziehen" werden. Unternehmen müssen ihren Ethos stärken und ihr Verhalten rechtfertigen, wenn dies zum Beispiel die Umwelt schädigt. Ölkonzerne beuten natürliche Ressourcen aus und tragen durch die Ölförderung zur Klimaveränderung bei. Trotzdem können sie auf einen erhöhten Energiebedarf verweisen und darauf, dass alternative Energiequellen diesen Bedarf auch in den nächsten Jahren und Jahrzehnten noch nicht werden decken können (International Energy Agency 2008).

Viertens können Unternehmen aufgrund der Ambivalenz des CSR-Konzepts CSR immer so definieren, dass es mit ihren strategischen Interessen im Einklang ist. Ungefähr die Hälfte der Unternehmen, die untersucht wurden, definierten CSR explizit in ihren Nachhaltigkeitsberichten, ein Viertel definierte den Begriff auf ihren Webseiten und bei etwa einem Fünftel beinhalteten die Geschäftsberichte eine CSR-Definition. Die meisten Unternehmen bedienten sich jedoch recht vager Formulierungen wie: „Our world is changing: Declining natural systems, climate change and energy crises affect us and threaten future generations. As a large international company, we know we must play our part to restore the life support systems of the earth" (Wal-Mart 2008: para. 1). Andere Unternehmen, beispielsweise Total, scheinen sich in Zirkelschlüssen zu ergehen: „Accepting our responsibility means recognizing that we play an important role in society, asserting our commitment to acting as a responsible global citizen" (Total 2007: 5). Mit anderen Worten: Die Feststellung, dass CSR begrifflich unscharf und unklar verwendet wird, bestätigt sich auch hier (Crowther & Rayman-Bacchus 2004). Darüber hinaus könnte man darüber nachdenken, wie das rhetorische Problem die Situation kontrolliert. Hier jedoch wird argumentiert, dass die Kausalrichtung auch eine andere sein kann: Der Rhetor selbst kann aktiv und kreativ die Möglichkeiten ausschöpfen, die ihrerseits die Situation erst schaffen oder beeinflussen (Ihlen 2007).

Das ist sowohl positiv als auch negativ zu deuten. Dass das CSR-Konzept so offen ist, stellt Unternehmen vor eine Herausforderung, bietet ihnen aber auch Chancen. Einerseits kann es schwierig sein, alle sich ständig verändernden Erwartungen zu verfolgen und herauszufiltern, andererseits kann ein Unternehmen aber auch für seinen eigenen CSR-Ansatz werben. Der Vorteil einer strategischen Ambivalenz kann unterstrichen werden (Eisenberg 2007). Wenn Unternehmen CSR als ein offenes Konzept verfolgen, dann können Angestellte und andere Stakeholder die vorhandenen Lücken füllen und dem Konzept eine eigene Bedeutung geben. Das mag unter Umständen sogar politisch notwendig sein und eröffnet Möglichkeiten für weitere Perspektiven und Stakeholder. Der Nachteil besteht darin, dass CSR letztlich alles und gleichzeitig nichts bedeutet (Christensen & Morsing 2007).

3 Fazit

Der wesentliche Beitrag, den eine rhetorische Perspektive auf CSR-Kommunikation leisten kann, besteht darin, den Blick darauf zu lenken, wie und warum Unternehmen über CSR so kommunizieren, wie sie es tun. Die Perspektive der Rhetorik hilft, die symbolischen Strategien zu verstehen, kann aber auch jenen als Ausgangspunkt dienen, die Unternehmen kritisieren und über deren Handeln Rechenschaft einfordern. CSR wird als Strategie gesehen, die dazu dient, den eigenen Ruf zu verbessern und die eigene Legitimation zu stärken. Durch CSR-Rhetorik überführen Unternehmen ihre Beziehung zur Gesellschaft und der Umwelt in ein Konzept und wollen damit als legitime Akteure verstanden werden.

Während Rhetorikforscher CSR mit Hilfe von Konzepten wie dem Terministic Screen analysiert haben (Livesey 2002) und es unter dem Aspekt des Appells an Tugenden (Bostdorff 1992) betrachtet haben, wurde in diesem Kapitel der Begriff der rhetorischen Situation (Bitzer 1968) diskutiert. Durch eine Modifikation dieses Konzepts und durch das Aufzeigen einer kausalen Dimension und eines Ansatzes, der den Rhetor als aktiv handelnd ansieht, bietet es eine Diskussionsgrundlage, wie die rhetorische Situation dem Rhetor sowohl Zwänge auferlegt, auf die er achten muss, aber auch Möglichkeiten eröffnet, die er nutzen kann. Dieser theoretische Zusammenhang wurde durch die Analyse der CSR-Rhetorik illustriert. Indem der Begriff der rhetorischen Situation auf die CSR-Rhetorik der 30 weltweit führenden Unternehmen angewendet wurde, konnten einige weitere Faktoren behandelt werden:

Das drängende Problem für die Unternehmen ist, ihre Öffentlichkeiten davon zu überzeugen, dass sie ihre soziale Verantwortung ernst nehmen und die Gesellschaft besser gestellt ist, wenn sie Unternehmen weiter existieren lässt. Eine bestimmte allgemeine Diskurstradition hat sich um das CSR-Thema gebildet; die Unternehmen behaupten, eine Balance zwischen der Wirtschaft, der Gesellschaft und der Umwelt schaffen zu wollen, so dass jeder am Ende gewinnt.

Es scheint, dass Unternehmen keine andere Wahl haben als zu behaupten, sie würden Ziele außerhalb der reinen Profitmaximierung verfolgen. Trotzdem unterliegen Unternehmen in dieser rhetorischen Situation nicht nur Zwängen, es bieten sich ihnen auch Möglichkeiten. Außerdem sind große Konzerne oft so in die wirtschaftlichen und sozialen Strukturen eingebettet, dass ihnen einiges an Spielraum gewährt wird.

Das Konzept der rhetorischen Situation beinhaltet, dass eine Situation von Faktoren bestimmt wird, die bei einer rhetorischen Erwiderung in Betracht gezogen werden müssen, um angemessen zu sein. Die Unternehmensrhetorik wird dann angemessen für eine rhetorische Situation sein, wenn das Unternehmen für sich einen entsprechenden Maßstab findet, nach dem es sich richtet. Es gibt keine weltweiten CSR-Regeln, die dem entgegenstehen würden. Obwohl die nationale Gesetzgebung in vielen Ländern Angestellte und die Umwelt bis zu einem gewissen Grad schützt, „in the vast majority of countries, companies face very little regulation" (Marsden 2006: 26). CSR hat mit Sicherheit den Debatten und der Kritik an Unternehmen kein Ende gesetzt, aber CSR-Strategien sind zumindest in einigen wichtigen Kreisen wie den Vereinten Nationen und der Europäischen Union positiv aufgenommen worden. Und was vielleicht noch wichtiger ist für die Unternehmen selbst: Sie sind tatsächlich riesig und sehr profitabel, wie man an den Platzierungen in der Fortune-Liste sehen kann. Andererseits kann ein Vertrauensverlust ein Problem auch für diese Unternehmen darstellen. Aber größtenteils sind sie immer noch gut im Geschäft.

Von einem ethischen Standpunkt aus kann die Rhetorik der Unternehmen dafür kritisiert werden, dass sie keine gemeinsamen Räume schafft. Dabei spielt die Frage eine Rolle, ob sich die Einstellung der Unternehmen wegentwickelt hat von einer einseitigen, selbstvergessenen und sich selbst feiernden Rhetorik zu einer, die tatsächlich Dilemmata anerkennt (Ihlen 2009c; McMillian 2007; Morsing & Schultz 2006). In diesem Sinne ist noch Raum für eine Entwicklung der CSR-Strategien und Maßnahmen. Es sollte außerdem nicht vergessen werden, dass CSR nicht auf eine reine Frage der Kommunikation reduziert werden sollte. Täte man das, wäre es leicht, denjenigen zuzustimmen, die sagen, dass der Fokus auf verantwortliches Handeln und die Lösung spezifischer materieller Probleme gelegt werden sollte (Christensen 2007).

Ein gängiger Vorwurf lautet, dass CSR lediglich der Versuch ist, dem Kapitalismus ein menschliches Antlitz zu geben und damit nur einer wachstumsorientierten Wirtschaft geholfen wird. CSR sei eine Form „hegemonialen ‚Neusprechs'", die nicht herausfordert, sondern dazu dient, die Macht der Wirtschaft zu stärken, und die uns davon abhält, die wirklich wichtigen Fragen zu stellen: nämlich wie Gesellschaft funktionieren sollte. Stattdessen verschaffe CSR den Unternehmen und dem Wirtschaftsdiskurs einen Vorteil (Banerjee 2007, 2008; Nyeng 2009). Die hier erfolgte Betrachtung der CSR-Rhetorik ergab ebenfalls kaum Gegenteiliges.

Für diejenigen, die sich eingehender mit CSR-Rhetorik befassen wollen, gibt es verschiedene Optionen. Die in diesem Beitrag vorgestellte Untersuchung hat sich auf einer institutionellen Makroebene bewegt und hat sich nicht weiter mit den Bedingungen beschäftigt, die den geschichtlichen, politischen, kulturellen und sozialen Hintergrund einzelner Unternehmen formen. Sich einzelne Unternehmen anzusehen und die hier vorgestellten Ergebnisse weiterzuentwickeln, anzupassen, zu problematisieren oder in eine andere Richtung zu führen, könnte fruchtbar sein. Ein lohnender Weg könnte auch die Untersuchung der CSR-Rezeption in verschiedenen Kulturen sein. In manchen Kulturen sind Stakeholder vielleicht eher geneigt, überschwängliche Erklärungen bezüglich CSR-Aktivitäten zu akzeptieren. Jedoch ist hier weitere Forschung notwendig: Wie ist die Bedeutung von kulturellen Unterschieden und Gemeinsamkeiten für die rhetorischen Strategien von Unternehmen einzuschätzen? Das ist eine größtenteils empirische Fragestellung, die mit Hilfe von Zielgruppenuntersuchungen und Befragungen, in Verbindung mit einem textanalytischen und kontextsensitiven Ansatz untersucht werden könnte. Außerdem ließe sich untersuchen, wie sich die rhetorische Situation von Wirtschaftszweig zu Wirtschaftszweig unterscheidet und wie in diesem Zusammenhang Aussagen über CSR-Maßnahmen stärker durch ein Appellieren an Ethos, Logos und Pathos gestützt werden.

Übersetzt aus dem Englischen von Katja Dallmann

Literatur

Agle, B. R., Mitchell, R. K., & Sonnenfeld, J. (1999). Who matters to CEOs? An investigation of stakeholder attributes and salience, corporate performance, and CEO values. *Academy of Management Journal, 42*(5), 507–525.

Allianz. (2006). *Status report 2006: Sustainability in the Allianz group.* Ismaning: Allianz.

American International Group (2007). *Corporate responsibility.* New York: AIG.

Aristotle (1991). *On rhetoric: A theory of civic discourse* (übers. von G. A. Kennedy). New York: Oxford University Press.

Ashforth, B. E., & Gibbs, B. W. (1990). The double-edge of organizational legitimation. *Organization Studies, 1*(2), 177–194.

Assicurazioni Generali (2007). *Sustainability report 2006.* Trieste, Italy: Assicurazioni Generali.

AXA (2007). *Building confidence: Activity and sustainable development: 2006 annual report.* Paris, France: AXA.

Bakan, J. (2004). *The corporation: The pathological pursuit of profit and power.* London: Constable.

Banerjee, S. B. (2007). *Corporate social responsibility: The good, the bad and the ugly.* Cheltenham, UK: Edward Elgar.

Banerjee, S. B. (2008). Corporate social responsibility: The good, the bad and the ugly. *Critical Sociology, 34*(1), 51–79.

Bank of America (2007). *Sustainability report 2006.* Hartford, CT: Bank of America.

Biesecker, B. (1999). Rethinking the rhetorical situation from within the thematic of Differánce. In J. L. Lucaites, C. M. Condit, & S. Caudill (Hrsg.), *Contemporary rhetorical theory: A reader* (S. 232–246). New York: Guilford Press.

Bitzer, L. F. (1968). The rhetorical situation. *Philosophy and Rhetoric, 1*(1), 1–14.

Bitzer, L. F. (1980). Functional communication: A situational perspective. In E. E. White (Hrsg.), *Rhetoric in transition: Studies in the nature and uses of rhetoric* (S. 21–38). University Park, PA: Penn State University Press.

BNP Paribas (2007). *Environmental and social report 2006.* Paris, France: BNP Paribas.

Boggs, C. (2000). *The end of politics: Corporate power and the decline of the public sphere.* New York: Guilford.

Bostdorff, D. M. (1992). „The decision is yours" campaign: Planned Parenthood's characteristic argument of moral virtue. In E. L. Toth, & R. L. Heath (Hrsg.), *Rhetorical and critical approaches to public relations* (S. 301–314). Hillsdale, NJ: Lawrence Erlbaum.

Bostdorff, D. M., & Vibbert, S. L. (1994). Values advocacy: Enhancing organizational images, deflecting public criticism, and grounding future arguments. *Public Relations Review, 20*(2), 141–158.

BP (2007). *Sustainability report 2006.* London, UK: BP.

Bruno, K., & Karliner, J. (2002). *earthsummit.biz: The corporate takeover of sustainable development.* Oakland, CA: Food First.

Burke, K. (1966). *Language as symbolic action: Essays on life, literature, and method.* Berkeley, CA: University of California Press.

Burke, K. (1969). *A rhetoric of motives.* Berkeley, CA: University of California Press.

Capriotti, P. (2009). Economic and social roles of companies in the mass media: The impact media visibility has on businesses' being recognized as economic and social actors. *Business Society, 48*(2), 225–242.

Cheney, G., Christensen, L. T., Conrad, C., & Lair, D. J. (2004). Corporate rhetoric as organizational discourse. In D. Grant, C. Hardy, C. Oswick, & L. L. Putnam (Hrsg.), *The Sage handbook of organizational discourse* (S. 79–103). London: Sage.

Chevron (2007). *Investing in human energy: 2006 corporate responsibility report San Ramon,* CA: Chevron.

China National Petroleum Corporation (2007). *Energize, harmonize, realize: Corporate social responsibility report 2006.* Beijing, China: China National Petroleum Corporation.

Christensen, L. T. (2007). The discourse of corporate social responsibility: Postmodern remarks. In S. K. May, G. Cheney, & J. Roper (Hrsg.), *The debate over corporate social responsibility* (S. 448–458). New York: Oxford University Press.

Christensen, L. T., & Morsing, M. (2007). *License to critique: Corporate communication as polyphony.* Paper presented at the 57th Annual Conference of the International Communication Association.

Christian Aid (2004). *Behind the mask: The real face of corporate social responsibility.* London: Christian Aid.

Cicero (2001). *On the ideal orator* (übers. v. J. M. May, & J. Wisse). New York: Oxford University Press.

Citigroup (2007). *Citizenship report 2006.* New York: Citigroup.

Cloud, D. L. (2007). Corporate social responsibility as oxymoron: Universalization and exploitation at Boeing. In S. K. May, G. Cheney, & J. Roper (Hrsg.), *The debate over corporate social responsibility* (S. 219–231). New York: Oxford University Press.

Commission of the European Communities (2001). *Green paper: Promoting a European framework for corporate social responsibility.* Brussels.

ConocoPhillips (2007). *2006 sustainable development report.* Houston, TX: ConocoPhillips.

Crane, A., & Matten, D. (2004). *Business ethics: A European perspective.* New York: Oxford University Press.

Crowther, D., & Rayman-Bacchus, L. (2004). Introduction: Perspectives on corporate social responsibility. In D. Crowther, & L. Rayman-Bacchus (Hrsg.), *Perspectives on corporate social responsibility* (S. 1–17). Aldershot: Ashgate.

DaimlerChrysler. (2007). *360 degrees sustainability 2007.* Stuttgart: DaimlerChrysler.

Davis, K. (1973). The case for and against business assumption of social responsibilities. *Academy of Management Journal, 16*(2), 312–322.

Deetz, S. A. (1992). *Democracy in an age of corporate colonization: Developments in communication and the politics of everyday life.* New York: State University of New York Press.

Edgecliffe-Johnson, A. (2008). Scepticism grows over claims on ethics. Financial Times. URL: http://www.ft.com/cms/s/0/80b7075a-2b6b-11dd-a7fc-000077b07658.html March 22, 2010. Zugriff am 26.05.2008.

Eisenberg, E. M. (2007). *Strategic ambiguities: Essays on communication, organization, and identity.* Thousand Oaks, CA: Sage.

Elsbach, K. D. (1994). Managing organizational legitimacy in the California cattle industry: The construction and effectiveness of verbal accounts. *Administrative Science Quarterly, 39*(1), 57–88.

Eni. (2007). *Eni sustainability report 2006.* Rome: ENI.

Environics International Ltd. (2000). *The Millennium Poll on corporate social responsibility.* Toronto, Canada.

ExxonMobil. (2007). *2006 corporate citizenship report.* Irving, TX: ExxonMobil.

Farrell, T. B. (1999). Knowledge, consensus, and rhetorical theory. In J. L. Lucaites, C. M. Condit, & S. Caudill (Hrsg.), *Contemporary rhetorical theory: A reader* (S. 140–152). New York: Guilford Press.

Fisher, C., & Lovell, A. (2003). *Business ethics and values.* Harlow: Financial Times/Prentice Hall.

Ford Motor (2006). *For a more sustainable future: Connecting with society: Ford Motor Company sustainability report 2006/2007.* Dearborn, MI: Ford.

Fortis (2007). *Corporate social responsibility report 2006: Stepping stones for sustainable growth*. Brussels/ Utrecht: Fortis.

Freeman, R. E. (1984). *Strategic management: A stakeholder approach*. Boston, MA: Pitman.

Freeman, R. E., & Philips, R. A. (2002). Stakeholder theory: A libertarian defense. *Business Ethics Quarterly*, *12*(3), 331–349.

Friedman, M. (1970). The social responsibility of business is to increase its profits. *New York Times Magazine, 13*. September, 122–126.

Garret, M., & Xiao, X. (1993). The rhetorical situation revisited. *Rhetoric Society Quarterly, 23*(2), 30–40.

General Electric (2007). *Solving big needs: 2006 citizenship report*. Fairfield, CT: General Electric.

General Motors (2007). *Our message: 2005/2006 corporate responsibility report*. Detroit, MI: General Motors.

Gross, A. G., & Dearin, R. D. (2003). *Chaim Perelman*. New York: State University of New York.

Heath, R. L. (2009). The rhetorical tradition: Wrangle in the marketplace. In R. L. Heath, E. L. Toth, & D. Waymer (Hrsg.), *Rhetorical and critical approaches to public relations* II (S. 17–47). New York: Routledge.

Heath, R. L. (im Druck). External organizational rhetoric: Bridging management and socio-political discourse. *Management Communication Quarterly*.

Henderson, D. (2001). *Misguided virtue: False notion of corporate social responsibility*. London: Institute of Economic Affairs.

Hertz, N. (2003). *The silent takeover: Global capitalism and the death of democracy*. New York: HarperBusiness.

HSBC (2007). *2006 corporate responsibility report*. London: HSBC.

Ihlen, Ø. (2002). Rhetoric and resources: Notes for a new approach to public relations and issues management. *Journal of Public Affairs, 2*(4), 259–269.

Ihlen, Ø. (2004). Norwegian hydroelectric power: Testing a heuristic for analyzing symbolic strategies and resources. *Public Relations Review, 30*(2), 217–223.

Ihlen, Ø. (2007). Bærekraftighet: Oljebransjens retoriske utfordring [Sustainable development: The rhetorical challenge of the oil industry]. *Rhetorica Scandinavica, 42*, 18–38.

Ihlen, Ø. (2009a). Business and climate change: The climate response of the world's 30 largest corporations. *Environmental Communication: A Journal of Nature and Culture, 3*(2), 244–262.

Ihlen, Ø. (2009b). Good environmental citizens? The green rhetoric of corporate social responsibility. In R. L. Heath, E. L. Toth, & D. Waymer (Hrsg.), *Rhetorical and critical approaches to public relations II* (S. 360–374). New York: Routledge.

Ihlen, Ø. (2009c). The oxymoron of ‚sustainable oil production': The case of the Norwegian oil industry. *Business Strategy and the Environment, 18*(1), 53–63.

Ihlen, Ø. (im Druck). The cursed sisters: Public relations and rhetoric. In R. L. Heath (Hrsg.), *The SAGE handbook of public relations* (2 Aufl.). Thousands Oaks, CA: Sage.

Ihlen, Ø., & Capriotti, P. (2007, May-June). *Media coverage of CSR in North and South Europe: The examples of Spain and Norway*. Paper presented at the 11th International Conference on Reputation, Brand, Identity and Competitiveness, Oslo, Norway.

ING Group. (2007). 2006 *Corporate responsibility report: Sustainable growth: The big picture*. Amsterdam: ING Group.

International Energy Agency (2008). *World energy outlook 2008*. Paris.

Isocrates. (1929). *Isocrates Volume II: On the Peace/Areopagiticus/Against the Sophists/Antidosis/Panathenaicus* (übers. von G. Norlin). Cambridge, MA: Loeb, Harvard University Press.

Jasinski, J. (2001). Rhetorical situation. In T. O. Sloane (Hrsg.), *Encyclopedia of rhetoric* (S. 694–697). New York: Oxford University Press.

Jones, G. (2005). *Multinationals and global capitalism: From the nineteenth to the twenty-first century*. New York: Oxford University Press.

Jones, T. M., Wicks, A. C., & Freeman, R. E. (2002). Stakeholder theory: The state of the art. In N. E. Bowie (Hrsg.), *The Blackwell guide to business ethics* (S. 19–37). Malden, MA: Blackwell Publishers.

Klein, N. (2000). *No logo*. London: Flamingo.

Kolk, A. (2008). Sustainability, accountability and corporate governance: Exploring multinationals' reporting practices. *Business Strategy and the Environment, 17*(1), 1–15.

KPMG (2008). *KPMG International survey of corporate responsibility reporting 2008*. Amsterdam: KPMG.

L'Etang, J. (2006). Corporate responsibility and public relations ethics. In J. L'Etang, & M. Pieczka (Hrsg.), *Public relations: Critical debates and contemporary practice* (S. 405–421). Mahwah, NJ: Lawrence Erlbaum.

Larson, R. L. (1970). Lloyd Bitzer's ‚Rhetorical Situation' and the classification of discourse: Problems and implications. *Philosophy and Rhetoric, 3*, 165–168.

Liu, S. H. (1998). *Understanding Confucian philosophy*. London: Praeger.

Livesey, S. M. (2002). Global warming wars: Rhetorical and discourse analytic approaches to ExxonMobil's corporate public discourse. *Journal of Business Communication, 39*(1), 117–148.

Livesey, S. M., & Graham, J. (2007). Greening of corporations? Eco-talk and the emerging social imaginary. In S. K. May, G. Cheney, & J. Roper (Hrsg.), *The debate over corporate social responsibility* (S. 336–350). New York: Oxford University Press.

Llewellyn, J. T. (1990). *The rhetoric of corporate citizenship*. Ph.D. dissertation, University of Texas at Austin.

Lucaites, J. L., Condit, C. M., & Caudill, S. (1999a). The character of the rhetorical situation. In J. L. Lucaites, C. M. Condit, & S. Caudill (Hrsg.), *Contemporary rhetorical theory: A reader* (S. 213–216). New York: Guilford Press.

Lucaites, J. L., Condit, C. M., & Caudill, S. (1999b). What can a „rhetoric" be? In J. L. Lucaites, C. M. Condit, & S. Caudill (Hrsg.), *Contemporary rhetorical theory: A reader* (S. 19–24). New York: Guilford Press.

Marsden, C. (2006). In defence of corporate social responsibility. In M. Morsing, & A. Kakabadse (Hrsg.), *Corporate social responsibility: Reconciling aspiration with application* (S. 24–39). New York: Palgrave Macmillan.

Marsh, C. (2003). Antecedents of two-way symmetry in classical Greek rhetoric: The rhetoric of Isocrates. *Public Relations Review, 29*(3), 351–367.

McMillian, J. J. (2007). Why corporate social responsibility: Why now? How? In S. K. May, G. Cheney, & J. Roper (Hrsg.), *The debate over corporate social responsibility* (S. 15–29). New York: Oxford University Press.

Mickey, T. J. (1995). *Sociodrama: An interpretive theory for the practice of public relations*. Lanham, MD: University Press of America.

Mitchell, R. K., Agle, B. R., & Wood, D. J. (1997). Toward a theory of stakeholder identification and salience: Defining the principle of who and what really counts. *Academy of Management Review, 22*(4), 853–886.

Morsing, M., & Schultz, M. (2006). Corporate social responsibility communication: Stakeholder information, response and involvement strategies. Business Ethics: A European Review, 15(4), 323–338.

Morsing, M., Schultz, M., & Nielsen, K. U. (2008). The ‚Catch 22' of communicating CSR: Findings from a Danish study. *Journal of Marketing Communications, 14*(2), 97–111.

Munshi, D., & Kurian, P. (2005). Imperializing spin cycles: A postcolonial look at public relations, greenwashing, and the separation of publics. *Public Relations Review, 31*(4), 513–520.

Nyeng, F. (2009). Bedrifter, retorikk og sammfunnsansvar [Business, rhetoric, and corporate social responsibility]. In O. Nordhaug, & H.-I. Kristiansen (Hrsg.), *Retorikk, etikk og næringsliv* [Rhetoric, ethics and business] (S. 79–103). Oslo, Norway: forlag1.

Palazzo, G., & Scherer, A. G. (2006). Corporate legitimacy as deliberation: A communicative framework. *Journal of Business Ethics, 66*(1), 71–88.

Paystrup, P. (1995). Plastics as planet-saving „natural resource": Advertising to recycle an industry's reality. In W. N. Elwood (Hrsg.), *Public relations inquiry as rhetorical criticism: Case studies of corporate discourse and social influence* (S. 85–116). Westport, CT: Praeger.

Paystrup, P. (1996). Plastics as a „natural resource:" Perspective by incongruity for an industry in crisis. In J. G. Cantrill, & C. L. Oravec (Hrsg.), *The symbolic earth: Discourse and our creation of the environment* (S. 176–197). Lexington, KY: The University Press of Kentucky.

Perelman, C., & Olbrechts-Tyteca, L. (1971). *The new rhetoric: A treatise on argumentation* (übers. v. J. Wilkinson, & P. Weaver). London: University of Notre Dame.

Perrow, C. (2002). *Organizing America: Wealth, power, and the origins of corporate capitalism*. Princeton, NJ: Princeton University Press.

Porter, L. (2010). Communicating for the good of the state: A post-symmetrical polemic on persuasion in ethical public relations. *Public Relations Review, 36*(2), 127–133.

Post, J. E., Lawrence, A., & Weber, J. (2002). *Business and society: Corporate strategy, public policy, ethics* (10. Aufl.). New York: McGraw-Hill.

Quintilian (1996). *Institutio oratoria: Books I-XII* (übers. v. H. E. Butler). Cambridge, MA: Harvard University Press.

Roper, J., & Weymes, E. (2007). Reinstating the collective: A Confucian approach to well-being and social capital development in a globalised economy. *Journal of Corporate Citizenship, 26*, 135–144.

Scott, R. L. (1999). On viewing rhetoric as epistemic. In J. L. Lucaites, C. M. Condit, & S. Caudill (Hrsg.), *Contemporary rhetorical theory: A reader* (S. 131–139). New York: Guilford Press.

Sethi, S. P. (1977). *Advocay advertising and large corporations*. Lexington, MA: Lexington Books.

Shell Group (2007). *Meeting the energy challenge: The Shell sustainability report 2006.* The Hague: Shell Group.

Siemens (2007). *Corporate responsibility at Siemens 2006.* Berlin: Siemens.

Sillince, J. A. A., & Suddaby, R. (2008). Organizational rhetoric: Bridging management and communication scholarship. *Management Communication Quarterly, 22*(1), 5–12.

Sinopec (2007). *China Petroleum & Chemical Corporation: Sustainable development 2006.* Beijing: Sinopec.

Skerlep, A. (2001). Re-evaluating the role of rhetoric in public relations theory and in strategies of corporate discourse. *Journal of Communication Management, 6*(2), 176–187.

Smith, C. R., & Lybarger, S. (1996). Bitzer's model reconstructed. *Communication Quarterly, 44*(2), 197–213.

Snider, J., Hill, R. P., & Martin, D. (2003). Corporate social responsibility in the 21st Century: A view from the world's most sucessfull firms. *Journal of Business Ethics, 48,* 175–187.

State Grid Corporation of China (2007). *Corporate social responsibility report 2006.* Beijing: State Grid.

Suddaby, R., & Greenwood, R. (2005). Rhetorical strategies of legitimacy. *Administrative Science Quarterly, 50,* 35–67.

The Economist. (2008). Ethical capitalism: How good should your business be? *The Economist, 19. Januar,* 12–13.

The Harris Poll. (2007). Social responsibility: Most people have good intentions but only a small minority really practice what they preach. URL: http://www.harrisinteractive.com/harris_poll/index.asp?PID=774. Zugriff am 10.04.2009.

Total (2007). *Sharing our energies 2006: Corporate social responsibility.* Courbevoie: Total.

Toyota (2007). *Sustainability report 2006.* Tokyo: Toyota.

UBS (2007). *UBS 2006 environmental report.* Basel, Switzerland: UBS.

Vatz, R. E. (1973). The myth of the rhetorical situation. *Philosophy and Rhetoric, 6*(3), 154–161.

Vidaver-Cohen, D., & Brønn, P. S. (2008). Corporate citizenship and managerial motivation: Implications for business legitimacy. *Business and Society Review, 113*(4), 441–475.

Vogel, D. (2005). *The market for virtue: The potential and limits of corporate social responsibility.* Washington, DC: Brookings Institution.

Volkswagen AG (2005). *Sustainability report 2005/2006: Moving generations.* Wolfsburg: Volkswagen AG.

Wal-Mart (2007). *Sustainability progress to date 2007–2008: We're making sustainability our business.* Bentonville, AR: Wal-Mart.

Wal-Mart. (2008). Environment overview. URL: http://walmartstores.com/GlobalWMStoresWeb/navigate.do?catg=345. Zugriff am 12.02.2008.

Welford, R. (Hrsg.) (1997). *Hijacking environmentalism: Corporate responses to sustainable development.* London: Earthscan.

Werther, W. B., & Chandler, D. (2006). *Strategic corporate social responsibility: Stakeholders in a global environment.* London: Sage.

Willke, H., & Willke, G. (2008). Corporate moral legitimacy and the legitimacy of morals: A critique of Palazzo/Scherer's communicative framework. *Journal of Business Ethics, 81*(1), 27–38.

Woolfson, C., & Beck, M. (Hrsg.) (2005). *Corporate social responsibility failures in the oil industry.* Amityville, NY: Baywood.

World Bank. (2006). DevComm CSR Program. URL: http://go.worldbank.org/9UTIQB6HZ0. Zugriff am 12.02.2008.

Wæraas, A. (2007). Legitimacy and legitimation: The relevance of Max Weber for public relations. *Public Relations Review, 33*(3), 281–286.

Wæraas, A., & Ihlen, Ø. (2009). „Green" legitimation: The construction of an environmental ethos. *International Journal of Organizational Analysis, 17*(2), 84–102.

Young, M. J. (2001). Lloyd F. Bitzer: Rhetorical situation, public knowledge, and audience dynamics. In J. A. Kuypers, & A. King (Hrsg.), *Twentieth-century roots of rhetorical studies* (S. 274–301). Westport, CT: Praeger.

1. Kommunikationswissenschaftliche Zugänge

1.2 Bedeutung von CSR für die öffentliche Kommunikation

Corporate Responsibility-Kampagnen als integriertes Kommunikationsmanagement

Jana Schmitt und Ulrike Röttger

1 Intensivierung der Debatte um gesellschaftliche Verantwortung von Unternehmen

Ob „Bolzplätze für Deutschland" oder „Für eine Welt ohne AIDS", Unternehmen ist daran gelegen, in der Öffentlichkeit nicht nur für ihre hochwertigen Produkte und zuverlässigen Dienstleistungen wahrgenommen zu werden, sondern auch als Vertreter sozialer und ökologischer Interessen. Das Thema gesellschaftliche Verantwortung von Unternehmen ist seit einigen Jahren aus der öffentlichen Debatte nicht mehr wegzudenken. Unternehmen engagieren sich dabei ohne gesetzliche Verpflichtung in übergreifenden Corporate Responsibility-Initiativen, implementieren freiwillig Sozialstandards in ihrer Wertschöpfungskette, laden ihre Produkte oder Dienstleistungen im Rahmen des Cause-Related Marketing (CrM) moralisch auf oder werden als Stifter und Sponsor aktiv.

Kampagnen stellen für Unternehmen eine öffentlichkeitswirksame Möglichkeit dar, unterschiedliche Bezugsgruppen über das eigene gesellschaftliche Engagement zu informieren. Entsprechend machen sich Unternehmen zunehmend Strategien von gemeinwohlorientierten Organisationen zunutze, mit Hilfe von Solidaritäts- und Mobilisierungsbotschaften Kampagnen moralisch aufzuladen.

Kampagnen als Form der Vermittlung des unternehmerischen gesellschaftlichen Engagements werden im Folgenden genauer betrachtet. Corporate Responsibility-Kampagnen sind bislang von der kommunikationswissenschaftlichen Forschung nur am Rande berücksichtigt worden (siehe zu Kampagnen allgemein Röttger 2007, 2009). Röttger und Schlichting untersuchen u. a. die Glaubwürdigkeit unternehmerischer Sozialkampagnen und deren Wirkung auf Konsumenten (vgl. Schlichting & Röttger 2009). Weitere Untersuchungen zu Sozial-Kampagnen stammen darüber hinaus vor allem aus dem Bereich der Cause-Related Marketing-Forschung (vgl. u. a. Huber, Regier & Rinino 2008). Explizite Untersuchungen von Corporate Responsibility-Kampagnen liegen bislang nicht vor. Diese Lücke soll in diesem Beitrag insofern geschlossen werden, als dass die bislang vorliegenden Ausführungen hinsichtlich unternehmerischer Sozialkampagnen und CrM-Kampagnen auf den Bereich Corporate Responsibility (CR) übertragen werden. Dabei werden zunächst das zugrunde liegende Verständnis von gesellschaftlichem Engagement sowie eine Abgrenzung relevanter und in der Literatur häufig sehr unterschiedlich verwendeter Begrifflichkeiten vorgenommen, bevor in einem weiteren Abschnitt die Kommunikationsform Kampagne im Rahmen von Corporate Responsibility-Aktivitäten vorgestellt wird.

Neben Kampagnenformen und Zielen von sozial oder ökologisch orientierten Unternehmenskampagnen geht es hierbei vor allem um die Glaubwürdigkeit entsprechender Kampagnen sowie die damit einhergehenden Risiken.

1.1 Konzepte gesellschaftlicher Verantwortung von Unternehmen

Die Diskussion um die gesellschaftliche Verantwortung von Unternehmen ist grundsätzlich von verschiedenen, in Wissenschaft und Praxis nicht immer sehr trennscharf verwendeten, Begrifflichkeiten und Konzepten geprägt. Insbesondere die Begriffe Corporate Social Responsibility (CSR), Corporate Citizenship (CC) und Nachhaltigkeit (Sustainability) finden im deutschsprachigen Raum häufig Verwendung. Konsensualisierte und eindeutige Definitionen der Begrifflichkeiten liegen nicht vor. Ganz allgemein können alle drei genannten Konzepte als „Strategien der Gesellschaftsorientierung von Unternehmen" (Weiß 2005: 590) betrachtet werden. Im vielzitierten Ebenen-Modell von Carroll (Carroll 1979; Carroll & Buchholtz 2003) wird dabei die Wirtschaftlichkeit des Unternehmens als Rahmenbedingung von CSR vorausgesetzt (zur Abb. siehe Einleitung in diesem Band). Aufgrund der mangelnden analytischen und praktischen Trennschärfe der einzelnen Ebenen wird dieses Modell in der neueren Literatur häufig kritisiert und die vorgenommene Abgrenzung der Hierarchiestufen als überholt angesehen. Im Folgenden wird daher Hiß' Systematisierung von CSR gefolgt, die eine Unterscheidung aus Perspektive der Unternehmen vornimmt. Unterschieden wird zwischen einem inneren, mittleren und äußeren Verantwortungsbereich, wobei sich von Stufe zu Stufe der Verantwortungsbereich von Unternehmen vom gesetzlich vorgeschriebenen hin zu einem freiwilligen Bereich ausweitet (vgl. Hiß 2005: 38 ff.):

1. Innerer Verantwortungsbereich: Parallel zu Carrolls Verantwortungspyramide werden auch hier ökonomische Verantwortung und die Gesetztestreue als basale Elemente einer unternehmerischen Verantwortung betrachtet. Diese bezeichnet nicht nur eine unfreiwillige beziehungsweise unintendierte soziale Verantwortung, sondern enthält zugleich Elemente freiwilliger Einhaltung der gesetzlich vorgeschriebenen Rahmenbedingungen.
2. Mittlerer Verantwortungsbereich: Im Fokus stehen gesetzlich nicht vorgeschriebene Maßnahmen entlang der Wertschöpfungskette von Unternehmen (z. B. Einhaltung von Sozialstandards bei Zulieferern).
3. Äußerer Verantwortungsbereich: Maßnahmen auf dieser Ebene erfolgen ebenfalls freiwillig und finden außerhalb der Wertschöpfungskette statt, d. h. die Aktivitäten stehen nicht in einem unmittelbaren Zusammenhang mit der ökonomischen Tätigkeit des Unternehmens (z. B. Spenden, Sponsoring, Stiftungen).

Darüber hinaus wurde die CSR-Debatte lange Zeit vor allem auf soziale und philanthropische Aspekte des Unternehmensengagements verkürzt ohne den ebenso davon betroffenen Bereich der ökologischen Nachhaltigkeit aufzugreifen (vgl. u. a. Fieseler & Meckel 2008: 37; Paech & Pfriem 2004: 13). Um diese häufig anzutreffende Fehlinterpretation von *social* zu umgehen und die Deutung über die Idee der Philanthropie hinaus zu erweitern, wird im Folgenden der Begriff *Corporate Responsibility* (CR) verwendet.

1.2   *Definition von Corporate Responsibility und Cause-Related Marketing*

Der C(S)R-Begriff entstammt ursprünglich der angloamerikanischen Tradition unternehmerischer Philanthropie und wurde erst in den späten 1970er Jahren in Europa aufgegriffen. Hier wurde der Ansatz zunächst vor allem in Großbritannien verwendet (vgl. Backhaus-Maul 2004: 24). Zu Beginn des neuen Jahrtausends setzte insbesondere die EU wichtige Impulse in der Debatte um die gesellschaftliche Verantwortung von Unternehmen. Im Grünbuch CSR wird CSR folgendermaßen definiert: „CSR ist ein Konzept, das den Unternehmen als Grundlage dient, um auf freiwilliger Basis soziale und ökologische Belange in ihre Unternehmenstätigkeit und in die Beziehungen zu den Stakeholdern zu integrieren." (Europäische Kommission 2001: 5). Während es sich hierbei also um ein Konzept handelt, das grundsätzlich auf verschiedene Stakeholder eines Unternehmens ausgerichtet ist, fokussiert Cause-Related Marketing (CrM) vornehmlich marktorientierte Zielgruppen. Die bekanntesten Beispiele hierfür sind die Krombacher Regenwald-Initiative sowie die Trinkwasser-Aktion von Volvic. Beispiele dieses vermehrt auftretenden Marketingphänomens lassen sich jedoch mittlerweile bei vielen Unternehmen finden und können als Reaktion der Unternehmen auf veränderte Wettbewerbssituationen und gestiegene Kundenanforderungen verstanden werden (vgl. Röttger 2009: 12; Huber, Regier & Rinino 2008: 1). CrM wird im Folgenden in Anlehnung an Mullen sowie Marconi verstanden als ein Prozess der Formulierung und Implementierung von Marketingaktivitäten, die sich dadurch auszeichnen, dass ein festgelegter Teil des Erlöses einem Non-Profit-Ziel (in der Regel in Kooperation mit einer Non-Profit-Organisation) zufließt (vgl. Mullen 1997; Marconi 2002).

2   Kampagnen als Instrument der Kommunikation gesellschaftlicher Verantwortung von Unternehmen

Kampagnen haben in der Unternehmenskommunikation stark an Bedeutung gewonnen. Wie so viele Begriffe der Public Relations ist jedoch auch der Kampagnenbegriff nicht eindeutig definiert, insbesondere ist eine Abgrenzung zwischen Marketing-, Werbe- und PR-Kampagnen nur schwer möglich (vgl. Röttger 2009: 9).

„Unter PR-Kampagnen werden [.] dramaturgisch angelegte, thematisch begrenzte, zeitlich befristete kommunikative Strategien zur Erzeugung öffentlicher Aufmerksamkeit verstanden, die auf ein Set unterschiedlicher kommunikativer Instrumente und Techniken – werbliche Mittel, marketing-spezifische Instrumente und klassische PR-Maßnahmen – zurückgreifen." (Röttger 2009: 9)

Diese Definition haben Schlichting und Röttger auf unternehmerische Sozialkampagnen übertragen, der bezogen auf den gesamten CR-Bereich weitestgehend gefolgt werden kann und lediglich um den Bereich der ökologischen Interessen erweitert wird: CR-Kampagnen sind demnach „zeitlich und thematisch begrenzte, kommunikative Strategien zur öffentlichen Inszenierung unternehmerischer Sozial- [und Umwelt-]interessen, die unter Rückgriff auf unterschiedliche kommunikative Instrumente und Techniken – werbliche Mittel, marketingspezifische Instrumente und klassische PR-Maßnahmen – Aufmerksamkeit erzeugen oder auch zu Anschlusshandlungen wie etwa Geldspenden und Warenerwerb mobilisieren sollen" (Schlichting & Röttger 2009: 265 f.).

Hierbei wird bereits die Problematik deutlich, Kampagnen im Bereich der Corporate Responsibility zu verorten wie sie eingangs definiert worden ist. Die in der Regel eingesetzten Instrumente und Techniken lassen vermuten, dass es sich bei den meisten als CR-Kampagne deklarierten Kampagnen tatsächlich eher um CrM-Kampagnen handelt. Selbstverständlich gibt es reine sozial oder ökologisch orientierte Kampagnen, diese werden jedoch in der Regel nicht von Wirtschaftsorganisationen, sondern von gemeinwohlorientierten Organisationen (Vereinen, Verbänden, staatlichen Institutionen) initiiert. Als konstituierend für sozial orientierte Kampagnen beschreiben Kotler und Roberto das Vorhandensein eines Akteurs, der eine auf soziale Ziele hin ausgerichtete und an spezifische Zielgruppen gerichtete Änderungsstrategie öffentlich macht (vgl. Kotler & Roberto 1991: 15–35). Darüber hinaus lassen sich Sozialkampagnen nach der Art ihres Anliegens und ihrer Zielsetzung unterscheiden; demnach können Sozialkampagnen auf kognitive Änderungen, auf Verhaltens- oder gar Werteänderungen abzielen (vgl. Bonfadelli 2004: 101 ff.). Dabei lassen sich zunehmend auch bei Wirtschaftsorganisationen Strategien ausmachen, die auf soziale, gesellschaftliche oder umweltrelevante Anliegen Bezug nehmen. Nicht zuletzt, weil diesen vermehrt soziale und ökologische Verantwortung abverlangt wird.

Betrachtet man einige Beispiele entsprechender Unternehmens-Kampagnen der letzten Jahre, so lässt sich feststellen, dass es sich bei der Mehrheit in der Tat um CrM-Kampagnen handelt. Eine Studie zu Cause-Related Marketing in Deutschland zählt im Zeitraum von 2002 bis 2008 über 90 Unternehmen, die eine oder mehrere CrM-Kampagnen durchgeführt haben (vgl. Oloko 2008). Als Vorreiter und eines der bekanntesten CrM-Beispiele in Deutschland gilt die Krombacher Brauerei, die mit dem Regenwald-Projekt dafür warb, pro verkauften Kasten Bier einen Quadratmeter Regenwald zu schützen. Zahlreiche weitere Unternehmen folgten dem Beispiel: Unter dem Motto „Schenken wir ein Lächeln" unterstützte Procter & Gamble mit dem Verkauf der Zahnpasta blend-a-med ein SOS-Kinderdorf in Brasilien, von jedem in Deutschland verkauftem Liter „Volvic naturelle" wurde ein Teil des Erlöses für die Gewinnung von zehn Litern Trinkwasser genutzt, Ritter Sport unterstützte unter dem Motto „1 Packung Quadrago = 1 Tag lernen" ein Schulprojekt in

Afrika. Von einem hohen Produktumsatz profitieren hier nicht nur die Empfänger des Spendenbeitrags, sondern der Umfang der sozialen oder ökologischen Bemühungen steht auch in unmittelbarem Zusammenhang mit der Gewinnerwirtschaftung (vgl. Schlichting & Röttger 2009: 266).

Als CR-Kampagne präsentiert sich die von Bacardi Limited initiierte „Champions Drink-Responsibly"-Kampagne, die mit Michael Schumacher als Botschafter für einen verantwortungsvollen Alkoholgenuss eintritt (http://www.championsdrink-responsibly.com/).

Abbildung   Werbeplakat der „Champions Drink Responsibly-Kampagne[1]":

Im Gegensatz zu den beschriebenen CrM-Kampagnen liegt hier keine unmittelbare Verknüpfung von Produktvertrieb und Spendensammlung für einen guten Zweck vor, als Ziel gibt das Unternehmen aus: „The aim of this global initiative is to champion drinking and driving don't mix by generating awareness of the drink drive issue through TV, print advertising and PR." (www. championsdrinkresponsibly. com/). Die vorgestellte Kampagne ähnelt damit sehr stark Kampagnen wie sie von

1   Quelle: http://www.championsdrinkresponsibly.com/ChampionsDrinkResponsibly/Default/ index.aspx

gemeinwohlorientierten Organisationen initiiert werden, um auf einen bestimmten Missstand in der Gesellschaft oder ein ökologisches Anliegen aufmerksam zu machen bzw. entsprechendes Verhalten zu ändern.

Erkennbar ist, dass ein Gemeinwohlbezug in der kommunikativen Darstellung sowohl nach innen als auch nach außen für Unternehmen eine Möglichkeit darstellt, die seitens der Gesellschaft bzw. der Kunden an sie herangetragenen Erwartungen zu erfüllen oder zumindest entsprechendes Engagement zu demonstrieren (vgl. Röttger 2009: 12; Reichertz 1995: 470) und gleichzeitig unter Profilierungs- oder Imagegesichtspunkten einen deutlichen Mehrwert der eigenen Produkte oder Dienstleistungen zu schaffen. Verbunden mit dem Einlösen gesellschaftlicher Erwartungen ist jedoch in der Regel gleichzeitig immer auch die Absatz- und Verkaufsförderung einzelner Produkte oder Dienstleistungen. Festzustellen ist damit eine zunehmende Angleichung zwischen Solidaritäts- und Mobilisierungskampagnen von gemeinwohlorientierten Organisationen einerseits und moralisch aufgeladenen Kampagnen von gewinnorientierten Organisationen andererseits.

2.1   Kampagnenformen

Im Sinne eines integrierten Kommunikationsmanagements – CR-Kampagnen können keinem Bereich der Unternehmenskommunikation exklusiv zugeschrieben werden, vielmehr integrieren sie Instrumente und Techniken des Marketing, der PR sowie der Werbung – sind CR-Kampagnen auf unterschiedliche Bezugsgruppen ausgerichtet (vgl. Röttger 2007: 382). Aufgrund ihres öffentlichen Charakters können vor allem externe Bezugsgruppen als Zielgruppe der Kampagnen betrachtet werden. Je nach Fokussierung auf marktbezogene oder gesellschaftsorientierte Zielgruppen lassen sich dabei in Anlehnung an Baringhorst sowie Schlichting und Röttger unterschiedliche Kampagnenformen ausmachen (vgl. Baringhorst 1998; Schlichting & Röttger 2009: 272 f.).

Thematisierungskampagnen
Bei Thematisierungskampagnen steht die Botschaft im Mittelpunkt, dass das relevante Unternehmen grundsätzlich ein soziales oder ökologisches Interesse verfolgt. Die inhaltliche Botschaft wird dabei eher allgemein gehalten und lässt keinen Rückschluss auf eine dominante Bezugsgruppe zu.

Aktivierungskampagnen
Aktivierungskampagnen gehen über die reine Thematisierung der unternehmerischen Sozial- oder Umweltinteressen hinaus und zielen vor allem auf eine Mobilisierung der relevanten Bezugsgruppen ab, sei es durch Spendenaufrufe (monetäre Aktivierungskampagnen) oder durch Kaufappelle (kommerzielle Aktivierungskampagnen). Zwar lässt sich dem entgegenhalten, dass auch Thematisierungskampagnen auf Mobilisierung ausgerichtet sind, indem sie die Aufmerksamkeit auf eine konkrete Notsituation lenken oder eine gemeinwohlorientierte Organisation

in ihrem Handeln unterstützen, jedoch wird hier angenommen, dass bei Aktivierungskampagnen eine unmittelbare Bindung an eine bestimmte Bezugsgruppe erreicht werden soll, indem das unternehmerische Engagement als gemeinschaftliche
Aktion dargestellt wird. Anders als bei den Beispielen klassischer CrM-Kampagnen,
bei denen zur Unterstützung eines konkreten sozialen oder ökologischen Projektes
zum Konsum ausgewählter Produkte aufgerufen wird, spenden Unternehmen hier
selbst einen größeren Betrag an ein Sozial- oder Umweltprojekt und animieren die
Allgemeinheit (d. h. unterschiedliche Bezugsgruppen, auch solche des nicht-marktlichen Umfeldes), dem eigenen Vorbild zu folgen. Jüngstes Beispiel hierfür sind die
Spendenaufrufe verschiedener Unternehmen im Rahmen der Erdbebenkatastrophe
im Januar 2010 in Haiti. Firmen wie Google, Microsoft oder Apple stellen selbst
einen bestimmten Betrag bereit und fordern – meist über eine separate Spenden-
website (z. B. http://www.google.com/relief/haitiearthquake/) – zu weiteren Spenden seitens der Bevölkerung oder der eigenen Mitarbeiter auf.

2.2   Ziele und Motive von CR-Kampagnen

Egal ob Kampagnen auf kognitive Änderungen, Verhaltens- oder gar Werteänderungen abzielen, verfolgen die Initiatoren in der Regel eine kommunikative Doppelstrategie. Zum einen weisen Kampagnen eine starke Medienorientierung auf, d. h.
sie sind in ihrer inhaltlichen Aufbereitung und zeitlichen Dramaturgie auf Regeln
und Routinen des Mediensystems ausgerichtet. Zum anderen sind Kampagnen
durch eine direkte Publikumsorientierung gekennzeichnet, d. h. mit ihnen soll die
Aufmerksamkeit bestimmter Teilöffentlichkeiten bzw. deren Mobilisierung erreicht
werden (vgl. Röttger 2009: 10; 2007: 394). Dem Allgemeinziel von unternehmerischen Umwelt- und Sozialkampagnen, bei strategisch relevanten Bezugsgruppen
als umwelt- bzw. sozialbewusstes und engagiertes Unternehmen wahrgenommen
zu werden, lassen sich grundsätzlich verschiedene Motive zuordnen. Bevor diese
im Folgenden im Einzelnen vorgestellt werden, wird zunächst die übergeordnete
Frage untersucht, mit welcher Motivation Unternehmen sich überhaupt gesellschaftlich engagieren.

Als Motiv, sich sozial oder ökologisch zu engagieren, stellen Unternehmen zunehmend humanitäre oder philanthropische Absichten in den Vordergrund. Die
selbstlose Absicht, mit diesem Verhalten ausschließlich gesellschaftlichen oder ökologisch wertvollen Zielen zu folgen, ist bei gewinnorientierten Wirtschaftsorganisationen per se jedoch nicht zu vermuten, vielmehr ist hier in der Regel von einer
Verknüpfung eines gesellschaftlichen bzw. ökologischen mit einem wirtschaftlichen Interesse auszugehen. In der Literatur kristallisiert sich diesbezüglich eine
Polarisierung zwischen den Extrempositionen „Markt" und „Moral" heraus (vgl.
Röttger & Schmitt 2009: 42 f.). Während Vertreter wirtschaftsliberaler und neoklas-
sischer Wirtschaftstheorien die gesellschaftliche Aufgabe von Unternehmen darin
sehen, Gewinn im Interesse der Shareholder zu maximieren (vgl. Friedman 1970),
findet sich in wirtschaftsethischen Ansätzen die Maßgabe, gesellschaftliche Verant-

wortung von Unternehmen gehe über die Schaffung ökonomischer Werte hinaus (vgl. Ulrich 2008). Als höchste Stufe gesellschaftlicher Verantwortung wird hier unter ethischen Gesichtspunkten ein Handeln verstanden, das im Konfliktfall unter Nachordnung wirtschaftlicher Interessen des Unternehmens im Sinne gesellschaftlicher Interessen geschieht (vgl. Imbusch & Rucht 2007). Eine dritte Position vereint diese beiden Extrempole, indem sie betont, gesellschaftliches Engagement von Unternehmen könne durchaus einen betriebswirtschaftlichen Nutzen aufweisen (vgl. Westebbe & Logan 1995). Diese Position stellt zwei Funktionen von CR heraus, die als entscheidend für die Motivation von Unternehmen angesehen werden können, sich gesellschaftlich zu engagieren. Zum einen kann CR als Risikominimierung betrachtet werden in Form einer Verhinderung von Gegenkampagnen oder von Reputationsverlusten durch öffentliche Unternehmenskritik. Zum anderen können sich CR-Maßnahmen positiv auf die Unternehmensreputation und Kundenloyalität auswirken, indem sie dazu beitragen, sich von Wettbewerbern zu differenzieren und gegenüber Anspruchsgruppen zu profilieren (vgl. Loew et al. 2004; Röttger & Schmitt 2009). Ein glaubhaftes Interesse seitens Unternehmen an und deren Einsatz für gesellschaftliche Problemstellungen sind damit nicht per se in Frage zu stellen. Im Gegensatz zum in der Regel primär gemeinwohlorientierten Ziel von Nonprofit-Organisationen, sich für ein soziales oder ökologisches Anliegen einzusetzen, muss bzgl. der Zielsetzung bei Unternehmen jedoch davon ausgegangen werden, dass neben sozialen oder ökologischen Motiven immer auch – wahrscheinlich sogar primär – wirtschaftliche Interessen zum Tragen kommen. Entscheidend dabei, ob das gesellschaftliche Engagement von Unternehmen seitens der Bezugsgruppen als glaubhaft wahrgenommen wird, ist erneut die Frage, wie gut es Unternehmen gelingt, CR-Aktivitäten im Sinne eines integrierten Managements strategisch in ihre Tätigkeiten einzubinden.

Gesellschaftsbezogene Motive: Akzeptanz und Legitimation
Bedingt durch die zunehmende „öffentliche Exponiertheit" von Unternehmen (Dyllick 1989: 5), sehen sich diese der Notwendigkeit ausgesetzt, die Akzeptanz und Zustimmung relevanter Bezugsgruppen zu sichern. Darüber hinaus wird Unternehmen in zunehmendem Maße eine Ausfallbürgschaft für das Erbringen sozialer Leistungen abverlangt (in Kompensation ausfallender Leistungen seitens anderer gesellschaftlicher Akteure, v. a. der Nationalstaaten) (Reichertz 1994). Sozialbewusstsein und ökologische Verantwortung sind für Unternehmen daher heute von grundlegender Bedeutung, wenn es um die Sicherung der Akzeptanz relevanter Bezugsgruppen aus dem gesellschaftlichen Bereich geht. Es handelt sich beim Sozial- und Umweltengagement nicht mehr nur um eine wünschenswerte, aber nicht existenziell wichtige Zusatzleistung, sondern zunehmend um einen bedeutenden Wert des Unternehmensengagements. Diese wirtschaftlichen, politischen und gesellschaftlichen Veränderungen führen dazu, dass die Legitimation von Unternehmen immer seltener problemlos aus der Schaffung materiellen Wohlstands resultiert; sie ist vielmehr angesichts einer allgemeinen Moralisierung der Kommunikation und anhaltender Anspruchsinflation immer häufiger in Frage gestellt.

In diesem Sinne werden CR-Kampagnen mit dem Ziel eingesetzt, sich die Zustimmung relevanter gesellschaftlicher Akteure (licence to operate) zu sichern (vgl. McIntosh et al. 2003: 17; Schlichting & Röttger 2009: 268 f.). Indem Unternehmen ihr soziales und ökologisches Bewusstsein öffentlich darstellen, versuchen sie, sich eben diese licence to operate langfristig zu sichern. CR-Kampagnen können somit als Reaktion auf das neue soziale und ökologische Bewusstsein der Gesellschaft verstanden werden.

Marktbezogene Motive: Akzeptanz, Unternehmens- und Produktdifferenzierung
Einhergehend mit dem beschriebenen gesellschaftlichen Wertewandel muss auch das Verhältnis zwischen Unternehmen und den Gruppen des Marktumfeldes neu sondiert werden. Bezogen auf marktbezogene Motive rücken damit die Kundenbeziehungen in den engeren Betrachtungsfokus. Auch hier lässt sich unternehmerischer Erfolg nicht mehr nur durch eine hohe Produktqualität und ein angemessenes Preis-Leistungs-Verhältnis erzielen, vielmehr entwickeln Kunden auch hier zunehmend ein Bedürfnis nach sozial und ökologisch wertvollen Produkten und Dienstleistungen. Insbesondere Studien aus dem angelsächsischen Bereich zeigen bislang: „One third of Americans say that after price and quality, a company's responsible business practices are the most important factor in deciding whether or not to buy a brand, and if price and quality are equal, they are more likely to switch to a brand which has a cause-related marketing benefit." (Bronn & Vrioni 2001: 212; vgl. Barone, Miyazaki & Taylor 2000; Huber, Regier & Rinino 2008). Sozial oder ökologisch orientierte Kampagnen können in diesem Sinne eingesetzt werden, um den Kunden die Berücksichtigung ihrer veränderten Bedürfnisse zu vermitteln, indem die geforderten Anforderungen an das Unternehmen kommunikativ unter Beweis gestellt werden (vgl. Huber, Regier & Rinino 2008). Gerade angesichts der zunehmenden Schwierigkeit, sich auf dem homogenisierten Markt durch ein Alleinstellungsmerkmal zu differenzieren und von Mitbewerbern abzugrenzen, bieten derartige Kampagnen die Chance, dem Kunden einen Mehrwert zu kommunizieren (vgl. Schlichting & Röttger 2009: 270 f.; Huber, Regier & Rinino 2008: 1).

Unternehmensbezogene Motive: Mitarbeitermotivation, Effizienzsteigerung
Neben unternehmensexternen spielen auch interne Bezugsgruppen eine Rolle bei der Suche nach Motiven von CR-Kampagnen. Mitarbeitermotivation und -bindung sind dabei an erster Stelle zu nennen. Studien auf dem amerikanischen Markt führen aus, dass die Bereitschaft der Mitarbeiter, aktiv zum Unternehmenserfolg beizutragen, davon abhängig ist, wie hoch das sozialorientierte Ansehen des Unternehmens in der Gesellschaft allgemein und bei den Mitarbeitern ist (vgl. Maignan & Ferrell 2001: 475 f.).

3   Glaubwürdigkeit und Risiken von CR-Kampagnen

Betrachtet man die beschriebene Instrumentenwahl, Umsetzung und Zielsetzung
von unternehmerischen Sozial- und Umweltkampagnen, so ist eine zunehmende
Angleichung zwischen Solidaritäts- und Mobilisierungskampagnen von gemeinwohlorientierten Organisationen einerseits und moralisch aufgeladenen Kampagnen von gewinnorientierten Organisationen andererseits festzustellen. Fraglich ist,
wie diese Form der Verknüpfung von moralischen und gewinnorientierten Ansprüchen vom Publikum wahrgenommen wird. Ist aus dessen Sicht die grundsätzliche
Gewinnorientierung von Wirtschaftsorganisationen mit einem Gemeinwohlbezug
vereinbar und wird dieses Verhalten als glaubwürdig wahrgenommen? Anhaltspunkte bzgl. der Reaktion von Kunden auf derartiges Unternehmensengagement
liegen aus der amerikanischen Marketingforschung vor. Sie weisen darauf hin, dass
eine positive Auswirkung sozialen oder ökologischen Engagements abhängig ist
von der Kundeneinstellung gegenüber dem (angekündigten) Unternehmensengagement und der Höhe des Hilfsengagements: je skeptischer ein Kunde ist, desto
weniger positiv ist die Einstellung gegenüber entsprechenden Maßnahmen (vgl.
Webb & Mohr 1998). Unterschiedliche Reaktionen seitens Kunden konnten Mohr,
Webb und Harris auch in einem 2001 durchgeführten Experiment feststellen. Vor
allem geringe Spendenbeträge im Rahmen einer CrM-Kampagne wurden eher als
Ausbeutung kooperierender Non-Profit-Organisationen betrachtet. Deutlich mehr
Zuspruch findet soziales oder ökologisches Engagement bei den Kunden, wenn der
CR-Gedanke weniger werblich vermittelt wird und die generelle soziale oder ökologische Verantwortung im Mittelpunkt steht. Gleichzeitig konnten sie feststellen,
dass unethisches oder unverantwortliches Unternehmensgebaren sich gleichwohl
negativ in der Kundenbewertung niederschlägt (vgl. Mohr, Webb & Harris 2001: 52).
Die Kommunikation sozialen oder ökologischen Engagements muss also nicht
zwangsläufig zu einer Verbesserung der externen Unternehmenswahrnehmung
beitragen, ein in sozialer und ökologischer Hinsicht unverantwortliches Unternehmensverhalten wirkt sich jedoch offensichtlich negativ aus. Gleichwohl muss darauf hingewiesen werden, dass die Frage nach der Wahrnehmung seitens externer
Bezugsgruppen in der Regel im Einzelfall entschieden werden muss. Die Studienergebnisse amerikanischer Forscher können zwar erste Hinweise liefern, dürfen jedoch nicht als eindeutiger Indikator für hiesige Unternehmen gelten: „[C]ountries
that adapt practices perceived as successful in other countries without researching
their own consumers' attitudes cannot hope to succeed based on the same premi-
ses." (Bronn & Vrioni 2001: 208)
    In der deutschsprachigen Kommunikationswissenschaft liegen bislang nur we-
nige Anhaltspunkte bzgl. der Glaubwürdigkeit von unternehmerischen Sozial- und
Umweltkampagnen vor. Die Wirkung entsprechender Aktivitäten sind vor allem
seitens der Marketingforschung untersucht worden und auch hier in erster Linie
schwerpunktmäßig hinsichtlich der Auswirkungen auf das Kaufverhalten von Konsumenten. Erste Anhaltspunkte bzgl. der Glaubwürdigkeit kommerzieller und unternehmerischer Sozialkampagnen liegen hierzulande im Rahmen einer Studie von

Inga Schlichting vor, die anhand der „Kellog's macht Schule"-Kampagne untersucht hat, welche Faktoren die Glaubwürdigkeit einer Sozialkampagne fördern und wie diese von unterschiedlichen Bezugsgruppen wahrgenommen wird (vgl. Schlichting 2004). Grundsätzlich hält Schlichting fest, dass unternehmerische Sozialkampagnen ein Glaubwürdigkeitsrisiko bergen. In alltäglichen Rezeptionssituationen – wie beispielsweise dem Ansehen eines Werbespots zu einer CrM-Kampagne – scheinen Rezipienten diese Glaubwürdigkeitsproblematik jedoch nicht wahrzunehmen (vgl. Schlichting & Röttger 2009: 274 f.). Bei der Frage nach Faktoren, die Rezipienten veranlassen, sich kritisch mit der Glaubwürdigkeit unternehmerischer Sozialkampagnen auseinander zu setzen, werden folgende Faktoren als relevant herausgefiltert (vgl. Schlichting & Röttger 2009: 275–277; Bronn & Vrioni 2001: 207 ff.):

- *Journalistische Berichterstattung*: Sozialkampagnen werden vor allem dann kritisch hinterfragt, wenn seitens der Rezipienten eine Diskrepanz zwischen der dargestellten Botschaft und den eigenen Erfahrungen auftritt. Diese Diskrepanz in der Wahrnehmung wird offensichtlich durch die journalistische Berichterstattung beeinflusst. So wird eine negative Berichterstattung über eine Kampagne als eine der größten Gefahren für deren Glaubwürdigkeit angesehen, gleichzeitig wird eine positive Kampagnen-Berichterstattung als gute Möglichkeit für das Unternehmen erachtet, die Glaubwürdigkeit des eigenen Engagements zu steigern.
- *Effektivität, Effizienz*: Die Glaubwürdigkeit von Sozialkampagnen wird darüber hinaus an ihren Ergebnissen gemessen, d. h. für eine gute Glaubwürdigkeitsbeurteilung seitens der Rezipienten ist es wichtig, dass erstens die Höhe des Spendenbeitrags klar erkennbar ist, zweitens sicher gestellt ist, dass die Erlöse mehrheitlich dem guten Zweck zugute kommen und nicht für Werbeaktivitäten verwendet werden, sowie drittens, im Rahmen der Kampagne deutlich wird, dass sich das Unternehmen langfristig engagiert.
- *Transparenz*: Wichtig ist des Weiteren, dass offen dargestellt wird, inwiefern das Unternehmen zum Erreichen des Kampagnenziels beigetragen hat. Entscheidenden Einfluss auf die Transparenzwahrnehmung nimmt dabei die Zusammenarbeit mit einer sozialen Organisation. Wird diese seitens der Rezipienten als Fachinstitution erachtet, scheint dies dazu beizutragen, dass die Kampagne im Sinne der zuvor beschriebenen Effizienzkriterien als glaubwürdig wahrgenommen wird.
- *Projektwahl*: Dem Zusammenpassen von Marke und unterstütztem Zweck wird ebenfalls eine hohe Relevanz zugesprochen. So hängt die Glaubwürdigkeit einer Kampagne stark davon ab, ob dem unternehmerischen Engagement ein echtes Interesse an dem gewählten Projekt zuerkannt wird. Je eher seitens der Rezipienten eine enge Verbindung zwischen der Marke und dem unterstützten Projekt gesehen wird, desto glaubwürdiger und weniger taktisch wird die Kampagne beurteilt. Wenn Bärenmarke die Arbeit des WWF zum Schutz der Braunbären in den Alpen unterstützt oder sich Herlitz als Hersteller von Schulbedarf auf die Unterstützung und Entwicklung von An-

geboten im Bildungsbereich konzentriert, ist dies dem Rezipienten sicherlich eingängig. Fraglich ist eher, warum sich Krombacher ausgerechnet für den Regenwald engagiert oder Vileda mit dem WWF für den Artenschutz einsetzt.

Unternehmerische Sozial- und Umweltkampagnen sehen sich folglich unterschiedlichen Glaubwürdigkeitsproblemen gegenübergestellt. Mit der öffentlichen Thematisierung des eigenen Engagements gehen in der Regel eine erhöhte Aufmerksamkeit und das Risiko einher, an den eigenen Ansprüchen gemessen zu werden und ggf. einer negativen Berichterstattung ausgesetzt zu sein. Schlichting kommt in ihrer abschließenden Bewertung unternehmerischer Sozialkampagnen jedoch auch zu dem Ergebnis, dass Rezipienten selbst bei einem negativen Glaubwürdigkeitsurteil die entsprechende Kampagne nicht per se negativ bewerten. Entscheidend für das Gesamturteil der Bewertung einer Kampagne scheint neben deren Glaubwürdigkeit auch die generelle Einstellung der Rezipienten zur gesellschaftlichen Verantwortung von Unternehmen zu sein. So gelangen Rezipienten vor allem dann zu einer insgesamt positiven Bewertung von unternehmerischen CR-Kampagnen, wenn sie Unternehmen über das eigene Unternehmen hinaus keine weitere gesellschaftliche Verpflichtung zuteilen bzw. erachten, dass die allgemeine Wirtschaftssituation generell wenig Handlungsspielräume zulässt und ein weiterführendes Engagement als anerkennenswerte Zusatzleistung ansehen.

Schwierig erscheint in jedem Fall eine moralische Bewertung von unternehmerischen Sozial- und Umweltkampagnen. Auf der einen Seite können sie als Ausdruck einer „pragmatischen – da der Marktgesellschaft angepassten – neuen Möglichkeit der Durchsetzung von Normen sozialer Gerechtigkeit [...] des Wirtschaftens" (Baringhorst 1998: 244) angesehen werden, das sowohl dem Unternehmen als auch dem Spenden-Empfänger Nutzen bringt und somit einen „Win-Win-Charakter" (Habisch 2003: 54) aufweist. Auf der anderen Seite kommen immer wieder Bedenken auf, dass im Rahmen derartiger Kampagnen soziale Zwecke seitens Unternehmen aus egoistischen Interessen, als Strategie zur Umsatzsteigerung, ausgebeutet werden (vgl. Huber, Regier & Rinino 2008: 2).

4   Fazit

CR-Kampagnen können als Folge der zunehmenden gesellschaftlichen Erwartungen an Unternehmen betrachtet werden. Unternehmen sehen sich verstärkt einer Verantwortungszuschreibung hinsichtlich gesellschaftlicher, gesamtwirtschaftlicher sowie umweltpolitischer Probleme ausgesetzt. CR-Kampagnen bieten Unternehmen dabei die Möglichkeit, auf Interessen und Ansprüche interner und externer Bezugsgruppen zu reagieren bzw. diese aufzugreifen. Durch die öffentliche Darstellung ihrer sozialen oder ökologischen Einstellung versuchen Unternehmen, diesen Ansprüchen gerecht zu werden und ihre Handlungsspielräume aufrecht zu halten bzw. bestenfalls auszuweiten. Gerade durch das Öffentlich-Machen des unternehmerischen Engagements setzen sich Unternehmen jedoch auch einem hohen

Risiko aus. Wie beschrieben verfolgen Kampagnen eine Doppelstrategie, indem sie sich einerseits an die Medien, andererseits direkt an das Publikum wenden und damit grundsätzlich von einer Vielzahl unterschiedlicher Bezugsgruppen wahrgenommen werden. Wie die Ausführungen zur Glaubwürdigkeitsproblematik von Kampagnen deutlich gemacht haben, führt die Berichterstattung über eine Kampagne im günstigen Fall zu einer positiven Einschätzung der Glaubwürdigkeit des unternehmerischen Engagements, negative Berichterstattung wird jedoch als größtes Risiko für die Glaubwürdigkeit einer Kampagne angesehen. Stets werden die dargestellten Botschaften mit den eigenen Erfahrungen abgeglichen. Kommt es zu einer Diskrepanz, wird die Glaubwürdigkeit in Frage gestellt. Bei CR-Kampagnen im Sinne eines integrierten Kommunikations- und Beziehungsmanagements sehen sich Unternehmen dabei der erhöhten Schwierigkeit gegenübergestellt, unterschiedliche Bezugsgruppen – auch des nicht-marktlichen Umfelds – und deren mitunter sehr unterschiedlichen Ansprüche und Erwartungen berücksichtigen zu müssen.

Von einer rein sozial oder ökologisch motivierten Zielsetzung einer CR-Kampagne ist dabei bei grundsätzlich auf wirtschaftlichen Erfolg ausgerichteten Unternehmen nicht auszugehen. Wie die Studienergebnisse von Schlichting deutlich machen, ist ein kommerzieller Bezug jedoch nicht als besonderes Glaubwürdigkeitsrisiko anzusehen. Gleichwohl Rezipienten die profitorientierte Umsatzsteigerung für das maßgebliche Ziel entsprechender Kampagnen erachten, steht dies aus Rezipientensicht trotzdem einem grundsätzlichen sozialen oder ökologischen Interesse nicht im Wege. Eine entsprechende Verknüpfung von gesellschaftlichem Engagement und kommerziellen Interessen wird vielmehr als gute Möglichkeit betrachtet, in Form einer Win-Win-Situation wirtschaftliche und soziale Ziele sowohl auf Seiten des Unternehmens als auch des Spendenempfängers zu verbinden (vgl. Schlichting & Röttger 2009: 279). Glaubwürdigkeitsrisiken bestehen für Unternehmen vor allem durch die mediale Berichterstattung, die unter Umständen in Bezug auf eine konkrete Kampagne oder allgemein das gesellschaftliche Engagement eines Unternehmens diskrepante Informationen liefert. Ein Unternehmen, das sich selbst als gesellschaftlich engagiert beschreibt, in der öffentlichen Berichterstattung – unabhängig von einer konkreten Kampagne – jedoch als unethisch oder unsozial dargestellt bzw. wahrgenommen wird, muss im schlimmsten Fall mit einer Störung der Beziehung zu einzelnen Bezugsgruppen rechnen. Für die zukünftige Forschung in diesem Bereich erscheint es daher in empirischer Hinsicht besonders interessant, Glaubwürdigkeitsfaktoren von CR-Kampagnen in Abhängigkeit unterschiedlicher Bezugsgruppen zu analysieren und damit die bislang recht allgemeinen bzw. in erster Linie an Kunden orientierten Erkenntnisse hinsichtlich der Glaubwürdigkeit von CR-Kampagnen bezugsgruppenspezifisch zu differenzieren, um konkrete Anhaltspunkte für die Kommunikation mit einzelnen Bezugsgruppen zu erhalten. Nachdrücklich muss darauf hingewiesen werden, dass CR-Kampagnen nicht losgelöst vom Unternehmenskontext betrachtet werden können, sondern im Sinne eines integrierten Kommunikations- und Beziehungsmanagements auf die gesamte CR-Strategie eines Unternehmens ausgerichtet sein sollten. Auch diesbezüglich könnten entsprechende Vergleichsstudien zur Glaubwürdigkeit integrierter bzw. nicht-integrierter CR-Kampagnen aufschlussreich sein.

Literatur

Backhaus-Maul, H. (2004). Corporate Citizenship im deutschen Sozialstaat. *Aus Politik und Zeitgeschichte, Beilage zur Wochenzeitung Das Parlament*, 23–30.

Baringhorst, S. (1998). *Politik als Kampagne. Zur medialen Erzeugung von Solidarität*. Wiesbaden: VS Verlag.

Barone, M. J., Miyazaki, A. D., & Taylor, K. A. (2000). The Influence of Cause-Related Marketing on Consumer Choice: Does One Good Turn Deserve Another? *Journal of the Academy of Marketing Science, 28*(2), 248–262.

Bonfadelli, H. (2004). *Medienwirkungsforschung II. Anwendungen*. Konstanz: UVK.

Bronn, P. S., & Vrioni, A. B. (2001). Corporate social responsibility and cause-related marketing: an overview. *International Journal of Advertising, 20*(2), 207–222.

Carroll, A. B. (1979). A three-dimensional conceptual Model of corporate performance. *Academy of Management Review, 4*(4), 497–505.

Carroll, A. B., & Buchholtz, A. K. (2003). *Business & Society. Ethics and Stakeholder Management*. Ohio: Thomson & South-Western.

Dyllick, T. (1989). *Management der Umweltbeziehungen. Öffentliche Auseinandersetzungen als Herausforderungen*. Wiesbaden: Gabler.

Europäische Kommission (2001). *Europäische Rahmenbedingungen für die soziale Verantwortung der Unternehmen. Grünbuch*. Brüssel.

Fieseler, C., & Meckel, M. (2008). Tue Gutes aus den richtigen Gründen, und rede darüber. Wie soziale und ökologische Verantwortung Unternehmen in der Kapitalmarktkommunikation auszeichnet. *prmagazin, 39*(6), 67–72.

Friedman, M. (1970). The Social Responsibility of Business is to Increase its Profits. *New York Times Magazine*.

Habisch, A. (2003). *Corporate Citizenship. Gesellschaftliches Engagement von Unternehmen in Deutschland*. Berlin & Heidelberg: Springer.

Hiß, S. (2005). *Warum übernehmen Unternehmen gesellschaftliche Verantwortung? Ein soziologischer Erklärungsversuch*. Frankfurt am Main: Campus Verlag.

Huber, F., Regier, S., & Rinino, M. (2008). *Cause-Related-Marketing-Kampagnen erfolgreich konzipieren. Eine empirische Studie*. Wiesbaden: Gabler.

Imbusch, P., & Rucht, D. (2007). *Profit oder Gemeinwohl? Fallstudien zur gesellschaftlichen Verantwortung von Wirtschaftseliten*. Wiesbaden: VS Verlag.

Kotler, P., & Roberto, E. (1991). *Social Marketing*. Düsseldorf: Econ Verlag.

Loew, T., Ankele, K., Braun, S., & Clausen, J. (2004). *Bedeutung der internationalen CSR-Diskussion für Nachhaltigkeit und die sich daraus ergebenden Anforderungen an Unternehmen mit Fokus Berichterstattung. Endbericht an das Bundesministerium für Umwelt, Naturschutz und Reaktorsicherheit*. Berlin & Münster.

Maignan, I., & Ferrell, O. C. (2001). Corporate Citizenship as a Marketing Instrument. Concepts, Evidence and Research Directions. *European Journal of Marketing, 35*(3/4), 457–484.

Marconi, J. (2002). *Cause Marketing – Build Your Image and Bottom Line Through Socially Reponsible Partnerships, Programs, and Events*. Chicago: Kaplan Business.

McIntosh, M., Thomas, R., Leipziger, D., & Coleman, G. (2003). *Living Corporate Citizenship. Strategic routes to socially responsible business*. London: Financial Times Management.

Mohr, L. A., Webb, D. J., & Harris, K. E. (2001). Do Consumers Expect Companies to be Socially Responsible? The Impact of Corporate Social Responsibility on Buying Behavior. *The Journal of Consumer Affairs, 35*(1), 45–72.

Mullen, J. (1997). Performanced-based corporate philanthropy: how „giving smart" can further corporate goals. *Public Relations Quarterly, 42*(2), 42–48.

Oloko, S. (2008). *Cause Related Marketing in Deutschland. Die erste umfassende Studie zu CrM aus der Perspektive von Konsumenten, Unternehmen und Organisationen*. Berlin & Hamburg.

Paech, N., & Pfriem, R. (2004). *Konzepte der Nachhaltigkeit von Unternehmen. Theoretische Anforderungen und empirische Trends*. Oldenburg: Universität Oldenburg Wirtschafts- und Rechtswissenschaften.

Reichertz, J. (1994). Selbstgefälliges zum Anziehen. In N. Schröer (Hrsg.), *Interpretative Sozialforschung. Auf dem Wege zu einer hermeneutischen Wissenssoziologie* (S. 253–280). Opladen: Westdeutscher Verlag.

Reichertz, J. (1995). „Wir kümmern uns um mehr als Autos" Werbung als moralische Unternehmung. *Soziale Welt, 46*(4), 469–490.

Röttger, U. (2007). Kampagnen planen und steuern: Inszenierungsstrategien in der Öffentlichkeit. In M. Piwinger, & A. Zerfaß (Hrsg.), *Handbuch Unternehmenskommunikation* (S. 381–396). Wiesbaden: Gabler.

Röttger, U. (2009). Campaigns (f)or a better world? In U. Röttger (Hrsg.), *PR-Kampagnen. Über die Inszenierung von Öffentlichkeit* (S. 9–23). Wiesbaden: VS Verlag.

Röttger, U., & Schmitt, J. (2009). Bedingungen, Chancen und Risiken der Reputationskonstitution ökonomischer Organisationen durch Corporate Responsibility. In S. J. Schmidt, & J. Tropp (Hrsg.), *Die Moral der Unternehmenskommunikation: Lohnt es sich, gut zu sein?* (S. 39–58). Köln: Halem.

Schlichting, I. (2004). *Riskantes Spiel mit der Moral? Die Glaubwürdigkeit unternehmerischer Sozialkampagnen aus Rezipientensicht. Eine qualitative Erkundungsstudie.* Magisterarbeit, Universität Münster. Münster.

Schlichting, I., & Röttger, U. (2009). Zu gut für diese Welt? Zur Glaubwürdigkeit unternehmerischer Sozialkampagnen. In U. Röttger (Hrsg.), *PR-Kampagnen. Über die Inszenierung von Öffentlichkeit* (S. 265–282). Wiesbaden: VS Verlag.

Ulrich, P. (2008). *Integrative Wirtschaftsethik. Grundlagen einer lebensdienlichen Ökonomie.* Bern, Stuttgart & Wien: Haupt.

Webb, D. J., & Mohr, L. A. (1998). A Typology of Consumer Responses to Cause-Related Marketing: From Skeptics to Socially Concerned. *Journal of Public Policy & Marketing 17*(2), 226–238.

Weiß, R. (2005). Corporate Social Responsibility und Corporate Citizenship: Strategien gesellschaftsorientierter Unternehmenskommunikation. In G. Michelsen, & J. Godemann (Hrsg.), *Handbuch Nachhaltigkeitskommunikation. Grundlagen und Praxis* (S. 588–598). München: oekom verlag.

Westebbe, A., & Logan, D. (1995). *Corporate Citizenship. Unternehmen im gesellschaftlichen Dialog.* Wiesbaden: Gabler.

Die Kommunikation gesellschaftlicher Verantwortung als Interkultur zwischen Wirtschaft und Gesellschaft

Grundlagen, Forschungsstand und ein konzeptioneller Vorschlag

Stefan Jarolimek

Als Begründung für die rasante Verbreitung des Konzepts der Corporate Social Responsibility (CSR) in den Industrienationen werden meist die wirtschaftliche Globalisierung und damit auch das Handeln von multinationalen Unternehmen herangezogen. Ausgehend von den USA haben sich Begriff und Konzept über Australien, Westeuropa, mittlerweile auch in Mittel- und Osteuropa sowie im asiatischen Raum etabliert. In der Erforschung der gesellschaftlichen Verantwortung von Unternehmen und deren Kommunikation innerhalb und außerhalb der Organisation konnten gleichwohl erhebliche nationale Unterschiede festgestellt werden (u. a. Chaple & Moon 2005; Golob & Bartlett 2007; Matten & Moon 2008), die sich maßgeblich auf unterschiedliche historisch-kulturelle Entwicklungen zurückführen lassen. Gerade durch die bereits genannte Globalisierung geraten auch kulturell verankerte ethische Normen und Werte miteinander in Konflikt, die sich nur zum Teil auflösen lassen (vgl. etwa zum Karikaturenstreit Thomaß 2008). In der wissenschaftlichen Beschäftigung mit CSR (-Kommunikation) wurde bislang der Einfluss von Kultur(en) weitgehend vernachlässigt. Da die Beschäftigung mit CSR-Kommunikation in Verbindung mit etwaigen Kulturen ein relativ neues Unterfangen ist, stehen kaum empirische Ergebnisse, aber ebenso wenige theoretische CSR-spezifische Basiskonzepte zur Verfügung. Aus diesem Grund soll im Folgenden der Begriff der „Interkultur" (Bolten 2007) aus der Wirtschaftskommunikation Anwendung finden, dessen Vorzüge im Weiteren noch näher erläutert werden.

Vorliegender Beitrag orientiert sich an einer weiten Definition von CSR, die mehr oder minder alle Stufen der Carroll'schen Verantwortungspyramide einbindet (Carroll 1991, 1999; vgl. a. Einleitung). Er muss dies tun, da die Einzelorganisationen je unterschiedliche CSR-Operationalisierungen vornehmen. Eine enge Auslegung des CSR-Begriffes als freiwillige und mit dem Kerngeschäft verbundene Maßnahme (entsprechend der Definition und Auslegung der Europäischen Kommission 2001; ebenso Chaple & Moon 2005: 418) würde ein Großteil der Verantwortungsmaßnahmen von vorne herein ausschließen. Ähnlich wie bei Kulturkonzepten muss insofern auch für CSR-Begrifflichkeiten ein enger und ein weiter CSR-Begriff angelegt werden, was die Konzeptionalisierung eines heuristischen Instrumentariums in einer interkulturellen Perspektive nicht gerade erleichtert. Ziel des Beitrags ist die Entwicklung und Benennung von Konstituenten einer CSR-Interkultur auf Grundlage von Entwicklungs- und Verbreitungstendenzen von CSR, Forschungsergebnissen zu einzelnen Ländern und Regionen sowie im Rückgriff auf Instrumentarien ähnlicher Forschungsfelder der Kommunikationswissenschaft.

1   CSR als globalisierter und kulturabhängiger Prozess

1.1   Globalisierung, nationale Unterschiede, Kulturen und öffentliche Kommunikation

Ebenso wie sich die Wirtschaftsmärkte internationalisieren bzw. mit Einschränkungen globalisieren, verbreitet sich das CSR-Konzept global. Auf Grund regionaler bzw. nationaler Unterschiede[1], etwa im Hinblick auf historische, rechtliche, politische und ökonomische Rahmenbedingungen eines Landes, einer Branche oder auch einzelner Unternehmen, existieren Unterschiede in der Kommunikation von CSR. In diesem Sinne bilden CSR-Kommunikationen situative Interkulturen zwischen Wirtschaft und Gesellschaft, Unternehmen und Anspruchsgruppen (bzw. Teilöffentlichkeiten). Diese Annahme wird von einer Voruntersuchung (Jarolimek & Raupp 2009) gestützt, die je unterschiedliche nationale Ausprägungen einer Unternehmung zeigte. Dabei wurde auch deutlich, dass die Unternehmensleitbilder und Führungsprinzipien über nationale Grenzen hinweg globale Gültigkeit besitzen. Insofern ist die Verantwortungskommunikation von Unternehmen mit Bezug zu Hofstede (1997) ein „glokales" Phänomen, dass global gedacht wird, jedoch an lokale Gegebenheiten angepasst Anwendung findet und in seiner Umsetzung – so die These – je nationalen, branchen-, Unternehmens- und gesellschaftlichen Abhängigkeiten folgt. Demnach wird CSR-Kommunikation in ihrer operativen Umsetzung und der Erwartungserwartung der Stakeholder als kulturabhängig betrachtet (Jarolimek & Raupp 2009).

Die Varianz der Definitionen setzt sich bei dem Begriff „Kultur" weiter fort. Zahlreiche Kulturdefinitionen sind bekannt und können in einen Kulturbegriff im engeren und einen Kulturbegriff im weiteren Sinn unterteilt werden (Jarolimek 2001; Bolten 2007: 39 ff.). Weite Kulturbegriffe finden sowohl in wirtschaftswissenschaftlichen als auch in sozialwissenschaftlichen Zusammenhängen Anwendung. Kluckhohn (passim) definiert Kultur bestehend aus Mustern von Denken, Fühlen und Handeln, hauptsächlich erworben und übertragen durch Symbole, die die charakteristischen Errungenschaften von bestimmten Gruppen von Menschen bilden, dazu ihre Verkörperung in Artefakten; der wesentliche Kern der Kultur besteht aus traditionellen (d. h. in der Geschichte begründeten und von ihr ausgewählten) Ideen und insbesondere ihren zugehörigen Werthaltungen. Mit diesem Kulturkonzept können die kulturellen Rahmenbedingungen erklärt werden, jedoch nicht, wie und warum CSR-Konzepte kommunikativ unterschiedlich ausgestaltet werden.

---

1   Zur Diskussion des CSR-Konzeptes aus Sicht der internationalen PR-Forschung vergleiche den Beitrag von Huck-Sandhu im vorliegenden Band.

Kommunikationswissenschaftliche Überlegungen zu Transnationalisierungs-
prozessen und einem vereinheitlichten Kommunikationsraum (Stichwort: Europäische Öffentlichkeit) verharren – obwohl auch Kulturphänomene einbezogen
werden – auf der Ebene der Nation (Brüggemann et al. 2009). Weitere sich überla-
gernde Kulturkreise von einzelnen Branchen und Organisationen können so zunächst kaum erfasst werden (vgl. dazu auch Bolten 2007: 46 ff.).

1.2   Interkulturen

Im Folgenden wird das Konzept der „Interkultur" kurz eingeführt, das als Grundlage der Überlegungen zum Verhältnis von Wirtschaft und Gesellschaft dient und
das im vierten Kapitel zur Dekonstruktion von CSR-Interkultur in unterschiedliche
Konstituenten genutzt wird. Das Konzept von Interkulturen (Bolten 2007) versucht,
die Entstehung von neuen Kulturformen (Kultur C) beim Aufeinandertreffen bestehender Kulturen (A & B) als Aushandlungsprozess von Erwartungen und Erwartungserwartungen zu erklären. Interkultur beschreibt dabei das *permanente*
Erzeugen neuer Kulturen im Aufeinandertreffen zweier unterschiedlicher Kulturen,
ohne dass sich die eine der anderen Kultur unterwirft. Interkultur ist damit ein Prozess und „gerade nicht statisch als Synthese von A und B" zu sehen. Sie beinhaltet
vielmehr „eine vollständig neue Qualität, eine Synergie [...], die für sich weder A
noch B erzielt hätten" (Bolten 2001: 18). Bislang fand dieses Konzept vornehmlich in
der interkulturellen (Wirtschafts-) Kommunikation Anwendung und wurde dort
auf der Mikro- und Mesoebene, d. h. der Ausbildung von Interkulturen zwischen
Managern im Organisationskontext untersucht bzw. in Verbindung von Artefakten
(Geschäftsberichte, Werbeanzeigen) und in Abhängigkeit von „kulturellen Stilen"
(Galtung 1985) analysiert (u. a. Barmeyer 2000; Bolten 1999; Bolten et al. 1996). Die
Überlegungen zu Interkultur und interkultureller Kommunikation werden hier zur
Erklärung kultureller Unterschiede verwendet. Es bietet sich dazu m. E. an, da es
sowohl soziologische, kulturwissenschaftliche und kommunikationswissenschaft-
liche Grundlagen enthält, als auch im Kontext von wirtschaftswissenschaftlichen
Fragestellungen bereits Anwendung gefunden hat.

1.3   Fragestellungen aus interkultureller Perspektive

Aus interkultureller Perspektive stellt sich auf Grundlage der beschriebenen Prämissen und im Hinblick auf Verantwortungskommunikation die Frage, inwieweit
das Konzept CSR von nationalen, Branchen- und Organisationskulturen abhängig
ist und sich daraus je eigene Formen gesellschaftlicher Verantwortung herausbilden.
Als grundlegende Frage ergibt sich daraus: *Wie unterscheiden sich CSR-Interkulturen
und was sind die Gründe für diese Unterschiede?*
    Zur Spezifikation dieser allgemeinen Fragestellung und in der Anwendung auf
öffentliche Kommunikation werden folgende Teilaspekte identifiziert:

- im Hinblick auf die CSR-Kommunikation und die darin implizierte Umsetzungsstrategie:
  Wie werden CSR-Maßnahmen in unterschiedlichen Kulturen kommuniziert?
- im Hinblick auf die öffentliche Reaktion:
  Wie ist die öffentliche Anspruchshaltung/Erwartung gegenüber dem Unternehmen?
  Wie werden CSR-Themen mit aktuellen Unternehmens- und wirtschaftspolitischen Themen verknüpft?
- im Hinblick auf kulturelle Unterschiede:
  Ist CSR-Interkultur nationen-, branchen- oder unternehmensabhängig? Welche Einflussfaktoren lassen sich, auch als historisch-kulturelle (CSR-) Pfadabhängigkeiten erkennen?
- im Hinblick auf Stakeholder-Erwartungen und CSR-Kommunikation:
  Welche Übereinstimmungen existieren zwischen Unternehmenskultur, CSR-Maßnahmen und spezifischen Stakeholder-Erwartungen?

1.4 CSR-Kommunikation als Interkultur in der Öffentlichkeit: Normative Einordnung

Mit Blick auf die Kommunikationswissenschaft und seinem vornehmlichen Formalobjekt nimmt der vorliegende Beitrag zur interkulturellen Perspektive maßgeblich Bezug zur öffentlichen Kommunikation von unternehmerischer Verantwortung. Auf Unternehmensseite wird damit zunächst die Selbstdarstellung der Organisationen verbunden, die sie vor allem mittels Führungsprinzipien, CSR-Berichte, Maßnahmen und Projekte sowie die Präsentation auf Internetseiten kommuniziert. Diese Selbstdarstellung ist – so die Annahme – abhängig von unterschiedlichen Kultureinflüssen. Im Hinblick auf die öffentliche Kommunikation ist darüber hinaus von Interesse, wie diese Kommunikationsversuche in der journalistischen Berichterstattung als „wichtigstes Teilsystem" (im Sinne von Hug 1997: 335 f.) bzw. „vorzüglichste Institution" (Habermas 1990: 275) von Öffentlichkeit aufgenommen und verarbeitet werden. Diese Beurteilung hängt seinerseits ab von den meist (noch) national geprägten Mediensystemkonfigurationen und Journalismuskulturen. Über diese journalismuszentrierte Sichtweise hinaus soll zudem die Bewertung von Wirtschaftsexperten und Stakeholdern betrachtet werden. Beide Seiten, Organisation auf der einen, Journalisten, Stakeholder und Experten auf der anderen gehen dabei von gewissen Erwartungen und Erwartungserwartungen aus, die als Grundlage ihrer je operativen und strategischen Entscheidungen dienen. Diese können nun verallgemeinernd als Kultur A (Organisation) und Kultur B (Öffentlichkeit, kulturell determinierte Teilöffentlichkeiten B^1, B^2, B^n) angesehen werden, in dessen Kommunikations- und Vermittlungsprozess sich je unterschiedliche CSR-Kommunikationen als Interkulturen herausbilden (Kultur(en) C^1, C^2, C^n). In der Abbildung wird der Versuch unternommen, diese Prozesse zu visualisieren.

Abbildung   Einordnung von CSR-Interkulturen

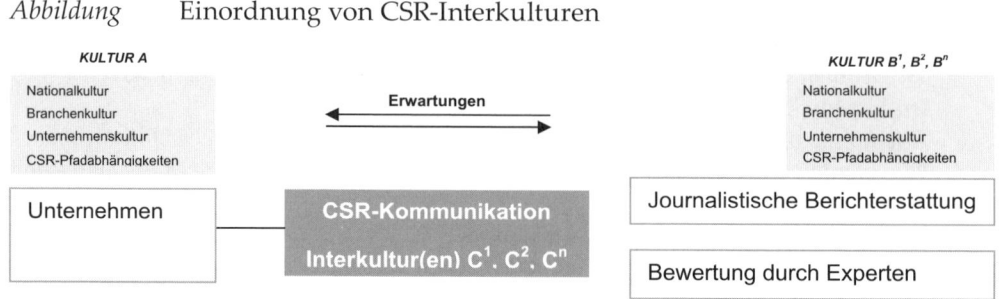

Das folgende Kapitel beleuchtet Ansätze und empirische Forschungsergebnisse, die zu dieser Einordnung beitragen.

2   Forschungsergebnisse zu unterschiedlichen Ländern, Branchen und Unternehmen

Innerhalb des Kapitels sollen vorliegende Forschungserträge zur Thematik der gesellschaftlichen Verantwortung von Unternehmen präsentiert und in diesem Zusammenhang verdeutlicht werden, wie an diese Vorarbeiten sowohl in theoretischer als auch empirischer Hinsicht angeschlossen werden kann. Hierzu werden zunächst die Relevanz des Themas und unterschiedliche CSR-Konzeptionen beschrieben, die die theoretischen Schwächen des Konzeptes, aber auch die Schwierigkeiten der praktischen Umsetzung verdeutlichen. Darauf folgend wird die kommunikationswissenschaftliche Perspektive eingebracht und es werden Forschungsleistungen zu CSR-Kommunikation (im Ländervergleich) dargestellt.

2.1   *Ist die Kritik an CSR-Konzepten kulturabhängig?*

Das Thema Corporate Social Responsibility ist vor allem in den Wirtschaftswissenschaften (Wirtschaftsethik, Business & Society-Forschung) beheimatet. Zunehmend kommunizieren Unternehmen jedoch ihre CSR-Maßnahmen öffentlich, sei es durch Nachhaltigkeitsberichte, Internetpräsenzen oder Kampagnen. Kommunikationsagenturen spezialisieren sich auf diesen Themenbereich. Auch Zeitungen und Zeitschriften berichten vermehrt über die gesellschaftliche Verantwortung von Unternehmen oder widmen diesem Thema eigene Beilagen. Obwohl nicht grundlegend neu – man denke an die Sozialbilanzen der 1980er Jahre in der BRD – gewinnt die gesellschaftliche Verantwortung von Unternehmen durch das einheitliche Konzept CSR an Qualität und Quantität.[2] Bedingt durch die zunehmende öffentliche

---

2   Zur Genese des CSR-Konzeptes vergleiche den Beitrag von Schultz in vorliegendem Band.

Kommunikation über das Thema ist CSR auch für kommunikationswissenschaftliche Fragestellungen von Relevanz. Gleichwohl steht diese vermeintliche gesellschaftliche Verantwortung von Unternehmen regelmäßig in der Kritik. Vor allem der Vorwurf, sich lediglich eine gesellschaftlich erwünschte „Verantwortungsfassade" zu geben, was unter dem Begriff „Greenwashing" zusammengefasst wird, hält sich beständig. Daher wird an dieser Stelle auf eine kritische Position gegenüber den unterschiedlichen CSR-Maßnahmen und deren Kommunikation Wert gelegt. Dies findet Ausdruck zum einen in dem Abgleich der Positionen in Selbstdarstellungen der Unternehmen (Leitbilder und Führungsprinzipien eingeschlossen) und zum anderen in der Berücksichtigung der journalistischen Berichterstattung sowie der Expertenmeinungen (als kulturabhängige Korrektive).

Die interkulturelle Perspektive nimmt die theoretischen und empirischen Einzelergebnisse zu CSR-Kommunikationen auf, um durch die Defizite und Desiderata der Vorleistungen zu einem ganzheitlichen Ansatz zur Beschreibung von CSR-Kommunikation in internationaler/interkultureller Perspektive, d. h. in kulturell unterschiedlichen Weltregionen (Inglehart & Baker 2000) zu gelangen. Dabei taucht zumindest am Rande die Frage auf, ob die Kritik an CSR ebenfalls kulturabhängig ist. In den USA erscheint gesellschaftliche Verantwortung selbstverständlicher als in Europa betrachtet zu werden. Maignan und Ralston (2002) etwa hatten herausgefunden, dass 53 Prozent der von ihnen untersuchten US-Unternehmen CSR explizit auf ihren Webseiten vermelden, wogegen nur 29 Prozent der französischen und 25 Prozent der holländischen Unternehmen dies ebenfalls tun (vgl. auch Matten & Moon 2008). Von den Unternehmen in den Mitgliederstaaten der Europäischen Union wird auch zunehmend gesellschaftliche Verantwortung eingefordert (Europäische Kommission 2001), während in Russland eine enge Verbindung zwischen Wirtschaft und Politik bestehen bleibt und somit eine Abhängigkeit von der Machtvertikalen. Diese Abhängigkeit (u. a. das von Putin eingeführte Prinzip des „gleichen Abstandes", „ravno udalenie) wird von der Öffentlichkeit wie auch von Experten eher skeptisch betrachtet, und damit auch das „freiwillige" Engagement von Unternehmen, das in Russland zudem weniger Tradition hat.

2.2   Studien in vergleichender Perspektive

Aus der jüngsten CSR-Forschung liegen Untersuchungsergebnisse vor, die internationale CSR-Maßnahmen, aber nur zum Teil CSR-Kommunikationen international vergleichen. Daher soll zunächst ein kursorischer Überblick zeigen, welche Forschungsstränge der interkulturellen Perspektive zuträglich sind.

Vorliegende Studien zu CSR lassen sich zunächst unterscheiden im Hinblick auf die untersuchten Materialobjekte: In der Erforschung von CSR-Kommunikation sind Analysen von CSR-Berichten bzw. Nachhaltigkeitsberichten (Golob & Bartlett 2007; Chen & Bouvain 2008; Loew, Clausen & Westermann 2005; IÖW 2007; Rieth 2009) sowie die Darstellung auf Webseiten (Capriotti & Moreno 2007, Esrock & Leichty 1998) zu verzeichnen, wovon einige Untersuchungen ländervergleichend angelegt sind. Untersuchungen zu CSR in der Medienberichterstattung sind bislang rar und konnten deshalb wenig zur öffentlichen Reflektion des Konzepts beitragen (Zhang & Swanson 2006; Altmeppen & Habisch 2009; Tran 2009). Die gesellschaftliche Verantwortung der „Medien" als Media Social Responsibility steht dabei in der Diskussion im konzeptionellen Rückgriff auf die „Four Theories on the Press" (Siebert, Peterson & Schramm 1963). Allgemein kann hier zwischen einer Verantwortung der Kommunikation über Massenmedien und der Verantwortung des Journalismus als Teil seiner gesellschaftlichen Funktion unterschieden werden (Altmeppen 2008). In den vorliegenden länder- bzw. kulturvergleichenden Studien wurden die Spezifika von Mediensystemen bzw. die Einordnung der Verhältnisse von Medien und Politik, die im Anschluss an die vergleichende Journalismus- und Mediensystemforschung möglich wäre, kaum berücksichtigt.

Eher aus der Marketing-Perspektive wird CSR-Erfolg bei Konsumenten und Rezipienten untersucht (Langer, Eisend & Kuß 2009; Wigley 2008; Werder 2008; Lunau 2003; IMUG 2006), ohne hier jedoch kulturelle Unterschiede zu fassen.

In der kommunikationswissenschaftlichen CSR-Forschung steht zunächst die Analyse unterschiedlicher Kommunikationswege im Vordergrund. Neben der Untersuchung der rein operativen Umsetzung gilt ein Schwerpunkt den CSR-Kommunikationen im (inter-) nationalen Vergleich. Länderübergreifende Studien verweisen wiederholt auf nationale Unterschiede (Chen & Bouvain 2008, Golob & Bartlett 2007), was sich auch als Differenzen auf nationalkultureller Ebene interpretieren lässt. Im nationalen, deutschsprachigen Kontext beschäftigte sich Glombitza (2005) mit Branchenunterschieden und konnte wie auch Münstermann (2007) für die Wirtschaftswissenschaften signifikante Differenzen in der Anwendung des CSR-Konzeptes zwischen den Branchen feststellen. Diese zeigen sich vornehmlich in der Intensität und der inhaltlichen Ausprägung der CSR-Maßnahmen. Insofern lassen sich nicht nur auf der Ebene der Nation, sondern auch auf der Ebene der Branche Unterschiede bei CSR-Maßnahmen und deren Kommunikation festhalten.

In theoretischer Hinsicht gehen ländervergleichende Analysen jedoch meist von einem Nationenkonzept als einfachstem gemeinsamen Nenner aus und untersuchen zum Beispiel die globale Verbreitung des CSR-Konzepts ausgehend von den USA (prominent die Unterscheidung expliziter und impliziter CSR bei Matten & Moon 2008). Matten und Moon (2008) stellten die Frage, weshalb sich die Praxis und Kommunikation sozialer Verantwortung zwischen den USA und europäischen Ländern unterscheiden. Die Tradition der stärkeren Einbindung von Unternehmen in juristische, politische und wirtschaftliche Regelwerke habe den Autoren zufolge dazu geführt, dass sich in den europäischen Ländern lange keine den USA vergleichbaren Formen der CSR entwickelten. Gleichwohl konstatieren die Autoren, dass sich inzwischen eine Angleichung der CSR-Aktivitäten multinationaler Unternehmen vollzogen habe. Aus neoinstitutionalistischer Sicht begründen die Autoren diese Angleichung mit Prozessen der Mimese und der Isomorphie sowie des normativen Drucks. Gleichwohl ist auch der Einfluss nationaler Besonderheiten als „Home Base" einer Unternehmung (Signitzer & Prexl 2008) zu beachten. Kulturelle Abhängigkeiten wurden bislang kaum untersucht, gleichwohl im Zusammenhang mit Organisationskulturen (Schein 1988) oder Nationalkulturen vor dem Hintergrund allgemein bekannter Kulturkonzepte (Kluckhohn) angeregt (Jarolimek & Raupp 2009; Weder 2009). Auch hier lassen sich erhebliche nationale Unterschiede innerhalb eines Unternehmens feststellen. Für die deutschen Unternehmen Siemens und Bayer konnte im Vergleich der Internetpräsenzen in vier Ländern sowie der Global Site gezeigt werden, wie stark der Einfluss des Mutterlandes auf die Global Site und zu CSR-Nachzüglern wie zum Beispiel Russland ist. Für die USA als Ursprungsland des CSR-Konzeptes konnte gezeigt werden, dass CSR-Kommunikation sowohl implizit in alle Unternehmensbereichen einbezogen als auch explizit durch Nennung einer Vielzahl von Begrifflichkeiten und Einzelprojekten präsentiert wird, die jedoch eher neben den üblichen Geschäftsfeldern stehen. Wie CSR-Konzepte in einzelnen Regionen verbreitet sind und sich entwickeln, soll im folgenden Kapitel dargelegt werden. In Ermangelung zielgerichteter Studien zu Kultur werden zunächst Ergebnisse zu Nationen im Sinne kultureller „Container" (Bolten 2007: 48) als „beste der schlechten Eingrenzungsmöglichkeiten" aufgenommen, die zumeist CSR allgemein und nicht CSR-Kommunikation en detail aus kommunikationswissenschaftlicher Perspektive betrachten.

2.3   CSR in Nordamerika, in Westeuropa, Osteuropa und Asien

Innerhalb einer Unternehmerbefragung ermittelt Welford (2005) das Ausmaß schriftlich fixierter Kodices zu unterschiedlichen Themen, von Mitarbeiterschutz bis zu Zulieferbetrieben, vergleichend in Europa, Nordamerika und Asien. Dabei zeigt er, dass man zum einen Asien als CSR-Nachzügler nicht den Vergleichsregionen generell hinterher hänge. Zu unterschiedlich ist die ökonomische Stärke der Einzelstaaten. Zudem, so Welford, spielen historische und kulturelle Faktoren für die Ausfüllung von CSR-Maßnahmen eine erhebliche Rolle. Weiter lässt sich in diesem Zusammenhang zeigen, dass die genannten Regionen kaum als homogene Entitäten betrachtet werden können. Welford zeigt dies u. a. für Nordamerika, wo neben den Ergebnissen zur USA auch die Umfragedaten zu Kanada und Mexiko Berücksichtigung finden und auf diese Weise die Darstellung der Region extrem verzerrt. Auch innerhalb Asiens, sogar innerhalb eines Staates lassen sich erhebliche Unterschiede feststellen, etwa im Vergleich von Hongkong und China. Ähnliche Differenzen zeigen auch andere Studien zu Asien, ohne jedoch daraus feste Entstehungs- und Entwicklungsmuster aufzeigen zu können (Chaple & Moon 2005, Chambers et al. 2003).

In diesem Zusammenhang stellt sich zudem die Frage, wie sich das CSR-Konzept ausgehend von den USA verbreitet hat und inwiefern US-amerikanisch geführte Unternehmen kulturprägend wirken. Mit Blick auf Public Diplomacy versuchen dies White, Vanc und Coman (2009) für Rumänien zu zeigen. Als ein Ergebnis Ihrer Untersuchung heben Sie hervor, dass US-amerikanische Unternehmen in Rumänien ihre US-amerikanische Organisationskultur mitbringen und damit auch die rumänische Kultur, die dazu noch vom Transformationsprozess gezeichnet ist, verändert. Diese starke Vermischung und das Festhalten an Werten und Normen des

Ursprungslandes einer Organisation unterstreicht erneut den starken Einfluss der von Signitzer und Prexl (2008) benannten „Home Base". Dies meint nicht zwingend nationalkulturelle, sondern auch weitere Einflüsse auf der Ebene von Organisations- und Branchenkultur. Das vorgenannte Beispiel Rumänien ist wenngleich als junges Mitglied der Europäischen Union zudem eingebunden in die Rahmenrichtlinien der EU, die im Grünbuch zu CSR der EU-Kommission 2001 die unternehmerische Verantwortung weiter vorantreibt (vgl. auch Elms 2006).

Andere postsowjetische Transformationsstaaten sind nicht in solche Richtlinien eingebunden. Russland als ehemaliges sowjetisches Machtzentrum ist an dieser Stelle wohl das beste Beispiel. Russland lässt sich nur schwer in Beziehung zu dem CSR-Konzept setzen, da politisch nur erwünscht ist, was der Auffassung der Regierung entspricht (Krüger 2006; Vinogradow 2006). Russland steht daher im Gegensatz zu dem liberalen US-amerikanischen System. Analysen zu CSR-Maßnahmen russischer Unternehmen sind bis dato kaum vorhanden. Einige Positionspapiere und Einschätzungen zu CSR in Russland lassen sich dennoch finden (RMACRC 2006; ASI 2007; Kostin 2007; Rusal 2008). Mit Blick auf CSR-spezifische Tagungen und Veranstaltungen in Russland scheinen es vor allem ausländische (US-amerikanische und westeuropäische) Unternehmen und Agenturen zu sein, die den Gedanken der unternehmerischen Verantwortung ins Land tragen möchten.

Die eher zufällige, auf eine große Bandbreite abzielende Auswahl an Ergebnissen und Ausführungen zeigen, dass in der Verbreitung und Anwendung von CSR-Konzepten zahlreiche Unterschiede vorherrschen. Dies mag an einer je unterschiedlichen zeitlichen Übernahme des Konzeptes liegen. Gleichwohl können weitere kulturelle Unterschiede entdeckt werden, die mit politischer Kultur, Journalismuskultur und/oder historischen Gegebenheiten im Zusammenhang stehen. Welche Handlungsrestriktionen und -möglichkeiten sich aus interkultureller Perspektive für die CSR-Kommunikation ergeben, versucht das folgende Kapitel zu skizzieren, wobei die alleinige Abgrenzung von Kultur über nationalstaatliche Grenzen hinaus Spezifikationen erfahren soll.

3   Forschungsergebnisse zu unterschiedlichen Ländern, Branchen und Unternehmen

Die kulturellen Unterschiede der CSR-Kommunikation werden als interkulturelles Phänomen betrachtet und als je unterschiedliche Interkulturen untersucht. Diese CSR-Interkulturen sollen im Hinblick auf kulturelle Abhängigkeiten betrachtet werden, die in der folgenden Dimensionierung auf den Ebenen von Nation, Branche und Unternehmen dekonstruiert werden. Diese Kulturebenen können auf Grund der Überlappungen und gegenseitigen Durchdringung nicht mehr als Entitäten im Sinne kultureller Container betrachtet werden, wenngleich ein völlig offenes Kulturverständnis aus analytischen Gründen hier keine Anwendung finden kann. Da die journalistische CSR-Berichterstattung und die Bewertung/Kritik durch Experten wie bereits genannt ebenfalls Einfluss auf CSR-Ausprägungen haben, werden auch die unterschiedlichen Mediensystemtypen sowie die angenommene Relevanz des CSR-Konzeptes in den Untersuchungsländern als Pfadabhängigkeiten eingeführt. Die Benennung der einzelnen Verantwortungsebenen runden als eigene Dimensionen diesen Vorschlag ab. Die folgende Dimensionierung der CSR-Interkultur orientiert sich zunächst an dem Vorgehen von Hanitzsch (2007, 2009; Hanitzsch & Seethaler 2009), dessen Untersuchungskonzept zur Kulturabhängigkeit des Journalismus auf CSR-Kommunikation übertragen und weiterentwickelt wird. So werden u. a. die unterschiedlichen kulturellen Einflussebenen und CSR-spezifische Einflussfaktoren wie die Triple-Bottom-Line (Elkington 1997) eingeführt. In der Tabelle erfahren alle Dimensionen der CSR-Interkultur zunächst eine zusammenfassende Darstellung, bevor sie im Weiteren näher erläutert werden.

Tabelle   Dimensionierung von CSR-Kommunikationsinterkultur

Konstituenten	Dimensionen
Nationalkultur	Rechtlich-Politische Vorgaben
	Machtdistanz (politische Erwünschtheit)
Branchenkultur	Branchenstandards
Unternehmenskultur	Transparenz
	Wertediskurs
Pfadabhängigkeiten (historisch-kulturell)	CSR-Form
	CSR-Medium (Mediensystemvorstellung)
Verantwortungsbereiche	Ökologische Verantwortung
	Ökonomische Verantwortung
	Soziale Verantwortung

4   Nationalkultur

Unter der hier beschriebenen Nationalkultur werden zunächst nationalstaatliche Kontextfaktoren für die Einzelunternehmen aufgenommen. Zum einen werden hier vor allem rechtlich-politische Vorgaben darunter verstanden, an denen man ablesen kann, inwieweit das Verantwortungsengagement rechtliche Anforderungen erfüllt oder pro-aktiv tätig ist. Zum anderen wird hier die Machtdistanz eingeführt als Indikator für das Verhältnis zwischen Wirtschaft und Staat, wie im vorherigen Kapitel mit den Extremen USA und Russland beschrieben.

Rechtlich-Politische Vorgaben: Eine maßgebliche Komponente für CSR und CSR-Kommunikation sind die nationalen rechtlichen Vorgaben. Während die USA als liberales System einen Großteil der ökonomischen, ökologischen und sozialen Verantwortung an die Gesellschaft abgeben und dem Markt überlassen, sieht sich Deutschland als Teil der Europäischen Union mit unterschiedlichen Verordnungen konfrontiert (Nowrot 2007; Dubigeon 2006). Russland und zahlreiche Staaten

Asiens indes sind nach wie vor bzw. wieder durch eine starke „Machtvertikale" der Regierung geprägt (Mommsen & Nußberger 2007: 215 ff.). Gerade die Freiwilligkeit ist hier in Abhängigkeit des vorherrschenden politischen Systems zu betrachten. Die praktische Umsetzung ist hier zum Teil abhängig von einer je vorherrschenden politischen Kultur und unterschiedlichen Auffassungen der Rolle staatlicher Regulierungen.

Machtdistanz: Als weiterer Teil der Nationalkultur bzw. als eines der bedeutendsten Kulturkriterien von Hofstede (1997) wird hier die Machtdistanz mit ins Feld geführt. Als gesellschaftliche Rahmenbedingung wird Machtdistanz als politische Erwünschtheit ausgelegt, deren extreme Ausprägungen man zum einen mit „Good Citizen" und zum anderen mit „Gesetzesabwehr" versehen könnte. Beide sind jeweils im Zusammenhang mit den rechtlich-poltischen Rahmenbedingungen und der vorherrschenden politischen Kultur zu betrachten.

4.1   Branchenkultur

Die Branchenkultur wird auf Grundlage der Ergebnisse zu Branchenunterschieden an inhaltlichen Kriterien in der CSR-Kommunikation untersucht. Im Hinblick auf die Außendarstellung der Unternehmen soll auf diese Weise erfasst werden, ob es branchenspezifische Verantwortungsbereiche (siehe auch 3.5) existieren. Dabei wird angenommen, dass zum Beispiel Energieunternehmen stärker ökologische Verantwortung ins Zentrum der CSR-Bemühungen stellen, während die Finanzbranche eher auf ökonomische Verantwortung abzielt.

4.2   Unternehmenskultur/Organisationskultur

Die Unternehmenskultur als „die ‚Seele' von Management und Unternehmen" (Buß 2009: 176) wird an zwei weiteren Dimensionen festgemacht, die zum einen die Offenheit und Transparenz der Organisationskommunikation und damit auch CSR-Kommunikation offenlegen und zum anderen ob und wie ein Diskurs über die Festlegung der Führungs- und ethischen Prinzipien existiert.

Transparenz: In Anlehnung an das russische Gesellschaftssystem, wo im Verlauf der vergangenen 25 Jahren zunächst mit „Glasnost" Transparenz und Offenheit gefordert würden, und heute jedoch ein System der „bestellten" Informationen (zakazucha) vorherrscht (Krüger 2006), werden die extremen Ausprägungen mit „gläsern" und „bestellt" umschrieben. Bei einer offenen Form werden Informationen vom Unternehmen nach außen kommuniziert, und es besteht die Möglichkeit und nota bene der Wille, diese zu prüfen. Beim anderen Extrem dringen nur solche Informationen an die Öffentlichkeit, die zuvor verabredet bzw. bei „Journalisten" bestellt wurden.

Wertediskurs: Die Dimension des Wertediskurses umfasst die Einbindung der Mitarbeiter in CSR-Maßnahmen und deren Kommunikation. Sind also CSR-Maßnahmen von der Geschäftsleitung oktroyiert, oder können Mitarbeiter diese mitgestalten? Die „tatsächlichen" Entscheidungsprozesse in der Konzernführung sind hierbei zunächst weniger von Interesse, sondern viel mehr, wie das Unternehmen in dieser Hinsicht nach außen kommuniziert und von dort aus beobachtet wird – in anderen Worten Unternehmensrealität öffentlich konstruiert wird. Hier konnte bereits festgestellt werden (Jarolimek & Raupp 2009), dass die Organisationskultur und mit ihr Führungsprinzipien, Mission und Vision eines Unternehmens sich international hinsichtlich der Verantwortungsübernahme nicht unterscheiden (Identifikationsfunktion), wohl aber die nationale CSR-Kommunikation der Unternehmen (Legitimitäts- und Differenzierungsfunktion). Die Bedeutung der Organisationskultur ließe sich dann weiter messen an den Subdimensionen Kulturstärke, -dehnung, -prägnanz, -nähe und -akzeptanz (Buß 2009: 179).

4.3   Pfadabhängigkeiten

Die beiden Dimensionen der Pfadabhängigkeit werden zum einen aufgenommen, um historisch-kulturelle Besonderheiten der CSR-Entwicklung zu berücksichtigen. Diese spielen zum Teil in die vorgenannten Dimensionen hinein. Zum anderen dienen die beiden Dimensionen dazu, den Beobachterstandpunkt in der Analyse zu verdeutlichen und das eigene Vorgehen in Bezug auf die je unterschiedlichen Kulturen zu reflektieren. In diesem Sinne nehmen diese Dimensionen Bezug auf die eigenkulturelle Gebundenheit der Forschung sowie der vorliegenden Arbeiten. Mit Referenz zur konstruktivistischen Beobachtertheorie werden die Dimensionen als CSR-Form und CSR-Medium bezeichnet.

CSR-Form: Die Form steht für die Unterscheidung von CSR im kulturellen Zusammenhang. Matten und Moon (2008) beschreiben als Form ihrer Unterscheidung die binäre Differenz von expliziter und impliziter CSR (-Kommunikation). Die Ergebnisse der Vorstudie (Jarolimek & Raupp 2009) verdeutlichen, dass etwa in den USA CSR-Kommunikation sowohl explizit, d. h. in einer Vielzahl von einzelnen, vom Kerngeschäft losgelösten CSR-Maßnahmen zu finden ist, aber auch implizit, d. h. in einem ganzheitlichen Integrationsansatz, bei dem Nachhaltigkeitsthemen und Verantwortung unternehmerischen Handels in allen Bereichen der unternehmerischen Tätigkeit verankert sind, weshalb die Annahmen von Matten und Moon (2008) als Grundlage dienen, gleichwohl m. E. einer weiteren empirischen Überprüfung bzw. theoretischen Spezifikation bedürfen, wie implizit oder explizit CSR-Kommunikationen verankert sind.

CSR-Medium: Da die Form der CSR-Kommunikation maßgeblich von der öffentlichen Kommunikation abhängig ist, werden unter CSR-Medium unterschiedliche Mediensystemtypen der vergleichenden Mediensystem- bzw. Journalismusforschung aufgenommen. Das vieldiskutierte Konzept von Hallin & Mancini (2004) beschreibt drei Typen von Mediensystemen für den nordatlantischen, nord- bzw. mitteleuropäischen und mediterranen Raum und verdrängte das veraltete Konzept der „Four Theories on the Press" (Siebert, Peterson & Schramm 1963). Das liberale Modell, das maßgeblich mit den USA in Verbindung gebracht wird, steht hier für das eine Extrem. Das Mediensystem Deutschlands trägt maßgebliche Züge des nord-, mitteleuropäischen Modells, wobei Hallin und Mancini einen stetigen Übergang zum liberalen Modell prognostizieren. In der weiteren Debatte wurden die Modellvorstellungen von Hallin und Mancini um weitere Weltregionen ergänzt. Blums (2005, 2006) Konzept für Russland, das er als „Schockmodell" beschreibt, kann hier mit einbezogen werden ebenso wie das „Patriotenmodell" für den arabisch-asiatischen Raum, um die national- und organisationskulturellen Ausprägungen der CSR-Kommunikation in Beziehung zu setzen.

4.4   Verantwortungsbereiche

Zentral für die CSR-Diskussion ist die Unterscheidung von drei Verantwortungsbereichen: In Anlehnung an die „Triple-Bottom-Line" (Elkington 1997) werden diese als ökologische, ökonomische und soziale Verantwortung bezeichnet. Im Gegensatz zu der mehr oder weniger hierarchischen (vertikalen) Unterscheidung von National-, Branchen- und Unternehmenskultur stehen die Verantwortungsbereiche wie auch die Pfadabhängigkeiten dem horizontal entgegen. Die unterschiedlichen Verantwortungsbereiche lassen sich sowohl auf Länder, Branchen als auch auf Einzelorganisationen anwenden. Die Ausprägungen der Triple-Bottom-Line können zunächst bestimmten Kulturen per se zugeordnet werden. Gleichwohl sollen die angenommenen thematischen Verantwortungsschwerpunkte für ausgewählte Branchen dargestellt und mit den Kultur-Artefakten der Einzelunternehmen in Beziehung gesetzt werden.

Ökologische Verantwortung: Die Verantwortung für Natur und der nachhaltige Umgang mit natürlichen Ressourcen kann sehr unterschiedlich sein. Um erneut die Spannweite aufzuzeigen wird diese Verantwortungsdimension zum einen gesehen in ökologischen Vorbildern, die mit bestem Gewissen ihre Verantwortung wahrnehmen und ökologische Alternativen vorantreiben und zum anderen im so genannten „Greenwashing", wobei Unternehmen mit ihrer CSR-Kommunikation über die ökologischen Probleme hinwegtäuschen, und mit „Greenwashing" lediglich in einer Art von Irritationsroutinen (Görke 1999: 298) auf die angenommenen Erwartungen der Umwelt (Öffentlichkeit, Stakeholder) reagieren. Eine erhöhte Umweltverantwortung wird vor allem für die Branchen Energie, Chemie und Verkehr angenommen, stärker verankert in Deutschland als zum Beispiel in Russland.

Ökonomische Verantwortung: Innerhalb der Wirtschaftsverantwortung soll zwischen kurzfristigen und langfristigen Erfolgen unterschieden werden, wobei nur die zuletzt genannten Nachhaltigkeit zeigen können. Die augenblickliche Weltwirtschaftskrise verdeutlicht (vielleicht zum ersten Mal derart nachdrücklich) die ökonomische Verantwortung von Unternehmen. Vor allem die Banken- und Finanzbranche steht hier mit ihren Kredit-Rankings in der Kritik. Aber auch Großunternehmen der Verkehrs- und Personentransportbranche sind als Organisationen mit hoher nationaler Bedeutung interessant, wie sich am Fall Opel ablesen lässt oder aber am Beispiel der Berliner S-Bahn, wo Unternehmensgewinne nicht nachhaltig reinvestiert sondern an den Mutterkonzern Deutsche Bahn weitergeleitet wurden, um kurzfristig Kapitalmarktfähigkeit zu suggerieren.

Soziale Verantwortung: Die Sozialverantwortung zielt vor allem auf den Umgang mit Mitarbeitern aber auch auf Kunden im In- und Ausland ab. Die Extreme werden hier als „Ausbeuter" und „Philantrop" angesetzt. Insofern geht es bei der sozialen Verantwortung auch darum, ob und inwieweit die Unternehmen gute „Corporate Citizens" sind. Dies bezieht sich zunächst auf alle Branchen, wobei hier nationale Unterschiede bei den Einzelunternehmen vermutet werden können. So kann für die USA mit einer stärkeren Tradition der Unterstützung von lokalen Communities und Mitarbeitern eine andere Art der Sozialverantwortung vermutet werden, als dies vielleicht in Asien der Fall ist (Welford 2005).

5   Ausblick: Interkulturelle Perspektive als Element der CSR-Forschung

Die Erforschung der Kommunikation gesellschaftlicher Verantwortung von Unternehmen aus interkultureller Perspektive erscheint lohnenswert. Wenn die Verbreitung des CSR-Konzepts im Zusammenhang mit der Globalisierung steht, ist die Betrachtung der Einflusssphären von Kultur auf verschiedenen Ebenen ein Zugang, um die je unterschiedlichen Ausprägungen von CSR zu erklären. Gleichwohl ist diese Betrachtung alles andere als einfach. Ausgehend von einem weiten Kulturbegriff und einem weiten CSR-Begriff unter Einbindung unterschiedlicher theoretischer und empirischer Forschungsfelder (u. a. Mediensystemforschung, Wirtschaftskommunikation) und unterschiedlicher Disziplinen (Kommunikationswissenschaft, Kulturwissenschaft, Wirtschaftswissenschaften) erscheinen solche Untersuchungen voraussetzungsreich. Da bislang wie eingangs erwähnt kaum kulturvergleichende Studien aus interkultureller Perspektive vorliegen, bleibt abzuwarten, welche Ergebnisse diese Herangehensweise zu Tage fördert. Hervorzuheben bleibt indes, dass trotz der voraussetzungsreichen Anlage, lediglich eine analytisch-systematische Herangehensweise in der Lage sein wird, kultureller Unterschiede bzw. CSR-Interkulturen nicht nur deskriptiv im Sinne einer „dichten Beschreibung" (Geertz 2003, zuerst 1983) zu erfassen, sondern darüber hinaus Erklärungsmuster zu finden, warum und wie ein scheinbar globales Konzept „CSR" je kulturell unterschiedliche Ausprägungen erfährt.

Literatur

Altmeppen, K.-D. (2008). Die soziale Verantwortung des Journalismus. *Communicatio Socialis, 41*(2), 241–253.
Altmeppen, K.-D., & Habisch, A. (2009). Ergebnisse einer Studie zu CSR in der Berichterstattung deutscher Printmedien. Vortrag anlässlich des Workshops „Verantwortungskommunikation. Corporate Social Responsibility in der medialen Kommunikation" an der Katholischen Universität Eichstätt-Ingolstadt, 02.07.2009.
ASI (Agency for Social Information) (2007). *Russian Business and UN Global Compact.* Moscow.
Barmeyer, C. (2000). *Interkulturelles Management und Lernstile.* Frankfurt am Main: Campus Verlag.
Blum, R. (2005). Bausteine zu einer Theorie der Mediensysteme. *Medienwissenschaft Schweiz, 2*(1–2), 5–11.

Blum, R. (2006). *Mediensysteme gehorchen der Politik. Ein Weltatlas nach medienpolitischen Kriterien.* Neue Zürcher Zeitung, 27. Oktober 2006, URL: http://www.nzz.ch/2006/10/27/em/articledooqb.html. Zugriff am 29.07. 2009.

Bolten, J. (1999). Kommunikativer Stil, kulturelles Gedächtnis und Kommunikationsmonopole. In H. K. Geißner (Hrsg.), *Wirtschaftskommunikation in Europa* (S. 113–131). Tostedt: Hermes.

Bolten, J. (2001). *Interkulturelle Kompetenz.* Erfurt: Landeszentrale für politische Bildung.

Bolten, J. (2007). *Einführung in die Interkulturelle Wirtschaftskommunikation.* Göttingen: UTB.

Bolten, J. et al. (1996). Interkulturalität, Interlingualität und Standardisierung bei der Öffentlichkeitsarbeit von Unternehmen. Gezeigt an britischen, deutschen, französischen, US-amerikanischen und russischen Geschäftsberichten. In K. D. Baumann, & H. Kalverkämper (Hrsg.), *Fachliche Textsorten. Komponenten – Relationen – Strategien* (S. 389–425). Tübingen: Gunter Narr.

Brüggemann, M., Hepp, A., Kleinen-von Königslow, K., & Wessler, H. (2009). Transnationale Öffentlichkeit in Europa: Forschungsstand und Perspektiven. *Publizistik, 54*(3), 391–414.

Buß, E. (2009). *Managementsoziologie. Grundlagen, Praxiskonzepte, Fallstudien* (2., korrigierte Fassung). München: Oldenbourg.

Capriotti, P., & Moreno, Á. (2007). Corporate Citizenship and Public Relations: The Importance and Interactivity of Social Responsibility Issues on Corporate Websites. *Public Relations Review, 33,* 84–91.

Carroll, A. B. (1991). The Pyramid of CSR: Toward the Moral Management of Organizational Stakeholders. *Business Horizons, 34*(4), (July-August), 39–48.

Carroll, A. B. (1999). CSR: Evolution of a Definitional Construct. *Business and Society, 38*(3), 268–295.

Chambers, E., Chapple, W., Moon, J., & Sullivan, M. (2003). *CSR in Asia: a seven country study of CSR website reporting.* ICCSR Research Paper Series No. 09-2003. Nottingham.

Chaple, W., & Moon, J. (2005). Corporate Social Responsibility (CSR) in Asia. A Seven-Country Study of CSR Web Site Reporting. *Business & Society, 44*(4), 415 – 441.

Chen, S., & Bouvain, P. (2008). Is Corporate Responsibility Converging? A Comparison of Corporate Responsibility Reporting in the USA, UK, Australia, and Germany. *Journal of Business Ethics, June 2008* (online first), URL: http://dx.doi.org/10.1007/s10551-008-9794-0. Zugriff am 14.08.2008.

Dubigeon, O. (2006). Legal Obligations and Local Practices in Corporate Social Responsibility. In J. Allouche (Hrsg.), *Corporate Social Responsibility.* Volume 1: Concept, Accountability and Reporting (S. 254–283). London: Palgrave Macmillan.

Elkington, J. (1997). *Cannibals with Forks: The Triple Bottom Line of 21st Century Business.* Oxford: Capstone.

Elms, H. (2006). Corporate (and Stakeholder) Responsibility in Central and Eastern Europe. *International Journal of Emerging Markets, 1*(3), 203–211.

Esrock, S. L., & Leichty, G. B. (1998). Social Responsibility and Corporate Web Pages: Self-Presentation or Agenda-Setting. *Public Relations Review, 24*(3), 305–319.

Europäische Kommission (2001). Europäische Rahmenbedingungen für die soziale Verantwortung der Unternehmen. Grünbuch. URL: http://ec.europa.eu/employment_social/publications/2001/ke3701590_de.pdf. Zugriff am 20.08.2008

Galtung, J. (1985). Struktur, Kultur und intellektueller Stil. Ein vergleichender Essay über sachsonische, teutonische, gallische und nipponische Wissenschaft. In A. Wierlacher (Hrsg.), *Das Fremde und das Eigene. Prolegomena zu einer interkulturellen Germanistik.* (S. 151–193). München: Iudicum.

Geertz, C. (2003). *Dichte Beschreibung. Beiträge zum Verstehen kultureller Systeme.* Frankfurt am Main: Campus Verlag.

Glombitza, A. (2005). *Corporate Social Responsibilty in der Unternehmenskommunikation.* Berlin, München: poli-c-books.

Golob, U., & Bartlett, J. L. (2007). Communicating about Corporate Social Responsibility: A Comparative Study of CSR Reporting in Australia and Slovenia. *Public Relations Review, 33,* 1–9.

Görke, A. (1999). *Risikojournalismus und Risikogesellschaft. Sondierung und Theorieentwurf.* Opladen, Wiesbaden: Westdeutscher Verlag.

Habermas, J. (1990). *Strukturwandel der Öffentlichkeit. Untersuchungen zu einer Kategorie der bürgerlichen Gesellschaft.* Frankfurt am Main: Suhrkamp.

Hallin, D. C., & Mancini, P. (2004). *Comparing Media Systems. Three Models of Media and Politics.* Cambridge: Cambridge University Press.

Hanitzsch, T. (2007). Journalismuskultur: Zur Dimensionierung eines zentralen Konstrukts der kulturvergleichenden Journalismusforschung. *Medien und Kommunikationswissenschaft, 55*(3), 372–389.

Hanitzsch, T. (2009). Zur Wahrnehmung von Einflüssen im Journalismus. Komparative Befunde aus 17 Ländern. *Medien und Kommunikationswissenschaft, 57*(2), 153–173.

Hanitzsch, T., & Seethaler, J. (2009). Journalismuswelten – Ein Vergleich von Journalismuskulturen in 17 Ländern. *Medien und Kommunikationswissenschaft,* 57(4), 464–483.

Hofstede, G. (1997). *Lokales Handeln, globales Denken. Interkulturelle Zusammenarbeit und globales Management.* München: Beck.

Hug, D. M. (1997). *Konflikte und Öffentlichkeit. Zur Rolle des Journalismus in sozialen Konflikten.* Opladen: Westdeutscher Verlag.

Inglehart, R., & Baker, W. E. (2000). Modernization, Cultural Change, and the Persistence of Traditional Values. *American Sociological Review,* 65(February), 19–51.

IMUG – Institut für Markt-Umwelt-Gesellschaft (2006). CSR-Informationsbedarf von Verbrauchern. Ergebnisse einer repräsentativen Haushaltsbefragung. Hannover.

IÖW – Institut für ökologische Wirtschaftsforschung & future e. V. (Hrsg.) (2007). Nachhaltigkeitsberichterstattung in Deutschland: Ergebnisse und Trends im Ranking 2007 (Bearbeitet von: Jana Gebauer, Esther Hoffmann, Udo Westermann; unter Mitarbeit von: Axel Hesse, John Holmes, Katy Jahnke, Martina Manzke, Thomas Merten, Simone Schmohl). Berlin, Münster. URL: http://www.ranking-nachhaltigkeitsberichte.de/pdf/2007/Ergebnisbericht_Ranking_2007_final.pdf. Zugriff am 20.01.2010.

Jarolimek, S. (2001). Zur Rolle von ‚Critical Incidents' zur Vermittlung interkultureller Kompetenz innerhalb interkultureller Trainings. In J. Bolten (Hrsg.), *Aktuelle Perspektiven der interkulturellen Wirtschaftskommunikationsforschung* (S. 210–235), Jena.

Jarolimek, S., & Raupp, J. (2009). Die Kulturabhängigkeit der Kommunikation gesellschaftlicher Verantwortung von internationalen Unternehmen. Vortrag anlässlich der DGPuK-Jahrestagung „Medienkulturen" in Bremen, 01.05.2009.

Kostin, A. (2007). Russia: The Evolving Corporate Responsibility Landscape. *Compact Quarterly,* March 16, 2007. URL: http://www.enewsbuilder.net/globalcompact/e_article000775164.cfm. Zugriff am 30.07.2009.

Krüger, U. (2006). *Gekaufte Presse in Russland: Politische und wirtschaftliche Schleichwerbung am Beispiel der Medien in Rostov-na-Donu.* Berlin: LIT Verlag.

Langer, A., Eisend, M., & Kuß, A. (2008). Zu viel des Guten: Zum Einfluss der Anzahl von Ökolabels auf die Konsumentenverwirrtheit. *Marketing – Zeitschrift für Forschung und Praxis,* 30(1), 19–28.

Loew, T., Clausen, J., & Westermann, U. (2005). Nachhaltigkeitsberichterstattung in Deutschland: Ergebnisse und Trends im Ranking 2005. Berlin, Hannover. URL: http://www.ranking-nachhaltigkeitsberichte.de/pdf/Ranking_Endbericht.pdf. Zugriff am 20.01.2010.

Lunau, Y. (2003). Soziale Unternehmensverantwortung aus Bürgersicht. Institut für Wirtschaftsethik St. Gallen. URL: http://www.alexandria.unisg.ch/publications/person/L/York_ Lunau/17758. Zugriff am 14.08.2008.

Maignan, I., & Ralston, D. A. (2002). Corporate social responsibility in Europe and the U.S. Insights from businesses' self-presentations. *Journal of International Business Studies,* 33, 497–515.

Matten, D., & Moon, J. (2008). „Implicit" and „Explicit" CSR: A Conceptual Framework for a Comparative Understanding of Corporater Social Responsibility. *Academy of Management Review,* 33(2), 404–424.

Mommsen, M., & Nußberger, A. (2007). *Das System Putin. Gelenkte Demokratie und politische Justiz in Rußland.* München: Beck.

Münstermann, M. (2007). *Corporate Social Responsibility. Ausgestaltung und Steuerung von CSR-Aktivitäten.* Wiesbaden: Gabler.

Nowrot, K. (2007). *The Relationship between National Legal Regulations and CSR Instruments: Complementary or Exclusionary Approaches to Good Corporate Citizenship?* Halle an der Saale: Institut für Wirtschaftsrecht.

Rieth, L (2009). *Global Governance und Corporate Social Responsibility. Welchen Einfluss haben der UN Global Compact, die Global Reporting Initiative und die OECD Leitsätze auf das CSR-Engagement deutscher Unternehmen?* Opladen: Budrich UniPress.

RMACRC (Russian Managers Association Corporate Responsibility Committee) (2006). *Memorandum on Principles of Corporate Social Responsibility.* Moscow.

Rusal (2008). From Russia with Love. A National Chapter on the Global CSR Agenda. Moscow. URL: http://www.rusal.ru/docs/FromRussiaWithLoveENG.pdf. Zugriff am 20.01.2010.

Schein, E. H. (1988) *Organizational Culture.* Working paper Nr. 2088-88 Sloan School of Management, MIT, December 1988.

Siebert, F. S., Peterson, T., & Schramm, W. (1963). *Four theories on the press. The autoritarian, libertarian, social responsibility and soviet communist concepts of what the press should be and do.* Urbana, Ill.: Illini Books edition.

Signitzer, B., & Prexl, A. (2008). Corporate Sustainability Communications: Aspects of Theory and Professionalization. *Journal of Public Relations Research, 20*(1), 1–19.

Thomaß, B.(2008). Das Ende der Eindeutigkeiten. Aporien und Dilemmata journalistischer Ethik in einer global vernetzten Mediengesellschaft. In B. Pörksen., W. Loosen, & A. Scholl (Hrsg.), *Paradoxien des Journalismus. Theorie – Empirie – Praxis* (S. 297–310). Wiesbaden: VS Verlag.

Tran, T.-V. (2009). *Die Berichterstattung zu Corporate Social Responsibility. Eine Medieninhaltsanalyse von Financial Times Deutschland und Die Welt in den Jahren 2001 bis 2007.* (unveröffentlichte Magisterarbeit Freie Universität Berlin)

Vinogradow, D. (2006). Das russische Internet: Insel der Meinungsfreiheit und Zivilgesellschaft. *Russland-Analysen, 118,* (17.11.2006), 17–21.

Weder, F. (2009). *Organisationskultur als selbstorganisiertes Kommunikationsnetzwerk.* Vortrag anlässlich der DGPuK-Jahrestagung „Medienkulturen" in Bremen, 01.05.2009.

Welford, R. (2005). Corporate Social Responsibility in Europe, North America and Asia. 2004 Survey Results. *The Journal of Corporate Citizenship, Spring 2005,* 33–52.

Werder, K. P. (2008). The Effect of Doing Good: An Experimental Analysis of the Influence of Corporate Social Responsibility Initiatives on Beliefs, Attitudes, and Behavioral Intention. *International Journal of Strategic Communication, 1*(2), 115–135.

White, C., Vanc, A., & Coman, I. (2009). American Corporate Social Responsibility in Romania: Corporate Diplomacy as a Component of Public Diplomacy. In A. Rogojinaru, & S. Wolstenholme (Hrsg.), *Current Trends in International Public Relations* (S. 95–114). Bucuresti: Tritonic.

Wigley, S. (2008). Gauging Consumers' Responses to CSR Activities: Does Increased Awareness Make Cents? *Public Relations Review, 34*(3), 306–308.

Zhang, J., & Swanson, D. (2006). Analysis of News Media's Representation of Corporate Social Responsibility. *Public Relations Quarterly, 51*(2), 13–17.

Corporate Social Responsibility und internationale Public Relations

Simone Huck-Sandhu

Ob Umweltschutz, ein respektvoller Umgang mit Mitarbeitern oder das Engagement in und für Standorte – im Zuge der Internationalisierung übernehmen viele Unternehmen grenzüberschreitend gesellschaftliche Verantwortung. Umspannen Corporate Social Responsibility (CSR) Programme zwei oder mehr Länder, so ist in der Regel auch die begleitende Kommunikation international angelegt. Vor allem die internationale Public Relations (PR) kann den CSR-Prozess unterstützen. Als strategisches Kommunikationsmanagement gestaltet sie den globalen Dialog mit Stakeholdern, betreibt ein grenzüberschreitendes Issues Management und spricht über die CSR-Kommunikation Teilöffentlichkeiten in aller Welt an.

Ziel des vorliegenden Beitrages ist es, die Verbindungslinien zwischen CSR und internationaler PR im Kontext der organisationalen Meso-Ebene systematisch zu beleuchten. CSR wird als strategischer Managementprozess von Unternehmen beschrieben, vor dessen Hintergrund das Unterstützungspotenzial von internationaler PR diskutiert wird. Im Vordergrund dieser Prozessperspektive auf CSR und PR stehen damit die Aspekte Strategie und Management. Aber auch die operative Ebene der CSR-Kommunikation wird beleuchtet. Im zweiten Kapitel wird zunächst eine Verbindung von CSR und PR vorgenommen, indem die konzeptionelle Nähe thematisiert und ein Prozessmodell entworfen wird. Diese Systematisierung dient als Ausgangspunkt für die Diskussion internationaler Bezüge, die im dritten Kapitel herausgearbeitet werden. Ausgehend von der Identifikation der Forschungslücken werden zunächst Stakeholderanalyse und Issues Management im globalen Kontext beleuchtet. Auf Basis einer Typologisierung von CSR-Engagements entlang ihres Internationalisierungsgrads werden unterschiedliche Strategien des internationalen Kommunikationsmanagements vorgestellt und in ihrer Bedeutung für die operative CSR-Kommunikation diskutiert. Den Abschluss des Beitrags bildet ein Ausblick, der Leitfragen für die weiterführende theoretische oder empirische Beschäftigung mit dem Thema formuliert.

1 Corporate Social Responsibility und Public Relations – eine Systematisierung

CSR als Konzept des nachhaltigen Wirtschaftens findet nicht nur in der Unternehmenspraxis zunehmend Akzeptanz, sondern hat sich auch als sozialwissenschaftliches Forschungsfeld etabliert. Die Attraktivität des CSR-Konzepts rührt u. a. daher, dass es breit angelegt und somit offen für unterschiedliche Perspektiven ist. Obwohl der Begriff bereits in den 1950er Jahren geprägt wurde (Bowen 1953) und seither intensiv diskutiert worden ist, kann von einer Konzentration kaum die Rede sein. „Corporate social responsibility means something, but not always the same thing to everybody", konstatierte Votaw (1972: 25) bereits vor einem Vierteljahrhundert. Seine Feststellung hat bis heute nichts an Gültigkeit verloren. Im Gegenteil: Mit der starken Expansion des Forschungsfeldes in den vergangenen Jahren hat die Unübersichtlichkeit weiter zugenommen. Die vorliegenden Ansätze greifen zwar auf dieselbe Terminologie zurück, versehen diese aber vielfach mit unterschiedlichen Bedeutungen. Es ist die Rede von einem eklektischen Feld ohne klare Grenzziehung (Carroll 1994: 14) und von einer „Ausuferung von Ansätzen, die kontrovers, komplex und unklar"[1] seien (Garriga & Melé 2004: 51).

Mit der Verlagerung der Diskussion von der Makro- auf die Mesoebene steht seit den 1990er Jahren verstärkt die organisationale Perspektive im Vordergrund. Damit haben Fragen des strategischen Managements von CSR aus Unternehmensperspektive an Bedeutung gewonnen (Lee 2008: 60 ff.). Während CSR im klassischen Begriffsverständnis dem philantropischen Engagement zugeordnet oder vor dem Hintergrund der Gewinnmaximierung gänzlich abgelehnt wird, gilt es im Rahmen der jüngeren Diskussion als eng verbunden mit dem Kerngeschäft eines Unternehmens (Auld, Bernstein & Cashore 2008: 415; Carroll 1999). Die ökonomische Verantwortung bildet den Grundstein der gesellschaftlichen Verantwortung von Unternehmen. „Businesses are not responsible for solving all social problems", betont Wood (1991: 697). „They are, however, responsible for solving problems that they caused, and they are responsible for helping to solve problems and social issues related to their business operations and interests."

Wie bereits in der Einleitung dieses Handbuch deutlich wurde, ist die Forderung nach Übernahme gesellschaftlicher Verantwortung durch Unternehmen sichtbarer Ausdruck des gestiegenen Einflusses von Stakeholdern (Europäische Kommission 2001: 7). Post, Preston und Sachs (2002: 9) erklären das Erstarken des CSR-Konzepts in der Unternehmenspraxis, wenn sie schreiben: „The legitimacy of the contemporary corporation as an institution within society – its social charter, or ‚license to operate' – depends on its ability to meet the expectations of an increasingly numerous and diverse array of constituents." Im Hinweis auf Anspruchsgruppen, die für die Existenz und den Erfolg eines Unternehmens wesentlich sind, kommt eine klare Stakeholderperspektive zum Ausdruck (Wood 1991: 696 ff.). Die Übernahme gesellschaftlicher Verantwortung ist kein Selbstzweck, sondern mit einem klaren Interesse verbunden (Elkington 1997; Savitz & Weber 2006). Studien machen deutlich, dass sich Unternehmen aus CSR-Aktivitäten einen klaren ökonomischen Vorteil versprechen (Portney 2004: 126). CSR kann vor diesem Hintergrund als strategischer Managementprozess verstanden werden, in dessen Rahmen Unternehmen Bezie-

---

1   Eigene Übersetzung

hungen zu relevanten Teilöffentlichkeiten gestalten (Marsden 2005: 360; Nationales CSR-Forum 2009: 1).

Im Aspekt der Legitimation und in Zielgrößen wie Reputation, Vertrauen oder Glaubwürdigkeit wird deutlich, dass Kommunikation einen integralen Bestandteil von CSR darstellt (Hooghiemstra 2000: 56 ff.; Podnar 2008; Wang 2007: 125). Sie gilt als Leistungstreiber (Epstein & Roy 2001) erfolgreicher CSR-Programme. Im Rahmen der betriebswirtschaftlichen Literatur wird ihre Bedeutung jedoch nur selten thematisiert. Wenn im Zusammenhang mit CSR auf die Unternehmenskommunikation hingewiesen wird, dann oft mit negativer Konnotation: Die CSR-bezogene Kommunikation wird als reine Rhetorik angesehen (Roberts 2003: 249 ff.) und als „Greenwashing" oder „Bluewashing" bezeichnet (Marsden 2005: 55 ff.; Munshi & Kurian 2005; Orts 2004: 186). Von solchen Techniken, wie sie v. a. im Cause-Related Marketing eingesetzt werden als CSR-Kommunikation im eigentlichen Sinn zu sprechen ist irreführend. Ihre instrumentelle Ausprägung ist mit dem oben formulierten CSR-Verständnis unvereinbar. Soziale oder ökologische Programme werden dann zu einem bloßen Publicity-Instrument (L'Etang 1994: 111). Im Rahmen des Managementverständnisses wird der CSR-Kommunikation eine deutlich größere Reichweite zugeschrieben. Sie kann PR-Technik oder Teil des strategischen Kommunikationsmanagements sein.

1.1 CSR-Kommunikation als PR-Technik

In der neueren kommunikationswissenschaftlichen Forschung wird im Zusammenhang mit Unternehmenskommunikation v. a. die Frage untersucht, wie Unternehmen CSR-Prinzipien und -Aktivitäten an Stakeholder kommunizieren (Tang & Li 2009: 200; Basil & Erlandson 2008; Podnar 2008; Golob & Bartlett 2007). CSR-Kommunikation[2] gilt als ein Instrument, mit dessen Hilfe Legitimität erhalten oder erhöht werden kann (Porter & Kramer 2008: 9 ff.). So sieht beispielsweise Hooghiemstra (2000: 64) eine zentrale Aufgabe des so genannten Corporate Social Reportings darin, die Reputation und Legitimität einer Organisation zu erhalten oder zu verbessern, um dadurch Wettbewerbsvorteile zu erlangen. Als Voraussetzungen gelten dabei eine offene, glaubwürdige sowie eine dialogorientierte Kommunikation mit Teilöffentlichkeiten. Innerhalb der Unternehmenskommunikation ist es deshalb v. a. die Public Relations (PR), die als geeignete Kommunikationsfunktion angesehen wird.

Betrachtet man die im Forschungsfeld vorliegenden Theorien und Studien, so wird deutlich, dass PR im Zuge der internationalen CSR-Debatte in erster Linie auf der Instrumentenebene verortet wird. PR gilt als Informationsfunktion, mit deren Hilfe ein Unternehmen seine CSR-Aktivitäten an Mitarbeiter, Kunden, Journalisten oder Investoren vermitteln kann. Empirische Beiträge beschreiben und analysieren

---

2   Im Englischen ist von „corporate social responsibility communication" (z. B. Tang & Li 2009) oder von „corporate social responsibility reporting" (z. B. Golob & Bartlett 2006) die Rede. Insbesondere der zweite Begriff bringt das Verständnis von PR als Kommunikationsinstrument zum Ausdruck.

diese CSR-Kommunikation in erster Linie anhand von Fallstudien und Inhaltsanalysen. Studien beschäftigen sich u. a. mit der Frage, wie Websites als Kommunikationsplattform für CSR-Engagements genutzt werden (bspw. Black & Härtel 2004;
Starck & Kruckeberg 2003; Capriotti & Moreno 2007; Maignan & Ralston 2002). Ältere
Beiträge weisen stärker auf grundsätzliche Einsatzmöglichkeiten von Kommunikation hin, indem sie Erkenntnisse einzelner PR-Felder wie zum Beispiel der Medienarbeit auf das Feld der CSR übertragen (bspw. Manheim & Pratt 1986). Dieser enge
Zuschnitt von CSR-Kommunikation als PR-Technik (L'Etang 1994: 113) lässt sich u. a.
darüber erklären, dass ein Großteil der Beiträge im Kontext des Marketingdenkens
formuliert wurde. In der einschlägigen PR-Literatur wird diese Tatsache kaum thematisiert. Das der Marketing-Perspektive zu Grunde liegende enge PR-Verständnis
und dessen spezifische Limitationen bleiben weitgehend unreflektiert. Selbst PR-
Forscher wie Capriotti und Moreno (2007) oder Tang und Li (2009) gründen ihre
Ausführungen auf solche Definitionen, obwohl sie PR als Beziehungsmanagement
verstehen und somit von einem grundlegend anderen PR-Verständnis ausgehen.

1.2   CSR als Teil des Kommunikationsmanagements

Generische PR-Ansätze schreiben der Kommunikation einen deutlich größeren Zuständigkeitsbereich und Wirkungsradius für CSR zu als vom Marketing geprägte
Ansätze. Sie definieren PR als Management von Kommunikation zwischen einem
Unternehmen und seinen Teilöffentlichkeiten (Grunig & Hunt 1984). Die zu CSR
und PR vorliegenden Beiträge haben als kleinsten gemeinsamen Nenner die Überzeugung, dass beide Felder eng miteinander verwandt sind und zahlreiche Über-
schneidungsbereiche aufweisen.

Morsing und Schultz (2006: 325 ff.) systematisieren in Anlehnung an Grunig und
Hunts PR-Modelle drei Strategien der CSR-Kommunikation, die von der CSR-Infor-
mationstätigkeit über die asymmetrische Zwei-Wege-Kommunikation bis hin zur
Stakeholder Involvement-Strategie als symmetrischem Stakeholder-Dialog reichen
(Grunig & Hunt 1984). Die Autoren weisen darauf hin, dass PR im Kontext von
CSR nicht allein auf die kommunikative Vermittlung beschränkt ist, sondern auch
das Management von Kommunikationsbeziehungen eine wesentliche Rolle spielt.
Mit dem Rückbezug auf die vier PR-Modelle handeln sich die Autoren das gesamte
Spektrum der Kritik ein, die Grunig und Hunt zur Überarbeitung und Weiterentwicklung ihres Modells veranlasst haben. Von zahlreichen Autoren wird CSR
mit dem Ideal der symmetrischen Zweiweg-Kommunikation gleichgesetzt (bspw.
L'Etang 1994 113 ff.; Black & Härtel 2004: 128). Nur wenige diskutieren ihre Rolle
für die nachhaltige Unternehmensführung so differenziert wie L'Etang (1994: 118),
die vor dem Hintergrund von CSR als Business Case vom „mutual self-interest"
eines Unternehmens spricht. „Corporate social responsibility itself is potentially
an example of symmetrical public relations", schreibt L'Etang (1994: 116), „but
when communicated to a third party it becomes publicity or public information in
Grunig and Hunt's terms."

In ähnlicher Weise trennt auch Clark (2000) zwischen dem Prozess des Kommunikationsmanagements auf der einen Seite und der kommunikativen Vermittlung von CSR-Engagements auf der anderen Seite. Sie macht die konzeptionelle Nähe von CSR und PR im Hinblick auf Funktion und Prozess deutlich, indem sie das Corporate Social Performance-Modell von Wood (1991) mit dem PR-Prozess verbindet (Clark 2000: 364 ff.). Die Gegenüberstellung dieser beiden Prozesskreisläufe macht deutlich, dass der Wood'sche Dreiklang aus CSR-Prinzipien, Prozessen der Corporate Social Responsiveness und den Ergebnissen des Unternehmensverhaltens nahezu identisch im Feld der PR abgebildet werden kann. Mit Stakeholder- und Issues Management existieren im Kern des CSR-Konzepts zwei Prozessstufen, die in der Praxis meist im Zuständigkeitsbereich der PR-Abteilung liegen (Clark 2000: 370 f.). Die Einbindung der PR-Perspektive ermöglicht gar eine Erweiterung des CSR-Modells: In der Analysephase („environmental assessment phase"; Wood 1991: 694), in der der Blick auf die Unternehmensumwelt gerichtet wird, ergänzt PR die interne Bestandsaufnahme. Sie richtet den Blick auch nach innen, so dass Stakeholderinteressen mit dem Unternehmensinteresse und der Organisationsidentität abgeglichen werden können. Als Ergebnis dieser Verbindung benennt Clark (2000: 374) die Stakeholder-Analyse als ersten und die Kommunikationsanalyse als zweiten Prozessschritt. Im dritten Schritt folgt ein „Communication Management Approach" von CSR, den Clark allerdings nicht weiter ausführt.

1.3 CSR und PR als miteinander verwobene strategische Managementprozesse

Die Wahl eines Kommunikationsmanagement-Ansatzes für CSR liegt nahe, schließlich formt sich CSR als nachhaltige Unternehmensführung in einem Managementprozess aus. Ein CSR-Engagement kann zwar durchaus auch abgelöst vom Kerngeschäft eines Unternehmens eingegangen werden. Unter einer Prozessperspektive ist dies jedoch wenig sinnvoll. Gerade bei großen, international tätigen Unternehmen, die national und global unter Beobachtung von Stakeholdern stehen und vor dem Hintergrund einer Vielzahl möglicher Engagements entscheiden müssen, werden CSR-Entscheidungen auf Basis von Zielen und Strategien getroffen. PR als strategischer Planungs- und Managementprozess kann einen systematischen Beitrag dazu leisten, dass diese Entscheidungen auf einem tragfähigen Fundament relevanter Informationen beruhen.

PR im Sinne von Beziehungs- und Kommunikationsmanagement kann als integraler Bestandteil von CSR-Engagements gelten. Als Grenzstelle zwischen Unternehmen und Umwelt wirkt PR als „boundary spanner" (Newsom, Turk & Kruckeberg 1996: 6), der die Perspektive interner und externer Stakeholder – also deren Einstellungen, Erwartungen und Bewertungen im Zusammenhang mit dem Unternehmen – in Strategie- und Entscheidungsprozesse der Unternehmensleitung einbringt. Versteht man CSR im Kontext der integrativen Ansätze als Ausdruck einer solchen Stakeholderorientierung, kommt PR gar eine maßgebliche Rolle im CSR-Prozess zu (Wang & Chaudhri 2009: 1; Campbell 2006: 933). „It is not, therefore a question of the corporate management choosing a policy of corporate social responsibility (say of community activities) and then the public relations person communicating the policy or actions", schreibt L'Etang (1994: 114). Indem PR zwischen den Interessen des Unternehmens und den Forderungen der Stakeholder vermittelt (Grunig 1992; Burkart 1996; Ledingham 2006), ist sie nicht allein Über- und Vermittler von CSR-Aktivitäten im Rahmen der Inside-Out-Kommunikation. Im Rahmen ihrer Rolle als Kommunikationsmanager identifizieren PR-Fachleute in der Analysephase des CSR-Prozesses relevante Stakeholder und bringen die Perspektive von Teilöffentlichkeiten in Entscheidungen der Unternehmensleitung ein (Judd 1989: 34; Mast & Stehle 2009a). Mast und Stehle (2009b) bezeichnen dieses Verständnis im Rahmen ihres Modells der Verantwortungskommunikation als Outside-In-Perspektive.

Zusammenfassend lässt sich festhalten: Vor dem Hintergrund der Kommunikationsstrategie, die in Ableitung von Unternehmenszielen formuliert wird, plant, implementiert und evaluiert PR die Kommunikation mit Stakeholdern. Ziel ist die Stärkung von Reputation, Vertrauen und Legitimation, also der Aufbau von langfristigen Beziehungen zwischen Unternehmen und Stakeholdern – eine Aufgabenstellung, die gerade im Kontext von CSR erfolgen kann (Cutlip 1980: 16). Sowohl CSR als auch PR definieren sich zu wesentlichen Teilen über ihr Zustandekommen, also den Prozesscharakter (Jones 1980: 65). CSR und PR können als zwei unterschiedliche, aber durchaus verwandte Prozesse verstanden werden. Während die ersten beiden Prozessphasen primär als Ausprägung der Outside-In-Perspektive angesehen werden können, bildet die Implementierungsphase die Inside-Out-Perspektive ab. Im Hintergrund des gesamten Prozesses steht die Durchlässigkeit des Unternehmens im Hinblick auf gesellschaftliche Belange, Interessen und Wahrnehmungen. Im Rahmen einer Systematisierung ist PR an die sogenannten integrativen bzw. relationalen und an die managementorientierten CSR-Theorien (Garriga & Melé 2004; Secchi 2007) in dreifacher Form anschlussfähig.

Abbildung 1 macht deutlich, dass PR in der Analysephase die Rolle eines (1) Boundary Spanners zukommt, der durch Stakeholderanalyse und Issues Monitoring die Outside-In-Perspektive sicherstellt. In der Planungsphase übernimmt sie die Funktion des (2) Beraters und Begleiters der Unternehmensleitung bei der Entscheidung über CSR-Engagements. Vor dem Hintergrund der getroffenen Entscheidung entwirft sie die begleitende Kommunikationsstrategie, auf deren Basis dann ein CSR-Engagement kommuniziert wird. In der Implementierungsphase wirkt PR als (3) Informations- und Kommunikationsfunktion, die relevante Teilöffentlichkeiten über CSR-Engagements des Unternehmens informiert. Für die Umsetzung dieser Inside-Out-Perspektive nutzt sie die ihr zur Verfügung stehenden allgemeinen PR-Maßnahmen und -Instrumente sowie spezifische Medien und Kanäle der CSR-Kommunikation. Anhand der Prozessbetrachtung wird deutlich, dass CSR und das damit verbundene Kommunikationsmanagement in allen drei Stufen eine enge Anbindung an das Umfeld des Unternehmens aufweisen.

Abbildung 1   Zusammenspiel von PR und CSR aus Prozessperspektive (Quelle: eigene Darstellung)

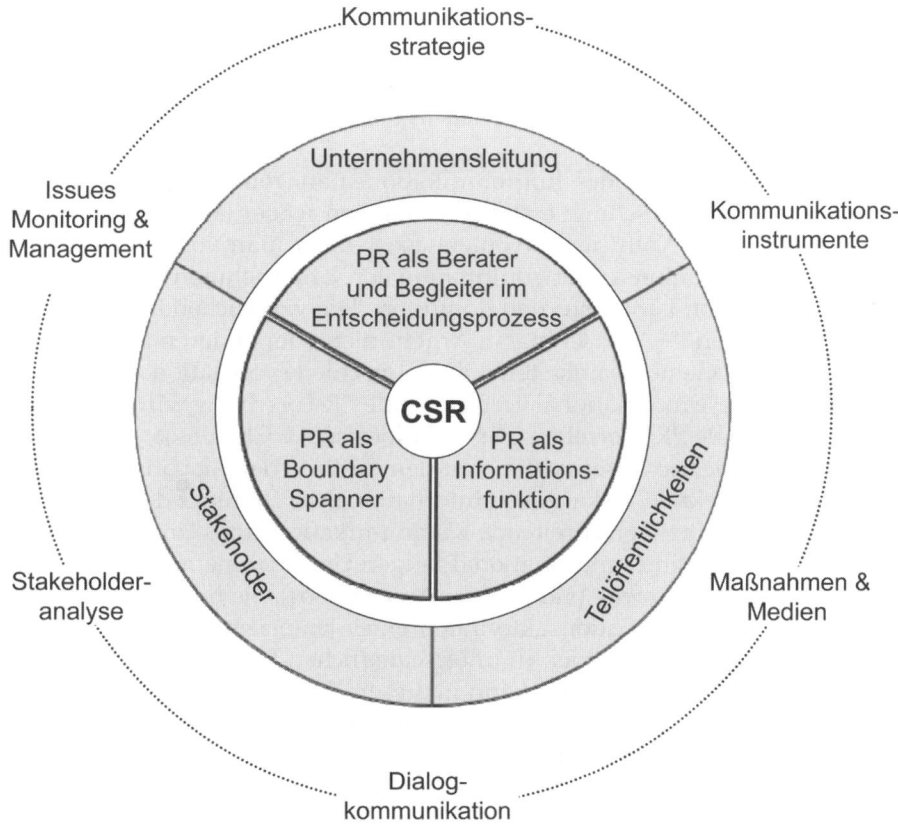

2   Internationales Kommunikationsmanagement und seine Unterstützungspotenziale für den CSR-Prozess

Stakeholderanalyse, Issues Monitoring und Management, die Entwicklung einer tragfähigen Kommunikationsstrategie und die Implementation und Evaluation von Kommunikationsmaßnahmen stellen bereits im lokalen bzw. nationalen Kontext eine Herausforderung dar. Bei international oder gar global tätigen Unternehmen multipliziert sich mit den jeweiligen lokalen Kontexten auch die Komplexität des Prozesses. Wie jede multinationale Unternehmenstätigkeit bewegt sich auch CSR im Spannungsfeld von Globalisierung und Lokalisierung. Stohl, Stohl & Townsley (2007) beschreiben dieses Spannungsfeld über die fortwährende Aushandlung zwischen dem Prozess der „Corporate Globaliziation" und den lokalen sozialen, kulturellen und ökonomischen Kontexten vor Ort. Das Konzept der nachhaltigen Entwicklung als ein Leitkonzept mit weltweitem Anspruch ist von seinem Grundsatz her global ausgerichtet und damit in besonderer Weise von Fragen der internationalen PR betroffen.

2.1   Zum Stand der Forschung: Internationalisierung von PR vs. internationale CSR

Die Internationalisierung des Kommunikationsmanagements ist ein Themenfeld, mit dem sich die PR-Forschung erst seit den späten 1980er Jahren verstärkt beschäftigt (Anderson 1989; Nally 1991; Wouters 1991). Sieht man von How-to-Ratgebern für die Kommunikationsarbeit multinationaler Unternehmen ab, wird das Forschungsfeld v. a. von Länderstudien dominiert. Die vergleichende Analyse von PR zum Beispiel in den USA, in China, in Argentinien oder anderen Ländern der Welt macht es möglich, Gemeinsamkeiten und Unterschiede von nationalen Praktiken zu identifizieren. Diese international vergleichende PR-Forschung wird häufig mit dem Titel „Internationale PR" versehen (bspw. Culbertson & Chen 1996; MacManus 1997; Sriramesh & Verčič 2003). Betrachtet man den Einfluss der Globalisierung aus organisationaler Perspektive, so kann von internationaler PR immer dann die Rede sein, wenn es um die grenzüberschreitende Kommunikation eines Unternehmens geht.

Internationale PR eines multinational tätigen Unternehmens ist PR über Länder- bzw. Kulturgrenzen hinweg (Huck 2004; Andres 2004). Sie beinhaltet alle internen und externen Kommunikationsaktivitäten eines Unternehmens, deren Ziel es ist, Beziehungen zu Bezugsgruppen in unterschiedlichen Ländern herzustellen (Huck 2007: 892). Von internationaler PR kann in diesem Zusammenhang immer dann die Rede sein, wenn Strategien, Programme und Maßnahmen der Öffentlichkeitsarbeit grenzüberschreitend geplant und gesteuert werden (ebd.; Sieder 2009: 3). Die bloße Addition isolierter nationaler PR-Aktivitäten wird diesem Anspruch nicht gerecht. Dass die Umsetzung dieser Strategien und Programme sowie die Adaption der Maßnahmen an lokale Besonderheiten jeweils vor Ort geleistet werden muss, steht außer Frage. Der integrative Planungs- und Steuerungsprozess jedoch ist es, der aus der Summe der nationalen Kommunikationsaktivitäten ein internationales Ganzes werden lässt. Im Rahmen des vorliegenden Beitrags wird unter dem Begriff des internationalen Kommunikationsmanagements das *strategische Management von Kommunikation zwischen einem Unternehmen und seinen Teilöffentlichkeiten in unterschiedlichen Ländern* definiert.

Auch im Feld der CSR-Kommunikation dominieren bei empirischen Studien bislang Länderstudien. Sie untersuchen, wie Unternehmen CSR-Prinzipien und -Engagements an Teilöffentlichkeiten eines spezifischen Landes kommunizieren. Gegenstand empirischer Studien sind dabei meist CSR-Informationen auf Unternehmens-Websites (bspw. Tang & Li 2009 für China; Basil & Erlandson 2008 für Kanada; Capriotti & Moreno 2007 für Spanien; Fukukawa & Moon 2004 für Japan), aber auch Kommunikatorbefragungen werden eingesetzt (bspw. Wang & Chaudhri 2009). Sie beschreiben und analysieren die CSR-bezogene Kommunikation von Unternehmen im jeweiligen Landeskontext, meist ohne auf die Prägung durch nationale Kontextvariablen explizit einzugehen. Hinzu treten vereinzelt ländervergleichend angelegte Studien, etwa zum CSR-Reporting (Chapple & Moon 2005; Golob & Bartlett 2007). Unterschiede in den CSR-Verständnissen und -Praktiken werden v. a. über spezifische kulturelle, politische und rechtliche Rahmenbedingungen eines Landes, aber auch über kulturelle Unterschiede[3] erklärt. Viele Autoren sprechen dabei den globalen Geltungsanspruch des CSR-Konzepts an, führen ihn aber nicht näher aus. Ähnlich wie in der PR-Forschung werden auch im Kontext der CSR-Kommunikation Fragen der grenzüberschreitenden Kommunikation, v. a. aber des grenzüberschreitenden Kommunikationsmanagements, bislang kaum explizit thematisiert.

Die Konzentration der Forschung auf nationale Bezüge lässt sich vor dem Hintergrund der bis dato v. a. national geführten CSR-Debatte und der starken kulturellen Prägung der CSR-Kommunikation erklären. Die Globalisierung allerdings wirkt als ein Treiber für internationale CSR-Engagements von Unternehmen. Im Rahmen der kommunikationswissenschaftlichen Vermessung des Feldes erscheint es deshalb notwendig, auch Fragen der Internationalisierung theoretisch und empirisch zu diskutieren. Die in Abbildung 1 skizzierte Synchronisation von CSR- und PR-Prozess kann dabei als Rahmen dienen, innerhalb dessen Fragen des internationalen Issues Monitoring und Managements, der globalen Stakeholderanalyse und der grenzüberschreitenden CSR-Kommunikation beleuchtet werden. Relevant sind dabei auch die Kenntnis von Rahmenfaktoren für CSR-Engagements und grenzüberschreitende PR sowie die Entscheidung für eine Internationalisierungsstrategie für die Kommunikation. Im Folgenden werden ausgewählte Aspekte des Zusammenspiels von CSR und internationaler PR in den einzelnen Prozessphasen beleuchtet. Besonderes Augenmerk liegt dabei auf der Analyse- und der Implementationsphase, da PR in ihrer Ausformung als Kommunikationsmanagement hier den größten Beitrag leisten kann.

Sowohl der CSR- als auch der PR-Prozess nimmt in der Analysephase eine Bestandsaufnahme vor. Das sogenannte „Environmental Assessment" (Wood 1991: 704) dient im Kontext von CSR zur systematischen Erfassung der sozialen und rechtlichen Umwelt eines Unternehmens mit dem Ziel, aktuelle und zukünftige Entwicklungen zu erfassen. Daran schließt sich das Issues Management an, das als strategischer Managementansatz verstanden werden kann (Heath & Nelson 1986; Ingenhoff 2004). In der kommunikationswissenschaftlichen Literatur wird es meist als Aufgabe der PR verortet. Im Rahmen des Issues Managements werden konflikthaltige oder chancenreiche CSR-Themen identifiziert, analysiert und vor dem Hintergrund ihrer Relevanz für das Unternehmen in eine Rangfolge gebracht (Chase 1977: 26; Ewing 1997: 174; Renfro 1993). Umweltanalyse und Issues Management bilden im Abgleich mit den Ergebnissen einer internen Bestandsaufnahme die Basis für die Identifikation und Systematisierung von Stakeholdern, wie sie der Stakeholderansatz als Ausgangspunkt und Herzstück jüngerer CSR-Definitionen postuliert.

---

3   Vgl. den Aufsatz von Stefan Jarolimek in diesem Handbuch

2.2   Stakeholdermanagement international

CSR als grundsätzlich globales Engagement bedarf einer globalen Stakeholderanalyse. Selbst national tätige Unternehmen können international unter Beobachtung stehen, so dass sich auch für sie ein grenzüberschreitendes Monitoring anbietet. Stakeholder werden nach Freeman (1984: 25) definiert als „any group or individual who can affect or who is affected by the achievement of the firm's objectives". Gemeint sind damit all jene Interessengruppen, die über die Macht verfügen, das Unternehmenshandeln zu beeinflussen (Christensen, Morsing & Cheney 2008: 98). Neben der Machtbasis spielen auch die Legitimität des Anspruchs einer Stakeholdergruppe und die Dringlichkeit ihres Anliegens eine Rolle für die Identifikation, Bewertung und Priorisierung relevanter Stakeholderansprüche (Mitchell, Agle & Wood 1997: 863). Auf dieser Basis wird in der nachfolgenden Planungsphase darüber entschieden, welche Ansprüche legitim sind und durch CSR-Engagements des Unternehmens befriedigt werden sollen. Für alle anderen Ansprüche wird über die sich anschließende Unternehmenskommunikation argumentativ deutlich gemacht, warum sie nicht aufgegriffen werden, so dass von einem offensiven Umgang mit den Grenzen der gesellschaftlichen Verantwortung gesprochen werden kann (ebd.: 892).

Mit der situativen Theorie der Teilöffentlichkeiten liegt im Feld der PR ein Ansatz vor, der dem Stakeholdergedanken aus Perspektive der Kommunikation Rechnung trägt. Teilöffentlichkeiten als Bezugsgruppen, die sich ohne Zutun des Unternehmens bilden, werden vor dem Hintergrund ihres subjektiven Problembewusstseins und des Ausmaßes ihres Involvements zu einem Thema bzw. Problem in latente, bewusste und aktive Teilöffentlichkeiten unterteilt. Dieser Dreiklang lässt sich durch Befragungen auch für CSR-Issues wie Bildung, Umweltschutz oder Armut nachweisen (Grunig 1979). Die persönliche Betroffenheit eines Menschen bzw. die individuell wahrgenommene Dringlichkeit eines Problems für die Menschheit insgesamt entscheidet darüber, wie bewusst sich eine Person eines Themas ist und wie aktiv sie zu seiner Lösung beiträgt (Grunig 1979: 752 ff.). Für die Stakeholderanalyse ist diese Erkenntnis wichtig, denn sie macht deutlich, dass klassische Segmentierungsmodelle wie zum Beispiel die Zielgruppenbestimmung bei CSR-Issues an klare Grenzen stoßen. Im Kontext der Internationalisierung kann eine räumliche Segmentierung vorliegen, etwa wenn es um lokal begrenzte Issues im Zusammenhang mit einem Unternehmensstandort oder einem CSR-Engagement in einem einzelnen Land geht. In der Regel bilden sich Teilöffentlichkeiten v. a. von global tätigen Unternehmen jedoch quer zu Ländergrenzen. Grunigs Ergebnisse legen nahe, dass die Zugehörigkeit zu einer Teilöffentlichkeit im Kontext von CSR-Themen u. a. durch Alter, Bildungsgrad und Einkommen geprägt ist (Grunig 1979: 755). Für die Stakeholderanalyse und das Issues Monitoring von globalen Unternehmen bedeutet das, dass Teilöffentlichkeiten weltweit beobachtet und analysiert werden sollten.

Ausgangspunkt einer international angelegten Stakeholderanalyse ist das Themenportfolio, mit dem ein Unternehmen in Verbindung gebracht wird. Entlang dieser Themen bilden sich dann in Abhängigkeit von Betroffenheit und Involvement latente, bewusste und aktive Teilöffentlichkeiten. Vor allem die aktiven Teilöffentlichkeiten wie Non-Profit-Organisationen oder Aktivistengruppen sind es, die im Rahmen der in der Literatur vielfach geforderten Dialogkommunikation zwischen Unternehmen und Stakeholdern eine Rolle spielen. Bereits oben war im Zusammenhang mit den Modellen von CSR-Kommunikation von der Stakeholder Involvement-Strategie die Rede (Morsing & Schultz 2006: 326). Sie postuliert einen iterativen Sensemaking- und Aushandlungsprozess zwischen einem Unternehmen und seinen Teilöffentlichkeiten, durch den CSR-Engagements des Unternehmens co-konstruiert werden (ebd.). Aber auch im Rahmen eines zweiseitig-asymmetrischen Modells spielt die Antizipation von Stakeholder-Erwartungen in Verbindung mit der systematischen Auswertung von Reaktionen der Teilöffentlichkeiten auf CSR-Engagements eine zentrale Rolle. Neben aktiven Teilöffentlichkeiten kommt damit auch der Einschätzung und Erwartungshaltung von bewussten Teilöffentlichkeiten – in Grunigs Studie die anteilig mit Abstand größte Gruppe – eine große Bedeutung zu.

Gerade im Rahmen von CSR komme es darauf an, alle Stakeholder unabhängig von ihrer Machtbasis und unter aktiver Betonung ihrer Diversität in den Dialog über ethisches Unternehmensverhalten mit einzubinden, so Munshi und Kurian (2005). Insbesondere das Internet hat die Rahmenbedingungen für die Beziehung zwischen Unternehmen und Teilöffentlichkeiten verändert (Kent, Taylor & White 2003). Neue Medien ergänzen durch ihre Interaktionsmöglichkeiten die Face-to-Face-Kommunikation um neue Möglichkeiten des medienvermittelten Dialogs. Einerseits bilden sich Teilöffentlichkeiten über Online-Plattformen (Cozier & Witmer 2001) und werden dadurch für das Issues Monitoring für Unternehmen sichtbar. Andererseits können Unternehmen neue Medien ganz bewusst dazu einsetzen, Stakeholder in aller Welt zum Dialog einzuladen.

2.3 Issues Management international

Bedenkt man, dass Issues nicht nur auf den lokalen oder nationalen Kontext zugeschnitten sind, sondern auch nationalstaatliche und kulturelle Grenzen überschreiten, so gewinnt ein globales Issues Management an Bedeutung. Lokale Themen können sich zu globalen Themen entwickeln. Globale Themen können innerhalb eines Landes eine spezifische Ausprägung erfahren und je nach Gesellschaftsstruktur, Kultur und Mediensystem eines Landes völlig unterschiedliche Lebenszyklen durchlaufen. In manch einem Land der Welt kann ein Thema eine ausgesprochen wichtige Rolle spielen, in anderen Ländern hingegen gar nicht erst die Ebene der öffentlichen Diskussion erreichen. Für das globale Issues Management sind deshalb sowohl lokal bedeutsame Themen als auch potenziell grenzüberschreitende Themen auf globalem Niveau relevant. Internationales Issues Management ist vor diesem Hintergrund nicht nur komplexer als nationales Issues Management, sondern erfordet ein zweistufiges Vorgehen. Themen werden sowohl innerhalb der einzelnen Länder als auch in der globalen Dimension identifiziert. Die pro Land identifizierten Issues werden dann vor dem Hintergrund des jeweiligen geographischen Zuständigkeitsgebietes

in ihrer Bedeutung für das Unternehmen gewichtet und über Chancen- und Risiko-
potenzialanalysen vor dem Hintergrund des internationalen Kontexts bewertet.
Taucht ein Issue als wichtiges Thema auf mehreren nationalen Issues-Agenden auf,
so hat es das Potenzial eines grenzüberschreitenden Issues. Im Anschluss erfolgt der
Abgleich mit globalen Themen, d. h. solchen Themen, die grenzüberschreitend auf
der öffentlichen Agenda stehen. Basis für dieses Themenmonitoring sind in erster
Linie die Berichterstattung der Massenmedien und die direkte Kommunikation mit
Teilöffentlichkeiten, zunehmend aber auch digitale Räume.

Eine Befragung von Kommunikationsverantwortlichen aus global tätigen Großunternehmen führte zu dem Ergebnis, dass Issues Management im internationalen
Kontext eine zentrale Herausforderung für die internationale Unternehmenskommunikation darstellt (Huck 2005). Erschwert wird das globale Issues Management durch
die unterschiedlichen Lebenszyklen eines internationalen Issues in den verschiedenen Ländern, so dass sich Themenkarrieren innerhalb der Medien eines Landes entwickeln und schließlich von Medien anderer Länder oder gar internationaler Medien
aufgegriffen werden können. Internationales Issues Management ist somit eine Aufgabe, die von der Kommunikationszentrale nur mit Unterstützung beziehungsweise
in Zusammenarbeit mit den lokalen Einheiten durchgeführt werden kann.

2.4   Ausprägungen grenzüberschreitender CSR-Kommunikation

An die Analysephase schließt sich die Planungsphase an. Kommunikationsmanager
unterstützen die CSR-Planung, indem sie die Ergebnisse aus Umweltanalyse, Stake-
holderdialog und Issues Monitoring in die Entscheidungsfindung der Unternehmensleitung einspeisen. Ist die Entscheidung für ein spezifisches CSR-Engagement
gefallen, schließt sich die Planung der begleitenden CSR-Kommunikation an. Abhängig davon, ob es sich um nationale, international oder globale CSR-Themen und
-Engagements handelt, variiert auch die anschließende Kommunikation. Für die Verbindung von CSR und internationaler PR ist es deshalb notwendig, zunächst die möglichen Ausprägungen von CSR-Engagements zu systematisieren. CSR-Engagements
können vielfältige Formen annehmen. Sie können als alleiniges CSR-Engagement
eines Unternehmen, als Kooperation mit NGOS, Private-Public Partnerships sowie
in Form von Zertifizierungen und Selbstverpflichtungen auftreten (Auld, Bernstein
& Cashore 2008). All diese Formen können lokal, national oder international angelegt
sein. Ähnlich wie die Internationalisierungsstrategien von Unternehmen und den
sich daraus ergebenden Unternehmenstypen können auch CSR-Aktivitäten eines
Unternehmens klassifiziert werden. Es entsteht dann eine idealtypische Typologie,
die für die Planungsphase des CSR/PR-Prozesses relevant ist.

- *Nationales CSR-Engagement* liegt dann vor, wenn die CSR-Aktivitäten eines
  Unternehmens innerhalb von nationalstaatlichen Grenzen erfolgen. Sie konzentrieren sich auf ein Land oder auf einen kleineren geographischen Raum,
  zum Beispiel eine Region innerhalb eines Landes. In der Regel handelt es sich

dabei um politisch, geographisch sowie (in gewissen Grenzen auch) kulturell definierte Regionen. Beispiele für solch lokal konzentrierte Engagements sind zahlreich. Sie reichen von Spenden an die Local Community im Umfeld eines Produktionsstandorts über die Unterstützung von Umweltschutzprojekten in einer spezifischen Weltregion bis hin zu nationalen Beispielen nachhaltigen Wirtschaftens. So hat sich zum Beispiel das schwedische Unternehmen Whitelines zum Ziel gesetzt, Notizbücher und Hefte mit geringstmöglichem Carbon Footprint herzustellen. Der gesamte Produktionsprozess ist nachhaltig ausgerichtet. Von der nachhaltigen Forstwirtschaft über kurze Transportwege bis zur CO_2-neutralen Papierproduktion und -verarbeitung finden alle Prozess in einem räumlich klar begrenzten Gebiet in Südschweden statt (www.whitelines.se). Als eines der ersten Unternehmen der Papierindustrie weist Whitelines den Carbon Footprint für jedes seiner Produkte aus und legt dem Käufer damit offen, wie hoch bzw. gering die Umweltbelastung ist.

- *Internationale CSR-Engagements* umspannen zwei oder mehr Länder. Sie können zwei verschiedene Ausprägungen annehmen: Einerseits kann es sich um vergleichbare CSR-Aktivitäten in verschiedenen Ländern handeln, die einem gemeinsamen Thema zugeordnet werden. Andererseits kann internationales CSR-Engagement auch auf zwei Länder beschränkt sein, indem zum Beispiel eine Biosphäre in Grenzgebieten geschützt oder Partnerprogramme zwischen Ländern begründet werden. Deutlich wird dies am Beispiel des Sawubona Music Jam, einem CSR-Engagement der IBM Deutschland zur Unterstützung von Township-Projekten in Südafrika. Auf der Plattform www.sawubona-musicjam.com kommen online Musiker aus aller Welt zusammen, um 17 „Songs of Good Hope" über Südafrika zu vertonen. Die besten Songs aus dem Musicjam werden auf CD veröffentlicht. Mit den Einnahmen aus dem CD-Verkauf und Konzerten werden Township-Projekte in Südafrika unterstützt (www.sawubona-musicjam.com).

- Von *globalen CSR-Engagements* kann immer dann die Rede sein, wenn Themen von globaler Reichweite unabhängig von nationalen Kontexten bearbeitet werden. Solche Themen können globale Issues wie Klimaschutz oder Menschenrechte sein. Damit von globalem Engagement gesprochen werden kann, müssen CSR-Programme weltweit einheitliche Standards festschreiben, globale Ziele anstreben oder Teilöffentlichkeiten ansprechen, die sich entlang eines Interesses oder Issues unabhängig von Fragen der Nationalität bilden. Ein Beispiel für solche global gültigen Standards ist das Verbot von Kinderarbeit, das multinationale Großunternehmen wie zum Beispiel Henkel oder Adidas all ihren Zuliefererbetrieben zur Auflage machen.

Die Auflistung macht deutlich, dass es sich lediglich um eine erste schematische Zuordnung handelt, die in der Realität vielfältige Ausprägungen annehmen kann. Als Ausgangspunkt für die Konzeption von CSR-Kommunikation bilden sie die Basis, auf der die Wahl einer geeigneten Kommunikationsstrategie erfolgt. Nationale CSR-Engagements werden in der Regel national kommuniziert. Grenzüberschreitende Engagements können sowohl national als auch international kommuniziert werden. Darüber hinaus können aber durchaus auch nationale Engagements in der internationalen Kommunikation ein Thema sein. Der Internationalisierungsgrad von CSR-Engagements muss demnach nicht zwangsläufig identisch sein mit dem Internationalisierungsgrad der CSR-Kommunikation. Dazwischengeschaltet ist die Entscheidung, in welchen Ländern das Thema kommuniziert werden soll und wie die dazugehörige Kommunikationsstrategie aussehen kann. Wann immer CSR-Programme gesellschaftliche Probleme adressieren, die regionen- oder länderübergreifend sind (z. B. Umweltzerstörung, Armut) und sich an Adressaten richten, die über Grenzen hinweg verteilt sind, ist das begleitende Kommunikationsmanagement multinational angelegt. Wenn CSR-Kommunikation grenzüberschreitend angelegt ist und umgesetzt wird, kann von internationaler PR die Rede sein. Abhängig vom grundlegenden CSR-Engagement kann sie unterschiedliche Ausprägungen annehmen (Abbildung 2).

Abbildung 2   Formen grenzüberschreitender CSR-Kommunikation (Quelle: eigene Darstellung)

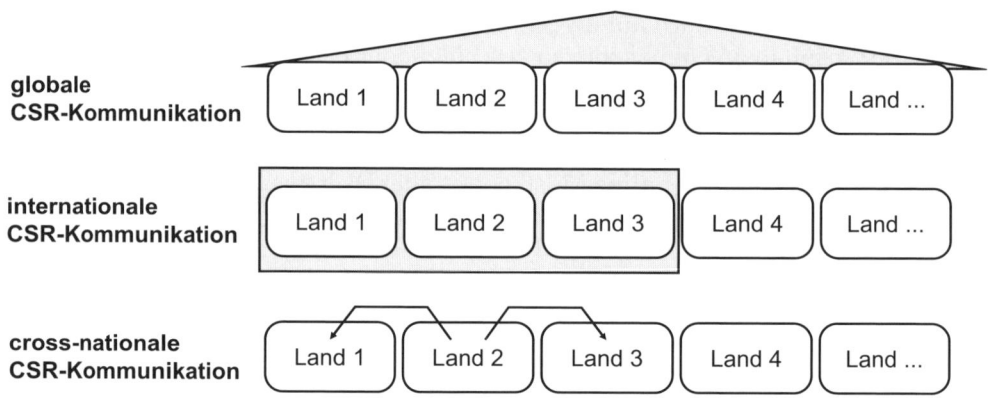

Die *cross-nationale CSR-Kommunikation* als erste der drei idealtypischen Ausprägungen hat ein nationales CSR-Engagement zum Gegenstand, das sie in andere Länder vermittelt. Das CSR-Engagement kann vor diesem Hintergrund als lokales oder nationales Thema verstanden werden, über das in einem oder mehreren Ländern kommuniziert wird. Mit jedem Land, in dem zusätzlich kommuniziert wird, steigt die Komplexität für das Unternehmen (Herbst 2008: 15).

Die *internationale CSR-Kommunikation* vermittelt internationale CSR-Engagements. Sie hat demnach Engagements in zwei oder mehr Ländern zum Gegenstand. Diese Engagements können, müssen aber nicht unmittelbar miteinander verbunden sein. Beispielsweise können Bildungsprojekte eines Unternehmen in verschiedenen Entwicklungsländern unter dem Dachthema „Bildung" stehen, aber vom Bau von

Grundschulen über die Einrichtung von Computerräumen an Universitäten bis hin zu Programmen gegen Analphabetismus bei Erwachsenen reichen. Handelt es sich um eine breite Palette an landesspezifischen Projekten, so ist es Aufgabe der Kommunikation, das Dachthema zu formulieren, Verbindungslinien zwischen den Projekten herauszuarbeiten und den Bezug zum Unternehmen deutlich zu machen. Erst die kommunikative Rahmung macht sie zu einem ganzheitlichen CSR-Engagement. Von internationaler CSR-Kommunikation kann in diesem Zusammenhang gesprochen werden, weil Engagements ggf. vor Ort, aber v. a. auch in anderen Ländern der Welt kommuniziert werden. Häufig ist die internationale CSR-Kommunikation insbesondere auf Adressaten in westlichen Ländern ausgerichtet, auch wenn die Engagements, die sie vermittelt, in anderen Regionen der Welt stattfinden.

Die *globale CSR-Kommunikation* ist auf die kommunikative Begleitung globaler CSR-Programme ausgelegt. Sie hat somit Issues zum Gegenstand, die sich nicht auf einzelne Länder beschränken, sondern weltweit von Bedeutung sind. Ein Beispiel ist der Klimaschutz. Globale Issues werden im Rahmen der globalen CSR-Kommunikation über weltweit einheitlich angelegte Kommunikationskampagnen adressiert. Im Gegensatz zur internationalen CSR-Kommunikation, die nationale Engagements unter einem übergeordneten Dach kommunikativ zusammenführt, ist die globale CSR-Kommunikation sowohl vom Thema als auch von ihrer Umsetzung her von Beginn an weltweit angelegt.

Quer zu den Formen grenzüberschreitender CSR-Kommunikation verläuft die Frage, wie global einheitlich ein Kommunikationsprogramm angelegt ist. Im Hintergrund steht die Internationalisierungsstrategie: Wird die Kommunikation über alle Länder hinweg identisch angelegt und umgesetzt? Oder unterscheiden sich Botschaften und die Art der Ansprache entsprechend des nationalen bzw. kulturellen Kontextes im Zielland?

2.5 Strategien grenzüberschreitender PR und ihr Einsatz im Kontext von CSR

Die Wahl einer Internationalisierungsstrategie für die Kommunikation bewegt sich im Spannungsfeld zwischen weltweiter Einheitlichkeit und lokalspezifischer Anpassung. Hintergrund dieses Spannungsfeldes ist die Tatsache, dass sich die Rahmenbedingungen von CSR-Kommunikation von Land zu Land bzw. von Kultur zu Kultur teilweise deutlich unterscheiden können (Huck 2002: 346 ff.). Es lassen sich verschiedene Einflussfaktoren ausmachen: allgemeine und spezielle externe Faktoren sowie interne Faktoren. Allgemeine externe Faktoren wie politisch-rechtliche, ökonomische, technische und kulturelle Rahmenfaktoren eines Landes wirken auf jede Art der Organisationstätigkeit vor Ort ein (Huck 2004). Spezielle externe Faktoren der medial-kommunikativen Umwelt, v. a. adressatenbezogene Faktoren, medienbezogene Faktoren und Faktoren des Kommunikationsstils sind insbesondere für die Kommunikationsarbeit von Bedeutung. Neben die externen Faktoren treten interne Einflussfaktoren. Wie die nationale PR-Arbeit ist auch die internationale Öffentlichkeitsarbeit von internen Strukturen, Prozessen und Zielsetzungen des Unternehmens geprägt. Mit Blick auf die konkrete Kommunikation sind u. a. die Kultur, die Philosophie und die Corporate Identity eines Unternehmens relevant. Die Zielsetzung und die strategische Ausrichtung der Organisation insgesamt sowie die organisatorischen Grundlagen spielen ebenfalls eine Rolle (Huck 2004: 345).

Die Frage nach den Strategien grenzüberschreitender PR ist eine der Kernfragen des internationalen Kommunikationsmanagements. Sie konzentriert sich darauf, wie stark im Rahmen der Kommunikation auf die nationalen Besonderheiten eingegangen werden muss und wie stark vereinheitlicht werden kann. CSR als ein Kommunikationsgegenstand, der auf Zielgrößen wie Glaubwürdigkeit, Vertrauen und den Erhalt der „license to operate" ausgerichtet ist, sollte Adressaten möglichst passgenau vermittelt werden. Zugleich ist es aber gerade für multinational tätige Unternehmen wichtig, dass Image, Reputation und Marke weltweit möglichst konsistent sind. Vor diesem Hintergrund erscheint es notwendig, Themen, Botschaften und Argumente für CSR möglichst grenzüberschreitend anzulegen.

Im Kontext internationaler Kommunikation existieren verschiedene Strategien, die jeweils spezifische Ausformungen zwischen globaler Einheitlichkeit und lokaler Adaption zum Ausdruck bringen. Die Standardisierungs- und die Differenzierungsstrategie stellen extreme Ausprägungen internationaler Kommunikation; die Strategie der Standardisierten Differenzierung bezeichnet demgegenüber eine Mittelposition. Im Folgenden werden die Vor- und Nachteile der verschiedenen Strategie aufgezeigt (Huck 2002, 2007):

Die *Standardisierungsstrategie*, die in der Literatur auch als „globale PR" bezeichnet wird, basiert auf einer ganzheitlichen Perspektive. Sie ist darauf ausgerichtet, PR über Ländergrenzen hinweg so einheitlich wie möglich zu betreiben. Dazu werden Standardisierungspotenziale in den einzelnen Ländern oder Regionen identifiziert und möglichst gemeinsame Strategien, Maßnahmen und Konzepte realisiert. Gerade mit Blick auf ein konsistentes Image oder die häufig angestrebte One-Voice Policy gewinnt die Standardisierung internationaler Kommunikation an Bedeutung. Aus betriebswirtschaftlicher Sicht lassen sich zudem Synergieeffekte, die Möglichkeit des einfachen Know-how-Transfers über Ländergrenzen hinweg oder eine vergleichsweise hohe Effizienz als Pluspunkte dieser strategischen Stoßrichtung verbuchen. So sinnvoll das Streben nach Standardisierung auch ist – eines machen die Ausführungen zur global ausgerichteten PR deutlich: Eine vollständige weltweite Standardisierung aller Aspekte der PR ist weder möglich noch wünschenswert. Zu unterschiedlich sind die einzelnen Länder, zu groß die kulturellen Unterschiede der einzelnen Bezugsgruppen.

Die *Differenzierungsstrategie*, auch „lokale internationale PR" genannt, bezeichnet eine Ausprägung internationaler PR-Arbeit, die länderübergreifende Synergieeffekte zu Gunsten einer zielgruppengenauen Ansprache in den einzelnen Ländern in den Hintergrund rückt. Sie passt die internationale Kommunikation an lokale Besonderheiten an, um Adressaten in deren jeweiligem lokalen, individuellen Kontext anzusprechen. „Communication is extremely local and very personal", beschreibt Haywood (1991: 22) den Grundsatz der Differenzierungsstrategie. Im Gegensatz zur Strategie der Standardisierung kann hier eine wesentlich genauere Ansprache der relevanten Zielgruppen und Medien gelingen, allerdings auf Kosten von möglichen Synergien, Know-how-Transfer, usw.

Die Standardisierung hat demnach den Vorteil, dass Kosten eingespart, Know-how transferiert, Vorteile der Spezialisierung und aus Synergien genutzt und Doppelarbeit eher vermieden werden können. Dadurch bietet sich inhaltlich die Möglichkeit, ein einheitliches, konsistentes Image der Organisation in allen Ländern zu entwickeln. Zu den Nachteilen der Standardisierungsstrategie gehört die Tatsache, dass man sich bei der „globalen" PR auf den kleinsten gemeinsamen Nenner aller Länder einigt, was zu Problemen bei der Akzeptanz der Kommunikationsinhalte bei den Zielgruppen vor Ort führen kann. Auch die Differenzierungsstrategie weist spezifische Stärken und Schwächen auf. Viele der für die Standardisierungsstrategie genannten Nachteile sind zugleich Vorteile der Differenzierungsstrategie. Die Differenzierungsstrategie kann Synergiepotenziale, Know-how-Transfer und konsistentes Image kaum oder gar nicht gewährleisten. Sie verursacht hohe Kosten, da alle Prozessschritte von der Planung über die Strategiefindung und die Implementation bis hin zur Evaluation parallel nach Ländern durchgeführt werden müssen. Zu den wichtigsten Stärken der Differenzierungsstrategie gehören die ausführliche Berücksichtigung landes- und kulturspezifischer Besonderheiten bei der Kommunikationsplanung und -umsetzung sowie die Möglichkeit einer differenzierten Zielgruppenansprache. Hinzu kommen organisatorische Vorteile wie die Entlastung der Zentrale, Informationsvorteile, die höhere Flexibilität der Entscheidungsträger und die damit verbundene höhere Motivation der Kommunikationsfachleute vor Ort.

Die *Strategie der Standardisierten Differenzierung*, die auch als „glokale PR" bezeichnet wird, bewegt sich zwischen den Extrempolen Standardisierung und Differenzierung. „Think global, act local", so lässt sich der Kern dieses Mittelwegs beschreiben. Er versucht, die Stärken der Standardisierung mit den Vorteilen der Differenzierung zu verbinden. Dazu wird ein international konsistentes Kommunikationsdach (Bird 2001) entwickelt, in dessen Rahmen sowohl lokale beziehungsweise nationale Besonderheiten als auch grenzüberschreitende Gemeinsamkeiten berücksichtigt werden. „Überall da, wo es um die Darstellung des Unternehmens als Ganzes geht, bedarf es eines international einheitlichen Auftritts", betont Johanssen (2001: 53). Die Strategie der standardisierten Differenzierung kann als grenzüberschreitende integrierte Kommunikation auf internationaler Ebene verstanden werden. Sie betont die Notwendigkeit der Anpassung an lokale Besonderheiten, ohne darüber die grenzüberschreitende Konsistenz und Effizienz zu vernachlässigen.

Für die CSR-Kommunikation gilt wie für jede andere Form internationaler PR, dass die Ausprägung von Standardisierung und Differenzierung situativ bestimmt werden sollte. Es gibt nicht die eine richtige Strategie, die für alle Unternehmen und für alle CSR-Engagements gilt. Vor dem Hintergrund der Tatsache, dass die Forschung zur CSR-Kommunikation v. a. inhaltsanalytisch vorgeht, sind die Kommunikatorperspektive und mit ihr verbundene Fragen der Strategiewahl bislang kaum beleuchtet worden. Auch die Ergebnisse der ländervergleichenden Studien lassen nur sehr begrenzt Rückschlüsse zu. Die Ergebnisse von Chapple und Moons (2005)

Analyse von Unternehmens-Websites in sieben asiatischen Ländern deutet darauf hin, dass sich die CSR-Engagements multinationaler Unternehmen v. a. an den Gegebenheiten vor Ort orientieren. Inwiefern aber die begleitende CSR-Kommunikation standardisiert oder differenziert erfolgt, bleibt offen.

2.6   Instrumente der internationalen CSR-Kommunikation

Im zweiten Kapitel dieses Beitrags wurde dargelegt, dass CSR-Kommunikation in der Literatur bislang primär als Informationsfunktion beschrieben wird. Vor dem Hintergrund einer Prozessbetrachtung lässt sich diese Funktion um eine allgemeine Kommunikationsfunktion erweitern. Gerade CSR-Engagements, die vor dem Hintergrund eines Stakeholderdialogs entstehen, müssen auch in der Implementations- und Evaluationsphase dialogisch angelegt sein (Dembski 2007). Im Rahmen der internationalen bzw. globalen PR werden sowohl nationale Teilöffentlichkeiten als auch global verteilte Teilöffentlichkeiten angesprochen. Abhängig vom Kommunikationsziel, von der anzusprechenden Teilöffentlichkeit und vom Kommunikationsinhalt muss entschieden werden, wie stark standardisiert und wie stark differenziert kommuniziert wird.

Kern der CSR-Kommunikation ist das CSR-Reporting, auch als Nachhaltigkeitsberichterstattung bezeichnet (Ebinger et al. 2006: 512). Es bildet eine Möglichkeit, über CSR-Engagements in klar definierten Zeitabständen zu informieren (Golob & Bartlett 2007: 3). Als Teil des Corporate Publishing handelt es sich um eine über das Thema CSR definierte Form der freiwilligen Unternehmensberichterstattung, die Finanz-, Umwelt- und Sozialberichterstattung zusammenführt und in ihren Wechselwirkungen beleuchtet. Die große Bereitschaft vieler Unternehmen zur freiwilligen Nachhaltigkeitsberichterstattung lässt sich vor dem Hintergrund des oben angesprochenen Ziels erklären, durch CSR-Engagements das Image, die Reputation und die Legitimität des Unternehmens zu stärken. Allein an den Richtlinien der Global Reporting Initiative orientierten sich im Jahr 2009 mehr als 1000 Unternehmen weltweit, darunter viele der größten globalen Unternehmen (Global Reporting Initiative 2009). Durch die Orientierung an weltweit verwendbaren Standards entsteht in jedem Unternehmen eine Art universeller CSR-Bericht, der weltweit verteilt werden kann. In der Regel sind die Berichte in englischer Sprache verfasst, damit sie von Analysten, Investoren, Medienvertretern und aktiven Teilöffentlichkeiten in aller Welt gelesen werden können. Je nach Unternehmen und Zielgruppe wird der Bericht darüber hinaus in die wichtigsten Landessprachen übersetzt. Damit sind Nachhaltigkeitsberichte meist weitgehend standardisierte Produkte der CSR-Kommunikation, die im Einzelfall durch landesspezifische Einleger lokale Projekte betonen. In jüngerer Zeit zeichnet sich eine Abkehr von dieser standardisierten Vorgehensweise hin zu einer stärkeren Adaption an spezifische Zielgruppen ab (MacLean & Gottfrid 2000: 248). Mit den technischen Möglichkeiten des Internets sind heute personalisierte Nachhaltigkeitsberichte möglich, die nicht nur in unterschiedlichen Sprachversionen abrufbar sind, sondern auch mit der individuell gewünschten Informationstiefe. Damit zeichnet sich eine Entwicklung ab, die die CSR-Kommunikation mit Investoren und Analysten ebenso wie mit interessierten Laien künftig verändern und die Frage nach Standardisierung oder Differenzierung im internationalen Kontext noch einmal wandeln könnte.

Im Gegensatz zum Nachhaltigkeitsbericht, der in größeren Abständen publiziert wird, werden CSR-Informationen in aktuellen Medien der Unternehmenskommunikation stärker differenziert aufbereitet. So stehen zum Beispiel nationale Projekte im Vordergrund, wenn es um die Veranschaulichung globaler Prinzipien geht. Es gilt der Grundsatz, Stakeholder wie Mitarbeiter, Anwohner oder Kunden vor dem Hintergrund ihrer persönlichen Betroffenheit oder ihres individuellen Beitrags zu gesellschaftlich relevanten Fragen anzusprechen. Studien zur Präsentation von CSR-Themen auf Unternehmenswebsites, die oben als ein dominanter Forschungszweig zur CSR-Kommunikation identifiziert wurden, offenbaren dabei bislang noch ungenutztes Potenzial. „Websites are a very poorly used dialogic tool", schrieben Kent, Taylor & White (2003: 74) noch vor wenigen Jahren als Ergebnis einer Inhaltsanalyse. „Most Web sites fail to effectively maintain open channels of communication with stakeholders." Von einer Dialogkommunikation, die über Unternehmenswebsites angestoßen werden soll, könne überhaupt nicht die Rede sein.

Vor dem Hintergrund der Evaluations- und der Analysephase bieten sich Websites, v. a. aber Online-Communities, Weblogs und andere Web 2.0-Dienste insbesondere für den Kontaktaufbau zu Stakeholdern, für die Identifikation und Analyse von Teilöffentlichkeiten und für das Issues Monitoring an. Der Stakeholder-Dialog, wie er als Fundament für die CSR-Kommunikation in der Literatur gefordert wird, kann auch und gerade für das CSR-Reporting eine Rolle spielen. Regelmäßige Dialogveranstaltungen mit Stakeholdern – egal ob über persönliche Kommunikation oder medienvermittelte Interaktion – können ebenso wie Online-Befragungen von Stakeholdern Eingang ins Reporting finden (Leitschuh-Fecht 2007: 609 ff.).

3   Zusammenfassung und Ausblick

Reduziert man PR allein auf ihre Funktion als Informations- und Kommunikationsinstrument, wie es in der Literatur häufig getan wird, lässt sich lediglich ein kleiner Teilausschnitt der möglichen Verbindungslinien zwischen CSR und internationaler PR identifizieren. Wird PR als Management der Kommunikation zwischen einem Unternehmen und seinen Teilöffentlichkeiten definiert, so kann ihr Beitrag für den CSR-Prozess Schritt für Schritt abgebildet werden. Internationale PR lässt sich als globaler Boundary Spanner, als Berater und Begleiter der Unternehmensleitung im CSR-Entscheidungsprozess und als grenzüberschreitende Informations- und Kommunikationsfunktion beschreiben und analysieren. Im Kontext der Internationalisierung rücken Fragen der globalen Stakeholderanalyse, des grenzüberschreitenden Issues Managements und der Dialogkommunikation mit Teilöffentlichkeiten in aller Welt in den Mittelpunkt. CSR-Engagements von multinationalen Unternehmen sind heute in vielen Fällen grenzüberschreitend angelegt. Sie können cross-national, international oder global kommuniziert werden. Wie für jede internationale PR wird auch in der grenzüberschreitenden CSR-Kommunikation v. a. die Strategie der Standardisierten Differenzierung umgesetzt. Wo möglich wird global vereinheitlicht, wo nötig lokal adaptiert.

Die Zusammenschau der vorliegenden CSR-Literatur hat deutlich gemacht, dass der Aspekt der Internationalisierung bislang sowohl in Theoriebeiträgen als auch in empirischen Studien kaum beleuchtet wurde. Vor dem Hintergrund der voranschreitenden Begriffsarbeit und der zu erwartenden Verstetigung der kommunikationswissenschaftlichen CSR-Forschung ist zu erwarten, dass Berührungspunkte zwischen CSR und angrenzenden Themenfeldern wie dem Kommunikationsmanagement verstärkt thematisiert werden. Fragen der Internationalisierung sollten in diesem Kontext nicht als nachrangiges Thema betrachtet werden, sondern als ein Markstein für die Verbindung von CSR und PR. Denn mit der Globalisierung der Wirtschaft gehen u. a. eine Entgrenzung von Informations- und Kommunikationsräumen und eine gestiegene Mobilität der Menschen einher. Gerade CSR als ein moralisch-ethisches Konzept ist deshalb nicht mehr durchweg an nationale oder kulturelle Grenzen gebunden. Diese Tatsache beeinflusst nicht nur die Analyse, Planung, Implementation und Evaluation von CSR-Programmen von multinationalen Unternehmen, sondern ist auch eine wichtige Größe für die Formulierung von Forschungsfragen.

Ein erster Ansatzpunkt für die Formulierung von Forschungsfragen besteht im formalen Zusammenspiel von CSR und PR in Unternehmen. Im Hintergrund steht dabei die Frage nach der Reichweite des Kommunikationsmanagements: Ist CSR ein Aufgabenfeld der PR, d. h. organisatorisch in der Abteilung für Unternehmenskommunikation verankert? Oder bleibt die Rolle der PR im Kontext von CSR-Programmen eher auf eine Informations- und Kommunikationsfunktion beschränkt? Ist das Aufgabenfeld in der internationalen Kommunikationszentrale angesiedelt oder wird CSR-bezogene PR in einzelnen Landeseinheiten verantwortet? In Abhängigkeit von der Rolle, die PR im CSR-Prozess zukommt, können Fragen der Internationalisierungsstrategie formuliert werden. Wie erfolgen die globale Stakeholderanalyse und das grenzüberschreitende Issues Monitoring? Kann in diesem Kontext von einer Dialogkommunikation gesprochen werden? Welche Medien und Kanäle werden genutzt? Welche Faktoren entscheiden darüber, ob CSR-Programme national, international oder global angelegt werden? Wann wird grenzüberschreitende Kommunikation eher differenziert, wann stärker standardisiert? Aus methodischer Perspektive bieten sich dazu einerseits ländervergleichende oder global angelegte Inhaltsanalysen von Instrumenten und Medien der CSR-Kommunikation an, um Fragen der grenzüberschreitenden Kommunikation von CSR-Engagements beantworten zu können. Andererseits kann durch Kommunikatorbefragungen ein Einblick in unternehmensinterne Entscheidungsprozesse und deren Abhängigkeit von unterschiedlichen Kontexten gewonnen werden.

Weitgehend offen ist bislang auch die Frage, ob CSR-Programme die mit ihnen verbundene positive Wirkung auf Image, Reputation und Legitimation tatsächlich erzielen. Im Kontext der CSR-Kommunikation ist diese Frage entscheidend, denn sie ist für die Mehrzahl der Unternehmen das zentrale Motiv für unternehmerisches Engagement. Gerade in internationalen Bezügen fehlt es bislang an Erkenntnissen dazu, wie zum Beispiel unterschiedliche Internationalisierungsstrategien von Teil-öffentlichkeiten wahrgenommen werden, welche Argumentationsstrukturen global akzeptiert sind oder welche Rolle die visuelle Aufbereitung von CSR-Botschaften für die Wahrnehmung der Kommunikation in unterschiedlichen Kulturen spielt. Vor dem Hintergrund der Tatsache, dass Unternehmen nicht nur in das CSR-Engagement an sich investieren, sondern große Summen auch für die CSR-Kommunikation ausgeben, ist die Entwicklung von geeigneten Instrumenten für die CSR-Evaluation überfällig. Auch aus wissenschaftlicher Perspektive erscheint ein Zugang über die Wirkungsforschung sinnvoll, um den normativen Unterbau des CSR-Konzepts kritisch zu prüfen. Nicht zuletzt ließe sich über die Verbindung dieser Perspektiven, Forschungsfragen und Methodenzugänge klären, wie die primär national geführte CSR-Debatte auf ein international trägfähiges Fundament gestellt werden könnte.

Literatur

Anderson, G. (1989). A Global Look at Public Relations. In B. Cantor (Hrsg.), *Experts in Action. Inside Public Relations* (S. 412–422). White Plains: Longman.

Andres, S. (2004). *Internationale Unternehmenskommunikation im Globalisierungsprozess*. Wiesbaden: VS Verlag.

Auld, G., Bernstein, S., & Cashore, B. (2008). The New Corporate Social Responsibility. *Annual Review of Environment and Resources, 33*, 413–435.

Basil, D. Z., & Erlandson, J. (2008). Corporate Social Responsibility Website Representations: A Longitudinal Study of Internal and External Self-Presentations. *Journal of Marketing Communications, 14*(2), 125–137.

Bird, J. (2001). Internationale Public Relations. In K. Merten, & R. Zimmermann (Hrsg.), *Das Handbuch der Unternehmenskommunikation* (S. 206–218). Neuwied & Kriftel: Luchterhand.

Black, L. D., & Härtel, C. E. J. (2004). The Five Capabilities of Socially Responsible Companies. *Journal of Public Affairs, 4*(2), 125–144.

Bowen, H. R. (1953). *Social Responsibilities of the Businessman*. New York: Harper & Row.

Burkart, R. (1996). Verständigungsorientierte Öffentlichkeitsarbeit: Der Dialog als PR-Konzeption. In G. Bentele, H. Steinmann, & A. Zerfaß (Hrsg.), *Dialogorientierte Unternehmenskommunikation. Grundlagen – Praxiserfahrungen – Perspektiven* (S. 245–270). Berlin: Vistas.

Campbell, J. L. (2006). Institutional Analysis and the Paradox of Corporate Social Responsibility. *American Behavioral Scientist, 49*(7), 925–938.

Capriotti, P., & Moreno, Á. (2007). Corporate Citizenship and Public Relations: The Importance and Interactivity of Social Responsibility Issues on Corporate Websites. *Public Relations Review, 22*(1), 84–91.

Carroll, A. B. (1994). Social Issues in Management Research. *Business and Society, 33*(1), 5–25.

Carroll, A. B. (1999). Corporate Social Responsibility. Evolution of a Definitional Construct. *Business & Society, 38*(3), 268–295.

Chapple, W., & Moon, J. (2005). Corporate Social Responsibility (CSR) in Asia: A Seven-Country Study of CSR Web Site Reporting. *Business and Society, 44*(4), 415–441.

Chase, W. H. (1977). Public Issue Management: The New Science. *Public Relations Journal, 33*(10), 25–26.

Christensen, L. T., Morsing, M., & Cheney, G. (2008). *Corporate Communications. Convention, Complexity, and Critique*. London u. a.: Sage.

Clark, C. E. (2000). Differences Between Public Relations and Corporate Social Responsibility: An Analysis. *Public Relations Review, 26*(3), 363–380.

Cozier, Z. R., & Witmer, D. F. (2001). The Development of a Structuration Analysis of New Publics in an Electronic Environment. In R. L. Heath, & G. Vasquez (Hrsg.), *Handbook of Public Relations*. Thousand Oaks: Sage.

Culbertson, H. M., & Chen, N. (Hrsg.) (1996). *International Public Relations. A Comparative Analysis.* Mahwah: Lawrence Erlbaum Associates.

Cutlip, S. M. (1980). Foundation Lecture: Public Relations in American Society. *Public Relations Review, 6,* 3–16.

Dembski, N. (2007). *Der Weg zum zukunftsfähigen Unternehmen. Nachhaltigkeit und Ethik als Anforderungen.* Saarbrücken: VDM.

Ebinger, F., Cahyandito, M. F., von Detten, R., & Schlüter, A. (2006). Just a Paper Tiger? Exploration of Sustainability Reporting as a Corporate Communication Instrument. In S. Schaltegger, M. Bennett, & R. Burritt (Hrsg.), *Sustainability Accounting and Reporting* (S. 511–531). Dordrecht: Springer.

Elkington, J. (1997). *Cannibals with Forks. The Triple Bottom Line of the 21st Century Business.* Oxford: Capstone Publishing.

Epstein, M. J., & Roy, M.-J. (2001). Sustainability in Action: Identifying and Measuring the Key Performance Drivers. *Long Range Planning, 34*(5), 585–604.

Europäische Kommission (Hrsg.) (2001). Europäische Rahmenbedingungen für die soziale Verantwortung von Unternehmen – Grünbuch. URL: http://www.eur-lex.europa.eu/LexUriServ/site/de/com/2001/com2001_0366de01.pdf. Zugriff am 15.11.2009.

Ewing, R. P. (1997). Issues Management: Managing Trends Through the Issues Life Cycle. In C. L. Caywood (Hrsg.), *The Handbook of Strategic Public Relations and Integrated Communications* (S. 173–188). New York u. a.: McGraw-Hill.

Freeman, R. E. (1984). *Strategic Management: A Stakeholder Approach.* Marchfield: Pitman.

Fukukawa, K., & Moon, J. (2004). A Japanese Model of Corporate Social Responsibility: A Study of Website Reporting. *The Journal of Corporate Citizenship, 16,* 45–59.

Garriga, E., & Melé, D. (2004). Corporate Social Responsibility Theories: Mapping the Territory. *Journal of Business Ethics, 53,* 51–71.

Global Reporting Initiative (2009). 1999–2009 Global Reports List. URL: http://www.globalreporting.org/GRIReports/GRIReportsList/. Zugriff am 28.11.2009.

Golob, U., & Bartlett, J. L. (2007). Communicating about Corporate Social Responsibility: A Comparative Study of CSR Reporting in Australia and Slovenia. *Public Relations Review, 33*(1), 1–9.

Grunig, J. E. (1979). A New Measure of Public Opinions on Corporate Social Responsibility. *Academy of Management Journal, 22*(4), 738–764.

Grunig, J. E. (Hrsg.) (1992). *Excellence in Public Relations and Communication Management.* Hillsdale: Lawrence Erlbaum Associates.

Grunig, J. E., & Hunt, T. T. (1984). *Managing Public Relations.* New York: Holt, Rinehart & Winston.

Haywood, R. (1991). Are the Issues Converging? In M. Nally (Hrsg.), *International Public Relations in Practice. First Hand Experience of 14 Professionals* (S. 21–25). London: Kogan Page.

Heath, R. L., & Nelson, R. A. (1986). *Issues Management. Corporate Public Policymaking in an Information Society.* Beverly Hills u. a.: Sage.

Herbst, D. (2008). *Internationale Werbung und Public Relations.* Berlin: Cornelsen.

Hooghiemstra, R. (2000). Corporate Communication and Impression Management – New Perspectives why Companies Engage in Corporate Social Reporting. *Journal of Business Ethics, 27,* 55–68.

Huck, S. (2002). Internationalisierung der Unternehmenskommunikation. In C. Mast, *Unternehmenskommunikation: ein Leitfaden* (S. 343–361). Stuttgart: Lucius & Lucius, utb.

Huck, S. (2004). *Public Relations ohne Grenzen? Eine explorative Analyse der Beziehung zwischen Kultur und Öffentlichkeitsarbeit von Unternehmen.* Wiesbaden: VS Verlag.

Huck, S. (2005). *Internationale Unternehmenskommunikation. Ergebnisse einer qualitativen Befragung von Kommunikationsverantwortlichen in 20 multinationalen Großunternehmen.* Bd. 1. Reihe Kommunikation & Analysen. Stuttgart: Universität Hohenheim.

Huck, S. (2007). Internationale Unternehmenskommunikation. In A. Zerfaß, & M. Piwinger (Hrsg.), *Handbuch Unternehmenskommunikation* (S. 891–904). Wiesbaden: Gabler.

Ingenhoff, D. (2004). *Corporate Issues Management in multinationalen Unternehmen: eine empirische Studie zu organisationalen Strukturen und Prozessen.* Wiesbaden: VS Verlag.

Johanssen, K.-P. (2001). Lokal oder global – ist das die Frage? In ders., & U. Steger (Hrsg.), *Lokal oder Global? Strategien und Konzepte von Kommunikations-Profis für internationale Märkte* (S. 42–75). Frankfurt am Main: F.A.Z.-Institut.

Jones, T. M. (1980). Corporate Social Responsibility Revisited, Redefined. *California Management Review, 22*(2), 59–67.

Judd, L. R. (1989). Credibility, Public Relations and Social Responsibility. *Public Relations Review, 15*(2), 34–40.

Kent, M. L., Taylor, M. White, W. J. (2003). The Relationship between Web Site Design and Organizational Responsiveness to Stakeholders. *Public Relations Review, 29*(1), 63–77.

L'Etang, J. (1994). Public Relations and Corporate Social Responsibility: Some Issues Arising. *Journal of Business Ethics, 13*(2), 111–123.

Ledingham, J. A. (2006). Relationship Management: A General Theory of Public Relations. In C. Botan, & V. Hazleton (Hrsg.), *Public Relations Theory II* (S. 465–483), Mahwah: Lawrence Erlbaum Associates.

Lee, M.-D. P. (2008). A Review of the Theories of Corporate Social Responsibility: Its Evolutionary Path and the Road Ahead. *International Journal of Management Reviews, 10*(1), 53–73.

Leitschuh-Fecht, H. (2007). Stakeholder-Dialog als Instrument unternehmerischer Nachhaltigkeitskommunikation. In G. Michelsen, & J. Godemann (Hrsg.), *Handbuch Nachhaltigkeitskommunikation. Grundlagen und Praxis* (S. 605–613). München: oekom verlag.

MacLean, R., & Gottfrid, R. (2000). Corporate Environmental Reports. Stuck Management Processes Hold Back Real Progress. *Corporate Environmental Strategy, 7*(3), 244–255.

MacManus, T. (1997). A Comparative Analysis of Public Relations in Austria and the United Kingdom. In D. Moss, T. MacManus, & D. Verčič (Hrsg.), *Public Relations Research. An International Perspective* (S. 170–196), London: International Thomson Business Press.

Maignan, I., & Ralston, D. A. (2002). Corporate Social Responsibility in Europe and the U.S.: Insights from Businesses' Self-Presentations. *Journal of International Business Studies, 33*(3), 497–514.

Manheim, J. B., & Pratt, C. B. (1986). Communicating Corporate Social Responsibility. *Public Relations Review, 12*(2), 9–18.

Marsden, C. (2005). In Defence of Corporate Responsibility. *zfwu – Zeitschrift für Wirtschafts- und Unternehmensethik, 6(3),* 359–373.

Mast, C., & Stehle, H. (2009a). Corporate Social Responsibility – Modeerscheinung oder mehr? In S. J. Schmidt, & J. Tropp (Hrsg.), *Die Moral der Unternehmenskommunikation. Lohnt es sich, gut zu sein?* Köln: Halem.

Mast, C., & Stehle, H. (2009b). Kommunikationsexperten als Navigatoren. Auf dem Weg zu einer Neudefinition von Verantwortlichkeiten der Unternehmen. Theorie und Praxis, *PR-Magazin, 6,* 1–6.

Mitchell, R. K., Agle, E. R., & Wood, E. J. (1997). Toward a Theory of Stakeholder Identification and Salience: Defining the Principle of Who and What Really Counts. *The Academy of Management Review, 22*(4), 853–886.

Morsing, M., & Schultz, M. (2006). Corporate Social Responsibility Communication: Stakeholder Information, Response and Involvement Strategies. *Business Ethics: A European Review, 15*(4), 323–338.

Munshi, C., & Kurian, P. (2005). Imperializing Spin Cycles: A Postcolonial Look at Public Relations, Greenwashing, and the Separation of Publics. *Public Relations Review, 31*(4), 513–520.

Nally, M. (Hrsg.) (1991). *International Public Relations in Practice. First Hand Experience of 14 Professionals.* London: Kogan Page.

Nationales CSR-Forum (Hrsg.) (2009). Gemeinsames Verständnis von Corporate Social Responsibility (CSR) in Deutschland. URL: http://www.csr-in-deutschland.de/portal/generator/8276/property=data/2009_04_28_zweites_csr_forum_anlage.pdf. Zugriff am 14.11.2009.

Newsom, D., Turk, J., & Kruckeberg, D. (1996). *This is PR. The Realities of Public Relations.* Belmont: Wadsworth.

Orts, E. W. (2004). Ethics, Risk, and the Environment in Corporate Responsibility. In B. L. Hay, R. N. Stavins, & R. H. K. Vietor (Hrsg.), *Environmental Protection and the Social Responsibility of Firms. Perspectives from Law, Economics, and Business* (S. 184–196). Washington: Ressources for the Future.

Podnar, K. (2008). Communicating Corporate Social Responsibility. *Journal of Marketing Communications, 14*(2), 75–81.

Porter, M., & Kramer, M. R. (2008). Wohltaten mit System. *Harvard Business Manager, 1,* 7–20.

Portney, P. R. (2004). Corporate Social Responsibility – An Economic and Public Policy Perspective. In B. L. Hay, R. N. Stavins, & R. H. K. Vietor (Hrsg.), *Environmental Protection and the Social Responsibility of Firms. Perspectives from Law, Economics, and Business* (S. 107–131). Washington: Ressources for the Future.

Post, J., Preston, L. E., & Sachs, S. (2002). *Redefining the Corporation Stakeholder Management and Organizational Wealth.* Stanford: Stanford University Press.

Renfro, W. L. (1993). *Issues Management in Strategic Planning.* Westport: Quorum Books.

Roberts, J. (2003). The Manufacture of Corporate Social Responsibility: Constructing Corporate Sensibility. *Organization, 10*(2), 249–265.

Savitz, A., & Weber, K. (2006). *The Triple Bottom Line.* New York: John Wiley & Sons.

Secchi, D. (2007). Utalitarian, Managerial and Relational Theories of Corporate Social Responsibility. *International Journal of Management Reviews, 9*(4), 347–373.

Sieder, C. (2009). Internationales Kommunikationsmanagement. In G. Bentele, M. Piwinger, & G. Schönborn (Hrsg.), *Kommunikationsmanagement* (Loseblattwerk, S. 1–22). Ergänzungslieferung April 2009, No. 3.60, Neuwied: Luchterhand.

Sriramesh, K., & Verčič, D. (Hrsg.) (2003). *The Global Public Relations Handbook. Theory, Research and Practice.* Mahwah, London: Lawrence Erlbaum.

Starck, K., & Kruckeberg, D. (2003). Ethical Obligations of Public Relations in an Era of Globalization. *Journal of Communication Management, 8*(1), 29–40.

Stohl, M., Stohl, C., & Townsley, N. (2007). A new generation of global corporate social responsibility. In S. May, G. Cheney, & J. Roper (Hrsg.), *The debate over corporate social responsibility* (S. 30–44). New York: Oxford University Press.

Tang, L., & Li, H. (2009). Corporate Social Responsibility Communication of Chinese and Global Corporations in China. *Public Relations Review, 35*(3), 199–212.

Votaw, D. (1972). Genius Became Rare: A Comment on the Doctrine of Social Responsibility Pt 1. *California Management Review, 15*(2), 25–31.

Wang, A. (2007). Priming, Framing, and Position on Corporate Social Responsibility. *Journal of Public Relations Research, 19*(2), 123–145.

Wang, J., & Chaudhri, V. (2009). Corporate Social Responsibility Engagement and Communication by Chinese Companies. *Public Relations Review, 35*(3), 247–250.

Wood, D. J. (1991). Corporate Social Performance Revisited. *Academy of Management Review, 16*(4), 691–718.

Wouters, J. (1991). *International Public Relations. How to Establish Your Company's Product, Service and Image in Foreign Markets.* New York: Amacom.

PR-Beratung und Corporate Social Responsibility

Wie externe PR-Beratung unternehmerische PR beobachtet, die das Unternehmen beobachtet, das seine gesellschaftliche Verantwortung beobachtet

Olaf Hoffjann

Frage: „What role can and should PR play in helping clients find a corporate social responsibility agenda – should we be actively proposing initiatives, or should we simply be publicizing them?"

Burson: „I definitely think we should be proposing them, initiating them, and fighting for their adoption with management. Publicizing them is the least important part, because PR consists of two elements. One is behavior – how people act. It gets down to if you talk the talk you have to walk the walk – it has to be backed by appropriate behavior. The most important thing is, how does a company conduct itself and deal with its customers and employees? Communications is second to that." (Burson 2008)

Für Harold Burson, Gründer der weltweiten PR-Netzwerk-Agentur Burson-Marsteller, bietet externe PR-Beratung Lösungen für alle relevanten Fragen der Corporate Social Responsibility. Vor begleitenden Kommunikationskampagnen würden externe PR-Berater zunächst nach unternehmensinternen Gründen für mögliche Akzeptanzprobleme suchen – und hätten damit stets den Gesamtzusammenhang unternehmerischer Verantwortung im Blick. Zudem „kämpfen" sie als unabhängige Berater für die von ihnen präferierten Lösungen. Für Burson sind externe PR-Berater die idealen Partner im Feld unternehmerischer Verantwortung. Diese euphorische Einschätzung scheint – wenig überraschend – die PR-Beratungsbranche in Deutschland zu teilen. Das Thema Corporate Social Responsibility (CSR) ist für sie innerhalb weniger Jahre zu einem prominenten und vieldiskutierten Thema geworden. Immer mehr PR-Agenturen führen das Thema in ihren Selbstdarstellungen als eines ihrer zentralen Kompetenzfelder an, andere Agenturen wie Scholz & Friends haben bereits spezialisierte Ausgründungen vorgenommen. Auf den ersten Blick spricht viel für die positive Einschätzung von Harold Burson. Denn im Allgemeinen scheinen externe Berater grundsätzlich Unternehmen helfen zu können, ihre „Betriebsblindheit" zu überwinden, aus der viele CSR-bezogene Probleme resultieren. Und im Speziellen scheinen PR-Agenturen die notwendige Expertise mitzubringen, da sie sich seit jeher mit konträren Erwartungen zwischen Unternehmen und ihren Bezugsgruppen beschäftigen.

In dem Beitrag soll untersucht werden, ob diese euphorische Einschätzung der PR-Praxis einer wissenschaftlichen Beobachtung standhält. Damit wird im Folgenden nicht die CSR-Beratung, sondern die PR-Beratung zu CSR-bezogenen Problemen untersucht. Konkret steht die Frage im Mittelpunkt, *wie die Funktion und Leistungen externer PR-Beratung zu CSR-bezogenen Problemen zu beschreiben sind*. Damit verknüpft ist die Frage n*ach möglichen strukturellen Problemen und Defiziten einer solchen PR-Beratung*. Die Themen CSR und Beratung sind untrennbar mit zwei zentralen Fragen verbunden: Welche Probleme ergeben sich aus den unterschiedlichen Logiken bzw. Perspektiven von Unternehmen und ihren Umwelten? Und: Was sieht externe Beratung, was der zu Beratene nicht sieht. Zur Beantwortung dieser Fragen wird hier eine systemtheoretische Perspektive mit ihrem System-Umwelt-Paradigma (vgl. Luhmann 1984) und ihrem ausgearbeiteten beobachtungstheoretischen Ansatz (vgl. Luhmann 1994: 68 ff.; 1997a: 92 ff.) eingenommen. Eine zentrale Rolle nimmt dabei der blinde Fleck einer jeden Beobachtung ein, unter dem mit Luhmann die verwendete Unterscheidung im Moment ihrer Anwendung verstanden werden soll. Für die Untersuchungsfrage folgt daraus zweierlei: Einerseits kann eine Beobachtung zweiter Ordnung die Unterscheidung der Beobachtung erster Ordnung sichtbar machen – kann also sehen, was diese nicht sehen konnte. Andererseits ist im Moment des Vollzugs jede Beobachtung naiv – auch eine Beobachtung zweiter oder dritter Ordnung (vgl. Luhmann 1994: 85; 1997b: 1121).

Mit dem Thema CSR-bezogener PR-Beratung begibt man sich auf ein wissenschaftlich unsicheres Feld. Dafür spricht zum einen, dass es bislang nahezu unbestellt ist; Forschungsarbeiten zu dieser spezifischen Frage gibt es kaum – als Ausnahmen zum Thema CSR-bezogener PR-Beratung seien hier Schultz & Wehmeier (2009) und zum Thema CSR-Beratung MacCarthy & Moon (2009) genannt. Diese ernüchternde Einschätzung überrascht nicht, da selbst das Thema PR-Beratung noch ein recht zartes „Forschungspflänzchen" ist (z. B. Fuhrberg 2010; Röttger & Zielmann 2009a; Steiner 2009). Vor diesem Hintergrund soll hier ein Beitrag dazu geleistet werden, das Forschungsfeld CSR-bezogener PR-Beratung zu strukturieren und künftigen Forschungsbedarf aufzuzeigen.

Bei diesem Unterfangen steht man zudem vor dem weiteren Problem, dass es zu den Begriffen Corporate Social Responsibility, Public Relations und Beratung kein konsensuelles Begriffsverständnis gibt. Vielmehr werden diese Begriffe von verschiedenen Wissenschaftsdisziplinen und von Berufspraktikern ganz unterschiedlich benutzt. So entpuppt sich zum Beispiel ein Großteil der von der selbsternannten PR-„Beratungs"-Branche erbrachten Dienstleistungen aus der Perspektive anspruchsvollerer beratungstheoretischer Ansätze (vgl. z. B. Baecker 2003; Steiner 2009; Willke 1996) eher als „verlängerte Werkbank" denn als Beratung. Ohne eine Definitionsarbeit und eine theoretische Einordnung dieser Begriffe wird also auch die Frage nach der Funktion und den Leistungen CSR-bezogener PR-Beratung nicht zu beantworten sein.

Neben der Definitionsarbeit ist zudem die Wahl des Beobachtungsstandpunkts entscheidend für die Fragestellung. Externe PR-Berater beobachten einerseits zwar autonom, andererseits ist ein Teil dessen, was sie beobachten, davon abhängig, was das Unternehmen sowie unternehmerische PR zuvor beobachtet haben. Daraus ergibt sich für die Untersuchung eine Beobachtung vierter Ordnung: *Was wir beob-*

achten, wenn wir PR-Beratung beobachten, wie sie unternehmerische PR beobachtet, wie sie CSR bzw. die gesellschaftliche Verantwortung von Unternehmen beobachtet. Ein solcher Beobachtungsstandpunkt ermöglicht, alle zentralen Voraussetzungen bzw. die „blinden Flecke" CSR-bezogener PR-Beratung zu untersuchen. Daher werden in dem Beitrag zunächst Corporate Social Responsibility als Teil der Unternehmenskultur und Public Relations als eine ihrer institutionalisierten Reflexionsinstanzen theoretisch verortet. Anschließend werden die Funktion und die Leistungen CSR-bezogener PR-Beratung erörtert, bevor abschließend ihre strukturellen Probleme und Defizite untersucht werden. Und all dies wird wiederum aus einer wissenschaftlichen Perspektive beobachtet – der Beobachtung vierter Ordnung.

Abbildung Wie externe PR-Beratung unternehmerische PR beobachtet, die das Unternehmen beobachtet, das seine gesellschaftliche Verantwortung beobachtet

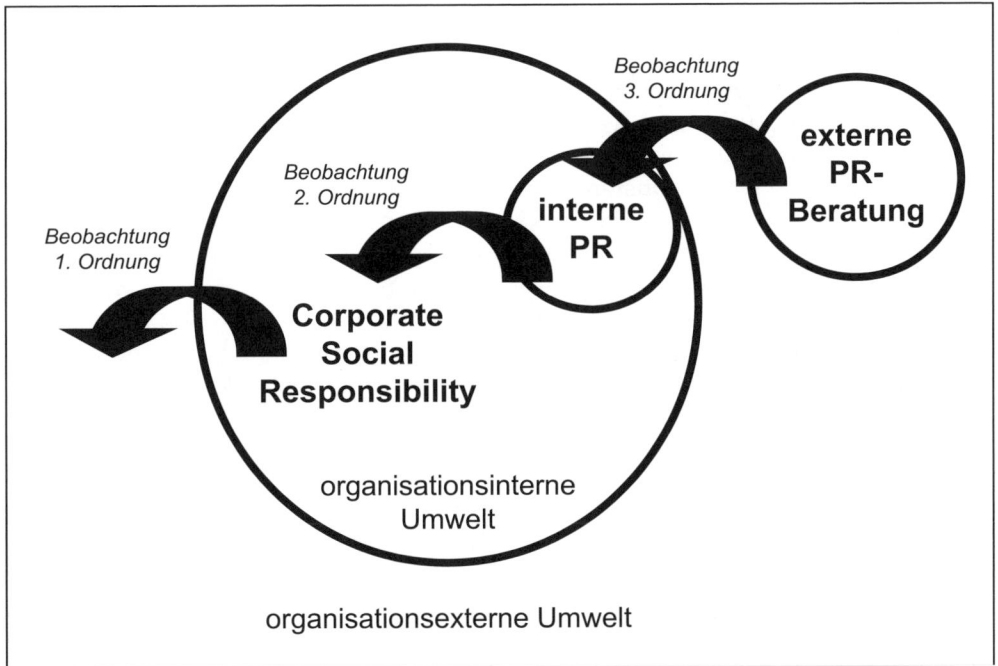

1 Wie Unternehmen ihre gesellschaftliche Verantwortung beobachten

Unternehmen haben nicht gänzlich freiwillig gesellschaftliche Verantwortung übernommen, sondern damit auf zunehmende Kritik reagiert, so Mitchell in seiner historischen Analyse zu den Anfängen unternehmerischer Verantwortungsübernahme in den USA (vgl. Mitchell 1989). Die Unternehmen haben soziale und ökologische

Folgeprobleme ihres unternehmerischen Handelns demnach so lange ignoriert, wie diese für sie selbst keine negativen Folgen wie gesetzliche Einschränkungen und Absatzrückgänge hatten. In einer systemtheoretischen Beschreibung resultieren die Probleme von Unternehmen „mit" ihren Stakeholdern[1] einerseits aus ihrer autonomen und damit eigensinnigen Operationsweise, andererseits aus ihrer Abhängigkeit von anderen Bezugsgruppen. Diese Abhängigkeiten zeigen sich zum Beispiel in möglichen gesetzlichen Einschränkungen – so wie sie US-amerikanische Unternehmen Ende des 18. und zu Beginn des 19. Jahrhunderts befürchteten (vgl. ebd.). Gesellschaftliches Engagement ist damit kein Selbstzweck, sondern legitimiert das Unternehmen und sichert künftige Handlungsspielräume.

Bereits hier wird deutlich, dass das Erkennen und Bewerten gesellschaftlicher Ansprüche untrennbar mit der Fähigkeit und dem Potenzial zur Reflexion verbunden ist. Reflexive Beobachtungen beobachten die System-Umwelt-Beziehungen und sind damit zugleich Beobachtungen zweiter Ordnung, die den „blinden Fleck" von Beobachtungen erster Ordnung sichtbar machen. Erst solche Beobachtungen der System-Umwelt-Beziehungen von Unternehmen und ihrer Teile machen Ansprüche, Forderungen und Wünsche, also: die Erwartungen der Umwelt an die Organisation sichtbar (vgl. Luhmann 1994: 83 f). Reflexive Orientierung meint dabei „die Fähigkeit zur Empathie, also die Fähigkeit, sich selber in die Rolle anderer Akteure zu versetzen, um aus deren Perspektive die eigene Rolle zu sehen" (Teubner & Willke 1984: 14). Die besondere Herausforderung für Unternehmen ist, dass es sich hier um Ansprüche und Erwartungen von Stakeholdern jenseits von Kunden und Lieferanten handelt – also Stakeholdern, die nicht im täglichen Fokus vieler unternehmerischer Entscheidungen stehen.

Im Folgenden soll Corporate Social Responsibility als eine Strategie der Gesellschaftsorientierung von Unternehmen beschrieben werden (vgl. Weiss 2005: 590). In Anlehnung an die Definition von Carroll (1979) soll *CSR dabei als das unternehmerische Management der sozialen, ökologischen und ethischen Ansprüche der Stakeholder an ein Unternehmen* bezeichnet werden. CSR wird also nicht als ein organisationales Subsystem modelliert, sondern auf der Programmebene von Unternehmen verortet (Luhmann 1990: 91). Als CSR-Beobachtungen sollen demnach solche Beobachtungen verstanden werden, die Ansprüche der Stakeholder an ein Unternehmen beobachten.

Dieses Verständnis impliziert zwei für die folgenden Überlegungen relevante Aspekte: Erstens wird hier bewusst die Perspektive des Unternehmens eingenommen, weil ein Unternehmen immer nur auf die Ansprüche reagieren kann, die es

---

[1]   Die Begriffe Bezugsgruppe, Anspruchsgruppe und Stakeholder werden in dem Beitrag synonym verwendet. Darunter werden im Folgenden Gruppen verstanden, die Unternehmen bzw. Unternehmensteile wie PR in ihrer Beziehung zum Unternehmen beobachten. Bezugsgruppen-Modelle sind demnach eine kontingente Konstruktion. Der Begriff „Gruppe" wird hier in einem weiten Verständnis verwendet. Zur Konstitution einer Bezugsgruppe reichen ein oder mehrere gemeinsame Merkmale, „ohne dass irgendeine Form der sozialen Integration oder des Zusammengehörigkeitsgefühls dieser Personen vorausgesetzt wird. Allerdings wird häufig angenommen, dass die zu einer solchen gemeinsamen Kategorie gehörenden Personen unter bestimmten Umständen in ähnlicher Weise reagieren." (Klima 1994: 255)

erkannt hat. Zweitens verzichtet es auf normative Festlegungen, die zum Beispiel von einem Gleichgewicht zwischen eigenen und Stakeholder-Interessen ausgehen (vgl. dazu z. B. Mast & Stehle 2009: 173).

Unter Corporate Social Responsibility soll nicht normativ vereinfacht ein „Mehr" oder ein gewisses Maß hinsichtlich der Berücksichtigung gesellschaftlicher Interessen verstanden werden, sondern das Austarieren von eigenen und Stakeholder-Interessen. Es ist damit letztlich auch das Austarieren der eigenen Macht, Interessen durchsetzen zu können, und der Verantwortungsübernahme, um Konflikte zu vermeiden, deren langfristige Nachteile die kurzfristigen Vorteile überwiegen (vgl. Carroll & Buchholtz 2003: 18 f). In einer systemtheoretischen Modellierung geht es folglich um die Alternativen unternehmerischer Selbststeuerung, also der Änderung der Unternehmenspolitik, und externer Kontextsteuerung, also der Beeinflussung der Stakeholder (vgl. Hoffjann 2009a). Unternehmen werden zunächst immer die Kontextsteuerung präferieren, weil sie mit Selbststeuerungsmaßnahmen ihre eigene Handlungsfreiheit einschränken.

Wie Unternehmen ihre gesellschaftliche Verantwortung managen, wird nicht ausschließlich in der Unternehmensleitung oder in einer zentralen CSR-bezogenen Abteilung entschieden – so es diese denn überhaupt geben sollte –, sondern ist Teil der Unternehmenskultur. Als Unternehmenskultur wird hier im Sinne Schmidts (vgl. 2004: 108 ff.; 2009: 63) ein für alle verbindliches Problemlösungsprogramm in allen unternehmensrelevanten Prozessen verstanden. In jeder unternehmerischen Entscheidung – ob in der Produktion, im Marketing, im Einkauf oder in der Unternehmensleitung – wird das Verhältnis von unternehmerischen Interessen und Stakeholder-Interessen explizit oder implizit erneut austariert. Die Unternehmensleitung kann weder die Unternehmenskultur noch jede Entscheidung determinieren, sie kann aber Einfluss auf die Unternehmenskultur und damit auf das Management von sozialen, ökologischen und ethischen Ansprüchen der Stakeholder nehmen (vgl. Schmidt 2004: 127 ff.). Dies wird im folgenden Kapitel auszuführen sein.

2 Wie unternehmerische PR das Unternehmen beobachtet, wie es seine unternehmerische Verantwortung beobachtet

Die Entstehung von PR hängt unmittelbar mit den Gründen zusammen, die zur Übernahme gesellschaftlicher Verantwortung von Unternehmen geführt haben. Hinzu kam eine zweite Entwicklung: die Entstehung bzw. der Strukturwandel der Öffentlichkeit (vgl. Görke 1999; Habermas 1968). *Je mehr* die oben skizzierten sozialen und ökologischen Folgeprobleme unternehmerischen Handelns in der Öffentlichkeit thematisiert wurden, *je mehr* sich Unternehmen der öffentlichen Beobachtung nicht entziehen konnten, *je mehr* die Öffentlichkeit für große Teile der Gesellschaft zur Bildung von Erwartungsstrukturen relevant wurde, und *je mehr* Unternehmen durch die Thematisierung sozialer oder ökologischer Folgeprobleme Reputationsverluste und damit negative Folgen bei Stakeholdern zu erleiden drohten, desto größer wurde die Notwendigkeit, dass Unternehmen ihre Beziehungen zur Öffentlichkeit formalisieren. Dies ist die Geburtsstunde von PR: PR strukturiert als organisationale Grenzstelle (vgl. Luhmann 1964) die Beziehungen zur Öffentlichkeit und zu ausgewählten Bezugsgruppen. Damit managt PR wie Corporate Social Responsibility die sozialen, ökologischen und ethischen Ansprüche der Stakeholder an das Unternehmen.

PR und CSR managen beide die Widersprüche aus unternehmerischen Interessen und Stakeholder-Ansprüchen, damit Unternehmen nicht die „licence to operate" bzw. die Legitimität relevanter Stakeholder verlieren. Eine solche Argumentation findet sich in einschlägigen theoretischen Vorschlägen zur CSR (z. B. Carroll & Buchholtz 2003; Schranz 2007) genauso wie zur PR (z. B. Hoffjann 2007; Röttger 2000; Zerfaß 2004). Die Nähe eines solchen PR-Verständnisses zu Konzepten unternehmerischer Verantwortungsübernahme wird noch deutlicher in zahlreichen US-amerikanischen PR-Definitionen. Stellvertretend sei hier der Vorschlag von Cutlip, Center und Broom genannt (1985: 4): „Public Relations is the management function that identifies, establishes, and maintains mutually benefical relationships between an organization and the various publics on whom its success or failure depends" (vgl. ähnlich Daugherty 2001; Long & Hazleton 1993: 227; Pearson 1989: 128; Wilcox, Ault & Agee 1998: 6). Clark schließt ihre Analyse zu den Unterschieden zwischen PR und CSR mit dem Fazit: „Public relations and CSR have similar objectives; both disciplines are seeking to enhance the quality of the relationship of an organization among key stakeholder groups. Both disciplines recognize that to do so makes good business sense." (Clark 2000: 376).

Was unterscheidet dann noch PR von CSR? Weil sich Widersprüche mit Stakeholdern häufig erst mittelfristig ökonomisch auswirken und Unternehmen zudem zur Pachydermisierung, also zur Trägheit neigen (vgl. Görke 1999: 295 ff.), drohen die Interessen von Stakeholdern immer erst dann in den Mittelpunkt unternehmerischen Interesses zu gelangen, wenn es zu spät ist – wenn also zum Beispiel ein Konflikt bereits eskaliert ist. Es ist zu vermuten, dass diese Gefahr mit zunehmender Größe und einem zunehmenden Wettbewerbsdruck im jeweiligen Markt zunimmt. Wenn man PR im Hinblick auf das Verhältnis zur unternehmerischen Verantwortung beobachtet, dann ist das unternehmerische Management der sozialen, ökologischen und ethischen Ansprüche der Stakeholder an das Unternehmen sicherlich ein zentrales zu lösendes Problem gewesen, das zur Ausdifferenzierung von PR geführt hat. PR ist das „institutionalisierte schlechte Gewissen", das Unternehmen für gesellschaftliche Belange wach hält.[2] Ohne die institutionalisierte Grenzstelle PR drohen Stakeholder-Interessen in dem unternehmerischen Problemlösungsprogramm schnell wieder in den Hintergrund zu treten bzw. erst gar nicht erkannt zu werden. Umgekehrt kann PR das Management unternehmerischer Verantwortung als Teil der Unternehmenskultur nicht ersetzen, weil unternehmerische Verantwortung sich in jeder unternehmerischen Entscheidung wieder findet.

---

2   Ähnlich argumentieren Carroll und Buchholtz (2003: 96), welche die hier skizzierte Rolle allerdings als Public Affairs statt als Public Relations bezeichnen.

Neben der PR gibt es weitere organisationale Rollen bzw. Subsysteme, die Ansprüche verschiedener Stakeholder auf ganz unterschiedliche Art und Weise bearbeiten. Dazu zählen u. a. der betriebliche Umweltschutz, Gleichstellungsbeauftragte, Behindertenbeauftragte oder Ombudsmänner und -frauen gegen Korruption. Sie alle sind in hohem Maße spezialisiert, während PR ein thematisch breites Spektrum hat. Daher ist zu vermuten, dass neu aufkommende Ansprüche zunächst im Rahmen von PR bearbeitet werden und bei wachsender Relevanz und notwendiger Fachexpertise in eigenen Abteilungen institutionalisiert werden.

Dennoch hat auch PR einen spezifischen Blick auf die Beziehungen von Unternehmen und Stakeholdern. Dieser spezifische Blick ist davon geprägt, dass Legitimationsprobleme insbesondere in der Öffentlichkeit und in den Medien thematisiert werden und dadurch zu Reputationsverlusten führen können (vgl. Eisenegger 2005). PR versucht, Legitimationsprobleme zunächst „kommunikativ", also entweder durch eine Beeinflussung der Öffentlichkeit oder eine direkte Ansprache der Stakeholder zu lösen. Entgegen der Mehrzahl der normativ argumentierenden US-amerikanischen PR-Literatur, die als idealen Typus von PR Grunigs „two-way symmetrical model" (Dozier, Grunig & Grunig 1995; vgl. ähnlich Cutlip, Center & Broom 1985) ansehen, ist zu vermuten, dass eine Änderung der eigenen Unternehmenspolitik nicht präferiert werden dürfte, sondern eher die letzte Option sein dürfte. Wie CSR zieht PR folglich die externe Kontextsteuerung der unternehmerischen Selbststeuerung vor. PR versucht, das Problem der Legitimation also primär über die externe Kommunikation von Selbstbeschreibungen zu lösen.

Mit der Kontext- und Selbststeuerung hängen die zwei zentralen Leistungen zusammen, die PR für Unternehmen und insbesondere für deren Management sozialer, ökologischer und ethischer Ansprüche erbringt. Dies sind einerseits die bereits skizzierte *Reflexionsleistung* (vgl. Jarren & Röttger 2009) und andererseits die *Selbstdarstellungsleistung*. Dies wird im Folgenden auszuführen sein.

In Bezug auf die *Reflexionsleistung* beobachtet PR als organisationale Grenzstelle die Umwelt und kommuniziert diese Beobachtungsleistung in das Unternehmen hinein. Damit ermöglicht PR dem Unternehmen einerseits eine Selbstbeobachtung. Andererseits eröffnen die Beobachtungen „Orientierungsgesichtspunkte für die fortlaufende Entscheidungsproduktion" (Kussin 2009: 129). Diese Reflexionsleistung bzw. Window-In-Funktion (vgl. Beger, Gärtner & Mathes 1989: 37) wird möglich, weil unternehmerische PR die System-Umwelt-Beobachtung der anderen Abteilungen beobachtet und damit die Umwelt gewissermaßen durch deren „Brille" sieht. Dabei lernen PR-Systeme etwas über die Interessen dieser anderen Abteilungen und gleichzeitig über deren relevante organisationsexterne Bezugsgruppen. Mit dieser Beobachtung macht PR mithin den „blinden Fleck" der CSR-Beobachtungen sichtbar und steigert damit weiter die Reflexionsfähigkeit von Unternehmen (vgl. Hoffjann 2009b). Damit kann *PR auch als unternehmensinterner Berater zu CSR-bezogenen Themen* verstanden werden.

Allerdings wird PR ganz genau prüfen, welche Beobachtungen sie intern kommuniziert. Denn diese kommunizierten Beschreibungen sollen Grundlage für künftige unternehmerische Entscheidungen sein. Als Grenzstelle wird PR dafür

verantwortlich gemacht, wenn sich diese Information nicht bestätigen sollten (vgl.
Luhmann 1964), das Unternehmen auf Empfehlung von PR jedoch weitreichende
Entscheidungen getroffen hat – wie zum Beispiel die Änderung eines Produktions-
verfahrens wegen vermuteter anstehender Proteste.

In Bezug auf die *Selbstdarstellungsleistung* kommuniziert PR extern Selbstbeschreibungen gegenüber relevanten Stakeholdern, um so das Unternehmen zu legitimieren. PR kann hierzu zum Beispiel die Unternehmensperspektive erklären
oder Themen können im Rahmen eines langfristig angelegten Issues Managements
bearbeitet werden. Mittels dieser Kontextsteuerungen gegenüber Stakeholdern versucht PR, Unternehmen vor einem Übermaß an Ansprüchen zu schützen. Vereinfacht könnte man formulieren, je erfolgreicher die Kontextsteuerungen der PR sind,
desto weniger sind Selbststeuerungen nötig.

Das führt zur Frage, wie unternehmerische Verantwortung in der PR thematisiert
wird. Einerseits sind die System-Umwelt-Beziehungen und damit die unternehmerische Verantwortung Thema jeglicher PR-Kommunikation. PR kann gar nicht anders,
als darüber zu kommunizieren – sonst wäre es nicht PR. Andererseits kann unterschieden werden, in welchem Ausmaß und wie offensiv PR gesetzlich nicht vorgeschriebene Maßnahmen thematisiert. Hier sind im Wesentlichen drei Strategien zu
beobachten. Erstens *expliziert* PR die unternehmerische Verantwortung in den Un-
ternehmens-Leitbildern (vgl. Schmidt 2004). In diesen Selbstbeschreibungen werden
die Beziehungen auf einer allgemeinen Ebene beschrieben. Zweitens *konkretisiert* PR
die Relevanz der Stakeholderansprüche für das unternehmerische Handeln in den
CSR- bzw. Nachhaltigkeitsreports – hier finden sich zum Beispiel gesetzlich nicht
vorgeschriebene Maßnahmen entlang der Wertschöpfungskette (vgl. Hiß 2005). Und
drittens schafft PR kommunikationsstarke *Symbole* für CSR. Dies sind zum Beispiel
so genannte Corporate Citizenship-Maßnahmen. Darunter werden Maßnahmen
verstanden, mit denen Unternehmen außerhalb ihrer Wertschöpfungskette Aktivitäten unterstützen, die nicht in unmittelbarem Zusammenhang mit der Unternehmenstätigkeit stehen (vgl. Hiß 2005).

Corporate Citizenship-Aktivitäten sind ein Beispiel für symbolische Selbststeu-
erungsentscheidungen von Unternehmen. Als symbolische Selbststeuerungsent-
scheidungen sollen solche Entscheidungen bezeichnet werden, deren (monetäres)
Ausmaß im Unternehmen eher gering ist und die vor allem im Hinblick auf die öffentliche Wirkung hin getroffen werden. Häufig erschöpfen sich solche Programme
aber neben einigen wenigen konkreten Projekten im Rahmen der Selbststeuerung
vor allem auf eine begleitende externe Kommunikation im Rahmen der Kontextsteuerung. Und dennoch: Solche Corporate Citizenship-Maßnahmen sind für PR
ideale Themen für Selbstbeschreibungen. Ohne in eine normative Argumentation
zu verfallen, ist zu vermuten, dass PR-Aktivitäten mit einer Verbindung von Selbststeuerung und Kontextsteuerung im Sinne der Legitimation in der Regel höchst erfolgreich sind. Das hat in der PR vor langer Zeit bereits Zedtwitz-Arnim mit seinen
PR-Klassiker „Tu Gutes und rede darüber" (1961) erkannt.

Als CSR-bezogene Thematisierungsstrategien von PR im Rahmen der Kontextsteuerung sollen solche Maßnahmen verstanden werden, in deren Mittelpunkt das

freiwillige unternehmerische Engagement steht. Welche Chancen und Risiken diese Thematisierungsstrategien auf einer Mikro- und auf einer Makro-Ebene haben und welche Rolle externer PR-Beratung dabei zukommt, wird im folgenden Kapitel zu diskutieren sein.

3 Wie externe PR-Beratung unternehmerische PR beobachtet, die das Unternehmen beobachtet, wie es seine gesellschaftliche Verantwortung beobachtet

Die Fähigkeit und das Potenzial zur Reflexion sind als zentrale Aspekte der Corporate Social Responsibility erläutert worden. Corporate Social Responsibility steigert erstmals die Reflexivität, indem sie andere Beobachtungen des Unternehmens beobachtet und im Hinblick auf die System-Umwelt-Beziehungen thematisiert. Unternehmerische PR trägt als institutionalisiertes „schlechtes Gewissen" von Unternehmen zur weiteren Reflexivitätssteigerung bei. PR wurde daher als unternehmensinterner Berater zu CSR-bezogenen Themen bezeichnet. Für die folgenden Überlegungen stellt sich damit die Frage, was die Funktion und Leistungen sowie die Chancen und Risiken einer weiteren – in diesem Falle einer externen – Beratungsinstanz sind.

Unter externer PR-Beratung sollen im Folgenden mit Röttger (2006: 78) fallspezifische von externen Personen bzw. Organisationen angebotene komplexe Dienstleistungen verstanden werden, die zur Lösung organisationaler Entscheidungsprobleme des Dienstleistungsabnehmers beitragen und die den Aufbau und die Gestaltung von Beziehungen zu Stakeholdern betreffen. Die Vorteile einer internen Beratung wiederholen sich bei der externen PR-Beratung. Externe PR-Berater können den blinden Fleck interner PR-Beobachtungen sichtbar machen, indem sie die Unterscheidung der vorangegangenen Beobachtung kontingent setzen, mögliche Alternativen beobachten und in die Beratung einbringen. Externe PR-Beratung steigert damit noch einmal die Reflexivität.

Der zentrale Vorteil externer PR-Beratung liegt darin, dass sie das Unternehmen tatsächlich aus der Umweltperspektive beobachten kann, während interne PR eine solche Beobachtung nur simulieren kann (vgl. Röttger 2006: 78). Dieser „externe Blick" vermag es damit, die Betriebsblindheit jeglicher interner Beobachtungen zu überwinden. Externer PR-Beratung stehen dabei unterschiedliche Beobachtungsmodi zur Verfügung. Neben der genannten „direkten" Beobachtung aus externer Perspektive wird externe PR-Beratung unternehmerische PR beobachten, die das Unternehmen beobachtet, das seine gesellschaftliche Verantwortung beobachtet. Mit dieser Beobachtung dritter Ordnung kann externe PR-Beratung die „blinden Flecke" vorheriger Beobachtungen sichtbar machen – um den Preis eines eigenen „blinden Fleckes".

Damit kann die Funktion CSR-bezogener PR-Beratung in Anlehnung an Funktionsbestimmungen allgemeiner Beratung (vgl. z. B. Steiner 2009: 69) bestimmt werden: *Die Funktion CSR-bezogener PR-Beratung ist die Steigerung von entscheidungsbezogener Reflexivität sowie die Erhöhung von Options- und Entscheidungsfähigkeit zum Management ethischer, sozialer und ökologischer Ansprüche durch unternehmerische PR aus einer originären PR-Perspektive.* Wie ist diese allgemeine Funktionsbeschreibung zu konkretisieren? Welche Leistungen erbringt externe PR-Beratung zu CSR-bezogenen Fragen? Dies soll im Folgenden am Beispiel ausgewählter Beratungsthemen konkretisiert werden.

Ganz grundsätzlich kann externe PR-Beratung entscheidungsbezogene Reflexivität beim Management mit erkannten Stakeholder-Ansprüchen beinhalten – ob also Maßnahmen der Selbst- oder der Kontextsteuerung empfohlen werden. Hinsichtlich der Kontextsteuerung kann externe PR-Beratung durch eine Analyse der eingesetzten CSR-bezogenen Thematisierungsstrategien oder durch die konzeptionelle Entwicklung alternativer Corporate Citizenship-Maßnahmen die unternehmerische PR unterstützen.

Noch deutlicher werden die Leistungen und Vorteile externer PR-Beratung für die unternehmerische Verantwortung am Beispiel der Stakeholder-Analyse im Rahmen der Selbststeuerung deutlich. Um die sozialen, ökologischen sowie ethischen Ansprüche der Stakeholder an ein Unternehmen zu managen, bedarf es zweier Informationen. Einerseits braucht es Informationen über interne Produkte, Produktionsverfahren etc., andererseits über aktuelle und (vermutete) künftige Ansprüche von Stakeholdern. Für CSR ergibt nur die Relation aus beiden Perspektiven Sinn: Ein Produktionsverfahren ist nur relevant, wenn dies für einen Stakeholder relevant ist – positiv oder negativ. Umgekehrt ist ein gesellschaftlicher Trend nur relevant, wenn das Unternehmen davon betroffen ist. Während Unternehmen die internen Zustände in der Regel kennen dürften, gibt es bei der Beobachtung der Umwelt deutliche Defizite. Diese „Betriebsblindheit" ist beobachtungstheoretisch der „blinde Fleck": Die Umwelt wird mit gelernten Unterscheidungen wie gegnerische Umweltschutzgruppen vs. unterstützende Industriegruppen, kritische Verbraucherschützer vs. treue Käufer etc. beobachtet. Es gibt eine Vielzahl solcher Unterscheidungen, mit denen ein Unternehmen die Umwelt beobachtet. In der Summe ergibt die Beobachtung der Unternehmensumwelt mittels dieser Unterscheidungen das Umweltmodell eines Unternehmens. Neue Ansprüche werden aber ggf. nur mit neuen Unterscheidungen sichtbar. Dies setzt voraus, dass das Umweltmodell bzw. die benutzten Unterscheidungen kontinuierlich kontingent gesetzt werden, also von einer Beobachtung höherer Ordnung beobachtet werden. Dies leistet in einem ersten Schritt zwar bereits die unternehmerische PR, wegen ihrer externen Perspektive ist externe PR-Beratung bei der Beobachtung der Umwelt hier aber überlegen. Und dennoch: Trotz der Beobachtungsposition ist der Reflexionsgewinn von externer Beratung kein absoluter, sondern nur ein relativer. Ein solches Umweltmodell kommt der Realität nicht näher, sondern kann nur den blinden Fleck der Beobachtung früherer Ordnung sichtbar machen (vgl. Steiner 2009: 45).

In all diesen Beratungssituationen setzt ein externer Berater nichts um oder trifft keine Entscheidungen – sonst wäre es keine Beratung: „Der Entscheider als interner Beobachter reduziert Komplexität qua Entscheidung, der Berater als externer Beobachter steigert Komplexität qua Beobachtung höherer Ordnung und vermittelt die Ergebnisse seiner Beobachtung wieder zum Entscheider zurück." (Steiner 2009: 69 f).

Beratung erhöht demnach die Options- und Entscheidungsfähigkeit des ratsuchenden Entscheiders (vgl. Baecker 2003: 327).

Wie aber passt zu einem solch voraussetzungsvollen Verständnis von Beratung das Verständnis der Praxis? „In der Praxis erfüllen PR-Berater vermutlich häufig vor allem die Funktion einer ‚verlängerten Werkbank', nicht aber Beratungsfunktionen im engeren Sinne." (Röttger 2009: 48; vgl. Röttger & Zielmann 2009b; Szyszka, Schütte & Urbahn 2009). Daraus ergeben sich zwei Konsequenzen: Erstens wird der Beratungs-Begriff in der Praxis offenkundig häufig als Prestige-Begriff verwendet. Viele selbsternannte PR-Berater sollten eher als PR-Techniker bezeichnet werden. Zweitens ist zu prüfen, ob sich diese enge Verknüpfung von Beratung und Umsetzungsleistung auf die Beratungssituation auswirkt.

4 Strukturelle Defizite CSR-bezogener PR-Beratung

Die Erläuterung der idealen PR-Beratungssituation hat mögliche Funktionen und Leistungen einer externen PR-Beratung bei CSR-bezogenen Aufträgen gezeigt. Im Folgenden sollen verschiedene Risiken und Defizite externer PR-Beratung diskutiert werden.

4.1 Die Risiken zu großer und fehlender Distanz

Bereits unternehmerische PR steht vor dem Problem, über alle internen PR-relevanten Ereignisse informiert zu sein (vgl. z. B. Baerns & Höffken 1991). Dieses Informationsdefizit wird sich für externe Berater zwangsläufig vergrößern. PR-Beratung zur unternehmerischen Verantwortung benötigt – wie erläutert – neben Informationen über aktuelle und (vermutete) künftige Ansprüche von Stakeholdern auch Informationen über interne Produkte, Produktionsverfahren etc.. Damit wird Folgendes deutlich: Der strukturelle Vorteil externer PR-Beratung einer tatsächlichen externen Beobachtung wird mit dem strukturellen Nachteil eines sich vergrößernden internen Informationsdefizites bezahlt. An diesem grundsätzlichen Problem ändert auch eine längere Zusammenarbeit zwischen externer Beratung und unternehmerischer PR nichts, in dem der Berater das Unternehmen zunehmend besser kennen lernt. Denn in dem Maße, wie der Berater das Unternehmen besser kennen lernt, verliert er wiederum seinen externen Blick.

4.2 Die Risiken des Briefings

Externe PR-Beratung wird in der Regel von unternehmerischer PR beauftragt. Die Problembeschreibungen und das Briefing als Grundlage der Beratungssituation sind damit Produkte unternehmerischer PR. Diese beinhalten „blinde Flecken", welche die externe PR-Beratung sichtbar machen soll, um so die Reflexivität weiter zu steigern.

In einer solchen Situation befinden sich externe Berater in einem Konflikt. Einerseits besteht ihre Aufgabe ja gerade darin, Beobachtungen bzw. Entscheidungen des Unternehmens zunächst kontingent zu setzen, um bislang noch unbekannte Alternativen zu finden. Dazu zählt zum einen, das Briefing und die Problembeschreibung selbst kontingent zu setzen. Zum anderen zählen dazu beispielsweise die Fragen, ob kommuniziert oder ob nicht kommuniziert wird bzw. welche alternativen Konzepte der Kommunikation es geben könnte. Andererseits sind der Kontingenzreflexion sachliche, zeitliche und soziale Grenzen gesetzt. Ein vollständiges Kontingentsetzen von Kausalattribution liefe Gefahr, Entscheiden zu erübrigen, was nicht mehr im Sinne der Beratungsfunktion wäre (vgl. Steiner 2009). Klapp hat für diese Gratwanderung die Unterscheidung „good" bzw. „bad closing" (1978) gefunden. Der Berater darf ein Kontingentsetzen nicht zu früh, aber eben auch nicht zu spät beenden. Ein möglicher „blinder Fleck", also eine unhinterfragte Annahme, ist zum Beispiel die Präferenz von Kontextsteuerungsmaßnahmen wie beispielsweise Kommunikationskampagnen. Die Aufgabe des externen PR-Beraters ist in einer solchen Situation dann nicht mehr, mögliche Gründe für die Reputationsverluste zu finden, sondern alternative Vorschläge für die kommunikative Lösung des Problems zu machen – konkret also zum Beispiel für symbolische Kontextsteuerungen, die von Kommunikationskampagnen begleitet werden. In einer solchen Situation sind relevante Entscheidungen bereits getroffen worden. Damit wird die Relevanz der Formulierung des Beratungsauftrags deutlich. Kürzer könnte man formulieren: Eine PR-Beratung kann immer nur so gut wie ihr Auftrag sein. Wenn unternehmerische PR eine externe PR-Beratung mit der Entwicklung alternativer Vorschläge für eine Corporate Citizenship-Maßnahme beauftragt, darf sie nicht erwarten, dass die PR-Beratung zunächst prüft, ob ein perzipiertes Problem evtl. mit einer minimalen Änderung eines Produktionsverfahrens schneller und preiswerter zu beseitigen wäre.

4.3   Der „blinde Fleck" externer PR-Beratung

Wenn externe PR-Beratung von unternehmerischer PR beauftragt wird, folgt daraus ein zweites Risiko. Unternehmerische PR zieht in der Regel Kontextsteuerungsmaßnahmen, wie etwa Kommunikationskampagnen oder symbolische Maßnahmen, Empfehlungen zur Änderung der Unternehmenspolitik vor, weil Änderungen der Unternehmenspolitik bereits eine Einschränkung der Handlungsfreiheit darstellen. Aus denselben strukturellen Gründen werden auch externe PR-Berater Kontextsteuerungsmaßnahmen präferieren. Die Präferenz von Kontextsteuerungsmaßnahmen wird damit gewissermaßen der „blinde Fleck" jeglicher PR. PR wird zunächst nach Möglichkeiten suchen, ob bzw. wie ein „Weiter so" zu realisieren ist (vgl. Hoffjann 2009a).

Da hier ein PR-Akteur von einem anderen PR-Akteur beauftragt wird, verschärft sich das Problem. Analog zur Replikationshypothese, mit der Galtung & Ruge (1965) in der Nachrichtenwertforschung gezeigt haben, wie sich journalistische Selektionen auf jeder Stufe wiederholen und damit immer weniger Nachrichtenfaktoren immer mehr in den Mittelpunkt einer Nachricht gestellt werden, kann man vermuten, dass mögliche Selbststeuerungsmaßnahmen immer mehr aus dem Blick geraten.

Selbststeuerungsmaßnahmen dürften aus einem weiteren Grund tendenziell noch weiter in den Hintergrund treten, je weiter die externen PR-Berater von der Unternehmensleitung entfernt sind. Denn mit zunehmender Entfernung nimmt tendenziell auch die Wahrscheinlichkeit ab, dass Selbststeuerungsmaßnahmen auch realisiert werden. Spätestens mit diesem Aspekt ist jedoch die Autonomie des Beratungssystems gefährdet, wie im folgenden Kapitel zu erläutern sein wird.

4.4 Die gefährdete Autonomie des Beratungssystems

Beratungssysteme können als eigene autonome Systeme modelliert werden, die unabhängig vom Klienten- und vom Beratungsunternehmen sind. In Unternehmen beeinflusst die Leit-Unterscheidung zwar das Beratungssystem, der Gewinn der Beratung besteht aber gerade darin, an unterschiedliche Systeme anzudocken, um auftretende Entscheidungsprobleme und deren strukturelle Prämissen der Reflexion zu unterziehen. Diese Autonomie wird eingeschränkt, wenn Ratsuchende Probleme nicht als Alternative, sondern als klare Erwartung formulieren. Beratungssysteme stehen also vor der Herausforderung, sich von ihrer Umwelt abzugrenzen und ihrer eigenen fallspezifischen, kommunikativen Logik zu folgen (vgl. Baecker 2003; Steiner 2009). Für die Unternehmensseite sind dies zum Beispiel kurzfristige Gewinnerwartungen, die als Vorgabe genannt werden und damit von Beginn an Selbststeuerungen ausschließen. Anknüpfend an die oben genannten Erläuterungen zeigt sich eine fehlende Autonomie auf Seiten des Klienten, wenn im Briefing genannte Vorgaben „gesetzt" werden und vom Berater nicht kontingent gesetzt werden sollen.

Noch größer sind Autonomie-Risiken vermutlich auf Seiten der externen PR-Beratung, wo eine große Nähe von Rat und Umsetzung zu beobachten ist. Die deutliche Mehrzahl an PR-Agenturen dürfte den Großteil ihres Umsatzes nicht durch Beratungsdienstleistungen, sondern durch die Umsetzung von Kommunikationsaktivitäten erzielen. So ist zum Beispiel ein Motiv für das Wissensmanagement in Agenturen das Cross-Selling von Dienstleistungen (vgl. Hoffjann & Röttger 2009). Es ist zu vermuten, dass diese Nähe von Rat und Umsetzung nicht ohne Auswirkungen auf das Beratungsergebnis bleibt. Der in Aussicht stehende Umsatz einer empfohlenen Kommunikationskampagne ist höher als derjenige, der aus einer Empfehlung generiert wird, qua Selbststeuerung den beobachteten Grund eines (möglichen) Konfliktes zu beseitigen. Eine fehlende Autonomie des Beratungssystems führt somit dazu, dass Selbststeuerungen noch weiter in den Hintergrund treten.

Die daraus resultierenden Glaubwürdigkeitsproblem erscheinen immer mehr Agenturen zu erkennen und reagieren darauf mit der Gründung – mehr oder weniger selbstständiger – Beratungs-Einheiten. Es wäre eine Aufgabe für weitere empirische Untersuchungen zu prüfen, wie autonom solche selbstständigen Beratungs-Einheiten tatsächlich sind.

4.5   Die Folge: Die Kommunikationseuphorie CSR-bezogener PR-Beratung

Die aufgezeigten Probleme und Defizite CSR-bezogener PR-Beratung lassen begründete Zweifel an der Plausibilität von Bursons eingangs zitierter Einschätzung aufkommen. Es spricht viel dafür, dass externe PR-Beratung oft weder in der Lage noch willens ist, Selbststeuerungsmaßnahmen zu empfehlen. Im Gegenteil: Die Erläuterungen sowie die zu beobachtende Vielzahl an CSR-Kampagnen stärken die Vermutung, dass in Teilen der PR-Beratung eine „Kommunikationseuphorie" zu CSR-bezogener PR-Beratung dominiert. Statt Selbststeuerungsmaßnahmen oder einer zurückhaltenden Kommunikation CSR-bezogener Themen scheint CSR-bezogene PR-Beratung vor allem einen offensiven öffentlichen Umgang mit CSR-bezogenen Themen zu empfehlen. Darunter werden im Folgenden die bereits erläuterten CSR-bezogenen Thematisierungsstrategien von PR im Rahmen der Kontextsteuerung verstanden, in deren Mittelpunkt das freiwillige unternehmerische Engagement steht und die in offensiver Weise kommuniziert werden.

Die „Kommunikationseuphorie" ist aus zwei Gründen problematisch. Erstens scheint sie zu einem „blinden Fleck" weiter Teile CSR-bezogener PR-Beratung geworden zu sein, die die Kontingenz und damit die Qualität ihrer Beobachtungen erheblich zu mindern scheint. Zweitens lassen sich in der Literatur immer mehr Hinweise auf die Risiken aktiver CSR-bezogener Thematisierungsstrategien finden, die den Chancen gegenüberstehen.

Zunächst zu den Chancen CSR-bezogener Thematisierungsstrategien: Das grundsätzliche Argument der „Euphoriker" lautet, dass ohne „eine begleitende Kommunikation [...] ein ‚verantwortliches' Verhalten von Unternehmen bei den Zielgruppen eventuell gar nicht ‚ankommen' könnte" (Söllner & Mirkovic 2009: 97). Mit anderen Worten: Ein gesellschaftlich engagiertes Unternehmen könnte Reputations- und Legitimationsprobleme bekommen, wenn davon die relevanten Stakeholder nichts wissen. Ein weiteres Argument für einen offensiven Umgang mit dem Thema findet sich in den instrumentellen theoretischen Ansätzen zur Corporate Social Responsibility (vgl. Schranz 2007: 34 ff.). Hier steht die Frage im Mittelpunkt, wie Unternehmen ihr gesellschaftliches Engagement als Wettbewerbsfaktor nutzen können. Am deutlichsten wird diese Perspektive im so genannten *Cause-Related Marketing* (vgl. Oloko & Balderjahn 2009), in dem gesellschaftliches Engagement als zusätzlicher Produktnutzen strategisch eingesetzt wird. Als drittes Argument für einen offensiven Umgang könnte die fehlende Regulierung des Bereichs unternehmerischer Verantwortung angeführt werden. Weil es noch keine akzeptierten Kriterien gibt, kann jedes Unternehmen von sich behaupten, dass gesellschaftliche Interessen in hohem Maße berücksichtigt werden. Hinzu kommt, dass viele Kommunikationsstrategien zu CSR-Themen von externen Stakeholdern kaum zu überprüfen sind.

Genau hier setzen die Skeptiker einer zu offensiven Kommunikationspolitik zu CSR-Themen an (vgl. Röttger & Schmitt 2009). So konstatiert Eisenegger (2008), dass offensive CSR-Kommunikation Unternehmen angreifbar macht: Unternehmen sollten „im Bereich der Sozialreputation die gesellschaftlichen Standards einhalten – jedoch ohne dieses soziale Engagement zu sehr an die große Glocke zu hängen.

Glaubwürdiges soziales Engagement baut auf die Tat, nicht auf das Wort. Firmen, die sich in ihrer Außenkommunikation allzu moralisch geben, schüren Misstrauen und animieren die Medien, kleinste Vergehen sofort zu skandalisieren". Erschwerend kommt hinzu, dass Unternehmen kaum Einfluss auf die Thematisierung von Sozialreputation haben. So konnte Schranz belegen, dass nur rund ein Viertel der Beiträge zur Sozialreputation auf die Initiative des Unternehmens zurückgeht (vgl. Schranz 2007: 166). Als grundsätzlicher Einwand kommt ein Glaubwürdigkeitsproblem jeglicher CSR-Kommunikation hinzu. Je offensiver Unternehmen als gewinnorientierte Organisationen ihren freiwilligen Verzicht auf Gewinn kommunizieren, desto mehr dürfte das Misstrauen und gleichzeitig das Interesse dafür wachsen, welche Interessen sich hinter diesem Gewinnverzicht verbergen.

Dieser Aspekt dürfte auch Konsequenzen für eine Makro-Betrachtung haben. Je mehr Unternehmen ihre CSR-Bemühungen offensiv kommunizieren, desto größer dürften die grundsätzlichen Zweifel an der Verantwortung der Wirtschaft werden. Mit der Frage „Corporate social responsibility – a PR invention?" (Frankental 2001) sind dann Zweifel verknüpft, ob Unternehmen mit dem Begriff der Corporate Social Responsibility ihre Lernfähigkeit nur inszenieren und damit ein „Bollwerk" gegen ein Übermaß öffentlicher Kritik etablieren wollen. Und nur in einem scheinbaren Widerspruch dazu steht ein zweites Risiko offensiver Thematisierungsstrategien auf einer Makro-Ebene. Je mehr Unternehmen suggerieren, dass sie gesellschaftliche Ansprüche erfüllen können, ohne dabei ihre wirtschaftliche Existenz zu gefährden, desto mehr Ansprüche dürften an sie gestellt werden – und desto größer dürfte der Druck auf Unternehmen werden, gesellschaftliche Ansprüche zu erfüllen.

5   Fazit und Ausblick

In dem Beitrag ist herausgearbeitet worden, dass die Fähigkeit und das Potenzial zur Reflexion das Management unternehmerischer Verantwortung beeinflussen. Während Corporate Social Responsibility selbst schon eine Beobachtung der System-Umwelt-Beziehungen ist, übernimmt unternehmerische PR die Rolle des institutionalisierten „schlechten Gewissens" eines Unternehmens und trägt damit zu einer weiteren Reflexivitätssteigerung bei. Der zentrale Vorteil externer PR-Beratung ist neben einer weiteren Reflexivitätssteigerung, dass sie mit ihrer Beobachtung aus einer tatsächlich externen Perspektive insbesondere neue und aufkommende Ansprüche von Stakeholdern sichtbar machen und neue Entscheidungsalternativen und Argumente in CSR-bezogene Entscheidungsprozesse einbringen kann.

Die weitere Analyse hat gezeigt, dass diesem Vorteil eine Reihe von strukturellen Defiziten CSR-bezogener PR-Beratung gegenübersteht, die zu einer Vernachlässigung der Selbststeuerung unternehmerischer PR und zu einer „Kommunikationseuphorie" in Teilen der PR-Beratungsbranche geführt hat. Dazu zählen vielfach u. a. ein unzureichender Einblick in unternehmensinterne Vorgänge, ein fehlender Zugang zur Unternehmensleitung sowie insbesondere eine gefährdete Autonomie des Beratungssystems. Diese Defizite gelten nicht nur für CSR-bezogene PR-Beratung, sondern für PR-Beratung generell. Es wäre zudem verkürzt, die Gründe für diese Defizite nur auf Seiten der PR-Beratung zu suchen. So wird die Autonomie von Beratungssystemen nicht selten auch von Klienten verletzt und der fehlende Zugang zur Unternehmensleitung kann auf die geringe Relevanz von PR in vielen Unternehmen zurückzuführen sein.

Vor dem Hintergrund dieser Defizite und Risiken ist kritisch zu fragen: Wie viel „CSR" steckt noch in CSR-bezogener PR-Beratung, wenn angesichts einer zu beobachtenden „Kommunikationseuphorie" Empfehlungen zu unternehmerischen Selbststeuerungen kaum mehr zu erwarten sind? Mit anderen Worten: Wenn externe PR-Beratung unternehmerische PR beobachtet, die das Unternehmen beobachtet, wie es seine gesellschaftliche Verantwortung beobachtet, dann droht das eigentliche Ausgangsproblem – das Management gesellschaftlicher Verantwortung – durch die Vielzahl der Beobachtungsebenen in weite Ferne zu rücken.

Da das Thema CSR-bezogene PR-Beratung bislang ein wissenschaftlich nahezu unbestelltes Feld ist, hat der Beitrag geradezu zwangsläufig weiteren Forschungsbedarf aufgezeigt. Dies gilt sicherlich insbesondere für empirische Untersuchungen: von konkreten Inhalten und dem Ausmaß der Briefingvorgaben in der Sachdimension über die gefährdete Autonomie von Beratungssystemen in der Sozialdimension bis hin zur Dauer von Beratungsmandaten in der Zeitdimension. Bei der Beantwortung dürfte sich jedoch der schwierige Zugang als problematisch erweisen. Denn Beratungssysteme setzen Vertrauen voraus und lassen damit nur ungern externe Beobachtung zu. Dass dieses Abwehrargument insbesondere von der PR-Beratung mitunter auch instrumentalisiert wird, um für sie möglicherweise unerfreuliche Ergebnisse zu vermeiden, wäre ebenfalls eine spannende wie empirisch schwierig zu beantwortende Forschungsfrage. Aber sie nährt einmal mehr den Verdacht, dass die Autonomie von Beratungssystemen in Gefahr ist.

Literatur

Baerns, B., & Höffken, M. (1991). Der Zugang der Öffentlichkeitsarbeiter zur Information. Versuche systematischer Annäherung an ein praktisches Problem. *PR-Magazin, 22*(8), 35–42.

Baecker, D. (2003). *Organisation und Management*. Frankfurt am Main: Suhrkamp.

Beger, R., Gärtner, H.-D., & Mathes, R. (1989). *Unternehmenskommunikation. Grundlagen, Strategien, Instrumente*. Wiesbaden: Gabler.

Burson, H. B. (2008). PR's Role in Driving Corporate Social Responsibility: Burson Comments on its Rewards and Pitfalls. Interview mit H. B. Burson. *The Form Voice* am 08.05.2008. URL: http://www.firmvoice.com/ME2/Audiences/dirmod.asp?sid=&nm=&type=Publishing&mod=Publications%3A%3AArticle&mid=8F3A7027421841978F18BE895F87F791&tier=4&id=E24BA255B6C04D47A17EB207FD06E48E&AudID=52DF072D23444F33970092570045D722. Zugriff am 13.09.2009.

Carroll, A. B. (1979). A Three-Dimensional Conceptual Model of Corporate Social Performance. *Business and Society, 4*(4), 497–505.

Carroll, A. B., & Buchholtz, A. K. (2003). *Business & Society. Ethics and Stakeholder Management* (5. Aufl.). Mason: South Western.

Clark, C. E. (2000). Differences between Public Relations and Corporate Social Responsibility. An Analysis. *Public Relations Review, 26*(3), 363–380.

Cutlip, S. M., Center, A. H., & Broom, G. M. (1985). *Effective Public Relations* (6. Aufl.). Englewood Cliffs: Prentice Hall.

Daugherty, E. (2001). Public Relations and Social Responsibility. In R. L. Heath (Hrsg.), *Handbook of Public Relations* (S. 389–401). Thousand Oaks, London: Sage.

Dozier, D. M., Grunig, L. A., & Grunig, J. E. (1995). *Manager's Guide to Excellence in Public Relations and Communication Management*. Mahwah: Lawrence Erlbaum.

Eisenegger, M. (2005). *Reputation in der Mediengesellschaft. Konstitution, Issues Monitoring, Issues Management*. Wiesbaden: VS Verlag.

Eisenegger, M. (2008). Die Sozialreputation ist ein Minenfeld. *Wiwo.de am 22.02.2008*. URL: http://www.wiwo.de/karriere/die-sozialreputation-ist-ein-minenfeld-265364. Zugriff am 19.09.2009.

Frankental, P. (2001). Corporate social responsibility – a PR invention? *Corporate Communications: An International Journal, 6*(1), 18–23.

Fuhrberg, R. (2010). *PR-Beratung. Qualitative Analyse der Zusammenarbeit zwischen PR-Agenturen und Kunden*. Konstanz: UVK.

Galtung, J., & Ruge, M. H. (1965). The Structure of Foreign News. The Presentation of the Congo, Cuba und Cyprus Crises in four Norwegian Newspapers. *Journal of Peace Research, 2*, 64–91.

Görke, A. (1999). *Risikojournalismus und Risikogesellschaft. Sondierung und Theorieentwurf*. Opladen, Wiesbaden: Westdeutscher Verlag.

Hiß, S. (2005). *Warum übernehmen Unternehmen gesellschaftliche Verantwortung? Ein soziologischer Erklärungsversuch*. Berlin: Campus.

Habermas, J. (1968). *Strukturwandel der Öffentlichkeit* (3. Aufl.). Neuwied, Berlin: Luchterhand.

Hoffjann, O. (2007). *Journalismus und Public Relations. Ein Theorieentwurf der Intersystembeziehungen in sozialen Konflikten* (2. Aufl.). Wiesbaden: VS Verlag.

Hoffjann, O. (2009a). Public Relations als Differenzmanagement von externer Kontextsteuerung und unternehmerischer Selbststeuerung. *Medien & Kommunikationswissenschaft, 57*(3), 110–123.

Hoffjann, O. (2009b). PR in der Gesellschaft. Legitimationsprobleme der Legitimationsproduzenten. In G. Bentele, M. Piwinger, & G. Schönborn (Hrsg.), *Kommunikationsmanagement* (Loseblattwerk, S. 2001 ff.). Neuwied: Luchterhand.

Hoffjann, O., & Röttger, U. (2009). Wissensmanagement in PR-Agenturen. In U. Röttger, & S. Zielmann (Hrsg.), *PR-Beratung: Theoretische Konzepte und empirische Befunde* (S. 125–147). Wiesbaden: VS Verlag.

Jarren, O., & Röttger, U. (2009). Steuerung, Reflexierung und Interpenetration: Kernelemente einer strukturationstheoretisch begründeten PR-Theorie. In U. Röttger (Hrsg.), *Theorien der Public Relations. Grundlagen und Perspektiven der PR-Forschung* (S. 29–49) (2. Aufl.). Wiesbaden: VS Verlag.

Klapp, O. E. (1978). *Opening and Closing. Strategies of Information Adaptation in Society*. Cambridge: Cambridge University Press.

Klima, R. (1994). Gruppe. In W. Fuchs-Heinritz, et al. (Hrsg.), *Lexikon zur Soziologie* (S. 255) (3. Auf.). Opladen: Westdeutscher Verlag.

Kussin, M. (2009). PR-Stellen als Reflexionszentren multireferentieller Organisationen. In U. Röttger (Hrsg.), *Theorien der Public Relations. Grundlagen und Perspektiven der PR-Forschung* (S. 117–133) (2. Aufl.). Wiesbaden: VS Verlag.

Long, L. W., & Hazleton Jr., V. (1993). Definition and Model of the Public Relations Process. In H. D. Fischer, & U. G. Wahl (Hrsg.), *Public Relations/Öffentlichkeitsarbeit. Geschichte, Grundlage, Grenzziehungen* (S. 223–236). Frankfurt am Main: Peter Lang.

Luhmann, N. (1964). *Funktionen und Folgen formaler Organisationen*. Berlin: Duncker & Humblot.

Luhmann, N. (1984). *Soziale Systeme. Grundriss einer allgemeinen Theorie*. Frankfurt am Main: Suhrkamp.

Luhmann, N. (1990). *Ökologische Kommunikation. Kann die moderne Gesellschaft sich auf ökologische Gefährdungen einstellen?* Opladen: Westdeutscher Verlag.

Luhmann, N. (1994). *Die Wissenschaft der Gesellschaft* (2. Aufl.). Frankfurt am Main: Suhrkamp.

Luhmann, N. (1997a). *Die Kunst der Gesellschaft*. Frankfurt am Main: Suhrkamp.

Luhmann, N. (1997b). *Die Gesellschaft der Gesellschaft*. Frankfurt am Main: Suhrkamp.

MacCarthy, J., & Moon, J. (2009). CSR Consultancies in the United Kingdom. In C. Gale (Hrsg.), *Consulting for Business Sustainability* (S. 8–26). Sheffield: Greenleaf Publishing.

Mast, C., & Stehle, H. (2009). Corporate Social Responsibility – Modeerscheinung oder mehr? In S. J. Schmidt, & J. Tropp (Hrsg.), *Die Moral der Unternehmenskommunikation: Lohnt es sich, gut zu sein?* (S. 170–186). Köln: Halem.

Mitchell, N. J. (1989). *The Generous Corporation: A Political Analysis of Economic Power*. New Haven: Yale University Press.

Oloko, S., & Balderjahn, I. (2009). Cause related Marketing in Deutschland: Eine kritische Bestandsaufnahme. In S. J. Schmidt, & J. Tropp (Hrsg.), *Die Moral der Unternehmenskommunikation: Lohnt es sich, gut zu sein?* (S. 362–379). Köln: Halem.

Pearson, R. (1989). Business Ethics as Communication Ethics: Public Relations Practice and the Idea of Dialogue. In C. Botan, C., & V. Hazelton (Hrsg.), *Public Relations Theory* (S. 111–131). Hillsdale, New Jersey: Lawrence Erlbaum Associates.

Röttger, U. (2000). *Public Relations – Organisation und Profession. Öffentlichkeitsarbeit als Organisationsfunktion. Eine Berufsfeldstudie.* Wiesbaden: Westdeutscher Verlag.

Röttger, U. (2006). Ich sehe was, was Du nicht siehst: PR-Beratung und PR-Beratungswissen. In K. Pühringer, & S. Zielmann (Hrsg.). *Vom Wissen und Nicht-Wissen einer Wissenschaft. Kommunikationswissenschaftliche Domänen, Darstellungen und Defizite* (S. 73–97). Münster & Hamburg: LIT Verlag.

Röttger, U. (2009). Mit der nötigen Distanz. *Pressesprecher, 4,* 46–49.

Röttger, U., & Zielmann, S. (2009a & Hrsg). *PR-Beratung: Theoretische Konzepte und empirische Befunde.* Wiesbaden: VS Verlag.

Röttger, U., & Zielmann, S. (2009b). Entwurf einer Theorie der PR-Beratung. In dies. (Hrsg.), *PR-Beratung: Theoretische Konzepte und empirische Befunde* (S. 35–58). Wiesbaden: VS Verlag.

Röttger, U., & Schmitt, J. (2009). Bedingungen, Chancen und Risiken der Reputationskonstitution ökonomischer Organisationen durch Corporate Responsibility. In S. J. Schmidt, & J. Tropp (Hrsg.), *Die Moral der Unternehmenskommunikation: Lohnt es sich, gut zu sein?* (S. 39–58). Köln: Halem.

Schmidt, S. J. (2004). *Unternehmenskultur. Die Grundlage für den wirtschaftlichen Erfolg von Unternehmen.* Göttingen: Velbrück.

Schmidt, S. J. (2009). Markt und Moral (?). In ders., & J. Tropp (Hrsg.), *Die Moral der Unternehmenskommunikation: Lohnt es sich, gut zu sein?* (S. 59–70). Köln: Halem.

Schultz, F., & Wehmeier, S. (2009). The role of Public Relations agencies in the social construction and institutionalization of „Corporate Citizenship". A narration and storytelling perspective. In A. Rogojinaru, & S. Wolstenholme (Hrsg.), *Current trends in international public relations.* Bukarest: Communicare Media.

Schranz, M. (2007). *Wirtschaft zwischen Profit und Moral. Die gesellschaftliche Verantwortung von Unternehmen im Rahmen der öffentlichen Kommunikation.* Wiesbaden: VS Verlag.

Söllner, A., & Mirkovic, S. (2009). Die neue Tugendhaftigkeit von Unternehmen und die Gefahren falscher Versprechen. In S. J. Schmidt, & J. Tropp (Hrsg.), *Die Moral der Unternehmenskommunikation: Lohnt es sich, gut zu sein?* (S. 85–100). Köln: Halem.

Steiner, A. (2009). *System Beratung. Politikberater zwischen Anspruch und Realität.* Bielefeld: Transcript.

Szyszka, P., Schütte, D., & Urbahn, K. (2009). *Public Relations in Deutschland. Eine empirische Studie zum Berufsfeld Öffentlichkeitsarbeit.* Konstanz: UVK.

Teubner, G., & Willke, H. (1984). Kontext und Autonomie: Gesellschaftliche Selbststeuerung durch reflexives Recht. *Zeitschrift für Rechtssoziologie, 6*(1), 4–35.

Weiss, R. (2005). Corporate Social Responsibility und Corporate Citizenship: Strategien gesellschaftsorientierter Unternehmenskommunikation. In G. Michelsen, & J. Godemann (Hrsg.), *Handbuch Nachhaltigkeitskommunikation. Grundlagen und Praxis* (S. 588–598). München: oekom verlag.

Wilcox, D. H., Ault, P. H., & Agee, W. K. (1998). *Public relations strategies and tactics* (5. Aufl.). Reading: Addison Wesley.

Willke, H. (1996). *Systemtheorie II: Interventionstheorie* (2. Aufl.). Stuttgart: Lucius & Lucius.

Zedtwitz-Arnim, G.-V. Graf von (1961). *Tu Gutes und rede darüber.* Berlin: Ullstein.

Zerfaß, A. (2004). *Unternehmensführung und Öffentlichkeitsarbeit: Grundlegung einer Theorie der Unternehmenskommunikation und Public Relations* (2. Aufl.). Wiesbaden: VS Verlag.

Journalistische Berichterstattung und Media Social Responsibility: Über die doppelte Verantwortung von Medienunternehmen

Klaus-Dieter Altmeppen

Wenn von Unternehmen Verantwortung in der Gesellschaft erwartet wird, und wenn Unternehmen Verantwortung wahrnehmen, dann ist schon sprachlich (Erwartung und Wahrnehmung) verfügt, dass über Verantwortung kommuniziert werden muss. Weder wissen die Unternehmen über gesellschaftliche Erwartungen noch können Unternehmen ihre Intensität von Verantwortungsübernahme bekannt machen, wenn dies nicht über öffentliche Kommunikation geschieht. Öffentliche Kommunikation ist zumeist mediale Kommunikation. Gesellschaftlich wichtige Debatten wie zum Beispiel über unternehmerische Verantwortung sind auf die journalistische Berichterstattung angewiesen, als Initialzündung ebenso wie im weiteren Prozess als Agendasetting, um CSR dauerhaft als Thema zu platzieren. Manche Unternehmen wollen aber ihre Formen von Corporate Social Responsibility (CSR) und Corporate Citizenship (CC) gar nicht kommunizieren (Habisch & Altmeppen 2008), weil es ihrem Selbstverständnis widerspricht oder weil sehr schnell der Vorwurf des Whitewashing damit verbunden wird. Aber wenn „Vertreter des Ehrenamts eine neue ‚Anerkennungskultur' fordern, dann meinen sie damit sicherlich auch eine bessere öffentliche Präsenz." (Prantl 2009: 8), denn die Wahrnehmung der Verantwortung von Unternehmen und nicht-kommerziellen Organisationen geschieht nur durch öffentliche Kommunikation, auch wenn dies nicht immer unter dem Signet von CSR und CC läuft. Die wesentlichen Formen öffentlicher Kommunikation von Verantwortung sind Public Relations (PR) und Medienberichterstattung.

1 CSR, CC, Media Social Responsibility und Verantwortungskommunikation

Nur ansatzweise ist in den Arenen, in denen über CSR und CC kommuniziert wird, inzwischen auch vom Begriff der Media Social Responsibility (MSR) die Rede. Der Begriff suggeriert, dass offensichtlich der herkömmliche CSR-Begriff nicht ausreicht, um zu beschreiben, welche Rolle Verantwortung im Medienbereich spielt. Dies mag auch daran liegen, dass generell „in der Öffentlichkeit kein klares Bild darüber [existiert], wie es um die gesellschaftliche Verantwortung von Unternehmen bestellt ist" (Hiß 2007: 6). Das wird bei Medienunternehmen noch einmal schwieriger, da Medien Berichterstatter und Betroffene zugleich sind. Sie müssen leisten, was die Gesellschaft an öffentlicher Kommunikation von den Medien erwartet und sie müssen sich selbst als Unternehmen mit ihrer Verantwortung positionieren. Das schafft doppelte Verantwortung(en).

In diesem Beitrag soll eine erste Annäherung an den Begriff der Media Social Responsibility versucht werden, wobei der Begriff in den Zusammenhang von Verantwortungskommunikation gestellt wird. Ausgangspunkt ist die These, dass Journalismus und Medien eigenständige, funktional und strukturell unterscheidbare Organisationseinheiten sind, die in Ko-Orientierung kooperieren, da der Journalismus die Inhalte liefert, die die Medien distribuieren. Aus dieser Unterscheidung, so die weitere Argumentation hier, ergibt sich zwangsläufig, dass sich auch die Verantwortungsmuster von Journalismus und Medien unterscheiden. Da es in diesem Beitrag um Medienunternehmen geht, wird im Weiteren die doppelte Verantwortung der Medienunternehmen analysiert, die erstens darin liegt, dem Journalismus die erforderlichen Ressourcen für seine Arbeit zu sichern. Zweitens liegt die Verantwortung der Medien in ihrer gesellschaftlichen Verantwortung als Unternehmen, also darin, inwieweit Medienorganisationen CSR und CC als Aufgaben akzeptieren und umsetzen.

Mit Verantwortung (respektive CSR und CC) und Verantwortungskommunikation verhält es sich ähnlich wie mit Krise und Krisenkommunikation (Nolting & Thießen 2008): Es gibt einerseits eine Krise und andererseits die Krisenkommunikation; und es gibt einerseits das verantwortliche Handeln von Individuen oder ökonomischen Organisationen (wie etwa CSR-Maßnahmen) und andererseits die Verantwortungskommunikation. CSR und CC sind distinkte Begriffe der Unterscheidung von gesellschaftlichem Engagement und Verantwortung von Unternehmen. Verantwortung wird in diesem Beitrag als Dachbegriff verwendet für CSR und CC, die wiederum gemäß bekannter Definitionen genutzt werden (Habisch, Wildner & Wenzel 2008; Backhaus-Maul et al. 2010; Schwalbach & Schwerk 2008; Karmasin & Weder 2008; sowie der Beitrag von Raupp, Jarolimek & Schultz in diesem Band). Während CSR im Folgenden als Referenzrahmen die betriebliche Binnenwelt fokussiert, bezieht sich CC auf die gesellschaftliche Außenwelt. Bei CSR sind verbindliche gesetzliche Regelungen die Institutionalisierungsform, bei CC werden freiwillige Vereinbarungen mit Kooperationspartnern notwendig. Ebenso sieht es bei den Instrumenten und Ressourcen aus, die bei CSR innerbetrieblich, bei CC betrieblich und gesellschaftlich definiert werden (Backhaus-Maul et al. 2010: 24).

Mit den Unterscheidungen von CSR und CC wird schon deutlich, dass die Verantwortung von (Medien-) Unternehmen auf sehr vielen verschiedenen Ebenen verteilt sein und gemessen werden kann. Um diesen Ebenen gerecht zu werden und um zu empirisch handhabbaren Kriterien für eine Media Social Responsibility zu kommen, wird der Begriff der Verantwortung in seinen Perspektiven und Bezügen erläutert. Dabei wird schnell deutlich, dass Verantwortung kaum gesehen werden kann ohne auf die heutzutage stattfindende Debatte über Governance zu verweisen. Governance, verstanden als die rekursiven Verbindungen zwischen Strukturen (Institutionen), Macht, Interessen und Interaktion (Benz et al. 2007: 14; Donges 2007), hat auch die Medienforschung erreicht: „With the rise of publicly owned media firms and the appearance of governance concerns and conflicts – and because of the media's social and political functions – issues of corporate governance in media firms are growing in importance." (Picard 2005: 4).

Daran anschließend wird Verantwortungskommunikation thematisiert, als der Bereich kommunikativen Handelns, der sowohl die Kommunikation von Verantwortung als auch die Kommunikation über Verantwortung beschreibt und analysiert (ähnlich Bluhm 2008: 145, 147, 157, die den Begriff jedoch nicht definitorisch ausarbeitet). Verantwortungskommunikation umfasst damit Public Relations als interessengeleitete Kommunikation, bei CSR und CC also die Kommunikation über das gesellschaftliche Engagement von Unternehmen, und auch die mediale Kommunikation über die Verantwortungswahrnehmung von Unternehmen. Dabei kann die Kommunikation, die stets rekursiv und reflexiv ist, auch selbst anhand ihrer Verantwortung gemessen werden.

2 Journalismus und Medien als (unterscheidbare) Organisationen

Ausgangspunkt unserer Überlegungen ist, dass Journalismus und Medien zwar nur gemeinsam den Prozess öffentlicher Kommunikation herstellen können, dass aber jede Organisation einen anderen Part dabei übernimmt: Journalistische Organisationen produzieren informative Berichterstattung, Medien übernehmen die Distribution dieser Inhalte. Für die Zulieferung von Inhalten „bezahlen" die Medienorganisationen und statten den Journalismus mit Ressourcen aus. In dieser Konstellation liegt die Ko-Orientierung von Medien und Journalismus. Die Unterschiede zwischen den beiden Organisationen liegen (1) in den unverwechselbaren und unterscheidbaren Orientierungshorizonten sowie (2) in divergierenden institutionellen Ordnungen und Akteurkonstellationen (vgl. hierzu und zum Folgenden Altmeppen 2006; Altmeppen & Arnold 2010; sowie in institutionentheoretischer Perspektive Kiefer 2010).

Die Leistung des Journalismus besteht darin, Themen, die als informativ und relevant gelten, zu selektieren und zu bearbeiten. Journalismus handelt nach der Referenz von öffentlich/nicht-öffentlich, das ist sein Orientierungshorizont. Die Leistung journalistischer Organisationen liegt darin, Inhalte herzustellen, die durch die Distribution der Medien zur öffentlichen Kommunikation beitragen. Der Journalismus selbst besitzt keine Möglichkeiten der Distribution und keine Mechanismen zur Finanzierung seiner Kosten. Er kann weder senden oder drucken noch kann er seine ökonomische Grundlage aus sich heraus erwirtschaften, kurz: der Journalismus ist kein Geschäftsmodell, er benötigt eine Organisation zur Verbreitung seiner Angebote und zu seiner Finanzierung. Medienorganisationen dagegen orientieren sich daran, Information, Unterhaltung und Werbung zu distribuieren. Sie betreiben ein Geschäft und handeln dabei ökonomisch nach der Referenz von Zahlung/Nichtzahlung. Bei diesem Geschäft steht die Distribution im Zentrum; sie bildet die Kernkompetenz der Medienunternehmen. Für diese Kernkompetenz erwirtschaften Medien Geld und sie können somit dem Journalismus einen „Preis zahlen" für die Lieferung informativer aktueller Inhalte. Damit wird sichergestellt, dass der

Journalismus über die notwendigen Ressourcen – Personal, Etats, Technik – verfügen kann, um seine Angebote zu erstellen. Medienorganisationen sichern also die Produktion der journalistischen Angebote durch die Bereitstellung von Ressourcen, die sie u. a. durch die Verbreitung der journalistischen Produkte erwirtschaften.[1]

Eine solche Perspektive verändert auch den Blick auf die Verantwortungshorizonte der beiden Organisationen, denn beide operieren zwar in Ko-Orientierung, sie zeichnen sich aber grundsätzlich durch eigenständige, voneinander unterscheidbare Strukturen und Handlungslogiken aus. Daraus folgt, dass sich auch die Formen der Sozialverantwortung unterscheiden (müssen), denn Verantwortungswahrnehmung und Verantwortungszuschreibung sind an die Leistungen (und Fehlleistungen) gekoppelt.

Ohne diese Unterscheidung wird es schwierig Verantwortung zu adressieren, wie sich am Beispiel der Analysen von Siebert, Peterson und Schramm (2000: 74) zeigen lässt. Die Autoren zählen sechs Aufgaben auf, die sozialverantwortliche Medien leisten sollten: neben der politischen Informationsfunktion, der Aufklärung des Publikums und der „Watchdog"-Rolle rechnen sie auch die Marktfunktion der Werbung, die Unterhaltungsfunktion und die Profitabilität dazu. Sie lassen allerdings auch keinen Zweifel daran, dass die letzten drei Aufgaben den ersten deutlich unterzuordnen sind, wenn es um soziale Verantwortung von Medien geht. So ist Profitabilität allein als Schutzfunktion vor der Abhängigkeit von Interessengruppen notwendig („… to be free from the pressures of special interests"), die Marktfunktion soll keinesfalls über die demokratischen Funktionen dominieren, und Unterhaltung ist (nur) zulässig „with the proviso that the entertainment be ‚good' entertainment" (Siebert, Peterson & Schramm 2000: 74).

Der Aufgabenkatalog (aus dem Jahr 1956) zeugt ebenso von erstaunlicher Aktualität wie die Kritikpunkte: sie lesen sich wie ein Katalog an aktuellen Missständen. Aller Weitsichtigkeit von Siebert, Peterson und Schramm zum Trotz bleibt aber zu konstatieren, dass deren implizit vorhandene Gleichsetzung von Medien und Journalismus problematisch ist. Politische Informationsfunktion, Aufklärung des Publikums und „Watchdog"-Rolle sind eindeutige journalistische Leistungen, denn sie fundieren als Selbstverständnisse die Arbeit der Journalisten. Marktfunktion und Profitabilität sind dagegen eindeutige Funktionen der Medien. Sie sind monetär fundiert und kennzeichnen das Geschäft der Medien, die Kernkompetenz der Distribution im Wettbewerb durchzusetzen und das Geschäft finanziell abzusichern. Medienmanager handeln nicht entlang der Frage von Watchdogs, ihr Selbstverständnis entspringt betriebswirtschaftlicher Sozialisation. Insgesamt wird auch in der Journalismusforschung anderer Länder nicht zwischen Medien und Journalismus unterschieden (McManus 1997), wohl aber zwischen verschiedenen Verantwortungsformen, was sich schon semantisch äußert in Begriffen

---

1   Zu den Medienorganisationen, die die Versorgung der Gesellschaft mit Information, Unterhaltung und Werbung leisten, werden vorrangig Verlage und Rundfunksender gezählt. Auch die öffentlich-rechtlichen Sender fallen unter diesen Begriff, denn auch sie müssen Geld erwirtschaften und wirtschaftlich handeln.

wie Responsibility, Accountability und Stewardship (D'Haenens & Bardoel 2004; Elliott 1986; Hodges 1986).

Wenn sich nun journalistische und Medienorganisationen in ihren Leistungen, Orientierungen und Strukturen grundsätzlich unterscheiden, kann auch die Sozialverantwortung nicht die gleiche sein. Die Verantwortung und die Verantwortlichkeiten von Medien und Journalismus sind gesplittet (Altmeppen & Arnold 2010: 341). Bislang jedoch wird in der Forschung bei Fragen der Verantwortung, die häufig im Kleid der Ethik daherkommen, nicht zwischen Medien und Journalismus differenziert. Bevor die unterschiedliche Sozialverantwortung von Medien und Journalismus detaillierter betrachtet wird, erscheint es notwendig, die Begriffe Verantwortung und Verantwortungskommunikation eingehender zu betrachten, um den Referenzrahmen aufzuspannen.

3 Verantwortung und Verantwortungskommunikation: Skizzen zu ihrem Verhältnis

3.1 Zum Begriff Verantwortung

Verantwortung zeichnet sich, so Bühl (1998: 13), grundsätzlich dadurch aus, dass sie nur konstituiert werden kann als ein Sozialverhältnis, für das je nach Verantwortungsbereich spezifische Bedingungen und Rechtsverhältnisse vorliegen. Damit Verantwortung wahrgenommen und sanktioniert werden kann, ist es notwendig, dass innerhalb der jeweils gültigen Verantwortungsbereiche oder Subsysteme der Gesellschaft „institutionell geprägte und normativ […] gesicherte Wahrnehmungsmuster und Zurechnungskonstrukte zur Verfügung" gestellt werden, die es ermöglichen, „eine verantwortliche Person oder ein zuständiges Kollektivum ausfindig zu machen" (Bühl 1998: 16). Corporate Social Responsibility und Corporate Citizenship können gemäß dieser Definition als im gesellschaftlichen Diskurs eingerichtete Institutionen festgelegt werden, die als Wahrnehmungsmuster von Unternehmen öffentlich kommuniziert werden, um – häufig proaktiv – gesellschaftliche Verantwortung zugeschrieben zu bekommen. Dieser Referenzrahmen macht auf einige wesentliche Faktoren aufmerksam, die eine Unterscheidung von Journalismus und Medien stützen. Verantwortung als Sozialverhältnis erfordert es, die beteiligten Personen und Institutionen konkret zu benennen, die das Verhältnis bilden und prägen. Die Personen und Institutionen unterscheiden sich bei Journalismus und Medien ebenso wie die spezifischen Bedingungen und Rechtsverhältnisse, also die Strukturen und Leistungen. Diese Differenzen können wahrgenommen und die damit verbundenen Rechte und Pflichten können zugerechnet werden. Auf diese Weise lassen sich die Akzeptanz und die Erfüllung sozialverantwortlichen Handelns bestimmten Personen und Institutionen zuordnen; es lassen sich folglich Differenzierungskriterien entwickeln.

Zu den unterscheidbaren Wahrnehmungsmustern gehört, dass sich der Begriff der CSR in drei Verantwortungsbereiche aufspalten lässt (Hiß 2007: 7 ff.): einen inneren Verantwortungsbereich (Markt und Gesetz), einen mittleren Verantwortungsbereich (freiwillige CSR in der Wertschöpfungskette) und einen äußeren Verantwortungsbereich (freiwillige CSR außerhalb der Wertschöpfungskette, was in der Terminologie anderer Autoren dann eher als Corporate Citizenship anzusehen wäre). Zentrales Motiv für unternehmerisches Handeln in den drei Bereichen ist Legitimation, die als „zentrales Handlungsmotiv von Akteuren erachtet" wird (Hiß 2007: 7). Legitimation wird hergestellt durch die Erfüllung der primären unternehmerischen Aufgabe, der Profiterzeugung. Legitimation wird aber auch hergestellt durch Anpassung an die Umwelt, wobei Hiß (2007: 11) aus neoinstitutionalistischer Perspektive davon ausgeht, dass dies häufig eine Anpassung an institutionalisierte Mythen, also unhinterfragte Erwartungen, ist. Dabei kommen Journalisten und Medien ins Spiel, denn sie sorgen für die Anpassungen, da Mythen ohne Öffentlichkeit nicht entstehen können. Während die Mythen durch die journalistische Berichterstattung eher stabilisiert werden (sofern die Journalisten nicht explizit die Funktion von Kritik und Kontrolle ausüben), sind es vor allem zivilgesellschaftliche Gruppen, die CSR als „Mythos" in den Mittelpunkt öffentlicher Aufmerksamkeit rücken und die somit die Legitimation der CSR kritisch hinterfragen (Hiß 2007: 13).

Die zivilgesellschaftlichen Gruppen sind auch wiederum auf die Berichterstattung angewiesen, was zu konfligierenden Selektionen in den Redaktionen führen kann. Welche Einflüsse und Machtpotentiale die journalistische Berichterstattung und die PR in den Selektionsprozessen haben, bleibt in bisherigen Untersuchungen zur Verantwortungskommunikation außen vor oder schimmert allenfalls im Hintergrund durch. Das liegt gewiss auch daran, dass es dezidierter Analysen bedarf, um die Ebenen, Formen und Mechanismen der CSR als Handlungsakt und ihrer öffentlichen Zurschaustellung in den Griff zu bekommen. Schaut man sich beispielsweise die Verantwortungsbereiche dahingehend an, welche kommunikativen Leistungen und Anforderungen damit verbunden sind oder sein können, offenbaren sich deutliche Unterschiede. Im inneren Verantwortungsbereich, dem Kern des Business, ist der Maßstab für CSR-gerechtes Verhalten die Einhaltung bestehender Pflichten und gesetzmäßiger Auflagen. Dieser Bereich kann als der krisenhafteste angesehen werden, über den und für den Kommunikation (durch Journalismus oder PR) in erster Linie in Krisen stattfindet. Verstöße gegen Umweltgesetze, gegen Arbeitnehmerschutz, gegen Kinderarbeit, Produktmängel und Personalabbau rufen reflexartig die Berichterstattung auf den Plan, die häufig ebenso reflexartig von den Unternehmen beantwortet wird. Dies ist reaktive Verantwortungskommunikation, Kommunikation der Entschuldigung oder der Vermeidung weiterer kommunikativer krisenhafter Ereignisse für Unternehmen.

Freiwillige CSR in der Wertschöpfungskette markiert sozusagen den Graubereich zwischen Profit und Mäzenatentum. Unternehmen, die freiwillig über die gesetzlich geforderten Standards hinausgehende Umweltanforderungen erfüllen, geraten gegenüber den Eigentümern oder Kapitalgebern in Legitimation, da dies die Profitrate senkt. Die Öffentlichkeit aber kann solcherart Engagement gar nicht erkennen, sofern es nicht publiziert wird. Wenn es publiziert wird, kann die öffentliche und die veröffentlichte Meinung ein Gegengewicht bilden zu den Erwartungen der

Investoren. Verantwortungskommunikation wird in diesem Zusammenhang zu einem Mechanismus des Interessenausgleichs, der Legitimation nicht nur schaffen, sondern auch zum Austarieren der Legitimation zwischen verschiedenen Anspruchsgruppen beitragen kann. Die Kehrseite allerdings: öffentliche Zurschaustellung proaktiver Übernahme von Verantwortung kann vom Publikum negativ im Sinne eines Weißwaschens ausgelegt werden.

Gleiche Wahrnehmungsstrukturen der Öffentlichkeit gelten für Verantwortungskommunikation im äußeren Bereich der CSR. Wenn Mäzenatentum, Charity-Projekte und Stiftungsgründungen, also proaktives, von Profiterzielung freies Unternehmerhandeln öffentlich thematisiert werden, kann dies zur positiven Legitimation beitragen. Die Beispiele der Bertelsmann- oder der Robert-Bosch-Stiftung zeigen dies. Sie offenbaren aber auch, welch langfristiges und ambitioniertes Unterfangen darin steckt, und sie lassen trotzdem immer wieder Zweifel daran aufkommen, ob dieses verantwortliche Handeln tatsächlich uneigennützig oder nicht vielleicht doch nur vordergründig ist.

Ist also die Spendenaktion für die Opfer von Krisen, Kriegen und Katastrophen in Medien gleichzusetzen mit der unentgeltlichen Spende von Hilfsgütern durch Unternehmen? In beiden Fällen mag der Hilfsgedanke dominieren, aber die öffentliche Zurschaustellung derartiger Aktionen ist immer auch ein Akt der Legitimation und Reputationsgewinnung. Medienunternehmen verbuchen zudem gern noch die journalistische Berichterstattung über die Hilfsaktionen als Wahrnehmung ihrer Sozialverantwortung.

Das allerdings ist höchst kritikwürdig, denn gerade mit einer solchen Verknüpfung kann Verantwortung von Medienunternehmen nur schwer vereinbart werden. Nach Karmasin und Litschka (2008: 141) gliedert sich Unternehmensverantwortung in vier Dimensionen, die unterteilt werden nach den Subjekten der Verantwortung (Wer hat wofür Verantwortung?), nach den Objekten der Verantwortung (Für wen oder was besteht Verantwortung?), der Verantwortungsrelation (Beziehungen zwischen Subjekt und Objekt) und nach den Instanzen der Verantwortung (Vor wem oder was ist Verantwortung wahrzunehmen?). Für viele Autoren ist diese Verantwortung Teil der Medienethik (Funiok & Schmälzle 1999: 23 ff.). Dass Medienunternehmen (Wer?) Verantwortung für den Journalismus übernehmen (müssen) (Für wen?), dürfte eingängig sein. Weit schwieriger aber ist die Frage zu beantworten, wofür die Medienunternehmen Verantwortung zu übernehmen haben und in welchen Beziehungsbedingungen dies geschieht. Die Qualität allein, die in Sonntagsreden gern herangezogen wird, reicht als Konstitutium dieser Beziehung kaum aus.

Einen interessanten Ansatz vertreten Beckmann, Hielscher und Pies (2010: 147) mit der „Ordnungsverantwortung", die in orthogonaler Ausrichtung Moral und Gewinn ausbalancieren soll. Dazu wird Marktwirtschaft als Wettbewerbsspiel aufgefasst, bei dem Unternehmen Verantwortung im Spiel und Verantwortung für das Spiel übernehmen sollen. Damit sind Unternehmen nicht für nur ihre Spielzüge, sondern auch für die Spielregeln zuständig. Unternehmen werden aufgefordert, Gewinne nicht nur für CC-Zwecke einzusetzen, sondern aus dem verantwortlichen Engagement Gewinne zu generieren (Beckmann, Hielscher & Pies 2010: 149). Allerdings ist dieses Konzept aus machttheoretischer Perspektive heikel, denn gerade der Mediensektor beweist aufgrund der derzeitigen Rationalisierungen, also Produktivitätssteigerungen und Kostensenkungen, eindeutig, wie einseitige Machtverhältnisse entstehen, wenn ein Akteur Spieler und Spielleiter zugleich ist.

Auch für Galonska, Imbusch und Rucht (2007: 12) ist Verantwortung ein relationales Konstrukt, das in seiner einfachsten Version die Verantwortung eines Subjektes für einen Gegenstand gegenüber einem Adressaten aufgrund normativer Standards impliziert. Im Weiteren unterscheiden die Autoren (Galonska, Imbusch & Rucht 2007: 12) nach moralisch zwingender Verantwortung, wie sie etwa Eltern gegenüber ihren Kindern obliegt; sozial erwünschte Verantwortung liegt etwa bei Nachbarschaftshilfe vor, während die dritte Form von Verantwortung, die verantwortungsüberschreitende, ohne sozialen Druck aus völlig freien Stücken erfolgt. Die Autoren machen auf den wichtigen Umstand aufmerksam, dass der abnehmende Druck an Verantwortung mit dem Abstand an sozialer und lebensweltlicher Nähe zwischen den Verantwortungspartnern korrespondiert.

Im Hinblick auf Unternehmensverantwortung unterscheiden Galonska, Imbusch und Rucht (2007: 13) weiter zwischen der persönlichen Verantwortung als Privatpersonen und zwischen der unmittelbaren ökonomischen Verantwortung etwa von Managern. „Von gesellschaftlicher Verantwortung", so die Autoren, „sprechen wir nur dann, wenn Handelnde, in diesem Fall vor allem Angehörige der Wirtschaftselite, über ihre genuin ökonomischen Verpflichtungen hinausgehend, helfend, fördernd oder verbessernd auf Gesellschaft im Ganzen, gesellschaftliche Teilbereiche oder einzelne Gruppen einzuwirken versuchen." Die Autoren distanzieren sich auch ausdrücklich von der Unterscheidung von CSR und CC, sie fassen die Begrifflichkeit gesellschaftlicher Verantwortung „weniger streng" (Galonska, Imbusch & Rucht 2007: 14). Man könnte aber auch sagen, dass sie den Begriff der gesellschaftlichen Verantwortung von Unternehmen viel enger auslegen, denn es „kann von einer gesellschaftlichen Verantwortung erst dann gesprochen werden, wenn ein evidenter bzw. konkret nachweisbarer Nutzen für andere Gruppen oder die Allgemeinheit durch praktische Schritte angestrebt wird – ein Nutzen, der sich im Fall der Wirtschaft nicht unmittelbar und zwangsläufig aus ihrer charakteristischen ökonomischen Tätigkeit ergibt".

Vor diesem theoretischen Hintergrund haben die Autoren Fallstudien anhand von Medienberichterstattung ausgewertet und sind zu einem Raster von acht verschiedenen Handlungsdispositionen unternehmerischer Verantwortungswahrnehmung gekommen. Das Kontinuum umfasst ökonomisches Handeln, das alle Kriterien einer gesellschaftlichen Verantwortung erfüllt bis hin zu Handeln, das als nicht gesellschaftlich verantwortlich einzustufen ist (Galonska, Imbusch & Rucht 2007: 17–19).

Die Verlaufsformen der Wahrnehmung gesellschaftlicher Verantwortung teilen sich, beginnend mit der Nichtwahrnehmung, auf in: Regelverstoß, Abwehr von Eingriffen, Zwang, unverbindliches Signal, Tauschgeschäft, substanzielles Zugeständnis, proaktives Eingreifen und schließlich in eine Auffangkategorie „nicht eindeutig zuzuordnen" (Rucht, Imbusch & Alemann 2007: 322). In ihrem Beitrag resümieren die Autoren die Fallbeispiele, ordnen sie in die jeweiligen Verlaufsformen ein und kommen zu einer typologischen Einordnung von Verantwortungswahrnehmung durch Unternehmen. In einer zweidimensionalen Matrix, die zwischen geringer und hoher Verbindlichkeit der Vereinbarung und eher symmetrischen oder eher unsymmetrischen Ergebnissen für die Konfliktparteien unterscheidet (Rucht, Imbusch & Alemann 2007: 323), zeigt sich, dass verbindliche Vereinbarungen zu gesellschaftlicher Verantwortung, die aus einem symmetrischen, also alle Parteien konsensual berücksichtigenden Prozess entstehen, eher selten sind. Somit ist „eine aus eigenem Antrieb und aus eigener Einsicht erfolgende Übernahme gesellschaftlicher Verantwortung eher selten" (Rucht, Imbusch & Alemann 2007: 330).

Mit diesen aufgrund einer Medien-Inhaltsanalyse erzielten Ergebnissen liegt ein differenzierter Katalog von Verantwortungsniveaus vor, der die von Hiß vorgestellten drei Verantwortungsbereiche noch einmal erheblich erweitert. Der Katalog spürt den Unterschieden der Verantwortungswahrnehmung nach. Er erlaubt es somit, den Ursachen und Motiven des gesellschaftlichen Engagements nachzugehen und auf diesem Wege auch die Verbindlichkeit und das Maß der Selbstverpflichtung der Aktionen und Maßnahmen zu CSR und CC zu ergründen. Zudem unterstreicht dieser Katalog die Richtigkeit der von Hiß entworfenen Verantwortungsbereiche. Er macht aber auch überzeugend deutlich, dass die Verantwortungsbereiche von innen nach außen stark wachsend immer unverbindlicher werden. Wenn selbst die Vermeidung von Niedriglöhnen, die umweltgerechte Produktion oder die Ächtung von Kinderarbeit von Unternehmen nicht als moralisch zwingend empfunden wird oder wenn – im Umkehrschluss – unternehmerisches Handeln, das diese Maßnahmen ablehnt und bekämpft, als Corporate Social Responsibility-Aktionen öffentlich kommuniziert wird, ist die Glaubwürdigkeit dieses Handelns zumindest strittig.

Und so ist dann auch eine – offensichtlich allenfalls in Ansätzen erkennbare – Media Social Responsibility nach diesem Katalog zu prüfen, um festzustellen, inwiefern die Medienunternehmen das häufig propagierte Engagement tatsächlich realisieren oder inwieweit es eine kommunikative Schutzbehauptung, ein „unverbindliches Signal" ist. Zum Maßstab für ihre Media Social Responsibility erklären Medienunternehmen häufig ihren Einsatz für journalistische Qualität. Dass die Medienunternehmen dieses Signal, sie sorgten für die journalistische Berichterstattung und deren Qualität, immer wieder aussenden, dürfte wesentlich darauf zurückzuführen sein, dass die Berichterstattung ein wesentlicher Pfeiler ihrer gesellschaftlichen Legitimität ist.

Der – mögliche – Widerspruch zwischen der Kommunikation über gesellschaftliches Engagement und dem Vorhandensein bzw. der Verbindlichkeit von CSR- und CC-Maßnahmen führt zum Problem der Verantwortungskommunikation. Der Widerspruch, das sei noch mal wiederholt, legt Mechanismen zwischen Verantwortung und Kommunikation nahe, die denen von Krise und Kommunikation ähneln. Um die Bedeutung, das Ausmaß, die Intensität und die Verbindlichkeit und Glaubwürdigkeit der Kommunikation zu prüfen, müssen zunächst genau diese Prüfkriterien an die Maßnahmen selbst angelegt werden. Inwieweit PR-Kommunikation (die immer interessengeleitet ist) über eine Media Social Responsibility zu vertrauen ist,

entscheidet sich anhand der Deckungsgleichheit von Kommunikation und Maßnahmen. Verantwortungskommunikation heißt in solchen Fällen also vor allem
verantwortliche Kommunikation. Doch das ist nicht die einzige Facette von Verantwortungskommunikation, die uns im Folgenden etwas genauer beschäftigen soll.

3.2   Zum Begriff Verantwortungskommunikation

Verantwortungskommunikation, so haben wir eingangs kurz festgehalten, kann
verstanden werden als der Bereich kommunikativen Handelns, der sowohl die
Kommunikation von Verantwortung wie die Kommunikation über Verantwortung
beschreibt und analysiert. Verantwortungskommunikation umfasst damit sowohl
Public Relations als interessengeleitete Kommunikation, bei CSR und CC also die
Kommunikation über das gesellschaftliche Engagement von Unternehmen wie auch
die mediale Kommunikation über die Verantwortungswahrnehmung von Unternehmen. In diesen Fällen geht es um verantwortliche Kommunikation. Diese Kommunikation kann an Maßstäben verantwortlichen Handelns gemessen werden, und
zwar in allen Formen öffentlicher Kommunikation wie Journalismus, PR oder Werbung. Meistens jedoch geht es um die Kommunikation über verantwortliches und
(leider ebenso häufig auch) über unverantwortliches originäres (also profitorientier-
tes) Handeln von Unternehmen.

Folgt man der deskriptiven Beschreibung des Verantwortungsprozesses, die nach
den Subjekten der Verantwortung (Wer? Wofür?), nach den Objekten (Für wen oder
was?), der Verantwortungsrelation und nach den Instanzen der Verantwortung (Vor
wem oder was?) differenziert, handelt es sich bei Verantwortungskommunikation
um Formen öffentlicher Kommunikation durch professionelle kommunikative Akteure (Journalisten oder Kommunikationsinstanzen der PR). PR-Akteure kommunizieren interessengeleitet darüber, ob und welche Verantwortung gewinnorientierte
Unternehmen oder Non-Profit-Organisationen für spezifizierbare Handlungen und
deren Folgen übernehmen (oder nicht übernehmen). Dieser Kommunikation von
Verantwortung steht die Kommunikation über Verantwortung gegenüber, die vom
Journalismus als Teil der Berichterstattung geleistet wird.

Die Instanzen der Verantwortung ergeben sich aus den Verantwortungsrelationen: öffentliche Kommunikation durch PR ist der Instanz „Auftraggeber" verantwortlich. Das hoch verdichtete Abhängigkeitsverhältnis, das sich vor allem in engen
sozialen Beziehungen zwischen Auftraggeber und PR-Organisation manifestiert,
konstituiert sehr starke Verantwortungsrelationen. Der Journalismus ist als Instanz der Gesellschaft verantwortlich, die Verantwortungsrelation ist – aufgrund
des dispersen Publikums – deutlich geringer als bei der PR. Umgekehrt heißt das,
dass der Journalismus die Vertrauensregeln zum Publikum beachten muss. In beiden Fällen geht es um Macht und Kontrolle über die Ereignisse und Themen, nur
dass die Machtverhältnisse sich erheblich unterscheiden (Altmeppen 2007).

Im Sinne der Reflexivität und Rekursivität von Kommunikation kann dabei Verantwortung gleichsam doppelt geprüft werden: Erstens kann nur durch Kommu-

nikation geprüft werden, ob hinsichtlich des zugrundeliegenden Ereignisses oder der zugrundeliegenden Operationen eine Verantwortungswahrnehmung vorliegt. Zweitens kann geprüft werden, ob die Kommunikation selbst als verantwortliche Kommunikation eingestuft werden kann. Kommunikation entlarvt sich somit selbst als glaubwürdig und verantwortungsvoll oder als Lippenbekenntnis oder gar als Täuschung.

Bei der Beurteilung geht es darum offenzulegen, welche Formen von Verantwortungskommunikation vorliegen und mit welchen Mechanismen sie betrieben wird (vgl. zu dieser Unterscheidung im Hinblick auf Governance Benz et al. 2007: 14). Formen bezeichnen die Strukturen der Verantwortungskommunikation, also die dauerhaften Koordinationen der beteiligten Handlungspartner, etwa wenn Unternehmen mit PR-Agenturen zusammenarbeiten, die sich auf CSR-Kommunikation spezialisieren. Mechanismen sind die Prozessverläufe, die sich im Rahmen der Formen ergeben. „Good Company Rankings" beispielsweise sind ein Mechanismus der Verantwortungskommunikation, zu der mehrere Handlungspartner Regeln entworfen haben, um zu einer Institutionalisierung dieser Rankings zu kommen. Scoringsysteme, Vorschlagsregeln, Analyseinstrumente, aber auch Machtmechanismen haben sich als Institutionen herausgebildet, die einerseits den Zweck haben, CSR weiter zu etablieren, andererseits aber auch öffentliche Aufmerksamkeit erzeugen sollen. Aufmerksamkeit wird erzeugt durch die üblichen Formen medialer Kommunikation (Berichterstattung) und ihrer Induzierung durch PR.

Verantwortungswahrnehmung und Verantwortungskommunikation werfen bei Medien und Journalismus besondere Probleme auf. Einerseits ist die Berichterstattung einer der wesentlichen Pfeiler der Verantwortungskommunikation. Geleistet wird sie durch journalistische Organisationen. Andererseits sind die Medienorganisationen Unternehmen, die auf die Herausforderung CSR und CC reagieren müssen. Unterscheidet sich demgemäß auch die Sozialverantwortung der beiden Organisationen?

4 Unterschiede der Sozialverantwortung von Medien und Journalismus

Wer sich mit journalistischer Verantwortung oder Verantwortung der Medien beschäftigt, landet unweigerlich bei journalistischer Ethik und Medienethik, was nicht das Gleiche sein muss, aber häufig so verstanden wird: „Wenn von Medienethik die Rede ist, dann ist damit in der überwiegenden Zahl der Fälle journalistische Ethik gemeint." (Brosda 2010: 258). Die soziale Verantwortung des Journalismus, so kann kurz und bündig festgehalten werden, bezieht sich auf seine gesellschaftliche Aufgabe, der Produktion gesellschaftlich relevanter Informationsangebote. Journalistische Verantwortung bezieht sich auf die Berichterstattung und ihre Folgen. Was darf, was muss Journalismus veröffentlichen, wo liegen die Grenzen der Berichterstattung, sind die zentralen Fragen. Aus der öffentlichen Aufgabe (der Berichterstattung) des Journalismus werden seine ethischen (sozialverantwortlichen) Maßstäbe abgeleitet. Eine umfassende, ethische und qualitätsorientierte Berichterstattung

kann hinsichtlich ihrer Verantwortung anhand eines Prozessmodells der Aussagen-
entstehung geprüft werden, bei dem Verantwortung nach den einzelnen Stadien
des Produktionsprozesses – von der Recherche bis zur Darstellungsform – bewertet
werden kann (Altmeppen & Arnold 2010: 343).

Die Sozialverantwortung von Medien als Unternehmen und von Medienmanagern als Unternehmensleitern liegt auf ganz anderen Ebenen. Für Medienmanager
sind Unternehmensfortbestand, Profitabilität und Rentabilität zentrale Kriterien
ihres Handelns. Gerade angesichts der derzeitigen Rationalisierungen in Medienunternehmen drängt sich der Eindruck auf, dass sozialverantwortliche Belange komplett in den Hintergrund gedrängt werden. Für eine Arbeitnehmerverantwortung
oder eine Umweltverantwortung, geschweige denn für gesellschaftliche Verantwortung, ist kein Platz in den kapitalistischen Überlegungen der Medienunternehmen.
Nicht einmal die publizistischen Einheiten, mit wenigen Ausnahmen Mittelständler
und in überschaubaren Eigentumsverhältnissen, verzichten auf die Einsparpoten-
ziale, die sich durch die Bildung von Profitcentern, das Ausgliedern von Betriebstei-
len (auch Redaktionen), Leih- und Zeitarbeit und dem Austritt aus tarifvertraglichen
Bindungen ergeben. Angesichts dieser Prozesse lesen sich die (wenigen) Aussagen
von Medienunternehmen und Medienmanagern zur gesellschaftlichen Verantwortung wie (schlechte) Sonntagsreden.

Unter diesen Bedingungen ist es wenig erstaunlich, dass die Medienunternehmen
ihrer zentralen Verantwortung kaum nachkommen. Die besteht entlang der These
von der Ko-Orientierung der beiden ansonsten unabhängigen Organisationen Journalismus und Medien darin, dem Journalismus die notwendigen Ressourcen für
die Berichterstattung zur Verfügung zu stellen. Die Medien sind diejenigen Organisationen, die die Distributions- und Finanzierungsleistungen erbringen. Medien
„zahlen" dem Journalismus einen „Preis" für die Lieferung informativer aktueller
Inhalte. Damit soll sichergestellt werden, dass der Journalismus die notwendigen
Ressourcen erhält, um seine Angebote zu erstellen. Medien sichern mit diesem Res-
sourcenmodell der Verantwortung also die Produktion der journalistischen Angebote durch die Bereitstellung von Ressourcen, die sie u. a. durch die Verbreitung
der journalistischen Produkte erwirtschaften (Altmeppen & Arnold 2010: 343). Dazu
verpflichten sich die Medienunternehmen, dafür übernehmen sie die Verantwortung, da sie andererseits auf das Recht pochen (und die Freiheitsrechte in Anspruch
nehmen), die Instanzen zu sein, die die gesellschaftliche Selbstbeobachtung leisten
(Weischenberg, Malik & Scholl 2006).

Diese auf Unterschiede hinweisenden Wahrnehmungsmuster und Zurechnungskonstrukte sind auch sozialverantwortlichen Fragen von Medien und Journalismus
zugrunde zu legen. Für den (von uns angenommenen) Fall, dass beide Organisationen in unterschiedlichen gesellschaftlichen Bereichen agieren, sind demgemäß
differente Verantwortungsregeln anzunehmen. Die institutionellen und normativen Wahrnehmungsmuster der journalistischen Organisationen entstehen aus der
gesellschaftlichen Aufgabe des Journalismus, die Zurechnungskonstrukte sind
Redaktionsstatute, Pressegesetze und Rundfunkstaatsverträge sowie der Presserat
(Baum, Langenbucher & Pöttker 2005).

Nun sind, was zugegebenermaßen ein Dilemma für die Medienunternehmen ist, die journalistischen Informationsangebote ein typisches meritorisches Gut, sprich, ihre Allokation ist gesellschaftlich höchst wünschenswert, aber in vielen Fällen nicht so profitabel wie erwünscht. Die Erlöse laufen den Kosten hinterher. Aufgrund dieses Dilemmas werden die Konditionen für die journalistische Berichterstattung durch die beteiligten Organisationen immer wieder neu verhandelt und insbesondere die Medienorganisationen versuchen, den Journalismus im Sinne der eigenen Ziele zu beeinflussen. Während der Journalismus in diesen Verhandlungen allenfalls auf seine meritorische Leistung verweisen kann, können die Medienorganisationen ein breites Arsenal an zuvorderst ökonomischen Mechanismen entfalten, mit dem das Verhältnis von Zahlung und Nichtzahlung (von Ressourcen) an den Journalismus zu ihren Gunsten beeinflusst werden kann. Das Tauschgeschäft, Informationsprodukte gegen Ressourcen, begründet eine Reihe von strukturellen und sozialen Beziehungen zwischen journalistischen und Medienorganisationen.

In den Beziehungen der beiden Organisationen werden die Profit- und die publizistischen Erwartungen austariert. Dabei werden die strukturellen Verhältnisse jeweils modifiziert, überarbeitet, angepasst, je nach den von den Beteiligten konstruierten Wirklichkeiten. Die mediale Wirklichkeit von Zahlung/Nichtzahlung stößt derzeit mehr denn je auf die journalistische Wirklichkeit von öffentlich/nicht-öffentlich. Im immer schon labilen Prozess der Ko-Orientierung geraten die publizistischen Qualitätsansprüche mehr und mehr aus dem Lot, auch weil die Verantwortung der Medien für die journalistischen Ressourcen nur ungenügend abgesichert ist – nicht über Sozialverantwortungsmodelle und schon gar nicht über strukturelle Vorkehrungen (wie es etwa in früheren Jahren die Redaktionsstatute für die Unabhängigkeit der Redaktionen darstellten). Die Medienunternehmen „verpacken" die journalistischen Leistungen gern als Form ihrer sozialen Verantwortung.

Insgesamt jedoch sucht man Begriffe wie Unternehmensverantwortung, Corporate Social Responsibility oder Corporate Citizenship auf den Websites der deutschen Medienunternehmen und ihrer Verbände meistens vergeblich. Weder beim VPRT (Verband Privater Rundfunk und Telemedien) noch bei BDVZ (Bundesverband Deutscher Zeitungsverleger) und VDZ (Verband Deutscher Zeitschriftenverleger) ist CSR ein Thema. Bei der vom Bundesverband der Deutschen Industrie und der Bundesvereinigung der Deutschen Arbeitgeberverbände getragenen Initiative „CSR Germany" werden unter der Rubrik „Druck und Medien" nur der Axel-Springer-Verlag und Bertelsmann geführt.

Bei Gruner+Jahr gab es unter dem früheren Chef Bernd Kundrun (2007) Ansätze einer „Media Social Responsibility", definiert als neue Geschäftsmodelle und neue Formate, die Profitabilität schaffen, um dann damit die journalistische Glaubwürdigkeit und Wahrhaftigkeit zu sichern. Die gesellschaftlichen Erwartungen an die Berichterstattung bzw. deren Erfüllung streichen Medienunternehmen gern heraus, wenn nach ihrer Verantwortung gefragt wird. Aktuell dokumentiert Gruner+Jahr seine CSR in einem Commitment, dass Kriterien vom Qualitätsjournalismus über Mitarbeiter und Kultur & Soziales bis hin zur Umweltverantwortung auflistet. Der

ProSieben SAT.1 Media AG Konzern informiert auf seinen Webseiten unter dem Stichwort Unternehmen über seine Corporate Responsibility. Der Konzern dokumentiert dort einerseits ein „breites Engagement in den Bereichen Gesellschaft, Umweltbewusstsein und Kultur", andererseits Grundsätze für journalistische Unabhängigkeit, für die Trennung von Werbung und Programm und für den Jugendschutz. Der Axel-Springer-Verlag immerhin erkennt, dass er als Medienunternehmen eine doppelte Verantwortung trägt, eine publizistische und eine unternehmerische. Eher düster sieht es bei den öffentlich-rechtlichen Sendeanstalten aus. Die ARD äußert sich gar nicht zu CSR, das ZDF verliert auf seiner Unternehmenswebsite wenige Worte zur Social Responsibility – und verweist dabei auf das Programm als Instanz zur Wahrnehmung sozialer Verantwortung.

Alles in allem zeigt ein kurzer Blick auf die Unternehmenswebseiten der Medien, dass CSR und CC nur von wenigen, zumeist großen Unternehmen thematisiert werden. „The absence of such policies may indicate that governance is not a significant agenda item for many media companies," so formuliert es Picard (2005: 5) für den internationalen Bereich. Die Medienunternehmen – und die Medienmanager – nehmen an der Kommunikation von Verantwortung nicht oder nur rudimentär teil. Da Medienorganisationen im Wirtschaftssystem verankert sind, können sie sozialverantwortlichen Erwartungen leicht ausweichen. Zwar können (Medien-)Unternehmen nicht im verantwortungsfreien Raum agieren, aber wie die gegenwärtige Debatte um Corporate Social Responsibility und Corporate Governance zeigt, sind wirtschaftsethische Maßnahmen nur im Rahmen von Selbstverpflichtungen zu erwarten (Backhaus-Maul & Braun 2007), nicht aber als gesellschaftlich konsentierte und in Zurechnungskonstrukten niedergeschriebene Verantwortlichkeiten.

Insbesondere ihrer Verantwortung für den Journalismus und seinen Arbeitsbedingungen werden die Medienunternehmen derzeit kaum gerecht. Gerade an diesem Punkt aber wäre nachdrücklich auf die Sozialverantwortung der Medienorganisationen hinzuweisen. Stattdessen folgen sie mit den aktuellen Rationalisierungsmaßnahmen allein dem ökonomischen Imperativ. Mit repressiven Mechanismen pressen die Medien den Journalismus in eine ökonomische Zwangsjacke, dem Journalismus wird systematisch, mit den Machtmitteln von Effizienz und Effektivität, die Arbeitsgrundlage entzogen.

An dieser Aufgabe, die ökonomischen Grundlagen für eine qualitative Berichterstattung des Journalismus zu sichern, wären die Medienorganisationen vor allem zu messen, an der Media Social Responsibility also, die auf einem gesellschaftlichen Selbstverständnis und entsprechendem Engagement in der Ausgestaltung betrieblicher Prozesse und Strukturen beruht (Backhaus-Maul & Braun 2007: 4); und zu diesen innerbetrieblichen Verantwortungsbereichen gehört der Journalismus. Nun sind aber Medien, deren Produkte auch als Waren gelten, Wirtschaftsunternehmen. Sie müssen sich somit nicht nur Fragen zu ihrem CSR-Engagement stellen, sondern sich auch zu den Anforderungen der Corporate Citizenship positionieren und Antworten finden auf ihre Rolle als kommerzielle Unternehmen in einer komplexen Umwelt. In dieser Koppelung wird die doppelte Verantwortung der Medienunternehmen deutlich, Verantwortung für die ressourcenmäßige Absicherung der journalistischen Berichterstattung einerseits und Verantwortung als Unternehmen im gesellschaftlichen Raum andererseits – was keineswegs dasselbe ist.

Bislang, so scheint es, geben Medien Antworten auf ihr gesellschaftliches Engagement vor allem unter Rekurs auf die Berichterstattung. So wenig aber wie der Bau eines umweltverträglichen Autos von einem Autokonzern schon als gesellschaftliches Engagement gewertet werden kann, so wenig können Medienunternehmen auf die Distribution der journalistischen Berichterstattung als Beitrag zu CSR und CC verweisen. Das aber beanspruchen die Medienorganisationen häufig, sie verwechseln damit aber Erwartung und Engagement. Die zentrale Leistung von Medienunternehmen ist die Berichterstattung, nichts anderes erwartet die Gesellschaft von Medien. Daher können weder gewöhnliche noch außergewöhnliche Berichterstattungsformate (wie etwa Themenwochen im Fernsehen) als Ausdruck von gesellschaftlichem Engagement gelten. Wenn gesellschaftliches Engagement beurteilt wird, ist es von Bedeutung, welche gesellschaftlichen Interessen einen legitimen Anspruch auf Berücksichtigung durch die Unternehmen haben (Bluhm 2008: 150) und worin diese Ansprüche begründet sind. Dass die Gesellschaft mediale Berichterstattung erwartet, ist die vornehmste legitime Erwartung, denn die Distribution der journalistischen Berichterstattung ist die Leistung der Medien, jenseits aller sozialen Verantwortung.

Die doppelte Verantwortung von Medienunternehmen liegt also nicht wie bei anderen Unternehmen in der Unterscheidung von CSR- oder CC-Engagement. Insbesondere die herausgehobene Rolle der Medien, die nicht einfach als Unternehmen agieren, sondern mit einem gesellschaftlichen Auftrag versehen sind, verdeutlicht mehr als in anderen Branchen die Notwendigkeit, die Begriffe von CSR und CC detaillierter zu analysieren. So ist insbesondere zu fragen, ob Corporate (Media) Social Responsibility ein vergängliches Modewort ist oder vielleicht doch ein medienspezifische Variante von CSR und CC.

5 Media Social Responsibility – die mediensektorspezifische Variante von Verantwortungskommunikation?

Im derzeitigen Zustand sind CSR und vor allem Media Social Responsibility (MSR) alles in allem wohl mehr eine Perspektive auf die Realität als deren präzise Beschreibung und Analyse, wie es Benz et al. (2007: 9) auch für Corporate Governance konstatieren. Häufig ergibt sich ein Zirkelschluss, weil in modernen Gesellschaften Erwartungen an Organisationen (auch) von anderen Organisationen kommuniziert werden: „Gesellschaftlich verantwortlich ist, was im organisationalen Feld für CSR als gesellschaftlich verantwortlich definiert und legitimiert wird, was die Kanonisierung von Unternehmensverantwortung vorantreibt." (Bluhm 2008: 156). Die Frage ist allerdings, ob die Unternehmensverantwortung vorangetrieben wird oder (nur) die Kommunikation darüber. CSR kann wie MSR in negativer Bewertung auch (lediglich) als Zeremonie angesehen, die durchgeführt wird, weil eine Nicht-Beteiligung Reputationsschaden zur Folge haben kann. Der „zeremonielle Konformismus"

(Bluhm 2008: 158), der nur in der Kommunikation beobachtbar ist, entwertet Media Social Responsibility zu einem Ritual, bei dem gesellschaftliches Engagement nicht der Sache der Verantwortung dient und nicht (organisations-)intrinsisch motiviert ist, sondern aus der Beobachtung der organisationalen Umwelt gespeist wird. Wenn in der Umwelt MSR als opportun angesehen wird, werden unternehmerische Entscheidungen aus genau und nur aus opportunistischen Gründen gefällt.

Auffällig ist beispielsweise auch, dass es nicht zuerst die Medienunternehmen waren, die Moral, Werte und Verantwortung mit Mitteln der Kommunikation bearbeiteten, sondern dass Nichtregierungsorganisationen Markenwerbung als Zielscheibe für Protest aufspießten und öffentliche Kampagnen als erfolgreiche Protestmethode einsetzten. CSR in diesem Sinne ist, so Bluhm (2008: 147), ein Instrument der Unternehmen, um die Definitionsmacht über die eigenen Verantwortungsbereiche zurückzugewinnen. Wobei auch dieser Mechanismus wiederum die doppelte Verantwortung der Medienunternehmen im rekursiven Spiel der Kommunikation sichtbar macht, denn es sind die Distributionsleistungen (oder Fehlleistungen) der Medien, durch die die Diskurse über gesellschaftliches Engagement und gesellschaftliche Verantwortung öffentlich werden. Doppelte Verantwortung heißt, dass die Medienunternehmen ihr eigenes gesellschaftliches Engagement konzipieren und öffentlich machen wollen (oder müssen), was schnell dazu verführt, den Journalismus über die Ko-Orientierung zu instrumentalisieren. Angesprochen ist damit jener Journalismus, dessen Intensität in der Gesellschaft auf die Finanzierung durch die Medienunternehmen angewiesen ist.

Bei der Analyse und Bewertung von Media Social Responsibility geht es nun nicht (nur) um das einzelne Medienunternehmen, sondern um das gesamte Feld „Medienbranche". Dieses Feld besteht aus den Unternehmen selbst sowie weiteren Akteuren, die an der Institutionalisierung von Media Social Responsibility beteiligt sind. Das Konzept des (organisationalen) Feldes eignet sich zur Beschreibung und Analyse einer Vielzahl von Entwicklungen in gesellschaftlichen Teilsystemen, bei der Konzentrationskontrolle ebenso wie bei der Institutionalisierung von Märkten.

Organisationale Felder können definiert werden als durch spezifische Strukturen geprägte (und diese Strukturen prägende) soziale, kulturelle und ökonomische Interaktionen und Operationen, die auf bestimmte Ziele ausgerichtet sind – wie etwa der Deutungsmacht im Diskurs der Media Social Responsibility. Organisationale Felder bieten nicht nur einen theoretisch-begrifflichen Rahmen, sondern auch ein empirisch handhabbares Instrumentarium zur Untersuchung beispielsweise des gesellschaftlichen Engagements von Medien (Altmeppen 2010). Diese Annahme gründet darauf, dass die Sets von Organisationen, die ein Feld konstituieren, identifiziert werden können, was in der Regel diejenigen Akteure in und von Organisationen sind, die ein ausgeprägtes Interesse an diesem Feld haben (im Fall MSR also Medienunternehmen, Tarifpartner, Medienpolitik, Selbstkontrollorgane). Die Organisationen bedienen sich feldspezifischer Werkzeuge und Methoden (z. B. der professionellen PR-Kommunikation), sie stützen sich auf Regelungen und Machtmittel (Eigentums- und Besitzrechte als Arbeitgeber etwa). Im Zuge der Institutionalisierung von organisationalen Feldern entwickeln sich soziale Praktiken, die von den Akteuren im Feld hervorgebracht und gegebenenfalls verändert werden (Initiativen, Rankings). Die Praktiken unterliegen erkennbaren Governanceformen, mit denen die Akteure ihre Aktivitäten und Beziehungen miteinander abstimmen (was im Falle der Medien die gesellschaftlichen Erwartungen und ihre Auswirkungen für Medienunternehmen ebenso sind wie Profiterwartungen). Dabei folgen die Akteure ihren jeweiligen Orientierungshorizonten, die zentrale strukturprägende Merkmale in organisationalen Handlungsfeldern darstellen, denn sie prägen – in Form von gesellschaftlichen Erwartungen bzw. als Ziele der Organisationen – den Sinn der Handlungen der Akteure (also etwa die Schizophrenie von Profit und Gemeinwohl von Medienprodukten) (Altmeppen 2010).

In diesen organisationalen Feldern können „institutionelle Mechanismen hinsichtlich der unternehmensethischen Fragestellung untersucht werden" (Beschorner 2010: 122). Institutionelle Mechanismen treiben oder hemmen den Wandel in den organisationalen Feldern. Organisationswandel entsteht danach (1) aufgrund von Institutionalisierung durch Zwang, (2) aufgrund mimetischer Prozesse oder (3) aufgrund normativer Prozesse respektive Professionalisierung (Beschorner 2010: 122 ff.; Altmeppen 2010). Beschorner (2010: 127) entwickelt daraus ein Prozessmodell für unternehmensethische Analysen aus gesellschaftlicher Perspektive. Die vier Phasen des Modells beginnen mit der Definition und Explikation der Problemstellung des organisationalen Feldes, in dem dann die institutionellen Mechanismen untersucht werden. Bevor in der vierten Phase die Maßnahmen für institutionelle Reformen durchgeführt werden können, werden in der dritten Phase die institutionellen Entrepreneurs analysiert, um wirkungsmächtige Organisationen zu ermitteln, die zur Verbesserung defizitärer institutioneller Mechanismen beitragen.

Die Phasen verdeutlichen, dass es nicht die Organisationen des Journalismus sein können, die eine Media Social Responsibility anstoßen oder vorantreiben können. Zwar können Journalisten die journalismusethischen Anforderungen als normative Forderung in Aushandlungsprozesse mit den Medienunternehmen einbringen. Doch werden allgemein Betriebswirte und Juristen angesehen „als diejenigen Professionen, denen eine zentrale Rolle bei der Umsetzung ethischer Praktiken in Unternehmen zukommen kann" (Beschorner 2010: 123). Es gibt keinen Hinweis und keinen Grund anzunehmen, dass dies bei Medien als kommerziellen Unternehmen anders sein sollte. Folglich sind es die Medienmanager, nicht das Management der Redaktionen (vgl. zu dieser Unterscheidung Altmeppen 2006), die über Art und Intensität von Media Social Responsibility entscheiden. Spätestens mit dem allmählichen Verschwinden der Verlegerpersönlichkeiten ist auch das spezielle publizistische Ethos, das einen Teil dieser Verlegerpersönlichkeiten ausgezeichnet hat und das diese Personen in ihre Doppelfunktion von Verleger und Zeitungsmacher eingebracht haben, ebenfalls verschwunden. An ihre Stelle sind Manager getreten, denen von Ausbildung und beruflicher Sozialisation her ein publizistisches Ethos völlig fremd ist.

Auch Institutionalisierung durch Zwang ist keine Alternative. Solcherart (medien-) politische Ansinnen sind erstens schon seit langer Zeit nicht mehr erkennbar, sie würden zweitens von den Lobbyisten und Interessenvertretern gewiss unterbunden und drittens zeigt gerade die Institutionalisierung von CSR und CC, dass es dabei um freiwillige Prozesse der Verantwortungsetablierung geht, die keine zwanghaften Maßnahmen zulassen.

Am ehesten noch erscheinen Möglichkeiten realisierbar, eine Media Social Responsibility durch mimetische, also beobachtende und imitierende Prozesse zu institutionalisieren. Organisationaler Wandel in Form einer breiten Akzeptanz und Etablierung von Media Social Responsibility würde dabei durch die gegenseitige Marktbeobachtung der Medienunternehmen initiiert. Sobald sich Unternehmen herauskristallisieren würden, die durch Verantwortungskommunikation stärker als andere öffentlich wahrgenommen werden, oder sofern sich zeigen könnte, dass die Übernahme von Verantwortung keinen negativen Einfluss auf das Geschäftsmodell hat, würde ein solcher mimetischer Prozess in Gang kommen. Im Mediensektor könnten die sogenannten Leitmedien derartige institutionelle Entrepreneurs sein, deren Einfluss auf das organisationale Feld groß ist, die ein Eigeninteresse an institutionellen Veränderungen haben und die durch Interessengruppen in ihren Bemühungen unterstützt werden (vgl. zum Begriff der Leitmedien Wilke 2009; Jarren & Vogel 2009).

Der Fallgrube der doppelten Verantwortung entkommen die Medienunternehmen mit Nachahmungseffekten allerdings auch nicht. So ist zu befürchten, dass die Medienunternehmen ihre gesellschaftliche Verantwortung vor allem auf den Journalismus – seine Qualität und seine Verantwortung für die Berichterstattung – stützen werden. Diese Verantwortung ist aber moralisch zwingend, daraus kann weder eine Media Social Responsibility und schon gar kein verantwortungsüberschreitendes Engagement abgeleitet werden, denn: die Verantwortung der Medienunternehmen für die Qualität der Berichterstattung ist vergleichbar der Produktverantwortung. Diese Verantwortung ist der Kern des Geschäfts der Medien, denn sie leiten ihre Legitimation aus dem gesellschaftsweit anerkannten Wert der Berichterstattung ab. Das bedingt verantwortliches Handeln, was im Falle der Medienunternehmen darin besteht, dem Journalismus die zentral notwendigen Ressourcen für eine qualitative, umfassende und verantwortliche Berichterstattung zur Verfügung zu stellen.

Eine Media Social Responsibility beginnt erst jenseits dieser Verantwortung. MSR, die darin besteht, dass sich Medienunternehmen für die Berichterstattung (und sei sie auch noch so außergewöhnlich) loben und feiern, die sie vom Journalismus „einkaufen", hinterlässt einen faden Beigeschmack. Die journalistische Berichterstattung findet im gesellschaftlichen Auftrag statt und eignet sich nicht dafür, als Wohltat ausgelobt zu werden. Das aber tun die Medienunternehmen, sie betreiben Verantwortungskommunikation, indem sie ihr Engagement und ihre Verantwortung für die Sicherung und Verbesserung der Berichterstattung propagieren, als sei dies ein Akt besonderen Engagements. Dabei ist die Sicherung der Berichterstattung nichts weiter als der Grundauftrag der Medien.

Wollen Medienunternehmen eine Social Responsibility beanspruchen, kann dies zwar innerhalb der Wertschöpfungskette geschehen, aber nicht durch Rekurs auf die Berichterstattung. Medienunternehmen müssten andere Instrumente anwenden, um verantwortliches unternehmerisches Handeln ausweisen zu können (etwa über substantielle tarifvertragliche Regelungen hinausgehende Vereinbarungen mit den Mitarbeitern oder die Einrichtung von Ombudsstellen für Rezipientenbeschwerden).

Wollen Medienunternehmen über die MSR hinaus auch im Bereich von Corporate Citizenship operieren, müssten Maßnahmen außerhalb der Wertschöpfungskette angestoßen werden, die proaktiv wirken und die als substanzielle Zugeständnisse an gesellschaftliches Engagement beurteilt werden können. Live übertragene Wohltätigkeitsveranstaltungen, so hilfreich sie sind, sind keine Instrumente sozialverantwortlichen Handelns von Medienunternehmen, zumal dann nicht, wenn sie quotenmäßig ausgeschlachtet werden.

Literatur

Altmeppen, K.-D. (2006). *Journalismus und Medien als Organisationen. Leistungen, Strukturen und Management*, Wiesbaden: VS Verlag.

Altmeppen, K.-D. (2007). Journalismus und Macht. Ein Systematisierungs- und Analyseentwurf. In K.-D. Altmeppen, T. Hanitzsch, & C. Schlüter (Hrsg.), *Journalismustheorie: Next Generation. Soziologische Grundlegung und theoretische Innovation* (S. 421–447). Wiesbaden: VS Verlag.

Altmeppen, K.-D. (2010 im Druck). Medienökonomisch handeln in der Mediengesellschaft. Eine Mikro-Meso-Makro-Skizze anhand der Ökonomisierung der Medien. In T. Quandt, & B. Scheufele (Hrsg.), *Der Mikro-Makro-Link in der Kommunikationswissenschaft*. Wiesbaden: VS Verlag.

Altmeppen, K.-D., & Arnold, K. (2010). Ethik und Profit. In C. Schicha, & C. Brosda (Hrsg.), *Handbuch Medienethik* (S. 331–347). Wiesbaden: VS Verlag.

Backhaus-Maul, H., Biedermann, C., Nährlich, S., & Polterauer, J. (2010). Corporate Citizenship in Deutschland. Die überraschende Konjunktur einer verspäteten Debatte. In dies. (Hrsg.), *Corporate Citizenship in Deutschland. Gesellschaftliches Engagement von Unternehmen. Bilanz und Perspektiven* (2., akt. u. erw. Aufl.) (S. 15–49). Wiesbaden: VS Verlag.

Backhaus-Maul, H., & Braun, S. (2007). Gesellschaftliches Engagement von Unternehmen in Deutschland. Konzeptionelle Überlegungen und empirische Befunde. *Stiftung & Sponsoring, 10*(5), 1–15.

Baum, A., Langenbucher, W. R., & Pöttker, H. (2005) (Hrsg.), *Handbuch Medienselbstkontrolle*. Wiesbaden: VS Verlag.

Beckmann, M., Hielscher, S., & Pies, I. (2010). Ordnungsverantwortung – Ein strategisches Konzept für Corporate Citizenship. In H. Backhaus-Maul, C. Biedermann, S. Nährlich, & J. Polterauer (Hrsg.), *Corporate Citizenship in Deutschland. Gesellschaftliches Engagement von Unternehmen. Bilanz und Perspektiven* (2., akt. u. erw. Aufl.) (S. 146–156). Wiesbaden: VS Verlag.

Benz, A., Lütz, S., Schimank, U., & Simonis, G. (2007). Einleitung. In dies. (Hrsg.), *Handbuch Govenance* (S. 9–25). Wiesbaden: VS Verlag.

Beschorner, T. (2010). Corporate Social Responsibility und Corporate Citizenship: Theoretische Perspektiven für eine aktive Rolle von Unternehmen. In H. Backhaus-Maul, C. Biedermann, S. Nährlich, & J. Polterauer (Hrsg.), *Corporate Citizenship in Deutschland. Gesellschaftliches Engagement von Unternehmen. Bilanz und Perspektiven* (2., akt. und erw. Aufl.) (S. 111–130). Wiesbaden: VS Verlag.

Bluhm, K. (2008). Corporate Social Responsibility – Zur Moralisierung von Unternehmen aus soziologischer Perspektive. In A. Maurer, & U Schimank, U. (Hrsg.), *Die Gesellschaft der Unternehmen – Die Unternehmen der Gesellschaft. Gesellschaftstheoretische Zugänge zum Wirtschaftsgeschehen* (S. 144–162). Wiesbaden: VS Verlag.

Brosda, C. (2010). Journalismus. In C. Schicha, & C. Brosda (Hrsg.), *Handbuch Medienethik*. (S. 257–277). Wiesbaden: VS Verlag.

Bühl, W. L. (1998). *Verantwortung für soziale Systeme. Grundzüge einer globalen Gesellschaftsethik*. Stuttgart: Klett-Cotta.

D'Haenens, L., & Bardoel, J. (2004). Introduction to the special issue: Media responsibility and accountability. *Communications, 29*(1), 1–4.

Donges, P. (2007). Medienpolitik und Media Governance. In ders. (Hrsg.), *Von der Medienpolitik zur Media Governance* (S. 7–23). Köln: von Halem.

Elliott, D. (1986). Foundations for News Media Responsibility. In Elliott, D. (Hrsg.), *Responsible Journalism* (S. 31–44). Beverly Parks, Newbury Park & London: Sage.

Funiok, R., & Schmälzle, U. F. (1999). Medienethik vor neuen Herausforderungen. In dies., & Werth, C. H. (Hrsg.), *Medienethik – die Frage der Verantwortung* (S. 15–31). Bonn: Bundeszentrale für politische Bildung.

Galonska, C., Imbusch, P., & Rucht, D. (2007). Einleitung: Die gesellschaftliche Verantwortung der Wirtschaft. In P. Imbusch, & D. Rucht (Hrsg.), *Profit oder Gemeinwohl? Über die gesellschaftliche Verantwortung deutscher Wirtschaftseliten* (S. 9–29). Wiesbaden: VS Verlag.

Habisch, A., & Altmeppen, K.-D. (2008). *CSR in den Medien. Eine Inhaltsanalyse deutscher Printmedien und Experteninterviews.* Unveröffentlichter Forschungsbericht. Eichstätt.

Habisch, A., Wildner, M., & Wenzel, F. (2008). Corporate Citizenship als Bestandteil der Unternehmensstrategie. In A. Habisch, R. Schmidpeter, & M. Neureiter (Hrsg.), *Handbuch Corporate Citizenship. Corporate Social Responsibility für Manager* (S. 3–43). Berlin & Heidelberg: SpringeHiß, Stefanie (2007). Corporate Social Responsibility. Über die Durchsetzung von Stakeholder-Interessen im Shareholder-Kapitalismus. *Berliner Debatte Initial, 18*(4/5), 6–15.

Hodges, L. W. (1986). Defining Press Responsibility: A Functional Approach. In Elliott, D. (Hrsg.), *Responsible Journalism* (S. 13–31). Beverly Parks, Newbury Park & London: Sage.

Jarren, O., & Vogel, M. (2009). Gesellschaftliche Selbstbeobachtung und Koorientierung. Die Leitmedien der modernen Gesellschaft. In D. Müller, A. Ligensa, & P. Gendolla (Hrsg.), *Leitmedien. Konzepte – Relevanz – Geschichte*. Bd. 1 (S. 71–92). Bielefeld: Transcript.

Karmasin, M., & Weder, F. (2008). *Organisationskommunikation und CSR: Neue Herausforderungen an Kommunikationsmanagement und PR*. Münster: LIT Verlag.

Karmasin, M., & Litschka, M. (2008). *Wirtschaftsethik – Theorien, Strategien, Trends*. Münster: LIT Verlag.

Kiefer, M. L. (2010). *Journalismus und Medien als Institutionen*. Konstanz: UVK.

Kundrun, B. (2007). Rede auf dem Kommunikationskongress 2007. URL: http://www.guj.de/index2.php4. Zugriff am 20.10.2007.

McManus, J. H. (1997). Who's Responsible for Journalism? *Journal of Mass Media Ethics, 12*(1), 5–17.

Nolting, T., & Thießen, A. (2008) (Hrsg.). *Krisenmanagement in der Mediengesellschaft. Potenziale und Perspektiven der Krisenkommunikation*. Wiesbaden: VS Verlag.

Picard, R. (2005). Corporate Governance: Issues and Challenges. In ders. (Hrsg.), *Corporate Governance of Media Companies* (S. 1–10). Jönköping: Jönköping International Business School.

Prantl, H. (2009). Bürgerschaftliches Engagement – Was die Gesellschaft braucht: Anreger, Anstifter, Aufreger. In ARD (Hrsg.), *Bürgerschaftliches Engagement im Spiegel der Medien* (S. 8–13). Berlin.

Rucht, D., Imbusch, P., & Alemann, A. v. (2007). Zwischen Profitmaximierung und Gemeinwohlinteressen – eine Bilanz der Fallstudien. In P. Imbusch, & D. Rucht (Hrsg.), *Profit oder Gemeinwohl? Fallstudien zur gesellschaftlichen Verantwortung von Wirtschaftseliten* (S. 305–332). Wiesbaden: VS Verlag.

Schwalbach, J., & Schwerk, A. (2008). Corporate Governance und Corporate Citizenship. In A. Habisch, R. Schmidpeter, & M. Neureiter (Hrsg.), *Handbuch Corporate Citizenship. Corporate Social Responsibility für Manager* (S. 71–85). Berlin & Heidelberg: Springer.

Siebert, F. S., Peterson, T., & Schramm, W. (2000). *Four theories of the press. The authoritarian, libertarian, social responsibility and soviet communist concepts of what the press should be and do*. [zuerst 1956], Stratford: University of Illinois Press.

Weischenberg, S., Malik, M., & Scholl, A. (2006). *Die Souffleure der Mediengesellschaft. Report über die Journalisten in Deutschland*. Konstanz: UVK.

Wilke, J. (2009). Historische und intermediale Entwicklungen von Leitmedien. Journalistische Leitmedien in Konkurrenz zu anderen. In D. Müller, A. Ligensa, & P. Gendolla (Hrsg.), *Leitmedien. Konzepte – Relevanz – Geschichte*. Bd. 1 (S. 29–52). Bielefeld: Transcript.

2. Disziplinäre Perspektiven und Gegenstandsbereiche

2.1. Wirtschaft

Die Ökonomie der Verantwortung – eine wirtschaftswissenschaftliche Perspektive auf CSR

Michael Etter und Christian Fieseler

Die Frage ob Unternehmen eine gesellschaftliche Verantwortung wahrzunehmen haben, und wenn ja, auf welche Art und Weise, wird seit geraumer Zeit unter dem Schlagwort „Corporate Social Responsibility" (CSR) kontrovers diskutiert. Die Forderung nach mehr unternehmerischer Verantwortung ist auf der einen Seite den steigenden Ansprüchen von Kunden, Regierungen und außerparlamentarischen Interessengruppen an die gesellschaftliche Rolle von Unternehmen geschuldet. Aber auch auf Unternehmensseite ist die Institutionalisierung von gesellschaftsgerichteten Policies und Maßnahmen bereits weit vorangeschritten.

Ausgehend von einer ökonomischen Sichtweise können solche Formen des Engagements aus einer ethisch geprägten, makrosozialen Betrachtungsebene oder aus einer gewinnorientierten Organisationsebene heraus betrachtet werden. Der aktuelle wirtschaftswissenschaftliche Diskurs tendiert dazu, das Thema weniger unter moralischen als unter ökonomischen Gesichtspunkten zu beurteilen. Dabei unterscheidet sich die wissenschaftliche Auseinandersetzung mit CSR wesentlich von einer rein unternehmensethischen oder rechtlichen Perspektive. Dieser Beitrag erläutert unter der Berücksichtigung der historischen Verschiebung von der makrosozialen Ebene auf die Organisationsebene den ökonomischen Nutzen als Motiv von CSR und verknüpft anhand differenzierter Betrachtung das Konzept der CSR mit wirtschaftswissenschaftlichen Konzepten von kommunikationswissenschaftlicher Relevanz, wie Reputationsmanagement, Marketingkommunikation oder die Rolle der Nachhaltigkeit auf dem Kapitalmarkt.

Die wissenschaftliche Auseinandersetzung mit der Frage, wie ökonomisch das Wahrnehmen von gesellschaftlicher Verantwortung ist und inwiefern sich CSR tatsächlich auf den Unternehmensgewinn auswirkt, hat sich grundlegend verändert. Ausgehend von der frühen Forschung der 1950er und 1960er Jahre wurde das Thema CSR lange Zeit einzig auf makrosozialer Ebene betrachtet und als Teil einer Vision einer besseren Gesellschaft verstanden (Bowen 1953). Entsprechend wurde CSR als eine Art Korrekturmaßnahme für soziale Missstände der Wirtschaft konzipiert, was aber oftmals den Blick auf eine allfällige Verbindung zwischen CSR und unternehmerischem Gewinnstreben verbaute. In den frühen siebziger Jahren wurden die ethischen Argumente zunehmend zugunsten einer Untersuchung des Zusammenhanges zwischen CSR und finanziellem Erfolg, der so genannten Corporate Financial Performance (CFP), in den Hintergrund gestellt (Lee 2008). Es setzte sich langsam die Ansicht durch, dass CSR-Maßnahmen der gesellschaftlichen Legitimität von Unternehmen zuträglich sind, was diesen wiederum langfristig zugute komme. Diese auch aufgeklärtes Eigeninteresse („Enlightened Self-Interest") genannte Sichtweise verhalf der wissenschaftlichen Debatte zu einer ersten Abkehr von einer normativen, hin zur einer positivistischen Diskussion (McWilliams & Siegel 2001).

Ein wichtiger Schritt in diese Richtung gelang Archie B. Carroll (1979), der dazu überging, mit einem konzeptuellen Modell der Corporate Social Performance (CSP) ökonomische und soziale Aspekte nicht mehr als konträre, sondern als komplementäre Unternehmensziele darzustellen. Mit Carrolls Modell war ein pragmatischer Ansatz gegeben, der Unternehmen strategische Handlungsoptionen in Bezug auf soziale Belange für vier Verantwortungsebenen aufzeigte: Auf ökonomischer, juristischer, ethischer und philanthropischer Ebene. Das Modell entbehrte jedoch der objektiven und empirischen Messbarkeit, wodurch eine direkte Wechselwirkung zwischen CSP und CFP nicht bewiesen und somit die Unsicherheit über die Wirkungsweise von CSR-Maßnahmen auf den finanziellen Erfolg bestehen blieb (Wood & Jones 1995).

1   Gesellschaftliche Verantwortung und ihr ökonomischer Nutzen

Ein zentraler Wendepunkt in Bezug auf die wirtschaftswissenschaftliche Debatte, wie auch in der praktischen Umsetzung von CSR, war das Aufkommen der Stakeholdertheorie, durch deren Etablierung das Thema der gesellschaftlichen Verantwortung zunehmend Einzug ins Strategische Management fand. Die Stakeholdertheorie besagt, dass Unternehmen erfolgreich sind, wenn sie den Forderungen der verschiedenen Anspruchsgruppen gerecht werden (Freeman 1984). Die gesellschaftliche Verantwortung, die ein Unternehmen zu tragen bereit ist, kann dementsprechend auch als eine Grundlage für die Ausgestaltung dieser Beziehung zwischen Unternehmen und ihren Stakeholdern verstanden werden. Das zentrale Element der Stakeholdertheorie ist somit das unternehmerische Wohlergehen, welches nicht nur von den Anliegen und Ansprüchen der Aktionäre, sondern von weiteren Interessengruppen abhängt und dadurch weit reichende Anknüpfungspunkte an den CSR-Gedanken aufweist (Donaldson & Preston 1995).

Durch die zunehmende strategische Sichtweise auf CSR wurde das Konzept in den letzten drei Jahrzehnten graduell rationalisiert und mit unterschiedlichen Unternehmenszielen assoziiert. Die dadurch erfolgte Verschiebung der Diskussion auf eine ökonomische Ebene setzte eine Reihe von neuen Akzenten. So wurde in der wirtschaftswissenschaftlichen Literatur zunehmend argumentiert, dass CSR-Maßnahmen durchaus sinnvolle Investitionen für Unternehmen darstellen. Die Erhöhung der Wettbewerbsfähigkeit wird dabei als zentrales Element der Auswirkungen von CSR auf die finanzielle Performance identifiziert (Lee 2008).

Positive Effekte auf den ökonomischen Erfolg erkannte man beispielsweise durch die Erschließung neuer Märkte oder durch die Verbesserung von Beziehungen – analog der Stakeholdertheorie (Porter & Kramer 2002). Verbreitet ist die Ansicht, dass Innovationen bei der Lösung sozialer Probleme vorangetrieben werden, wodurch sich wiederum neue Geschäftsfelder für die Unternehmen eröffnen (Borger &

Kruglianskas 2006). Ein auf der Makro-Ebene angesiedeltes Argument für die ökonomische Berechtigung von CSR findet sich in der Annahme, dass Firmen, die ihrer gesellschaftlichen Verantwortung nicht nachkommen, von der Gesellschaft die Unterstützung ("licence to operate") entzogen bekommen können, mit entsprechenden ökonomischen Konsequenzen (Zinkin 2004).

Der in den Jahren zuvor vermutete Zusammenhang zwischen gesellschaftlich verantwortlichem Handeln und finanziellem Unternehmenserfolg ist zunehmend mittels quantitativer Forschungsdesigns ergründet worden. Die Ergebnisse auf Grundlage solcher Forschungsdesigns sind nach wie vor widersprüchlich, einige Untersuchungen sehen einen negativen Zusammenhang zwischen sozialer und finanzieller Unternehmensleistung (z. B. Vance 1975), andere berichten wiederum von einer positiven Beziehung (z. B. Orlitzky, Schmidt & Rynes 2003), während schließlich eine Reihe von Untersuchungen keinen signifikanten Zusammenhang identifizieren können (z. B. McGuire, Sundgren & Schneeweis 1988). Eine Meta-Analyse von Margolis und Walsh (2003), die Studien im Zeitraum zwischen 1971 und 2001 untersucht, belegen einen überwiegend positiven Zusammenhang zwischen nachhaltigem Wirtschaften und finanziellem Erfolg. Neuere Studien lassen keine eindeutigen Schlüsse zu, sie zeigen entweder eine Tendenz der positiven Korrelation zwischen CSR und CFP auf (May & Kahre 2008) oder aber erkennen keinen Zusammenhang (Nelling & Webb 2009).

2   Motive für CSR-Engagement

Wie im letzten Kapitel aufgeführt, wird die Corporate Social Responsibility heute von Unternehmen selten als reiner Altruismus verstanden, sondern von vielen auch mit einer Reihe von pragmatischen Anliegen und Unternehmenszielen verbunden. In der Wissenschaft wird daher zwischen instrumentellen und altruistischen Motiven unterschieden, wobei eine klare Zuschreibung empirisch nicht einfach zu vollziehen ist (Gardberg & Fombrun 2006; Siltoja 2006). Die altruistische Motivation von Firmen liegt darin, ethisch zu handeln und Gutes zu tun, ohne eigennützige Ziele zu verfolgen. Auf der anderen Seite stehen die instrumentellen Motive, die Firmen zu CSR-Maßnahmen bewegen, weil sich diese Profite daraus erhoffen.

Trotz Unsicherheiten bezüglich der Annahme, wie und ob sich CSR-Maßnahmen auf den finanziellen Gewinn auswirken, kommt den instrumentell-ökonomischen Motiven eine wichtige Bedeutung zu. Dabei wird in den Wirtschaftswissenschaften vor allem der positive Zusammenhang von CSR und anderen immateriellen Gütern, wie der Unternehmensreputation, Mitarbeiterzufriedenheit, Kundenloyalität, Mitarbeiterbranding oder auch dem Abwenden von verstärkten Regulierungen, beleuchtet. Im letzten Jahrzehnt rückten auch immer mehr Socially Responsible Investments und die Berücksichtigung von Nachhaltigkeitsaspekten bei der Firmen-Bewertung auf dem Kapitalmarkt in den Vordergrund, was Firmen dazu bewegt, verstärkt ihre gesellschaftliche Verantwortung wahrzunehmen und dies zu kommunizieren. Nicht zuletzt gilt in der Wissenschaft die Aufmerksamkeit den persönlichen Einstellungen und Werten von Führungskräften, deren Entscheidungen für CSR-Maßnahmen von essentieller Bedeutung sind.

Im Folgenden wird in den ersten drei Unterkapiteln auf instrumentell-ökonomische Motive für CSR eingegangen, die aus kommunikationswissenschaftlicher Perspektive relevant sind. Diese sind Reputationsmanagement, CSR in der Marketingkommunikation und die Bedeutung von CSR auf dem Kapitalmarkt. Als altruistisches Motiv für CSR, das aus einer Management-Perspektive relevant ist, werden die persönlichen Werte von Entscheidungsträgern beleuchtet.

Reputationsmanagement

Soziale und ökologische Belange sind für Unternehmen heutzutage imagebildend, was immer mehr Unternehmen dazu bewegt, sich noch bewusster als verantwortungsvoller Bestandteil der Gesellschaft zu verhalten und sich insbesondere als solcher darzustellen. Außerparlamentarische Interessengruppen, so genannte Nicht-Regierungs-Organisationen (NGOs) und andere Stakeholder, erzeugen durch ihre professionelle Kampagnenkommunikation und ihren konfrontativen Dialog politischen und wirtschaftlichen Druck auf Unternehmen. Wie Guay, Doh und Sinclair (2004) feststellen, können Interessengruppen durch geschickte Nutzung der Medien ihre Botschaften weltweit multiplizieren. Auf diese Weise werden Unternehmen vor die Herausforderung gestellt, den Ansprüchen der NGOs zu begegnen und diese ggf. von ihren möglicherweise divergierenden Interessen zu überzeugen: „The emergence of NGOs seeking to promote more ethical and socially responsible business practices is beginning to cause substantial changes in corporate management, strategy, and governance." (Guay, Doh & Sinclair 2004: 129). Sind Unternehmen dazu nicht in der Lage, so kann es sich als sehr kostspielig erweisen, von Aktivistengruppen öffentlich an den Pranger gestellt zu werden (Mohr, Webb & Harris 2001: 52). Gerade angesichts dieser Rahmenbedingungen ist gesellschaftliches Engagement ein wichtiges Instrument, um der breiten Öffentlichkeit zu kommunizieren, dass Unternehmen auch dem Wohlergehen der Umwelt und der Gesellschaft im Allgemeinen verpflichtet sind.

Vor diesem Hintergrund wird soziales und ökologisches Engagement schon seit geraumer Zeit als ein Thema des Reputationsmanagements wahrgenommen (Fombrun 1998). Unternehmensreputation wird dabei verstanden als die Summe der Wahrnehmungen aller relevanten Stakeholder hinsichtlich der Leistungen, Produkte, Services und Personen eines Unternehmens und der sich daraus ergebenden Achtung vor eben diesem Unternehmen. Diese ökonomische Sicht auf Reputation versteht Reputation als ökonomische Ressource, welche maßgeblich mit dem Konzept von CSR verknüpft ist (Fombrun 2005). Die positiven Effekte einer guten Unternehmensreputation zeigen sich auf verschieden Stakeholder-Ebenen. So hat eine gute Unternehmensreputation Auswirkungen auf Investitions-, Karriere- und Kaufentscheidungen. Aus Aktionärssicht begründet eine gute Reputation die Vermutung, eine sichere, wenig risikoreiche Anlage zu tätigen und macht Firmen somit zu interessanten Investitionsobjekten auf dem Kapitalmarkt (Gabbioneta, Ravasi & Mazzola 2007). Bei Kunden führt sie zum Aufbau von Vertrauen und erhöhter Attraktivität, wodurch Kunden angezogen und Wiederholungskäufe stimuliert werden. Des Weiteren ermöglicht eine gute Reputation einem Unternehmen, talentierte Mitarbeiter zu rekrutieren und die Mitarbeiterfluktuation niedrig zu halten (Turban & Greening 1997; Weaver & Trevino 1999). Nicht zuletzt hilft sie, eine wohlwollende Berichterstattung durch die Medien zu erzeugen (Deephouse 2000).

CSR-Maßnahmen werden als wichtiger Faktor verstanden, der auf das Image und die Reputation von Unternehmen einen entscheidenden Einfluss hat (Gardberg & Fombrun 2006). Sie steigern die Reputation von Unternehmen und helfen, Reputationsverluste zu vermeiden. Dadurch dienen CSR-Maßnahmen und die daraus gewonnene Reputation als Goodwill-Puffer in Krisenzeiten und als Schutz gegen Angriffe auf die Legitimität und den Handlungsspielraum von Unternehmen (Hansen & Schrader 2005). Die Adaption an gesellschaftliche Erwartungen dient aus Sicht der Wirtschaftswissenschaft damit in letzter Konsequenz der Sicherstellung des ökonomischen Erfolges eines Unternehmens. Daher werden Investitionen in soziale und ökologische Maßnahmen oftmals auch mit dem Hinweis auf die finanziellen Eigeninteressen des Unternehmens gerechtfertigt (McClaughry 1972).

Marketingkommunikation
Wie im vorherigen Kapitel bereits ausgeführt honorieren Kunden das Wahrnehmen der gesellschaftlichen Verantwortung von Unternehmen, beispielsweise mit Markenloyalität und Wiederkauf (Godfrey & Hatch 2007). So wurde der Zusammenhang von CSR und positiver Reaktion auf Produkte oder Dienstleistungen in mehreren Untersuchen belegt (Becker-Olsen, Cudmore & Hill 2006; Berens, van Riel & van Bruggen 2005). CSR hat sich zu einem wettbewerbsentscheidenden Faktor gewandelt, wodurch Firmen vermehrt dazu übergegangen sind in Bereichen mit hoher öffentlicher Aufmerksamkeit, wie Umweltbelange, Arbeitsverhältnisse, sowie ethische Standards bei Zulieferern, ihre gesellschaftliche Verantwortung wahrzunehmen. Andere Unternehmen haben CSR als wichtigen Teil ihrer strategischen Ausrichtung etabliert um dem Bedarf des Moralkonsums zu begegnen oder gemäß der ökonomischen Logik notwendige Ressourcen zu allokieren (Kanter 2009). Diese implementierten CSR-Aktivitäten werden zunehmend in die Marketingkommunikation integriert und an verschiedene Stakeholder vermittelt (Bowd, Bowd & Harris 2006). Diverse Marketing- und Kommunikationsmaßnahmen werden genutzt um CSR-Aktivitäten effektiv zu kommunizieren (Kotler & Lee 2005), wobei Instrumente wie Public Relations, Werbung, Sponsoring oder Corporate Websites darin zur Anwendung kommen.

McWilliams, Siegel und Wright (2006) unterschieden zwischen überzeugender und informativer CSR-Kommunikation. Überzeugende CSR-Kommunikation versucht gezielt einen Kunden positiv zu beeinflussen, so dass er ein Produkt kauft oder eine Dienstleistung in Anspruch nimmt. Informative CSR-Kommunikation stellt umfangreiche Informationen über die CSR-Aktivitäten eines Unternehmens zur Verfügung, mit dem Ziel die Reputation des Unternehmens zu stärken. Wurde vor einigen Jahren die Auffassung vertreten, dass eine zurückhaltende, informative Kommunikation für CSR angebrachter sei (Morsing & Schultz 2006) so ist die europäische Zurückhaltung in der CSR-Kommunikation in der Praxis dem ameri-kanischen Beispiel der offensiven, persuasiven Kommunikation gefolgt, woraus ein Bedarf an neuen Untersuchungen in der CSR-Kommunikation entsteht. Einig sind sich die Autoren, dass CSR-Kommunikation auf einem Dialog mit den verschie-denen Stakeholdern basieren sollte, um deren Erwartungen zu kennen und diese in die Marketingkommunikation zu integrieren (Morsing & Schultz 2006; Golob, Lah & Jancic 2008). Des Weiteren wird eine Kommunikation über Meinungsführer, wie Journalisten oder Entscheidungsträger, empfohlen, die in einem weiteren Schritt CSR-Aktivitäten eines Unternehmens den Kunden und der Öffentlichkeit kommuni-zieren. Dieser als „Third-Party Endorsement" bezeichnete Kommunikationsprozess hat den Vorteil der erhöhten Glaubwürdigkeit (Morsing, Schultz & Nielsen 2008).

Kapitalmärkte als Beweggründe für CSR
Ein weiterer Beweggrund für das Berücksichtigen der gesellschaftlichen Verantwor-tung und deren Kommunikation sind so genannte Socially Responsible Investments (SRIs). SRIs sind zunehmend wichtiger werdende Anlageinstrumente, die sowohl fi-nanzielle als auch ethische und moralische Kriterien berücksichtigen (Guay, Doh & Sinclair 2004: 128). Viele Beobachter sehen in ihnen eine Möglichkeit, gesellschaft-lich verantwortliches Handeln gewissermaßen von außen über die Kapitalmärkte in Unternehmen hineinzutragen (Anderson et al. 1996; Bruyn 1987; Cooper & Schle-gelmilch 1993; De George 1990; Mackenzie 1997; Rockness & Williams 1988; Sparkes 2001; Domini & Kinder 1984; Kinder, Lydenberg & Domini 1994; Lang 1996; Meehan 1997; Smith 1990). Sozial investierende Anleger sehen in ihrem Investment keine Wohltätigkeit, sondern erhoffen sich, wie alle Investoren, von ihrer Anlage einen größeren zukünftigen Nutzen (Shapiro 1992). Jedoch wird die Anlageentscheidung im Gegensatz zu anderen Anlageformen nicht ausschließlich auf Basis finanziel-ler, sondern auch auf Basis ethischer Kriterien getroffen (Bruyn 1987). Guay, Doh & Sinclair (2004: 126) definieren daher Socially Responsible Investments auch als „a subset of broader investment theory, with the ethical component made explicit and expressly specified".

Socially Responsible Investments sind, wie eingangs erwähnt, ein Phänomen, welches in den letzten Jahren ebenso wie Corporate Social Responsibility zuneh-mend an öffentlicher Aufmerksamkeit gewonnen hat. Beiden ist gemeinsam, dass ihre Ursprünge wesentlich älter sind, als es die aktuelle Diskussion vermuten lässt. (Ethische Verhaltensregeln für den Umgang mit Geld lassen sich beispielsweise be-reits auf die Bibel zurückverfolgen, etwa auf das 2. Buch Mose 22:24 (Lutherbibel) oder das 5. Buch Mose 23:20). Eine Vielzahl von Glaubensrichtungen verleihen be-reits seit geraumer Zeit ihren religiösen Überzeugungen u. a. dadurch Ausdruck, dass sie Investments in Geschäfte, die ihren Wertvorstellungen zuwider sind, wie zum Beispiel Alkohol, Pornographie, Tabak und Waffen, vermeiden (Domini 2001). Der eigentliche Anfang der SRI Bewegung wird oftmals mit der Auflage der ersten ethischen Investmentfonds Ende der zwanziger Jahre gleichgesetzt.

Socially Responsible Investments blieben die ersten Jahrzehnte über ein relativ überschaubares Phänomen. Erst der Boykott des Apartheidregimes in Südafrika in den 1970er und 1980er Jahren verschaffte der Bewegung breite öffentliche Aufmerksamkeit (Domini 1992). Investoren, nicht nur aus dem kirchennahen Umfeld, lehnten es damals in großer Zahl ab, ihre Ersparnisse in Unternehmen zu investieren, die von der Rassentrennung profitierten. Aus diesem Protestumfeld heraus entstanden auch 1976 die bekannten „Sullivan Principles", ein Verhaltenskodex für in Südafrika tätige Unternehmen, denen die Vorstellung zugrunde liegt, dass Unternehmen durch bessere und nichtdiskriminierende Arbeitsbedingungen einen positiven gesellschaftlichen Einfluss ausüben können (Paul & Lydenberg 1992: 185 ff.). Die Investment- und Verbraucherboykotts waren schließlich auch einer der Gründe für die spätere Abschaffung der Apartheid, worin die Befürworter von ethischen Geldanlagen den Beweis sehen, dass sich das Handeln von Unternehmen mit positiven Auswirkungen für die Gesellschaft beeinflussen lässt, indem unerwünschten unternehmerischen Aktivitäten die Geldmittel entzogen werden (Brill & Reder 1992; Teoh, Welch & Wazzan 1999).

Socially Responsible Investments wenden verschiedene Ausschlusskriterien auf Investments an. Diese Anlagemethode wird oftmals auch als „Screening" bezeichnet. Die Auswahl oder Ablehnung eines Wertes für ein Portfolio erfolgt auf Grundlage vorher definierter Kriterien (auch „Screens" genannt). Ebenso wie bei traditionellen Investmentfunds sind dies finanzielle Kriterien, aber auch soziale, ökologische und ethische. Um als potentielles Investment in Frage zu kommen, muss ein Unternehmen alle festgelegten Screens bewältigen. Das bedeutet zum Beispiel, dass ein finanziell attraktives Investment nicht getätigt werden kann, wenn es als ethisch bedenklich eingestuft wird (so genanntes „Negative Screening", vgl. z. B. Sharfman 1996). Je nach Investmentfunds können ethische Faktoren jedoch nur eine Überlegung unter anderen sein, so dass dann überwiegende finanzielle Benefits marginale ethische Bedenken ausgleichen können (vgl. Harrington 1992: 122 ff.) Insgesamt verwenden Socially Responsible Investments mittlerweile immer komplexere soziale, ökologische und ethische Auswahlkriterien und stellen mit die höchsten Transparenz- und Kommunikationsansprüche seitens der Anleger an Unternehmen. So ist in den letzten Jahren, angesichts des steigenden Marktanteiles von Socially Responsible Investments, die CSR-Politik eines Unternehmens zunehmend wichtiger geworden (Hockerts & Moir 2004: 95). Einhergehend mit dem gesellschaftlichen Wandel ist auch die Anzahl von möglichen Screens stark angestiegen (Anderson et al. 1996; Kinder 1997) als auch deren Anwendungsweise geändert worden. Wurde früher ein Unternehmen generell von der Anlageüberlegung ausgeschlossen, wenn es in einem unerwünschten Bereich tätig war (die so genannte „refusal to profit from" Praxis), so wird heutzutage die Auswahl eher auf Grundlage eines positiven Beitrages für die Gesellschaft vorgenommen, was eher einen „best in class" Ansatz darstellt (Eurosif 2006).

Persönliche Werte als Treiber für CSR
Ergänzend zu den instrumentell-ökonomischen Motiven wird auch das persönliche Werteverständnis einzelner Führungskräfte als Erklärungsmodell für unternehmerisches gesellschaftliches Engagement herangezogen (Hemingway & Maclagan

2004). Unter Werten versteht die Forschung situationsunabhängige und verhaltens-leitende Konzepte und Glaubenssätze, die die unternehmerische Selektion und Be-urteilung von Verhalten anleiten und untereinander eine Wertehierarchie bilden (Schwartz & Bilsky 1987). Dies bedeutet, dass unternehmerische Entscheidungen von Managern von Werten und Interessen beeinflusst werden, die der Übernahme gesellschaftlicher Verantwortung zuträglich sein kann (Hemingway & Maclagan 2004). Für die Durchsetzung intrinsischer Werte sind der Grad an Autonomie, der mit der individuellen Rolle in der Organisation verbunden ist, sowie die Möglich-keit, durch organisations-politische Prozesse Einfluss zu nehmen, von Relevanz (Boddy & Patton 1998). Entsprechend wird insbesondere der obersten Führungsrie-ge ein großer Einfluss auf die Wertekultur von Unternehmen zuerkannt (Agle, Mit-chell & Sonnenfeld 1999). Dieser Einfluss muss jedoch nicht zwingend ausschließlich von den obersten Leitungsebenen ausgehen, sondern kann gerade auch im mittle-ren Management Ausprägung finden, nicht selten auch ohne Unterstützung durch die Konzernleitung. So sind viele CSR-Maßnahmen ursächlich auf das Engagement von einzelnen Mitarbeitern zurückzuführen, oftmals unter Inkaufnahme von per-sönlichen, finanziellen und beruflichen Risiken (Drumwright 1994).

Einschränkend lässt sich argumentieren, dass idealistische Werte als Beweg-grund für gesellschaftliche Verantwortungsübernahme immer auch auf Eigenin-teresse und Egoismus beruhen. So lässt sich in jeglichem CSR-Engagement, sei es von ökonomischen Nutzenüberlegungen getrieben oder, zumindest oberflächlich betrachtet, altruistisch motiviert, eine Art von Eigeninteresse erkennen. Die CSR-Maßnahmen, die am offensichtlichsten auf altruistischen Werten beruhen, finden sich in der Philanthropie (Hemingway & McLagan 2004).

3   Schlussfolgerungen

Insbesondere vor dem Hintergrund der angesprochenen divergierenden Perspekti-ven über den Umfang und die genaue Natur von Corporate Social Responsibility soll an dieser Stelle nochmals auf die häufigsten Kritikpunkte von einigen Vertretern der Wirtschaftswissenschaften eingegangen werden: Einer der zahlreichen Einwän-de gegen soziale und ökologische Aktivitäten ist, dass Unternehmen dann der Ge-sellschaft am meisten nützen, wenn sie sich einzig und allein auf das konzentrieren, was sie am besten können – auf die Schaffung von Wert für ihre Eigentümer: „the business of business is business" (Friedman 1962). Eng einher damit geht das Ar-gument, dass die aufgewandten Mittel eigentlich den Eigentümern zustehen sollten, welche besser und berechtigter in der Lage sind, ihr Geld für soziale Belange auszu-geben als die angestellten Manager. Schließlich sind viele Unternehmensaktionäre über allfälliges gesellschaftliches Engagement ihres Unternehmens nicht informiert, und besitzen somit keine Möglichkeit, solchen Strategien explizit zuzustimmen – was aber eigentlich erforderlich wäre (Margolis & Walsh 2003; Malkiel & Quandt 1971). An diesen häufig vorgebrachten Einwänden gegen das gesellschaftliche En-gagement von Unternehmen wird wiederum der Unterschied zwischen philanthropischem Engagement und strategischer Anpassung an veränderte gesellschaftliche Rahmenbedingungen deutlich.

Es zeigt sich an dieser Kritik, dass das Thema der sozialen und ökologischen Verantwortung von Unternehmen ein sehr facettenreiches, wenn auch von vielen Anspruchsgruppen und Forschungsrichtungen oftmals unterschiedlich verstandenes Konzept bleibt. Die Wirtschaftswissenschaften tendieren dazu, das Thema weniger unter moralischen als unter ökonomischen Gesichtspunkten zu beurteilen. Dementsprechend werden auch im Rahmen der mittlerweile etablierten Stakeholdertheorie die Ansprüche eben dieser weniger aufgrund einer irgendwie gearteten moralischen Legitimität als berechtigt angesehen, sondern vielmehr aufgrund einer wahrgenommenen Fähigkeit von Stakeholdergruppen, die finanzielle Performance von Unternehmen zu beeinflussen (Freeman 1984).

Diese Betonung der Rolle der Unternehmensstakeholder stellt im Grunde genommen kein eigentliches ethisches Fundament, sondern ein rationales ökonomisches Verhalten dar. Unternehmen sind bestrebt, ihren Profit zu maximieren, indem sie sich denjenigen Aktivitäten zuwenden, die ihnen den höchsten Ertrag zusichern. Sofern ein Unternehmensmanagement annimmt, dass sich sozial und ökologisch nachhaltiges Verhalten auszahlt, wird es auch ein solches an den Tag legen. Sofern ein Unternehmen andererseits einen finanziellen Vorteil (abzüglich aller eventuell zu erwartenden Sanktionen) in nicht nachhaltigem Verhalten sieht, werden wahrscheinlich auch solche Aktivitäten verfolgt. Der Wert einer Tätigkeit wird also an ihrem finanziellen Ertrag gemessen – ethische und moralische Bedenken sind unter dieser Betrachtungsweise nachrangig gegenüber dem Gewinnprinzip.

Mit Blick auf die neuere wirtschaftswissenschaftliche Diskussion lässt sich aber festhalten, dass der Zeithorizont und der Blickwinkel, unter denen das Gewinnprinzip beurteilt wird, weiter gefasst werden als oftmals angenommen. Diese erweiterte Sichtweise findet sich in der neueren Literatur unter dem Stichwort des aufgeklärten Eigeninteresses wieder. Aber auch die Kritik an Corporate Social Responsibility erlebt hier eine Renaissance in Form von neuen Modellen, die das Thema unter einem primär ökonomischen Blickwinkel betrachten. Wenn demnach alle Teilaspekte der unternehmerischen Tätigkeit, so auch soziales und ökologisches Engagement, letztlich dem Zweck der Wertgenerierung für die Aktionäre dienen, so stellt auch unternehmerische Verantwortung lediglich ein Mittel zum Zweck dar.

Das instrumentell-ökonomisch motivierte CSR-Engagement, das in letzter Instanz auf der Wertgenerierung für die Aktionäre basiert, führte in den Wirtschaftswissenschaften zur differenzierten Untersuchung des Zusammenhangs zwischen finanzieller Performance und dem Wahrnehmen von gesellschaftlicher Verantwortung. So erfuhr das Konzept des Reputationsmanagements in Verbindung mit CSR steigende Aufmerksamkeit und wurde in zahlreichen Untersuchungen analysiert. Für die weitere Forschung gilt es insbesondere neue Ansätze und Sichtweisen der jeweiligen Konzepte für die Analyse deren Zusammenhangs anzuwenden. Die zunehmende Bedeutung von CSR bei Konsumenten hat dazu geführt, dass CSR immer mehr in die Marketingkommunikation integriert wurde, um den Anforderungen des Moralkonsums begegnen zu können. Für die CSR-Marketingkommunikation besteht aktueller Forschungsbedarf bezüglich der Art der Kommunikation, insbesondere die Anwendung von aktiv-persuasiver beziehungsweise zurückhaltend-informativer CSR-Kommunikation gilt es zu klären. Weitere Untersuchungen sollten sich der Frage widmen, welche dialogischen Formen der Kommunikation sich eignen, insbesondere vor dem Hintergrund der zunehmenden dialogischen Kommunikationsmöglichkeiten im Internet (Web 2.0). Allgemeine Untersuchungen über den Zusammenhang von finanzieller Performance und CSR führten bis anhin zu keinen eindeutigen Ergebnissen, was in diesem Bereich einen Forschungsbedarf insbesondere mit neuen Methoden und Messinstrumenten darstellt.

Literatur

Agle, B. R., Mitchell, R. K., & Sonnenfeld, J. A. (1999). „Who Matters to CEOs? An Investigation of Stakeholder Attributes and Salience, Corporate Performance, and CEO Values". *Academy of Management Journal*, 42(5), 507–525.

Anderson, D., Frost, G., Hogson, P. E., Minogue, K., O'Hear, A., & Scruton, R. (1996). *What has 'Ethical Investment' to do with Ethic?* The Social Affairs Unit.

Becker-Olsen, K. L., Cudmore, B. A. and Hill, R. P. (2006), „The Impact of Perceived Corporate Social Responsibility on Consumer Behavior". *Journal of Business Research*, 59(1), pp. 46–53.

Berens, G., van Riel, C., & van Bruggen, G. (2005). Corporate Associations and Consumer Product Responses: The Moderating Role of Corporate Brand Dominance. *Journal of Marketing*, 69(3), 35–18. Retrieved from Business Source Premier database.

Boddy, D., & Patton, R. (1998). *Management. An Introduction*. Prentice Hall: Financial Times.

Borger, F., & Kruglianskas, I. (2006). Corporate social responsibility and environmental and technological innovation performance: case studies of Brazilian companies. *International Journal of Technology, Policy & Management*, 6(4), 399–412.

Bowd, R., Bowd, L., & Harris, P. (2006). Communicating Corporate Social Responsibility: An Exploratory Case Study of a Major UK Retail Centre. *Journal of Public Affairs*, 6, 147–155.

Bowen, H. (1953). *Social responsibilities of the businessman*. New York: Harper.

Brill, J. A., & Reder, A. (1992). *Investing from the Heart*. New York: Crown Publishers.

Bruyn, S. (1987). *The Field of Social Investment*. Cambridge: Cambridge University Press.

Carroll, A. B. (1979). A three-dimensional conceptual model of corporate performance. *Academy of Management Review*, 4(4), 497–505.

Cooper, C., & Schlegelmilch, B. (1993). Key issues in ethical investment. *Business Ethics: A European Review*, 2(4), 213–227.

De George, R. T. (1990). *Business Ethics*. New York: Macmillan Publishing Company.

Deephouse, D. L. (2000). Media reputation as a strategic resource: An integration of mass communication and resource based theories. *Journal of Management*, 26(6), 1091–1112.

Domini, A. L., & Kinder, P. (1984). *Ethical Investing*. Mass: Addison Wesley.

Domini, A. L. (2001). *Socially responsible investing. Making a difference in making money*. Chicago: Dearborn Trade.

Domini, A. L. (1992). What is Social Investing? Who are social investors? In P. D. Kinder, S. D. Lydenberg, & A. L. Domini (Hrsg.), *The Social Investment Almanac* (5–7). New York: Henry Holt & Co.

Donaldson, T., & Preston, L. E. (1995). The stakeholder theory of the corporation. Concepts, evidence, and implications. *Academy of Management Review*, 20(1), 65–91.

Drumwright, M. E. (1994). Socially Responsible Organizational Buying. Environmental Concern as a Noneconomic Buying Criterion. *Journal of Marketing*, 58(1), 1–19.

Eurosif (2006). European SRI Study 2006.URL: http://www.eurosif.org/media/files/eurosif_sristudy_2006_complete. Zugriff am 25.03.2007.

Fombrun, C. J. (1998). Indices of Corporate Reputation: An Analysis of Media Rankings and Social CSR, Reputation and Value 109 Monitor Ratings. *Corporate Reputation Review*, 1(4), 327–340.

Fombrun, C. J. (2005). Building Corporate Reputation Through CSR Initiatives: Evolving Standards. *Corporate Reputation Review*, 8(1), 7–11.

Freeman, R. E. (1984). Strategic Management. A Stakeholder Approach. Boston: Pitman.

Friedman, M. (1962). *Capitalism and Freedom*. Chicago: University of Chicago Press.

Gabbioneta, C., Ravasi, D., & Mazzola, P. (2007). Exploring the Drivers of Corporate Reputation. A Study of Italian Securities Analysts. *Corporate Reputation Review, 10*(2), 99–123.

Gardberg, N. A., & Fombrun, C. J. (2006). Corporate Citizenship: Creating Intangible Assets across Institutional Environments. *Academy of Management Review, 31*(2), 329–346.

Godfrey, P., & Hatch, N. (2007). Researching Corporate Social Responsibility: An Agenda for the 21st Century. *Journal of Business Ethics, 70*(1), 87–98.

Golob, U., Lah, M., & Jančič, Z. (2008). Value orientations and consumer expectations of Corporate Social Responsibility. *Journal of Marketing Communications, 14*(2), 83–96.

Guay, T., Doh, J. P., & Sinclair, G. (2004). Non-governmental Organizations, Shareholder Activism, and Socially Responsible Investments: Ethical, Strategic, and Governance Implications. *Journal of Business Ethics, 52*(1), 125–139.

Hansen, U., & Schrader, U. (2005). Corporate Social Responsibility als aktuelles Thema der Betriebswirtschaftslehre. *DBW, 65*(4), 373–395.

Harrington, J. C. (1992). *Investing with Your Conscience. How to Achieve High Returns Using Socially Responsible Investing*. New York: John Wiley & Sons.

Hemingway, C. A., & Maclagan, P. W. (2004). Managers' Personal Values as Drivers of Corporate Social Responsibility. *Journal of Business Ethics, 50*(1), 33–44.

Hockerts, K., & Moir, L. (2004). Communicating Corporate Responsibility to Investors: The Changing Role of the Investor Relations Function. *Journal of Business Ethics, 52*(1), 85–98.

Kanter, R. M., (2009). *Supercorp: How Vanguard Companies Create Innovation, Profits, Growth and Social Good*. London: Profile Books.

Kinder, P. D, Lydenberg, S. D., & Domini, A. L. (1994). *Investing for good, Making Money While Being Socially Responsible*. New York: Harper Business.

Kinder, P. D. (1997). Social screening: paradigms old and new. *The Journal of Investing, 6*(4), 12–19.

Kotler, P., & Lee, N. (2005). *Corporate Social Responsibility. Doing the Most Good for Your Company and Your Cause*. Hoboken & NJ: John Wiley and Sons.

Lang, P. (1996). *Ethical investment. A saver's guide*. Oxfordshire: Jon Carpenter Publishing.

Lee, M. (2008). A review of the theories of corporate social responsibility. Its evolutionary path and the road ahead. *International Journal of Management Reviews, 10*(1), 53–73.

Mackenzie, C. (1997). *Ethical Investment and the Challenge of Corporate Reform – A critical assessment of the procedures and purposes of UK ethical unit trusts*. PhD Thesis, University of Bath. Bath.

Malkiel, B. G., & Quandt, R. E. (1971). Moral Issues in Investment Policy. *Harvard Business Review, 49*(2), 37–47.

Margolis, J., & Walsh, J. (2003). Misery Loves Companies: Rethinking Social Initiatives by Business. *Administrative Science Quarterly, 48*, 268–305.

May, P., & Khare, A. (2008). An exploratory view of emerging relationship between corporate social and financial performance in Canada. *Journal of Environmental Assessment Policy & Management, 10*(3), 239–264.

McClaughry, J. (1972). Milton Friedman Responds. *Business and Society Review, 1* (Spring), 5–16.

McGuire, J. B., Sundgren, A., & Schneeweis, T. (1988). Corporate Social Responsibility and Firm Financial Performance. *Academy of Management Journal, 31*(4), 854–872.

McWilliams, A., & Siegel, D. (2001). Corporate Social Responsibility: A theory of the firm perspective. *Academy of Management Review, 26*(1), 117–127.

McWilliams, A., Siegel, D. S., & Wright, P. M. (2006). Corporate social responsibility: strategic implications. *Journal of Management Studies, 43*(1), 1–18.

Meehan, H. (1997). *Independent guide to ethical and green investment fund*. Holden: Meehan.

Mohr, L. A., Webb, D. J., & Harris, K. E. (2001). Do Consumers Expect Companies to be Socially Responsible? The Impact of Corporate Social Responsibility on Buying Behavior. *Journal of Consumer Affairs, 35*(1), 45–72.

Morsing, M., & Schultz, M. (2006). Corporate Social Responsibility communication: stakeholder information, response and involvement strategies. *Business Ethics: A European Review 15*(4), 323–38.

Morsing, M., Schultz, M., & Nielsen, K. (2008). The ‚Catch 22' of communicating CSR: Findings from a Danish study. *Journal of Marketing Communications, 14*(2), 97–111.

Nelling, E., & Webb, E. (2009). Corporate social responsibility and financial performance: the ‚virtuous circle' revisited. *Review of Quantitative Finance & Accounting, 32*(2), 197–209.

Orlitzky, M., Schmidt, F. L., & Rynes, S. L. (2003). Corporate social and financial performance: a metaana-
lysis. *Organization Studies, 24*(3), 403–411.
Paul, K., & Lydenberg, S. D. (1992). Corporate Social Monitoring: Types, Methods, Goals. In P. D. Kinder,
S. D. Lydenberg, & A. L. Domini (Hrsg.), *The Social Investment Almanac*. New York: Henry Holt & Co.
Porter, M. E., & Kramer, M. R. (2002). The competitive advantage of corporate philanthropy. *Harvard Busi-
ness Review, 80*(12), 56–68.
Rockness, J., & Williams, P. (1988). A descriptive study of social responsibility in mutual funds. *Accounting,
Organizations and Society, 13*(4), 397–411.
Schwartz, S. H., & Bilsky, W. (1987). Toward a universal psychological structure of human values. *Journal
of Personality and Social Psychology, 53*(3), 550–562.
Shapiro, J. (1992). The Movement since 1970. In P. D. Kinder, S. D. Lydenberg, & A. L. Domini (Hrsg.), *The
Social Investment Almanac*. New York: Henry Holt & Co.
Sharfman, M. P. (1996). The Construct Validity of the Kinder, Lydenberg and Domini Social Performance
Data. *Journal of Business Ethics, 15*(3), 287–296.
Siltaoja, M. (2006). Value Priorities as Combining Core Factors Between CSR and Reputation. A Qualita-
tive Study. *Journal of Business Ethics, 68*(1), 91–111.
Smith, N. C. (1990). *Morality and the Market: Consumer Pressure for Corporate Accountability*. London: Rout-
ledge.
Sparkes, R. (2001). Ethical investment: whose ethics, which investment? *Business Ethics: A European Re-
view, 10*(3), 194–205.
Teoh, S., Welch, I., & Wazzan, C. P. (1999). The Effect of Socially Activist Investment Policies on the Finan-
cial Markets: Evidence from the South African Boycott. *The Journal of Business, 72*(1), 35–89.
Turban, D. B., & Greening, D. W. (1997). Corporate Social Performance and Organizational Attractiveness
to Prospective Employees. *Academy of Management Journal, 40*(3), 658–72.
Vance, S. C.(1975) „Are socially responsible corporations good investment risks?". *Management Review, 64*,
18–24.
Weaver, G. R., & Treviño, L. K. (1999). Compliance and Values Oriented Ethics Programs: Influences on
Employees' Attitudes and Behavior. *Business Ethics Quarterly, 9*(2), 315–35.
Wood, D. J., & Jones, R. E. (1995). Stakeholder mismatching: a theoretical problem in empirical research
on corporate social performance. *International Journal of Organizational Analysis, 3*(3), 229–267.
Zinkin, J. (2004). Maximising the „ Licence to Operate". *Journal of Corporate Citizenship, 14*, 67–80.

Corporate Social Responsibility in wirtschaftsethischen Perspektiven

Christian Lautermann und Reinhard Pfriem

Unter dem Kürzel CSR (Corporate Social Responsibility) ist die gesellschaftliche Verantwortung von Unternehmen im Laufe des ersten Jahrzehnts des 21. Jahrhunderts in einer Breite zum Thema politischer wie wissenschaftlicher Diskussionen geworden, wie das noch wenige Jahre vorher niemand voraussagen konnte. Umso mehr sei daran erinnert, dass Skandale und Korruptionsaffären diese Diskussionen auslösten und dass es die plötzlich zutage tretende Vielfalt solcher Skandale und Korruptionsaffären war, die die Diskussionen sich so rasch vermehren ließ.

> „Am 2. Dezember 2001 brach der Energielieferant Enron, das bis dahin siebtgrößte Unternehmen der Vereinigten Staaten von Amerika, zusammen. In weniger als zehn Monaten waren die Aktiennotierungen der Unternehmung von knapp 90 USD auf 26 Cent gesunken. Insgesamt führte der Konkurs Enrons alleine bei den Aktionären zu Verlusten in einer geschätzten Höhe von 60 Milliarden USD. Der Zusammenbruch des ehemaligen Vorzeigeunternehmens zerstörte so mittelbar die Ersparnisse und Pensionsrücklagen von mehr als der Hälfte aller US-Haushalte." (Aßländer 2005: 7)

Enron und Arthur Anderson sind zu Schlüsselwörtern geworden für Ausprägungen unternehmenspolitischen Handelns, die von der Gesellschaft nicht länger akzeptiert werden. Betriebsrätekorruption bei der Volkswagen AG und die Affären bei Infineon und Siemens haben in der Folge gezeigt, wie auch deutsche Unternehmen in den Sog solcher Verhaltensweisen geraten sind. Weitere Fälle betreffen die Kommunikation zahlreicher Konzernmanager während der letzten Jahre internationaler Finanz- und Wirtschaftskrise, ihr für große Teile der Bevölkerung unverständliches Beharren auf vertraglich festgelegten Bonuszahlungen trotz offenkundigen Managementversagens sowie illegales Ausspionieren von Mitarbeitern (Lidl, Telekom, Deutsche Bahn). Das verbreitete Gefühl, dass diese Entwicklungen in den frühindustrialisierten Wirtschaftsgesellschaften das Vertrauen der Menschen in die Moral der Manager und damit auch erwerbswirtschaftlicher Unternehmen als Organisationen auf einen historischen Tiefpunkt haben sinken lassen, ist mittlerweile auch empirisch belegt worden (vgl. Bertelsmann Stiftung 2009).

Wir wählen diesen Einstieg, um deutlich zu machen: Das Thema Corporate Social Responsibility ist in den vergangenen zehn Jahren eindeutig ex negativo zu dem geworden, was es heute ist. Nicht etwa dadurch, dass Unternehmen vor allem positiv ihre Rolle als gesellschaftliche Akteure thematisiert und aktiv überzeugende Zukunftsstrategien zur Bewältigung gesellschaftlicher Probleme entwickelt hätten.

Offenkundiges moralisches Fehlverhalten von Unternehmen hat als Anforderung an sie generiert, dass sie anders als in der Vergangenheit gesellschaftliche Verantwortung tragen sollen. Worin diese positiv bestehen könnte, ist damit noch keineswegs definiert, und erst recht nicht ein ethischer Reflexionsrahmen, von dem her unternehmenspolitisches Handeln gerechtfertigt oder kritisiert werden kann.

Gegenüber dem praktischen unternehmenspolitischen Verhalten hat also ein solcher ethischer Reflexions- oder Bezugsrahmen sui generis die Rolle einer kritischen Instanz. Wir konkretisieren dies im Kapitel (1) über die Bedeutung von Ethik für die CSR-Debatte. Dann werden wir (2) einen Blick werfen auf den Stand der Diskussionen über Corporate Social Responsibility und wichtige konzeptionelle Vorstellungen davon analysieren. Wir werden die Brauchbarkeit unserer auf Kritik basierenden wirtschaftsethischen Perspektive für die Untersuchung von Corporate Social Responsibility in diesem Text (3) im Horizont unternehmenspolitischer Herausforderungen und Verantwortungen weiter verdeutlichen. Ver-Antwortung als Umgang mit unternehmenspolitischen Herausforderungen führt über den Begriff der Verantwortung dazu, (4) zeigen zu können, an welche theoretischen Traditionen eine kritische wirtschaftsethische Perspektive anknüpfen kann und wie diese zukunftsfähig weiter entwickelt werden können. Wir beenden den Text (5) mit Schlussfolgerungen für die CSR-Kommunikation.

1   Die Bedeutung von Ethik für die CSR-Debatte

Wenn die ethische Frage dann virulent wird, wenn offenkundig unethisches Verhalten auftritt, hat das konzeptionell zunächst einmal nicht mehr zur Folge als die Feststellung der Widersprüche zwischen dem Ist- und einem gegebenen Soll-Zustand. Und tatsächlich ist das Grundverständnis vieler ethischer Konzeptionen in dieser Weise geprägt. Insbesondere für die deutsche wirtschafts- und unternehmensethische Diskussion lässt sich in der Rückschau der Befund feststellen, dass sich seit dem gleichsam offiziellen Start der Debatte mit der Publikation von Steinmann und Oppenrieder (1985) eine recht starre Konstellation zwischen wenigen Hauptpositionen (Steinmann & Löhr 1989; Ulrich 1990; Homann & Blome-Drees 1992) herausbildete, mit der die Auseinandersetzung über die Beziehung von Wirtschaft und Ethik sehr im Allgemeinen verblieb. Diese Konstellation wurde erst durch den von Anfang an auch praktisch ausgelegten Vorschlag einer Governanceethik (Wieland 1999) aufgebrochen. Das Berliner Forum für Wirtschafts- und Unternehmensethik, ein Netzwerk von Doktoranden und Habilitanden, veranstaltete dann 2002 in Erfurt eine Tagung zu einer Art Zwischenbilanz der unternehmens- und wirtschaftsethischen Diskussionen im deutschen Sprachraum, zu der Vertreter aller wesentlichen Ansätze und Strömungen eingeladen wurden (Beschorner et al. 2005).

Die wirtschaftsethische Perspektive thematisiert immer das grundlegende Verhältnis von Wirtschaft und Ethik. Wirtschaftsethik kann somit beispielsweise – wie seit Jahren von Karl Homann und seinen Schülern (Homann & Suchanek 2005; Suchanek 2007) – als ökonomische Ethik in dem Sinne verstanden werden, dass die

Ordnungsprinzipien der kapitalistischen Marktwirtschaften vorab als gerechtfertigt angesehen werden. Oder aber Wirtschaften wird als Anwendungsfeld abstrakter ethischer Prinzipien gesehen mit dem Risiko, alles real existierende Wirtschaften als grundlegend negativ und verwerflich analysieren zu müssen. Dies ist nicht nur ein Problem immer wieder aufkommender fundamentalistischer Positionen, sondern auch der genannten jüngeren Umfragen: Mangels Vorstellungen davon, dass auch *anders gewirtschaftet* werden könnte, bleiben solche Einstellungen zwangsläufig folgenlos. Daraus resultieren unseres Erachtens kritische Vorbehalte gegen alle Versuche „angewandter Ethik", weil mit dieser Begrifflichkeit ja suggeriert wird, allgemeine ethische Prinzipien auf bestimmte gesellschaftliche Problembereiche bzw. auf konkret-historische Situationen „anzuwenden".

Der hier dargelegte Zugang ist insofern ein anderer, als wir mit Ethik nicht affirmativ das Reich des an sich Guten oder die Wissenschaft vom an sich Guten konnotieren, wie es bei allen Konzeptionen zwangsläufig der Fall ist, die die Quellen und konkreten Inhalte des Ethischen nicht aufzeigen. Sondern wir verstehen ethische Argumentationen als kritische Reflexion praktizierter Alltagsmoralen, im ökonomischen Feld also als kritische Reflexion jener Moralen, die in den sozialen und kulturellen Praktiken ökonomischer Akteure zum Ausdruck gelangen. Damit lässt sich auch eine plausible Verknüpfung zwischen CSR und Wirtschaftsethik herstellen: Wenn Unternehmen für sich in Anspruch nehmen, gesellschaftliche Verantwortung zu praktizieren, handelt es sich zunächst um eine rhetorische Selbstbeschreibung mit moralischer Konnotation (in Fällen, wo andere einem Unternehmen dieses Etikett zuschreiben, um Fremdbeschreibungen derselben Qualität). Ethische Reflexion hat zur Aufgabe, die Triftigkeit solcher Selbst- bzw. Fremdbeschreibungen zu prüfen.

1.1   Die Frage nach dem ethischen Bezugsrahmen

Dem schließt sich die Frage an: Woher können ethische Reflexionen im 21. Jahrhundert ihre Maßstäbe nehmen? Religionen wie die christliche, die in der Etappe der Herausbildung des Kapitalismus durchaus eine wichtige Rolle spielten (vgl. Weber 2004a), scheinen eine für das alltägliche Verhalten bindende Kraft nicht mehr entwickeln zu können. Vor Gott sich rechtfertigen zu können, ist zwar schon zu früheren Zeiten nur in bestimmten Kulturkreisen ein vielleicht für die meisten Menschen tatsächlich wesentliches Kriterium gewesen, in der globalisierten Welt von heute ist es mit dieser Geltung offenkundig vorbei. Auch andere übergreifende Instanzen ethischer Orientierung haben im Laufe des 20. Jahrhunderts ihre Rolle eingebüßt. Wodurch könnten moralische Pflichten ansonsten begründet werden? Eine Möglichkeit wäre die Verlagerung von einer moralischen Instanz über der Gesellschaft auf die Gesellschaft selbst – den gesellschaftlichen Diskurs. In diesem Sinne hat sich die Diskursethik entwickelt, in der deutschen Philosophie neben Karl Otto Apel vor allem durch Jürgen Habermas begründet. Diese nach eigenem Bekunden ihrer Vertreter als Modernisierung der Kantischen Ethik zu bezeichnende Konzeption (vgl. Habermas 1991: 11), insbesondere auch die Idee des „herrschaftsfreien Diskurses", scheint auf den ersten Blick sehr gut zu der Schwerpunktsetzung auf Kommunikation zu passen, die mit diesem Band vertreten wird.

Zu Recht hatte Habermas (1991: 11) seinerzeit formuliert: „Weil sich Kant auf die Menge begründbarer normativer Urteile beschränken will, muss er einen engen Moralbegriff zugrunde legen. Die klassischen Ethiken hatten sich auf alle Fragen des ‚guten Lebens' bezogen; Kants Ethik bezieht sich nur noch auf Probleme richtigen oder gerechten Handelns." In dieser Engführung liegt freilich nicht die Lösung, sondern das Problem. Der inzwischen verstorbene Neurobiologe Francisco Varela hat dieses Problem wie folgt beschrieben: „…es ist diese Neigung, uns in der dünnen Luft des Allgemeinen und Formalen, des Logischen und Definierten, des Repräsentierten und Vorausgeplanten zu bewegen, aufgrund derer wir uns in unserer westlichen Welt so zu Hause fühlen." (Varela 1994: 13) Die Diskursethik nimmt vom Menschen nur seine kognitivistische Dimension, der in gewohnt westlich-abendländischer Manier unterstellt wird, sein Höchstes zu sein. Die sozialen und kulturellen Praktiken der Menschen sind aber sinnlich grundiert: seine Leiblichkeit, seine Gefühle, seine Leidenschaften spielen für sein Handeln eine fundamentale Rolle (vgl. Pfriem 2010).

1.2   Die ökologische Herausforderung eines wirtschaftsethischen Bezugsrahmens

Ein weiteres Problem kommt hinzu: die ökologischen Folgen technisch-ökonomischer Eingriffstiefe der Menschen in die Natur (vgl. schon Jonas 1979). Durch anthropogen erzeugte globale Klimaveränderungen scheint heute der eigene evolutionäre Fortschritt der Gattung Mensch existentiell in Frage zu stehen. Die Schärfe, die die ökologische Krise menschlicher Gesellschaften damit inzwischen angenommen hat, macht freilich nur deutlicher, was mit jeder gedanklichen oder theoretischen Engführung auf Diskurse oder zwischenmenschliche Kommunikationen immer schon in den blinden Fleck verdrängt wurde: die Naturbedingtheit des Menschen, die Mensch-Natur-Beziehung, also das, was die Menschen der Natur als ihren eigenen Lebensgrundlagen antun.

Wenn eine menschliche Lebensweise, die in wachsendem Ausmaß und mit zunehmenden Folgen die Natur zerstört, korrigiert werden muss, gelangt man spätestens mit dieser Überlegung dazu, das doch wieder ins Zentrum ethischer Reflexion zu rücken, was Kant absichtsvoll ausgeschlossen hatte und wofür ihm Habermas seine ausdrückliche Zustimmung gab: die Frage nach dem guten Leben. Das übliche Missverständnis legt hier die Unterstellung nahe, es solle darum gehen, eine spezifische Lebensführung affirmativ auszuzeichnen – dogmatisch in theoretischer und undemokratisch in praktischer Hinsicht. Mit einer Position, Ethik gerade nicht affirmativ, sondern als kritischen Reflexionsrahmen einzusetzen, verträge sich das natürlich nicht. Als Kritik wird eine solche Position allerdings normativ im negativen Sinne, und als solche wird sie gebraucht. So lässt sich beispielsweise formulieren, dass die automobilzentrierte Organisation von Mobilität bei Beibehaltung des gegenwärtigen weltweiten Kurses verschiedene Katastrophen beschleunigen bzw. verstärken wird – ohne positiv angeben zu müssen oder auch nur zu können, wie eine nachhaltige globale Organisation von Mobilität im einzelnen aussehen könne.

Im 19. Jahrhundert war das ökonomische Denken durchaus noch ausdrücklich mit politischen (u. a. kulturellen und wertebezogenen) Entwicklungen verbunden. Die sich auch so bezeichnende Politische Ökonomie war die Ökonomie des aufstrebenden (Wirtschafts-)Bürgertums, das sich von den feudalen Fesseln befreit hatte. Dessen Programm war von Beginn an auf die Idee gegründet, Fortschritt durch die unaufhörliche Produktion industrieller Güter zu realisieren. Die Basis davon war nicht nur das private Eigentum an Produktionsmitteln, sondern ein Mechanismus des permanenten Zwangs zur Akkumulation und Verwertung von Kapital, in heutigen Worten: zum Wirtschaftswachstum. In Kritik daran hatte Marx seinerzeit eine Kritik der Politischen Ökonomie (und nicht affirmativ eine Politische Ökonomie) vorgelegt, und zwar getragen von der Einsicht, dass der Vollzug von Kritik auf theoretische und erst recht praktische Prozesse angewiesen ist. Die auf mathematische Modelle fokussierte Ökonomik des 20. Jahrhunderts ist typologisch ganz anders gebaut. Die Beschäftigung damit, was Kritik ist und was Kritik leisten kann, scheint der Soziologie vorbehalten (vgl. Jaeggi & Wesche 2009; Dörre, Lessenich & Rosa 2009). Die Tatsache, dass die Rolle von Kritik aber selbst in der Soziologie erst wieder revitalisiert werden muss, gibt bereits einen Anhaltspunkt dafür, dass Kritik in den Sozialwissenschaften des 20. Jahrhunderts zu weitgehend zu Gunsten von Modellbildungen und funktionalistischen Konzeptionen geopfert wurde. Dieser Befund kann umgedreht und in der Richtung weiter geführt werden, ob Kritik nicht auch in der Ökonomik wieder eine andere Rolle spielen sollte. Unser Verständnis von Wirtschaftsethik als kritischer Reflexion heißt, diese Frage zu bejahen. Und die Plausibilität dieser Position hat natürlich etwas mit der Entwicklung des Gegenstandes zu tun, den wirklichen ökonomischen Verhältnissen: Zunehmende Kritik, nicht nur an einzelnen Symptomen, sondern auch an den systemischen Mechanismen der modernen Wirtschaftsgesellschaften hat in den vergangenen Jahren zu der sprunghaften Verbreitung von CSR-Konzeptionen, CSR-Diskussionen und vermeintlichen oder wirklichen CSR-Praktiken geführt.

2 Zum Stand der Diskussionen über Corporate Social Responsibility

Eine wirtschaftsethische Betrachtung unterscheidet sich von anderen wissenschaftlichen Betrachtungen in erster Linie dadurch, dass sie grundsätzliche, zumeist als selbstverständlich angenommene Begriffe, Aussagen, ihre Voraussetzungen und ihren Wertgehalt in Frage stellt und sie kritisch auf ihren Sinn (für den Menschen, das Leben und die Gesellschaft) prüft. So geht es einer wirtschaftsethischen Diskussion von CSR beispielsweise darum, was Verantwortung eigentlich genau bedeutet, warum und inwiefern Unternehmen überhaupt gesellschaftliche Verantwortung übernehmen wollen, können und sollen, oder aufzudecken, wo die Rede von Verantwortung durch bestimmte Interessen instrumentalisiert wird.

Ethik als nicht rein philosophische, allein dem klugen Denken verpflichtete, sondern als anwendungsbezogene Disziplin hat darüber hinaus den Anspruch, die von ihr aufgedeckten Widersprüche, Unzulänglichkeiten und Missstände auch real zu verändern, vor allem indem sie alternative Konzepte vorschlägt, wie ihr empirischer Gegenstand (hier: die Unternehmen in ihrem Verhältnis zu Mensch, Gesellschaft und Natur) grundlegend verstanden werden sollte und verändert werden könnte.

Bevor eine „Bereichsethik" wie die Wirtschafts- und Unternehmensethik überhaupt zu diesem Punkt gelangt, muss sie jedoch zunächst als vermeintlich neuer interdisziplinärer Zugang im Wissenschaftssystem ihre Existenzberechtigung erklären, wo doch die beiden Disziplinen Ethik und Ökonomik nach Adam Smith (der noch Moralphilosoph und Ökonom in Personalunion war) bis heute weitestgehend getrennte Wege gegangen sind. Da sich historisch in den Wirtschaftswissenschaften also das Bemühen um Wertneutralität als vermeintliche akademische Tugend herausgebildet hat, besteht heute für die meisten Menschen ein intuitiver Widerspruch in der Wortkomposition Wirtschaftsethik. Deswegen sahen die meisten Wirtschaftsethiker ihre Hauptaufgabe zunächst darin, Ethik und Ökonomik theoretisch wieder zu integrieren. Die vielfältigen Versuche dazu auf internationaler Ebene sowie im deutschsprachigen Raum können hier wegen ihrer Fülle nicht wiedergegeben werden (vgl. zur Themenvielfalt Frederick 2006; für die deutschsprachige Diskussion Beschorner et al. 2005). Stattdessen wird im Folgenden anhand ausgewählter Positionen der Beitrag der Wirtschaftsethik für die CSR-Debatte verdeutlicht.

2.1   Zur deutschsprachigen Wirtschaftsethik-Debatte

Im deutschsprachigen Wirtschaftsethikdiskurs ging es viele Jahre vorwiegend um die grundsätzliche Vereinbarkeit von Wirtschaft und Moral, um das Verhältnis von Gewinn und Gemeinwohl. Prominente Versuche, diesen Dualismus auf abstrakter Ebene zu überwinden, sind die Konzeptionen einer „integrativen Wirtschaftsethik" (Ulrich 1997) und einer „ökonomischen Ethik" (Suchanek 2007), deren Vertreter sich neben anderen grundsätzlichen Fragen auch der Verantwortung von Unternehmen gewidmet haben – mit teils sehr konträren theoretischen Prämissen und Begründungen: Während Homann und seine Schüler den Standpunkt der prinzipiellen Gerechtfertigkeit der bestehenden ökonomischen Verhältnisse verfolgen (Homann & Blome-Drees 1992), bestehen bei Peter Ulrich diesen gegenüber erst einmal ebenso prinzipielle ethische Vorbehalte.

Auch wenn sich die beiden angedeuteten wirtschaftsethischen Schulen sehr deutlich von einander abgrenzen, so haben sie gerade hinsichtlich der gesellschaftlichen Verantwortung von Unternehmen eine auffällige Gemeinsamkeit: In beiden Ansätzen wird die Bedeutung einer „Ordnungsverantwortung" bzw. einer „ordnungspolitischen Mitverantwortung" der Unternehmen hervorgehoben (vgl. etwa Homann 2004 mit Ulrich 1998). Beim genauen Vergleich dieser beiden ähnlich klingenden Verantwortungskonzepte zeigen sich trotz verhärteter theoretischer Fronten in der Tat auch inhaltliche Gemeinsamkeiten: In beiden Fällen sollen Unternehmen aktiv an der Gestaltung der Bedingungen von Unternehmertum, Markt und Wettbewerb mitwirken und damit die Durchsetzung ethisch-moralischer Belange langfristig mit ihrem ökonomischen Erfolg(sstreben) in Einklang bringen. Diese Verantwortungsübernahme wird mit einem „langfristigen" oder „aufgeklärten" Eigeninteresse der Unternehmen begründet. Ferner wird in beiden Ansätzen die mitzugestaltende Ordnungsebene in einem weiten Sinne begriffen, der neben der klassischen politischen Ebene nationalstaatlicher Reg(ul)ierung auch supra- und subnationale Ordnungsstrukturen etwa auf Branchenebene einschließt. Ein dritter Aspekt dieser konzeptionellen Gemeinsamkeit ist der Hinweis, dass diese Verantwortungsübernahme keine von den Unternehmen alleine zu leistende Aufgabe sei, sondern in Zusammenarbeit mit den verschiedenen Akteuren der globalen Zivilgesellschaft (wie NGOs, Regierungen, supranationale Organisationen) erfolgen müsse. Diese politische Rolle der Unternehmen und die damit verbundenen Verantwortungen werden aktuell unter dem Begriff Corporate Citizenship diskutiert (vgl. Scherer & Palazzo 2008).

Die Betonung der Ordnungsebene zeigt gleichwohl, dass beide genannten Ansätze eher *wirtschafts*ethische (und weniger *unternehmens*ethische) Konzeptualisierungen darstellen. Ulrich (1998) stellt der Ordnungsebene („republikanische Unternehmensethik") zwar noch eine Ebene der „geschäftsethischen Selbstverantwortung" voran, auf der die Unternehmen sich dialogisch-argumentativ mit ihren Anspruchsgruppen über die Legitimität konkreter Ansprüche verständigen sollen. Doch bewegt sich diese Perspektive schwerpunktmäßig auf einer gesellschaftstheoretischen Ebene, ohne eine eigene Unternehmenstheorie zu integrieren, die auch die (Un)Fähigkeit und (Nicht)Bereitschaft von Unternehmen zu solchen Dialogen und Handlungen konzipiert.

Für den Versuch, deutlicher eine Unternehmensethik herauszuarbeiten, welche sich mit der praktischen Geltendmachung von moralischen Ansprüchen in bestehenden ökonomischen Organisationen befasst, steht die Governanceethik von Wieland (1999), die ihren management-technischen Ausdruck in dem Instrument des Wertemanagements findet (vgl. Wieland 2004). Neben der zunehmenden Verantwortung als „Produkt von Selbsterzwingung", was sich etwa in einem juristisch strengeren Organisationsverschulden widerspiegeln kann und auf der gerade vorgestellten ordnungspolitischen Ebene zu verorten ist, weist Wieland (2008: 109 ff.) auf zwei weitere empirisch beobachtbare Gründe für mehr Unternehmensverantwortung hin: „Verantwortung als Produkt von Zurechnung" (etwa durch die medial vermittelte Kritik an bestimmten Unternehmenspraktiken) und „Verantwortung als Produkt von Selbstbindung" – womit Verantwortung zu einer ausdrücklichen und routinemäßigen Managementaufgabe der freiwilligen Bindung an Verhaltensstandards wird, die nicht durch direkte externe Erzwingung, sondern als Resultat öffentlicher Kommunikation ihre Bindewirkung entfaltet. Während Unternehmen nach einer hinreichend breit artikulierten Zuschreibung von Verantwortung sich einem defensiven Rechfertigungszwang kaum entziehen können, haben sie durch ein Selbstbindungsbekenntnis auch die Möglichkeit, proaktiv mitzubeeinflussen, inwiefern sie als verantwortungsvolle Akteure wahrgenommen werden – und zwar in erster Linie durch den glaubwürdigen Nachweis der Effektivität ihrer Selbstbindungsbemühungen.

Abbildung   Ansätze zur Wirtschafts- und Unternehmensethik im deutschen Sprachraum (eigene Zusammenstellung)

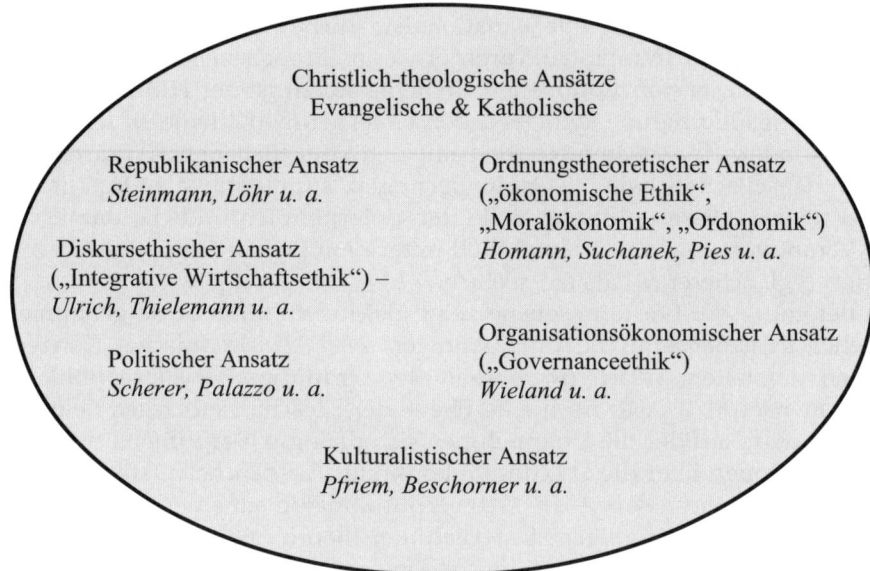

Christlich-theologische Ansätze
Evangelische & Katholische

Republikanischer Ansatz
Steinmann, Löhr u. a.

Ordnungstheoretischer Ansatz
(„ökonomische Ethik",
„Moralökonomik", „Ordonomik")
Homann, Suchanek, Pies u. a.

Diskursethischer Ansatz
(„Integrative Wirtschaftsethik") –
Ulrich, Thielemann u. a.

Organisationsökonomischer Ansatz
(„Governanceethik")
Wieland u. a.

Politischer Ansatz
Scherer, Palazzo u. a.

Kulturalistischer Ansatz
Pfriem, Beschorner u. a.

2.2   *„Ethik" in der angelsächsischen CSR-Debatte*

Bevor wir auf die Bedeutung von operativen und kommunikativen Management-aufgaben bei der Übernahme von gesellschaftlicher Verantwortung durch Unternehmen zu sprechen kommen, sei darauf hingewiesen, dass für diese Problematik die meisten Impulse von der angelsächsischen CSR-Debatte ausgegangen sind. Diese hat bereits in den fünfziger Jahren des letzten Jahrhunderts begonnen, wobei damals noch die gesellschaftliche Verantwortung von Individuen („The Social Responsibilities of the Businessman", Bowen 1953) im Mittelpunkt standen. Die angedeutete Verlagerung der Aufmerksamkeit von der ethischen Begründung hin zu Fragen der praktischen Geltendmachung von Unternehmensverantwortung in der jüngeren deutschsprachigen Debatte ist in den USA bereits in den 1980er Jahren von Frederick (1987) auf den Punkt gebracht worden, indem er das eher ethisch-philosophische Konzept der „Corporate Social Responsibility" (CSR1), mit dem die normative Basis der CSR-Idee begründet wird, von dem eher handlungsorientierten Managementkonzept der „Corporate Social Responsiveness" (CSR2) unterscheidet, welches die organisationalen Fähigkeiten bezeichnet, auf gesellschaftliche Anforderungen zu reagieren (vgl. Buchholz & Rosenthal 2006: 306).

Diese Verschiebung von rein normativen Fragen hin zur Einbindung von Managementkonzepten macht auch den heutigen Mainstream der CSR-Debatte aus, bei dem „Ethik" häufig nur als ein Thema neben vielen anderen angeführt wird. Dies birgt aber auch die Gefahr einer semantischen Verkürzung der ethischen Dimension, beispielsweise wenn „Ethics" in einem Lehrbuch über „Strategic Corporate Social Responsibility" nur noch als eine Fallstudie in einer Reihe von „gesellschaftlichen Problemen" wie Korruption oder Patenten auftaucht (vgl. Werther & Chandler 2006). Die längere Geschichte und die Eigenständigkeit der angelsächsischen CSR-Diskussion mögen Gründe dafür sein, dass die ethische Dimension nicht wie selbstverständlich als grundlegende Reflexion aller ökonomischen und unternehmerischen Konzepte und Praktiken und damit als übergreifendes Querschnittsthema, als Grundlage jeder Form von Verantwortung angesehen, sondern selbst in akademisch verbreiteten CSR-Modellen als eine Dimension neben anderen konzipiert wird. So unterscheidet etwa Carroll (1979: 499 f.) in seinem vielzitierten CSR-Konzept vier Kategorien von gesellschaftlicher Verantwortung: economic, legal, ethical, and discretionary (später: „philanthropic", vgl. Carroll 1998) responsibilities, also ökonomische, rechtliche, ethische und philanthropische Verantwortungen, so als wäre „die ökonomische Verantwortung von Unternehmen, der Gesellschaft auf profitable Weise Güter und Dienstleistungen bereitzustellen," (Carroll 1979: 500, eigene Übersetzung) ein naturgegebener Fakt, der außerhalb ethischer Kritik liegen würde. Gleiches gilt übrigens für die Nebeneinanderstellung von ökonomischen, sozialen und ökologischen Verantwortungen (etwa nach dem Triple-Bottom-Line-Konzept von Elkington 1997), obwohl es doch mit CSR immer auf die ökologischen und sozialen Qualitäten von unternehmerischen Aktivitäten ankommen sollte, die kritisch in Frage zu stellen wiederum eine ethische Aufgabe ist.

An dieser Stelle ist auf den Unterschied zwischen *Ethik als* einer *wissenschaftlichen Disziplin* hinzuweisen, die aus einer allgemeinen Beobachterperspektive das Handeln von sozialen Akteuren wie Unternehmen kritisch reflektiert, und einer *ethischen (Reflexions)Kompetenz* der Unternehmen und unternehmerischen Entscheidungsträger selbst. Uns geht es hier um beides: Innerhalb und mithilfe der wissenschaftlichen Unternehmensethik als verallgemeinernder Perspektive wollen wir die ethische Kompetenz realer unternehmerischer Akteure stark machen (im doppelten Sinne: konzeptionell und real), weil nicht ethische Theoretiker mit den konkreten moralischen Problemen des Wirtschaftens umgehen müssen, sondern Unternehmer, Manager, aber auch Arbeiter und Konsumenten.

Alle diese individuellen Akteure wirken in der Praxis daran mit, eine eigene Unternehmensverantwortung auf organisationaler, d. h. kollektiver Ebene zu konstruieren. Dies tun sie jedoch nicht nur, indem sie als Repräsentanten des Unternehmens stellvertretend für die Organisation gewisse Verantwortungen übernehmen. Darüber hinaus können sie einem Unternehmen über die Erschaffung und Ausgestaltung neuartiger Institutionen eine eigenständige Verantwortungsfähigkeit verleihen (vgl. Pruzan 2001). Eine der wichtigsten unter diesen institutionellen Neuerungen wird in der Literatur als SEAR bezeichnet, was für „Social and Environmental (oder Ethical) Accounting and Reporting" steht (vgl. hierzu Unerman,

Bebbington & O'Dwyer 2007). Mit einem informationsgestützten betrieblichen Instrumentarium zur Messung, Erhebung, Bewertung, Dokumentation, Bilanzierung, Aufbereitung, Veröffentlichung, Verifizierung und Kommunikation sämtlicher CSR-relevanter Probleme wird ein Prozess der gesellschaftlichen Verantwortung im Sinne einer Legitimität stiftenden Öffnung und Rechtfertigung von Aktivitäten geschaffen, die eine retrospektive Verantwortung auf organisationaler Ebene konstituieren: Corporate Accountability (vgl. Lautermann & Pfriem 2010).

Wie bei „Social Responsiveness" zeigt sich auch hier wieder, dass die englische Sprache ergänzende Begriffe bietet, die in der Lage sind, wichtige Bedeutungsnuancen des Verantwortungsbegriffs zum Ausdruck zu bringen. Daher hat der Accountability-Begriff auch Einzug in die aktuelle deutschsprachige CSR-Debatte gehalten, allerdings häufig etwas verkürzt als die politische Forderung nach gesetzlich geregelten Rechenschaftspflichten für Unternehmen.[1] Das „Ethical Accounting"-Projekt geht aber weit über die strittige Frage hinaus, ob CSR mehr oder weniger stark rechtlich reguliert werden sollte. Auch wenn mehr rechtliche Verbindlichkeit eine größere Wirksamkeit verspricht, hängt der Erfolg dieses gesellschaftlichen Experiments entscheidend von der ethischen Kompetenz der beteiligten Akteure und der institutionellen Ausgestaltung der SEAR-Prozesse ab (vgl. Dillard 2007: 48).

2.3 Die besondere Bedeutung eines ethischen Zugangs zu CSR

Mit dieser Bestandsaufnahme haben wir versucht, wesentliche Themen und Begriffe in der CSR-Diskussion zu erläutern und dabei die ethische Dimension herauszustellen. Dass letztere in der weiten Landschaft von theoretischen CSR-Ansätzen bei weitem nicht überall eine prominente Rolle einnimmt, veranschaulichen auch die Versuche, dieses heterogene Theorienfeld zu strukturieren. Garriga und Melé (2004) verfolgen genau dieses Ziel, indem sie jeden theoretischen Ansatz aus der Perspektive beurteilt haben, wie er die Interaktionsphänomene zwischen Unternehmen und Gesellschaft betrachtet. Im Ergebnis unterscheiden sie „ethische" CSR-Theorien von „instrumentellen", „politischen" und „integrativen". Eine ähnliche Sortierung nehmen auch Brown und Fraser (2006) vor, indem sie zwischen einem „Business Case Approach", einem „Stakeholder-Accountability Approach" und einem „Critical Theory Approach" unterscheiden und resümieren, dass die derzeitige Dominanz des „Business Case"-Ansatzes, zumal vertreten durch mächtige Eliten, durchaus besorgniserregend sei, da diese Perspektive häufig als die einzige im Raum stehende dargestellt werde und Neutralität und Objektivität suggeriere (Brown & Fraser 2006: 114 f.).

Dieser Befund bestätigt die Bedeutung einer wirtschaftsethischen Perspektive, weil nur sie als Kritik jeglicher instrumentalistischer und objektivistischer Ansätze vermeintliche Sachzwänge als solche entlarven und unhinterfragte Selbstverständlichkeiten anzweifeln kann, indem sie fundamentale Sinnfragen stellt. Bevor

---

1   Vgl. das gleichnamige von zahlreichen zivilgesellschaftlichen Initiativen getragene „Netzwerk für Unternehmensverantwortung – CorA" in Deutschland, www.cora-netz.de.

wir nun auf die angesprochene zweite Bedeutungsebene von Unternehmensethik kommen, nämlich die ethische Kompetenz des gesellschaftlichen Akteurs Unternehmung als einen elementaren Baustein unserer eigenen unternehmensethischen Konzeption auf wissenschaftlicher Ebene, wollen wir im folgenden Abschnitt die realen gesellschaftlichen Herausforderungen an Unternehmen skizzieren, um – neben der Verantwortung – die Relevanz von Kompetenzen und Tugenden verständlich zu machen.

3   Der Horizont unternehmenspolitischer Herausforderungen und Verantwortungen

Nico Stehr hat 2007 die „Moralisierung der Märkte" als „Gesellschaftstheorie" vorgelegt (Stehr 2007). Darin wird die These vertreten, dass die gegenwärtige gesellschaftliche Entwicklung allgemein dazu führt, dass ökonomische Transaktionen moralisch aufgeladen werden. Diese Analyse leidet freilich unter dem Fehlen einer Differenzierung, die praktisch wie theoretisch fundamental ist: Zwischen der *kulturellen* Aufladung von Produkten und dem *moralischen* Umgang mit ihnen muss unbedingt unterschieden werden. Wir können diese Differenz täglich beobachten und damit auch die umgekehrte Folgewirkung jeder der beiden Seiten. Die kulturelle Aufladung etwa eines Automobils kann beispielsweise in der Rolle des Statussymbols bestehen. (Bemerkenswerterweise hatte die Ökonomik bereits vor dem 20. Jahrhundert das Phänomen des „demonstrativen Konsums" analysiert, vgl. Veblen 1981, orig. 1899.) Die kulturelle Aufladung verstärkt also die positive Bindung an ein Produkt – moralische Bedeutungszuweisungen wie die, der hohe Benzinverbrauch sei ökologisch nicht länger zu verantworten, können damit verdrängt werden. Der moralische Umgang mit dem Produkt Auto kann hingegen dazu führen, darauf zu verzichten, also zur genau gegenteiligen Wirkung. Wir erinnern uns der kritischen Rolle wirtschaftsethischer Reflexion, wie wir diese im ersten Kapitel vorgestellt haben. Verwirrung kann hier auftreten durch den Begriff der Moral, wenn etwa – wie bei uns selbst oben – von Alltagsmoralen die Rede ist. Wer sich etwa ein Sport Utility Vehicle (SUV) kauft, denkt bei einer solchen Kaufentscheidung nicht über gut oder böse nach, auch nicht über richtig oder falsch im moralischen Sinne. Alltagsmoralen sind also zunächst einmal als Muster oder Regeln zu verstehen, nach denen soziale und kulturelle Praktiken stattfinden, ohne dass hier schon von moralischer Bedeutungszuweisung die Rede sein müsste.

3.1   *Moralität von Handeln ist eine Bedeutungszuweisung*

Genau hier kann die Kritik ansetzen: Die Moralität (oder Nichtmoralität) von Handeln ist eine Bedeutungszuweisung (vgl. Pfriem 2007: 168 ff.) Was Ökonomen wie auch andere Menschen als Markt bezeichnen, ist ein sehr heterogenes kulturelles Gefüge, ein Feld der Interaktionen zwischen verschiedenen Optionen darauf, was wir Menschen aus uns und unserem Leben machen. Und ein wesentliches Merkmal dieser Heterogenität besteht gerade darin, dass moralische Bedeutungszuweisungen ganz unterschiedlich platziert werden. So war zu Zeiten, als Apfelsinen aus Südafrika wegen der dortigen Apartheid-Politik Verbraucherboykotte erlebten, die Frucht ansonsten auf der Welt überhaupt kein moralisch aufgeladenes Gut. Inzwischen haben Lebensmittel für Teile der Bevölkerung eine moralische Aufladung erfahren, für andere nicht. Für das Feld der verschiedenen Energiequellen und -träger beobachten wir seit längerem ebenfalls eine starke moralische Aufladung, von der für den Bereich Kleidung und Textilien trotz zunehmenden Wissens über mit deren Herstellung verbundene soziale und ökologische Probleme bei weitem noch keine Rede sein kann. Eine gute Gesellschaftstheorie hat gerade diese Differenzen in Rechnung zu stellen.

Aber auch in anderer Hinsicht kann ein zu allgemeiner Blick auf die Marktprozesse und deren Ordnungsrahmen den angemessenen kritisch-wirtschaftsethischen Blick auf vermeintliche oder wirkliche Praktiken von Corporate Social Responsibility verstellen. Sowohl der Begriff Marktwirtschaft (Markt als Plattform für Austausch von Gütern) als auch der seit Marx nicht nur, aber häufig kritisch benutzte Begriff Kapitalismus (Privateigentum an Produktionsmitteln) blenden nämlich erst einmal aus, welche weit reichenden technischen, sozialen, kulturellen Prozesse die modernen Gesellschaften seit ihrem Beginn verändert haben und weiter verändern. Hervorgehoben seien hier insbesondere die Technisierung, die Beschleunigung, die Verwissenschaftlichung und die Subjektivierung. Das Bemerkenswerte an diesen Prozessen ist in heutiger Betrachtung, dass sie allesamt den Menschen erst einmal offenkundige Vorteile verschafft haben: Entlastung, Zeitgewinn, intellektuelle Durchdringung und individuellen Lustgewinn. In einer steigenden Zahl von Fällen ist inzwischen freilich aus Entlastung Entmündigung geworden, aus Zeitgewinn Überforderung, aus intellektueller Durchdringung Entfremdung und aus individuellem Lustgewinn Orientierungsverlust (vgl. Antoni-Komar & Pfriem 2009) Ein Weiteres kommt übergreifend hinzu. Auch der Begriff des Kapitalismus war bei Marx viel besser als der Ruf, den er seither bekommen hat. Er transportiert nicht nur das vielen heute als Kritikfigur zweifelhaft erscheinende Privateigentum an Produktionsmitteln, sondern insbesondere auch den endogenen Zwang zur Verwertung von Kapital.

Wenn wir im Jahr 2010 einen auch nur grundsätzlich angemessenen Analyserahmen für Corporate Social Responsibility entwickeln und anwenden wollen, dann gehören die Ausprägungen dieses Mechanismus auf jeden Fall dazu. Der Mechanismus kann auf den einfachen Nenner gebracht werden: Die ökonomische Maschine muss am Laufen gehalten werden. Der Erhalt oder die Schaffung von Arbeitsplätzen dienen dabei als rechtfertigendes Argument dafür, ökonomische Leistungen nicht länger zur Beseitigung von Mängeln und Knappheiten, sondern um ihrer selbst willen zu produzieren. Unter den Bedingungen von Globalisierung gilt heute selbst für ärmere Länder, in denen der Bevölkerungsanteil mit Mängeln an Grundversorgung hoch ist, die säkulare Verschiebung vom produktions- zum konsumgetriebenen Kapitalismus, indem die westlichen Konsummuster als Leitbilder eines glücklichen Lebens fungieren. Die Logik des Zwangs zu weiterem Wirtschaftswachstum erfordert dies auch. So wird von guter Verbraucherstimmung nicht etwa dann gesprochen, wenn die Konsumenten zufrieden sind mit dem, was sie haben, sondern wenn davon ausgegangen wird, dass sie wieder mehr kaufen. Die Logik des Zwangs zum Überfluss empfindet nicht die Zufriedenheit als zufriedenstellend, sondern den vermeintlichen Mangel. Wo die wirtschaftsethische Perspektive ein Wachstums*ent*schleunigungsgesetz nahelegen würde, betreibt die Politik unter Berufung auf das gesellschaftliche Wohl also das genaue Gegenteil.

Logisch ist das nur in dem immer noch dominierenden wirtschaftswissenschaftlichen Kontext, dass die Förderung des menschlichen Wohlstandes die Maximierung erwerbswirtschaftlich vermittelter Güter braucht. Die ökonomische Freiheit des modernen Menschen besteht darin, aus einer möglichst großen Warenvielfalt auswählen zu können. Der Glaube daran war und ist eng verkoppelt mit jenem an die segensreichen Wirkungen des technischen Fortschritts und dem an die Notwendigkeit permanenten wirtschaftlichen Wachstums.

3.2   *Die Frage nach den Zwecken der gesellschaftlichen Veranstaltung Ökonomie*

Die Erosion dieser modernen Glaubensvorstellungen deckt nun auf, dass die Ökonomik als nicht-kritische Wissenschaft genau das vorausgesetzt hat, was es doch zu erklären gälte: Was ist der Gewinn des Gewinns? Was ist der Nutzen des Nutzens? Die von Kant zeitgleich mit dem Beginn der modernen Ökonomik (Smith 1776) eliminierten Fragen nach dem guten Leben brechen sich wieder Bahn. Inzwischen haben diese Fragen angefangen, auch bei den Wirtschaftswissenschaften Eingang zu finden. So beschäftigt sich etwa Layard ausdrücklich mit Glück und argumentiert, dass dies nicht die Resultante von materiellem Wohlstand sei, sondern neben der finanziellen Lage Familie, soziales Umfeld, Arbeit, Gesundheit, persönliche Freiheit und die Lebensphilosophie ebenfalls eine wichtige Rolle für menschliche Zufriedenheit spielen (Layard 2005: 78).

Die hier beschriebenen Merkmale moderner Wirtschaftsgesellschaften sind für ökonomische (Inter-)Aktionen sowohl bedingende Faktoren, als auch werden sie durch diese Aktionen ständig verändert. Unternehmen geben permanent Antworten auf an sie gestellte Herausforderungen. Von unternehmenspolitischer Verantwortung im außermoralischen Sinn kann gesprochen werden, insofern diese Aktionen ständig stattfinden und stattfinden können, ohne dass ihnen eine moralische Bedeutung zugewiesen wird.

Wenn Unternehmen zukunftsfähige Antworten geben auf gesellschaftliche Konstellationen und Probleme (als wahrgenommene Verantwortung im zunächst außermoralischen Sinne), lassen sie sich als das verstehen, was Schumpeter (1947: 150) in einer seiner letzten Schriften als „Creative Response" bezeichnete: Schumpeter stellte den „Creative Response" seinerzeit dem „Adaptive Response" gegenüber. Damit wollte er deutlich machen, dass Unternehmen gut daran tun, sich gegenüber marktlichen und gesellschaftlichen Herausforderungen nicht einfach anzupassen, sondern eigenständige und innovative Lösungen dafür zu suchen. Angesichts der unüberschaubaren Herausforderungen, vor denen Unternehmenspolitik heute steht, und der prinzipiellen Zukunftsungewissheiten ist es Unternehmen freilich im Grunde gar nicht mehr möglich, sich optimal anzupassen selbst wenn sie eine eigene Entscheidung so interpretieren. Die Vielfalt gesellschaftlicher Einflüsse auf das Handeln und die Entscheidungen von Unternehmen ist dabei nicht zu leugnen, aber es ist – ebenfalls mit Schumpeter (1993: 137) – von einer treibenden Rolle der Unternehmung für das ökonomische Geschehen und die Entwicklung der Gesellschaft auszugehen. Insofern ist es einerseits richtig, CSR unter heutigen Bedingungen als Netzwerkgovernance zu verstehen (vgl. Wieland 2009), auf der anderen Seite ist die aktive und besondere Rolle von Unternehmen nicht zu vernachlässigen, zumal es ja wesentlich sie sind, die auf CSR bezogene Selbstbeschreibungen anfertigen.

An dieser Stelle ist ein weiterer wichtiger Gesichtspunkt anzufügen. Als Bestandteil strategischen Kommunikationsmanagements richten sich solche Selbstbeschreibungen von Unternehmen in eine prinzipiell offene Zukunft – nicht nur, was die Entwicklung und mögliche Erfolge oder Misserfolge des Unternehmens betrifft, sondern auch, weil moralische Urteile und ihre ethische Reflexion auf der Basis hoher Ungewissheit gefällt werden müssen. Eine Technik, die heute nicht nur nach Meinung ihrer Erfinder und Betreiber problemlos ist und eine schöne Zukunft verspricht, kann einige Zeit später wesentliche Schattenseiten oder Risikopotenziale mit sich führen. Umso dringlicher ist es deshalb, die außermoralische zur moralischen Verantwortung zu transformieren. Den Verzicht auf die kritische wirtschaftsethische Reflexion ökonomischen Handelns können wir uns angesichts der Vielzahl und des Ausmaßes gesellschaftlicher Entwicklungsprobleme nicht länger leisten.

Im nächsten Kapitel zeigen wir auf, an welchen Strömungen und Vorstellungen bisheriger ethischer und wirtschaftsethischer Diskussionen dazu angeknüpft werden kann.

4   Kernelemente einer zukunftsfähigen unternehmens- und wirtschaftsethischen Perspektive: Verantwortung, Tugenden, kulturelle Kompetenzen

„Zukunftsfähigkeit" als Attribut für eine angemessene unternehmensethische Perspektive in der Überschrift dieses Abschnitts ist keine bloße Floskel, sondern stellt ein konzeptionelles Kernkriterium dar, das zum Ausdruck bringen soll, welch zentrale Bedeutung die gesellschaftliche Dynamik in eine ungewisse Zukunft für ethische Fragen gewonnen hat. Neben dem schnellen Wandel und der damit verbundenen radikalen Unsicherheit versucht unsere unternehmensethische Perspektive, die Widersprüche und Ambiguitäten der modernen westlichen Gesellschaften zum Ausgangspunkt zu nehmen. Dazu zählen insbesondere der (gerade auch moralische) Pluralismus und Partikularismus sowie die emergente Qualität von komplexen Phänomenen, die nicht mehr auf singuläre Handlungen zurückgeführt werden können (wie etwa die im vorigen Abschnitt angesprochenen kulturellen Prozesse).

4.1   Gesellschaftliche Komplexität und das Problem der Verantwortung

Wenn wir das Konzept der Verantwortung in den Mittelpunkt unserer Überlegungen stellen, dann hat das zunächst den Grund, dass der Verantwortungsbegriff philosophiegeschichtlich ein Kind der Moderne ist, in der keine allgemeingültigen und festen Bezugsgrößen wie die Religion oder die Natur mehr maßgeblich für moralisches Handeln sind, das zuvor noch mit vereinheitlichenden Begriffen wie der Pflicht oder der Schuld entfaltet werden konnte. Wo ein situatives, problembezogenes Lösen von heterogenen, prinzipiell gleichwertigen Ansichten darüber, was gut oder gerecht sei, gefragt ist, dort hilft als ethisches Konzept am besten die immer temporär und konkret anzuwendende Relation der Verantwortung weiter (vgl. Röttgers 2008: 436 f.). In den wenigsten CSR-Konzepten wird jedoch auf den philosophischen Gehalt des Verantwortungsbegriffs näher eingegangen. Unser Ansatz ist auch kein klassischer verantwortungsethischer etwa im Sinne Max Webers, nach dem die Verantwortungsethik (im Gegensatz zur Gesinnungsethik) die Verantwortung für die Folgen des Handelns über die Motive und Grundsätze des Handelns stellt (vgl. Weber 2004b, orig. 1919). Vielmehr liegt der Schwerpunkt unseres Interesses auf den erschwerten Bedingungen des 21. Jahrhunderts, Verantwortung wirksam werden zu lassen, die Ludger Heidbrink (2007) mit dem Ausdruck „Paradoxien der Verantwortung" zutreffend auf den Punkt gebracht hat. Indem wir die Widersprüche und Ambivalenzen der modernen Gesellschaften zum Ausgangspunkt nehmen, offenbaren sich gleichermaßen die Stärken und die Schwächen des Verantwortungsbegriffs, für den wir daher spezifische Bedeutungen vorschlagen und der mit anderen ethischen Begriffen wie Tugenden in Verbindung gebracht werden muss.

Komplexe Probleme haben die Eigenschaft, dass sie sich ständig wandeln und nicht auf einzelne Handlungen zurückgeführt werden können, sondern eine Vielzahl von „Ursachen" haben (vgl. Camillus 2008), die nicht mit monolinearen Kausalitätskonzepten erklärbar sind. Der klassische Verantwortungsbegriff, so wie wir ihn als „Corporate Accountability" im Unternehmenskontext vorgestellt haben, ist jedoch auf eine eindeutige Zurechenbarkeit von Effekten auf Verursacher angewiesen. Das Paradoxe an dieser Situation besteht nun darin, dass wir immer mehr für das verantwortlich gemacht werden, wofür wir per definitionem gar nicht verantwortlich sein können: für die Eigendynamik komplexer Prozesse, Zufälle oder auch unsere persönlichen Talente (vgl. Heidbrink 2007: 13). Trotzdem werden die Ansprüche an Akteure – Personen wie Unternehmen – immer zahlreicher, widersprüchlicher und wechselhafter, aber damit auch immer schwieriger zu erfüllen. Das zentrale Paradoxon der Verantwortung in modernen Gesellschaften besteht wohl darin, dass sie mit steigender Komplexität immer wichtiger wird, aber gleichzeitig von den einzelnen Akteuren immer schwieriger praktisch einzulösen ist.

In unserem ökonomischen Kontext verdeutlicht dies das Beispiel der Innovationen sehr gut: Eine der Kernaufgaben von Unternehmen besteht in zunehmenden Maße darin, neue Leistungen, Verfahren, Geschäftsmodelle oder Märkte zu generieren. All diese Innovationen bergen stets auch neue moralische Risiken, für die dann die Unternehmen früher oder später zur Verantwortung gezogen werden (können).

Somit bedeutet die „Verantwortung für Innovationen" (Röttgers 2008: 442 ff.) zweierlei: zum einen die Verantwortung für das Zustandebringen von Innovationen
(beispielsweise zur Lösung gesellschaftlicher Probleme), die relativ einfach den
Forschungs- und Entwicklungsprozessen bzw. dem Innovationsmanagement zuzurechnen ist; zum anderen eine Verantwortung für die Folgen von Innovationen
(beispielsweise schädliche Nebenwirkungen neuer Produkte), die meistens diffus
zwischen dem Unternehmen (dort vielleicht beim Risiko- oder Nachhaltigkeitsma-
nagement), seinen Anspruchsgruppen, der Politik, der Gesellschaft und schließlich
zukünftigen Generationen verteilt ist.

Unter den gegenwärtig herrschenden Bedingungen der Komplexität und radikalen Unsicherheit, wird die klassische kausal-relationale Konzeption der Verantwortung („Ich verantworte mich für meine Taten und deren Folgen gegenüber denjenigen,
die mich danach fragen.") offenkundig obsolet. Doch was ist die Alternative? Zwei
neue Bedeutungsfacetten von Verantwortung möchten wir als Perspektive, die aus
diesen Verstrickungen herausführen kann, vorschlagen: die Zukunfts- und die Akteursorientierung der Verantwortung (Verantwortung als Tugend).

4.2   Zukunftsorientierte Verantwortung

Eine zukunftsbezogene Interpretation von Verantwortung könnte man als prospektive Verantwortung bezeichnen. Doch unser Vorschlag geht über die klassische
Bedeutung von prospektiver Verantwortung als Rollenverantwortung hinaus, bei
der sich Verantwortungen aus bestimmten Aufgaben und Zuständigkeiten ergeben,
die wiederum durch eine gesellschaftliche Rolle definiert sind (vgl. Werner 2006).
Eine echte Zukunftsorientierung muss auch mit den Kontingenzen, Überraschungen und Unwägbarkeiten einer offenen Zukunft umgehen können, statt sich nur auf
die Sicherheiten und Stabilitäten klar definierter Rollen zu verlassen. Daher muss
eine prospektive Verantwortungskonzeption in diesem Sinne das Beantworten von
solchen Fragen einschließen, die noch gar nicht gestellt wurden – und vielleicht auch
nie gestellt werden. Bezogen auf Unternehmen ist dies nichts anderes als die schon
vorgestellte Schumpetersche „Creative Response", also das produktiv-innovative –
und immer auch experimentelle – Bereitstellen von unternehmerischen Antworten
auf absehbare oder unerwartete Fragen wie „Wie wollt Ihr Eure Produkte herstellen,
wenn kein Erdöl mehr verfügbar ist?" oder „Wie wollt Ihr mit Euren Leistungen zu
einem dematerialisierten Wohlstand beitragen?".

Die neuartige Bedeutung dieser prospektiven Unternehmensverantwortung
schließt „kreative Antworten" ein, die mal mehr, mal weniger moralisch aufgeladen sein können. Allerdings erfordert die schiere Möglichkeit, dass die zukünftigen
Fragen auch moralisch konnotiert sein können, immer auch eine Sensitivität, die
moralischen, sozialen, kulturellen oder politischen Dimensionen der Antworten vor-
auszudenken. Aus diesem Grund kommt eine ethische Konzeption der prospektiven
Verantwortung nicht ohne ein teleologisches Element aus, wie es die Tugendethik
bietet (vgl. Whetstone 2005: 371 f.). Während eine Ethik des richtigen, gerechten Ver-

haltens als zentrale ethische Kategorien auf die rationale Befolgung von Prinzipien und Regeln setzt, werden für eine teleologische Tugendethik die bildhaften und mit Emotionen und Leidenschaften behafteten Prospektionen eines guten Lebens (z. B. Lebensqualität, Glück etc.) und einer guten Gesellschaft (z. B. Nachhaltigkeit, Demokratie etc.) zu grundlegenden ethischen Begrifflichkeiten. Ernst Bloch hat in seiner Philosophie des „noch nicht" den Menschen als „nicht festgestelltes Wesen" (Bloch 1978: 135) bezeichnet. Das energische Arbeiten an konkreten Verbesserungen schöpft seine Kraft aus Sehnsüchten nach dem guten Leben (man darf dies – ebenfalls mit Bloch – auch als konkrete Utopien bezeichnen). Dabei darf allerdings nicht das Missverständnis aufkommen, dass schon vorher, wie auch immer begründet, um das gute Leben oder die gute Gesellschaft gewusst würde. Die ethischen Maßstäbe können nur in den konkreten Praktiken der Menschen gefunden werden. Um der historisch-kulturellen Situiertheit jeglicher Vorstellungen eines guten Lebens und einer guten Gesellschaft begrifflich gerecht zu werden, ist die Prospektion des Guten in der Lebenspraxis als ein Konzept des Besseren zu verstehen, und zwar in Bezug auf konkret-historische Praktiken, die von den beteiligten Akteuren in ihrem Kontext bis dato als nicht zufrieden stellend erfahren wurden. Als unternehmerische CSR-Aufgabe impliziert prospektive Verantwortung zusammen genommen also nicht nur die Arbeit an der (Selbst)Definition des Unternehmens in der Gesellschaft mit den sich daraus ergebenden Verantwortlichkeiten, sondern auch den Entwurf einer angestrebten Gesellschaft (Visionen, Leitbilder), der bestenfalls konkrete Konzepte von guten Praktiken, Produkten, Organisationen und Wirtschaftsweisen beinhaltet.

Ein solches Bild von aktiven, zukunftszugewandten Akteuren ist keine reine Utopie, sondern konstituierendes Merkmal eines von vielen Menschen und Organisationen praktisch verfolgten gesellschaftlichen Ideals: dem der Bürgergesellschaft. Dazu passt sehr gut die Charakterisierung der Bürgergesellschaft als „einzige Gesellschaft, die besser sein kann als sie ist" und in deren Entfaltung Realität und Utopie zusammenfallen (Kleger 1999: 388, zitiert nach Gohl 2010: 115).

4.3 Akteursorientierung der Verantwortung

Bürgerschaftlich engagierte Unternehmen, die sich in die Gestaltung des Gemeinwesens einbringen, werden häufig als Ideal in der Debatte um Corporate Citizenship hochgehalten (vgl. etwa Backhaus-Maul et al. 2008). Diese semantische Verknüpfung einer ökonomischen mit einer politischen Kategorie provoziert unmittelbar die Frage: Inwieweit können und wollen Unternehmen den Status verantwortungsvoller Bürger wirklich ausfüllen? Die Angemessenheit des Bürgerkonzepts auf Unternehmen, zumal auf große multinationale, ist bereits von anderen Autoren kritisch diskutiert worden (vgl. Matten & Crane 2005). Unter dem Gesichtspunkt der Verantwortung ist hier indessen die unternehmenstheoretische Frage nach dem Können und Wollen von Organisationen interessant: Kann man Unternehmen überhaupt die Fähigkeit und die Bereitschaft zu gesellschaftlicher Verantwortung, zumal im anspruchsvollen prospektiven Sinne, zusprechen und abverlangen? Mit Williams

(2008) meinen wir ja und ergänzen die Zukunftsorientierung durch die Akteursorientierung der Verantwortung, indem wir Verantwortung nicht mehr nur als (faktische, potentielle oder fiktive) Relation, sondern auch als Tugend verstehen wollen.
In diesem Sinne kennzeichnet Williams Verantwortung als die Bereitschaft und
Fähigkeit, auf eine Vielzahl normativer Ansprüche zu antworten.[2] Verantwortung
als Tugend geht über die praktische Verantwortungsfähigkeit eines Unternehmens
im Sinne von „Corporate Social Responsiveness" hinaus, weil mit dem Tugendkon-
zept auch die motivationalen Dispositionen eines Akteurs angesprochen sind: die
Dimension des Wollens. Wenn ein Akteur als Charaktereigenschaft auch die Bereitschaft besitzt, auf nahe liegende, aber auch auf ferne, abwegige Fragen aus der
Gesellschaft Antworten zu geben, dann resultiert daraus nicht nur eine Vorsicht,
sondern notwendig auch eine Aktivität, um auf diese Herausforderungen vorberei-
tet zu sein. Die echte Bereitschaft eines Unternehmens, auf ungewisse gesellschaftliche Ansprüche in (vielleicht schwer absehbarer) Zukunft angemessen antworten zu
können, impliziert in jedem Fall bestimmte (vorsorgende) Handlungen, auch wenn
diese Ansprüche später vielleicht effektiv gar nicht (wie vermutet) gestellt werden.
Die Vielzahl potenzieller gesellschaftlicher Herausforderungen zwingt Unternehmen natürlich dazu, sinnvolle strategische Schwerpunkte zu setzen, weswegen
die Zukunftsforschung als unternehmerische Aufgabe hier eine Schlüsselrolle bekommt (vgl. etwa Burmeister, Neef & Beyers 2004). Oder wie Camillus (2008: 105) es
ausdrückt: „… corporations must learn to envision the future."

Wieso aber plädieren wir in einem hochmodernen Kontext von Komplexität und
Innovation für einen so antiquiert klingenden Begriff wie den der Tugend? Weil Tugenden nur ein scheinbar veraltetes Ethikkonzept darstellen. Um dies nachvollziehen zu können, wollen wir uns kurz in Erinnerung rufen, was eine Tugend im Kern
ausmacht: Eine Tugend ist eine Disposition, eine Charaktereigenschaft, die sowohl
die Fähigkeiten eines Akteurs (Aspekt des *Könnens*) als auch seine motivationalen
Ressourcen (Aspekt des *Wollens*) einschließen – beides jedoch nicht als ein vorüber-
gehend auftretendes Merkmal, sondern als ein kultiviertes, dauerhaft wirksames
Verhaltensmuster (Aspekt des *Seins*)[3]; schließlich ist noch hinzuzufügen, dass es
hierbei nicht um irgendwelche Charaktereigenschaften geht, die diesen Kriterien
entsprechen, sondern sie gelten nur dann als Tugenden, wenn sie als vorbildlich
und lobenswert angesehen werden (vgl. Rippe & Schaber 1998: 11).

Im Gegensatz zu gebräuchlichen ethischen Termini wie Werten, Prinzipien oder
Regeln werden mit Tugenden keine abstrakten, vermeintlich objektiven und uni-
versellen Ansprüche an Akteure gestellt, sondern die Akteure selbst und ihre tatsächlichen, zur Routine gewordenen Handlungsweisen in den Mittelpunkt gestellt.
Und dies ist unter Bedingungen des kulturellen Pluralismus und des schnellen ge-

---

2   Wörtlich schreibt Williams (2008: 459): „responsibility represents the readiness to respond to a
     plurality of normative demands." Wobei er mit „readiness" ausdrücklich sowohl „willingness"
     als auch „ability" meint und als mögliche Träger dieser Tugend nicht nur Individuen, sondern
     gerade auch Organisationen kennzeichnet.
3   Auf den Punkt bringt diesen Aspekt ein Aristoteles zugeschriebenes Zitat: „Wir sind, was wir
     immer wieder tun."

sellschaftlichen Wandels der beste Anknüpfungspunkt für ethische Empfehlungen, wenn sie nicht „in der dünnen Luft des Allgemeinen" verpuffen sollen. Nehmen wir das Beispiel Großzügigkeit: Der Tugendethik geht es weniger um die (allgemeine Begründung von) Großzügigkeit als wichtigem persönlichen oder sozialen Wert, sondern um konkrete Menschen – oder Unternehmen –, die nachweislich und gewohnheitsmäßig großzügig handeln.

4.4 Das Konzept der Unternehmenstugenden

Dass Unternehmen als kollektive Akteure Tugenden besitzen können, ist nicht selbstverständlich. Diese Idee ist nicht unumstritten und wird erst seit wenigen Jahren konzeptionell diskutiert. Sie ist für unsere Argumentation aber entscheidend, weil dies ein Beitrag dazu ist, den Akteursstatus von Unternehmen in seiner ethischen Dimension ernst zu nehmen. Um die Einflussgrößen auf die Tugendhaftigkeit einer Unternehmensorganisation zu systematisieren und damit letztlich auch ihre Gestaltungsmöglichkeiten zu eruieren, unterscheiden Moore und Beadle (2006: 376 ff.) drei Voraussetzungen auf verschiedenen Ebenen, deren Existenz für organisationale Tugendhaftigkeit erforderlich ist: (1) tugendhafte Akteure auf der individuellen Ebene, insbesondere im Management; (2) eine (Tugend) förderliche Form der Institutionalisierung, insbesondere geprägt durch die Machtverteilung in der Organisation; sowie (3) ein (Tugend) förderliches Umfeld (geprägt etwa durch Regulierung, Markt, Wettbewerb, Kapitalversorgung, Ressourcenzugang), dem die Organisation aber nicht einfach ausgeliefert ist, sondern das sie auch selbst um sich herum erzeugen kann, etwa in Form eines förderlichen „Mikroklimas" innerhalb des Gesamtumfeldes.

Neben der neuen Tugend der Verantwortung, wie sie hier beschrieben wurde, könnten natürlich zahlreiche weitere Tugenden, die aus unternehmensethischer Sicht bedeutsam sind, diskutiert werden: im Zusammenhang mit den einleitenden Unternehmensskandalen beispielsweise Ehrlichkeit, Mäßigung oder Bescheidenheit – aber eben nicht affirmativ als das Erfordernis besserer Manager, sondern auch und gerade unter Berücksichtigung, wie die beiden anderen – kollektiven – Voraussetzungen für tugendhafte Unternehmen gestaltet werden müssten. Da unser Fokus hier aber nicht auf dem Beseitigen von Übeln und Verfehlungen, sondern auf dem aktiven Streben nach wünschenswerten Zuständen liegt, wollen wir lieber andere, vielleicht *die* typisch unternehmerischen Tugenden (im Schumpeterschen Sinne) hervorheben: Neben Kreativität und Risikobereitschaft könnte es auch eine unternehmerische Tugend des Regelbruchs geben (vgl. Lautermann & Pfriem 2006: 120 f.): Denn wahrhaft innovative Unternehmen werden insbesondere dafür gelobt, dass es ihnen immer wieder gelingt, mit alten Konventionen zu brechen und verkrustete Strukturen aufzubrechen.

Diese spezielle unternehmerische Tugend weist schließlich auf einen für ethische Urteile ganz zentralen Aspekt des Tugendkonzeptes hin: Für die Tugendethik besteht Gesellschaft aus einem großen Gefüge sozialer Praktiken, und die Tugenden der Akteure tragen dazu bei, dass diese und letztlich die Gesellschaft zivilisiert oder gar vorbildlich werden – damit existieren Tugenden *nicht außerhalb sozialer Kontexte und Praktiken* (Solomon 2006: 33). Tugend im modernen Sinne ist also ein kontextuales Konzept, welches dem kulturellen Pluralismus und Wandel der Gesellschaft gerecht wird, insofern die konkreten Tugenden ihre jeweilige – positive moralische – Bedeutung immer nur in einem historisch-kulturellen Kontext bekommen. Mit der Bedeutung von kultureller Kontextabhängigkeit erweitert sich für Unternehmen, die sich schließlich nicht immer und ausschließlich mit moralisch aufgeladenen Ansprüchen auseinandersetzen müssen, jedoch der Fokus: Über die vor allem in ethisch-moralischer Hinsicht relevanten Tugenden hinaus, müssen sich Unternehmen generell um kulturelle Anschlussfähigkeit bemühen. Als Konzept des kulturell anschlussfähigen Handlungsvermögens im weiteren Sinne schlagen wir den Begriff der kulturellen Kompetenzen vor (vgl. Antoni-Komar, Lautermann & Pfriem 2010). In Anlehnung an Hörning und Reuter (2004) fassen wir kulturelle Kompetenzen von Akteuren als performatives Wissen im Praxiszusammenhang. Sie können in spezifischen Krisensituationen des Handelns als kreatives Handlungspotenzial zur Verwerfung brüchig gewordener Routinen und zur Neuausrichtung der sozialen Praxis führen, indem kulturelle Prozesse erkannt, die Betroffenheit durch kulturelle Prozesse kritisch reflektiert und nachhaltige Strategien entwickelt werden. Uns ist dabei wichtig, dass das Betätigungsfeld dieser kulturellen Kompetenzen grundsätzlich über ein Stakeholdermanagement hinausgeht, insofern die Sensitivität der Unternehmenspolitik sich auf das Gesamt gesellschaftlicher Veränderungsprozesse zu richten hat und nicht bloß auf von Stakeholdern vorgetragene Ansprüche. Es geht darum, kulturelle Prozesse wie Technisierung, Beschleunigung, Subjektivierung, Verwissenschaftlichung, Medialisierung als multiple und ambivalente temporale Pfade zu erkennen (Recognition), die Betroffenheit des Unternehmens durch kulturelle Prozesse, handlungsstrukturierende Funktion und gesellschaftspolitische Dimension kritisch zu reflektieren (Reflection) und schließlich wünschenswerte Zukünfte zu entwerfen und nachhaltige Strategien zu entwickeln (Reconfiguration). Der damit verbundene Gesellschafts- und Weltbezug geht substantiell über den Competence-based View des Strategischen Managements hinaus, dessen zielführender Kern immer noch (nur) in der Verbesserung der Wettbewerbssituation des einzelnen Unternehmens besteht (vgl. Sanchez, Heene & Thomas 1996).

5   Schlussfolgerungen für die CSR-Kommunikation

Wie im zweiten Abschnitt angesprochen, stehen auf der unternehmenspraktischen Ebene zahlreiche Maßnahmen und Instrumente zur Verfügung – oder sind bereits im Einsatz –, um ethische Reflexions-, Tugend- und Verantwortungsfähigkeit von Organisationen zu konstituieren. Die Kombination aus Zukunfts- und Akteursorientierung eröffnet eine neue Dimension in der ethischen Betrachtung der Unternehmensverantwortung: Ergänzend zu dem Mainstream der wirtschafts- und unternehmensethischen Debatte, die sich auf Konflikte und Dilemmata konzentriert und wo das „deliberative" Finden eines Konsenses oder Kompromisses im Mittelpunkt steht, kommt nun die Verantwortung für das kreative Mitgestalten der Gesellschaft in eine offene Zukunft hinzu. Dabei stoßen die Regel- oder Prinzipienorientierung als ethische Richtlinien der populären Ansätze an ihre Grenzen. Vielmehr kommt die Dimension der Tugendhaftigkeit als aktives Wollen und kompetentes Gestalten eines unternehmerischen *Gutes*[4] hinzu, sei dies nun ein gesellschaftlich wertvolles Produkt, sei es die Schaffung wünschenswerter Strukturen oder Institutionen.

Dies muss sich auch in der Unternehmenskommunikation widerspiegeln. Wir wollen zum Abschluss dieses Textes zwei Dimensionen unternehmerischen Handelns besonders herausstellen. Erstens eröffnet die tugendethische Perspektive einen neuen Blick auf die Rolle des Unternehmens als gesellschaftlichem Akteur. Die Einsicht in das Ausmaß der Mitgestaltung gesellschaftlicher Entwicklungen durch Unternehmen führt dazu, in die Kommunikation des Unternehmens die aktive Sorge um gesellschaftliche Prozesse auch dort einzuführen, wo der direkte kausale Zusammenhang zu Aktivitäten des Unternehmens nicht unmittelbar auf der Hand liegt. Somit müssen Unternehmen damit experimentieren, gemeinsam mit weiteren gesellschaftlichen Akteuren sich über geteilte Vorstellungen von guten, zu entwickelnden Leistungen und Wirtschaftsweisen zu verständigen und diese in gesellschaftlicher Zusammenarbeit in die Welt zu setzen. Die hier erforderliche Kompetenz haben wir an anderer Stelle im Anschluss an das bekannte Schema von Argyris und Schön zum organisationalen Lernen (Argyris & Schön 1978) als Triple-Loop-Learning bezeichnet: als Lernen, von künftigen gesellschaftlichen Entwicklungen her zu denken (Pfriem 2006: 119). Im Maße ethisch geleiteten Wollens und Könnens wird diese Kompetenz zur unternehmenspolitischen Tugend.

Eine zweite Schlussfolgerung für die CSR-Kommunikation besteht im Verlernen von Verhaltensmustern, die als dominante Logik die bisherigen Kommunikationspraktiken erwerbswirtschaftlicher Unternehmen beherrscht haben: „Tue Gutes und rede darüber!" und „Verweigere möglichst die Kommunikation von Problemen und Schwächen!". Was wir als Arbeiten an konkreten Verbesserungen im Rahmen der regulativen Idee des Guten bezeichnet haben, setzt als Herausforderung, mit dieser bisher gültigen dominanten Kommunikationslogik zu brechen. Das tugendhafte Unternehmen kommuniziert nicht *über* seine guten *Taten*, sondern *durch* seinen vorbildhaften *Charakter*. Das heißt: Das „neue" Verständnis von CSR-Kommunikation im Sinne der Tugendhaftigkeit besteht im ausdauernden und authentischen Vorleben guter Praktiken, die von den meisten zunächst als zu anstrengend angesehen werden – beispielsweise das sture, seinerzeit als ideologisch verpönte Durchsetzen einer ökologischen Lebensmittelproduktion durch die Pioniere der Naturkost.

Ergänzend müssen Selbstreflexion und Fähigkeit zur Selbstkritik zu neuen unternehmenspolitischen Tugenden werden. Auch für die CSR-Kommunikation gilt, dass diese Tugend nach innen wie nach außen zu entfalten ist: Es geht also zum

---

4   Bemerkenswerterweise sind in der englischen wie in der deutschen Sprache das ökonomische Gut und „das Gute" mit demselben Begriff belegt.

einen um die Herausbildung einer Unternehmenskultur, die nicht nur einzelne Funktionsträger im Unternehmen, sondern ihr Gesamt zum moralischen Akteur macht, und zum anderen um die im Einzelfall möglicherweise schmerzhafte Bereitschaft und Fähigkeit eines Unternehmens, nicht nur auf Stakeholder-Anforderungen zu reagieren, sondern Probleme und Schwächen gegenüber den betroffenen Teilen der Gesellschaft aktiv zu kommunizieren.

Angesichts der Komplexität der heutigen gesellschaftlichen Herausforderungen, angefangen von dem, was plakativ als „Wirtschafts- und Finanzkrise" geführt wird, über das, was anscheinend wieder verschärft an weltweiten sozialen Ungleichheiten für die Möglichkeiten eines gelingenden Lebens besteht, bis hin zu den globalen Klimaveränderungen bedarf es keiner großen Weitsicht für die Behauptung, dass dafür, wie es insgesamt weiter geht, viel daran hängt, wie die Unternehmen in Zukunft agieren.

Literatur

Agle, B. R., Mitchell, R. K., & Sonnenfeld, J. A. (1999). ‚Who Matters to CEOs? An Investigation of Stakeholder Attributes and Salience, Corporate Performance, and CEO Values'. *Academy of Management Journal, 42*(5), 507–525.

Antoni-Komar, I., Lautermann, C., & Pfriem, R. (2010). Kulturelle Kompetenzen. Interaktionsökonomische Erweiterungsperspektiven für den Competence-based View des Strategischen Managements. In M. Stephan, W. Kerber, T. Kessler, & M. Lingenfelder (Hrsg.), *25 Jahre ressourcen- und kompetenzorientierte Forschung. Der kompetenzbasierte Ansatz auf dem Weg zum Schlüsselparadigma in der Managementforschung* (S. 465–489). Wiesbaden: Gabler.

Antoni-Komar, I., & Pfriem, R. (2009). *Kulturalistische Ökonomik. Vom Nutzen einer Neuorientierung wirtschaftswissenschaftlicher Untersuchungen.* Oldenburg: Diskussionspapierreihe WENKE². Lehrstuhl für Unternehmensführung, Carl von Ossietzky Universität Oldenburg.

Argyris, C., & Schön, D. A. (1978). *Organizational Learning. A Theory of Action Perspective.* Reading (Mass.): Addison Wesley.

Aßländer, M. S. (2005). Der Fall Enron. Aufstieg und Fall eines amerikanischen Vorzeigeunternehmens. *Forum Wirtschaftsethik, 2.* Zittau.

Backhaus-Maul, H., Biedermann, C., Nährlich, S., & Polterauer, J. (Hrsg.) (2008). *Corporate Citizenship in Deutschland. Bilanz und Perspektiven.* Wiesbaden: VS Verlag.

Beschorner, T., Hollstein, B., König, M. et al. (2005). *Wirtschafts- und Unternehmensethik. Rückblick – Ausblick – Perspektiven.* München: Hampp (Schriftenreihe für Wirtschafts- und Unternehmensethik, 10).

Bertelsmann Stiftung (2009). *Vertrauen in Deutschland. Eine qualitative Wertestudie.* Gütersloh.

Bloch, E. (1978). *Das Prinzip Hoffnung* (Bd. 1). Frankfurt am Main: Suhrkamp.

Bowen, H. R. (1953). *Social Responsibilities of the Businessman.* New York, NY: Harper.

Brown, J., & Fraser, M. (2006). Approaches and perspectives in social and environmental accounting: an overview of the conceptual landscape. *Business Strategy and the Environment, 15*(2), 103–117.

Buchholz, R. A., & Rosenthal, S. B. (2006). Social responsibility and business ethics. In R. E. Frederick (Hrsg.), *A companion to business ethics* (S. 303–322). Malden, Mass.: Blackwell (Blackwell companions to philosophy, 17).

Burmeister, K., Neef, A., & Beyers, B. (2004). *Corporate Foresight. Unternehmen gestalten Zukunft.* Hamburg: Murmann.

Camillus, J. C. (2008). Strategy as a Wicked Problem. *Harvard Business Review, 86*(5), 98–106.

Carroll, A. B. (1979). A Three-Dimensional Conceptual Model of Corporate Performance. *Academy of Management Review, 4*(4), 497–505.

Carroll, A. B. (1998). The Four Faces of Corporate Citizenship. *Business & Society Review, 100/101*, 1–7.

Dillard, J. F. (2007). Legitimating the social accounting project. An ethic of accountability. In J. Unerman, J. Bebbington, & B. O'Dwyer (Hrsg.), *Sustainability accounting and accountability* (S. 37–53). London: Routledge.

Dörre, K., Lessenich, S., & Rosa, H. (2009). *Soziologie – Kapitalismus – Kritik. Eine Debatte*. Frankfurt am Main: Suhrkamp.

Elkington, J. (1997). *Cannibals with Forks. The Triple Bottom Line of 21st Century Business*. Oxford: Capstone.

Frederick, R. E. (Hrsg.) (2006). *A companion to business ethics*. Malden, Mass.: Blackwell.

Frederick, W. C. (1987). Theories of Corporate Social Performance. In S. Sethi, F. Prakash, M. Cecilia, & S. P. Sethi (Hrsg.), *Business and Society. Dimensions of Conflict and Cooperation* (S. 142–161). New York, NY: Lexington.

Garriga, E., & Melé, D. (2004). Corporate Social Responsibility Theories: Mapping the Territory. *Journal of Business Ethics, 53*(1/2), 51–71.

Gohl, C. (2010). *Prozedurale Politik am Beispiel organisierter Dialoge*. (Noch unveröffentlichte Dissertation an der Universität Potsdam)

Habermas, J. (1991). *Erläuterungen zur Diskursethik*. Frankfurt am Main.

Heidbrink, L. (2007). *Handeln in der Ungewissheit. Paradoxien der Verantwortung*. Berlin: Kadmos (Kulturwissenschaftliche Interventionen, 7).

Hörning, K. H., & Reuter, J. (Hrsg.) (2004). *Doing Culture. Neue Positionen zum Verhältnis von Kultur und sozialer Praxis*. Bielefeld: Transcript.

Homann, K. (2004). *Gesellschaftliche Verantwortung der Unternehmen. Philosophische, gesellschaftstheoretische und ökonomische Überlegungen. Wittenberg-Zentrum für Globale Ethik*. Wittenberg. (Diskussionspapier Wittenberg-Zentrum für Globale Ethik, 04-6).

Homann, K., & Suchanek, A. (2005). *Ökonomik. Eine Einführung* (2. Aufl.). Tübingen: Mohr Siebeck.

Homann, K., & Blome-Drees, F. (1992). *Wirtschafts- und Unternehmensethik*. Göttingen: utb.

Jaeggi, R., & Wesche, T. (Hrsg.) (2009). *Was ist Kritik?* Frankfurt am Main: Suhrkamp.

Jonas, H. (1979). *Das Prinzip Verantwortung*. Frankfurt am Main: Suhrkamp

Kleger, H. (1999). Stadtregion und Transregion. Herausforderungen politischer Theorie heute. In M. Greven, & R. Schmalz-Bruns (Hrsg.). *Politische Theorie heute. Ansätze und Perspektiven* (S. 385–414). Baden-Baden: Nomos.

Lautermann, C., & Pfriem, R. (2006). Es darf gewollt werden. Plädoyer für eine Renaissance der Tugendethik. In J. Wieland (Hrsg.), *Die Tugend der Governance* (S. 109–135). Marburg: Metropolis.

Lautermann, C., & Pfriem, R. (2010). Nachhaltigkeitsberichterstattung. In M. Aßländer (Hrsg.), *Handbuch Wirtschaftsethik* (für Ende 2010 geplant).

Layard, R. (2005). *Die glückliche Gesellschaft. Kurswechsel für Politik und Wirtschaft*. Frankfurt am Main: Campus.

Matten, D., & Crane, A. (2005). Corporate Citizenship: Toward An Extended Theoretical Conceptualization. *Academy of Management Review, 30*(1), 166–179.

Moore, G., & Beadle, R. (2006). In Search of Organizational Virtue in Business: Agents, Goods, Practices, Institutions and Environments. *Organization Studies, 27*(3), 369–389.

Pfriem, R. (2006). *Unternehmensstrategien. Ein kulturalistischer Zugang zum Strategischen Management*. Marburg: Metropolis.

Pfriem, R. (2007). Unternehmenspolitische Verantwortung im außermoralischen und im moralischen Sinn, in T. Beschorner (Hrsg), P. Linnebach, R. Pfriem, G. Ulrich, *Unternehmensverantwortung aus kulturalistischer Sicht*. Marburg: Metropolis.

Pfriem, R. (2010). Psychologie von Schachfiguren? Kulturelle Kompetenzen und die Ethik leiblicher Existenz. In J. Wieland (Hrsg.), *Behavioral Business Ethics – Psychologie, Neuroökonomik und Governanceethik*. Marburg: Metropolis.

Pruzan, P. (2001). The Question of Organizational Consciousness: Can Organizations Have Values, Virtues and Visions. *Journal of Business Ethics, 29*(3), 271–284.

Rippe, K. P., & Schaber, P. (1998). Einleitung. In K. P. Rippe, & P. Schaber (Hrsg.), *Tugendethik* (S. 7–18). Stuttgart: Reclam.

Röttgers, K. (2008). Verantwortung für Innovationen. In L. Heidbrink, & A. Hirsch (Hrsg.), *Verantwortung als marktwirtschaftliches Prinzip. Zum Verhältnis von Moral und Ökonomie* (S. 433–455). Frankfurt am Main: Campus.

Sanchez, R., Heene, A., & Thomas, H. (Hrsg.) (1996). *Dynamics of Competence-Based Competition: Theory and Practice in the New Strategic Management*. Oxford: Elsevier.

Scherer, A. G., & Palazzo, G. (2008). *Handbook of Research on Global Corporate Citizenship*. Cheltenham: Elgar.

Schumpeter, J. A. (1947). The Creative Response in Economic History. *Journal of Economic History, 7*, 149–159.

Schumpeter, J. A. (1993, orig. 1946). *Kapitalismus, Sozialismus und Demokratie*. Tübingen: Francke.

Smith, A. (1776). *An inquire to the nature and causes of the wealth of nations*. London.

Solomon, R. C. (2006). Business ethics and virtue. In R. E. Frederick (Hrsg.), *A companion to business ethics* (S. 30–37). Malden, Mass.: Blackwell.

Stehr, N. (2007). *Die Moralisierung der Märkte. Eine Gesellschaftstheorie*, Frankfurt am Main: Suhrkamp.

Steinmann, H., & Oppenrieder, B. (1985). Brauchen wir eine Unternehmensethik? Ein thesenartiger Aufriss einzulösender Argumentationspflichten, *Die Betriebswirtschaft, 45*, 170–183.

Steinmann, H., & Löhr, A. (Hrsg.) (1989). *Unternehmensethik*, Stuttgart: Poeschel.

Suchanek, A. (2007). *Ökonomische Ethik* (2. Aufl.). Tübingen: Mohr Siebeck.

Ulrich, P. (Hrsg.) (1990). *Auf der Suche nach einer modernen Wirtschaftsethik: Lernschritte zu einer reflexiven Ökonomie*. Bern: Haupt.

Ulrich, P. (1997). *Integrative Wirtschaftsethik. Grundlagen einer lebensdienlichen Ökonomie*. Bern: Haupt.

Ulrich, P. (1998). Wofür sind Unternehmen verantwortlich. Teil II: Stakeholder-Dialog und republikanische Mitverantwortung. *Forum Wirtschaftsethik, 6*(1), 3–9.

Unerman, J., Bebbington, J., & O'Dwyer, B. (Hrsg.) (2007). *Sustainability accounting and accountability*. London: Routledge.

Varela, F. J. (1994). *Ethisches Können*, Frankfurt am Main.

Veblen, T. (1981, orig. 1899). *Theorie der feinen Leute. Eine ökonomische Untersuchung der Institutionen.* München: dtv.

Weber, M. (2004a, orig. 1904). *Die protestantische Ethik und der Geist des Kapitalismus* (hrsg. und eingeleitet von Dirk Kaeser). München: Beck.

Weber, M. (2004b, orig. 1919). *Politik als Beruf*. Stuttgart: Reclam.

Werner, M. H. (2006). Verantwortung. In M. Düwell, C. Hübenthal, & M. H. Werner (Hrsg.), *Handbuch Ethik* (2. akt. u. erw. Aufl.) (S. 541–548). Stuttgart: Metzler.

Werther, W. B., & Chandler, D. (2006). *Strategic Corporate Social Responsibility. Stakeholders in a Global Environment*. Thousand Oaks, CA: Sage Publications.

Whetstone, J. T. (2005). A framework for organizational virtue: the interrelationship of mission, culture and leadership. *Business Ethics: A European Review, 14*(4), 367–378.

Wieland, J. (1999). *Die Ethik der Governance*. Marburg: Metropolis.

Wieland, J. (2004). Wozu Wertemanagement? Ein Leitfaden für die Praxis. In J. Wieland (Hrsg.), *Handbuch Wertemanagement. Erfolgsstrategien einer modernen Corporate Governance* (S. 13–52). Hamburg: Murmann.

Wieland, J. (2008). CSR und Globalisierung – Über die gesellschaftliche Verantwortung von Unternehmen. In L. Heidbrink, & A. Hirsch (Hrsg.), *Verantwortung als marktwirtschaftliches Prinzip. Zum Verhältnis von Moral und Ökonomie* (S. 97–115). Frankfurt am Main: Campus.

Wieland, J. (2009). *CSR als Netzwerkgovernance – Theoretische Herausforderungen und praktische Antworten*. Marburg: Metropolis.

Williams, G. (2008). Responsibility as a Virtue. *Ethical Theory and Moral Practice, 11*(4), 455–470.

Corporate Social Responsibility aus Sicht des Strategischen Managements

Franz Liebl

Wie jedes länger am Markt befindliche Management-Instrument hat Corporate Social Responsibility eine bewegte Karriere in Form von Konjunkturzyklen, Metamorphosen und Migrationsbewegungen hinter sich. Auch wenn die gegenwärtige Diskussion manchmal den Anschein erwecken mag, es handle sich um ein dem aktuellen Zeitgeist und aktuellen Problemlagen geschuldetes Konzept, so datiert CSR ähnlich wie das damit verwandte „Stakeholder Management" bereits Jahrzehnte zurück. In seiner Übersicht über Denktraditionen in Bezug auf die soziale Performance von Unternehmen identifizierte bereits Frederick (1987: 142) insgesamt drei deutlich voneinander abgrenzbare Strömungen: „Corporate Social Responsibility" (CSR1, 1950er-1960er), „Corporate Social Responsiveness" (CSR2, frühe 1970er) und „Corporate Social Rectitude" (CSR3, ab Mitte der 1970er). Ohne dass die darin enthaltenen Differenzierungen noch einmal ins Bewusstsein gerückt worden wären, erfreut sich Corporate Social Responsibility in diesem Jahrzehnt – insbesondere beflügelt durch die Finanzkrise sowie vielfältige Unternehmensskandale einerseits und durch eine mutmaßliche „Moralisierung der Märkte" (Stehr 2007) angesichts neuer sozio-kultureller Praktiken wie „strategischem Konsum" oder „CarrotMobs" andererseits – plötzlich in Kontexten von Marketing und Unternehmenskommunikation einer ungekannten Beachtung.

Auch der Versuch, den strategischen Nutzen von Gemeinwohlorientierung zu beweisen, hat eine lange Tradition, die im Zuge dieses Revivals wieder reflexartig Platz griff. Die empirischen Untersuchungen, die einen Zusammenhang zwischen Corporate Social Responsibility – operationalisiert als „Corporate Social Performance" – und Unternehmenserfolg zu ermitteln versuchten, sind ebenso zahlreich wie im Befund diffus. Über die Jahrzehnte ist in Übersichtsstudien immer wieder festgestellt worden, dass kein stringenter Zusammenhang zwischen sozialer und finanzwirtschaftlicher Performance nachgewiesen werden kann (z. B. Ullmann 1985; Wood 1991a, 1991b; Margolis & Walsh 2001; Vogel 2005; Farooq, Farooq & Reynaud 2009). Diese mangelnde Eindeutigkeit der Befunde hat zum einen damit zu tun, dass beide Größen schwierig zu operationalisieren und zu erheben sind; daher werden vielfältige und oft problematische Proxykriterien verwendet, welche die jeweilige Aussage kompromittieren und einen Vergleich verunmöglichen. Zum anderen ergeben sich weitere Schwierigkeiten daraus, dass angesichts der unüberschaubaren Kontextfaktoren und der komplexen zeitlichen Wirkstrukturen statistische Regelmäßigkeiten kaum identifizierbar sind. Daraus ergeben sich zwei wichtige Schlussfolgerungen, die Hand in Hand gehen. Erstens sollte sich, so fordert insbesondere Wood (2010), die *empirische* Forschung neu orientieren und vielmehr danach fragen, welche Auswirkungen „Corporate Social Performance" im Hinblick auf Stakeholder und Gesellschaft zeigt statt auf den finanzwirtschaftlichen Erfolg. Zweitens, eine *strategische*, problemorientierte Diskussion von CSR muss mit anderen Betrachtungsniveaus operieren und auf situative Faktoren sowie unternehmensindividuelle Kontexte abheben.

Ein strategischer Zugang zu CSR ist notwendigerweise ein problemorientierter, kein instrumenteller. Daraus folgt, dass Definitionsfragen, die bei instrumentellen Überlegungen eine Rolle spielen, hier sekundär sind. Bei CSR handelt es sich heute de facto um einen Dachbegriff für alle Maßnahmen, die in irgendeiner Form eine im weitesten Sinne gesellschaftliche Dimension adressieren (Aguilera et al. 2007; Werther & Chandler 2006, Part II; in diesem Sinne auch Rowley & Berman 2000). Weil jedes wirtschaftliche Handeln von Organisationen unausweichlich solche gesellschaftlichen Kontexte berührt, wird auch zwischen den Feldern Umwelt, Ethik und Soziales nicht mehr differenziert. Selbst die renditestarke Investition in die unternehmenseigene Kunstsammlung darf sich als ein selbständiges Subgenre von CSR mit dem Namen „Corporate Culture Responsibility" (Siemens Arts Program 2004) verstehen.

Der problemorientierte Zugang dieses Beitrags stellt dagegen die Frage der Funktionalität in den Vordergrund. Hier zeigt sich, dass die Diskussion um sogenannte „Strategische CSR" wichtige strategische Grundzusammenhänge ausblendet. Diese bestehen zum einen in zahlreichen Paradoxa bzw. Dysfunktionalitäten, denen „Strategische CSR" ausgesetzt ist, ja die sie sogar unwillentlich kreiert. Zum anderen geht „Strategische CSR" von einem veralteten Strategiekonzept aus, das primär inhaltlich ausgerichtet ist und auf Erfolgsfaktoren abhebt. Dies bedingt nicht zuletzt eine erhebliche Leerstelle durch die unzureichende Berücksichtigung strategischer Prozesse in der Organisation. Im vorliegenden Beitrag wird daher gezeigt, wie die Rolle von CSR zu reformulieren ist, damit hierüber tatsächlich ein strategischer Wert realisiert werden kann. Darüber hinaus wird dargelegt, wie sich auf dieser Basis strategische Prozesse und Managementmentsysteme zielführend unterstützen und stimulieren lassen.

1   Was meint „Strategische CSR"?

Während Ende der 90er Jahre kurzzeitig unter dem Etikett der „Corporate Citizenship" (McIntosh et al. 1998) die Adressierung sozialer Anliegen im Dienste des strategischen Erfolgs propagiert wurde, hat sich im Zuge der Diffusion des Corporate Social Responsibility-Konzepts in Marketing- und PR-Kontexten der Neologismus „Strategic Corporate Social Responsibility" (Werther & Chandler 2006) bzw. „Strategische CSR" (Porter & Kramer 2006) etabliert (Abb. 1). Wo er von Beratern und Forschern nicht als explizites Etikett verwendet wird, ist zumindest von der Notwendigkeit einer „Einbettung der CSR in die Unternehmensstrategie" (z. B. Weber & Willers 2009) die Rede. Als erklärtes Ziel steht dahinter, über eine Assoziation mit

Gemeinwohl und ethischem Verhalten Unterscheidungskraft zum Wettbewerb herzustellen, da in vielen Konsumgütermärkten die Angebote für die Konsumenten zunehmend ununterscheidbar geworden sind und sich seit geraumer Zeit anekdotische Evidenzen für „moralischen Konsum" mehren (Priddat 1996).

Abbildung 1   Corporate Involvement in Society: A Strategic Approach (aus: Porter & Kramer 2006)

Corporate Involvement in Society: A Strategic Approach

Generic Social Impacts	Value Chain Social Impacts	Social Dimensions of Competitive Context
Good citizenship	Mitigate harm from value chain activities	Strategic philanthropy that leverages capabilities to improve salient areas of competitive context
Responsive CSR	Transform value-chain activities to benefit society while reinforcing strategy	**Strategic CSR**

Die wesentlichen Eckpfeiler der heute gängigen Grundüberlegungen für eine solche Einbettung stammen aus dem Strategic Issue Management und sind in Abbildung 2 umrissen: Wenn es Firmen gelingt, mit ihren Marken bestimmte Haltungen und Werte zu verkörpern, kann dies ein wichtiger Eckpfeiler der Marketingstrategie werden. Um dies jedoch erfolgreich umzusetzen, muss ein Mindestmaß an wahrnehmbarer Authentizität vorliegen. Diese beruht auf zwei wesentlichen Aspekten:

- Erstens, die *interne* Konsistenz zum bisherigen Verhalten des Unternehmens, um Glaubwürdigkeit zu sichern.
- Zweitens, die *externe* Konsistenz zu den Vorstellungs- und Lebenswelten der Konsumenten sowie ihren Erfahrungen und Bildern im Umgang mit dem Unternehmen und seinen Produkten.

Um eine nachhaltige Differenzierung sicherzustellen, bedarf es demnach einer konsistenten Konfiguration aus Unternehmensleitbild, Unternehmenskommunikation und Markenführung bzw. Produktentwicklung – wobei jeder dieser Bausteine auf das fokale Issue bzw. Maßnahmen-Thema referiert.

Abbildung 2   Strategische Einbettung sozialen Engagements (aus: Liebl 2000)

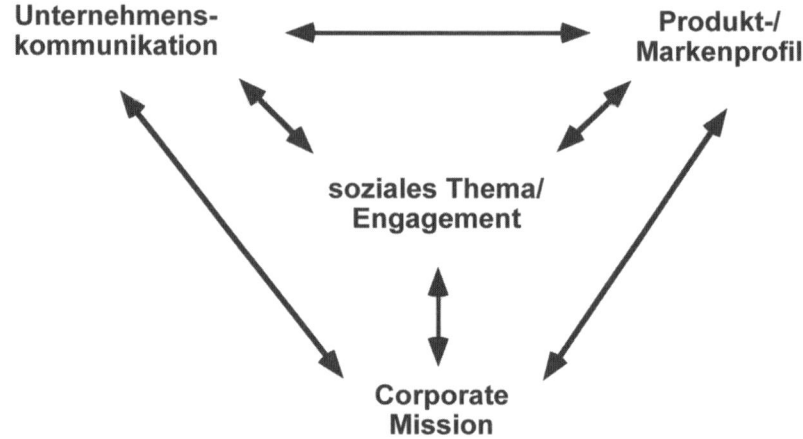

Von Porter und Kramer (2006; ähnlich auch Porter & Reinhardt 2007) wird darüber hinaus betont, dass ein solches Thema bzw. Engagement sich konsequent in den verschiedenen Aktivitäten bzw. Geschäftsprozessen niederzuschlagen habe. Insofern erweitern die Autoren die von Porter (1996) angestellten Betrachtungen zum themenzentrierten „Activity System", das es zu orchestrieren gilt, um soziale Issues. Im Endergebnis stellt das soziale Thema, das Issue oder die ethische Korrektheit der Organisation im Allgemeinen einen elementaren Bestandteil des Geschäftsmodells dar. Gemeinwohl bzw. Gemeinwohlorientierung sind nicht mehr ein – mehr oder weniger freiwillig angestrebtes – *Ziel* der Geschäftstätigkeit oder ein philanthropischer Akt im Nachgang erfolgreichen Unternehmertums, sondern ein *Mittel* zur Optimierung des „Business-Design". Genau genommen ist es die Thematisierung von Gemeinwohl, die als Element des „Business-Design" auf Wettbewerbsvorteile abzielt (Liebl 2002a).

2   Die paradoxe Anatomie von „Strategischer CSR"

Wenngleich bei Porter und Kramer (2006) Kostenaspekte der Geschäftsprozesse auch Gegenstand der Betrachtung sind, so steht in der Diskussion um „Strategische CSR" generell der Aspekt der Differenzierung – und damit letztlich die kommunikative

Dimension – im Vordergrund. Wenn im Folgenden also die strategische Logik von CSR diskutiert werden soll, geht es vor allem darum, welche Konsequenzen die Maßnahmen und deren Kommunikation auf Seiten der Adressaten zeitigen und welche Reaktionsspektren erwartbar sind. In diesem Zusammenhang ist auch die Frage zu stellen, inwieweit der eigene strategische Handlungsspielraum gesichert werden kann oder gegebenenfalls (unfreiwillige) „Commitments" (Ghemawat 1991) entstehen, welche die strategische Flexibilität mindern.

2.1 Strategischer Fit, ein unscharfes Konzept

Die genannten Plausibilitätsüberlegungen zur Einbettung von CSR-Aspekten in Strategie und Geschäftsmodell sind nicht ohne Tücken und Dysfunktionalitäten – was damit zusammenhängt, dass die Denkfigur „Fit", also Passgenauigkeit, facettenreich bzw. unscharf ist (siehe z. B. Venkatraman 1989; Campbell, Goold & Alexander 1995). Abwechselnd können damit Ähnlichkeiten oder das genaue Gegenteil, nämlich Komplementärbeziehungen, gemeint sein. So zeigt Porter (1996) bei der Analyse des Geschäftsmodells von Billigfluggesellschaften, dass es ausgesprochen passend sein kann, einige Arbeitsplätze im Interesse reibungsloser Abläufe besonders gut zu bezahlen statt überall Kostendruck auszuüben. Was auf den ersten Blick also bestechend einfach und sinnfällig erscheint, muss hochgradig fallspezifisch und kontextsensitiv betrachtet werden – und eignet sich zu Zwecken der Ex-post-Rationalisierung besser denn zur Vorbereitung von Entscheidungen. Grundsätzlich scheint jedoch eine gewisse Fixierung auf die Passgenauigkeit zwischen CSR-Aktivitäten einerseits und der Geschäftstätigkeit bzw. Strategie der Organisation andererseits zu herrschen (z. B. Weber & Willers 2009; Du, Bhattacharya & Sen 2010) – immer Gefahr laufend, dass Entscheidungen mit trivialem Fit den Vorzug erhalten vor innovativen, aber womöglich kontraintuitiven Lösungen. Dieser Einwand gilt letzten Endes auch für das in Porter und Kramer (2006) ausführlich vorgestellte Exempel eines Biomarktes; vor dem Hintergrund der Fragestellung wirkt die Konstellation aus Nachhaltigkeits-Thema und Geschäftsmodell allzu naheliegend, ja fast banal. Gerade gemessen an den komplexen konfigurativen Fits erster, zweiter und dritter Ordnung, welche in einem früheren Beitrag von Porter (1996) diskutiert wurden, verstärkt sich der Eindruck einer trivialen Passung.

Dass überhaupt das Problem der Passgenauigkeit so im Vordergrund steht, mag auch damit zusammenhängen, dass viele der stark in die Öffentlichkeit kommunizierten CSR-Maßnahmen mit Exotismus als Verkaufsargument spekulieren. Denn es liegt nahe, dass Hilfsaktionen für Missstände in fernen Ländern über mehr Nachrichtenwert und inszenatorisches Potential verfügen als Dinge, die unauffällig und en passant bei der Geschäftstätigkeit vor Ort mit erledigt werden können. Mit anderen Worten, man ist mit der Paradoxie konfrontiert, dass gerade gut ins Geschäftssystem integrierte CSR-Maßnahmen sich nicht besonders für publikumsträchtige Inszenierungen eignen. Wenn ein Unternehmen wie die Deutsche Bahn also Streetworker kostenlos fahren lässt, damit sie sich um obdachlose Jugendliche kümmern können, ist das gerade wegen der nahtlosen und selbstverständlich wirkenden Einbettung in die Geschäftsprozesse höchst unspektakulär und unglamourös.

Die Frage nach der wahrgenommenen Authentizität ist indes eine, die nicht ausschließlich über das Prinzip der Ähnlichkeit bzw. Nähe zum Kerngeschäft zu klären ist. Auch eine diametrale Argumentation wäre leicht begründbar und absolut sinnfällig. Wenn nämlich unter Bedingungen fortgeschrittener Verbreitung von CSR ähnlichkeitsbasierte Aktivitäten zum Standard werden, wird womöglich selbst aufrichtig gemeintes und tatkräftiges Engagement von den Konsumenten bzw. Stakeholdern als (zu) kalkuliert oder selbstverständlich erlebt und daher nicht mehr gewürdigt. Eine ausreichende Entfernung zum Kerngeschäft dokumentiert dagegen in diesem Fall das nötige Quantum Absichtslosigkeit, das die Ernsthaftigkeit des Anliegens – angesichts seiner offensichtlichen Dringlichkeit vor dem Hintergrund der organisationalen Identität – unterstreicht. Diese wird insbesondere dann als gegeben betrachtet, wenn die Verfolgung des Anliegens von der Organisation besondere Anstrengungen und Kompetenzen erfordert, welche ihr auch zugetraut und zugeschrieben werden. An dieser Stelle erkennt man also die Paradoxie einer strategischen Intentionalität, welche nur durch Absichtslosigkeit realisiert werden kann.

2.2   Commitments und Anspruchsniveaus

Aus einfachen Überlegungen folgt zudem, dass sich die durch CSR-Themen erzielbare Unterscheidungskraft durchaus als nicht unproblematisch in Bezug auf ihre eigene Nachhaltigkeit erweist. Im Folgenden sollen die Gründe hierfür ausgeführt und mögliche unerwartete Nebeneffekte des Einsatzes von CSR-Maßnahmen diskutiert werden.

Erstens gehören solche Maßnahmen offenbar zu den eher leicht zu kopierenden Aktivitäten. Dies gilt nicht nur für das Sponsoring, sondern auch für zahlreiche andere Bereiche, insbesondere bei punktuellen Aktionen bzw. Eingriffen in das Geschäftssystem (CO_2-Abgabe bei Airlines, Vermeidung genmanipulierter Futtermittel in der Milcherzeugung etc.). Man ist mit dem grundlegenden strategischen Problem der quasi vorprogrammierten Verflüchtigung von Unterscheidungskraft konfrontiert: Denn die Moralisierung der Märkte funktioniert gerade nicht über die Einrichtung von Quasi-Monopolen der Gemeinwohlstiftung, sondern über Einzelbeispiele, die Schule machen und zur allgemein geübten Praxis werden. Den CSR-Maßnahmen ist demnach das me-too eingeschrieben, und dies verhindern zu wollen wäre schlicht das Gegenteil von sozialer Verantwortung. Die Paradoxie besteht hier darin, dass für ein Unternehmen Abweichung (Differenzierung) hergestellt werden soll über etwas, was seiner Natur gemäß nach „Normalisierung" (Link 1999) verlangt.

Eng damit hängt zusammen, dass in Bezug auf die Beurteilung von Produkteigenschaften zwei grundlegend verschiedene Klassen mit je spezifischen Wirkmechanismen existieren (Kano et al. 1984). Rekurrierend auf Herzberg (Herzberg, Mausner & Snyderman 1959; Herzberg 1987) geht die Marketing-Theorie davon aus, dass in die eine Klasse Attribute fallen, mit denen allenfalls Unzufriedenheit beim

Kunden erzeugt wird, die sogenannten Hygienefaktoren. Ein gewisser Mindeststandard wird bei diesen Produkteigenschaften erwartet bzw. eingefordert, und sofern dieser Standard nicht gehalten wird, ist der Nutzer mehr oder weniger unzufrieden. Eine Verbesserung kann also günstigstenfalls die erzeugte Unzufriedenheit minimieren, eine positive Differenzierung im Wettbewerb ergibt sich jedoch nicht. Dem gegenüber stehen diejenigen Attribute, mit denen Unterscheidungskraft im Wettbewerb erzeugt wird, weil der Kunde von ihren Ausprägungen begeistert ist. Das sind nach Herzberg die sogenannten Motivatoren. Sie haben nicht zuletzt etwas mit Überraschung zu tun, denn es sind vor allem die unerwartet guten Leistungen, die Begeisterung verursachen. In diesem Zusammenhang wird nun virulent, was denn die Konsumenten als die eigentliche Verantwortung von Unternehmen ansehen. Tashman und Rivera (2008), die in ihrer Untersuchung Kunden bewusst nicht nach konkreten CSR-Maßnahmen fragten, sondern ganz allgemein nach ihren Ansprüchen an die Verantwortlichkeit von Unternehmen, konstatieren eine Fokussierung auf die folgenden drei zentralen Aspekte: gute Behandlung der Kunden (insbesondere gutes Produkt, angemessene Interaktion, keine Übervorteilung), gute Behandlung der Mitarbeiter (insbesondere Arbeitsbedingungen und Entlohnung), Vermeidung von Umweltschäden. Zu ähnlichen Kategorien kommt auch die empirische Studie von Farooq, Farooq und Reynaud (2009); und es sind Ergebnisse, die aus strategischer Sicht nachdrücklich die Aussagen von Alfred Rappaport (1999) untermauern, wonach der Shareholder Value maßgeblich über die Stakeholder Kunden und Mitarbeiter bzw. deren Schnittstelle generiert wird. Gleichzeitig liegt nahe, dass es sich bei den genannten Anforderungen an die Verantwortung von Unternehmen vor allem um Hygienefaktoren handelt, die die Kundschaft tunlichst erfüllt sehen möchte. Nimmt man also die Denkfigur „Verantwortung" und wie sie von den Konsumenten aufgefasst wird ernst, ist der Spielraum für positive Unterscheidungskraft durch Begeisterung gering.

Hinzu kommt, dass Hygienefaktoren und Begeisterungseigenschaften nicht statisch sind, sondern in Relation zu Anspruchsniveaus stehen. Insofern tendiert eine besondere Fokussierung und kommunikative Herausstellung des CSR-Motivs dazu, unberechenbare „Commitments" (Ghemawat 1991) zu erzeugen, die sich nicht in einfacher Weise rückgängig machen lassen und überdies eine verschärfte Beobachtung von außen nach sich ziehen (Fischer 1999; Vogel 2005). Wenn die Kundschaft in ihrer Begeisterung Absichtserklärungen ernst nimmt, wird sie auf Einhaltung pochen und „Cheap Talk" massiv sanktionieren – das ist das Erwartungs-Problem. Dies kommt auch dort zum Tragen, wo Glaubwürdigkeitslücken angesichts ethisch fragwürdiger Praktiken im Bereich der Geschäftstätigkeit parallel zu CSR-Maßnahmen auftreten: Es bleibt offen, ob diese Diskrepanzen womöglich durch CSR-Maßnahmen und deren Kommunikation ein Stück weit kompensiert oder gar noch verschlimmert werden (Mannor, Block & Mishina 2006). In der Wahrnehmung der Außenstehenden mag es just besonders verstörend wirken, wenn für eine Marke wie Actimel einerseits mit Kinderernährungsprojekten in Afrika geworben wird, sie andererseits aber in Deutschland mit dem „Goldenen Windbeutel" für besonders irreführende Produktversprechen ausgezeichnet wird und eine auf Gesundheit von Kindern fokussierende Actimel-Kampagne in Großbritannien aus ähnlichem Grund gar verboten wird (anon. 2009). Auch die Funktion der „Passgenauigkeit mit dem Kerngeschäft" müsste vor diesem Hintergrund auf kontraproduktive Effekte hinterfragt werden.

Verwandt mit dem Erwartungsproblem ist das Exponiertheitsproblem. Die Profilierung anhand von Maßnahmen, die die Übernahme gesellschaftlicher Verantwortung und die Wahrung ethischer Standards dokumentieren sollen, ist im strategischen Ergebnis nicht unbedingt eindeutig (siehe hierzu auch Bhattacharya & Sen 2004): Was nämlich als Sicherungsmaßnahme der „licence to operate" vermittels Reputationsgewinn dienen sollte, bedeutet uno actu die Herstellung von besonderer Exponiertheit – was auch die bei Vogel (2005: 54 ff.) genannten Beispiele bestätigen. Diese Paradoxie erklärte einst Fouad Hamdan (2002), früher Kampagnenstratege von Greenpeace, wie folgt: Die Organisation suche sich vorzugsweise die bekanntermaßen „sauberen" bzw. „guten" Unternehmen einer Branche als Kampagnenziele aus; denn würden bei diesen schon Unregelmäßigkeiten auftreten, liege der Rückschluss nahe, wie es dann erst um den – mutmaßlich dubioseren – Rest der Branche bestellt sei. Dies war einer der Gründe, weswegen im Falle der Bohrplattform „Brent Spar" nicht der Miteigentümer Esso ins Visier genommen wurde, sondern Shell U.K., das kurz vorher ein umfangreiches Maßnahmenpaket zur Sicherung ethischer Standards auf den Weg gebracht hatte (siehe Liebl 2002b und die dort angegebene Literatur). Vice versa existiert die „andere Seite" des Exponiertheitsproblems: Für das Diktum „Ist der Ruf erst ruiniert, lebt sich's gänzlich ungeniert" hat vor allem die deutsche Einzelhandelsbranche wiederholt prominente Fallbeispiele geliefert (siehe z. B. Hebben 2008; Weiguny 2010).

Und selbst wenn eine erfolgreiche Erstimplementierung einer CSR-fokussierten Strategie gelungen ist, werden im Lauf der Zeit die Ansprüche des Publikums wachsen – das ist das Gewöhnungsproblem, das aus einem begeisternden Attribut im Laufe der Zeit einen Minimalstandard werden lässt. Wer diesen dann nicht mehr erfüllt, ist plötzlich mit einem potenziellen Unzufriedenheitsfaktor konfrontiert. CSR-Fokussierung bedeutet also eine strategische Stoßrichtung, bei der es in mehrfacher Hinsicht „kein Zurück" mehr gibt. Dies hängt mir ihrer unmittelbaren Reputationswirksamkeit zusammen. Denn Reputation besitzt ihrer Natur nach eine asymmetrische Entwicklungscharakteristik zwischen gut und schlecht, welche zudem kritisch vom jeweils erreichten Niveau sowie von der Dynamik der „good news" und „bad news" abhängt. Mit anderen Worten ist sie etwas, was nur langsam aufgebaut, aber unter bestimmten Umständen über Nacht ruiniert werden kann (siehe hierzu die umfangreiche Diskussion bei Mannor, Block & Mishina 2006 und Mishina, Block & Mannor 2008). Die viel gebrauchte Metapher des „Einzahlens" auf die Marke bzw. Reputation ist damit eine irreführende Vorstellung von der zugrunde liegenden Mechanik. Hinzu kommt eine kritische Abhängigkeit von Allianzpartnern aus dem Bereich der Charity- bzw. Non-Profit-Organisationen. Dies betrifft nicht nur deren Integrität – vergleichbar mit der Abhängigkeit der Anbieter vom skandalfreien Wohlverhalten prominenter Werbefiguren – sondern auch deren präemptive Vorstöße, die den Handlungsspielraum eines CSR-willigen Unternehmens ebenso unerwartet wie gravierend beschneiden können (siehe das Beispiel bei Meck 2009).

2.3   Diffusitäten und Verdachtsmomente

Organisationen tendieren dazu, die Wirkung der (emergenten) Kommunikation im Umfeld zu unterschätzen, während die Wirkung der (intendierten) Kommunikationsanstrengungen in der Regel überschätzt wird. Selbst bei einer in Bezug auf CSR mutmaßlich hochprofilierten Marke wie American Apparel ist auf Seiten der Kunden, so ergab eine am Lehrstuhl für Strategisches Marketing der Universität der Künste Berlin durchgeführte Untersuchung, verblüffend wenig Wissen darüber vorhanden. In einer Kundenstudie wurden vor allem solche Käufer von American Apparel, die potentiell dem LOHAS-Milieu nahe sind, über ihre Beziehung zur Marke und ihr Bild von der Marke befragt. Von den Interviewpartnern war kaum jemand in der Lage, Details zu den sozialverantwortlichen Aspekten des Geschäftsmodells zu benennen oder gar den Claim des „vertically integrated" Business von American Apparel zu erklären. Diffuse Einschätzungen des Typs, die Firma sei ethisch bzw. ökologisch „irgendwie gut", gehörten schon zu den markanteren Äußerungen, während ansonsten bei den überzeugten Nutzern der Marke vor allem die Qualität des Produkts und dessen „Nachhaltigkeit" – nicht im ökologischen Sinn, sondern im Sinne einer modischen Zeitlosigkeit! – gegenüber dem Hauptwettbewerber und Feindbild H&M gelobt wird. Letzteres kann als weiterer Hinweis auf die Relevanz der bodenständigen, auf Common-Sense basierten Konzeptualisierung von Verantwortung bei Konsumenten gedeutet werden. Noch genauer zu untersuchen wäre indes die Hypothese, dass CSR-Anstrengungen just dann strategisch besonders wirksam sind, wenn es gelingt, implizit Feindbilder und Abgrenzungen zu kreieren.

Auch dort, wo CSR-Maßnahmen keine strategischen „Commitments" im Sinne Ghemawats (1991) auslösen, können zumindest Zielkonflikte auftreten. Diese sind ihrer Natur nach zumeist Verteilungskämpfe, weil die Budgets der CSR-Maßnahmen an anderer Stelle fehlen – unter Umständen eben auch an Stellen, die ebenfalls eine soziale Dimension besitzen und die Frage nach Verantwortung aufwerfen. In der mit „Sammlung" (Wien 2003) betitelten Ausstellung der Generali Foundation, welche sich auf das Sammeln zeitgenössischer Kunst mit dezidiertem Gesellschaftsbezug fokussiert und damit als Musterbeispiel für Corporate Culture Responsibility gilt, wurde dies explizit von Kuratorin Sabine Breitwieser reflektiert: Die Tatsache, dass für ein gesellschaftskritisches Werk u. U. sechsstellige Beträge ausgegeben werden, provoziere natürlich Erklärungsbedarf von Seiten der Mitarbeiter, die sich angesichts dieser Akquisition fragten, warum sie weiterhin mit alten, flimmernden Bildschirmen arbeiten sollen. Ähnliche Reaktionen können nach Bhattacharya und Sen (2004) auch in Kundenkreisen aufkeimen: Gekoppelt an die oben dargestellte Vorstellung von Verantwortung liegt die Befürchtung bzw. der Verdacht nahe, dass die betreffenden Mittel aus produkt- und service-relevanten Bereichen abgezogen worden seien oder der Anbieter über sachfremde Aktivitäten Unregelmäßigkeiten in seinem Kerngeschäft verbergen möchte. Solche Überlegungen greifen insbesondere dort Platz, wo das Verhältnis zwischen Unternehmen und Kunden nicht durch Vertrauen, sondern eher von Skepsis oder gar grundsätzlichem Misstrauen geprägt ist. Im Falle des Vorwurfs des „Greenwashing" könnte man gar von einer Art „Generalverdacht" sprechen – ein Setting, das in strategischer Hinsicht eine besondere Herausforderung an Handlungsweisen und Kommunikation darstellt (siehe hierzu ausführlich Liebl 2002c). Insofern unterliegt auch hier die CSR einer Paradoxie: Ihre Maßnahmen sind nicht nur Ausdruck von Verantwortlichkeit, sondern *kreieren* erst Verantwortlichkeiten und Rechtfertigungszwänge durch die Provokation von solchen Dilemma- und Trade-off-Situationen.

3   Zum Reorientierungsbedarf „Strategischer CSR"

Zusammenfassend lässt sich feststellen, dass Maßnahmen der „Strategischen CSR" angesichts vielfältiger Paradoxien im Vorfeld schwierig strategisch zu evaluieren sind. Situative Faktoren bestimmen das Ergebnis stark, und die Empfindlichkeiten bzw. Reaktionsmuster der Adressaten können kaum abgeschätzt werden. Damit einher geht eine in Art und Umfang kaum antizipierbare *emergente* Kommunikation im Publikum, die strategische Risiken und Überraschungen aufgrund unerwarteter Nebeneffekte und ungewollter Commitments birgt. Das ist nicht weiter verwunderlich, handelt es sich doch letztlich um den Versuch, wechselseitig systemfremde Logiken in simpler Weise miteinander zu versöhnen. Dass jedoch der Anspruch an die Zielgenauigkeit und Tragweite der *intendierten* kommunikativen Effekte höher ausfällt als im Falle konventioneller Kommunikationsmaßnahmen zur Herbeiführung von Differenzierung, stellt nur noch eine weitere in der langen Liste von Paradoxien „Strategischer CSR" dar.

Welche Implikationen legen diese Überlegungen und Diagnosen nun nahe? Dass die Bilanz einer „Strategischen CSR" so viele Fallstricke zutage fördert, liegt nicht etwa darin, dass soziale Verantwortung eine abwegige Idee wäre. Vielmehr scheinen hier einige Missverständnisse und fehlende Differenzierungen in Bezug auf Strategisches Management und Strategie als solche zu existieren. Dies lässt sich auf das instrumentelle Verständnis, mit dem das Konzept verwendet wird, zurückführen. Tatsächlich vermitteln die Ausführungen systematisch den Eindruck, als liege hier ein neuer, universeller „strategischer Erfolgsfaktor" vor, den es im Stile eines Patentrezepts oder als Instrument einer Toolbox zu nutzen gelte, bzw. eine weitere betriebliche „Funktion", für die es eine eigene „Strategie" brauche.

Beide Auffassungen müssen jedoch als überholt angesehen werden. Bereits Ghemawat (1991) hat ausführlich dargelegt, dass das Denken in Erfolgsfaktoren und deren Adressierung bei Entscheidungen kein strategisch zielführender Zugang ist. Auch im Activity System von Porter (1996) erkennt man deutlich, dass es um die Orchestrierung vielfältiger Verweisungszusammenhänge geht, in denen Themen und Aktivitäten verknüpft sind; in diesem Zusammenhang ist nicht zuletzt wichtig, strategische Trade-offs herbeizuführen, denn, so Porter (1996), die Quintessenz von Strategie bestehe just darin, was man *nicht* macht. Man könnte es auch so formulieren: ein paar Maßnahmen aus dem Katalog „Strategischer CSR", so ehrenhaft sie auch sein und so gut sie zum Image auch passen mögen, lediglich zum bestehenden Geschäftsmodell dazuzuspielen, sind nicht schon per se als strategisch zu qualifizieren. Dies gilt insbesondere, wenn CSR-Aktivitäten dazu dienen sollen, das bisherige Geschäftsmodell ebengerade vor grundlegenden Änderungen zu *bewahren*.

Aus strategischer Sicht interessant ist vielmehr die Umkehrung dahingehend, dass im Lichte (veränderter) gesellschaftlicher Rahmenbedingungen eine Innovation des Geschäftsmodells bewerkstelligt wird, wie es bei Nidumolu, Prahalad und Rangaswami (2009) ausführlich dargestellt ist. Insofern pointieren, ja radikalisieren die Autoren die bei Porter und Kramer (2006) formulierten Gedanken, welche gegenüber den Ausführungen in Porters ursprünglichem Konzept (Porter 1996) genau um dieses entscheidende Stück zurückgeblieben waren. Denn nur die Innovation des Geschäftsmodells mit Konsequenzen sowohl für Differenzierung als auch Kosten hat die Chance, nicht in einfacher Weise vom Wettbewerb kopiert zu werden. Das zeitigt Vorteile für Unternehmen *und* Gesellschaft: Denn auf diese Weise lässt sich das strategisch erwünschte Quasi-Monopol schaffen, ohne dass das gesellschaftliche Anliegen aus Differenzierungsgründen monopolisiert werden müsste. Darüber hinaus werden Verteilungskämpfe verhindert, weil CSR primär als produktive Denkfigur bzw. Motiv zur Orchestrierung der Geschäftsprozesse genutzt wird und nicht mehr einen artfremden Budgetposten darstellt. In ähnlicher Weise argumentieren auch Ghoshal, Bartlett und Moran (1999), wenn sie – sowohl zu Zwecken der Legitimation vor der Gesellschaft als auch als Kritik an der „old, tired debate of the social responsibility of business" (ebd.: 19) – fordern, dass Unternehmen von ihren Managern eher als „value creators" statt nur als „value appropriators" verstanden werden sollten.

Darüber hinaus existiert eine zweite wichtige Leerstelle, welche die Diskussion um „Strategische CSR" so verkürzend erscheinen lässt: Der Strategie-*Prozess* bleibt mit wenigen Ausnahmen (z. B. Vilanova, Lozano & Arenas 2009) so gut wie ausgeblendet, und zwar auch bei Porter und Kramer (2006). Gemeint sind mit Strategie-Prozess alle Aspekte von Organisation und Führung, die bei der Entstehung von Strategie zum Tragen kommen, beispielsweise die Frage nach der Teilnahme an und der organisationalen Verortung von Strategie-Entwicklung und -Umsetzung sowie die damit zusammenhängenden Prozesse der Organisationskommunikation (siehe insbesondere die grundlegenden Arbeiten von Ackoff 1974, 1981; Andrews 1987; Ansoff 1980; Dutton & Duncan 1987; Mintzberg & Waters 1985; Narayanan & Fahey 1982; Weick 1987). Diese Dimension von Strategie wird seit jeher in einem eigenen Diskurs behandelt, der von dem Diskurs um Strategie-Inhalte – maßgeblich repräsentiert durch die Paradigmen des „Market-Based View" Porterscher (1985) Prägung und des „Resource-Based View" (Wernerfelt 1984; Prahalad & Hamel 1990) – weitgehend abgekoppelt ist. Es ist daher vor dem Hintergrund des instrumentellen Verständnisses „Strategischer CSR" nicht weiter verwunderlich, wenn kein Bezug auf diese Parallelwelt genommen wird. Bei Werther und Chandler (2006, Kap. 3 und 4) finden sich zwar Ausführungen zum Thema Strategie und Implementierung, doch referieren diese auf einen Stand der Planungsdiskussion der frühen 80er Jahre, der weit hinter den o. g. prozessualen Fragestellungen bzw. Konzepten zurückbleibt. Eine solche Leerstelle erweist sich in zweierlei Hinsicht als problematisch. Erstens wird dadurch die Führungsdimension und die Frage nach der organisationalen Identität, die erhebliche Auswirkungen auf das strategische Mobilisierungspotenzial einer Organisation haben kann, vernachlässigt (siehe hierzu Dutton & Dukerich 1991; Dutton & Penner 1993; Rughase 2006). Gleichzeitig tendiert Corporate Social Responsibility, verhandelt als vermeintlich umfassendes strategisches Heilmittel für gesellschaftsorientierte Kontexte, dazu, durch den Ad-hoc-Charakter des scheinbar Dringlichen gerade diejenigen Managementsysteme und organisationalen Prozesse zu verdrängen, die sich ohnehin mit Wandelerscheinungen im Unternehmensumfeld und deren strategischen Implikationen befassen, namentlich „Strategic Issue Management" (Ansoff 1980) oder ähnliche auf „soft factors" gerichtete Teilsysteme Strategischen Managements. Auf diese Weise entzieht sich jedoch „Strategische CSR" die eigene prozessuale Grundlage; denn der in Abbildung 1 von Porter und Kramer markierte Bereich der „Strategic Philanthropy" kann nur sinnvoll und zielführend bespielt werden, wenn durch solche Managementsysteme auch die entsprechenden Voraussetzungen geschaffen worden sind.

Der State-of-the-art im Strategischen Management hebt zudem darauf ab, dass sich Strategie-Inhalte und Strategie-Prozess wechselseitig bedingen, soll ein tragfähiges System der Unternehmensführung resultieren; dieses „Strategy-Making" (Eden & Ackermann 1998) und die damit verbundene „Strategic Conversation" (van der Heijden 1996) betonen, dass Strategie-Formulierung und -Implementierung als Einheit verstanden werden. Will man also das strategische Potential der Denkfigur CSR jenseits der obsoleten Erfolgsfaktor-Logik diskutieren, stellt sich folglich die Frage, unter welchen Bedingungen und in welcher Form diese Denkfigur Impulse und Beiträge im Rahmen eines Strategy-Making in inhaltlicher und prozessualer Hinsicht liefern kann. Mit diesem Reorientierungsbedarf steht „Strategische CSR" nicht allein. Im Grunde teilt sie das Schicksal, das vor Jahren auch bereits Konzepte wie „Strategisches OR", „Strategisches Design" und „Strategisches Wissensmanagement" ereilt hat: Allein die Tatsache, dass der Einsatz von Design, Operations Research oder Wissensmanagement in bestimmten Fällen zu einem Wettbewerbsvorteil geführt hat, macht aus ihnen noch keine strategischen Konzepte als solche, denn potentiell kann Beliebiges für eine Organisation als Quelle von Unterscheidungskraft dienen. Erst indem die jeweiligen Konzepte im Prozess des Strategy-Making verortet werden und dort eine Funktion erfüllen, gewinnen sie eine genuin strategische Dimension (Liebl 2003). Diese Volte der Innenorientierung mit dem Ziel einer konzeptionellen Einbettung in strategische Prozesse – und damit in die Organisationskommunikation – ist im vorliegenden Falle jedoch besonders bedeutsam, weil die auf kommunikative Außenwirkung spekulierende „Strategische CSR" vielfältige Risiken birgt. Eine solche Reorientierung wird im Übrigen auch von einer eher normativ argumentierenden Position gestützt, welche als zeitgemäßes Ziel von CSR vor allem die Kreation sozialer Innovationen formuliert (Stark 2008).

4   Neue Perspektiven für die Denkfigur CSR

Eine Dekonstruktion von „Strategischer CSR", in der gezeigt wird, dass das Konzept aus strategischer Sicht viele Fragen und Probleme aufwirft, mag zwar notwendig sein, nicht aber hinreichend. Im Rahmen einer Rekonstruktion soll daher, ausgehend von den oben genannten Überlegungen, in diesem Abschnitt herausgearbeitet werden, in welcher Form sich im Kontext eines Strategischen Managements das Potential von Corporate Social Responsibility tatsächlich ausschöpfen lässt. Hierzu soll ein ähnlicher Weg beschritten werden, wie ihn Rowley und Berman (2000) bereits für Corporate Social Performance gefordert hatten: weg von kontraproduktiven Instrumentalisierungen, wie beispielsweise in Form von empirischen Instrumenten („Konstrukten") oder Instrumenten der Marketing-Toolbox („Maßnahmen"). Daher wird im Folgenden vorzugsweise von CSR als „Denkfigur" die Rede sein.

Dahrendorf spricht von Verantwortung auch als einer Maxime wirtschaftlichen Handelns: „Das ist nicht nur ein moralisches Ideal, sondern durchaus praktisch zu verstehen. Verantwortung hat etwas mit der Zeitspanne zu tun, in der und für die Entscheidungsträger denken und handeln." (Dahrendorf 2009; siehe auch die verschiedenen Konzeptualisierungen von Verantwortung bei Schüz 1999). Um die möglichen Andockstellen für diese Denkfigur zu ermitteln und zu verorten, ist es jedoch erforderlich, vorderhand einen geeigneten strategischen Bezugsrahmen zu formulieren.

4.1   Ein Bezugsrahmen für das Strategy-Making

Der Bezugsrahmen für das Strategy-Making ist in Abbildung 3 dargestellt. Ausgangspunkt sind die Zielvorstellungen des Strategy-Making, die zwei Dimensionen besitzen. Bei der *unternehmenspolitischen* Dimension geht es darum, den eigenen (wettbewerbs-)strategischen Handlungsspielraum zu sichern. Dieser ist bestimmt durch Ansprüche von Akteuren im Umfeld (z. B. Staat, Gesellschaft, Medien, NGOs) und hat etwa zu tun mit der Legitimität der Geschäftstätigkeit eines Unternehmens gegenüber diesen Stakeholdern (Liebl 2002b). Die *wettbewerbsstrategische* Dimension hat zum Ziel, Unterscheidungskraft im Wettbewerb herzustellen. Der die aktuelle Diskussion widerspiegelnde „Entrepreneurial View" (siehe insbesondere SMS 2000; Liebl 2003; Smith & Cao 2007) geht nicht mehr von Strategie-Entwicklung zu Zwecken der Adaption bzw. der Optimierung innerhalb eines gegebenen Sets von Restriktionen aus, sondern stellt im Rückgriff auf Schumpeter (1987) die strategische Innovation – genauer: die Innovation des Geschäftsmodells – ins Zentrum der Betrachtung (siehe hierzu Eden & Ackermann 2007; Doz 2007; Liebl & Düllo 2010). Unter Innovation des Geschäftsmodells kann dabei im Wesentlichen die Schaffung neuer Märkte, die Kreation neuer Business-Designs sowie die Etablierung neuer Regeln im Wettbewerb subsumiert werden (Slywotzky 1996; Johnston & Bate 2003; Kim & Mauborgne 2004). Gleichzeitig geht das Strategy-Making davon aus, dass nicht alle strategischen Informationen und Überlegungen bereits in strategischen Handlungsoptionen münden, sondern vieles angesichts seiner Unschärfe und seines Vorlaufs noch nicht entscheidungsreif ist. Dieses präventive „Denken auf Vorrat" wird im Bezugsrahmen als Beitrag zum „Agenda-Building" (Dutton 1997) der Organisation aufgefasst und dient nicht nur denselben unternehmenspolitischen und wettbewerbsstrategischen Zielsetzungen, sondern bedeutet sogar eine Stärkung der langfristigen Perspektive in Zeiten eines immer kurzfristiger orientierten Hyperwettbewerbs. Insofern besteht durchaus eine erkennbare Analogie zu Ansoffs (1976, 1980) Konzept der Parallelführung der zwei Managementsysteme Strategic Planning und Strategic Issue Management, wenngleich im Konzept des Strategy-Making bewusst die Abschmelzung der Grenzen zwischen den beiden Teilsystemen angestrebt wird.

Abbildung 3   Bezugsrahmen für das Strategy-Making

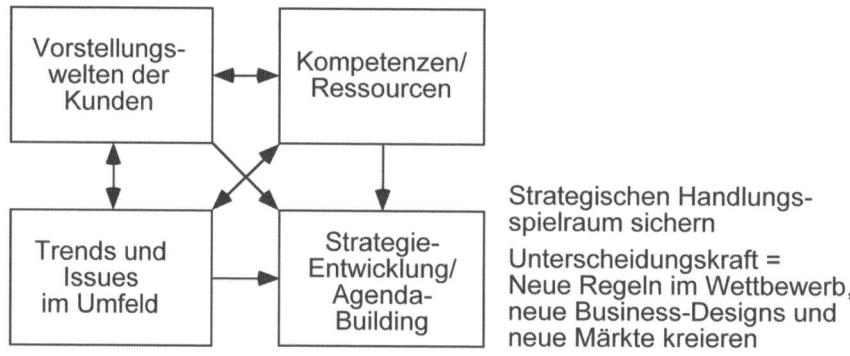

(Legende: ◄──► = wechselseitige Verprobung; ──► = Inspirationsquelle für)

Da im Kontext des Strategy-Making (Wissens-)Inhalte und (Organisations-)Prozesse gleichermaßen Wichtigkeit besitzen, ist der Bezugsrahmen aus beiden Perspektiven lesbar. Betrachten wir ihn zunächst unter inhaltlichen Aspekten. Die Formulierung von strategischen Optionen basiert im Wesentlichen auf drei Wissensbeständen bzw. Quellen (Abbildung 3):

- Erstens, die *(Vorstellungs- und Lebens-)Welten der Kunden* sind der Dreh- und Angelpunkt der Betrachtung von Wettbewerbsvorteilen. Porter (1985) hat darauf hingewiesen, dass Voraussetzung jeder Differenzierung ist, dass ein Kunde, erstens, überhaupt einen Unterschied wahrnimmt und diesen, zweitens, auch entsprechend wertschätzt. Dies fordert einen radikalen Perspektivwechsel, um diejenigen Teile der „Welt" eines Kunden zu rekonstruieren, die für das eigene Geschäft Relevanz besitzen.
- Zweitens, *Kompetenzen und Ressourcen des Unternehmen* können zu strategischen Zwecken nur dann mobilisiert werden, wenn eine Organisation sich ihrer auch gewärtig ist. Daher ist es nicht nur erforderlich, die Ressourcen und Kompetenzen im Unternehmen zu identifizieren und richtig zu interpretieren, sondern das Wissen hierüber muss auch innerhalb der Organisation

diffundieren. Hier handelt es sich nicht zuletzt auch um eine Arbeit an der organisationalen Identität.

- Drittens, *Trends und Issues im Unternehmensumfeld* sind Ausdruck von Bedeutungszuschreibungen und Praxen, die ausgeübt werden von Gruppen im Unternehmensumfeld: sogenannten Cognitive Communities. Wandelerscheinungen im Umfeld sind damit entweder von solchen Communities hervorgebracht oder zumindest vermittelt (Eyerman & Jamison 1991).

Jeder dieser drei Wissensbestände kann zur Quelle von strategischen Optionen bzw. Innovationen werden, jedoch muss sinnvollerweise eine wechselseitige Verprobung mit den jeweils anderen Feldern erfolgen. So können beispielsweise die Vorstellungs- und Lebenswelten der Kunden Andockstellen für die Entwicklung von neuen Angebotszuschnitten liefern, diese müssen sich jedoch im Lichte der zukünftig verfügbaren Kompetenzen und Ressourcen realisierbar sein. Mutatis mutandis gilt dies für Optionen aus den übrigen Wissensfeldern.

Betrachten wir nun den Bezugsrahmen unter Prozessaspekten – und damit als Ausdruck von Organisationskommunikation. Dann können die Pfeile als Ausdruck einer „Strategic Conversation" in der Organisation interpretiert werden, die Beiträge liefert sowohl zur intendierten als auch zur emergenten Strategieformulierung (Mintzberg 1993) einerseits und zu einem Agenda-Building andererseits. Die Felder sind dann nicht mehr inhaltlich bestimmt, sondern verkörpern kommunikative Arenen (z. B. Plattformen, Gremien, Communities of Practice), in denen Diskurse geführt werden, die aneinander andocken bzw. im Zuge von Prozessen der Entscheidungsvorbereitung und des Issue-Selling (Dutton et al. 1997) miteinander verkoppelt werden.

4.2 *CSR und Strategic Issue Management*

Die erste zentrale Andockstelle an das Strategy-Making besitzt zwar in der allgemeinen Diskussion um „Strategische CSR" keine erkennbare Rolle, wurde aber sehr wohl von einzelnen Unternehmerpersönlichkeiten erkannt und bereits früh bespielt (siehe z. B. Sauer 2009; Mühlauer 2009). So hat etwa Gottlieb Duttweiler, Gründer des Schweizer Handelsunternehmens Migros, nicht nur das sogenannte „Kulturprozent" kreiert (ein im Kontext von CSR unvorstellbar hoher Betrag von einem Prozent des *Umsatzes* wird der Gesellschaft für kulturelle Zwecke und Projekte wieder zugänglich gemacht); gleichzeitig rief er ein Forschungsinstitut ins Leben, dessen Arbeitsschwerpunkt das Wechselverhältnis von Wirtschaft und Gesellschaft bildet. Mit anderen Worten, die Denkfigur CSR ist folglich kein Ersatz, sondern vielmehr eine (weitere) Begründung für ein Strategic Issue Management als Sensorium in die Gesellschaft, die dort stattfindenden Entwicklungen und die dort vorhandene emergente Kommunikation: um neu erwachsende Ansprüche sowie aufkeimende Widersprüche und Deprivationen zu erkennen, zu deuten und gegebenenfalls angemessen damit umzugehen. In der Diskussion um „Strategische CSR" steht dagegen die klare Definition sozialer Probleme und Anliegen offensichtlich außer Frage, während realiter gerade bei neuen und strategisch brisanten Wandelerscheinungen massive Definitionskämpfe ausgetragen werden. Nicht umsonst ist das Wort „issue" nicht nur mit „soziales Problem" zu übersetzen, sondern eben auch mit „brisantes Thema", „Konfliktlinie" und „offene Frage".

Dabei kann die Denkfigur der Corporate Social Responsibility im Gegenteil hilfreich sein, typische Fehlkonzeptionen und Verkürzungen bei der Umsetzung des Strategic Issue Management zu beheben bzw. zu vermeiden, die von einem instrumentellen statt problemorientierten Verständnis herrühren. Hierunter fällt erstens die Fokussierung des Strategic Issue Management auf eine ausgesprochene Kommunikations- und PR-Funktion, die sich als „Management kommunikativer Risiken" bzw. „Management von Reputationsrisiken" sieht (z. B. anon. 1999; Kalt, Kinter & Kuhn 2009: passim). Vor dem Hintergrund der im Bezugsrahmen genannten Zielsetzungen ist diese Zuspitzung jedoch problematisch, da es weder nur um kommunikative Risiken geht noch in vielen Fällen Kommunikation für eine Issue-Bewältigung hinreicht. Der Hinweis auf die soziale Verantwortlichkeit symbolisiert dagegen, dass nicht nur kommuniziert werden muss, sondern eben auch Handlungsbedarf existiert. Es geht gegebenenfalls um die Innovation des Geschäftsmodells im Kontext gesellschaftlichen Wandels und damit auch um entsprechende Veränderungen in Bezug auf Strategie, Angebot oder Organisationsform. Eng damit hängt zusammen, was Heath (1997) seit jeher „Getting the House in Order" nennt und als eine wesentliche Säule von Strategic Issue Management begreift: die Identifikation und Implementierung von Standards im Unternehmen, die gesellschaftliche Verantwortlichkeit reflektieren und thematisieren, nicht zuletzt resultierend aus dem Scanning und Monitoring der Stakeholder, ihrer Wertsysteme und Ansprüche.

Zweitens wäre es unzureichend, Strategic Issue Management auf die Vorbereitung der Innovation zu beschränken, anstatt – unter den Vorzeichen der Sicherung des Handlungsspielraums – auch deren Konsequenzen in Bezug auf sämtliche Stakeholder zu eruieren. Eine Innovation, d. h. die eine neue Technologie, ein neues Geschäftssystem oder ein neues Produkt mitsamt seiner Kommunikationsstrategie und seiner Nutzung (bzw. Missbrauch) durch die Kunden, wird von Stakeholdern quasi als sinnlich wahrnehmbare „Geste" des Unternehmens aufgefasst; sie betrifft damit nicht nur die Wettbewerbs-Dimension von Strategie, sondern eben auch deren unternehmenspolitische. Nimmt man also die Denkfigur CSR ernst, umfasst Strategic Issue Management auch eine „Gestenfolgenabschätzung", die unter Zuhilfenahme ebendieser Denkfigur wichtige strategische Fragestellungen entwickeln kann (Liebl 2002b): Wie müssen Kontexte beschaffen sein, damit ein Produkt (eine Technologie, eine Marke etc.) maximalen Nutzen bzw. Schaden stiftet? Welche Umnutzungen bzw. Zweckentfremdungen sind besonders kritisch? Was passiert, wenn die Innovation Erfolg hat und plötzlich sehr viele Nutzer bzw. Exemplare in Umlauf kommen? Welche Nutzergruppe darf keinesfalls das Angebot für sich vereinnahmen? Gibt es die Möglichkeit für anrüchige Assoziationen und böswillige Umdeutungen, die Imageschäden produzieren könnten? Damit existiert eine Möglichkeit, um Nichtwissen bzw. offene strategische Flanken zu identifizieren und auch die oben diskutierten Probleme der Erwartung, Gewöhnung und Exponiertheit zu adressieren.

Neben der begründenden und der inhaltlichen Funktion besitzt die Denkfigur CSR für das Strategic Issue Management auch eine prozessuale. Jenes kann nur dort schlagkräftig als Management-System operieren, wo es nicht auf die Kommunikationsabteilung oder gar einen einzelnen „Issue-Manager" (weg-)delegiert ist, sondern als konzertierte Aufgabe und Gegenstand einer „Strategic Conversation" der ganzen Organisation begriffen wird (van der Heijden 1996; Liebl 2005). Im Rahmen der Strategischen Unternehmensführung liegt es folglich nahe, deutlich zu machen, dass der Beitrag eines jeden Einzelnen an diesem Managementsystem Ausdruck seiner Verantwortung nicht nur der Organisation, sondern auch der Gesellschaft gegenüber ist. Im Gegenzug wird ein solches Management-System und dessen Anspruch, die Denkfigur der CSR zu verkörpern, nur dann Glaubwürdigkeit besitzen, wenn die Mitarbeiter tatsächlich Raum bzw. ein Forum erhalten, um ihre Beiträge zu einer solchen „Strategic Conversation" zu Gehör zu bringen. Solche Formen einer partizipativen Führung bzw. eines partizipativen Strategizing können durchaus Züge einer organisationalen bzw. sozialen Innovation tragen, welche Diskrepanzen zwischen dem augenblicklich wahrgenommenen Zustand der Organisation („current organizational identity") und einem aus Sicht der Mitarbeiter erwünschten Zustand („shared desired identity") zu beseitigen trachtet (Dutton & Dukerich 1991; Rughase 2006).

4.3   Living the Brand: CSR und Corporate Branding

Heath (2003) war der erste, der auf den engen Verweisungszusammenhang zwischen Strategic Issue Management, Corporate Social Responsibility und Corporate Branding hinwies. Einerseits zählt er „Getting the House in Order" zu den zentralen Aufgaben des Strategic Issue Management; andererseits thematisiert er die Rolle des Strategic Issue Management für die Sicherung des Markenwerts. Ausgehend von der neueren Literatur zum Thema Corporate Branding (Hatch & Schultz 2008), die de facto Corporate Branding und Strategy-Making als zwei Seiten derselben Medaille betrachtet, lässt sich nunmehr der Verweisungszusammenhang rekursiv schließen. Indem Schultz (2005) das Corporate Branding als Kommunikationsprozess im Rahmen eines organisationalen Wandels versteht, welcher Strategie, organisationale Identität sowie die Vorstellungswelten der Stakeholder wechselseitig miteinander abgleicht und ausbalanciert, entfaltet sie den Prozess der Organisationskommunikation, der dem Bezugsrahmen für das Strategy-Making in Abbildung 3 eingeschrieben ist. Dass in diesem Prozess die Denkfigur CSR einen Platz hat, ist offensichtlich und bei Hatch und Schultz (2008) im Detail ausgeführt. Es geht in diesem Zusammenhang aber nicht nur um die punktuelle Berücksichtigung von Stakeholdern bei Entscheidungen, sondern auch um die Frage der Verstetigung. Weil ein solcher Abstimmungsprozess nicht einmalig erfolgt, sondern den Gegenstand einer dauerhaften „Strategic Conversation" in der Organisation darstellt, und weil konkrete

Verhaltensmuster der Organisation (und ihrer Mitarbeiter) resultieren, die Ausdruck der Strategieumsetzung sind und damit das Markenerleben der Stakeholder maßgeblich prägen, kann in diesem Zusammenhang zu Recht von „Living the Brand" (Ind 2001) gesprochen werden. Diese prozess-bezogene Integration in die Organisationskommunikation bedeutet also einen fundamentalen Unterschied zum instrumentellen Zugang, bei dem CSR-affine Begriffe als „Kernwerte der Marke" postuliert werden und CSR-Maßnahmen als Ausdruck dieser Kernwerte gelten.

Was im Kontext des Corporate Branding als „Living the Brand" firmiert, haben Eden und Ackermann (1998) für den Prozess des Strategy-Making wie folgt formuliert: „Strategy-Making is not about outcomes but about people creating outcomes." Vor diesem Hintergrund existiert ein bemerkenswertes empirisches Ergebnis neueren Datums. Ausgehend von der Kritik, dass der Zusammenhang zwischen Corporate Social Responsibility und finanzwirtschaftlichem Erfolg angesichts der vielfältigen Kontextfaktoren nicht sinnvoll gemessen werden kann, versuchten Farooq, Farooq und Reynaud (2009) kürzer gefasste Zusammenhänge zu betrachten. Dabei konnten sie in einer Befragung eine positive Korrelation identifizieren zwischen der von Mitarbeitern wahrgenommenen Corporate Social Responsibility der Organisation und dem zum Ausdruck kommenden Commitment der Mitarbeiter sowie – vermittelt über Commitment – deren Bereitschaft zum organisationalen Wandel. Weil diese Studie als Querschnittsuntersuchung keine Kausalität nachweisen kann, ist die Interpretation als bloßer Inzentivierungszusammenhang des Typs „CSR-Maßnahmen fördern die Mitarbeitermotivation" nicht gesichert und wäre unter Aspekten der Organisationskommunikation auch als unterkomplex angreifbar. Stattdessen wird deutlich, dass der von Heath festgestellte prozessuale Verweisungszusammenhang von Strategic Issue Management (Fokus auf Wandel), „Getting the House in Order" (Fokus auf CSR) und „Living the Brand" (Fokus auf Commitment) nicht nur ein konzeptionelle Wunschvorstellung, sondern einen empirischen Tatbestand darstellt. Letzteres schließt im übrigen auch die Plausibilität einer Umkehrung der Inzentivierungs-Hypothese mit ein: Indem Mitarbeiter mit hohem Commitment arbeiten und damit auch verantwortungsvoll, tragen sie zu einem Gesamtauftritt bei, der die Organisation als sozialverantwortlich erlebbar werden lässt; und darüber hinaus sehen verantwortungsvolle Mitarbeiter vermittels ihres Commitments eher die Notwendigkeit von Veränderungsmaßnahmen in Bezug auf die eigene Organisation. Damit ist letztlich auch der Kern strategischer Mobilisierung umrissen (siehe hierzu Voigt 2006; Rughase 2006).

5   CSR im strategischen Kontext: unbequem statt kuschelig

„… it seems that companies everywhere try to associate themselves with good causes. The question is, can this be done in a way that maintains a brand's integrity rather than putting it at risk of earning a reputation for hypocrisy?" (Hatch & Schultz 2008) Eine kritische Würdigung von CSR aus strategischer Sicht zeigt deutlich, dass ein instrumenteller, maßnahmenorientierter Zugriff einer Reihe von Paradoxa und unerwünschten Nebeneffekten unterliegt. Darüber hinaus wurde *en passant* deutlich, was „Strategische CSR" *nicht* ist: Strategische CSR ist *keine* Strategie, *kein* Erfolgsfaktor, *kein* Funktionalbereich und auch *kein* Managementsystem. Und was gemeinhin unter dem Etikett „CSR-Maßnahmen als Business Case" verhandelt wird (siehe hierzu auch Carroll & Shabana 2010), kann als zu kurz greifender Implementierungsversuch der Grundideen aus Abbildung 1 und 2 gelten. CSR in einem strategischen Kontext bedeutet etwas anderes. Schwer kopierbar und gleichzeitig weniger risikobehaftet wird die strategische Nutzung dann, wenn die instrumentelle Verselbständigung aufhört und CSR ihre Natur als Denkfigur wiedergewinnt; und vor allem dadurch, dass eine Integration in die strategischen Prozesse und die Organisationskommunikation stattfindet. Je nach spezifischem Zugang und Akzentuierung meint dies Strategy-Making, Strategic Issue Management oder Corporate Branding. Solche Prozesse sind als „Strategic Conversation" und „Living the Brand" typischerweise partizipativer Natur – auch das ist ein Ausdruck der Denkfigur CSR, die dem Grassroots-Gedanken nahe steht. Für Mitarbeiter und Management eines Unternehmens stellen also partizipative strategische Prozesse und Verantwortung letzten Endes zwei Seiten derselben Medaille dar (Ackoff 1981, 1999; Voigt 2003), weswegen Ackoff auch einst betonte: „... *in planning, process is the most important product.*" (Ackoff 1981: 65; im Original kursiv). Mit dieser Konzeptualisierung sind wir weit entfernt vom Wohlfühl-Faktor, den „emotionale" CSR-Kommunikation gewöhnlich an sich hat (Kolbrück 2009); denn Erich Harsch, Chef der Handelskette dm, welche zu den Vorreitern im sozialen Bereich zählt, charakterisiert eine partizipative Organisationskommunikation völlig anders: „Das ist nicht kuschelig, sondern unbequem." (Nienhaus 2009).

Literatur

anon. (1999). Early Warning: Wenn Kassandra zu den Topmanagern spricht. Deutsche Bank initiiert Issue Management als Frühwarnsystem für Führungskräfte – Kommunikative Risiken managen. *Horizont, 27*, 20.

anon. (2009). Briten verbieten Actimel-Werbung. *Süddeutsche Zeitung, 65*(238), 10.

Ackoff, R. L. (1974). *Redesigning the Future – A Systems Approach to Societal Problems.* New York: John Wiley & Sons.

Ackoff, R. L. (1981). *Creating the Corporate Future – Plan or Be Planned for.* New York: John Wiley & Sons.

Ackoff, R. L. (1999). *Re-Creating the Corporation: A Design of Organizations for the 21st Century.* New York: Oxford University Press.

Aguilera, R. V., Rupp, D. E., Williams, C. A., & Ganapathi, J. (2007). Putting the S Back in Corporate Social Responsibility: A Multilevel Theory of Social Change in Organizations. *Academy of Management Review, 32*(3), 836–863.

Andrews, K. R. (1987). *The Concept of Corporate Strategy* (3. Aufl.). Homewood, IL: Irwin.

Ansoff, H. I. (1976). Managing Surprise and Discontinuity – Strategic Response to Weak Signals. *Zeitschrift für betriebswirtschaftliche Forschung, 28*, 129–152.

Ansoff, H. I. (1980). Strategic Issue Management. *Strategic Management Journal, 1*(2), 131–148.

Bhattacharya, C. B., & Sen, S. (2004). Doing Better at Doing Good: When, Why, and How Consumers Respond to Corporate Social Initiatives. *California Management Review, 47*(1), 9–24.

Campbell, A., Goold, M., & Alexander, M. (1995). The Value of the Parent Company. In M. Goold, & K. Luchs (Hrsg.), *Managing the Multi-Business Company: Strategic Issues for Diversified Groups* (S. 377–397). London: International Thomson Business Press.

Carroll, A., & Shabana, K. M. (2010). The Business Case for Corporate Social Responsibility: A Review of Concepts, Research and Practice. *International Journal of Management Reviews, 12*(1), 85–105.

Dahrendorf, R. (2009). Die verlorene Ehre des Kaufmanns: Ein letzter Essay von Lord Ralf Dahrendorf über Ursachen der Krise – und Schlussfolgerungen für Wirtschaft und Staat. *Der Tagesspiegel, 20317,* 23.

Doz, Y. (2007). *Strategic Agility and Corporate Renewal.* Paper Presented at the Academy of Management Conference, Philadelphia, PA.

Du, S., Bhattacharya, C. B., & Sen, S. (2010). Maximizing Business Returns to Corporate Social Responsibility (CSR): The Role of CSR Communication. *International Journal of Management Reviews, 12*(1), 8–19.

Dutton, J. E. (1997). Strategic Agenda Building in Organizations. In Z. Shapira (Hrsg.), *Organizational Decision Making* (S. 81–107). Cambridge: Cambridge University Press.

Dutton, J. E., & Duncan, R. B. (1987). The Creation of Momentum for Change Through the Process of Strategic Issue Diagnosis. *Strategic Management Journal, 8*(3), 279–295.

Dutton, J. E., & Dukerich, J. (1991). Keeping an Eye on the Mirror: The Role of Image and Identity in Organizational Adaptation. *Academy of Management Journal, 34,* 517–554.

Dutton, J. E., & Penner, W. J. (1993). The Importance of Organizational Identity for Strategic Agenda Building. In J. Hendry, G. Johnson, & J. Newton (Hrsg.), *Strategic Thinking: Leadership and the Management of Change* (S. 89–113). Chichester: Wiley.

Dutton, J. E., Ashford, S. J., O'Neill, R. M., Hayes, E., & Wierba, E. E. (1997). Reading the Wind: How Middle Managers Assess the Context for Selling Issues to Top Managers. *Strategic Management Journal, 18*(5), 407–425.

Eden, C., & Ackermann, F. (1998). *Making Strategy: The Journey of Strategic Management.* London: Sage.

Eden, C., & Ackermann, F. (2007). *The Resource Based View: Theory and Practice.* Paper Presented at the Academy of Management Conference, Philadelphia, PA.

Eyerman, R., & Jamison, A. (1991). *Social Movements – A Cognitive Approach.* University Park, PA: Polity Press.

Farooq, M., Farooq, O., & Reynaud, E. (2009). *Employees' Response to Corporate Social Responsibility.* Vortrag auf der IAMB 2009 Fall Conference, Istanbul.

Fischer, K. (1999). *Was ist „Gemeinwohl"?*. Vortrag beim 5. Workshop des Arbeitskreises »Professionelles Handeln«: „Im Dienste der Menschheit? Gemeinwohlorientierung als Maxime professionellen Handelns", Witten.

Frederick, W. C. (1987). Theories of Corporate Social Performance. In S. P. Sethi, & C. M. Falbe (Hrsg.), *Business and Society: Dimensions of Conflict and Cooperation* (S. 142–161). Lexington, MA: Lexington Books.

Ghemawat, P. (1991). *Commitment – The Dynamic of Strategy.* New York: The Free Press.

Ghoshal, S., Bartlett, C. A., & Moran, P. (1999). A New Manifesto for Management. *Sloan Management Review, Spring,* 9–20.

Hamdan, F. (2002). *Der Dialog zwischen Unternehmen und NGOs.* Vortrag auf der Konferenz „Chefsache Issues Management – Königsdisziplin der Unternehmenskommunikation", Berlin.

Hatch, M. J., & Schultz, M. (2008). *Taking Brand Initiative: How Companies Can Align Strategy, Culture, and Identity Through Corporate Branding.* San Francisco, CA: Jossey-Bass.

Heath, R. L. (1997). *Strategic Issues Management: Organizations and Public Policy Challenges.* Thousand Oaks, CA: Sage.

Heath, R. L. (2003). Issues Management: Its Past, Present, and Future. In M. Kuhn, G. Kalt, & A. Kinter (Hrsg.), *Chefsache Issues Management: Ein Instrument zur strategischen Unternehmensführung – Grundlagen, Praxis, Trends* (S. 32–39). Frankfurt am Main: F.A.Z.-Institut für Management-, Markt- und Medieninformationen.

Hebben, M. (2008). Schlechtes Image – kein Problem. Der Fall Lidl zeigt: Nur selten wirken sich Negativschlagzeilen auf den Umsatz aus – und wenn, dann nur für kurze Zeit. *Horizont, 15,* 13.

Herzberg, F. (1987). One More Time: How Do You Motivate Employees? *Harvard Business Review, 5,* 109–120.

Herzberg, F., Mausner, B., & Snyderman, B. B. (1959). *The Motivation to Work* (2. Aufl.). New York: John Wiley & Sons.

Ind, N. (2001). *Living the Brand.* London: Kogan Page.

Johnston, R. E. Jr., & Bate, J. D. (2003). *The Power of Strategy Innovation: A New Way of Linking Creativity and Strategic Planning to Discover Great Business Opportunities.* New York: Amacom.

Kalt, G., Kinter, A., & Kuhn, M. (Hrsg.) (2009). *Strategisches Issues Management.* Frankfurt am Main: F.A.Z.-Institut für Management-, Markt- und Medieninformationen.

Kano, K., Seraku, N., Takahashi, F., & Tsuji, S. (1984). Attractive Quality and Must-Be Quality. *Hinshitsu: The Journal of the Japanese Society for Quality Control, 14*(2), 39–48.

Kim, W. C., & Mauborgne, R. (2004). *Blue Ocean Strategy*. Boston, MA: Harvard Business School Press.

Kolbrück, O. (2009). Kaufimpulse mit Wohlfühl-Faktor: Die Kommunikation rund um Nachhaltigkeit verlangt nach Emotionalität und transparenten Argumenten. *Horizont, 44*, 15.

Liebl, F. (2000). *Der Schock des Neuen: Entstehung und Management von Issues und Trends*. München: Gerling Akademie Verlag.

Liebl, F. (2002a). Wie verkauft man mit „Gemeinwohl"?. In H. Münkler, & K. Fischer (Hrsg.), *Gemeinwohl und Gemeinsinn: Rhetoriken und Perspektiven sozial-moralischer Orientierung* (S. 207–225). Berlin: Akademie Verlag.

Liebl, F. (2002b). The Anatomy of Complex Societal Problems and Its Implications for OR. *Journal of the Operational Research Society (JORS), 53*(2), 161–184.

Liebl, F. (2002c).»The Usual Suspects«: Strategisches Management in der Misstrauensfalle. *riskVoice, 4*(1-2), 1–8.

Liebl, F. (2003) What Is Strategic Knowledge Management Anyway? In Edwards, J. S. (Hrsg.), *KMAC 2003 – The Knowledge Management Aston Conference 2003* (S. 314–325). Birmingham: The OR Society.

Liebl, F. (2005). Technologie-Frühaufklärung: Bestandsaufnahme und Perspektiven. In S. Albers, & O. Gassmann (Hrsg.), *Handbuch Technologie- und Innovationsmanagement: Strategie – Umsetzung – Controlling* (S. 119–136). Wiesbaden: Gabler.

Liebl, F., & Düllo, T. (2010). *Strategie: Kognition – Kommunikation – Kultur*. (In Vorbereitung).

Link, J. (1999). *Versuch über den Normalismus: Wie Normalität produziert wird*. Opladen: Westdeutscher Verlag.

Mannor, M. J., Block, E. S., & Mishina, Y. (2006). *Climbing Up a Hill vs. Falling Off a Cliff: Toward a New Theoretical Perspective of Good and Bad Reputations*. Vortrag auf der Academy of Management Conference „Knowledge, Action and the Public Concern", Atlanta, GA.

Margolis, J. D., & Walsh, J. P. (2001). *People and Profits? The Search for a Link Between a Company's Social and Financial Performance*. Mahwah, NJ: Lawrence Erlbaum.

McIntosh, M., Leipziger, D., Jones, K., & Coleman, G. (1998). *Corporate Citizenship: Successful Strategies for Responsible Companies*. London: Financial Times, Prentice Hall.

Meck, G. (2009). Adidas bastelt den Ein-Euro-Turnschuh. *Frankfurter Allgemeine Sonntagszeitung, 46*, 45.

Mintzberg, H. (1993). *The Rise and Fall of Strategic Planning*. New York: Free Press.

Mintzberg, H., & Waters, J. A. (1985). Of Strategies, Deliberate and Emergent. *Strategic Management Journal, 6*(3), 257–272.

Mishina, Y., Block, E., & Mannor, M. J. (2008). *The Impact of Capability and Compatibility on Favorable and Unfavorable Reputations*. Conference Proceedings, Administrative Science Association of Canada.

Mühlauer, A. (2009). „Ich bin mal gerne sechs Monate nicht im Büro" – Wie Yvon Chouinard die Klettermarke Patagonia aus Versehen zum Welterfolg führte, warum er Mitarbeiter zum Surfen schickt und wieso er ein Jahr Katzenfutter aß. *Süddeutsche Zeitung, 65*(250), 26.

Narayanan, V. K., & Fahey, L. (1982). The Micro-Politics of Strategy Formulation. *Academy of Management Review, 7*(1), 25–34.

Nidumolu, R., Prahalad, C. K., & Rangaswami, M. R. (2009). Why Sustainability Is Now the Key Driver of Innovation. *Harvard Business Review, 87*(9), 56–64.

Nienhaus, L. (2009). „Wir sind bis zu 40 Prozent billiger als die Apotheke" dm-Chef Erich Harsch über Arznei aus dem dm Drogeriemarkt, die Irrtümer von Konkurrent Schlecker und Anthroposophie für Manager. *Frankfurter Allgemeine Sonntagszeitung, 47*, 37.

Porter, M. E. (1985). *Competitive Advantage – Creating and Sustaining Superior Performance*. New York: Free Press.

Porter, M. E. (1996). What Is Strategy? *Harvard Business Review, 74*(6), 61–78.

Porter, M. E., & Kramer, M. R (2006). Strategy & Society: The Link Between Competitive Advantage and Corporate Social Responsibility. *Harvard Business Review, 84*(12), 78–92.

Porter, M. E., & Reinhardt, F. L. (2007). A Strategic Approach to Climate. *Harvard Business Review, 85*(10), 22–26.

Prahalad, C. K., & Hamel, G. (1990). The Core Competence of the Corporation. *Harvard Business Review, 68*(3), 79–91.

Priddat, B. P. (1996). Moralischer Konsum. *Universitas, 51*(605), 1071–1077.

Rappaport, A. (1999). *Shareholder Value: Ein Handbuch für Manager und Investoren*. Stuttgart: Schäffer-Poeschel.

Rowley, T., & Berman, S. (2000). A Brand New Brand of Corporate Social Performance. *Business & Society, 39*(4), 397–418.

Rughase, O. G. (2006). *Identity and Strategy: How Individual Visions Enable the Design of a Market Strategy that Works*. Cheltenham: Edward Elgar Publishing.

Sauer, U. (2009). „Wir leben in einer Gesellschaft, die absolut untragbar ist" – Espressofabrikant Andrea Illy über Kaffeepreise, nachhaltiges Wirtschaften und den Imageschaden Berlusconis für italienische Markenunternehmer. *Süddeutsche Zeitung, 65*(255), 24.

Schüz, M. (1999). *Werte – Risiko – Verantwortung: Dimensionen des Value Managements*. München: Gerling Akademie Verlag.

Schultz, M. (2005). Corporate Branding as Organizational Change. In M. Schultz, Y. M. Antorini, & F. F. Csaba (Hrsg.), *Corporate Branding: Purpose/People/Process – Towards the Second Wave of Corporate Branding* (S. 181–216). Copenhagen: Copenhagen Business School Press.

Schumpeter, J. A. (1987). *Theorie der wirtschaftlichen Entwicklung* (7. Aufl.). Berlin: Duncker & Humblot.

Siemens Arts Program (Hrsg.) (2004). *Corporate Culture Responsibility – Zur Pflege der Ressource Kultur*. München.

Slywotzky, A. J. (1996). *Value Migration: How to Think Several Moves Ahead of the Competition*. Boston, MA: Harvard Business School Press.

Smith, K. G., & Cao, Q. (2007). An Entrepreneurial Perspective on the Firm–Environment Relationship. *Strategic Entrepreneurship Journal, 1*(3–4), 329–344.

SMS Strategic Management Society (2000). *20th Annual International Conference Call for Panel, Paper, and Poster Proposals „Strategy in the Entrepreneurial Millennium"*, Vancouver, BC.

Stark, W. (2008). Gesellschaftliche Verantwortung in Unternehmen – zwischen Legitimation und Innovation. In L. Heidbrink, & A. Hirsch (Hrsg.), *Verantwortung als marktwirtschaftliches Prinzip: Zum Verhältnis von Moral und Ökonomie* (S. 339–350). Frankfurt am Main: Campus Verlag.

Stehr, N. (2007). *Die Moralisierung der Märkte: Eine Gesellschaftstheorie*. Frankfurt am Main: Suhrkamp.

Tashman, P., & Rivera, J. (2008). *Business Associations and Corporate Social Performance: The Case of BSR*. Vortrag auf der Academy of Management Conference, Anaheim, CA.

Ullmann, A. A. (1985). Data in Search of a Theory: A Critical Examination of the Relationships Among Social Performance, Social Disclosure, and Economic Performance of U.S. Firms. *Academy of Management Review, 10*(3), 540–557.

Van der Heijden, K. (1996). *Scenarios: The Art of Strategic Conversation*. Chichester: Wiley.

Venkatraman, N. (1989). The Concept of Fit in Strategy Research: Toward Verbal and Statistical Correspondence. *Academy of Management Review, 14*(3), 423–444.

Vilanova, M., Lozano, J. M., & Arenas, D. (2009). Exploring the Nature of the Relationship Between CSR and Competitiveness. *Journal of Business Ethics, 87*(1), 57–69.

Vogel, D. (2005). *The Market for Virtue: The Potential and Limits of Corporate Social Responsibility*. Washington, D.C.: Brookings Institution Press.

Voigt, T. (2003). *Just implement it? Strategische Kräfte im Unternehmen mobilisieren*. Berlin: Logos.

Voigt, T. (2006). *The Force of Mobilization: What Strategic Management Can Learn From Social Movements*. Berlin: Logos.

Weber, T., & Willers, C. (2009). Auch das Gute muss passen. *Frankfurter Allgemeine Zeitung, 254*, 14.

Weick, K. E. (1987). Substitutes for Strategy. In D. J. Teece (Hrsg.), *The Competitive Challenge* (S. 221–233). Cambridge, MA: Ballinger.

Weiguny, B. (2010). Ist der Ruf erst ruiniert, zählt nur noch der Preis. *Frankfurter Allgemeine Sonntagszeitung, 2*, 33.

Wernerfelt, B. (1984). A Resource-Based View of the Firm. *Strategic Management Journal, 5*(2), 171–180.

Werther, W. B., Jr., & Chandler, D. (2006). *Strategic Corporate Social Responsibility: Stakeholders in a Global Environment*. Thousand Oaks, CA: Sage.

Wood, D. J. (1991a). Corporate Social Performance Revisited. *Academy of Management Review, 16*(4), 691–718.

Wood, D. J. (1991b). Social Issues in Management: Theory and Research in Corporate Social Performance. *Journal of Management, 17*(2), 383–406.

Wood, D. J. (2010). Measuring Corporate Social Performance: A Review. *International Journal of Management Reviews, 12*(1), 50–84.

Wege zu einem effektiven und verantwortungsvollen Employer Branding

Benjamin von Walter, Torsten Tomczak und Daniel Wentzel

Die Anwerbung und Bindung geeigneter Mitarbeiterinnen und Mitarbeiter zählt zu den zentralen Aufgaben unternehmerischer Tätigkeit. Trotz der derzeitigen Wirtschaftskrise ist zu erwarten, dass die Bewältigung dieser Aufgabe in den nächsten Jahren zunehmend schwieriger wird. Der sich bereits vor der Krise abzeichnende Kampf um Fach- und Führungskräfte, der Headhunter-Firmen traumhafte Zuwachsraten einbrachte, wird wieder an Intensität gewinnen (vgl. Fernández-Aráoz, Groysberg & Nohria 2009: 26). Selbst im Rezessionsjahr 2009 fehlten der deutschen Wirtschaft mehr als 60.000 Fachkräfte. Bis 2020 soll sich die Zahl auf über 400.000 erhöhen (vgl. Institut der deutschen Wirtschaft Köln 2009: 8). Auch in Bereichen niedrig qualifizierter Arbeit ist Personalmangel zukünftig wahrscheinlich. So gehen aktuelle Projektionen davon aus, dass insbesondere in den Bereichen haushaltsnahe Dienstleistungen und Einzelhandel bis 2020 mit einer Personallücke von mehreren hunderttausend Personen zu rechnen ist (vgl. McKinsey&Company 2008).

Vor diesem Hintergrund ist es wenig verwunderlich, dass immer mehr Unternehmen sich als Arbeitgeber gezielt vermarkten und so genanntes Employer Branding betreiben. Hierunter wird der Versuch verstanden, durch Kommunikation eine attraktive Arbeitgebermarke aufzubauen und damit sowohl die eigenen als auch potenzielle Mitarbeiter an das Unternehmen zu binden und Identifikationsprozesse auszulösen (vgl. Backhaus & Tikoo 2004). In der Praxis richtet sich Employer Branding bislang vor allem an Jobsucher, die als potenzielle Mitarbeiter in Frage kommen. So buhlte zum Beispiel die Unternehmensberatung Accenture lange Zeit in Anzeigen mit dem Golfstar Tiger Woods und dem Claim „Ein ganz normaler Arbeitstag für Tiger" um neue Talente. Danone veranstaltet unter dem Motto „Der Berg ruft" Recruiting-Events in den bayerischen Alpen und der Arbeitgeber IKEA verspricht in seinen Flyern, dass mit einem Job bei IKEA „aus einem Arbeitsplatz ein Erlebnispark" und „aus einer Aufgabe eine Chance" werden kann. Die Beispiele zeigen, dass Arbeitgeber zunehmend wie Produkte vermarktet werden, indem durch Markenkommunikation (z. B. Werbung, Sponsoring, Events, PR, Internet etc.) Images aufgebaut werden, die von symbolischen Bedeutungen wie Dynamik, Abenteuer und Erlebnis bis hin zu funktionalen Eigenschaften wie Karrierechancen, Gehalt oder Work-Life-Balance reichen.

Employer Branding kann als Teil integrierter Unternehmenskommunikation verstanden werden. Integrierte Kommunikation zielt darauf ab, die Kommunikationsarbeit so auszurichten, dass eine Positionierung der Unternehmensmarke gemäß vorgelagerter Marketingentscheidungen möglich ist und damit ein einheitliches

Bild von einem Unternehmen an verschiedene Stakeholder vermittelt werden kann (vgl. Bruhn 2005; Zerfaß 1996). Dabei befasst sich Employer Branding mit der Stakeholdergruppe potenzieller und gegenwärtiger Mitarbeiter und der Kommunikation derjenigen Aspekte der Unternehmensidentität, die für diese Gruppe relevant sind. Organisatorisch betrifft Employer Branding die Funktionen Human Resources, Marketing sowie PR/Kommunikation. In den meisten Unternehmen wird Employer Branding durch die HR-Abteilung gesteuert, wobei Experten aus anderen Funktionsbereichen in der Regel beratend miteinbezogen werden.

Die Zielsetzung, attraktive Arbeitgeberimages durch Kommunikation aufzubauen, ist ökonomisch motiviert und wird daran gemessen, wie gut es gelingt, neue Mitarbeiter anzuwerben und nach Eintritt in die Organisation zu binden. Nur wenig reflektiert wird hingegen die soziale Verantwortung, die Arbeitgebern beim Employer Branding zukommt. Aus Sicht eines normativ verstandenen Corporate Social Responsibility-Ansatzes sollten Unternehmen über rein wirtschaftliches Handeln hinaus Verantwortung für ihre Stakeholder übernehmen und prüfen, inwiefern ihr Handeln moralisch begründete Ansprüche von Stakeholdern verletzt (vgl. z. B. Caroll 1991; EU-Kommission 2001). Im Kontext von Employer Branding werden Arbeitgeberimages als Bündel von Erwartungen gesehen (vgl. Cable & Turban 2001: 147), die angesichts der individuellen Tragweite der Entscheidung zugunsten eines bestimmten Arbeitgebers nicht leichtfertig geschürt werden dürfen. Ein Jobsucher, sei er ein Berufseinsteiger oder eine erfahrene Fachkraft, weiß im Regelfall nicht genau, was ihn bei einem (neuen) Arbeitgeber erwartet. Der Arbeitgeber verfügt über einen Informationsvorsprung, den er aus normativ-ethischer Sicht nicht einseitig zu seinem Vorteil ausnutzen darf, indem er durch Kommunikation Vorstellungen befördert, die aus Sicht der Zielgruppe zwar attraktiv sind, mit dem realen Arbeitsalltag aber wenig zu tun haben.

Im vorliegenden Beitrag soll daher die Frage erörtert werden, wie das Employer Branding sowohl wirtschaftlich effektiv als auch verantwortlich gestaltet werden kann. Zunächst wird dargestellt, was ein aus Sicht des Personalmarketings effektives Employer Branding auszeichnet. Anschließend werden, unter Rückgriff auf den Corporate Social Responsibility-Ansatz sowie kommunikationswissenschaftliche Arbeiten, Leitlinien für ein verantwortungsvolles Employer Branding skizziert. Schließlich werden drei Ansätze aus der Recruiting-Forschung und -Praxis vorgestellt, die Marketing- und Human Ressource-Managern helfen können, ihr Employer Branding verantwortlich und effektiv zu gestalten. In einem abschließenden Fazit wird die These vertreten, dass vor allem unter Einnahme einer langfristigen und nachhaltigen Perspektive ein verantwortungsvolles und gleichzeitig effektives Employer Branding möglich ist.

1 Employer Branding zwischen Personalmarketing und Corporate Social Responsibility

1.1 Anforderungen aus Sicht des Personalmarketings

Der folgende Abschnitt befasst sich mit den Anforderungen des Personalmarketings an das Employer Branding. Die Hauptfunktionen des Personalmarketings sind es, neue Mitarbeiter zu rekrutieren und bestehende Mitarbeiter zu binden (vgl. Bröckermann & Pepels 2002). Überträgt man diese Funktionen auf das Employer Branding, kann zwischen kurzfristigen Rekrutierungs- und langfristigen Bindungsanforderungen unterschieden werden.

Die unmittelbare Anforderung an das Employer Branding ist die *Anwerbung neuer Mitarbeiter*. Der Rekrutierungserfolg bemisst sich daran, ob es gelingt eine ausreichend große Zahl geeigneter Personen zu finden, die sich bewerben, während des Selektionsprozesses ihre Bewerbung nicht zurückziehen und letztlich ein Jobangebot annehmen (vgl. Breaugh 1992: 4; Saks 2005: 51). Diese Zielsetzungen sind kurzfristig orientiert, da sie spätestens dann als erreicht angesehen werden können, wenn neu angeworbene Personen als Mitarbeiter in die Organisation eintreten. Als zentrale Stellschraube für den Rekrutierungserfolg gilt neben der Bekanntheit eines Arbeitgebers die subjektiv empfundene *Arbeitgeberattraktivität* von Personen der anvisierten Zielgruppe. Arbeitgeberattraktivität ist die Voraussetzung für ein hohes Bewerbungsaufkommen und erhöht laut Rekrutierungsforschung die Wahrscheinlichkeit, dass ein Jobsucher seinen Bewerbungsstatus aufrechterhält und sich letztlich für das Unternehmen entscheidet (vgl. Barber 1998: 11; Cable & Turban 2001: 146). Die Arbeitgeberattraktivität selbst basiert auf dem *Arbeitgeberimage*, d. h. den subjektiven Vorstellungen eines Individuums von einem bestimmten Arbeitgeber (vgl. z. B. Lievens & Highhouse 2003; Slaughter et al. 2004). Anforderung an das Employer Branding ist es, durch Kommunikation ein vorteilhaftes, d. h. positives und vom Wettbewerb differenzierendes, Arbeitgeberimage in den Köpfen der Zielgruppe zu erzeugen (vgl. Backhaus & Tikoo 2004: 501; Collins & Stevens 2002). Ewing et al. (2002: 12) formulieren diesen Anspruch wie folgt: „Employment branding is … concerned with building an image in the minds of the potential labour market that the company, above all others, is a ‚great place to work'."

Die Kommunikation von Images erfolgt durch den Einsatz von Marketinginstrumenten wie Werbung, PR, Events, Sponsoring, Internet und persönliche Kommunikation. Auf inhaltlicher Ebene kann Cable und Turban (2001: 126) zufolge zwischen der Kommunikation von Vorstellungen bezüglich der Organisation (Struktur, Produkte, Standort etc.), der angebotenen Jobs (Tätigkeiten, Bezahlung, Karrieremöglichkeiten etc.) sowie der Unternehmenskultur und Mitarbeiter (demographische Eigenschaften, Einstellungen, Wertorientierungen etc.) unterschieden werden. Arbeitgeberimages können also sowohl funktionaler (z. B. gutes Gehalt, familienfreundliche Arbeitszeiten, Weiterbildungsmöglichkeiten) als auch symbolische Natur (z. B. konservativ, herzlich, weltoffen) sein (vgl. Lievens & Highhouse 2003). Auch „CSR-Inhalte" können ein Teil solcher durch Kommunikation vermittelten Images sein (vgl. Bhattacharya, Sen & Korschun 2008; Turban & Greening 1996). So betont zum Beispiel der Pharmakonzern Novartis auf seiner Internetseite sein soziales und ökologisches Engagement im Rahmen von Corporate Citizenship-Projekten, um damit Werte wie Nachhaltigkeit und Verantwortung zu kommunizieren. Eine unlängst erschienene Umfrage des Marktforschungsunternehmens Universum unter Studenten indiziert, dass die Kommunikation derartiger Images sich nicht nur auf Kunden positiv auswirkt, sondern auch die Attraktivität eines Arbeitgebers bei Jobsuchern steigern kann (vgl. Universum Communications 2009). Generell erreicht ein Unternehmen eine hohe Arbeitgeberattraktivität und damit einen großen Rekrutierungserfolg, wenn durch Employer Branding, Vorstellungen vermittelt werden, die von der Zielgruppe besonders erwünscht sind und entsprechend positiv aufgenommen werden. Für Employer Brand Manager besteht daher ein großer Anreiz, in der Rekrutierungskommunikation vorteilhafte Eigenschaften wie zum Beispiel Innovativität, Dynamik oder soziales Engagement besonders zu betonen und unvorteilhafte Eigenschaften wie zum Beispiel lange Arbeitszeiten zu verschweigen.

Ein ganzheitliches Employer Branding muss aus ökonomischer Sicht aber über den Rekrutierungserfolg hinaus auch an der langfristigen *Bindung der neu angeworbenen Mitarbeiter* interessiert sein (vgl. Förster, Erz & Jenewein 2009: 284). Für den amerikanischen Arbeitsmarkt ermittelten O'Connell und Kung (2007: 14) Durchschnittskosten von 13.996 US-Dollar pro Mitarbeiter, der sein Unternehmen verlässt, um zu einem anderen Arbeitgeber zu wechseln. Bis zu ca. 70 Prozent der entstehenden Kosten sind Produktivitätsverluste, die sowohl aus der Unerfahrenheit des neuen Mitarbeiters resultieren als auch aus der sinkenden Motivation des alten Mitarbeiters vor Verlassen des Unternehmens (vgl. Tracey & Hinkin 2008). Als objektive Größe zur Messung des Bindungserfolgs gilt die Fluktuationsrate einer Organisation. Da sich die Rekrutierungsforschung und die Erforschung der Mitarbeiterbindung parallel entwickelt haben, wird in Bezug auf bestehende Mitarbeiter in der Regel nicht die Arbeitgeberattraktivität als Indikator herangezogen, sondern die *Zufriedenheit* der Mitarbeiter, die *Identifikation* der Mitarbeiter mit einem Arbeitgeber und das *Commitment* der Mitarbeiter für das eigene Unternehmen.

Einschlägige Metaanalysen belegen einen hochsignifikanten Zusammenhang zwischen diesen Indikatoren und der Fluktuation (bzw. der individuellen Absicht, das Unternehmen zu verlassen) und zeigen außerdem, dass diese Größen untereinander recht stark korreliert sind (vgl. Mathieu & Zajac 1990; Meyer et al. 2002; Riketta 2005). Zufriedenheit, Identifikation und Commitment lassen sich wie Arbeitgeberattraktivität auch auf die Wahrnehmung von funktionalen und symbolischen Organisationsmerkmalen zurückführen (vgl. Dutton & Dukerich 1991; Meyer et al. 2002; Lievens, van Hoye & Anseel 2007). Im Gegensatz zum Arbeitgeberimage eines Jobsuchers basiert diese Wahrnehmung allerdings weniger auf durch Marketingkommunikation vermittelten Vorstellungen, sondern vielmehr auf eigenen Erfahrungen mit dem Arbeitgeber, insbesondere mit der durch Kollegen und Führung vermittelten Unternehmenskultur (vgl. Backhaus & Tikoo 2004: 509; Morhart, Herzog & Tomczak 2009), sowie auf medienvermittelten Inhalten. Für das Employer Branding ergibt sich die Herausforderung, bei Aufbau und Pflege von Arbeitgebermarken darauf zu achten, dass die Wahrnehmung von Organisationsmerkmalen nach Eintritt in die Organisation mit den im Employer Branding vermittelten Vorstellungen vor Eintritt in die Organisation übereinstimmt. Hat sich zum Beispiel ein Unternehmen wie Novartis als besonders sozial und ökologisch engagiert positioniert und „CSR-Inhalte" in seine Employer Branding Kommunikation integriert, sollte dies für die Mitarbeiter auch erfahrbar sein, indem sie über solche Aktivitäten informiert und ggf. miteinbezogen werden (vgl. Bhattacharya, Sen & Korschun 2008). Cable und Turban (2001: 147) weisen zurecht darauf hin, dass Arbeitgeberimages letztlich die Erwartungen eines neu in die Organisation eintretenden Mitarbeiters repräsentieren, die nicht enttäuscht werden dürfen, weil sonst die Wahrscheinlichkeit steigt, dass der neu eingestellte Mitarbeiter Unzufriedenheit empfindet und das Unternehmen bald wieder verlässt. Tatsächlich zeigen Studien zum so genannten „psychologischen Vertrag" – hierunter werden die gegenseitigen Erwartungen von Mitarbeiter und Arbeitgeber verstanden –, dass der Eindruck eines Mitarbeiters, sein Arbeitgeber hält nicht, was er versprochen hat, sich negativ auf dessen Zufriedenheit und Commitment auswirkt und die Wahrscheinlichkeit erhöht, dass er das Unternehmen verlässt (vgl. z. B. Coyle-Shapiro & Kessler 2000; Robinson, Kraatz & Rousseau 1995). Hieraus lässt sich für das Employer Branding der Anspruch ableiten, bei Aufbau und Pflege von Arbeitgebermarken darauf zu achten, dass die kommunizierten Markenattribute glaubwürdig und authentisch einlösbar sind (vgl. Backhaus & Tikoo 2004: 507; Cable & Turban 2001: 147).

Zusammenfassend bleibt festzuhalten, dass sich der Employer Brand Manager in einem Spannungsfeld zwischen kurzfristigen Rekrutierungszielen und langfristigen Bindungszielen bewegt. Er muss bei Aufbau und Pflege der Arbeitgebermarke darauf achten, dass das Arbeitgeberimage aus Zielgruppensicht attraktiv und differenzierend ist, und gleichzeitig sicherstellen, dass die vermittelten Vorstellungen glaubwürdig sind und nach Eintritt in die Organisation real erfahren werden können.

1.2   Anforderungen aus Sicht des Corporate Social Responsibility-Ansatzes

In der betriebswirtschaftlichen Forschung und Praxis hat sich in den letzten Jahren der sogenannte Corporate Social Responsibility-Ansatz fest etabliert. Dieser postuliert, dass Unternehmen über rein wirtschaftliches Handeln hinaus Verantwortung für einzelne Anspruchsgruppen oder die Gesellschaft als solche übernehmen sollen (vgl. z. B. Carroll 1999; Hansen & Schrader 2005: 375; Schwalbach 2008: VIIIf., vgl. die Definition der EU-Kommission 2001: 7). Obwohl Human Resources und Marketing zu den zentralen Anwendungsfeldern von CSR zählen, existieren bislang kaum Forschungsarbeiten, die sich mit der Frage befassen, wie das Employer Branding Verantwortung für die Anspruchsgruppe der Jobsucher bzw. der potenziellen Mitarbeiter übernehmen kann. Der vorliegende Abschnitt versucht diese Frage zu beantworten und führt aus, welche Anforderungen sich aus einer normativen CSR-Sicht für das Employer Branding ergeben. Abzugrenzen ist diese Fragestellung von im letzten Unterkapitel behandelten Fragestellungen und Arbeiten, die sich mit der Wirkung von „CSR-Inhalten" auf den Rekrutierungserfolg befassen und damit letztlich eine Personalmarketing-Perspektive einnehmen.[1] Es geht nun also nicht um die Kommunikation von sozialer oder ökologischer Verantwortung, sondern um die Verantwortung von Kommunikation.

Da CSR-Ansätze die Gruppe der Stakeholder in den Vordergrund rücken (vgl. zum Stakeholderansatz Freeman 1984), muss sich aus normativ-ethischer Sicht ein verantwortlich handelndes Unternehmen fragen, welche moralischen Rechte eine Stakeholdergruppe hat und inwiefern diese Rechte durch wirtschaftliches Handeln verletzt werden (vgl. Donaldson & Preston 1995: 67; Ulrich 2001: 488). Was aus normativ-ethischer Sicht verantwortlich oder unverantwortlich ist, steht nicht generell fest, sondern ist vielmehr das Ergebnis gesellschaftlicher Diskussionsprozesse (vgl. Maignan & Ferrell 2004: 6 f.). So besteht zum Beispiel ein breiter Konsens darüber, dass Marketingkommunikation dann als unverantwortlich anzusehen ist, wenn sie das Vertrauen von Verbrauchern missbraucht, indem sie mangelndes Wissen oder Erfahrung ausnutzt (vgl. Deutscher Werberat 2009). Diese Vorstellung basiert auf dem Argument, dass eine besondere Schutzwürdigkeit der moralischen Rechte einer Anspruchsgruppe besteht, wenn ein Unternehmen über große Handlungsspielräume gegenüber dieser Anspruchsgruppe verfügt (vgl. z. B. Hansen 1988: 712; Shaw & Barry 1998: 197). Die Literatur zum Thema Rekrutierung indiziert, dass solche Handlungsspielräume auch bei der Beeinflussung von Jobsuchern durch Employer Branding vorhanden sind, da eine – im Einzelfall unterschiedlich stark ausgeprägte – Informationsasymmetrie zwischen potenziellen Mitarbeitern und tatsächlichen Mitarbeitern besteht (vgl. z. B. Buckley et al. 1997: 470 f.; Cable & Turban 2001: 147; Rousseau 2001: 519; Wanous 1992: 22 f.). Jobsucher verfügen in der Regel über kein Erfahrungswissen, was einen spezifischen Arbeitgeber angeht. Nur wenige Eigenschaften wie die Höhe des Gehalts oder die Anzahl der Urlaubstage lassen sich vor Eintritt in die Organisation objektiv in Erfahrung bringen. Ob die Unternehmenskultur wirklich teamorientiert und dynamisch ist, inwiefern Eigeninitiative gefordert und die ausgeübten Tätigkeiten interessant und verantwortungsvoll sind, kann der Jobsucher erst wirklich beurteilen, wenn er einige Zeit im Unternehmen verbracht hat. Gerade die durch Employer Branding besonders umworbene Zielgruppe hochqualifizierter Universitätsabsolventen („High Potentials") startet erst ins Berufsleben und verfügt daher auch nicht über Erfahrungen mit vergleichbaren Arbeitgebern. Hieraus resultiert die Forderung, die Rekrutierungskommunikation an den Bedürfnissen von Jobsuchern auszurichten und eine möglichst umfassende Information sicherzustellen (vgl. Buckley et al. 1997: 479 f.; Shaw & Barry 1998: 267). Für das Employer Branding ergibt sich der Anspruch, Jobsuchern dabei zu helfen, ausgewogene Entscheidungen zu treffen. Bei Aufbau und Pflege von Arbeitgebermarken durch Kommunikation ist insbesondere an drei Grundsätze zu denken, die sowohl in der

---

1   Hierbei handelt es sich meist nicht um die Wahrnehmung von sozialer Verantwortung in Bezug auf (potenzielle) Mitarbeiter, sondern um das allgemeine zivilgesellschaftlich und philanthropische bzw. ökologische Engagement eines Unternehmens. Die Employer Branding Kommunikation nimmt auf dieses Engagement Bezug, um Images aufzubauen, die die Arbeitgeberattraktivität steigern (siehe hierzu die Ausführungen in 2.1).

betriebswirtschaftlichen wie kommunikationswissenschaftlichen CSR-Literatur diskutiert werden: Glaubwürdigkeit, Transparenz und Dialog. Im Folgenden präzisieren wir diese Prinzipien in Hinblick auf ihre Bedeutung für das Employer Branding.

Glaubwürdige Kommunikation: Wie an anderer Stelle ausgeführt, ist es unter Personalmarketing-Gesichtspunkten zumindest kurzfristig zielführend, ein möglichst vorteilhafte Images von sich als Arbeitgeber in den Köpfen potenzieller Mitarbeiter zu verankern, um so die Arbeitgeberattraktivität zu steigern. Aus CSR-Sicht darf dies aber nicht dazu führen, dass falsche Erwartungen geweckt werden. Employer Branding sollte vielmehr ein authentisches und glaubwürdiges Bild von einem Arbeitgeber vermitteln (zur Rolle von Glaubwürdigkeit in der CSR-Kommunikation siehe auch den Beitrag von Bentele in diesem Band). Zunächst gilt, dass die durch Markenkommunikation vermittelten Inhalte ehrlich und wahr sein müssen (vgl. z. B. Borrie 2005: 64; Polonsky & Hyman 2007: 6). Unglaubwürdig ist beispielsweise die Rekrutierungskommunikation eines bekannten Modehändlers, der die eigene Ausbildung zum Handelsassistenten in der Filiale als „Alternative zum Studium" anpreist, obwohl es sich keinesfalls um ein studienähnliches Angebot handelt. Auch zu starke Übertreibungen gefährden die Glaubwürdigkeit als Arbeitgeber. So kann zum Beispiel darüber diskutiert werden, ob das zentrale Arbeitgebermarkenversprechen von McKinsey&Company, „Building Global Leaders", eine solche Übertreibung darstellt. Als problematisch angesehen wird in der Literatur die übertriebene Lockwerbung des Logistikunternehmens UPS in den USA: „Package handler today ... CEO tomorrow." (vgl. Buckley et al 2002: 264).

Transparente Kommunikation: Ein verantwortliches Employer Branding unterstützt den Jobsucher darin, sich soweit möglich selbst ein Bild von einem Arbeitgeber zu machen und ermöglicht ihm so, ausgewogene Entscheidungen zu treffen. Hierzu bedarf es Transparenz, d. h. ein Unternehmen muss Jobsuchern proaktiv alle für eine Entscheidung relevanten Informationen zur Verfügung stellen (vgl. Buckley et al. 1997: 479 f.). So sollte zum Beispiel ein Unternehmen, das Jobsuchern eine große Karriere verspricht, transparent offenlegen, welche Personalentwicklungsprogramme angeboten werden. Ein Arbeitgeber, der sich seiner Familienfreundlichkeit rühmt, sollte Jobsucher darüber informieren, welche Maßnahmen zur Vereinbarkeit von Familie und Beruf getroffen werden. Berechtigt ist freilich der Einwand, dass Employer Branding häufig vor allem symbolische Eigenschaften eines Arbeitgebers in den Vordergrund stellt, die naturgemäß subjektiv sehr unterschiedlich bewertet werden und die daher nicht generell als irreführend kritisiert werden können, weil sie nicht direkt belegt werden können (vgl. Bishop 2000). Transparenz kann in solchen Fällen vor allem durch Dialogbereitschaft und dialogische Kommunikation hergestellt werden.

Dialogbereitschaft und dialogische Kommunikation: Aus der Employer Branding-Forschung ist bekannt, dass gerade symbolische Eigenschaften eine starke Wirkung am Arbeitsmarkt entfalten, weil sie einen Arbeitgeber differenzierbar machen, während sich funktionale Attribute innerhalb einer Branche meist ähneln (vgl. Lievens & Highhouse 2003). Symbolische Eigenschaften sind letztlich nichts anderes als von einem Unternehmen getroffene Aussagen über die Persönlichkeit und Kultur des Unternehmens, d. h. Aussagen über zentrale Wertorientierungen der Mitglieder einer Organisation. In der PR- und CSR-Literatur wird betont, dass grundlegende Wertorientierungen im Dialog mit Stakeholdern argumentativ begründet und diskutiert werden sollten (vgl. z. B. Bentele, Steinmann & Zerfaß 1996; O'Riordan & Fairbrass 2008). Diese Idee knüpft an Grunig und Hunts (1984: 22) idealtypisches Modell symmetrischer Kommunikation an, das gegenseitiges Verstehen und Verständnis zum Ziel hat. So fordern zum Beispiel Karmasin und Weder (2008: 184), dass Kommunikation mit Stakeholdern „als offener, rekursiver Prozess in Bezug auf einen gemeinsamen Kontext" zu gestalten ist, „in dessen Mittelpunkt die Definition der Organisation und ihrer Leistungen in Relation zu je spezifischen Ansprüchen und Wertsystemen... steht". Dies erscheint in Hinblick auf Jobsucher besonders wichtig, denn wer Teil einer bestimmten Organsationskultur werden will, sollte sich bereits im Vorfeld vor dem Hintergrund eigener Bedürfnisse und Wünsche mit dieser Kultur auseinandersetzen können. Hierzu bedarf es der Offenheit seitens des Unternehmens, in einen solchen Dialog ernsthaft einzutreten. Negativ fällt in dieser Hinsicht beispielsweise die Drogeriekette Schlecker auf, die auf ihrer Karriere-Homepage als zentrale Werte „Eigeninitiative" und „selbständiges Denken" auslobt, aber keinerlei Möglichkeit bietet, dass Unternehmen vor einer Bewerbung eigeninitiativ zu kontaktieren und Rückfragen zu stellen.

Abschließend bleibt festzuhalten, dass die Forderung nach einem verantwortungsvollen Employer Branding, das durch Glaubwürdigkeit, Transparenz und Dialog gekennzeichnet ist, sich aus theoretischer Sicht gut mit einer langfristigen Personalmarketing-Perspektive verträgt, deren Ziel es ist, Enttäuschungen von Neueinsteigern zu vermeiden. Zu betonen ist allerdings die unterschiedliche Begründung der Anforderungen. Während das Personalmarketing letztlich eine rein ökonomische Zielsetzung verfolgt, ist die CSR-Sicht normativ-ethisch motiviert. Die folgende Darstellung gibt einen kompakten Überblick über die bisherigen Ausführungen:

Abbildung 1   Anforderungen an das Employer Branding

	Personalmarketing		CSR
Übergeordnetes Ziel	Rekrutierung neuer Mitarbeiter	Bindung neuer Mitarbeiter	Verantwortliches Verhalten gegenüber Jobsuchern
Motivation	ökonomisch	ökonomisch	normativ-ethisch
Orientierung	kurzfristig	langfristig	
Untergeordnete Zielsetzung	Hohe Arbeitgeber-attraktivität bei Jobsuchern	Zufriedenheit, Identifikation und Commitment nach Eintritt in die Organisation	Jobsuchern helfen, ausgewogene Entscheidungen zu treffen
Anspruch an das Employer Branding	Aufbau und Pflege von positiven und differenzierenden Arbeitgeberimages	Glaubwürdigkeit bei Aufbau und Pflege von Arbeitgeberimages	Glaubwürdigkeit, Transparenz und Dialog bei Aufbau und Pflege von Arbeitgeberimages

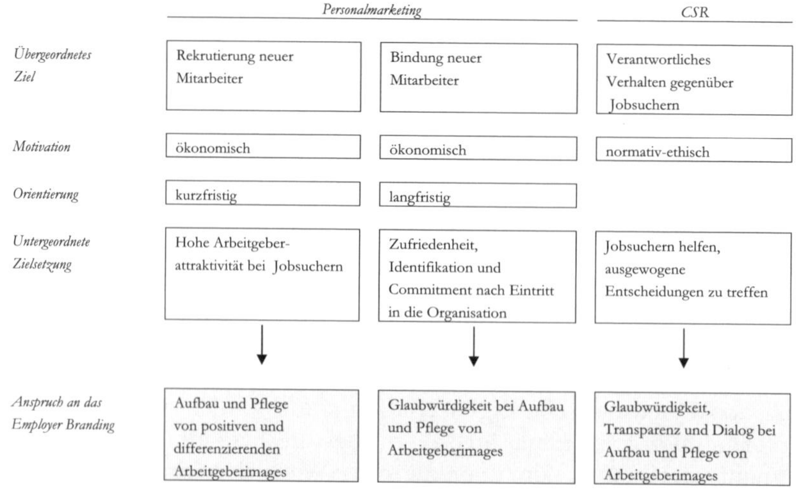

2 Ansätze für ein verantwortungsvolles und effektives Employer Branding

Im Folgenden sollen drei konkrete Ansätze aus Forschung und Praxis in Hinblick auf die Frage analysiert werden, ob sie den genannten Anforderungen sowohl aus Personalmarketing-Sicht als auch aus CSR-Sicht gerecht werden. Was die Personalmarketing-Sicht angeht, wird insbesondere auf das Spannungsfeld zwischen kurzfristigen Rekrutierungs- und langfristigen Bindungszielen eingegangen. Alle drei Ansätze setzen bei der Organisation an. Sie betreffen sowohl die Inhalte des Employer Brandings („Realistic Job Preview") als auch die im Employer Branding eingesetzten Kommunikationsmittler bzw. Informationsquellen (Austausch mit gegenwärtigen Mitarbeitern, Partizipation auf Zeit).

2.1 „Realistic Job Preview"

Der sogenannte „Realistic Job Preview" gehört zu den am besten erforschten Themen im Personalmarketing. „Realistic Job Preview" bedeutet, dass ein Unternehmen nicht nur positive Eigenschaften eines Jobs oder Arbeitgebers kommuniziert, sondern den Jobsucher bewusst auch über negative Aspekte informiert (vgl. z. B. Saks 2005: 52; Wanous 1992: 63 f.). Diese Vorgehensweise widerspricht der gängigen Marketing-Regel, nur positive Botschaften zu kommunizieren, und ist daher umstritten. Ein Beispiel für den „Realistic Job Preview" stellt das Employer Branding der Deutschen Lufthansa dar, das in der jüngsten Anzeigen-Kampagne erstmals konkrete Situationen aus dem Arbeitsalltag von Bord- und Bodenpersonal beschreibt, aus denen klar hervorgeht, welche Anstrengungen und Anforderungen mit einem Job bei Lufthansa verbunden sind (vgl. Krüger 2009: 333 f.).

In der Praxis zögern viele Unternehmen, in ihre Rekrutierungskommunikation auch negative Aspekte zu integrieren. So ergab eine unlängst durchgeführte inhaltsanalytische Auswertung der Karriere-Webseiten der Fortune 500-Unternehmen, dass die große Mehrheit der Unternehmen keinen „Realistic Job Preview" bietet (Young & Foot 2006). Hintergrund der Zurückhaltung dürfte vor allem die Befürchtung sein, dass negative Informationen die Arbeitgeberattraktivität schädigen und die Rekrutierungsfunktion damit nur unzureichend erfüllt werden kann. Die Rekrutierungsforschung ist sich bislang nicht einig, ob diese Befürchtung berechtigt ist. Während zum Beispiel Bretz und Judge (1998) eine negative Beziehung zwischen dem „Realistic Job Preview" und der wahrgenommenen Arbeitgeberattraktivität nachweisen konnten, belegen Thorsteinson et al. (2004) in ihrer Studie einen Anstieg der Arbeitgeberattraktivität und begründen dies mit der erhöhten Glaubwürdigkeit, die durch den „Realistic Job Preview" vermittelt wird. Wesentlich eindeutiger sind die Ergebnisse, was das langfristige Personalmarketing-Ziel angeht, Jobsucher nicht nur zu gewinnen, sondern auch längere Zeit an einen Arbeitgeber zu binden. So belegen drei bislang erschienene Metaanalysen, dass Jobsucher, die auf Basis realistischer (positiver wie negativer) Informationen rekrutiert worden sind, eine geringere Fluktuationswahrscheinlichkeit aufweisen (vgl. Meglino, Ravlin & DeNisi

2000; Phillips 1998; Premack & Wanous 1985). Dies wird in der Literatur u. a. auf eine höhere Bindung aufgrund besser angepasster Erwartungen und weniger Unzufriedenheit nach Beginn des Arbeitsverhältnisses zurückgeführt (vgl. Philipps 1998; Meglino, Ravlin & DeNisi 2000: 408 f.). Es lässt sich somit folgern, dass vor allem in Hinblick auf langfristige Bindungsziele eine Orientierung am „Realistic Job Preview" empfehlenswert ist, um Fluktuation zu reduzieren.

Die Orientierung an einem „Realistic Job Preview" stellt aus Organisationssicht eine bewusste Selbstbeschränkung dar, die dazu beitragen kann, den Handlungsspielraum von Jobsuchern zu erweitern und somit Ausdruck von verantwortlichem Handeln gegenüber Jobsuchern ist (Buckley et al. 1997). Wanous (1992: 48 ff.) betont, dass der „Realistic Job Preview" Individuen in die Lage versetzt, besser ausgewogene Entscheidungen zu treffen, da Jobsucher, die auch negative Informationen erhalten, besser einschätzen können, was sie erwartet und inwiefern sie zu einem Arbeitgeber passen. Der „Realistic Job Preview" geht über die Forderung nach Glaubwürdigkeit der im Employer Branding vermittelten Kommunikationsinhalte hinaus, da diese Anforderung nicht zwangsläufig die Kommunikation negativer Informationen beinhaltet. Er trägt vor allem zur Transparenz der Employer Branding Kommunikation bei, weil proaktiv auch negative Aspekte offengelegt werden, die für die Entscheidungsfindung potenzieller Mitarbeiter relevant sind.

2.2   Austausch mit gegenwärtigen Mitarbeitern

Wurden früher vor allem unpersönliche Medien wie Anzeigen und Broschüren genutzt, haben Jobsucher heute bei vielen Unternehmen die Gelegenheit, sich bereits vor der Bewerbung mit potenziellen Kollegen auszutauschen (vgl. Collins & Han 2004: 691; Poe 2000). Die Deutsche Bank veranstaltet beispielsweise an verschiedenen Orten „Business Lunches", „Classroom Trainings", „Networking Events" und „Senior Management Exposures", alles Veranstaltungen also, in deren Mittelpunkt die Begegnung mit den gegenwärtigen Mitarbeitern der Bank steht.

Aus der ökonomischen Personalmarketing-Sicht ist die Frage von besonderem Interesse, wie sich der verstärkte Einsatz von gegenwärtigen Mitarbeitern auf das Erreichen von Rekrutierungs- und Bindungszielen auswirkt. Zu unterscheiden ist zwischen zwei Wirkungsprinzipien, die im Folgenden als Realismus-Hypothese oder Signal-Hypothese bezeichnet werden. Die Realismus-Hypothese knüpft an die Forschungsergebnisse zum „Realistic Job Preview" an (vgl. Zottoli & Wanous 2000: 368 ff.). Sie argumentiert, dass sich der Einsatz realer Mitarbeiter während des Rekrutierungsprozesses vor allem auf das langfristige Ziel, die Bindung zu erhöhen und die Fluktuation zu reduzieren, günstig auswirkt, da Mitarbeiter als „interne" Informationsquellen ein realistischeres Bild als andere Informationsquellen vermitteln können (vgl. z. B. Saks 1994; Weller et al. 2009). Die Signal-Hypothese bezieht sich auf das kurzfristige Ziel der Rekrutierung neuer Mitarbeiter. Sie geht davon aus, dass Jobsucher vom Auftreten und Verhalten eines Mitarbeiters auf die Organisation als solche schliessen, was sich je nach gezeigtem Verhalten positiv oder negativ auf Zielgrößen wie die Arbeitgeberattraktivität oder Bewerbungsabsicht auswirken kann (vgl. z. B. Goltz & Giannantonio 1995; Rynes, Bretz & Gerhart 1991; Schreurs et al. 2005). Exemplarisch sei auf die Studie von Goltz und Giannantonio (1995) verwiesen, die belegt, dass die wahrgenommene Freundlichkeit des Mitarbeiters sich positiv auf verschiedene Imagedimensionen (z. B. mitarbeiterorientiert, fair, sicher) sowie auf die Arbeitgeberattraktivität auswirkt. Ähnliche Ergebnisse finden sich auch im Bereich der Erforschung von Service-Interaktionen zwischen Mitarbeitern und Kunden (vgl. Brexendorf et al. 2009). Realismus- und Signal-Hypothese stimmen dahingehend überein, dass die Förderung des Austausches mit gegenwärtigen Mitarbeitern in Hinblick auf die kurzfristigen Rekrutierungsziele nicht per se vorteilhaft ist. Die vielschichtigen Informationen, die Jobsucher durch den Austausch mit Mitarbeitern erhalten bzw. aus deren Verhalten ableiten, dürften eher dazu führen, dass es bereits vor Eintritt in die Organisation zu verstärkter Selbstselektion kommt, weil Jobsucher besser bewerten können, ob sie zu einem Arbeitgeber und dessen Mitarbeitern passen (vgl. von Walter, Henkel & Heidig 2009).

Aus der normativeren CSR-Perspektive sollte ein Arbeitgeber in einen Dialog mit den vom Employer Branding betroffenen Personen treten (vgl. Karmasin & Weder 2008: 184; O'Riordan & Fairbrass 2008). Die bewusste Förderung des Austausches zwischen Jobsuchern und gegenwärtigen Mitarbeitern im Rahmen von Events trägt dem Rechnung, weil Dialogprozesse institutionalisiert werden und so einen festen Platz im Rekrutierungsgeschehen bekommen. Der Austausch mit gegenwärtigen Mitarbeitern hilft Jobsuchern, die Wertorientierungen des Unternehmens besser zu verstehen, umgekehrt lernen Unternehmen die Besorgnisse von Jobsuchern kennen. Außerdem trägt er dazu bei, dem Jobsucher ein glaubwürdiges Bild von einem Arbeitgeber zu vermitteln, da die im Employer Branding getroffenen Aussagen letztlich immer auch Aussagen über die Mitarbeiter als stereotype Träger der Unternehmenskultur sind (vgl. Wentzel 2009). Zudem können im persönlichen Gespräch Fragen gestellt und beantwortet werden, auf die die formale Kommunikation nicht eingehen kann. Insofern erhöht sich aus Sicht des Jobsuchers die Transparenz der Kommunikation. Organisationspsychologische Studien indizieren, dass Neueinsteiger, die vor Eintritt in die Organisation im Austausch mit Mitarbeitern stehen, über mehr Wissen über die Organisation verfügen und daher besser informierte Entscheidungen treffen können (vgl. z. B. Moser 1995; Saks 1994).

2.3 Partizipation auf Zeit

Unter Partizipation auf Zeit können alle Arten von Maßnahmen verstanden werden, die es Jobsuchern ermöglichen, während eines abgegrenzten Zeitraums an den Arbeitsprozessen einer Organisation teilzunehmen. Am weitesten verbreitet sind Praktika und Werksstudententätigkeiten (vgl. Herrmann & Hayit 2006: 10). In der Schweiz sind zudem einwöchige Schnupperlehren üblich, die Ausbildungsinteressierten die Möglichkeit geben, einen bestimmten Arbeitgeber und Beruf besser kennen zu lernen (z. B. Generali, PostFinance, ABB). Verbreitet sind auch ein- oder mehrtägige Workshops, die Arbeitsprozesse im Unternehmen simulieren, indem zum Beispiel reale Fälle bearbeitet werden.

Jobsucher, die an Partizipationsprogrammen teilgenommen haben, dürften sich von anderen Jobsuchern dahingehend unterscheiden, dass sie über mehr Wissen über den Arbeitgeber verfügen (vgl. Cable & Turban 2001: 152). Dies spricht für einen ähnlichen Einfluss auf Personalmarketingziele, wie sie in den Abschnitten zum „Realistic Job Preview" und zum Austausch mit gegenwärtigen Mitarbeitern beschrieben worden sind. Die Personen, die sich bewerben, dürften realistischere Erwartungen haben und daher weniger leicht enttäuscht werden, wodurch die Fluktuationsgefahr sinkt. Tatsächlich belegt eine unlängst erschienene Studie (vgl. Höft & Hell 2007), dass Unternehmenspraktika eine starke Wirkung entfalten können. Dabei ist die Integration des Praktikanten (gute Betreuung, Einbeziehung und Information) von entscheidender Bedeutung, da sich diese positiv auf das Commitment und die Zufriedenheit während des Praktikums auswirkt, was wiederum Voraussetzung für den Wunsch ist, später bei dem Arbeitgeber fest zu arbeiten. Bislang gibt es aber noch zu wenige Studien, um verlässliche Aussagen über die Wirkung auf Rekrutierungs- und Bindungsziele zu treffen. Es zeichnet sich jedoch ab, dass an der beruflichen Orientierung und Entwicklung von Jobsuchern ausgerichtete Partizipationsprogramme aus Personalmarketingsicht am erfolgversprechendsten sind.

Aus Sicht von CSR stellen Partizipationsmöglichkeiten auf Zeit eine gute Möglichkeit dar, die Glaubwürdigkeit und Transparenz der Employer Branding Kommunikation zu erhöhen, weil sie bei entsprechender Ausgestaltung wichtige berufliche Informationen vermitteln können (vgl. Brooks et al. 1995). Gerade die symbolischen Eigenschaften eines Arbeitgebers, auf die das Employer Branding häufig Bezug nimmt, werden subjektiv unterschiedlich wahrgenommen und bewertet (vgl. Bishop 2000). Ob eine Unternehmenskultur wirklich traditionell, glamourös oder kundenorientiert ist, lässt sich aus Perspektive des Jobsuchers am besten bewerten, wenn er die Chance bekommt, am Arbeitsleben einer Organisation teilzunehmen und so die Unternehmenskultur direkt kennen zu lernen. Partizipationsmöglichkeiten bieten außerdem die Chance, in einen tiefgehenden Dialog mit Jobsuchern einzutreten, der sich evtl. auch nach dem Ende der Partizipation fortsetzt, wenn Unternehmen und Jobsucher in Kontakt bleiben.

3   Fazit

Auf Basis der bisherigen Ausführungen sollen abschließend Implikationen abgeleitet und ein Fazit gezogen werden. Abbildung 2 stellt eine Konzeptualisierung der unterschiedlichen Ansprüche an das Employer Branding dar und verdeutlicht die Beziehungen zwischen ihnen. Die Darstellung zeigt, dass ein ökonomisch effektives und gleichzeitig verantwortungsvolles Employer Branding vor allem unter Einnahme einer langfristigen Perspektive möglich ist.

Abbildung 2   Beziehungen zwischen den unterschiedlichen Anforderungen

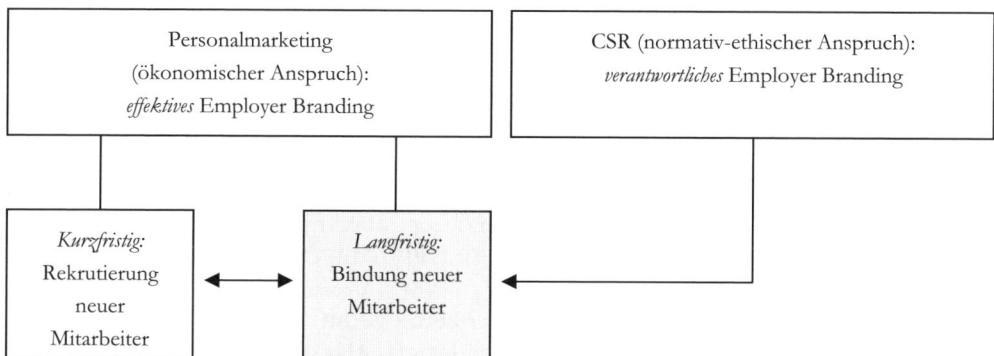

Im Rahmen von CSR wird es als grundlegendes Ziel eines Unternehmens angesehen, sich sowohl ökonomisch als auch sozial verantwortlich zu verhalten, d. h. ein Unternehmen sollte bei seiner wirtschaftlichen Tätigkeit auch normativ-ethisch begründete Ansprüche von Stakeholdern berücksichtigen (vgl. z. B. Caroll 1991; Ulrich 2001: 488). Wird Employer Branding auf die Personalmarketing-Funktion „Rekrutierung neuer Mitarbeiter" verengt, deren Erfüllung an Größen wie der Zahl der eingegangenen Bewerbungen gemessen wird, kann es leicht in Konflikt mit solchen Ansprüchen geraten. Grund hierfür ist, dass durch eine zu einseitige Fokussierung auf das Rekrutierungsziel ein starker Anreiz entsteht, die tatsächliche Identität eines Arbeitgebers zu verklären, indem positive Eigenschaften überbetont und negative Eigenschaften verschwiegen werden (vgl. Cable & Turban 2001: 126). In solchen Fällen wird eine attraktive und begehrenswerte Markenvision kommuniziert, die nur wenig mit dem realen Arbeitsalltag im Unternehmen zu tun hat, was den Anspruch von Jobsuchern auf glaubwürdige Information verletzt. Aus Sicht des CSR-Ansatzes sollte ein Unternehmen Jobsucher vielmehr darin unterstützen, ausgewogene Entscheidungen auf Grundlage angemessener Informationen zu treffen. Hierzu trägt neben Glaubwürdigkeit auch Transparenz und dialogische Kommunikation bei. Während die Glaubwürdigkeit der Kommunikation als normative Mindestanforderung zu verstehen ist, stellen Transparenz und Dialog weitergehende Kriterien für ein verantwortliches Employer Branding dar. Unternehmen sollten proaktiv für Jobsucher relevante Gesichtspunkte transparent machen und in einen Dialog über eigene Ansprüche und Ansprüche des Jobsuchers eintreten. Dies sollte nicht nur in Hinblick auf materielle Leistungen sondern auch in Hinblick auf zentrale Wertorientierungen geschehen.

Wird Employer Branding ganzheitlich verstanden, d. h. geht es nicht nur um das Ziel der Anwerbung neuer Mitarbeiter, sondern auch darum, neue Mitarbeiter an das Unternehmen zu binden, ergeben sich hingegen keine Widersprüche zu einem normativ verstandenen CSR-Ansatz. Ein solches Employer Branding ist langfristig orientiert und berücksichtigt von Anfang an, dass Jobsucher durch Eintritt in die

Organisation von Outsidern zu Insidern werden, die das Unternehmen durch Fluktuation schädigen können. Um persönliche Enttäuschungen zu vermeiden, stellt ein an der Bindung neuer Mitarbeiter interessiertes Unternehmen im Vorfeld sicher, dass die im Employer Branding gemachten Aussagen glaubwürdig sind und nach Eintritt in die Organisation nicht zurückgenommen werden müssen. Ansonsten besteht die Gefahr, dass Neueinsteiger schnell unzufrieden sind und das Unternehmen bald wieder verlassen (vgl. z. B. Robinson et al. 1995; Weller et al. 2009). Das Employer Branding sollte zwar versuchen, durch Kommunikation ein attraktives und differenzierendes Image zu kommunizieren, aber nur wenn die vermittelten Vorstellungen glaubwürdig sind und nach Eintritt in die Organisation real erfahren werden können.

Dass ein ökonomisch effektives und gleichzeitig verantwortungsvolles Employer Branding vor allem unter Einnahme einer langfristigen Perspektive möglich ist, verdeutlichen auch die im Beitrag analysierten Studien zu drei konkreten Ansätzen aus Forschung und Praxis. Durch die Orientierung an einem „Realistic Job Preview", den Austausch mit gegenwärtigen Mitarbeitern und die Förderung von Partizipation auf Zeit (z. B. Praktika oder Schnuppertage) kann das Wissen von Jobsuchern durch ein Mehr an Glaubwürdigkeit, Transparenz und Dialog erhöht werden. Auch wenn z. T. noch Forschungsdefizite vorliegen, indizieren die bisherigen Erkenntnisse doch recht einheitlich, dass Jobsucher im Ergebnis besser einschätzen können, ob sie zu einem Arbeitgeber passen und für diesen arbeiten möchten, was zu einer erhöhten Selbstselektion führen dürfte. Arbeitgeber profitieren von dieser Selbstselektion vor allem langfristig in Form einer stärkeren Bindung und geringeren Fluktuation, da mehr Mitarbeiter angezogen werden, deren Entscheidung zugunsten eines bestimmten Arbeitgebers auf realistischen Erwartungen basiert und wohl überlegt ist.

Um ein effektives und gleichzeitig verantwortliches Employer Branding zu erreichen, müssen also unter Umständen auch Entscheidungen getroffen werden, die sich kurzfristig ökonomisch nachteilig auswirken, zum Beispiel weil auf eine aus Zielgruppensicht wünschenswerte, aber im Unternehmen nicht gelebte Positionierungsdimension bewusst verzichtet wird oder weil ein negativer Aspekt offen angesprochen wird. Langfristig sollte sich ein verantwortliches Employer Branding jedoch auch in Hinblick auf ökonomische Ziele als förderlich erweisen, da der Arbeitgeber durch eine erhöhte Mitarbeiterbindung belohnt wird, was letztlich auch die Voraussetzung dafür ist, dass Mitarbeiter zu begeisterten Botschaftern ihres Unternehmens und ihrer Marke werden (vgl. Tomczak et al. 2009). Ein langfristig ökonomisch erfolgreiches Employer Branding ist vor allem deshalb erfolgreich, weil es seiner Verantwortung gegenüber (potenziellen) Mitarbeitern gerecht wird.

Literatur

Backhaus, K., & Tikoo, S. (2004). Conceptualizing and researching employer branding. *Career Development International, 9*(5), 501–517.

Barber, A. E. (1998). *Recruiting Employees: Individual and Organizational Perspectives.* Thousand Oaks: Sage.

Bentele, G., Steinmann, H., & Zerfaß, A. (1996). Dialogorientierte Unternehmenskommunikation: Ein Handbuchprogramm für die Kommunikationspraxis. In ders. (Hrsg.), *Dialogorientierte Unternehmenskommunikation. Grundlagen, Praxiserfahrungen, Perspektiven* (S. 447–463). Berlin: Vistas.

Bhattacharya, C. B., Sen, S., & Korschun, D. (2008). Using Corporate Social Responsibility to Win the War for Talent. *MIT Sloan Management Review, 49*(2), 37–44.

Bishop, J. D. (2000). Is Self-Identity Image Advertising Ethical? *Business Ethics Quarterly, 10*(2), 371–398.

Borrie, L. QC (2005). CSR and advertising self-regulation. *Consumer Policy Review, 15*(2), 64–68.

Breaugh, J. A. (1992). *Recruitment: Science & Practice.* Boston: P.W.S.-Kent.

Bretz, R. D., & Judge, T. A. (1998). Realistic Job Previews: A Test of the Adverse Self-selection Hypothesis. *Journal of Applied Psychology, 83*(2), 330–337.

Brexendorf, T. O., Mühlmeier, S., Tomczak, T., & Eisend, M. (2009). The impact of sales encounters on brand loyalty. *Journal of Business Research, 63*(2), 45–55.

Bröckermann, R., & Pepels, W. (2002). Personalmarketing an der Schnittstelle zwischen Absatz und Personalwirtschaft. In ders. (Hrsg.), *Personalmarketing. Akquisition – Bindung – Freistellung* (S. 1–15). Stuttgart: Schäffer-Poeschel.

Brooks, L., Cornelius, A., Greenfield, E., & Joseph, R. (1995). The Relation of Career-Related Work or Internship Experiences to the Career Development of College Seniors. *Journal of Vocational Behavior, 46*(3), 332–349.

Bruhn, M. (2005). Integrierte Kommunikation. In B. F. Schmid, & B. Lyczek (Hrsg.), *Unternehmenskommunikation* (S. 489–532). Wiesbaden: Gabler.

Buckley, M. R., Fedor, D. B., Carraher, S. M., Frink, D. D., & Marvin, D. (1997). The Ethical Imperative To Provide Realistic Job Previews. *Journal of Managerial Issues, 9*(4), 468–484.

Buckley, M. R., Mobbs, T. A., Mendoza, J. L., Novicevic, M. M., Carraher, S. M., & Beu, D. S. (2002). Implementing Realistic Job Previews and Expectation-Lowering Procedures: A Field Experiment. *Journal of Vocational Behavior, 61*(2), 263–278.

Cable, D. M., & Turban, D. B. (2001). Establishing the Dimensions, Sources, and Value of Job Seekers' Employer Knowledge During Recruitment. In G. R. Ferris (Hrsg.), *Research in Personnel and Human Resource Management* (S. 115–163). New York: Elsevier Science.

Carroll, A. B. (1991). The Pyramid of Corporate Social Responsibility: Toward the Moral Management of Organizational Stakeholders. *Business Horizons, 34*(July/August), 39–48.

Carroll, A. B. (1999). Corporate Social Responsibility: Evolution of a Definitional Construct. *Business and Society, 38*(3), 268–295.

Collins, C. J., & Han, J. (2004). Exploring Applicant Pool Quantity and Quality: The Effects of Early Recruitment Practice Strategies, Corporate Advertising, and Firm Reputation. *Personnel Psychology, 57,* 685–717.

Collins, C. J., & Stevens, C. K. (2002). The Relationship Between Early Recruitment-related Activities and the Application Decisions of New Labor-market Entrants: A Brand Equity Approach to Recruitment. *Journal of Applied Psychology, 87*(6), 1121–1133.

Coyle-Shapiro, J., & Kessler, I. (2000). Consequences of the Psychological Contract for the Employment Relationship: A Large Scale Survey. *Journal of Management Studies, 37*(7), 903–930.

Deutscher Werberat (2009). Grundregeln zur kommerziellen Kommunikation. URL: http://www.werberat.de/content/Grundregeln.php. Zugriff am 25.11.2009.

Donaldson, T., & Preston, L. E. (1995). The Stakeholder Theory of the Corporation: Concepts, Evidence, and Implications. *Academy of Management Review, 20*(1), 65–91.

Dutton, J. E., & Dukerich, J. M. (1991). Keeping an Eye on the Mirror: Image and Identity in Organizational Adaptation. *Academy of Management Journal, 34*(3), 517–554.

Ewing, M. T., Pitt, L. F., De Bussy, N. M., & Berthon, P. (2002). Employment branding in the knowledge economy. *International Journal of Advertising, 21,* 3–22.

EU-Kommission (2001). *Grünbuch Europäische Rahmenbedingungen für die soziale Verantwortung der Unternehmen. KOM (2001) 366 endgültig. 18.7.2001.* Brüssel.

Fernández-Aráoz, C., Groysberg, B., & Nohria, N. (2009). So holen Sie sich die besten Leute. *Harvard Business Manager* (Juni), 25–39.

Förster, A., Erz, A., & Jenewein, W. (2009). Employer Branding. Ein konzeptioneller Ansatz zur marken-orientierten Mitarbeiterführung. In T. Tomczak, F.-R. Esch, J. Kernstock, & A. Herrmann (Hrsg.), *Behavioral Branding – Wie Mitarbeiterverhalten die Marke stärkt* (2. Aufl.) (S. 277–294). Wiesbaden: Gabler.

Freeman, E. R. (1984). *Strategic management: A stakeholder approach.* Boston: Pitman.

Goltz, S. M., & Giannantonio, C. M. (1995). Recruiter Friendliness and Attraction to the Job: The Mediating Role of Inferences about the Organization. *Journal of Vocational Behavior, 46*(1), 109–118.

Grunig, J. E., & Hunt, T. (1984). *Managing Public Relations.* New York: Holt, Rinehart and Winston.

Hansen, U., & Schrader, U. (2005). Corporate Social Responsibility als aktuelles Thema der Betriebswirtschaftslehre. *DBW, 65*(4), 373–395.

Hansen, U. (1988). Marketing und soziale Verantwortung. *DBW, 48*(6), 711–721.

Herrmann, M., & Hayit, H. (2006). Auf der Suche nach jungen Talenten. *Personalmagazin, 8*, 10–11.

Höft, S., & Hell, B. (2007). Die Bindungswirkung von Unternehmenspraktika im Rahmen des Hochschulmarketings: Affektives Commitment als endogene und exogene Variable. *Zeitschrift für Personalforschung, 21*(1), 5–21.

Institut der deutschen Wirtschaft Köln (2009). Ingenieure dringend gesucht. *iwd Informationsdienst des Instituts der deutschen Wirtschaft Köln, 35*(27. August 2009), 8.

Karmasin, M., & Weder, F. (2008). *Organisationskommunikation und CSR: Neue Herausforderungen an Kommunikationsmanagement und PR.* Wien: LIT Verlag.

Krüger, D. (2009). Lufthansa: Mit Employer Branding die Richtigen finden. Be who you want to be – Be Lufthansa. In T. Tomczak, F.-R. Esch, J. Kernstock, & A. Herrmann (Hrsg.), *Behavioral Branding – Wie Mitarbeiterverhalten die Marke stärkt* (2. Aufl.) (S. 317–334). Wiesbaden: Gabler.

Lievens, F., & Highhouse, S. (2003). The Relation of Instrumental and Symbolic Attributes to a Company's Attractiveness as an Employer. *Personnel Psychology, 56*, 75–102.

Lievens, F., van Hoye, G., & Anseel, F. (2007). Organizational Identity and Employer Image: Towards a Unifying Framework. *British Journal of Management, 18*, S45-S59.

Maignan, I., & Ferrell, O. C. (2004). Corporate social responsibility and marketing: An integrative framework. *Journal of the Academy of Marketing Science, 32*(1), 3–19.

Mathieu, J. E., & Zajac, D. (1990). A review and meta-analysis of the antecedents, correlates, and consequences of organizational commitment. *Psychological Bulletin, 108*, 171–194.

McKinsey&Company (2008). Deutschland 2020. Zukunftsperspektiven für die deutsche Wirtschaft. Zusammenfassung der Studienergebnisse. URL: http://www.mckinsey.de/downloads/profil/initiativen/d2020/D2020_Exec_Summary.pdf. Zugriff am 25.11.2009.

Meglino, B. M., Ravlin, E. C., & DeNisi, A. S. (2000). A Meta-Analytic Examination of Realistic Job Previews Effectiveness: A Test of Three Counterintuitive Propositions. *Human Resource Management Review, 10*(4), 407–434.

Meyer, J. P., Stanley, D. J., Herscovitch, L., & Topolnytsky, L. (2002). Affective, Continuance, and Normative Commitment to the Organization: A Meta-analysis of Antecedents, Correlates, and Consequences. *Journal of Vocational Behavior, 61*(1), 20–52.

Morhart, F. M., Herzog, W., & Tomczak, T. (2009). Brand-Specific Leadership: Turning Employees into Brand Champions. *Journal of Marketing, 73*(5), 122–142.

Moser, K. (1995). Vergleich unterschiedlicher Wege der Gewinnung neuer Mitarbeiter. *Zeitschrift für Arbeits- und Organisationspsychologie, 39*(3), 105–144.

O'Connell, M., & Kung, M.-C. (2007). The Cost of Employee Turnover. *Industrial Management, 49*(1), 14–19.

O'Riordan, L., & Fairbrass, J. (2008). Corporate Social Responsibility: Models and Theories in Stakeholder Dialogue. *Journal of Business Ethics, 83*(4), 745–758.

Phillips, J. M. (1998). Effects of Realistic Job Previews on Multiple Organizational Outcomes: A Meta-Analysis. *Academy of Management Journal, 41*(6), 673–690.

Poe, A. C. (2000). Face Value: Snag students early by establishing a long-term personal presence on campus. *HR Magazine, 45*(May), 60–68.

Polonsky, M. J., & Hyman, M. R. (2007). A Multiple Stakeholder Perspective on Responsibility in Advertising. *Journal of Advertising, 36*(2), 5–13.

Premack, S. L., & Wanous, J. P. (1985). A Meta-analysis of Realistic Job Preview Experiments. *Journal of Applied Psychology, 70*(4), 706–719.

Riketta, M. (2005). Organizational identification: A meta-analysis. *Journal of Vocational Behavior, 66*(2), 358–384.

Robinson, S. L., Kraatz, M. S., & Rousseau, D. M. (1995). Changing Obligations and the Psychological Contract: A Longitudinal Study. *Academy of Management Journal, 37*(1), 137–152.

Rousseau, D. M. (2001). Schema, promise and mutuality: The building blocks of the psychological contract. *Journal of Occupational & Organizational Psychology, 74*(4), 511.

Rynes, S. L., Bretz, R. D., & Gerhart, B. (1991). The Importance of Recruitment in Job Choice: A Different Way of Looking. *Personnel Psychology, 44*(3), 487–521.

Saks, A. M. (1994). A psychological process investigation for the effects of recruitment source and organization information on job survival. *Journal of Organizational Behavior, 15*(3), 225–244.

Saks, A. M. (2005). The Impracticality of Recruitment Research. In A. Evers, N. Anderson, & O. Voskuijl (Hrsg.), *The Blackwell Handbook of Personnel Selection* (S. 47–72). Malden: Blackwell Publishing.

Schreurs, B., Derous, E., De Witte, K., Proost, K., Andriessen, M., & Glabeke, K. (2005). Attracting Potential Applicants to the Military: The Effects of Initial Face-to-Face Contacts. *Human Performance, 18*(2), 105–122.

Schwalbach, J. (2008). Editorial. Corporate Social Responsibility. *Zeitschrift für Betriebswirtschaft* (Special Issue 3/2008), VII-XIII.

Shaw, W. H., & Barry, V. (1998). *Moral Issues in Business* (7. Aufl.). Belmont: Wadsworth.

Slaughter, J. E., Zickar, M. J., Highhouse, S., & Mohr, D. C. (2004). Personality Trait Inferences About Organizations: Development of a Measure and Assessment of Construct Validity. *Journal of Applied Psychology, 89*(1), 85–103.

Thorsteinson, T. J., Palmer, E. M., Wulff, C., & Anderson, A. (2004). Too Good To Be True? Using Realism to Enhance Applicant Attraction. *Journal of Business & Psychology, 19*(1), 125–137.

Tomczak, T., Esch, F.-R., Kernstock, J., & Herrmann, A. (Hrsg.) (2009). *Behavioral Branding – Wie Mitarbeiterverhalten die Marke stärkt* (2. Aufl.). Wiesbaden: Gabler.

Tracey, J. B., & Hinkin, T. R. (2008). Contextual factors and cost profiles associated with employee turnover. *Cornell Hospitality Quarterly, 49*(1), 12–27.

Turban, D. B., & Greening, D. W. (1996). Corporate Social Performance and Organizational Attractiveness to Prospective Employees. *Academy of Management Journal, 40*(3), 658–672.

Ulrich, P. (2001). *Integrative Wirtschaftsethik. Grundlagen einer lebensdienlichen Ökonomie* (4. Aufl.). Bern: Haupt.

Universum Communications (2009). *Universum Student Survey 2009*. Unveröffentlichte Studienergebnisse. Köln, Basel, Stockholm.

von Walter, B., Henkel, S., & Heidig, W. (2009). Mitarbeiterassoziationen als Treiber der Arbeitgeberattraktivität. In T. Tomczak, F.-R. Esch, J. Kernstock, & A. Herrmann (Hrsg.), *Behavioral Branding – Wie Mitarbeiterverhalten die Marke stärkt* (2. Aufl.) (S. 295–315). Wiesbaden: Gabler.

Wanous, J. P. (1992). *Organizational entry: Recruitment, Selection, Orientation and Socialization of Newcomers* (2. Aufl.). Reading, MA: Addison-Wesley.

Weller, I., Holtom, B. C., Matiaske, W., & Mellewigt, T. (2009). Level and Time Effects of Recruitment Sources on Early Voluntary Turnover. *Journal of Applied Psychology, 94*(5), 1146–1162.

Wentzel, D. (2009). The effect of employee behavior on brand personality impressions and brand attitudes. *Journal of the Academy of Marketing Science, 37*(3), 359–374.

Young, J., & Foot, K. (2006). Corporate E-Cruiting: The Construction of Work in Fortune 500 Recruiting Web Sites. *Journal of Computer-Mediated Communication, 11*(1), 44–71.

Zerfaß, A. (1996). *Unternehmensführung und Öffentlichkeitsarbeit: Grundlegung einer Theorie der Unternehmenskommunikation und Public Relations*. Opladen: VS Verlag.

Zottoli, M. A., & Wanous, J. P. (2000). Recruitment Source Research: Current Status and Future Directions. *Human Resource Management Review, 10*(4), 353–382.

Fallstudie MNUs: Der „Equator Principles"-Standard in der Finanzindustrie

Dennis Schoeneborn, Christopher Wickert und Patrick Haack

Im Zuge der Globalisierung und weltweit integrierter Märkte sehen sich gerade multinational operierende Unternehmen (MNUs) zunehmend mit ethischen Problemen konfrontiert, die durch keinen nationalstaatlichen Gesetzesrahmen abgedeckt werden. So haben beispielsweise die jüngsten Diskussionen um den Klimawandel gezeigt, dass globale Probleme nicht allein von einzelnen nationalstaatlichen Regierungen mit Hilfe von Gesetzen, sondern insbesondere auch durch die vermehrte Einbindung des privaten Sektors gelöst werden können (vgl. Margolis & Walsh 2003; Matten & Crane 2005; Scherer & Palazzo 2007). Im Rahmen der allgemeinen Debatte um Corporate Social Responsibility (CSR), demnach Unternehmen neben ökonomischen auch soziale und ökologische Aspekte in organisatorischen Zielsetzungen und Prozessen berücksichtigen sollten, rücken umso mehr freiwillige Selbstverpflichtungen von MNUs in den Vordergrund. Selbstverpflichtende CSR-Standards haben im letzten Jahrzehnt folgerichtig eine beachtliche Verbreitung und Institutionalisierung erfahren. So sind einerseits globale, branchenübergreifende Standards entstanden, bei denen sich Unternehmen zu Themen wie die Beachtung von Menschen- und Arbeitsrechten, Umweltschutz und Korruption öffentlich bekennen, allen voran der Global Compact Standard der Vereinten Nationen; andererseits entstand eine Vielzahl von branchenspezifischen Standards und Selbstregulierungsinitiativen, besonders in Industrien, wo ein rein gesetzlicher Regulierungsrahmen als unzureichend angesehen wird. Bekannte Beispiele sind der Forest Stewardship Council (FSC) im Bereich der nachhaltigen Forstwirtschaft oder der in der Textilindustrie von Schwellenländern verbreitete Standard SA8000 zu sozialeren Arbeitsbedingungen. Ein in der Finanzindustrie weit verbreiteter Standard sind die „Equator Principles" (EP), im Zuge dessen sich Banken im Bereich der internationalen Projektfinanzierung zur Beachtung von sozialen und ökologischen Kriterien verpflichtet haben. In dieser Fallstudie untersuchen wir beispielartig die EP, um zu verstehen, warum und auf welche Weise sich gerade dieser Standard vergleichsweise rasant und weitreichend verbreitet hat.

Dabei gehen wir wie folgt vor: In einem ersten Schritt legen wir die besonderen Legitimierungsanforderungen dar, denen sich MNUs im Zuge der Globalisierung ausgesetzt sehen. Unternehmen reagieren hierauf ihrerseits mit Maßnahmen der Selbstregulierung, um gefährdete öffentliche Legitimität zu wahren oder wiederzugewinnen. In einem zweiten Schritt stellen wir den EP-Standard als Beispiel für unternehmerische Selbstregulierung näher vor und diskutieren die Ergebnisse einer empirischen Fallstudie, in der wir die Verbreitung der EP untersucht haben.

Abschließend ordnen wir die Ergebnisse der Fallstudie vor dem Hintergrund organisationssoziologischer und kommunikationswissenschaftlicher Ansätze ein und geben einen kurzen Ausblick auf weitere Forschungen.

1 MNUs im Zeitalter der Globalisierung: Herausforderungen der öffentlichen Legitimierung

Habermas (2001) hat das heutige Zeitalter der globalisierten Gesellschaft als „postnationale Konstellation" beschrieben: Während nationalstaatlicher Regulierungseinfluss abnimmt, nimmt der Einfluss privater Akteure zu. MNUs operieren per definitionem grenzüberschreitend und damit unter Umständen in unterregulierten Räumen, d. h. außerhalb der Reichweite eines nationalstaatlichen Regulierungs- und Durchsetzungsapparates. Oder aber sie sind in Staaten tätig, in denen keine rechtsstaatlichen, demokratischen Verhältnisse herrschen und dementsprechend Probleme wie z. B. Menschenrechtsverletzungen, Kinderarbeit, Umweltverschmutzung oder Korruption ebenfalls nur unzureichend gesetzlich reguliert sind (Scherer, Palazzo & Baumann 2006). Umgekehrt gilt aber auch: Im Zuge der Globalisierung müssen Nationalstaaten Probleme, die außerhalb ihrer Regulierungsbefugnis liegen, gemeinsam mit anderen Akteuren bearbeiten, z. B. im Zusammenspiel mit internationalen Organisationen, Akteuren der Zivilgesellschaft oder Unternehmen.

MNUs kommt im Zuge dessen eine besondere Verantwortung als politische Akteure zu (Scherer & Palazzo 2007: 1098; vgl. Young 2006), da sie in einer globalisierten Gesellschaft zunehmend an Macht und Einfluss gewinnen und darüber hinaus über problemrelevante Ressourcen und Know-how verfügen. Hierbei rückt zugleich das Verhalten von MNUs mehr und mehr in den Fokus des öffentlichen Interesses, was sich beispielsweise in Kampagnen kritischer Nicht-Regierungsorganisationen (NGOs) manifestiert. Scherer und Palazzo (2007) diskutieren daher, inwiefern solche Funktionen, die normalerweise in den Aufgabenbereich demokratisch legitimierter Regierungen fallen, durch Unternehmen erbracht werden können. Sobald aber Unternehmen öffentliche Aufgaben übernehmen und diese weder demokratisch autorisiert noch kontrolliert werden, entstehen Legitimations- und Demokratiedefizite. Solche Defizite können durch die Schaffung argumentativer Legitimität geschlossen werden – auf der Basis eines deliberativen Demokratieverständnisses. Dies bedeutet eine Orientierung weg von einem monologischen Kommunikationsverhalten von Unternehmen gegenüber Stakeholdern, hin zu einem Dialog zwischen Unternehmen und Stakeholdern sowie des Einbezugs von deren Interessen in unternehmerische Entscheidungen (Palazzo & Scherer 2006). Dieses Verständnis von unternehmerischer Verantwortung bzw. CSR sieht also eine „Politisierung" des Unternehmens vor, bei der an die Stelle impliziter Befolgung gegebener gesellschaftlichen Regeln eine explizite Beteiligung in Prozessen der öffentlichen und politischen Willensbildung tritt (Palazzo & Scherer 2006; Scherer & Palazzo 2007: 1108).

Matten und Crane (2005) haben solche Aufgaben, die MNUs im globalen Kontext zukommen, weiter konkretisiert. Ihr Konzept der *Corporate Citizenship* ordnet

Unternehmen die Aufgabe zu, Bürgerrechte dort durchzusetzen und Public Goods Probleme dort zu lösen, wo Regierungen dies nicht leisten können oder wollen, beispielsweise bei der Beachtung und Einhaltung von Menschenrechten, der Durchsetzung von Arbeits- oder Umweltstandards oder der Bekämpfung der Korruption. Ein rein legalistisches, *compliance*-orientiertes Verständnis von CSR ist in diesem Sinne nicht mehr hinreichend, da eben gerade ein allgemeingültiger Gesetzesrahmen und staatliches Gewaltmonopol im globalen Kontext fehlen.

Unter dem Begriff der *Global Governance* – das Erstellen und Befolgen von Regeln im globalen Kontext – wird die Rolle der MNUs im Rahmen der Selbstregulierung und -kontrolle diskutiert. Eine Reihe von freiwilligen Standards zeigt, dass MNUs bereits in verschiedener Weise solche gemeinsamen Regeln geschaffen haben und damit eine quasi-staatliche Rolle übernehmen. Während Selbstregulierungsinitiativen in Industriestaaten oftmals dadurch motiviert sind, Regulierungstendenzen der öffentlichen Behörden, wie z. B. der Europäischen Kommission, proaktiv vorzubeugen, sind die Aktivitäten von MNUs im globalen Kontext auch durch den Druck zivilgesellschaftlicher Akteure forciert (Aguilera et al. 2007; vgl. auch Rieth in diesem Band). NGOs tragen beispielsweise Menschenrechtsverletzungen, die im Zusammenhang mit Aktivitäten bestimmter MNUs drohen oder bereits auftreten, medienwirksam an die Öffentlichkeit und gefährden damit deren Reputation, wie der jüngste Konflikt zwischen Greenpeace und dem Konsumgüterhersteller Nestlé um die Produktion von Palmöl gezeigt hat (CNN 2010). MNUs versuchen daher ihrerseits zu vermeiden, als „unethisch" angeprangert oder gar boykottiert zu werden. So wurden z. B. der Sportartikelhersteller Nike und der Edelsteinhändler De Beers mit dem Vorwurf der Kinderarbeit in ihren Zuliefererketten oder der Mineralölkonzern Royal Dutch-Shell im Zusammenhang mit Erdölexploration im Nigerdelta mit dem Vorwurf der Umweltzerstörung und Menschenrechtsverletzungen konfrontiert (z. B. Banerjee 2008). Erst vor kurzem wurde der Royal Bank of Canada der „Public Eye Award" verliehen, eine „Auszeichnung" als unverantwortlichstes Unternehmen im Bereich Umweltschutz (Greenpeace 2010).

Im letzten Jahrzehnt wurden infolge der öffentlichen Debatten um die Rolle von Unternehmen in der Weltgesellschaft mehrere Initiativen gegründet und Standards entwickelt, im Rahmen derer sich MNUs diverser Problemstellungen annehmen, die in den Bereich der CSR fallen, von Menschenrechten über Korruption bis hin zum Umweltschutz. Gemeinsames Handeln mit Regierungen, Akteuren der Zivilgesellschaft und anderen involvierten Parteien, wie z. B. den betroffenen Fabrikarbeitern und lokalen Gemeinden wird als eine zentrale Grundvoraussetzung für die Erzeugung von Legitimität gesehen. Viele MNUs haben daher Plattformen zum Stakeholder-Dialog eingeführt und integrieren zunehmend deren Bedürfnisse in unternehmerische Entscheidungen. Dabei ist das koordinierte Handeln mehrerer MNUs nicht zuletzt deshalb von besonderer Bedeutung, um ein *level playing field* zu schaffen, dass also der gleiche Regulierungsrahmen für alle Unternehmen einer Branche gilt und ein Wettbewerb um die niedrigsten Umwelt- und Sozialstandards (*race to the bottom*) vermieden wird (vgl. Scherer & Smid 2000).

2 Fallstudie: Der „Equator Principles"-Standard in der Finanzindustrie

In aktuellen Debatten zur Global Governance kommt der Finanzindustrie eine besondere Aufmerksamkeit zu. Banken agieren zunehmend global und in wechselseitiger Abhängigkeit zueinander, wie die im Jahr 2008 ausgebrochene Finanzkrise deutlich gezeigt hat. Gleichzeitig sind die Geschäftspraktiken von Banken und der Umgang mit Risiken ins Zentrum der öffentlichen Kritik gerückt. Aus Sicht der NGOs sind Unternehmen längst nicht mehr nur für das verantwortlich, was innerhalb ihrer eigenen Unternehmensgrenzen stattfindet. Fragen sozialer und ökologischer Verantwortung können ebenso an allen Stellen der Wertschöpfungskette auftauchen – beispielsweise bei der Frage, welche Art von Projekten eine Bank finanziert oder mit wem sie eine Geschäftsbeziehung unterhält. Werden dabei ethische Grundsätze verletzt, steht auch die geldgebende Bank zunehmend unter öffentlichem Druck. So wurde beispielsweise der Deutschen Bank vorgeworfen, indirekt Menschenrechtsverletzungen zu ermöglichen, da die Bank Kontoverbindungen unter Kontrolle des turkmenischen Diktators Saparmurat Niyazov unterhielt (BankTrack 2008).

Entsprechend bemühen sich global operierende Finanzinstitute ihrerseits um das Schließen von Governance-Lücken in unterregulierten Räumen, um öffentliche Legitimität und nicht zuletzt eine Minderung von Reputationsrisiken sicherzustellen. Ein Beispiel, das seit Anfang des Jahrzehnts für viel Aufsehen in der Bankenbranche sowie bei zivilgesellschaftlichen Akteuren sorgte, ist der sogenannte „Equator Principles"-Standard (EP) im Bereich der Projektfinanzierung. Im Jahr 2003 haben zehn weltweit führende Projektfinanzierungs-Banken (u. a. Citigroup, Barclays oder WestLB) gemeinsam die EP als selbstverpflichtenden CSR-Standard ins Leben gerufen. Die EP umfassen einen Katalog sozialer und ökologischer Kriterien, die bei Finanzierungsentscheidungen großer Infrastrukturprojekte mit einem Mindestvolumen von 10 Millionen USD berücksichtigt werden sollen, dies vorwiegend in Entwicklungs- und Schwellenländern wie beispielsweise bei der Finanzierung von Staudammprojekten. Der Kriterienkatalog lehnt sich dabei an die Performance Standards der International Finance Corporation (IFC) an, dem privatwirtschaftlichen Arm der Weltbank. Konkret beinhaltet dies z. B. die Integration von Umweltschutzmaßnahmen bei der Planung eines Projekts oder die Berücksichtigung der Auswirkungen des Projekts auf die lokale Bevölkerung und deren Konsultation in der Projektplanungsphase. Ein Projekt wird folglich nicht allein anhand finanzieller Kriterien beurteilt, sondern auch gemäß Aspekten der ökologischen und sozialen Verträglichkeit, etc. Leitende Idee des EP-Standards ist es also, einem potenziell sozial oder ökologisch schädlichen Infrastruktur-Projekt die finanzielle Grundlage zu entziehen, sofern sich nur genügend Banken diesem Standard verschrieben haben und aufgrund der Kriterienprüfung keine Finanzmittel bereitstellen. Somit hängt die Wirksamkeit des Standards von einer möglichst hohen Branchendurchdringung ab. Der globale Anspruch der EP wird nicht zuletzt durch die Namensgebung unterstrichen, die auf den weltumspannenden Äquator Bezug nimmt.

Seit seiner Initiierung im Jahr 2003 hat sich der EP-Standard rasch und weit verbreitet. So basierten bereits im Jahre 2006 mehr als 90 Prozent des weltweiten

Projektfinanzierungsvolumens auf Entscheidungsprozessen im Einklang mit den EP-Kriterien (Bergius 2008; UNCTAD 2008). Hierbei ist allerdings zu berücksichtigen, dass große Infrastrukturprojekte typischerweise nicht von einer Bank alleine finanziert werden, sondern von einem Konsortium aus mehreren Banken. Befindet sich in einem solchen Konsortium allein schon mindestens eine Bank, die sich den EP verpflichtet hat, so wird der Standard in dem entsprechenden Projekt zur Anwendung kommen. Bis Ende 2009 haben sich insgesamt 67 Finanzinstitute, hierunter die allermeisten der führenden Banken der Projektfinanzierungsbranche, dem EP-Standard verpflichtet. Die schnelle und weitreichende Verbreitung des EP-Standards ist vor dem Hintergrund anderer, schwergängigerer Bemühungen um die Etablierung von Global-Governance-Standards (z. B. der UN Global Compact) als überraschend einzustufen. Leitende Fragestellung unserer empirischen Fallstudie zum EP-Standard ist es daher, wie es zu dieser schnellen und weiten Verbreitung der EP kommen konnte, und welche Lernwerte sich hieraus für ähnliche, ebenfalls auf Selbstverpflichtung beruhende Global-Governance-Initiativen ableiten lassen.

2.1   Methodik

Die empirische Untersuchung des EP-Standards ist als Fallstudie angelegt. Der Fallstudienansatz eignet sich insbesondere zur Exploration zuvor nur gering erforschter Zusammenhänge (Yin 1984) und dient vorrangig der Theoriegenerierung (Eisenhardt 1989). Anstatt mehrere Global-Governance-Standards in der Breite und in hoher Fallzahl zu vergleichen, erforschen wir die EP als Einzelfall in der Tiefe. Zu diesem Zweck bedienen wir uns eines mehrmethodischen, qualitativ-verstehenden Ansatzes. Die Studie besteht aus zwei Teilen: Erstens einer deskriptiv-statistischen Analyse der Adaptionsraten des EP-Standards in der Bankenindustrie (nach Anzahl adaptierender Banken und der vom Standard abgedeckten Projektfinanzierungsvolumina), um zunächst einen Eindruck der tatsächlichen Durchdringung des EP-Standards zu gewinnen. Hierzu haben wir einerseits die insgesamt 67 Adaptionsereignisse tabellarisch zusammengetragen, welche sich Pressemitteilungen sowohl auf der EP-Website (www.equator-principles.com) als auch auf den Websites von Banken sowie von kritischen NGOs (www.banktrack.org) entnehmen ließen. Ferner konnten wir auf die Datenbasis des *Infrastructure Journals* (www.infrastructurejournal.com) zurückgreifen, um die Entwicklung der weltweiten Projektfinanzierungsvolumina nachzuzeichnen. Die Analystinnen und Analysten des Infrastructure Journals erheben diese Zahlen in regelmäßiger Form, indem sie halbjährliche Abfragen bei Finanzinstituten durchführen und sie durch kreuzvergleichende Marktrecherchen validieren. Zweitens haben wir auf Basis eines semi-strukturierten Leitfadens insgesamt 28 qualitative Interviews mit beteiligten Akteuren geführt, hierunter Vertreter von EP-teilnehmenden und nicht-teilnehmenden Banken, Vertreter von NGOs sowie weiteren Experten (Fachjournalisten, Wissenschaftler, Consultants, etc.). Die Interviews wurden im Zeitraum von April 2009 bis März 2010 durchgeführt (via Telefon oder im persönlichen Gespräch) und dauerten zwischen 30 und 60 Minuten. Gegenstand der Interviews waren insbesondere die Thematisierung potenzieller Gründe für die rasche und weite Verbreitung des EP-Standards, aber auch kritische Aspekte des Standards sowie eine Einschätzung dessen künftiger Verbreitung und Wirksamkeit. Die Auswertung der Interviews erfolgte unter Rückgriff auf Verfahren der *narrativen Analyse* (Boje 2001; Cunliffe, Luhman & Boje 2004). Analyseeinheit sind hierbei im Feld vorfindbare Narrative, die als überindividuelle, wiederkehrende Erzählmuster definiert sind. In einem iterativen Verfahren offenen Kodierens (Strauss & Corbin 1990) aggregierten wir wiederkehrende Kommentare aus den Interviews zu überindividuellen Narrativen. Diese Narrative sind typischerweise durch eine Beschreibung temporaler Sequenzen von Ereignissen (Pentland 1999), durch die Gegenüberstellung fokaler Akteure wie Protagonisten und Antagonisten (Bal 1985) sowie durch eine „Plot-Struktur" bestehend aus Anfangs-, Mittel- und Endteil (Boje 2001) gekennzeichnet.

2.2   Ergebnisse

Die Auswertung der Verbreitung des EP-Standards nach adaptierenden Banken zeigt zunächst einen stetig ansteigenden Verlauf. Pro Jahr haben etwa zehn Finanzinstitute den Standard adaptiert, darunter ein Großteil der umsatzstärksten Marktteilnehmer. Bis auf eine einzige, unwesentliche Ausnahme sind keine Austritte aus dem Standard zu verzeichnen (siehe Abbildung 1).

Abbildung 1   Entwicklung der Gesamtzahl EP-adaptierender Banken

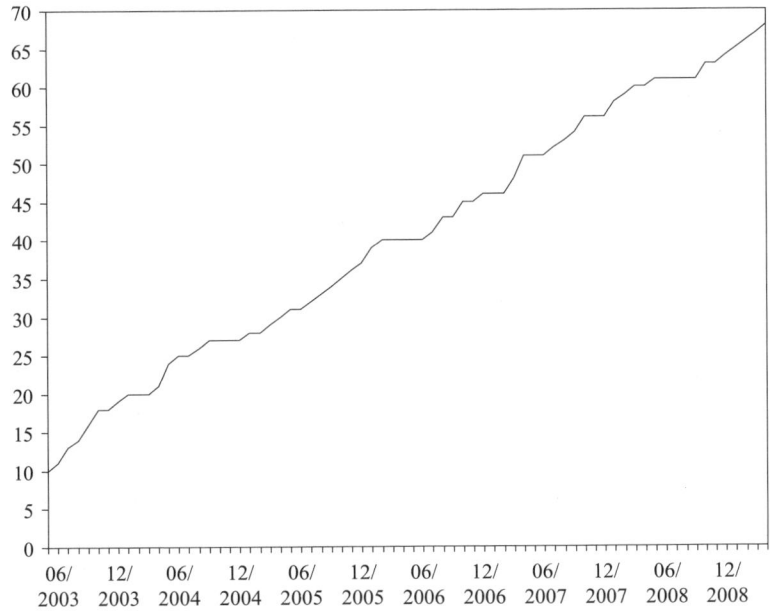

Ein differenzierteres Bild ergibt sich allerdings, wenn man die Verbreitung des Standards in Relation zu den Projektfinanzierungsvolumina stellt, d. h. wie viel finanziertes Volumen letztlich nach Prüfung gemäß der EP-Kriterien bewilligt wurde. Anhand von Abbildung 2 ist zu ersehen, dass das vom EP-Standard weltweit abgedeckte Finanzierungsvolumen – in Übereinstimmung mit den oben genannten Quellen – zwar bis 2006 auf über 90 Prozent anstieg, dass aber in jüngerer Zeit ein geringeres abgedecktes Finanzierungsvolumen zu verzeichnen ist. So folgen im Jahr 2009 nur noch etwa 70 Prozent der weltweiten Projektfinanzierungsentscheidungen dem EP-Standard.

Abbildung 2　　Anteil des globalen Projektfinanzierungsvolumens, der gemäß Prüfung der EP-Kriterien bewilligt wurde (in Prozent; basierend auf Daten des Infrastructure Journal; Schätzwerte für 2003 und 2004)

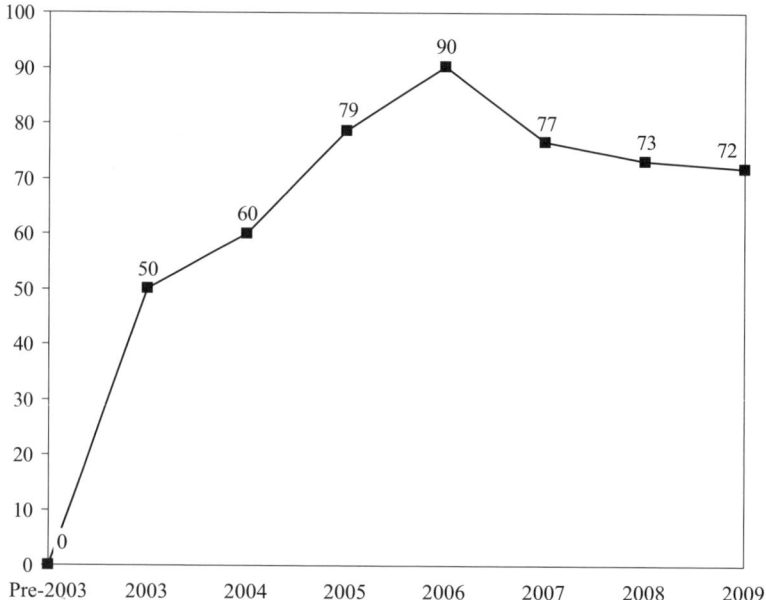

Dieser Befund stellt zugleich die Wirksamkeit des EP-Standards in Frage. Denn trotz steigender Anzahl von EP-Adaptionen scheint dessen Wirkungsgrad unterhöhlt zu werden. Dies ist auf Ausweichbewegungen bei Entscheidungen zur Vergabe von Projektfinanzierungsvolumina zurückführbar: weg von den EP-adaptierenden Banken und hin zu nicht-teilnehmenden Finanzinstituten. Dieses neu generierte, differenzierende Bild wird durch die Ergebnisse der qualitativen Interviews noch angereichert. In strukturentdeckender Auswertung der Interviewdaten lassen sich drei wesentliche, wiederkehrende Narrative identifizieren, welche zugleich zwei verschiedenen Phasen der EP-Standardverbreitung Sinn geben:

- *Das „Win-Win"-Narrativ*: „Eine Liebesheirat aus wirtschaftlicher Rationalität und ethischer Verantwortung." Die erste Phase der schnellen Verbreitung des Standards (2003 bis 2006) lässt sich durch folgendes, wiederkehrendes Narrativ beschreiben: Das klassische Modell der Projektfinanzierung ist dadurch gekennzeichnet, dass die finanzierenden Banken ihre Rendite auf das verliehene Geld direkt aus dem Cash-Flow der projektdurchführenden Gesellschaft (z. B. die Nord Stream AG als Joint Venture von Unternehmen wie E.ON und Gazprom zum Bau der Ostsee-Gaspipeline) erwirtschaften. Wenn jedoch ein Infrastruktur-Projekt im Falle großflächiger Umweltverschmutzung im laufenden Betrieb gestoppt wird, beeinflusst durch massive öffentliche Skandalisierung und Kampagnen von NGOs unter Nennung der beteiligten Banken, geht dies mit entsprechend hohen Verlusten für die projektfinanzierenden Banken einher. Beispielsweise steht das umstrittene Ilisu-Staudammprojekt in der Türkei nach massiven Kampagnen von NGOs und dem Rückzug wichtiger Geldgeber und Bürgen kurz vor dem Bankrott. Da sich also in diesem Geschäftsfeld Reputationsrisiken in ganz besonderem Maße mit spürbaren finanziellen Risiken verbinden, ist es durchaus rational und im Sinne der Logik der Banken, mit Hilfe eines legitimierenden Umwelt- und Sozialstandards wie den EP potenziellen Anprangerungen durch NGOs vorzubeugen. Wirtschaftliche Rationalität und ethische Verantwortungsübernahme gehen in diesem Falle Hand in Hand. Dem Voranpreschen der zehn Hauptinitiatoren der EP, durchweg bedeutende Marktteilnehmer, folgten in schneller Rate viele weitere Banken weltweit. Die zunehmende Konsolidierung des Standards drückte sich zugleich auch in regelmäßig stattfindenden Treffen der beteiligten Bankenvertreter aus. Wie es einer der Interviewten formulierte, wurde die Teilnahme am Standard schließlich zur Frage, „ob man mit dabei sein will im Club oder nicht" (Aussage eines Repräsentanten einer EP-teilnehmenden Bank).
- *Das zukunftsgerichtete, pessimistische Narrativ*: „Die Tage des EP-Standards sind gezählt." In einer zweiten Phase (seit 2007) ist nun allerdings zu beobachten, dass sich das Finanzvolumen wieder wegbewegt aus dem Einflusskreis des EP-Standards (vgl. Diagramm 2). Im Feld der Projektfinanzierung kommen widerstreitende Narrative auf, welche die Zukunft des Standards in Frage stellen. Zum einen ist die sinkende Bedeutung der EP durch das vergleichsweise schnellere Wachstum von Banken aus dem Mittleren Osten sowie China oder Indien zu erklären. Diese Banken folgen bisher nicht dem EP-Standard, gewinnen aber zunehmend Marktanteile im Projektfinanzierungsgeschäft. Zum anderen ist das klassische Finanzmodell der Projektfinanzierung selbst Veränderungen unterworfen. Zunehmend greifen projektdurchführende Unternehmen auf hybride Formen der Finanzierung zurück, d. h. nicht mehr überwiegend auf Fremdkapitalfinanzierungen durch klassische Bankkredite, sondern teils aus Eigenkapitalfinanzierungen, z. B. durch Platzierung eines verbrieften Geschäftsteils der Projektgesellschaft am Kapitalmarkt. Kurzum: Der Bedeutung des EP-Standards wird der Boden unter den Füßen entzogen,

wenn das ihm zu Grunde liegende Geschäftsmodell (und mithin die zugehörige Branche der Projektfinanzierung) an Bedeutung verliert.

- *Das zukunftsgerichtete, optimistische Narrativ*: „Die Tage des EP-Standards kommen erst noch." Ebenfalls in der zweiten Phase (seit 2007) ist jedoch auch das gegenteilige, zukunftsoptimistische Narrativ bezüglich der weiteren Standardverbreitung und -wirksamkeit festzustellen. Die bisherigen EP-Banken versuchen, die zuletzt stark gewachsenen Institute aus dem Mittleren Osten und Asien durch verstärkte „Outreach"-Aktivitäten für einen EP-Beitritt zu gewinnen. Der sinkenden Bedeutung der EP durch Wegfall klassischer Projektfinanzierung versucht man ferner durch eine Ausweitung des Kriterienkatalogs auf andere Finanzierungsbereiche entgegenzuwirken: Warum nicht auch z. B. bei der Finanzierung von Unternehmen selbst (Corporate Finance) prüfen, ob dort soziale und ökologische Prinzipien beachtet werden? Verfechter des optimistischen Narrativs sind hierbei interessanterweise nicht nur die NGOs, sondern auch die Vertreter der jeweiligen Abteilungen in den Banken, die sich mit der Handhabung des EP-Standards befassen. Sie werden quasi zu „internen Aktivisten" und bilden den Kern einer EP-Bewegung, die neben IFC, Regierungen und Banken noch gemäßigte NGOs umfasst.

2.3 Theoretische Einordnung

In einem abschließenden Schritt möchten wir die Ergebnisse der Fallstudie im Lichte organisationssoziologischer und kommunikationswissenschaftlicher Theorieansätze reflektieren. Zum Verständnis der Verbreitung des EP-Standards eignen sich insbesondere Erklärungsansätze des Neo-Institutionalismus (Greenwood et al. 2008; Hiß 2006), der unlängst auch für das Forschungsfeld Organisationskommunikation fruchtbar gemacht wurde (z. B. Lammers & Barbour 2006).[1] Institutionenansätze betonen, dass Organisationen nach Legitimierung durch ihre sozialen Umwelten streben und somit ihr Verhalten nicht vollständig durch ethische Motivation oder rationales Kalkül erklärt werden kann. Innerhalb neo-institutionalistischer Theorieansätze lassen sich zwei wesentliche Strömungen ausmachen: Die eine beschreibt Standardisierung mit dem Bild der Ansteckung; Praktiken institutionalisieren sich durch zunehmende Verbreitung und erzeugen so Anpassungsdruck auf jene Unternehmen, die diesen Praktiken bislang nicht folgen (vgl. Powell & DiMaggio 1983). Entsprechend wird der Prozess der Standardisierung hier ähnlich der Metapher der *Ansteckung* als passive und quasi-automatische Adaptierung von Praktiken beschrieben. Schultz und Wehmeier (2010) weisen darauf hin, dass ein solcher Ansatz zu kurz greift, da hierbei allein die überorganisationale Makro-Ebene in den Blick genommen wird und stattdessen jene komplexen kommunikativen Aushandlungsprozesse außer Acht gelassen werden, die erst Prozesse der Standardisierung bzw. Institutionalisierung ermöglichen. Genau hier setzt ein zweiter Ansatz an, der

---

1 Vgl. Schultz & Wehmeier in diesem Band.

Standardisierungsprozesse als Gegenstand diskursiver Aushandlungen begreift (Sahlin & Wedlin 2008). Die Verbreitung eines Standards (oder jeder institutionalisierten Praktik) hängt demnach von der Überzeugungskraft eines Narrativs ab (Vaara & Tienari 2008). Während der erste Ansatz sich zwar für die Erklärung der ersten, schnellen Verbreitungsphase des EP-Standards (2003–2006) gut eignet, erscheinen uns gerade letztere, auf eine diskursive Verbreitung von Standards abstellende Theorien, als besonders passend zur gegenwärtigen, von kommunikativen Aushandlungsprozessen abhängigen Verbreitung des EP-Standards (seit 2007).

In ähnlicher Tendenz hat Curbach (2009) Selbstregulierungs-Initiativen unter Rückgriff auf die Theorie sozialer Bewegungen als komplexe Aushandlungsprozesse aus Bewegung und Gegenbewegung beschrieben. Ähnlich dem EP-Fall werden demnach Unternehmen (im Verbund mit unternehmensnahen NGOs) ihrerseits zu Verfechtern eines bestimmten CSR-Verständnisses, um – als Strategie der kommunikativen Vorwärtsverteidigung – ihr Deutungsmuster unternehmerischer Verantwortungsübernahme proaktiv zu besetzen. Dem entgegen stehen dann kritische NGOs, die unverantwortliches Handeln von Unternehmen im Widerspruch zur CSR-Fassade als sogenanntes „greenwashing" anprangern (vgl. Sims & Brinkmann 2003). Die Durchsetzung von CSR-Standards hängt dann nicht allein vom diskursiven Zusammenspiel aus Bewegung und Gegenbewegung ab, sondern auch von der Frage, inwieweit ein mögliches Auseinanderklaffen zwischen *image* (nach außen gerichteter Fassade) und *action* (tatsächliche Organisationspraktiken) geschlossen werden kann (Weaver, Treviño & Cochran 1999; Eisenegger 2005).

3   Zusammenfassung und Ausblick

In diesem Beitrag haben wir uns mit den Herausforderungen der öffentlichen Legitimierung befasst, denen sich MNUs im Zuge der Globalisierung ausgesetzt sehen. MNUs reagieren mit Maßnahmen der Selbstregulierung auf diese Anforderungen, z. B. der Einigung innerhalb einer Industrie auf einen selbstverpflichtenden CSR-Standard. In einer empirischen Fallstudie haben wir den „Equator Principles"-Standard (EP) näher beleuchtet, der Banken im Bereich der internationalen Infrastrukturprojektfinanzierung einen Katalog sozialer und ökologischer Prüfkriterien an die Hand gibt. Der EP-Standard zeichnet sich durch eine zunächst ausgesprochen rasche und weite Adaption innerhalb der Projektfinanzierungsbranche aus, die sich so jedoch nicht in der Tiefe widerspiegelt, was anhand des Rückgangs der durch den Standard abgedeckten Projektfinanzierungsvolumina deutlich wird. Die Zukunft des Standards unterliegt zuletzt aber einem diskursiven Wettstreit. Unter Rückgriff auf organisationssoziologische und kommunikationswissenschaftliche Theorieansätze lässt sich hierbei anschaulich machen, dass sich Standardsetzung nicht quasi per Ansteckung verbreitet, sondern vielmehr von komplexen diskursiven Aushandlungsprozessen abhängt.

Die aus unserer Fallstudie des EP-Standards gezogenen Schlussfolgerungen sind jedoch dadurch limitiert, dass sich die Besonderheiten des Geschäftsfelds der Projektfinanzierung nur schwerlich in Gänze auf andere Kontexte übertragen lassen. Denn Projektfinanzierung ist durch einen verhältnismäßig überschaubaren Markt, starke professionelle Netzwerke, eine hohe Sichtbarkeit der Projekte und dementsprechend klarere Zurechenbarkeit zu den finanzierenden Banken charakterisiert; alles Merkmale, die sich auf andere Geschäftsfelder nur bedingt übertragen lassen.

Aus Sicht der NGOs ist es freilich ideal, wenn Narrative der sozialen und ökologischen Verantwortungsübernahme als Win-Win-Konstellation in die kommunikativen Praktiken der Unternehmungen einsickern, indem beispielsweise die mit EP-Compliance befassten Abteilungen in den Banken selbst zu Verfechtern der EP-Idee werden. Weitere Forschung wird allerdings beleuchten müssen, inwieweit und auf welche Weise der Standard in der gelebten organisatorischen Praxis implementiert, interpretiert und angewandt wird. Hierbei interessiert insbesondere die Frage, inwieweit die von den Banken projizierten Außendarstellungen von unternehmerischer Verantwortungsübernahme auch tatsächlich mit gelebten Organisationspraktiken im Einklang mit den EP übereinstimmen (vgl. Weaver, Treviño & Cochran 1999). Um sich Fragen dieser Art empirisch zu nähern, bietet es sich an, weitere Feldforschung in den relevanten organisationalen Kontexten durchzuführen, beispielsweise innerhalb projektfinanzierender Banken, bei unternehmenskritischen NGOs sowie bei den projektdurchführenden Gesellschaften. Auch ist in der jetzigen Form die tatsächliche Wirksamkeit des Standards seitens der NGOs weiterhin umstritten, wie jüngste Forderungen von kritischen NGOs verdeutlichen (BankTrack 2010). Jedoch läutet dies vermutlich schlichtweg eine neue Runde ein im diskursiven Wettstreit um CSR-Deutungshoheiten zwischen Unternehmen und NGOs (vgl. Curbach 2009).

Literatur

Aguilera, R. V., Rupp, D. E., Williams, C. A., & Ganapathi, J. (2007). Putting the S back in corporate social responsibility: A multilevel theory of social change in organizations. *Academy of Management Review, 32*(3), 836–863.

Bal, M. (1985). *Narratology. Introduction to the theory of narrative.* Toronto: University of Toronto Press.

Banerjee, S. B. (2008). Corporate social responsibility: The good, the bad and the ugly. *Critical Sociology, 34*(1), 51–79.

BankTrack (2008). Turkmen bankaccounts. URL: http://www.banktrack.org/show/dodgydeals/turkmen_bankaccounts. Zugriff am 28.04.2010.

BankTrack (2010). Civil society groups call for bold steps forward with Equator Principles. URL: http://www.banktrack.org/show/news/civil_society_groups_call_for_bold_steps_forward_with_equator_principles. Zugriff am 31.01.2010.

Bergius, S. (2008). Ökologie prägt Projektfinanzierung. *Handelsblatt* [Online]. URL: http://www.handelsblatt.com/technologie/nachhaltig_wirtschaften/oekologie-praegt_projektfinanzierung;2012267;0. Zugriff am 28.04.2010.

Boje, D. M. (2001). *Narrative methods for organizational and communication research.* London: Sage.

CNN (2010). Greenpeace, Nestlé in battle over KitKat viral. URL: http://edition.cnn.com/2010/WORLD/asiapcf/03/19/indonesia.rainforests.orangutan.nestle/index.html. Zugriff am 28.04.2010.

Cunliffe, A. L., Luhman, J. T., & Boje, D. M. (2004). Narrative temporality: Implications for organizational research. *Organization Studies, 25*(2), 261–286.

Curbach, J. (2009). *Die Corporate-Social-Responsibility-Bewegung.* Wiesbaden: VS Verlag.

Eisenegger, M. (2005). *Reputation in der Mediengesellschaft. Reputation – Issues Monitoring – Issues Management.* Wiesbaden: VS Verlag.

Eisenhardt, K. M. (1989). Building theories from case study research. *Academy of Management Review, 14*(4), 532–550.

Greenpeace (2010). Royal Bank of Canada mit Public Eye Award gekürt. URL: http://www.greenpeace.de/ themen/umwelt_wirtschaft/nachrichten/artikel/royal_bank_of_canada_mit_public_eye_award_ gekuert/. Zugriff am 28.04.2010.

Greenwood, R., Oliver, C., Suddaby, R., & Sahlin, K. (2008). *The SAGE handbook of organizational institutionalism.* London: Sage.

Habermas, J. (2001). The postnational constellation and the future of democracy. In J. Habermas (Hrsg.), *The postnational constellation* (S. 58–112). Cambridge, UK: Polity Press.

Hiß, S. (2006). *Warum übernehmen Unternehmen gesellschaftliche Verantwortung? Ein soziologischer Erklärungsversuch.* Frankfurt am Main: Campus Verlag.

Lammers, J., & Barbour, J. B. (2006). An institutional theory of organizational communication. *Communication Theory, 16*(3), 356–377.

Margolis, J. D., & Walsh, J. P. (2003). Misery loves companies: Rethinking social initiatives by business. *Administrative Science Quarterly, 48,* 268–305.

Matten, D., & Crane, A. (2005). Corporate citizenship: Toward an extended theoretical conceptualization. *Academy of Management Review, 30*(1), 166–179.

Palazzo, G., & Scherer, A. G. (2006). Corporate legitimacy as deliberation: A communicative framework. *Journal of Business Ethics, 66,* 71–88.

Pentland, B. T. (1999). Building process theory with narrative: From description to explanation. *Academy of Management Review, 24*(4), 711–724.

Powell, W. W., & DiMaggio, P. J. (1983). The iron cage revisited: Institutional isomorphism and collective rationality in organizational fields. *American Sociological Review, 48,* 147–160.

Sahlin, K., & Wedlin, L. (2008). Circulating ideas: Imitation, translation and editing. In R. Greenwood, C. Oliver, K. Sahlin, & R. Suddaby (Hrsg.), *The SAGE handbook of organizational institutionalism* (S. 218–242). London: Sage.

Scherer, A. G., & Smid, M. (2000). The downward spiral and the U.S. model principles. Why MNEs should take responsibility for the improvement of world-wide social and environmental conditions. *Management International Review, 40,* 351–371.

Scherer, A. G., Palazzo, G., & Baumann, D. (2006). Global rules and private actors. Toward a new role of the TNC in global governance. *Business Ethics Quarterly, 16,* 505–532.

Scherer, A. G., & Palazzo, G. (2007). Toward a political conception of corporate responsibility. Business and society seen from a Habermasian perspective. *Academy of Management Review, 32*(4), 1096–1120.

Schultz, F., & Wehmeier, S. (2010). Institutionalization of corporate social responsibility within corporate communications: Combining institutional, sensemaking and communication perspectives. *Corporate Communications: An International Journal, 15*(1), 9–29.

Sims, R. R., & Brinkmann, J. (2003). Enron ethics (or: Culture matters more than codes). *Journal of Business Ethics, 45,* 243–256.

Strauss, A. L., & J. Corbin (1990). *Basics of qualitative research.* Thousand Oaks, CA: Sage.

Vaara, E., & Tienari, J. (2008). A discursive perspective on legitimation strategies in MNCs. *Academy of Management Review, 33*(4), 985–993.

UNCTAD (2008). *Transnational corporations.* Geneva: United Nations.

Weaver, G. R., Treviño, L. K., & Cochran, P. L. (1999). Integrated and decoupled corporate social performance: Management commitments, external pressures, and corporate ethics practices. *Academy of Management Journal, 42*(5), 539–552.

Yin, R. K. (1984). *Case study research: design and methods.* Newbury Park, CA: Sage.

Young, I. M. (2006). Responsibility and global justice: A social connection model. *Social Philosophy & Policy, 23*(1), 102–130.

Fallstudie: CSR-Kommunikation von kleinen und mittleren Unternehmen

Nils Bader

Die gesellschaftliche Verantwortung von Unternehmen wird meist von Multinationalen Unternehmen erwartet, da sie es sind, deren Zulieferbetriebe oder Fertigungsstätten in zahlreichen Ländern der Welt verstreut sind. Zudem scheinen die international tätigen Großunternehmen eher die finanziellen Ressourcen zu besitzen, Maßnahmen von Corporate Social Responsibility (CSR) und deren strategische Kommunikation professionell gestalten zu können. Daher verwundert es nicht, wenn zahlreiche Studien CSR-Maßnahmen und CSR-Kommunikation von Großunternehmen betrachten (für Deutschland beispielsweise Angermüller & Schwerk 2004; Fieseler 2008; oder Münstermann 2007). Mit der Zunahme und der Etablierung von CSR-Maßnahmen und CSR-Kommunikation bei Großunternehmen stellt sich auch für kleine und mittlere Unternehmen (KMU) die Frage, ob und wie diese gesellschaftliches Engagement zeigen und Verantwortung übernehmen können und teilweise auch sollen, um den gesellschaftlichen Erwartungen gerecht zu werden. Den Bedürfnissen und Besonderheiten von CSR bei KMU mit bis zu 500 Mitarbeitern wird aber bislang kaum Beachtung geschenkt. Eine Ausnahme stellt beispielsweise die Befragung von Karmasin und Weder (2008) in Österreich dar.

Corporate Social Responsibility wird hier sehr allgemein verstanden als ein Konzept, ein Muster, ein Netz von Anknüpfungspunkten, mit dem Unternehmen ihr Handeln reflektieren können. Als zentrale Grundlagen von CSR werden hierbei Werte wie Fairness, Toleranz, Aufmerksamkeit und Offenheit gesehen. CSR wird nicht als statisches Konzept betrachtet, sondern als ein sich ständig verändernder Ansatz, der von den Unternehmen in der Praxis im Dialog mit ihren Umwelten geformt wird. So kann CSR eine Hilfestellung bei der Reflektion von persönlichen und organisationsspezifischen Handlungsmustern vor dem Hintergrund sozialer, gesellschaftlicher und ökologischer Aspekte sein, entsprechend der Triple-Bottom-Line (Elkington 1997).

In der hier vorgestellten Studie wurde kein expliziter Bezug auf die eine oder andere CSR-Definition, wie etwa der Europäischen Kommission (2001) hergestellt, sondern zunächst nach dem Alltagsverständnis der Praktiker gefragt, das sehr unterschiedliche Vorstellungen beinhaltete (Bader, Bauerfeind & Giese 2007: 12). Im Folgenden werden zunächst die Hintergründe und die Anlage einer Studie von TÜV Rheinland Beratung und Consulting GmbH in Kooperation mit der outermedia GmbH skizziert (Kapitel 1), die wichtigsten Ergebnisse dieser Befragung von KMU und Großunternehmen vorgestellt (Kapitel 2) sowie anschließend das darauf aufbauende Pilotprojekt „CSR in Berliner KMU" (Kapitel 3).

1   Anlage der Studie

Die Studie wurde von September bis November 2007 in Berliner KMU von der outermedia GmbH in Kooperation mit der TÜV Rheinland Bildung und Consulting im Auftrag der Berliner Senatsverwaltung für Wirtschaft, Technologie und Frauen durchgeführt (Bader, Bauerfeind & Giese 2007). Sie wurde vom Europäischen Fonds für regionale Entwicklung (EFRE) sowie aus Landesmitteln gefördert. Die fachliche Betreuung lag beim Referat Berufliche Bildung der Senatsverwaltung für Integration, Arbeit und Soziales.

Die Untersuchung sollte eine fachliche Grundlage für ein anschließendes Pilotprojekt zur Förderung von CSR in Berliner KMU schaffen. Inhaltlich wurden Kenntnisse, Motivationen, Hinderungsgründe, die faktische (und ggf. strategische) Implementierung in den Unternehmensalltag und die CSR-Kommunikation der Umfrage- und Interviewteilnehmer untersucht. Für den Artikel wurden nur Auszüge der Befragung verwendet. Innerhalb der Studie wurden die folgenden für die CSR-Kommunikation relevanten Kernfragestellungen untersucht:

- Wie stark kommunizieren KMU ihr CSR-Engagement?
- Welche Stakeholder-Gruppen haben im CSR-Kontext eine Relevanz für die KMU?
- An welche Stakeholder-Gruppen wird das CSR-Engagement kommuniziert?
- Welche Kommunikationsmittel werden genutzt, um das eigene Engagement zu kommunizieren?

Nach der reinen Beantwortung dieser direkten Fragen werden die Ergebnisse noch einmal im Kontext der Grundmotivation des CSR-Engagements und der Unternehmensorganisation von KMU sowie mit den Erkenntnissen aus den Tiefeninterviews zum Teil auch mit Großunternehmen gesetzt.

Die Online-Befragung fand im Zeitraum von September bis November 2007 statt. Im Vorfeld wurden 3.284 kleine und mittelständische Unternehmen mit 20 bis 500 Beschäftigten angeschrieben. Die Unternehmen mussten den EU-Kriterien der KMU-Definition entsprechen und ihren Firmensitz innerhalb des Berliner Postleitzahlenbereichs haben. Darüber hinaus wurde der Hinweis auf die Befragung in verschiedenen Newslettern veröffentlicht sowie über Kooperationspartner direkt per Mail an deren Mitglieder verschickt. Der Online-Fragebogen wurde für die Nutzung von zwei Arten von Unternehmen konzipiert und umgesetzt. Nach der Frage, ob sich die Unternehmen bisher schon im Bereich der gesellschaftlichen Verantwortung engagieren, bot der Fragebogen aktiven und nicht-aktiven Unternehmen unterschiedliche vertiefende Fragestellungen. Um Unternehmen, die sich bisher noch nicht mit dem Thema beschäftigt haben, aber vielleicht trotzdem auf dem Gebiet aktiv sind, die Beantwortung der Fragen zu erleichtern, verwies im Vorfeld exemplarisch eine Liste auf mögliche Maßnahmen des gesellschaftlichen Engagements. Während bei den aktiven Unternehmen im Folgenden Details zum Engagement abgefragt wurden, stand bei den nicht-aktiven Unternehmen die Frage nach den Hinderungsgründen im Zentrum.

Insgesamt füllten 210 Unternehmen den Online-Fragebogen aus, was einer Rücklaufquote von 6,4 Prozent entspricht. Durch die teils überregionalen Hinweise auf die Umfrage haben sich auch Unternehmen außerhalb Berlins beteiligt. Berücksichtigung fanden bei der Auswertung jedoch nur die 142 Ausfüllungen innerhalb des Berliner Postleitzahlenbereiches von Firmen mit unter 500 Beschäftigten. Es kann davon ausgegangen werden, dass sich an der Online-Befragung vor allem Unternehmen beteiligten, die sich schon im Bereich der gesellschaftlichen Verantwortung engagieren bzw. die Interesse haben, dies in Zukunft zu tun. Die Erhebung hat somit keinen repräsentativen Charakter, kann sehr wohl aber Tendenzen aufzeigen. Parallel zur Online-Befragung wurden 54 kleine und mittelständische Unternehmen in leitfragengestützten Interviews befragt. Ein Teil der Unternehmen hatte innerhalb der Online-Befragung die Bereitschaft zu einem Tiefeninterview angegeben, weitere Unternehmen wurden aus bestehenden Kontakten zur Teilnahme gewonnen. Auf diese Weise wurde die Gleichverteilung von aktiven und noch nicht aktiven Unternehmen sichergestellt. Um die Aktivitäten von KMU mit den Aktivitäten von Großunternehmen zu vergleichen, fanden darüber hinaus Interviews bei zehn Großunternehmen mit jeweils über 500 Beschäftigen und Hauptsitz oder Zweigstelle bzw. Repräsentanz in Berlin statt.

2   Zentrale Ergebnisse

Die Ergebnisse der Befragung zeigen zahlreiche Unterschiede zwischen Großunternehmen und KMU, hinsichtlich ihres CSR-Vorwissens, CSR-Engagements und Kommunikationsmanagements. Im Folgenden sollen die zentralen Ergebnisse thematisch gebündelt vorgestellt werden.

2.1   *CSR wird nicht als Kommunikationsanlass wahrgenommen oder genutzt*

Die befragten KMU kommunizieren ihr CSR-Engagement gegenüber Stakeholder-Gruppen und Medien, der Öffentlichkeit im Marktumfeld, Verbänden und öffentlicher Verwaltung sowie gegenüber weiteren Multiplikatoren bisher kaum. Dies betrifft laufende wie abgeschlossene CSR-Projekte. Etwa die Hälfte (44 %) der befragten Unternehmen kommuniziert ihre CSR-Aktivitäten nicht ausdrücklich. CSR-Kommunikation wird bislang kaum als Instrument genutzt, um die Reichweite und die Wirkung des CSR-Engagements sowie der CSR-bezogenen unternehmerischen Absichten zu verstärken. Ebenfalls wird die Kommunikation im CSR-Kontext nicht als unternehmensrelevante Ressource bei der Gestaltung von Märkten und Kundenbeziehungen angesehen.

Begründet wird die kommunikative Zurückhaltung seitens der KMU einerseits mit konkreten Befürchtungen, Kunden oder auch Mitarbeiter würden ein CSR-

Engagement aufgrund von Kostenargumenten nicht nachvollziehen – mit dem Ergebnis, stattdessen niedrigere Preise oder höhere Gehälter einzufordern. Einige befragte Unternehmen wurden in der Vergangenheit mit derartigen Vorhaltungen und Einwänden tatsächlich konfrontiert. Andererseits äußerten einige Unternehmen Bedenken, sich im Ergebnis einer umfangreicheren CSR-Kommunikation erheblichen Fundraising-Aktionen und -Anfragen seitens dritter gemeinnütziger Organisationen ausgesetzt zu sehen.

Im Gegensatz zu den Unternehmen, die ihre Aktivitäten nicht kommunizieren, schätzen regelmäßig kommunizierende Unternehmen den Verlauf und die Ergebnisse der Kommunikation durchweg positiv ein. Diese KMU erhalten positive Rückmeldungen von den beiden Hauptzielgruppen, an die sie ihre CSR-Kommunikation richten. Bei den Unternehmen, die ihr Engagement kommunizieren, erfolgt dies bisher meist eher undifferenziert und breit gestreut. Die Informationsbedürfnisse der einzelnen Anspruchsgruppen werden wenig beachtet.

2.2 Engagement und Kommunikationsanlässe

Direkte Ansprüche an Unternehmen, sich gesellschaftlich zu engagieren, wurden bisher hauptsächlich von Seiten der Mitarbeiter (56 %) und von Nicht-Regierungs-Organisationen (50 %) gestellt. Jeweils etwa ein Drittel der befragten Unternehmen gibt an, dass Politik und Verwaltung (33 %) sowie die Öffentlichkeit in der Region des Standorts (30 %) schon Ansprüche formuliert haben.

Die Großunternehmen werden dagegen öfter mit Ansprüchen ihrer Stakeholder konfrontiert. Auffallend ist, dass sich neben den eigenen Beschäftigten vor allem die Politik mit konkreten Ansprüchen an die Unternehmen wendet (je 90 %). Daneben formulieren auch NGOs und Wirtschaftsverbände häufiger den Wunsch nach gesellschaftlichem Engagement. Stakeholder haben bisher auf die befragten KMU jedoch noch keinen direkten Druck ausgeübt. Bei den interviewten Großunternehmen ist dies dagegen schon vorgekommen.

2.3 Wahrnehmung und Bedeutung von Stakeholdern

Um zunächst ein Bild potenzieller Kommunikationspartner zu erhalten, wurden die KMU in der Online-Studie befragt, welche Stakeholder-Gruppen im CSR-Kontext eine Bedeutung haben und wie wichtig diese im einzelnen sind – Mehrfachnennungen waren zugelassen. Die Abstufungen waren „sehr wichtig", „wichtig", „weniger wichtig", „gar nicht wichtig". Die folgenden Prozentzahlen fassen die Nennungen „sehr wichtig" und „wichtig" zusammen, wobei die Angabe der Bedeutsamkeit „sehr wichtig" noch explizit aufgeführt wird.

Mit 97 Prozent sind die Kunden in der Bedeutung als Anspruchsgruppe führend – drei Viertel (75 %) halten sie sogar für sehr wichtig (vgl. im Folgenden Abbildung 1). Die zweithäufigste Nennung mit 95 Prozent entfällt auf die Mitarbeiter (sehr wichtig 68 %). Mit deutlichem Abstand folgte die zweitstärkste Gruppe mit Medien (65 %), Zulieferbetrieben (63 %) und Öffentlichkeit am Standort der KMU (54 %). Die Bedeutung „sehr wichtig" betrug bei allen drei Stakeholder-Gruppen nur jeweils 25 Prozent. Nennungen zwischen 35 und 45 Prozent folgen „Besondere gesellschaftliche Einrichtungen" (Schulen, Eltern, Kinder) sowie Politik und Verwaltung, die mit jeweils 38 Prozent als bedeutsam eingestuft wurden. Nicht-Regierungs-Organisationen spielen für die Befragten eine eher geringe Rolle (35 %). Nur ein Zehntel beurteilten diese Stakeholder als „sehr wichtig". Investoren halten noch ein Viertel der Unternehmen für wichtige oder sehr wichtige Anspruchsgruppen. Die Bedeutung von Aktionären unter den KMU ist erwartungsgemäß eher gering, was auf den geringen Anteil von Aktiengesellschaften unter KMU zurückzuführen ist.

Bei der Betrachtung der ersten drei Blöcke lassen sich eine Rangfolge von drei Gruppen extrahieren: 1. Die höchste Bedeutung messen die KMU denjenigen Stakeholder-Gruppen bei, die direkt am Kerngeschäft beteiligt sind – Kunden und Mitarbeiter; 2. Im zweiten Block folgen indirekt Beteiligte im regionalen Umfeld; und 3. Eine untergeordnete Bedeutung wird anderen, eher als abstrakt am Kerngeschäft beteiligt wahrgenommenen Stakeholder-Gruppen zugesprochen.

Abbildung 1   Bedeutung der Anspruchsgruppen

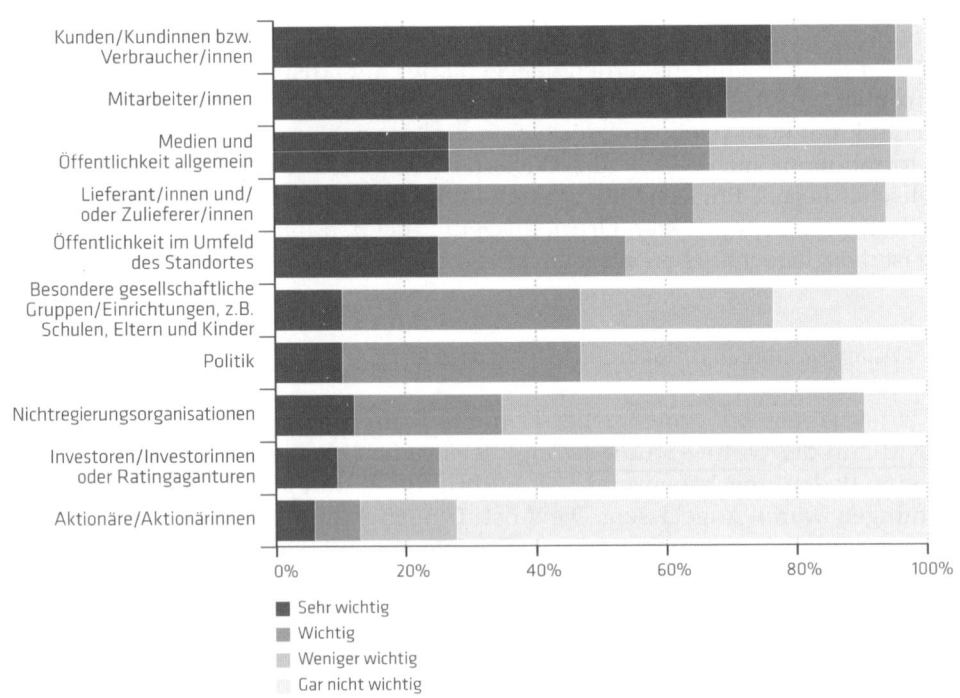

Bedeutung der Anspruchsgruppen

Dieses Bild ist im Kontext der zuvor in der Befragung angegebenen Motivation und der Organisation der KMU, sich im CSR-Kontext zu engagieren, überraschend. Motivation und organisatorische Rahmenbedingungen der KMU wurden zuvor in der Befragung erhoben, worauf am Ende des Artikels noch eingegangen wird.

3 Stakeholder-Kommunikation

In der Befragung wurde im Folgenden die konkrete Ausrichtung der CSR-Kommunikation der KMU untersucht. Hierzu wurden Anspruchsgruppen zur Auswahl gestellt, und die Teilnehmer konnten die Intensität der Kommunikation an diese einschätzen („stark", „mittel", „wenig", „gar nicht").

Abbildung 2   Kommunikation an die Zielgruppen

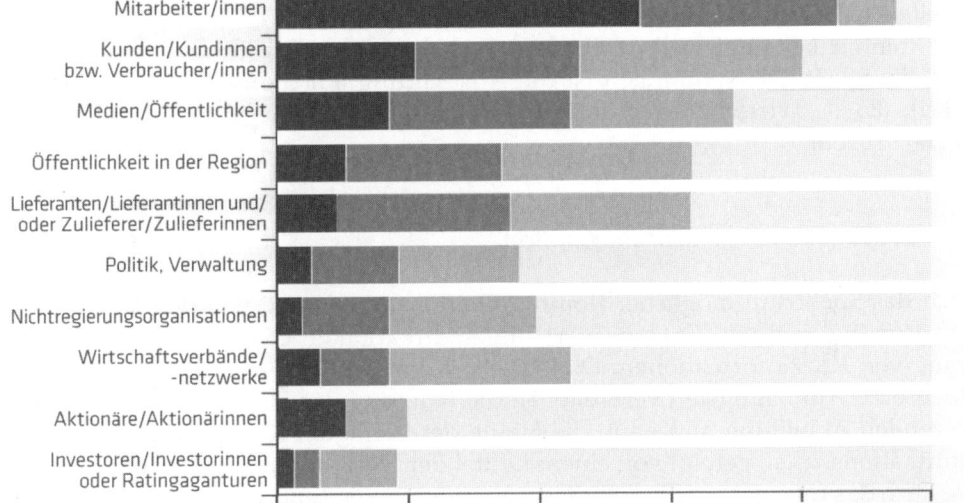

Entgegen der Angabe der Relevanz der Stakeholder liegt der Fokus der Kommunikation nicht auf den Kunden, sondern auf den Mitarbeitern der KMU (vgl. im Folgenden auch Abbildung 2). Die Hälfte der Befragten gab eine starke Kommunikation gegenüber diesen Stakeholdern an. Gegenüber den Kunden führen hingegen lediglich 22 Prozent eine starke Kommunikation. Bezüglich der Medien decken sich Bedeutung und Intensität der Kommunikation dagegen ungefähr. Ein Viertel der KMU gab hier eine hohe Bedeutung an und 17 Prozent kommunizieren mit dieser Zielgruppe – eigenen Angaben zufolge – tatsächlich stark. Die Öffentlichkeit in der Region und die Zulieferbetriebe folgen entsprechend der Rangfolge der Bedeutung. Die Intensität bleibt jedoch auch hier hinter der Bedeutung zurück – mit der regionalen Öffentlichkeit kommunizieren nur etwa ein Zehntel (9 %) stark, etwas weniger (8 %) tun dies mit den Zulieferbetrieben über ihr CSR-Engagement.

Die Tiefeninterviews haben dabei gezeigt, dass die thematische Ansprache der Anspruchsgruppen dabei in der Regel undifferenziert erfolgt. Die Informationsansprüche und -erwartungen der einzelnen Anspruchsgruppen werden kaum zielgerichtet bedient, die Kommunikationsgehalte werden nicht unmittelbar auf die Interessen der Stakeholder ausgerichtet. Eine spezialisierte, externe Begleitung der CSR-Kommunikation ist die Ausnahme.

Ein anderes Bild zur Ausrichtung ergab hingegen die Befragung der Großunternehmen. Die Intensität lag bei allen Zielgruppen deutlich über denen von kleinen und mittelständischen Unternehmen. Im Fokus stehen allerdings auch hier die Mitarbeiter (100 %), dicht gefolgt von der Kundengruppe, den Medien und der regionalen Öffentlichkeit mit jeweils 90 Prozent der Nennungen. Erwähnenswert aufgrund der Häufigkeit der Nennungen ist die Ausrichtung auf die Stakeholder-Gruppen Politik (80 %), Wirtschaftsverbände (70 %) und Nicht-Regierungs-Organisationen mit 60 Prozent.

3.1   Nutzung von Kommunikationsmitteln

Auch das Spektrum möglicher Kommunikationsmittel wird von den KMU bisher nur zum Teil genutzt. Es dominiert die eindirektionale CSR-Kommunikation im Sinne von Kurzinformationen. Dialogische Kommunikationsmittel werden kaum eingesetzt. Am häufigsten verbreitet ist die Nutzung der Firmen-Websites (vgl. im Folgenden Abbildung 3). Knapp die Hälfte der befragten KMU nutzt diesen Kommunikationskanal, gefolgt von einem Drittel der Unternehmen, die neben der Website auch das Intranet für die CSR-Kommunikation verwenden. Ebenfalls knapp ein Drittel der Unternehmen nutzt externe Kommunikationskanäle wie Mitteilungen und Presseberichte und interne Kanäle wie Infoveranstaltungen und Aushänge. Dabei ist die Nutzung von Websites, Intranets und Pressemitteilungen vorrangig die Domäne größerer KMU. Kleinere KMU setzen vor allem auf interne Infoveranstaltungen und Aushänge, auf Kanäle mithin, die deutlich geringere Ressourcenaufwände verursachen.

Dialogische Kommunikationsforen wie Diskussionen und Workshops werden von etwa jedem fünften Unternehmen eingesetzt, Fachvorträge und -konferenzen von 7 Prozent der online befragten KMU. Ebenfalls sehr selten wird bisher das kunden- und konsumentenorientierte Medium der Produktetiketten, bedruckten Verpackungen beziehungsweise Labels verwendet, obwohl gerade das Bedrucken von Verpackungen ein typisches Instrument der CSR-Kommunikation ohne große Ressourcenbindung ist. Einen eigenständigen CSR-Bericht veröffentlicht bislang nur eines der befragten Unternehmen.

Bei den Großunternehmen kommt hingegen eine Vielzahl von Kommunikationsmitteln zum Einsatz: So werden Pressemitteilungen, Informationen im Internet und Intranet, Unternehmensbroschüren und Mitarbeiterzeitungen von allen genutzt. Die aktive Kommunikation durch Beteiligungen an Diskussionen, Workshops und Fachkonferenzen wird fast ausnahmslos gepflegt. Als Gründe werden hierbei insbesondere das in Kontakt-Kommen mit anderen Organisationen und Unternehmen, der Austausch und das „Voneinander Lernen" sowie das Aufspüren von unternehmensrelevanten Themen angegeben.

Abbildung 3 Nutzung der Kommunikationsmittel

Nutzung der Kommunikationsmittel

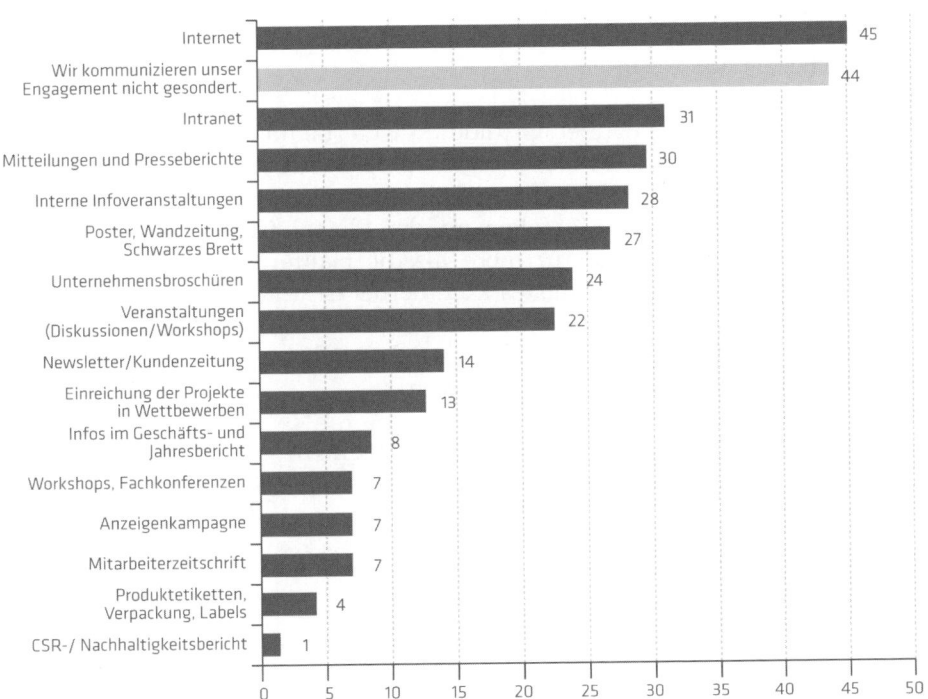

3.2 Kommunikation im Kontext: Motivation und Ziele für CSR-Engagement

Aufgrund der Betrachtung der direkt gestellten Fragen zur CSR-Kommunikation von KMU stellt sich diese bezüglich Zielgenauigkeit, Intensität und Mittelwahl als nicht besonders ausgeprägt dar. Für eine tiefergreifende Analyse werden nun Fragen zu den Motiven für ein CSR-Engagement und der organisatorischen Verankerung für die Umsetzung in den Unternehmen betrachtet.

Die Gründe und Zielsetzungen für gesellschaftliches Engagement von Unternehmen sind sehr vielfältig. In der Frage mit zwölf gestützten Antworten wählten die Unternehmen durchschnittlich vier Optionen aus. Die häufigsten Angaben sind mit 81 Prozent „Übernahme gesellschaftlicher Verantwortung", etwas geringer die „Motivation und Bindung von Mitarbeitern" (63 %) und noch die Hälfte geben die „Steigerung der Reputation bzw. des Images" als Motivation an. 44 Prozent gaben an, sich aus Gründen der Unternehmenstradition zu engagieren. Potenzielle Kostenersparnis (10 %) und Vorteile auf dem Kapitalmarkt (4 %) spielen für KMU kaum eine Rolle.

Im Rahmen der Tiefeninterviews wurden die Motivbereiche der Unternehmen detaillierter untersucht und zunächst nach der Bedeutung der drei übergeordneten Motivbereiche und anschließend nach konkreten Zielen gefragt.

1.   Gründe im Unternehmensumfeld
2.   Wirtschaftliche Gründe
3.   Ethische Gründe

Mehr als die Hälfte (60 %) nennen Gründe im Unternehmensumfeld als wichtigen oder sehr wichtigen Grund. In diesem Motivbereich streben 90 Prozent die positive Wahrnehmung als „guter Bürger" an. Die Motivation der *Mitarbeiter* (83 %) und deren Kompetenzerhöhung (81 %) folgen auf den Plätzen (Abbildung 4).

Wirtschaftliche Gründe sind für mehr als die Hälfte (62 %) der Unternehmen wichtig oder sehr wichtig. Wichtigstes Ziel hierbei ist mit 91 Prozent der Nennungen die Steigerung der Reputation bzw. des Images, gefolgt von einem angestrebten Wettbewerbsvorteil (77 %). Insgesamt lässt sich hierbei eine klare Fokussierung auf die Stakeholder-Gruppe der *Kunden* feststellen.

Abbildung 4   Gründe für gesellschaftliches Engagement

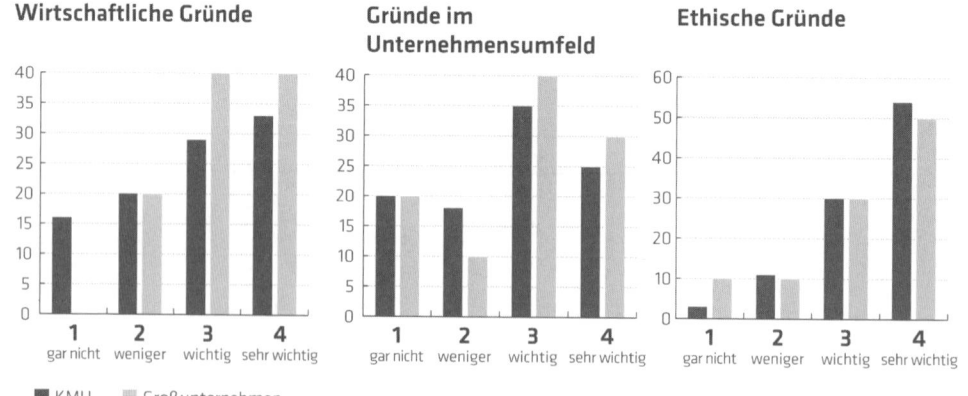

Als Hauptmotiv jedoch kristallisierten sich mit über 80 Prozent (54 % sehr wichtig, 30 % wichtig) der befragten KMU die ethischen Gründe heraus. Als Ziele stehen die Übernahme von Verantwortung für *Mitarbeiter* (95 %) und die *Sicherung von Arbeitsplätzen* (87 %) an der Spitze. Zusammenfassend ergibt sich in der generellen Motivation und Zielstellung eine starke Fokussierung auf die Stakeholder-Gruppe der Mitarbeiter/innen in den KMU.

Das Hauptaugenmerk sämtlicher CSR-Aktivitäten und somit auch der CSR-Kommunikation in KMU liegt demnach, entgegen der ursprünglichen Annahme, weniger auf einer Ausrichtung nach außen, sondern vielmehr auf dem Unternehmen selbst. Verstärkt wird diese Erkenntnis durch die Nachfrage, wie das Engagement von KMU gegenüber den Mitarbeitern ausgestaltet wird. Die häufigste Nennung mit 81 Prozent waren Aus- und Weiterbildungsangebote. „Klassische" CSR-Themen wie Mitsprache-Regelungen (66 %), individuelle Arbeitszeitgestaltung (62 %), Chancengleichheit (47 %) und Vereinbarkeit von Familie und Beruf (44 %) folgten erst auf den weiteren Plätzen (Abbildung 5).

Abbildung 5   Engagement im Mitarbeiterbereich

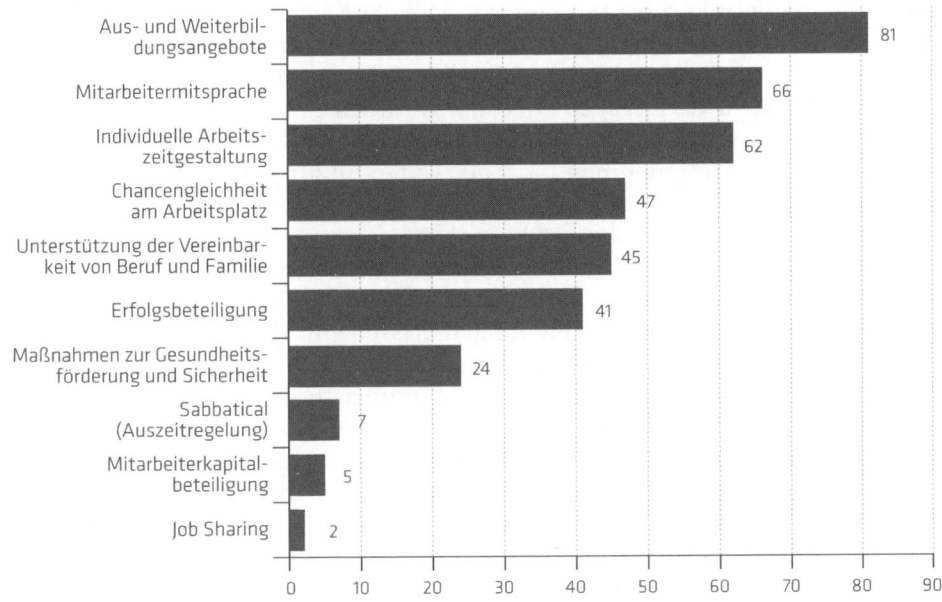

Engagement im Mitarbeiterbereich

3.3   *CSR in Bezug zur Organisationsstruktur*

Das Konzept Corporate Social Responsibility ist im Mittelstand bezüglich der Organisationsstruktur kaum verankert. Die Verantwortung und Koordination des

Engagements liegt häufig allein bei der Geschäftsleitung oder einer anderen engagierten Person im Unternehmen. So wird das CSR-Engagement zu etwa 92 Prozent von den Inhabern oder der Geschäftsführung selbst bzw. von einer anderen verantwortlichen Einzelperson (15 %) koordiniert und kommuniziert. Nur in 12 Prozent der Unternehmen ist die Leitung der Presse- und Öffentlichkeitsarbeit in das Thema involviert. Dieser Umstand bietet nicht gerade ideale Rahmenbedingungen für eine aktive CSR-Kommunikation gegenüber Kundinnen und Kunden, den Medien oder anderen externen Kommunikationspartnern.

Die CSR-Maßnahmen sind zumeist nicht am Kerngeschäft angelehnt, sondern spiegeln die persönlichen Vorstellungen und Interessen der jeweiligen Verantwortlichen wider. So spielt die persönliche Einstellung der verantwortlichen Person im Unternehmen und ihr persönliches Umfeld oft eine wichtige Rolle für das Engagement und dessen Ausrichtung. Die einzelnen Maßnahmen und Projekte der Unternehmen sind selten in ein übergreifendes Konzept eingebunden. Das Engagement erfolgt eher spontan und informell. Die Aktivitäten richten sich oft nach konkreten Anfragen von Unternehmen und sozialen Einrichtungen oder kommen durch soziale Netzwerke der betreffenden Verantwortlichen zustande. Eine strategische Ausrichtung gibt es meist nicht, so dass auch keine Anbindung an das Tagesgeschäft existiert, dem – entgegen der angegebenen Motivation „als guter Bürger" zu agieren – immer noch die zentrale Bedeutung im Handeln der KMU zugemessen wird. In der Folge bieten sich den Unternehmen auch kaum Kommunikationsanlässe, um über ihr CSR-Engagement zu berichten, geschweige denn, in die dialogische Kommunikation zur Stärkung ihres Engagements oder gar ihres Unternehmens einzutreten.

Diese Folgerung wird auch durch die Ergebnisse der Tiefeninterviews gestützt, innerhalb derer die Unternehmen nach der Unterstützung bei der Durchführung von CSR-Projekten im Unternehmen befragt wurden. Die Einordnung erfolgt auf einer Skala von „1" bis „5", wobei „1" keine Unterstützung im Unternehmen bedeutet, d. h. dass die Betreuung der Projekte neben dem Tagesgeschäft getätigt wird und die Intensität allein von der Eigeninitiative abhängt. Der Wert „3" steht für eine Unterstützung in Maßen – die Abteilungen wissen um das Engagement des Unternehmens, es gibt aber keine definierten Prozesse zur Umsetzung von Projekten. Der Wert „5" bedeutet eine optimale Unterstützung. In diesem Fall existieren für CSR-Projekte klare Zuordnungen von Verantwortung, Aktivitäten und Weisungsbefugnissen. Die Werte „2" und „4" stellen jeweils Abstufungen dar.

Jeder dritte Befragte (31 %) in den KMU erhielt bei der Betreuung der Projekte keinerlei Unterstützung. Jeder fünfte Verantwortliche (20 %) sieht eine Unterstützung in Maßen gewährleistet. Nur 15 Prozent fühlen sich optimal unterstützt. Damit ordnen etwa 40 Prozent der KMU die Unterstützung im Unternehmen auf der 5er Skala im Bereich zwischen „3" und „5" ein. Im Gegensatz dazu befinden sich bei den Großunternehmen alle befragten Unternehmen in diesem Bereich, über drei Viertel sogar im Bereich „4" bis „5", also weitgehend optimal unterstützt.

Mit 44 Prozent kommunizierte ein gravierender Teil der Befragten im Kontext der eigenen CSR-Aktivitäten überhaupt nicht. Kommunikationsmittel wurden nur zum Teil eingesetzt, die Ausrichtung der Kommunikation auf Zielgruppen außerhalb des Unternehmens erfolgte unspezifisch und in den wenigsten Fällen strategisch. Weder imagebildend noch im Kontext der eigenen Unternehmenskommunikation zu betrieblichen Themen werden ausreichend Kommunikationsmaßnahmen umgesetzt. Es fehlen Strukturen, um eine zielgerichtete CSR-Kommunikation innerhalb des Unternehmens und mit externen Stakeholdern zu ermöglichen.

Dialogische Ansätze in der CSR-Kommunikation von KMU, um Ziele wie zum Beispiel eine Vernetzung mit dem Unternehmensumfeld zu erreichen, von Organisationen, Kunden, Mitarbeitern oder anderen Unternehmen zu lernen oder Veränderungen in Gesellschaft und Unternehmen zu initiieren, waren nicht messbar oder wurden unter anderen informellen Wegen realisiert, die nicht in der Studie an die Oberfläche gebracht werden konnten.

4   Pilotprojekt „CSR in Berliner KMU"

Aufbauend auf den Ergebnissen der Befragung wurde das Pilotprojekt initiiert, in das zehn Berliner KMU eingebunden wurden. Auf Grund bestehender Besonderheiten für CSR bei KMU, wie etwa Unkenntnis der Konzepts oder unterschiedliche Stakeholderbezüge im Vergleich zu Großunternehmen, wurde das Projekt gezielt auf die Bedürfnisse von KMU angepasst. Das Pilotprojekt „CSR in Berliner KMU" begleitete über den Zeitraum von zwei Jahren beratend das CSR Engagement der Unternehmen. Die vorausgegangene Studie wurde im November 2007 veröffentlicht. Das Pilotprojekt startete im Januar 2008 und endete im Februar 2010. Im Folgenden werden die Inhalte und Zielsetzung, die teilnehmenden Unternehmen und die Umsetzung des Projekts vorgestellt. Ein Bericht über die Erfahrungen aus dem Pilotprojekt „CSR in Berliner KMU" soll das Kapitel abschließen.

4.1   Inhalte und Zielstellung

Mit den Erfahrungen aus der vorausgegangenen Studie wurde es zunächst als wichtig erachtet, Unternehmen breiter über die Möglichkeiten und das Konzept von CSR zu informieren und den konkreten Nutzen sowie die Umsetzungsmöglichkeiten aufzuzeigen. Die Aufgabe der Projektleitung und der fünf beteiligten Berater bestand darin kleine und mittelständische Berliner Unternehmen bei der Entwicklung einer CSR-Strategie zu qualifizieren, zu beraten und zu begleiten.

Ein weiteres Ziel war zudem die KMU im Themenbereich besser zu vernetzen, den Erfahrungsaustausch und CSR-Projekte in Berlin zu fördern.

4.2   Teilnehmende Unternehmen

An dem zweijährigen Projekt nahmen zehn Unternehmen teil. Die Unternehmen sind – gemessen an der Mitarbeiterzahl – von sehr unterschiedlicher Größe: von unter 5 bis über 150 Mitarbeitern. Fünf der Unternehmen beschäftigen zwischen 5 und 50 Mitarbeiter. Was die Branchenzugehörigkeit betrifft, lässt sich der Großteil (8 von 10 Unternehmen) dem Dienstleistungssektor zuordnen (Tourismus, Finanzberatung, Marktforschung, Public Relations etc.). Jeweils ein Unternehmen ist im verarbeitenden Gewerbe und im Baugewerbe tätig. Drei Unternehmen mussten das Projekt zur Halbzeit wegen der Wirtschaftskrise beenden. Dafür rückten zwei Unternehmen nach, so dass das Projekt mit neun Unternehmen beendet wurde.

4.3   Umsetzung: Lern und Kommunikationsmöglichkeiten

Wie bei den Inhalten und Zielen verdeutlicht, beinhalteten die Angebote für die Unternehmen in dem Pilotprojekt vor allem Lern- und Kommunikationsmöglichkeiten. Die Leistungen umfassten im Einzelnen:

- Beratung von 10 Berliner KMU zur Entwicklung und Umsetzung einer CSR-Strategie
- E-Learning-Module
- Workshops
- Vernetzung und Austausch zu CSR-Aktivitäten
- Einbeziehung von Großunternehmen
- Bundesweite Fachtagung zum Projektende
- Praxishandbuch

Zudem wurde eine Balanced Scorecard für KMU im Rahmen des Projekts entwickelt und den Unternehmen zur Verfügung gestellt. Als Beispiel zur inhaltlichen Ausgestaltung werden die Webseite zum Projekt sowie als Teil davon die Online-Lernplattform des Pilotprojekts kurz vorgestellt.

Die Webseite zum Projekt www.tuev-csr.de (Abbildung 6) diente zum einen der Bereitstellung aller relevanten Informationen zum Projekt, zum anderen aber auch als Kontaktstelle für Unternehmen aus Berlin und bundesweit, die an der Thematik Interesse haben. Die Inhalte umfassen als Kernstück das eigens entwickelte CSR Online Training, aber auch News und Newsletter zum Projekt und zu weiteren CSR-relevanten Themen sowie eine Projekt- und Unternehmensdatenbank, die die Best-Practice Beispiele der aktiven Unternehmen nach einem festen Raster vorstellt.

In der dem Projekt zugrunde liegenden Studie (Bader, Bauerfeind & Giese 2007) wurde bei KMUs mangelnde Kenntnis des CSR-Konzepts und seiner Umsetzung festgestellt. Als Reaktion darauf wurde für das Pilotprojekt eine E-Learning Plattform „CSR Online Training" geschaffen. Diese diente dazu *erstens* den Einstieg in das Thema Corporate Social Responsibility (CSR) für KMU zu ermöglichen, *zweitens* umfassendes Grundlagenwissen zu vermitteln, und *drittens* unterschiedliche CSR-Aspekte und die Möglichkeiten im eigenen Unternehmen vorzustellen. Das CSR-Online-Training besteht aus 5 Modulen, wobei jedes der Module Informationseinheiten und fakultative Testmöglichkeiten enthält (Abbildung 7).

Abbildung 6   Internetseite des Pilotprojekts „CSR in Berliner KMU" (Startseite)

4.4   Ergebnisse des Pilotprojekts

Alle Unternehmen haben für sich eine grundlegende Orientierungsphase mit einer vorläufigen Definitions- und Bedeutungsfindung für CSR vollzogen, die seither durch praktische Erfahrungen weiter verfeinert wird. Das zweijährige Pilotprojekt wurde auch durch die Wirtschaftskrise Ende 2008 geprägt, die in der Mitte des Pilotprojektes zum Teil auch die teilnehmenden Unternehmen betraf, so dass Unternehmen ihre Aktivitäten unterbrechen mussten oder ganz ausschieden. Die Relevanz von CSR wurde durch Einflüsse des Tagesgeschäftes immer wieder verändert. Die Erkenntnis, vor dem Hintergrund der Krise Veränderungsprozesse in den Unternehmen auszulösen, führte dann aber wieder dazu die begonnene Reflektion des Unternehmens unter der CSR-Perspektive zu nutzen und in die strategische und operative Handlungsebene einzubeziehen. Unter der strategischen Perspektive wurden Leitbilder unter dem CSR-Aspekt überprüft, verändert und zum Teil neu aufgestellt, um den Unternehmen und ihren Mitarbeitern eine Orientierung über das angestrebte Handeln zu ermöglichen.

Wie bei den Unternehmen in der Studie zuvor beobachtet, haben alle Unternehmen des Pilotprojektes die Anspruchsgruppe der Mitarbeiter in ihre CSR-Aktivitäten einbezogen. Die Bandbreite der Ergebnisse reichte von der Durchführung von Werte-Workshops, über Befragungen zur möglichen Integration von CSR in die einzelnen Arbeitsbereiche bis hin zur Ideenfindung und Abstimmung über Ausrichtung und konkreten Implementierung des gewünschten Engagements. Die produzierenden Unternehmen und die beiden beteiligten Unternehmen mit dem Schwerpunkt Transport untersuchten ebenfalls die sich ihnen bietenden Möglichkeiten zur Gestaltung ihres Umweltengagements. So entschloss sich die Reederei Riedel GmbH zum Einbau neuartiger Rußpartikelfilter auf zwei Fahrgastschiffen mit Kosten von ca. 50.000 EUR je Schiff. Die Dienstleistungsunternehmen wie die trendence Institut GmbH und die berolina elektronik GmbH wurden zudem bei der Stakeholdergruppe der Zulieferbetriebe aktiv und verstärkten die Gestaltung ihrer Beziehungen zu Kunden und Geschäftspartnern unter dem CSR-Aspekt im Sinne eines dialogischen voneinander Lernens. Neben den oben genannten Ergebnissen und Ansätzen nahmen sich zwei Unternehmen die Erstellung eines Nachhaltigkeitsberichtes für die Zukunft vor.

Auf der abschließenden Tagung wurden die Erfahrungen und Ergebnisse der teilnehmenden Unternehmen in Workshops zu den Themen mit den Tagungsteilnehmern diskutiert. Eine Zusammenfassung der Ergebnisse wird zusätzlich in einer noch in der Erstellung befindlichen Projektdokumentation veröffentlicht.

5   Fazit

Sowohl Studie als auch Pilotprojekt zeigen: CSR-Kommunikation ist ein Prozess, der im Unternehmen mit dem Vertrauen der Geschäftsführung in die Mitarbeiter und der Definition gemeinsamer Werte zunächst in Gang gesetzt und durch eine intensive interne Kommunikation initiiert und begleitet werden muss. Gerade bei KMU muss dabei zunächst Verständnis und Offenheit für das Konzept der gesellschaftlichen Verantwortung vermittelt werden. Die dabei auftretende Frage, ob KMU überhaupt CSR benötigen, stellt sich kaum mehr. Die gesellschaftlichen Erwartungen hinsichtlich gesellschaftlicher Verantwortungsübernahme, die zunächst gegenüber Großunternehmen gestellt wurden, färben mittlerweile auch auf KMU ab, wobei als Besonderheit die Anforderungen von Großunternehmen an KMU (z. B. im Rahmen des Supply Chain Management) zu nennen sind. Dadurch werden die gesellschaftlichen Erwartungen gegenüber (multinationalen) Großunternehmen an die Zulieferbetreibe, meist KMU, weitergegeben, die ihrerseits mit CSR-Maßnahmen darauf reagieren müssen. Auch die Förderung der Studie und des Pilotprojekts zeigt ein gesellschaftliches beziehungsweise politisches Interesse am CSR-Engagement von KMU.

In der Umsetzung und Implementierung bedeutet CSR in den KMU vor allem ein Neu-Denken von Abläufen und Verantwortlichkeiten und eine Offenheit für einen Wandel des Unternehmens. Die teilnehmenden Unternehmen des Pilotprojektes „CSR in Berliner KMU" haben den Weg zur Integration von CSR in ihr Unternehmen begonnen, indem sie Maßnahmen umsetzen und diese kommunizieren. Die Übernahme gesellschaftlicher Verantwortung kann Wettbewerbsvorteile für KMU schaffen, wenn das Neu-Denken zu einer Manifestierung im Unternehmen und zu konkreten Handlungen führt, die von Kunden, Politikern oder Geschäftspartnern positiv erlebt werden. Der Beweis eines positiven Effektes durch externe CSR-Kommunikation ist dabei gleichwohl noch zu erbringen.

Die Studie konnte damit einen umfassenden Überblick über das CSR-Verständnis bei KMU geben, auf Chancen und Bedingungen erfolgreicher CSR-Kommunikation sowie die Spezifika von KMUs hinweisen. Zukünftige Forschung muss sich jedoch insbesondere der Frage widmen, unter welchen Bedingungen CSR-Kommunikation von KMU tatsächlich zu einem Wettbewerbsvorteil und zu einer erfolgreichen Geschäftsstrategie beitragen kann.

Abbildung 7   E-Learning Plattform „CSR Online Training" im Rahmen des Pilotprojekts „CSR in Berliner KMU"

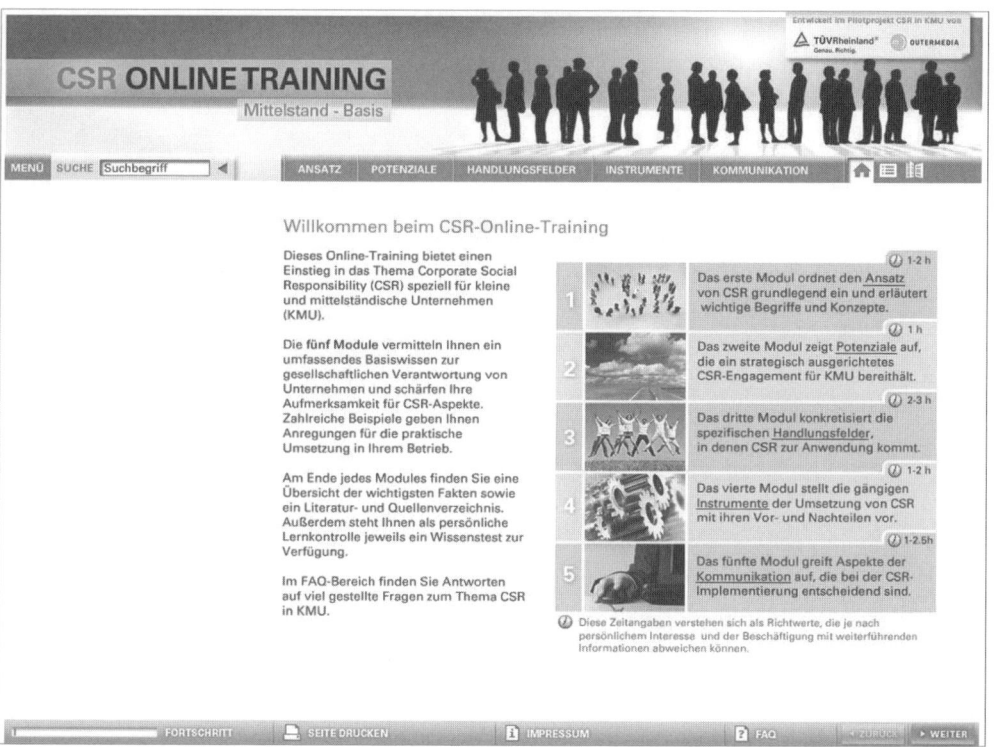

Literatur

Angermüller, A., & Schwerk, A. (2004). *CSR in deutschen Unternehmen: Eine explorative Studie zur kommunizierten Bedeutung von CSR in den umsatzstärksten deutschen Unternehmen.* URL: http://www2. wiwi.hu-berlin.de/institute/im/csr/html/deutsch/forschung/CSR_Kommunikation.pdf. Zugriff am 25.05.2010.

Bader, N., Bauerfeind, R., & Giese, C. (2007). *Corporate Social Responsibility (CSR) bei kleinen und mittleren Unternehmen. Eine Studie der TÜV Rheinland Bildung und Consulting GmbH in Kooperation mit der outermedia GmbH.* URL: http://www.outermedia.de/view/files/Studie_CSR_Berlin.pdf. Zugriff am 16.06.2010.

Elkington, J. (1997). *Cannibals with Forks: The Triple Bottom Line of 21st Century Business.* Oxford: Capstone.

Europäische Kommission (2001). *Europäische Rahmenbedingungen für die soziale Verantwortung der Unternehmen.* Grünbuch. URL: http://ec.europa.eu/employment_ social/publications/2001/ke3701590_ de.pdf. Zugriff am 20.08.2008

Fieseler, C. (2008). *Die Kommunikation von Nachhaltigkeit. Gesellschaftliche Verantwortung als Inhalt der Kapitalmarktkommunikation.* Wiesbaden: VS Verlag.

Karmasin, M., & Weder, F. (2008): *Organisationskommunikation und CSR: Neue Herausforderungen an Kommunikationsmanagement und PR.* Berlin & Wien: LIT Verlag.

Münstermann, M. (2007). *Corporate Social Responsibility. Ausgestaltung und Steuerung von CSR-Aktivitäten.* Wiesbaden: Gabler.

Zwischen Struktur und Akteur: Organisationssoziologische und -theoretische Perspektiven auf Corporate Social Responsibility

Friederike Schultz und Stefan Wehmeier

Die Konjunktur, welche Corporate Social Responsibility (CSR) im Wirtschaftssystem und als Gegenstand gesellschaftlicher Diskurse seit einigen Jahren erlebt, wirft unter anderem Fragen nach den Gründen und Mechanismen der Institutionalisierung von CSR, den Bedeutungen des Konzeptes für verschiedene Akteure sowie damit verbundenen Implikationen (Legitimität u. a.) auf. Insbesondere die Organisationssoziologie und Organisationstheorie vermögen hierauf Antworten zu geben. Während rein wirtschaftswissenschaftliche Perspektiven CSR häufig als strategisches Instrument und Geschäftsszenario thematisieren (u. a. McWilliams & Siegel 2001)[1] und normativ-ethische Perspektiven es beispielsweise vor dem Hintergrund von Normensystemen evaluieren, sind organisationswissenschaftliche Perspektiven primär darum bemüht, diese Wirkzusammenhänge zu beschreiben und analytisch zu reflektieren. Im Vordergrund organisationssoziologischer und damit eng verbundener organisationstheoretischer Studien steht die Frage nach den Wechselwirkungen zwischen Organisationen (der Politik, der Wirtschaft, etc.), der Gesellschaft und den Menschen (Akteure, Individuen, Gruppen) (Endruweit 2004). Oftmals werden die Verbreitung bestimmter Praxen, die daran beteiligten Sinnstiftungsprozesse, Bedeutungssysteme und Spannungsfelder beleuchtet, innerhalb derer sich die Dynamiken und Implikationen von Konzepten wie CSR und damit verbundene Kommunikationen verorten lassen. Thematisiert werden beispielsweise die institutionellen und teils konfligierenden Bedingungen, in denen Unternehmen agieren (Schimank 2005; Bovens 1998; Lammers 2003; Beschorner 2004), sowie Prozesse der individuellen Rezeption und kommunikativen Aushandlung von Wirklichkeiten auf der Mikroebene.

Der Weg zur Beschreibung dieser allgemeinen Zusammenhänge ist, wie Überblicksarbeiten darlegen (u. a. Westwood & Clegg 2003; Endruweit 2004), seit der Entstehung organisationssoziologischer Studien ausgesprochen heterogen. Die Organisationssoziologie steht in der Tradition der Betriebssoziologie und Human-Relations-Forschung, wie sie sich zu Beginn des 20. Jahrhunderts entwickelte. Zentrale Impulse kommen daher aus der Soziologie, der Betriebswirtschafts- und Managementlehre, der Organisationspsychologie, der in den USA entstandenen „Organizational Behaviour"-Forschung sowie der Verwaltungswissenschaft. Sowohl

---

1   Zur Umstrittenheit des „Business Case" vgl. Etter & Fieseler in diesem Band.

der internationale organisationssoziologische Diskurs als auch der deutschsprachige organisationstheoretische Diskurs sind sehr stark mit managementwissen-
schaftlichen Fragestellungen (Prozess des Organisierens) verknüpft, worauf die Titel
der einschlägigen internationalen Fachzeitschriften (Organization, Organisation
Studies, Academy of Management Review, Academy of Management Journal und
Administrative Science Quarterly; vgl. Preisendörfer 2008) ebenso verweisen wie
die Vielzahl der deutschsprachigen organisationstheoretischen Veröffentlichungen
(vgl. u. a. Kieser & Ebers 2006; Türk 2000; Ortmann, Sydow & Türk 2000; Weik &
Lang 2005). Wie kaum eine andere Soziologie ist die Organisationssoziologie zudem
eng mit den Gedankengebäuden führender Gesellschaftstheoretiker verbunden
(etwa Parsons, Coleman, Giddens, Weber und Luhmann), so dass recht häufig in
Organisationstheorien auch das Verhältnis von Organisation, Gesellschaft und Individuum zumindest implizit reflektiert wird (Preisendörfer 2008; Kühl 2003).

   Aus der Heterogenität der Organisationsforschung resultieren zum einen verschiedene *Konzeptionen von Organisationen*, innerhalb derer auch CSR einzuordnen ist. Ausmachen lassen sich hier unter anderem zwei sich diametral gegenüber
stehende Pole: ein rationaler und ein normativer (vgl. u. a. und teils mit verschiedenen Bezeichnungen Scott 1986; Kieser & Ebers 2006; Preisendörfer 2008; vgl. Westwood & Clegg 2003). Beiden Polen liegen verschiedene Vorstellungen beispielsweise
vom Menschen (homo oeconomicus vs. homo socialis), von Mechanismen und Maßnahmen der Kontrolle (rationale vs. normative Führung) sowie von Organisationen
(rationale Systeme vs. normativ-integrierte oder „natürliche" Gebilde) zugrunde.
Ersterem lassen sich unter anderem die frühe wissenschaftliche Betriebsführung
(Scientific Management) und der Bürokratieansatz Max Webers zurechnen; letzte-
rem beispielsweise Ansätze der Organisationskultur. Erweitert wurden diese Perspektiven vor allem durch Konzeptionen von Organisationen als offenen Systemen
(Mayntz 1963), wie sie auch der Neo-Institutionalismus vertritt (Scott 2008; Preisendörfer 2008). Zugleich finden sich in der Organisationssoziologie und -theorie verschiedene *Erklärungsperspektiven* für das Verhältnis von Organisation, Gesellschaft
und Individuum, für Prozesse der Institutionalisierung, organisationale Dynamiken und Implikationen. Strukturalistisch argumentierende Ansätze stellen beispielsweise die Strukturen und Praxen sozialer Prozesse, welche auf den Menschen
wirken, in den Vordergrund ihrer Analyse. Gesellschaften und Organisationen
sind in dieser Sicht beispielsweise durch Normen integriert. Interpretative Ansätze hingegen thematisieren stärker die Ebene der Bedeutungen und individuellen
Wirklichkeitserzeugung.

   Der Heterogenität des organisationssoziologischen und -theoretischen Diskurses entsprechend lassen sich plurale Perspektiven auf und Verständnisse von CSR
ausmachen, denen der vorliegende Beitrag gerecht werden möchte. Zur Beschreibung der Gründe und Mechanismen der Institutionalisierung von CSR, der Bedeu-
tungsdimensionen und damit verbundenen Implikationen werden daher zunächst
organisationssoziologische Erklärungsperspektiven vorgestellt und auf CSR angewendet, die ihren Ausgang auf der Makro- und Mikroebene nehmen. Dem primär
makroperspektivisch argumentierenden Theoriegebäude des Neoinstitutionalis-

mus (vgl. u. a. Meyer & Rowan 1977) wird vor allem die mikrotheoretisch ausgerichtete, interpretative Perspektive gegenüber gestellt (vgl. u. a. Czarniawska 2008), welche die Prozesse der Bedeutungsaushandlung stärker reflektiert. Anschließend wird auf organisationstheoretische Perspektiven der Mesoebene eingegangen, welche die Organisationen (Meso-Ebene) in den Vordergrund rücken (Organisationskultur, Selbstorganisation) und ebenfalls stärker den Aspekt der Struktur oder des Akteurs betonen. Da Kommunikation in organisationssoziologischen Perspektiven nur selten explizit, oftmals aber implizit eine Rolle spielt, wird abschließend ein Schlaglicht auf die in der Kommunikationswissenschaft zu verortende Organisationskommunikationsforschung (vgl. u. a. Theis-Berglmair 2003) geworfen, welche Organisationskommunikation als Kommunikation von, in und über Organisationen versteht. Aufbauend darauf wird knapp auf sich daraus ergebende zukünftige Forschungsfelder hingewiesen. Die Auswahl der in diesem Beitrag vorgestellten und diskutierten Ansätze orientiert sich somit einerseits an der jüngeren organisationswissenschaftlichen Debatte und anderseits an der Anschlussfähigkeit an Perspektiven der Organisationskommunikation.

1   Organisation zwischen Individuum und Gesellschaft: CSR im Spannungsfeld von Legitimation und Interpretation

Zur Erklärung von Institutionalisierungsprozessen von CSR werden im Folgenden nun jene organisationssoziologischen und -theoretischen Ansätze herangezogen, welche die vielfältigen, für Organisationen, deren Legitimation und Handeln konstitutiven Makro- und Mikroprozesse thematisieren. Zunächst wird das heterogene Theoriegebäude des Neo-Institutionalismus skizziert, welches sich in den 1970er Jahren in Abgrenzung zum rationalen Konzept des Rational-Choice-Institutionalismus und dem Menschenbild des homo oeconomicus sowie zu zweckrationalen Sichtweisen auf Organisationen entwickelte und den Aspekt der Legitimation herausstellt. Im Anschluss daran werden weniger strukturbetonende, sondern stärker akteursbezogene, interpretative Ansätze beleuchtet.

1.1   CSR als Adaptionsereignis mit Entkopplungseffekt: Neo-institutionalistische Makroperspektive

Im Zentrum des Neo-Institutionalismus steht die Frage nach dem Zusammenspiel der organisationalen Handlungen, Umwelterwartungen und Legitimationen von Organisationen sowie nach deren Integration in die Gesellschaft. Vor allem frühe neo-institutionalistische Theorien argumentieren, dass Institutionen der Umwelt das „Verhalten" von Organisationen formen und Isomorphismus und Konformität durch symbolische Aktivitäten generieren (DiMaggio & Powell 1983; Meyer & Rowan 1977). Um sich zu legitimieren und ihren Handlungsspielraum erhalten zu können müssen Unternehmen insbesondere in Phasen der Unsicherheit isomorphistisch, d. h. als eine Art Anpassungshandeln auf an sie gestellte Erwartungen reagieren: Indem sie gegenüber kollektiv sinnstiftenden Institutionen wie Regeln, Routinen und Normen aus ihrer Umwelt, die wiederum die Funktion von sozial konstruierten, „rationalen Mythen" übernehmen, Konformität signalisieren (Meyer & Rowan 1977; Dowling & Pfeffer 1975; Campbell 2004). Sie übernehmen dabei Praxen, „[...] they believe their institutional environment deems appropriate or legitimate regardless of whether these practices increase organizational efficiency or otherwise reduce costs relative to benefits" (Campbell 2004: 18). Mythen kennzeichnen sich wiederum dadurch, dass sie weitgehend akzeptiert sind und selten hinterfragt werden, und insofern effektiv, nicht aber zwangsläufig auch effizient sind. Regeln oder rationale Mythen wie jene der Messbarkeit, der Effizienz oder der Verantwortung sind jedoch inhaltlich häufig divergierende Konstruktionen, denen Organisationen nicht allen gleichzeitig und in gleichem Maße folgen können (Brunsson 1985, 2002). Zudem ist das Handeln von Organisationen nicht nur durch die Umwelt beeinflusst, sondern auch durch Beziehungen, Praktiken und interne Logiken, die nach Effizienz verlangen (Meyer & Rowan 1977). Organisationen führen daher auf materieller Ebene Praktiken ein, die gegen die externen Einflüsse weitgehend resistent sind und gleichzeitig Effizienzmechanismen internalisieren. Aufgrund dieser Doppelstruktur und daraus resultierenden Konflikten zwischen dem erwarteten regelkonformen Verhalten und der notwendigen Effizienz, greifen Organisationen nach Meyer und Rowan auf die Strategien des „decoupling" und „trust building" zurück, um ihre Kernaktivitäten durch Legitimitätsfassaden symbolisch abzuschirmen (Meyer & Rowan 1977: 356). Das bedeutet, dass es zwischen symbolischer und praktischer Ebene zu einer Entkopplung kommt: Organisationen symbolisieren mit der Einführung und Institutionalisierung neuer Konzepte Konformität zum Mythos, um Vertrauen und Legitimität herzustellen, wobei ihre tatsächlichen Praxen an der internen Organisationslogik (Effizienz) ausgerichtet bleiben oder eine entsprechende Umsetzung von Standards gar unterbleibt (Korruption) (u. a. Hiß 2006; Hafner 2007). Aus neo-institutionalistischer Sicht lassen sich somit alle kommunikativen Maßnahmen und auch Management- und Organisationskommunikationskonzepte selbst als Rationalisierungsstrategien und somit auch als symbolische Praxen begreifen, die neben ihren ökonomischen Funktionen zur Anpassung an die Umwelt und Erhaltung der Legitimität gegenüber dieser dienen sollen. Intern gestalten sich damit verbundene Praxen zumeist vollkommen konträr: Sie sind nicht mit einem unmittelbaren ökonomischen Effekt oder einer solchen Funktion verbunden, sondern dienen lediglich der Signalisierung von Konformität.

Im Kontext von CSR können mit der organisationssoziologischen Perspektive des Neo-Institutionalismus Rückschlüsse auf die Institutionalisierung von CSR gezogen werden (vgl. u. a. Hiß 2006; Campbell 2007; Wehmeier & Röttger 2010). Basierend auf einer Rekombination der von DiMaggio und Powell (1983) sowie Scott (2008) eingeführten vier Institutionalisierungswege (mimetisch, regulativ, normativ, kognitiv) mit jenen acht Bedingungen Campbells (2007) lassen sich vier solcher institutionellen Bedingungen bzw. Treiber für CSR ausmachen und ausdeuten (vgl. Schultz & Wehmeier 2010) – mimetische (ökonomischer Wettbewerb), regulative (regulative Normen), normative (professionelle Normen) und kognitive (moralischer, öffentlicher Druck): Unternehmen institutionalisieren CSR danach zum einen vor dem Hintergrund *turbulenter Wettbewerbsumwelten*, in denen die Intransparenz von Erfolgsfaktoren eine Nachahmung von Innovatoren begünstigt, die CSR als Differenzierungsmerkmal oder als gelebte Unternehmensphilosophie einführten (Campbell 2007). CSR wird zweitens trotz des „freiwilligen" Charakters auch aufgrund (drohender) *regulativer Maßnahmen* durch die Politik institutionalisiert, die wie die Europäische Kommission großes Interesse daran hegt, über CSR soziale Kohärenz und ökonomisches Wachstum zu fördern. Auch dient CSR partiell im internationalen Handlungsbereich als Surrogat für Bereiche, in denen staatliche Zuständigkeiten nicht greifen. Drittens wird die Institutionalisierung auch durch die allgemeine *Professionalisierung* durch Beratungsakteure und die Wissenschaft gefördert, welche beispielsweise mit der Entwicklung von Standards und der Evaluation von Instrumenten Rationalisierungsarbeit leisten. Schließlich wird CSR viertens aufgrund des *öffentlichen Drucks* und *moralisierender Kommunikationen* durch Protestakteure und Medien institutionalisiert, welche die Legitimität von Organisationen als „Ganze", deren Identität grundlegend in Frage stellen.

Abbildung   Wege der Institutionalisierung von CSR, in Anlehnung an Schultz & Wehmeier 2010

Treiber	Institutionalisierung aufgrund von …:
1. Wettbewerb (mimetisch)	Existenz unübersichtlicher Märkte: CSR wird von einzelnen Unternehmen eingeführt und durch andere imitiert, ohne ausgewiesene Effizienz der Strategie.
2. Regulative Normen (regulativ)	Existenz von Gesetzen, Richtlinien oder drohender Regulierung: z. B. Naturschutz, Mitarbeiterrechte, Arbeitssicherheit
3. Professionelle Normen (normativ)	Existenz von Standards: Als Mitglied großer Organisationen mit Mitgliedschaftsregeln, aber auch durch Beratungsakteure und Wissenschaft implementieren Unternehmen Standards
4. Öffentlicher Druck (kognitiv)	Existenz moralisierender Kommunikation: Unternehmenskritische Akteure (z. B. NGO`s) und Kritik in den Massenmedien üben moralischen Druck auf Unternehmen aus

1.2   Die CSR-Mythenspirale: Übergänge von der Struktur zum Akteur

Im Vordergrund der durchaus heterogenen, neo-institutionalistischen Perspektive, die mit ihrer Idee der gesellschaftlichen Integration und des Anpassungshandelns stärker die Makroebene in den Blick nimmt, stehen Strukturen, Praxen und Institutionen. Die Rolle und das Verhältnis von Bedeutungen und Kommunikationen der Akteure als konstitutives Moment der Gesellschaft wird darin jedoch weitgehend ausgeblendet (zur Kritik vgl. auch Sahlin-Andersson 1996; Zilber 2002, 2006; Maitlis 2005): Offen bleibt, wie das Entstehen der Mythen zu erklären ist. Zugrunde liegen die Annahmen des regelgetreuen Handelns und der „Diffusion" als quasi-automatischer Prozess, und somit implizit ein weitgehend einfaches Kommunikationsmodell. Kommunikation lässt sich in dieser Perspektive mehr als Übertragung oder Transport von Bedeutungen denken, weniger jedoch als Prozess der Interpretation und Sinnstiftung. Der Rekurs auf rationale Mythen erscheint vor allem in früheren Theoretisierungen des Neo-Institutionalismus als zwangsläufiger statt als intentionaler und somit kontingenter (vgl. auch Suchman 1995; Scott 2008; Weber & Glynn 2006). Der frühe Neo-Institutionalismus zeichnet somit ein in Teilen übersozialisiertes Bild von Organisationen.

Seit Ende der 1970er Jahre haben sich daher eine Reihe von Ansätzen und Theorien herauskristallisiert, welche um eine stärkere Berücksichtigung der Bedeutungen und Handlungen als Mikro-Prozesse bemüht sind: Beide Sichtweisen (Makro- und Mikro) werden danach, obwohl sie diametrale Ausgangspunkte wählen, nicht mehr als grundlegend inkompatibel angesehen, sondern als „ripe with intriguing connections" (Weber & Glynn 2006: 1640). Prominente soziologische Integrationsversuche stellen unter anderem die Theorie der Strukturierung von Giddens (1984) sowie im deutschsprachigen Raum die Arbeiten Schimanks dar (u. a. 2002). An letztere knüpft auch die kommunikationswissenschaftliche Organisationsforschung mit ihrer Verortung von Öffentlichkeit zwischen Akteur und System an (Raupp 1999).

Die aktivere Rolle von Handelnden im Umgang mit Mythen und die Aspekte der Erwartungen und Prognosen hat in organisationssoziologischer Perspektive beispielsweise Deutschmann (1997) in seiner Idee der *Mythenspirale* artikuliert und damit ein zentrales Defizit des damaligen Neo-Institutionalismus überwunden: Mythen existieren nicht einfach als feststehende, selten hinterfragte Konstrukte, sondern sind Ergebnis sozialer Deutungs- und Konstruktionsprozesse. Der Glaube an die Wirkungsmacht von Mythen beispielsweise in Bezug auf Effektivität allein reicht aus, damit sich diese verfestigen und die Wirklichkeit dahingehend verändern, dass Mythen ex post erfüllt werden. „Die soziale Resonanz, die Leitbilder in Mythen verwandelt (oder auch nicht), entwickelt sich nach dem Muster der ‚self-fulfilling prophecy'; sie ist ‚autopoetischer' Natur im Sinne Luhmanns. Mythen erzeugen, wenn sie erfolgreich sind, ihre eigene Wirklichkeit, indem sie die für das innovative Projekt erforderlichen Investitionen und Ressourcen mobilisieren" (Deutschmann 2002: 82). Aufbauend auf Deutschmann weist Hiß (2006) darauf hin, dass Erwartungen und Prognosen sowie damit verbundene Sich-selbst-erfüllende Prophezeiungen die Genese, Verbreitung, Institutionalisierung und Krise von Mythen zu CSR (CSR-Mythen) mit ihren gesellschaftlichen Konstruktionsprozessen beeinflussen können.

Auch aktuellere organisationswissenschaftliche Studien, die zum Teil im Bereich des „institutional entrepreneurship" zu verorten sind, haben die Aspekte des Handelns, der Interessen und der Macht, des Diskurses (u. a. Suddaby & Greenwood 2005) und Zusammenspieles von Handlungen, Bedeutungen und Akteuren in Bezug auf den Institutionalismus in den Vordergrund gerückt (Zilber 2002, 2006) und damit einen Schritt in die Richtung der Akteure und interpretativer Perspektiven auf soziale Prozesse gemacht. Auch das stärker auf organisationale Managementpraxen bezogene, von Lawrence und Suddaby (2006) eingeführte Konzept des „Institutio-nal Work" rückt die intentionalen Handlungen von Individuen und Organisationen, die auf die Schaffung, Bearbeitung, Veränderung und Zerstörung von Institutionen abzielen, insbesondere in Prozessen des Wandels in den Vordergrund (2006: 215).

Die sich hier andeutende, stärker die symbolisch-interaktionistische Sichtwei-se verfolgende, interpretative Perspektive der Organisationssoziologie, welche am stärksten mit kommunikationswissenschaftlichen Sichtweisen vereinbar ist und das Verhältnis von Mensch, Organisation und Gesellschaft anders konzeptualisiert (vgl. Westwood & Clegg 2003), wird zur Abgrenzung nun näher ausgeführt.

1.3 CSR als bedeutungsoffene, symbolische Ressource: Interpretative Perspektiven

Die interpretative Sichtweise nimmt im Gegensatz zum Neo-Institutionalismus pri-mär die Mikroebene zum Ausgangspunkt ihrer Überlegungen. In ihrem Handeln zeigen Menschen durch die kommunikative Verwendung von Symbolen und basie-rend auf Interpretationen des Symbolischen an, welche Bedeutungen Dinge für sie haben. Sie handeln und kommunizieren basierend auf diesen Interpretationen, Si-tuationsdefinitionen, Erwartungs-Erwartungen und Prognosen über Bedeutungen und das Handeln anderer (Blumer 1986; vgl. Mead 1998). Bedeutungen sind somit nicht determiniert oder kontrolliert, sondern akteurspezifisches Ergebnis sozialer Interaktionen. Auch Institutionen sind danach Ergebnis von Sinnstiftungsprozes-sen. Prägnant hat diesen Aspekt der Bedeutungskonstruktion insbesondere der Sensemaking-Ansatz von Karl Weick (1993, 1995) formuliert und auf das Verhältnis von Organisationen und ihrer Umwelt angewandt. Nach Weick ist „the basic idea of sensemaking [...] that reality is an ongoing accomplishment that emerges from efforts to create order and make retrospective sense of what occurs" (1993: 635). Or-ganisationen organisieren dieser eher konstruktivistisch ausgerichteten Perspektive entsprechend ihre mehrdeutige Umwelt, indem sie diese mit Sinn belegen. Im Ge-gensatz zum Neo-Institutionalismus also, der Treiber und Strukturen der Umwelt als prägende Faktoren annimmt, sieht die interpretative Perspektive Institutionen als Ergebnis von „bottom-up" Sinnstiftungsprozessen (Weick 1995; Scott 2008).

Zwischen diesen Positionen vermittelnd lassen sich Institutionen als „dynamic equilibria that need to be continuously reaffirmed" (Weber & Glynn 2006: 1647) bezeichnen. Institutionen sind von Akteuren aller Art sozial erstellte Konstruk-tionen, die durch den gemeinsamen Glauben der Akteure an diese Institutionen handlungsleitend werden (Berger & Luckmann, 1969). Institutionen determinieren dabei Sinnstiftungsprozesse nicht wie feste Skripte (Weber & Glynn 2006). Vielmehr verändern sie sich durch die Anwendung der Akteure und durch ständige Interpre-tation im Kommunikationsprozess. Aus Organisationsperspektive finden in diesem Prozess nur Wirklichkeitskonstruktionen Berücksichtigung, die in der Logik der Organisation sinnhaft sind. Organisationen reduzieren Wirklichkeitskomplexität durch das Umformen von Mehrdeutigkeit in Eindeutigkeit, die nun Handlungen und Entscheidungen erlaubt.

Eine an dieser Perspektive orientierte, stärker mit Vorstellungen von Kommunikation vereinbare Metapher zur Erklärung institutioneller Prozesse stellt auch die explizit als Alternative zur „Diffusion"-Metapher eingeführte Idee der „Übersetzung" dar (Creed, Scully & Austin 2002; Czarniawska & Joerges 1996; Sahlin-Andersson 1996; Zilber 2006): „Whereas the ‚diffusion' metaphor comes from physics and connotes transmission to a given entity from one area to another, the ‚translation' metaphor comes from linguistics and connotes an interaction that involves negotiation between parties and reshaping what is finally [...] institutionalized" (Zilber 2006: 283). Akteure und auch Organisationen übernehmen danach Rhetoriken ihrer Umwelt und übersetzen diese intern entsprechend ihrer sozialen Wirklichkeitsvorstellung und Handlungslogiken. Kulturelle Schemata werden re-interpretiert, aber nicht rezitiert. Bedeutungsoffene Ideen werden zwar übersetzt, aber nicht identisch reproduziert (vgl. auch Callon 1986; Latour 1996).

Eine solche interpretative Sichtweise auf CSR (vgl. u. a. Shamir 2005: 232; Beaulieu & Pasquero 2002; Sahlin & Wedlin 2008) verdeutlicht, dass CSR weder als festes Instrument noch als Konzept mit einer festen Bedeutung verstanden werden kann, das von Unternehmen zur Herstellung von Legitimität und voraussehbarer Effekte eingesetzt werden kann. CSR stellt zunächst nur eine Art funktional einsetzbare, „symbolische Ressource" dar, die verschiedene Akteure (Politik, NGOs, Wirtschaft, etc.) im teils moralisierenden Diskurs vor dem Hintergrund ihrer Interpretationen, Situationsdefinitionen, Prognosen und Ziele und als Antwort auf die beobachteten externen Treiber (öffentlicher Druck durch NGOs, etc.) mobilisieren (vgl. Schultz & Wehmeier 2010): *Erstens* wird CSR als solche symbolische Ressource mit im Wettbewerb zueinander stehenden Bedeutungen gefüllt und funktional – wie bei Unternehmen im Sinne einer Vorwärtsverteidigung (Curbach 2009) – zur Durchsetzung organisationaler Wirklichkeitsdefinitionen und Ziele eingesetzt. CSR wird *zweitens* entsprechend der organisationalen Werte, Rollen, Handlungslogiken und Wirklichkeitskonstruktionen von Akteuren „übersetzt", wobei eine spezifische Version von CSR Teil der Organisation wird. Beobachten lässt sich nicht nur eine Moralisierung organisationaler Unternehmenskommunikationen. Sondern vielfach zeichnet sich auch eine interne Amoralisierung, eine funktionalistische Ausdeutung des Konzeptes entsprechend der Logiken wirtschaftlicher Akteure ab. Als symbolisch erstelltes, weitgehend offenes Bedeutungskonstrukt signalisiert CSR *drittens* auch nicht zwangsläufig Legitimität und fördert somit auch nicht automatisch eine Integration des Unternehmens in die Gesellschaft. Vielmehr kann CSR dann auch Delegitimationseffekte produzieren, wenn es beispielsweise als symbolisches Schutzschild und Versuch der Manipulation von Teilen der Öffentlichkeit gedeutet wird (Ashford & Gibbs 1990; Crane & Livesey 2003; detaillierter Schultz & Wehmeier 2010). Die interpretative Perspektive kann somit genutzt werden, um insbesondere Paradoxien, dysfunktionale und desintegrative Effekte kommunikativer Prozesse deutlich zu machen.

1.4 CSR als Identitäts- und Selbstbeschreibung von Organisation und Gesellschaft: Diskurs und Narrativität

Eine der interpretativen, sozial-konstruktivistischen nahe stehende, zugleich aber auch institutionalistische Elemente aufgreifende Sichtweise ist die im internationalen organisationssoziologischen Diskurs vielfach verwandte Diskurs- und Narrativitätsperspektive (Westwood & Clegg 2003). Auch sie geht stärker darauf ein, wie Mythen kommunikativ verwendet und somit konstruiert werden. Unter Diskurs wird dabei nicht ideale, rational-argumentative Kommunikation verstanden. Vielmehr wird davon ausgegangen, dass Menschen ihre Wirklichkeit im Rahmen eines narrativen Diskurses, d. h. durch Erzählungen verändern und erstellen (Bruner 1986, 1987; Straub 1998). Damit wird auch die Idee einer verbindlichen, letztbegründbaren und kohärenten Wirklichkeit zugunsten von Plausibilität und Viabilität eingetauscht. Durch Narrationen produzieren Menschen Bedeutungen erst (Polkinghorne 1988). Narrationen erlauben es, über die sinnhafte Auswahl, Vereinfachung und Verbindung von Elementen und Ereignissen in einer sequentiellen Ordnung Komplexität zu reduzieren und handhabbar zu machen (Hinchman & Hinchman 1997). Sie stellen somit einen funktionalen Rahmen für Handlungen, Kommunikationen und Begründungen dar. Da Menschen sich über Vorstellungen in ihrem Handeln orientieren, stellen Mythen auch Ausgangspunkt und Ergebnis von Narrationen dar. Indem Geschichten die Wahrnehmung der Welt begründen und damit auch Auffassungen darüber formen, was gut und böse, richtig und falsch ist (Gabriel, Fineman & Sims 2000), müssen sie an vorhandene, akzeptierte Wirklichkeiten anknüpfen (Baecker et al. 1992). Indem sie diese rearrangieren und als solche zum Ausgangspunkt des Handelns werden, leiten, legitimieren und schaffen sie auch (neue) Wirklichkeiten.

CSR wird insbesondere im internationalen Kontext zunehmend im Sinne der Diskurs- und Narrativitäts-Perspektive durchdacht. Diskursiv-narrative Analysen von CSR-Kommunikationen (Ocler 2009; Brown & Humphreys 2008) mit teils kritischer Ausrichtung (Boje & Khan 2009) verdeutlichen, dass Akteure wie Unternehmen vielfach Narrationen über gesellschaftliche Verantwortung entwickeln und diese in vorhandene Erzählungen integrieren. CSR-Erzählungen, mit denen Unternehmen in ihren Sinnstiftungen auf die Moralisierung gesellschaftlicher Wirklichkeit und Infragestellung organisationaler Identitäten reagieren, dienen so gesehen vor allem der Neubestimmung ihrer Identitäten und Wirklichkeitskonstruktionen (Wehmeier & Schultz 2010). Allgemein lässt sich dieser öffentliche und organisationale Diskurs über CSR als eine Art der gesellschaftlichen Narration verstehen. Vor dem Hintergrund allgemeiner technologischer und ökonomischer Prozesse der Globalisierung, Modernisierung und Rationalisierung sowie des sozialen Wandels werden Wirklichkeiten darin der Medienlogik entsprechend narrativ erschaffen und moralisiert sowie im Rahmen von normativen Erwartungen und Regeln durch eine Vielzahl gesellschaftlicher Akteure ausgehandelt. Organisationale und mediale Narrationen über CSR greifen dabei vielfach auf aktuelle oder frühere, optimistischere oder apokalyptischere Narrationen (bspw. Klimawandel, Umweltzerstörung, Kultur- oder Moralverfall in der Gesellschaft, Komplementarität von Moral und Gewinn) zurück. Sie dienen, ebenso wie vorherige Erzählungen, der Irritation bestehender gesellschaftlicher Wirklichkeitskonstruktionen sowie der zeitgleichen Invisibilisierung gesellschaftlicher Paradoxien. Statt nur von einem „Kampf der Mythen" (Hiß 2009), ließe sich hier von einem „Wettbewerb der Erzählungen" über gesellschaftliche Identität und darüber sprechen, was in der Gesellschaft als gut oder schlecht anzusehen ist. An die Narrativitätsperspektive anknüpfend wird in der internationalen Managementforschung auch die instrumentalistischer verstandene Idee des Erzählens von Geschichten oder „Storytelling" in Bezug auf Organisationen diskutiert. Storytelling wird häufig als Instrument zur Imagekonstruktion und Legitimation aufgefasst (Faust 2006; Frenzel, Müller & Sottong 2006) oder in dekonstruktivistischen Perspektiven verwandt, welche offizielle (funktionale) Stories als dominante Mechanismen der Wirklichkeitskonstruktion kritisch vor dem Hintergrund informeller Stimmen spiegeln (Boje 1995, 2006, 2007; Boje & Gardner 2006).

2   Das Innere der Organisation: CSR zwischen kultureller Integration und Selbstorganisation

Nachdem im letzten Kapitel aktuelle, organisationssoziologischere Perspektiven dargelegt wurden, wird im Folgenden nun exemplarisch auf damit verbundene, organisationstheoretische Ansätze und Perspektiven eingegangen, welche die Mesoebene und damit die Organisation selbst statt deren Wechselspiel mit der Gesellschaft stärker in den Vordergrund rücken. Hierbei geht es weniger um die Aspekte der externen Legitimation, sondern vielmehr um die interne Institutionalisierung von CSR, um Binnenstrukturen und das Innenleben der Organisation, obgleich diese ebenfalls in einem interdependenten Verhältnis zu Organisationsumwelten stehen. Auch bei organisationstheoretischen Ansätzen lässt sich wieder ein Wandel von strukturalistischer argumentierenden Konzepten und Theorien hin zu interpretativeren Ansätzen beobachten. Während erstere eher für Versuche stehen, Ansprüche der Umwelt durch Veränderung des Organisationsinternen „top-down" zu implementieren, weisen letztere auf die Grenzen der Steuerbarkeit und die Möglichkeiten der kommunikativen Bearbeitung der gestellten Erwartungen hin. Dieses „Innenleben" von Organisationen wird im organisationstheoretischen Diskurs spätestens seit den 1980er Jahren empirisch und theoretisch ausgiebig unter dem Stichwort „Organisationskultur" oder auch „Corporate Culture" diskutiert (Westwood & Clegg 2003). Da Auseinandersetzungen mit Organisationskultur nach wie vor in vielfältigen aktuellen, sozialwissenschaftlichen und ethischen Diskursen über CSR und vor allem auch im Bereich der Organisationskommunikation sehr präsent sind, wird zunächst darauf eingegangen.

2.1 CSR als sinnstiftende Wertekultur? Vorstellungen von Organisationskultur und – identität

Der Terminus „Organisationskultur" war als eine Art Antwort auf den sozialen Wandel Ende der 1970er Jahre zunächst ein Schlagwort des Managements, fand bald jedoch Eingang in die organisationssoziologische Forschung. Organisationskulturansätze lassen sich, wie eingangs dargelegt, jenem, rationalen Organisationsvorstellungen diametral gegenüberstehenden Pol natürlicher/sozialer bzw. normativer Organisationsvorstellungen der Organisationssoziologie zuordnen (Preisendörfer 2008). Ursprünglich aus der Beratungspraxis kommend (Peters & Waterman 1982; vgl. Ebers 1985) und in Tradition des Strukturfunktionalismus stehend (Theis-Berglmair 2003) wurde Unternehmenskultur darin als umfassendes Lösungsprinzip für die wirtschaftlichen und gesellschaftlichen Probleme, als Instrument zur Sinnstiftung, zur Herstellung von Identifikation und Verpflichtungsgefühlen diskutiert und hier mit einer normativ-positiv konnotierten Veränderung assoziiert. Von diesen einfachen Vorstellungen von Kultur als „Veredelungsverfahren" für die mit dem hässlichen Gesicht des Kapitalismus, mit politischen Machenschaften, Umweltverschmutzung und rücksichtslosen Geschäften in Verbindung gebrachte Welt der Wirtschaftsorganisationen (May 1997) löste sich der Begriff bald und heterogenisierte sich entsprechend vielfältiger, disziplinärer Einflugschneisen aus (einen Überblick gibt u. a. Smircich 1983). Gegen das darin vertretene Verständnis von Unternehmenskultur als interventionalistisch einsetzbares Steuerungsmanagement, das sich auf symbolische Praxen wie Rituale und Symbole reduzieren lässt, wandten sich anschließend flexibler gehaltene Konzeptionen von Unternehmenskultur, wie beispielsweise die des Organisationspsychologen Edgar H. Schein (1992). Unternehmenskultur sieht Schein in seinem „Drei-Schichten-Modell" (Artefakte, Werte, Grundannahmen, Schein 1992: 22 ff) als integrativen Anpassungsmechanismus an gesellschaftliche Umwelten an, der insbesondere auf interner Konsensbildung, internen Kommunikationssystemen und geteilten Grundannahmen von Organisationsmitgliedern beruht (Schein 1992: 53 ff).

> „[…] culture is a mechanism of social control and can be the basis of explicitly manipulating members into perceiving, thinking, and feeling in certain ways […]. The human mind needs cognitive stability. Therefore, any challenge to or questioning of a basic assumption will release anxiety and defensiveness. In this sense, the shared basic assumptions that make up the culture of a group can be thought of at both the individual and group levels as psychological cognitive defence mechanisms that permit the group to continue to function."(Schein 1992, 13 f)

Die Perspektive der Organisationskultur ist, obwohl sie einen frühen und partiell überholten organisationstheoretischen Ansatz darstellt, im CSR-Diskurs insofern relevant, als dass Organisationskultur vor allem in ersten Konzeptualisierungen von CSR einen zentralen Bezugsrahmen darstellte. Trotz der semiotischen und kulturalistischen Wende des Diskurses über Organisationskultur seit Ende der 1980er

Jahre hält sich, nicht zuletzt aufgrund der semantischen Heterogenität, Normativität und Praktikabilität des Kulturbegriffes auch im CSR-Diskurs die Vorstellung konstant, CSR bedeute eine neue Art der Integration stiftenden Organisationskultur bzw. Wertekultur, die sich dann anhand der ihr zugrunde liegenden Werte und Normen messen ließe. Im Vordergrund von CSR stehen die Implementierung von auf das direkte Handlungsfeld der Organisation bezogenen Unternehmenswerten sowie deren auf interne und externe (Teil-)Öffentlichkeiten ausgerichtete Kommunikationen. Insbesondere im Rahmen integrativer Sichtweisen auf CSR (vgl. die Systematisierung von Gond & Matten 2007) zu verortende Konzepte sehen CSR weitgehend als kulturelles Phänomen. Von der Annahme ausgehend, dass die Wirtschaft von der Gesellschaft abhängig ist und Legitimität und Prestige benötigt, müssen Unternehmen Diskrepanzen zwischen öffentlichen Erwartungen und eigenem Handeln danach diagnostizieren und abbauen können (u. a. Preston & Post 1981: 57). Unternehmenskultur wird unter Bezugnahme auf das Kulturkonzept Scheins (1992) im Zusammenhang mit CSR häufig als manifestes Set von Auffassungen und Werten verstanden, die beeinflussen, was als falsch und richtig in dem Unternehmen angesehen werden. Auch wird im Rahmen von CSR wieder stärker auf das Konzept der „Corporate Identity" Bezug genommen (Pruzan 2008; vgl. dazu Karmasin & Weder 2008). CSR und auch das damit verwandte Konzept des Corporate Citizenship sollen diesem Verständnis folgend Bindung (vgl. Beiträge in Habisch, Schmidtpeter & Neureiter 2003) und Stolz bei den Mitarbeitern fördern, und, über das Gefühl, einen Dienst für die Gesellschaft geleistet zu haben, deren Integration in das Unternehmen. Sie helfen, gemeinsame, Orientierung gebende Werte zu entwickeln oder dienen als eine Art „organisationaler Kitt" (Bluszcz 2007). Weit verbreitet ist dabei auch die Idee, dass die Organisationskultur durch Sozialisation der Mitarbeiter im Unternehmen verändert werden könne und solle, um die Wirksamkeit der Maßnahmen zu garantieren: durch symbolische Anreize wie Belohnungen, die wertekonformes und vorbildliches Verhalten anerkennen, durch aktive Erziehung der Mitarbeiter („Training"), aber auch durch die Entwicklung ihrer „sozialen" Kompetenzen und eines „Teamgeistes" (u. a. Schwalbach & Schwerk 2003).

Die vorgestellten Organisationskulturansätze heben, ähnlich wie der Neo-Institutionalismus, den prägenden Einfluss hervor, den Normen und Werte auf die Organisationslandschaft im Allgemeinen und auf Organisationsmitglieder im Speziellen haben (Allmendinger & Hinz 2002; Theis-Berglmair 2003). Kaum gehen diese Ansätze aber darauf ein, dass die Deutung von Symbolen interessenbehaftet sein könnte; ferner berücksichtigen sie mit ihrer Gleichsetzung des kulturellen Systems mit sozialer Integration nicht Aspekte des Widerspruchs, der Negation oder Inkonsistenz. Selbst noch in Scheins Konzeption wird deutlich, dass der Mensch darin weitgehend als normativ und kulturell determiniert konzipiert wird, ihm jedoch nur geringe Handlungsautonomie zugesprochen werden. Interpretativer ausgerichtete Perspektiven sind in Bezug auf CSR bisher jedoch kaum fruchtbar gemacht worden. Dabei bieten sich alternative Vorstellungen von Kultur vor allem im Rahmen des „Organizational Symbolism", der Kultur als „root metaphor" für Organisationen konzeptualisiert (Smircich 1983), sowie in Ansätzen, die vor dem Hintergrund zunehmend komplexerer Umwelten CSR und verwandte Konzepte wie Corporate Governance aus der Perspektive selbstorganisierender Systeme beschreiben, worauf im Folgenden eingegangen wird.

2.2 CSR als bedeutungsoffenes Rahmenkonzept für Organisationen: Selbstorganisierende Systeme

Während strukturfunktionalistische Analysen auf die problemlösende Kraft einer möglichst einheitlichen und klar definierten CSR-Kultur vertrauen, sehen kybernetisch-systemtheoretische Ansätze in einer zu starken Reduktion von Komplexität eher das Problem und nicht die Lösung. Argumentative Grundlage dieses Ansatzes ist das „law of requisite variety", wie es der US-amerikansiche Psychologe Ashby (1956) formulierte: Danach sichern sich Systeme ihre Überlebensfähigkeit dadurch, dass sie auf zunehmende Außenkomplexität (Umwelt) mit zunehmender Binnenkomplexität (System) reagieren. Ashbys Erkenntnis sowie die wissenschaftlichen Diskussionen auf den Macy-Konferenzen in den 1950er Jahren des 20. Jahrhunderts (Pias 2003) haben unter anderem zu einer kybernetisch inspirierten Organisationstheorie geführt, die sich mit Kommunikation als zentralem Bestandteil selbstorganisierender Systeme beschäftigt (Bateson 1981; von Foerster 1993; von Glasersfeld 1997; Luhmann 1984, 2000). Organisationen und Individuen werden hier als nicht-triviale, symbolverarbeitende Systeme behandelt: Information wird nicht transportiert, sondern zirkuliert in Feedbackschleifen und wird dabei immer wieder interpretiert, übersetzt, in unterschiedliche Sinnhorizonte eingebaut. Die kommunizierten Interpretationen werden wiederum von den Kommunikationspartnern beobachtet und in deren Erwartungsstrukturen eingebaut. Dies sorgt in menschlicher und organisationaler Interaktion für eine hohe Komplexität und unklare Kausalketten. Einfache und gleichförmige Diffusionsprozesse von Regeln und Normen sind vor diesem Hintergrund ebenso unwahrscheinlich wie das Gelingen „top-down"-implementierter Organisationskulturen. Von dieser Perspektive inspirierte Organisationstheoretiker wie Stafford Beer verweisen deshalb darauf, dass Organisationen weniger klare Regeln, Normen und Kulturen benötigen als vielmehr systemische Flexibilität (Beer 1966), die auf Veränderungen der Umwelt schnell und selbstorganisierend reagieren kann. Statt Ursache und Wirkung treten hier Erwartungen, Erwartungserwartungen und die Kontrolle dieser Erwartungen durch Feedbackschleifen in den Vordergrund der Betrachtung („Operational Research") (Baecker 1999; 2003).

Werden Erwartungshaltungen der Umwelt an Organisationen komplexer und vielschichtiger, so muss im Lichte der Theorie selbstorganisierender Systeme eine organisierte Komplexität (Luhmann 2000) aufgebaut und interne Flexibilität gesteigert werden, um angemessen auf Veränderungen in der Umwelt reagieren zu können. Direkte interne und externe Kontrollversuche der Umwelt wie sie in klassischen Managementmodellen zum Tragen kommen, sind – so eine der Schlussfolgerungen aus diesem Ansatz – unter Bedingungen komplexer Umwelten zum Scheitern verurteilt. Von Hayek (1975) schlägt daher etwa vor, auf indirekte Steuerung und ökologisches Kultivieren abzustellen. Aus dieser Perspektive sind somit nicht nur – wie im Neo-Institutionalismus – strukturelle Anpassungen der Organisation an die Umwelt wichtig, sondern auch die Arbeit mit mehreren und mehrdeutigen Zielen sowie bedeutungsoffenen Vorgaben, um langfristig die Anpassungsfähigkeit der Organisation aufrechtzuerhalten (Malik 2003, 1984; Malik & Probst 1981).

Durchdenkt man diese Perspektive nun in Bezug auf Corporate Social Responsibility, so setzt das Management danach nicht „top-down" eine CSR-Kultur auf, sondern kommuniziert lediglich bestimmte Rahmenvorstellungen und Ideen innerhalb der Organisation. Während das Aufsetzen einer managementverfassten „CSR-Policy" Varietät und Flexibilität zerstört, indem sie klare Festlegungen trifft, erhöht das Arbeiten mit groben Rahmenvorstellungen und Idealen, die innerhalb der Organisation dann lokal ausgestaltet werden, diese. Rahmenvorstellungen werden im Ansatz der Selbststeuerung als sinnmachende Interpretationen der Umwelt verstanden, die als Folie für das Kreieren organisationsinterner Lösungen genommen werden können (Probst 1987; Dyllik 1982). CSR wird aus dieser Sicht zum Bestandteil einer generellen „Accountability", in der Organisationen gegenüber ihrer Umwelt in vielfacher und oft diffuser Weise Rechenschaft schuldig sind (Falconer 2002; Nothhaft & Wehmeier 2007). Über indirekte Steuerungsmechanismen wie das Schaffen eines offenen, internen Kommunikationsklimas und das Zulassen unterschiedlicher Interpretationen über Phänomene wie CSR und Corporate Governance können Organisationen diese Phänomene kommunikativ und organisatorisch bearbeiten. Unternehmensverantwortung im Rahmen selbstorganisierender Systeme bedeutet somit das *lokale Entfalten von Verantwortungsmechanismen* auf Basis allgemein gehaltener Leitideen (Malik 2008).

Während die Grundideen der Selbstorganisation und der Hinweis auf Menschen als symbolverarbeitende, interpretierende Systeme in diesem Ansatz überzeugen können, laufen die Managementapplikationen Gefahr, sich in Paradoxien zu verwickeln. Einerseits auf die Lokalität von Wissen und das lokale und situative Aushandeln von Bedeutung hinzuweisen, auf der anderen Seite aber die Rahmenbedingungen des Diskurses seitens des Managements festlegen zu lassen, erscheint latent widersprüchlich. Wertvoll sind dagegen die Hinweise auf das Schaffen eines offenen Kommunikationsklimas, indem genügend Raum zur Verfügung gestellt wird, gesellschaftliche Phänomene wie CSR lokal kleinzuarbeiten und zu übersetzen.

3   Perspektiverweiterung und Ausblick: CSR, Organisation und Kommunikation

Ausgangspunkt des vorliegenden Beitrags war die Systematisierung und Gegenüberstellung von Ansätzen, welche die Institutionalisierung von CSR samt ihrer Dynamik und ihren Konsequenzen vor dem Hintergrund der Wechselwirkungen zwischen Organisationen, Gesellschaft und Individuen beleuchten. Organisationssoziologische und -theoretische Sichtweisen können, wie der Beitrag zeigt, fruchtbare Anhaltspunkte für eine Beschreibung von CSR liefern, wenngleich sie auch in teils heterogene Verständnisse von dem Konzept münden. Deutlich wurde zum einen, dass, obwohl ein großes Spektrum an Ansätzen vorliegt, bisher nur einige organisationssoziologische und -theoretische Perspektiven in Bezug auf CSR und Kultur durchdacht sind. Vielfach entfaltet sich der CSR-Diskurs noch stark unter Bezugnahme auf Aspekte der Struktur betonende Theorien (u. a. Neo-Institutionalismus, Organisationskultur, Storytelling im instrumentellen Sinne). Alternative Gegenpositionen oder vermittelnde Positionen, welche den Handelnden, die Bedeutungsoffenheit der eingeführten symbolischen Ressource, den intentionalen Charakter der Kommunikationen und die Dynamiken in der Institutionalisierung des Konzeptes in den Vordergrund stellen, finden sich deutlich seltener.

Gerade mit letzteren ist die organisationssoziologische Forschung jedoch stark anschlussfähig an kommunikationswissenschaftliche Perspektiven, insofern diese symbolisch-interaktionistische Kommunikationsvorstellungen in den Mittelpunkt rücken. Die kommunikationswissenschaftliche Forschung kann wiederum sehr ertragreich für die Organisationswissenschaft sein: Zum einen ermöglicht die Perspektive der Organisationskommunikation, den zwischen medialen, wirtschaftlichen, politischen und anderen Akteuren geführten und weitgehend moralisierenden, medial vermittelten Verantwortungsdiskurs und die diesem zugrunde liegende Form der moralisierenden Kommunikation näher zu beschreiben (Schultz 2006, 2009)[2]. Organisationale Prozesse lassen sich so stärker vor dem Hintergrund medialer Prozesse und den Medien zugrunde liegender Logiken reflektieren. Auch ermöglicht die Organisationskommunikationsforschung eine intensive Beschäftigung mit (strategischen) Praxen der CSR-Kommunikation auf Meso-Ebene: Der Idee symbolischer Kommunikation, welche mit jener „symbolischer Legitimitätsfassaden" von Meyer und Rowan (1977) weitgehend konform geht und sich in idealisierten und normativen Wirklichkeitsbildern und CSR-Geschichten beobachten lässt, wird vielfach die Vorstellung symmetrisch-dialogischer CSR-Kommunikation gegenüber gestellt (Morsing & Schultz 2006; basierend auf Grunig & Hunt 1984) und im Zusammenhang damit das Einnehmen einer Outside-In-Perspektive (Podnar 2008). CSR-Kommunikation stellt danach einen Prozess der Antizipation von Stakeholdererwartungen und der Implementierung dieser Erwartungen in die CSR-Strategie und -Politik der Unternehmung dar. In diesem Zusammenhang wird unter anderem deutlich, dass einseitige Kommunikation, welche als einfache Widerspiegelung oder Übersetzung sozialer Erwartungen im dominanten Code (symbolische, idealisierte Kommunikation) verstanden werden kann, Misstrauen und opportunistische Lesarten erhöht, insbesondere wenn die Legitimität des Unternehmens gering ist. Aber auch dialogische, symmetrische Kommunikation kann vor dem Hintergrund zumeist moralisierender Kommunikationen ebenfalls zu paralysierenden Effekten und Delegitimation führen und in turbulenten Umwelten zu paradoxen Situationen (vgl. ausführlich Schultz & Wehmeier 2010). Insbesondere im Bereich der internen Kommunikation, der Führungs- und Ma-

---

2   Vgl. auch Schultz, Raupp und Szyszka in diesem Band.

nagementkommunikation sowie in der Verbindung von externer und interner Kommunikation (Organisationskultur, Corporate Identity, etc.) ergeben sich viele Anknüpfungsmöglichkeiten, die in zukünftiger Forschung intensiver betrachtet werden können. Gerade die Berücksichtigung der Rezeptionsprozesse und des Zusammenspieles der drei Ebenen erlaubt, zukünftig stärker auch die dysfunktionalen Wirkungen von CSR, die Prozesse der Delegitimation und dadurch bedingten Institutionalisierung und Bedeutungsveränderung von CSR zu analysieren. Hier könnte die Kommunikationswissenschaft ihre Stärken ausspielen: Indem sie ihre Forschungsanstrengungen nicht so sehr auf die kommunizierende Organisation konzentriert, sondern die Ebene der Bedeutungsaushandlung einbezieht und den Diskurs über CSR auf den Ebenen der Organisation, der Gesellschaft und der Individuen empirisch mit Hilfe geeigneter Methoden (z. B. Diskursanalyse, Interview, quantitative und qualitative Inhaltsanalyse, narrative Methoden) erforscht.

Literatur

Allmendinger, J., & Hinz, T. (2002). Perspektiven der Organisationssoziologie. *Kölner Zeitschrift für Soziologie und Sozialpsychologie, Sonderheft 42* (Organisationssoziologie), 9–28.

Ashby, W. R. (1956). *An introduction to cybernetics.* London: Chapman & Hall.

Ashford, B. E., & Gibbs, B. W. (1990). The double-edge of organizational legitimation. *Organization Science, 1*(2), 177–194.

Baecker, D. (1999). *Organisation als System.* Frankfurt am Main: Suhrkamp.

Baecker, D. (2003). *Organisation und Management.* Frankfurt am Main: Suhrkamp.

Baecker, J., Borg-Laufs, M., Duda, L., & Matthies, E. (1992). Sozialer Konstruktivismus – eine neue Perspektive in der Psychologie. In S. J. Schmidt (Hrsg.), *Kognition und Gesellschaft. Der Diskurs des Radikalen Konstruktivismus,* Bd. 2 (S. 116–145). Frankfurt am Main: Suhrkamp.

Bateson, G. (1981). *Ökologie des Geistes. Anthropologische, psychologische, biologische und epistemologische Perspektiven.* Frankfurt am Main: Suhrkamp.

Beaulieu, S., & Pasquero, J. (2002). Reintroducing stakeholder dynamics in stakeholder thinking: a Negotiated Order perspective. *Journal of Corporate Citizenship, special issue on Stakeholder Responsibility, 6,* 53–69.

Beer, S. (1966). *Decision and control: the meaning of operational research and management cybernetics.* London & New York: Wiley.

Berger, P. L., & Luckmann, T. (1969). *Die gesellschaftliche Konstruktion der Wirklichkeit.* Frankfurt am Main: Fischer.

Beschorner, T. (2004). Unternehmensethische Untersuchungen aus gesellschaftlicher Perspektive. Von der gesellschaftsorientierten Unternehmenslehre zur unternehmensorientierten Gesellschaftslehre. *Zeitschrift für Wirtschafts- und Unternehmensethik, 5*(3), 255–276.

Blumer, H. (1986). The methodological position of symbolic interactionism. In H. Blumer (Hrsg.), *Symbolic interactionism: Perspective and Method* (S. 1–60). Berkley: University of California Press.

Bluszcz, O. (2007). Strategische Allianzen zwischen Profit- und Non-Profit-Organisationen. In S. J. Hafner, J. Hartel, O. Bluszcz, & W. Stark (Hrsg.), *Gesellschaftliche Verantwortung in Organisationen. Fallstudien unter organisationstheoretischen Perspektiven* (S. 107–117). München & Mering: Hampp.

Boje, D. M. (1995). Stories of the Storytelling Organization: A postmodern analysis of Disney as „Tamara-Land". *Academy of Management Journal, 38*(4), 997–1035.

Boje, D. M. (2006). What happened on the way to postmodern? Part II. *Administrative Theory, & Praxis, 28*(4), 479–494.

Boje, D. M. (2007). From Wilda to Disney. Living stories in family and organization research. In Clandinin, D. J. (Hrsg.), *Handbook of narrative inquiry. Mapping a methodology* (S. 330–353). London: Sage.

Boje, D. M., & Gardner, C. L. (2006). (Mis)Using Numbers in the Enron Story. *Organizational Research Methods, 9*(4), 456–474.

Boje, D. M., & Khan, F. R. (2009). Story-Branding by Empire Entrepreneurs. Nike, Child Labour, and Pakistan's Soccer Ball Industry. *Journal of small business, & Entrepreneurship, 22*(1), 9–24.

Bovens, M. (1998). *The quest for responsibility: Accountability and citizenship in complex organizations.* Cambridge: Cambridge University Press.

Brown, A. D., & Humphreys, M. (2008). An analysis of corporate social responsibility at credit line: A narrative approach. *Journal of Business Ethics, 80,* 403–418.

Bruner, J. (1986). *Actual minds, possible worlds.* Cambridge, MA: Harvard University Press.

Bruner, J. (1987). Life as Narrative. *Social Research, 54*(1), 11–32.

Brunsson, N. (1985). *The irrational organization: Irrationality as a basis for organizational action and change.* Chicester: John Wiley, & Sons.

Brunsson, N. (2002). *The organization of hypocrisy: Talk, decisions, and actions in organizations.* Oslo: Abstrackt & Liber.

Callon, M. (1986). Some elements of a sociology of translation: domestication of the scallops and the fishermen of St Brieuc Bay. In J. Law (Hrsg.), *Power, action and belief: a new sociology of knowledge?* (S.196–223). London: Routledge.

Campbell, J. L. (2004). *Institutional change and globalization.* Princeton, NJ: Princeton University Press.

Campbell, J. L. (2007). Why would corporations behave in socially responsible ways? An institutional theory of corporate social responsibility. *Academy of Management Review, 32*(3), 946–967.

Crane, A., & Livesey, S. (2003). Are you talking to me? Stakeholder communication and the risks and rewards of dialogue. In J. Andriof, S. Waddock, B. Husted, & S. Rahman (Hrsg.), *Unfolding stakeholder thinking 2: Relationships, communication, reporting and performance* (S. 39–52). Sheffield, UK: Greenleaf.

Creed, W. E., Scully, M. A., & Austin, J. R. (2002). Clothes make the person? The tailoring of legitimating accounts and the social construction of identity. *Organization Science, 13*(5), 475–496.

Curbach, J. (2009). *Die Corporate-Social-Responsibility-Bewegung.* Wiesbaden: VS Verlag.

Czarniawska, B. (2008). *A theory of organizing.* Cheltenham, UK, Nothhampton, MA, USA: Edward Elgar.

Czarniawska, B., & Joerges, B. (1996). The travel of ideas. In B. Czarniawska-Joerges, & G. Sevon (Hrsg.), *Translating organizational change* (S. 13–48). Berlin: de Gruyter.

Deutschmann, C. (1997). Die Mythenspirale. Eine wissenssoziologische Interpretation industrieller Rationalisierung. *Soziale Welt, 48*(1), 55–70.

Deutschmann, C. (2002). *Postindustrielle Industriesoziologie: Theoretische Grundlagen, Arbeitsverhältnisse und soziale Identitäten.* Weinheim/München: Juventa Verlag.

DiMaggio, P., & Powell, W. (1983). The Iron Cage revisited: Institutional Isomorphism and collective rationality in organizational fields. *American Sociological Review, 48*(4), 147–160.

Dowling, J., & Pfeffer, J. (1975). Organizational Legitimacy. *Pacific Sociological Review, 18,* 122–136.

Dyllick, T. (1982). *Gesellschaftliche Instabilität und Unternehmensführung.* Bern: Haupt.

Ebers, M. (1985). *Organisationskultur: Ein neues Forschungsprogramm?* Wiesbaden: Gabler.

Endruweit, G. (2004). *Organisationssoziologie* (2. Aufl.). Stuttgart: UTB.

Falconer, P. (2002). Accountability in a complex world. *Emergence, 4*(4), 25–38.

Faust, T. (2006). Storytelling – Mit Geschichten Abstraktes zum Leben erwecken. In G. Bentele, M. Piwinger, & G. Schönborn (Hrsg.), *Handbuch Kommunikationsmanagement* (S. 1–30). Loseblattsammlung. Neuwied, Köln, Luchterhand, 5–23.

Frenzel, K., Müller, M., & Sottong, H. (2006). *Storytelling. Die Kraft des Erzählens fürs Unternehmen nutzen.* München: DTV.

Gabriel, Y., Fineman, S., & Sims, D. (2000). *Organizing, & organizations.* London: Sage.

Giddens, A. (1984). *The Constitution of Society: Outline of the Theory of Structuration.* Berkley: University of California Press.

Gond, J.-P., & Matten, D. (2007). Rethinking the Business-Society Interface: Beyond the functionalist trap. *ICCSR Research Paper Series, 47.*

Grunig, J. E., & Hunt, T. (1984). *Managing public relations.* New York: Holt, Hart and Winston.

Habisch, A., Schmidtpeter, R., & Neureiter, M. (Hrsg.) (2003). *Handbuch Corporate Citizenship. Corporate Social Responsibility for Manager.* Berlin & Heidelberg: Springer.

Hafner, S. J. (2007). Trendsetter am Scheideweg: Ambivalenz und schleichende Schwächung gesellschaftlichen Engagements bei (über sich hinaus) wachsenden Unternehmen. In S. J. Hafner, J. Hartel, O. Bluszcz, & W. Stark (Hrsg.), *Gesellschaftliche Verantwortung in Organisationen. Fallstudien unter organisationstheoretischen Perspektiven* (S. 213–224). München & Mering: Hampp.

Hinchman, L. P., & Hinchman, S. K. (Hrsg.) (1997). *Memory, identity, community. The idea of narrative in the human sciences.* Albany: SUNY Press.

Hiß, S. (2006). *Warum übernehmen Unternehmen gesellschaftliche Verantwortung? Ein soziologischer Erklärungsversuch.* Frankfurt am Main: Campus.

Hiß, S. (2009). From Implicit to Explicit Corporate Social Responsibility – Institutional Change as a Fight for Myths. *Business Ethics Quarterly,* Special Issue on „The Changing Role of Business in a Global Society: New Challenges and Responsibilities", *19*(3), 433–451.

Karmasin, M., & Weder, F. (2008). *Organisationskommunikation und CSR: Neue Herausforderungen an Kommunikationsmanagement und PR.* Münster: LIT Verlag.

Kieser, A., & Ebers, M. (Hrsg.)(2006). *Organisationstheorien* (6. erw. Aufl.). Stuttgart: Kohlhammer.

Kühl, S. (2003). Organisationssoziologie. Ein Ordnungs- und Verortungsversuch. *Soziologie, 32(1),* 37–48.

Lammers, J. C. (2003). An Institutional Perspective On Communicating Corporate Responsibility. *Management Communication Quarterly, 16,* 618–624.

Latour, B. (1996). On Actor Network Theory. A Few Clarifications. *Soziale Welt, 47,* 369–381.

Lawrence, T. B., & Suddaby, R. (2006). Institutions and institutional work. In S. R. Clegg, C., Hardy, T. B. Lawrence, & W. R. Nord (Hrsg.), *Handbook of organization studies* (2. Aufl.) (S. 215–254). London: Sage.

Luhmann, N. (1984). *Soziale Systeme. Grundriß einer allgemeinen Theorie.* Frankfurt am Main: Suhrkamp.

Luhmann, N. (2000). *Organisation und Entscheidung.* Wiesbaden: Westdeutscher Verlag.

Maitlis, S. (2005), The social process of organizational sensemaking. *Academy of Management Journal 48*(1), 21–49.

Malik, F., & Probst, G. J. B. (1981). Evolutionäres Management. *Die Unternehmung, 35,* 121–140.

Malik, F. (1984). *Strategie des Managements komplexer Systeme – ein Beitrag zur Management-Kybernetik evolutionärer Systeme.* Bern: Haupt.

Malik, F. (2003). *Systemisches Management, Evolution, Selbstorganisation* (4. Aufl.). Bern: Haupt.

Malik, F. (2008). *Unternehmenspolitik und Corporate Governance. Wie Organisationen sich selbst organisieren.* Frankfurt am Main: Campus.

May, T. (1997). *Organisationskultur – Zur Rekonstruktion und Evaluation heterogener Ansätze in der Organisationstheorie.* Westdeutscher Verlag: Opladen.

Mayntz, R. (1963). *Soziologie der Organisation.* Reinbek b. Hamburg: Rowohlt.

McWilliams, A., & Siegel, D. (2001). Corporate social responsibility: a theory of the firm perspective. *Academy of Management Review, 26,* 117–127.

Mead, G. H. (1998[1934]). *Geist, Identität und Gesellschaft.* Frankfurt am Main: Suhrkamp.

Meyer, J. W., & Rowan, B. (1977). Institutionalized organizations: Formal structure as myth and ceremony. *American Journal of Sociology, 83*(2), 340–363.

Morsing, M., & Schultz, M. (2006). Corporate social responsibility communication: stakeholder information, response and involvement strategies. *Business Ethics: A European Review, 4,* 323–338.

Nothhaft, H., & Wehmeier, S. (2007). Coping with Complexity. Sociocybernetics as a framework for communication management. *International Journal of Strategic Communication, 1*(3), 151–168.

Ocler, R. (2009). Discourse analysis and corporate social responsibility: a qualitative approach. *Society and Business Review, 4*(3), 175–186.

Ortmann, G., Sydow, J., & Türk, K. (Hrsg.) (2000). *Theorien der Organisation. Die Rückkehr der Gesellschaft.* Wiesbaden: Westdeutscher Verlag.

Peters, T. J., & Waterman, R. H. (1982). *In Search of Excellence. Lessons from America's Best-Runcompanies.* New York & London: Harper & Row.

Pias, C. (Hrsg.) (2003). *Cybernetics – Kybernetik. The Macy-Conferences 1946–1953* (2 Bde). Zürich & Berlin: Diaphanes.

Podnar, K. (2008). Communicating Corporate Social Responsibility. *Journal of Marketing Communications, 14*(2), 75–81.

Polkinghorne, D. (1988). *Narrative knowing and the human sciences.* Albany: State University of New York Press.

Preisendörfer, P. (2008). *Organisationssoziologie. Grundlagen, Theorien und Problemstellungen* (2. Aufl.). Wiesbaden: VS Verlag.

Preston, L. E., & Post, J. E. (1981). Private Management and Public Policy, *California Management Review, 23*(3), 56–63.

Probst, G. J. B. (1987). *Selbst-Organisation. Ordnungsprozesse in sozialen Systemen aus ganzheitlicher Sicht.* Berlin u. a.: Paul Parey.

Pruzan, P. (2008). Spirituality as a firm basis for Corporate Social Responsibility. In A. Crane, A. McWilliams, D. Matten, J. Moon, & D. S. Siegel (Hrsg.), *The Oxford Handbook of Corporate Social Responsibility* (S. 552–559). Oxford: Oxford University Press.

Raupp, J. (1999). Öffentlichkeit zwischen Akteur und System – Eine organisationsbezogene Perspektive. In Szyszka, P. (Hrsg.), *Öffentlichkeit. Diskurs zu einem Schlüsselbegriff der Organisationskommunikation* (S. 113–130). Opladen: Westdeutscher Verlag.

Sahlin-Andersson, K. (1996). Imitating by editing success: The construction of organization fields. In Czarniawska, B., & Sevon, G. (Hrsg.), *Translating organizational change* (S. 69–92). Berlin: de Gruyter.

Sahlin, K., & Wedlin, L. (2008). Circulating ideas: Imitation, translation and editing. In R. Greenwood, C. Oliver, K. Sahlin, & R. Suddaby (Hrsg.), *The SAGE handbook of organizational institutionalism* (S. 218–242). London: Sage.

Schein, E. H. (1992). *Organizational Culture and Leadership* (2. Aufl.). San Francisco: Jossey-Bass.

Schimank, U. (2002): Organisationen: Akteurkonstellationen – korporative Akteure – Systeme. *Kölner Zeitschrift für Soziologie und Sozialpsychologie*, Sonderheft 42 (Organisationssoziologie), 29–54.

Schimank, U. (2005). Organisationsgesellschaft. In Jäger, W., & Schimank, U. (Hrsg.), *Organisationsgesellschaft. Facetten und Perspektiven*. Wiesbaden: VS Verlag.

Schultz, F. (2006). Corporate Social Responsibility als wirtschaftliches Evangelium. Kommunikationswissenschaftliche Betrachtung des normativen Konzeptes. In M. F. Ruckh, C. Noll, & M. Bornholdt (Hrsg.), *Sozialmarketing als Stakeholder-Management. Grundlagen und Perspektiven für ein beziehungsorientiertes Management von Nonprofit-Organisationen* (S. 173–185). Bern: Haupt.

Schultz, F. (2009). Moral Communication and Organizational Communication: On the narrative construction of social responsibility, Artikel präsentiert auf der *International Communication Association* (ICA), 21.-25.05.2009, Chicago.

Schultz, F., & Wehmeier, S. (2010). Institutionalization of CSR within Corporate Communications. Combining institutional, sensemaking and communication perspectives. *Corporate Communications: An international Journal*, 15(1), S. 9–29.

Schwalbach, J., & Schwerk, A. (2003). Corporate Governance und Corporate Citizenship. In A. Habisch, R. Schmidtpeter, & M. Neureiter (Hrsg.), *Handbuch Corporate Citizenship. Corporate Social Responsibility for Manager* (S. 71–85). Berlin & Heidelberg: Springer.

Scott, W. R. (1986). *Grundlagen der Organisationstheorie*. Frankfurt am Main: Campus.

Scott, W. R. (2008), *Institutions and organizations* (3. Aufl.). Thousand Oaks: Sage.

Shamir, R. (2005). Mind the gap: The commodification of corporate social responsibility. *Symbolic Interaction*, 28(2), 229–253.

Smircich, L. (1983). Concepts of Culture and Organizational Analysis. *Administrative Science Quarterly, 28*, 339–358.

Straub, J. (1998). Geschichten erzählen, Geschichte bilden. Grundzüge einer narrativen Psychologie historischer Sinnbildung. In Straub, J. (Hrsg.), *Erzählung, Identität und historisches Bewusstsein* (S. 124–142). Frankfurt am Main: Suhrkamp.

Suchman, M. C. (1995). Managing Legitimacy: Strategic and Institutional Approaches. *Academy of Management Journal, 20*(3), 571–610.

Suddaby, R., & Greenwood, R. (2005). Rhetorical strategies of legitimacy. *Administrative Science Quarterly, 50*, 35–67.

Theis-Berglmair, A. M. (2003): *Organisationskommunikation. Theoretische Grundlagen und empirische Forschungen*. Münster, Hamburg & London: LIT Verlag.

Türk, K. (2000). *Hauptwerke der Organisationstheorie*. Wiesbaden: Westdeutscher Verlag.

Von Foerster, H. (1993). *Wissen und Gewissen. Versuch einer Brücke*. Frankfurt am Main: Suhrkamp.

Von Glasersfeld, E. (1997). *Radikaler Konstruktivismus: Ideen, Ergebnisse, Probleme*. Frankfurt am Main: Suhrkamp.

Von Hayek, F. A. (1975). Die Anmaßung von Wissen. *Ordo, 26*, 12–21.

Weber, K., & Glynn, M. A. (2006). Making sense with institutions: Context, thought and action in Karl Weick's theory. *Organization Studies, 27*, 1639–1660.

Wehmeier, S., & Röttger, U. (2010). Zur Institutionalisierung gesellschaftlicher Erwartungshaltungen am Beispiel von CSR. Eine kommunikationswissenschaftliche Skizze. In T. Quandt, & B. Scheufele (Hrsg.), *Der Mikro-Makro-Link in der Kommunikationswissenschaft*. Wiesbaden (im Erscheinen).

Wehmeier, S., & Schultz, F. (2010). Corporate Social Responsibility and Corporate Communication: A storytelling perspective. In O. Ihlen, J. Bartlett, & S. May (Hrsg.), *Handbook CSR and Communication* (im Druck).

Weick, K. (1993). The collapse of sensemaking in organizations: The Mann Gulch disaster. *Administrative Science Quarterly, 38*, 628–652.

Weick, K. (1995). *Sensemaking in organizations*. Thousand Oaks: Sage.

Weik, E., & Lang, R. (Hrsg.) (2005). *Moderne Organisationstheorien* (2 Bde.). Wiesbaden: Gabler.

Westwood, R. I., & Clegg, S. R. (2003). The discourse of organization studies: dissensus politics, and paradigms In R. Westwood, & S. Clegg (Hrsg.), *Debating Organization: Point-Counterpoint in Organization Studies* (S. 1–42). London: Blackwell Publishing Ltd.
Zilber, T. B. (2002). Institutionalization as an interplay between actions, meanings, and actors: The case of
  a rape crisis centre in Israel. *Academy of Management Journal, 45*(1), 234–254.
Zilber, T. B. (2006). The work of the symbolic in institutional processes: Translations of rational myths in
  Israel High Tech. *Academy of Management Journal, 49*(2), 281–303.

2. Disziplinäre Perspektiven und Gegenstandsbereiche

2.2. Politik und Gesellschaft

CSR aus politikwissenschaftlicher Perspektive: Empirische Vorbedingungen und normative Bewertungen unternehmerischen Handelns

Lothar Rieth

Der politikwissenschaftlichen Forschung zu Themen der gesellschaftlichen Verantwortung von Unternehmen („Corporate Social Responsibility", kurz: CSR) wird häufig mit Skepsis begegnet, da sie von Beobachtern aus Theorie und Praxis zunächst als nicht hinreichend relevant zur Analyse von CSR-relevanten Fragen betrachtet wird. Im Gegensatz zur Wirtschaftswissenschaft (betriebswirtschaftliche Begründung des „Business Case"), zur Wirtschaftsethik (philosophische Begründung der Übernahme gesellschaftlicher Verantwortung) oder Rechtswissenschaft (rechtliche Stellung von transnationalen Unternehmen und Wirksamkeit von „Soft Law"[1]) wurden in der Politikwissenschaft von Beginn an andere Forschungsschwerpunkte gesetzt. Diese richten sich im Wesentlichen daran aus, ob und wie ehemals rein profitorientierte Wirtschaftsakteure mittels ihrer Kerngeschäftsaktivitäten einen direkten Beitrag zum Gemeinwohl, zum „Public Case" leisten können. Untersucht wird, warum und wie die Privatwirtschaft tatsächlich (und bewusst) einen Beitrag zum Wohle der Allgemeinheit leistet oder Leistungen erbringt, die Eigenschaften sogenannter öffentlicher Güter aufweisen. Weiterhin stehen in der politikwissenschaftliche Forschung aus gesellschaftlicher Perspektive nicht nur die Fragen nach unternehmerischen Verfehlungen im Vordergrund, sondern auch, ob und in welchem Maße Unternehmen einen Beitrag zum Gemeinwohl bzw. zum Regieren jenseits des Staates leisten (Conzelmann & Wolf 2007a). Letztere stellt sich, da nationalstaatliche Formen der Regulierung an ihre Grenzen stoßen (Zürn 1998). Außerdem sind transnational agierende Akteure wie Unternehmen auf der internationalen Ebene, wo es kein adäquates Äquivalent in Form einer Weltregierung gibt, verstärkt gefragt, einen Beitrag zur Setzung von sozialen und ökologischen Standards in Bereichen zu leisten, die klassischerweise als öffentlicher Güter klassifiziert werden, die der Markt ehemals nicht zur Verfügung gestellt hat (Edwards & Zadek 2003). Als Konsequenz rücken nichtstaatliche Akteure und somit auch Unternehmen damit stärker in den Fokus der politischen Analyse. Staatliche Autorität wird durch Formen privater Autorität ergänzt und transnationale Beziehungen treten verstärkt in den Vordergrund (Beck 1997). Es wird dabei nicht nur gefragt, wie dies vor allem Ökonomen tun, ob ökonomische mit sozialen bzw. ökologischen Aspekte verknüpft werden können, so dass sogenannte „Win-Win-Situationen" entstehen (Suchanek

---

1   Vgl. hier auch den Beitrag von Nowrot im vorliegenden Band.

2001), sondern ob Unternehmen nennenswert genuin politische Beiträge leisten, die eine klare Gemeinwohlorientierung aufweisen bzw. einen öffentlichen Nutzen erzeugen (Flohr et al. 2010a).

Ein Blick auf die vielfältigen sozialen und ökologischen und somit politischen Aktivitäten von Unternehmen, die mit vielfältigen Kommunikationsmaßnahmen, u. a. mit der Publikation von Nachhaltigkeitsberichten belegt werden, zeigt, dass viele Unternehmen politische Funktionen übernehmen. Sie begründen ihre Maßnahmen mit der Verfügbarkeit materieller und nicht-materieller Ressourcen und ihrer besonderen Verantwortung für das Gelingen einer nachhaltigen Entwicklung (Econsense 2010). Gleichzeitig betonen sie, dass sie nur dann gesellschaftliche Verantwortung übernehmen können, wenn „fördernde und verlässliche politische Rahmenbedingungen ein gutes Umfeld dafür bieten". Auch der Fokus auf die ökonomische Vitalität, wie der Ausspruch, dass „Nur wettbewerbsfähige und wirtschaftlich gesunde Unternehmen in der Lage sind, ihren Beitrag zur Lösung gesellschaftlicher Probleme zu leisten" (CSR Germany 2010) zeigt, dass viele Unternehmen und ihre Verbände die politische Dimension eher als nachgelagerten und somit optionalen Aspekt betrachten. Für die Durchsetzung von politischen Zielen wird hingegen „die Politik" in die Pflicht genommen, in dem betont wird, dass „die Politik ihre Verantwortung für bestimmte politische Ziele nicht einseitig auf Unternehmen abschieben darf" (ibid.).

Dieser Beitrag widmet sich insbesondere diesem Spannungsfeld zwischen Wirtschaft und Politik, indem das politische unternehmerische Handeln untersucht wird. Es werden im Folgenden zwei Ziele verfolgt: So werden schwerpunktmäßig zunächst die zentralen politikwissenschaftlichen Forschungsfragen und -erkenntnisse zum Thema CSR erläutert. Bei der Aufarbeitung des politikwissenschaftlichen Forschungstandes wird auch kritisch die Frage beleuchtet, ob die unter Politikwissenschaftlern weit verbreitete Skepsis gegenüber der fehlenden Ernsthaftigkeit von Unternehmen und der geringen inhaltlichen Tiefe unternehmerischer CSR-Aktivitäten berechtigt ist oder ob diese Skepsis vor allem mit einem unter Politikwissenschaftlern besonders verbreitetem Vertrauen in die Problemlösungsfähigkeit und Legitimation staatlicher Institutionen zusammenhängt. In einem abschließenden Teil wird versucht diese Thematik vor dem Hintergrund der Verknüpfung von Politik- und Kommunikationswissenschaft zu analysieren. Es wird hinterfragt, ob Unternehmen mit der Übernahme gesellschaftlicher Verantwortung über diverse Maßnahmen und insbesondere mit der intensiven Kommunikation dieser Leistungen jene Legitimität erlangen können, die notwendig ist, damit die Politik, die von Unternehmen geforderten, stabilen politischen Rahmenbedingungen weiterhin in dem Maße wie bisher zur Verfügung stellt. Es soll somit hinterfragt werden, ob die zunehmende Bedeutung der Veröffentlichung von Nachhaltigkeitsberichten und der Durchführung von Stakeholder-Dialogen ein Beleg dafür ist, dass Unternehmen nicht mehr nur aufgefordert, sondern in gewisser Weise verpflichtet sind, gesellschaftliche Verantwortung zu übernehmen, um ein Mindestmaß an gesellschaftlicher Akzeptanz zu be- bzw. erhalten („license to operate"), damit sie ihre Geschäftsgrundlage nicht gefährden bzw. verlieren.

Im Folgenden wird zunächst kurz der Kontext umrissen, in dem politikwissenschaftliche Forschung zur gesellschaftlichen Verantwortung stattfindet, bevor anschließend das in der Politikwissenschaft weit verbreitete Begriffsverständnis von CSR dargelegt wird. Anschließend werden die wichtigsten Forschungsfragen sowie der Erkenntnisstand der politikwissenschaftlichen Forschung systematisch dargelegt. Der letzte Teil schlägt den Bogen von der politikwissenschaftlichen zur kommunikationswissenschaftlichen Analyse und zeigt Überlappungen und gemeinsame Fragestellungen auf, die bisher kaum bearbeitet wurden.

1   Der CSR-Begriff in der Politikwissenschaft (Business vs. Public Case)

Ausgangspunkt der gesamten CSR-Forschung in der Disziplin Politikwissenschaft ist die Annahme, dass der Staat weder als einzelner Akteur im nationalstaatlichen Kontext noch im Kollektiv mit anderen Staaten als sogenannte internationale Gemeinschaft wirksam die dringendsten grenzüberschreitenden Problemlagen bearbeiten kann. Weder der globale Welthandel noch nationaler und internationaler Menschen- und Umweltschutz sind im 21. Jahrhundert zweckmäßig alleine zwischenstaatlich und somit hierarchisch durch staatliche „top-down"-Prozesse zu regulieren (Rittberger 2003). In dieser stark von Globalisierungsprozessen geprägten Weltpolitik wurden Unternehmen seit den 1990er Jahren von der kritischen Zivilgesellschaft als (Globalisierungs-)Gewinner betrachtet. Gleichzeitig wurden Unternehmen zunehmend als wesentliche Problemverursacher für Umweltzerstörung, Ausbeutung von Arbeitnehmern und Förderung korrupter Eliten in Entwicklungsländern kritisiert. Mit dem Aufkommen der „CSR-Bewegung" (Curbach 2009) hat sich dieses Bild teilweise gewandelt.[2] Es wird diskutiert, ob und wie Unternehmen durch die Übernahme gesellschaftlicher Verantwortung auch Beiträge zur Lösung nationaler und internationaler Probleme leisten können.

Dieser Themenkomplex wird in der Politikwissenschaft, insbesondere in der Teildisziplin Internationale Beziehungen, im Rahmen der (Global) Governance-Forschung bearbeitet (Jachtenfuchs 2003). In der Governance-Forschung werden neue Regulierungs- und Steuerungsformen untersucht, in denen auch Unternehmen absichtsvolle Beiträge zur kollektiven Regelung gesellschaftlicher Sachverhalte leisten können (Mayntz 2008). Es steht also in der Politikwissenschaft per se weniger die Wirtschaftlichkeit von betrieblichen Maßnahmen und somit das Unternehmensinteresse (bzw. der „Business Case") als vielmehr das Gemeinwohlinteresse (bzw. der „Public Case") im Mittelpunkt des Interesses. Große Teile der wirtschaftswissenschaftlichen und wirtschaftsethischen Forschung, unter Hinzuziehung neoklassi-

---

2   Curbach spricht von zwei unterschiedlichen sozialen Bewegungen, eine die von unternehmenskritischen NGOs angetrieben wird, die Unternehmen öffentlich als unverantwortliche Akteure bezeichnet und auf diese Weise gesellschaftlich delegitimiert, und andererseits eine von Unternehmen getriebene (Gegen-)Bewegung, die versucht, proaktiv das unternehmerische Handeln zu re-legitimieren und neue transnationale Deutungsmuster zur globalen Rolle von Unternehmen propagiert sowie die Vorteile des freiwilligen unternehmerischen Handelns betont.

scher Annahmen, schreiben die Bereitstellung öffentlicher Güter, wie zum Beispiel Bildung, Umweltschutz und Sicherheit, grundsätzlich dem Staat zu (Friedman 1970; Henderson 2001). Jedoch sind auch Unternehmen auf der Basis von sogenannten „Win-Win"-Szenarien bereit, Beiträge für das Gemeinwohl zu leisten. Wirtschaftswissenschaftler haben es sich insbesondere hier zur Aufgabe gemacht, dieses vermeintlich abweichende Unternehmensverhalten durch eine erweiterte Kosten-Nutzen-Analyse und einem erweiterten „Business Case" zu erklären (Margolis & Walsh 2001). Im Gegensatz dazu setzt sich die Politikwissenschaft primär mit der Frage auseinander, welche politischen Rahmenbedingungen erforderlich sind, damit Unternehmen bereit sind, sich für Themen zu öffnen, die nicht unmittelbar auf eine Profitmaximierung zielen, sondern auch die Bearbeitung gesellschaftlicher Probleme im Fokus haben (Wolf 2008).

Das Besondere an der Übernahme gesellschaftlicher Verantwortung im Sinne des CSR-Begriffs, so wie er gemeinhin in der Politikwissenschaft (und explizit auch in dieser Ausarbeitung) verwendet wird (Zadek 2001; Hopkins 2003), liegt in der Fokussierung auf die wirtschaftlichen Kernaktivitäten des Unternehmens analog zur begrifflichen Verwendung der Europäischen Kommission (European Commission 2001). Es geht demnach bei CSR-Aktivitäten weniger um das unternehmerische Engagement als „Corporate Citizen", das sich primär auf gemeinwohlorientierte Aktivitäten konzentriert, die über die unmittelbare Sphäre des Wirtschaftens hinausgehen (Backhaus-Maul et al. 2008). Der philanthropische und gemeinwohlorientierte Charakter von „Corporate Citizenship"-Aktivitäten mag in vielen Fällen auch institutionalisierte Formen der sozialen Handlungskoordination entsprechen, und Unternehmen übernehmen hierbei auch freiwillig ordnungspolitische Mitverantwortung (Habisch 2003). Die Politikwissenschaft ist hingegen insbesondere an zwei Arten von politischen Unternehmensaktivitäten interessiert, Regelumsetzung und Regelsetzung. Die Regelumsetzung betrifft die freiwillige unternehmerische Umsetzung von allgemeingültigen Normen in den Politikfeldern Menschenrechte, Umweltschutz etc., obwohl es keine nationale und internationale Institution mit Sanktionsgewalt gibt, die die Nichteinhaltung von Selbstverpflichtungen überwacht. Die Regelsetzung betrifft die Etablierung und Weiterentwicklung von kollektiv verbindlichen Regelungen („Policies"), die fehlende oder unwirksame Vereinbarungen auf nationaler und internationaler Ebene ersetzen oder ergänzen, die auch auf Dritte (andere Unternehmen) anzuwenden sind (Flohr et al. 2010a). In diesen beiden Fällen wird unternehmerisches Verhalten zu „Governance" – und ist damit aus politikwissenschaftlicher Perspektive bedeutsam und daher dringend zu hinterfragen.[3] Unter Governance wird in diesem Sinne somit die zielgerichtete Regelung gesellschaftlicher Beziehungen und der ihnen zugrunde liegenden Konflikte mittels verlässlicher

---

3   Außerdem wird der Umfang und somit auch letztlich die Wirkung dieser philanthropischen Maßnahmen nicht annähernd die Reichweite von Kerngeschäftsaktivitäten erreichen. Häufig wird allerdings die Integration von CSR in Kerngeschäftsaktivitäten von den Unternehmen gar nicht erwünscht und z. B. mit der Gründung von unternehmensnahen Stiftungen umgangen. Dahinter steht die klare Absicht, ihre Corporate Citizenship-Aktivitäten auszugliedern und vom eigentlichen Unternehmenskerngeschäft fernzuhalten.

und dauerhafter Maßnahmen und Institutionen bezeichnet (Brozus & Zürn 1999).[4] Im Vordergrund der politikwissenschaftlichen Forschung steht daher die grundsätzliche Frage, ob Unternehmen solche Regelungsbeiträge dauerhaft leisten können.

2   Die Entwicklung politikwissenschaftlicher Forschungsfragen

In den vergangenen Jahrzehnten wurden wirtschaftspolitische Themen in der Politikwissenschaft vorwiegend bezogen auf das Spannungsverhältnis Staat vs. Markt diskutiert. Im Vordergrund stand die Frage, wie stark der Staat das freie Spiel der wirtschaftlichen Kräfte ermöglichen soll bzw. einschränken darf. Der Staat hat nach Lösungen gesucht, wie er Wachstum fördern und dabei gleichzeitig seine öffentlichen Aufgaben, die sich prioritär am Gemeinwohl orientieren sollen, erfüllen kann.

Diese Fragen gewannen nicht erst nur durch die allerjüngsten Finanzkrisen in den Jahren 2008 und 2009 auf der wirtschaftspolitischen Weltbühne an politikwissenschaftlicher Bedeutung, sondern rückten durch die zunehmende Liberalisierung der Märkte in Form von Privatisierung und Deregulierung bereits in den letzten beiden Jahrzehnten ins Zentrum politischer Auseinandersetzungen und gesellschaftlicher Diskurse. Aus Sicht der kritischen Zivilgesellschaft profitierten von diesem Trend insbesondere die transnational agierenden Unternehmen (Mander & Goldsmith 2004). Die so genannten Globalisierungskritiker gewannen hier zunehmend an Unterstützung und es kam vermehrt zu Protestaktionen, insbesondere im Kontext von Tagungen internationaler (Finanz-)Organisationen wie des Internationalen Währungsfonds (IWF) und der Weltbank (O'Brien et al. 2000). Nach den Protesten von Seattle am Rande der WTO-Ministerkonferenz realisierten bereits eine Vielzahl von Managern transnational agierender Unternehmen, dass ein einfaches „weiter so" kurz- und mittelfristig von großen Teilen der Gesellschaften in OECD-Ländern nicht mehr kritiklos hingenommen werden würde.

Aber auch auf Seiten öffentlicher Akteure kam Bewegung ins Spiel: Bereits die Agenda 21, die auf der ersten großen Umweltkonferenz („Earth Summit") 1992 in Rio verabschiedet wurde, sah eine tragende Rolle für Wirtschaftsakteure bei der Lösung transnationaler (sozialer und ökologischer) Herausforderungen vor. Jedoch hielten viele transnationale Unternehmen ihr damals gegebenes Versprechen zunächst nicht ein, mit Hilfe geeigneter Kodizes, Statuten und Initiativen den Umweltschutz zu stärken (Rowe 2005). Nur wenige Unternehmen veröffentlichten nach der Rio-Konferenz glaubwürdige Umweltberichte und -erklärungen. Symbolische Handlungen und verstärkt ökologisch gefärbte Marketingkampagnen dominierten das unternehmerische Verhalten, weniger jedoch von Überzeugung getriebene

---

4   Das Governance-Konzept findet auch in anderen Bereichen Anwendung. So z. B. im Bereich der Corporate Governance, in dem vorwiegend Fragen der (internen) Unternehmensführung und -kontrolle untersucht werden. Es geht im Wesentlichen um das Verhältnis von Unternehmen zu ihren Aktionären. Im Fokus stehen hier die rechtlichen und institutionellen Rahmenbedingungen, die mittelbar oder unmittelbar Einfluss auf die Führungsentscheidungen eines Unternehmens und somit auf den Unternehmenserfolg haben (Hommelhoff, Hopt & Werder 2009).

Strategieveränderungen (Holliday, Schmidheiny & Watts 2002). Unter dem zunehmenden öffentlichen Druck der Globalisierungsgegner Ende der 1990er Jahre waren
gleichwohl einige wenige Unternehmen bereit, privatwirtschaftliche Interessen mit
sozialen und ökologischen Belangen abzufedern (Haufler 2003). In diesen Jahren
entstanden freiwillige globale Initiativen zur Förderung des gesellschaftlichen Engagements von Unternehmen, wie zum Beispiel der UN Global Compact, die Global
Reporting Initiative und SA 8000. Zur gleichen Zeit veröffentlichte Virginia Haufler
das politikwissenschaftliche Referenzwerk mit dem pointierten Titel „A Public Role
for the Private Sector – Industry Self-Regulation in a Global Economy" (2001). In diesem Werk wurde explizit die politische Rolle von Unternehmen diskutiert. Die einsetzende politikwissenschaftliche Debatte um die gesellschaftliche Verantwortung
von Unternehmen und ihre Rolle als politischen Akteuren nahm das Friedman'sche
Credo, dass Wirtschaftsunternehmen nur dem monetären Profit verpflichtet sind,
nur noch als Referenzpunkt zur Kenntnis und orientierte sich fortan an neuen Fragestellungen (Friedman 1970).

3   Zentrale Forschungsfragen in der Politikwissenschaft

Im Mittelpunkt des politikwissenschaftlichen Forschungsinteresses steht seither die
Qualität unternehmerischer Beiträge zum so genannten „Public Case", d. h. es wird
danach gefragt, welche Beiträge Unternehmen zur Regelung von Herausforderungen für das Gemeinwohl leisten. Die zentralen Diskussionen kreisen um die Frage,
ob dieser durch die Beteiligung von Unternehmen an der politischen Steuerung befördert oder behindert wird. Die folgenden sechs zentralen Forschungsfragen, die
in der Folge abgearbeitet werden, stellen die Analyse des „Public Case" für Unternehmen in den Mittelpunkt:

1.   Warum übernehmen Unternehmen gesellschaftliche Verantwortung?
2.   Welche Faktoren fördern CSR-Maßnahmen von Unternehmen?
3.   Welchen Einfluss (Macht) haben Unternehmen auf die Entwicklung der CSR-
     Thematik?
4.   Wie effektiv sind CSR-Maßnahmen von Unternehmen?
5.   Wie legitim sind CSR-Institutionen und wie legitim sind Maßnahmen von Un-
     ternehmen?
6.   Wie beeinflusst CSR die Global Governance Architektur von morgen?

Die politikwissenschaftliche Auseinandersetzung mit dem empirischen Phänomen
der Übernahme gesellschaftlicher Verantwortung und dem Agieren von Unternehmen als politischen Akteuren im weiteren Sinne wird seit ungefähr zehn Jahren
von unterschiedlichen Teildisziplinen der Politikwissenschaft betrieben (zunächst
selten aber nun vermehrt auch im interdisziplinären Kontext). Zu Beginn standen
generell stärker kritische – und häufiger eher deskriptive – wissenschaftliche, und
zum Teil auch populärwissenschaftliche Auseinandersetzungen zur vermeintlich

neuen politischen Rolle von Unternehmen im Vordergrund. Bücher wie „Privatisierung der Weltpolitik – Entstaatlichung und Kommerzialisierung im Globalisierungsprozess" (Brühl et al. 2001), „Unsere Welt ist keine Ware – Handbuch für Globalisierungskritiker" (Buchholz et al. 2002) oder „When Corporations rule the World" (Korten 2001) stellten bereits im Titel eine kritische Haltung gegenüber der Beteiligung von Unternehmen an politischen Prozessen dar. Insbesondere jene Autoren, die zivilgesellschaftlichen Organisationen nahe standen oder für diese arbeiteten, sahen in Unternehmen „arbiträre Marktkräfte" und betrachteten diese daher eher als Bedrohung denn als „Ko-Produzenten" für die Lösung politischer Probleme. Der Anwendung von bzw. dem Vertrauen auf Marktmechanismen in der Politik stehen Vertreter der Zivilgesellschaft seit jeher mit großer Skepsis gegenüber, die Problemlösungspotentiale von Unternehmen werden in dieser Betrachtungsweise nicht nur vernachlässigt, sondern als kontraproduktiv angesehen. Zu Beginn der politikwissenschaftlichen CSR-Forschung betrachteten nur einige wenige Forscher, insbesondere in den USA, auch die Chancen einer Privatisierung der Weltpolitik. Sie analysierten den ergänzenden Beitrag von Unternehmen in Politikfeldern in denen staatliche Akteure (Staaten und Internationale Organisationen) nicht über die notwendigen Ressourcen zur Problembearbeitung verfügen (Cutler, Haufler & Porter 1999; Biersteker & Hall 2002). Mit etwas Verzögerung begannen auch immer mehr deutsche Wissenschaftler die möglichen Vorteile einer konkreten Einbindung von Unternehmen in die internationale Politik zu analysieren (Brühl & Rittberger 2001; Wolf 2003, 2005). Schon bald kamen aber verstärkt kritische Stimmen auf, die das sich verändernde Kräfteverhältnis zwischen Markt und Staat hinterfragten, insbesondere die Frage unter welchen Bedingungen der Staat die Handlungshoheit zurückgewinnen könne (Biersteker & Hall 2002; May 2006).

3.1 Warum übernehmen Unternehmen gesellschaftliche Verantwortung?

Die Politikwissenschaft interessiert sich grundsätzlich, wie viele ihrer Nachbardisziplinen, besonders für die Ursachen eines neuen beobachtbaren empirischen Phänomens. So ist auch im Falle von unternehmerischen CSR-Aktivitäten bereits intensiv erforscht worden, warum es zur Entwicklung von CSR-Aktivitäten kam bzw. welche Faktoren diese beeinflussten. Bei der Beantwortung der Frage nach der Motivlage für die Übernahme gesellschaftlicher Verantwortung ist, wie oben beschrieben, grundlegend zwischen Gründen für unternehmerische Beteiligung an Regelsetzung („Rule-setting") und Regelumsetzung („Rule-taking") zu unterscheiden. Obwohl über die Jahre eine deutliche Zunahme besonders in der Implementierung von CSR-Maßnahmen festzustellen ist, so ist CSR-Engagement im Allgemeinen unter Unternehmen in den OECD-Ländern noch immer die Ausnahme und nicht die Regel. Von den ca. 70.000 Unternehmen engagiert sich nur eine begrenzte Zahl von ungefähr 5.000 (häufig börsennotierten Groß-)Unternehmen in der Implementierung von CSR-Aktivitäten (CorporateRegister 2009; United Nations Global Compact Office 2009).

Die Mehrheit der Studien kommt zu dem Schluss, dass das CSR-Management von diesen Unternehmen weitgehend rationalistisch und reaktiv ist, d. h. Unternehmen werden besonders dann im Bereich CSR aktiv, wenn sie von NGOs unter Druck gesetzt werden und dadurch Reputationsverluste befürchten müssen (Utting 2002; Winston 2002). Dies ist besonders bei Unternehmen mit hohem Bekanntheitsgrad und Unternehmen mit direktem Verbraucher-Kontakt (den sog. „Business-to-Consumer" (B2C)-Unternehmen) der Fall (Spar & La Mure 2003). Diese Form des Risiko- bzw. des Reputationsmanagements ist primär an der Profitorientierung des Unternehmens und damit eher stärker am „Business Case" ausgerichtet (Haufler 2001). Unternehmen versuchen potentielle Schäden von sich abzuwenden bzw. zu minimieren (vgl. Sichtweise des „narrow market rationalism" (Conzelmann & Wolf 2007b)). Einige Einzelfallstudien belegen andererseits auch, dass in Unternehmen teilweise auch Lern- und Entwicklungsprozesse stattfinden: Zu Beginn negieren Unternehmen ihre gesellschaftliche Verantwortung, in einem nächsten Schritt geben sie dem NGO-Druck nach und machen erste taktische Konzessionen, die jedoch wiederum Lernprozesse im Unternehmen anregen. Die rationalistische Handlungslogik, die besonders auf materiellen Werten beruht, wird also immer stärker durch normen- und wertebasierte Überzeugungen ergänzt. Dieser Sozialisierungsprozess führt schließlich dazu, dass Unternehmen CSR-Strategien entwickeln und in ihrer jeweiligen Unternehmenskultur bestimmte CSR-Normen und Werte ausprägen, die dann im Unternehmen internalisiert werden, und daher in der Folge nur noch schwer rückgängig gemacht werden können, selbst wenn Personen im höheren Management ausgetauscht werden (Rieth & Zimmer 2004; Kollman 2008). In diesem Prozess ist jedoch kein Automatismus enthalten, so gibt es auch Unternehmen, die sich nach NGO-Kampagnen aus Sorge vor (noch) größeren Reputationsrisiken einer weiteren Offenlegung ihrer Geschäftspraktiken verweigern. Weiterhin gibt es Unternehmen, die der Öffentlichkeit gegenüber vorgeben, ihr CSR-Engagement auszubauen, ihr Kerngeschäft aber davon nahezu unberührt lassen (Rieth 2009a). Die Mehrzahl der empirisch untersuchten Fälle deutet an, dass Reputations- und Risikomanagement den Einstieg in verstärktes CSR-Engagement begünstigt, im Anschluss daran die Bedeutung von Werten und Normen zunimmt, aber nie die Oberhand gewinnt (Kytle & Ruggie 2005). So zeigen einige Analysen, dass Unternehmen ein ausdrückliches Interesse daran haben, bei ihren Stakeholdern als legitime Akteure wahrgenommen zu werden (Scherer, Palazzo & Baumann 2006; s. auch Forschungsfrage 5). Unternehmen nehmen aus diesen Gründen an Stakeholder-Dialogen teil und versuchen, die Interessen und Erwartungen von insbesondere zivilgesellschaftlichen Akteuren vermehrt zu berücksichtigen und bei der Entwicklung von CSR-Strategien zu integrieren.

Die Frage, warum Unternehmen sich an der Regelsetzung selbst beteiligen, wurde bisher in der Forschung eher vernachlässigt. Erst wenige Projekte haben sich explizit diesen Fragen gewidmet. Erste Forschungsergebnisse weisen darauf hin, dass insbesondere jene Unternehmen sich sehr stark an der Gestaltung von CSR-Regeln beteiligen, die in besonders vielen unterschiedlichen Märkten mit unterschiedlichen Regelungsumwelten aktiv sind und jene, die ihren Hauptsitz in Ländern haben, in denen zwischen Staat und Wirtschaftsakteure tendenziell kooperative Beziehungen vorherrschen (Flohr et al. 2010a). Zudem wurde bestätigt, dass eine gewisse unternehmerische Verwundbarkeit, bedingt durch einen hohen Bekanntheitsgrad und ein B2C-Geschäftsmodell sowie eine CSR-affine Unternehmenskultur, diesen Prozess unterstützen.

3.2   Welche Faktoren fördern CSR-Maßnahmen von Unternehmen?

In der politikwissenschaftlichen CSR-Forschung wurde bereits in vielen Arbeiten mit Hilfe von Unternehmenseigenschaften oder Faktoren in der Unternehmensumwelt, wie zum Beispiel Druck durch eine kritische Zivilgesellschaft, das starke oder geringe gesellschaftliche Engagement von Unternehmen versucht zu erklären (Winston 2002). Die Politikwissenschaft untersucht darüber hinaus unterschiedliche Typen von Institutionen, die einen Kanon an Verhaltensregeln und -normen für Unternehmen vorgeben. Diese Institutionen können sich gemäß ihrer Akteurskonstellation, nach Fokus, Inhalt und Umfang oder anderen Eigenschaften unterscheiden. So kann es für das CSR-Engagement von Unternehmen von Belang sein, ob zivilgesellschaftliche Akteure an der Koordination einer Initiative beteiligt sind und eine Initiative als besonders legitim wahrgenommen wird. Bei nahezu allen heute existierenden CSR-Institutionen handelt es sich um weitgehend freiwillige Vorgaben, aber grundsätzlich stellt sich auch die Frage, ob (rechtlich) verbindliche Institutionen wirksamer sind als freiwillige Maßnahmen. An dieser Stelle soll nur auf einige wenige der zuvor genannten Faktoren eingegangen werden. Es wird die Bedeutung des zivilgesellschaftlichen Drucks, von freiwilligen CSR-Initiativen, sowie die Bedeutung des Heimatstaates von Unternehmen erläutert.

Zivilgesellschaftlicher (NGO)- Druck
Besonders zivilgesellschaftliche Organisationen („Non-Governmental Organizations", kurz: NGOs) sind dafür verantwortlich, dass das CSR-Thema in den 1990er Jahren auf globaler Ebene verstärkt Eingang in die politische Diskussion gefunden hat. Weiterhin sind NGOs ein wesentlicher Faktor dafür, warum das CSR-Thema nun über Jahre auf der wirtschaftlichen und politischen Agenda geblieben ist (Spar & La Mure 2003). Auch wenn die Bedeutung von NGOs von Unternehmen in Interviews oft offiziell bestritten wird (Rieth 2003), so stellen NGOs für viele Unternehmen einen zentralen Orientierungspunkt bei der Planung von CSR-Maßnahmen dar (für einen Überblick s. Doh 2008). So wird die Bedeutung von zivilgesellschaftlichen Akteuren von Unternehmen in eigenen Darstellungen häufig klein geredet bzw. vernachlässigt. Dennoch wird in vertraulichen Gesprächen bestätigt, dass unternehmerische CSR-Aktivitäten, im Sinne der oben beschriebenen Ausrichtung am Kerngeschäft, maßgeblich durch (potentielle) NGO-Kampagnen (oder die Androhung von negativer Öffentlichkeit) beeinflusst werden. Zu beachten ist jedoch, dass sich das Verhältnis zwischen Unternehmen und NGO über Zeit von einem rein konfrontativen zu einem in Teilen ebenfalls kooperativen Verhältnis verändert hat

(Rieth & Göbel 2005). Zudem haben Unternehmen wie NGOs ihre Interaktionsmechanismen zunehmend aufeinander angepasst, so dass der Umgang miteinander in vielen Bereichen vielfach von Routinen geprägt ist (Curbach 2008).

Freiwillige CSR-Initiativen

Es ist zunächst festzustellen, dass im CSR-Kontext besonders freiwillige, oft von nichtstaatlichen Akteuren initiierte Institutionen jenseits staatlicher Regulierung an Bedeutung gewonnen haben. Internationale Organisationen, die versuchen zwischenstaatlichen Vereinbarungen Geltung zu verschaffen, verfügen häufig nicht über ausreichende sanktionsbewährte Mittel und zugleich kommen die eigentlichen direkten Adressanten zwischenstaatlicher Vereinbarungen, die Staaten, ihren völkerrechtlichen Verpflichtungen nur bedingt nach. Die innerstaatliche Umsetzung erfolgt häufig nicht, so dass Unternehmen ihre Geschäftstätigkeiten nur selten an den Vorgaben von internationalen Institutionen ausrichten (s. z. B. ILO-Vereinbarungen und OECD-Leitsätze; Mamic & International Labour Office 2004; Rieth 2004). Die entstehenden Steuerungslücken werden u. a. durch freiwillige Regelungsformen, zum Beispiel in Form von unternehmerischen Selbstverpflichtungen gefüllt, um die wichtigsten sozialen und ökologischen Probleme zu lösen, die auch Rückwirkungen auf das unternehmerische Handeln haben. Neben staatlicher Steuerung haben sich verschiedene Formen freiwilliger, nicht-hierarchischer Steuerung von oder mit Beteiligung von Unternehmen entwickelt. In einem Kontinuum zwischen völliger privatwirtschaftlicher Selbstregulierung und vollständiger staatlicher Steuerung sind vielfältige Steuerungsformen entstanden, die Unternehmen zu CSR-Engagement zu bewegen suchen.

Verschiedene Studien haben belegt, dass netzwerkbasierte Steuerungsformen bzw. CSR-Initiativen besonders erfolgreich das CSR-Engagement von Unternehmen aktivieren (Börzel & Risse 2005; Rieth 2009c). Die bekannteste Form sind die sogenannten „Public-Private Partnerships" in denen Unternehmen gleichberechtigt mit staatlichen Akteuren an der Ausarbeitung und Weiterentwicklung von gemeinsamen CSR-Standards arbeiten (s. z. B. „UN Global Compact", „Common Code for the Coffee Community (4C)"). Außerdem hat insbesondere das Zusammenspiel von Marktanreizen und zivilgesellschaftlicher Legitimierung von Prozessen bei der Verbreitung von Zertifizierungsinitiativen, zum Beispiel bei der Förderung verantwortungsvoller Waldwirtschaft (Forest Stewardship Council (FSC)), geholfen (Cashore, Auld & Newsom 2004). Die anvisierten „Win-Win"-Situationen befördern somit nicht nur die Institutionalisierung von CSR-Initiativen, sondern erhöhen auch das CSR-Engagement von Unternehmen (Beisheim, Liese & Ulbert 2008). Das institutionelle Design von freiwilligen Initiativen ist somit zentral für die Förderung von CSR-Engagement von Unternehmen. Unternehmen werden einerseits über weiche Faktoren, wie Lern- und Überzeugungsprozesse, animiert, andererseits aber auch über harte Faktoren, wie drohende NGO-Kampagnen und Verbraucher-Aktivismus, motiviert, da diese die Glaubwürdigkeit und die Legitimität von CSR-Initiativen beeinflusst (Schäferhoff, Campe & Kaan 2009).

Der Heimatstaat eines Unternehmens

Gesellschaftliche Verantwortung wurde in erster Linie von Unternehmen aus der OECD-Welt voran getrieben. Neben der reinen Beschreibung von CSR-Aktivitäten in verschiedenen Ländern (Habisch, Wegner & Schmidpeter 2005), lassen sich interessanterweise selbst zwischen den OECD-Staaten große Unterschiede feststellen. Hier wurde die besondere Bedeutung des Heimatstaates als ein einflussreicher Faktor identifiziert: Je kooperativer das Verhältnis zwischen dem Staat und den Unternehmen, desto eher sind Unternehmen bereit, sich proaktiv an der Entwicklung von CSR-Standards zu beteiligen. Aufgrund der historischen Pfadabhängigkeit sind Unternehmen bspw. aus Großbritannien und Deutschland eher bereit, an sie gerichtete Normenerwartungen zu erfüllen als amerikanische Unternehmen (Kollman & Prakash 2001). Dies hängt mit der Art der Wirtschafts-Regierungsbeziehungen zusammen, die in einem Fall stärker kooperativ, im anderen Fall als stärker konfrontativ beschrieben werden können. Eine kooperative verständigungsorientiere Form der Auseinandersetzung fördert die Umsetzung neuer gesellschaftlicher Erwartungen (Flohr et al. 2010b).

3.3 Welchen Einfluss (Macht) haben Unternehmen auf die Entwicklung der CSR-Thematik?

Neben der klassischen Untersuchung von Ursache-Wirkungszusammenhängen wird in der Politikwissenschaft verstärkt diskutiert, ob und inwiefern Unternehmen die Möglichkeit haben, sowohl staatlich gesetzte, rechtliche Anforderungen als auch Erwartungen der Öffentlichkeit zu ihren Gunsten zu beeinflussen. Die kritische (Macht-)Perspektive unterstellt Unternehmen tendenziell die Absicht, nach Möglichkeit zu verhindern, dass ihnen zusätzliche Auflagen erteilt werden bzw. ihnen mehr CSR-Engagement abverlangt wird. Es steht zur Disposition, ob Unternehmen ihre öffentlich zur Schau gestellten CSR-Maßnahmen mit weniger öffentlich wahrgenommenen Lobby-Aktivitäten auf politischer Ebene, die in die entgegengesetzte Richtung zielen, konterkarieren sowie in sämtlichen Kontexten die Vorzüge von freiwilligen Regelungen im Gegensatz zu verbindlichen staatlichen Regulierungen betonen. Zur Prüfung dieser Vermutung wurde die Bedeutung von „Macht" in Untersuchungen auf die CSR-Thematik bezogen und anhand von ausgewählten unternehmerischen CSR-Maßnahmen sowie der Beteiligung von Unternehmen in CSR-Initiativen überprüft.

Die (beabsichtigte) Einflussnahme von Unternehmen auf die Entwicklung des CSR-Phänomens wurde von Beginn an von politikwissenschaftlichen Forschern beschrieben und untersucht. So wurde gezeigt, dass Unternehmen quasi seit der Umweltkonferenz im Jahr 1992 in Rio als politische Akteure in CSR-relevanten Themenfeldern agieren und seitdem versuchen, die Entwicklung zu ihren Gunsten zu beeinflussen (Haufler 2003). Forscher haben gezeigt, dass sie je nach Sach- und Problemlage unterschiedliche Machtressourcen einsetzen, um unternehmerische Freiheiten zu stärken und gleichzeitig neue Formen der verbindlichen staatlichen

Regulierung zu verhindern (Levy & Egan 2000). An der Ausprägung der politischen
Aktivitäten im CSR-Umfeld lassen sich unterschiedliche Machtfacetten von Unternehmen erkennen (Fuchs 2005b). Es hat sich gezeigt, dass sie über Lobbying-Aktivitäten instrumentelle Macht ausüben. Der Einfluss von instrumenteller Macht auf
die Entwicklung von CSR könnte bspw. indirekt an der zurückhaltenden Aufnahme
des Themas durch staatliche Stellen aufgezeigt werden, was jedoch bezogen auf das
CSR-Thema bisher nur theoretisch aus Unternehmenssicht gezeigt wurde (Windsor 2007). Die Bedeutung von struktureller Macht, d. h. die Akteursbeeinflussung
durch „Agenda-Setting" Aktivitäten und die Vorgabe von Entscheidungsoptionen
wurde von Unternehmen im CSR-Feld schon vielfältig dokumentiert (Zammit 2003).
Unternehmen versuchen mit der Einführung von unternehmenseigenen Verhaltenskodizes oder branchenbezogenen Formen der Selbstregulierung nicht nur die
Verhaltensoptionen, sondern auch die Beurteilungsmaßstäbe von CSR-Maßnahmen
zu ihren Gunsten festzulegen (Utting 2005). Gleiches gilt für die Durchführung von
öffentlich-privaten Partnerschaften („Public-private Partnerships"), die in ihren Inhalten häufiger die Interessen von Unternehmen als der Menschen vor Ort widerspiegeln (Utting & Zammit 2009). So geht Wolf davon aus, dass diskursive Macht
ausgeübt wird, indem Unternehmen in der Diskussion darauf drängen, nicht mehr
nur als Problemverursacher, sondern zunehmend als Akteure betrachtet zu werden, die materielle und immaterielle Beiträge zur Problemlösung beitragen können
(Wolf 2008). Durch die aktive Gestaltung ihres öffentlichen Erscheinungsbildes als
am politischen Prozess beteiligte Akteure versuchen Unternehmen ihre Ausgangs-
situation zu verbessern und gleichzeitig ihre Legitimität im öffentlichen und politischen Diskurs zu stärken (Fuchs & Glaab 2008) – ohne dass sie sich jedoch selbst als
„politische Akteure" bezeichnen würden.

Die Forschung zur Macht von Unternehmen hat bereits einige Erkenntnisse zum
Verhältnis von Staat, Wirtschaft und anderen nichtstaatlichen Akteuren erbracht.
Ein größerer zeitnaher Erkenntnisgewinn wurde zudem oft durch die Sensibilität
des Themas und die fehlende Mitwirkungsbereitschaft von Unternehmen an Studien vereitelt.

3.4   Wie effektiv sind CSR-Maßnahmen von Unternehmen?

Neben der Frage, welche Faktoren das CSR-Engagement von Unternehmen verursachen, wird insbesondere die Wirksamkeit unternehmerischer Maßnahmen
erforscht. Im Mittelpunkt steht die Frage, ob und in wie weit von Unternehmen signifikante (Lösungs-)Beiträge bereitgestellt werden? Zu diesem Zweck wurden in der
Politikwissenschaft Kriterien entwickelt, die die Effektivität von CSR-Maßnahmen
messen. Weiterhin wurde geprüft, in welchen der klassischen CSR-Themenfelder
Unternehmen besonders engagiert sind, und ob CSR-Neulinge andere Themen als
CSR-erfahrene Unternehmen wählen. Überdies wurde die politische Relevanz von
CSR-Themenfeldern für einzelne Branchen untersucht, und ob sich Unternehmen
in den politisch relevanten Themenfeldern oder vielmehr besonders in den für sie

besonders leicht zu erfüllenden Feldern engagieren. Erste vorliegende Ergebnisse lassen wiederum Rückschlüsse auf die Motivationslage von Unternehmen zu.

Die Effektivität von CSR-Maßnahmen zeigt sich auf unterschiedlichen Analyse-Ebenen. In der politikwissenschaftlichen Forschung steht die Problemlösungseffektivität bzw. Zielerreichung („Impact") im Vordergrund, diese ist aber auch am schwersten zu belegen (z. B. Einfluss von CSR-Maßnahmen auf den Klimaschutz). Einfacher ist der Nachweis von Veränderungen auf Akteursebene. Hier wird vor allem untersucht, ob es zu messbaren Veränderungen auf Unternehmensebene („Output" und „Outcome") gekommen ist (Huckel, Rieth & Zimmer 2007).

Unternehmen können in sehr unterschiedlichen Politikfeldern aktiv werden. Aus politikwissenschaftlicher Perspektive sind besonders jene Themenfelder interessant, in denen der Problemdruck am größten ist und in denen die größten Steuerungsdefizite bestehen. Es ist generell festzustellen, dass Unternehmen nicht unbedingt in jenen CSR-Themenfeldern am aktivsten sind, in denen der Problemdruck am höchsten ist. Unternehmen engagieren sich auch nicht zwangsläufig in jenen Politikfeldern, in denen sie die größte Hebelwirkung ausüben könnten. Gerade CSR-Neulinge wählen eher jene Politikfelder aus, in denen die schnellsten Erfolge vorzuweisen sind, wie in der Folge ein Überblick in den klassischen CSR-Themenfeldern zeigt. Im Vordergrund der politischen und politikwissenschaftlichen Debatte standen seit den 1980er Jahren von Beginn an der Umweltschutz und später, nach zahlreichen NGO-Kampagnen gegen die Textilwirtschaft, der Arbeitnehmerschutz, mit Abstand gefolgt von den Politikfeldern Korruptionsbekämpfung und Menschenrechtsschutz.

Umweltschutz

Die politikwissenschaftliche Forschung bestätigt, dass das CSR-Engagement von Unternehmen zunächst im Politikfeld Umweltschutz an Bedeutung gewonnen hat. In diesem Bereich sind bereits früh diverse CSR-Initiativen gegründet worden, jedoch ist ihre bloße Existenz nicht automatisch mit hoher Wirksamkeit gleichzusetzen. Insbesondere die Wirksamkeit der von Unternehmen gegründeten CSR-Umweltinitiativen (wie z. B. „Responsible Care") ist, bedingt durch niedrige Anforderungen, eine geringe Transparenz der Ergebnisse, nur wenige vorhandene Lernmöglichkeiten für die Teilnehmer und eingeschränkte Sanktionsmittel als eher gering einzustufen (Conzelmann & Wolf 2007a). Bezogen auf die Übernahme umweltbezogener Standards war es in jenen Zeiten, in denen das wirtschaftliche Potential von Umweltmaßnahmen nicht greifbar war, häufig von Vorreiter-Unternehmen abhängig, ob ein Unternehmen proaktiv tätig wurde (Prakash 2000). So wurde bspw. die freiwillige Übernahme der Umweltmanagementnorm ISO 14001 in vielen Unternehmen zunächst mit der Hoffnung auf mögliche Reputationsgewinne begründet. Ein Unternehmen erhofft sich demnach mit der Übernahme von (Umwelt-) Standards sich positiv von Mitbewerbern zu differenzieren (Prakash & Potoski 2005).

Arbeitsnormen

Zum Schutz von Arbeitnehmerrechten liegen im Gegensatz zum Umweltschutz, in dem im Laufe der letzten Jahre auch angeschoben durch die öffentliche Diskussion einige Fortschritte insbesondere bezogen auf das Problembewusstsein bei Unternehmen erzielt wurden, eher ernüchternde Ergebnisse vor. Selbst wenn Unternehmen, wie in der Textilwirtschaft zum Beispiel bei Nike, nach heftigen Auseinandersetzungen mit NGOs bereit sind, in ihren Zulieferbetrieben etwas zu ändern, so sind zumeist die Gaststaaten nicht an einer weiteren Durchsetzung der Arbeitnehmerrechte interessiert (Lipschutz 2002). Hieran zeigt sich nicht nur die Schwäche internationaler Organisationen wie der ILO, sondern auch generell, dass Unternehmen nur begrenzt in der Lage sind, völkerrechtlich garantierte Rechte zu sichern (Mamic & International Labour Office 2004). Die Ergebnisse zur Verbesserung der Situation der Arbeitnehmer vor Ort sind ernüchternd. Neben staatlichen Defiziten liegt dies zum einen am mangelndem Interesse von Zulieferunternehmen vor Ort, die Situation der Arbeitnehmer zu verändern, zum anderen an mangelnder Einsicht, insbesondere auf Einkäufer-Seite, bei Unternehmen etablierte Praktiken, die CSR-Aspekte außen vor lassen, zu ändern (Göbel 2009). Es hat sich gezeigt, dass der häufig postulierte Dialog zwischen den Tarifvertragspartnern, der ein größeres Problembewusstsein bei Unternehmen erzeugen könnte, in Entwicklungs- und Transformationsländern nur selten stattfindet (Rieth & Zimmer 2007).

Menschenrechtsschutz und Korruptionsbekämpfung
Zu den Themenfeldern Menschenrechtsschutz in der Einflusssphäre von Unternehmen sowie unternehmerische Korruptionsbekämpfung gibt es in der politikwissenschaftlichen Forschung bisher keine aussagekräftigen empirischen Befunde. Dies liegt am Gegenstand selbst und an der Neuartigkeit der politischen Herausforderung. Die Wissenschaft und die Praxis befinden sich zur Zeit noch in der Phase der Wissensgenerierung und suchen nach adäquaten Übersetzungen für die Herausforderungen der Privatwirtschaft. In Publikationen dominieren daher noch Beiträge zur generellen Bedeutung des Menschenrechtsschutzes (Wettstein & Waddock 2005) und der aktiven Korruptionsbekämpfung für Unternehmen (Gordon & Miyake 2001). Die zähe Debatte um die sogenannten „UN-Draft Norms", die die Verantwortung transnationaler Unternehmen in Hinblick auf die Menschenrechte prüft, ist ein Beleg hierfür (Hamm 2008). Deskriptive Befunde bestätigen die schleppende Entwicklung in diesen Themenfeldern. Die meisten Unternehmen haben sich noch nicht aktiv mit der Bedeutung der Phänomene für das eigene Unternehmen auseinandergesetzt, aktive CSR-Maßnahmen in diesen Themenfeldern werden vergleichsweise eher selten durchgeführt (Rieth 2009b). Darüber hinaus zeigen erste empirisch-analytische Analysen in den Bereichen Frieden und Sicherheit, dass explizite CSR-Beiträge die Ausnahme darstellen (Deitelhoff & Wolf 2010).

In der Zwischenzeit sind in fast allen Branchen übergreifende CSR-Standards entstanden. Neben der Tatsache, dass bei allen Branchenstandards die Vermeidung staatlicher Regulierung eines der Kernanliegen darstellt, haben andere Studien gezeigt, dass bestimmte Voraussetzungen die Wirksamkeit von Branchenstandards überdurchschnittlich befördern. Eine Koordination der Marktführer führt bspw. zu einer größeren CSR-Hebelwirkung. So ist die Einkaufsmachtkontrolle über die Lieferanten deutlich größer als bei einer beschränkten Anzahl von Marktteilnehmern (Biedermann 2009). Weiterhin sind Branchen mit einem höheren Grad an Verwundbarkeit aufgrund ihres B2C-Profils eher bereit sich zu engagieren als reine B2B-Unternehmen, bei denen der Problemdruck wesentlich geringer ausgeprägt ist (Flohr et al. 2010a). Die Existenz von aktiven NGOs in einer Branche unterstützt diese These (Spar & La Mure 2003). Der Mehrwert von unternehmensinternen Verhaltenskodizes wurde hingegen bisher noch nicht belegt (Sethi 2003). Dies hängt zum Einen mit den reduzierten und eingeschränkten Inhalten von Verhaltenskodizes zusammen, die weit hinter anderen kollektiven CSR-Initiativen zurückfallen (Kolk & Van Tulder 2006), und zum Anderen damit, dass Unternehmen ihren möglichen Einfluss auf Zulieferer in der Wertschöpfungskette, obwohl theoretisch vorhanden, bisher kaum eingesetzt haben (Millington 2008).

3.5 Wie legitim sind CSR-Institutionen und wie legitim sind Maßnahmen von Unternehmen?

Die Legitimität insbesondere von Institutionen steht seit jeher neben der Bearbeitung von Machtfragen im Mittelpunkt politikwissenschaftlicher Untersuchungen. Die Legitimität von nicht-hierarchischen Steuerungsarrangements ist daher von besonderem Interesse, da die Bindungswirkung einer Institution und somit die Folgebereitschaft von Akteuren weniger von der Sanktionsgewalt als vielmehr von der Legitimität einer Institution abhängt. Jenseits der Legitimität von Institutionen nimmt gerade im CSR-Kontext die Bedeutung der Legitimität von Unternehmen zu. Unternehmen wird pauschal vorgeworfen, sie würden sich nicht an global anerkannte Normen halten und stattdessen ausschließlich versuchen ihre Gewinne zu maximieren. Da aber gerade ihre Gewinnmaximierungsfunktion zunehmend von ihrer eigenen Legitimität mit beeinflusst wird, suchen Unternehmen zunehmend nach Wegen ihre Legitimität zu erhöhen.

Herkömmlicherweise wird bei der Frage nach der Legitimität von Institutionen nach Input- und Output-Legitimation unterschieden. Fokussiert die Input-Legitimation stärker auf partizipatorische Anforderungen, ob auch alle Regelungsbetroffenen am Entscheidungsprozess beteiligt sind, so konzentriert sich die Output-Legitimation auf die Gemeinwohlorientierung einer Entscheidung und nimmt zusätzlich Anleihen bei der Problemlösungseffektivität (Scharpf 1999). Kombiniert mit der „Throughput"-Legitimation, die die Entscheidungsprozesse in Institutionen beschreibt, sind die wesentlichen Dimensionen von Legitimität zusammengefasst (Zürn 1998). All jene Dimensionen wurden für empirische Studien auf CSR-Institutionen bzw. Formen privater Selbstregulierung angepasst (Wolf 2005). Die ersten empirischen Ergebnisse deuten daraufhin, dass „Multistakeholder"-Arrangements und öffentlich-private Partnerschaften besser abschneiden als rein private Steuerungsformen (Flohr et al. 2010a). Insbesondere in Bezug auf die Input-Dimension sind deutliche Vorteile zu erkennen. Hingegen sind die Prozesse häufig intransparent, so dass die Bewertung der „Throughput"-Legitimität gemischt ausfällt (Brühl & Liese 2004). Dies hängt stark von der Art der Steuerungsregelungen ab, die nach Kooiman in verschiedene Governance-Typen unterschieden werden können, und davon, ob auch zusätzlich Aspekte von empirischer Legitimität betrachtet werden (Kooiman 2000; Flohr et al. 2010a). Im Gegensatz zur normativen Legitimität werden hier auch die Akzeptanzbeurteilungen der betroffenen Stakeholder bewertet, hier liegen nach ersten Untersuchungen jedoch noch keine einheitlichen Ergebnisse vor (Take 2009).

In anderen politikwissenschaftlichen Arbeiten zur Legitimität wird zunehmend auch die Bedeutung der organisationellen Legitimität untersucht. Nach Suchman wird hier zwischen pragmatischer, moralischer und kognitiver Legitimität unterschieden (Suchman 1995). Unternehmen versuchen zunehmend nicht nur einer reinen Zweckrationalität zu folgen, sondern bestimmte moralische Anforderungen zu erfüllen und somit ein hohes Maß an moralischer Legitimität zu erreichen (Scherer, Palazzo & Baumann 2006). Vertreter dieses Ansatzes erwarten, dass die moralische Legitimität eines Unternehmens nur über dialogische und deliberative Prozesse zwischen Unternehmen und Stakeholder erreicht und erhöht werden kann. In empirischen Forschungsarbeiten konnten diese Thesen bisher allerdings nur eingeschränkt belegt werden (Palazzo & Scherer 2008).

3.6   Wie beeinflusst CSR die Global Governance-Architektur von morgen?

Die dynamische Entwicklung des CSR-Themas in den letzten Jahren hat dazu geführt, dass grundsätzliche Fragen über die Notwendigkeit und Wünschbarkeit von CSR-Maßnahmen durch Unternehmen und zum generellen Verhältnis zwischen Staat und Privatwirtschaft in der Politikwissenschaft erst mit leichter Verzögerung Beachtung finden. Funktionale Argumente, welche die Notwendigkeit von CSR-Maßnahmen im Kontext der Globalisierung begründeten, ebenso wie die Ausgestaltung von CSR-Maßnahmen als freiwillige Initiativen ohne staatliche Einflussnahme, wurden von der Mehrheit als gegeben hingenommen. Auch die daraus resultierenden Fragen zu den Rechten und Pflichten von Staat und Privatwirtschaft und das daraus resultierende (Kräfte-)Verhältnis staatlicher und privater Akteure wurden anfangs kaum thematisiert. Zunehmend sind jedoch die übergeordneten Fragen nach den Implikationen des CSR-Trends für die Global Governance-Architektur in den Vordergrund gerückt (Schuppert 2006). Es werden damit nicht nur generell die Grenzen und Möglichkeiten freiwilliger unternehmerischer Beteiligung an der Bereitstellung öffentlicher Güter, sondern auch die Bereitschaft von Staaten untersucht, regulierend einzugreifen und die gesellschaftliche Rolle von Unternehmen (neu) zu definieren.

Ein Großteil der Autoren ist sich darin einig, dass CSR eine der neuen Quellen von sich neu formierenden Global Governance-Strukturen darstellt (für einen Überblick, s. Levy & Kaplan 2008). CSR wird das Potential zugesprochen, bestimmte Governance-Lücken zu füllen und somit einen Beitrag zur Bereitstellung von öffentlichen Gütern zu leisten. Jedoch widmen sich die meisten Autoren stärker konkreten CSR-Fragen (u. a. wie Standards verbessert werden können, um deren Wirksamkeit zu erhöhen, wie die unternehmerische CSR-Leistung gemessen werden kann, oder wie Stakeholder besser integriert werden können), nur wenige setzen sich mit übergreifenden Fragestellungen auseinander (Blowfield 2005). Jene zuerst genannte Gruppe hat sich aus Sicht von Blowfield dem neo-utilitaristischen Dogma, dass die Profitmaximierung von Unternehmen im Fokus hat, unterworfen und das Aufkommen des CSR-Themas nur noch wenig kritisch hinterfragt. Gleichzeitig fielen Themen, welche die Rolle des Staates erörterten oder die Gesamt-Global Governance-Architektur analysieren, wieder in den Hintergrund. Es wurde jedoch in einigen Arbeiten aufgezeigt, dass der Staat in den letzten 20 Jahren bewusst dem Trend der Deregulierung und Privatisierung gefolgt ist und somit bewusst seine Steuerungsrolle reduziert hat (Ougaard 2006). Es stellt sich somit die zentrale Frage, ob soziale und ökologische Problemlagen im 21.Jahrhundert nur von öffentlichen oder auch von privaten Akteuren bearbeitet werden können. Einige Autoren sehen in Folge des CSR-Trends das Entstehen eines neuen öffentlich politischen Raums („Global Public Domain"), der explizit nicht mehr nur öffentliche, sondern auch private Akteure umfasst, und in denen private Akteure bewusst politische Funktionen übernehmen (Ruggie 2004). Der Trend zur Bildung von vielfältigen Politiknetzwerken und der Entwicklung von alternativen Problemlösungsstrategien mit und ohne Staat hat die Bedeutung von CSR untermauert und die Bedeutung von CSR gestärkt (Reinicke & Deng 2000). Weiterhin wurde unter Hinzuziehung der historischen Dimension aber auch darauf hingewiesen, dass die öffentlich-private Produktion öffentlicher Güter, wie sie bei CSR-Maßnahmen im besten Fall zustande kommt, kein vollständig neues Phänomen darstellt, sondern vielmehr, je nach Sichtweise, nur eine Rückkehr zum Kräfteverhältnis von öffentlichen und privaten Akteuren vor dem goldenen Zeitalter des Nationalstaates westfälischer Prägung (Wolf 2010). Politikwissenschaftliche Studien werden daher zukünftig verstärkt analysieren, ob und inwiefern der Staat bereit ist, sein regulatorisches Potential einzusetzen (Flohr et al. 2010a). Fallstudien zum Verhalten von Unternehmen bspw. in und nach der Finanz- und Wirtschaftskrise von 2008–2009 könnten zeigen, ob bei privatwirtschaftlichen Akteuren primär profit-orientierte Maßnahmen im Vordergrund standen oder ob Gemeinwohlerwägungen von zunehmend strategischer Bedeutung waren.

4 Zur wechselseitigen Befruchtung politikwissenschaftlicher und kommunikationswissenschaftlicher Forschung

Der kursorische Überblick über politikwissenschaftliche CSR-Forschungsarbeiten hat gezeigt, dass die Politikwissenschaft aufgrund ihrer unterschiedlichen Forschungsfragen sehr anregend für die kommunikationswissenschaftliche Forschung sein kann: Kommunikationswissenschaftliche ebenso wie politikwissenschaftliche Forschung haben einen starken empirisch-analytisch orientierten Forschungsstrang entwickelt, wobei die politikwissenschaftliche Forschung vor allem das Akteursverhalten von Unternehmen als politische Akteure, die gesellschaftlichen Effekte unternehmerischen Handelns sowie Veränderungsprozesse zwischen staatlichen und nichtstaatlichen Akteuren analysiert. Für die Kommunikationswissenschaft könnte interessant sein, dass die Gründe für die Verstärkung des gesellschaftlichen Engagements häufig im Risiko- und Reputationsmanagement eines Unternehmens angesiedelt sind. Die Wahrnehmung eines positiven Images hängt somit weniger mit der Überzeugung zusammen, was indirekt Implikationen für die Unternehmenskommunikation haben könnte. Auch ist es bedeutsam, dass der oft zitierte Stakeholder-Dialog mit zivilgesellschaftlichen Akteuren auf die Kommunikation zwischen zwei oftmals antagonistisch aufgestellten Akteuren zielt, was für die Interaktion zwischen den Akteuren grundlegend ist. Diese Fragestellung ist insbesondere für die unternehmensbezogene PR-Forschung relevant. Auch die Bedeutung diskursiver Machtpotentiale auf Seiten von Unternehmen und nicht zuletzt das unternehmerische Streben nach Legitimität deuten an, dass es eine Vielzahl an Forschungsschnittstellen zwischen der Politik- und Kommunikationswissenschaft gibt. Zugleich kann auch die Kommunikationswissenschaft in allen skizzierten Forschungsfeldern einen Beitrag für politikwissenschaftliche Forschung leisten. Letztere greift bisher nur partiell auf kommunikationswissenschaftliche Erkenntnisse zurück.

Im postnationalen Zeitalter tragen Unternehmen, wie oben bereits ausgeführt, eine besondere politische Verantwortung, da sie zunehmend politische Funktionen ausüben, ohne direkt politisch dafür legitimiert zu sein. Die Notwendigkeit für eine neue Form der Fundierung und Rechtfertigung der Übernahme politischer Verantwortung (Grant & Keohane 2005), die unter dem Oberbegriff „Corporate Accountability" thematisiert wird, stellt eine zentrale Herausforderung wissenschaftlicher CSR-Forschung dar, die jedoch bisher nur bedingt inter- und transdisziplinär verfolgt wurde. Einige Arbeiten (Scherer, Palazzo & Baumann 2006; Scherer & Palazzo 2007) setzen zur Überwindung des Legitimationsdefizits und Gewinnung jener sozialen Akzeptanz insbesondere auf die Möglichkeit deliberativer kommunikativer Verfahren, während Politikwissenschaftler (Fuchs 2005a) oder Kommunikationswissenschaftler (Morsing & Schultz 2006; Schultz & Wehmeier 2010) stärker die besonderen Gefahren der einseitigen Nutzung diskursiver Macht bzw. des Idealisierens dialogischer Kommunikationsformen herausstellen. In der zuletzt genannten Arbeit wird deutlich, dass eine disziplinäre Grenzen überwindende Theorieentwicklung notwendig ist, die bspw. kommunikationswissenschaftliche Erkenntnisse über kommunikative Prozesse auf Mikro-, Meso- und Makro-Ebene (Rezipient, Organisation, Öffentlichkeit) einbezieht und die Effekte kommunikativer und substantieller CSR-Maßnahmen sowie jener teilweise moralisierender Kommunikationen anderer Akteure wie bspw. NGOs (vgl. Kapitel 3.2) stärker berücksichtigt. Auch die Ebene der Bedeutung thematisierende, interdisziplinäre Arbeiten haben gezeigt, dass die dezidierte Miteinbeziehung von unternehmerischen Anspruchsgruppen in Form von Stakeholder-Dialogen für die meisten Unternehmen eine sehr große Herausforderung darstellt, symmetrische Formen der Kommunikation bisher nur selten technisch realisiert werden und kaum jene inhaltliche Substanz enthalten, die zur Erlangung der beschriebenen politischen Legitimität notwendig wäre (Schultz & Rieth 2009).

5 Fazit

Das CSR-Forschungsfeld und das Thema „Unternehmen in der Weltpolitik" im weiteren Sinne haben sich im Zuge des Governance-Forschungsprogramms zu neuen Formen der politischen Steuerung und der allgemein zunehmenden Bedeutung nichtstaatlicher Akteure kontinuierlich weiter entwickelt. Jedoch ist festzustellen, dass sich die Mehrzahl der Politikwissenschaftler nur sehr zurückhaltend dem Thema gesellschaftlicher Verantwortungsübernahme durch Unternehmen in den Politikfeldern Menschenrechte, Arbeitsnormen und Umweltschutz nähern. Dies ist nach wie vor darauf zurückzuführen, dass von den meisten Forschern der Staat als haupt- und für viele immer noch als alleinverantwortlicher Akteur zur Bereitstellung öffentlicher Güter betrachtet wird. Dabei wird bewusst ignoriert, dass der Staat (insbesondere auf internationaler Ebene) nicht fähig (und z. T. nicht willens) ist, diese Verantwortung zu übernehmen und daher zunehmend auf die Unterstützung nichtstaatlicher Akteure angewiesen ist. Im Zuge der zunehmenden Global Governance-Forschung sind hier bemerkenswerte Fortschritte erzielt worden. Dennoch ist festzuhalten, dass im Gegensatz zu benachbarten Disziplinen, wie den Wirtschaftswissenschaften, der Wirtschaftsethik und der Soziologie, der Einfluss von privatwirtschaftlichen Akteuren im Kontext des Globalen Regierens erst mit leichter Verzögerung wahrgenommen wurde.

Der hier dargestellte Forschungsstand hat gezeigt, dass mit der politikwissenschaftlich orientierten Forschung zum „Public Case" ein wichtiger Kontrapunkt zur dominanten Forschung zum „Business Case" gesetzt wird. Die Politikwissenschaft fokussiert mit dieser Schwerpunktsetzung wesentlich stärker die Effekte von CSR-Maßnahmen für das Gemeinwohl und das Zusammenspiel von staatlichen und nichtstaatlichen Akteuren. So wird die Motivationslage privatwirtschaftlicher Akteure nicht primär aus Unternehmenssicht untersucht, sondern vielmehr steht im Mittelpunkt der Forschung, ob bestimmte gesellschaftliche Normen bereits in das Kerngeschäft von Unternehmen Einzug gehalten haben bzw. auf welche Sanktions- oder Anreizsysteme Unternehmen besonders positiv oder negativ reagieren.

In Zukunft sollte sich die politikwissenschaftliche Forschung neben der Untersuchung der mutmaßlichen Verschiebung von Machtverhältnissen zwischen Staat und Privatwirtschaft auch stärker auf Fragen nach der Wirksamkeit von CSR-Maßnahmen konzentrieren. Es gilt sinnvolle und handhabbare Kriterien (weiter) zu entwickeln, welche einen Vergleich von unterschiedlichen CSR-Maßnahmen und ihrer Wirkungen auf die zu lösenden gesellschaftliche Problemlagen ermöglichen. Weiterhin sollte der Einfluss weiterer nichtstaatlicher Akteure, wie u. a. von Wirtschaftsberatungs- und Prüfungsgesellschaften und von Werbe- und Kommunikationsagenturen, auf das CSR-Verhalten von Unternehmen im Fokus stehen. Die Politikwissenschaft könnte hier im Rahmen von Politikfeldanalysen prüfen, in welchen Phasen des Prozesses und in welchen spezifischen CSR-Themen diese Akteure besonderen Einfluss nehmen oder aus mangelndem Interesse oder Expertise andere Schwerpunkte setzen. Abschließend sollte zudem das janusköpfige Verhalten von Unternehmen stärker unter die Lupe genommen werden. Obwohl Unternehmen ihr CSR-Engagement in den letzten Jahren kontinuierlich ausgebaut haben, agieren sie häufig auch konträr zu ihrer nach außen getragenen neuen Philosophie der „gelebten" gesellschaftlichen Verantwortung (s. intensive Lobbying-Aktivitäten auf nationaler und EU-Ebene). Diese Formen instrumenteller und struktureller Macht wurden bisher nicht hinreichend systematisch untersucht. Bei den zuletzt genannten Fragestellungen könnte die politikwissenschaftliche Forschung stark von der Kommunikationswissenschaft profitieren, in dem die Bedeutung und Effekte und die Kontextualisierung von Unternehmenskommunikation in der Nachhaltigkeitskommunikation von Unternehmen mehr berücksichtigt werden, so dass unternehmerische PR-Maßnahmen nicht per se, wie bei einigen politikwissenschaftlichen Studien der Fall, vernachlässigt und zum Teil bewusst negativ bewertet werden. Insgesamt zeigt sich, dass nicht nur die erwähnten zukünftigen Forschungsfelder, sondern auch die bestehenden CSR-Forschungsschwerpunkte stark von interdisziplinär ausgerichteten Herangehensweisen profitieren. Die Analyse der gesellschaftlichen Verantwortung von Unternehmen berührt aufgrund der verschiedenen beteiligten Akteure und ihrer unterschiedlichen Zielvorstellungen sowie der damit einhergehenden vielschichtigen Prozesse immer gleichzeitig mehrere Disziplinen, so dass große Erkenntnisgewinne zumeist nur in Disziplinen übergreifenden Projekten möglich sind. Wie gezeigt wurde bietet die Kombination von Politik- und Kommunikationswissenschaft dafür einige viel versprechende Anknüpfungspunkte.

Literatur

Backhaus-Maul, H., Biedermann, C., Nährlich, S., & Polterauer, J. (2008). *Corporate Citizenship in Deutschland Bilanz und Perspektiven*. Wiesbaden: VS Verlag.

Beck, U. (1997). *Weltrisikogesellschaft, Weltöffentlichkeit und globale Subpolitik*. Wien: Picus.

Beisheim, M., Liese, A., & Ulbert, C. (2008). Transnationale öffentlich-private Partnerschaften – Bestimmungsfaktoren für die Effektivität ihrer Governance-Leistungen. *Politische Vierteljahresschrift, Sonderheft Governance in einer sich wandelnden Welt, 41*(1), 452–474.

Biedermann, R. (2009). Private Governance in der Spielzeugindustrie – Voraussetzungen und Strategien zur Durchsetzung einer Branchenvereinbarung. *Zeitschrift für Wirtschafts- und Unternehmensethik, 10*(1), 18–36.

Biersteker, T. J., & Hall, R. B. (2002). Private Authority as Global Governance. In R. B. Hall, & T. J. Biersteker (Hrsg.), *The Emergence of Private Authority in Global Governance* (S. 203–222). Cambridge: Cambridge University Press.

Blowfield, M. (2005). Corporate Social Responsibility – The Failing Discipline and Why it Matters for International Relations. *International Relations, 19*(2), 173–191.

Börzel, T., & Risse, T. (2005). Public-Private Partnerships: Effective and Legitimate Tools of Transnational Governance? In E. Grande, & L. Pauly (Hrsg.), *Complex Sovereignty: Reconstituting Political Authority in the Twenty-first Century* (S. 195–216). Toronto: University of Toronto Press.

Brozus, L., & Zürn, M. (1999). Globalisierung – Herausforderung des Regierens. *Informationen zur politischen Bildung, 263*, 59–65.

Brühl, T., Debiel, T.; Hamm, B.; Hummels, H., & Martens, J. (2001). *Die Privatisierung der Weltpolitik: Entstaatlichung und Kommerzialisierung im Globalisierungsprozess*. Bonn: Dietz.

Brühl, T., & Liese, A. (2004). Grenzen der Partnerschaft. Zur Beteiligung privater Akteure an internationaler Steuerung. In M. Albert, B. Moltmann, & B. Schoch (Hrsg.), *Die Entgrenzung der Politik: Internationale Beziehungen und Friedensforschung,* Festschrift für Lothar Brock (S. 162–190). Frankfurt am Main: Campus.

Brühl, T., & Rittberger, V. (2001). From International to Global Governance: Actors, Collective Decision-making, and the United Nations in the World of the Twenty-First Century. In V. Rittberger (Hrsg.), *Global Governance and the United Nations System* (S. 1–47). Tokyo; New York: United Nations University Press.

Buchholz, C., Karrass, A.; Nachtwey, O., & Schmidt, I. (2002). *Unsere Welt ist keine Ware – Handbuch für Globalisierungskritiker*. Köln: Kiepenheuer, & Witsch.

Cashore, B. W., Auld, G., & Newsom, D. (2004). *Governing through Markets: Forest Certification and the Emergence of Non-state Authority*. New Haven, CT: Yale University Press.

Conzelmann, T., & Wolf, K. D. (2007a). Doing Good While Doing Well? Potenzial und Grenzen grenzüberschreitender politischer Steuerung durch privatwirtschaftliche Selbstregulierung. In A. Hasenclever, K. D. Wolf, & M. Zürn (Hrsg.), *Macht und Ohnmacht internationaler Institutionen* (S. 145–175). Frankfurt am Main: Nomos.

Conzelmann, T., & Wolf, K. D. (2007b). The Potential and Limits of Governance by Private Codes of Conduct. In J.-C. Graz, & A. Nölke (Hrsg.), *Transnational Private Governance in the Global Political Economy* (S. 98–114). New York: Routledge.

CorporateRegister (2009). *CR Reporting Awards 08 Official Report: Global Winners & Reporting Trends*. London.

CSR Germany (2010). Mission Statement. URL: www.csrgermany.de. Zugriff am 10.04.2010.

Curbach, J. (2008). Zwischen Boykott und CSR – Eine Beziehungsanalyse zu Unternehmen und NGOs. *Zeitschrift für Wirtschafts- und Unternehmensethik, 9*(3), 368–391.

Curbach, J. (2009). *Die Corporate-Social-Responsibility-Bewegung*. Wiesbaden: VS Verlag.

Cutler, A. C., Haufler, V., & Porter, T. (1999). *Private Authority and International Affairs*. Albany: State University of New York Press.

Deitelhoff, N., & Wolf, K. D. (Hrsg.) (2010). *Corporate Security Responsibility? Corporate Governance Contributions to Peace and Security in Zones of Conflict*. Basingstoke: Palgrave MacMillan.

Doh, J. P. (2008). Between Confrontation and Cooperation: Corporate Citizenship and NGOs. In A. Scherer, & G. Palazzo (Hrsg.), *Handbook of Research on Global Corporate Citizenship* (S. 273–292). Cheltenham: Edward Elgar.

Econsense (2010). Profil und Ziele. URL: www.econsense.de. Zugriff am 10.04.2010.

Edwards, M., & Zadek, S. (2003). Governing the Provision of Global Public Goods: The Role and Legitimacy of Nonstate Actors. In I. Kaul, & United Nations Development Programme. (Hrsg.), *Providing Global Public Goods: Managing Globalization* (S. 200–224). New York; Oxford: Oxford University Press.

European Commission (2001). *Promoting a European Framework for Corporate Social Responsibility*. Brussels: Directorate General for Employment and Social Affairs. Luxemburg: Office for Official Publication of the European Communities.

Flohr, A., Rieth, L., Schwindenhammer, S., & Wolf, K. D. (2010a). *The Role of Business in Global Governance: Corporations as Norm Entrepreneurs*. Basingstoke: Palgrave MacMillan.

Flohr, A., Rieth, L., Schwindenhammer, S., & Wolf, K. D. (2010b). Variations in Corporate Norm-Entrepreneurship: Why the Home State Matters. In M. Ougaard, & A. Leander (Hrsg.), *Business and Global Governance* (S. 235–256). London: Routledge.

Friedman, M. (1970, September 13). The Social Responsibility of Business. *The New York Times Magazine*, 122–126.

Fuchs, D. A. (2005a). Commanding Heights: The Strength and Fragility of Business Power in Global Politics. *Millenium, 33*(3), 771–803.

Fuchs, D. A. (2005b). *Understanding Business Power in Global Governance*. Baden-Baden: Nomos.

Fuchs, D. A., & Glaab, K. (2008). *Internationale Unternehmen in der globalisierten Welt*. Unveröffentlichtes Manuskript.

Göbel, T. (2009). *Are Multi-Stakeholder Initiatives Making a Difference?* Unpublished Doctoral Dissertation, Tübingen.

Gordon, K., & Miyake, M. (2001). Business Approaches to Combating Bribery: A Study of Codes of Conduct. *Journal of Business Ethics, 34*(3–4), 161–173.

Grant, R. W., & Keohane, R. O. (2005). Accountability and Abuses of Power in World Politics. *American Political Science Review, 99*(1), 29–43.

Habisch, A. (2003). *Corporate Citizenship – Gesellschaftliches Engagement von Unternehmen in Deutschland*. Berlin: Springer.

Habisch, A., Wegner, M., & Schmidpeter, R. (2005). *Corporate Social Responsibility across Europe: Discovering National Perspectives of Corporate Citizenship*. Berlin & New York: Springer.

Hall, R. B., & Biersteker, T. J. (2002). *The Emergence of Private Authority in Global Governance*. Cambridge & New York: Cambridge University Press.

Hamm, B. (2008). Menschenrechte und Privatwirtschaft in den UN. *Vereinte Nationen, 56*(5), 219–224.

Haufler, V. (2001). *A Public Role for the Private Sector: Industry Self-Regulation in a Global Economy*. Washington, DC: Carnegie Endowment for International Peace.

Haufler, V. (2003). Globalization and Industry Self-Regulation. In M. Kahler, & D. A. Lake (Hrsg.), *Governance in a Global Economy: Political Authority in Transition* (S. 225–252). Princeton, NJ: Princeton University Press.

Henderson, D. (2001). *Misguided Virtue: False notions of Corporate Social Responsibility*. Wellington, N.Z.: New Zealand Business Roundtable.

Holliday, C. O., Schmidheiny, S., & Watts, P. (2002). *Walking the Talk*. Sheffield: Greenleaf Publishing.

Hommelhoff, P., Hopt, K. J., & Werder, A. v. (2009). *Handbuch Corporate Governance: Leitung und Überwachung börsennotierter Unternehmen in der Rechts- und Wirtschaftspraxis* (2. Aufl.). Stuttgart: Schäffer-Poeschel.

Hopkins, M. (2003). *The Planetary Bargain: Corporate Social Responsibility Matters*. London & Sterling, VA: Earthscan Publications.

Huckel, C., Rieth, L., & Zimmer, M. (2007). Die Effektivität von Public-Private Partnerships. In A. Hasenclever, K. D. Wolf, & M. Zürn (Hrsg.), *Macht und Ohnmacht internationaler Institutionen* (S. 115–144) Frankfurt am Main: Campus.

Jachtenfuchs, M. (2003). Regieren jenseits der Staatlichkeit. In G. Hellmann, K. D. Wolf, & M. Zürn (Hrsg.), *Die neuen Internationalen Beziehungen: Forschungsstand und Perspektiven in Deutschland* (S. 495–518). Baden-Baden: Nomos.

Kolk, A., & Tulder, R. Van (2006). International Responsibility Codes. In M. J. Epstein, & K. O. Hanson (Hrsg.), *The Accountable Corporation. Vol 3, Corporate Social Responsibility* (S. 147–173). Westport and London: Praeger.

Kollman, K. (2008). The Regulatory Power of Business Norms: A Call for a New Research Agenda. *International Studies Review, 10*(3), 397–419.

Kollman, K., & Prakash, A. (2001). Green by Choice?: Cross-National Variations in Firms' Responses to EMS-Based Environmental Regimes. *World Politics, 53*(No. 3), 399–430.

Kooiman, J. (2000). Societal Governance: Levels, Modes, and Orders of Social-Political Interaction. In J. Pierre (Hrsg.), *Debating Governance: Authority, Steering, and Democracy* (S. 138–164). Oxford: Oxford University Press.

Korten, D. C. (2001). *When Corporations rule the World*. San Francisco, Bloomfield, Conn.: Berrett-Koehler; Kumarian Press.

Kytle, B., & Ruggie, J. G. (2005). *Corporate Social Responsibility as Risk Management*. Working Paper No. 10, Corporate Social Responsibility Initiative, John F. Kennedy School of Government, Harvard University.

Levy, D. L., & Egan, D. (2000). Corporate Political Action in the Global Polity: National and Transnational Strategies in the Climate Change Negotiations. In R. A. Higgott, G. R. D. Underhill, & A. Bieler (Hrsg.), *Non-state Actors and Authority in the Global System* (S. 138–154). London ; New York: Routledge.

Levy, D. L., & Kaplan, R. (2008). Corporate Social Responsibility and Theories of Global Governance. In A. Crane, A. McWilliams, D. Matten, J. Moon, & D. S. Siegel (Hrsg.), *The Oxford Handbook of Corporate Social Responsibility* (S. 432–451). Oxford; New York: Oxford University Press.

Lipschutz, R. D. (2002). Doing Well by Doing Good? Transnational Regulatory Campaigns, Social Activism, and Impacts on State Sovereignty. In J. D. Montgomery, & N. Glazer (Hrsg.), *Sovereignty under Challenges: How Governments respond* (S. 291–300). New Brunswick, NJ: Transaction.

Mamic, I., & International Labour Office (2004). *Implementing Codes of Conduct: How Businesses manage Social Performance in Global Supply Chains*. Sheffield, Geneva: Greenleaf.

Mander, J., & Goldsmith, E. (2004). *Schwarzbuch Globalisierung: Eine fatale Entwicklung mit vielen Verlierern und wenigen Gewinnern*. München: Goldmann.

Margolis, J. D., & Walsh, J. P. (2001). *People and Profits? The Search for a Link Between a Company's Social and Financial Performance*. Mahwah, NJ: Lea.

May, C. (2006). *Global Corporate Power*. Boulder, CO: Lynne Rienner Publishers.

Mayntz, R. (2008). Von der Steuerungstheorie zu Global Governance. In G. F. Schuppert, & M. Zürn (Hrsg.), *Governance in einer sich wandelnden Welt*, PVS Sonderheft 41 (S. 43–60). Wiesbaden: VS Verlag.

Millington, A. (2008). Responsibility in the Supply Chain. In A. Crane, A. McWilliams, D. Matten, J. Moon, & D. S. Siegel (Hrsg.), *The Oxford Handbook of Corporate Social Responsibility* (S. 363–383). Oxford & New York: Oxford University Press.

Morsing, M., & Schultz, M. (2006). Corporate Social Responsibility Communication: Stakeholder Information, Response and Involvement Strategies. *Business Ethics: A European Review, 15*(4), 323–338.

O'Brien, R., Goetz, A. M., Scholte, J. A., & Williams, M. (2000). *Contesting Global Governance: Multilateral Economic Institutions and Global Social Movements*. Cambridge, UK ; New York: Cambridge University Press.

Ougaard, M. (2006). Instituting the Power to do Good? In C. May (Hrsg.), *Global Corporate Power* (S. 227–247). Boulder, CO: Lynne Rienner Publishers.

Palazzo, G., & Scherer, A. G. (2008). The Future of Global Corporate Citizenship: Toward a New Theory of the Firm as a Political Actor. In A. G. Scherer, & G. Palazzo (Hrsg.), *Handbook of Research on Global Corporate Citizenship* (S. 577–590). Northampton, MA: Edward Elgar.

Prakash, A. (2000). *Greening the Firm: The Politics of Corporate Environmentalism*. Cambridge & New York: Cambridge University Press.

Prakash, A., & Potoski, M. (2005). Green Clubs and Voluntary Governance: ISO 14001 and Firms' Regulatory Compliance. *American Journal of Political Science, 49*(2), 235–248.

Reinicke, W. H., & Deng, F. (2000). *Critical Choices: The United Nations, Networks, and the Future of Global Governance*. Washington, D.C.: Brookings Institution Press.

Rieth, L. (2003). Deutsche Unternehmen, Soziale Verantwortung und der Global Compact. *Zeitschrift für Wirtschafts- und Unternehmensethik, 4*(3), 372–391.

Rieth, L. (2004). Corporate Social Responsibility in Global Economic Governance: A Comparison of the OECD Guidelines and the UN Global Compact. In Stefan A. Schrim. (Hrsg.), *Public and Private Governance in the World Economy. New Rules for Global Markets* (S. 177–192). New York: Palgrave MacMillan.

Rieth, L. (2009a). *COP II: Deutsche Unternehmen im Global Compact – Allgemeines Bekenntnis und selektive Umsetzung.* TU Darmstadt, UN Global Compact COP-Projekt, January 2009.

Rieth, L. (2009b). Der Global Compact in der Praxis – Eine Analyse der COPs. *Global Compact Jahrbuch des Deutschen Global Compact Netzwerks, 5*, 130–135.

Rieth, L. (2009c). *Global Governance und Corporate Social Responsibility: Welchen Einfluss haben der UN Global Compact, die Global Reporting Initiative und die OECD Leitsätze auf das CSR-Engagement deutscher Unternehmen?* Opladen: Budrich UniPress.

Rieth, L., & Göbel, T. (2005). Unternehmen, gesellschaftliche Verantwortung und die Rolle von NGOs. *Zeitschrift für Wirtschafts- und Unternehmensethik, 6*(2), 244–261.

Rieth, L., & Zimmer, M. (2004). Transnational Corporations and Conflict Prevention – The Impact of Norms on Private Actors. *Tübinger Arbeitspapiere zur internationalen Politik und Friedensforschung, 43.* URL: http://www.uni-tuebingen.de/uni/spi/tapliste.htm. Zugriff am 01.03.2010.

Rieth, L., & Zimmer, M. (2007). Public Private Partnerships in der Entwicklungszusammenarbeit: Wirkungen und Lessons Learnt am Beispiel des GTZ/AVE Projekts. *Zeitschrift für Wirtschafts- und Unternehmensethik, 8*(2), 217–235.

Rittberger, V. (2003). Weltregieren: Was kann es leisten? Was muss es leisten? In H. Küng (Hrsg.), *Friedenspolitik: Ethische Grundlagen Internationaler Beziehungen* (S. 177–208). München ; Zürich: Piper.

Rowe, J. K. (2005). Corporate Social Responsibility as Business Strategy. In R. D. Lipschutz, & J. K. Rowe (Hrsg.), *Globalization, Governmentality and Global Politics: Regulation for the rest of us?* (S. 130–170). New York: Routledge.

Ruggie, J. G. (2004). Reconstituting the Global Public Domain – Issues, Actors, and Practices. *European Journal of International Relations, 10*(4), 499–531.

Schäferhoff, M., Campe, S., & Kaan, C. (2009). Transnational Public-Private Partnerships in International Relations: Making Sense of Concepts, Research Frameworks, and Results. *International Studies Review, 11*(3), 451–474.

Scharpf, F. W. (1999). *Regieren in Europa: Effektiv und Demokratisch*. Frankfurt am Main: Campus.

Scherer, A. G., & Palazzo, G. (2007). Toward a Political Conception of Corporate Responsibility: Business and Society Seen From a Habermasian Perspective. *The Academy of Management Review, 32*(4), 1096–1120.

Scherer, A. G., Palazzo, G., & Baumann, D. (2006). Global Rules and Private Actors – Towards a New Role of the Transnational Corporation in Global Governance. *Business Ethics Quarterly, 16*(4), 505–532.

Schultz, F., & Rieth, L. (2009). Linking „New theory of the firm" and Communication Studies – Critical reflections on moral legitimacy and communication ethics – Papier vorgestellt auf dem 25th EGOS Colloquium in Barcelona, 02.-04.07. 2009.

Schultz, F., & Wehmeier, S. (2010). Institutionalization of Corporate Social Responsibility within Corporate Communications: Combining Institutional, Sensemaking and Communication Perspectives. Corporate Communications: An International Journal, 15(1), 9–29.

Schuppert, G. F. (2006). Global Governance and the Role of Non-State Actors. Baden-Baden: Nomos.

Sethi, S. P. (2003). Setting Global Standards: Guidelines for creating Codes of Conduct in Multinational Corporations. Hoboken, NJ: John Wiley.

Spar, D. L., & La Mure, L. T. (2003). The Power of Activism: Assessing the Impact of NGOs on Global Business. California Management Review, 45(3), 78–101.

Suchanek, A. (2001). Ökonomische Ethik. Tübingen: Mohr Siebeck.

Suchman, M. C. (1995). Managing Legitimacy: Strategic and Institutional Approaches. Academy of Management Review, 20(3), 571–610.

Take, I. (2009). Legitimes Regieren jenseits des Nationalstaates unterschiedliche Formen von Global Governance im Vergleich. Baden-Baden: Nomos.

United Nations Global Compact Office (2009). UN Global Compact Annual Review 2008. New York: UN Global Compact Office.

Utting, P. (2002). Regulating Business via Multistakeholder Initiatives: A Preliminary Assessment. In UNRISD/NGLS (Hrsg.), Voluntary Approaches to Corporate Responsibility: Readings and a Resource Guide (S. 61–130). Geneva: United Nations.

Utting, P. (2005). Rethinking Business Regulation: From Self-Regulation to Social Control. Geneva: United Nations Research Institute for Social Development, Programme Paper Number 15.

Utting, P., & Zammit, A. (2009). United Nations-Business Partnerships: Good Intentions and Contradictory Agendas. Journal of Business Ethics, 90, 39–56.

Wettstein, F., & Waddock, S. (2005). Voluntary or Mandatory. That is (Not) the Question. Linking Corporate Citizenship to Human Rights Obligations for Business. Zeitschrift für Wirtschafts- und Unternehmensethik, 6(3), 304–320.

Windsor, D. (2007). Toward a Global Theory of Cross-Border and Multilevel Corporate Political Activity. Business & Society, 46(2), 253–278.

Winston, M. (2002). NGO Strategies for Promoting Corporate Social Responsibility. Ethics and International Affairs, 16(1), 71–87.

Wolf, K. D. (2003). Normsetzung in internationalen Institutionen unter Mitwirkung privater Akteure? „International Environmental Governance" zwischen ILO, öffentlich-privaten Politiknetzwerken und Global Compact. In S. v. Schorlemer (Hrsg.), Praxishandbuch UNO. Die Vereinten Nationen im Lichte globaler Herausforderungen (S. 225–240). Berlin: Springer.

Wolf, K. D. (2005). Möglichkeiten und Grenzen der Selbststeuerung als gemeinwohlverträglicher politischer Steuerungsform. Zeitschrift für Wirtschafts- und Unternehmensethik, 6(1), 51–68.

Wolf, K. D. (2008). Emerging Patterns of Global Governance: The New Interplay between the State, Business and Civil Society. In A. Scherer, & G. Palazzo (Hrsg.), Handbook of Research on Global Corporate Citizenship (S. 225–248). Cheltenham: Edward Elgar.

Wolf, K. D. (2010). Chartered Companies: Linking Private Security Governance in Early and Post Modernity. In N. Deitelhoff, & K. D. Wolf (Hrsg.), Private Governance Contributions to Peace and Security in Zones of Conflict (S. 154–176). Houndsmille, Basingstoke: Palgrave Macmillan.

Zadek, S. (2001). The Civil Corporation. London & Sterling, VA: Earthscan Publications Ltd.

Zammit, A. (2003). Development at Risk: Reconsidering UN-Business Relations. Geneva: United Nations Research Institute for Social Development (UNRISD).

Zürn, M. (1998). Regieren jenseits des Nationalstaates. Globalisierung und Denationalisierung als Chance. Frankfurt am Main: Suhrkamp.

Corporate Social Responsibility aus rechtswissenschaftlicher Perspektive

Karsten Nowrot

Corporate Social Responsibility (CSR) ist eines der Schlüsselthemen unserer Zeit. Dies verdeutlicht nicht nur seine Allgegenwärtigkeit in öffentlichen Diskursen (hierzu statt vieler Wagner 2008: 220; McBarnett 2007: 9; Förster 2008: 833). Vielmehr gehört CSR überdies aus wissenschaftlicher Perspektive gemeinsam mit Themenbereichen wie unter anderem „Globalisierung" und „Netzwerk" zweifelsohne zu jenen Ordnungsideen, welche sich gegenwärtig disziplinenübergreifend einer besonderen Beliebtheit erfreuen. Dabei setzen sich nicht allein die Sozialwissenschaften, Philosophie, Theologie und Wirtschaftswissenschaften eingehend mit CSR-Aktivitäten auseinander. Gleiches lässt sich vielmehr auch in Bezug auf die Rechtswissenschaft konstatieren. Zwar wird gerade den Juristen eine „begriffskonservative" Attitüde zugeschrieben (Hoffmann-Riem 2005: 195). Überdies ist diesem Wissenschaftszweig gelegentlich eine gewisse Trägheit hinsichtlich der Berücksichtigung neuerer Entwicklungen vorgehalten worden (siehe exemplarisch die wenig schmeichelhafte Charakterisierung von Kelsen 1960: IV, „die Rechtswissenschaft, diese dem Zentrum des Geistes entlegene Provinz, die dem Fortschritt nur langsam nachzuhumpeln pflegt"). Gleichwohl schenkt auch diese Disziplin – im Grundsatz bereits seit Längerem (vgl. u. a. Engel 1979; sowie den bis in die 1930er Jahre zurückreichenden Überblick bei Wells 2002; Empt 2004: 41 ff.), insbesondere aber in jüngerer Zeit – dem Phänomen der CSR in wachsendem Umfang Beachtung.

1 Das Konzept der Corporate Social Responsibility: Recht, Auch-Recht, Nicht-Recht?

In diesem Zusammenhang sieht sich die Rechtswissenschaft zunächst ähnlichen Problemstellungen ausgesetzt wie andere Wissenschaftsbereiche. Der CSR-Ansatz wird nicht zu Unrecht regelmäßig als „schillerndes" Konzept angesehen. Die Identifizierung einer allgemein anerkannten Begriffsbestimmung wird dabei zunächst bereits durch die terminologische Vielfalt bei der Auseinandersetzung mit diesem Steuerungsansatz erschwert (Zerk 2006: 32; Campbell 2007: 532 ff.). So finden sich auch in rechtswissenschaftlichen Publikationen über den hier in Übereinstimmung mit einem substantiellen Teil der Literatur verwendeten Begriff der CSR (vgl. statt vieler Dine 2005: 222 ff.; Herrmann 2004: 215 ff.; Hossain 2004: 437; Seeger & Hipfel 2007; de Jonge 2008: 25; Aaronson 2002) hinaus unter anderem Termini wie „good corporate citizenship" (Sornarajah 2004: 224; Wallace 2002: 144), „öffentli-

che Unternehmensverantwortung" (Pernthaler 1996: 107 f.), „business and society"
(Hüttemann 2009: 405) oder „citizen corporation" (Thürer 2000: 107 ff.). Weiterhin
korrespondiert mit dieser mannigfaltigen Begriffsbildung – wie so häufig – die
Schwierigkeit, in der Vielzahl an Abhandlungen zur CSR die Existenz eines gemeinsamen begrifflichen Vorverständnisses auszumachen (so aus juristischer Perspektive u. a. Muchlinski 2003: 34: „The phrase ‚corporate social responsibility' can
mean many different things and the obligations of firms in this matter can be drawn
rather widely." Ähnlich z. B. Genasci & Pray 2008: 40: „CSR means different things
to different groups"; Spießhofer 2009: 94: „einer einfachen Definition nicht zugänglich"; Kyte 2008: 563: „there is no single, commonly accepted definition of CSR";
Empt 2004: 25; Besmer 2006: 289).

Diese und weitere mit der Idee der CSR verbundenen Unschärfen bilden für jede
der beteiligten Wissenschaftszweige eine Herausforderung, haben doch alle „nicht
nur beschreibenden Wissenschaften" die „unabdingbare Aufgabe […], durch genaue
Differenzierung und Analyse die jeweils wesentlichen Eigenschaften ihrer Gegenstände zu erkennen und in den Merkmalen ihrer Begriffe exakt zu fassen" (Wolff
1952: 205). Gleichwohl kommt der Herausarbeitung eines präzisen Begriffsverständnisses nach dem Selbstverständnis dieser Wissenschaft gerade im juristischen
Umgang mit der CSR eine potentiell zentrale Bedeutung zu. Rechtswissenschaft
ist in erster Linie „Steuerungswissenschaft, die auf Klarheit, Berechenbarkeit und
Verbindlichkeit ihrer Aussagen angewiesen ist" und es nicht „bei der Feststellung
diffuser, ja disparater Begriffsverständnisse […] bewenden lassen" kann (Huber
2005: 494; ähnlich u. a. Rüthers 2008: 132). Vor dem Hintergrund ihrer prinzipiellen
Rückbindung an in Geltung befindliche Rechtsordnungen (statt vieler Böckenförde
1983: 324 ff.) und – hiermit eng zusammenhängend – ihrer Anwendungsbezogenheit
(Burkhardt 1936: 16 ff.; Morlok 2007: 70 f.; relativierend jetzt allerdings u. a. Möllers
2008a: 168 f.), wird es daher als spezifische Aufgabe der Rechtswissenschaft angesehen, in begrifflicher und inhaltlicher Hinsicht als undeutlich wahrgenommene
Ansätze durch Ermittlung ihrer normativen Vorgaben zu konkretisieren und auf
diese Weise für die Rechtspraxis zu operationalisieren (Huber 2005: 494). Bereits
aus der Stellung der Jurisprudenz als „dezidiert normative Wissenschaft" (Morlok
1988: 39; ebenso statt vieler Larenz 1991: 248; Lepsius 1999: 33) folgt überdies, dass
der juristische Bedeutungsgehalt von Konzepten wie der CSR grundsätzlich nicht
mittels einer Nominaldefinition im Sinne einer lediglich an der Zwecksetzung dieses Beitrags orientierten – und damit im Ergebnis gewillkürten Festsetzung – bestimmt werden kann.

Dieses aus rechtswissenschaftlicher Perspektive sich ergebende Erfordernis einer
präzisen Begriffs- und Inhaltsbestimmung mit dem Ziel der Operationalisierung
für die Rechtspraxis kann in umfassender Weise jedoch nur für den Fall Geltung
beanspruchen, dass es sich bei der CSR um einen Rechtsbegriff handelt, ihr also
unmittelbar rechtsnormativ verbindliche Aussagen entnommen werden können. Im
Zentrum der juristischen Auseinandersetzung mit diesem Konzept muss also zunächst die Frage nach dem Verhältnis von CSR und rechtlichen Verhaltensvorgaben
an Unternehmen stehen.

Die Möglichkeit einer Qualifizierung der CSR als Rechtsbegriff erscheint im Lichte der Behandlung dieses Ansatzes in den rechtswissenschaftlichen Publikationen mehr als zweifelhaft. Zwar lässt sich hinsichtlich des zugrunde liegenden Begriffsverständnisses nunmehr auch in der juristischen Literatur überwiegend die Auffassung nachweisen, dass privatwirtschaftliche Akteure nicht allein durch ihre auf Gewinnerzielung ausgerichteten ökonomischen Aktivitäten ihrer sozialen Verantwortung im Sinne dieses Ansatzes nachkommen. Vielmehr basiert die Ordnungsidee der CSR in erster Linie auf der Erkenntnis des Potentials von Unternehmen in Bezug auf die Verwirklichung weiterer globaler öffentlicher Güter wie dem Schutz der Menschenrechte und der natürlichen Lebensgrundlagen, der Korruptionsbekämpfung sowie der Durchsetzung internationaler Arbeits- und Sozialstandards und der vor diesem Hintergrund erforderlichen Einbindung dieser nichtstaatlichen Akteure in die Prozesse der Gemeinwohlverwirklichung auf nationaler und insbesondere internationaler Ebene (statt vieler Muchlinski 2008: 643 ff.; Conley & Williams 2005: 1 ff.; De Schutter 2008: 203 ff.; Nowrot 2006: 514 ff.).

Gerade angesichts der somit auch in der rechtswissenschaftlichen Literatur nahezu einhellig anerkannten inhaltlichen Weite dieses Steuerungsansatzes wird jedoch, soweit ersichtlich, von niemandem vertreten, dass sich CSR – verstanden als reiner Rechtsbegriff – ausschließlich auf normativ verbindliche Verhaltensvorgaben für Unternehmen bezieht. Ebenfalls nur vereinzelt findet sich die Vorstellung von CSR als einem übergeordneten Konzept, welches – gleichsam als „Auch-Rechtsbegriff" – sowohl die rechtlich verbindlichen Pflichten von Unternehmen als auch im engeren Sinne unverbindlichen Verhaltenserwartungen der Gesellschaft an diese privatwirtschaftlichen Akteure umfasst (so insbesondere Zerk 2006: 30: „The distinction – commonly made – between law and CSR is confusing and unhelpful."; ähnlich z. B. Kinley, Nolan & Zerial 2007: 33: „CSR in its present state is an exceptionally broad-reaching and varied melange of soft and hard law"; sowie, jedenfalls als möglichen Bedeutungsgehalt von CSR in Betracht ziehend, De Schutter 2008: 203 ff.).

In Übereinstimmung mit dem regelmäßig in der Praxis zugrunde gelegten Verständnis (vgl. u. a. G8 2007: para. 26; Kommission der Europäischen Gemeinschaften 2001: paras. 20 ff.; Norwegian Ministry of Foreign Affairs 2009: 8; International Chamber of Commerce 2007: 1) wird vielmehr zutreffenderweise ganz überwiegend davon ausgegangen, dass unter dem CSR-Ansatz nur solche Verhaltenserwartungen an Unternehmen zusammengefasst werden, welche über ihren rechtsnormativ determinierten Pflichtenkreis hinausgehen und deren Befolgung damit jedenfalls insofern freiwillig ist, als die entsprechenden Vorgaben aus rechtlicher Perspektive keine Verbindlichkeit aufweisen (vgl. u. a. Kyte 2008: 563; Förster 2008: 837; Neal 2008: 464; Spindler 2008: § 76, Rn. 82; Engel 1979: 5 f.; Clapham 2006: 195; Reinisch 2009: 351 f.; Steurer & Tiroch 2009: 199; McInerney 2007: 172; Empt 2004: 25; Aaronson 2007: 631; Besmer 2006: 280 ff.).

CSR ist somit kein Rechtsbegriff. Die von diesem Terminus umfasste Fülle von möglichen Verhaltenserwartungen an Unternehmen hinsichtlich der Wahrnehmung ihrer sozialen Verantwortung begründen für sich genommen keine Rechtspflichten, welche beispielsweise unmittelbar „mit den Machtmitteln des Staates erzwungen werden" könnten (Spindler 2008: § 76, Rn. 82). Aus juristischer Perspektive stellt sich CSR vielmehr als ein summarischer Abgrenzungsbegriff dar, welcher auf außerrechtliche Verhaltensvorgaben für Unternehmen Bezug nimmt und auf diese Weise den Steuerungsbereich der CSR von dem der – nennen wir es mal – „Corporate Legal Responsibility" (CLR) unterscheidet.

2   Bedeutung des rechtswissenschaftlichen Abgrenzungsbegriffs der CSR für die kommunikationswissenschaftliche Grundlegung

Das vorliegend in Übereinstimmung mit der wohl ganz überwiegenden Mehrheit in der juristischen Literatur vertretene Verständnis der CSR als einem außerrechtlichen Phänomen bietet nicht nur der Rechtswissenschaft – wie noch darzulegen sein wird (siehe unter 3.) – einen eingängigen begrifflichen und konzeptionellen Ansatz, um Unterschiede, aber gerade auch Verbindungslinien zwischen Rechtsnormen und CSR-Instrumenten analytisch zu erfassen. Diese Perspektive verfügt vielmehr auch über das Potential, einen sektoralen Beitrag zur kommunikationswissenschaftlichen Durchdringung der CSR zu leisten.

Obgleich zu Recht verschiedentlich betont wird, dass die Effektivität eines Steuerungsinstruments in der Praxis nicht allein von seiner Rechtsverbindlichkeit abhängig ist (siehe hierzu unter 3.), kommt doch der binären Differenzierung zwischen „Recht" und „Nicht-Recht" – wie sie gerade in der rechtswissenschaftlichen Perspektive ihre Grundlage findet – im Rahmen der CSR-Kommunikation eine erhebliche Bedeutung zu. Insgesamt zeigt sich in der Kommunikationspraxis in diesem Bereich, dass alle an den vielfältigen Diskursen über den erforderlichen Umfang und die Art und Weise der Einbindung von Wirtschaftsunternehmen in die Prozesse der Gemeinwohlverwirklichung auf nationaler und vor allem internationaler Ebene beteiligten staatlichen und nichtstaatlichen Akteure – ausdrücklich oder zumindest implizit – zwischen der Existenz bzw. rechtspolitischen Gebotenheit entsprechender rechtsverbindlicher, normativer Rahmenvorgaben für das Handeln von Unternehmen einerseits und außerrechtlichen Verhaltenserwartungen andererseits unterscheiden.

Dies gilt zunächst – mehr oder weniger naturgemäß – für die einschlägigen Analysen in wissenschaftlichen Publikationen, welche sich mit der Ausgestaltung der gegenwärtigen globalen Verantwortungsarchitektur für private Wirtschaftsakteure beschäftigen (statt vieler Morgera 2009: 11 ff.; Nowrot 2006: 510 ff., m. w. N.). Weit über diesen engen und relativ spezifischen Diskursbereich hinausgehend ist jedoch zu konstatieren, dass sich die Differenzierung zwischen „Recht" und „Nicht-Recht" als Kommunikationsmuster auch für die weitere öffentliche Diskussion als zumindest mitprägend erweist. So liegt der von vielen Staaten und insbesondere Unternehmen in ihren Kommunikationsbeiträgen regelmäßig betonten „Freiwilligkeit" der Wahrnehmung sozialer Verantwortung sowie der bekannten Vorstellung eines so genannten „Business case for CSR" (Kurucz, Colbert & Wheeler 2008) in zentraler Weise die Vorstellung und Präferenz einer exklusiv außerrechtlichen Ausgestaltung dieses Sachverhaltes zugrunde (so auch speziell zur Charakterisierung des „Business case for CSR" beispielsweise MacLeod 2007: 672). Demgegenüber verbirgt sich hinter ebenfalls beliebten Kommunikationschiffren wie beispielsweise „Corporate Accountability" oder „CSR with teeth" regelmäßig die Forderung insbesondere von Teilen der Zivilgesellschaft, die Effektivität der entsprechenden Verhaltensvorgaben für Unternehmen unter Rückgriff auf rechtliche Ordnungsstrukturen zu optimieren. Vor diesem Hintergrund wird bereits deutlich, dass sich etwa die Charakterisierung der Kommunikationsprozesse in diesem Themenbereich als in jüngerer Zeit „highly polarized" (Ruggie 2005: 6) besonders auf die maßgeblich durch diese Differenzierung geprägte Wahrnehmung und Erwartungshaltung der beteiligten Akteure zurückführen lässt.

Angesichts der Bedeutung, welche der prinzipiellen Dichotomie von „Recht" und „Nicht-Recht" im Rahmen der CSR-Kommunikation zugeschrieben werden kann, erscheint es folglich kaum verwunderlich, dass ihr auch bei der kommunikativen Selbstdarstellung und externen Beurteilung der bekannten Netzwerke und weiteren Steuerungsinstrumente in diesem Bereich erhebliches Gewicht beigemessen wird. Dies gilt zunächst insbesondere für den United Nations Global Compact (hierzu statt vieler Braun & Pies 2009; Nowrot 2005: 5 ff. m. w. N.) als der nach Aussage des früheren UN-Generalsekretärs Kofi Annan (2004a) „only truly global corporate citizenship initiative", dessen Initiatoren und Mitglieder regelmäßig das Selbstverständnis als pragmatisch und praxisorientiert ausgerichtetes Dialog- und Lernforum betonen und sich damit mehr oder weniger explizit gegen die Entwicklung hin zu einem rechtsverbindlich ausgestalteten Steuerungsregime aussprechen (exemplarisch Kofi Annan 2004b: „There are plenty of fora where lawyers can argue about language. The Compact is not one of them. It is about getting the job done through dialogue, learning and projects. This exclusive focus on the practical side is not always easily understood by those whose profession is to interpret the nuances of words. But I know business leaders understand the importance of action."). Ähnliches gilt, wenngleich in abgeschwächter Form, für die im Jahre 1976 verabschiedeten und zuletzt im Juni 2000 grundlegend modifizierten OECD Guidelines for Multinational Enterprises (Nowrot 2006: 52 ff., 286 ff., m. w. N.), deren nur empfehlender Charakter an prominenter Stelle in ihrem Abschnitt I, Paragraph 1, ausdrücklich von rechtlich durchsetzbaren Verhaltensvorgaben abgegrenzt wird (vgl. Abschnitt I, Paragraph 1 der OECD Guidelines: „The Guidelines are recommendations jointly addressed by governments to multinational enterprises. They provide principles and standards of good practice consistent with applicable laws. Observance of the Guidelines by enterprises is voluntary and not legally enforceable.").

Weiterhin sind auch die ausgesprochen kontrovers geführten Diskurse um die im August 2003 von einer Unterkommission der damaligen UN Commission on Human Rights angenommenen „Norms on the Responsibility of Transnational Corporations and Other Business ‚Enterprises with Regard to Human Rights" (Nowrot 2003: 5 ff.) in zentraler Weise auf den Umstand zurückzuführen, dass dieser Entwurf (jedenfalls nach dem Selbstverständnis seiner Verfasser) längerfristig auf die Verabschiedung als rechtsverbindliches Steuerungsinstrument abzielte und damit

„would have provided NGOs with a powerful campaign tool: declaring certain corporate acts to be ‚illegal' has far greater social purchase, […], than merely claiming
corporate ‚wrongdoing'" (Ruggie 2007: 822).

Schließlich finden sich in den Kommunikationsbeiträgen wiederholt ausdrückliche Appelle für eine „pragmatische" – und damit scheinbar die strikte Unterscheidung zwischen rechtsverbindlichen und außerrechtlichen Verhaltenserwartungen
transzendierende – Vorgehensweise (vgl. beispielsweise den Ansatz eines „prin-
cipled pragmatism" in Commission on Human Rights 2006: paras. 70 ff.). Gleichwohl sind – bei näherer Betrachtung – selbst die diesen pragmatischen Ansätzen
zugrunde liegenden Überlegungen regelmäßig wiederum deutlich in Analysen
der rechtlichen Rahmenbedingungen einerseits und Erörterungen außerrechtlicher
Steuerungsmechanismen andererseits gegliedert (vgl. u. a. Human Rights Council
2007: paras. 10 ff. bzw. 45 ff.; Human Rights Council 2009: para. 62: „But what is desirable for companies to do should not be confused with what is required of them.").

Vor diesem Hintergrund bietet die für die rechtswissenschaftliche Perspektive
prägende Differenzierung zwischen „Recht" und „Nicht-Recht" also auch für die
Kommunikationswissenschaft einen potentiell gewinnbringenden Ansatz als Einordnungsschema und Entschlüsselungsmuster im Bereich der CSR-Kommunikation.

3   Rechtswissenschaftlicher Analysefokus: Funktionale Einheit von CSR und Rechtsnormen

Obgleich CSR sich nach vorliegendem und in der juristischen Literatur ganz überwiegend vertretenem Verständnis als Abgrenzungsbegriff auf außerrechtliche
Verhaltensvorgaben bezieht, sollte hieraus nicht der Schluss gezogen werden, dass
dieses Phänomen auch außerhalb des Analysefokus der Rechtswissenschaft liegt.
Hiergegen spricht nicht allein der Umstand, dass Aktivitäten im Bereich der CSR
wie Verhaltenskodizes, Selbstregulierungsmechanismen und Netzwerke einerseits
sowie Rechtsnormen andererseits – bei allen Unterschieden – auch eine substantielle Anzahl an übereinstimmenden Charakteristika aufweisen. Vielmehr lässt sich in
der Praxis eine wachsende Anzahl an Konstellationen nachweisen, in denen Rechtsnormen und CSR-Instrumente aufgrund gegenseitiger Ergänzung sowie wechselseitiger Einwirkungen aufeinander eine funktionale Einheit bilden.

Hinsichtlich der Gemeinsamkeiten (vgl. hierzu auch Nowrot 2007: 7 ff., m. w. N.)
ist zunächst zu konstatieren, dass sowohl CSR-Instrumente als auch Rechtsnormen
Verhaltenserwartungen festlegen und stabilisieren (allgemein hierzu Luhmann 2008:
80 ff.); bei beiden handelt es sich von ihrem Grundansatz her um Steuerungsinstrumente zur Beeinflussung des Handelns des jeweils von ihnen angesprochenen Ak-
teurskreises. In diesem Zusammenhang werden beide überdies mit dem Anspruch
erarbeitet bzw. verabschiedet, im Prinzip eine effektive Verwirklichung der von
ihnen verfolgten Zwecksetzungen zu ermöglichen (allgemein zum Anspruch auf
Effektivität als Charakteristikum von Rechtsnormen statt vieler Radbruch 1964: 13;

Alexy 1992: 139 ff.; zur Bedeutung der Effektivität als Kriterium für die Bewertung von CSR-Instrumenten u. a. Human Rights Council 2007: paras. 56 ff.).

Weiterhin gleichen sie sich auch insoweit, als nicht nur – naturgemäß – CSR-Instrumente, sondern in wachsendem Umfang auch rechtliche Regelungen hinsichtlich ihrer Implementierungsstrukturen von dem weiter gefassten Ansatz der Rechtsverwirklichung im Unterschied zur traditionellen Rechtsdurchsetzung geprägt sind (eingehender zu dieser Differenzierung Tietje 1998: 132 ff.). Dieser zeichnet sich – im Unterschied zum traditionellen „command and control style of legislation" (Zerk 2006: 36) – durch indirekte Steuerungsmechanismen wie kooperative Strukturen, Berichtsvorgaben sowie insbesondere den Rückgriff auf ökonomische Steuerungsmodelle auf der Basis von Motivationsanreizen aus (zu dieser Entwicklung statt vieler Tietje 2001: 264 ff.; Schmidt-Aßmann 2004: 120 ff.; Sacksofsky 2008; Franzius 2006: 178 ff.). Berücksichtigt man überdies, dass die Erzeugung von rechtsverbindlichen wie anderen Verhaltensvorgaben niemals ein Selbstzweck ist, sondern immer nur ein Mittel zur Erreichung einer weitergehenden Zwecksetzung darstellt (Kirchhof 1987: 116), so ist in Bezug auf vorhandene Gemeinsamkeiten schließlich ebenfalls hervorzuheben, dass beide Arten von Steuerungsinstrumenten im Grundsatz werteorientiert sind, indem sie übereinstimmend auf die Verwirklichung von Gemeinwohlbelangen ausgerichtet sind (vgl. zur Verwirklichung von Gemeinwohlbelangen als einem zentralen Charakteristikum von Rechtsnormen statt vieler Häberle 2006: 17 ff.; Allott 1998: 395 ff.; Nowrot 2006: 486 ff.; hinsichtlich der Bedeutung dieser Zwecksetzung im Rahmen von privaten Selbststeuerungsmechanismen der CSR u. a. Wolf 2005: 53).

Insbesondere vor dem Hintergrund dieser Gemeinsamkeiten findet in der rechtswissenschaftlichen Diskussion vor allem das Phänomen sich herausbildender Verbindungslinien zwischen Rechtsnormen und CSR-Instrumenten in jüngerer Zeit zunehmende Berücksichtigung. Im Hinblick auf eine Systematisierung der diesbezüglichen Forschungsansätze und -befunde verdienen insbesondere drei Gesichtspunkte nähere Beachtung.

Zunächst kann in diesem Zusammenhang auf das Phänomen der wechselseitigen Einwirkungen von CSR-Instrumenten und rechtlichen Ordnungsstrukturen aufeinander hinsichtlich der zu verwirklichenden Gemeinwohlbelange verwiesen werden. Im Rahmen dieser Prozesse bilden einerseits die Normen des nationalen und internationalen Rechts, welche grundsätzlich Einschränkungen in Bezug auf ihren personellen und/oder territorialen Anwendungsbereich unterliegen, und die in ihnen niedergelegten Wertsetzungen vielfach auch die Grundlage der von CSR-Instrumenten verfolgten Zwecksetzungen. Häufig ist es sogar primär die zugrunde liegende Motivation der Steuerungsmechanismen aus dem Bereich der CSR, den begrenzten Anwendungsbereich entsprechender Rechtsnormen auf außerrechtlicher Ebene zu erweitern (Nowrot 2007: 9; Buhmann 2006: 189 ff.; Daugareilh 2008: 65, 67 ff.). Der Steuerungsansatz vieler CSR-Instrumente, die Wertsetzungen des internationalen Rechtsregimes zum Schutz der Menschenrechte – welches von seinem Anwendungsbereich her gegenwärtig noch primär an Staaten adressiert ist – in die sozialen Verhaltenserwartungen an nichtstaatliche Akteure wie insbesondere transnationale Unternehmen zu inkorporieren, bildet nur ein, wenngleich seit einiger Zeit besonders intensiv und kontrovers diskutiertes Beispiel.

Andererseits lassen sich aber auch – und dies verdeutlicht die Wechselseitigkeit der Einwirkungspotentiale – Entwicklungsprozesse nachweisen, in denen die Identifizierung sowie Verwirklichung von bestimmten öffentlichen Interessen zunächst ausschließlich auf der Basis von CSR-Instrumenten erfolgen und erst zu einem späteren Zeitpunkt auch in Rechtsnormen ihren Niederschlag finden. Kennzeichnend für diese Konstellationen ist nicht eine Erweiterung des Anwendungsbereichs von Rechtsnormen, sondern vielmehr die Übertragung der zugrunde liegenden Verhaltenserwartung vom außerrechtlichen in den rechtlichen Bereich. Die Entwicklung der Thematik „Korruption im Ausland" stellt ein anschauliches Beispiel für einen solchen Transformationsprozess dar. Die Kampagne gegen diese Form der Korruption wurde in Europa zunächst fast ausschließlich von Organisationen der Zivilgesellschaft auf der Grundlage von CSR-Instrumenten getragen und führte erst nachfolgend zur Verabschiedung entsprechender völkerrechtlicher Übereinkommen sowie gesetzlicher Regelungen auf innerstaatlicher Ebene (vgl. u. a. Reinhardt-Salcinovic 2006).

Über diese wechselseitigen Einwirkungen hinaus gehend lassen sich weiterhin in wachsendem Umfang aber auch noch engere Verbindungsstrukturen in Gestalt von Verzahnungen zwischen rechtlichen Ordnungsstrukturen und CSR-Instrumenten nachweisen. Die so zu charakterisierenden Konstellationen in der Rechtspraxis sind vielgestaltig. Beispielhaft sei hier zunächst auf die insbesondere in jüngster Zeit zu beobachtende Praxis von Unternehmen mit Hauptsitz in Industriestaaten hingewiesen, zur Vermeidung entsprechender negativer „reputational consequences" (hierzu u. a. Bhagwati 2003: 35; Cloghesy 2004: 325) ihre Zulieferbetriebe speziell in Entwicklungsländern auf vertraglicher Basis zur Einhaltung ihrer eigenen – und zunächst für sich genommen rechtlich unverbindlichen – Codes of Conduct zu verpflichten (eingehender McBarnet & Kurkchiyan 2007; zur Beurteilung der seit einiger Zeit äußerst populären unternehmenseigenen Verhaltenskodizes als Selbstregulierungsmechanismen aus rechtswissenschaftlicher Perspektive statt vieler Nowrot 2009: 113 f.).

Hinsichtlich der Steuerungswirkung von wenigstens ebenso großer praktischer Bedeutung sind darüber hinaus die Ansätze von Seiten vieler Staaten, unter Rückgriff auf die bereits angeführten ökonomischen Steuerungsmechanismen bzw. einer indirekten Steuerung durch Anreizstrukturen die Wahrnehmung sozialer Verantwortung durch Unternehmen über die rechtsverbindlichen Verhaltensvorgaben hinaus zu fördern. Ein prägnantes Beispiel hierfür bildet die Einbeziehung so genannter „beschaffungsfremder Kriterien" bzw. Sekundärzwecke wie unter anderem die Bekämpfung von Kinderarbeit oder Umweltschutzförderung in Verfahren der öffentlichen Auftragsvergabe (hierzu McCrudden 2007; Ruthig & Storr 2008: 462 f.). Schließlich ist im Zusammenhang mit dem Phänomen einer wachsenden Verzahnung von CSR-Instrumenten und Rechtsnormen noch auf die in einer Reihe von Staaten – hierunter auf der Grundlage von § 5 Abs. 1 Nr. 6 UWG nunmehr ausdrücklich auch in Deutschland (vgl. vorher bereits Kocher 2005) – prinzipiell eröffnete Möglichkeit hinzuweisen, mit den Mitteln des Wettbewerbsrechts einen Verstoß gegen recht-lich zunächst einmal unverbindliche unternehmenseigene Verhaltenskodizes nach den Grundsätzen des so genannten „false/misleading advertising" gerichtlich gel-tend zu machen (vgl. u. a. Glinski 2007: 126 ff.; Kocher 2005; De Schutter 2008: 232 ff.).

Schließlich findet aber auch unabhängig von der Herausbildung entsprechender Verzahnungsstrukturen das bedeutende und oftmals sogar als normativ erheb-lich zu qualifizierende Steuerungspotential von CSR-Instrumenten in rechtswis-senschaftlichen Publikationen zunehmende Beachtung. Dies gilt zunächst für den innerstaatlichen Bereich, wie unter anderem das Phänomen des so genannten „in-formalen Handelns" im Verfassungs- und Verwaltungsrecht (Schoch 2005; Fehling 2008) sowie die normvermeidenden bzw. normersetzenden Absprachen zwischen dem Staat und privaten Wirtschaftssubjekten (Di Fabio 1997; Michael 2002: 17 ff.) verdeutlichen, welche gemeinsam mit einer Vielzahl weiterer Phänomene zur Her-ausbildung von „überwiegend kooperativ zustandegekommene[n] Normzwischen-schichten" (Di Fabio 1998: 454) führen.

In erster Linie trifft dies allerdings auf die normative Steuerung auf internationa-ler Ebene zu, welche im Grundsatz schon seit Entstehung des internationalen Sys-tems in vielschichtiger Weise gerade auch durch Verhaltensvorgaben geprägt ist, die sich nicht ohne Weiteres auf die traditionellen Rechtssetzungsprozesse im engeren Sinne zurückführen lassen (Delbrück 1989: 358 ff.; Tietje 2003: 31 ff.). Ihren Ausdruck finden diese zunehmend verschwimmenden Grenzen zwischen rechtsverbind-lichen und – unter Einschluss von CSR-Instrumenten – außerrechtlichen Steue-rungsmechanismen im internationalen System (hierzu statt vieler Shelton 2000: 10; Verdross & Simma 1984: § 657) vor allem im Phänomen des so genannten „soft law". Unter diesem Begriff werden in der Praxis sowie in der juristischen Literatur solche Rechtserscheinungen zusammengefasst, welche sich – wie beispielsweise Verhal-tenskodizes für Unternehmen – gerade durch ihren zunächst für sich genommen rechtlich unverbindlichen und damit „weichen" Charakter auszeichnen (Nowrot 2009: 102 ff., m. w. N.). Trotz ihres außerrechtlichen Status' bringt gleichwohl bereits die Qualifizierung als „soft law" zum Ausdruck, dass ihnen nach ganz überwie-gender Auffassung als Mechanismen der Verhaltenssteuerung – unter anderem aufgrund der von ihnen ausgehenden rechtsgestaltenden Wirkungen sowie ihrer rechtsstützenden und -ergänzenden Funktionen – in erheblichem Umfang auch normative Relevanz zukommt (exemplarisch Möllers 2008b: 242: „Im internationa-len Recht hat sich mit Blick auf soft law vielmehr die Einsicht durchgesetzt, dass die Durchsetzungschance einer Norm völlig unabhängig von der Frage zu beurteilen ist, ob diese Norm eine juristisch anerkennenswerte Rechtsbindung beanspruchen kann oder nicht."; vgl. überdies statt vieler Tietje 2001: 257 ff.; Nowrot 2009: 105 ff.).

Von besonderer Bedeutung sind die von „soft law" ausgehenden Steuerungswir-kungen hierbei natürlich in den Fällen, in denen Unternehmen ihre wirtschaftlichen Aktivitäten in Staaten entfalten, welche nicht den Mindestansprüchen universaler Rechtsstaatlichkeit entsprechen. In einem solchen, gerade auch von lediglich frag-mentarischen, inhaltlich unzureichenden und in der Praxis oftmals nicht effektiv durchgesetzten rechtlichen Rahmenbedingungen gekennzeichneten Umfeld kann

CSR-Instrumenten sogar die Aufgabe zukommen, im Sinne einer rechtsordnungsersetzenden Funktion anstelle von Rechtsnormen den alleinigen Orientierungsmaß-
stab für Verhaltensvorgaben an Unternehmen zu bilden (hierzu Nowrot 2007: 14 ff.).

Vor dem Hintergrund dieser wechselseitigen Einwirkungen aufeinander, der zunehmenden Herausbildung von Verzahnungsstrukturen sowie den rechtsstützenden und in einigen Konstellationen sogar rechtsordnungsersetzenden Funktionen
kann bei aller gebotenen Zurückhaltung konstatiert werden, dass nicht allein die
verschiedenen Rechtsordnungen untereinander (vgl. zu der in der rechtswissenschaftlichen Literatur zu Recht zunehmend betonten Herausbildung einer funktionalen Einheit aus innerstaatlichem und internationalem Recht insbesondere Thürer
1999; Tietje 2001: 640 ff.), sondern in wachsendem Umfang auch Rechtsnormen und
CSR-Instrumente hinsichtlich der Verhaltenssteuerung von Unternehmen insgesamt eine funktionale Einheit bilden.

4   CSR als interdisziplinärer Verbundbegriff

Wie dargelegt, setzt sich auch die Rechtswissenschaft im Grundsatz schon seit
Längerem, insbesondere aber in jüngerer Zeit mit dem Konzept der CSR im Allgemeinen und seinem Verhältnis zu rechtsverbindlichen Ordnungsstrukturen im
Besonderen auseinander. Überdies ist deutlich geworden, dass der für die Rechtswissenschaft charakteristischen binären Differenzierung zwischen „Recht" und
„Nicht-Recht" im Rahmen der vielfältigen CSR-Kommunikationen eine erhebliche
Bedeutung zuzumessen ist und vor diesem Hintergrund gerade auch für die Kommunikationswissenschaft ein potentiell erkenntnisförderndes Einordnungsschema
und Entschlüsselungsmuster bietet.

Trotz dieser bereits erzielten Forschungserkenntnisse steht außer Frage, dass sich
bereits aus dem überaus dynamischen Charakter dieses Phänomens in der Praxis
das Erfordernis einer fortgesetzten Forschungstätigkeit in diesem Bereich ergibt.
Eine kontinuierliche Analyse der entsprechenden Entwicklungen in der CSR-Praxis
stellt jedoch nicht die einzige Aufgabe dar. Aufgrund der Feststellung, dass – wie
es Armin von Bogdandy in deutlicher Anlehnung an Immanuel Kant prägnant formuliert hat – es „seit jeher der Ehrgeiz der Wissenschaften" ist, das „Mannigfaltige
unter einer Idee zu einem System zu ordnen" (von Bogdandy 1999: 9; vgl. auch bereits Kant 1791: 860), ist einer Systematisierung und dogmatischen Durchdringung
der CSR-Instrumente aus wissenschaftlicher Perspektive eine wenigstens ebenso
große Bedeutung beizumessen. In diesem Zusammenhang bilden sowohl die dargelegten Befunde wechselseitiger Einwirkungsstrukturen und sogar Verzahnungen, als auch die übergreifende konzeptionelle Erfassung mittels der Ordnungsidee
einer funktionalen Einheit aus Rechtsnormen und CSR-Instrumenten konkrete
Ansatzpunkte für zukünftige systematisierende Forschungsarbeit im Bereich der
Rechtswissenschaft.

Existiert also bereits bezogen auf die Jurisprudenz – und damit aus disziplinärer
Perspektive – gegenwärtig noch ein hinreichender Analyse- und Systematisierungs-

bedarf auf dem Gebiet der CSR, so ist doch abschließend in diesem Zusammenhang auch die Notwendigkeit einer weiteren Intensivierung des fachübergreifenden Diskurses über dieses Phänomen hervorzuheben. Trotz aller schon verschiedentlich dargelegten Herausforderungen, welche mit einem interdisziplinären Untersuchungsansatz verbunden sind (hierzu aus rechtswissenschaftlicher Perspektive statt vieler Möllers & Voßkuhle 2003: 329 m. w. N.), erscheint eine solche Vorgehensweise in Bezug auf die Erfassung des Konzepts der CSR in besonderer Weise gerechtfertigt (zur grundsätzlichen Notwendigkeit der Rechtfertigung eines interdisziplinären Vorgehens exemplarisch Schmidt-Aßmann 1995: 7: „Auch sonst ist Nüchternheit geboten: Interdisziplinarität ist nicht das Normale; sie hat sich durch den Nachweis von Defiziten der disziplinären Forschung zu legitimieren. Disziplinarität ist ein zentrales Strukturmerkmal von Wissenschaft.").

Die CSR zeichnet sich nicht nur durch die Entwicklung innovativer Mechanismen der Verhaltenssteuerung aus (allgemein zum Zusammenhang zwischen Innovationen und der „Notwendigkeit transdisziplinärer Offenheit" aus rechtswissenschaftlicher Perspektive Hoffmann-Riem 2006: 269). Vielmehr ist dieser vielschichtige Steuerungsansatz in besonderer Weise durch das Ineinandergreifen von unter anderem sozialwissenschaftlichen, philosophischen, wirtschafts- und rechtswissenschaftlichen Fragestellungen gekennzeichnet (vgl. angesichts dieses Umstandes beispielhaft das Plädoyer für eine „‚Multikulturalität' der Wissenschaftlergemeinschaft" von Hoffmann-Riem 1999: 101: „Komplexe Probleme brauchen vielfältige Ansätze der Analyse und Verarbeitung. [...] Transdisziplinäre Interaktion der Wissenschaften und gegebenenfalls Kooperation der Wissenschaftler miteinander erlauben den Zugriff auf das Erkenntnisarsenal der je anderen Teilwissenschaften, also auf die Gesamtheit der Arbeit der multidisziplinären *scientific community*.").

Vor diesem Hintergrund lässt sich CSR als ein geradezu idealtypisches Beispiel für einen „interdisziplinären Verbundbegriff" bzw. „Schlüsselbegriff" qualifizieren (allgemein hierzu Voßkuhle 2006: 35 ff., m. w. N.). Diese Begriffe dienen nicht nur „dem jeweiligen Fachdiskurs als Katalysator" (Trute 1999: 13; Schuppert 2000: 46), sondern zeichnen sich in zentraler Weise durch ihre Eigenschaft aus, „verschiedene disziplinäre Fachdiskurse und ihre Ergebnisse miteinander zu verkoppeln" (Trute 1999: 14; vgl. auch u. a. Voßkuhle 2001: 504 f.) und auf diese Weise hinsichtlich des Untersuchungsgegenstandes „verschiedene Perspektiven zusammenzuführen (Vernetzungsfunktion)" (Voßkuhle 2006: 35). Die diesen Termini somit immanente „Erschließungsfunktion" (Denninger 1985: 290; Baer 2004: 225) sollte gerade auch bei der Analyse der unter dem Begriff der CSR zusammengefassten Steuerungsmechanismen zukünftig in noch stärkerem Maße Berücksichtigung finden. Auf der Grundlage einer ausschließlich disziplinären und somit von ihrer methodischen Ausrichtung grundsätzlich eindimensionalen Vorgehensweise kann schlechthin keine umfassende und damit allein angemessene Grundlegung des facettenreichen Phänomens der CSR gelingen. CSR ist ein genuin interdisziplinärer Themenbereich, welcher vor diesem Hintergrund notwendigerweise eines ebensolchen Wissenschaftsdiskurses bedarf.

Literatur

Aaronson, S. A. (2007). A Match Made in the Corporate and Public Interest: Marrying Voluntary CSR Initiatives and the WTO. *Journal of World Trade, 41*, 629–659.

Aaronson, S. A. (2002). Global Corporate Social Responsibility Pressures and the Failure to Develop Universal Rules to Govern Investors and States. *Journal of World Investment, 3*, 487–505.

Alexy, R. (1992). *Begriff und Geltung des Rechts.* Freiburg & München: Karl Alber.

Allott, P. (1998). The True Function of Law in the International Community. *Indiana Journal of Global Legal Studies, 5*, 391–413.

Annan, K. (2004a). Rede des UN-Generalsekretärs anlässlich der Etablierung des Global Compact in Ägypten, UN Press Release SG/SM/9152 v. 09.02.2004.

Annan, K. (2004b). Rede des UN-Generalsekretärs bei einem Treffen mit Vorstandsvorsitzenden in Davos am 25. Januar 2004, UN Press Release SG/SM/9135 v. 02.09.2004.

Baer, S. (2004). Schlüsselbegriffe, Typen und Leitbilder als Erkenntnismittel und ihr Verhältnis zur Rechtsdogmatik. In E. Schmidt-Aßmann, & W. Hoffmann-Riem (Hrsg.), *Methoden der Verwaltungsrechtswissenschaft* (S. 223–251). Baden-Baden: Nomos.

Besmer, V. (2006). The Legal Character of Private Codes of Conduct: More than just a Pseudo-Formal Gloss on Corporate Social Responsibility. *Hastings Business Law Journal, 2*, 279–306.

Bhagwati, J. (2003). Coping with Anti-Globalization. In H. Siebert (Hrsg.), *Global Governance: An Architecture for the World Economy* (S. 23–41). Berlin: Springer.

Böckenförde, E.-W. (1983). Die Eigenart des Staatsrechts und der Staatsrechtswissenschaft. In N. Achterberg, W. Krawietz, & D. Wyduckel (Hrsg.), *Recht und Staat im sozialen Wandel – Festschrift für Hans Ulrich Scupin zum 80. Geburtstag* (S. 317–331). Berlin: Duncker & Humblot.

von Bogdandy, A. (1999). *Supranationaler Föderalismus als Wirklichkeit und Idee einer neuen Herrschaftsform.* Baden-Baden: Nomos.

Braun, J., & Pies, I. (2009). United Nations Global Compact. In C. Tietje, & A. Brouder (Hrsg.), *Handbook of Transnational Economic Governance Regimes* (S. 253–265). Leiden, Boston: Martinus Nijhoff.

Buhmann, K. (2006). Corporate Social Responsibility: What Role for Law? Some Aspects of Law and CSR. *Corporate Governance, 6*, 188–202.

Burckhardt, W. (1936). *Methode und System des Rechts.* Zürich: Polygraph.

Campbell, T. (2007). The Normative Grounding of Corporate Social Responsibility: A Human Rights Approach. In D. McBarnet, A. Voiculescu, & T. Campell (Hrsg.), *The New Corporate Accountability* (S. 529–564). Cambridge: Cambridge University Press.

Clapham, A. (2006). *Human Rights Obligations of Non-State Actors.* Oxford: Oxford University Press.

Cloghesy, M. E. (2004). A Corporate Perspective on Globalisation, Sustainable Development, and Soft Law. In J. J. Kirton, & M. J. Trebilcock (Hrsg.), *Hard Choices, Soft Law – Voluntary Standards in Global Trade, Environment and Social Governance* (S. 323–328). Aldershot, Burlington: Ashgate.

Commission on Human Rights (2006). Interim Report of the Special Representative of the Secretary-General on the Issue of Human Rights and Transnational Corporations and other Business Enterprises, UN Doc. E/CN.4/2006/97 v. 22.02.2006.

Conley, J. M., & Williams, C. A. (2005). Engage, Embed, and Embellish: Theory Versus Practice in the Corporate Social Responsibility Movement. *Journal of Corporation Law, 31*, 1–38.

Daugareilh, I. (2008). Corporate Norms on Corporate Social Responsibility and International Norms. In: International Institute for Labour Studies (Hrsg.), *Governance, International Law & Corporate Social Responsibility* (S. 63–78). Geneva: International Labour Organization.

Delbrück, J. (1989). Die Entwicklung außerrechtlicher internationaler Verhaltensnormen unter den Bedingungen nuklearer Abschreckung. In U. Nerlich, & T. Rendtorff (Hrsg.), *Nukleare Abschreckung – Politische und ethische Interpretationen einer neuen Realität* (S. 353–377). Baden-Baden: Nomos.

Denninger, E. (1985). Verfassungsrechtliche Schlüsselbegriffe. In C. Broda, E. Deutsch, H.-L. Schreiber, & H.-J. Vogel (Hrsg.), *Festschrift für Rudolf Wassermann* (S. 279–298). Neuwied, Darmstadt: Luchterhand.

Di Fabio, U. (1997). Selbstverpflichtungen der Wirtschaft – Grenzgänger zwischen Freiheit und Zwang. *JuristenZeitung, 52*, 969–974.

Di Fabio, U. (1998). Verlust der Steuerungskraft klassischer Rechtsquellen. *Neue Zeitschrift für Sozialrecht, 7*, 449–455.

Dine, J. (2005). *Companies, International Trade and Human Rights.* Cambridge: Cambridge University Press.

Empt, M. (2004). *Corporate Social Responsibility – Das Ermessen des Managements zur Berücksichtigung von Nichtaktionärsinteressen im US-amerikanischen und deutschen Aktienrecht.* Berlin: Duncker & Humblot.

Engel, D. L. (1979). An Approach to Corporate Social Responsibility. *Stanford Law Review, 32*, 1–98.

Fehling, M. (2008). Informelles Verwaltungshandeln. In W. Hoffmann-Riem, E. Schmidt-Aßmann, & A. Voßkuhle (Hrsg.), *Grundlagen des Verwaltungsrechts*, Bd. II (S. 1341–1403). München: Beck.

Förster, C. (2008). Soziale Verantwortung von Unternehmen rechtlich reguliert – Corporate Social Responsibility (CSR) auf dem Prüfstand. *Recht der Internationalen Wirtschaft, 54*, 833–840.

Franzius, C. (2006). Modalitäten und Wirkungsfaktoren der Steuerung durch Recht. In W. Hoffmann-Riem, E. Schmidt-Aßmann, & A. Voßkuhle (Hrsg.), *Grundlagen des Verwaltungsrechts*, Bd. I (S. 177–237). München: Beck.

G8 (2007). G8 Summit 2007 Declaration „Growth and Responsibility in the World Economy" v. 07.06.2007, URL: http://www.g-8.de/Content/EN/Artikel/__g8-summit/anlagen/. Zugriff am 10.10.2009.

Genasci, M., & Pray, S. (2008). Extracting Accountability: The Implications of the Resource Curse for CSR Theory and Practice. *Yale Human Rights & Development Law Journal, 11*, 37–58.

Glinski, C. (2007). Corporate Codes of Conduct: Moral or Legal Obligation?. In D. McBarnet, A. Voiculescu, & T. Campell (Hrsg.), *The New Corporate Accountability* (S. 119–147). Cambridge: Cambridge University Press.

Häberle, P. (2006). *Öffentliches Interesse als juristisches Problem* (2. Aufl.). Berlin: Berliner Wissenschafts-Verlag.

Herrmann, K. K. (2004). Corporate Social Responsibility and Sustainable Development: The European Union Initiative as a Case Study. *Indiana Journal of Global Legal Studies, 11*, 205–232.

Hoffmann-Riem, W. (1999). Sozialwissenschaften im Verwaltungsrecht: Kommunikation in einer multidisziplinären Community. *Die Wissenschaft vom Verwaltungsrecht, Die Verwaltung*, Beiheft 2 (83–102). Berlin: Duncker & Humblot.

Hoffmann-Riem, W. (2005). Governance im Gewährleistungsstaat. In G. F. Schuppert (Hrsg.), *Governance-Forschung* (S. 195–219). Baden-Baden: Nomos.

Hoffmann-Riem, W. (2006). Innovationsoffenheit und Innovationsverantwortung durch Recht – Aufgaben rechtswissenschaftlicher Innovationsforschung. *Archiv des öffentlichen Rechts, 131*, 255–277.

Hossain, K. (2004). International Law and Corporate Social Responsibility. In International Law Association (Hrsg.), *Report of the Seventy-First Session held in Berlin 16–21 August 2004* (S. 437–440). London.

Huber, P. M. (2005). Demokratie in Europa – Zusammenfassung und Ausblick. In H. Bauer, P. M. Huber, & K.-P. Sommermann (Hrsg.), *Demokratie in Europa* (S. 491–512). Tübingen: Mohr Siebeck.

Hüttemann, R. (2009). Steuerliche Aspekte der Corporate Social Responsibility von Unternehmen. In W. Spindler, K. Tipke, & T. Rödder (Hrsg.), *Steuerzentrierte Rechtsberatung – Festschrift für Harald Schaumburg zum 65. Geburtstag* (S. 405–421). Köln: Schmidt.

Human Rights Council (2007). Business and Human Rights: Mapping International Standards of Responsibility and Accountability for Corporate Acts, Report of the Special Representative of the Secretary-General (SRSG) on the Issue of Human Rights and Transnational Corporations and other Business Enterprises, UN Doc. A/HRC/4/035 v. 09.02.2007.

Human Rights Council (2009). Business and Human Rights: Towards Operationalizing the „Protect, Respect and Remedy" Framework, Report of the Special Representative of the Secretary-General on the Issue of Human Rights and Transnational Corporations and other Business Enterprises, UN Doc. A/HRC/11/13 v. 22.04.2009.

International Chamber of Commerce (2007). Policy Statement „The Role of the United Nations in Promoting Corporate Responsibility", Doc. 141/86 rev. 2 final v. 21.06.2007, URL: http://www.iccwbo.org/uploadedFiles/ICC/policy/business_in_society/Statements/141-86%20rev2%20final.pdf. Zugriff am 10.10.2009.

de Jonge, A. (2008). Corporate Social Responsibility: An International Law Perspective. In G. G. S. Suder (Hrsg.), *International Business under Adversity* (S. 25–46). Cheltenham &Northampton: Edward Elgar.

Kant, I. (1791). *Kritik der reinen Vernunft* (3. Aufl.). Riga: Hartknoch.

Kelsen, H. (1960). *Reine Rechtslehre* (2. Aufl.). Wien: Deuticke.

Kinley, D., Nolan, J., & Zerial, N. (2007). The Politics of Corporate Social Responsibility: Reflections on the United Nations Human Rights Norms for Corporations. *Company and Securities Law Journal, 25*, 30–42.

Kirchhof, F. (1987). *Private Rechtsetzung*. Berlin: Duncker & Humblot.

Kocher, E. (2005). Unternehmerische Selbstverpflichtungen im Wettbewerb: Die Transformation von „soft law" in „hard law" durch das Wettbewerbsrecht. *Gewerblicher Rechtsschutz und Urheberrecht, 107*, 647–652.

Kommission der Europäischen Gemeinschaften (2001). Grünbuch – Europäische Rahmenbedingungen für die soziale Verantwortung der Unternehmen, KOM (2001) 366 endg.

Kurucz, E. C., B. A. Colbert, & D. Wheeler (2008). The Business Case for Corporate Social Responsibility. In A. Crane, A. McWilliams, D. Matten, J. Moon, & D. S. Siegel (Hrsg.), *Corporate Social Responsibility* (S. 83–112). Oxford: Oxford University Press.

Kyte, R. (2008). Balancing Rights with Responsibilities: Looking for the Global Drivers of Materiality in Corporate Social Responsibility and the Voluntary Initiatives that Develop and Support them. *American University International Law Review, 23*, 559–576.

Larenz, K. (1991). *Methodenlehre der Rechtswissenschaft* (6. Aufl.). Berlin u. a.: Springer.

Lepsius, O. (1999). *Steuerungsdiskussion, Systemtheorie und Parlamentarismuskritik.* Tübingen: Mohr Siebeck.

Luhmann, N. (2008). *Rechtssoziologie* (4. Aufl.). Wiesbaden: VS Verlag.

MacLeod, S. (2007). Reconciling Regulatory Approaches to Corporate Social Responsibility: The European Union, OECD and United Nations Compared. *European Public Law, 13*, 671–702.

McBarnet, D. (2007). Corporate Social Responsibility beyond Law, through Law, for Law: The New Corporate Accountability. In D. McBarnet, A. Voiculescu, & T. Campell (Hrsg.), *The New Corporate Accountability* (S. 9–56). Cambridge: Cambridge University Press.

McBarnet, D., & Kurkchiyan, M. (2007). Corporate Social Responsibility through Contractual Control? Global Supply Chains and ‚Other-Regulation'. In D. McBarnet, A. Voiculescu, & T. Campell (Hrsg.), *The New Corporate Accountability* (S. 59–92). Cambridge: Cambridge University Press.

McCrudden, C. (2007). Corporate Social Responsibility and Public Procurement. In D. McBarnet, A. Voiculescu, & T. Campell (Hrsg.), *The New Corporate Accountability* (S. 93–118). Cambridge: Cambridge University Press.

McInerney, T. (2007). Putting Regulation before Responsibility: Towards Binding Norms of Corporate Social Responsibility. *Cornell International Law Journal, 40*, 171–200.

Michael, L. (2002). *Rechtsetzende Gewalt im kooperierenden Verfassungsstaat – Normprägende und normersetzende Absprachen zwischen Staat und Wirtschaft.* Berlin: Duncker & Humblot.

Möllers, C. (2008a). Vorüberlegungen zu einer Wissenschaftstheorie des öffentlichen Rechts. In M. Jestaedt, & O. Lepsius (Hrsg.), *Rechtswissenschaftstheorie* (S. 151–174). Tübingen: Mohr Siebeck.

Möllers, C. (2008b). Die Governance-Konstellation: Transnationale Beobachtung durch öffentliches Recht. In G. F. Schuppert, & M. Zürn (Hrsg.), *Governance in einer sich wandelnden Welt* (S. 238–256). Wiesbaden: VS Verlag.

Möllers, C., & Voßkuhle, A. (2003). Die deutsche Staatsrechtswissenschaft im Zusammenhang der internationalisierten Wissenschaften. *Die Verwaltung, 36*, 321–332.

Morgera, E. (2009). *Corporate Accountability in International Environmental Law.* Oxford: Oxford University Press.

Morlok, M. (1988). *Was heißt und zu welchem Ende studiert man Verfassungstheorie?.* Berlin: Duncker & Humblot.

Morlok, M. (2007). Reflexionsdefizite in der deutschen Staatsrechtslehre. In H. Schulze-Fielitz (Hrsg.), *Staatsrechtslehre als Wissenschaft* (S. 49–77). Berlin: Duncker & Humblot.

Muchlinski, P. (2003). The Development of Human Rights Responsibilities for Multinational Enterprises. In R. Sullivan (Hrsg.), *Business and Human Rights – Dilemmas and Solutions* (S. 33–51). Sheffield: Greenleaf.

Muchlinski, P. (2008). Corporate Social Responsibility. In P. Muchlinski, F. Ortino, & C. Schreuer (Hrsg.), *International Investment Law* (S. 637–687). Oxford: Oxford University Press.

Neal, A. C. (2008). Corporate Social Responsibility: Governance Gain or Laissez-Faire Figleaf?. *Comparative Labor Law & Policy Journal, 29*, 459–474.

Norwegian Ministry of Foreign Affairs (2009). Corporate Social Responsibility in a Global Economy, Report No. 10 (2008–2009) to the Storting v. 23. Januar 2009, URL: http://www.regjeringen.no/pages/2203320/PDFS/STM200820090010000EN_PDFS.pdf. Zugriff am 10.10.2009.

Nowrot, K. (2003). *Die UN-Norms on the Responsibiltiy of Transnational Corporations and Other Business Enterprises with Regard to Human Rights – Gelungener Beitrag zur transnationalen Rechtsverwirklichung oder das Ende des Global Compact?.* Halle an der Saale: Institut für Wirtschaftsrecht.

Nowrot, K. (2005). *The New Governance Structure of the Global Compact.* Halle an der Saale: Institut für Wirtschaftsrecht.

Nowrot, K. (2006). *Normative Ordnungsstruktur und private Wirkungsmacht.* Berlin: Berliner Wissenschafts-Verlag

Nowrot, K. (2007). *The Relationship between National Legal Regulations and CSR Instruments: Complementary or Exclusionary Approaches to Good Corporate Citizenship?.* Halle an der Saale: Institut für Wirtschaftsrecht.

Nowrot, K. (2009). Steuerungssubjekte und -mechanismen im Internationalen Wirtschaftsrecht (einschließlich regionale Wirtschaftsintegration). In C. Tietje (Hrsg.), *Internationales Wirtschaftsrecht* (S. 61–144). Berlin: De Gruyter Recht.

Pernthaler, P. (1996). *Allgemeine Staatslehre und Verfassungslehre* (2. Aufl.). Wien & New York: Springer.

Radbruch, G. (1964). *Einführung in die Rechtswissenschaft* (11. Aufl.). Stuttgart: Koehler.

Reinhardt-Salcinovic, A. (2006). *Informelle Strategien zur Korruptionsbekämpfung – Der Einfluss von Nichtregierungsorganisationen am Beispiel von Transparency International.* Halle an der Saale: Institut für Wirtschaftsrecht.

Reinisch, A. (2009). Internationales Investitionsschutzrecht. In C. Tietje (Hrsg.), *Internationales Wirtschaftsrecht* (S. 346–374). Berlin: De Gruyter Recht.

Rüthers, B. (2008). *Rechtstheorie* (4. Aufl.). München: C. H. Beck.

Ruggie, J. G. (2005). Opening Remarks at the Wilton Park Conference „Business and Human Rights: Advancing the Agenda", 10.–12. Oktober 2005, URL: http://www.unglobalcompact.org/NewsandEvents/news_archives/2005_10_16.html. Zugriff am 10.10.2009.

Ruggie, J. G. (2007). Business and Human Rights: The Evolving International Agenda. *American Journal of International Law, 101,* 819–840.

Ruthig, J., & Storr, S. (2008). *Öffentliches Wirtschaftsrecht* (2. Aufl.). Heidelberg: C. F. Müller.

Sacksofsky, U. (2008). Anreize. In W. Hoffmann-Riem, E. Schmidt-Aßmann, & A. Voßkuhle (Hrsg.), *Grundlagen des Verwaltungsrechts,* Bd. II (S. 1459–1517). München: Beck.

Schmidt-Aßmann, E. (1995). Zur Situation der rechtswissenschaftlichen Forschung. *JuristenZeitung, 50,* 2–10.

Schmidt-Aßmann, E. (2004). *Das allgemeine Verwaltungsrecht als Ordnungsidee* (2. Aufl.). Berlin & Heidelberg: Springer.

Schoch, F. (2005). Entformalisierung staatlichen Handelns. In J. Isensee, & P. Kirchhof (Hrsg.), *Handbuch des Staatsrechts der Bundesrepublik Deutschland,* Bd. III (3. Aufl.) (S. 131–227). Heidelberg: C. F. Müller.

Schuppert, G. F. (2000). *Verwaltungswissenschaft.* Baden-Baden: Nomos.

De Schutter, O. (2008). Corporate Social Responsibility European Style. *European Law Journal, 14,* 203–236.

Seeger, M. W., & Hipfel, S. J. (2007). Legal versus Ethical Arguments: Contexts of Corporate Social Responsibility. In S. K. May, G. Cheney, & J. Roper (Hrsg.), *The Debate over Corporate Social Responsibility* (S. 155–166). Oxford: Oxford University Press.

Shelton, D. (2000). Law, Non-Law and the Problem of ‚Soft Law'. In dies. (Hrsg.), *Commitment and Compliance – The Role of Non-Binding Norms in the International Legal System* (S. 1–18). Oxford: Oxford University Press.

Sornarajah, M. (2004). Good Corporate Citizenship and the Conduct of Multinational Corporations. In J. Chen, & G. Walker (Hrsg.), *Balancing Act: Law, Policy and Politics in Globalisation and Global Trade* (S. 224–250). Leichhardt: The Federation Press.

Spießhofer, B. (2009. Corporate (Social) Responsibility – auch ein Thema für Anwälte?. *Anwaltsblatt,* 94–95.

Spindler, G. (2008). Kommentierung zu § 76 AktG. In W. Goette, & M. Habersack (Hrsg.), *Münchener Kommentar zum Aktiengesetz,* Bd. 2 (3. Aufl.). München: Beck &Franz Vahlen.

Steurer, R., & Tiroch, M. (2009). Corporate Social Responsibility (CSR) in Österreich: Wie substanziell ist der freiwillige Beitrag der Wirtschaft zu einer nachhaltigen Entwicklung?. *Zeitschrift für Umweltpolitik und Umweltrecht, 32,* 199–222.

Thürer, D. (2000). Globalisierung der Wirtschaft: Herausforderung zur „Konstitutionalisierung" von Macht und Globalisierung von Verantwortung – Oder: Unterwegs zur „Citizen Corporation"? *Zeitschrift für Schweizerisches Recht, 119,* 107–122.

Thürer, D. (1999). Völkerrecht und Landesrecht – Thesen zu einer theoretischen Problemumschreibung. *Schweizerische Zeitschrift für Internationales und Europäisches Recht, 9,* 217–224.

Tietje, C. (1998). *Normative Grundstrukturen der Behandlung der Behandlung nichttarifärer Handelshemmnisse in der WTO/GATT-Rechtsordnung.* Berlin: Duncker & Humblot.

Tietje, C. (2001). *Internationalisiertes Verwaltungshandeln.* Berlin: Duncker & Humblot.

Tietje, C. (2003). Recht ohne Rechtsquellen? Entstehung und Wandel von Völkerrechtsnormen im Interesse des Schutzes globaler Rechtsgüter im Spannungsverhältnis von Rechtssicherheit und Rechtsdynamik. *Zeitschrift für Rechtssoziologie, 24,* 27–42.

Trute, H. H. (1999). Verantwortungsteilung als Schlüsselbegriff eines sich verändernden Verhältnisses von öffentlichem und privatem Sektor. In G. F. Schuppert (Hrsg.), *Jenseits von Privatisierung und „schlankem" Staat* (S. 13–45). Baden-Baden: Nomos.

Verdross, A., & Simma, B. (1984). *Universelles Völkerrecht* (3. Aufl.). Berlin: Duncker & Humblot.

Voßkuhle, A. (2001). Der „Dienstleistungsstaat" – Über Nutzen und Gefahren von Staatsbildern. *Der Staat, 40,* 495–523

Voßkuhle, A. (2006). Neue Verwaltungsrechtswissenschaft. In W. Hoffmann-Riem, E. Schmidt-Aßmann, & A. Voßkuhle (Hrsg.), *Grundlagen des Verwaltungsrechts,* Bd. I (S. 1–61). München: Beck.

Wagner, C. Z. (2008). Corporate Social Responsibility of Multinational Enterprises and the International Business Law Curriculum. In C. B. Picker, I. D. Bunn, & D. W. Arner (Hrsg.), *International Economic Law – The State and Future of the Discipline* (S. 219–234). Oxford and Portland: Hart Publishing.

Wallace, C. D. (2002). The Legal Framework for Regulating the Global Enterprise Going into the New WTO Trade Round – A Backward and a Forward Glance. *Transnational Lawyer, 16,* 141–152.

Wells, C. A. H. (2002). The Cycles of Corporate Social Responsibility: An Historical Retrospective for the Twenty-First Century. *Kansas Law Review, 51,* 77–140.

Wolf, K. D. (2005). Möglichkeiten und Grenzen der Selbststeuerung als gemeinwohlverträglicher politischer Steuerungsform. *Journal of Business, Economics & Ethics, 6,* 51–68.

Wolff, H. J. (1952). Typen im Recht und in der Rechtswissenschaft. *Studium Generale, 5,* 195–205.

Zerk, J. A. (2006). *Multinationals and Corporate Social Responsibility – Limitations and Opportunities in International Law.* Cambridge: Cambridge University Press.

Corporate Citizenship

Die zivilgesellschaftliche Ausprägung des gesellschaftlichen Engagements von Unternehmen in Deutschland

Holger Backhaus-Maul, Christiane Biedermann, Peter Friedrich, Stefan Nährlich und Judith Polterauer

Die Wirtschaft und ihre Unternehmen sind in den führenden Nationen einer globalisierten Welt eine der wichtigsten und zugleich dynamischsten gesellschaftlichen Institutionen. Die klassische Frage nach der Rolle von Unternehmen in der Gesellschaft ist insofern – in Kenntnis globaler Einflüsse und nationaler Besonderheiten – immer wieder neu zu bestimmen. Das gesellschaftliche Selbstverständnis von Unternehmen kommt im freiwilligen und selbst bestimmten gesellschaftlichen Engagement von Unternehmen trefflich zum Ausdruck, das über das wirtschaftliche Kerngeschäft und die Erfüllung gesetzlicher Bestimmungen hinausgeht (Backhaus-Maul et al. 2010a).

In Deutschland ist das Selbstverständnis von Unternehmen und Wirtschaft traditionell gesellschaftlich geprägt: Von der sozial engagierten protestantischen Unternehmerpersönlichkeit, die sich bereits im Kaiserreich freiwillig karitativ engagiert und die Grundlagen für eine betriebliche Sozialpolitik geschaffen hat, über die politische Rolle namhafter deutscher Unternehmen im Faschismus, die sukzessive Einschränkung freier unternehmerischer Betätigung in der DDR bis hin zur Idee der sozialen Marktwirtschaft in der alten Bundesrepublik und der Vorstellung von einer gesellschaftlichen Unternehmensverantwortung im neuen Deutschland erstreckt sich die wechselvolle gesellschaftliche Rolle von Unternehmen (Abelshauser 2004; Aßländer 2009; Heidbrinck & Hirsch 2008; zur Geschichte vgl. den Beitrag von Schultz in diesem Band). In der sozialstaatlich eingehegten und „gezähmten" Variante des Kapitalismus in Deutschland (Beckert 2006) werden – im Schatten der staatlichen Hierarchie – die Rechte und Pflichten von Unternehmen gegenüber Arbeitnehmern und Gewerkschaften sowie Gesellschaft insgesamt in Verhandlungen vereinbart und gesetzlich festgelegt. Unternehmen können in Deutschland – bei allen politischen Ambivalenzen – seit Jahrhunderten auf eine *traditionell geprägte Rolle in der Gesellschaft* verweisen (Backhaus-Maul 2008; Backhaus-Maul & Kunze 2010).

1   Begriffe und Diskussionen

Die aktuelle und zugleich globale Debatte über die gesellschaftliche Rolle von Unternehmen hat ihre Ursprünge in der wirtschaftlichen Krise in den USA der 1980er Jahre. Im Zuge der damaligen wirtschaftlichen Umbrüche wurde angesichts der für die US-Wirtschaft einschneidenden Folgen des globalisierten Wettbewerbs auch die grundsätzliche Frage nach der gesellschaftlichen Rolle von Unternehmen und Wirtschaft sowie ihres Beitrags zur gesellschaftlichen Revitalisierung gestellt (Seeleib-Kaiser 2001). Diese „nationale US-amerikanische Debatte" über die Rolle von Unternehmen als „Bürger" bzw. „Corporate Citizen" (Backhaus-Maul 2003; Habisch 2003; Schrader 2003) wurde in Europa in den 1990er Jahren zunächst in Großbritannien, Dänemark und den Niederlanden rezipiert, während sich in Deutschland Wirtschaft und Unternehmensverbände unter Verweis auf die eigene nationale Tradition zunächst in Zurückhaltung übten.

Mittlerweile wird die Diskussion über das gesellschaftliche Engagement von Unternehmen in Deutschland einerseits von Fachleuten, wie Unternehmens- und Kommunikationsberatern sowie Expertinnen und Experten in den jeweiligen Politikfeldern, geführt. Andererseits wird sie in den verschiedenen Disziplinen der Wirtschafts- und Sozialwissenschaften, wie der Wirtschaftsethik und Betriebswirtschaftlehre sowie der Soziologie, theoretisch-konzeptionell und empirisch bearbeitet (Backhaus-Maul & Kunze 2010; Polterauer 2008a). Ein besonderes Potenzial bei der Erforschung des gesellschaftlichen Engagements von Unternehmen bietet die Wirtschaftssoziologie (Maurer 2008; Maurer & Schimank 2008), deren traditionelle Bezüge bis zu den Klassikern Max Weber (1921) und Josef Schumpeter (1947) zurückreichen. Im Mittelpunkt der jüngeren Wirtschaftssoziologie stehen Fragen der Steuerung und Koordination von Wirtschaft sowie der Rolle von Unternehmen in einer funktional differenzierten und globalisierten (Welt-) Gesellschaft (Maurer 2008; Beckert 2006).

Neben oder vielleicht auch vor den Sozialwissenschaften haben die Wirtschaftswissenschaften die Auseinandersetzung mit dem gesellschaftlichen Engagement von Unternehmen initiiert und dynamisiert. Dieses gilt insbesondere für die Wirtschafts- und Unternehmensethik sowie für die Betriebswirtschaftslehre. Die Wirtschafts- und Unternehmensethik erörtert die grundlegende und zugleich zentrale Frage nach den sozialkulturellen Grundlagen und ordnungspolitischen Rahmenbedingungen eines dauerhaft erfolgreichen wirtschaftlichen Handels (grundlegend Homann 2002; vgl. Aßländer & Ulrich 2009; Habisch 2003; Pies 2001; Suchanek 2000), während sich die Betriebswirtschaftslehre mit Beiträgen zum Management, zur Steuerung und zur Kommunikation des gesellschaftlichen Engagements in Unternehmen hervortut (Schwerk 2008).

Insgesamt aber ist bei der Einschätzung der aktuellen Diskussion über das gesellschaftliche Engagement von Unternehmen in Deutschland zu bedenken, dass weder theoretisch-konzeptionelle noch empirische Forschungen, sondern vielmehr konkrete gesellschaftspolitische Herausforderungen und globale Kommunikationsprozesse für die Genese dieses Themas in Deutschland von ausschlaggebender

Bedeutung waren. Die deutsche Diskussion über das gesellschaftliche Engagement von Unternehmen ist folglich geprägt vom Bemühen, konkrete Phänomene mit „modernen" und deutungsoffenen Begriffen zu umschreiben.

Abbildung   Facetten des gesellschaftlichen Engagements von Unternehmen (eigene Darstellung)

	Corporate Social Responsibility (CSR)
Leitvorstellung	regulierte – globale – Zivilgesellschaft
Entscheidung	Korporatismus
Organisationsform	Betrieb
Regelung	gesetzliche und vertragliche Regelungen auf der Grundlage betriebswirtschaftlicher Kriterien und Verfahren
Instrumente	betriebswirtschaftliche Standards, Meß- und Evaluationsinstrumente
Referenzrahmen	fachliche betriebliche Perspektive mit selektivem Umweltbezug
	Corporate Citizenship (CC)
Leitvorstellung	„gute Gesellschaft"
Entscheidung	Unternehmensentscheidung
Organisationsform	Unternehmensführung
Regelung	konzeptionelle Überlegungen und vertragliche Vereinbarungen auf der Grundlage von unternehmerischen Nutzenerwägungen und Freiwilligkeit
Instrumente	Bereitstellung von Sach-, Geld- und Dienstleistungen, Stiftungen, Mitarbeiterengagement
Referenzrahmen	gesellschaftliche Rolle von Unternehmen

Vor dem Hintergrund einer traditionsgeprägten Staatlichkeit in Deutschland und einer entsprechend regulierten gesellschaftlichen Rolle von Unternehmen mit gesetzlichen Verpflichtungen und politischen Vereinbarungen weist das freiwillige gesellschaftliche Engagement von Unternehmen (Corporate Citizenship) deutlich über den politisch normierten und staatlich gesetzten Rahmen unternehmerischer Verantwortung (Corporate Social Responsibility) hinaus (vgl. zum Folgenden die Abbildung). Der international gebräuchliche Begriff der Corporate Social Responsibility wird in Deutschland in erster Linie im Verständnis einer gesetzlich geregelten Verantwortung diskutiert, die einerseits im politischen Entscheidungsprozess unter maßgeblicher Beteiligung von Unternehmensverbänden und Gewerkschaften ausgehandelt und andererseits im wirtschaftlichen Kerngeschäft von Unternehmen implementiert wird. Der in diesem Beitrag im Mittelpunkt stehende Corporate Citizenship-Begriff hingegen thematisiert das darüber hinausgehende freiwillige gesellschaftliche Engagement, das in vielfältigen Sach-, Geld- und Dienstleistungen entsprechend den Vorstellungen des jeweiligen Unternehmens über eine „gute Gesellschaft" zum Ausdruck kommt. Die Spannbreite des gesellschaftlichen Engagements von Unternehmen in Deutschland erschließt sich folglich erst dann, wenn man sowohl das freiwillige gesellschaftliche Engagement als auch die – im internationalen Vergleich aber nicht als gering zu veranschlagende – gesetzlich geregelte Verantwortung bzw. Verpflichtung von Unternehmen im institutionellen Arrangement der sozialen Marktwirtschaft in einer Gesamtschau betrachtet (Backhaus-Maul & Braun 2010; Heidbrink 2008; Hiß 2006).

In Kenntnis dieser beiden sich ergänzenden Dimensionen des gesellschaftlichen Engagements von Unternehmen und ihrer Wechselwirkungen steht in der Corporate Citizenship-Diskussion das Engagement von Unternehmen *in* der Gesellschaft im Mittelpunkt. Unternehmen werden dabei in einer zivil- bzw. bürgergesellschaftlichen Perspektive als Corporate Citizen beobachtet, beschrieben und analysiert. Damit rücken die sozialwissenschaftlichen Fragen in den Mittelpunkt, welche Rollen und Funktionen privatgewerbliche Unternehmen in der Gesellschaft übernehmen, welches unternehmerische Selbstverständnis und welche Gesellschaftsvorstellungen sie als Corporate Citizen verkörpern, welche Engagementformen und -instrumente praktiziert werden und welche Interaktionen zwischen Unternehmen und zivilgesellschaftlichen Organisationen zustande kommen.

In Deutschland betreten Unternehmen vor dem Hintergrund einer langjährigen Engagementtradition in ihrer Rolle als Corporate Citizen durchaus Neuland und begeben sich damit – selbst gewählt – in Situationen erhöhter Unsicherheit und besonderer Herausforderungen (Baecker 1999). So engagieren sich Unternehmen außerhalb ihrer eigentlichen Domäne – dem Wirtschaftssystem – in sozialen, pädagogischen, kulturellen, sportlichen und ökologischen Bereichen. Sie tun dies – wohlgemerkt oftmals jenseits ihrer wirtschaftlichen Kompetenzen – quasi als Laien, in Kenntnis des latenten Risikos des Scheiterns einerseits und mit der Aussicht auf neuartige Erfahrungen und Erkenntnisse, die wiederum die Grundlage für produktions- und organisationsbezogene Innovationen sein können, andererseits. Damit stellt sich die grundlegende Frage, warum sich Unternehmen nicht auf ihre klassische Rolle als Wirtschaftsakteure beschränken, sondern das Wagnis eingehen, sich gesellschaftlich zu engagieren. Das skizzierte Phänomen des Corporate Citizenship ist – so unsere Einschätzung – angesichts der offensichtlichen Leistungsgrenzen und Probleme von marktwirtschaftlicher und staatlich-hierarchischer Gesellschaftssteuerung als Suche nach Auswegen aus diesem Dilemma zu verstehen. Anstelle wechselseitiger Verantwortungs- und Schuldzuweisungen zwischen Staat und Markt („Staats- und Marktversagen") eröffnet Corporate Citizenship neue Möglichkeiten der Interaktion und Kooperation zwischen Unternehmen und Nonprofit-Organisationen. Diese werden zugleich mit der „Hoffnung" unterlegt, dass neue Potenziale gesellschaftlicher Selbststeuerung entstehen könnten, wobei die konkreten Erwartungen von Beteiligten und Beobachtern von erregter Euphorie und latenter Hoffnung bis zu kritischer Zurückhaltung und reflexartiger Ablehnung reichen.

In der deutschen Corporate Citizenship-Diskussion kommt den Medien eine herausragende, katalytische Funktion zu (Altmeppen 2010); ihre Berichterstattung über das Thema hat in den vergangenen Jahren deutlich zugenommen – sicher begünstigt auch dadurch, dass Kommunikations- und Marketingabteilungen in Unternehmen ihrerseits das Potenzial des Themas entdeckt haben. Dabei lassen sich in den Medien unterschiedliche Sichtweisen ausmachen. Der Tenor in der Mehrzahl der Beiträge ist positiv. Berichtet wird überwiegend über gute Taten von Unternehmen, die zumeist keinen Bezug zum wirtschaftlichen Zweck des Unternehmens erkennen lassen und auch beim gesellschaftlichen Engagement zumeist konventionellen, als bewährt erachteten Pfaden folgen. Typische Beispiele hierfür sind Berichte über die Scheckübergabe einer Bank an einen Kindergarten oder die Spende eines Kleinbusses vom örtlichen Autohändler an eine Senioreneinrichtung. Im Gegensatz zum skizzierten Mainstream in der Berichterstattung sind aber auch kritische Darstellungen auszumachen. Sie präsentieren das gesellschaftliche Engagement von Unternehmen als Versuch der Kompensation für gesellschaftlich inakzeptables Fehlverhalten („Whitewashing" oder „Greenwashing"). Als Beispiele hierfür sind etwa Medienbeiträge über Zigarettenhersteller und Fast-Food-Ketten zu nennen, die sich in der Kinder- und Jugendarbeit engagieren, oder Unternehmen, deren Produkte stark Umwelt belastend sind und die zugleich ökologisches Engagement fördern. Im Verständnis einer kritisch-distanzierten Medienberichterstattung sind seit einigen Jahren wiederum Berichte entstanden, die – wirtschaftlich informiert – das gesellschaftliche Engagement von Unternehmen als ein strategisches Investment aus wohlverstandenen Unternehmensinteressen präsentieren. In diesen – noch seltenen – Berichten werden wirtschaftliche Unternehmenstätigkeit und gesellschaftliches Engagement von Unternehmen miteinander in Beziehung gesetzt und auf ihr Passungsverhältnis und ihre Glaubwürdigkeit hin thematisiert. Das Finanzinstitut, das sich zugunsten von Bürgerstiftungen engagiert und damit sowohl sein eigenes Ansehen vor Ort erhöht, als auch zur Verstetigung der lokalen Bürgergesellschaft beiträgt, oder der Generikahersteller, der Kundenbindung und Gesundheitsförderung miteinander verknüpft, sind hierfür typische Beispiele. Letztlich sind Medien ein wichtiger Beobachter des gesellschaftlichen Engagements von Unternehmen. Sie bilden einen starken Resonanzboden für entsprechende Entwicklungen und schaffen mediale Aufmerksamkeit und Bedeutung für ein sich in der deutschen Gesellschaft erst entwickelndes globales Thema (vgl. die Beiträge in Backhaus-Maul et al. 2010a).

Im Folgenden wird das „freiwillige" gesellschaftliche Engagement von Unternehmen zunächst anhand sozialwissenschaftlich relevanter theoretisch-konzeptioneller Überlegungen sowie empirischer Befunde dargestellt und erläutert. Anschließend werden ausgewählte Organisationsformen, Instrumente und Verfahrensweisen dieses Unternehmensengagements in ausgewählten Handlungsfeldern erläutert sowie kommunikative Herausforderungen diskutiert.

2   Sozialwissenschaftliche Befunde

Die wissenschaftliche Auseinandersetzung mit dem gesellschaftlichen Engagement von Unternehmen befindet sich sowohl in theoretisch-konzeptioneller als auch in empirischer Hinsicht noch in den Anfängen (vgl. die Beiträge in Backhaus-Maul et al. 2010b; Polterauer 2008a). Gleichwohl kann aber an sozialwissenschaftliche Diskussionen über die Rolle von Unternehmen in der Gesellschaft (Maurer &

Schimank 2008; Backhaus-Maul & Kunze 2010) sowie an wirtschaftswissenschaftliche Auseinandersetzungen über die Verantwortung von Unternehmen (Aßländer & Ulrich 2009) angeknüpft werden. Zudem ist das gesellschaftliche Engagement von Unternehmen in der deutschen Fachöffentlichkeit kein grundsätzlich neues Thema (z. B. Nyssen 1971), sondern Mitte der 1990er Jahre wieder entdeckt worden (z. B. Janning & Bartjes 1999; Westebbe & Logan 1995).

Die Renaissance dieses viel versprechenden Themas hat in den vergangenen Jahren zunächst dazu geführt, dass erste quantitative Befragungen zum Stand des gesellschaftlichen Engagements von Unternehmen durchgeführt wurden (Polterauer 2008a). Die weit überwiegende Mehrzahl dieser Untersuchungen wurde durch außerwissenschaftliche Organisationen aus der Beratungs-, Kommunikations- und Marktforschungsbranche realisiert. Dabei wurden sowohl inhabergeführte (FORSA 2005; Maaß 2005) als auch börsennotierte Unternehmen (vgl. Bertelsmann Stiftung 2005) zu ihren Engagementfeldern, ihrem Ressourceneinsatz sowie den Formen und Instrumenten ihres gesellschaftlichen Engagements befragt. Die Ergebnisse dieser ersten Untersuchungen sind bemerkenswert: So geben – bei fast allen Untersuchungen – über 90 Prozent der befragten Unternehmen an, dass sie sich freiwillig in unterschiedlichen gesellschaftlichen Aufgabenfeldern engagieren (Braun 2008; CCCD 2007; FORSA 2005). Von diesen freiwillig gesellschaftlich engagierten Unternehmen erklären wiederum 70 Prozent, dass sie ihrem derzeitigen und zukünftigen Engagement hohe Bedeutung beimessen (Bertelsmann Stiftung 2005). Angesichts dieser Bedeutungszuschreibung überrascht es nicht, dass rund 80 Prozent der befragten Unternehmen die Verantwortung für diesen Aufgabenbereich bei der Unternehmensführung ansiedeln (ebd.), wobei für die konkrete Durchführung von Maßnahmen und Projekten mehrheitlich die Kooperationen mit gemeinnützigen Organisationen gesucht wird (Seitz 2002; Bertelsmann Stiftung 2005).

Die Aussagekraft dieser Erhebungen ist jedoch eingeschränkt, da die zugrunde liegenden Begrifflichkeiten zumeist unpräzise und in hohem Maße deutungsoffen sind. Zudem zielen die die Untersuchungen leitenden Fragestellungen in der Regel nicht auf einen wissenschaftlichen Erkenntnisgewinn ab, sondern sind im weitesten Sinne unternehmens- und gesellschaftspolitisch begründet (Polterauer 2008b). Neben diesen quantitativen Untersuchungen sind in den vergangenen Jahren einige explorative Untersuchungen und – zumeist im Rahmen wissenschaftlicher Qualifikationsarbeiten – erste qualitative Fallstudien entstanden (siehe die Hinweise in Polterauer 2008a). So haben Frank W. Heuberger, Maria Oppen und Sabine Reimer (2004) in einer explorativen Studie das gesellschaftliche Engagement einer kleinen Anzahl ausgewählter Unternehmen untersucht. Die Befunde legen den Schluss nahe, dass es sich beim gesellschaftlichen Engagement um Suchbewegungen und Experimente von Unternehmen handelt, die sich darum bemühen, ihre Rolle in einer sich grundlegend verändernden Gesellschaft zu finden. In den konkreten Vollzügen ihres gesellschaftlichen Engagements sind Unternehmen dabei – so die qualitative Studie von Brigitte Rudolph (2004) – in hohem Maße auf die Zusammenarbeit mit gemeinnützigen Organisationen und Stakeholdern angewiesen. Dabei handelt es sich nicht um einmalige Akte einseitiger Unterstützung, sondern um die Entwicklung gemeinsamer Ideen und Projekte in der Zusammenarbeit von so grundlegend unterschiedlichen Organisationen wie privatgewerblichen Unternehmen und Non-Profit-Organisationen.

Die empirischen Untersuchungen zum gesellschaftlichen Engagement von Unternehmen werden durch eine Vielzahl höchst heterogener theoretisch-konzeptioneller Arbeiten in den Sozial- und Wirtschaftswissenschaften flankiert. So werden beispielsweise in der Soziologie der relative Bedeutungs- und Steuerungsverlust des Nationalstaates (Curbach 2006; Feil, Carius & Müller 2005; Hiß 2006; Rieth & Zimmer 2004) sowie das Wechselspiel zwischen unternehmerischen und gesellschaftlichen Dimensionen im Unternehmensengagement thematisiert (Polterauer 2004, 2010; Reimer 2002). Die Politikwissenschaft nähert sich dem gesellschaftlichen Engagement von Unternehmen u. a. im Rahmen der Elitenforschung (z. B. Rucht et al. 2007; Speth 2006) und in grundlagentheoretischen Arbeiten zur Steuerung und Koordinierung (Governance) von Gesellschaft (Beckert 2006; Benz et al. 2007; Mayntz & Scharpf 1995). In den Wirtschaftswissenschaften wird der wirtschaftsethischen Fundierung (Homann 2002; Habisch 2003; Pies 2001; Suchanek 2000; Aßländer & Ulrich 2009) sowie der Implementierung von Instrumenten und Verfahren des gesellschaftlichen Engagements im Rahmen „gesellschaftsorientierter" Managementkonzepte und -vorstellungen besondere Bedeutung beigemessen (Czap 1990; Pinter 2006; Schwerk 2008; Stizel 1977). Darüber hinaus verdienen die Kommunikationswissenschaften zukünftig größere Aufmerksamkeit, die sich verstärkt darum bemühen, die Genese und den Verlauf der aktuellen Diskussion über das gesellschaftliche Engagement von Unternehmen als Ergebnis eines globalen Kommunikationsprozesses zu erforschen und zu analysieren (Altmeppen 2010; Paar 2005; Wittke 2003).

Um dem Thema gesellschaftliches Engagement von Unternehmen gerecht zu werden, reicht es aber nicht aus, unter einem verengten Blickwinkel die Veränderungen von Unternehmen zu betrachten, sondern vielmehr ist es angezeigt, die veränderte Rolle von Unternehmen in der Gesellschaft zu untersuchen. So arbeiten Andrew Crane, Dirk Matten und Jeremy Moon (2008) heraus, dass die Diskussion über das gesellschaftliche Engagement von Unternehmen auf weit grundlegendere Veränderungen in der Aufgaben- und Rollenverteilung zwischen Staat, Wirtschaft und Zivilgesellschaft verweisen (Crane, Matten & Moon 2008; sowie Backhaus-Maul 2006; Habisch 2003; Polterauer 2004; Schrader 2003). Im Kern geht es dabei vor allem um den Wandel von Staatlichkeit, der eine zunehmende Verantwortungsübertragung auf Unternehmen und Zivilgesellschaft zur Folge hat (Crane, Matten & Moon 2008).

Für ein sachgerechtes Verständnis des gesellschaftlichen Engagements von Unternehmen ist letztlich eine wissenschaftlich-analytische Herangehensweise unabdingbar, die aber durch „gut gemeinte" normative Überhöhungen und simplifizierende „strategisch-instrumentelle" Deutungen des Themas durch Teile einer außerwissenschaftlichen „Beratungsszene" massiv erschwert werden. Der gesellschaftliche Eigensinn und -wert des gesellschaftlichen Engagements von Unternehmen verschwindet bisweilen hinter einer Nebelwand „politischer" Rollenzuweisungen, latenter Beteuerungen eines vermeintlichen unternehmensstrategischen Nutzens und dem Versprechen vager gesellschaftlicher Effekte in einer nicht näher terminierten

Zukunft. Dass es beim gesellschaftlichen Engagement von Unternehmen aber im Wesentlichen um „Gesellschaft" geht, gerät bei derart „wissenschaftlich enthaltsamen" Deutungsversuchen zumeist nicht in den Blick.

3 Handlungsfelder und Formen des gesellschaftlichen Engagements von Unternehmen

Das gesellschaftliche Engagement von Unternehmen findet traditionell in den Bereichen Soziales, Kultur und Sport statt. Zugleich haben sich mit der Industrialisierung einige namhafte und weitsichtige Unternehmer zugunsten ihrer Arbeiter und deren Familien sozialfürsorgerisch engagiert. Bereits im Deutschen Kaiserreich und verstärkt in der Weimarer Republik erschlossen Unternehmen für sich Kunst und Kultur als Gegenstand ihres gesellschaftlichen Engagements. In der Gründungsphase der Bundesrepublik Deutschland fanden – vor dem Hintergrund der politischen Rolle namhafter deutscher Unternehmen im Faschismus – vermeintlich apolitische Betätigungsfelder wie Sport und Freizeit zunehmende Aufmerksamkeit im gesellschaftlichen Engagement von Unternehmen. Spätestens seit den 1990 Jahren erweitern Unternehmen ihren Aktionsradius indem sie sich neue Felder des gesellschaftlichen Engagements, insbesondere im Bildungs- und Erziehungsbereich, erschließen (Friedrich 2008). Das konstitutiv Gemeinsame des Unternehmensengagements in diesen verschiedenen Handlungsfeldern kommt darin zum Ausdruck, dass es sich zumeist um Aktivitäten handelt, die keiner oder nur einer geringen staatlichen Regulierung unterliegen. Freiwilligkeit erweist sich bei der Auswahl der Engagementfelder und -themen als ein konstitutives Merkmal des gesellschaftlichen Engagements von Unternehmen.

In ihrem gesellschaftlichen Engagement können Unternehmen auf ein breites Repertoire an Instrumenten zurückgreifen, das sich von Geld- und Sachspenden (Corporate Giving) über Stiftungsaktivitäten (Corporate Foundations) bis hin zum Mitarbeiterengagement (Corporate Volunteering) erstreckt.

Das Spenden – in erster Linie von Geldleistungen – ist die wohl am weitesten verbreitete Variante des Unternehmensengagements. Spenden sind Geld-, Sach- und Dienstleistungen zugunsten gemeinnütziger Zwecke und Organisationen ohne Gegenleistung (Dresewski & Koch 2006; Mecking 2008). Gleichwohl erfährt der Spender in der Regel durch sein Handeln öffentliche Aufmerksamkeit und Anerkennung. Seit einigen Jahren erproben Unternehmen darüber hinaus auch die Möglichkeiten des „Match Giving", bei dem das tätige Engagement von Unternehmensmitarbeitern – je nach Art und Höhe des Engagements – durch gestaffelte Spendenzahlungen des Unternehmens anerkannt und gefördert wird (Strachwitz & Reimer 2008).

Vom Spenden deutlich zu unterscheiden ist das *Sponsoring* von gemeinnützigen Organisationen. Beim Sponsoring handelt es sich um eine finanzielle Zuwendung eines Unternehmens an eine gemeinnützige Organisation, die – im Unterschied zur Spende – in Erwartung konkreter wirtschaftlich relevanter Gegenleistungen vertraglich vereinbart wird. Konsequenterweise ordnet Christoph Mecking (2008) auch das „zweckgebundene Marketing" (Cause-Related Marketing) dem Sponsoring zu. Zweckgebundenes Marketing bedeutet, dass beim Kauf eines speziellen Produktes ein Teil des Erlöses an gemeinnützige Organisationen „gespendet" wird (Mecking 2008; Dresewski & Koch 2006). Ähnlich stellt sich die Sachlage beim so genannten „Public Private Partnership" (PPP) dar: Unternehmen werden im Rahmen ihres wirtschaftlichen Kerngeschäftes an der Erbringung einer öffentlichen Aufgabe beteiligt. Ein typisches Beispiel hierfür ist es, wenn ein Bauunternehmen auf eigene Kosten für die öffentliche Schulverwaltung ein Schulgebäude erstellt, um es dann an den zuständigen öffentlichen Träger langfristig und gewinnbringend zu vermieten bis das Gebäude nach Ablauf einer kalkulatorischen Frist von zumeist mehreren Jahrzehnten in den Besitz des öffentlichen Trägers übergeht (Maaß 2005; Polterauer 2008b).

Eine institutionalisierte Form des gesellschaftlichen Engagements von Unternehmen stellen die verschiedenen Varianten von Stiftungen dar (Mecking 2008; Nährlich & Hellmann 2008; Schwertmann 2005; Strachwitz & Mercker 2005; Strachwitz & Reimer 2008). Dieses Instrument ermöglicht Unternehmen ein kontinuierliches und zweckorientiertes gesellschaftliches Engagement. Je nach Rechtsform und Zwecksetzung lässt sich zwischen einer Förderstiftung und einer operativen Stiftung unterscheiden, wobei eine Förderstiftung die Aktivitäten Dritter unterstützt, während eine operative Stiftung selbst gesetzte Ziele in eigener Regie sowie mit eigenen Maßnahmen und Ressourcen umsetzt. Denkbar ist auch, dass Unternehmen eine eigene Stiftung gründen oder sich im Sinne einer Zustiftung an einer bestehenden Stiftung, etwa einer Bürgerstiftung, beteiligen (grundlegend Nährlich et al. 2005). Als traditionsreiche deutsche Unternehmen mit einer eigenen Stiftung sind etwa Bertelsmann, Bosch, Deutsche Bank, Körber und Volkswagen zu nennen. Unternehmensstiftungen sind aber nicht immer nur dem gesellschaftlichen Engagement verpflichtet, sondern haben in den Fällen, in denen sie zugleich Miteigentümer des Unternehmens sind, für das Unternehmen selbst eine grundlegende wirtschaftliche Bestandssicherungsfunktion.

Seit einigen Jahren erfährt das Repertoire des gesellschaftlichen Engagements von Unternehmen in Deutschland durch die unternehmerische Förderung des Mitarbeiterengagements (Corporate Volunteering) in gemeinnützigen Organisationen und Tätigkeitsfeldern eine merkliche Erweiterung (Bartsch 2008). Von Unternehmensseite kann dieses Mitarbeiterengagement in unterschiedlicher Art und Weise gefördert werden. So können Unternehmen das Engagement ihrer Mitarbeiter/innen in gemeinnützigen Organisationen und Tätigkeitsfeldern durch Freistellungen unterstützen. Oder Unternehmen initiieren mit ihren Mitarbeitern eigene Engagementprojekte. Eine andere – weit verbreitete – Variante der Förderung des Mitarbeiterengagements sind lokale Freiwilligentage, an denen sich Mitarbeiter/innen eines oder mehrerer Unternehmen in konkreten Projekten engagieren, wie zum Beispiel der Renovierung einer Kindertagesstätte oder der Organisation eines Ausflugs für Bewohner einer Behinderteneinrichtung. Corporate Volunteering-Maßnahmen haben sich in den vergangenen Jahren auch als ein Instrument der Personalentwicklung (Pinter 2006) hervorgetan: Zu nennen sind Programme wie „Blickwechsel", „SeitenWechsel®", oder „Switch", die Mitarbeiter/innen von privatgewerblichen Unternehmen mit ihren spezifischen Kompetenzen und Erfahrungen die Möglichkeit bieten, sich für ein bis zwei Wochen in gemeinnützigen Diensten und Einrichtungen zu betätigen. So befassen sich Unternehmensmitarbeiter etwa damit, eine Marketingkampagne für eine gemeinnützige Organisation zu entwickeln, in betriebswirtschaftlichen Angelegenheiten zu beraten oder Strategien für eine verbesserte Personalentwicklung zu entwickeln. Darüber hinaus kann es in Einzelfällen auch zu einem längerfristigen Engagement von Unternehmensmitarbeitern (Secondment) in gemeinnützigen Organisationen kommen (Mutz 2008; Ettlin 2008). Unter günstigen Konstellationen hat ein derartiges Mitarbeiterengagement in Einzelfällen einen wechselseitigen Mitarbeiteraustausch zwischen Unternehmen und gemeinnützigen Organisationen zur Folge, so dass von einer Begünstigung gemeinnütziger Organisationen gesprochen werden kann (Bartsch 2008; Mutz 2008; Wettenmann 2004).

4 Kommunikative Herausforderungen

Noch vor wenigen Jahren äußerten sich Unternehmen kaum öffentlich zu ihrem gesellschaftlichen Engagement. Vielerorts schien der Leitsatz zu gelten „Tue Gutes und schweige darüber". Diese Entwicklung hat weit reichende Folgen: Das tatsächlich vorhandene und vielfältige gesellschaftliche Engagement von Unternehmen war in der Öffentlichkeit weder bekannt noch wurde es gewürdigt. Heute weicht diese kommunikative Zurückhaltung vor allem auf Seiten von Großunternehmen einer wachsenden Kommunikationsbereitschaft, während das in Deutschland weit verbreitete und traditionsreiche Engagement von Klein- und Mittelunternehmen immer noch selten öffentlich in Erscheinung tritt (Biedermann 2010). Neben den klassischen Kommunikationsformen, wie etwa Pressemitteilungen, Mitarbeiterzeitungen, Kundenmagazinen und Internetseiten, werden neue kommunikative Maßnahmen und Instrumente von Unternehmen erprobt, wie beispielsweise die Darstellung des Unternehmensengagements in Geschäftsberichten, spezifische Veranstaltungen zum unternehmerischen Engagement, die Mitwirkung in engagementbezogenen Unternehmensnetzwerken und Allianzen sowie die grundlegende konzeptionelle Neuausrichtung des Engagements im jeweiligen Unternehmen und darüber hinaus gegenüber Stakeholdern (Biedermann 2010).

Seit einigen Jahren hat das öffentliche Interesse am gesellschaftlichen Engagement von Unternehmen zugenommen. Wie erwirtschaften Unternehmen ihre Gewinne? Wie gehen sie mit den ökologischen und sozialen Auswirkungen ihrer Geschäftstätigkeit um? – lauten öffentliche Anfragen an Unternehmen. Obendrein werden Unternehmen angesichts gesellschaftlicher Herausforderungen immer stärker daran gemessen, wie sie sich als ressourcenstarke Akteure an ihren Standorten und in ihrem Umfeld für das Gemeinwohl engagieren und zur Bearbeitung gesellschaftlicher Probleme beitragen. Die mit dem Begriff Corporate Citizenship einhergehende neue gesellschaftliche Rollenvorstellung von Unternehmen stellt Unternehmensführungen und mit ihr die jeweilige Unternehmenskommunikation vor neue Herausforderungen. Die interessierte Öffentlichkeit unterscheidet dabei kaum zwischen Corporate Citizenship und Corporate Social Responsibility. Vielmehr dominiert die Vorstellung, dass es sich hierbei um zwei Seiten derselben Medaille handeln würde: Ein Unternehmen kann nur dann mit Akzeptanz rechnen und positive Resonanz erfahren, wenn es sowohl im wirtschaftlichen Kerngeschäft als auch in der Gesellschaft Verantwortung übernimmt. Das gesellschaftliche Engagement von Unternehmen wird in der Öffentlichkeit als unglaubwürdig eingestuft, wenn es die gesellschaftlich akzeptierten ökologischen sowie arbeits- und menschenrechtlichen Standards nicht einhält (Backhaus-Maul et al. 2010a).

Demgegenüber verweisen gesellschaftspolitisch vorausschauende Unternehmen in ihren Selbstdarstellungen und Stellungnahmen darauf, dass sie bestrebt sind, sich in der Gesellschaft zu verorten und sich mit gesellschaftlichen Herausforderungen auseinanderzusetzen (Backhaus-Maul et al. 2010a). Für Unternehmen, die sich als Corporate Citizen verstehen und positionieren, ergeben sich neue gesellschaftliche Bezüge. Das gesellschaftliche Umfeld und das lokale Gemeinwesen erweisen sich dabei als „beziehungsreiche Gesellschaft" (Habisch 2003: 56), insbesondere die Zivilgesellschaft und der gemeinnützige Sektor mit Non-Profit-Organisationen, Bürgerinitiativen, Verbänden, Vereinen und Stiftungen sind das organisierte Gegenüber engagierter Unternehmen. Dabei überschreiten Unternehmen als Corporate Citizen ihre eigenen wirtschaftlichen Kompetenz- und Erfahrungsbereiche und wirken weit in Gesellschaft hinein. Dieses erfordert von Unternehmen eine grundlegende gesellschaftliche Expertise und nicht zuletzt die Bereitschaft zum Risiko auf einem ihnen „fremden" Terrain. Einige Unternehmen haben sich angesichts dieser Herausforderungen Kooperationspartner mit entsprechender Expertise gesucht, mit denen sie gemeinsam Ideen und Vorhaben entwickeln können. Unternehmen begeben sich damit in einen Prozess der aktiven Mitgestaltung und wechselseitigen Beeinflussung (Biedermann 2010). Ein solches Vorgehen bietet Unternehmen neben Risiken weit reichende Innovationspotenziale. Unternehmen begeben sich in Auseinandersetzungen und treten in Dialog mit Stakeholdern, gewinnen Informationen und Wissen und identifizieren Themen und Erwartungen, die für das Unternehmen und die Gesellschaft von Relevanz sind. Durch eine derartige „Feedbackschleife" (Scherer & Baumann 2007: 871) lassen sich wertvolle Rückmeldungen für die wirtschaftliche Betätigung von Unternehmen generieren, wie etwa über sich verändernde Meinungen, Wertvorstellungen oder Erwartungen von Bürgern und Kunden. Weiterhin lässt sich so die Akzeptanz und Eignung von Maßnahmen und Aktivitäten auf Seiten der verschiedenen Stakeholdergruppen „testen und prüfen" und unternehmerische Strategien entsprechend modifizieren. Gesellschaftliches Engagement von Unternehmen als Corporate Citizenship bedeutet folglich, Gesellschaft „*kommunikativ mitzugestalten* und ein deutlich breiteres Spektrum an Maßnahmen einzusetzen" (Zerfaß 2004: 400, Herv. im Org.; Weiß 2002: 231).

5   Bilanz

Mit dem sukzessiven Bedeutungswandel und Steuerungsverlust des Nationalstaates stehen Unternehmen vor der Herausforderung, neben der Erfüllung gesellschaftlicher Pflichten freiwillig eigene Beiträge zur Human- und Sozialkapitalbildung sowie zur Gestaltung und Steuerung von Gesellschaft zu leisten. Dem Wirtschaftssystem selbst fällt in wachsendem Maße Mitverantwortung für die Reproduktion seiner eigenen sozialkulturellen Grundlagen erfolgreichen wirtschaftlichen Handelns zu. Dabei eröffnet freiwilliges gesellschaftliches Engagement Unternehmen – neben den bekannten korporatistischen Instrumenten und Verfahren politischer Einflussnahme und Beteiligung – neuartige gesellschaftliche Möglichkeiten der Mitentscheidung und Mitgestaltung, etwa durch den Einsatz betrieblicher Personal- und Sachressourcen sowie unternehmerischer Kompetenzen und Erfahrungen in engagementpolitisch relevanten Feldern. Aber es ist auch zu bedenken, dass das von Unternehmen selbst gewählte Engagement mit Unsicherheiten und besonderen Herausforderungen einhergeht (Baecker 1999), da sich Unternehmen hier außerhalb ihrer eigentlichen Domäne – dem Wirtschaftssystem – in sozialen, pädagogischen, kulturellen, sportlichen und ökologischen Tätigkeitsbereichen von Non-Profit-Organisationen engagieren. Sie tun dieses – wohlgemerkt jenseits ihrer wirtschaftlichen Kompetenzen – quasi als Laien, in Kenntnis des latenten Risikos ihres Scheiterns und mit Aussicht auf befremdliche und irritierende Erfahrungen, die – in einem positiven Sinne – wiederum die Grundlage für wirtschaftliche Innovationen sein können. Dabei ist in Rechnung zu stellen, dass das gesellschaftliche Engagement von Unternehmen nicht von klassischen politischen Interessenorganisationen, d. h. Parteien und Verbänden bestimmt, sondern von engagierten Unternehmen und Non-Profit-Organisationen geprägt wird. Als Adressaten des freiwilligen gesellschaftlichen Engagements von Unternehmen verdienen gemeinnützige bzw. Non-Profit-Organisationen mit ihrem zivilgesellschaftlichen Eigensinn besondere Aufmerksamkeit. Letztlich sind es diese Organisationen, die das bisweilen spontane, situative und punktuelle Engagement von Unternehmen im Sport-, Kultur-, Sozial-, Bildungs- und Ökologiebereich in essentielle Beiträge zur zivilgesellschaftlichen Entwicklung transformieren bzw. „veredeln" können.

Literatur

Abelshauser, W. (2004). *Deutsche Wirtschaftsgeschichte seit 1945*. München: Beck.
Altmeppen, K.-D. (2010). Journalistische Beobachter in der öffentlichen (Verantwortungs-) Kommunikation. Strukturen und Probleme. In H. Backhaus-Maul, C. Biedermann, S. Nährlich, & J. Polterauer (Hrsg.), *Corporate Citizenship in Deutschland: Gesellschaftliches Engagement von Unternehmen. Bilanz und Perspektiven* (S. 489–508). Wiesbaden: VS Verlag.
Aßländer, M., & Ulrich, P. (2009). *60 Jahre Soziale Marktwirtschaft: Illusionen und Reinterpretationen einer ordnungspolitischen Integrationsformel*. Bern u. a.: Haupt.
Backhaus-Maul, H. (2003). Engagementförderung durch Unternehmen in den USA. Über die produktive Balance zwischen Erwerbsarbeit, Familienleben und bürgerschaftlichem Engagement. In Enquete-

Kommission „Zukunft des Bürgerschaftlichen Engagements" des Deutschen Bundestages (Hrsg.), *Bürgerschaftliches Engagement und Unternehmen* (S. 85–147). Opladen: Leske & Budrich.

Backhaus-Maul, H. (2006). Gesellschaftliche Verantwortung von Unternehmen in der Bürgergesellschaft. *Aus Politik und Zeitgeschichte, 12*, 32–38.

Backhaus-Maul, H. (2008). Traditionspfad mit Entwicklungspotenzial. *Aus Politik und Zeitgeschichte, 31*, 14–20.

Backhaus-Maul, H., Biedermann, C., Nährlich, S., & Polterauer, J. (2010a). Corporate Citizenship in Deutschland. Die überraschende Konjunktur einer verspäteten Debatte. In dies. (Hrsg.), *Corporate Citizenship in Deutschland: Gesellschaftliches Engagement von Unternehmen. Bilanz und Perspektiven* (S. 15–52). Wiesbaden: VS Verlag.

Backhaus-Maul, H., Biedermann, C., Nährlich, S., & Polterauer, J. (Hrsg.) (2010b). *Corporate Citizenship in Deutschland: Gesellschaftliches Engagement von Unternehmen. Bilanz und Perspektiven.* Wiesbaden: VS Verlag.

Backhaus-Maul, H., & Braun, S. (2010). Gesellschaftliches Engagement von Unternehmen in Deutschland. Konzeptionelle Überlegungen, empirische Befunde und engagementpolitische Perspektiven. Erscheint in T. Olk, A. Klein, & B. Hartnuß. (Hrsg.), *Engagementpolitik. Die Entwicklung der Zivilgesellschaft als politische Aufgabe* (S. 303–326). Wiesbaden: VS Verlag.

Backhaus-Maul, H., & Kunze, M. (2010). Unternehmen als gesellschaftliche Akteure. Soziologische Zugänge. In M. S. Aßländer, & A. Löhr (Hrsg.), *Corporate Social Responsibility in der Wirtschaftskrise. Reichweiten der Verantwortung* (S. 85–98). München & Mehring: Rainer-Hampp-Verlag.

Baecker, D. (1999). *Die Form des Unternehmens.* Frankfurt: Suhrkamp.

Bartsch, G. (2008). Corporate Volunteering – ein Blickwechsel mit Folgen. In H. Backhaus-Maul, C. Biedermann, S. Nährlich, & J. Polterauer (Hrsg.), *Corporate Citizenship in Deutschland. Bilanz und Perspektiven* (S. 323–334). Wiesbaden: VS Verlag.

Beckert, J. (2006). Wer zähmt den Kapitalismus? In ders., B. Ebbinghaus, A. Hassel, & Ph. Manow (Hrsg.), *Transformation des Kapitalismus* (S. 425–442). Frankfurt & New York: Campus.

Benz, A., Lütz, S., Schimank, U., & Simonis, G. (Hrsg.) (2007). *Handbuch Governance.* Wiesbaden: VS Verlag

Bertelsmann Stiftung (Hrsg.) (2005). *Die gesellschaftliche Verantwortung von Unternehmen. Dokumentation der Ergebnisse einer Unternehmensbefragung der Bertelsmann Stiftung.* Gütersloh: Eigenverlag der Bertelsmann Stiftung.

Biedermann, C. (2010). Corporate Citizenship in der Unternehmenskommunikation. In H. Backhaus-Maul, dies., S. Nährlich, J. Polterauer (Hrsg.), *Corporate Citizenship in Deutschland. Bilanz und Perspektiven.* (S. 353–370) Wiesbaden: VS Verlag.

Braun, S. (2008). Gesellschaftliches Engagement von Unternehmen. *Aus Politik und Zeitgeschichte, 31*, 6–14.

CCCD (Hrsg.) (2007). *Gesellschaftliches Engagement von Unternehmen in Deutschland und im transatlantischen Vergleich mit den USA.* Berlin: Eigenverlag.

Crane, A., Matten, D., & Moon, J. (2008). *Corporations and Citizenship.* Cambridge: Cambridge University Press.

Curbach, J. (2006). Corporate Social Responsibility – Unternehmen als Adressaten und Aktivisten einer transnationalen Bewegung. In K.-S. Rehberg (Hrsg.), *Die Natur der Gesellschaft. Verhandlungen des 33. Kongresses der Deutschen Gesellschaft für Soziologie in Kassel 2006* (S. 65–74). Frankfurt & New York: Campus.

Czap, H. (Hrsg.) (1990). *Unternehmensstrategien im sozio-ökonomischen Wandel.* Berlin: Duncker & Humblot.

Dresewski, F., & Koch, S. C. (2006). Verkaufen mit dem Guten Zweck. Cause Related Marketing in Deutschland. In M. F. Ruckh, C. Noll, M. Bornholdt (Hrsg.), *Sozialmarketing als Stakeholder-Management* (S. 195–211). Bern u. a.: Haupt.

Ettlin, T. (2008). Secondment. In A. Habisch, R. Schmidpeter, M. Neureiter (Hrsg.), *Handbuch Corporate Citizenship. Corporate Social Responsibility für Manager* (S. 269–276). Berlin u. a.: Springer.

Feil, M., Carius, A., & Müller, A. (2005). *Umwelt, Konflikt und Prävention. Eine Rolle für Unternehmen? Forschungsbericht.* Berlin: Eigenverlag.

FORSA (2005). „Corporate Social Responsibilty" in Deutschland. *Bericht im Auftrag der Initiative Neue Soziale Marktwirtschaft.* Berlin: Eigenverlag.

Friedrich, P. (2008). Unternehmensengagement im deutschen Bildungssystem. Zwischen strategischen Unternehmensinteressen und persönlichen Präferenzen. *Blätter der Wohlfahrtspflege, 6*, 219–221.

Habisch, A. (2003). *Corporate Citizenship. Gesellschaftliches Engagement von Unternehmen in Deutschland.* Berlin u. a.: Springer.

Heidbrink, L. (2008). Wie moralisch sind Unternehmen. *Aus Politik und Zeitgeschichte, 31*, 3–6

Heidbrink, L., & Hirsch, A. (Hrsg.) (2008). *Verantwortung als marktwirtschaftliches Prinzip: Zum Verhältnis von Moral und Ökonomie.* Frankfurt, & New York: Campus.

Heuberger, F. W., Oppen, M., & Reimer, S. (2004). Der deutsche Weg zum bürgerschaftlichen Engagement von Unternehmen: Thesen zu „Corporate Citizenship" in Deutschland. In Friedrich-Ebert-Stiftung (Hrsg.), *betrifft: Bürgergesellschaft, 12.* Bonn.

Hiß, S. (2006). *Warum übernehmen Unternehmen gesellschaftliche Verantwortung? Ein soziologischer Erklärungsversuch.* Frankfurt & New York: Campus.

Homann, K. (2002). *Vorteile und Anreize. Zur Grundlegung einer Ethik der Zukunft.* Tübingen: Mohr.

Janning, H., & Bartjes, H. (1999). *Ehrenamt und Wirtschaft: internationale Beispiele bürgerschaftlichen Engagements der Wirtschaft.* Stuttgart: Eigenverlag der Robert Bosch Stiftung.

Maaß, F. (2005). Corporate Citizenship als partnerschaftliche Maßnahme von Unternehmen und Institutionen. In Institut für Mittelstandsforschung (Hrsg.), *Jahrbuch zur Mittelstandsforschung* (S. 67–129). Wiesbaden: Gabler.

Maurer, A. (Hrsg.) (2008). *Handbuch Wirtschaftssoziologie.* Wiesbaden: VS Verlag.

Maurer, A., & Schimank, U. (Hrsg.) (2008). *Die Gesellschaft der Unternehmen – Die Unternehmen der Gesellschaft. Gesellschaftstheoretische Zugänge zum Wirtschaftsgeschehen.* Wiesbaden: VS Verlag.

Mayntz, R., & Scharpf, F. W. (Hrsg.) (1995). *Gesellschaftliche Selbstregelung und politische Steuerung.* Frankfurt & New York: Campus.

Mecking, Ch. (2008). Corporate Giving: Unternehmensspende, Sponsoring und insbesondere Unternehmensstiftung. In H. Backhaus-Maul, C. Biedermann, S. Nährlich, & J. Polterauer (Hrsg.), *Corporate Citizenship in Deutschland. Bilanz und Perspektiven.* (S. 307–322) Wiesbaden: VS Verlag.

Mutz, G. (2008). Corporate Volunteering. In A. Habisch, R. Schmidpeter, & M. Neureiter (Hrsg.), *Handbuch Corporate Citizenship. Corporate Social Responsibility für Manager* (S. 241–250). Berlin u. a.: Springer

Nährlich, S., & Hellmann, B. (2008). Bürgerstiftungen. In A. Habisch, R. Schmidpeter, & M. Neureiter (Hrsg.), *Handbuch Corporate Citizenship. Corporate Social Responsibility für Manager* (S. 231–240). Berlin u. a.: Springer.

Nährlich, S., Strachwitz, R. Graf, Hinterhuber, E. M., & Müller, K. (Hrsg.) (2005). *Bürgerstiftungen in Deutschland. Bilanz und Perspektiven.* Wiesbaden: VS Verlag.

Nyssen, F. (Hrsg.) (1971). *Schulkritik als Kapitalismuskritik.* Göttingen: Vandenhoeck & Ruprecht.

Paar, S. (2005). *Die Kommunikation von Corporate Citizenship.* St. Gallen: Universität St. Gallen.

Pies, I. (2001). *Ordnungspolitik in der Demokratie.* Tübingen: Mohr.

Pinter, A. (2006). *Corporate Volunteering in der Personalarbeit. Ein strategischer Ansatz zur Kombination von Unternehmensinteresse und Gemeinwohl?* Lüneburg: Universität Lüneburg.

Polterauer, J. (2004). Corporate Citizenship: Systemfunktionalistische Perspektiven. In F. Adlof, U. Birsl, P. Schwertmann (Hrsg.). *Wirtschaft und Zivilgesellschaft. Theoretische und empirische Perspektiven* (S. 97–126). Wiesbaden: VS Verlag.

Polterauer, J. (2008a). Corporate-Citizenship-Forschung in Deutschland. *Aus Politik und Zeitgeschichte, 31,* S. 32–38.

Polterauer, J. (2008b). Unternehmensengagement als „Corporate Citizen". Ein langer Weg und ein weites Feld für die empirische Corporate Citizenship-Forschung in Deutschland. In H. Backhaus-Maul, C. Biedermann, S. Nährlich, & J. Polterauer (Hrsg.), *Corporate Citizenship in Deutschland. Bilanz und Perspektiven* (S. 149–182). Wiesbaden: VS Verlag.

Polterauer, J. (2010). „Gesellschaftlicher Problemlösung" auf der Spur. Gegen ein unterkomplexes Verständnis von „Win-win"-Situationen bei Corporate Citizenship. In H. Backhaus-Maul, C. Biedermann, S. Nährlich, & J. Polterauer (Hrsg.), *Corporate Citizenship in Deutschland. Bilanz und Perspektiven* (S. 612–643). Wiesbaden: VS Verlag.

Reimer, S. (2002). *Corporate Citizenship. Zwischen Gemeinwohlorientierung und Gewinnmaximierung. Eine empirische Studie,* unv. Diplomarbeit. Univ. Berlin.

Rieth, L., & Zimmer, M. (2004). Transnational Corporations and Conflict Prevention. The Impact of Norms on Private Actors. *Tübinger Arbeitspapiere zur internationalen Politik und Friedensforschung, 43.* Tübingen: Universität Tübingen.

Rucht, D., Imbusch, P., Alemann, A. v., & Galonska, C. (2007), *Über die gesellschaftliche Verantwortung deutscher Wirtschaftseliten: Vom Paternalismus zur Imagepflege.* Wiesbaden: VS Verlag.

Rudolph, B. (2004). Neue Kooperationsbeziehungen zwischen dem Dritten und dem Ersten Sektor – Wege zu nachhaltigen zivilgesellschaftlichen Partnerschaften? In K. Birkhölzer, E. Kistler, & G. Mutz (Hrsg.), *Der Dritte Sektor. Partner für Wirtschaft und Arbeitsmarkt* (S. 35–97). Wiesbaden: VS Verlag.

Scherer, A. G., & Baumann, D. (2007). *Corporate Citizenship: Herausforderung für die Unternehmenskommunikation.* In A. Zerfaß, & M. Piwinger (Hrsg.), *Handbuch Unternehmenskommunikation.* (S. 859–873). Wiesbaden: Gabler.

Schrader, U. (2003). *Corporate Citizenship. Die Unternehmung als guter Bürger?* Berlin: Logos.

Schumpeter, J. A. (1947). *Kapitalismus, Sozialismus und Demokratie.* Tübingen: Mohr.

Schwerk, A. (2008). Strategisches gesellschaftliches Engagement und gute Corporate Governance. In H. Backhaus-Maul, C. Biedermann, S. Nährlich, & J. Polterauer (Hrsg.), *Corporate Citizenship in Deutschland. Bilanz und Perspektiven* (S. 121–145). Wiesbaden: VS Verlag.

Schwertmann, Ph. (2005). Unternehmensstiftungen im Spannungsfeld von Eigennutz und Gemeinwohl. In F. Adloff, U. Birsl, & ders. (Hrsg.), *Wirtschaft und Zivilgesellschaft. Theoretische und empirische Perspektiven* (S. 199–224). Wiesbaden: VS Verlag.

Seeleib-Kaiser, M. (2001). *Globalisierung und Sozialpolitik. Ein Vergleich der Diskurse und Wohlfahrtssysteme in Deutschland, Japan und den USA.* Frankfurt, & New York: Campus.

Seitz, B. (2002). Corporate Citizenship: Zwischen Idee und Geschäft. Auswertungen und Ergebnisse einer bundesweit durchgeführten Studie im internationalen Vergleich. In J. Wieland, & W. Conradi (Hrsg.), *Corporate Citizenship. Gesellschaftliches Engagement – unternehmerischer Nutzen* (S. 23–195). Marburg: Metropolis.

Speth, R. (2006). Lobbyismus als Elitenintegration? Von Interessenvertretung zu Public Affairs-Strategien. In H. Münkler, G. Straßberger, & M. Bohlender (Hrsg.), *Deutschlands Eliten im Wandel* (S. 221–235). Frankfurt & New York: Campus.

Stitzel, M. (1977). *Unternehmerverhalten und Gesellschaftspolitik.* Stuttgart u. a.: Kohlhammer.

Strachwitz, R. Graf, & Mercker, F. (Hrsg.) (2005). *Das Stiftungswesen. Ein Handbuch.* Berlin: Duncker & Humblot.

Strachwitz, R. Graf, & Reimer, S. (2008). Stiftungen. In A. Habisch, R. Schmidpeter, & M. Neureiter (Hrsg.) *Handbuch Corporate Citizenship. Corporate Social Responsibility für Manager* (S. 217–230). Berlin u. a.: Springer.

Suchanek, A. (2000). *Normative Umweltökonomik.* Tübingen: Mohr.

Weber, M. (1921). *Wirtschaft und Gesellschaft.* Tübingen: Mohr.

Weiß, R. (2002) *Unternehmensführung in der Reflexiven Modernisierung. Global Corporate Citizenship, Gesellschaftsstrategie und Unternehmenskommunikation.* Diss. Univ. Oldenburg.

Westebbe, A., & Logan, D. (1995). *Corporate Citizenship: Unternehmen im gesellschaftlichen Dialog.* Wiesbaden: Westdeutscher Verlag.

Wettenmann, T. (2004). Corporate Volunteering aus Sicht des Marketing – Chancen und Risiken eines Planungsprozesses. In Aktive Bürgerschaft e. V. (Hrsg.), *Aktuelle Beiträge zu Corporate Citizenship. Diskussionspapiere zum Non-Profit-Sektor,* 26 (S. 19–42). Berlin: Eigenverlag.

Wittke, U. (2003). *„Tu Gutes, aber verständige dich vorher darüber"? Zum Beitrag der Public Relations zu Corporate Social Responsibility.* unv. Magisterarbeit. Univ. Berlin.

Zerfaß, A. (Hrsg.) (2004). *Unternehmensführung und Öffentlichkeitsarbeit. Grundlegung einer Theorie der Unternehmenskommunikation und Public Relations.* Wiesbaden: VS Verlag.

Zusammenarbeit von Unternehmen und zivilgesellschaftlichen Akteuren – Überblick und Fallbeispiele

Felix Dresewski und Stephan C. Koch

Die zunehmende Verbreitung von Corporate Social Responsibility (CSR) geht einher mit der Erkenntnis, dass sowohl zivilgesellschaftliche Akteure als auch gesellschaftliche Entwicklungen außerhalb des Unternehmens – sei es zum Beispiel der demographische Wandel, Fachkräftemangel, Integration, sozialer (Un-)Frieden oder Armut – direkte oder indirekte Auswirkungen auf die eigentliche Geschäftstätigkeit haben können. Daher kann auch kein Unternehmen allein am „grünen Tisch" Corporate Social Responsibility (CSR) definieren oder praktisch umsetzen. Deshalb kommt dem Management der Schnittstelle Unternehmen-Zivilgesellschaft eine besondere Rolle zu. Der Beitrag zeigt die Bandbreite der Formen der Zusammenarbeit von Unternehmen und zivilgesellschaftlichen Akteuren *in der Praxis* anhand von Fallbeispielen auf[1]. Denn nur wer diese Vielfalt zur Kenntnis nimmt, kann auch die Folgen für die Kommunikation von und in solchen Kooperationsprojekten beobachten und erfassen. Diese Formen der Zusammenarbeit von Unternehmen und zivilgesellschaftlichen Akteuren lassen sich entlang dreier Perspektiven genauer systematisieren: Nach *Partnerschaftsformen*, welche die „Qualität" und Intensität von Kooperationen kategorisieren; nach *Ressourcen und Kompetenzen*, die Unternehmen in Kooperationen einbringen; und nach *Instrumenten*, die Unternehmen einsetzen. Im Folgenden werden diese drei unterschiedlichen Perspektiven beschrieben. Als Ausblick werden einige Konsequenzen für die Kommunikation von und in solchen Kooperationsprojekten skizziert.

1 CSR als Schnittstelle zwischen Unternehmen und Zivilgesellschaft – eine Begriffsklärung

Für das gesellschaftliche Engagement von Unternehmen werden zurzeit viele unterschiedliche Begriffe und Definitionen verwendet, vieles ist noch nicht abschließend

---

1 Dabei stützen wir uns auf die Auswertung einer Vielzahl von Kooperationsprojekten im Rahmen der Arbeit des bundesweiten Corporate Citizenship und CSR Netzwerks UPJ (www.upj. de) sowie auf unsere praktischen Erfahrungen in der Arbeit mit Unternehmen, gemeinnützigen Organisationen und Verwaltungen bei der Initiierung, Beratung und Begleitung von Corporate Citizenship- und CSR-Projekten. Die Autoren danken Moritz Blanke für konstruktive Ergänzungsvorschläge.

geklärt und das ganze Feld noch wenig empirisch und theoretisch durchdrungen. Vorab erfolgt an dieser Stelle daher eine kurze Klärung, was wir unter Corporate Social Responsibility (CSR) verstehen und welche Bedeutung die Schnittstelle Unternehmen-Zivilgesellschaft dabei hat. Die beiden folgenden Definitionen entsprechen aus unserer Sicht etwa dem derzeitigen Stand der Diskussion (Bethin & Bonfiglioli 2002; Habisch 2003; Europäische Kommission/Generaldirektion Unternehmen 2004, Loew et. al 2004; Dresewski 2007):

Im *unternehmerischen Selbstverständnis* bedeutet CSR, heute so zu wirtschaften, dass auch zukünftige Generationen ihre faire Chance auf eine Verwirklichung ihrer Bedürfnisse haben, und dabei gleichzeitig den langfristigen Erfolg des Unternehmens zu sichern. Von Bedeutung ist dabei in erster Linie nicht, was Unternehmen mit ihren Gewinnen „Gutes" tun, sondern *wie* Unternehmen Gewinne erwirtschaften und *welche* sozialen, ökologischen und ökonomischen Auswirkungen die gesamte Unternehmenstätigkeit hat.

In der *praktischen Umsetzung* bedeutet CSR dreierlei: Erstens ist damit eine umfassende *Bilanz* verbunden, der entsprechend Unternehmen gleichermaßen auf soziale, ökologische und ökonomische Auswirkungen und Folgen der Unternehmenstätigkeit achten. Ziel ist es, negative Wirkungen für Mitarbeiter, Kunden, Geschäftspartner, Gesellschaft und Umwelt im eigenen Interesse zu begrenzen und positive Wirkungen zu steigern. Zweitens bedeutet es *Integration*: Das Unternehmen institutionalisiert die Analyse und die Gestaltung der Auswirkungen der Unternehmenstätigkeit auf die Gesellschaft. Und drittens ist damit eine intensivere *Kooperation* verbunden. Das Unternehmen bezieht seine Mitarbeiter aktiv in die Umsetzung ein und sucht die Zusammenarbeit mit anderen relevanten Akteuren in der Gesellschaft.

In diesem Beitrag folgen wir dem *kooperativen* Grundverständnis von CSR und dessen praktischer Umsetzung in Kooperationen mit zivilgesellschaftlichen Akteuren[2].

2 Partnerschaftsformen

Eine allgemeingültige Systematisierung der verschiedenen Partnerschaftsformen zwischen Unternehmen und zivilgesellschaftlichen Akteuren kann es nach unserer Auffassung nicht geben. Je nach konkretem Erkenntnisziel und spezifischem Blickwinkel eignen sich nämlich ganz unterschiedliche Typologien zur Systematisierung der Partnerschaften. Eine erste Typologisierung ergibt sich anhand der Art der Beziehung, die entweder kooperativ oder antagonistisch sein kann und anhand der Qualität der Beziehung, die zwischen einer rein kommerziellen und einer rein ideell geprägten Beziehung variieren kann. Daraus ergeben sich die grundsätzlichen Beziehungsoptionen „Geschäftspartner, Wettbewerber, Partner, Gegner" (vgl. Abbildung 1). Die Analyse der Beziehungsoptionen und der sich daraus für beide Seiten

---

2 Für diesen Aspekt wird oft auch der Begriff „Corporate Citizenship" verwendet (vgl. Habisch 2003; Dresewski 2004; Blanke & Lang 2010; Ulrich 2002)

ergebenden Chancen und Risiken sollte einer Diskussion um Partnerschaften vorgelagert sein. Beide Seiten müssen sich bewusst sein, welche Beziehungsoptionen ggf. je nach konkreter Situation zum Tragen kommen können. So kann aus einem Partner im Rahmen einer gemeinsamen Nachhaltigkeitsinitiative aus einem konkreten Anlass heraus ein Gegner im Rahmen der öffentlichen Diskussion werden.

Abbildung 1   Grundsätzliche Beziehungsoptionen zwischen Unternehmen und zivilgesellschaftlichen Akteuren (Quelle: Dresewski & Koch 2008)

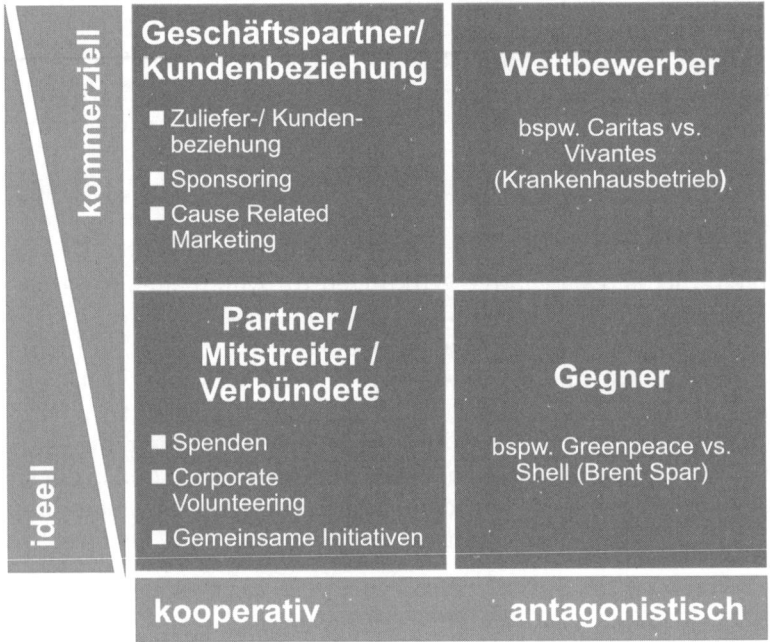

Fokussiert man auf die unserem CSR-Verständnis entsprechenden „kooperativen" Quadranten, so kommen weitere Typologien zum Tragen: Mit dem Begriff der „Partnerschaft" wird in den meisten Entwürfen darauf hingewiesen, dass Kooperationen zwischen Unternehmen und gemeinnützigen Organisationen unterschiedliche „Qualität" und Intensität (Dauer, Ressourceneinsatz, Integrationsgrad, Governance etc.) haben können, und dass die „Partnerschaft" eine fortgeschrittene Stufe der Entwicklung von Kooperationsprojekten darstellt. Beispiele für solche Entwicklungsstufen sind etwa „Sponsor, Partner, Bürger" (Habisch 2003) oder die ausgehend von den unterschiedlichen Zielstellungen von Kooperationsprojekten formulierten Kooperationsformen „Dienstleistung, Joint Venture, aktive Partnerschaft" (Damm & Lang 2001; Lang 2003) sowie die „strategische Partnerschaft", der man in vielen Publikationen begegnet (Backhaus-Maul et al. 2010). Dieses Entwicklungspotenzial von „Partnerschaften" für relevante Beiträge zu neuen Problemlösungen (Habisch

2010) und die Bedeutung des „Social Case" beschreiben auch die Typen „transactional, transitional, transformational", die in einer Meta-Analyse entwickelt wurden (Bowen, Newenham-Kahindi & Herremans 2008: 15 f.).

Die folgende Tabelle gibt einen Überblick über die oben genannten Typologien und die jeweilige Perspektive, aus der sie erwachsen. Dabei werden die verschiedenen Typologien jeweils der zentralen Perspektive zugeordnet, aus der sie Partnerschaften von Unternehmen und zivilgesellschaftlichen Akteuren betrachten und durch die jeweiligen Quellen ergänzt (vgl. Abbildung 2).

Abbildung 2 Typologien der Partnerschaften von Unternehmen und zivilgesellschaftlichen Akteuren/Stiftungen

Perspektive	Typologie	Quelle
Kommerzialität und Kooperativität der Beziehung	Geschäftspartner, Wettbewerber, Partner, Gegner	Dresewski & Koch 2008
Entwicklungsstufen von Kooperationsprojekten	Sponsor, Partner, Bürger	Habisch 2003
Zielstellungen von Kooperationsprojekten	Dienstleistung, Joint Venture, aktive Partnerschaft	Damm & Lang 2001 Lang 2003
	Strategische Partnerschaft	Backhaus-Maul et al. 2010
Entwicklungspotenzial der Partnerschaft und Bedeutung des Social Case	transactional, transitional, tranfsformational	Bowen et al. 2008
Integration von Stiftungen in den CC-Mix von Unternehmen	Gründung/Initiative: individuell/gemeinschaftlich Philosophie: integriert/emanzipiert Aktivität: operativ/fördernd	Koch 2008

Wie solche Kooperationen zwischen Unternehmen und zivilgesellschaftlichen Akteuren in der Praxis umgesetzt werden, wird im Folgenden anhand unterschiedlicher Ressourcen und Kompetenzen sowie Instrumenten beschrieben.

3   Umsetzung von Partnerschaften

3.1   *Mehr als Geld: Ressourcen und Kompetenzen*

In der Öffentlichkeit wird das Engagement von Unternehmen in der Regel mit Spenden, Sponsoring und zunehmend auch mit dem Errichten von Stiftungen in Verbindung gebracht – vor allem also mit dem Einsatz finanzieller Mittel. Viele Unternehmen spenden, stiften oder sponsern aber schon jetzt nicht nur Geld, sondern sie setzen auch andere Ressourcen ein, die schnell und einfach zur Verfügung gestellt werden können: Sachmittel, Know-how, kostenlose Unternehmensleistungen,

Unternehmenslogistik (Kopierer, Werkstätten, Fuhrpark, Räume, etc.), Kontakte zu Geschäftspartnern und vieles mehr.

Die folgende Übersicht systematisiert die Ressourcen und Kompetenzen, mit denen sich Unternehmen in Kooperationsprojekten engagieren. Neben Finanzmitteln stehen hier Zeit und Wissen der Mitarbeiter(innen), Dienstleistungen, Produkte und Logistik sowie Kontakte und Einfluss zur Verfügung (vgl. Abbildung 3).

Abbildung 3   Einsetzbare Ressourcen und Kompetenzen

Finanzmittel	Dienstleistungen, Produkte und Logistik
• Geldspenden z. B. an Organisationen, in denen Mitarbeiter/innen sich engagieren • Sponsoring • zinslose oder zinsgünstige Kredite • Förderpreise • geschäftliche Partnerschaften (Aufträge an gemeinnützige Organisationen, Produktentwicklung) • Beteiligung an Bürgerstiftungen, Förderfonds, Spendenparlamenten • ...	• kostenlose oder kostengünstige Dienstleistungen • kostenlose oder kostengünstige Bereitstellung von Produkten und Sachmitteln • Nutzung von Räumen, Gelände, Kopiergerät, Werkstätten, Frankiermaschinen, Fuhrpark, Büromaterial, Werbeflächen etc. • Bereitstellung zusätzlicher Praktikums-, Beschäftigungs-, Qualifizierungsmöglichkeiten z. B. für Behinderte oder benachteiligte Jugendliche • ...
Zeit, Know-how, Wissen (der Mitarbeiter/innen)	**Kontakte und Einfluss**
• Unterstützung des Engagements von Mitarbeitern/innen in deren Freizeit • Freistellungen in der Arbeitszeit • Engagement-Einsätze von Teams oder der gesamten Belegschaft • Entsenden von Führungskräften in Vorstände von gemeinnützigen Vereinen, Fördervereinen etc. • Beratung/Schulung/Qualifizierung sozialer Organisationen z. B. im Bereich PR, IT, Controlling, Strategische Planung, Finanzierung etc. • ...	• Vermittlung von Kontakten (z. B. zu Lieferanten, Kunden, Service Clubs, Experten) • Lobbyarbeit für Gemeinwesenorganisationen bzw. Anliegen im Gemeinwesen • Fundraising für die Organisation • ...

(vgl. Dresewski 2004 in Anlehnung an Business in the Community 2001 und Damm & Lang 2001)

Dabei wird deutlich, dass die Ressourcen und Kompetenzen, die Unternehmen in Kooperationsprojekten in das Gemeinwesen investieren, bei weitem vielfältiger sind als gemeinhin angenommen wird. Unternehmen nehmen im Gemeinwesen eine exponierte Stellung ein und können daher mit ihren Kontakten (zu Lieferanten, Kunden, Service Clubs etc.) und ihrem Einfluss Lobbyarbeit für Anliegen im

Gemeinwesen betreiben oder auch Spenden einwerben. Ein Beispiel: Der Impfstoffhersteller Sanofi Pasteur MSD zeichnet jährlich Schüler und Lehrer mit dem kinderwelten Award (auch „Oscar für Sozialcourage") aus, die selbständig Hilfsprojekte ins Leben gerufen haben und diese ehrenamtlich umsetzen. Neben dem Preisgeld und der feierlichen Verleihung wirkt die Auszeichung sich auch erheblich auf die öffentliche Wahrnehmung der Projekte aus. Weitere Beispiele sind die mittelständischen Betriebe in Northeim (Niedersachsen), die ihren Einfluss in der Kommunalpolitik geltend gemacht haben, um das weitere Bestehen eines Internet-Café von Jugendlichen abzusichern.

3.2 Mehr als „Scheckübergaben": Instrumente

Das Spektrum möglicher Aktivitäten von Unternehmen im Gemeinwesen systematisiert der „Corporate Citizenship-Mix". Dieser beschreibt neun Instrumente, die Unternehmen aller Größen in der Praxis bereits einsetzen (Dresewski 2004: 21 f.). Die folgende Übersicht gibt einen Überblick über diese Instrumente, erläutert sie kurz und illustriert ihre konkrete Umsetzung anhand von Fallbeispielen (vgl. Abbildung 4).

Abbildung 4   Die Instrumente des Corporate Citizenship Mix

Instrument	Fallbeispiel
Corporate Giving (Unternehmensspenden) Oberbegriff für ethisch motiviertes selbstloses Überlassen, Spenden oder Zustiften von Geld oder Sachmitteln sowie Unternehmensleistungen, -produkte und -logistik.	*Das Mobilfunkunternehmen Telefónica O$_2$ Germany fördert seit 2004 das Programm „Kinder bewegen" der Deutschen Olympischen Gesellschaft (DOG), mit dem die Motorik und Bewegungsfreude im Kleinkindalter verbessert werden soll.* *10 Kindergärten werden dabei unterstützt, „ihren" Kindern die Möglichkeit zur Beteiligung an sportlichen Aktivitäten zu geben. Das dreijährige Projekt wird mit 20.000 Euro pro Jahr gefördert. Jeder teilnehmende Kindergarten erhält zusätzlich eine Spende in Höhe von 5.000 Euro.*
Social Sponsoring[3] (Sozialsponsoring) Übertragung der gängigen Marketingmaßnahme Sponsoring – als ein Geschäft auf Gegenseitigkeit – auf den sozialen Bereich. Damit werden dem Unternehmen neue Kommunikationskanäle und der gemeinnützigen Organisation neue Finanzierungswege eröffnet.	*Der mittelständische Sicherheitsdienstleister GSE Protect hat beispielsweise das Projekt „Cool ans Ziel" initiiert und als Sponsor unterstützt. „Cool ans Ziel" will jungen Menschen in Brandenburg zu mehr Fahrsicherheit verhelfen und bietet zu diesem Zweck durch Kooperation von gemeinnützigen Organisationen und Unternehmenspartnern vergünstigte Fahrsicherheitstrainings an.* *Bis jetzt (Herbst 2009) absolvierten mehr als 1.500 Jugendliche das speziell auf die Bedürfnisse junger Fahrer entwickelte Training.*

---

3   Der Begriff wird oftmals unter „Corporate Giving" subsumiert. Diese Einteilung halten wir für nicht angebracht, da damit die grundsätzliche Unterschiedlichkeit von Spenden (selbstlos, ohne Gegenleistung) und Sponsoring (kommerziell, mit Gegenleistung, Marketinginstrument) verwischt wird.

Cause-Related Marketing (Zweck-Gebundenes Marketing)	*Dr. Ausbüttel & Co. (DRACO), ein mittelständisches Familienunternehmen mit den Sortimentsschwerpunkten Wundversorgung und Kompressionstherapie, spendet für jede Packung DRACO Moderne Wundversorgung, die verordnet oder als Sprechstundenbedarf bestellt wird, einen Euro an „Ärzte für die Dritte Welt" und ermöglicht so Impfaktionen in Kalkutta.*
Marketinginstrument, bei dem der Kauf eines Produkts oder einer Dienstleistung damit beworben wird, dass das Unternehmen einen Teil der Erlöse einem sozialen Zweck oder einer Organisation als „Spende" zukommen lässt. Dieses Instrument wird in Deutschland zunehmend relevant. Cause-Related Marketing ähnelt mit seinem kommerziellen Charakter dem Sponsoring, geht aber darüber hinaus, weil es hier nicht „nur" um Kommunikation (Image, Bekanntheit, etc.) geht, sondern um direkte Verkaufsförderung.	*Allein im Jahr 2007 konnten mit den Erlösen über 6.500 Kinder von Patienten in Kalkutta gegen Tuberkulose, Polio, Diphtherie, Tetanus, Masern, Hepatitis B, Röteln und Mumps geimpft werden.*
Corporate Foundations (Unternehmensstiftungen) Gründung einer Stiftung durch Unternehmen – eine Art des Engagements, die auch von mittelständischen Unternehmen immer häufiger benutzt wird[4]	*Die Stiftung des Umweltdienstleisters Veolia Wasser unterstützt in Berlin und an anderen Standorten der Unternehmensgruppe unter den drei Förderschwerpunkten Umwelt, Beschäftigung und Solidarität lokale Initiativen, die das Lebensumfeld verbessern und die Umwelt bewahren, Menschen in Beschäftigung integrieren und Solidarität leisten.* *Die Besonderheit des Stiftungskonzeptes: Jede geförderte Initiative wird von einem Mitarbeiter oder einer Mitarbeiterin in eine Patenschaft übernommen. So verbindet sie die gesellschaftliche Verantwortung des Unternehmens mit dem ehrenamtlichen Engagement der Beschäftigten.*
Corporate Volunteering (Gemeinnütziges Arbeitnehmerengagement) Engagement von Unternehmen durch die Investition der Zeit, des Know-hows und Wissens ihrer Mitarbeiterinnen und Mitarbeiter und die Unterstützung des ehrenamtlichen Engagements von Mitarbeiterinnen und Mitarbeitern in und außerhalb der Arbeitszeit. Der Begriff wurde geprägt von David Halley (1999, vgl. auch Schöffmann 2001).	*Das Wirtschaftsprüfungs- und Beratungsunternehmen KPMG hat zusammen mit dem Bildungscent e. V., einer Initiative des Papier-, Büro- und Schreibwarenherstellers Herlitz, ein für Deutschland einmaliges Programm gestartet. Im Rahmen des Programms „Partners in Leadership" begleiten Führungskräfte von KPMG sowie weiterer Unternehmen ehrenamtlich Schulleitungen und unterstützen sie bei der Qualitätsentwicklung der Schule.* *Gemeinsam werden die Stärken und Schwächen der schulischen Abläufe analysiert. Die Schulleitungen erhalten einen tieferen Einblick in unternehmerische Prozesse und prüfen, ob und wie wirtschaftliche Instrumentarien sinnvoll auf ihre Organisation übertragen werden können.*

---

4   Auch dieses Instrument wird häufig unter „Corporate Giving" subsumiert. Das Verlagern (eines Teils) des gesellschaftlichen Engagements in eine eigene, dem Unternehmen „auf ewig" verbundene Rechtsform ist u. E. jedoch mit so vielen spezifischen Voraussetzungen und Konsequenzen verbunden (mit der Formalisierung verbundenes Commitment für einen ideellen Zweck, festgelegte Ressourcenausstattung, Langfristigkeit, Management etc.), dass eine analytische Unterscheidung gerechtfertig ist.

Social Commissioning (Auftragsvergabe an soziale Organisationen) Gezielte geschäftliche Partnerschaft mit gemeinnützigen Organisationen, die z. B. behinderte und sozial benachteiligte Menschen beschäftigen, als (gleichfalls kompetente und konkurrenzfähige) Dienstleister und Zuliefererbetriebe – allerdings mit der Absicht, die Organisationen ideell und finanziell durch die Auftragsvergabe zu unterstützen.	*Dr. Ausbüttel & Co. (DRACO) arbeitet bei Verpackungstätigkeiten z. B. bei der Bestückung von Verbandskästen mit verschiedenen Behindertenwerkstätten im lokalen Umfeld zusammen.* *Beide Seiten gewinnen dabei: Die Behindertenwerkstätten können mit einer hohen Auslastung von insgesamt bis zu 200 Mitarbeitern und Mitarbeiterinnen kalkulieren und ermöglichen behinderten Menschen die Teilhabe am Arbeitsleben. DRACO hat Zugriff auf günstige und flexible Kapazitäten vor Ort.*
Community Joint Venture (Gemeinwesen Joint Venture) Gemeinsame Unternehmung einer gemeinnützige Organisation und eines Unternehmens, in die beide Partner Ressourcen und Know-how einbringen und die keiner allein durchführen könnte.	*Das Projekt HOMEPOWER ist eine Kooperation des Personaldienstleisters Manpower mit dem Verein „Jung trifft Alt" und bietet einen Einkaufsservice für die älteren Mieter der Wohnbau Mainz GmbH.* *Erwerbslose sollen im Rahmen des Projekts qualifiziert und ihnen somit der Einstieg ins Berufsleben ermöglicht werden. Gleichzeitig werden Versorgungsengpässe älterer Menschen vermieden und soziale Kontakte geknüpft.* *Ein weiteres Beispiel für dieses Instrument ist die Entwicklung einer Software für Bildungsstätten, bei der die gemeinnützige Organisation „Betreiber-Know-how" und das Unternehmen die Programmierung und den Vertrieb eingebracht hat (Dresewski 2004: 10 f).*
Social Lobbying (Lobbying für soziale Anliegen) Social Lobbying bezeichnet den Einsatz von Kontakten und Einfluss des Unternehmens für die Ziele gemeinnütziger Organisationen oder für Anliegen spezieller Gruppen im Gemeinwesen.	*Das Arzneimittelunternehmen betapharm gründete 1999 in Kooperation mit dem Bunten Kreis e. V. das „beta Institut für sozial-medizinische Forschung und Entwicklung".* *Das Institut hat u. a. mit einer erfolgreichen Gesetzesinitiative dafür gesorgt, dass sozialmedizinische Nachsorge für schwer kranke Kinder und ihre Familien Bestandteil des Leistungskatalogs der gesetzlichen Krankenkassen geworden ist.* *Auch Unternehmenstätigkeiten, welche sich für die Einrichtung eines Jugendzentrums stark machen oder den Aufruf zur Teilnahme an einem Freiwilligentag an ihre Belegschaft und Geschäftspartner weiterleiten, zählen hierunter.*
Venture Philanthropy (Soziales Risiko-Kapital) Unternehmerisch agierende Risiko-Kapitalgeber investieren für eine begrenzte Zeit und ein bestimmtes Vorhaben sowohl Geld als auch Know-how in gemeinnützige Organisationen beispielsweise in einer neuen Entwicklungsphase, bei der Implementierung eines neuen Projekts oder der Verbreitung der Unterstützungsbasis im Gemeinwesen.	Nach us-amerikanischem Vorbild gibt es seit kurzem mit BonVenture den ersten Social Venture Fund in Deutschland. Ebenfalls in Deutschland aktiv geworden ist die internationale Organisation Ashoka – siehe www.bonventure.de bzw. http://germany.ashoka.org bzw. www.privateequityfoundation.org

Die Unterscheidung von Ressourcen und Instrumenten mag zur begrifflichen Klärung in mancher Debatte beitragen, deutlich wird damit vor allem, wie vielfältig und wie insgesamt noch wenig erprobt und ausgelotet die praktischen Möglichkeiten in der Zusammenarbeit von Unternehmen und zivilgesellschaftlichen Akteuren sind.

4   Ausblick: Kommunikation von und in solchen Kooperationsprojekten

Die praktischen Beispiele und Systematisierungen in diesem Beitrag belegen deutlich, dass es bei CSR und der Zusammenarbeit von Unternehmen und zivilgesellschaftlichen Akteuren um weit mehr als Öffentlichkeitsarbeit, internes Branding oder die Herstellung von Images geht. Zwar ist für die öffentliche Wahrnehmung auch die externe Kommunikation wichtig. Zentral für den Erfolg von Kooperationsprojekten ist jedoch die interorganisationale Kommunikation und damit zusammenhängend die organisationsinterne Kommunikation. Oft stehen aus der Sicht von Unternehmen in der Kommunikation nicht nur externe, sondern auch interne Zielgruppen im Vordergrund (z. B. bei Corporate Volunteering-Projekten).

Die *interorganisationale Kommunikation*, also die Kommunikation zwischen den beteiligten Partnern, wird dadurch erschwert, dass sie von beiden Seiten jeweils vor dem Hintergrund der eigenen Lebens- und Arbeitswelt erfolgt. Beide Partner sprechen „ihre eigene" Sprache. Daher kann es vorkommen, dass vereinbarte Kooperationsziele unterschiedlich verstanden werden oder ein unterschiedliches Verständnis von Zeit- oder Projektmanagement zu Friktionen führt. Die Zusammenarbeit können letztlich auch Stereotypen in den Köpfen der Beteiligten über den Partner „auf der anderen Seite" erschweren. Daher kann es sehr hilfreich sein, Mittler, die beide Seiten kennen, beide Sprachen sprechen und Erfahrungen mit entsprechenden Kooperationen haben, in die Kommunikation einzubinden. Diese Mittlerorganisationen agieren als Moderatoren und „erklärende Übersetzer", die beiden Partnern helfen, die jeweils andere Perspektive, ggfs. auch bestehende Zwänge und Rahmenbedingungen besser einzuschätzen. Zudem können sie nützliche Erfahrungen aus anderen Partnerschaften in das Projekt einbringen.

Die Komplexität der *internen* und *externen Kommunikation* wird dadurch erhöht, dass beide Seiten ihre Stakeholder in die Kooperation „einbringen" und im Management der Kommunikation berücksichtigen müssen (vgl. Abbildung 5).

Kooperationen, die primär als Mittel der Öffentlichkeitsarbeit betrachtet werden und auf eine Imageverbesserung des Unternehmens abzielen, bergen jedoch hohe Reputationsrisiken, da es ihnen an Authentizität, Glaubhaftigkeit und Nachhaltigkeit mangelt (zu Reputation vgl. Eisenegger in diesem Band). Grundsätzlich gilt, dass über die Partnerschaft erst dann nach außen kommuniziert werden sollte, wenn alle Partner, die konkreten Projektziele und erste Maßnahmen feststehen.

Abbildung 5   Stakeholder für die Partner einer Kooperation

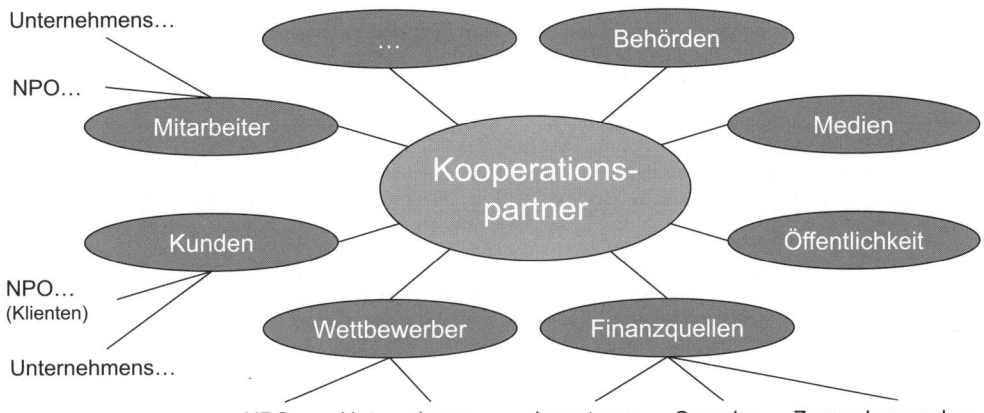

Die Kommunikation des Engagements kann dann beispielsweise über eine kontinuierliche Pressearbeit, Geschäftsberichte (von Unternehmen und gemeinnützigen Partnern) oder in Form eines eigenen Projekt- bzw. Kooperationsberichts erfolgen. Je nach konkretem Kooperationsprojekt eignen sich weitere spezifische Kommunikationswege, von Internetauftritten und Newslettern der beteiligten Partner oder des Kooperationsprojektes bis hin zu Pressemitteilungen oder Pressekonferenzen. Geeignet sind auch öffentlichkeitswirksame Veranstaltungen für die Stakeholder, in deren Rahmen bisherige Kooperationserfolge ebenso wie konkrete Zukunftsperspektiven dargestellt werden. Dabei ist ein wichtiger Faktor für die Akzeptanz der Partnerschaft nach innen und außen ein transparentes, kontinuierliches Berichtswesen über die Strategie, Ziele, Arbeitsweise, Erfolge, Kooperationspartner und Einzelaktivitäten. Je deutlicher dabei der Nutzen aller Partner beschrieben wird, umso besser können alle Stakeholder das Engagement einordnen und würdigen.

Gerade auch die Kommunikation nach innen stellt hohe Anforderungen an die beteiligten Partner. So können ressourcenintensive Kooperationen ggf. verbunden mit der Aufforderung zu aktiver Beteiligung der Mitarbeiter in Zeiten rigoroser Sparmaßnahmen und Stellenabbaus zu Irritationen bei den Mitarbeitern führen. Es sei denn, man hat frühzeitig Wert darauf gelegt, verantwortliche Unternehmensführung und das konkrete Engagement des Unternehmens in der eigenen Unternehmenskultur zu verankern und zum Teil der internen „Brand-DNA" zu machen. Ein zentraler Erfolgsfaktor ist unseres Erachtens engagierte Mitarbeiter selbst authentisch von den eigenen Erfahrungen mit der Kooperation berichten zu lassen.

Literatur

Backhaus-Maul, H., Biedermann, C., Polterauer, J., & Nährlich, S. (Hrsg.) (2010). *Corporate Citizenship in Deutschland. Bilanz und Perspektive* (2., akt. u. erw. Aufl.). Wiesbaden: VS Verlag.

Blanke, M., & Lang, R. (2010). Soziales Engagement von Unternehmen als strategische Investition in das Gemeinwesen. In A. Hardtke, & A. Kleinfeld, Annette (Hrsg.), *Gesellschaftliche Verantwortung von Unternehmen. Von der Idee der Corporate Social Responsibility zur erfolgreichen Umsetzung* (S. 242–272). Wiesbaden: Gabler.

Bethin, C., & Bonfiglioli, E. (2002). Corporate Social Responsibility – ein umfassendes Konzept in Europa. In B. Braun, & P. Kromminga. *Soziale Verantwortung und wirtschaftlicher Nutzen. Dokumentation der gleichnamigen UPJ-Tagung vom 11. September 2001 in Hamburg.* Hamburg: UPJ.

Bowen, F., Newenham-Kahindi, A., & Herremans, I. (2008). *Engaging the Community: A Synthesis of Academic and Practitioner Knowledge on Best Practices.* Research Network for Business Sustainability (RNBS): London, Kanada.

Business in the Community (2001). *How to Get Started with CCI.* London: BITC.

Damm, D., & Lang, R. (2001). *Handbuch Unternehmenskooperation. Erfahrungen mit Corporate Citizenship in Deutschland.* Bonn & Hamburg: UPJ.

Dresewski, F. (2004). *Corporate Citizenship. Ein Leitfaden für das soziale Engagement mittelständischer Unternehmen.* Berlin: UPJ.

Dresewski, F. (2007). *Verantwortliche Unternehmensführung. Corporate Social Responsibility (CSR) im. Mittelstand.* Berlin: UPJ.

Dresewski, F., & Koch, S. (2007). *Cause Related Marketing: Trinken für den Regenwald, Konsumieren gegen Aids.* Vortrag im Rahmen der Ringvorlesung an der GWK/UdK Berlin: Stakeholder-Management – was Unternehmen und NPOs voneinander lernen können, am 16.01. 2007.

Europäische Kommission/Generaldirektion Unternehmen (2004). *Verantwortliche Unternehmertätigkeit.* Luxemburg: Amt für Amtliche Veröffentlichungen der Europäischen Gemeinschaften.

Habisch, A. (2003). *Corporate Citizenship. Gesellschaftliches Engagement von Unternehmen in Deutschland.* Berlin & Heidelberg: Springer.

Habisch, A. (2010). Unternehmensgeist in der Bürgergesellschaft. Zur Innovationsfunktion von Corporate Citizenship. In H. Backhaus-Maul u. a. (Hrsg.), *Corporate Citizenship in Deutschland. Bilanz und Perspektive* (S. 157–172) (2., akt. u. erw. Aufl.). Wiesbaden: VS Verlag.

Halley, D. (1999). *Employee Community Involvement – Gemeinnütziges Arbeitnehmerengagement. Ein vollständiger Leitfaden für Arbeitgeber, Arbeitnehmer und gemeinnützige Organisationen.* Köln: Fundus – Netzwerk für Bürgerengagement.

Koch, S. (2008). *Integration von Stiftungen und Spenden in den Corporate Citizenship-Mix.* Vortrag beim UPJ Unternehmensnetzwerk Rhein-Main am 22.10.2008 in Bad Homburg.

Lang, R. (2003). Erfahrungen mit Corporate Citizenship in Deutschland. In Enquete-Kommission „Zukunft des Bürgerschaftlichen Engagements" des Deutschen Bundestages (Hrsg.), *Bürgerschaftliches Engagement von Unternehmen.* Schriftenreihe: Bd.2. (S. 219–248). Opladen: Leske + Budrich.

Loew, T., Kathrin, A., Braun, S., & Clausen, J. (2004). *Bedeutung der internationalen CSR-Diskussion für Nachhaltigkeit und die sich daraus ergebenden Anforderungen an Unternehmen mit Fokus Berichterstattung.* Berlin: IÖW.

Schöffmann, D. (Hrsg.) (2001). *Wenn alle gewinnen. Bürgerschaftliches Engagement von Unternehmen.* Hamburg: Edition Körber-Stiftung.

Ulrich, P. (2002). Republikanischer Liberalismus und Corporate Citizenship. Von der ökonomischen Gemeinwohlfiktion zur republikanisch-ethischen Selbstbindung wirtschaftlicher Akteure. In H. Münkler, & H. Bluhm (Hrsg.), *Gemeinwohl und Gemeinsinn. Zwischen Normativität und Faktizität.* Bd. IV. (S. 273–291). Berlin: Akademie Verlag.

3. Methoden und empirische Befunde der CSR-Forschung

CSR nachgefragt: Kann man Ethik messen?

Die Befragung als Methode der Rekonstruktion von CSR

Matthias Karmasin und Franzisca Weder

Definitionen von CSR sind in theoretischer und praktischer Hinsicht dispers. Auf der einen Seite lässt sich CSR als Konzept beschreiben, mit dem soziale Belange und Umweltbelange in die Unternehmenstätigkeit und die Wechselbeziehungen zu den Stakeholdern integriert werden können (vgl. das vielzitierte Grünbuch der EU Kommission 2001: 8). CSR ist hier vor allem eine (autonome) Entscheidung des Unternehmens (vgl. Eberhard-Harribey 2006: 361 f.). Auf der anderen Seite wird CSR als Reaktion auf gesellschaftliche Erwartungen verstanden, CSR „encompasses the economic, legal, ethical and discretionary expectations that society has of organisations at a given point in time" (Carroll 1979: 500). Die entsprechenden Konzepte, d. h. die Versuche, die unternehmerische Verantwortung gegenüber der Gesellschaft auf organisatorischer Ebene zu verankern, werden politisch (Corporate Citizenship), sozial (Social Responsibility) oder ökologisch (Sustainability) ausgerichtet und beziehen sich auf die Unternehmung als Ganzes (Corporate Responsibility, ökonomische Wertschöpfung) bzw. speziell auf das Management (Corporate Governance). CSR ist deswegen seit längerem Objektbereich der Wirtschaftswissenschaften und der Philosophie (hier vor allem im Bereich der Wirtschaftsethik, vgl. zusammenfassend Karmasin & Litschka 2008), der Politikwissenschaft (hier vor allem im Bereich der Governance-Diskussion, vgl. z. B. Benz et al. 2007) und seit kürzerem auch der Kommunikationswissenschaft (hier vor allem der Bereich Organisationskommunikation, vgl. Karmasin & Weder 2008; Schmidt & Tropp 2009; Weder 2009).

1   Einleitung: empirische Traditionen

In all diesen Disziplinen wurde und wird der Objektbereich nicht nur (begründungs-) theoretisch und konzeptiv erschlossen, sondern auch empirisch erforscht. Der Beginn der Debatte um das Verhältnis von Wirtschaft und Ethik, von Profit und Verantwortung, von ökonomischer und ethischer Rationalität war immer auch vom Versuch begleitet, die reale Moral der Manager, die Unternehmenskulturen konkreter Organisationen, aber auch die Einstellungen von Konsumenten, Investoren und der Bevölkerung zu diesem Thema zu ergründen (vgl. im deutschen Sprachraum z. B. die Studie von Ulrich & Probst zu Werthaltungen Schweizer Manager, 1982; die Studie von Kaufmann, Kerber & Zulehner zu Ethos und Religion bei Führungskräften in Deutschland, 1986; die Studien von Karmasin & Hrubi 1996a, b für Österreich).

Dabei waren – wie in der praktischen Philosophie üblich – vor allem Fragestellungen nach der empirischen Rekonstruktion von moralischen Strukturen, von ethischen Einstellungen und Werthaltungen zentral – und dies nicht nur um eine bestimmte Praxis zu rekonstruieren, sondern auch um normative Konzepte auf diese Praxis angemessen beziehen zu können. Befragungen haben in diesem Themenfeld also Tradition, allerdings mit zwei Besonderheiten, auf die an dieser Stelle bereits verwiesen werden soll: Die Befragungen werden zumeist von Kommunikations- bzw. Beratungsagenturen oder aber so genannten Nonprofit-Organisationen durchgeführt, weniger stark repräsentiert ist diese Methode in Bezug auf das Forschungsfeld CSR in der Wirtschafts- oder gar Kommunikationswissenschaft. Darüber hinaus ist in einem Großteil der Studien das Untersuchungsobjekt „Der Manager", von sich selbst aber auch dem Umfeld verstanden als „Driver" „for corporate social responsibility" (Swanson 2008)[1]. Als Referenzgröße dient „Der Konsument" bzw. „Die Öffentlichkeit" und deren Erwartungen an Unternehmen bzw. Vorstellung einer verantwortungsvollen Unternehmensführung. Sowohl die methodische als auch inhaltliche Orientierung an der Führungsperson bzw. dem Konsumenten ist eine wirtschaftswissenschaftliche oder vielmehr beratungspraktische Tradition, von der die Kommunikationswissenschaft – mit anderen Objektbereichen und anderen Fragestellungen – durchaus profitieren kann, wenn es ihr (wie bei anderen Bereichen auch) gelingt, die individualethischen mit den wirtschafts- und unternehmensethischen Ergebnisse zu integrieren. Eine besondere Aufgabe liegt allerdings darin, die Befragung als Methode (kommunikations)wissenschaftlich zu begründen, um die Lücke zwischen theoretischer Erarbeitung und marktorientierter Forschung zu schließen.

Im Mittelpunkt der folgenden Ausführungen stehen dafür – den Faden der wirtschaftsethischen Debatte aufgreifend – zwei Aspekte: die Frage der Operationalisierung (was versucht man eigentlich zu messen) und die Frage nach dem Objektbereich. Schließen wollen wir mit einigen Überlegungen zu Möglichkeiten und Grenzen von Befragungen als Instrument der Evaluierung von CSR.

2 Objektbereiche: Was wird gemessen?

Unternehmen haben die Kommunikation des eigenen Engagements als zentrale Basis ihrer zukünftigen Wettbewerbsfähigkeit entdeckt (Fieseler & Meckel 2008: 67). Nachhaltigkeits-, Umwelt und/oder Sozialberichte sowie die Darstellung der institutionalisierten Formen der Unternehmensethik auf der Unternehmenswebsite erleichtern die Evaluierung und damit Bewertung eines Unternehmens durch die Stakeholder (vgl. u. a. Bulmann 2008: 72 f.). Bisher gibt es keine Verpflichtung, über CSR-Aktivitäten zu berichten, dennoch können sich nur wenige Unternehmen dem Trend zur Berichterstattung entziehen (Herchen 2007: 57). Ein Blick in die Standards der Global Reporting Initiative, die zumeist nur partiell ein- und umgesetzt werden,

---

1   Vgl. hierzu exemplarisch die Studien der Bertelsmann Stiftung 2005; der EU-Kommission 2001; IBM 2008 sowie Clausen & Loew 2009; Zink, Liebrich & Steimle 2005.

zeigt, dass als eines der zentralen Ziele eines CSR-Berichtes zählt, die Wirkungszusammenhänge eines Unternehmens aufzuzeigen. Die Darstellung nach Außen ist ein Stückweit auch Wahrnehmung einer „kommunikativen Verantwortung" (u. a. Karmasin & Weder 2008), da ein Bewusstsein um die Kontextabhängigkeit, die Einbindung der Unternehmung in die Gesellschaft vorliegt. Bis dato sind in der Kommunikationswissenschaft folglich vor allem Formen der CSR-Kommunikation die in den Blick genommen worden (vgl. Beitrag zur Inhaltsanalyse, in diesem Bd.). Die Analyse-Grundlage bilden dabei sowohl in nationalen als auch internationalen Studien die entsprechende Unternehmensberichterstattung bzw. die Selbstdarstellungen auf der Unternehmenshomepage (u. a. Weder, Ankowitsch & Katsch 2009; Maignan & Ralston 2002; Basil & Erlandson 2008), der Grund: „Research suggests that companies around the world use their websites to demonstrate their CSR behaviors." (Basil & Erlandson 2008: 125).

Diese Inhaltsanalysen liefern wertvolle Erkenntnisse über das Selbstbild, das in Richtung Organisationsumwelt kommuniziert wird, knüpfen aber nicht unmittelbar an die wirtschaftsethische Tradition an, die sich vorwiegend den Werthaltungen der Manager bzw. der beteiligten Stakeholder widmet. Aus der Forschungstradition der Kommunikationswissenschaften ist die Unterscheidung der CSR-Kommunikation durchaus verständlich, aus der Natur des Objektbereiches eher nicht. Denn grundsätzlich ist von einem Zusammenhang von Kommunikation und Werthaltungen auch im ethischen Sinne auszugehen: die Kommunikation von Verantwortung schafft Bezugsrahmen der Wahrnehmung des Agierens von Unternehmungen (Frames) und schafft damit die Basis für Werthaltungen, die wiederum in der Kommunikation mit den Stakeholdern berücksichtigt werden. *Kurz gesagt: Inhaltsanalysen und Analysen der CSR-Kommunikation stellen immer nur einen Teil dar, erst Befragungen bzw. Beobachtungen und damit empirische Erhebungen der Werthaltungen, auf denen diese Kommunikation gründet und die diese begründen, runden das Bild ab.*

Sicher ist der Angelpunkt jeder Befragung immer ein einzelner Mensch und seine Lebenswelt. Die Forschung der letzten zehn Jahre, initiiert von Forschungsinstitutionen, Beratungsfirmen/Agenturen oder politischen Organisationen, setzt an bei „Inhabern" sowie „Führungskräften" (Befragung im Auftrag der EU Kommission 2007). Die Erkenntnisinteressen der Befragung können aber, wie in der Einleitung bereits angedeutet, durchaus unterschiedlich sein. Damit kommen zum Beispiel für den Einsatz des Instruments Befragung prinzipiell drei Bereiche in Frage:

a)   *Makro-Ebene:* Die Befragung erhebt hier (meist bevölkerungsrepräsentativ, quantitativ) den Stand der Diskussion zu sozialer Verantwortung, das (politische) Bewusstsein und die politischen Ansprüche in diesem Kontext aber auch Public Images (Reputation) konkreter Organisationen und die Erwartungshaltungen der Gesellschaft gegenüber dem Verhalten von Organisationen (etwa als Organisationsbürger), die Einstellungen von KonsumentInnen, InvestorInnen, speziellen Gruppen der Bevölkerung (Frauen, Kinder, Migrantinnen, ManagerInnen, JournalistInnen etc.). Hier lassen sich durch Komparatistik relevante Unterschiede zwischen den Auffassungen von CSR im internationalen Vergleich, zwischen unterschiedlichen

Berufsgruppen und Sozialisationskohorten, aber auch durch Längsschnittstudien (etwa in Bezug auf die Frage, ob die aktuelle Krise Wirkungen auf das CSR Bewusstsein hatte) erheben. Exemplarisch zu nennen wären hier Studien zu konsumentenorientierter Kommunikation über CSR (Halbes, Hansen & Schrader 2006; Schoenheit & Hansen 2004; Bhattacharya & Sen 2004; Mayerhofer, Grusch & Mertzbach 2008), eher publikumsethisch orientierte Untersuchungen zur Verantwortung von Konsumenten (Müller & Stuhr 2005) aber auch Befragungen von „business leaders", die zu einer generalisierbaren Beobachtung gesellschaftlicher Entwicklungen führen: „60 percent believe corporate social responsibility (CSR) has increased in importance over the past year." (Riddleberger & Hittner 2009: 1). In kommunikationswissenschaftlicher Perspektive scheint vor allem die Frage nach den Wirkungen von öffentlichen Diskursen über CSR („Themenkarrieren"), aber auch die Frage nach den „Frames" unter denen unternehmerischen Handeln wahrgenommen wird, von Interesse.

b)   *Meso-Ebene:* Im Mittelpunkt von Befragungen steht das Verhältnis der Organisation zu ihren Stakeholdern. Konkret geht es um die Erfassung der Ansprüche der Stakeholder („Stakes"), aber auch um den Einsatz von Befragungen als Mittel der Kommunikation mit den internen und externen Stakeholdern. Die Zielsetzung und das Methodenset kann auf der Mesoebene stark variieren: Befragungen dienen dazu, das strategische Setup im Bereich CSR zu justieren und den Ansprüchen der Stakeholder proaktiv zu begegnen, in diesem Fall kommen eher explorative, qualitative Verfahren (etwa im Rahmen von Stakeholder Assemblies) zum Einsatz. Geht es um die Reformulierung eines ethischen Kodex sind Gruppendiskussion zumeist der empirische „Königsweg", geht es um den Einsatz von Befragungen zur Interaktion mit den Stakeholdern und zur Gewinnung von Feedback, dann kommen quantitative Online Instrumente zum Einsatz. Die Evaluierung von CSR Strategien bei KundInnen erfordert dann repräsentative (z. B. CATI-)Studien, der Vergleich von Unternehmensimages erfordert dann u. a. semantische Differenziale und deren Anwendung. Aus kommunikationswissenschaftlicher Perspektive liegt der Fokus in diesem Objektbereich vor allem auf der Frage nach dem Gelingen von Organisationskommunikation. Fragen der Transparenz der Glaubwürdigkeit und der Verantwortungswahrnehmung durch Kommunikation nach innen und außen können in Bezug auf konkrete Organisationen – auch mit dem Ziel der Anpassung der kommunikativen Bemühungen – im Bereich CSR empirisch rekonstruiert werden. Eine der relevantesten Studien, die auf der Mesoebene ansetzen, ist die im Jahre 2005 durchgeführte Studie der Bertelsmann Stiftung mit dem Titel „Die gesellschaftliche Verantwortung von Unternehmen" (Bertelsmann Stiftung 2005); es geht um den „Stellenwert des Themas [CSR] in der deutschen Wirtschaft" (ebd.: 3).

Eine entsprechende Methode ist es, sich über eine „telefonische Kontaktaufnahme" „die richtigen Ansprechpartner im Unternehmen [zu] identifizieren" (Zink, Liebrich & Steimle 2005: 3), die Aussagen beziehen sich dann auf das Unternehmen als Ganzes („Die befragten Unternehmen sind …", ebd.: 9). Auch in Österreich ergab eine Langzeiterhebung (vgl. Weder, Ankowitsch & Katsch 2009; Karmasin & Weder 2008), dass CSR als Thema des Topmanagements angesehen wird – vor und in den Ergebnissen der Befragung; dementsprechend richten sich die Befragungen an „business leaders" (IBM 2008: 1), die das Unternehmen repräsentieren. Die Studien tragen dann entsprechend den Titel „Schriftliche Befragung deutscher Unternehmen" (Clausen & Loew 2009: 63), die Ergebnisse werden generalisiert: *business ... are now utilizing CSR as an opportunity and a platform for growth"* (ebd.). Es stellt sich die Frage, inwieweit Ergebnisse, die auf individualethischer Ebene erhoben werden tatsächlich generalisierbar und damit auf ein Unternehmen oder mehr noch auf gesellschaftliche Tendenzen, auf Aussagen über strukturdynamische Entwicklungen auf der Makroebene übertragbar sind.

c)   *Mikro-Ebene:* Im Mittelpunkt dieses Objektbereiches stehen das individuelle Handeln und die Erhebung von Werten wie Verantwortung, Ehrlichkeit, Fairness, Loyalität etc. und der Versuch den Wandel dieser Werte zu rekonstruieren. Der lebensweltliche Bezug zu Fragen der CSR wurde und wird vor allem bei speziellen Berufsgruppen intensiv untersucht (naturgemäß vor allem bei ManagerInnen). Für die Kommunikationswissenschaft sind in diesem Kontext vor allem die Zusammenhänge von Kommunikation und Wertewandel, die Einstellungen von Journalisten und Journalistinnen bzw. MedienmanagerInnen zum Thema CSR relevant. Auch aus ethischer Perspektive macht es aber einen Unterschied, ob man ethische Verantwortung als Erwartungshaltung an andere gestaltet und etwa als Staatsbürger Desiderate an die Politik formuliert, die CSR ordnungspolitisch in den Blick nehmen sollte, oder ob man als Stakeholder einer Unternehmung deren CSR Kommunikation bewertet bzw. ob man diese ethischen Normen auch selbstreflexiv für sich selbst wirksam werden lassen will (und sollte). Die Frage nach dem ethischen Bewusstsein und den ethischen Werthaltungen ist aus wirtschaftsethischer und kommunikationswissenschaftlicher (!) Perspektive auch deswegen zentral, da nur sie – durch Selbstauskünfte – einen unmittelbaren Bezug zur konkreten Handlungsintention in der Praxis aufweisen. aufweist. In entsprechenden Befragungen steht wie beschrieben „die Führungskraft" bzw. „der Manager" im Fokus der Betrachtungen, es wird „angenommen, dass Geschäftsführer mit dem in der Verbraucherpolitik noch neuen Thema CSR vertraut sind und dessen strategische und praktische Bedeutung für die Organisation am besten einschätzen können" (Halbes, Hansen & Schrader 2006: 13). Ergänzend sei darauf verwiesen, dass zumeist nicht die „executives responsible for charitable foundations or special CSR initiatives", sondern vielmehr „senior executives" (The Economist Intelligence Unit 2008: 1) bzw. „business leaders and strategists" befragt werden, das Ziel sind Aussagen über das Handeln des Unternehmens in der Gesellschaft, „to gauge just how deeply the CSR issue has penetrated the core of the corporation and its strategies and operations" (IBM 2008: 2). Zumeist zeigt spätestens der Rücklauf, dass „es sich bei Top-Entscheidern aus der Wirtschaft im Allgemeinen um eine sehr schwer erreichbare Zielgruppe handelt" (Bertelsmann Stiftung 2005: 4). In den Studien, in denen Unternehmen und Organisationen als Ganzes angeschrieben wurden und erst im Nachhinein deutlich wurde, wer die Fragen beantwortet hat, zeigt sich, dass „der Fragebogen mehrheitlich von Beschäftigten aus dem CSR- oder Nachhaltigkeitsstab [...], der Kommunikationsabteilung [...] und der Umweltabteilung" bearbeitet wurde (Clausen & Loew 2009: 65); entsprechend niederige Rücklaufquoten spiegeln „insbesondere die Situation von Unternehmen wider, die Erfahrung mit CSR haben" (ebd.: 63).

Es wurde deutlich, dass Befragungen auf unterschiedlichen Ebenen ansetzen können, dass öffentliche Diskurse, Organisationskommunikation und individuelle Werthaltungen in Bezug auf Normen in je spezifischer Akzentuierung durch diese Methodik erfasst werden können, allerdings sich mit Blick auf die bisherige Forschung die Frage stellt, ob die Befragung des unternehmerischen Managements tatsächlich Aussagen auf allen drei Ebenen ermöglicht. Ebenfalls zeigt sich, dass auch im CSR Bereich von einer Fülle von Objektbereichen, Forschungszielen und Erkenntnisinteressen und deswegen auch von einer Fülle von methodologischen und methodischen Ansätzen auszugehen ist. Es geht also nicht darum, die Befragung (und zumal quantitativ repräsentative Studien) als Königsweg der CSR Forschung anzupreisen, sondern das Instrument Befragung je nach Erkenntnisinteresse und je nach Situation und ethischer Problemlage angemessen einzusetzen. Dies kann auch bedeuten, Befragungen ergänzend (etwa zu Diskursanalysen), instrumentell (etwa im Management von Stakeholdern) oder rein heuristisch anzuwenden, aber ebenso, dass sie hypothesenprüfend und rekonstruktiv verwendet werden. Auch hier gilt: Befragungen sind eine Methode, deren Sinnhaftigkeit nicht in sich selbst begründet sein kann, sondern sich an den Erkenntniszielen und Forschungsobjektbereichen bemisst.

3   Zur Operationalisierung: Kann man Ethik messen?

Was also kann – und soll – man in diesem Kontext überhaupt messen: die ethischen Ideale, die ethischen Prinzipien, die moralischen Standards, die gelebte Moral, den common sense über „gut" und „böse", oder doch die Normen und Standards sozialer Interaktion?

3.1   Tugend und Praxis

Die Messung von Images (Reputation) und von „Themenkarrieren" im CSR Bereich unterscheidet sich – so meinen zumindest wir – kaum von der Vermessung in anderen Bereichen. Wenn es nur um die formale Dimension des Begriffes und seine Verortung in öffentlichen Diskursen und seine Bezüge zum Gelingen von Organisationskommunikation bzw. den Einsatz von Befragungen als Instrument des operativen Stakeholdermanagements geht, dann lassen sich Verfahrensweisen aus anderen Bereichen übernehmen. Die soziale Verantwortung von Unternehmen wird dann auch ähnlich operationalisiert wie andere einstellungsrelevante Messgrößen, (wie etwa Werthaltungen, Tugenden). Geht es jedoch um die materiellen Dimensionen von CSR, dann geht es um die ethischen Konzepte und die ethischen Grundhaltungen, die hinter der gelebten Moral stehen. Diese sind – wie in einer pluralistischen Gesellschaft erwartbar – weder ihren Normen, noch ihren Begriffen nach einheitlich. In der Werteforschungshistorie sei in diesem Kontext verwiesen auf Forsyth (US-amerikanische Forschung, 1980) und den EPQ (Ethic Position Questionnaire). Hier werden durch jeweils 10 Rating-Items zwei Überzeugungsdimensionen erhoben, je nach Ausprägung ist es im Anschluss möglich, die Befragten einem der vier folgenden Prinzipien-Typen zuzuweisen:

- *Absolutisten* (hoher Idealismus, niedriger Relativismus): Sie handeln nach moralischen Normen, die für sie unantastbar sind und unabhängig von den jeweiligen Umständen bzw. drohenden Konsequenzen gelten;
- *Situationisten* (hoher Idealismus, hoher Relativismus): Sie handeln eher nach der individuellen Einschätzung einer Situation; Normen haben für sie keine universale Gültigkeit; die Konsequenzen des Handelns sollten aber nach moralischen Prinzipien begründbar sein;
- *Subjektivisten* (niedriger Idealismus, hoher Relativismus): Sie lehnen die Universalität ethischer Prinzipien und konkreter moralischer Regeln ebenfalls ab, das Handeln und damit die eigenen Entscheidungen basieren rein auf den individuellen Gefühlen bzw. der eigenen Intuition;
- *Exzeptionisten* (niedriger Idealismus, niedriger Relativismus): das Handeln der Exzeptionisten richtet sich zwar nach moralischen Regeln, dennoch sind Ausnahmen kein Problem, wenn negative Konsequenzen drohen.

Diese Aufteilung wurde verwendet von Forsyth und Berger (1982), Forsyth, Nye und Kelley (1988), Wilson (2003), Kleiser, Sivadas und Kellaris (2003) u. a.

Kurz gesagt: Unter Verantwortung, Freiheit und Gerechtigkeit kann man viel verstehen und mehr noch: selbst bei theoretischem Konsens was die Ideale betrifft, können die praktischen Umstände differieren in denen diese Ideale realisiert werden sollen. Wenn man also nicht nur die Images und die oberflächliche Perzeption von Verantwortung rekonstruieren möchte, sondern die ethischen Strukturen die der Übernahme von Verantwortung (oder eben nicht) zu Grunde liegen, steigt die Komplexität. „Ethisches Denken kennzeichnet das Reflektieren über mögliche Handlungsnormen, moralisches Handeln umfasst das Befolgen dieser Normen." (Kreikebaum 1996: 9). Ethik – als praktische Philosophie – bezieht sich auf Handlungen und Unterlassungen und auf die Einstellungen („Tugenden"), die hinter diesen liegen. Die soziale Wirklichkeit im moralisch-ethischen Bereich wird immer durch Handlungen (und Unterlassungen) konstituiert sein. Diese sind – zumindest aus Perspektive einer Verantwortungsethik[2] – ethisch relevant, denn sie haben Folgen in der Lebenswelt für die es einzustehen gilt. Wenn es um die reale (also gelebte) Moral (Verantwortung, Integrität) geht, dann ist dieser nur der (teilnehmenden) Beobachtung zugänglich. Wenn es um die dahinterliegenden Einstellungen („Tugenden") geht, dann können diese per Befragung ermittelt werden, ohne jedoch

---

2   Von Verantwortungsethik lässt sich dann sprechen, wenn „der Begriff mehr als ein rhetorisches Symptom für ,gesinnungslosen' Opportunismus sein soll, nur als deontologisch fundierte, prinzipienorientierte Verantwortungsethik" (Ulrich 2008: 77).

Gewissheit darüber zu gewinnen, ob diese Werthaltungen dann auch de facto handlungsrelevant werden.

Die Methode der Befragung dient der Erfassung von Werten und damit einer Einstellungsdimension.[3] Moral wird dabei als der „tatsächliche vorhandene Bestand an Normen" verstanden. „Sie umfasst das Werte- und Normengefüge von Kulturkreisen, die auch von geltenden Gesetzen abweichen können." (Kuhlen 2005: 52). Werten kommt nach wie vor eine der zentralen Rolle bei der Verknüpfung und damit Vermittlung zwischen Mikro- und Makroebene zu. Sie sind die Verbindung zwischen Person, Kultur und Gesellschaft, bzw. Person und Gesellschaft *über* Kultur. „Values convey what is important to us in our lives [...] They represent broad goals that apply across contexts and time" (Bardi & Schwartz 2003: 1208; vgl. auch Rokeach 1973; Schwartz & Bilsky 1987; eine Zusammenstellung von Werten in Bezug auf Ziele, Bedürfnisse und Einstellungen findet sich u. a. bei Rohan 2000). Da Kultur über gemeinsame Werte definiert und damit fassbar wird, sind Werte in gewisser Weise soziale bzw. daran anschließend soziologische Konstrukte. Aus Werten leiten sich Normen und Rollen ab, die das Alltagshandeln bestimmen. Für die kommunikationswissenschaftliche Auseinandersetzung ist insbesondere der „clear link between values and behavior" (Bardi & Schwartz 2003: 1207) von Interesse, Werte als Handlungsprädispositionen, deren Wirkung auf das Verhalten dann unterschiedlich beschrieben werden kann. Auf der einen Seite gehen Autoren wie Rokeach (1973) von einer impliziten Werthaftigkeit von Verhalten aus, auf der anderen Seite sehen Autoren wie McClelland (1985) Werte nur wenig als verhaltensbeeinflussend und das auch nicht bei allen Individuen. Warum verhalten sich Menschen ihren Werten entsprechend? Ein Grund ist sicherlich, dass es eine (kognitive) Konsistenz zwischen den Werten, dem Glauben und den Handlungen gibt (vgl. u. a. Rokeach 1973); ein weiterer Grund ist, dass „value-consistent action is rewarding; it helps people get what they want" (Bardi & Schwartz 2003: 1209). Man kann also zumindest mit theoretischer Plausibilität davon ausgehen, dass der Befragung (naturgemäß) nur *Handlungsprädispositionen*, als Werthaltung, Einstellung, oder moraltheoretisch als Tugend, zugänglich sind.

3.2   Moral als Werthaltung?

Die oben skizzierte Ausgangslage stellt an die Methode und das Vorgehen bei der Operationalisierung erhöhte Anforderungen, denn nur die Realisierung der Handlung ist beobachtbar, während die Intention (also die Absicht, einen bestimmten Zweck zu realisieren oder nicht zu realisieren) nur mittelbar, wenn überhaupt, zugänglich ist. Grundlage der Handlung ist eine Entscheidung, die entweder vom

---

3   Wichtig ist, dass zu Einstellungen stets ein Einstellungsobjekt gehört. Werthaltungen sind demgegenüber wesentlich stabiler, sie sind abstrakt und situationsübergreifend. Einstellungen weisen eher eine mittlere Stabilität auf. Bewertungen sind die am wenigsten stabilen Elemente in dieser Reihung.

Handelnden selbst oder aber von anderen Personen getroffen wurde, etwa im Falle der Anwendung von Zwang. Demselben Verhalten können unterschiedliche moralische (Denk- bzw. Urteils-) Strukturen entsprechen: 1. Furcht vor Strafe, 2. Gruppensolidarität, die Aussicht auf eine positive Sanktion des Verhaltens, eine bereits getroffene Vereinbarung, religiöses Empfinden, unbewusste Strukturen, Vernunft, und 3. die aus einem Diskurs entstandene Verpflichtung.[4] *Diese sind jedoch ethisch nicht gleichwertig.*

Die Frage, ob diese Motive auch dem handelnden Individuum selbst bewusst sind, ist hierbei oft genauso schwer zu beantworten wie die Frage, ob denn eine Entscheidung frei war oder nicht, denn Entscheidungen beruhen auf kognitiven und aktivierenden Prozessen gleichermaßen. Werte beeinflussen Einstellungen, Einstellungen beeinflussen Entscheidungen, Einstellungen beeinflussen Verhalten – diese These aus der Psychologie spielt insbesondere in der Konsumentenforschung eine Rolle, aber auch in organisationspsychologischen Untersuchungen.

Gegenstand der Erhebung sollten dann folgerichtig die *Kriterien* dieser komplexen Entscheidungen sein, die auf unsicheren und unvollständigen Informationen beruhen. Die Grundlagen dieser Entscheidungen sind wiederum stark geprägt von *Werthaltungen* und impliziten Annahmen über die Realität. Diese sind von subjektiven Voraussetzungen und institutionellen (d. h. durch das Handeln eines Individuums allein nicht veränderbaren) Gegebenheiten beruflichen Handelns und von Normen, die etwa soziale Erwünschtheit definieren, geprägt.[5]

Der Schluss von einem bestimmten Verhalten auf die dahinterliegende ethische Struktur oder die moralische Prädisposition ist also nicht bruchlos möglich. Ebenso wenig kann aber von einer bestimmten Einstellung mit Sicherheit auf ein bestimmtes Verhalten geschlossen werden – vor allem dann, wenn es sich um Verhalten in komplexen arbeitsteiligen Sozialsystemen wie Unternehmen handelt. Damit ergeben sich für die empirische Rekonstruktion vermittels Befragung folgende zentrale empirische Fragen (Karmasin 1996; Karmasin & Hrubi 1996a, b; Karmasin 2005; Weder, Ankowitsch & Katsch 2009)

- die Frage nach der Handlungsintention (oder Tugend)
- die Frage nach der Freiwilligkeit von Handlungen (oder nach der Freiheit)
- die Frage nach den Grundlagen der Entscheidung (oder nach den Prinzipien der Sittlichkeit wie Verantwortung, Gerechtigkeit etc.)

---

4   Ein Paradigma dieser Strukturen aus psychologischer Sicht hat Kohlberg (1996) in Anlehnung an Piaget entwickelt. Auch hier wird implizit auf die Bewertung durch bestimmte ethische Konzepte abgestellt. Dieses Schema stellt aber eher die entwicklungspsychologischen Aspekte in den Vordergrund.

5   Es geht sicher nicht darum, den moralischen Zeigefinger gegen bestimmte Ergebnisse zu erheben, wohl aber um eine kritische und distanzierte Stellungnahme. Gerade das Problem sozialer Erwünschtheit ist bei einem solchen Thema immer präsent. Wer gibt schon „coram publico" zu, ein schlechter Mensch zu sein? Wer verschriftlicht dies in einem Fragebogen? Wer sagt dies einem Interviewer?

- die Frage also nach dem Modus der Entscheidung (oder nach der Rationalität[6])
- die Frage nach der Motivation (oder nach dem Willen)
- die Frage nach dem pragmatischen Können, sie auszuführen (also dem Verfügen über Techniken, Wissen etc.)

Gegenstand der Befragung sind damit in jedem Falle „Werthaltungen". Darunter verstehen wir grundlegende Einstellungen, Urteile und Überzeugungen, an welchen sich Menschen bei ihrem Verhalten orientieren und aufgrund derer sie Zustände und Ereignisse beurteilen. Werthaltungen stellen also grundsätzliche Einstellungen zu Sachverhalten dar, die durch den Rückgriff auf abstrakte (allgemeine) Werte (siehe Kap. 3.1.) Beurteilungen erlauben. Werthaltungen sind somit Vor-Urteile, die es dem Menschen ermöglichen, bestimmte Zustände, Ereignisse und mögliche eigene Entscheidungen und Handlungen als „gut" oder „schlecht" zu klassifizieren, ihnen Sinn und Bedeutung zuzuordnen. Eine Klassifikation impliziert aber immer eine Präferenzordnung, die in diesem Kontext nur jenen (eingeschränkten) Geltungsbereich hat, der empirisch fassbar, also messbar ist. Der Begriff Werthaltung (Einstellung, Meinung, Ideal, Norm, Rolle, Motiv) als solcher bezeichnet ja schon einen Modus der Bevorzugung oder der Zurücksetzung von Objekten und beinhaltet:

- kognitive Aspekte (die z. B. über Entscheidungsvorgaben operationalisiert werden können)
- emotive Aspekte (die primär Gegenstand qualitativer Methoden sind)
- und volative Aspekte (die auf die Handlungsrelevanz bzw. das Handlungspotential verweisen, de facto aber nur durch Beobachtung erhoben werden können)[7]

Wert-Haltungen in diesem Sinn sind also kognitive, emotive und volative Symbolstrukturen, für die gilt, dass das, was diese Symbolstrukturen bezeichnen bzw. abbilden, präferiert wird. Objekte der Erhebung (moralische und ethische Werthaltungen) sind somit im theoretischen Sinne *Tugenden* (verstanden als Handlungsdispositionen, vgl. Kap. 3.1.). Ob diese realiter handlungsrelevant sind (oder werden), kann allerdings, zumindest in der Form einer Befragung, nicht erhoben werden. Da generell Handlungen mit der Methode einer Befragung nicht erhoben werden können, muss der Schluss auf sie durch die Erhebung von (als handlungsrelevante Dispositionen vermuteten) Antworten auf bestimmte Fragen erfolgen, wobei inter-

---

6   Verwiesen sei hier auf die Spannung zwischen wert- und zweckrationalen Entscheidungen, zwischen ethischer und ökonomischer Rationalität, zwischen reiner und praktischer Vernunft, zwischen natürlicher und sozialer Vernunft etc. Die Applikation dieser Vernunft auf die menschliche Praxis kann nun alle Formen menschlichen Tätigwerdens umfassen, oder sich nur auf eine bestimmte Klasse von Handlungen beziehen.

7   Vgl. hierzu und im Folgenden Auseinandersetzungen mit Unternehmens- bzw. Organisationskultur, vgl. z. B. Schein 2003, Adaption für die Kommunikationswissenschaft in Weder 2009.

pretativ aus dem Grad der vermuteten Selbstverpflichtung auf das Realisierungs-
potential geschlossen werden kann.[8]

Die Frage, wie dieser Komplex von *Handlungsdispositionen und ethischen Werthal-*
tungen (im ethischen Sinn Tugenden) nun in forschungslogische Zusammenhänge
übersetzt werden kann, ist eigentlicher Gegenstand der Operationalisierung. Aus
der Erfahrung mehrerer empirischer Projekte im Bereich des Managements, des
Journalismus und der Erhebung von CSR empfiehlt sich für die Operationalisierung
folgendes Procedere (Karmasin 1996; Karmasin & Hrubi 1996a & 1996b; Karmasin
2005; Weder, Ankowitsch & Katsch 2009):

3.2.1 Eine qualitativ-explorative Vorstudie

Im Rahmen von Gruppendiskussionen und Leitfadengesprächen sollten die wesentlichen Problembereiche der intendierten Erhebung in alltagssprachliche bzw.
berufstypische Begriffe gebracht werden. Von zentraler Bedeutung ist es, eine
theoriegeleitete Problemsicht mit der Lebenswelt der intendierten Zielgruppe zu
konfrontieren und eine gemeinsame Terminologie zu entwickeln. Sollte eine Reprä-
sentativbefragung das Ziel sein, so ist besonders auf den Aspekt der Verständlichkeit
ethischer Begriffe zu achten.[9] Aus forschungsökonomischen oder erkenntnistheore-
tischen Gründen sind qualitative Studien im Bereich der CSR Forschung (v. a. wenn
es um unternehmensinterne Fragestellungen geht) populär. Sie können aber auch
(im Sinne der grounded theory) zu Weiterentwicklung theoretischer Fragestellungen von hohem Wert sein.

3.2.2 Pretest des Fragebogens

Im Bereich der kommunikationswissenschaftlichen Auseinandersetzung mit CSR
(wo es auch um Begriffe wie Reputation und Image geht) sind repräsentative, quantitative Studien aber ebenfalls von Relevanz. Hier unterscheidet sich das Procedere
kaum von jenem bei anderen Studien zu komplexen und umstrittenen Sachverhalten. Bewährt hat sich zur Bewertung der Items eine absolute Skala in Form einer
fünfstufigen Likert Skala. Es werden also, im terminologisch strengen Sinn, Einstellungen gemessen, die, und hier liegt zweifellos ein Kritikpunkt, nicht unbedingt

---

8   Eine Einschränkung der Befragung ist, dass „die beobachtbaren Reaktionen auf gegebene ver-
bale Stimuli (also die protokollierbaren Antworten auf gestellte Fragen) nicht immer auch schon
Ausprägungen der interessierenden Merkmale sind, sondern oft nur Indikatoren für ihr Vorliegen" (Kromrey 2006: 358).

9   Der Zugang zur sozialen und ökonomischen Wirklichkeit eröffnet sich aber nicht einfach über
eine gleichsam „stellvertretende" Analyse der Kommunikation, konkret der Sprache. Diese reduktionistische Perspektive ermöglicht zwar die (qualitative) Feststellung von „Bedeutungen"
bestimmter Wörter, Symbole, Werte. „die grundlegenden sozialen Strukturen, Normen und Regeln, die die Kommunikation bestimmen, lassen sich hingegen [...] so einfach nicht erschließen"
(Hegele-Raih 2002).

auf Intervallniveau liegen müssen. Die Likert-Skala erfüllt jedoch die zentralen Ansprüche an ein Messinstrument: Sie ist hinreichend validierbar und reliabel, und
die Ökonomie des Messverfahrens steht in angemessenem Verhältnis zu den Ergebnissen. Daneben haben sich Ranking-Verfahren („ist mir am wichtigsten", oder
Reihungen von Werten) und – besonders bei Online Fragebögen – „Case Studies" in
Form von Dilemmata bewährt.

3.2.3 Wahl des Stichprobe – Wahl der Methode

Die Wahl der Methode hängt naturgemäß mit der Zielsetzung bzw. dem Objektbereich der Befragung zusammen. Aus forschungsökonomischen Gründen werden – zumindest nach unserer Erfahrung – im Bereich der CSR Forschung vermehrt
online bzw. schriftliche Befragungen eingesetzt, die sich bei der Gestaltung der
Stichprobe eher an den Kriterien der Verfügbarkeit als an jenen der Stichprobentheorie orientieren. Die Selbstselektivität der Stichprobe spielt vor allem bei sensiblen
Themen wie diesem eine große Rolle, so daß eine Quotierung der Stichprobe oft unumgänglich ist. Die Datenerhebungssitutation kann darüber hinaus nicht kontrolliert werden, ebenso wenig die „Ernsthaftigkeit" beim Ausfüllen des Fragebogens
bzw. die Ermittlung des-/derjenigen, der/die den Fragebogen ausfüllt. Ebenso wenig
erfasst werden können spontane Antworten. Die Vorteile einer schriftlichen Befragung liegen im technischen und ökonomischen Bereich: Es ist eine Untersuchung
größerer Stichproben möglich als bei persönlichen Interviews, der Verwaltungsaufwand ist dementsprechend leichter zu koordinieren und zu kontrollieren. Dementsprechend sind weniger Mitarbeiter und entsprechender Aufwand notwendig,
die Vorteile sind weiters die Vermeidung von Interviewerfehlern, die Möglichkeit
der „ehrlicheren", „überlegteren" Antwort (vgl. Schnell 2005: 349), die Konzentration auf ein Thema und damit die Erhöhung der Wahrscheinlichkeit der Teilnahme; zuletzt sei noch auf den Vorteil verwiesen, dass die zugesicherte Anonymität
erleichtert wird. Je besser die Fragestellung operationalisiert wurde, desto besser
lassen sich auch kostengünstige Befragungsmethoden einsetzten. Vor allem im
Rahmen universitäter Forschungen wird seit einigen Jahren die Internet-Befragung
(Online-Befragung, Web-Survey, vgl. u. a. Schnell 2005: 377 f.) eingesetzt; die Befragung ist kosteneffizient, einfach und schnell durchzuführen, es kombinieren sich
die Vorteile einer schriftlichen mit einer telefonischen Befragung: „man benötigt
keine Interviewer, die erhobenen Daten müssen nicht erfasst werden, graphische
Vorlagen hoher Komplexität sowie Audio- und Videosequenzen können im Erhebungsinstrument eingesetzt werden usw." (ebd.). Dennoch sprechen die möglichen
Reduktionen im Erkenntniswert (v. a. bei offenen Fragen) gegen diese Methode.
    Die persönliche Befragung, die direkte Interaktion ermöglicht, ist vor allem im
Hinblick auf unstrukturierte und narrative Befragungen nicht ersetzbar. Gerade im
Bereich komplexer empirischer Objekte sind offenen Fragen und diskursive Elemente
ein wesentlicher Beitrag zum Verständnis der lebensweltlichen Bezüge von ethischen
Normen. Aus der Praxis empirischer Forschung und der Notwendigkeit der Gewin

nung repräsentativer Daten hat sich das telefonische Interview (CATI) als kostengünstiger Mittelweg zwischen schriftlicher und persönlicher (paper and pencil) Befragung etabliert. Rückfragen und explorative Anteile sind möglich, dennoch lassen sich auch grosse Stichproben in angemessen kurzer Zeit bearbeiten und eine Quotierung der Stichprobe bzw. die Auswahl bestimmter Zielgruppen ist leicht realisierbar.

Im Bereich empirischer CSR Forschung, die sich nicht auf allgemeine (bevölkerungsrepräsentative) Aussagen konzentriert, sondern die Teilgruppen (Eliten) wie Manager, Ärzte, LehrerInnen, politische Entscheidungsträger und deren Werthaltungen zum Gegenstand hat, empfehlen sich auch Methoden wie Experteninterviews und themenzentrierte Interviews zum Einsatz. Diese stellen u. E. eine sinnvolle Mischung aus qualitativen und quantitativen Verfahren dar und ermöglichen empirische Aussagen auch dort, wo der Feldzugang schwer und die Auskunftsbereitschaft als eher gering einzustufen ist. Dies wird insbesondere dort der Fall sein, wo es um ethische problematische Bereiche wie Bestechung, Kinderarbeit, Schwarzgeld etc. geht.

4 Zum Verwertungszusammenhang: Soll man CSR messen?

Aus forschungspraktischer Perspektive lautet die Antwort: ja. *Die Praxis ist Bezugspunkt jedweder ethischen Intervention.* Der heuristische Wert empirischer Daten ist auch im Bereich CSR unbestritten. Mehr noch: Empirie hilft auch in diesem Bereich nicht nur Hypothesen zu generieren, sondern prüft und verwirft sie. Letztlich ist auch aus ethischer Perspektive die Rekonstruktion einer bestimmten Praxis Anlass Korrekturvorbehalte ihr gegenüber zu formulieren. Doch auch in berufspraktischer Hinsicht scheint die Befragung für die Implementierung von CSR unverzichtbar, erlaubt sie doch Rückschlüsse auf die Akzeptanz und die Wahrnehmung der CSR durch die internen und externen Stakeholder. Letztlich kann die Befragung auch Teil eines umfassenden CSR Managements sein, in dem sie das Mittel der Formulierung und Analyse der Ansprüche von Stakeholdern ist.

4.1 Rekonstruktion und Heuristik

CSR ist nicht nur ein „schillernder Begriff", dahinter steht vielmehr ein pluralistisches Verständnis von der Rolle von Organisationen in der heutigen Medien-, Informations- und Netzwerkgesellschaft. Nur wenn formale Organisationen in ihren Erwartungsstrukturen die Deutungsstrukturen bestimmter Teilsysteme nicht nur widerspiegeln, sondern diese Strukturen wiederum handlungsinstruktiv bzw. Handeln konstituierend wirken, „wird die Organisation zum korporativen Akteur" (Schimank 2002: 47), ist sie „handlungsfähig", ist die gesellschaftliche Sozialintegration gewährleistet. Aus der Perspektive der Kommunikationswissenschaft und speziell Organisationskommunikations-Forschung ist CSR – oder anders: die Kommunikation der Wahrnehmung von Verantwortung *und* die Wahrnehmung von Verantwortung durch Kommunikation ein Forschungsfeld, in dem deutlich wird, dass die Verantwortung einer Unternehmung als Organisation nur über die Integration von Individual-, Institutionen- und Systemethik untersucht werden kann. Erst eine kommunikationswissenschaftliche Auseinandersetzung mit unternehmerischer Verantwortung führt wirtschafts- bzw. unternehmensethische Überlegungen

a)   zu dem Punkt, Beziehungsgefüge zu erkennen, die kommunikativ konstituiert sind, und so Verantwortlichkeiten neu zu beschreiben;
b)   darüber hinaus wird es möglich, Verantwortlichkeiten auf systemischer, organisationaler und individueller Ebene genauer zu differenzieren und über entsprechende Kommunikationsprozesse greifbar und damit empirisch prüfbar zu machen.

Eben diese Differenzierung von Verantwortlichkeiten ist durch quantitative Verfahren zu erfassen, individualethische Wertstrukturen sowie institutionalisierte Formen von Ethik auf Organisationsebene werden mit Hilfe von Inhaltsanalysen und Befragungen sichtbar. Der besondere Fokus der Befragung liegt dabei auf dem Erfassen der moralische Prädisposition von Akteuren (Handlungsprädispositionen, Tugenden etc.), erst der Abgleich der Individualebene mit der CSR-Kommunikation im Sinne der Selbstdarstellung (Innensicht, Mitarbeiter, vs. Außensicht, Stakeholder) ermöglicht aber auch weiterführende Überlegungen zu Image und Reputation. Individuellen Akteuren wird im Rahmen der Überlegungen im Bereich der Governance Ethik Glaubwürdigkeit, kollektiven Akteuren vor allem die Realisierungsfähigkeit zugesprochen (Wieland 2005: 93 f.), das Bild der Organisation als Struktur für die Zielerreichung und individueller Leistungserstellung wird hier deutlich. Deshalb spricht Wieland auch eher von der Tugendhaftigkeit kollektiver Akteure im Sinne einer deontologischen Ethik; Organisationen sind grundsätzlich fähig und bereit, moralische Werte in ihrem Handeln und Verhalten zu verwirklichen; diese verwirklichen sich unter anderem kommunikativ im

•   konstitutionellen Akt der Identitätsbildung (Unternehmenskultur, Code of Conducts etc.),
•   in ihrem Streben nach Reputation,
•   durch das Ermöglichen, aber auch Begrenzen des moralischen Handelns im Rahmen ihrer Austauschprozesse.

Das bedeutet allerdings auch, dass sich die Moralität einer Organisation nicht aus der Moralität der Einzelakteure ergibt, aber das ist nach den Befunden der Organisationskulturforschung auch nichts Neues. Deswegen können Befragungen – bei aller heuristischen Relevanz und aller praktischen Bedeutung für das Management von Stakeholder-Kommunikation nicht einziger empirischer Bezugspunkt sein. Die unternehmerischen Selbstpräsentation (CSR-Kommunikation) sowie der Einsatz von CSR-Instrumenten (Berichte, Kodizes, Ombudsman etc.) sind auch inhaltsanalytisch und in Bezug auf die mediale Repräsentation dieser Diskurse auch öffentlichkeitstheoretisch und diskursanalytisch zu untersuchen. Am Ende bleibt wohl auch für die CSR-Forschung der (wohl allerorten geforderte) Befund nach Methodenvielfalt.

4.2 Zwischen Sein und Sollen

Auch aus theoretischer Perspektive ist Empirie notwendig. Aber: Empirie ist notwendige, aber keineswegs hinreichende Bedingung ethischer Argumentation. Versucht man eine Metatheorie von CSR als Kritik einer bestimmten Praxis, die sich nicht an der „deformatio professionalis" als empirischem Maßstab orientiert, dann muss man dem Sein das Sollen gegenüberstellen. Wie Hösle (1992: 27) ausführt, ist kurz gesagt die subjektive Intensität, mit der jemand etwas als moralisch oder als unmoralisch empfindet, nicht relevant, um die Frage zu beantworten, ob etwas moralisch ist oder nicht. Da sich normative Sätze aber aus deskriptiven Sätzen generell nicht schlussfolgern lassen, ist der empirische Gehalt ethischer Sollenssätze naturgemäß gering.

Dass die Realität trotz aller Wirkungsmacht nicht alleiniger Maßstab der sittlichen Qualität sein kann, ist zu trivial, um hier erklärt zu werden. Wenn Ethik (wie jede Philosophie) schon Aufklärung oder zumindest doch Zumutung und Ent-Täuschung ist, dann ist sie damit auch eine strukturelle Gefährdung der herrschenden Moral. Allein, dass es viele Auffassungen darüber gibt, was denn diese sei, macht sie nicht ethisch indifferent. Dass eine solche strukturelle Gefährdung der herrschenden Moral von den Betroffenen und den am System profitabel (und dies vielleicht subjektiv sogar gerechtfertigterweise) Beteiligten fast notwendigerweise auf Widerstände stößt, ist jedoch evident. Aus diesem Begründungsprogramm folgt, dass sich die ethischen Systeme, die kritisch-normativen Einlassungen und Reflexionen und die empirische Rekonstruktion derselben wechselseitig bedingen. Das heißt, dass auch für CSR gilt, dass empirische Fundierung und theoretisch-kritische Reflexion immer in einem unauflöslichen, aber für die Ethik generell konstitutiven Spannungsverhältnis stehen. Denn auch hier ist die Leitdifferenz jeder Ethik (jene von Sein und Sollen) konstitutiv. Von daher ist das Verhältnis von (empirischer) Rekonstruktion und normativer Kritik nicht spannungsfrei. Denn die normative Vernunft wird im Forschungskontext einer empirischen Sozialwissenschaft durch die Übernahme von Basisaxiomen der Systemtheorie, des Konstruktivismus und des kritischen Rationalismus dahingehend missverstanden, dass nicht die rationale Begründung[10] ethischer Systeme, sondern deren kritisch-empirische Prüfung wissenschaftlich allein relevant sei. Diese reduktionistische Auffassung birgt in sich die Gefahr eines naturalistischen Fehlschlusses, der das Sein mit dem Sollen verwechselt. Dieser Schluss aber ist und bleibt: ein Fehlschluss. Auch für den Bereich der CSR gilt die Annahme einer ethischen Vernunft, die nicht vollständig unter empirische, instrumentelle

---

10 Ethische Begründung meint den Versuch, normative Aussagen dergestalt zu rekonstruieren und zu etablieren, dass das als gut begründet anerkannt wird, was nicht sinnvoll (d. h. widerspruchsfrei) bestritten werden kann. Eine gute Begründung kann als pragmatisch wirksame Begründung verstanden werden.

oder naturalistische Rationalität subsumiert werden kann. Dennoch: Will CSR auch in der Praxis wirksam werden, so muss sie sich auf diese beziehen und sie folglich empirisch ergründen. Aber die ethische Debatte beginnt an der Differenz von Sein und Sollen. Die Rekonstruktion von Werten ist also nicht Abschluss der Debatte sondern ihr Beginn. Je besser aber der Beginn, desto aussichtsreicher die Debatte.

Literatur

Bardi, A., & Schwartz, S. H. (2003). Values and Behavior: Strength and Structure of Relations. *Personality and Social Psychology Bulletin, 29*, 1207–1220.

Basil, D. Z., & Erlandson, J. (2008). Corporate Social Responsibility website representations: A longitudinal study of internal and external self-presentations. *Journal of Marketing Communications, 14*(2), 125–137.

Benz, A., Lütz, S., Schimank, U., & Simonis G. (Hrsg.) (2007). *Handbuch Governance: Theoretische Grundlagen und empirische Anwendungsfelder*. Wiesbaden: VS Verlag.

Bertelsmann Stiftung (2005). *Die gesellschaftliche Verantwortung von Unternehmen*. URL: http://www.bertelsmann-stiftung.de/cps/rde/xbcr/SID-0A000F0A-17BD27D8/bst/Unternehmensbefragung_CSR_200705.pdf. Zugriff am 24.03.2010.

Bhattacharya, C. B., & Sen, S. (2004). Doing better at Doing Good: When, Why, and How Consumers Respond to Corporate Social Initiatives. *California Management Review, 47*(1), 9–24.

Bulmann, A. (2008). *Mehrwert durch mehr wert. Nachhaltiger Unternehmenserfolg durch Investitionen in Corporate Social Responsibility*. Bremen: Salzwasser Verlag.

Carroll, A. B. (1979). A three-dimensional conceptual model of corporate performance. *The Academy of Management Review, 4*(4), 497–505.

Clausen, J., & Loew, T. (2009). *CSR und Innovation: Literaturstudie und Befragung*. Berlin & Münster: Institute 4 Sustainability.

Eberhard-Harribey, L. (2006). Corporate social responsibility as a new paradigm in the European policy: how CSR comes to legitimate the European regulation process. *Corporate Governance, 6*(4), 358–368.

Europäische Kommission (Hrsg.) (2001). *Europäische Rahmenbedingungen für die soziale Verantwortung der Unternehmen. Grünbuch*. Brüssel: EU-Kommission.

Fieseler, C., & Meckel, M. (2008). Tue Gutes aus den richtigen Gründen und rede darüber. *prmagazin, 6*, 67–72.

Forsyth, D. R. (1980). A taxonomy of ethical ideologies. *Journal of Personality & Social Psychology, 39*, 178–184.

Forsyth, D. R., & Berger, R. E. (1982). The effects of Ethical Ideology on Moral Behavior. *Journal of Social Psychology, 117*, 53–56.

Forsyth, D. R., Nye, J. L., & Kelley, K. (1988). Idealism, Relativism, and the Ethic of Caring. *Journal of Psychology, 122*, 243–248.

Halbes, S., Hansen, U., & Schrader, U. (2006). *Konsumentenorientierte Kommunikation über Corporate Social Responsibility (CSR). Ergebnisse einer schriftlichen Befragung von verbraucherpolitischen Akteuren und Unternehmen in Deutschland*. Hannover: Lehrstuhl für Marketing und Konsum, Universität Hannover.

Hegele-Raih, C. (2002). *Kommunikation im und über Change Management. Eine theoretische Betrachtung*. Frankfurt am Main: Peter Lang.

Herchen, O. (2007). *Corporate Social Responsibility. Wie Unternehmen mit ihrer ethischen Verantwortung umgehen*. Norderstedt: Books on Demand.

Hösle, V. (1992). *Praktische Philosophie in der modernen Welt*. München: Beck.

IBM (2008). *Attaining sustainable growth through corporate social responsibility*. Somers, NY: IBM.

Karmasin, M. (1996). Management zwischen Anpassung und Heroismus: Managermoral als theoretisches und empirisches Problem. *Journal für Betriebswirtschaft, 2*, 59–67.

Karmasin, M. (2005). *Journalismus: Beruf ohne Moral? Von der Berufung zur Profession Journalistisches Berufshandeln in Österreich*. Wien: facultas.

Karmasin, M., & Hrubi, F. R. (1996a). Manager zwischen Markt und Moral. Hat die Krise Auswirkungen auf die ethischen Einstellungen von Führungskräften? *Journal für Betriebswirtschaft, 5–6*, 228–264.

Karmasin, M., & Hrubi, F. R. (1996b). *Wertpräferenzen österreichischer Manager: Befunde eines empirischen Vergleichs 1990–1995*. WdF Edition Bd. 25. Wien: WU-Wien.

Karmasin, M., & Litschka, M. (2008). *Wirtschaftsethik – Theorien, Strategien, Trends*. Wien u. a.: LIT Verlag.

Karmasin, M., & Weder, F. (2008). *Organisationskommunikation und CSR: Neue Herausforderungen an Kommunikationsmanagement und PR*. Wien u. a.: LIT Verlag.

Kaufmann, F. X., Kerber, W., & Zulehner, P. (1986). *Ethos und Religion bei Führungskräften*. München: Kindt.

Kleiser, S. B., Sivadas, E., & Kellaris, J. J. (2003). Ethical ideologies. Efficient assessment and influence on ethical judgements or marketing practices. *Psychology & Marketing, 20*, 1–21.

Kohlberg, L. (1996). *Die Psychologie der Moralentwicklung* (hrsg. von Wolfgang Althof unter Mitarbeit von Gil G. Noam/Fritz). Frankfurt am Main: Suhrkamp.

Kreikebaum, H. (1996). *Grundlagen der Unternehmensethik*. Stuttgart: UTB.

Kromrey, H. (2006). *Empirische Sozialforschung: Modelle und Methoden der standardisierten Datenerhebung und Datenauswertung* (11. überarb. Aufl.). Stuttgart: UTB.

Kuhlen, B. (2005). *Corporate Social Responsibility (CSR). Die ethische Verantwortung von Unternehmen für Ökologie, Ökonomie und Soziales: Entwicklung, Initiativen, Berichterstattung, Bewertung*. Baden-Baden: Deutscher Wissenschafts-Verlag.

Maignan, I., & Ralston, D. A. (2002). Corporate Social Responsibility in Europe and the US: Insights from business' self-presentations. *Journal of International Business Studies, 33*(2), 497–514.

Mayerhofer, W., Grusch, L., & Mertzbach, M. (2008). *CSR – Einfluss auf die Einstellung zu Unternehmen und Marken* (Schriftenreihe Empirische Marketingforschung. Schweiger, Günter (Hrsg.)). Wien: facultas.

McClelland, D. C. (1985). *Human motivation*. Glenview, Il: Cambridge University Press.

Mueller, E., & Stuhr, R. (2005). Zaunkönig Kunde – Zur Macht und Verantwortung der Konsumenten. *Forum Ware, 33*(1-4), 1–5.

Riddleberger, E., & Hittner, J. (2009). *Leading a sustainable enterprise*. Leveraging insight and information to act. IBM Global Business Services. Somers, NY.

Rohan, M. J. (2000). A rose by any name. The values construct. *Personality and Social Psychology Review, 4*, 255–277.

Rokeach, M. (1973). *The nature of human values*. New York, NY: Free Press.

Schein, E. (2003). The learning leader as culture manager. In James M. Kouzes (Hrsg.), *Business Leadership: A Jossey-Bass reader* (S. 437–460). San Francisco, CA: Wiley.

Schimank, U. (2002). *Handeln und Strukturen. Einführung in die akteurtheoretische Soziologie*. Weinheim & München: Juventa.

Schmidt, S. J., & Tropp, J. (Hrsg.) (2009). *Die Moral der Unternehmenskommunikation: Lohnt es sich, gut zu sein?* Köln: Halem.

Schnell, R. (2005).*Methoden der empirischen Sozialforschung* (7. v. überarb. und erw. Aufl.). München & Wien: Oldenbourg.

Schoenheit, I., & Hansen, U. (2004). *Corporate Social Responsibility – eine neue Herausforderung für die Stiftung Warentest*. In K. P. Wiedmann,. W. Fritz, & B. Abel (Hrsg.), *Management mit Visionen und Verantwortung* (S. 233–258). Wiesbaden: Gabler.

Schwartz, S. H., & Bilsky, W. (1987). Toward a psychological structure of human values. *Journal of Personality & Social Psychology, 53*, 550–562.

Swanson, D. L. (2008). Top Managers as drivers for Corporate Social Responsibility. In A. Crane, A. McWilliams, D. Matten, J. Moon, & D. S. Siegel. (Hrsg.), *The Oxford Handbook of Corporate Social Responsibility* (S. 227–248). Oxford, NY: Oxford University Press.

The Economist Intelligence Unit (2008). *Doing good. Business and the sustainability challenge*. London, New York, Hong Kong.

Ulrich, P. (2008). *Integrative Wirtschaftsethik* (4., vollst. neu bearb. Aufl.). Bern: Haupt.

Ulrich, H., & Probst, G. (1982). *Werthaltungen schweizerischer Führungskräfte*. Bern & Stuttgart: Haupt.

Weder, F. (2009). *Organisationskommunikation und PR*. Wien: facultas UTB.

Weder, F., Ankowitsch, J., & Katsch, S. (2009). *CSR-Sensor Teil I: Manager in der Verantwortung*. Forschungsbericht. Klagenfurt: Universität Klagenfurt.

Wieland, J. (2005). *Normativität und Governance* (4. Aufl.). Marburg: Metropolis.

Wilson, M. S. (2003). Social dominance & Ethical Ideology: The end justifies the mean? *Journal of Social Psychology, 143*, 549–558.

Zink, K. J., Liebrich, A., & Steimle, U. (2005). *Corporate Social Responsibility. Bestandsaufnahme in deutschen Unternehmen*. Kaiserslautern: Universität Kaiserslautern.

Internetbasierte CSR-Kommunikation

Diana Ingenhoff und A. Martina Kölling

Das Aufkommen des Internet und insbesondere des Social Web (das sog. Web 2.0) haben die Möglichkeiten der Corporate Social Responsibility-Kommunikation (CSR-Kommunikation) radikal verändert. CSR-Kommunikation bezieht sich einerseits auf die Kommunikation über soziale Verantwortung von Unternehmen, andererseits auf die interne und externe Kommunikation von CSR durch das Unternehmen. Das Internet bietet Anspruchsgruppen von Unternehmen mehr Möglichkeiten, ihren Ansprüchen öffentlich Ausdruck zu verleihen und damit Druck auf die Organisationen auszuüben (Ingenhoff 2008; Pleil 2008: 202). Zum anderen bietet das Internet auch Organisationen neue Möglichkeiten, das Internet aktiv als Kommunikationskanal zu nutzen.

Das Potential des Internet für die Unternehmenskommunikation kann in zwei Bereiche eingeteilt werden (Pleil 2008). Demnach können Unternehmen das Internet einerseits nutzen, um ihre soziale Umwelt zu beobachten und so Erwartungen von Anspruchsgruppen in Bezug auf die soziale Verantwortung von Unternehmen zu erkennen. Andererseits kann das Internet gezielt als Kommunikationskanal eingesetzt werden, um Beziehungen zu internen und externen Stakeholdern zu gestalten und mit ihnen in den Dialog zu treten (Kent & Taylor 1998), aber auch um relevante Themen in Bezug auf CSR zu beeinflussen.

Die Nutzung des Internet für die CSR-Kommunikation hat sich in den vergangenen Jahren etabliert (Barth 2005). Die Kommunikation des CSR-Engagements auf Websites ist mittlerweile zum Standard geworden. Zunehmend nutzen Organisationen auch Social Web-Angebote für die Kommunikation von CSR. Vor diesem Hintergrund wird auch der methodische Zugang für die Untersuchung der onlinebasierten CSR-Kommunikation immer relevanter. Die wissenschaftliche Forschung beschäftigt sich bislang jedoch vorwiegend mit der inhaltsanalytische Untersuchung von CSR-Inhalten auf Websites. Die Sichtweise der Rezipienten, aber auch die neuen Möglichkeiten des Social Web in diesem Zusammenhang wurden bislang noch kaum untersucht. Dieser Beitrag gibt einen Überblick über die verschiedenen Formen der CSR-Kommunikation im WWW und die methodischen Verfahren, welche ihrer Untersuchung dienen können. Dabei wird auch auf bestehende Ansätze der Online-Forschung zurückgegriffen, die für die CSR-Kommunikation diskutiert werden. Anschließend werden Forschungslücken erörtert und weitere Forschungsfragen aufgezeigt.

1 Einordnung der onlinebasierten CSR-Kommunikation in die CSR-Konzepte

Corporate Social Responsiveness stellt die Aktionskomponente zur CSR dar (Carroll 1979) und bezieht sich auf die Umsetzung der CSR (Wood 1991). Wood et al. (2002) unterscheiden drei zentrale Prozesse der Corporate Social Responsiveness, nämlich Umweltbeobachtung, Stakeholder Management und Issues Management, die sich gegenseitig beeinflussen. In allen drei Bereichen spielt das Internet heute eine zentrale Rolle.

Für das Überleben des Unternehmens sind die *Beobachtung* und in einem zweiten Schritt die Anpassung an sich wandelnde Umweltbedingungen zentral. Carroll (1979, 1991, 1998) unterscheidet vier Ebenen der sozialen Verantwortung von Unternehmen, nämlich ökonomische, legale, ethische und philanthropische Verantwortung. Während die wirtschaftliche Verantwortung auf die Erfüllung systemspezifischer Leistungsziele abzielt, beziehen sich die übrigen drei Dimensionen auf die Erfüllung wertebasierter, sozialmoralischer Erwartungen. Da Werte und Normen jedoch gesellschaftsabhängig sind, variieren auch die Erwartungen von Anspruchsgruppen bezüglich der sozialen Verantwortung von Unternehmen. Zudem wandeln sich geltende Werte und Normen im Laufe der Zeit. Durch die Partizipationsmöglichkeiten im Internet entstehen neue Formen der dialogzentrierten Kommunikation, so dass Unternehmen sich wandelnde Erwartungen bei den Anspruchsgruppen frühzeitig erkennen können. Dies ist besonders für multinationale Unternehmen relevant, die in neue Märkte eintreten und dort mit unterschiedlichen geltenden gesellschaftlichen Werten und Normen konfrontiert werden (Gnyawali 1996).

Der Begriff des *Stakeholder-Management* bezieht sich auf die die Gestaltung der Beziehungen zwischen einem Unternehmen und seinen Anspruchsgruppen. In diesem Zusammenhang bieten die interaktiven Anwendungen des Internet den Unternehmen die Möglichkeit, mit Anspruchsgruppen in den Dialog zu treten. Barth (2005) nennt neben der Stärkung der aktiven Rolle des Nutzers und der Adaptierbarkeit des Mediums für unterschiedliche Nutzergruppen die individuellen Gestaltungs- und Partizipationsmöglichkeiten als zentralen Mehrwert des Internet für die CSR-Kommunikation. Unter dem Stichwort *Stakeholder Engagement* betonen verschiedene Autoren die Notwendigkeit, Anspruchsgruppen nicht nur über die CSR-Aktivitäten eines Unternehmens zu informieren, sondern auch aktiv einzubeziehen (Adams & Frost 2006; Fieseler, Fleck & Meckel 2009; Hughes & Demetrious 2006; Morsing & Schultz 2006).

Zudem ermöglicht das Internet den Organisationen, mit einem sehr breit gefassten Kreis von Anspruchsgruppen zu kommunizieren (Adams & Frost 2006). Dies ist insbesondere von Bedeutung, wenn man von einem *gesellschaftlichen Ansatz* von CSR ausgeht, nach welchem Unternehmen der Gesamtgesellschaft gegenüber eine Verantwortung tragen. Der Ansatz unterscheidet sich damit nicht nur vom *Shareholder Ansatz*, der die Profitmaximierung als zentrale Verantwortung der Unternehmen sieht, da diese hauptsächlich dem Anteilseigner verpflichtet seien (Van Marrewijk 2003). Er unterscheidet sich somit auch vom *Stakeholder Ansatz*, der annimmt, dass

Unternehmen denjenigen Stakeholdern gegenüber Verantwortung tragen, die von organisationalen Entscheidungen betroffen sind oder umgekehrt Einfluss auf die Erreichung der Unternehmensziele haben (ebd.). Wir gehen in diesem Artikel von einem gesellschaftlichen CSR Ansatz aus. Mit Hinblick auf die Tatsache, dass viele Unternehmen heutzutage ihre Aktivitäten nicht mehr auf einzelne Länder beschränken, bezieht sich dieses gesamtgesellschaftliche Engagement auf verschiedene Länder und Kulturen. Das Internet bietet hier nicht nur die Möglichkeit, Individuen aus diesen unterschiedlichen Ländern zu erreichen, sondern auch einen Dialog zu ihnen aufzubauen.

Zuletzt spielt das Internet auch im Zusammenhang mit dem *Issues Management* eine Rolle. Das Issues Management hat zum Ziel, „potenzielle und konfliktäre Themen, die Einfluss auf den Handlungsspielraum und die Reputation einer Organisation haben und öffentlich diskutiert werden, frühzeitig durch systematische Beobachtung der relevanten Umweltbereiche zu erkennen und zu bearbeiten" (Ingenhoff 2008: 126). Indem das Internet die öffentliche Diskussion ermöglicht, fördert es das Aufkommen unternehmenskritischer Themen. Das Konzept der CSR geht davon aus, dass Unternehmen eine gesellschaftliche Verantwortung tragen. Wird diese nicht wahrgenommen oder verhält sich das Unternehmen unverantwortlich, kann dies im Internet schnell thematisiert werden. Insbesondere Social Media spielen dabei eine wichtige Rolle. Anwendungen des Web 2.0, wie zum Beispiel Blogs, ermöglichen es Nutzern, nicht wahrgenommene soziale Verantwortung von Unternehmen öffentlich zu diskutieren. Durch die „wechselseitige Rezeption von Corporate Blogs (…) und Massenmedien" (Zerfaß & Boelter 2005: 94) haben Blogs einen Einfluss auf die Meinungsbildung (vgl. Eisenegger 2008). Aufgabe des Issues Managements ist es anschließend, strategisch relevante Issues zu lokalisieren und zu beeinflussen.

2   Formen onlinebasierter CSR-Kommunikation: Aktueller Forschungsstand

2.1   *CSR-Kommunikation auf Corporate Websites*

Websites bieten die Möglichkeit, unterschiedliche CSR-Inhalte zu kommunizieren und diese spezifisch auf die verschiedenen Anspruchsgruppen, wie zum Beispiel Medien, Mitarbeiter, Shareholder oder Investoren abzustimmen. Zudem können die Informationen über verschiedene Medien (Text, Audio, Video) verbreitet werden. Anders als über Massenmedien, die sich eher an eine passive Öffentlichkeit richten, werden über Websites Öffentlichkeiten erreicht, die aktiv nach Informationen suchen (Esrock & Leichty 1998). Corporate Websites können aber nicht nur genutzt werden, um CSR-Informationen zu verbreiten, sondern auch um einen Dialog mit relevanten Anspruchsgruppen anzustreben (Esrock & Leichty 1998; Kent & Taylor 1998). Die Nutzung interaktiver CSR-Informationen auf Unternehmenswebsites wurde bislang wenig untersucht. Eine Fallstudie von Unermann und Bennett (2004) zeigt auf, dass solche Angebote wenig genutzt werden.

In der Abbildung sind zahlreiche Studien zusammengefasst, die bereits die onlinebasierte CSR-Kommunikation von Unternehmen untersucht haben. Einige davon beziehen sich auf bestimmte Länder oder Branchen, andere stellen Ländervergleiche an. Die meisten davon stützen sich methodisch auf eine Inhaltsanalyse der Websites. Insgesamt wird deutlich, dass viele Unternehmen ihre Website nutzen, um Informationen über ihre CSR-Aktivitäten zu verbreiten. Die Nutzung von Websites zum Dialog mit Anspruchsgruppen wurde dagegen noch nicht ausreichend erforscht. Einige Studien vergleichen länderspezifische CSR-Kommunikation auf Corporate Websites. Die Auswahl der Länder erscheint dabei jedoch meist willkürlich und letztlich lassen sich Unterschiede kaum auf bestimmte Einflussfaktoren zurückführen.

2.2 CSR-Kommunikation via Social Media: Das Beispiel Corporate Blogs

Mit der Weiterentwicklung des Internet und dem Aufkommen des Web 2.0 nutzen vor allem Großunternehmen immer mehr auch Social Web-Anwendungen für die Organisationskommunikation. Diese kennzeichnen sich durch verstärkte (Mit-) Gestaltungsmöglichkeiten der Nutzer und eine öffentliche und vernetzte Kommunikation (Gerhards, Klingler & Trump 2008). Dazu gehören u. a. Weblogs, Wiki-Websites, RSS Feeds, Videocommunities, Podcasts oder Social Networking-Sites und andere (Gerhards, Klingler & Trump 2008).

Diese neuen Entwicklungen können von Unternehmen auch zur Kommunikation von CSR-Inhalten eingesetzt werden. Im Gegensatz zu Corporate Websites, die eher als Informationsquellen dienen und weniger die Interaktion mit dem Nutzer ermöglichen, stellen die Anwendungen des Web 2.0 eine dynamische Plattform zur Bildung sozialer Netzwerke und zum Austausch von Informationen und Ideen dar (Catalano 2007). Einige Autoren erkennen in den Anwendungen des Web 2.0 die Möglichkeit, die Anspruchsgruppen über CSR-Aktivitäten nicht nur zu informieren, sondern diese auch aktiv einzubeziehen (z. B. Fieseler, Fleck & Meckel 2009). Diese Möglichkeit bieten Social Web-Anwendungen (Social Software) im Allgemeinen und Corporate Blogs im Besonderen (Fieseler, Fleck & Meckel 2009; Pleil 2008), da diese den inhaltlichen Austausch zwischen Unternehmen und Anspruchsgruppen am intensivsten unterstützen.

Catalano (2007: 248) definiert Blogs oder auch Weblogs als „diary or journal maintained on the Internet by one or more authors or contributors". Blogs können von anderen Nutzern gelesen und auch kommentiert werden. Sie bieten damit mehr als bisherige internetbasierte Kommunikationsmittel die Möglichkeit zur zweiseitigen Kommunikation zwischen Autor und Leser (Schmidt 2006). In Bezug auf die CSR-Kommunikation nennt Pleil (2008: 204) drei zentrale Vorteile von CSR-Blogs: sie stellen eine dauerhafte und authentische Publikationsform dar, lassen sich für die kommunikative Begleitung spezifischer Projekte oder Events nutzen und bergen ein großes Potential für die interne Kommunikation, da Mitarbeiter in die CSR-Strategie eingebunden werden können. In der Unternehmenspraxis ist die Nutzung von Blogs und Social Software für die CSR-Kommunikation noch wenig verbreitet.

Abbildung Studien zur CSR-Kommunikation auf Unternehmenswebsite

	Forschungsfrage	Stichprobe	Methode	Ergebnisse
Lattemann et al. (2009)	Warum betreiben chinesische Firmen, die wirtschaftlich stärker entwickelt sind, weniger CSR-Kommunikation als indische Firmen?	Größte multinationale Unternehmen aus China und Indien (n=68), basierend auf dem Forbes Ranking von 2007, die über eine englische Website oder einen CSR-Bericht verfügen.	Inhaltsanalyse der Websites, CSR- und Jahresberichte und anderen öffentlich zugänglichen Dokumenten.	Indische Firmen kommunizieren mehr CSR. Dies lässt sich auf ein eher regelbasiertes und weniger beziehungsbasiertes nationales Governance-System zurückführen. Auch firmen- und branchenspezifische Unterschiede spielen eine Rolle.
Gill, Dickinson & Scharl (2008)	Inwiefern unterscheidet sich die Nachhaltigkeitsberichterstattung nordamerikanischer, europäischer und asiatischer Firmen hinsichtlich Art und Umfang?	39 Firmen (Öl- und Gasindustrie) aus Europa, Asien und Nordamerika. Auswahl basierend auf der Global 500 (2006) Liste.	Automatisierte Web-Inhaltsanalyse	Nachhaltigkeitsberichterstattung ist länderübergreifender Standard. Dieser ist jedoch am stärksten in Nordamerika und am wenigsten in Asien ausgeprägt. Kommunizierte Themen variieren regional.
Holder-Webb et al. (2008)	Inwiefern berichten die untersuchten Firmen über CSR und welche Informationskanäle werden dazu genutzt? Gibt es Unterschiede in Bezug auf Größe und Branche der Unternehmen?	Zufällige geschichtete Stichprobe von 50 börsennotierten U.S. Unternehmen, die in Compustat aufgelistet sind.	Inhaltsanalyse aller öffentlich zugänglichen Dokumente (Websites, CSR-Bericht, Pressemitteilung, Ethik-Codizes etc.)	Die meisten Firmen informieren über CSR (v. a. Community Relations, Gesundheit und Sicherheit, HR und Diversität). Der größte Teil der Informationen wird über die Website zur Verfügung gestellt. Unterschiede in Bezug auf die Größe des Unternehmens ergaben sich nur für die größten Unternehmen. Brancheneffekte zeigten sich in Bezug auf Häufigkeit und Intensität der CSR-Berichterstattung.
Chaudhri & Wang (2007)	Wie präsentieren IT-Firmen in Indien ihr CSR-Engagement auf ihren Websites (Umfang, Prominenz, Präsentation)? Gibt es Unterschiede in der onlinebasierten CSR-Kommunikation zwischen lokalen und glokalen IT-Firmen?	100 Indische Top-IT-Firmen; Auswahl basierend auf dem Ranking des Indischen IT-Magazins Dataquest.	Inhaltsanalyse der CSR-Sektion der Websites (von den 100 Firmen verfügten nur 30 über eine CSR-Sektion, die übrigen wurden von der Inhaltsanalyse ausgeschlossen).	Nur sehr wenige Unternehmen nutzen ihre Website, um umfangreiche Informationen zu ihrem CSR-Engagement bereitzustellen. Lokale Firmen stellten mehr CSR-Informationen auf ihren Websites zur Verfügung als glokale. Die CSR-Informationen waren bei der Hälfte der untersuchten Firmen eher textbasiert und bei der anderen Hälfte kombinierte visuelle und Textelemente.
Capriotti & Moreno (2007a und 2007b)	Welche Bedeutung hat CSR für die Firma? Welche Darstellungselemente werde für die Kommunikation von CSR-Inhalten genutzt? Inwiefern ermöglichen die Firmen den Dialog mit Stakeholdern zu CSR-Themen?	Websites von 35 spanischen Aktienunternehmen (IBEX)	Inhaltsanalyse der Websites (Untersuchung inhaltlicher Aspekte sowie der Präsentation dieser Inhalte).	Große Bedeutung von CSR für Unternehmen (beinahe 70% widmen CSR eine spezifische Sektion der Website). Beinahe alle Firmen nutzen grafische Elemente, wenige dagegen audiovisuelle und interaktive Elemente. Spezifische E-mail Kontakte für Fragen in Bezug auf CSR werden von beinahe allen Firmen bereit gestellt.
Adams & Frost (2006)	Inwiefern nutzen Unternehmen das Internet, um mit Stakeholdern in einen Dialog zu treten und um diese über ihr soziales und ökologisches Engagement zu informieren?	Insgesamt über 100 Unternehmen aus Australien, Deutschland und U.K., die über eine Unternehmens-Website verfügen.	Kombination quantitativer und qualitativer Befragungsmethoden.	Der Unternehmenskontext spielt eine wichtige Rolle dafür, ob das Unternehmen eine proaktive Haltung gegenüber internetbasierter Komm. einnimmt. Oft werden die Websites noch nicht strategisch genutzt. Grund dafür ist, dass zum Teil nicht die nötigen Ressourcen zur Verfügung stehen.
Chapple & Moon (2005)	Inwiefern unterscheidet sich die onlinebasierte CSR-Kommunikation in den asiatischen Ländern? Und inwiefern kann dies auf Unterschiede in Bezug auf die Entwicklung, die Globalisierung und Wirtschaftssysteme zurückgeführt werden?	Je 50 Top Unternehmen aus sieben asiatischen Ländern, die eine Website besitzen (Indien, Indonesien, Malaysia, Philippinen, Süd Korea, Singapur, und Thailand).	Inhaltsanalyse der Unternehmenswebsites.	Die CSR-Kommunikation in den untersuchten Ländern unterscheidet sich sehr. Die Unterschiede können jedoch nicht auf den Grad der Entwicklung, sondern vielmehr das Wirtschaftssystem zurückgeführt werden. Multinationale Unternehmen kommunizieren mehr CSR als national tätige Firmen und richten diese Maßnahmen geografisch anders aus.
Maignan & Ralston (2002)	Inwiefern unterscheiden sich Umfang und Inhalt der onlinebasierten CSR-Kommunikation von Unternehmen aus verschiedenen Ländern? (Art der CSR-Prinzipien und Prozesse, sowie diskutierte Stakeholder Issues)	Je 50 Unternehmen aus Frankreich, den Niederlanden, U.K., und den USA. Ausgewählt basierend auf den Rankings von Fortune 500 und L'Expansion von 1999.	Inhaltsanalyse derjenigen Sektionen der Websites, die sich mit unternehmerischer Verantwortung auseinandersetzen.	Große Unterschiede hinsichtlich der Bedeutung, die CSR beigemessen wird und welche Themen relevant sind. Französische und niederländische Unternehmen kommunizieren weniger CSR und begründeten dies weniger durch organisationale Werte als anglophone.
Esrock & Leichty (1998)	Welche CSR-Themen werden auf Websites kommuniziert und gibt es branchenspezifische Unterschiede? Welche Kommunikationsmöglichkeiten werden dabei genutzt? Inwiefern werden Unternehmens-Websites genutzt, um Public Policy Issues zu diskutieren?	Zufällige Stichprobe von 100 Unternehmen basierend auf dem Ranking von Fortune 500.	Inhaltsanalyse der Unternehmenswebsites.	Thematischer Fokus liegt auf Umwelt und Erziehung. Traditionelle PR-Kommunikationskanäle werden genutzt. Nur wenige Firmen nutzen ihre Website, um Public Policy Issues zu diskutieren.

Einige internationale Großunternehmen nutzen bereits den unternehmenseigenen Blog, um auch CSR-Themen zu kommunizieren. Wenige jedoch, wie zum Beispiel McDonald's und FedEx Corporation, stellen bereits spezifische CSR-Blogs zur Verfügung. Schneider, Stieglitz und Lattemann (2009) vergleichen die Nutzung von Social Software für die CSR-Kommunikation durch verschiedene Unternehmen und NGOs. Dabei stellen sie fest, dass nur eines der zehn untersuchten Unternehmen einen CSR-Blog führt, während Blogs von NGOs weitaus häufiger eingesetzt werden.

Auch wissenschaftlich wurden das Potential und die Nutzung von Blogs für die CSR-Kommunikation noch kaum untersucht. Bislang gibt es kaum Studien, die sich mit Potential und Nutzung von Blogs für die CSR-Kommunikation auseinandersetzen. Fieseler, Fleck und Meckel (2009) untersuchen im Rahmen einer Fallstudie mit Hilfe der sozialen Netzwerkanalyse die Interaktionen zwischen einem CSR-Blog und der Blogosphäre.

3 Methodische Ansätze und Instrumente

Nachdem verschiedene Formen der onlinebasierten CSR-Kommunikation von Unternehmen beschrieben wurden, werden im Folgenden mögliche methodische Ansätze für die Untersuchung von CSR-Kommunikation auf Websites und Blogs vorgestellt, deren Vor- und Nachteile diskutiert und anhand von Beispielen illustriert. Während die Inhaltsanalyse Einblicke in die im Internet kommunizierten CSR-Inhalte und deren Vernetzung im WWW erlaubt, bietet die Befragung die Möglichkeit, die Nutzerperspektive sowie die CSR-Perspektive der Unternehmen zu untersuchen. Neben diesen beiden traditionellen sozialwissenschaftlichen Verfahren der Sozialwissenschaft wird außerdem die soziale Netzwerkanalyse als zusätzlicher Ansatz für die Untersuchung von CSR-Blogs diskutiert.

3.1 Befragung

Die Befragung von *Nutzern* onlinebasierter CSR-Kommunikationsangebote liefert Einblicke in Nutzungsgewohnheiten und -motive, demographische Merkmale und inhaltsbezogenen Erwartungen der Nutzer onlinebasierter CSR-Angebote.

Sollen die Nutzer spezifischer Angebote befragt werden, bietet sich eine quantitative Befragung mit Hilfe des Internet an, indem man einen Fragebogen in die jeweilige Website oder den Blog integriert. Soll sich die Befragung auf eine breitere Stichprobe von Internetnutzern beziehen, bietet sich das Schneeball-Prinzip an, „indem Hinweise zur Befragung in den Weblogs zirkulieren" (Schmidt 2006) oder der Hinweis auf die Befragung in Usenet-Groups, Mailinglisten, Newsgroups, auf Werbebanner oder Verlinkungen mit anderen Seiten (Hauptmann 1999: 25).

Insgesamt ergeben sich dabei folgende Probleme: erstens liegen über die Nonrespondents keine Informationen vor (Hauptmann 1999). Zweitens ist die so gewonnene Stichprobe aufgrund der Selbstrekrutierung nicht zufällig und dadurch nicht repräsentativ. Die Befragung eignet sich daher eher für explorative Forschungsdesigns (Schmidt 2006). Als Alternative dazu bietet sich eine normale Stichprobenziehung an. Dabei werden bestimmte Anspruchsgruppen, von denen das Unternehmen über Kontaktdaten verfügt, angeschrieben und zu ihrer Nutzung der Website oder des Blogs befragt. Der Nachteil hierbei ist, dass sich im Vorfeld nicht bestimmten lässt, ob die Befragten das Onlineangebot im Alltag überhaupt nutzen.

Eine weitere Möglichkeit, die Nutzungsmotive, Anforderungen und Wahrnehmungen der Rezipienten hinsichtlich Verständlichkeit und Relevanz der CSR-Inhalte zu erforschen, ist im Rahmen eines qualitativen Forschungsdesigns die Durchführung von (Online-)Fokusgruppen (Greenbaum 1993; Morgan 1997). Hierzu werden in heterogenen Gruppen mit ca. 8–12 Teilnehmenden moderierte Diskussionen zu ausgewählten Websites geleitet. Sie ermöglichen es, zugrunde liegende Motive und Erwartungen zu analysieren und durch Nachfragen weiter zu vertiefen. Die Ergebnisse sind zwar aufgrund der kleinen Fallzahl nicht repräsentativ, stellen jedoch eine sinnvolle Ergänzung im Rahmen der explorativen Forschung dar.

Die Befragung erlaubt auch die Untersuchung der *Unternehmensperspektive* in Bezug auf onlinebasierte CSR-Kommunikation. Dies erscheint relevant vor dem Hintergrund, dass internationale Konkurrenz und die Festlegung internationaler Richtlinien (z. B. OECD Guidelines, Global Reporting Initiative (GRI), Global Compact) dazu führen, dass sich die CSR-Kommunikation verschiedener Unternehmen zunehmend angleicht. Dennoch ist es möglich, dass die dahinter liegenden Motive sowie das jeweilige CSR-Verständnis von Unternehmen sich unterscheiden. Gründe dafür können zum Beispiel in Unterschieden in der nationalen (vgl. Blasco & Zølner 2008), organisationalen Kultur oder in der Größe (vgl. Ellerup Nielsen & Thomsen 2009; Ho & Taylor 2007; Perrini, Russo & Tencati 2007) oder Branchenzugehörigkeit (vgl. Sweeney & Coughlan 2008) des Unternehmens liegen. Befragungen mit CSR- und Website-Verantwortlichen in Unternehmen bieten die Möglichkeit, dies zu untersuchen.

Um Praktiken der onlinebasierten CSR-Kommunikation großflächig abzubilden, bietet sich eine schriftliche Befragung am besten an. Für eine genauere Ausleuchtung der Motivation und der Kommunikationsprozesse sind jedoch Interviews besser geeignet. Durch eine Kombination dieser beiden Ansätze, wie zum Beispiel in der Studie von Adams und Frost (2006), können einzelne Ergebnisse der schriftlichen Befragung anschließend in den Interviews vertieft werden. Die Befragung kann sich einerseits auf Personen beziehen, die für die Website verantwortlich sind und Auskunft geben können über das Gesamtziel der Website, oder aber auf Personen, die für die Inhalte der CSR-Kommunikation verantwortlich sind.

Adams und Frost (2006) befragten über 100 Unternehmen aus drei Ländern, inwiefern diese das Internet für die CSR-Kommunikation nutzen. In einem ersten Schritt führten sie dazu eine schriftliche Befragung der Website-Verantwortlichen der Unternehmen durch und vertieften diese Ergebnisse anschließend durch semistrukturierte Interviews mit den Verantwortlichen für soziale und Umweltinhalte der Websites ausgewählter Unternehmen aus allen drei Ländern. Die Studie untersuchte u. a., inwiefern die Unternehmen ihre Website dazu nutzen, um Anspruchsgruppen einzubeziehen, und welche Anspruchsgruppen als am wichtigsten eingeschätzt werden. Außerdem wurde gefragt, inwiefern das Internet als strategisches Kommunikationsmittel für soziale und Umweltthemen eingesetzt wird und wo die Befragten Vor- und Nachteile sehen.

3.2 Inhaltsanalyse

Die Inhaltsanalyse stellt eine Möglichkeit dar, CSR-Kommunikation im WWW zu untersuchen. Besonders bietet sich die Methode der Inhaltsanalyse für Websites an, da sich mit dieser Methode Strukturen massenmedialer Inhalte aufdecken lassen, die in sich standardisiert sind. Rössler und Eichhorn (1999) unterschieden vier Aspekte von Websites, die mittels einer Inhaltsanalysen untersucht werden können: Struktur, Aufbereitungsmerkmale, Interaktivität und Inhalte. Daraus ergeben sich für die Untersuchung von CSR-Kommunikation auf Websites verschiedene Forschungsansätze:

Strukturmerkmale der Website: In diesen Bereich fällt die formale Gestaltung der Website, wozu auch die Nutzerfreundlichkeit und der Grad der Vernetzung der Website intern und extern gehören. So sagt zum Beispiel die Tatsache, ob es auf einer Unternehmenswebsite eine CSR-Sektion gibt und wie viele Klicks der User benötigt, um von der Startseite dort hinzugelangen, etwas darüber aus, welchen Stellenwert die CSR für das Unternehmen hat. Zudem kann die strukturelle Einordnung der CSR-Sektion in der Website Auskunft darüber geben, wo CSR im Unternehmen angesiedelt ist und welche Anspruchsgruppen nach dem CSR-Verständnis der jeweiligen Organisation von Bedeutung sind.

Aufbereitungsmerkmale beziehen sich auf die Integration verschiedener Gestaltungselemente (Audiovisuelle und Text-Elemente), und „die sprachliche Aufbereitung des Angebots und seine visuelle Anmutung" (Rössler & Eichhorn 1999: 269). So kann untersucht werden, wie CSR-Inhalte auf Websites für den Nutzer aufbereitet und kommuniziert werden.

Interaktivität und Reaktivität: Die Möglichkeit zur Interaktion ist ein wichtiges Merkmal für die Attraktivität einer Website. Die Interaktion kann auf verschiedene Arten stattfinden: zwischen dem Nutzer und den Inhalten (z. B. durch Spiele, Unterhaltungselemente, oder Wahlmöglichkeiten), zwischen dem Nutzer und der Organisation, die die Website zur Verfügung stellt (z. B. durch Kontaktinformation, Nutzerbefragungen, Blogs oder Foren), oder zwischen den verschiedenen Nutzern (z. B. durch Chat Rooms). Unternehmen können das interaktive Potential des WWW besonders für die CSR-Kommunikation nutzen: Online-Umfragen zum Thema CSR, Kontaktmöglichkeiten für spezifische Fragen oder Kommentare in Bezug auf CSR, Foren, oder Web 2.0 Angebote zum Thema CSR bieten Anspruchsgruppen die Möglichkeit, ihre Erwartungen zu äußern.

Angebotsspezifische inhaltliche Merkmale beziehen sich auf die kommunizierten CSR-Inhalte und Themen. Die Analyse der vom Unternehmen bereit gestellten Informationen zum Thema CSR bietet zum Beispiel die Möglichkeit, relevante

Anspruchsgruppen und CSR-Themen zu identifizieren und die geografische Ausrichtung von CSR-Maßnahmen zu untersuchen.

Je nach Forschungsfrage bieten sich unterschiedliche Auswahlmethoden für das Sample an. Zum einen können Unternehmen abhängig von der Größe, Branche, oder Land ausgewählt werden. Bezieht sich die Forschungsfrage auf neuere Formen der onlinebasierten CSR-Kommunikation, über deren Nutzung durch Unternehmen noch wenig bekannt ist, dann erscheint die Untersuchung im Case-Study Design sinnvoll.

Die Methode der Inhaltsanalyse wurde ursprünglich für die Untersuchung traditioneller Massenmedien entwickelt und lässt sich nicht problemlos auf Online-Kommunikation anwenden (vgl. McMillan 2000; Rössler 1997; Rössler & Eichhorn 1999; Rössler & Wirth 2001; Werner 1997). Mittels inhaltsanalytischer Verfahren können Inferenzen auf den Kommunikationskontext gezogen werden (Krippendorff 1980). Diese können sich auf den Kommunikator, den Rezipienten oder den kommunikativen Kontext beziehen, wie zum Beispiel auf gesellschaftliche Entwicklungen (Rössler 2002). Jedoch gestaltet sich, im spezifischen Fall der onlinebasierten Kommunikation, die Unterscheidung zwischen Kommunikator und Rezipient als problematisch, da jeder die Möglichkeit hat, als Kommunikator im Internet aufzutreten (Rössler 1997, 2002). Während es jedoch bei der Analyse von Corporate Websites unproblematisch ist, einen Kommunikator, in diesem Falle die dahinter stehende Organisation, auszumachen, ist dies bei Web 2.0 Anwendungen, die von Unternehmen genutzt werden, schwieriger.

Eine weitere Schwierigkeit der Inhaltsanalyse von internetbasierten Inhalten bezieht sich auf die Reaktivität des Mediums (Rössler 2002; Rössler & Wirth 2001), was die intersubjektiv nachvollziehbare Beschreibung erschwert. Der Kommunikationsinhalt ist nutzerabhängig, da die „Selektionsentscheidungen der Nutzer konstituierend für den jeweiligen ‚Medieninhalt' sind" (Rössler & Eichhorn 1999: 265). So ist den Nutzern zum Beispiel keine Reihenfolge bei der Nutzung vorgegeben. Da die Rezeption internetbasierter Inhalte zahlreiche aktive Entscheidungen durch den Nutzer impliziert, bedeutet dies für den Codiervorgang, dass detaillierte Regeln für das Vorgehen definiert werden müssen.

Ebenfalls problematisch gestaltet sich die Eingrenzung der Analyseeinheit bei der Inhaltsanalyse von Websites, da Websites keine natürlichen Grenzen haben (Rössler 2002; Rössler & Eichhorn 1999). Durch Hyperlinks sind einzelne Seiten innerhalb einer Website, aber auch unterschiedliche Websites miteinander verlinkt. Dadurch sind auch einzelne Sektionen innerhalb von Websites, die sich mit CSR Themen beschäftigen, schwer von anderen Sektionen differenzierbar. Zudem sind die Untersuchungseinheiten schwer ein- und abgrenzbar, da einzelne Seiten innerhalb einer Website aus verschiedenen Elementen (z. B. Texteinheiten) bestehen, die sich schwer in einzelne Einheiten einteilen lassen. Als Lösung bietet sich hier an, einzelne Aussagen als Untersuchungseinheiten zu betrachten.

Auch die Multimedialität des Internet bedeutet eine Herausforderung für die Inhaltsanalyse. Websites beinhalten neben Textangeboten oft auch audiovisuelle Elemente (Ton, Bild, und Bewegtbild). Diese Problematik tritt zwar auch bei der

Inhaltsanalyse traditioneller Massenmedien (z. B. Ton und Bild im Fernsehen oder Text und Bild bei Printmedien) auf, jedoch ist die Relevanz für die Untersuchung von Webinhalten größer, da Inhalte über verschiedene Elemente transportiert werden. So werden zum Beispiel Podcasts immer häufiger für die Unternehmenskommunikation genutzt und in Websites integriert. Laut einer aktuellen Studie der Inc. 500[1] nutzen 2009 37 Prozent der untersuchten Unternehmen Podcasts für die Unternehmenskommunikation (Barnes & Mattson 2009).

Werden diese in die Untersuchung nicht miteinbezogen, gehen inhaltliche Informationen verloren. Sollen alle Elemente mittels Inhaltsanalyse analysiert werden, bedeutet dies einen erhöhten Forschungsaufwand, da jeweils eigene Codierregeln entwickelt werden müssen (Rössler & Eichhorn 1999). Dazu kommt, dass die verschiedenen Elemente in Bezug auf den Umfang schwer miteinander vergleichbar sind (Rössler & Wirth 2001).

3.3   Soziale Netzwerkanalyse von Blogs

Das Instrument der sozialen Netzwerkanalyse ermöglicht eine systematische und quantifizierende Beschreibung von Netzwerken (Jansen 2003). Der Begriff des Netzwerks wird definiert als „eine abgegrenzte Menge von Knoten oder Elementen und der Menge der zwischen ihnen verlaufenden so genannten Kanten" (ebd.: 58). Unter den Knoten versteht man u. a. die verschiedenen Akteure eines Netzwerks. Dies können sowohl Individuen als auch korporative Akteure wie zum Beispiel Unternehmen sein. Blogs stellen einerseits soziale Netzwerke dar (Schenk, Taddicken & Welker 2008), in denen Autor und Leser sich austauschen und Beziehungen zueinander aufbauen können. Durch Verweise zu anderen Blogs sind aber auch Blogs selbst in soziale Netzwerke eingebunden, die in der so genannten *Blogosphäre* entstehen.

Die Netzwerkanalyse ist für die Erforschung von Blogs gut geeignet. Schmidt (2006) unterschied dabei zwei Zugänge: Die Analyse des Gesamtnetzwerks bildet die Struktur der Blogosphäre ab und zeigt die Bedeutung einzelner Blogs darin auf. Die Untersuchung von egozentrierten Netzwerken beschäftigt sich mit dem „um eine fokale Person, das Ego, herum verankerte[n] soziale[n] Netzwerk" (Jansen 2003: 80). Für die Untersuchung von CSR-Blogs bietet sich demnach eine egozentrierte Analyse mehr an. Im Internet bereit gestellte Suchmaschinen erleichtern die Quantifizierung sozialer Netzwerke, in die Blogs eingebettet sind. Mittels Suchmaschinen wie zum Beispiel Blog Pulse[2] oder Technorati[3] ist es möglich, Blogs gezielt nach ein und ausgehenden Links zu durchsuchen.

---

1   Die Inc. 500 ist eine Liste der U.S. Firmen mit dem grössten Wachstum, die vom Inc. Magazin herausgegeben wird (Inc.Magazine 2009).
2   Blog Pulse (http://blogpulse.com) bietet die Möglichkeit, sämtliche Blogs zu identifizieren, die Hyperlinks auf einen spezifischen ausgewählten Blog bzw. einen einzelnen Post innerhalb des Blogs beinhalten.
3   Technorati (http://technorati.com) ist eine Blog-Suchmaschine die es dem Forscher erlaubt, Informationen über ein- und ausgehende Links zu sammeln. Zudem erstellt Technorati Ranglisten

Die Zahl und die Qualität der Beziehungen zwischen verschiedenen Knoten stellen einen Wettbewerbsfaktor dar, der den Akteuren Handlungsmöglichkeiten eröffnet. Nach der *Structural Holes Theory* von Burt (1992) ist das soziale Kapital das Ergebnis der Position eines Individuums oder Objekts in einem Netzwerk. Putnam (2000) unterscheidet zwei Typen sozialen Kapitals in Netzwerken, nämlich *Bonding Social Capital* und *Bridging Social Capital*. Ersteres festigt bestehende Bindungen innerhalb von Gruppen und ist meist auf homogene, kleinere Netzwerke beschränkt. Bridging Social Capital bezieht sich auf heterogen zusammengesetzte Assoziationen mit häufig schwachen Verbindungen. Sie sind jedoch bedeutend für die Verbindung zu externem Kapital, für die Diffusion von Informationen und stellen Kontakt zwischen Individuen aus unterschiedlichen Kontexten her (Norris 2002). Diese Art von sozialem Kapital spielt damit eine wichtige Rolle in CSR-Blogs. Blogs können auf drei Arten durch soziale Beziehungen im Internet vernetzt sein (Krauss 2008): Zum einen können Blogs durch so genannte *Blogroll*[4] Links miteinander verknüpft sein. Außerdem können Kommentare von Lesern zu Blogeinträgen, oder *Posts*, als eine Art der Vernetzung bezeichnet werden, da ein Austausch zwischen Autor und Leser entsteht, aus dem eine dauerhafte Beziehung entstehen kann. Zuletzt können auch Hyperlinks innerhalb einzelner Blogeinträge eine soziale Beziehung darstellen, solange der Blogger auch inhaltlich darauf Bezug nimmt. Solche Verlinkungen beziehen sich jedoch auf einen bestimmten Zeitpunkt. Wiederholte Links zu anderen Blogs in Posts können als ein Zeichen für das Gewicht des Links gewertet werden (Ali-Hasan & Adamic 2007).

Wie Studien gezeigt haben, folgt „die Verteilung der Verweise zwischen Weblogs einem für Netzwerkstrukturen typischen ‚power law'" (Schmidt 2006: 23): eine kleine Zahl von Blogs verfügt über eine große Zahl eingehender Links, während der Grossteil der Blogs nur wenige eingehende Verlinkungen besitzt (vgl. Schuster 2004). Daher wird nur ein kleiner Prozentsatz der existierenden Blogs, so genannte *A-List Blogs* (Ali-Hasan & Adamic 2007), von einer großen Anzahl von Nutzern besucht. Mittels der Netzwerkanalyse kann geprüft werden, wie ein CSR-Blog im Internet vernetzt ist. Dies sagt viel über das Potential aus, das der Blog für das Unternehmen hat. Ein Blog, der nicht mit anderen Internetseiten verbunden ist, hat kaum eine Chance, gefunden zu werden. Doch nicht nur die Quantität, sondern auch die Qualität der Links spielt eine Rolle. In Bezug auf CSR können Verlinkungen mit Organisationen, wie zum Beispiel mit NPOs, deren Engagement in Zusammenhang mit den CSR-Aktivitäten des Unternehmens steht, einen Vorteil bedeuten, da sie dem Unternehmen und dessen CSR-Engagement Glaubwürdigkeit verleihen.

Fieseler, Fleck und Meckel (2009) untersuchten anhand einer sozialen Netzwerkanalyse den CSR-Blog von McDonald's, der derzeit als der prominenteste CSR-Blog in der Blogosphäre gilt. Analysiert wurde, wie der Blog vernetzt und in die Blo-

---

der Popularität von Blogs. Hier werden jedoch nur quantitative und nicht qualitative Informationen verwendet.

4   Unter der Blog Roll versteht man eine Liste von Links zu anderen Blogs, die der Autor des Blogs in die Navigationsleiste integriert und die als Empfehlung für die Nutzer fungiert (Krauss 2008).

gosphäre eingebettet ist, welche Art von Beziehungen es um den Blog herum gibt und wie die Dialoge innerhalb dieses Netzwerks strukturiert sind. Dazu wurden die prominentesten und aktivsten Akteure innerhalb des Blogs identifiziert, basierend auf der Anzahl der Kommentare und Verlinkungen. In einem zweiten Schritt wurde der Kontext abgebildet, in welchen der CSR-Blogs eingebettet ist. Dazu wurden Blogs identifiziert, die direkt und indirekt mit dem CSR-Blog verlinkt sind. Diese wurden hinsichtlich ihrer Aktivität im Netzwerk differenziert. Die Ergebnisse zeigen, dass der Blog zwar insgesamt gut verlinkt ist, aber die auf dem CSR-Blog diskutierten Themen nur in die direkt benachbarten Blogs ausstrahlen. Der Blog besitzt damit nur eine marginale Bedeutung innerhalb des Gesamtnetzwerkes. Je weniger eng die Beziehung der Blogs zum untersuchten CSR-Blog, desto weiter sind auch die Diskussionen thematisch entfernt.

4 Forschungslücken

4.1 Inhaltliche Forschungslücken

Der vorliegende Beitrag betont die Bedeutung des Internet für den Aufbau dialogischer Kommunikationsbeziehungen zu wichtigen Stakeholdergruppen. Unterschiedliche Studien, die sich mit Corporate Websites allgemein beschäftigten, haben jedoch herausgefunden, dass Organisationen meist das dialogische Potential ihrer Websites nicht ausschöpfen und diese statt dessen dazu verwenden, Informationsmaterial zu verbreiten (vgl. Ingenhoff & Kölling 2009; Kang & Norton 2004; Kent & Taylor 1998; Naudé, Froneman & Atwood 2004; Taylor, Kent & White 2001). Aber auch Stakeholder scheinen dialogische Angebote noch nicht stark zu nutzen. Eine Studie von Unerman und Bennett (2004) zeigte, dass Stakeholder die interaktive Website von Shell über soziale und Umweltfragen kaum nutzen. Die Autoren führen dies darauf zurück, dass die Stakeholder sich dieses Angebots noch nicht bewusst sind. Daraus ergibt sich ein neuer Forschungsbedarf: Einerseits kann untersucht werden, inwiefern Unternehmen durch Websites und Social Software Anwendungen wie zum Beispiel Blogs eine Möglichkeit zum Dialog mit Anspruchsgruppen bieten und inwiefern sie auch bereit sind, dieses Angebot umzusetzen, zum Beispiel indem sie auf E-Mail Anfragen oder auf Kommentare von Blog-Lesern antworten. Andererseits können auch Gründe erforscht werden, warum Nutzer die Möglichkeit zum Dialog nicht wahrnehmen.

Obwohl sich bereits zahlreiche Publikationen theoretisch und empirisch mit dem Potential von Blogs und deren Nutzung durch Unternehmen beschäftigen (Catalano 2007; Fleck et al. 2007; Ingenhoff 2008; Picot & Fischer 2006; Pleil & Zerfaß 2007; Röttger & Zielmann 2006; Seltzer & Mitrook 2007; Zerfaß 2005; Zerfaß & Boelter 2005), gibt es bislang kaum Studien, die dies auf die CSR-Kommunikation übertragen. Die Studie von Fieseler, Fleck und Meckel (2009) bietet damit erste empirische Einblicke. Die soziale Netzwerkanalyse, vor allem in Kombination mit anderen Methoden, bietet hier interessante Forschungsperspektiven.

4.2   Komparative Studien internet-basierter CSR-Kommunikation

Eine komparative Perspektive auf die internetbasierte CSR-Kommunikation erlaubt
es, einzelne Faktoren zu identifizieren, die einen Einfluss auf die CSR-Kommunikation haben. Dazu gehören branchen- (vgl. Sweeney & Coughlan 2008) und länderspezifische Unterschiede (vgl. Blasco & Zølner 2008) sowie Unterschiede in Bezug
auf die Größe (vgl. Ellerup Nielsen & Thomsen 2009; Ho & Taylor 2007; Perrini,
Russo & Tencati 2007) und den Typ (vgl. Tuominen et al. 2008) des Unternehmens.

4.2.1 Internationaler Vergleich onlinebasierter CSR-Kommunikation

In Hinblick auf die onlinebasierte CSR-Kommunikation erscheint insbesondere ein
internationaler Vergleich als relevant, da viele Unternehmen im Zuge der Globalisierung ihr CSR-Engagement über die Landesgrenzen hinweg kommunizieren. Das Internet bietet sich als Instrument besonders an, Anspruchsgruppen in verschiedenen
Ländern zu erreichen. Daraus ergeben sich zwei interessante Forschungsperspektiven:
einerseits die länderspezifischen Unterschiede in der onlinebasierten CSR-Kommunikation, andererseits die Frage, wie international tätige Unternehmen ihre CSR-Kommunikation an unterschiedliche kulturelle und nationale Kontexte anpassen.
    Angesichts der internationalen Verbreitung des CSR-Konzepts gibt es eine Fülle
an Studien zu länderspezifischen Unterschieden in der CSR. Diese Unterschiede
werden auf eine Reihe Faktoren zurückgeführt: das Verhältnis von Gesellschaft und
Wirtschaft (vgl. Blasco & Zølner 2008; Chapple & Moon 2005) sowie von Wirtschaft
und Staat (vgl. Gnyawali 1996), das nationale Wirtschaftssystem und der Grad der
wirtschaftlichen Entwicklung (vgl. Chapple & Moon 2005; Gnyawali 1996), Governance Modelle (vgl. Kimber & Lipton 2005; Verstegen 2005), aber auch kulturelle
Unterschiede, die sich auf die Erwartungen von Anspruchsgruppen in Bezug auf
CSR auswirken (vgl. Gnyawali 1996; Katz, Swanson & Nelson 2001; Kimber & Lipton 2005; Nyaw & Ng 1994; Priem & Shaffer 2001; Signitzer & Prexl 2008; Zhuang,
Thomas & Miller 2005).
    Auch in Bezug auf die onlinebasierte CSR-Kommunikation gehen einige Studien
auf länderspezifische Unterschiede ein (Chapple & Moon 2005; Gill, Dickinson &
Scharl 2008; Lattemann et al. 2009; Maignan & Ralston 2002). Ein zentraler Kritikpunkt ist diesen Studien jedoch gemein: Die Auswahl der miteinander verglichenen
Länder erscheint willkürlich. So können Unterschiede in der CSR-Berichterstattung
nicht systematisch aufgezeigt werden. Sinnvoller wäre es, die Länder nach dem *most
similars systems design* auszuwählen „Hierbei wird in Ländern mit ähnlichem nationalen Kontext nach jedem erklärenden Faktor gesucht (…); der dafür verantwortlich ist, dass der analysierte Gegenstand in einem anderen Land stark präsent ist."
(Esser 2003: 466).
    So können zum Beispiel einzelne Kulturdimensionen variiert werden, von denen
vermutet wird, dass sie einen Einfluss auf die CSR-Orientierung der Manager, beziehungsweise die Erwartungen der Anspruchsgruppen bezüglich CSR haben.

Die Globe Studie von House et al. (2004) ist derzeit die aktuellste Studie nationaler Kultur. Basierend auf quantitativen und qualitativen Methoden identifiziert und validiert die Studie neun Kulturdimensionen, von denen drei einen besonders starken Bezug zu CSR aufweisen: *Power Distance, Institutional Collectivism,* und *Humane Orientation.* Waldman et al. (2006) zeigten mit einer Studie, dass Manager aus Ländern mit großen Machtunterschieden (Power Distance) Shareholdern, Stakeholdern und der Gesellschaft als ganzes eine geringere Bedeutung beimessen als Manager aus Ländern mit geringer Power Distance. Institutioneller Kollektivismus bezieht sich auf den Grad, zu welchem eine Gesellschaft kollektive Verhaltensstrukturen schätzt und kollektives Verhalten, sowie die kollektive Verteilung von Ressourcen ermutigt. Waldman et al. (2006) zeigten, dass sich ein hoher Grad an institutionellem Kollektivismus positiv auf die Einbeziehung von Shareholdern, Stakeholdern und der Gesellschaft allgemein in organisationale Entscheidungsprozesse auswirkt. Umgekehrt argumentiert Gnyawali (1996), dass Unternehmen aus individualistischen Ländern stärker darauf abzielen, den eigenen Profit zu maximieren und nicht gesellschaftliche Interessen nachzukommen. Die Kulturdimension Humane Orientation sagt aus, inwiefern eine Gesellschaft altruistische, freundliche, fürsorgliche und selbstlose Verhaltensweisen schätzt und Mitglieder dazu ermutigt, so zu handeln. Nach House et al. (2004) steht diese Dimension in einem direkten Zusammenhang mit CSR, da Gesellschaften mit niedriger Humane Orientation das soziale Leben nicht als ökonomische Transaktion betrachten, sondern aus einer soziologischen Perspektive. „From this perspective, organizations are not expected to make a profit without fulfilling social responsibility and giving serious consideration to all stakeholders, not only the shareholders." (House et al. 2004: 585). In Gesellschaften mit einer stark ausgeprägten Humane Orientation legen Unternehmen den Fokus mehr auf Profit und damit stärker auf die Erwartungen der Shareholder. CSR Aktivitäten unterstehen daher eher der Initiative der Manager.

4.2.2 Vorstudie

Um den Zusammenhang zwischen der onlinebasierten CSR-Kommunikation mit einzelnen nationalen Kulturdimensionen systematisch zu beleuchten, führten wir eine Vorstudie innerhalb einer Forschungsgruppe durch. Dazu wurde die CSR-Kommunikation auf den englischsprachigen Websites einer Stichprobe (n=26) der weltweit größten Banken, die in Global 500 (2008) aufgelistet sind, inhaltsanalytisch untersucht und verglichen. Die ausgewählten Banken wurden mit den Werten der Kulturdimensionen in Verbindung gebracht, die durch die Globe Studie (House et al. 2004) ermittelt wurden. Eine erste Auswertung der Ergebnisse zeigt, dass sich die kommunizierten CSR-Maßnahmen in asiatischen Ländern, in denen der Kollektivismus stark ausgeprägt ist, eher an Gruppen richten, und kaum an Individuen. In den USA, wo der Kollektivismus weniger stark ausgeprägt ist, werden Individuen und Gesellschaft gleichermaßen in der CSR-Kommunikation erwähnt. Insgesamt scheinen die Kulturdimensionen jedoch keinen starken Einfluss auf die CSR-Kommunikation zu haben. So konnten keine Unterschiede in der CSR-Kommunikation allgemein und in Bezug auf Mitarbeiter zwischen Ländern mit großer und kleiner Power Distance festgestellt werden.

Dies kann möglicherweise dahingehend interpretiert werden, dass im Zuge der Globalisierung und der Festlegung internationaler Richtlinien, wie zum Beispiel der Global Reporting Initiative, im CSR-Bereich eine Angleichung der Form der (on-linebasierten) CSR-Kommunikation stattgefunden hat. Wie eingangs erwähnt, sind Unternehmen Anspruchsgruppen in verschiedenen Ländern verpflichtet. Trotz der mit dem Internet bereit stehenden Möglichkeiten zur spezifischen Adaption der Informationen ist es häufig der Fall, dass Unternehmen Anspruchsgruppen aus unterschiedlichen Ländern mit den gleichen Informationen bezüglich ihrer CSR-Aktivitäten versorgen. Zudem stehen Unternehmen zunehmend auch weltweit in Konkurrenz zueinander, was ebenfalls zu einer Angleichung der CSR-Schwer-punktsetzung und damit auch der kommunizierten CSR-Inhalte führt.

Im Hinblick darauf erscheint es sinnvoll, nicht alleine eine quantitative Inhalts-analyse internetbasierter CSR-Kommunikation durchzuführen, sondern diese gegebenenfalls mit einer Befragung der Verantwortlichen in den jeweiligen Unter-nehmen zu kombinieren.

4.3   Methodische Forschungslücken

Bislang gibt es kaum Studien, die die Nutzung von Social Software für die CSR-Kommunikation untersuchen. Diese Anwendungen erlauben es Unternehmen mehr als traditionelle Kommunikationskanäle, Beziehungen zu Anspruchsgruppen auf-zubauen. Die soziale Netzwerkanalyse bietet sich hier als Instrument besonders an, diese Beziehungen zu untersuchen. Daraus ergeben sich verschiedene Forschungs-felder, die in Zukunft stärker berücksichtigt werden sollten. Mögliche Fragestellun-gen können sich auf Gestalt und Dynamik der egozentrierten CSR-Blogs beziehen und so auch das Potential dieser Blogs für die CSR-Kommunikation untersuchen. Da bislang noch sehr wenige Unternehmen CSR-Blogs besitzen, erscheint gerade die Untersuchung der Dynamik als relevant. Dazu können zum Beispiel Faktoren untersucht werden, die einen positiven Einfluss auf die Entwicklung des Netzwerks haben. Mögliche Faktoren können Aktualität, Dialogizität, Benutzerfreundlichkeit, Authentizität und Glaubwürdigkeit sein (Ingenhoff 2008). Letzteres erscheint in Bezug CSR-Blogs besonders relevant.

Ein weiteres Forschungspotential ergibt sich aus der Verknüpfung unterschied-licher Instrumente und Methoden. Die Inhaltsanalyse der CSR-Angebote auf Un-ternehmenswebsites und in Blogs lässt sich sinnvoll durch Befragungen ergänzen. Wie bereits beschrieben, können sowohl die Nutzer dieser Angebote, als auch die Anbieter befragt werden. Die Forschungsfragen, die daraus entstehen können, sind vielfältig: Welche der bereit gestellten Angebote werden von den Nutzern in An-spruch genommen und mit welcher Motivation? Dabei kann zum Beispiel auf den Uses-and-Gratifications Ansatz zurückgegriffen werden. Welches Ziel verfolgen Un-

ternehmen mit onlinebasierter CSR-Kommunikation: Geht es darum, Anspruchsgruppen lediglich zu informieren oder vielmehr in den Dialog zu treten? Wie kann
eine Organisation von einem solchen Dialog profitieren? Inwiefern werden die im
Rahmen der onlinebasierten CSR-Kommunikation von Anspruchsgruppen geäu-
ßerten Meinungen vom Unternehmen umgesetzt? Wie wirken sich Verlinkungen
der CSR-Sektion der Websites beziehungsweise des CSR-Blogs mit Websites anderer
Organisationen, zum Beispiel im Non-Profit-Bereich, auf die Glaubwürdigkeit des
CSR-Engagements bei den Nutzern aus?

Insbesondere aber erscheint eine Ergänzung der sozialen Netzwerkanalyse von
CSR-Blogs durch die Inhaltsanalyse der Kommentare in den Blogs oder eine Be-
fragung der Blognutzer als relevant. Schmidt merkt in diesem Zusammenhang an,
„dass die identifizierten Relationen und Strukturen [wie Größe, Reichweite oder
Dichte der hypertextuellen Beziehungen] aus sich heraus nur selten erklärbar sind.
Die Netzwerkanalyse bedarf also einer Unterstützung durch andere Methoden und
Indikatoren, um der Struktur Interpretierbarkeit zu verleihen" (Schmidt 2006: 26).
Daraus ergibt sich eine Vielzahl von Fragestellungen, die untersucht werden können:
Inwiefern handeln die Akteure im Netzwerk von CSR-Blogs als Meinungsführer?
Welche Gefahren ergeben sich durch die Nutzung von Blogs für die CSR-Kommuni-
kation von Unternehmen vor dem Hintergrund, dass diese Kritikern eine Plattform
bieten? Welches Potential haben CSR-Blogs für die interne Kommunikation? Wie
sind die auf CSR-Blogs kommunizierten Themen im Netzwerk des Blogs inhaltlich
eingebettet und wie werden Aussagen des Unternehmens zur CSR-Kommunikation
im Netzwerk bewertet? Wie schnell und wie weit breiten sich CSR Themen im sozialen Netzwerk um den sozialen Blog aus? Von wem werden Themen im sozialen
Netzwerk um den CSR-Blog gesetzt und fungiert das Unternehmen aktiv als The-
mensetzer oder reagiert es vielmehr?

Wie dieser Beitrag aufzeigt, stellen Nutzung und Potentiale der onlinebasierten CSR-Kommunikation ein hochinteressantes und noch kaum untersuchtes Forschungsfeld innerhalb der Unternehmenskommunikation dar. Neben den Chancen,
die diese neue Form der CSR-Kommunikation bietet, sollten aber auch die Herausforderungen und Gefahren untersucht werden, die damit einhergehen.

Literatur

Adams, C. A., & Frost, G. R. (2006). The internet and change in corporate stakeholder engagement and
    communication on social and environmental performance. *Journal of Accounting & Organizational
    Change, 2*(3), 281–303.
Ali-Hasan, N. F., & Adamic, L. A. (2007). *Expressing social relationships on the blog through links and com-
    ments.* Paper presented at the International Conference on Weblogs and Social Media. URL: http://
    www.icwsm.org/papers/2--Ali-Hasan--Adamic.pdf. Zugriff am 15.09.2009.
Barnes, N. G., & Mattson, E. (2009). *Social media in the 2009 Inc. 500: New tools & new trends.*
Barth, M. (2005). Internetbasierte Nachhaltigkeitskommunikation. In G. Micherlsen, & J. Godemann
    (Hrsg.), *Handbuch Nachhaltigkeitskommunikation* (S. 263–273). München: oekom verlag.
Blasco, M., & Zølner, M. (2008). Corporate social responsibility in Mexico and France. Exploring the role
    of normative institutions [Electronic Version]. *Business Society.* URL: http://online.sagepub.com.
    Zugriff am 15.05.2009.

Burt, R. S. (1992). *Structural holes: The social structure of competition.* Cambridge, MA: Harvard University Press.

Capriotti, P., & Moreno, Á. (2007a). Communicating corporate social responsibility through corporate Web sites in Spain. *Corporate Communications: An International Journal, 12*(3), 221–237.

Capriotti, P., & Moreno, Á. (2007b). Corporate citizenship and public relations: The importance of interactivity of social responsibility issues on corporate Web sites. *Public Relations Review, 33*(1), 84–91.

Carroll, A. B. (1979). A three-dimensional conceptual model of corporate performance. *Academy of Management Review, 4*(4), 497–505.

Carroll, A. B. (1991). The pyramid of corporate social responsibility: Toward the moral management of organizational stakeholders. *Business Horizons,* 39–48.

Carroll, A. B. (1998). The four faces of corporate citizenship. *Business and Society Review, 100/101,* 1–7.

Catalano, C. S. (2007). Megaphones to the internet and the world: The role of blogs in corporate communications. *International Journal of Strategic Communication, 1*(4), 247–262.

Chapple, W., & Moon, J. (2005). Corporate social responsibility (CSR) in Asia. A seven-country study of CSR Web site reporting. *Business & Society, 44*(4), 415–441.

Chaudhri, V., & Wang, J. (2007). Communicating corporate social responsibility on the internet – A case study of the top 100 information technology companies in India. *Management Communication Quarterly, 21*(2), 232–247.

Eisenegger, M. (2008). Blogomanie und Blogophobie – Organisationskommunikation im Sog technizistischer Argumentationen. In C. Thimm, & S. Wehmeier (Hrsg.), *Organisationskommunikation online. Grundlagen, Praxis, Empirie.* Frankfurt am Main: Internationaler Verlag der Wissenschaften.

Ellerup Nielsen, A., & Thomsen, C. (2009). Investigating CSR communication in SMEs: A case study among Danish middle managers. *Business Ethics: A European Review, 18*(1), 83–93.

Esrock, S. L., & Leichty, G. B. (1998). Social responsibility and corporate web pages: Self-presentation or agenda-setting? *Public Relations Review, 24*(3), 305–319.

Esser, F. (2003). Gut, dass wir verglichen haben. Bilanz und Bedeutung der komparativen politischen Kommunikationsforschung. In F. Esser, & B. Pfetsch (Hrsg.), *Politische Kommunikation im internationalen Vergleich. Grundlagen, Anwednungen, Perspektiven* (S. 437–494). Wiesbaden: Westdeutscher Verlag.

Fieseler, C., Fleck, M., & Meckel, M. (2009). Corporate Social responsibility in the Blogosphere. *Journal of Business Ethics* [Online First].

Fleck, M., Kirchhoff, L., Meckel, M., & Stanoevska-Slabena, K. (2007). Applications of blogs in corporate communication. *Studies in Communication Sciences, 7*(2), 227–245.

Gerhards, M., Klingler, W., & Trump, T. (2008). Das Social Web aus Rezipientensicht: Motivation, Nutzung und Nutzertypen. In A. Zerfaß, M. Welker, & J. Schmidt (Hrsg.), *Kommunikation, Partizipation und Wirkungen im Social Web* (S. 129–148). Köln: Halem.

Gill, D. L., Dickinson, S. J., & Scharl, A. (2008). Communicating sustainability. A Web content analysis of North American, Asian and European firms. *Journal of Communication Management, 12*(3), 243–262.

Global500. (2008). *Fortune Magazine.* URL: http://money.cnn.com/magazines/fortune/global500/2008/industries/192/index.html. Zugriff am 10.05.2009.

Gnyawali, D. (1996). Corporate social performance: An international perspective. *Advances in International Comparative Management, 11,* 251–273.

Greenbaum, T. L. (1993). *The handbook of focus group research.* New York: Lexington.

Hauptmann, P. (1999). Grenzen und Chancen von quantitativen Befragungen mit Hilfe des Internet. In B. Batinic, A. Werner, L. Gräf, & W. Bandilla (Hrsg.), *Online Research. Methoden, Anwendungen und Ergebnisse.* Göttingen: Hogrefe-Verlag.

Ho, L.-C. J., & Taylor, M. E. (2007). An empirical analysis of triple bottom-line reporting and its determinants: Evidence from the United States and Japan. *Journal of International Financial Management and Accounting, 18*(2), 123–150.

Holder-Webb, L., Cohen, J. R., Nath, L., & Wood, D. (2008). The supply of corporate social responsibility disclosures among U.S. firms [Electronic Version]. *Journal of Business Ethics.* URL: http://springerlink.metapress.com. Zugriff am 16.09.2009.

House, R. J., Hanges, P. J., Javidan, M., Dorfman, P., & Gupta, V. (2004). *Culture, leadership, and organizations: the GLOBE study of 62 societies* (1st ed.). Tousand Oaks, CA: Sage.

Hughes, P., & Demetrious, K. (2006). Engaging with stakeholders or constructing them? *Journal of Corporate Citizenship, 23,* 93–101.

Inc.Magazine (2009). *Inc. 500.*

Ingenhoff, D. (2008). Kommunikationsmanagement im Cyberspace: Der Einsatz von Corporate Blogs und Blog-Moritoring in der Unternehmenskommunikation. In C. Thimm, & S. Wehmeier (Hrsg.), *Organisationskommunikation online. Grundlagen, Praxis, Empirie* (S. 123–146). Frankfurt am Main: Peter Lang GmbH.

Ingenhoff, D., & Kölling, A. M. (2009). The potential of Web sites as a relationship building tool for charitable fundraising NPOs. *Public Relations Review, 35*(1), 66–73.

Jansen, D. (2003). *Einführung in die Netzwerkanalyse. Grundlagen, Methoden, Forschungsbeispiele.* Opladen: Leske + Budrich.

Kang, S., & Norton, H. E. (2004). Nonprofit organizations' use of the world wide web: Are they sufficiently fulfilling organizational goals? *Public Relations Review, 30*(3), 279–284.

Katz, J. P., Swanson, D. L., & Nelson, L. K. (2001). Culture-based expectations of corporate citizenship: A propositional framework and comparison of four cultures. *The International Journal of Organizational Analysis, 9*(2), 149–171.

Kent, M. L., & Taylor, M. (1998). Building dialogic relationships through the world wide web. *Public Relations Review, 24*(3), 321–334.

Kimber, D., & Lipton, P. (2005). Corporate governance and business ethics in the Asia-Pacific region. *Business & Society, 44*(2), 178–210.

Krauss, S. (2008). Weblogs als soziale Netzwerke: Eine qualitative Beziehungsanalyse. In A. Zerfaß, M. Welker, & J. Schmidt (Hrsg.), *Kommunikation, Partizipation und Wirkungen im Social Web. Grundlagen und Methoden: Von der Gesellschaft zum Individuum.* Köln: Halem.

Krippendorff, K. (1980). *Content analysis. An introduction to its methodology.* Beverly Hills, London: Sage.

Lattemann, C., Fetscherin, M., Alon, I., Li, S., & Schneider, A.-M. (2009). CSR communication intensity in Chinese and Indian multinational companies. *Corporate Governance: An International Review, 17*(4), 426–442.

Maignan, I., & Ralston, D. A. (2002). Corporate social responsibility in Europe and the US: insights from businesses' self-presentations. *Journal of International Business Studies, 33*(3), 497–514.

McMillan, S. J. (2000). The microscope and the moving target: The challenge of applying content analysis to the world wide web. *Journalism & Mass Communication Quarterly, 77*(1), 80–98.

Morgan, D. L. (1997). *Focus groups as qualitative research. Qualitative research methods series 16.* Thousand Oaks, California: Sage.

Morsing, M., & Schultz, M. (2006). Corporate social responsibility: Stakeholder information, response and involvement strategies. *Business Ethics: A European Review, 15*(4), 323–338.

Naudé, A. M. E., Froneman, J. D., & Atwood, R. A. (2004). The use of the Internet by ten South African non-governmental organizations – a public relations perspective. *Public Relations Review, 30*(1), 87–94.

Norris, P. (2002). The bridging and bonding role of online communities. *The International Journal of Press & Politics, 7*(3), 3–13.

Nyaw, M.-K., & Ng, I. (1994). A comparative analysis of ethical beliefs: A four country study. *Journal of Business Ethics, 13*(7), 543–555.

Perrini, F., Russo, A., & Tencati, A. (2007). CSR strategies of SMEs and large firms.Evidence from Italy. *Journal of Business Ethics, 74*, 285–300.

Picot, A., & Fischer, T. (2006). Veränderte mediale Realitäten und der Einsatz von Weblogs im unternehmerischen Umfeld. In A. Picot, & T. Fischer (Hrsg.), *weblogs professionell. Grundlagen, Konzepte und Praxis im unternehmerischen Umfeld* (S. 3–12). Heidelberg: dpunkt Verlag.

Pleil (2008). Internetkommunikation. In A. Habisch, R. Schmidpeter, & M. Neureiter (Hrsg.), *Handbuch Corporate Citizenship. Corporate Social Responsibility für Manager* (S. 199–205). Berlin, Heidelberg: Springer.

Pleil, T., & Zerfaß, A. (2007). Internet und Social Software in der Unternehmenskommunikation. In M. Piwinger, & A. Zerfaß (Hrsg.), *Handbuch der Unternehmenskommunikation* (S. 511–534). Wiesbaden: GWV Fachverlage.

Priem, R. L., & Shaffer, M. (2001). Resolving moral dilemmas in business: A multicountry study. *Business & Society, 40*(2), 197–219.

Putnam, R. D. (2000). *Bowling alone. The collapse and the revival of American community.* New York: Simon & Schuster.

Rössler, P. (1997). Standardisierte Inhaltsanalysen im World Wide Web. Überlegungen zur Anwendung der Methode am Beispiel einer Studie zu Online-Shopping Angeboten. In K. Beck, & G. Vowe (Hrsg.), *Computernetze – Ein Medium öffentlicher Kommunikation* (S. 245–267). Berlin: Wissenschaftsverlag Volker Spiess.

Rössler, P. (2002). Content analysis in online-communication: A challenge for traditional methodology. In B. Batinic, U.-D. Reips, & M. Bosnjak (Hrsg.), *Online social sciences* (S. 291–307). Göttingen: Hogrefe & Huber Publications.

Rössler, P., & Eichhorn, W. (1999). WebCanal – Ein Instrument zur Beschreibung von Inhalten im World Wide Web. In B. Batinic, A. Werner, L. Gräf, & W. Bandilla (Hrsg.), *Online Research. Methoden, Anwendungen und Ergebnisse* (S. 263–276). Göttingen: Hogrefe.

Rössler, P., & Wirth, W. (2001). Inhaltsanalyse im World Wide Web. In W. Wirth, & E. Lauf (Hrsg.), *Inhaltsanalyse: Perspektiven, Probleme, Potentiale* (S. 280–302). Köln: Halem.

Röttger, U., & Zielmann, S. (2006). Weblogs – unentbehrlich oder überschätzt für das Kommunikationsmanagement von Organisationen? In A. Picot, & T. Fischer (Hrsg.), *Weblogs professionell. Grundlagen, Konzepte und Praxis im unternehmerischen Umfeld* (S. 31–50). Heidelberg: dpunkt Verlag.

Schenk, M., Taddicken, M., & Welker, M. (2008). Research 2.0: Web 2.0 als Chance für die Markt- und Sozialforschung? In A. Zerfaß, M. Welker, & J. Schmidt (Hrsg.), *Kommunikation, Partizipation und Wirkungen im Social Web* (Vol. 1: Grundlagen und Methoden: Von der Gesellschaft zum Individuum, S. 243–266). Köln: von Halem Verlag.

Schmidt, J. (2006). *Weblogs. Eine kommunikationssoziologische Studie.* Konstanz: UVK.

Schneider, A.-M., Stieglitz, S., & Lattemann, C. (2007). *Social software as an instrument of CSR.* Paper presented at the ICT, Transparency and Social Responsibility Conference 2007. Retrieved from http://www.uni-potsdam.de/db/jpcg/Publikationen/2007_22_Portugal.pdf

Schuster, M. (2004). *Applying social network analysis to a small weblog community: Hubs, power laws, the ego effect and the evolution of social networks.* Paper presented at the Blogtalk 2.0, Wien.

Seltzer, T., & Mitrook, M. (2007). The dialogic potential of weblogs in relationship building. *Public Relations Review, 33,* 227–229.

Signitzer, B., & Prexl, A. (2008). Corporate sustainability communications: Aspects of theory and professionalization. *Journal of Public Relations Research, 20*(1), 1–19.

Sweeney, L., & Coughlan, J. (2008). Do different industries report corporate social responsibility differently? An investigation through the lens of stakeholder theory. *Journal of Marketing Communications, 14*(2), 113–124.

Taylor, M., Kent, M. L., & White, W. J. (2001). How activist organizations are using the Internet to build relationships. *Public Relations Review, 27*(3), 263–284.

Tuominen, P., Uski, T., Jussila, I., & Kotonen, U. (2008). Organization types and corporate social responsibility reporting in Finnish forest industry. *Social Responsibility Journal, 4*(4), 474–490.

Unermann, J., & Bennett, M. (2004). Increased stakeholder dialogue and the internet: Towards greater corporate accountability or reinforcing the capitalist hegemony? *Accounting, Organizations and Society, 29,* 685–707.

Van Marrewijk, M. (2003). Concepts and definitions of CSR and corporate sustainability: Between agency and communion. *Journal of Business Ethics, 44,* 95–105.

Verstegen, R., -L. (2005). Corporate governance and business ethics in North America: The state of the art. *Business & Society, 44,* 40–73.

Waldman, D. A., de Luque, M. S., Washburn, N., & House, R. J. (2006). Cultural and leadership predictors of corporate social responsibility values of top management: a GLOBE study of 15 countries. *International Journal of Business Studies, 37*(6), 823–837.

Werner, A. (1997). Medien- und Kommunikationsforschung in digitalen Online-Umwelten. In K. Beck, & G. Vowe (Hrsg.), *Computernetze – Ein Medium öffentlicher Kommunikation?* (S. 227–243). Berlin: Wissenschaftsverlag Volker Spiess.

Wood, D. J. (1991). Corporate social performance revisited. *Academy of Management Review, 16*(4), 691–718.

Wood, D. J., Davenport, K. S., Blockson, L. C., & Van Buren III, H. J. (2002). Corporate involvement in community economic development. *Business & Society, 41*(2), 208–241.

Zerfaß, A. (2005). Weblogs als Meinungsmacher: Neue Spielregeln für die Unternehmenskommunikation. In G. Bentele, M. Piwinger, & G. Schönborn (Hrsg.), *Kommunikationsmanagement. Strategien, Wissen, Lösungen.* (Loseblattwerk). Neuwied.

Zerfaß, A., & Boelter, D. (2005). *Die neuen Meinungsmacher. Weblogs als Herausforderung für Kampagnen, Marketing, PR und Medien.* Graz: Nausner & Nausner.

Zhuang, J., Thomas, S., & Miller, D. (2005). Examining culture's effect on whistle-blowing and peer reporting. *Business & Society, 44*(4), 462–486.

Zur Inhaltsanalyse von CSR-Kommunikation

Materialobjekte, methodische Herausforderungen und Perspektiven

Stefan Jarolimek und Juliana Raupp

Unternehmen bedienen sich in ihrer Verantwortungskommunikation unterschiedlicher Instrumente, um ihre CSR-Maßnahmen zu kommunizieren. Dabei geht es aus kommunikationswissenschaftlicher Perspektive vor allem um jene Formen, die dem maßgeblichen Formalobjekt öffentliche Kommunikation zuzurechnen sind. Mit der Methode der Inhaltsanalyse lassen sich diese Formalobjekte systematisch untersuchen. Auf Materialebene können drei charakteristische Formen benannt werden, deren Analyse mit je unterschiedlichen methodischen Herausforderungen verbunden ist: CSR-Berichte, Selbstdarstellungen von Unternehmen auf ihren Internetseiten sowie die mediale Berichterstattung über CSR und CSR-bezogene Themen. In der Forschung wurden diese drei Kommunikationsformen unterschiedlich stark berücksichtigt und Untersuchungen hierzu bislang nicht systematisch aufeinander bezogen. Zusammenfassend lassen sich die Kommunikationsformen und die damit einhergehenden methodischen Herausforderungen an eine Inhaltsanalyse wie folgt skizzieren:

- Erstens *CSR- bzw. Nachhaltigkeitsberichte,* die seit einigen Jahren von fast allen (deutschen) Großunternehmen angefertigt werden und deren Adressatenkreis vor allem in Investoren, Aktieninhabern und Stakeholdern im politischen System zu sehen ist: CSR-Berichte unterscheiden sich erheblich in ihrer Benennung, ihrer Länge und ihren inhaltlichen Schwerpunkten – je nach Organisationstyp, Branche und Kultur. Während Rechenschaftsberichte und andere Selbstdarstellungen von Unternehmen bereits seit den 1970er Jahren inhaltsanalytisch dahingehend ausgewertet wurden, inwieweit dort über bestimmte Maßnahmen berichtet wurde (vgl. im Überblick Cochran & Wood 1984: 44), geraten in jüngerer Zeit auch spezifische CSR- oder Nachhaltigkeitsberichte in den Fokus der Forschung, (vgl. z. B. Hartman, Rubin & Dhanda 2007). Aus einer genuin kommunikationswissenschaftlichen Perspektive wurden CSR-Berichte bislang jedoch kaum untersucht. Zu fragen ist insofern zunächst nach dem kommunikationswissenschaftlich relevanten Erkenntnisinteresse sowie nach organisations-, branchen- und kulturunabhängigen Kriterien, die für eine (auch vergleichende) Analyse herangezogen werden können. Ein solcher Kriterienkatalog erscheint insbesondere erforderlich, um nicht auf der Ebene von Fallbeispielen zu verharren.

- Zweitens die *Selbstdarstellungen von Unternehmen auf ihren Internetseiten:* Das Internet bietet Unternehmen die kostengünstige Möglichkeit, einem potenziell weltweiten Publikum seine CSR-Maßnahmen öffentlich mitzuteilen, ohne dabei den Filter von journalistischen Selektionskriterien zu durchlaufen. Diese Internetauftritte richten sich an alle an dem Unternehmen Interessierte – vom (potenziellen) Kunden über Shareholder bis zum NGO-Aktivist. Inhaltsanalysen der so genannten Online-Forschung haben bislang kaum die Probleme der methodischen Herangehensweise zu lösen vermocht, die vorrangig mit der Hypertext-Struktur (Luzar 2004) von Interseiten verbunden ist. Auch die netzwerkartige Verlinkung nicht nur durch Schrift, sondern auch durch Bilder erschwert die Erfassung auf Basis einer codeplanbasierten Inhaltsanalyse. Neuere Arbeiten im Bereich der Online-Forschung unternehmen den Versuch, diese methodischen Beschränkungen aufzulösen (vgl. hierzu die Beiträge in Welker & Wünsch 2010). Doch viele Tipps zur Online-Inhaltsanalyse erweisen sich schon deshalb als wenig geeignet, da CSR-Maßnahmen zum Teil implizit und erst auf tieferliegenden Ebenen der Webseiten zu finden sind. Zudem werden für den Bereich CSR eine Vielzahl synonym verwendeter Begriffe angeführt, zum Beispiel Verantwortung oder Nachhaltigkeit. Abgrenzungsprobleme ergeben sich darüber hinaus auch durch die häufige Subsumierung von Compliance unter CSR.
- Drittens *die (journalistische) Medienberichterstattung:* Die Inhaltsanalyse von Medienberichten gilt als eine genuin kommunikationswissenschaftliche Methode (Brosius, Koschel & Haas 2009). In der journalistischen (v. a. Wirtschafts-) Berichterstattung kommt CSR-Themen u. a. dann Relevanz zu, wenn börsennotierte Unternehmen und ihre Anleger sich davon Kurs- und Reputationsgewinne versprechen (Schranz 2007; Fieseler 2008; vgl. auch den Beitrag von Eisenegger & Schranz im vorliegenden Band). Unternehmen nutzen neben CSR-Berichten das traditionelle Instrument der Pressemitteilung, um CSR-Aktivitäten bekannt zu machen. Darüber hinaus werden weitere Formen der Medienarbeit und der Medienwerbung eingesetzt; neben CSR-bezogenen Unternehmensanzeigen sind dies etwa durch Agenturen gestaltete Verlagsbeilagen zu „Nachhaltigkeit", „Bio-Boom" oder „CSR". Inwieweit solche Beilagen, die im Gewand redaktioneller Berichterstattung daherkommen, tatsächlich journalistische Inhalte im engeren Sinne transportieren, muss mit einem Fragezeichen versehen werden – oft werden hier lediglich PR-Inhalte veröffentlicht. Bezogen auf die Untersuchung CSR-bezogener journalistischer Medienberichterstattung liegen die Herausforderungen somit zunächst in der Identifikation genuin journalistischer Inhalte, und darüber hinaus in der Entwicklung geeigneter Suchkriterien zur Abgrenzung und Artikelauswahl sowie der beispielhaften Benennung von möglichen Variablen und Ausprägungen.

Der vorliegende Beitrag konzentriert sich auf die inhaltsanalytische Untersuchung von CSR-Berichten und von CSR-bezogener Medienberichterstattung. Weitere denkbare Materialobjekte, die Inhalte zum Thema CSR aufbereiten, etwa im Rahmen von PR-Mitteilungen oder Mitarbeiterzeitschriften, werden an dieser Stelle nicht aufgenommen, ebenso wenig wie die Selbstdarstellung von Unternehmen auf Webseiten (vgl. hierzu den Beitrag von Ingenhoff im vorliegenden Band). Die entsprechenden Inhaltsanalysen unterscheiden sich dabei in vielerlei Hinsicht, und zwar immer abhängig von der Forschungsfrage. So werden im Folgenden neben methodischen Grundlagen auch denkbare Fragestellungen, spezifische Herangehensweisen und Gütekriterien erörtert. Für die benannten Formen der CSR-Kommunikation werden die Möglichkeiten der Inhaltsanalyse in allgemeiner Form vorgestellt; sie bedürfen jedoch immer Anpassungen an die fallspezifische Anwendung. Zunächst gehen wir auf die Analyse von CSR-Berichten ein, anschließend auf die CSR-bezogene Medienberichterstattung, um abschließend Besonderheiten des Vergleichs bei inhaltsanalytischen Untersuchungen zu erörtern.

1 CSR-Berichte

Die CSR- bzw. Nachhaltigkeitsberichterstattung gehört heute zu den obligatorischen Kommunikationsinstrumenten von Großunternehmen. Aufgrund der unterschiedlichen Bezeichnungen (Nachhaltigkeits-, Umwelt- oder CSR-Bericht, Sozialbilanz), des unterschiedlichen Umfangs und der divergierenden Inhalte sind diese nur schwer miteinander zu vergleichen. Die bekannteste Studie stellt das IÖW/future-Ranking dar (u. a. Loew, Clausen & Westermann 2005; vgl. auch die Projektseite online unter http://www.ranking-nachhaltigkeitsberichte.de), das seit 2005 im Zwei-Jahres-Rhythmus die Nachhaltigkeitsberichte von Großunternehmen bewertet. In der Analyse kommt ein eigens entwickelter Kriterienkatalog (Gebauer, Hoffmann & Westermann 2009) zum Einsatz, der u. a. die unterschiedlichen Verantwortungsebenen, Branchenspezifika und auch die Kommunikationsqualität durch ein Punktesystem misst. Diese Ratings und ihr methodisches Vorgehen geben wertvolle Hinweise, haben im Kern jedoch kaum etwas mit einer kommunikationswissenschaftlichen Inhaltsanalyse gemein. Im Folgenden sollen daher die Relevanz der Untersuchung von CSR-Berichten für die Disziplin sowie mögliche Analysekriterien erarbeitet werden.

1.1 Relevanz für die Kommunikationswissenschaft

CSR-Berichte sind Teil der Unternehmenskommunikation und damit (wahrscheinlich) auch Teil der Unternehmensstrategie. Durch zunehmenden öffentlichen Druck auf die Unternehmen, gesellschaftliches Engagement zu zeigen, stellt die reaktive, aber auch proaktive Kommunikation von CSR-Maßnahmen eine Reaktion darauf dar. Wie angedeutet sind strategische Ziele durch persuasive Kommunikation aber nicht ausgeschlossen, sondern gehen vielmehr damit einher. CSR-Berichte schaffen bestenfalls Transparenz und können zu Wettbewerbsvorteilen, Imageverbesserung und

Reputationssteigerung beitragen (Hooghiemstra 2000: 64). Allgemein konnten Studien zeigen, dass sich gesellschaftliches Engagement positiv auf die Einstellungen von Kunden, Investoren und (potenzielle) Mitarbeiter auswirkt (exemplarisch Mayerhofer, Grusch & Mertzbach 2008; Wigley 2008; Wieser 2005; Wimmer 2001). Unterschiedliche Organisationen und Initiativen (u. a. GRI) haben Richtlinien und Standards für CSR-Berichte entwickelt, die von den meisten Unternehmen genutzt werden.

Aus Sicht der Unternehmens- bzw. Organisationskommunikationsforschung als Teilbereiche der Kommunikationswissenschaft stehen strategische Bemühungen der Unternehmenskommunikation im Fokus der Inhaltsanalyse von CSR-Berichten. Darüber hinaus dient die Analyse von CSR-Berichten dem Abgleich von CSR-Kommunikation mit CSR-Maßnahmen, um die Transparenz des CSR-Engagements festzustellen. Neben der Erfassung von formalen Ausprägungen (Aufbau, Länge, Struktur) rücken demzufolge im Wesentlichen inhaltliche Kriterien (Themen, Strategien, Nachhaltigkeitsbemühungen) in den Vordergrund, die von unterschiedlichen Faktoren wie Branche, Organisationskultur etc. abhängig sind. Diese sollen im Folgenden näher beschrieben werden, nachdem die Frage der Kriterien eines „guten" CSR-Berichts diskutiert wurde.

1.2 Gütekriterien: Wie Transparenz erreichen

International tätige Organisationen versuchen seit mehreren Jahren Kriterien für CSR-Berichte zu entwickeln und Standards vorzugeben. An dieser Stelle sollen die beiden bekanntesten Organisationen eingeführt werden: GRI und UN Global Compact (für einen Überblick vgl. u. a. Rieth 2009).

Die 1997 gegründete Global Reporting Initiative stellte 2006 die bereits dritte Version ihrer Guidelines vor (G3). Neben diesem Leitfaden (Guidelines) erstellt die GRI zudem Branchenergänzungen (Sector Suplemements), Anleitungen (Guidance Documents) und technische Protokolle (Technicals Protocols). Diese Dokumente und Hinweise sollen Standards für einen weltweit vergleichbaren Rahmen von CSR-Berichten ermöglichen. Die benannten Indikatoren der GRI sind: ökologische Indikatoren, ökonomische Indikatoren sowie (in der deutschen GRI-Fassung) gesellschaftliche Indikatoren. Die gesellschaftlichen Indikatoren werden weiter unterteilt in: 1. Arbeitspraktiken und Menschenwürde, 2. Beschäftigung und Menschenrechte, 3. Gesellschaft und 4. Produktverantwortung (GRI 2006: 2). Unternehmen sind dabei nicht gezwungen, alle Indikatoren als Grundlage ihrer Berichterstattungsmuster heranzuziehen.

Der GRI zufolge soll ein CSR Bericht ausgewogen sein und die Darstellung sowohl positive als auch negative Aspekte beinhalten (ebd.: 2 f.). Transparenz stellt für die Global Reporting Initiative den Wert dar, der der Nachhaltigkeitsberichterstattung durchgängig zu Grunde liegt. Die GRI definiert Transparenz als

„lückenlose Offenlegung von Informationen über Themen und Indikatoren, die erforderlich sind, um Auswirkungen widerzuspiegeln und um Stakeholder in die Lage zu versetzen, Entscheidungen zu treffen. Transparenz schließt zudem alle Prozesse, Verfahren und Annahmen mit ein, auf die für die Offenlegung zurückgegriffen wird." (GRI 2006: 6)

Neben dem Ziel der Transparenz benennt die GRI zudem Prinzipien für die Qualität von CSR-Berichten: 1. Ausgewogenheit, 2. Vergleichbarkeit, 3. Genauigkeit, 4. Aktualität, 5. Klarheit sowie 6. Zuverlässigkeit.

Mit der Konferenz der GRI im Oktober 2006 in Amsterdam empfiehlt der UN Global Compact seinen Mitgliedern, einen CSR-Bericht vorzulegen und dabei auf die G3 Richtlinien der GRI zurückzugreifen. Der UN Global Compact selbst formulierte zu CSR allgemein lediglich zehn Prinzipien, die den Themen Menschenrechte, Arbeitsnormen, Umwelt und Korruptionsbekämpfung zugeordnet werden (UN Global Compact o. J.).

Trotz des breiten Konsenses über die GRI-G3-Richtlinien existiert keine externe Kontrolle im Hinblick auf die Anwendung der Vorgaben. Unternehmensexterne Analysen und Berichtsvergleiche im Sinne der oben genannten Ratings machen durchaus Sinn, sowohl für das Unternehmen als auch für die Stakeholder. Unabhängige Dritte können die Glaubwürdigkeit der Berichte „unter Beweis stellen". Ansonsten würde das CSR-Engagement schnell unter den Verdacht der Imageverbesserung geraten und auf diese Weise das Ziel von CSR verfehlen (Urbatsch & Riegl 2007: 10). Aber auch durch die Bewertung durch Dritte kann Transparenz im engeren Sinne erst erreicht werden, wenn nicht nur vorliegende CSR-Berichte, sondern zudem weitere Veröffentlichungen (Medienberichterstattung, Gerichtsurteile etc.) als Vergleichspunkte herangezogen werden. So lässt sich Transparenz über das Hilfsmittel Kohärenz unterschiedlicher öffentlicher Kommunikation bewerten. Der Fokus der Inhaltsanalyse liegt dabei je nach Ausrichtung und Fragestellung auf einem oder mehreren der Analysefaktoren, die im Folgenden diskutiert werden.

1.3   Analysefaktoren

Die Analysefaktoren, oder genauer: die Kategorien für die inhaltsanalytische Untersuchung von CSR-Berichten lassen sich grundlegend danach unterscheiden, ob sie nach formal-strukturellen oder inhaltlichen Eigenschaften des Textes fragen. Je nach Fragestellung rücken bestimmte Kriterien der Textauswertung in den Vordergrund. Im Weiteren soll zunächst eine Übersicht die Möglichkeiten verdeutlichen.

Form und Struktur

Unter den formal-strukturellen Kategorien sollen im Hinblick auf CSR-Berichte folgende unterschieden werden: Umfang, Gliederung/Kapitel, Bilderanzahl, Formatierung. Der *Umfang* von CSR-Berichten reicht von etwa 50 bis zu 180 Seiten. Hier gibt es also erhebliche Unterschiede, die sich auch auf inhaltliche Kriterien niederschlagen. Die Aufnahme der *Gliederung* bzw. der Struktur der CSR-Berichte kann in Verbindung mit inhaltlichen Kriterien zeigen, wie stark zum Beispiel die Anteile der unterschiedlichen Verantwortungsdimensionen ausgeprägt sind, oder inwieweit die Leitlinien der GRI übernommen wurden. Ähnliches gilt für die Strukturierung der einzelnen Kapitel. Die Zählung von *Bildern* sowie weitere Angaben zur *Formatierung* erlauben Vergleiche von CSR-Berichten auf dieser einfachen Ebene (etwa im Hinblick auf unterschiedliche kulturelle Stile) und stellen Vorinformationen für die inhaltliche Analyse dar.

Inhalt

Die inhaltsanalytische Auswertung der CSR-Berichte als CSR-Kommunikation zielt auf die dahinter liegenden CSR-Maßnahmen ab. Typische Fragestellungen sind in diesem Zusammenhang folgende: Welche Themen/Probleme werden angegangen? Mit welchen Mitteln und (finanziellen) Ressourcen werden die Maßnahmen durchgeführt? Wie werden diese (glaubhaft, transparent) kommuniziert?

Zunächst richtet sich der Fokus der Analyse auf die *Themenkomplexe* in CSR-Berichten. Neben der Erfassung der einzelnen Themen- und Problemkomplexe (Issues) können diese zusammenfassend den Dimensionen der Triple-Bottom-Line zugeordnet werden oder auch den Bereichen der GRI, die die Dimension der sozialen Verantwortung weiter differenzieren. Im Zusammenhang mit den formal-strukturellen Variablen kann dabei auch eine Aussage über die Gewichtung getroffen werden. Von großem Interesse scheinen im Zusammenhang mit den CSR-Berichten als Selbstdarstellung der Unternehmen die verwendeten *Bildmotive*. Sehr häufig werden Kinder- und Umweltmotive oder beides gemeinsam einbezogen, um ein positives, „grünes" (Umweltbezug) und auf Nachhaltigkeit (z. B. Kinder als kommende Generationen) ausgerichtetes Unternehmensbild zu vermitteln.

Nach den Soll-Vorgaben des GRI sollen Unternehmen nicht nur *Positives* zeigen, sondern auch *negative* Aspekte ihres wirtschaftlichen (auch CSR-) Engagements darstellen. Die Berichterstattungspraxis zeigt, dass vielfach lediglich positive Aspekte dargestellt werden. Umso interessanter und relevanter erscheint es, in die Inhaltsanalyse den Grad der Selbstreflektion des Unternehmens mit aufzunehmen.

Nicht zuletzt die Begründung für einzelne CSR-Maßnahmen und die vorgenannte Reflektion des unternehmerischen Handelns ist von Interesse für die Rezipienten als *Stakeholder* des Unternehmens, sondern auch für die im CSR-Bericht angesprochenen Stakeholder, meist Mitarbeiter, Zulieferbetriebe, Gemeinden, Kunden usw. Diese haben nicht nur ein Interesse an dem Engagement an sich, sondern auch an *kurzfristigen und langfristigen Zielen*, die auf *Nachhaltigkeit* abzielen. Mit Hilfe von Längsschnittanalysen kann die Nachhaltigkeit über die Einlösung von Zukunftsvisionen (oder realistischer: Plänen) aufgezeigt werden. Das Zusammenspiel einzelner CSR-Komponenten ist hier ebenso von Interesse wie die Dauer der Einzelmaßnahmen.

Zum Schluss stellt sich die Frage, inwieweit man mit dem Instrument der Inhaltsanalyse *Strategien des CSR-Engagements* ausmachen kann. Durch einen Vergleich von CSR-Berichten verschiedener Unternehmen lassen sich Nachahmer-Effekte erkennen oder aber Vorreiter- und Sonderrollen, die Unternehmen einnehmen können. Generell ist jedoch zu berücksichtigen, dass es sich bei CSR-Berichten um unternehmerische Selbstdarstellungen handelt, die meist nur einen (positiven) Ausschnitt des Verhaltens zeigen. Von CSR-Berichten unmittelbar auf dahinterliegende Strategien,

Motive oder auch nur auf tatsächliches Verhalten schließen zu wollen, hieße, die Erkenntnismöglichkeiten der Inhaltsanalyse zu überschätzen. Um solche Fragestellungen hinsichtlich des CSR-Engagements zu untersuchen, müssen weitere Quellen und Methoden (z. B. Beobachtung, Befragung) herangezogen werden.

2 CSR in der journalistischen Berichterstattung

Die journalistische Berichterstattung gilt nach wie vor als die wichtigste Arena der öffentlichen Kommunikation. Denn sie ist ein bedeutender Resonanzboden für politische Entscheidungen, und die Themen, die in der massenmedialen Arena verhandelt werden, sind relevant für Politik, Wirtschaft und Gesellschaft. Viele Themen und Sachverhalte erlangen erst dann gesellschaftliche Bedeutung und Durchschlagskraft, wenn sie Gegenstand dieser Berichterstattung geworden sind. Nun stellt sich die Frage, inwieweit die gesellschaftliche Verantwortung von Unternehmen ein Thema ist, das in den journalistischen Medien Aufmerksamkeit findet oder finden sollte. Diese Frage lässt sich empirisch aus zwei unterschiedlichen Perspektiven bearbeiten: einer organisations- und einer gesellschaftsbezogenen. Das weist auf eine erste Entscheidung hin, die zu treffen ist, wenn journalistische Inhalte in Bezug auf CSR untersucht werden sollen. Bei der Untersuchung der Medienberichterstattung im Hinblick auf CSR ist somit zunächst folgende theoriegeleitete Entscheidung zu treffen:

a)   Richtet sich das Erkenntnisinteresse auf eine bestimmte Organisation oder mehrere Organisationen und darauf, wie deren CSR-Engagement in den Medien dargestellt wird, oder

b)   richtet sich das Erkenntnisinteresse auf das an der Medienberichterstattung abzulesende öffentliche Meinungsklima bezüglich Fragen der gesellschaftlichen Verantwortung von Unternehmen im Allgemeinen?

Im ersten Fall ist die Perspektive eine organisationsbezogene: Medienberichterstattung stellt hierbei eine Form der relevanten Unternehmensumwelt dar, und es gilt zu untersuchen, ob und wie das Engagement des Unternehmens in der medialen Öffentlichkeit wahrgenommen wird. Interesse an solchen Untersuchungen besteht nicht nur in der akademischen Forschung, sondern insbesondere auch in der angewandten Auftragsforschung. Dementsprechend haben zahlreiche Agenturdienstleister Verfahren und Instrumente entwickelt, wie CSR-bezogene Berichterstattung über bestimmte Unternehmen in den Medien untersucht werden kann. Vielfach werden hierbei traditionelle Massenmedien und verschiedene Formen der onlinebasierten Thematisierungen gleichzeitig untersucht.

Im zweiten Fall geht es um die Frage nach der öffentlichen, medial vermittelten Diskussion, und darum, inwieweit sich hieran veränderte Erwartungshaltungen und Bewertungen bezüglich des gesellschaftlichen Engagements von Unternehmen ablesen lassen. Diese Frage ist insbesondere aus akademischer Sicht relevant, verspricht sie doch Aufschluss zu geben über öffentliche Konstruktionen der gesellschaftlichen Rolle von Unternehmen in der Gesellschaft, über Prozesse der Institutionalisierung von CSR und über die öffentliche Zuschreibung von Legitimation, Reputation und Vertrauen bezogen auf Wirtschaftsakteure. Indirekt ist diese Form der Forschung darüber hinaus auch von Interesse für die Unternehmen selbst, doch lassen sich daraus keine unmittelbaren Handlungsempfehlungen ableiten.

Ist diese Entscheidung einmal getroffen, dann ist das weitere inhaltsanalytische Vorgehen zu planen. Dabei kommen verschiedene Planungsschritte zur Anwendung, die im Folgenden bezogen auf die Untersuchung der Medienberichterstattung über CSR dargestellt werden. Diese Planungsschritte sind im Wesentlichen für beide oben skizzierten Forschungsperspektiven identisch; wo sie sich unterscheiden beziehungsweise an welchen Stellen zusätzliche Überlegungen herangezogen werden müssen, wird dies gesondert vermerkt.

2.1   Zur Planung des Vorgehens

Medieninhaltsanalysen sind selten nur bloßes Mittel zum Zweck. Vielmehr verbinden sich mit der systematischen Analyse von Medieninhalten weitergehende Ziele, die über die reine Beschreibung der Inhalte der Medienberichterstattung hinausgehen. Aus der Medienberichterstattung werden somit weitergehende Schlussfolgerungen (Inferenzen) gezogen. Merten (1995) unterscheidet zwei zentrale Ziele der Untersuchung von Medieninhalten: Rückschlüsse vom Inhalt auf den Kommunikator beziehungsweise Rückschlüsse vom Inhalt auf den Rezipienten. Maurer und Reinemann (2006: 12 f.) sprechen, in Anlehnung an Früh (2007: 41 ff.), von einem diagnostischen und einem prognostischen Ansatz der Untersuchung von Medieninhalten. Der diagnostische Ansatz fragt nach den Entstehungsbedingungen von Medieninhalten. Hierbei geraten je nach Forschungsfrage Einflussfaktoren wie gesellschaftspolitische Rahmenbedingungen, Merkmale des Mediensystems, der Medieninstitutionen oder der individuellen Journalisten in den Blick. So wird beispielsweise aus der journalistischen Berichterstattung auf die politische Einstellung von Journalisten, auf ökonomische Ziele der Medienorganisation, auf den Umgang mit berufsethischen Grundsätzen oder auf die politische Kultur eines Landes geschlossen. Der prognostische Ansatz dagegen versucht aus der Analyse der Medienberichterstattung indirekt Rückschlüsse auf deren Wirkung zu ziehen. Dabei geht es um Fragen der medieninduzierten Veränderung von Einstellungen, Emotionen oder Verhalten auf Makro- sowie auf Mikroebene.

Im Hinblick auf die Untersuchung von CSR-bezogenen Medieninhalten stellt sich analog die Frage, ob mit der Inhaltsanalyse Aussagen über Einflussfaktoren oder Wirkungsfaktoren intendiert sind. Setzt man beim oben dargestellten organisationsbezogenen Erkenntnisinteresse an, dann rücken die Entstehungsbedingungen der Medieninhalte in den Blick. Wichtige Einflussfaktoren in diesem Zusammenhang wären die PR-Arbeit des betroffenen Unternehmens sowie die Selektionskriterien der Journalisten. Hierbei sind Forschungsarbeiten zu berücksichtigen, die den möglichen Einfluss der (unternehmerischen) Öffentlichkeitsarbeit auf die Medienberichterstattung zum Gegenstand haben (vgl. im Überblick z. B. Manning 2001; Altmeppen, Röttger & Bentele 2004; Lewis, Williams & Franklin 2008). Im Hinblick auf journalistische Selektionskriterien geraten etwa Nachrichtenfaktoren in den Blick. Diese charakterisieren die inhaltlichen Strukturen der Berichterstattung und sind damit Indikatoren für die Nachrichtenselektion von Journalisten (Fretwurst 2008; Schulz 2008: 190 ff). Die Theorie der Nachrichtenfaktoren besagt, je stärker einer oder mehrere Nachrichtenfaktoren ausgeprägt sind, desto größer ist der Nachrichtenwert eines Ereignisses und damit dessen Chance, als Nachricht veröffentlicht zu werden. Auch die Häufigkeit, mit der über das Ereignis berichtet wird, die Platzierung und die Aufmachung der Nachricht sind ein Ausdruck des Nachrichtenwerts. Nachrichtenfaktoren sind somit nicht etwa Merkmale der Ereignisse, sondern das Ergebnis ihrer journalistischen Verarbeitung. Vielzitierte Nachrichtenfaktoren sind z. B. Emotionalisierung, Kontroverse, Negativismus und Konflikt. Dadurch, dass es sich beim gesellschaftlichen Engagement von Unternehmen, zumal in der unternehmerischen Selbstdarstellung, um positives Engagement und damit um „good news" handelt, ist das journalistische Selektionskriterium der Negativität nicht erfüllt. Auch Reichweite, Kontroverse und Prominenz als wichtige Nachrichtenfaktoren kollidieren mit den positiv besetzten Inhalten von CSR (Altmeppen 2010: 503). Lediglich der Nachrichtenfaktor Nähe vermag lokal bezogene CSR-Aktivitäten in den Fokus der journalistischen Aufmerksamkeit zu rücken.

Das erklärt, weshalb sich Unternehmen vielfach werbender Darstellungsformen bedienen, um auf ihr gesellschaftliches Engagement öffentlich aufmerksam zu machen – denn so umgehen sie den journalistischen Selektionsfilter. Wenn Unternehmen mit den Mitteln der klassischen Presse- und Öffentlichkeitsarbeit auf ihre CSR-Aktivitäten aufmerksam machen möchten, dann inszenieren sie zusätzlich bestimmte Ereignisse: Beispiele hierfür wären etwa die öffentliche Überreichung eines Wohltätigkeitsschecks an Hilfsorganisationen, die Eröffnungsfeier einer aus Unternehmensgeldern (mit)finanzierten Schule in einem Entwicklungsland oder das Veranstalten einer Benefizgala, um auf diese Weise mediale Aufmerksamkeit für das gesellschaftliche Engagement zu erreichen. Das einfache Versenden einer Pressemitteilung mit der Botschaft, dass sich ein Unternehmen freiwillig zu bestimmten Umweltschutzmaßnahmen verpflichtet, wird dagegen kaum breite mediale Aufmerksamkeit nach sich ziehen. Gleichzeitig weist der Zusammenhang zwischen den PR-Aktivitäten von Unternehmen bezüglich ihres CSR-Engagements und den Selektions- und Verarbeitungslogiken der Journalisten auf die Gefahr hin, dass Journalisten im Zuge kritischer Unternehmensberichterstattung das CSR-Engagement dem Unternehmen im negativen Sinne entgegenhalten: nämlich dann, wenn die Kluft zwischen Handeln und Behaupten offensichtlich wird. Denn mit CSR-bezogenen PR-Aktivitäten wecken Unternehmen auch bei Journalisten Erwartungen, die im Falle ihrer Enttäuschung zu besonders starker Kritik am unternehmerischen Handeln führen können. Eine weitere Konsequenz hieraus ist, dass sich im Hinblick auf die Frage nach einer Evaluation der CSR-Kommunikation für die betroffenen Unternehmen die Medienberichterstattung nur bedingt als Indikator für Kommunikationserfolge anbietet. Gleichwohl erweist sich eine Inhaltsanalyse der CSR-bezogenen Berichterstattung über ein Unternehmen auch unter den Gesichtspunkten der Erfolgskontrolle als nützlich, wenn eine ergebnisoffene Evaluation angestrebt wird oder wenn im Sinne des Issues Management das medial-thematische Umfeld eines Unternehmens oder einer Branche erhoben wird.

Neben den PR-Aktivitäten der Unternehmen können durch eine Inhaltsanalyse der Medienberichterstattung über CSR-relevante Themen auch andere Einflussfaktoren auf die Berichterstattung in den Blick genommen werden, etwa die redaktionelle Linie oder ein gesellschaftlicher Wertewandel. So kann eine Untersuchung, wie über CSR-Aktivitäten in verschiedenen Medien berichtet wird, Aufschluss über die redaktionelle Linie beziehungsweise den politischen Standpunkt eines Mediums geben. Es ließe sich beispielsweise untersuchen, inwiefern die Übernahme gesellschaftlicher Verantwortung als Sache einzelner Unternehmen angesehen wird (wirtschaftsliberale bzw. „rechte" Position) oder als Sache des (regulierenden) Staates („linke" Position). Werden Einflussfaktoren auf die Berichterstattung auf gesellschaftlicher Ebene untersucht, so kann die Art und Weise, wie über das gesellschaftliche Engagement von Unternehmen berichtet wird, als Indikator für den kulturellen Wandel einer Gesellschaft betrachtet werden.

Gilt das Erkenntnisinteresse der Wirkungsdimension von Medieninhalten, dann rücken sowohl Fragen nach den möglichen Effekten der Berichterstattung über die gesellschaftliche Rolle von Unternehmen auf die Bürger in den Blick, als auch Fragen nach möglichen Medienwirkungen im Hinblick auf die Kommunikatoren – die betroffenen Unternehmen sowie die Entscheidungsträger in der Politik. Dabei kann man eine Form der indirekten Beweisführung (Maurer & Reinemann 2006: 23) wählen. Ein Beispiel hierfür wären Aussagen zu Institutionalisierungsprozessen von CSR, mit denen vielfach implizit oder explizit die Annahme einhergeht, die Medienberichterstattung stelle einen wirksamen externen Einflussfaktor für Unternehmen dar, an dem sie ihre Aktivitäten unbewusst oder intentional ausrichten. Um empirisch überprüfbare Aussagen über Wirkungen der CSR-Berichterstattung zu machen, ist ein Mehrmethodendesign erforderlich, beispielsweise, indem Befragungen und die inhaltsanalytisch ermittelten Daten zueinander in Beziehung gesetzt werden. Um Schlussfolgerungen über die Richtung der Medienwirkung treffen zu können, wären die CSR-Berichterstattung und die Einstellungen der Manager zu CSR (sowie deren Mediennutzungsverhalten) im Zeitverlauf zu erheben. Bei dieser Form der Untersuchung der Medienwirkungen auf Kommunikatoren spricht man von reziproken Effekten der Berichterstattung auf diejenigen, die selbst Gegenstand der Berichterstattung sind (Kepplinger 2007).

2.2   Anlage der inhaltsanalytischen Untersuchung

Wie bei jeder Inhaltsanalyse sind auch bei der Analyse der Medienberichterstattung über CSR-relevante Themen und Gegenstände Entscheidungen zum methodischen Verfahren zu treffen. Eine grundlegende Entscheidung betrifft die Frage nach Umfang und Analysetiefe der auszuwertenden Berichterstattung. Um quantitativ belastbare Auswertungen durchführen zu können, ist die Erhebung einer hinreichenden Anzahl von Medienberichten erforderlich. Um aus der Fülle von Medienangeboten die relevante Berichterstattung auszuwählen, gilt es die Grundgesamtheit festzulegen, die als relevante Medienberichterstattung angesehen wird, daraus eine Stichprobe zu ziehen und die Analyseeinheit für die Inhaltsanalyse zu bestimmen. Aus forschungspraktischen Gründen werden vielfach die Berichterstattung in Printmedien, online-Ausgaben von Zeitungen und Zeitschriften oder einzelne Formate im Fernsehen (beispielsweise Nachrichtensendungen) analysiert. Untersuchungseinheiten sind in diesem Fall meist Artikel oder einzelne Beiträge einer Nachrichtensendung. Will man die Medienberichterstattung in Beziehung zu PR-Aktivitäten von Unternehmen setzen, so werden hierzu meist zusätzlich Pressemitteilungen oder andere PR-Mitteilungen untersucht und mit der Medienberichterstattung verglichen (Raupp & Vogelgesang 2009).

Die Untersuchungseinheiten werden dann anhand bestimmter Merkmale, die als Kategorien bezeichnet werden, ausgewertet. Diese Kategorien werden in einem Codebuch dargestellt, wobei den einzelnen Kategorien verschiedene Ausprägungen zugewiesen werden (vgl. hierzu grundlegend etwa Merten 1995; Früh 2004; Scheufele & Engelmann 2009: 146 ff.). Besonders anspruchsvoll bei einer Inhaltsanalyse ist der Schritt, die Forschungsfrage dahingehend zu operationalisieren, dass sie schließlich in sinnvolle Kategorien umgesetzt werden kann, deren Ausprägungen dann im Codierprozess durch die einzelnen Codierer erhoben werden können.

Im Hinblick auf CSR stellt sich zunächst die Frage nach der Bezeichnung des Sachverhalts. Wie die Einleitung in diesem Handbuch deutlich macht, ist CSR kein Begriff der Alltagssprache, und auch in der Wissenschaft ist er nicht eindeutig definiert. Als Suchbegriff, anhand dessen relevante Beiträge in der journalistischen Berichterstattung ausgewählt werden können, dürfte er sich demnach als weitgehend ungeeignet erweisen. Stattdessen sind Umschreibungen zu finden, was jedoch bedeutet, dass der Forscher hier bereits einen nicht unerheblichen Einfluss auf das später zu erzielende Ergebnis nimmt. Denn wer beispielsweise nach dem Begriff „Nachhaltigkeit" oder dem Begriff „soziale Verantwortung" in Verbindung mit bestimmten Unternehmensnamen sucht, der wird ganz andere Ergebnisse erhalten als jemand, der in einem weiteren Sinne nach Berichterstattung zum Verhältnis von Wirtschaft und Gesellschaft sucht. Ein engeres oder ein weiteres CSR-Begriffsverständnis spiegelt sich somit auch in der Anlage der Untersuchung wieder. Die Entscheidung, wonach gesucht wird, erweist sich somit als folgenreich für das, worüber Aussagen gemacht werden: entweder über integrierte bzw. implizite Berichterstattung über Formen der gesellschaftlichen Verantwortung von Unternehmen, die wohl heutzutage eher stattfindet, oder über explizite CSR-Berichterstattung, die noch vor einigen Jahren stärker zu finden war – so die Einschätzung der Journalisten selbst (Ramthun 2010a, b).

Die Beziehungen zwischen PR-Aktivitäten von Organisationen als Quellen journalistischer Berichterstattung und der journalistische Umgang mit diesen Quellen wird vielfach im Rückgriff auf das Theorem des Framing diskutiert. Gamson und

Modigliani (1987: 143) definieren Medienframes als „a central organizing idea or story line that provides meaning to an unfolding strip of events (…) The frame suggests what the controversy is about, the essence of the issue". Die Attraktivität des Framing-Konzepts begründet sich unter anderem darin, dass Frames ein Bindeglied zwischen journalistisch aufbereiteten Medieninhalten und Medienwirkungen darstellen können, denn Frames sind nicht nur als strukturierende Merkmale der Medienberichterstattung operationalisierbar, sondern sie sind auch in den Köpfen der Rezipienten vorstellbar (vgl. zusammenfassend Scheufele 1999). Aus einer dynamischen Perspektive wird Framing als Prozess gesehen (z. B. Benford & Snow 2000), was auf die aktive Konstruktion von Frames verweist. Im Zusammenhang mit Public Relations rückt das strategische Framing in den Mittelpunkt des Interesses (Hallahan 1999; Bowen 2005; Wang 2007). Ein Beispiel für eine Framing-Analyse der CSR-Berichterstattung legten jüngst Lee und Kim (2010) vor. Sie untersuchten die explizite CSR-Berichterstattung in in US-amerikanischen und koreanischen Wirtschaftszeitungen und -zeitschriften im Zeitraum 2005 bis 2007. Um kulturspezifische Unterschiede in der CSR-Berichterstattung zu analysieren, wurden die Frames anhand der Kulturdimensionen von Hofstede und Hofstede (2005) gebildet; im Ergebnis zeigten die Autoren signifikante Unterschiede im Framing auf. In Hinblick auf die These der impliziten Berichterstattung wäre für weitere Forschungsarbeiten u. a. von Interesse, wie CSR- Berichterstattung selbst als Frame für andere (tages-) aktuelle Ereignisse dient.

2.3   Probleme und Herausforderungen der Inhaltsanalyse der journalistischen Berichterstattung über CSR

Zusammenfassend lassen sich verschiedene Probleme identifizieren, die mit der Inhaltsanalyse der journalistischen Berichterstattung über CSR verbunden sind. Eine erste Schwierigkeit besteht in der Identifikation des relevanten Untersuchungsmaterials: Vieles, was auf den ersten Blick wie redaktionelle Berichterstattung aussieht, basiert bei näherem Hinsehen auf PR-Material von Organisationen, das nicht durch den „Filter" einer unabhängigen journalistischen Berichterstattung modifiziert und bearbeitet wurde. Die Abgrenzung zwischen Werbung, PR und Journalismus ist in diesem Fall besonders schwierig. Nun können auch PR-basierte Medienberichte als Formen der öffentlichen Kommunikation von CSR durchaus auch von wissenschaftlichem Interesse sein. Allerdings muss man sich vergegenwärtigen, dass in diesem Fall nicht die Fremddarstellung von CSR-Themen durch den Journalismus Gegenstand der Untersuchung ist und die Ergebnisse entsprechend zu interpretieren sind. Richtet sich das Forschungsinteresse aber auf die genuin journalistische Berichterstattung über CSR, dann gilt es zwischen impliziter und expliziter Berichterstattung über CSR zu unterscheiden. Offene Forschungsfragen adressieren die Frage danach, inwieweit CSR ein Thema der Wirtschafts- oder auch der Politikberichterstattung ist. Damit verbunden lässt sich herausfinden, inwieweit CSR als Unternehmensfunktion gesehen wird („business case") oder als gesellschaftliches Thema

(„public case"). Eine weitere Forschungsaufgabe wäre die systematische Untersuchung des Zusammenhangs zwischen strategischem Framing und journalistischem Framing in Bezug auf CSR und welche Unterschiede dabei ggf. im internationalen bzw. im Kulturvergleich auftreten.

3   Vergleich als Methodik, Transparenz und Vielfalt als Forschungsziel

CSR-Berichte und die journalistische Medienberichterstattung bieten sich wie beschrieben als Materialobjekte für Inhaltsanalysen an. In diesem letzten Kapitel soll auf den systematischen Vergleich als elementarem Bestandteil inhaltsanalytischer Untersuchungen zur CSR-Kommunikation näher eingegangen werden. Als wesentliche Kriterien erscheinen in diesem Zusammenhang Transparenz und Vielfalt (vgl. dazu aktuell Baerns 2010). Transparenz kann als forschungsleitendes Ziel einer kommunikationswissenschaftlichen Untersuchung *erstens* von CSR-Berichten im Hinblick auf die Kohärenz von CSR-Kommunikationen und CSR-Maßnahmen eines Unternehmens gedeutet werden. *Zweitens* kann diese Kohärenz für die journalistische Berichterstattung beispielsweise im Abgleich von journalistischer zu PR-intendierter CSR-Berichterstattung in Form von Beilagen oder Sonderausgaben gesehen werden. Das Kriterium Vielfalt kann zunächst maßgeblich auf die journalistische Berichterstattung angewendet werden, etwa im Zusammenspiel mehrerer Angebote in der öffentlichen Kommunikation. Die Anwendung des Konzepts von Vielfalt ist zweifelsohne anspruchsvoll. Einige Ansätze erscheinen jedoch im Hinblick auf die journalistische Berichterstattung nützlich und empirisch umsetzbar (Sarcinelli 1998; Jarolimek 2009). Wie aus der Übertragung von Vielfalt und Transparenz auf CSR-Kommunikation deutlich wird, nimmt die inhaltsanalytische Auseinandersetzung mit diesem Gegenstand vor allem eine komparatistische Perspektive ein. Diese zielt auf unterscheidbare Vergleiche von CSR-Berichten und journalistischer Berichterstattung über CSR (zusammenfassend CSR-Kommunikate) ab, die mit je unterschiedlichen Funktionen verbunden sind:

a) *Der Vergleich von CSR-Kommunikaten zu unterschiedlichen Zeitpunkten*: Die zentrale Perspektive ist hier auf die Entwicklung des CSR-Engagements eines Unternehmens gerichtet. Es geht hierbei hauptsächlich um den Schluss von Text auf den Kommunikator (Merten 1995) entweder von CSR-Berichten *oder* journalistischer Berichterstattung.

b) *Der Vergleich von CSR-Berichten eines Unternehmens mit anderen (öffentlichen) Kommunikationen*: Um Transparenz und die faktische Richtigkeit der Angaben im CSR-Bericht zu überprüfen, wird der CSR-Bericht in diesem Fall mit anderen Kommunikationen von und über das Unternehmen abgeglichen, etwa mit Selbstdarstellungen im Internet oder mit der Fremdbeobachtung durch Journalismus. Das Hauptaugenmerk liegt auch hier auf dem Schluss von Text auf den Kommunikator. Der Schluss von Text auf den Kontext spielt hier ebenfalls

eine Rolle, wenn inhaltliche Angaben der Unternehmen etwa mit der Medienberichterstattung abgeglichen werden.

c) *Der Vergleich von CSR-Berichten von mehreren Unternehmen oder der Medienbe-
    richterstattung über mehrere Unternehmen:* Weitaus komplexer gestaltet sich die
    Untersuchungsanlage, wenn von mehreren Unternehmen CSR-Berichte *oder*
    die journalistische Berichterstattung zu einem oder mehreren Zeitpunkten
    untersucht werden. Je nach den Zielen der Inhaltsanalyse kann man hier auf
    Fallebene näher spezifizieren. So kann eine länderübergreifende Analyse von
    CSR-Kommunikaten nationalstaatliche und/oder -kulturelle CSR-Ausprägun-
    gen aufzeigen. Mit Bezug zu einer Branchenauswahl kann die Inhaltsanalyse
    zeigen, wie sich die CSR-Maßnahmen in einem Bereich ähneln (im Unterschied
    etwa zu anderen Branchen), oder wer Vorreiter und Nachzügler ist. Gerade
    hierfür wären nicht zuletzt Längsschnittanalysen denkbar, um Veränderungen
    dieser Zuschreibung zu überprüfen. Je nach Anlage der Untersuchung kann
    hier von Interesse sein der Schluss *erstens* von Text auf Kommunikator (etwa
    Einstellung zu CSR, Einordnung in Vorreiter, Nachzügler etc.), *zweitens* von
    Text auf Rezipient, d. h. an welche Stakeholder richten sich die CSR-Kommu-
    nikate (Politik, Shareholder, Konsumenten) und welche Erwartungen werden
    „vermutet", *drittens* von Text auf Kontext (welche kontextuellen Besonderhei-
    ten bestehen etwa in Hinblick auf eine Branche etc.). Transparenz als das we-
    sentliche Gütekriterium für CSR allgemein, aber auch CSR-Kommunikation
    im Speziellen kann man in diesem Vergleich jedoch kaum aufzeigen oder prü-
    fen, wie noch zu zeigen sein wird.

d) *Der Vergleich von CSR-Berichten mehrerer Unternehmen mit journalistischer Me-
    dienberichterstattung (sowie anderen öffentlichen Kommunikationen):* Diese Heran-
    gehensweise ist sicherlich der komplexeste Ansatz unter den vier genannten
    bzw. der Inhaltsanalyse von CSR-Kommunikation. Da Schlüsse von Text auf
    Kontext in einer reinen Inhaltsanalyse von CSR-Berichten oder Medienbe-
    richterstattung begrenzt bleiben müssen, scheint es lohnenswert und notwen-
    dig, CSR-Kommunikate im Beziehungsgeflecht unterschiedlicher öffentlicher
    Kommunikationen zu diskutieren und in diesem Sinne über den Vergleich
    auch Transparenz und Vielfalt zu erfassen.

Das Hauptproblem des Vergleichs ist die Vergleichbarkeit
Bei jedem Vergleich, seien es CSR-Berichte, Medienberichterstattung über CSR, ganze
Mediensysteme oder Journalismuskulturen, stellt sich ein Hauptproblem: die Vergleichbarkeit und somit die Bewertung. Komparatistische Forschung ist auch immer
eng verbunden mit Theoriebildung, mit der Überprüfung von Theorien mittlerer
Reichweite oder zunächst mit der Beschreibung von Beziehungsverhältnissen sowie
mit dem Entwurf von Modellen als Typologisierung und Klassifizierung (Esser
2000: 145; Thomaß 2007: 25 ff.). Die theoretische Bestimmung von CSR-Kommunikation als öffentliche Kommunikation ist innerhalb der Kommunikationswissenschaft
bislang defizitär und nicht zuletzt einem Mangel an empirischen Ergebnissen ge-

schuldet, die der Beschreibung, Klassifizierung und Typologisierung in theoretischer Hinsicht behilflich sein könnten.

Die Probleme der vergleichenden Forschung zu Journalismus und Mediensystemen sind hinlänglich bekannt (exemplarisch Blumler, McLeod & Rosengren 1992; Wirth & Kolb 2003). Aber auch der Vergleich von CSR-Berichten sieht sich mit zahlreichen Herausforderungen konfrontiert. So sind die CSR-Berichte von multinationalen Unternehmen meist nur in der Landessprache des Stammsitzes und darüber hinaus in Englisch verfügbar (sofern die Landessprache nicht ohnehin Englisch ist). Hier stellt sich bereits die Frage, ob man den landessprachlichen oder den international englischsprachigen CSR-Bericht zur Analyse heranzieht beziehungsweise welche Unterschiede die Übersetzungen ausmachen. Auch die unterschiedlichen Formate der CSR-Berichte (Sozialbilanz, Umweltbericht, Nachhaltigkeitsberichte und Berichte als Teil des Geschäftsberichtes) erschweren den Vergleich. Das einheitliche Raster der GRI stellt eine erste Grundlage für den Vergleich dar. Aussagen über Transparenz sind damit jedoch nicht möglich, da die Unternehmen jede Leerstelle im Raster füllen. So entstehen Differenzen zwischen CSR-Engagement und gesellschaftlichen/ öffentlichen Erwartungen, die über Routinen der CSR-Kommunikation (nur scheinbar) gelöst werden, da diese Routinehandlungen eine kommunikative Transparenz in der Intransparenz konstruieren. Wer die Transparenz des CSR-Engagements von Unternehmen untersuchen möchte, muss daher den Vergleich von Selbstdarstellungen der Unternehmen, von CSR-Maßnahmen und von unterschiedlicher (öffentlicher) Kommunikation außerhalb des Unternehmens in Betracht ziehen.

4   Fazit und Ausblick

Mit Hilfe der sozialwissenschaftlichen Methode der Inhaltsanalyse ist es möglich, unterschiedliche schriftlich, audiovisuell oder multimedial gefasste Inhalte zu untersuchen. Im Hinblick auf die zahlreichen Selbstdarstellungsmöglichkeiten von Unternehmen (Internetseiten, CSR-Berichte, Projektflyer usw.) können diese auf Themen, Engagement und Ziele hin untersucht werden. Beim Vergleich dieser Ergebnisse kann man Unterschiede feststellen, und zwar sowohl im Hinblick auf formal-strukturelle Kriterien wie Umfang und Gliederung als auch auf inhaltliche Kriterien wie Themenschwerpunkte. Die Selbstdarstellungen stehen – vielleicht unberechtigt, jedoch stetig – unter dem Generalverdacht, lediglich professionelle PR-Kommunikation von Unternehmen zu bieten, um auf die gesellschaftlichen Erwartungen zu reagieren, ohne Konsequenzen für die Organisation als komplexer Gesamtheit.

Will man hinter die „bunte CSR-Tapete" blicken und hierzu die Methode der Inhaltsanalyse anwenden, dann rückt die Untersuchung von journalistischen Inhalten ins Blickfeld. Üblicherweise wird Journalismus als weiterer Form öffentlicher Kommunikation die Funktion zugeschrieben, im Gegensatz zu unternehmerischen Selbstdarstellungen, Fremdbeobachtungen im Dienste der Gesamtgesellschaft durchzuführen und jene Information zu veröffentlichen, die für die Gesellschaft Relevanz besitzen. Die Analyse dieser Funktion ist im Hinblick auf die CSR-Thematik

insofern schwierig, da (noch) zahlreiche Unklarheiten zur Verfahrensweise bestehen, konkret etwa zur Artikelauswahl oder zur Frage nach der Untersuchung impliziter versus expliziter CSR-bezogener Medienberichterstattung. Zudem steht auch
die Inhaltsanalyse von Online-Inhalten, die für CSR höchst relevant erscheint, noch
am Anfang. Insgesamt kann die Inhaltsanalyse hier Themen, thematische Frames
oder Unternehmensstrategien in Qualitäten bewerten oder Quantitäten auszählen.
Der vermutete Zwiespalt zwischen CSR-Maßnahmen, Verantwortungsübernahme
durch Organisationen auf der einen Seite und professionell organisierter CSR-Kommunikation und konstruierter Verantwortungswirklichkeit auf der anderen Seite
lässt sich durch Inhaltsanalysen jedoch derzeit nicht auflösen.

Dafür ist ein Methodenmix notwendig, der vor allem die Befragung einschließt.
Dazu gehören Befragungen von Managern, CSR-Beauftragten, Experten, Konsumenten und/oder weiteren Stakeholdern, deren Ergebnisse Aufschluss geben über
Erwartungen der Gesellschaft sowie über Erwartungserwartungen und Routinen
der Unternehmen. Auf dieser Metaebene und in Verbindung zu inhaltsanalytischen
Ergebnissen entsteht so bestenfalls ein komplexes Bild des Verhältnisses von Unternehmen und Gesellschaft sowie der Rolle von CSR(-Kommunikation).

Literatur

Altmeppen, K.-D. (2010). Journalistische Beobachter in der öffentlichen (Verantwortungs-)Kommunika-
    tion. Strukturen und Probleme. In H. Backhaus-Maul, C. Biedermann, N. Nährlich, & J. Polterauer
    (Hrsg.), *Corporate Citizenship in Deutschland. Gesellschaftliches Engagement von Unternehmen. Bilanz
    und Perspektiven.* (2., akt. und erw. Aufl.) (S. 497–508). Wiesbaden: VS Verlag.
Altmeppen, K.-D., Röttger, U., & Bentele, G. (Hrsg.) (2004). *Schwierige Verhältnisse: Interdependenzen zwi-
    schen Journalismus und PR.* Wiesbaden: VS Verlag.
Baerns, B. (2010). „Transparenz" und „Vielfalt" als Erkenntnismittel. Notizen zum Status quo. In W. Höm-
    berg, D. Hahn, & T. B. Schaffer (Hrsg.), *Kommunikation und Verständigung. Theorie – Empirie – Praxis*
    (S. 55–73). Wiesbaden: VS Verlag.
Benford, R. D., & Snow, D. A. (2000). Framing processes and social movements: An overview and assess-
    ment. *Annual Review of Sociology, 26,* 611–639.
Blumler, J., McLeod, J. M., & Rosengren, K. E. (Hrsg.) (1992). *Comparatively speaking: Communication and
    Culture Across Space and Time.* Newbury Park u. a.: Sage.
Bowen, S. A. (2005). A practical model for ethical decision making in issue management and public rela-
    tions. Journal of Public Relations Research, 17, 191–216.
Brosius, H.-B., Koschel, F., & Haas, A. (2009). *Methoden der empirischen Kommunikationsforschung. Eine Ein-
    führung.* Wiesbaden: VS Verlag.
Cochran, P. L., & Wood, R. A. (1984). Corporate social responsibility and financial performance. *The Aca-
    demy of Management Journal, 27*(1), 42–56.
Esser, F. (2000). Journalismus vergleichen. Journalismustheorie und komparative Forschung. In M. Löf-
    felholz (Hrsg.), *Theorien des Journalismus. Ein diskursives Handbuch* (S. 123–145). Wiesbaden: West-
    deutscher Verlag.
Fieseler, C. (2008). *Die Kommunikation von Nachhaltigkeit: Gesellschaftliche Verantwortung als Inhalt der Kapi-
    talmarktkommunikation.* Wiesbaden: VS Verlag.
Fretwurst, B. (2008). *Nachrichten im Interesse der Zuschauer. Eine konzeptionelle und empirische Neubestim-
    mung der Nachrichtenwerttheorie.* Konstanz: UVK.
Früh, W. (2004). *Inhaltsanalyse. Theorie und Praxis.* Konstanz: UTB.
Gamson, W. A. & Modigliani, A. (1987). The changing culture of affirmative action. In R. D. Braungart
    (Hrsg.), *Research in political sociology* (S. 137–177). Greenwich : JAI.

Gebauer, J., Hoffmann, E., & Westermann, U. (2009). *Anforderungen an die Nachhaltigkeitsberichterstattung: Kriterien und Bewertungsmethode im IÖW/future-Ranking* (unter Mitarbeit von Linda Bergset, Thomas Merten & Stephan Timme). Berlin & Münster: IÖW/future. URL: http://www.ranking-nachhaltigkeitsberichte.de/pdf/2009/Ranking2009_KriteriensetGrossunternehmen.pdf. Zugriff am 14.04.2010.

GRI (Global Reporting Initiative) (2006). *Leitfaden zur Nachhaltigkeitsberichterstattung. Version 3.0.* URL: http://www.globalreporting.org/NR/rdonlyres/B77474D4-61E2-4493-8ED0-D4AA9BEC000D/2868/G3_LeitfadenDE1.pdf. Zugriff am 14.04.2010.

Hallahan, K. (1999). Seven models of framing: Implications for public relations. *Journal of Public Relations Research, 11*(3), 205–242.

Hartman, L. P., Rubin, R. S., & Dhanda, K. (2007). The communication of corporate social responsibility. United States and European Multinational Corporations. *Journal of Business Ethics, 74*(4), 373–389.

Hofstede, G., & Hofstede, G. J. (2005). *Culture and organizations: Software of the mind.* New York: McGraw-Hill.

Hooghiemstra, R. (2000). Corporate Communication and Impression Management – New Perspectives why Companies engage in Corporate Social Reporting. *Journal of Business Ethics, 27*, 55–68.

Jarolimek, S. (2009). *Die Transformation von Öffentlichkeit und Journalismus. Modellentwurf und das Fallbeispiel Belarus.* Wiesbaden: VS Verlag.

Kepplinger, H. M. (2007). Reciprocal effects: Toward a theory of mass media effects on decision makers. *The Harvard International Journal of Press/Politics, 12*(2), 3–23.

Lee, Y.-J., & Kim, S. (2010). Media framing in corporate social responsibility: A Korea–U.S. comparative study. *International Journal of Communication, 4*, 283–301.

Lewis, J., Williams, A. E., & Franklin, B. (2008). A compromised fourth estate? UK news journalism, public relations and news sources. *Journalism, 9*(1), 1–20.

Loew, T., Clausen, J., & Westermann, U. (2005). *Nachhaltigkeitsberichterstattung in Deutschland: Ergebnisse und Trends im Ranking 2005.* Berlin, Hannover: future e. V.

Luzar, K. (2004). *Inhaltsanalyse von webbasierten Informationsangeboten: Framework für die inhaltliche und strukturelle Analyse.* Norderstedt: Books on Demand.

Manning, P. (2001). *News and news sources. A critical introduction.* London u. a.: Sage.

Maurer, M., & Reinemann, C. (2006). *Medieninhalte. Eine Einführung.* Wiesbaden: VS Verlag.

Mayerhofer, W., Grusch, L., & Mertzbach, M. (2008). *Corporate Social Responsibility. Einfluss auf die Einstellung zu Unternehmen und Marken.* Wien: Facultas.

Merten, K. (1995). *Inhaltsanalyse. Einführung in Theorie, Methode und Praxis.* Opladen: Westdeutscher Verlag.

Ramthun, C. (2010a). *CR in den Medien.* Vortrag beim Globalen Wirtschafts- und Ethikforum (GWEF) am 01.06.2010.

Ramthun, C. (2010b). *CR in den Medien. Interview mit Christian Ramthun.* GWEF Spezial 2010, 6. URL http://www.gwef.de/_files/GWEF-Spezial.pdf. Zugriff am 01.06.2010.

Raupp, J., & Vogelgesang, J. (2009). *Medienresonanzanalyse. Eine Einführung in Theorie und Praxis.* Wiesbaden: VS Verlag.

Rieth, L. (2009). *Global Governance und Corporate Social Responsibility. Welchen Einfluss haben der UN Global Compact, die Global Reporting Initiative und die OECD Leitsätze auf das CSR-Engagement deutscher Unternehmen?* Opladen: Budrich UniPress.

Sarcinelli, U. (1998). Politikvermittlung und Demokratie: Zum Wandel der politischen Kommunikationskultur. In ders. (Hrsg.), *Politikvermittlung und Demokratie in der Mediengesellschaft. Beitrage zur politischen Kommunikationskultur* (S. 11–23). Wiesbaden & Opladen: Westdeutscher Verlag.

Scheufele, D. A. (1999). Framing as a theory of media effects. *Journal of Communication, 49*, 103–122.

Scheufele, B. (2003). *Frames – Framing – Framing-Effekte. Theoretische Grundlegung, methodische Umsetzung sowie empirische Befunde zur Nachrichtenproduktion.* Opladen & Wiesbaden: Westdeutscher Verlag.

Scheufele, B., & Engelmann, I. (2009). *Empirische Kommunikationsforschung.* Konstanz: UTB.

Schranz, M. (2007). *Wirtschaft zwischen Profit und Moral. Die gesellschaftliche Verantwortung von Unternehmen im Rahmen der öffentlichen Kommunikation.* Wiesbaden: VS Verlag.

Schulz, W. (2008). *Politische Kommunikation: Theoretische Ansätze und Ergebnisse empirischer Forschung.* (2., überarb. u. erw. Aufl.). Wiesbaden: VS Verlag.

Thomaß, B. (2007). *Mediensysteme vergleichen.* In dies. (Hrsg.), Mediensysteme im internationalen Vergleich (S. 12–41). Konstanz: UTB.

UN Global Compact (ohne Jahr.). The Ten Principles. URL: http://www.unglobalcompact.org/AbouttheGC/TheTENPrinciples/index.html. Zugriff am 14.04.2010.

Urbatsch, R.-C., & Riegl, T. (2007). *Corporate social responsibility als strategische Herausforderung: Möglichkeiten und Grenzen der Kontrolle von Corporate social responsibility mit Hilfe von Kennzahlensystemen.*

Mittweida: Diskussionspapier am Fachbereich Wirtschaftswissenschaften, Hochschule Mittweida (FH).

Wang, A. (2007). Priming, framing, and position on corporate social responsibility. *Journal of Public Relations Research, 19*(2), 123–145.

Welker, M., & Wünsch, C. (Hrsg.) (2010). *Die Online-Inhaltsanalyse. Forschungsobjekt Internet.* Köln: Halem (=Neue Schriften zur Online-Forschung, 8).

Wieser, C. (2005). *„Corporate Social Responsibility" – Ethik, Kosmetik oder Strategie? Über die Relevanz der sozialen Verantwortung in der Strategischen Unternehmensführung.* Wien: LIT Verlag.

Wigley, S. (2008). Gauging consumers' responses to CSR activities: Does increased awareness make cents? *Public Relations Review,* doi:10.1016/j.pubrev.2008.03.034

Wimmer, T. (2001). Corporate Social Responsibility als Chance. Eine Meinungsbilderstudie in Frankreich, Großbritannien und Deutschland. *Public Relations Forum für Wissenschaft und Praxis, 2,* 80–82.

Wirth, W., & Kolb, S. (2003). Äquivalenz als Problem. Forschungsstrategien und Designs der komparativen Kommunikationswissenschaft. In F. Esser, & B. Pfetsch (Hrsg.), *Politische Kommunikation im internationalen Vergleich. Grundlagen, Anwendungen, Perspektiven* (S. 104–131). Opladen: Westdeutscher Verlag.

Anhang

Glossar

Vorbemerkung zum Glossar

Das Glossar gibt einen Überblick über zentrale Begriffe des wissenschaftlichen CSR-Diskurses, wie er nicht nur in der Kommunikationswissenschaft, sondern in allen im Buch behandelten Disziplinen geführt wird. Zu diesem Zweck wurden Begriffe ausgewählt, die u. a. als Grundkonzepte, Bezeichnungen oder auch Praktiken für die CSR-Forschung grundlegend sind und die in den Handbuchbeiträgen entsprechend häufig Erwähnung fanden. Die Auswahl wurde bewusst auf wenige Begriffe reduziert. Voraussetzung für die Aufnahme des Stichworts war dabei, dass es im wissenschaftlichen Diskurs fest institutionalisiert, umfassend analysiert und mit entsprechenden Erkenntnissen und Fragestellungen verbunden ist. Aufgrund der Diversität der Begriffe selbst unterscheiden sich die Darstellungen nach Umfang und eingenommener Perspektive.

Cause-Related Marketing

Beim Cause-Related Marketing tätigen Unternehmen, statt in konventionelle Werbung zu investieren, *Spenden* an wohltätige Organisationen, deren Höhe sich prozentual aus dem Verkauf eines spezifischen Produkts ergibt. Der Einsatz von gesellschaftlichem Engagement wird hierbei explizit als Instrument der Verkaufsförderung verstanden. Cause-Related Marketing geht aus Marketingsicht jedoch über Sponsoring, das auf die Konstruktion von Images abzielt, hinaus (→ **Sozialmarketing**).

Compliance

Im wirtschaftswissenschaftlichen Zusammenhang bezeichnet Compliance die *Einhaltung von Gesetzen und Richtlinien*. Dies beinhaltet nicht nur die Erfüllung gesetzlicher Bestimmungen, sondern auch die Einhaltung von freiwilligen Kodizes in einzelnen Unternehmen oder im Zusammenschluss mehrerer Organisationen. Compliance als die Überwachung und Einhaltung auch freiwilliger Regelungen ist somit eine moralische, vertrauensbildende Maßnahme an (Kapital-)Märkten, welche die Übereinstimmung des Wirtschaftens mit Moral und Ethik gewährleisten soll. Der Begriff Compliance stammt aus der US-amerikanischen Finanzbranche. Compliance wurde zunächst verwendet, um Insidergeschäften und anderen Interessenkonflikten vorzubeugen. Meist wird auch im Deutschen der Begriff Compliance als Anglizismus verwendet; die deutschen Bezeichnungen Regelüberwachung oder Überwachung sind eher ungebräuchlich. In Großunternehmen übernehmen eigene Abteilungen Compliance-Aufgaben. Insofern ist Compliance ein bedeutendes Element der Unternehmensführung (→ **Corporate Governance**). Im Rahmen der Debatte um → **Corporate Social Responsibility** spielt Compliance vor allem eine Rolle für die Einhaltung von freiwilligen Regeln.

Corporate Citizenship

Der Begriff „Citizenship" verweist auf den Status eines Staatsbürgers. Basierend auf der Annahme eines politischen Gesellschaftsvertrags oder einer gesellschaftlichen Übereinkunft leiten sich aus dem Status des Staatsbürgers bestimmte *Rechte* und *Pflichten* ab. Aus demokratietheoretischer Sicht ist die aktive Teilnahme am öffentlichen Leben eine wesentliche Bürgerpflicht. Darin drückt sich die Vorstellung aus, das Gemeinwesen sei eine Sache aller Bürger, und zum Wohle des Gemeinwesens müsse jeder Bürger seinen Teil beitragen. Die Vorstellung von „Citizenship" wurde mit der begrifflichen Erweiterung „Corporate Citizenship" auf Unternehmen übertragen. Die so genannte Unternehmensbürgerschaft verweist auf das bürgerschaftliche Engagement von Unternehmen, die entsprechend des „Citizenship"-Konzepts als Teil des öffentlichen Lebens gesehen werden. In der Literatur wird der Begriff „Corporate Citizenship" nicht eindeutig verwandt und teils als übergeordnetes, teils als untergeordnetes Konzept von Corporate Social Responsibility betrachtet. Nimmt man den Begriff des Unternehmensbürgers wörtlich, so beinhaltet dieser auch die aktive Mitgestaltung politischer und gemeinwohlorientierter Angelegenheiten durch Unternehmen. In einer stärker managementorientierten Fassung verweist das Konzept der „Corporate Citizenship" dagegen auf verschiedene Instrumente, die von Unternehmen im Sinne einer „Corporate Citizenship"-Strategie eingesetzt werden (beispielsweise Spenden, gemeinnütziges Engagement der Arbeitnehmer, Stiftungsgründungen usw.).

Corporate Governance

Corporate Governance bezeichnet die Form der Steuerung eines Unternehmens und wird alltagssprachlich vielfach mit „guter Unternehmensführung" gleichgesetzt. Der Fokus liegt dabei auf institutionellen Prozessen und Strukturen. Im politikwissenschaftlichen Kontext wird das „Governance"-Konzept zumeist in dem Sinne verstanden, dass damit neue Formen des Regierens durch Ko-Steuerung staatlicher und privater Akteure erfasst werden. Entsprechend werden unter dem Stichwort „Corporate Governance" Fragen der rechtlichen und gestalterischen Einbindung von Unternehmen in seine Umwelt subsumiert. Corporate Governance zielt darauf ab, eine für das Unternehmen sowie für seine Stakeholder möglichst günstige Handlungskonstellation zu schaffen. Das Unternehmensinteresse steht dabei jedoch immer im Vordergrund, weshalb das „Corporate Governance"-Konzept als ein Mittel zur Steigerung des Unternehmenswertes durch die Schaffung möglichst effizienter unternehmensinterner und -externer Rahmenbedingungen gesehen werden kann. Die „gute Unternehmensführung" basiert dabei auf der Überlegung, dass sich faires und nachhaltiges wirtschaftliches Handeln auf Dauer auszahlt und somit effizient ist. Eine im Jahr 2001 eingesetzte Regierungskommission hat den (laufend aktualisierten) „Deutschen Corporate Governance Kodex" verabschiedet. Dieser stellt wesentliche gesetzliche Vorschriften zur Leitung und Überwachung börsennotierter Unternehmen in Deutschland dar und richtet sich insbesondere an inländische und ausländische Investoren. Hierin werden insbesondere das gesetzlich vorgeschriebene Zusammenwirken von Vorstand und Aufsichtsrat erläutert und Handlungsempfehlungen für transparente Unternehmensführung ausgesprochen.

Corporate Social Performance

Der Begriff der Corporate Social Performance (CSP) definiert das Ausmaß, in dem sich ein Unternehmen verantwortlich verhält, und wurde zunächst als Überbegriff für „Corporate Social Responsibility", „Corporate Social Responsiveness" und „Social Issues" verwandt. Das Modell der Corporate Social Performance soll dazu dienen, ökonomische und soziale Aspekte nicht mehr als konträre, sondern als komplementäre Unternehmensziele zu verstehen. Im Gegensatz zur CSP wird der finanzielle Erfolg mittels der so genannten Corporate Financial Performance (CFP) gemessen. In der Literatur kann jedoch keine direkte Wechselwirkung zwischen CSP und CFP nachgewiesen werden, nicht zuletzt aufgrund des Problems einer Objektivierung und empirischen Messbarkeit des sozialen Effektes und Erfolges unternehmerischer Maßnahmen.

Corporate Social Responsibility

Der Begriff Corporate Social Responsibility bedeutet gesellschaftliche Verantwortung von Unternehmen. „Social", in Deutschland meist mit „gesellschaftlicher" Verantwortung übersetzt, bezieht sich dabei auf die soziale, ökologische und ökonomische Verantwortung von Unternehmen (→ **Triple-Bottom-Line**). CSR ist unmittelbar mit der bereits seit der Industrialisierung intensiv diskutierten Frage verbunden, inwieweit Unternehmen neben finanziellen Zielen (Gewinn) direkt auch zur Erreichung sozialer bzw. gesellschaftlicher Ziele beitragen sollen. Der Begriff selbst hat seinen Ursprung in den USA. Hier wurde parallel zu zeitgleichen Entwicklungen in Deutschland in den 1920er Jahren die soziale Verantwortung von Unternehmern im öffentlichen und wissenschaftlichen Diskurs intensiv diskutiert und entsprechende Sozialpraktiken in Unternehmen institutionalisiert. Seit der systematisierenden Arbeit Howard R. Bowens in den 1950er Jahren erlebte CSR zahlreiche konzeptionelle Wendungen und entwickelte sich zum Management-Konzept. Entsprechend eng ist es mit Fragen der → **Corporate Governance**, mit dem auf die freiwilligen Sozialpraktiken von Unternehmen bezogene → **Corporate Citizenship** sowie auch Fragen der Kommunikation sozialer Handlungsorientierungen (→ **CSR-Kommunikation**) verknüpft. Die CSR-Forschung ist stark durch die Wirtschaftspraxis mitbegründet und heute mit einigen zentralen Wissenschaftlern verbunden. Entsprechend der disziplinären Herkunft finden sich verschiedene Auffassungen über den Grad der Zuständigkeiten von Unternehmen sowie auch Argumentationslinien in Bezug auf die Erfüllung der übergeordneten Ziele.

CSR-Berichterstattung

In Anlehnung an die Idee des ökonomischen Berichtwesens informiert ein CSR-Bericht (frühere Begriffe sind „Sozialbilanz", „Social Reporting", „Sozialbilanzierung") regelmäßig und systematisch über die soziale Verantwortung und die Leistungen und Aktivitäten des Unternehmens sowie deren positive und negative Auswirkungen. CSR-Berichte legen nicht nur die Aktivitäten des Unternehmens für verschiedene Stakeholder offen, sondern können auch intern, bspw. zur Identifizierung neuer Geschäftsfelder, genutzt werden. Während Unternehmen in Ländern wie Frankreich und Dänemark gesetzlich dazu verpflichtet sind, CSR-Berichte zu veröffentlichen, liegen in Deutschland derzeit keine gesetzlichen Regelungen zum Inhalt, zur Struktur und zum Aufbau von Sozialbilanzen vor. Es existieren jedoch eine Reihe von länderübergreifenden Leitlinien und Initiativen, welche diese für das Berichtswesen entwickeln (bspw. AA1000, Social Accountability International SA8000 Standard, ISO 14000, United Nations Global Compact; → **Global Reporting Initiative** etc.). CSR-Berichte hatten sich unter dem Begriff „Sozialbilanzen" bereits in den 1970er Jahren institutionalisiert, konnten sich u. a. aufgrund fehlender Möglichkeiten zur quantitativen Messung sozialer Leistungen jedoch nicht vollends durchsetzen (→ **Corporate Social Performance**).

CSR-Kommunikation

Ein immanenter Bestandteil von CSR, der analytisch jedoch davon zu unterscheiden ist, ist CSR-Kommunikation. Aus kommunikationswissenschaftlicher Perspektive interessieren dabei vor allem öffentliche Kommunikationen. Als denkbare Rollen in der Öffentlichkeit sind folgende Akteure und Kommunikationen denkbar: 1. *Unternehmen mittels professionalisierter Sprecherrollen (PR):* Über die klassischen PR-Instrumente hinaus spielen hier vor allem Selbstdarstellungen wie Internetseiten und → **CSR-Berichte** eine große Rolle; 2. *Journalisten:* Als Her- und Bereitsteller von Themen zur öffentlichen Kommunikation ist Journalismus wesentlicher Bestandteil von Öffentlichkeit. Dabei findet CSR aus Gründen der journalistischen Praxis in der Medienberichterstattung kaum Resonanz. Eine Sonderform stellt die Verantwortung von *Medienunternehmen* als → **Media Social Responsibility** dar. Medien als Organisationen werden zwei Verantwortungsebenen zugeschrieben, einmal im Hinblick auf das Unternehmen selbst, und ein weiteres Mal im Hinblick auf die gesellschaftliche Verantwortung des Journalismus bzw. der Journalisten. 3. *Experten:* Am CSR-Diskurs sind zumeist auch NGOs bzw. zivilgesellschaftliche Akteure im Lichte einer kritischen (politischen) Öffentlichkeit beteiligt. 4. *Publikum bzw. Rezipienten:* Die letzte denkbare Rolle ist die des Publikums – zum einen als Bürger, zum anderen als Konsument. Der einzelne Bürger oder Konsument findet jedoch kaum Gehör in der massenmedialen Öffentlichkeit, sofern er nicht eine der vorgenannten Sprecherrollen einnimmt. Jedoch kann das Publikum in seiner Rolle als Kunde über → **Moralkonsum** auf CSR-Aktivitäten reagieren. Die Unternehmen greifen ein solches Verhalten mit spezifischen Marketing-Aktivitäten auf. CSR-Kommunikationen können in dieser Hinsicht als Erwartungen und Erwartungserwartungen, als Erleben und Handeln in der Beziehung von Organisation und Gesellschaft betrachtet werden, dies im Zusammenspiel mit sozialem Wandel. Gefahr läuft CSR-Kommunikation immer dann, wenn in Reaktion auf Umwelterwartungen Handeln lediglich in Aussicht gestellt, aber kaum mehr umgesetzt wird (→ **Greenwashing**). Synonym zu CSR-Kommunikation wird mitunter auch der Begriff Verantwortungskommunikation verwendet. Verantwortungskommunikation beschreibt dabei analytisch präzisierend die Doppelrolle der Kommunikationsverantwortung: die Kommunikation von Verantwortung wie auch die Kommunikation über Verantwortung. Sie umfasst damit Public Relations als interessengeleitete Kommunikation, die Kommunikation über das gesellschaftliche Engagement von Unternehmen und die mediale Kommunikation über die Verantwortungswahrnehmung von Unternehmen.

Global Reporting Initiative
Die 1997 gegründete Global Reporting Initiative (GRI) ist eine nach eigenen Angaben netzwerk-basierte Organisation. Sie vereinigt Vertreter von multinationalen Großunternehmen ebenso wie von NGOs, mit dem Ziel, einheitliche Richtlinien für die Nachhaltigkeitsberichterstattung (→ **CSR-Berichterstattung**) zur Verfügung zu stellen und weiter zu entwickeln. 2006 stellt die GRI bereits die dritte Version ihres Leitfadens (Guidelines) vor (G3). Neben diesem Leitfaden erstellt die GRI zudem Branchenergänzungen (Sector Supplemements), Anleitungen (Guidance Documents) und technische Protokolle (Technicals Protocols). Diese Dokumente und Hinweise sollen Standards für einen weltweit vergleichbaren Rahmen von CSR-Berichten ermöglichen. Die benannten Indikatoren der GRI, anhand derer die Berichterstattung ausgerichtet werden kann, sind: Ökologische Indikatoren, Ökonomische Indikatoren sowie (in der deutschen GRI-Fassung) gesellschaftliche Indikatoren. Die gesellschaftlichen Indikatoren werden weiter unterteilt in: 1. Arbeitspraktiken und Menschenwürde, 2. Beschäftigung, Menschenrechte, 3. Gesellschaft und 4. Produktverantwortung. Unternehmen sind dabei nicht gezwungen, alle Indikatoren als Grundlage ihrer Berichterstattungsmuster heranzuziehen. Neben dem Ziel, kommunikativ Transparenz über Unternehmenspraktiken, -entscheidungen und deren Konsequenzen herzustellen, benennt die GRI zudem Prinzipien für die Qualität von CSR-Berichten: 1. Ausgewogenheit, 2. Vergleichbarkeit, 3. Genauigkeit, 4. Aktualität, 5. Klarheit sowie 6. Zuverlässigkeit. Mit der Konferenz der GRI im Oktober 2006 in Amsterdam empfiehlt der United Nations Global Compact – ein von UN-Generalsekretär Kofi Annan 1999 initiierter weltweiter strategischer Pakt für die Bereiche Menschenrechte, Arbeitsbedingungen, Umwelt und Anti-Korruption – seinen Mitgliedern einen CSR-Bericht vorzulegen und dabei auf die G3 Richtlinien der GRI zurückzugreifen.

„Greenwashing"
„Greenwashing", oder „Greenwash" („Grünwaschen") bezeichnet wie das bereits länger bekannte „Whitewashing" („rein-" oder „weißwaschen") den Versuch, durch PR-Maßnahmen das Unternehmensimage schönzufärben. „Green-" und „Whitewashing" sind insofern Begriffe für die kritische Wahrnehmung von PR-Aktivitäten. Im Unterschied zu „Whitewashing" wird in der CSR-Diskussion vor allem von Greenwashing wegen des Umweltaspekts (grün = Natur) gesprochen. Unternehmen wollen sich hier durch verantwortungsvolles Verhalten ein besseres Image verleihen. Greenwashing-Vorwürfe werden vor allem dann erhoben, wenn die CSR-

Selbstdarstellung nicht oder nur teilweise mit der öffentlicher Berichterstattung und weiteren objektiven Leistungen der Unternehmensrealität übereinstimmen. Oftmals sind es Energieerzeuger und -lieferanten, die dieser Kritik ausgesetzt sind. Seitdem die Automobilindustrie in den vergangenen Jahren umweltschonende Fahrzeuge als „blaue" Autos bezeichnete, wird hier nun auch bereits von „Bluewashing" gesprochen.

Kampagnen

Kampagnen sind zeitlich befristete Aktionen, die einer bestimmten Abfolge von Handlungen unterliegen. Wesentliche Handlungsschritte einer Kommunikationskampagne sind die Bestimmung der kommunikativen Ausgangslage, die Festlegung der Kommunikationsziele, die Bestimmung der Kommunikationsinstrumente, die Umsetzung der Maßnahmen und die Bewertung des Erfolgs. Die einzelnen Handlungsphasen folgen nicht strikt aufeinander, sondern greifen ineinander über und überlappen sich. Häufig umfassen Kommunikationskampagnen mehrere verschiedene kommunikative Elemente: beispielsweise informierende, werbende und dialogorientierte Kommunikationsformen. Diese werden im Sinne einer dramaturgischen Gestaltung integriert. Typischerweise werden in Kampagnen verschiedene Kommunikationsinstrumente gleichzeitig eingesetzt, wie z. B. Plakate, Anzeigen, Pressemitteilungen, Veranstaltungen und darüber hinaus Mitteilungen in individualisierten Kommunikationsmedien. Je nach übergeordnetem Kampagnenziel unterscheidet man u. a. zwischen Aufklärungskampagnen, Marketingkampagnen und Wahlkampagnen. Kommunikationsziele und Kampagnenziele sind in der Praxis oft eng miteinander verwoben. Im Zuge der Entdeckung der Nachhaltigkeit als werberelevantem Thema haben sich → **Cause-Related Marketing**-Kampagnen herausgebildet.

Kommunikations- und Medienethik

Die Kommunikations- und Medienethik ist eine angewandte Ethik. Sie stellt die (wissenschaftliche) Reflexion von moralisch konsentiertem, gutem oder schlechtem Handeln im Bereich der medial vermittelten Kommunikation dar. Als Schlüsselbegriff fungiert in der Kommunikations- und Medienethik die → **Verantwortung**. Dabei werden folgende Fragen gestellt: Wer trägt Verantwortung? Und wofür? Wem gegenüber ist er verantwortlich? Und wem gegenüber muss er sich verantworten? Als Bezugsebene lassen sich vier Ansätze in der Kommunikations- und Medienethik aufzeigen: 1. *Individualethische Maximen* fungieren als moralische Verhaltensregeln für jeden einzelnen professionellen Akteur. 2. *Professionsethische Maßstäbe* normieren das berufliche Verhalten in Bezug auf die Erwartbarkeit von Medienberichterstattung oder anderer öffentlicher Kommunikationen. 3. Die *System-/Institutionenethik* bezieht sich auf die ökonomischen, politischen und gesellschaftlichen Rahmenbedingungen für das Mediensystem in einer Makroperspektive, aber auch auf die Verantwortung der Medienunternehmen, diese Rahmenbedingungen für die z. B. journalistische Tätigkeit zu ermöglichen. 4. Die *Publikumsethik* stellt die Verantwortung der Rezipienten heraus, die durch Rezeptionsverweigerung moralisch anstößiger oder fragwürdiger Inhalte dazu beitragen, das Qualitätsniveau zu steigern. Zur Überwachung von freiwillig übernommener Verantwortung (z. B. Kodizes) werden u. a. Selbstkontrollen eingerichtet, deren Funktion weniger die Sanktionierung von Verstößen umfasst, sonder stärker in der Schaffung von Transparenz und dem Anstoß von Diskursen über moralischen Grenzen zu sehen ist. Die Kommunikations- und Medienethik bezieht sich schwerpunktmäßig auf den Journalismus. Mit Bezug zur CSR-Kommunikation ist die öffentlich geführte Debatte als Aushandlungsprozess, als Abgleich von Umwelterwartungen, als ethisch motivierte Debatte um moralische Grenzen zu verstehen, die Verantwortungsbereiche aushandeln und Transparenz schaffen soll. Die vier skizzierten Ansätze der Kommunikations- und Medienethik lassen sich dabei auch auf → **CSR-Kommunikation** übertragen.

Media Social Responsibility

Im Jahr 1947 legte die US-amerikanische Commission on Freedom of the Press, die so genannte Hutchins Kommission, ihren Bericht zur Sozialverantwortung der Medien und des Journalismus vor. Noch unter dem Eindruck des Zweiten Weltkriegs stehend sahen die Verfasser unter dem Vorsitz von Robert Maynard Hutchins den Legitimationsgrund der Medien in Demokratien vor allem in ihrer besonderen Verantwortung gegenüber einer freiheitlich-menschlichen Gesellschaft und leiteten daraus moralische und auch professionsspezifische Pflichten des Journalismus ab. Im Zuge der weiteren Debatte um die Verantwortlichkeiten des Journalismus und der Medien richtete sich der Blick auch auf systembezogene Fragen. Heute lässt sich zwischen verschiedenen, miteinander verschränkten Sichtweisen unterscheiden: *individualethischen und professionsbezogenen* Sichtweisen einerseits und *organisations- und systembezogenen* Perspektiven andererseits. Während erstere den gesellschaftlichen Beitrag des Journalismus in einer besonderen journalistischen Professionsethik begründet sehen, werden aus einer organisationsbezogenen Perspektive Medienorganisationen als Unternehmen betrachtet, denen über die spezifische journalistische Verantwortung hinaus auch eine gesellschaftliche Verantwortung als Unternehmen zugeschrieben wird. Aus einer systembezogenen Perspektive werden darüber hinaus auch medienökonomische und medienpolitische Fragen als Rahmenbedingungen einer Sozialverantwortung der Medien thematisiert.

Moralkonsum

Moralkonsum und damit verwandte Konzepte des „Green Consumerism", „Conscience Consumerism", „Ethical Consumerism" oder auch „Political Consumerism" bezeichnen Formen des politischen und moralischen Konsums. In der Idee des Moralkonsums manifestiert sich ein verändertes Konsumverhalten, welches Ausdruck veränderter Erwartungen der Konsumenten an Unternehmen und zugleich Anreiz für diese darstellen soll, soziale und ökologische Belange in ihr Handeln mit einzubeziehen. Der Konsument wird darin als politischer Akteur konzeptualisiert, der beispielsweise ökologische, gesunde, im regionalen Umfeld und nach normativen Kriterien (bspw. Verzicht auf Kinderarbeit) gefertigte Produkte vor anderen bevorzugt (*positiver ethischer Konsum*). Über die freiwillige Einschränkung seines Konsums kann er ebenso Kritik an konkreten wirtschaftlichen Akteuren oder auch am Wirtschaftssystem allgemein üben (Boykott, *negativer ethischer Konsum*). Mit dem Verzicht auf ein Produkt wird dabei nicht das Produkt, sondern das Unternehmen als ganzes bewertet. Sein Kauf und Konsum stellt somit eine politisch korrekte Haltung dar. Manifestiert hat sich dieses Bild vom Moralkonsumenten u. a. in der Milieubeschreibung der „LOHAS" („Lifestyle of Health and Sustainability"). Moralkonsum ist, wie Studien bisher zeigen, jedoch eher ein Einzelphänomen. Es stellt somit primär eine politisch-normative Forderung (Politik der Verbraucheraktivierung) zur Entwicklung dieser Verzichtsbereitschaft und Erschaffung des Moralkonsumenten dar. Auch lassen sich Moralkonsumentscheidungen nicht per se als altruistische, sondern ebenso als eigeninteressierte Konsum- oder konformistische Kommunikationsereignisse zur Gewinnung eigener Reputationsvorteile deuten.

Reputation

Reputation, von reputatio – der gute Ruf, bezeichnet bezogen auf Unternehmen ein relationales Konzept: In der Unternehmensreputation drückt sich das öffentliche Ansehen aus, das einem Unternehmen zugeschrieben wird. Die soziale Konstruktion von Reputation beinhaltet eine Bewertung auf der Grundlage von wahrgenommenen Leistungen der Organisation sowie auf der Grundlage von (impliziten oder expliziten) Vergleichen. Damit Reputation zugeschrieben wird, müssen bestimmte öffentliche Erwartungen (an die Leistungsfähigkeit, die Moralität und die Einzigartigkeit eines Unternehmens) erfüllt sein. Eng verwandte Konzepte sind die der Legitimität und des Images. Die Legitimität eines Unternehmens bezeichnet dessen soziale Akzeptanz und bezieht sich primär auf die Erfüllung normativer Erwartungen. Ein Unternehmensimage bezeichnet ebenfalls ein Vorstellungsbild über eine Organisation, allerdings ist hier nicht notwendig eine Rangordnung impliziert. Aus betriebswirtschaftlicher Sicht zählt Reputation zu den immateriellen Vermögenswerten. Reputation als Vermögenswert basiert auf den Images, die sich verschiedene → **Stakeholdergruppen** über ein Unternehmen bilden. Diese werden in Form von Befragungen und anderen Verfahren erhoben und in Beziehung zu anderen Werttreibern gesetzt.

Social Marketing

Diese Art des Marketings steht für eine Ausweitung des Marketingkonzepts von primär absatzpolitischen auf gesamtgesellschaftliche Fragestellungen und Ziele. Sozialmarketing wird alternativ auch als „Green Marketing", „Ethical Marketing", „Cause-Related Marketing" (→ **Cause-Related Marketing**), „Social Advertising", „Social Sponsoring", „Corporate Social Marketing" oder gesellschaftsorientiertes Marketing bezeichnet. Während einige Autoren darunter lediglich das Marketing von nichtkommerziellen Organisationen wie staatlichen und staatlich kontrollierten Einrichtungen (Gesundheitsämter, Sozial- und Fürsorgeämter etc.), politischen Institutionen (Parteien, Gewerkschaften), Verbänden und Vereinen, kulturellen und religiösen Institutionen sowie Stiftungen subsumieren, bezieht sich Sozialmarketing für andere Autoren auch auf die von Wirtschaftsorganisationen initiierte Werbung mit sozialen Inhalten. Es werden also nicht nur Instrumente der Absatzförderung für die Popularisierung sozialer Wertvorstellungen eingesetzt, sondern Unternehmen nutzen Formen der Moralkommunikation auch, um ihre Produkte mit moralischen Gütekriterien zu überhöhen. Neben der Gewinnung und Erhaltung von Vertrauen, dem Aufbau eines Markenimages, der Erhöhung des Absatzes oder auch der Verbesserung der Mitarbeitermotivation ist die Gestaltung sozialen Wandels und Lösung gesellschaftlicher Problemlagen ein zentrales Motiv für Sozialmarketing. Wissenschaftlich-historische Auseinandersetzungen mit Sozialmarketing setzten meist in den 1950er Jahren an. Jedoch erlebten Formen des Sozialmarketings bereits im antiken Griechenland, im alten Rom und im Nationalsozialismus Konjunktur.

Stakeholder
Der Stakeholder-Ansatz ist ursprünglich ein Konzept des strategischen Managements, das in den 1990er Jahren auch auf die Unternehmenskommunikations- und die PR-Forschung übertragen wurde. Der Ansatz integriert Konzepte der gesellschaftsbezogenen Unternehmensführung, des → **Corporate Citizenship** und der sozialen Verantwortung. Es sind dem Stakeholder-Ansatz zufolge nicht länger primär die Anteilseigner, die Shareholder, denen das Unternehmen gegenüber Rechenschaft schuldig ist. Ein Unternehmen wird vielmehr als offenes System begriffen, das sich mit verschiedenen Interessen aus der Gesellschaft konfrontiert sieht, wie sie beispielsweise Anwohner, Mitarbeiter, Zuliefererunternehmen, Bürgerinitiativen und andere Gruppen vertreten. Diese Interessen sollen, so der normative Anspruch, der mit dem Stakeholder-Ansatz einhergeht, ernst genommen und in die Unternehmenskommunikation integriert werden. Je nach Einflusspotenzial, das eine Stakeholdergruppe dem Unternehmen gegenüber hat, wird zwischen primären und sekundären Stakeholdern unterschieden: *primäre* Stakeholder sind für die Existenz des Unternehmens entscheidend (z. B. Kunden, Lieferanten), *sekundäre* Stakeholder dagegen sind von indirekter Bedeutung (z. B. die Medien). Mit dem Stakeholder-Ansatz verbinden sich vielfach dialogorientierte und partizipative Kommunikationsmodelle.

Triple-Bottom-Line
Die Triple-Bottom-Line bezeichnet die drei Säulen der Nachhaltigkeit bzw. die drei inhaltlichen Verantwortungsdimensionen von → **Corporate Social Responsibility**: soziale, ökonomische und ökologische Verantwortung. Die Unterscheidung ist heute weit verbreitet und findet sich z. B. auch in den Berichterstattungsrichtlinien der → **Global Reporting Initiative**. Der Begriff der Triple-Bottom-Line verbreitete sich Mitte der 1990er Jahre und geht auf das Buch „Cannibals with Forks: The Triple Bottom Line of 21st Century Business" von John Elkington zurück.

Unternehmens- und Wirtschaftsethik
Die Wirtschafts- und Unternehmensethik ist eine angewandte Ethik: Sie widmet sich der Anwendung ethischer Prinzipien auf den Bereich des Handelns in der

Wirtschaft. Nicht die Anleitung von Handlungen, sondern theoretische Reflexion über Moral und Fragen der Orientierung von Handeln in der Praxis stehen dabei im Vordergrund. Während deskriptive Wirtschaftsethiken moralische Phänomene vor dem Hintergrund des beobachtbaren Handelns von Wirtschaftsakteuren analysieren, entwickeln normative Wirtschaftsethiken präskriptive Aussagen über das Handeln. Unterscheiden lassen sich des Weiteren *Ordnungsethiken*, die sich auf das übergeordnete gesellschaftliche Rahmengefüge beziehen; *Individualethiken*, die sich der Verantwortung des Einzelnen widmen; und *Institutionen- und Sozialethiken*, die sich der Verantwortung von Organisationen wie bspw. Unternehmen oder Verbänden zuwenden (Unternehmensethik). Unternehmensethiken setzen sich dabei mit der Rolle von Unternehmen in der Gesellschaft (Umwelt, Shareholder Value, Gemeinwohl etc.), aber auch mit Handeln in Unternehmen (Führung, Mitbestimmung, Arbeitsbedingungen) auseinander. Wirtschaftsethiken scheiden sich unter anderem an der Frage, ob die Rahmenbedingungen (Spielregeln) der primäre, systematische Ort der Moral sind, oder die Akteure und deren Werthaltungen.

Verantwortung
Der Begriff der Verantwortung meint die Zurechnung von Handlungsfolgen auf einzelne Personen: Jemand ist danach für *etwas* gegenüber einem anderen *Akteur oder Objekt* vor einer *übergeordneten Instanz* und in Bezug auf ein *übergeordnetes Kriterium* im Rahmen eines bestimmten *Handlungsbereiches* verantwortlich. Verantwortung impliziert die Möglichkeit, für Handlungen Rechenschaft abzulegen, d. h. auf Fragen zu den Folgen des Handelns zu antworten. Von Verantwortung kann jedoch nur gesprochen werden, besteht für die Akteure eine Entscheidungs- oder Handlungsfreiheit mit entsprechenden Handlungsalternativen. Verantwortung stellt auch einen Schlüsselbegriff der angewandten Ethik dar. In dieser wird idealtypisch u. a. zwischen Verantwortungs- und Gesinnungsethik unterschieden. Aufgrund kontingenter sozialer Zustände kann verantwortungsvolles Handeln auch negative Folgen haben und verantwortungsloses Handeln positive Konsequenzen nach sich ziehen. Während die *Verantwortungsethik* eine Beurteilung von Handlungen an deren tatsächlichen Ergebnissen und deren Verantwortbarkeit meint (vgl. auch teleologische Ethiken), bezieht sich die *Gesinnungsethik* allein auf die Motive und Absichten der Handlung, zieht deren Konsequenzen jedoch nicht in Betracht (vgl. auch deontologische Ethiken).

Autorinnen und Autoren

Altmeppen, Klaus-Dieter, Prof. Dr., Professor am Studiengang Journalistik der Katholischen Universität Eichstätt-Ingolstadt (Lehrstuhl Journalistik II). Forschungsschwerpunkte: Verantwortungskommunikation, Journalismusforschung, Medienmanagement, Medienorganisation und -ökonomie, Unterhaltungsbeschaffung und -produktion.

Backhaus-Maul, Holger, Soziologe und Verwaltungswissenschaftler, wissenschaftlicher Mitarbeiter an der Martin-Luther-Universität Halle-Wittenberg, Philosophische Fakultät III; u. a. Vorstandsmitglied der Aktiven Bürgerschaft e. V. (Berlin). Forschungsschwerpunkte: Sozialrecht und Sozialpolitik, Organisationssoziologie (Unternehmen und Non-Profit-Organisationen), Engagement und Gesellschaft.

Bader, Nils, seit 1999 Geschäftsführender Gesellschafter der outermedia GmbH in Berlin. Arbeitsschwerpunkte: Projektentwicklung von Bildungs- und CSR-Projekten für Bildungsträger, Regulierungsbehörden und Kunden wie Microsoft, O2, Daimler sowie Unternehmensberatung zu Fragen der internen und externen Kommunikation.

Bentele, Günter, Prof. Dr., Inhaber des Lehrstuhls Öffentlichkeitsarbeit/Public Relations an der Universität Leipzig. Forschungsschwerpunkte: PR-Forschung (Theorie, Geschichte, Berufsfeld), Ethik der Kommunikationsberufe und Kommunikationsraumforschung.

Biedermann, Christiane, Dipl.-Sozialpädagogin, PR-Managerin (DAPR); Leiterin Presse und Kommunikation, Projektleiterin Corporate Citizenship bei Aktive Bürgerschaft e. V. – Kompetenzzentrum für Bürgerengagement der Volksbanken und Raiffeisenbanken im genossenschaftlichen FinanzVerbund. Arbeitsschwerpunkte: Pressearbeit und Kommunikation, Corporate Citizenship, Corporate Volunteering, Partnerschaften zwischen Unternehmen und Nonprofit-Organisationen (NPOs), Presse- und Öffentlichkeitsarbeit von NPOs.

Dresewski, Felix, Geschäftsführer der Kinderhilfsorganisation Children for a better World e. V. und ehrenamtlicher Vorsitzender des Stiftungsrates der Stiftung Schüler Helfen Leben. Zuvor Studium der Gesellschafts- und Wirtschaftskommunikation an der Universität der Künste Berlin und Voluntary Sector Organsiation an der London School of Economics and Political Science.

Eisenegger, Mark, Dr. phil., Leitungsmitglied des „fög" – Forschungsbereichs Öffentlichkeit und Gesellschaft der Universität Zürich; seit 2005 Vorstand des „European Centre for Reputation Studies" (ECRS) mit Sitz in Zürich und München. Forschungsschwerpunkte: Wandel der Wirtschaftskommunikation, Öffentlichkeitssoziologie, Reputationsforschung.

Etter, Michael, M.A., Research Assistant am Institute for Media and Communications Management der Universität St. Gallen. Forschungsschwerpunkte: CSR, Corporate Communication, Reputation Management, Investor Relations und Web 2.0. Er promoviert zum Thema „CSR aus Sicht von Managern".

Fieseler, Christian, Dr. oec., Wissenschaftlicher Mitarbeiter, Habilitant und Nachwuchsdozent für Medien- und Kommunikationsmanagement am Institute for Media and Communications Management der Universität St. Gallen. Promovierte zum Thema Corporate Social Responsibility in der Kapitalmarktkommunikation. Forschungs- und Beratungsschwerpunkte: u. a. Organizational Identity, Interne Kommunikation und Neue Medien.

Friedrich, Peter, Dipl.-Päd., Erziehungswissenschaftler; Wissenschaftlicher Mitarbeiter an der Martin-Luther-Universität Halle-Wittenberg, Philosophische Fakultät III; u. a. Mitglied im Präsidium des Ev. Kirchenkreises Halle-Saalkreis. Forschungsschwerpunkte: Bildung und Gesellschaftliches Engagement, Organisationssoziologie.

Haack, Patrick, Dipl.-Verw. Wiss., Doktorand am Institut für Organisation und Unternehmenstheorien der Universität Zürich. In seiner Dissertation entwickelt und testet er eine kommunikationspsychologische Mikrofundierung von Legitimität. Forschungsschwerpunkte: Diffusion globaler Gesellschaftstrends, Entstehung und Konsolidierung transnationaler Institutionen sowie methodologische Fragen in der Organisationsforschung.

Hoffjann, Olaf, Prof. Dr., Leiter des Studiengangs Medienmanagement an der Mediadesign Hochschule in Berlin, Forschungsschwerpunkte: Theorie der Public Relations, Beziehungen von PR und Journalismus.

Huck-Sandhu, Simone, Dr., Wissenschaftliche Assistentin am Fachgebiet für Kommunikationswissenschaft und Journalistik der Universität Hohenheim, Stuttgart. Sie promovierte zum Verhältnis von Kultur und Öffentlichkeitsarbeit im Rahmen internationaler Public Relations. Forschungsschwerpunkte: Internationale Unternehmenskommunikation, interne Kommunikation und Kommunikationsmanagement.

Ihlen, Øyvind, Prof. Dr., Professor für Kommunikation und Management an der BI Norwegian School of Management und Assistenz-Professor am Hedmark University College. Forschungsschwerpunkte: Strategische Kommunikation und Corporate Social Responsibility unter Berücksichtigung von Theorien der Rhetorik und der Soziologie.

Ingenhoff, Diana Prof., Dr., Professorin am Departement Medien- und Kommunikationswissenschaft der Universität Fribourg (Schweiz). Forschungsschwerpunkte: Organisationskommunikation, international vergleichende PR-Forschung und Kommunikationsmanagement, insbesondere in den Bereichen Reputation, Vertrauen, Krisen und organisationale Verantwortung.

Jarolimek, Stefan, Dr., Wissenschaftlicher Mitarbeiter am Institut für Kommunikationswissenschaft der Friedrich-Schiller-Universität Jena. Forschungsschwerpunkte: Internationale/Interkulturelle Kommunikation, Organisationskommunikation, Medienethik und vergleichende Mediensystemforschung.

Karmasin, Matthias, Prof. Mag. Dr. Dr., Professor für Kommunikationswissenschaft an der Universität Klagenfurt, Forschungsschwerpunkte: Kommunikationstheorie, Organisationskommunikation, interkulturelle Kommunikation, Medien- und Wirtschaftsethik, Medienökonomie und Medienmanagement.

Koch, Stephan C., UPJ e. V., Netzwerk engagierter Unternehmen und gemeinnütziger Mittlerorganisationen in Deutschland, verantwortlich für die Beratung von Unternehmen zu CSR-, Corporate Citizenship und Volunteering Strategien und deren operative Umsetzung. Zuvor Unternehmensberater für Strategie, Organisation und Marketing bei Arthur D. Little und dort auch Tätigkeiten für UPJ im Rahmen von Corporate Volunteering.

Kölling, A. Martina, lic. rer. soc., Diplomassistentin am Departement Medien- und Kommunikationswissenschaft der Universität Fribourg (Schweiz). Forschungsschwerpunkte: Organisationskommunikation und Kommunikationsmanagement, international vergleichende PR-Forschung, Reputationsforschung und Nation Images.

Lautermann, Christian, Dipl. Oec., Wissenschaftlicher Mitarbeiter am Lehrstuhl für Allgemeine Betriebswirtschaftslehre, Unternehmensführung und Betriebliche Umweltpolitik der Carl von Ossietzky Universität Oldenburg. Forschungsschwerpunkte: Unternehmensethik, Corporate Social Responsibility und Social Entrepreneurship.

Liebl, Franz, Prof. Dr., Professor für Strategisches Marketing an der Universität der Künste Berlin. Forschungs- und Beratungsschwerpunkte: Strategisches Management, Issue-Management, Business-Design und Marketing unter Bedingungen gesellschaftlicher Individualisierung.

Nährlich, Stefan, Dr. rer. pol., Wirtschaftswissenschaftler und Geschäftsführer von Aktive Bürgerschaft e. V. (Berlin), Dozent im Studiengang „Nonprofit Management und Governance" der Westfälischen Wilhelms-Universität Münster. Forschungsschwerpunkte: Gesellschaftliches Engagement von Unternehmen, Bürgerstiftungen und Nonprofit-Management.

Nothhaft, Howard, Dr., Wissenschaftlicher Mitarbeiter der Abteilung Kommunikationsmanagement und Public Relations am Institut für Kommunikations- und Medienwissenschaft der Universität Leipzig. Promovierte mit einer teilnehmenden Beobachtungsstudie bei Direktoren der Unternehmenskommunikation in deutschen Unternehmen. Forschungsschwerpunkte: Kommunikationsmanagement, Organisations- und Managementtheorie und Kommunikationsstrategie.

Nowrot, Karsten, Dr., LL.M. (Indiana), Wissenschaftlicher Mitarbeiter an der Forschungsstelle für Transnationales Wirtschaftsrecht (TELC) und am Lehrstuhl für Öffentliches Recht, Europarecht und Internationales Wirtschaftsrecht (Prof. Dr. Christian Tietje, LL.M.) an der Juristischen und Wirtschaftswissenschaftlichen Fakultät der Martin-Luther-Universität Halle-Wittenberg. Forschung: Internationales Wirtschaftsrecht, Verfassungsrechts, Völkerrecht und Europarecht, wobei Fragen der Einbindung privatwirtschaftlicher Akteure in die Prozesse globaler Gemeinwohlverwirklichung einen Schwerpunkt bilden.

Pfriem, Reinhard, Prof. Dr., Inhaber des Lehrstuhls für Allgemeine Betriebswirtschaftslehre, Unternehmensführung und Betriebliche Umweltpolitik an der Carl von Ossietzky Universität Oldenburg. Forschungsschwerpunkte: Nachhaltige Unternehmensstrategien, Kulturalistische Theorie der Unternehmung und Unternehmensethik, Ernährungswirtschaft und Ernährungskultur.

Polterauer, Judith, Diplomsoziologin, Doktorandin an der Otto-Friedrich-Universität Bamberg, Projektleitung Bürgergesellschaft bei Aktive Bürgerschaft e. V. (Berlin). Forschungsschwerpunkte: Bürgerschaftliches Engagement, Organisationssoziologie, gesellschaftliche Integration.

Raupp, Juliana, Prof. Dr., Professorin für Publizistik- und Kommunikationswissenschaft mit dem Schwerpunkt Organisationskommunikation. Forschungsfelder: Organisationskommunikation, Politische Kommunikation, Krisenkommunikation und Netzwerkforschung.

Rieth, Lothar, Dr., Wissenschaftlicher Mitarbeiter im Arbeitsbereich Internationale Beziehungen am Institut für Politikwissenschaft an der Technischen Universität Darmstadt. Forschungsschwerpunkte: Global Governance und Entwicklungspolitik mit Fokus auf nichtstaatliche Akteure, die Effektivität und Legitimität politischer Institutionen. Tätigkeiten in der praxisorientierten Lehre und in der Nachhaltigkeits- und CSR-Beratung für staatliche und nichtstaatliche Organisationen.

Röttger, Ulrike, Prof. Dr., Professorin für Public-Relations-Forschung am Institut für Kommunikationswissenschaft (IfK) der Westfälischen Wilhelms-Universität

Münster. Forschungsschwerpunkte: PR-Theorie, Kommunikationsberatung, Kampagnenkommunikation, Issues Management und CSR-Kommunikation.

Schicha, Christian, Prof. Dr., Studienleiter Medienmanagement und Standortleiter an der Mediadesign Hochschule in Düsseldorf. Forschungsschwerpunkte: Angewandte Ethik, Medienethik und Politische Kommunikation.

Schmitt, Jana, M.A., Wissenschaftliche Mitarbeiterin am Institut für Kommunikationswissenschaft (IfK) der Westfälischen Wilhelms-Universität Münster. Forschungsschwerpunkte: Organisationskommunikation, CSR-Kommunikation und Reputationsmanagement.

Schoeneborn, Dennis, Dr., Oberassistent am Institut für Organisation und Unternehmenstheorien der Universität Zürich. Forschungsschwerpunkte: Organisationskommunikation, hierbei v. a. die Institutionalisierung sozialer und kommunikativer Praktiken im organisationalen Kontext.

Schranz, Mario, Dr. phil., Leitungsmitglied des „fög" – Forschungsbereich Öffentlichkeit und Gesellschaft der Universität Zürich. Forschungsschwerpunkte: Wirtschaftskommunikation, Corporate Social Responsibility, Sozialer Wandel und Reputationsforschung.

Schultz, Friederike, Dipl.-Kommwirt., Assistenz-Professorin für Organisationskommunikation und New Media am Department for Communication Science Vrije Universiteit Amsterdam. Forschungsschwerpunkte: Organisationskommunikation und -theorie, Corporate Social Responsibility, Neue Medien, Politische und Krisenkommunikation. Dissertation über normative Konzepte der Organisationskommunikation und moralisierende Kommunikation.

Szyszka, Peter, Prof. Dr., Kommunikationswissenschaftler, PRVA-Stiftungsprofessor am Institut für Publizistik- und Kommunikationswissenschaft der Universität Wien. Forschungsschwerpunkte: Theoretische Grundlagen und anwendungsorientierte Fragen der Organisationskommunikation und Public Relations.

Tomczak, Torsten, Prof. Dr., Ordinarius für Betriebswirtschaftslehre mit besonderer Berücksichtigung des Marketings an der Universität St. Gallen sowie Direktor der dortigen Forschungsstelle für Customer Insight (FCI). Forschungsschwerpunkte: Strategisches Marketing, Markenführung und Innovation.

Von Walter, Benjamin, Dipl.-Kulturwirt, Wissenschaftlicher Mitarbeiter und Doktorand an der Forschungsstelle für Customer Insight (FCI) an der Universität St. Gallen. Forschungsschwerpunkte: Markenführung, insbesondere Employer Branding und Behavioral Branding.

Weder, Franzisca, Ass.-Prof. Dr., Assistenz-Professorin am Institut für Medien- und Kommunikationswissenschaft im Schwerpunkt Organisationskommunikation der Alpen Adria Universität Klagenfurt. Forschungsschwerpunkte: Organisationskommunikation und Öffentlichkeitsforschung, Wirtschafts- und Medienethik und Gesundheitskommunikation.

Wehmeier, Stefan, Prof. Dr., Stiftungsprofessor für Forschung in Strategischer Kommunikation und Neuen Medien, Institut für Kommunikationsmanagement der FH Wien. Forschungsschwerpunkte: Public Relations, Corporate Communication, Corporate Social Responsibility, Kommunikations- und Organisationstheorien und Onlinekommunikation.

Wentzel, Daniel, Dr., Projektleiter und Habilitand an der Forschungsstelle für Customer Insight (FCI) an der Universität St. Gallen. Forschungsschwerpunkte: Branding, Service-Management und Community-Management.

Wickert, Christopher, Dipl.-Kaufmann, Doktorand in Wirtschaftsethik und Corporate Social Responsibility an der Universität Lausanne. Forschungsschwerpunkte: Global Governance, kleine und mittlere Unternehmen (KMU), Selbstregulierung und Standardisierung sowie Critical Management Studies.

Public Relations / Werbung

Marcel Bernet
Social Media in der Medienarbeit
Online PR im Zeitalter von Google,
Facebook & Co.
2010. 198 S. Br. EUR 24,95
ISBN 978-3-531-17296-5

Christian Gruber
Glaubwürdig kommunizieren
Interne und externe Strategien
für Führungskräfte und Pressestellen
2010. 187 S. Br. EUR 24,95
ISBN 978-3-531-17651-2

Juliana Raupp / Stefan Jarolimek /
Friederike Schultz (Hrsg.)
**Handbuch Corporate Social
Responsibility**
Kommunikationswissenschaftliche
Grundlagen und methodische Zugänge.
Mit Lexikonteil
2011. ca. 400 S. Br. ca. EUR 39,95
ISBN 978-3-531-17001-5

Ulrike Röttger
**Public Relations –
Organisation und Profession**
Öffentlichkeitsarbeit als Organisations-
funktion. Eine Berufsfeldstudie
2., durchges. Aufl. 2010. 352 S. (Organisa-
tionskommunikation. Studien zu Public
Relations/Öffentlichkeitsarbeit und Kom-
munikationsmanagement) Br. EUR 39,95
ISBN 978-3-531-33496-7

Erhältlich im Buchhandel oder beim Verlag.
Änderungen vorbehalten. Stand: Juli 2010.

Matthias Karmasin / Daniela Süssen-
bacher / Nicole Gonser (Hrsg.)
Public Value
Theorie und Praxis im internationalen
Vergleich
2011. ca. 280 S. Br. ca. EUR 29,95
ISBN 978-3-531-17151-7

Gabriele Siegert / Dieter Brecheis
**Werbung in der Medien-
und Informationsgesellschaft**
Eine kommunikationswissenschaftliche
Einführung
2., überarb. Aufl. 2010. 322 S. (Studien-
bücher zur Kommunikations- und
Medienwissenschaft) Br. EUR 24,95
ISBN 978-3-531-16711-4

Jörg Tropp
**Moderne
Marketing-Kommunikation**
System - Prozess - Management
2010. ca. 650 S. Br. ca. EUR 39,95
ISBN 978-3-531-17431-0

Ansgar Zerfaß
**Unternehmensführung
und Öffentlichkeitsarbeit**
Grundlegung einer Theorie der Unternehmenskommunikation und Public Relations
3., akt. Aufl. 2010. IV, 472 S. (Organisationskommunikation. Studien zu Public Rela-
tions/Öffentlichkeitsarbeit und Kommunikationsmanagement) Br. EUR 49,95
ISBN 978-3-531-16877-7

www.vs-verlag.de

VS VERLAG

Abraham-Lincoln-Straße 46
65189 Wiesbaden
Tel. 0611.7878 - 722
Fax 0611.7878 - 400

Medien

Tobias Ebbrecht / Thomas Schick (Hrsg.)

Kino in Bewegung

Perspektiven des deutschen
Gegenwartsfilms

2011. ca. 300 S. (Film, Fernsehen, Medien-
kultur. Schriftenreihe der Hochschule für
Film und Fernsehen „Konrad Wolf") Br.
ca. EUR 29,95
ISBN 978-3-531-17489-1

Regina Friess

**Narrative versus spielerische
Rezeption?**

Eine Fallstudie zum interaktiven Film

2010. ca. 250 S. (Film, Fernsehen, Medien-
kultur. Schriftenreihe der Hochschule für
Film und Fernsehen „Konrad Wolf") Br.
ca. EUR 29,95
ISBN 978-3-531-17502-7

Andrea Gschwendtner

Bilder der Wandlung

Visualisierung charakterlicher Wandlungsprozesse im Spielfilm

2011. ca. 450 S. (Film, Fernsehen, Medien-
kultur. Schriftenreihe der Hochschule für
Film und Fernsehen „Konrad Wolf") Br.
ca. EUR 39,95
ISBN 978-3-531-17488-4

Volker Gehrau /
Christoph Neuberger (Hrsg.)

StudiVZ

Kommunikationswissenschaftliche
Studien zum Umgang mit einem sozialen
Netzwerk im Internet

2011. ca. 208 S. Br. ca. EUR 24,95
ISBN 978-3-531-17373-3

Mike Sandbothe

Wozu Medienphilosophie?

Pragmatistische Aufsätze 2000 bis 2010

2010. ca. 160 S. Br. ca. EUR 19,95
ISBN 978-3-531-17620-8

Wolfgang Schweiger / Klaus Beck (Hrsg.)

**Handbuch
Online-Kommunikation**

2010. 549 S. Geb. EUR 39,95
ISBN 978-3-531-17013-8

Eva Johanna Schweitzer /
Steffen Albrecht (Hrsg.)

Das Internet im Wahlkampf

Analysen zur Bundestagswahl 2009

2011. ca. 300 S. Br. ca. EUR 29,95
ISBN 978-3-531-17023-7

Erhältlich im Buchhandel oder beim Verlag.
Änderungen vorbehalten. Stand: Juli 2010.

www.vs-verlag.de

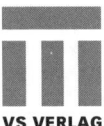

VS VERLAG

Abraham-Lincoln-Straße 46
65189 Wiesbaden
Tel. 0611.7878-722
Fax 0611.7878-400